Fortschritte der Medizin durch Wissenschaft und Technik

Andras Gedeon

Fortschritte der Medizin durch Wissenschaft und Technik

99 wegweisende Veröffentlichungen aus fünf Jahrhunderten

Aus dem Englischen übersetzt von Martina Wiese

Spektrum
AKADEMISCHER VERLAG

Andras Gedeon D. Sc.
http://www.scienceandtechnologyinmedicine.com

Übersetzung der englischsprachigen Ausgabe von: Science and Technology in Medicine. An illustrated account based on ninety-nine landmark publications from five centuries von Andras Gedeon.

Bibliografische Information der Deutschen Nationalbibliothek
Die Deutsche Nationalbibliothek verzeichnet diese Publikation in der Deutschen Nationalbibliografie; detaillierte bibliografische Daten sind im Internet über http://dnb.d-nb.de abrufbar.

Springer ist ein Unternehmen von Springer Science+Business Media
springer.de

Spektrum Akademischer Verlag ist ein Imprint von Springer

10 11 12 13 14 5 4 3 2 1

Planung und Lektorat: Dr. Ulrich G. Moltmann, Bettina Saglio
Satz: TypoStudio Tobias Schaedla, Heidelberg
Umschlaggestaltung: wsp design Werbeagentur GmbH, Heidelberg
Titelfotografie: Professor Georg Haas (rechts im Bild) und Assistenten bei der Dialyse eines urämischen Patienten in der Medizinischen Klinik Gießen (1926). © Nach einer Aufnahme von August Trinkaus. Originalfoto aus dem Besitz von Dr. Willi Haas. (Bildarchiv des Instituts für Geschichte der Medizin der Universität Gießen.)

ISBN 978-3-8274-2474-7

Inhalt

Geleitwort von Leslie A. Geddes

Dieses unterhaltsame und informative Buch von Andras Gedeon behandelt jene Personen, die die Medizin mit Beiträgen aus Wissenschaft und Technik vorangebracht haben, und schließt somit eine bedeutende Lücke in der Geschichte der Medizin. Alle 99 Kapitel beginnen jeweils mit einer kurzen biographischen Skizze, gefolgt von einer Beschreibung der wissenschaftlichen oder technischen Entdeckung. Ihre Bedeutung wird anschaulich geschildert und in einen historischen Zusammenhang gestellt, sodass sich die Entdeckung nahtlos in die Evolution der Medizin einfügt.

Das Buch ist nicht nur für Historiker wertvoll, sondern für alle, die ihre Vorlesungen und Vorträge mit relevanten und interessanten Fakten bereichern möchten, die so manche Überraschung bereithalten. So verbinden die meisten den Namen Doppler mit der Frequenzverschiebung von Schall- oder Radarwellen. Dopplers ursprünglicher Artikel beschrieb jedoch die Farbveränderung von Doppelsternen auf ihrer Kreisbahn. Den hörbaren Beweis für die Frequenzverschiebung erbrachte er, indem er Trompeter auf einem vorbeifahrenden Zug spielen ließ.

In den verschiedenen Kapiteln findet sich eine bunte Auswahl an faszinierenden Informationen vor dem Hintergrund vieler „moderner" medizinischer Verfahren. So wurde schon Mitte des 18. Jahrhunderts die Mund-zu-Mund-Beatmung praktiziert. Etwas später nutzte man elektrische Stimulation, um Menschen mit Atemstillstand wiederzubeleben. Schon lange bevor 1960 der erste Herzschrittmacher implantiert wurde, wurden Ende des 19. Jahrhunderts bei Herzstillstand Stimulationen eingesetzt. Diese und zahlreiche andere historische Schmankerl finden sich in den vielen lesenswerten Kapiteln.

Jedes Kapitel schließt mit der Einbettung der jeweiligen Entdeckung in den größeren medizinhistorischen Zusammenhang. Man wird über den Wissensstand vor der Entdeckung informiert und kann so die Kreativität und Genialität des Entdeckers würdigen. Doch nicht nur die medizinische Vorgeschichte wird erwähnt – auch aktuelle Entwicklungen und vorangegangene relevante Entdeckungen in verwandten Wissenschaftsbereichen werden behandelt.

Die Leser dieses Buches werden Mühe haben, es wieder aus der Hand zu legen. Auch der Verfasser dieses Geleitworts fand es ausgesprochen fesselnd – es wird einen Ehrenplatz bei seinen wertvollsten Nachschlagewerken erhalten.

Geleitwort von Paul U. Unschuld

Die Medizin ist das Herzstück der menschlichen Zivilisation. In der Medizin vereinen sich Wissenschaft und Technik, Ethik und Philosophie, Sprache und Soziologie, Politik und Ökonomie und viele andere Komponenten, die in ihrer Gesamtheit das Wesen unserer Kultur ausmachen. Die Medizin ist aus dem existenziellen Wunsch des Menschen hervorgegangen, nicht von Krankheiten niedergeworfen zu werden und einem vorzeitigen Tod zu entrinnen. Darüber hinaus hat die Medizin aber nicht nur die Lebensqualität von Menschen verbessert, die an Erkrankungen oder Missbildungen leiden. Sie hat dazu beigetragen, dass Menschen die Grenzen ihres natürlichen Lebensraumes überschreiten konnten und sich in die tiefsten Ozeane und die entferntesten Sphären des Universums vorwagten. Sie war dazu in der Lage, weil vor 2 500 Jahren ein Prozess in Gang gesetzt wurde, der zum Ziel hatte, die Naturgesetze zum Wohle der Menschheit zu nutzen.

Mit dem Beginn der Erkenntnis der Naturgesetze begann auch die Geschichte von Wissenschaft und Technik. Die Verknüpfung von Wissenschaft und Technik mit der Gesundheitsfürsorge markiert die Anfänge der Medizin, wie wir sie heute kennen. In den Nachwehen der europäischen Renaissance erhielt diese fruchtbare Entwicklung neuen Auftrieb. Immer mehr Philosophen, Ärzte und Wissenschaftler zogen Schlüsse aus ihren Beobachtungen und ersannen immer ausgeklügeltere Experimente, um ihre Hypothesen zu testen.

Die wissenschaftliche Geschichtsschreibung hat uns gelehrt, dass kein direkter Weg zur Wahrheit führt. Oft genug wird unser Blick auf die Natur durch kulturelle Faktoren statt durch die schwer fassbare Realität bestimmt. Wir können uns nicht einmal über die Beziehung zwischen wissenschaftlichen Erkenntnissen und Realität sicher sein. Unumstößlich sind jedoch die uns hochwillkommenen Errungenschaften in der Geschichte der Medizin, von denen wir ohne Beiträge und Nutzung von Wissenschaft und Technik nie auch nur hätten träumen dürfen. Der Blick in die Geschichte lehrt freilich, dass die zielgerichtete ebenso wie die scheinbar allein der Erweiterung der wissenschaftlichen Grundlagen gerichtete Forschung zu den Fortschritten der Medizin beigetragen haben. Zu komplex sind die Vorgänge, die sich im Organismus im Zusammenspiel mit seiner natürlichen und gesellschaftlichen Lebensumwelt abspielen, als dass wir stets einen klaren Weg vor uns sähen, wie die Lösung eines gesundheitlichen Problems erreicht werden könnte. Fortschritt verdankt sich, in manchen Bereichen mehr, in anderen weniger, immer auch dem Zufall von Erkenntnissen, die der Wissenschaftler nicht erwartet, aber zur Kenntnis genommen hat.

In seinem Porträt von „99 Publikationen aus fünf Jahrhunderten" bietet uns Andras Gedeon einen faszinierenden Überblick über die vielleicht entscheidendsten „Meilensteine" in der Geschichte der modernen Medizin. Den Anfang macht Albrecht Dürers im Jahre 1528 posthum erschienenes Buch als „erster Versuch, mithilfe der Mathematik die Proportionen und Formen des menschlichen Körpers zu bestimmen"; den Schlusspunkt bildet Michael Phelps' Präsentation eines „prototypischen Systems für einen transaxialen Positron-Emissions-Tomographen". Im Laufe der 450 Jahre zwischen diesen beiden Publikationen haben unzählige einzelne Naturforscher und Forschungsgruppen naturwissenschaftlich-technische Beiträge im Dienste der Medizin geleistet. In den ersten drei Jahrhunderten erfolgten diese Forschungen im gesamten europäischen Raum. Als sich die wissenschaftliche Welt über die Grenzen des europäischen Kontinents hinaus ausdehnte, wurde daraus ein globales Unternehmen, an dem alle mitwirken, die nach mehr Wissen streben und das Leben der Menschen an immer wieder neue Lebensbedingungen anpassen wollen.

Die 99 denkwürdigsten und einflussreichsten Publikationen aufzulisten, in denen die Bedeutung von Wissenschaft und Technik für die Medizin zwischen dem frühen 16. und dem späten 20. Jahrhundert am hellsten aufscheint, ist sicher keine einfache Aufgabe. Zu viele Autoren kommen einem dabei in den Sinn, denen auf ewig ein Platz in unserem kollektiven Gedächtnis gebührt. Es ist jedoch das Vorrecht des Historikers, die jeweiligen Verdienste gegeneinander abzuwägen und eine ganz persönliche Wahl zu treffen. Andras Gedeons Übersicht stellt eine äußerst bedeutsame und repräsentative Auswahl dar und kommt genau zur rechten Zeit. Sie ist äußerst bedeutsam, weil sie darlegt, dass der Fortschritt in Wissenschaft und Technik zum Nutzen der Medizin auf einer breiten internationalen und multidisziplinären Grundlage ruht. Sie ist repräsentativ, weil sich kaum eine grundlegend andere Liste wesentlicher Beiträge zum medizinischen Fortschritt aufstellen ließe, der neuen Erkenntnissen aus Chemie, Physik und Biologie sowie neuen Anwendungen von Mathematik und Technik im genannten Zeitraum zu verdanken war. Und schließlich kommt diese Übersicht genau zur rechten Zeit, weil sich wieder einmal die Stimmen mehren, die fordern, in der Medizin Glaubensfragen den Vorrang über die Wissenschaft zu geben. Es ist zu hoffen, dass dieses Buch zu einer Rückbesinnung auf die vielfältigen wissenschaftlichen und technischen Ursprünge des heutigen medizinischen Wissens beiträgt. Und es sollte junge Menschen aus allen wissenschaftlichen und technischen Disziplinen und in allen Ländern ermuntern, diesen Weg weiter zu beschreiten und die Entwicklung der Medizin voranzutreiben – als das Herzstück der menschlichen Zivilisation.

Vorwort und Danksagung

Vor 500 Jahren verließ ein junger deutscher Maler namens Albrecht Dürer seine Heimatstadt Nürnberg und begab sich auf eine Reise nach Venedig – eine Stadt, die damals in der Blüte ihres Wohlstands und Einflusses war. Hier traf er auf den berühmten Mathematiker und Kunsttheoretiker Luca Pacioli und machte sich mit den ersten Druckausgaben der euklidischen Geometrie und Vitruvius Pollios klassischen Arbeiten zur Architektur vertraut. Nach seiner Heimkehr vertiefte sich Dürer in das Studium der räumlichen Darstellung von Objekten, insbesondere von Gestalt, Proportionen und Bewegungen des menschlichen Körpers. Sein Werk *Hierinn sind begriffen vier Bücher von menschlicher Proportion*, das 1528, unmittelbar nach seinem Tod, veröffentlicht wurde, war die erste systematische Anwendung der Mathematik auf das Problem, den menschlichen Körper und seine Bewegungen abzubilden.

Dürers Studie ist eine der 99 bahnbrechenden Publikationen, mit denen hier versucht werden soll, die historische Entwicklung bedeutender Beiträge aus Wissenschaft und Technik zur Medizin darzulegen. Jedes Mal wird zunächst der Inhalt der Publikation zusammengefasst und der Autor kurz vorgestellt. Dann wird die Relevanz der Entdeckung und ihr Einfluss auf spätere Entwicklungen skizziert. Anhand von Verweisen auf nachfolgende entscheidende Fortschritte spüren wir dem Wissensstand in dem betreffenden Bereich bis in die heutige Zeit nach. Auch wenn wir dabei natürlich keinen Anspruch auf Vollständigkeit erheben können, ist es hoffentlich gelungen, die Entwicklung vieler wichtiger Erkenntnisse in Wissenschaft und Technik zu verdeutlichen, die die Medizin in den letzten 500 Jahren unmittelbar und entscheidend vorangebracht haben.

Jede Auswahl an Themen oder speziellen Entdeckungen ist selbstverständlich auch kritisch zu betrachten. 99 Publikationen statt glatte 100 vorzustellen, soll eine symbolische Einladung an die Leser sein, darüber nachzudenken, ob und wie sie nach ihren persönlichen Kenntnissen und Präferenzen die hier gebotene Zusammenstellung modifizieren würden. Einige behandelte Namen und Entdeckungen werden zahlreichen Personen geläufig sein, andere dagegen weitgehend unbekannt. Hoffentlich sind für alle Leser genügend neue und interessante Informationen dabei. Ein ebenso wichtiges Anliegen des Buches ist es, spannende Unterhaltung zu bieten, indem wir Einblicke in die verwickelten Muster der Entwicklung gewähren, mit denen sich frühere Erkenntnisse aus Wissenschaft und Technik nach und nach zu der uns heute vertrauten medizinischen Disziplin verwoben haben.

Wenn all dies auch nur im Entferntesten dazu beitragen würde, zukünftige Fortschritte in diesem multidisziplinären Unterfangen besser zu verstehen, dann hätten sich die Mühen, die das Erstellen dieses Buches gekostet hat, mehr als ausgezahlt.

Viele Personen und Organisationen haben uns freundlicherweise für dieses Buch Illustrationen zur Verfügung gestellt. Eine vollständige Liste findet sich im Abschnitt „Bildnachweise“. Die medizinisch-historische Hagströmer-Bibliothek am Karolinska-Institut in Stockholm, die Bibliothek der Universität Uppsala sowie insbesondere die Bibliotheca Walleriana in Uppsala und die Medical Photographic Library der Wellcome Library in London haben gemeinsam den Wust an Informationen, der in dieses Buch eingegangen ist, bereitgestellt. Für die kompetente und stets bereitwillige Unterstützung durch Gertie Johansson, Harriet Wallman und Clive Coward aus den genannten Bibliotheken bin ich sehr dankbar.

Zu weiteren öffentlichen Einrichtungen, die wertvolles Material zur Verfügung gestellt haben, gehören die Chemical Heritage Foundation in Philadelphia, die Max-Planck-Gesellschaft in Berlin, das Science Museum in London, das Deutsche Museum in München und in Bonn, die Bibliothèque de l'Académie national de Médecine in Paris, die British Library in London, das Institut für Geschichte der Medizin der Universität Wien, die Universitätsbibliothek in Basel und die University of Pennsylvania Library in Philadelphia.

Unterstützung und schwer zugängliches Bildmaterial habe ich von mehreren Firmenarchiven erhalten, darunter vor allem das Carl Zeiss Archiv in Jena, Corning Inc. Archives in Corning, New York, Archive der General Electric Healthcare in Stockholm, Merck KGaA in Darmstadt und das Siemens MedArchiv bei Siemens Medical Solutions in Erlangen.

Einigen der im Buch erwähnten prominenten Wissenschaftler bin ich für ihre großzügige Hilfe zu Dank verpflichtet, insbesondere den Professoren Mitchell Albert, Per-Ingvar Brånemark, Dr. Vinton Cerf, Dr. Raymond Damadian, Dr. Robert Kahn sowie den Professoren Michael Phelps, Peter Wagner und John West. Sehr dankbar bin ich auch den mittlerweile verstorbenen Professoren William Bennett Jr., Dr. Francis Crick, Gunnar Fant und Paul Lauterbur.

Außerdem verdanke ich wichtiges Bild- und Schriftmaterial Dr. Eric Blackwell, Dr. Jeffrey Cooper, den Professoren Anna-Liisa Brownell, Håkan Elmqvist und Gert Nilsson sowie Lars Forsmark, Brian Högman und Bengt Stånge.

Ich danke Professor Åke Öberg für wertvolle Kommentare zum Manuskriptentwurf und Professor Lennart Mathiasson, der die Abschnitte redigiert hat, in denen es um Chemie ging. Die Kapitel über Nobelpreisträger sind von Professor Anders Bárány fachkundig und gründlich überarbeitet worden. Ich danke auch Daniel Gedeon, der den Text mit dem Blick eines gebildeten Laien sorgfältig gelesen hat. Beim Versuch, die Darstellungen für eine allgemeine Leserschaft leichter verständlich zu machen, haben mir seine Kommentare sehr geholfen.

Die Buchdesigner Lars E. Pettersson und Magnus Winbladh vom Raster Förlag in Stockholm haben gemeinschaftlich dem blanken Inhalt eine, wie ich hoffe, ansprechende Form verliehen. Das nimmermüde Interesse von Beth Campbell vom Springer-Verlag New York Inc. an diesem Buchprojekt war während der gesamten Zeit ein hochwillkommener Quell der Ermutigung.

Schließlich möchte ich den Experten, die Beiträge geleistet haben, meinen Dank aussprechen – Ove Hagelin, der die Anregung zum Bibliographieteil gegeben und ihn verfasst hat, Jeremy Norman, für seine vielen hilfreichen Kommentare und Vorschläge zu allen Aspekten des Schreibens und Publizierens von Themen, die mit der Geschichte der Wissenschaft und Medizin zu tun haben, Paul Unschuld, der die Liste der bahnbrechenden Publikationen kritisch begutachtet hat, und Leslie Geddes, der mir nicht nur wertvolle Literaturhinweise gab, sondern, als er von dem Plan für das Buchprojekt erfuhr, das Unterfangen als „heroische Aufgabe" bezeichnete, was mich in der Entschlossenheit bestärkte, es zu einem guten Ende zu bringen.

Einleitung von Jeremy M. Norman

Spätestens seit Hippokrates galt die medizinische Praxis als Kunst wie auch als Wissenschaft. Unter anderem weil sie Kunstfertigkeit, Intuition und eine humane Gesinnung vereinte, entwickelte die Medizin eine eigene Kultur, ein eigenes Ausbildungssystem und eine eigene Literatur, während sie Entdeckungen aus anderen Wissenschaften und der Technik zur Erweiterung des medizinischen Wissens nutzte. Aus der Organisation und Klassifikation dieser eigenständigen medizinischen Literatur entstanden die ersten Bibliographien wissenschaftlicher Werke und von Medizinern verfasste frühe Wissensklassifikationen, die die Medizin im Bereich des universalen Wissens ansiedelten. Es entwickelten sich medizinische Bibliotheken und Datenbanken, die bereits Jahrzehnte vor dem Internet versuchten, Indexierungen und Zusammenfassungen von Millionen Zitaten, die das gesamte medizinische Wissen wiedergaben, zu erstellen. Andras Gedeons Buch *Fortschritte der Medizin durch Wissenschaft und Technik* dokumentiert die Ursprünge einiger der bedeutendsten Entdeckungen aus Wissenschaft und Technik, die von der Medizin aufgenommen wurden. Manche dieser Entdeckungen wurden von Medizinern gemacht, andere nicht.

Im Hinblick auf die unausbleiblichen Probleme in der medizinischen Praxis schrieb Hippokrates: „Das Leben ist kurz, die Kunst ist lang, die Gelegenheit flüchtig, die Erfahrung trügerisch und die Beurteilung schwierig.“[1] Jahrtausende vor höchst wirksamen Medikamenten, wissenschaftlichen Diagnosewerkzeugen und anderen Komponenten moderner Hightechmedizin waren es häufig die grundlegenden Verfahren sorgfältiger Beobachtung und Fürsorge – die Kunst der Medizin –, die für die Heilung der Kranken ebenso wichtig waren wie jede erprobte Arznei. Mit ihren beschränkten Heilkräften entwickelten sich die frühen Ärzte zu scharfen Beobachtern der Lebensprozesse von der Geburt bis zum Tod und der Beziehung zwischen Leben und Krankheit. Die große Bandbreite an Gebrechen, die Mediziner behandeln sollten, die Komplexität der medizinischen Erfahrung und die zentrale Bedeutung der Medizin für die Gesellschaft haben möglicherweise dazu beigetragen, dass schon frühzeitig Schulen für Mediziner separat von anderen Bildungsinstitutionen gegründet wurden, dass sich ein umfassender und separater Fundus an medizinischem Wissen entwickelte und medizinische Bibliotheken getrennt von anderen Bibliotheken entstanden.

1 Jeremy M. Norman (Hrsg.) *Morton's Medical Bibliography*, 5. Auflage (Aldershot, England: Scolar Press, 1991) 13.

Bis zum Beginn der Industrialisierung in der zweiten Hälfte des 19. Jahrhunderts konnte ein ausgebildeter Wissenschaftler, der nicht als Lehrer arbeiten wollte, vor allem als Mediziner sein Auskommen finden. Abgesehen von humanitären Erwägungen war dies vermutlich ein Grund, warum sich einige Ärzte für die Arbeit in der Medizin entschieden, statt ihr Leben einer anderen wissenschaftlichen Tätigkeit zu widmen. Vor der Industrialisierung waren die meisten Wissenschaftler, die nicht als Ärzte tätig waren, Männer aus wohlhabendem Hause oder abhängig von einem reichen Gönner oder gehörten einem religiösen Orden an. Jahrhundertelang gehörten Ärzte aufgrund der zentralen gesellschaftlichen Bedeutung der Medizin und der wirtschaftlichen Unabhängigkeit, die die Tätigkeit des Mediziners normalerweise mit sich brachte, zu den am besten ausgebildeten sowie zu den wohlhabendsten und angesehensten Mitgliedern ihrer Gesellschaft. Diese Faktoren trugen noch zu der Sonderstellung der Medizinkultur bei.

Nach der Einführung und Verbreitung des Buchdrucks in der zweiten Hälfte des 15. Jahrhunderts erforderte der rasche Zuwachs an Informationen zwangsläufig die Organisation und Klassifikation von Wissen. Davon profitierte als erste Wissenschaft die Medizin. Die erste wissenschaftliche Bibliographie war die von dem französischen Arzt Symphorien Champier verfasste *De medicine claris scriptoribus* (ca. 1506–1507), die etwa 400 Werke umfasste. Dies war zudem ein früher Versuch, eine Geschichte der Medizin zu schreiben.[2] Später im 16. Jahrhundert war der erste große Bibliograph, der versuchte, das Allgemeinwissen zu systematisieren, der Arzt Conrad Gesner, Autor der wegweisenden *Bibliotheca Universalis* (1554–1555).[3] Diese Aufstellung und Klassifizierung von 12 000 Schriften wurde veröffentlicht, als der Verfasser erst 29 Jahre alt war. Neben seinen zahlreichen Werken, die außer Medizin und Bibliographie Themen von Theologie bis Naturgeschichte behandelten, arbeitete Gesner an einer Ausgabe von Galens Schriften, zu der auch eine Bio-Bibliographie gehörte – höchstwahrscheinlich die erste moderne Bio-Bibliographie eines Autors. Der Arzt Israel Spach tat es Gesner nach und fasste das Universalwissen seiner Zeit zusammen. Seine *Nomenclator scriptorium philosophicorum atque philologicorum* (Straßburg 1598) bezeichnete man als „die vermutlich bedeutendste Themenbibliographie des 16. Jahrhunderts und eine wahrhaft erstaunliche Zusammenstellung des damaligen Wissens ... an deren Gestaltung sich alle späteren Bibliographen orientierten".[4]

2 Norman, op. cit., 6742.99.

3 Norman, op. cit., 6743.

4 Bernard H. Breslauer und Roland Folter, *Bibliography, its History and Development* (New York: The Grolier Club, 1984) 39. Norman, op. cit., 6743.2

Bei der Strukturierung des Wissens, sei es in Bibliographien oder beim Zusammenstellen von Büchersammlungen in medizinischen Bibliotheken, ergab sich zwangsläufig das Problem, die Medizin als getrennt von anderen Wissenschaften zu definieren, weil sie auf Informationen aus so vielen verschiedenen Wissenschaftszweigen beruhte. In früheren Jahrhunderten umfasste das Medizinstudium genau wie heute sowohl eine naturwissenschaftliche Ausbildung, wie etwa in Mathematik und Physik, als auch die medizinischen Standardfächer, wie Anatomie, Physiologie, Botanik, Pharmakologie, Chemie, Biologie, und andere Themenbereiche, die wir mit Medizin assoziieren. So enthalten die ersten 133 Seiten in Albrecht Hallers ausführlich kommentierter Ausgabe von Herman Boerhaaves Handbuch für das Studium der Medizin, *Methodus Studii Medici* (2 Bände, Amsterdam 1751),[5] eine kommentierte Bibliographie von Werken über Mathematik und Physik. Diese verblüffend umfassende Sammlung von naturwissenschaftlichen Schriften verbindet man nicht unbedingt mit einer medizinischen Ausbildung. Boerhaave, der Verfasser des ursprünglichen Handbuchs, leistete sowohl Pionierarbeit in der Chemie als auch in der Medizinerausbildung.[6] Mit ihrer guten wissenschaftlichen Ausbildung haben Mediziner oft Beiträge für die medizinische Wissenschaft und Technik wie auch für Wissenschaftsbereiche außerhalb des Kerngebiets der Medizin geleistet. Ebenso bereitwillig haben sie neue Kenntnisse aus den nicht-medizinischen Disziplinen auf Theorie und Praxis der Medizin angewendet.

5 Norman, op. cit., 6746.

6 Norman, op. cit., 666.1.

Als ich die bahnbrechenden Arbeiten aus *Fortschritte der Medizin durch Wissenschaft und Technik* sowie die *Im Spiegel der Zeit* angegebenen Titel durchgesehen habe, war ich beeindruckt davon, dass so viele Beiträge von Ärzten stammten. Andererseits war es aufschlussreich zu sehen, wie viele Beiträge von Wissenschaftlern aus anderen Disziplinen für die Lösung medizinischer Probleme herangezogen wurden. Wegen der Sonderstellung der Medizinkultur und der historischen Trennung der Medizin von anderen Wissenschaftszweigen sind die nicht-medizinischen Ursprünge von einigen dieser Beiträge vielleicht in Vergessenheit geraten. Darüber hinaus ist es verblüffend, wie viele Entdeckungen, die wir mit nicht-medizinischer Wissenschaft verbinden, tatsächlich von Ärzten stammten.

Zu den für mich faszinierendsten Fakten, von denen das Buch berichtet, gehören die folgenden:

Schon zu Euklids Zeiten wurden Erkenntnisse über Physik und Optik auf das Studium des Sehens angewandt.

De Magnete, eine Schrift über Elektrizität und Magnetismus, die seit langem als das erste in England verfasste Werk der experimentellen Wissenschaft gilt, wurde von dem Arzt William Gilbert verfasst.

Der französische Arzt Pierre Borel wirkte an der Entwicklung des Mikroskops und des Teleskops mit. Er verfasste übrigens auch die erste unabhängige Bibliographie über Chemie und Alchemie.

Der Chemiker Joseph Black praktizierte und lehrte Medizin.

Sowohl Thomas Young als auch Hermann von Helmholtz, die Entwickler der „Young-Helmholtz-Theorie" des Farbensehens, hatten eine medizinische Ausbildung. Helmholtz arbeitete unter anderem in der „reinen" Wissenschaft der physiologischen Optik, und mit der Erfindung des Augenspiegels leistete er einen Beitrag zu ihren klinischen Anwendungen. Thomas Young war nicht nur an der Entzifferung der ägyptischen Hieroglyphen beteiligt, sondern schrieb auch über die Physiologie des Sehens und medizinische Bibliographie. Und er verfasste das enzyklopädische Werk *A Course of Lectures on Natural Philosophy and the Mechanical Arts* (2 Bände, 1807).

Der Mathematiker und Physiker Daniel Bernoulli, dessen Arbeiten zur Hydrodynamik Erkenntnisse über den Flüssigkeitsstrom im menschlichen Körper sowie für Bereiche wie die Luftfahrttechnik erbrachten, hatte zunächst eine medizinische Ausbildung erhalten.

Der Chemiker Humphry Davy war Lehrling eines Chirurgen und Apothekers und in Chemie ein Autodidakt.

Der Astronom Johannes Kepler hat Studien zum Sehen durchgeführt.

Francis Hauksbee, der im Bereich der Elektrizität forschte, und Antoni van Leeuwenhoek, ein Pionier der Mikroskopie, verdienten sich ihren Lebensunterhalt beide im Tuchhandel.

Stephen Hales, der die Physiologie der Atemwege und den Blutkreislauf erforschte, war Landpfarrer in dem Dorf Teddington.

Der Chemiker Joseph Priestley, ein unitarischer Priester, veröffentlichte zahlreiche Schriften über Theologie, Bildung und Politik sowie über naturwissenschaftliche Themen.

Wilhelm Conrad Röntgens Entdeckung der Röntgenstrahlen wurde von Medizinern fast umgehend als Verfahren genutzt, das Innere des menschlichen Körpers darzustellen. Röntgen war Physikprofessor und leistete nie mehr einen Beitrag für die medizinische Forschung.

Auch die Ursprünge der parallelen Entwicklung elektronischer Rechner und der Molekularbiologie nach dem Zweiten Weltkrieg sind im vorliegenden Buch dokumentiert. Mit diesen beiden Zweigen der Wissenschaft und Technik gewannen die Mathematik und die Quantenphysik zunehmend an Bedeutung für Medizin und Biologie. Wegen der enormen Komplexität biologischer Systeme, wo einzelne Proteinmoleküle 10 000 Atome enthalten können, und da im menschlichen Körper über 100 000 verschiedene Proteine vorkommen, war es vor der Erfindung elektronischer Hochleistungsrechner nicht möglich, Proteinstrukturen zu entschlüsseln und ihre komplizierten Interaktionen zu untersuchen. Vor der Zeit der Computer konnte man ohne enormen Zeitaufwand und große Mühe nicht einmal Berechnungen von Strukturen ganz einfacher nicht-biologischer Moleküle anstellen:

Das Erstellen von Elektronendichte-Karten für eine Strukturanalyse verlangt äußerst komplizierte Berechnungen über große Mengen numerischer Daten. In den frühen 1940er-Jahren erlaubte der Stand der Technik lediglich Berechnungen von Strukturen, die nicht mehr als zehn kristallographisch getrennte Atome enthielten. Die Bestimmung einer Struktur mit zehn Atomen erforderte in den frühen 1940er-Jahren etwa sechs Wochen experimenteller Arbeit, auf die bis zu drei Jahre schriftlicher Berechnungen folgten, die eine Gruppe menschlicher „Sklaven" auszuführen hatten.[7]

Die Entwicklung elektronischer Rechner in den ersten zehn Jahren nach dem Zweiten Weltkrieg öffnete unzählige Türen in allen Wissenschaftsbereichen. Während der Betriebsdauer des ersten elektronischen Rechners der Welt, ENIAC, von 1945 bis in die frühen 1950er-Jahre stellte diese riesige und vergleichsweise langsame Maschine, die nur 100 000-mal schneller als der Mensch rechnete, schätzungsweise mehr Berechnungen an als die gesamte Menschheit in den Jahrhunderten zuvor.[8] 1960 waren weltweit bereits an die 10 000 Großrechner in Betrieb, 6 000 davon in den Vereinigten Staaten. Die Tatsache, dass man mithilfe elektronischer Rechner Mathematik und Quantenphysik zur Lösung biologischer Probleme heranziehen konnte, ermöglichte zahllose Durchbrüche in Bereichen wie der medizinischen Bildgebung, Pharmakologie, Bioinformatik und Genomik. Die erste wirklich nützliche Anwendung elektronischer Berechnungen in der Medizin war die medizinische Bildgebung. Das erste System der auf die Medizin angewandten digitalen Bildgebung war die Computertomographie. Ihr Erfinder, Geoffrey Hounsfield, war ein Elektroingenieur. Seine Arbeiten beruhten großenteils auf den Forschungen über Bildrekonstruktion durch den Mathematiker Allan Cormack.

Von den späten 1950er-Jahren an hatten die medizinischen Bibliotheken eine explosive Zunahme an medizinischen Informationen zu bewältigen, die in neuen Büchern und zahlreichen neuen Zeitschriften veröffentlicht wurden. Dies bedeutete eine besondere Herausforderung für die National Library of Medicine in Bethesda, Maryland, die seit 1879 den Index Medicus herausgab, in dem die gesamte medizinische Literatur indexiert und zusammengefasst wurde. Angesichts der bedrohlich anwachsenden Datenfülle gehörte die NLM zu den ersten Institutionen, die elektronische Rechner nicht nur für die Lösung mathemati-

7 Andrew D. Booth, *Computers in the University of London, 1945–1962*. Zitiert in Diana H. Hook & Jeremy M. Norman, *Origins of Cyberspace: A Library on the History of Computing, Networking, and Telecommunications* (Novato, CA: historyofscience.com, 2002).

8 Jeremy M. Norman, *From Gutenberg to the Internet: A Sourcebook on the History of Information Technology* (Novato, CA: historyofscience.com, 2005).

scher Probleme oder das Rechnungswesen heranzogen, sondern auch für die Verwaltung von Informationen. Die Bemühungen der NLM und unabhängiger Unternehmen führten in den frühen 1960er-Jahren zur Entwicklung von MEDLARS (Medical Literature Analysis and Retrieval System). Teilweise unter Rückgriff auf diese Technik entwickelte man parallel dazu auf dem privaten Sektor die ersten elektronischen Informationsdienste, wie etwa Lockheeds DIALOG. Es überrascht nicht, dass die Medizin als Disziplin, die sich in ihrer gesamten Geschichte Erkenntnisse aus anderen Wissenschaftszweigen und Technologien zunutze gemacht hat, nicht nur die wissenschaftliche Bibliographie erfand und ein Pionier in der Klassifikation des Universalwissens war, sondern auch den Weg für Datenbanken auf dem Computer ebnete – Vorläufer der virtuellen Bibliothek universaler Informationen, die sich im Internet entwickelt.

99 wegweisende Publikationen auf einen Blick

1. 1528 DÜRER Die mathematische Berechnung der menschlichen Proportionen zur räumlichen Darstellung des Körpers
2. 1575 PARÉ Neue chirurgische Verfahren und Instrumente sowie künstliche Körperteile und Prothesen
3. 1590 PARACELSUS Einführung der Chemie in die Medizin und die Entdeckung der Wirkung von Äther
4. 1603 SANTORIO Die erste Anwendung quantitativer Messungen zur medizinischen Diagnostik
5. 1604 KEPLER Erste korrekte Erklärung der Mechanismen der Bildgebung und des Sehens
6. 1614 SANTORIO Erste quantitative Untersuchung des Flüssigkeitshaushaltes im Körper
7. 1625 SANTORIO Einführung quantitativer Messungen der Temperatur in der Medizin
8. 1652 VAN HELMONT Erstmalige Benennung von Gasen und erste Beschreibung von Kohlendioxid
9. 1655 BOREL Erste Publikation mit einer Beschreibung des Verbundmikroskops und seiner medizinischen Verwendung
10. 1665 WREN Einführung kontrollierter Infusionsverfahren
11. 1667 HOOKE Erste systematische Untersuchung der Physiologie der künstlichen Beatmung
12. 1680 BORELLI Erste Untersuchung der Mechanik von Bewegungen und des Herzens als mechanischer Pumpe
13. 1684 KIRCHER Frühe Untersuchung der Erzeugung und Verbreitung des Schalls und seiner medizinischen Verwendung
14. 1684 BOYLE Erstes Werk, das sich ausschließlich mit der Biochemie des Blutes beschäftigt
15. 1709 HAUKSBEE Präsentation von Geräten zur Untersuchung von Elektrostatik, elektrischen Entladungen und Licht
16. 1719 LEEUWENHOEK Mikroskopische Untersuchungen, die zu vielen neuen medizinischen und biologischen Entdeckungen führen
17. 1727 HALES Erste präzise Blutdruckmessung sowie Gase in Chemie und Physiologie
18. 1738 BERNOULLI Theorie über Gase und Flüssigkeiten sowie die erste Berechnung der Herzleistung
19. 1748 JALLABERT Erste Anwendung der Elektrizität zur Behandlung von Lähmungen
20. 1756 BLACK Die Entdeckung und Eigenschaften von Kohlendioxid
21. 1777 SCHEELE Die Entdeckung von Sauerstoff und vielen anderen neuen Elementen und organischen Säuren
22. 1777 PRIESTLEY Die Entdeckung von Sauerstoff, Distickstoffmonoxid und Stickstoffmonoxid sowie der Zusammensetzung von Wasser
23. 1788 KITE Erste Demonstration der elektrischen Reanimation mit künstlicher Beatmung
24. 1789 LAVOISIER Einführung der modernen Wissenschaft der Chemie und Untersuchung der Sauerstoffaufnahme beim Menschen
25. 1791 KEMPELEN Der erste Apparat zur Erzeugung von Sprachlauten und Wörtern
26. 1800 VOLTA Die Erfindung der Batterie und die elektrische Stimulation des Gehörs
27. 1800 HERSCHEL Die Entdeckung der Infrarotstrahlung
28. 1800 DAVY Die Eigenschaften von Lachgas und die Anregung zu seiner Verwendung in der Chirurgie
29. 1806 SERTÜRNER Entdeckung, Isolierung und Eigenschaften von Morphin und anderen Alkaloiden
30. 1806 LEGENDRE Erste Anwendung eines statistischen Verfahrens, der Methode der kleinsten Quadrate, in der experimentellen Wissenschaft
31. 1819 LAENNEC Die Erfindung des Stethoskops und die Einführung des Abhorchens als klinisches Werkzeug
32. 1822 FOURIER Leistungsfähiges neues mathematisches Verfahren zur Anwendung auf wissenschaftliche und medizinische Probleme
33. 1825 LABARRAQUE Einführung von Chloridlösungen zur Desinfektion
34. 1827 CIVIALE Die Entwicklung eines neuen Gerätes – des Lithotriptors – zur Zertrümmerung von Blasensteinen
35. 1828 POISEUILLE Einführung des Quecksilbermanometers zur Blutdruckmessung
36. 1835 DUMAS Neue Theorie chemischer Reaktionen, auf der die korrekte Formel für Chloroform beruht
37. 1837 MAGNUS Erste quantitative Blutgasbestimmungen
38. 1839 DAGUERRE Einführung der Fotografie – Fotomikroskopie – und frühe medizinische Anwendungen
39. 1842 LIEBIG Anwendung der organischen Chemie auf elementare Lebensprozesse
40. 1842 DOPPLER Die Entdeckung des Dopplereffekts
41. 1846 HUTCHINSON Die Erfindung des Spirometers und seine Verwendung zur Diagnose der Lungenfunktion
42. 1848 DU BOIS-REYMOND Erforschung der Physiologie der elektrischen Leitfähigkeit von Nerven und Muskeln
43. 1850 HELMHOLTZ Erste Messung der Geschwindigkeit des Nervenimpulses
44. 1851 WEBER Die Erklärung des Blutflusses anhand einer neuen Wellentheorie
45. 1852 HELMHOLTZ Die Erfindung des Augenspiegels

46. 1856 FICK Erster allgemeiner Überblick über die Rolle der Physik in der Medizin
47. 1858 SNOW Einführung eines wissenschaftlichen Ansatzes zur Anästhesie
48. 1858 CZERMAK Die Erfindung und Einführung der Kehlkopfspiegelung als nützliches klinisches Werkzeug
49. 1862 KIRCHHOFF Die Entdeckung der Spektralanalyse zur Bestimmung der chemischen Elemente
50. 1862 PASTEUR Präsentation durch die Luft übertragener Bakterien und Einführung der Keimtheorie bei Krankheiten
51. 1862 HOPPE-SEYLER Die Entdeckung des Hämoglobins und Untersuchung seiner Eigenschaften und Spektren
52. 1863 MAREY Messung und Aufzeichnung des Arterienpulses und anderer physiologischer Parameter
53. 1866 MENDEL Die Erklärung der Vererbungsgesetze
54. 1867 LISTER Einführung der antiseptischen Chirurgie
55. 1868 MAXWELL Begründung der Kontrolltheorie als Wissenschaft
56. 1870 FICK Neues Verfahren zur Messung des Herzzeitvolumens
57. 1871 TRENDELENBURG Neues Verfahren und Geräte zur Intubation und Anästhesie
58. 1875 VOIT Präzise Geräte zur Messung des Gasaustauschs, um die Verwertung von Nährstoffen zu bestimmen
59. 1878 BERT Physiologie bei hohem und niedrigem Druck. Erstmalige Berechnung der Dissoziationskurve für Sauerstoff
60. 1879 NITZE Die Erfindung und Entwicklung der Zystoskopie und verwandter Verfahren
61. 1881 KOCH Die Begründung der Wissenschaft der Bakteriologie und moderner Sterilisationsverfahren
62. 1884 ARRHENIUS Die Erklärung der Eigenschaften von Elektrolyten
63. 1885 VAN'T HOFF Theorie über den osmotischen Druck und das chemische Gleichgewicht
64. 1886 ABBE Eine neue Theorie und die daraus resultierende grundlegende Verbesserung der optischen Mikroskopie
65. 1887 WALLER Ableitung elektrischer Signale von der Haut, die vom Herzschlag erzeugt werden
66. 1889 CURIE Die Entdeckung der Piezoelektrizität und ihre Anwendung in Sensoren und Wandlern
67. 1895 RÖNTGEN Die Entdeckung der Röntgenstrahlen
68. 1896 RIVA-ROCCI Einführung des modernen Verfahrens der Blutdruckmessung
69. 1897 THOMSON Die Entdeckung des Elektrons und Entwicklung des Massenspektroskops
70. 1898 CURIE Die Entdeckung der Radioaktivität und neuer radioaktiver Elemente
71. 1902 EINTHOVEN Konstruktion des modernen Elektrokardiographen
72. 1903 FISCHER Die Entdeckung der hypnotischen Wirkung von Barbituraten und die Untersuchung von Purinen
73. 1903 TSWETT Die Erfindung des Chromatographieverfahrens
74. 1906 FISCHER Die Synthese von Aminosäuren und Peptiden
75. 1910 EHRLICH Die Begründung der modernen Chemotherapie sowie die Entdeckung und klinische Verwendung von Salvarsan
76. 1913 LAUE Erstmalige Beobachtung und Erklärung der Röntgenbeugung bei Kristallen
77. 1914 ABEL Erfolgreiche Demonstration der Dialyse bei Hunden
78. 1920 STAUDINGER Erklärungsversuch für den Mechanismus der Polymerisation und die Anwendung auf synthetischen Kautschuk
79. 1922 ASTON Die Entwicklung der Massenspektrometrie und die Entdeckung der Isotope
80. 1929 CAROTHERS Die Erfindung und Produktion industrieller Polymere, insbesondere von Polyamid (Nylon)
81. 1931 VAN SLYKE Erster umfassender Überblick über die medizinisch genutzte klinische Chemie
82. 1933 ZWORYKIN Die Erfindung des Fernsehens und des Rasterelektronenmikroskops
83. 1938 RUSKA Die Entwicklung des Transmissionselektronenmikroskops
84. 1941 MARTIN Die Erfindung der Verteilungschromatographie und Gaschromatographie
85. 1945 ECKERT, MAUCHLY „ENIAC", der erste programmierbare elektronische Rechner
86. 1946 KOLFF Einführung der künstlichen Niere und anderer künstlicher Organe
87. 1951 ENGSTRÖM Erstes für Langzeitbehandlungen geeignetes Beatmungsgerät mit Mengenkontrolle
88. 1953 WATSON, CRICK Darlegung der Struktur des DNA-Moleküls
89. 1953 FANT Großer Fortschritt in der elektronischen Sprachanalyse und -synthese
90. 1954 EDLER, HERTZ Einführung der Ultraschallechokardiographie
91. 1959 ELMQVIST, SENNING Präsentation des ersten vollimplantierbaren Herzschrittmachers
92. 1960 MAIMAN Beschreibung des ersten LASER und seiner Funktionsweise
93. 1969 BRÅNEMARK Titanimplantate in Medizin und Zahnmedizin
94. 1971 DAMADIAN Die Entwicklung des Kernspinresonanzverfahrens zur Unterscheidung biologischer Gewebe
95. 1973 HOUNSFIELD Die Erfindung der Röntgen-Computertomographie
96. 1973 LAUTERBUR Neues allgemeines Verfahren zur bildlichen Darstellung biologischer Gewebe mittels Kernspinresonanztechnik
97. 1974 WAGNER, WEST Neues Analyseverfahren für Ventilations- und Perfusionsbedingungen in der Lunge
98. 1974 KAHN, CERF Allgemein einsetzbares Internetprotokoll zur Kommunikation zwischen Datennetzwerken
99. 1975 PHELPS Die Erfindung der modernen PET-Bildgebung

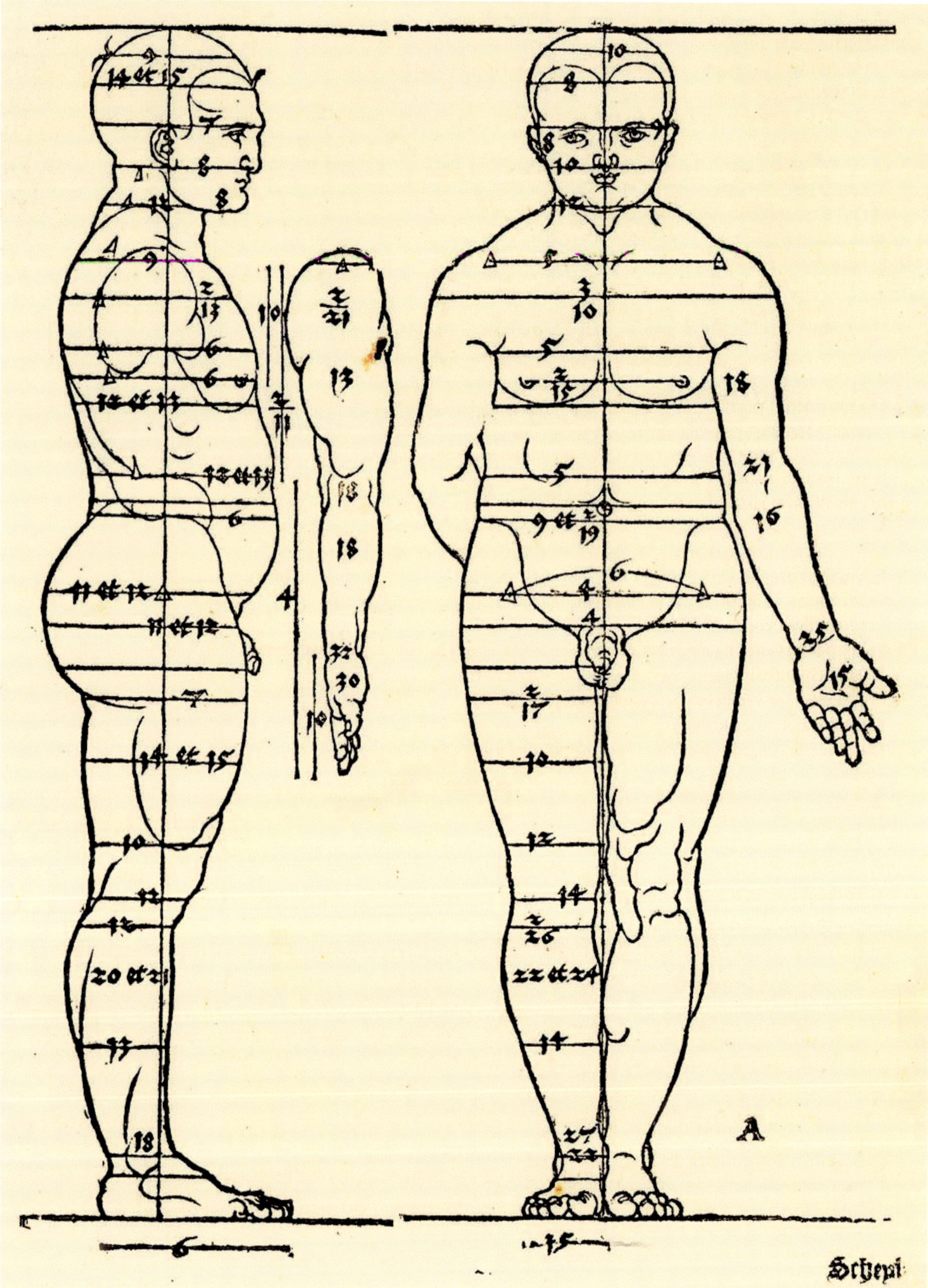

1:1

Albrecht Dürer (1471–1528) unternimmt den ersten Versuch, mithilfe der Mathematik die Proportionen des menschlichen Körpers zu bestimmen.

Albrecht Dürer

Dürer wurde 1471 in Nürnberg geboren, wo er bei seinem Vater das Goldschmiedehandwerk erlernte und danach bei Michael Wolgemut, einem führenden Kirchenmaler, die Malerei. Als junger Mann reiste er nach Italien. Dort lernte er euklidische Geometrie (1.1) und die Architektur des Vitruvius Pollio (1.2) kennen, was ihn stark beeinflusste. Sein Zusammentreffen im Jahre 1505 mit Pacioli, dem Mathematiker und Kunsttheoretiker (1.3), hatte ebenfalls einen großen Einfluss auf sein späteres Werk. Als Künstler befasste er sich intensiv mit dem Studium der Perspektive und der räumlichen Darstellung von Objekten (1.4). Die Summe dieser Einsichten versetzte ihn in die Lage, mithilfe von mathematischen Verfahren die Proportionen, Formen und Bewegungen des menschlichen Körpers abzubilden. Die Ergebnisse wurden 1528 unmittelbar nach seinem Tod veröffentlicht. Der Herausgeber des Buches, Pirckheimer, war ein Freund Dürers, der 1524 ein Porträt von ihm malte.

1:2

Albrecht Dürer, Selbstporträt 1498. Dürer war der erste Künstler der abendländischen Kunst, der Selbstporträts malte.

Hierinn sind begriffen vier Bücher von menschlicher Proportion.

W. Pirckheimer, Herausgeber. Nürnberg: Hieronymus Andrea Formschneider für Dürers Witwe, 1528.

Dürers Darstellungen sind der erste Versuch, die Mathematik zur Beschreibung der Proportionen und Formen des menschlichen Körpers heranzuziehen. Laut Dürer sollten diese Formen „geometrisch oder arithmetisch konstruiert werden und durch die Anwendung eines Kanons der Proportionen Schönheit erlangen" (1.5). Das Buch enthält vier separate Teile, von denen der letzte am interessantesten ist, da er hier versucht, die Bewegung von Körpern im Raum zu behandeln. Dieses Problem erforderte eine neue, komplexe und schwierige Analyse der deskriptiven räumlichen Geometrie. Dürer gilt als der Erste, der sich dieser Herausforderung stellte (1.5).

Im Spiegel der Zeit:

Dürer war ein Zeitgenosse Leonardo da Vincis, und beide erzielten bedeutende Fortschritte beim realistischen Abbilden des menschlichen Körpers. Dürer zeichneten jedoch seine systematischen Versuche aus, hierfür allgemeine mathematische Regeln zu finden, und im Gegensatz zu Leonardo da Vincis anatomischen Arbeiten war Dürers mathematische Behandlung des menschlichen Körpers jahrhundertelang äußerst einflussreich. Nur 15 Jahre nach Dürers Tod veröffentliche Andreas Vesalius sein berühmtes anatomisches Werk, das die Struktur des gesamten menschlichen Körpers beschrieb (1.6). Obwohl diese Anatomie-Atlanten in den darauffolgenden Jahrhunderten immer detaillierter, genauer und kunstvoller wurden (1.7), gelang es erst rund 300 Jahre später dank den Fortschritten der Chemie (1.8) und der Einführung der Fotografie (1.9), die Darstellung des menschlichen Körpers und seiner Bewegungen ausschließlich mit wissenschaftlichen Verfahren zu studieren, was ein sehr viel höheres Maß an Präzision und Kunstfertigkeit ermöglichte (1.10).

1.1 Euklid. *Elementa geometriae*. Venedig 1482.
1.2 Vitruvius Pollio M. *De architectura*. Rom 1486.
1.3 Pacioli L. *De divina Proportione*. Venedig 1509.
1.4 Dürer A. *Underweysung der messung ... zu nutz allen kunstliebhabenden*. Nürnberg 1525.
1.5 *Dictionary of Scientific Biography* IV S. 258. New York 1970–1990.
1.6 Vesalius A. *De humani corporis fabrica libri septem*. Basel 1543.
1.7 Bidloo G. *Anatomia humanis corporis & quinque tabulis, per artificiossis*. Amsterdam 1685.
1.8 Scheele CW. *Sämtliche physische und chemische Werke* Bd. I, II. Berlin 1793. Siehe auch Nr. 21 Scheele S. 120.
1.9 Siehe Nr. 38 Daguerre S. 202.
1.10 Siehe Nr. 52 Marey S. 272.

Luca Pacioli (1445–1514), Franziskanerpater, Mathematiker und Kunsttheoretiker, beim Illustrieren eines Theorems von Euklid.

1:3

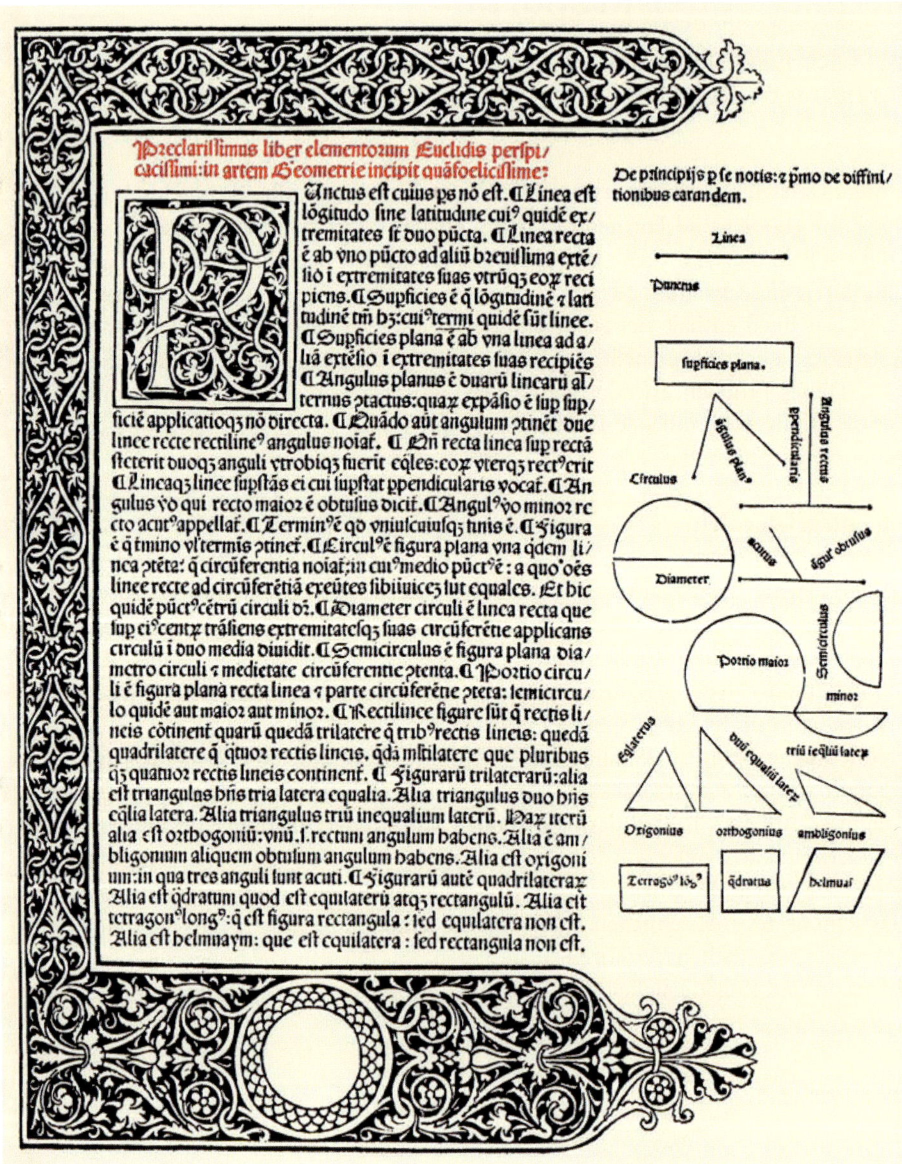

Preclarissimus liber elementorum Euclidis perspi/
cacissimi: in artem Geometrie incipit quãfoelicissime:

Punctus est cuius ps nõ est. ¶ Linea est
lõgitudo sine latitudine cui⁹ quidẽ ex/
tremitates sũt duo pũcta. ¶ Linea recta
ẽ ab vno pũcto ad aliũ breuissima extẽ/
siõ i extremitates suas vtrũq3 eo℞ reci
piens. ¶ Supficies ẽ q̃ lõgitudinẽ ⁊ lati
tudinẽ tm̃ h3: cui⁹ termi quidẽ sũt linee.
¶ Supficies plana ẽ ab vna linea ad a/
liã extẽsio i extremitates suas recipiẽs
¶ Angulus planus ẽ duarũ linearũ al/
ternus ɔtactus: qua℞ expãsio ẽ sup sup/
ficiẽ applicatioq3 nõ directa. ¶ Quãdo aũt angulum ɔtinẽt due
linee recte rectiline⁹ angulus noiat. ¶ Qñ recta linea sup rectã
steterit duoq3 anguli vtrobiq3 fuerit eq̃les: eo℞ vterq3 rect⁹ erit
¶ Lineaq3 linee supstãs ei cui supstat ppendicularis vocat. ¶ An
gulus vo qui recto maior ẽ obtusus dicit. ¶ Angul⁹ vo minor re
cto acut⁹ appellat. ¶ Termin⁹ ẽ qd vniuscuiusq3 finis ẽ. ¶ Figura
ẽ q̃ tmino vl termĩs ɔtinet. ¶ Circul⁹ ẽ figura plana vna q̃dem li/
nea ɔtẽta: q̃ circũferentia noiat: in cui⁹ medio pũct⁹ ẽ: a quo oẽs
linee recte ad circũferẽtiã exeũtes sibiiuice3 sut equales. Et hic
quidẽ pũct⁹ cẽtrũ circuli dr̃. ¶ Diameter circuli ẽ linea recta que
sup ei⁹ centr℞ trãsiens extremitatesq3 suas circũferẽtie applicans
circulũ i duo media diuidit. ¶ Semicirculus ẽ figura plana dia/
metro circuli ⁊ medietate circũferentie ɔtenta. ¶ Portio circu/
li ẽ figura plana recta linea ⁊ parte circũferẽtie ɔteta: semicircu/
lo quidẽ aut maior aut minor. ¶ Rectilinee figure sũt q̃ rectis li/
neis cõtinent quarũ quedã trilatere q̃ trib⁹ rectis lineis: quedã
quadrilatere q̃ q̃tuor rectis lineis. q̃dã mltilatere que pluribus
q3 quatuor rectis lineis continent. ¶ Figurarũ trilaterarũ: alia
est triangulus hñs tria latera equalia. Alia triangulus duo hñs
eq̃lia latera. Alia triangulus triũ inequalium laterũ. Ha℞ iterũ
alia est orthogoniũ: vnũ .s. rectum angulum habens. Alia ẽ am/
bligonium aliquem obtusum angulum habens. Alia est oxigoni
um: in qua tres anguli sunt acuti. ¶ Figurarũ autẽ quadrilatera℞
Alia est q̃dratum quod est equilaterũ atq3 rectangulũ. Alia est
tetragon⁹ long⁹: q̃ est figura rectangula: sed equilatera non est.
Alia est helmuaym: que est equilatera: sed rectangula non est.

De principijs p se notis: ⁊ p̃mo de diffini/
tionibus earandem.

1:4

Die erste Druckausgabe von Euklids *Elementa geometriae* erscheint 1482 in Venedig.

1:5

Dürer stellt dar, wie eine räumliche Abbildung des weiblichen Körpers anzufertigen ist.

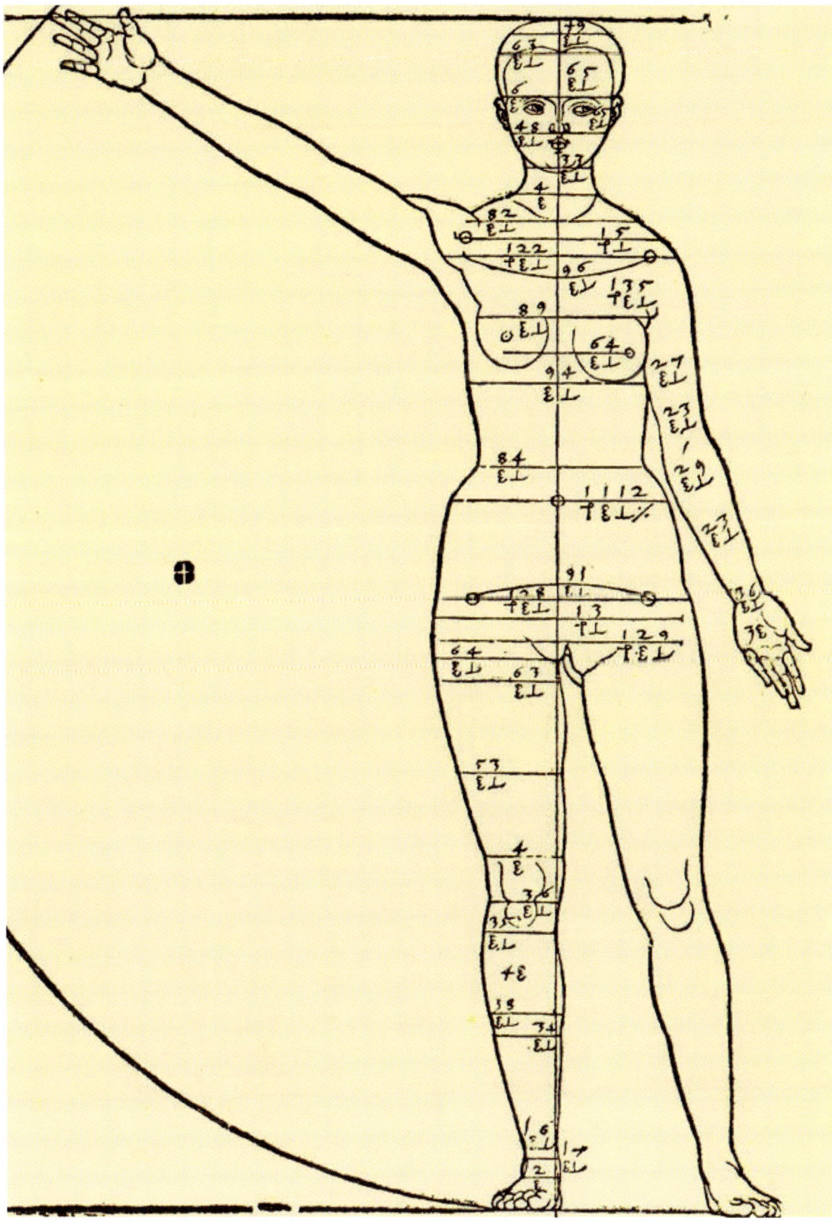

1:6

Die geometrischen und arithmetischen Proportionen des weiblichen Körpers. Dürer versucht auch, die Bewegung von Körpern im Raum darzustellen – ein schwieriges Problem der deskriptiven räumlichen Geometrie.

1:7

1:8

Dürers berühmte Darstellungen geometrischer Verfahren für die Reproduktion von Objekten im Raum.

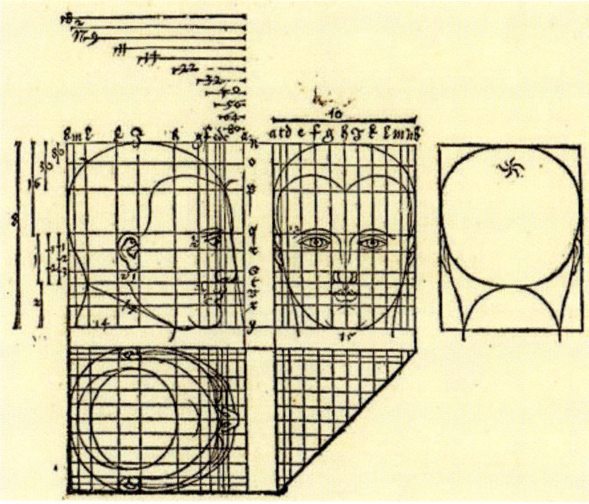

1:9

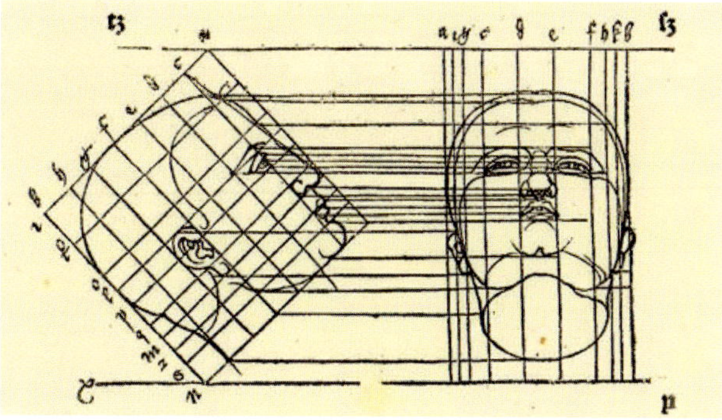

1:10

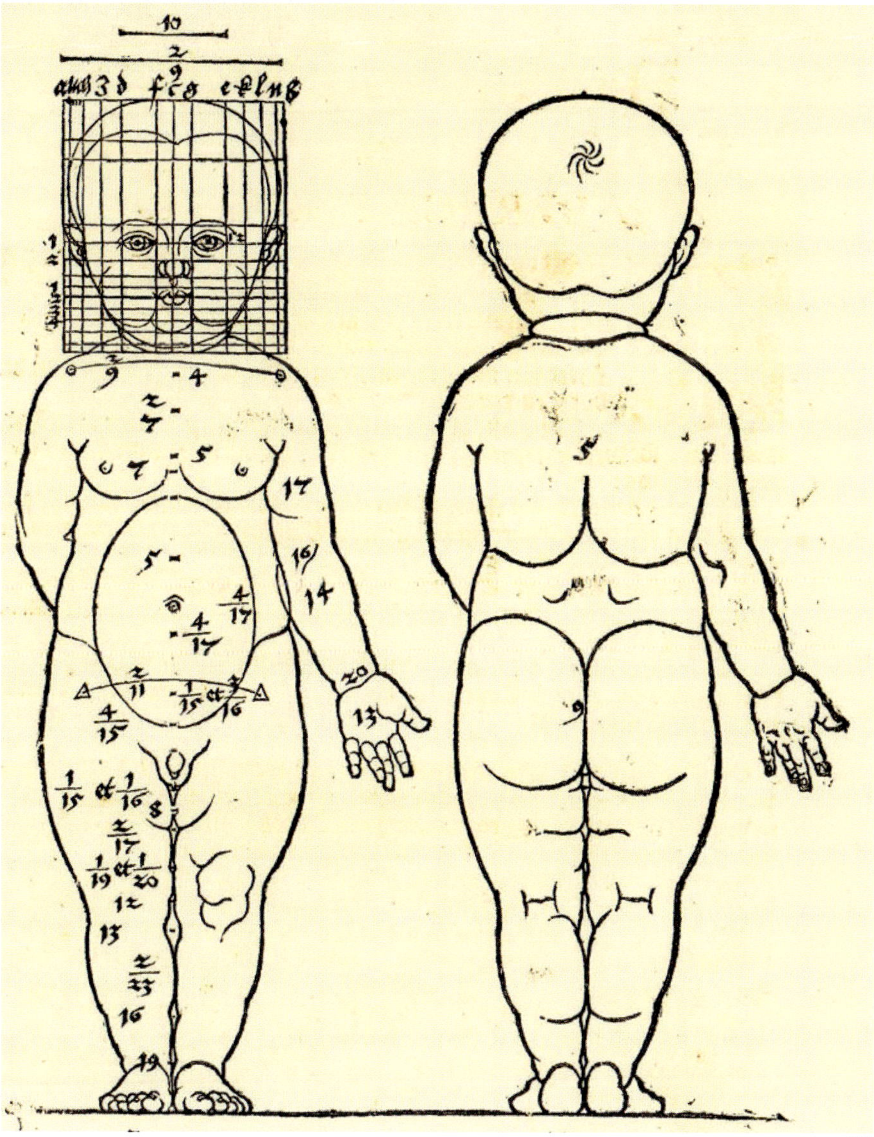

1:11

Proportionen und Projektionen vom Kopf und Körper eines Kindes.

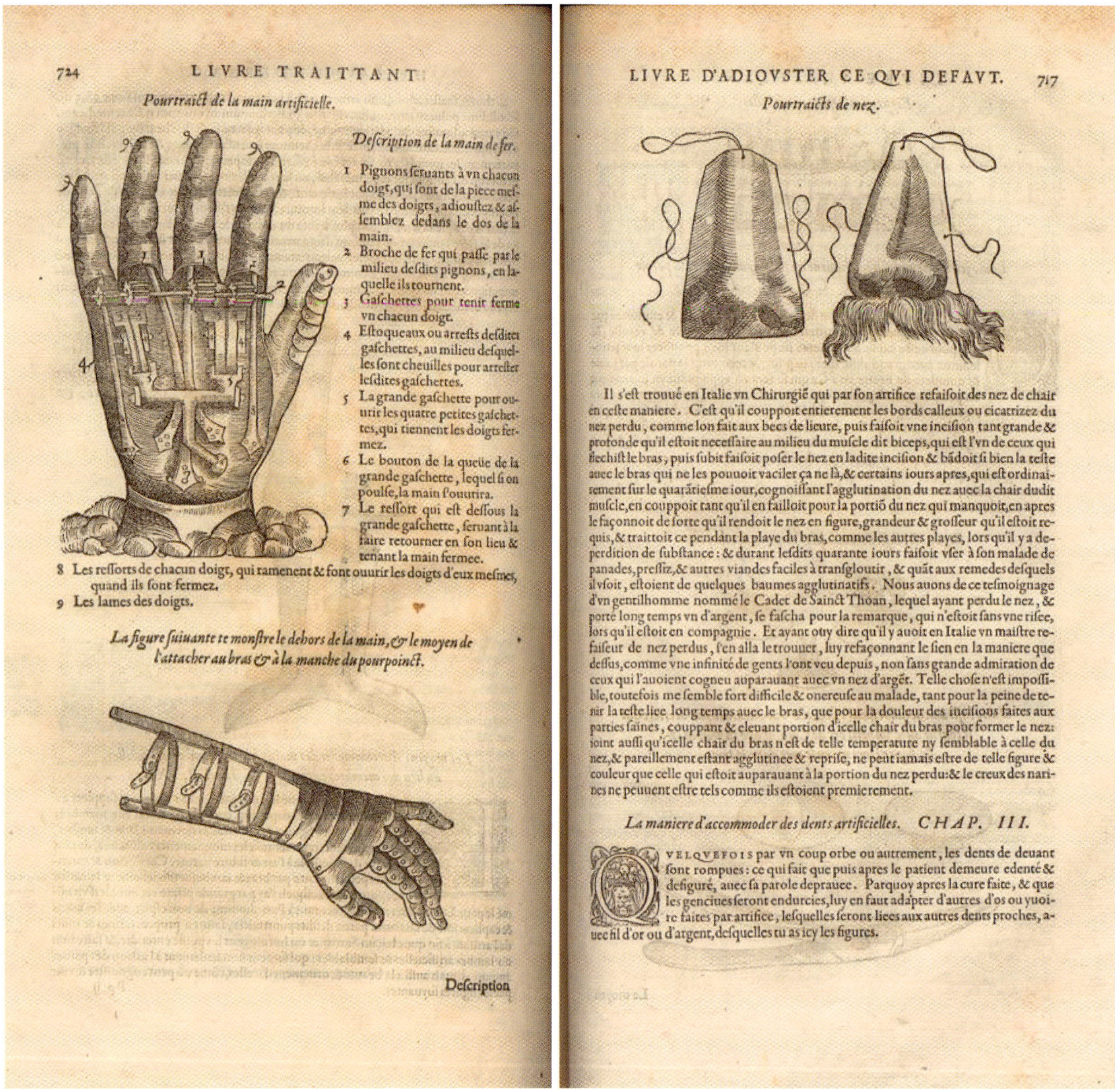

724 LIVRE TRAITTANT

Pourtraict de la main artificielle.

Deſcription de la main de fer.

1 Pignons ſeruants à vn chacun doigt, qui ſont de la piece meſme des doigts, adiouſtez & aſſemblez dedans le dos de la main.
2 Broche de fer qui paſſe par le milieu deſdits pignons, en laquelle ils tournent.
3 Gaſchettes pour tenir ferme vn chacun doigt.
4 Eſtoqueaux ou arreſts deſdites gaſchettes, au milieu deſquelles ſont cheuilles pour arreſter leſdites gaſchettes.
5 La grande gaſchette pour ouurir les quatre petites gaſchettes, qui tiennent les doigts fermez.
6 Le bouton de la queüe de la grande gaſchette, lequel ſi on pouſſe, la main ſ'ouurira.
7 Le reſſort qui eſt deſſous la grande gaſchette, ſeruant à la faire retourner en ſon lieu & tenant la main fermee.
8 Les reſſorts de chacun doigt, qui ramenent & font ouurir les doigts d'eux meſmes, quand ils ſont fermez.
9 Les lames des doigts.

La figure ſuiuante te monſtre le dehors de la main, & le moyen de l'attacher au bras & à la manche du pourpoinct.

Deſcription

LIVRE D'ADIOVSTER CE QVI DEFAVT. 717

Pourtraicts de nez.

Il ſ'eſt trouué en Italie vn Chirurgiẽ qui par ſon artifice refaiſoit des nez de chair en ceſte maniere. C'eſt qu'il couppoit entierement les bords calleux ou cicatrizez du nez perdu, comme lon fait aux becs de lieure, puis faiſoit vne inciſion tant grande & profonde qu'il eſtoit neceſſaire au milieu du muſcle dit biceps, qui eſt l'vn de ceux qui flechiſt le bras, puis ſubit faiſoit poſer le nez en ladite inciſion & bãdoit ſi bien la teſte auec le bras qui ne les pouuoit vaciler ça ne là, & certains iours apres, qui eſt ordinairement ſur le quarãtieſme iour, cognoiſſant l'agglutination du nez auec la chair dudit muſcle, en couppoit tant qu'il en failloit pour la portiõ du nez qui manquoit, en apres le façonnoit de ſorte qu'il rendoit le nez en figure, grandeur & groſſeur qu'il eſtoit requis, & traittoit ce pendant la playe du bras, comme les autres playes, lors qu'il y a deperdition de ſubſtance: & durant leſdits quarante iours faiſoit vſer à ſon malade de panades, preſſiz, & autres viandes faciles à tranſgloutir, & quãt aux remedes deſquels il vſoit, eſtoient de quelques baumes agglutinatifs. Nous auons de ce teſmoignage d'vn gentilhomme nommé le Cadet de Sainct Thoan, lequel ayant perdu le nez, & porté long temps vn d'argent, ſe faſcha pour la remarque, qui n'eſtoit ſans vne riſee, lors qu'il eſtoit en compagnie. Et ayant ouy dire qu'il y auoit en Italie vn maiſtre refaiſeur de nez perdus, ſ'en alla le trouuer, luy refaçonnant le ſien en la maniere que deſſus, comme vne infinité de gents l'ont veu depuis, non ſans grande admiration de ceux qui l'auoient cogneu auparauant auec vn nez d'argẽt. Telle choſe n'eſt impoſſible, toutefois me ſemble fort difficile & onereuſe au malade, tant pour la peine de tenir la teſte liee long temps auec le bras, que pour la douleur des inciſions faites aux parties ſaines, couppant & eleuant portion d'icelle chair du bras pour former le nez: ioint auſſi qu'icelle chair du bras n'eſt de telle temperature ny ſemblable à celle du nez, & pareillement eſtant agglutinee & repriſe, ne peut iamais eſtre de telle figure & couleur que celle qui eſtoit auparauant à la portion du nez perdu: & le creux des narines ne peuuent eſtre tels comme ils eſtoient premierement.

La maniere d'accommoder des dents artificielles. CHAP. III.

QVELQVEFOIS par vn coup orbe ou autrement, les dents de deuant ſont rompues: ce qui fait que puis apres le patient demeure edenté & defiguré, auec ſa parole deprauee. Parquoy apres la cure faite, & que les genciues ſeront endurcies, luy en faut adapter d'autres d'os ou yuoire faites par artifice, leſquelles ſeront liees aux autres dents proches, auec fil d'or ou d'argent, deſquelles tu as icy les figures.

2:1

Die neuartigen Waffen des 16. Jahrhunderts stellten die Chirurgen vor Probleme, die den frühen medizinischen Autoritäten noch fremd waren. Ambroise Paré (1510–1590) führt neue Wundbehandlungsmethoden ein und entwirft Prothesen für die oberen und unteren Gliedmaßen sowie künstliche Nasen und Augen aus Gold und Silber. Außerdem konstruiert er eine mechanische Hand unter Verwendung von Federn und Haken.

Ambroise Paré

2:2

Ambroise Paré mit 75 Jahren.

Paré wurde 1510 in Laval, Frankreich, geboren. Schon als kleiner Junge wurde er Lehrling eines Baders. Mit 22 Jahren machte er seine Meisterprüfung als Bader und trat in den Militärdienst ein. Über 30 Jahre begleitete er die militärischen Kampagnen der Religionskriege; er diente König Heinrich II. und später Karl IX. und Heinrich III. als „erster Militärchirurg". Weil seine Wundbehandlungsmethoden so unorthodox waren und er kein Latein konnte (dank seiner bescheidenen formalen Ausbildung sprach er nur Französisch), lag er ständig im Streit mit der medizinischen Fakultät der Universität von Paris, die vergeblich versuchte, die Verbreitung seiner Schriften zu verhindern. Paré war ein ehrlicher, leidenschaftlicher Mensch, der von seinen Patienten verehrt wurde. Er war tief religiös – sein Motto lautete: „Ich habe ihn behandelt, Gott hat ihn geheilt."

Les œuvres. Avec les figures & portraicts tant de l'Anatomie que des instruments de Chirurgie, & de plusieurs Monstres.

Paris: G. Buon, 1575.

In seinen gesammelten Werken findet sich seine berühmte Schilderung, wie ihm bei der Belagerung von Turin 1536 das siedende Öl ausging. Er ersetzte es durch eine improvisierte Wundtinktur aus Eigelb, Rosenöl und Terpentin und stellte fest, dass sie zur Vorbeugung gegen Infektionen und zur Förderung der Wundheilung besser geeignet war. Paré kritisiert die zur Blutstillung angewandte Kauterisation und spricht sich für die Ligatur von Blutgefäßen aus. Auch in der Geburtshilfe führt er neue Verfahren ein. In seinen gesammelten Werken beschreibt er selbst entworfene Prothesen für die oberen und unteren Gliedmaßen, eine Hand, die mithilfe von Federn und Haken funktioniert, sowie künstliche Nasen und Augen aus Gold und Silber.

Im Spiegel der Zeit:
Genau wie seine Zeitgenossen Vesalius und Paracelsus (2.1) setzte sich Paré gegen die Autoritäten durch und vollbrachte Pionierleistungen, die im darauffolgenden Jahrhundert von großem Einfluss waren. Die neuartigen Waffen des 16. Jahrhunderts stellten die Chirurgen vor Probleme, die die frühen medizinischen Autoritäten nicht gekannt hatten. Dennoch ähnelten die meisten verwendeten Instrumente und Verfahren nach wie vor denen, die schon seit der Zeit der Griechen und Römer in Gebrauch gewesen waren (2.2) (2.3) (2.4). Bedeutende Entwicklungen erfolgten erst im 19. Jahrhundert, als die chirurgischen Instrumente dank der Fortschritte in Wissenschaft und Technik eine ganz neue und komplexe Funktionalität erhielten (2.5). So führte Middeldorpf im Jahre 1854 die Galvanokaustik ein (2.6). Die Wirkung von Hochfrequenzströmen auf Gewebe wurde zuerst 1893 von d'Arsonval untersucht (2.7), und 1907 konzipierte De Forest die erste elektrochirurgische Einheit (2.8). Die Entwicklung der modernen Prothetik beruht großenteils auf Errungenschaften der Materialwissenschaft (2.9) und den explosionsartigen Fortschritten der Mikroelektronik und Computertechnik (2.10) in der zweiten Hälfte des 20. Jahrhunderts.

2.1 Siehe Nr. 3 Paracelsus S. 32 und Verweis 1.6
2.2 Milne JS. *Surgical Instruments in Greek and Roman times.* Oxford 1907.
2.3 Brunschwig H. *Chirurgia.* Straßburg 1497.
2.4 von Gersdorff H. *Feldbuch der wundartzney.* Straßburg 1517.
2.5 Siehe Nr. 60 Nitze S. 310.
2.6 Middeldorpf AT. *Die Galvanokaustik.* Breslau 1854.
2.7 d'Arsonval A. Action physiologique des courants alternatifs. *Arch Physiol Norm. Path.* 1893, 5:401.
2.8 De Forest L. *Cautery.* US Patent 874 178. 17. Dez. 1907.
2.9 Siehe Nr. 78 Staudinger S. 400, Nr. 80 Carothers S. 410 und Nr. 93 Brånemark S. 480.
2.10 Siehe Nr. 85 Eckert/Mauchly S. 438.

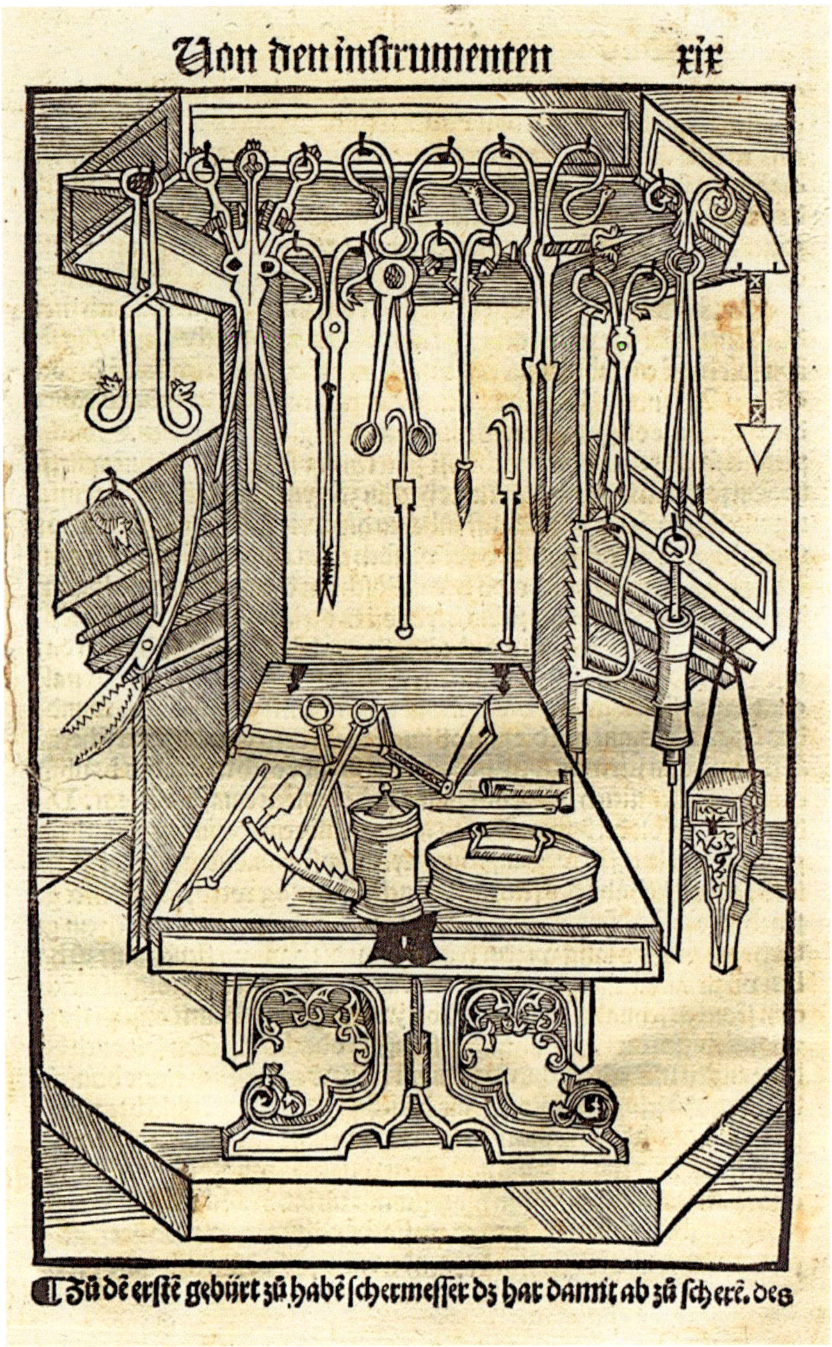

2:3

Chirurgische Instrumente zur Ansicht im ersten illustrierten Buch über Chirurgie, das Hieronymus Brunschwig (1450–1512) im Jahre 1497 verfasste.

2:4

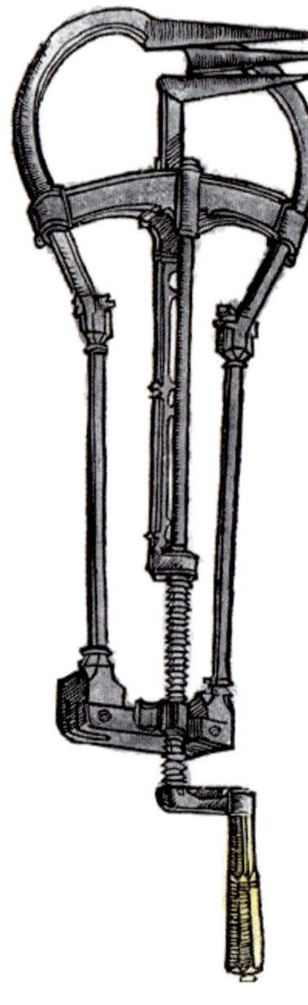

2:5

Römisches Vaginalspekulum (oben) und ein Vaginalspekulum von 1517, nach von Gersdorff (1455–1529). Obwohl sie aus völlig unterschiedlichen Epochen stammen, sind sich die Instrumente verblüffend ähnlich.

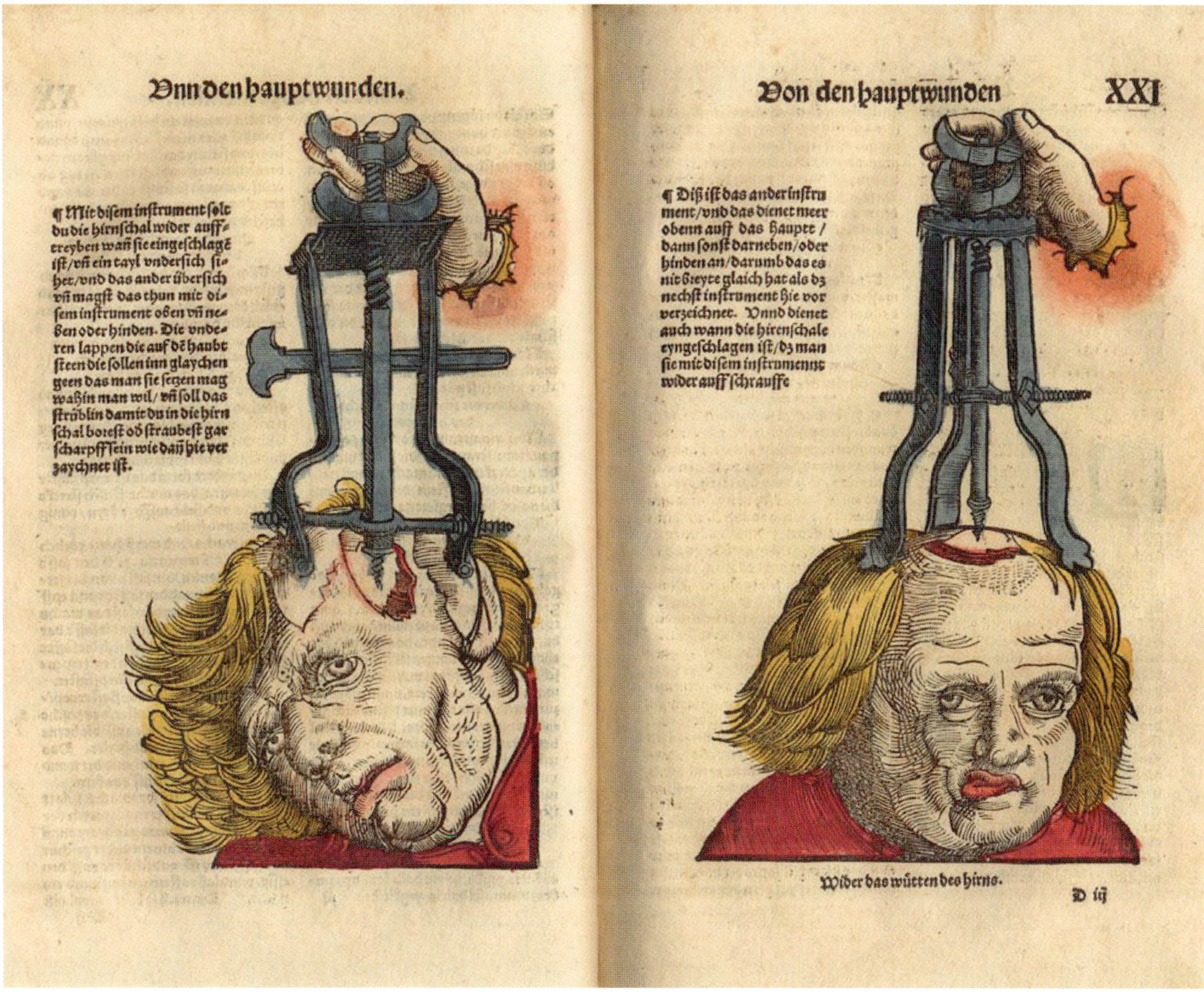

2:6
Instrument und Verfahren für das Öffnen des Schädels, wie es von Gersdorff 1517 beschrieb.

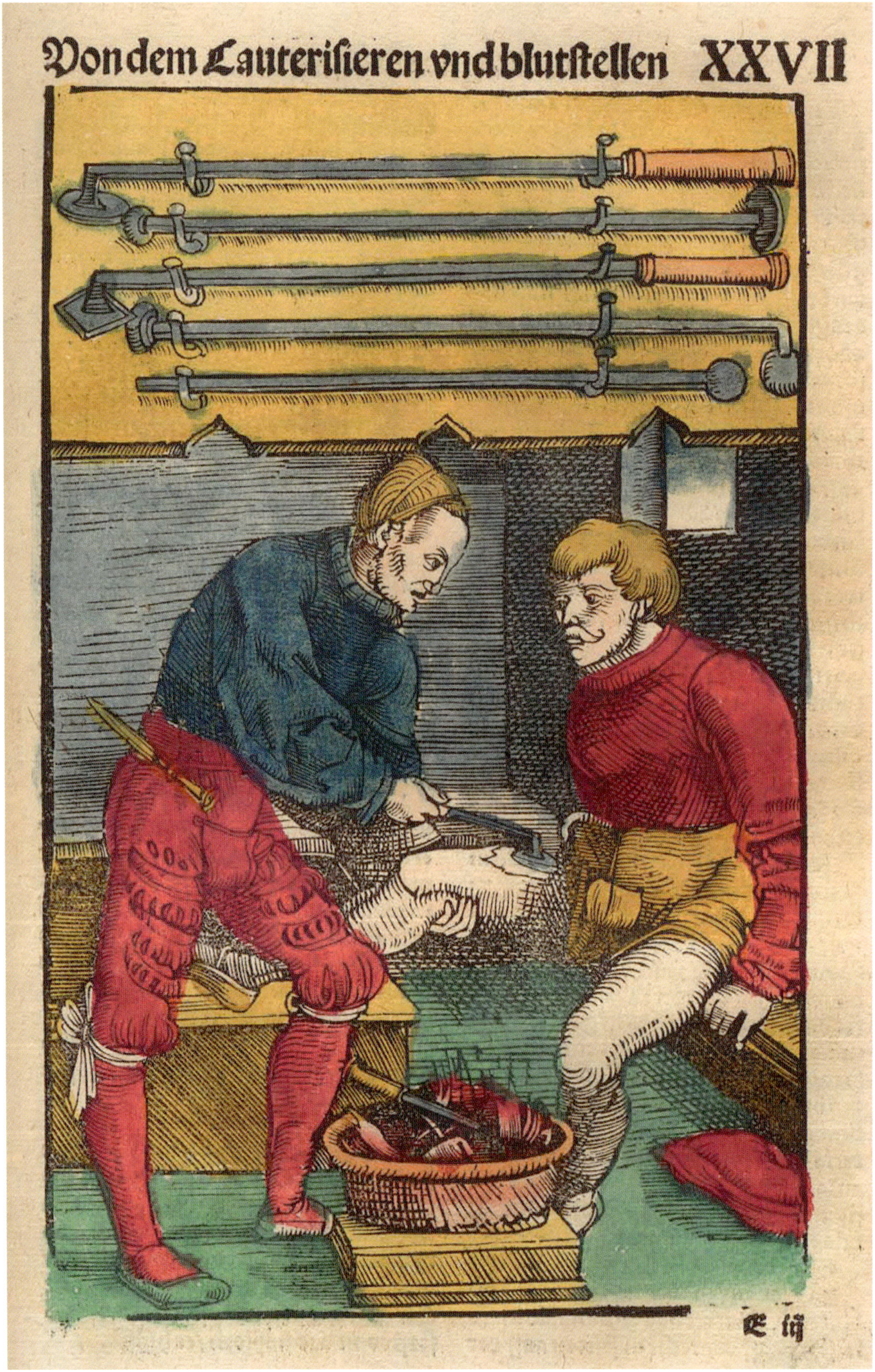

2:7

Kauterisation mit einem heißen Eisen im Jahre 1517, nach von Gersdorff.

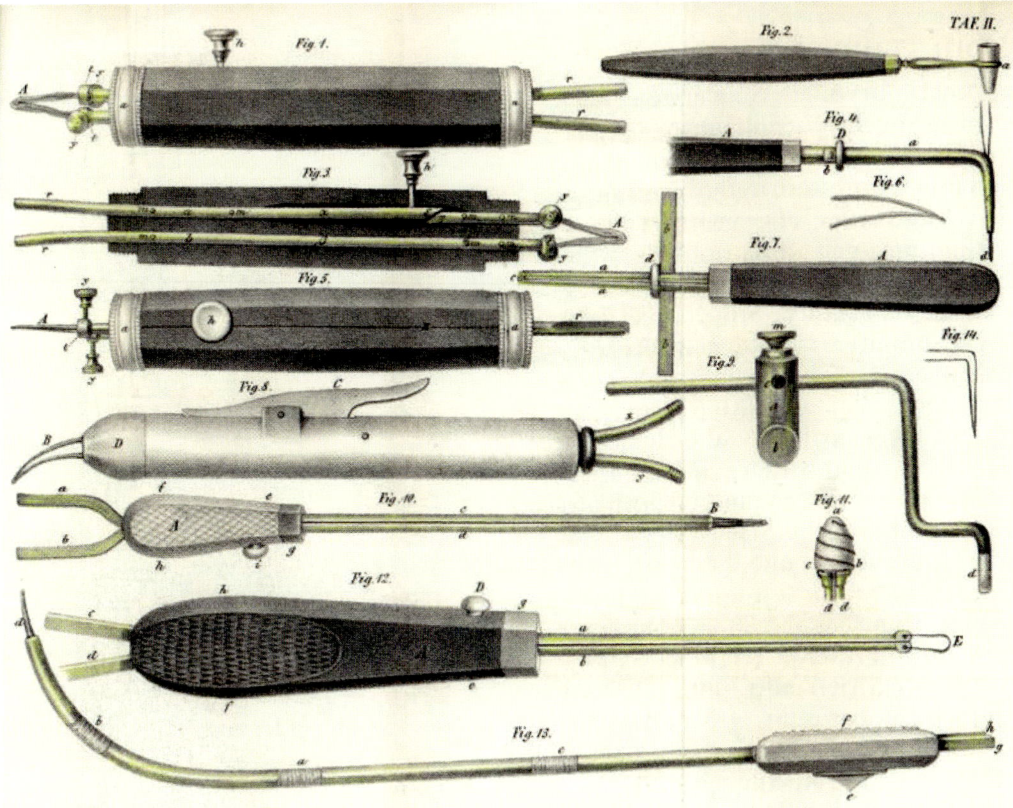

2:8

2:9

Das erste Gerät zur Galvanokaustik, das Albrecht Middeldorpf (1824–1868) im Jahre 1854 einführte.

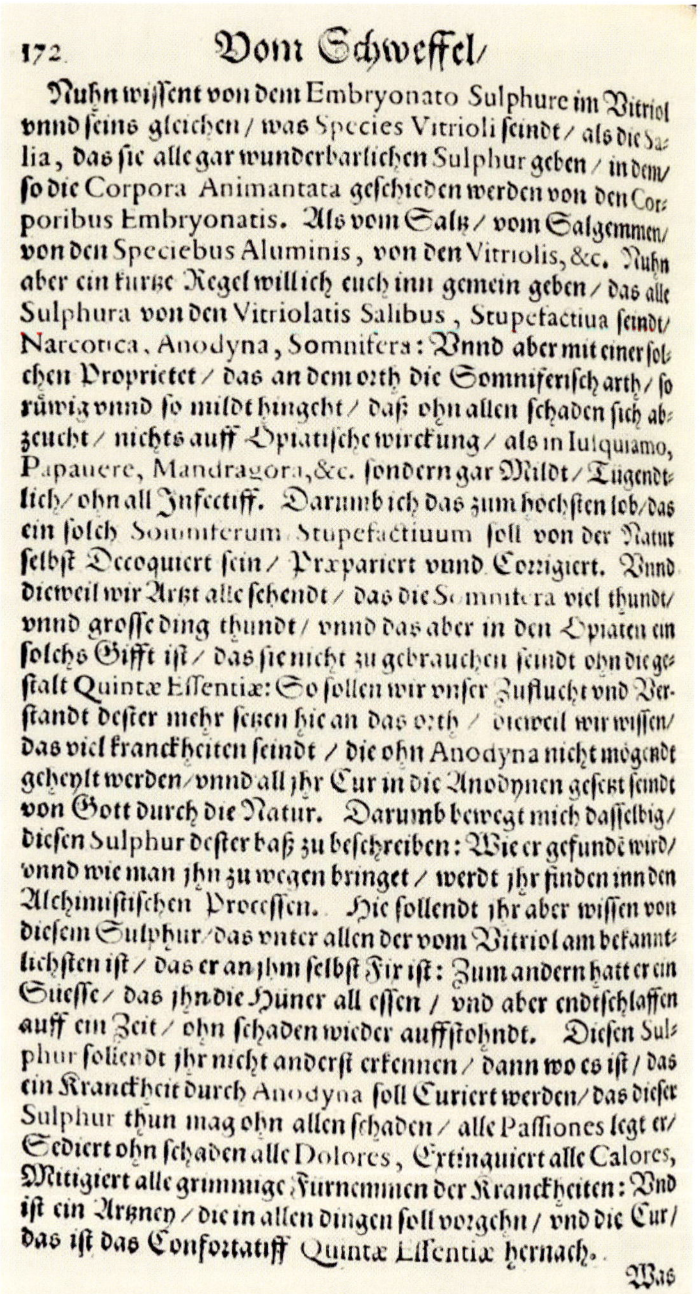

172 Vom Schweffel/

Nuhn wissent von dem Embryonato Sulphure im Vitriol
vnnd seins gleichen / was Species Vitrioli seindt / als die Sa-
lia, das sie alle gar wunderbarlichen Sulphur geben / in dem/
so die Corpora Animantata geschieden werden von den Cor-
poribus Embryonatis. Als vom Saltz / vom Salgemmen/
von den Speciebus Aluminis, von den Vitriolis, &c. Nuhn
aber ein kurtze Regel will ich euch inn gemein geben / das alle
Sulphura von den Vitriolatis Salibus, Stupefactiua seindt/
Narcotica, Anodyna, Somnifera: Vnnd aber mit einer sol-
chen Proprietet / das an dem orth die Somniferisch arth / so
rüwig vnnd so mildt hingeht / daß ohn allen schaden sich ab-
zeucht / nichts auff Opiatische wirckung / als in Iusquiamo,
Papauere, Mandragora, &c. sondern gar Mildt / Tugendt-
lich / ohn all Infectiff. Darumb ich das zum höchsten lob / das
ein solch Somniferum Stupefactiuum soll von der Natur
selbst Decoquiert sein / Præpariert vnnd Corrigiert. Vnnd
dieweil wir Artzt alle sehendt / das die Somnifera viel thundt/
vnnd grosse ding thundt / vnnd das aber in den Opiaten ein
solchs Gifft ist / das sie nicht zu gebrauchen seindt ohn die ge-
stalt Quintæ Essentiæ: So sollen wir vnser Zuflucht vnd Ver-
standt dester mehr setzen hie an das orth / dieweil wir wissen/
das viel kranckheiten seindt / die ohn Anodyna nicht mögendt
geheylt werden / vnnd all jhr Cur in die Anodynen gesetzt seindt
von Gott durch die Natur. Darumb bewegt mich dasselbig/
diesen Sulphur dester baß zu beschreiben: Wie er gefundē wird/
vnnd wie man jhn zu wegen bringet / werdt jhr finden inn den
Alchimistischen Processen. Hie sollendt jhr aber wissen von
diesem Sulphur / das vnter allen der vom Vitriol am bekannt-
lichsten ist / das er an jhm selbst Fix ist: Zum andern hatt er ein
Süesse / das jhn die Hüner all essen / vnd aber endtschlaffen
auff ein Zeit / ohn schaden wieder auffstohndt. Diesen Sul-
phur sollendt jhr nicht anderst erkennen / dann wo es ist / das
ein Kranckheit durch Anodyna soll Curiert werden / das dieser
Sulphur thun mag ohn allen schaden / alle Passiones legt er/
Sediert ohn schaden alle Dolores, Extinguiert alle Calores,
Mitigiert alle grimmige Fürnemmen der Kranckheiten: Vnd
ist ein Artzney / die in allen dingen soll vorgehn / vnd die Cur/
das ist das Confortatiff Quintæ Essentiæ hernach.

Was

3:1

3:2

Die gesammelten Werke des Paracelsus (1493–1541), gedruckt um 1590, wo er über Äther sagt: „Von Sulfaten und Salzen gewonnener Schwefel ist betäubend, narkotisch, schmerzstillend und hypnotisch. Er ist von milder und vorübergehender Wirkung, anders als Bilsenkraut, Mohn und Alraune.“ Weiter unten auf der Seite bemerkt er: „Wenn Hühner es essen, schlafen sie eine Zeitlang und erwachen wieder, ohne Schaden zu nehmen.“

Paracelsus

3:3

Theophrastus Bombastus von Hohenheim, bekannt als Paracelsus.

Paracelsus wurde 1493 in Einsiedeln in der Schweiz geboren. Sein Vater unterrichtete ihn in Mineralogie, Botanik und Naturphilosophie. Später studierte er bei bekannten Geistlichen und an italienischen Universitäten. Er unternahm viele Reisen und ließ sich schließlich in Basel nieder, wo er zunächst sehr erfolgreich Medizin praktizierte. 1527 wurde er zum Professor und Gemeindearzt ernannt, doch schon im Jahr darauf wegen seiner extremen Ansichten und seinem unverschämten Verhalten von seinen Pflichten entbunden und aus der Stadt verwiesen. Er starb als wandernder Laienprediger. Paracelsus war ein brillanter, aber höchst streitlustiger Mensch, der selbst seine besten Freunde gegen sich aufbringen konnte. Er war trinkfest, hatte immer genug Geld und behandelte die Armen umsonst, während er von den Reichen eine üppige Bezahlung forderte.

... Bücher und Schrifften ...

Iohannem Huserum. Basel: C. Waldkirch, 1589–1590.

Dies sind Paracelsus' gesammelte Werke in zehn Bänden, die direkt auf seinen eigenen Schriften beruhen. Paracelsus greift die Alchemie und traditionelle Medizin mit der Viersäftelehre (Blut, Schleim, gelbe und schwarze Galle) an. Er verwirft die Kräuterheilkunde der Antike (3.1) und führt Verbindungen aus Quecksilber, Blei, Arsen, Antimon und Schwefel in das amtliche Arzneibuch ein. Seine Therapie richtet sich nicht gegen Krankheitssymptome, sondern gegen ihre Ursachen. Paracelsus erkennt Kosmos und Medizin als Einheit, wobei die Chemie die praktische Behandlung unterstützen kann. Er schreibt über Berufskrankheiten (Ankylostomiasis oder Grubenkrankheit), und in dem Werk *De Naturalibus Rebus* (ca. 1540) beschreibt er zum ersten Mal die anästhetische Wirkung von Äther (3.2), einer zuerst von Cordus erzeugten Substanz (3.3).

Im Spiegel der Zeit:

Nach seinem Tod wurden Paracelsus' Lehren weit verbreitet und über ein Jahrhundert hitzig diskutiert. Schließlich fand die chemische Therapie zunehmend Akzeptanz in der Medizin, und seine Ideen prägten den Übergang zur chemischen Physiologie, deren Vorreiter Männer wie van Helmont und Boyle waren (3.4). Seine vehemente Kritik an den alten Autoritäten deutete bereits auf den fundamentalen Wandel zu einem mechanistischen Ansatz der Wissenschaft und Medizin hin, der sich im folgenden Jahrhundert vollzog (3.5). Über 200 Jahre nach Paracelsus' Beobachtungen zur Wirkung von Äther empfahl Turner, diesen zur Bekämpfung von Kopfschmerzen durch die Nase einzuatmen (3.6). Long verwendete Äther 1842 als Erster für kleinere Operationen in seiner Zahnarztpraxis (3.7). Doch erst als sein Kollege Morton 1846 mit der Hilfe von Jackson (3.8) (3.9) Äther im Operationssaal des Massachusetts General Hospital einführte (3.10), erlangte dieser allgemeine Anerkennung und weite Verbreitung.

3.1 Dioscorides P. *De materia medica*. Johannes of Medemblick Colle 1478. Siehe auch *Der Wiener Dioscorides*. Codex Medicus 1,2 Akademische Druck- und Verlagsanstalt: Graz 1998–1999.

3.2 Paracelsus. *Bücher und Schrifften* Bd. VII. Basel 1590, S. 172.

3.3 Gesner C. *Annotationes in Pedacij Dioscoridis ... De Medica Materia*. De artificiosis extractionibus. Straßburg 1561.

3.4 Siehe Nr. 8 van Helmont S. 60, Nr. 14 Boyle S. 88 und Nr. 75 Ehrlich S. 386.

3.5 Siehe Nr. 4 Santorio S. 36.

3.6 Turner M. *An Account of the extraordinary medical fluid called Aether*. Liverpool 1761.

3.7 Long CW. An Account of the First Use of sulphuric Ether ... *Southern Med Surg J* 1849, 5(12):705.

3.8 Jackson ChT. *A Manual of Etherization*. Boston 1861.

3.9 Morton W. *Remarks on the Proper Mode of Administering Sulphuric Ether by Inhalation*. Boston 1847.

3.10 Bigelow HJ. Insensibility during surgical operations produced by inhalation. *Bost Med Surg J* 1846, XXXV(16):309.

The practiſe of the new and old phiſicke, wherein is contained the moſt excellent Secrets of Phiſicke and Philoſophie, deuided into foure Bookes. In the which are the beſt approued remedies for the diſeaſes as well inward as outward, of al the parts of mans body: treating very amplie of al diſtillations of waters, of oyles, balmes, Quinteſſences, with the extraction of artificiall ſaltes, the vſe and preparation of Antimony, and potable Gold. Gathered out of the beſt & moſt approued Authors, by that excellent Doctor *Geſnerus*. Alſo the Pictures and maner to make the Veſſels, Furnaces, and other Inſtruments thereunto belonging. Newly corrected and publiſhed in Engliſh, by *George Baker*, one of the Queenes Maieſties chiefe Chirurgians in ordinary.

Printed at London, by Peter Short. 1599.

3:4

Frühe englische Übersetzung alchimistischer Texte, darunter Conrad Gesners (1516–1565) Beschreibung von Cordus' Verfahren zur Herstellung von Äther: Gleiche Teile von dreifach rektifiziertem Weingeist (Alkohol) und Schwefelsäure bleiben zwei Monate lang vermischt. Dann wird die Mischung mithilfe eines Wasser- oder Sandbades destilliert. Das Destillat besteht aus zwei Flüssigkeitsschichten; die obere ist Oleum vitrioli dulce verum oder „süßes Öl des Vitriols" (Äther).

3:5

Valerius Cordus (1515–1544), Botaniker und Apotheker, der eine Methode zur Synthetisierung von Äther entdeckt.

1761 produziert und verkauft Matthew Turner, Chirurg in Liverpool, Äther als oral einzunehmende Medizin gegen viele Leiden, wie die meisten Nervenkrankheiten, Gicht, Rheumatismus, Magenschmerzen und Keuchhusten. Bei Kopfschmerzen empfiehlt er ihn jedoch durch die Nase einzuatmen, womit er sich einen Platz in der Geschichte der Inhalationsanästhesie erworben hat.

ACCOUNT

OF THE EXTRAORDINARY

MEDICINAL FLUID,

CALLED

ÆTHER.

By M. TURNER, Surgeon,

IN

LIVERPOOL.

PRINTED BY JOHN SADLER, MDCCLXI.

3:6

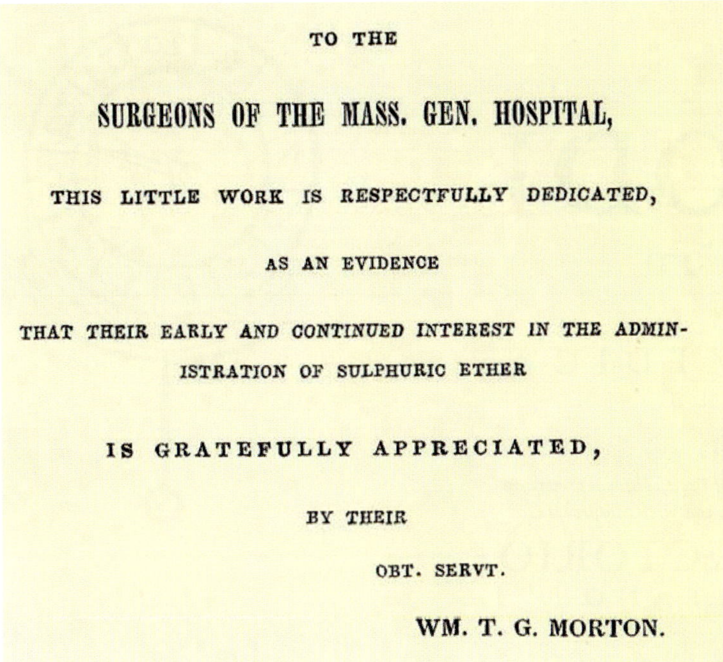

TO THE

SURGEONS OF THE MASS. GEN. HOSPITAL,

THIS LITTLE WORK IS RESPECTFULLY DEDICATED,

AS AN EVIDENCE

THAT THEIR EARLY AND CONTINUED INTEREST IN THE ADMINISTRATION OF SULPHURIC ETHER

IS GRATEFULLY APPRECIATED,

BY THEIR

OBT. SERVT.

WM. T. G. MORTON.

3:7

3:9

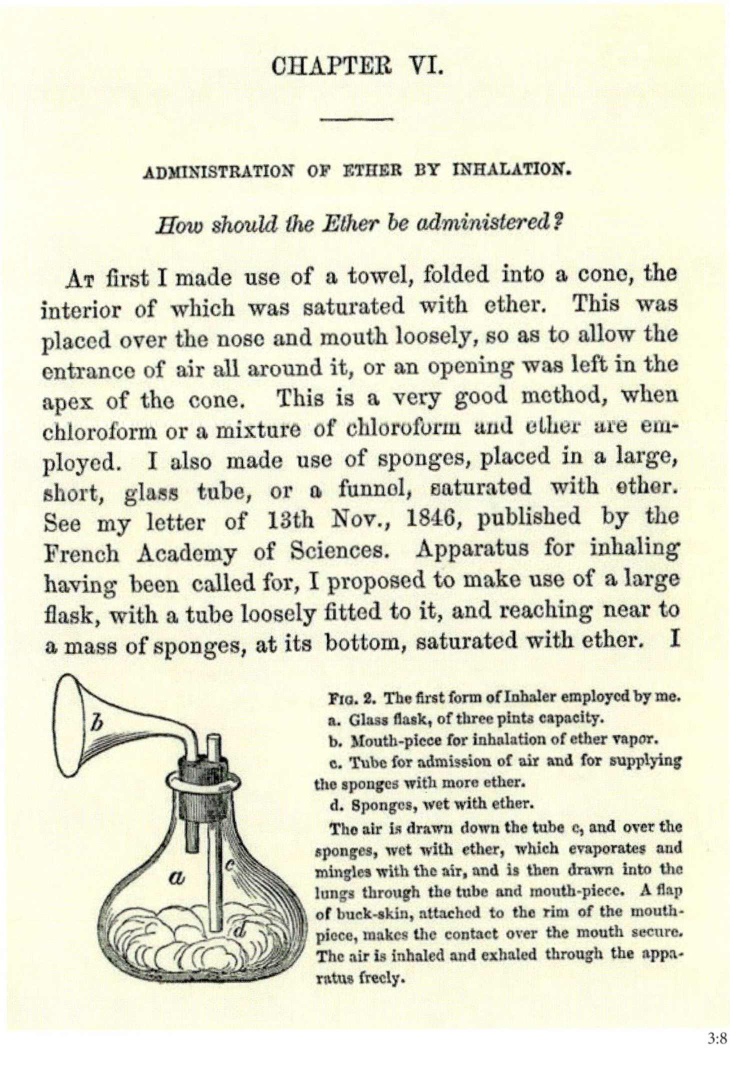

CHAPTER VI.

ADMINISTRATION OF ETHER BY INHALATION.

How should the Ether be administered?

At first I made use of a towel, folded into a cone, the interior of which was saturated with ether. This was placed over the nose and mouth loosely, so as to allow the entrance of air all around it, or an opening was left in the apex of the cone. This is a very good method, when chloroform or a mixture of chloroform and ether are employed. I also made use of sponges, placed in a large, short, glass tube, or a funnel, saturated with ether. See my letter of 13th Nov., 1846, published by the French Academy of Sciences. Apparatus for inhaling having been called for, I proposed to make use of a large flask, with a tube loosely fitted to it, and reaching near to a mass of sponges, at its bottom, saturated with ether. I

Fig. 2. The first form of Inhaler employed by me.
a. Glass flask, of three pints capacity.
b. Mouth-piece for inhalation of ether vapor.
c. Tube for admission of air and for supplying the sponges with more ether.
d. Sponges, wet with ether.
The air is drawn down the tube c, and over the sponges, wet with ether, which evaporates and mingles with the air, and is then drawn into the lungs through the tube and mouth-piece. A flap of buck-skin, attached to the rim of the mouth-piece, makes the contact over the mouth secure. The air is inhaled and exhaled through the apparatus freely.

3:8

3:10

William Morton (1819–1868), sein Inhalationsapparat und ein Dankschreiben an die Chirurgen des Massachusetts General Hospital, das in seinem Bericht über die erste Anwendung von Äther im Jahre 1846 veröffentlicht wurde.

Charles Jacksons (1805–1880) Abhandlung über Äther. Im Jahre 1841 atmet Jackson zufällig Äther ein und entdeckt seine schmerzstillende Wirkung. Später unterrichtet er William Morton in Chemie und nimmt für sich in Anspruch, den Nutzen des Äthers für die chirurgische Anästhesie als Erster erkannt zu haben.

Santorio

METHODI
Vitandorum errorum
Omnium,
QVI IN ARTE MEDICA
CONTINGVNT
Libri Quindecim,

Quorum principia ſunt ab auctoritate Medicorum, & Philoſophorum principum deſumpta, eaq; omnia experimentis, & rationibus analyticis comprobata.

SANCTORIO SANCTORIO
IVSTINOPOLITANO
Medico, & Philoſopho
AVCTORE
AD FERDINANDVM
AVSTRIÆ
ARCHIDVCEM SERENISSIMVM,
& inuictiſsimum.

CVM TRIPLICI INDICE VNO LIBRORVM, altero Capitum omnium, tertio rerum notabilium.

CVM PRIVILEGIIS.

Jo. Hicvl ... Cavalei

VENETIIS, M·DCIII·
Apud Franciſcum Barilettum.

4:1

4:2

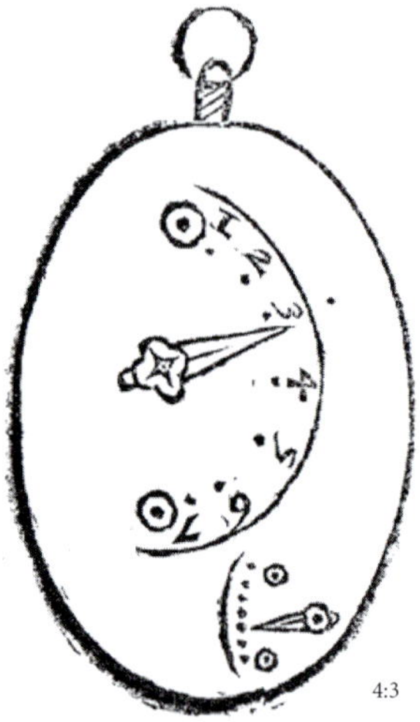

4:3

Santorio Santorio (1561–1636) führt quantitative Messungen in die Medizin ein und beschreibt Methoden und Instrumente zur Pulsmessung.

Santorio Santorio

4:4

Santorio Santorio

Santorio wurde 1561 in Slowenien als Sohn einer Adelsfamilie geboren. Nach dem Studium klassischer Sprachen und Literatur wandte er sich der Philosophie und Medizin zu und promovierte 1582. Er praktizierte Medizin in Kroatien und später in Venedig, wo er den Physiker Galileo Galilei kennenlernte. Dank wachsender Anerkennung für seine Arzttätigkeit und der Unterstützung durch den Adel wurde er an der Universität von Padua zum Professor für theoretische Medizin ernannt. 1624 kehrte er nach Venedig zurück, wo er den Rest seines Lebens verbrachte. Santorio war ein exzellenter Redner und beliebter Lehrer. Er war zurückhaltend und beherrscht, und seine bemerkenswerten Ideen stellte er stets in den Zusammenhang einer allgemein akzeptierten Lehre. Da er keine Familie hatte und recht anspruchslos lebte, erwarb er ein beträchtliches Vermögen.

Methodi vitandorum errorum omnium qui in arte medica contingunt.

Venedig: F. Barilettus, 1603.

In diesem Buch über praktische Medizin beschreibt Santorio Methoden zur Vermeidung von Fehlern in der Heilkunst. Er entwickelt die Vorstellung von spezifischen, wohldefinierten Krankheitszuständen und bemisst sie auf 80 085. Noch wichtiger ist seiner Meinung nach, dass „Zahl, Position und Form" den lebenden Organismus entscheidend beeinflussen und demnach zu untersuchen seien. Zu diesem Zweck entwirft er Instrumente (wie hier zur Pulsmessung) und führt so quantitative Messungen in die Medizin ein. Seine Philosophie fasst er wie folgt zusammen: „Man muss zuerst den eigenen Sinnen und der Erfahrung vertrauen, dann der Vernunft und erst an dritter Stelle der Autorität von Hippokrates, Galen, Aristoteles und anderen herausragenden Philosophen" (4.1) (4.2).

Im Spiegel der Zeit:
Santorio war der erste Vertreter des mechanistischen Körperbildes, das Descartes (4.3), ermutigt durch die bemerkenswerten Fortschritte der Physik im 17. Jahrhundert (4.4) (4.5), weiterentwickelte. Auch Boyles späteres Eintreten für wohldefinierte Mengen und Begriffe in der Chemie und sein Beharren auf wissenschaftlichen Experimenten zur Verifizierung von Hypothesen förderte den Übergang von der Alchemie zur chemischen Revolution Lavoisiers (4.6). Im 18. Jahrhundert ließen physiologische Beobachtungen, die mit dem mechanischen Ansatz nicht zu erklären waren, den „Vitalismus" aufkommen, demzufolge lebende Materie eine „fühlende Seele" und eine „Lebenskraft" besitzen (4.7). Aufgrund der Erkenntnisse in vielen Bereichen der Naturwissenschaft und Physiologie wurde es jedoch bis zur Mitte des 19. Jahrhunderts immer klarer, dass man auf der Suche nach Erklärungen nicht auf ein solch schlecht definiertes Konzept zurückgreifen musste (4.8) (4.9). Im Laufe des 20. Jahrhunderts erhielt die medizinische Praxis durch den wachsenden Einfluss von Wissenschaft und Technik weitere Anregungen (4.10) und enorme Wirkungskraft, sah sich aber auch mit neuartigen Problemen konfrontiert (4.11).

4.1 Aristoteles. *Opera* ... Venedig 1482. Gesammelte wissenschaftliche Schriften, veröffentlicht in Augsburg 1518.
4.2 Galenus C. *Omnia quae extant opera*. Venedig 1550.
4.3 Descartes R. *De homine figuris*. Leiden 1662.
4.4 Galilei G. *Discorsi e demonstrazioni matematiche, intorno a due nuoue scienze*, ... Leiden 1638.
4.5 Newton I. *Philosophia Naturalis Principia Mathematica*. London 1687.
4.6 Boyle R. *The sceptical chymist or chymicophysical Doubts and Paradoxes*. London 1661. Siehe auch Nr. 24 Lavoisier S. 134.
4.7 Stahl G. *Theoria Medica Vera*. Halle 1708.
4.8 Bernard C. *Introduction à l'étude de la médecine expérimentale*. Paris 1865.
4.9 von Helmholtz H. *Das Denken in der Medizin*. Berlin 1877. Auch Nr. 42 Du Bois-Reymond S. 224.
4.10 Schrödinger E. *What is life?* Cambridge 1944.
4.11 Reiser SJ. *Medicine and the reign of technology*. Cambridge University Press: Cambridge 1978. Siehe auch Nr. 98 Cerf/Kahn S. 508.

4:5

Die alten Autoritäten der Medizin, (von links nach rechts) Hippokrates (460–377 v. Chr.), Galen (130-200) und Avicenna (980–1037). Santorio stellt ihr Dogma respektvoll in Frage.

4:6

Aristoteles (384–322 v. Chr.) und seine Ideen zur Lokalisation der Sinnesfunktionen im Gehirn. Die Illustration stammt aus Aristoteles' gesammelten Schriften, die im frühen 16. Jahrhundert gedruckt wurden.

4:7

4:8

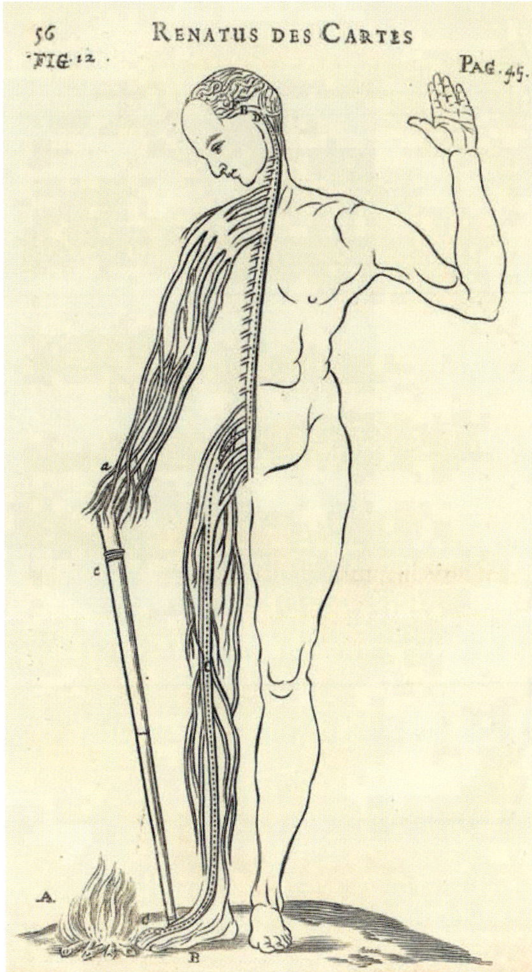

4:10

Lokalisation und Mechanismus einiger Sinnesfunktionen nach René Descartes (1596–1650). Die Illustrationen stammen aus dem vermutlich ersten Buch über Physiologie von 1662, wo Descartes versucht, alle Körperfunktionen darzustellen.

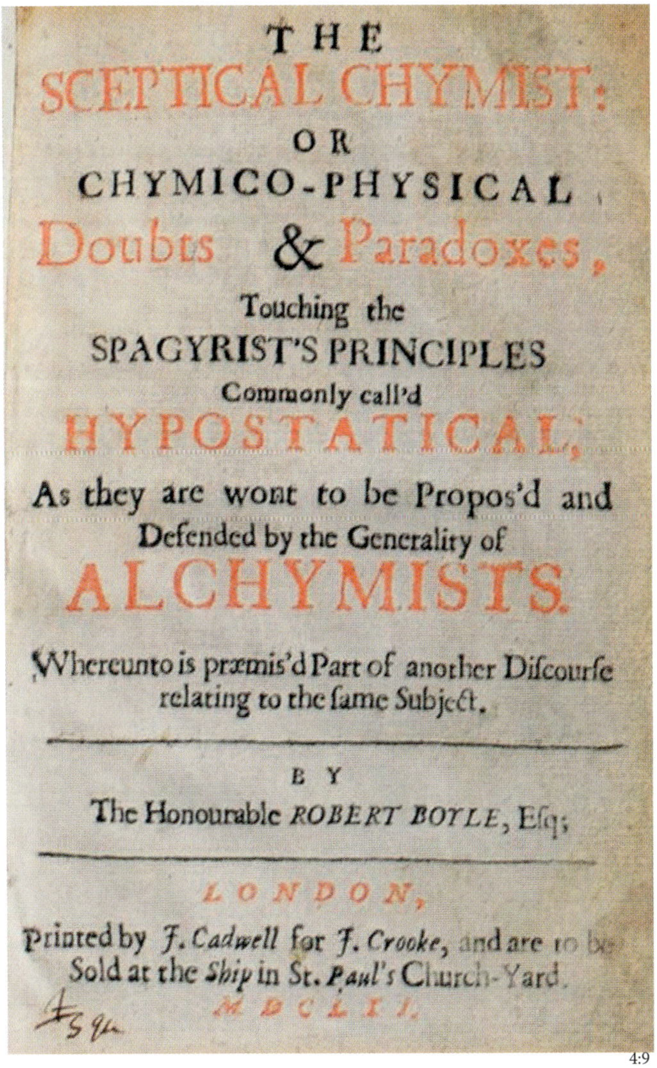

THE
SCEPTICAL CHYMIST:
OR
CHYMICO-PHYSICAL
Doubts & Paradoxes,
Touching the
SPAGYRIST'S PRINCIPLES
Commonly call'd
HYPOSTATICAL;
As they are wont to be Propos'd and
Defended by the Generality of
ALCHYMISTS.
Whereunto is præmis'd Part of another Discourse
relating to the same Subject.

BY
The Honourable *ROBERT BOYLE*, Esq;

LONDON,
Printed by *J. Cadwell* for *J. Crooke*, and are to be
Sold at the *Ship* in St. *Paul's* Church-Yard.
MDCLXI.

4:9

Titelseite von Robert Boyles (1627–1691) bedeutendem Werk *The Sceptical Chymist*, in dem er auf der Verwendung einer klaren Sprache, wohldefinierter Begriffe und wissenschaftlicher Experimente zur Verifizierung jeglicher Hypothesen besteht. Damit leitet er den Übergang von der Alchemie zur modernen Wissenschaft der Chemie ein.

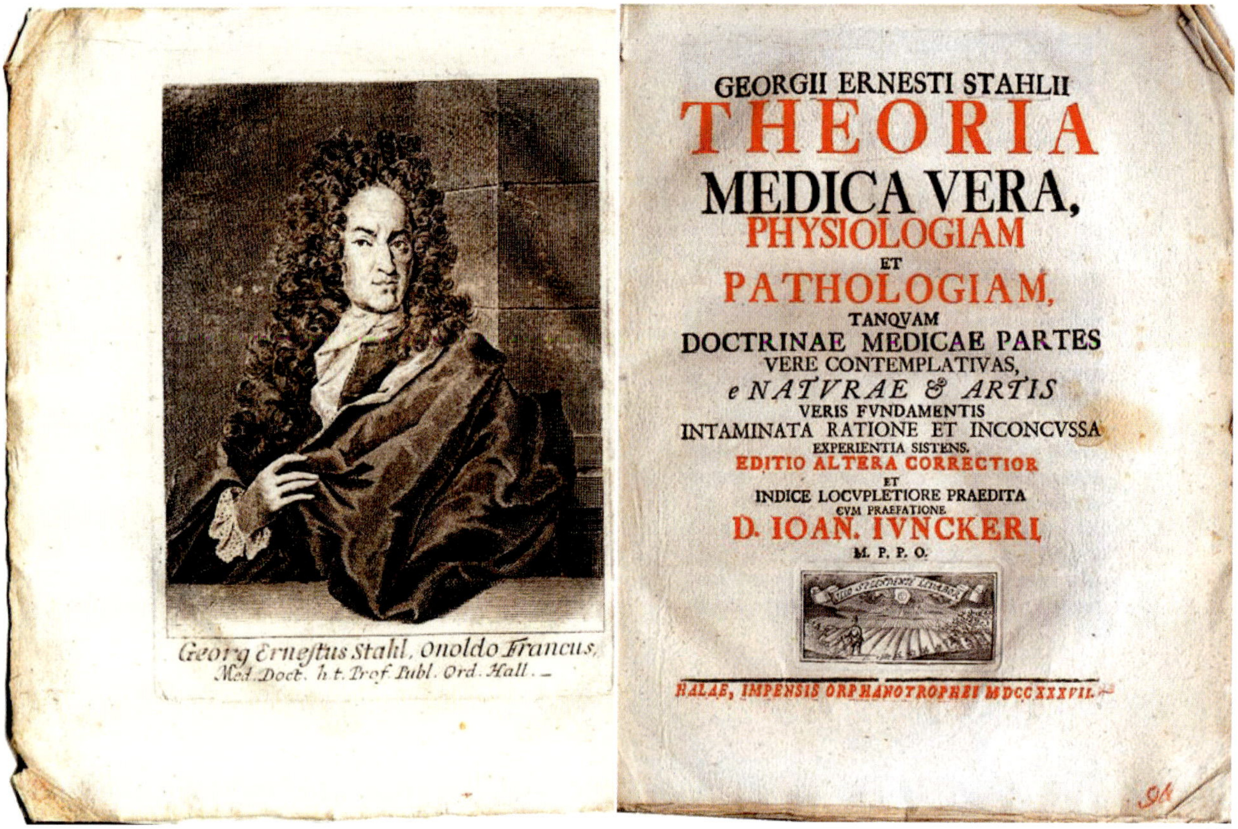
Georg Ernestus Stahl, Onoldo Francus,
Med. Doct. h. t. Prof. Publ. Ord. Hall.

GEORGII ERNESTI STAHLII
THEORIA
MEDICA VERA,
PHYSIOLOGIAM
ET
PATHOLOGIAM,
TANQVAM
DOCTRINAE MEDICAE PARTES
VERE CONTEMPLATIVAS,
e NATVRAE & ARTIS
VERIS FVNDAMENTIS
INTAMINATA RATIONE ET INCONCVSSA
EXPERIENTIA SISTENS.
EDITIO ALTERA CORRECTIOR
ET
INDICE LOCVPLETIORE PRAEDITA
CVM PRAEFATIONE
D. IOAN. IVNCKERI
M. P. P. O.

HALAE, IMPENSIS ORPHANOTROPHEI MDCCXXXVII.

4:11

Georg Stahl (1660–1734) führt als Antwort auf die vielen Schwächen der mechanistischen Betrachtung des menschlichen Körpers den neuen Begriff des Vitalismus ein.

4:12

4:13

Hermann von Helmholtz (1821–1894, links) und Claude Bernard (1813–1878), Vorreiter der naturwissenschaftlichen Bewegung, die im 19. Jahrhundert die Kenntnisse über Physiologie beträchtlich erweiterte und den Vitalismus in Vergessenheit geraten ließ.

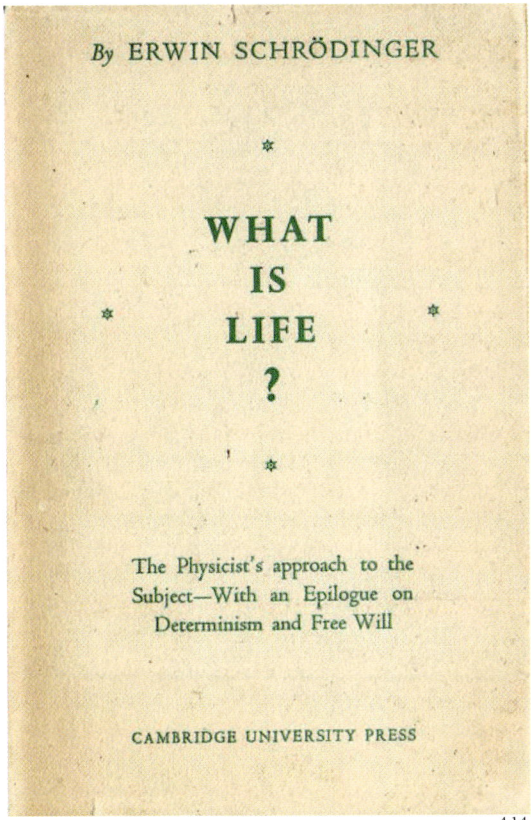

4:14

Erwin Schrödinger (1887–1961), einer der Begründer der Quantenmechanik, und sein einflussreiches Buch über die Definition von Leben aus Sicht eines Physikers. Später bestätigten alle drei Träger des Nobelpreises für Medizin 1962, James Watson, Francis Crick (siehe Nr. 88) und Maurice Wilkins, dass mit Schrödingers Buch ihr Interesse an der späteren „Molekularbiologie" erwachte.

4:16

CONTENTS

4:15

vi CONTENTS

PLATES

4:17

Johannes Keplers (1571–1630) Darstellung der Anatomie des Auges (links) beruht auf dem Werk des arabischen Gelehrten Alhazen (965–1039), das ihm als lateinische Übersetzung aus dem 12. Jahrhundert zur Verfügung stand. Unten: Alhazens Zeichnung des Querschnitts durch das Auge.

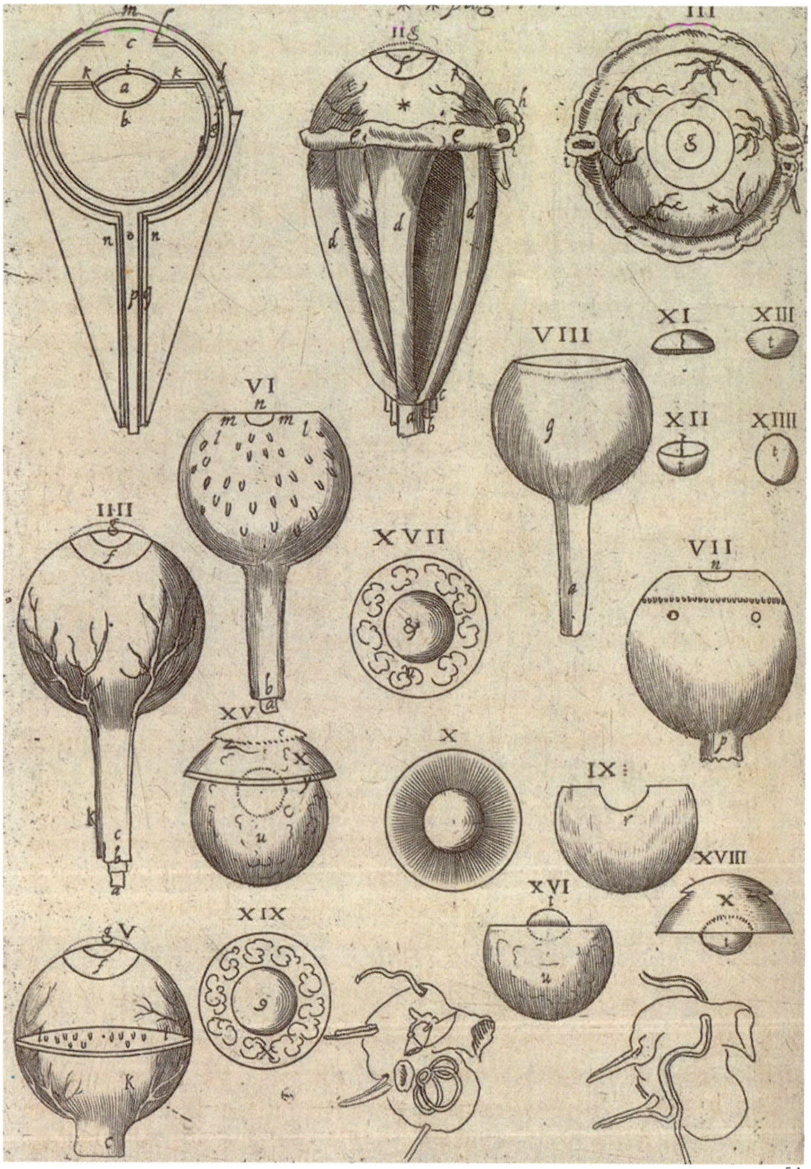

5:1

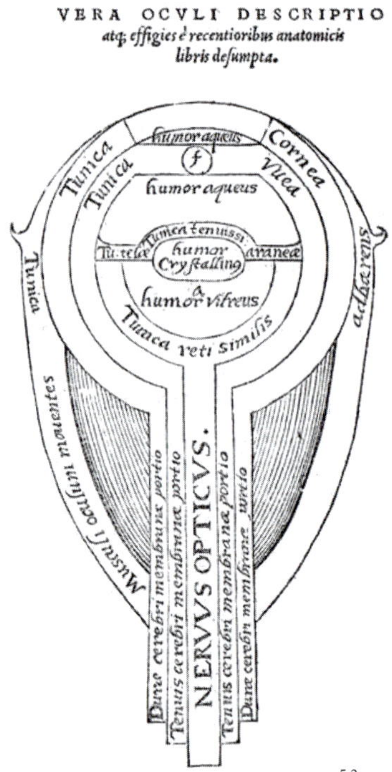

5:2

Johannes Kepler

5:3

Johannes Kepler

Johannes Kepler wurde 1571 in Weil der Stadt bei Stuttgart geboren. Sein Vater, ein kriminell veranlagter Söldner, verließ die Familie, als Kepler 17 Jahre alt war. Obwohl er Geistlicher werden wollte, wurde er von der Universität Tübingen gebeten, eine Stelle als Mathematikdozent in Graz anzunehmen. Da er nur sehr wenige Schüler hatte, wandte er sich zunächst der Astrologie und dann der Astronomie zu; dies war die Grundlage für seine berühmten Entdeckungen über die Gesetze der Planetenbewegung. Kepler war ein kleiner, kränklicher Mensch, ruhelos und bestrebt, sich zu beweisen. Er war tief religiös und glaubte, Gott habe das Universum um der Ordnung und Harmonie willen erschaffen und mithilfe der Mathematik seien Gottes Werke zu offenbaren.

Ad Vitellionem Paralipomena, quibus Astronomiae Pars Optica traditur.

Frankfurt am Main: C. Marnius & J. Aubrius, 1604.

Kepler verfasst diese Schrift („Ergänzungen zu Witelo, in denen der optische Teil der Astronomie fortgeführt wird"), nachdem er die partielle Sonnenfinsternis des Jahres 1600 beobachtet hat. Mithilfe einer Camera obscura berechnet er den Durchmesser des Mondes, wozu er sorgfältig analysieren muss, wie die Lichtstrahlen das Bild formen. Indem er mit den Fehlern früherer Arbeiten aufräumt, behauptet Kepler, dass jedem Punkt auf dem Objekt ein Punkt im Bild entspricht und dass der Bildpunkt nach der Brechung im Auge auf die Netzhaut trifft. Anhand der neuartigen Begriffe des „Brennpunktes" und des „Lichtbündels" zeigt er, dass das Abbild auf der Netzhaut unscharf ist und auf dem Kopf steht. Außerdem formuliert er zum ersten Mal das fotometrische quadratische Abstandsgesetz.

Im Spiegel der Zeit:
Euklid schrieb etwa 300 v. Chr. über die Reflexion und Brechung des Lichts und über das Sehen (5.1). Um das Jahr 1000 untersuchte der arabische Gelehrte Alhazen Linsen und die Struktur des Auges, und um 1270 stellte Witelo Forschungen an, die später in das Sinusgesetz der Brechung mündeten (5.2) (5.3). Etwa zur gleichen Zeit befasste sich Bacon mit der Entstehung von Bildern und schlug die Verwendung konvexer Linsen zur Vergrößerung vor (5.4). 1583 veröffentlichte Bartisch das erste Buch über Geräte und Methoden der Augenheilkunde (5.5). Keplers Werk, das er nach der Erfindung des Teleskops fortführte (5.6), legte den Grundstein für die Theorie des Sehens. Kurz darauf folgte Scheiners Untersuchung zur Akkomodation des Auges (5.7). Brillen, die zuerst 1623 beschrieben wurden (5.8), sind mindestens seit dem 14. Jahrhundert in Gebrauch (5.9), während Kontaktlinsen 1888 von verschiedenen Forschern entworfen wurden (5.10). Helmholtz entwickelte ein Modell für das Farbensehen, das zuvor von Young eingeführt wurde (5.11) (5.12), und verfasste eine klassische Monographie über physiologische Optik (5.13).

5.1 Euklid. *Optica & Catoptrica*. Paris 1557.
5.2 Alhazen – Witelo. *Opticae thesaurus*. Basel 1572.
5.3 Descartes R. *Discours de la méthode* ... La Dioptrique. Leiden 1637.
5.4 Bacon R. *Perspectiva* ... Frankfurt 1614.
5.5 Bartisch G. *Ophthalmoduleia. Das ist Augendienst*. Dresden 1583.
5.6 Kepler J. *Dioptrice seu demonstratio eorum quae visui & visibilibus propter conspicilla*. Augsburg 1611. Siehe auch Nr. 9 Borel S. 64.
5.7 Scheiner C. *Oculus hoc est: fundamentum opticum*, ... Oeniponti, D. Agricola 1619.
5.8 Daza de Valdes B. *Uso de los Antoios para todo genero de vistas* ... Sevilla: por Diego Perez 1623.
5.9 *Beiträge zur Geschichte der Brille*. Carl Zeiss Oberkochen, Marwitz & Hauser Brillenmacher, Stuttgart 1958.
5.10 Efron N, Pearson RM. Centenary Celebration of Fick's Eine Contactbrille. *Arch Ophthalmol*. 1988; 106:1370, 1373.
5.11 Young T. On the theory of light and colours. *Phil Trans Part* 1; 1802. S. 12.
5.12 Young T. *A course of lectures on natural philosophy and the mechanical arts*. London 1807.
5.13 von Helmholtz H. Handbuch der physiologischen Optik. *Allgemeine Encyklopädie der Physik* IX. Bd. Leipzig 1867. Siehe auch Nr. 45 Helmholtz S. 236.

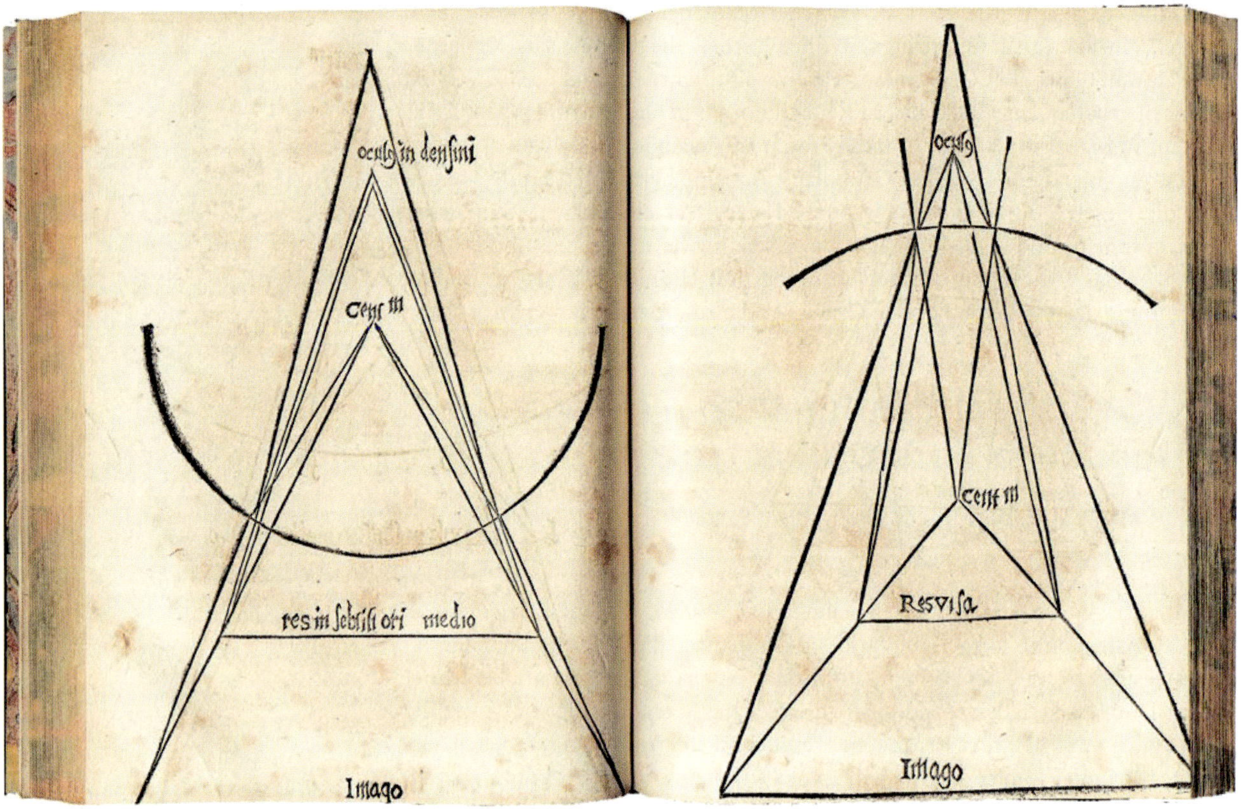

5:4

Illustration aus der ersten Druckausgabe (1614) von Roger Bacons (1214–1292) Untersuchungen zur Entstehung von Bildern und der Funktion von Linsen.

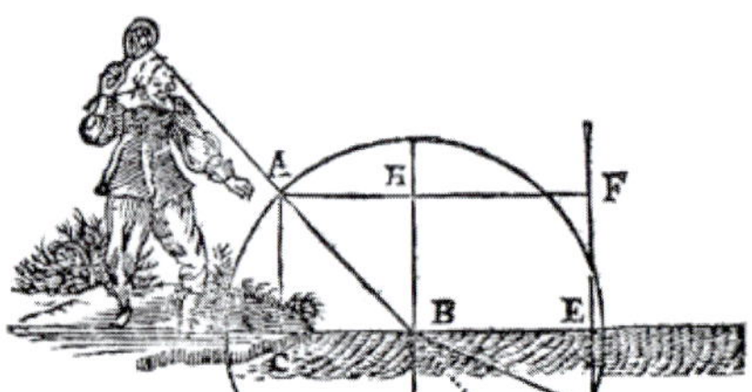

5:5

René Descartes (1596–1650) entwickelt das Sinusgesetz der Brechung und wendet es auf die Optik des Sehens an. Diese Abhandlung ist Teil seiner berühmten Schrift, mit der er neue Ideen über das richtige wissenschaftliche Vorgehen einführt.

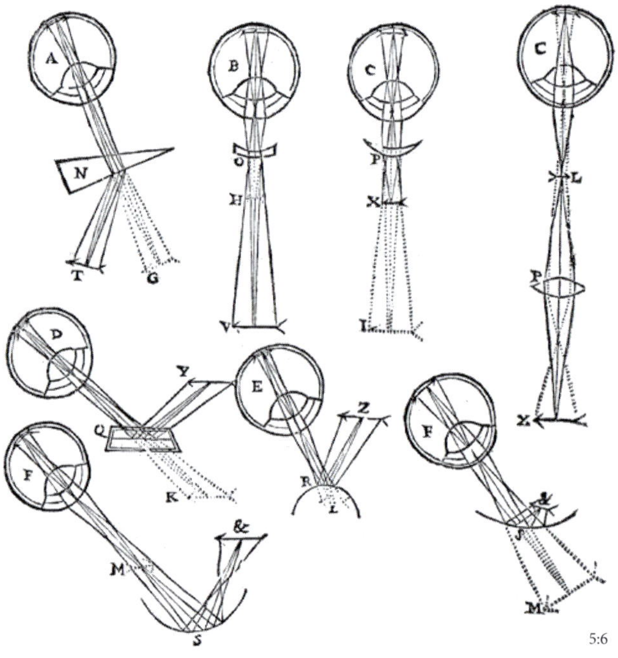

5:6

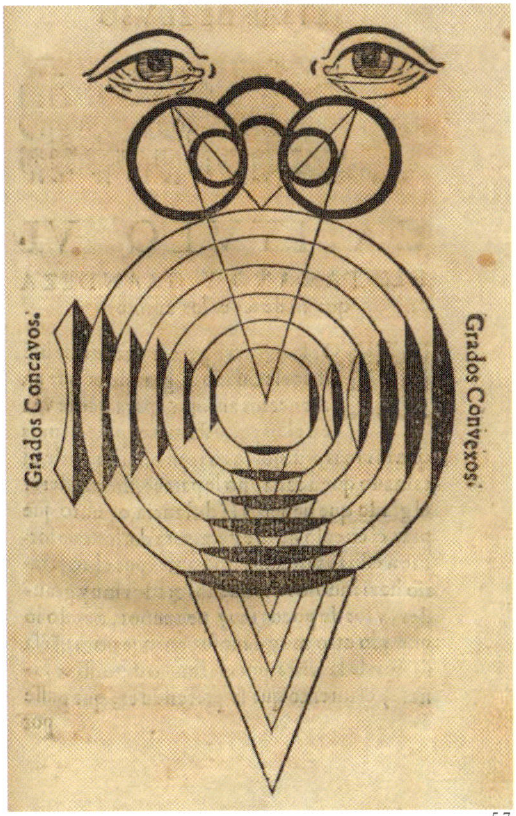

5:7

5:9

1623 nutzt Benito Daza de Valdes (1591–1636) als Erster neue Erkenntnisse über die Optik und das Sehen zur Entwicklung von Brillen.

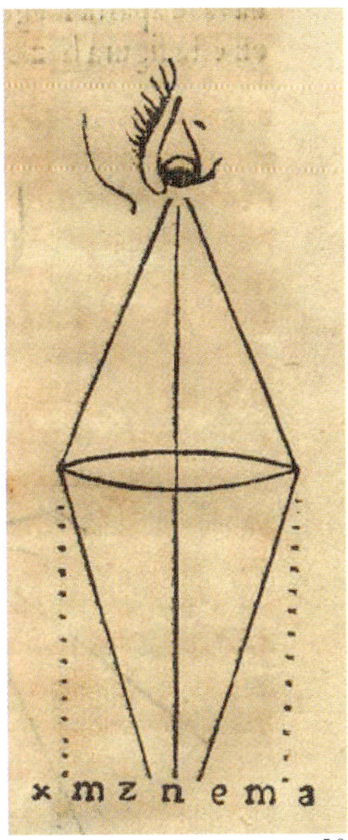

5:8

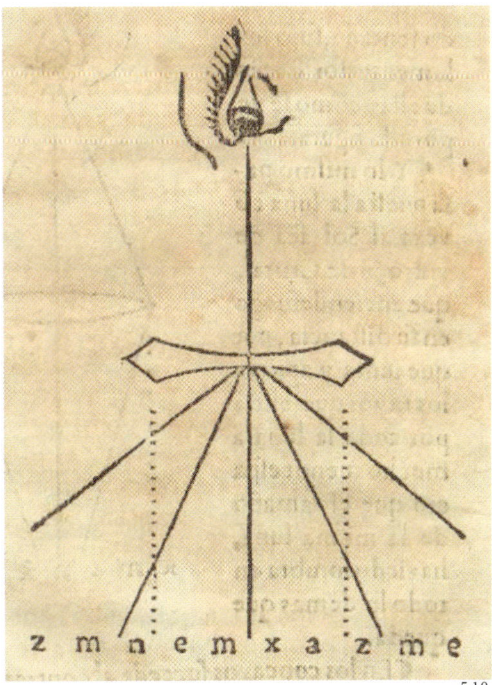

5:10

5:11

5:12

5:13

Frühe Darstellungen von Brillenträgern. (Von links nach rechts:) Die erste Frau mit Brille, aus einem Gemälde von Geertgen tot Sint Jans, Die Heilige Familie (1470). Der erste Mann mit Brille, Fresko mit Kardinal Hugo von Provence (1352). Das erste Buch über Geräte und Methoden der Augenheilkunde von Georg Bartisch (1583).

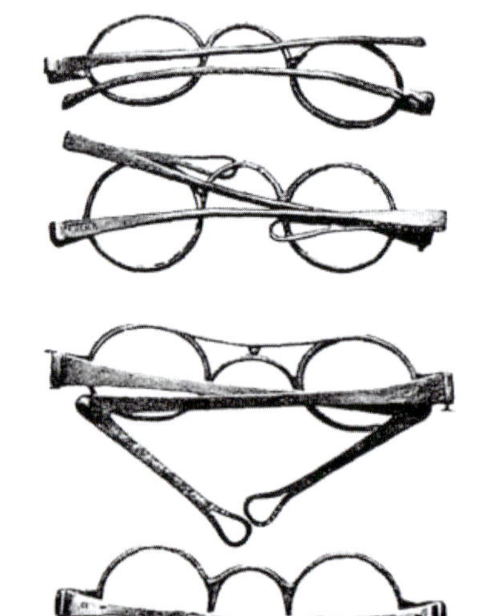

5:14

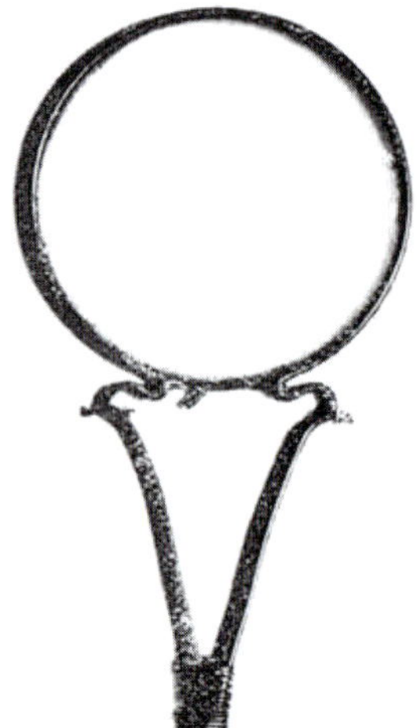

5:15

Verschiedene Brillenmodelle des 18. Jahrhunderts.

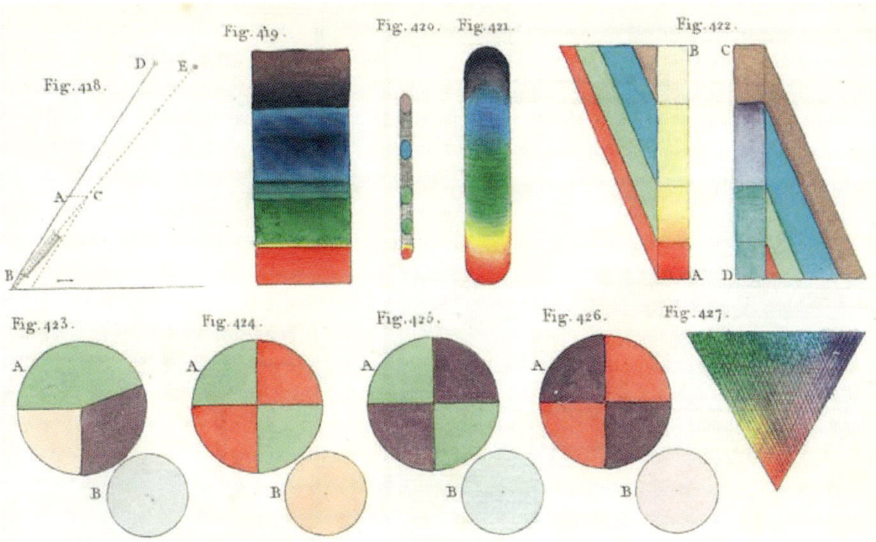

5:16

Illustrationen zur Natur der Farben aus Thomas Youngs (1773–1829) Vorträgen von 1807. 1802 legt Young eine Theorie des Farbensehens vor, die noch heute gültig ist. Sie beruht auf den drei Grundfarben rot, grün und blau sowie auf der Annahme, dass sich in der Netzhaut entsprechende lichtempfindliche Bereiche befinden.

5:17

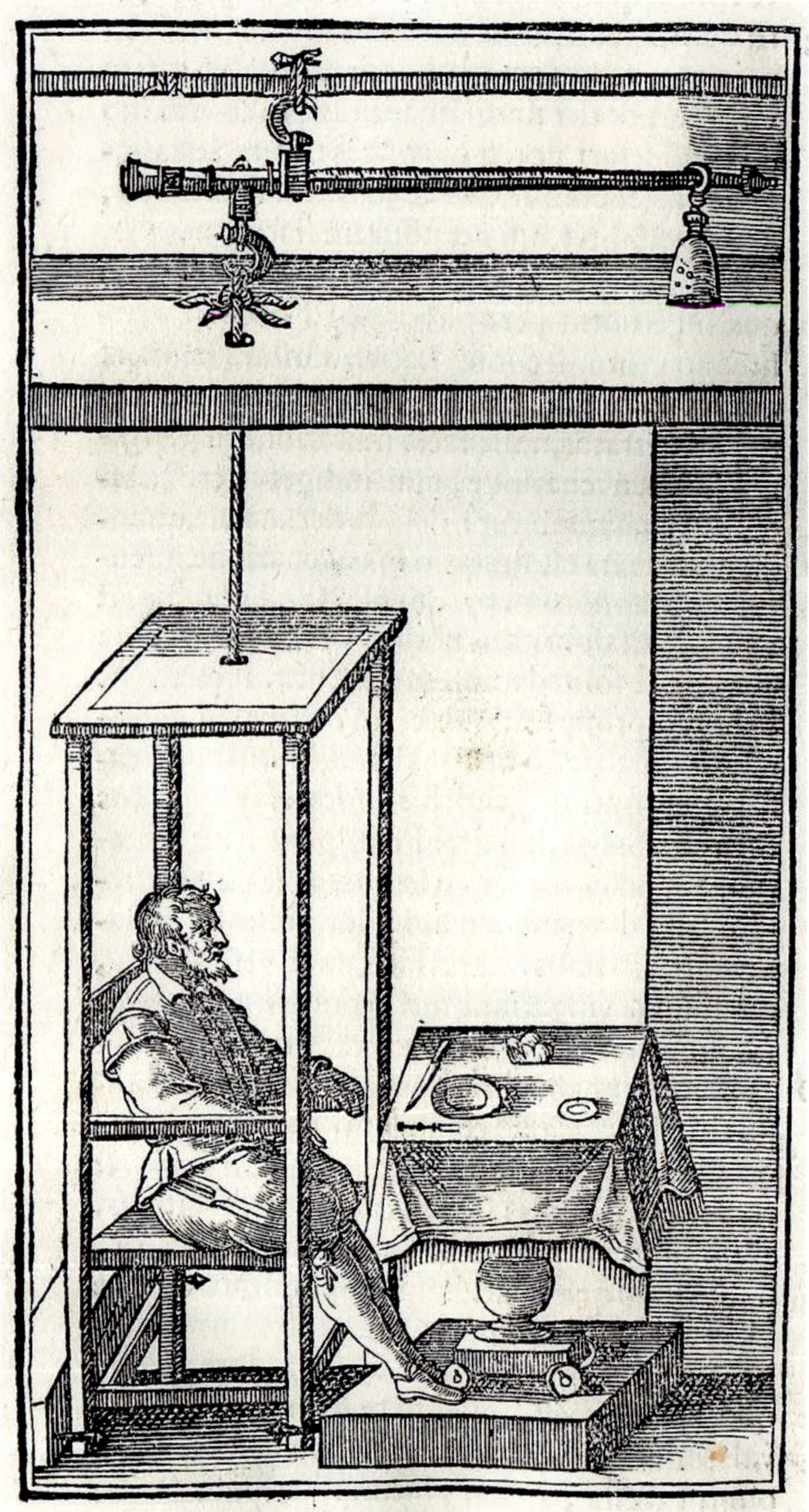

6:1

6:2

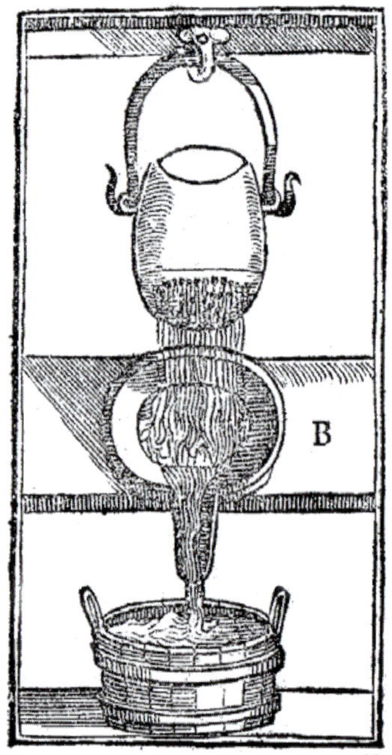

6:3

Santorio Santorio (1561–1636) sitzt auf der von ihm konstruierten Waage, mit der er die Veränderungen seines Nettogewichts nach Aufnahme und Ausscheidung von Nahrungsmitteln und Flüssigkeiten berechnet. Oben sind praktische Verfahren illustriert, die er zum Sammeln und Messen von Ausscheidungen benutzt.

Santorio wurde 1561 in Slowenien als Sohn einer Adelsfamilie geboren. Nach dem Studium klassischer Sprachen und Literatur wandte er sich der Philosophie und Medizin zu und promovierte 1582. Er praktizierte Medizin in Kroatien und später in Venedig, wo er den Physiker Galileo Galilei kennenlernte. Dank wachsender Anerkennung für seine Arzttätigkeit wurde er an der Universität von Padua zum Professor für theoretische Medizin ernannt. 1624 kehrte er nach Venedig zurück, wo er den Rest seines Lebens verbrachte. Santorio war ein exzellenter Redner und beliebter Lehrer. Er war zurückhaltend und beherrscht, und seine bemerkenswerten Ideen stellte er stets in den Zusammenhang einer allgemein akzeptierten Lehre. Da er keine Familie hatte und recht anspruchslos lebte, erwarb er ein beträchtliches Vermögen.

6:4

Santorio Santorio

Ars de statica medica aphorismorum sectionibus septem comprehensa.

VENEDIG: N. POLO, 1614.

Santorio glaubt an die traditionelle Lehre, dass Gesundheit und Krankheit vom Gleichgewicht zwischen den vier Säften (Blut, Schleim, gelbe und schwarze Galle) abhängen. Entgegen der Tradition ist er jedoch der Auffassung, dass dieses Gleichgewicht gemessen werden muss. Zu diesem Zweck konstruiert er eine Stuhlwaage, mit der sich die täglichen Schwankungen seines Körpergewichts messen lassen. Er stellt fest, dass ein beträchtlicher Teil der Ausscheidungen unsichtbar über Wasserausdünstung durch die Haut und durch die Atmung erfolgt (Perspiratio insensibilis). Ebenso konstatiert er die verschiedenen Faktoren, die diese Abnahmen beeinflussen – so verstärken sie sich bei Fieber. Santorio ergänzt die schriftlichen Berichte über seine Beobachtungen durch eine Reihe von Aphorismen. Fast zwei Jahrhunderte lang galt das Buch als vollkommenster medizinischer Text und wurde viele Male neu aufgelegt (6.1).

Im Spiegel der Zeit:
Wasserverlust durch die Haut und das verwandte Phänomen des Wärmeverlusts (6.2) ist auch heute noch ein Gegenstand der Forschung, der in mehreren klinischen Bereichen, wie der Chirurgie (6.3), der Behandlung von Verbrennungen (6.4) und der Versorgung Neugeborener (6.5), eine wichtige Rolle spielt. 250 Jahre nach Santorios Arbeiten gelang es Gréhant, die Wassermenge in der ausgeatmeten Luft zu bestimmen (6.6). Bald danach gelangen Aschenbrandt noch genauere Beobachtungen; er untersuchte Wärme- und Feuchtigkeitserhaltung durch die Nase sowie ihre Filtereigenschaften (6.7). In jüngerer Zeit haben die Forschungen von Ingelstedt (6.8) zur Entwicklung klinisch einsetzbarer Geräte zum Wärme- und Feuchtigkeitsaustausch („künstliche Nasen") geführt (6.9). Weitverbreitet sind heute auch hocheffiziente Vorrichtungen mit hygroskopischem Material (6.10) zur Befeuchtung trockener Beatmungsgase bei der Anästhesie und Intensivpflege. Diese modernen Geräte imitieren weitgehend die komplizierten Funktionen der Kamelnase (6.11).

6.1 Santorio S. *Medica Statica: Being the Aphorisms of Sanctorius.* Übersetzt von J Quincy. London 1720.

6.2 Thiele FAJ, Senden KG. Relation between skin temperature and the insensible perspiration of the human skin. *J Invest Dermatol* 1966; 47:307.

6.3 Bauber CD, Clark RG, Howlett P. Insensible water loss in operative patients. *Br J Surg* 1972; 59:300.

6.4 Davies JWL, Lamke L-O, Liljedahl S-O. A guide to the rate of non-renal water loss from patients with burns. *Br J Plast Surg* 1974; 27:325.

6.5 Levine SZ, Kelly M, Wilson JR. The insensible perspiration in infancy and in childhood II. Proposed basal standards for infants. *Am J Dis Child* 1930; 39:917.

6.6 Gréhant N. *Recherches physiques sur la respiration de l'homme.* Paris 1864.

6.7 Aschenbrandt T. *Die Bedeutung der Nase für die Athmung.* Würzburg 1886.

6.8 Ingelstedt S. Studies on the conditioning of air in the respiratory tract. *Acta Oto-laryng.* 1956; Suppl. 131.

6.9 Koch H et al. A method for humidifying inspired air in posttracheotomy care. *Ann Oto Rhin Laryng* 1958; 76:991.

6.10 Gedeon A, Mebius C. The Hygroscopic Condenser Humidifier. *Anaesthesia* 1979; 34:1043.

6.11 Schmidt-Nielsen K. Countercurrent Systems in Animals. *Scientific American* 1981; 244(5):118.

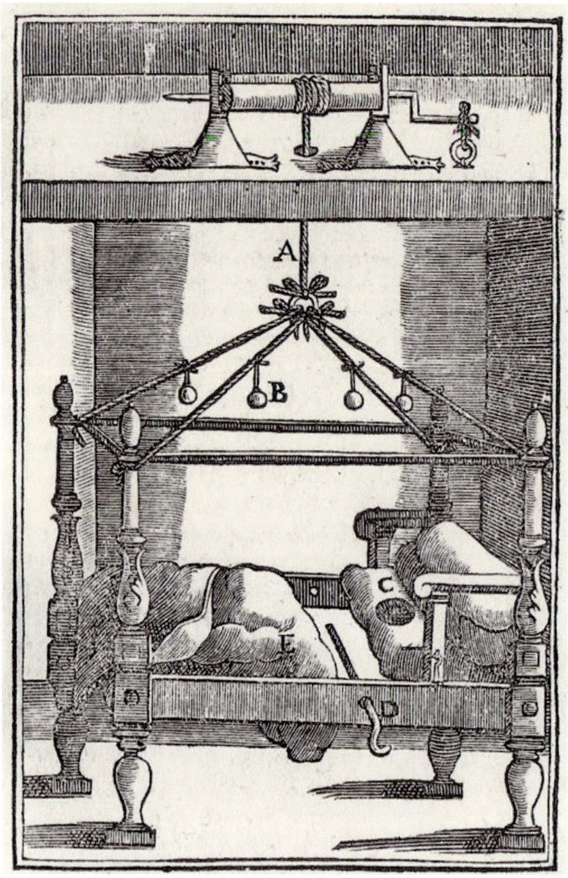

6:5

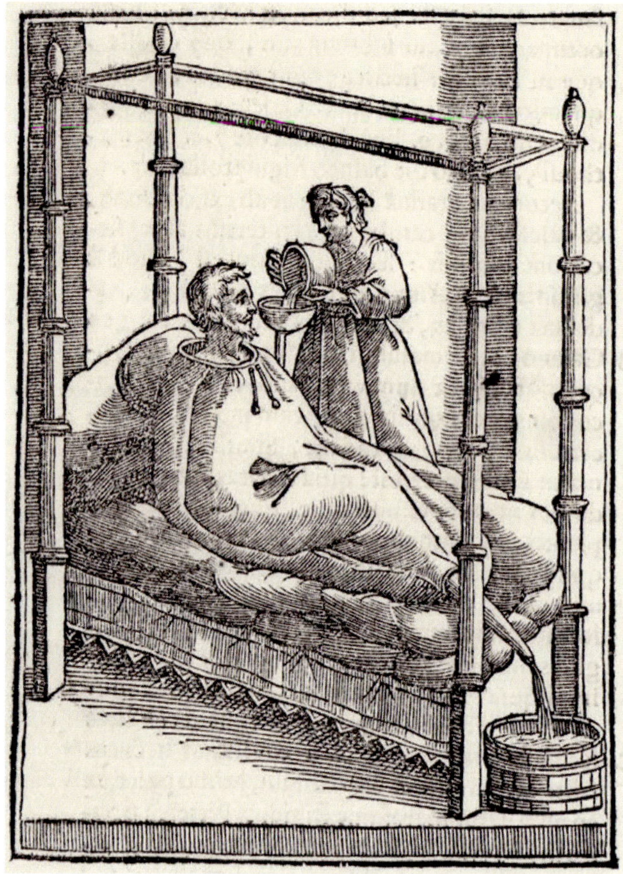

6:6

Apparat zur Bestimmung des Wasserverlusts. Santorio stellt fest, dass beträchtliche Verluste durch die Haut und durch die Atmung erfolgen.

Santorio Santorio

7:7

Santorio Santorio

Santorio wurde 1561 in Slowenien als Sohn einer Adelsfamilie geboren. Nach dem Studium klassischer Sprachen und Literatur wandte er sich der Philosophie und Medizin zu und promovierte 1582. Er praktizierte Medizin in Kroatien und später in Venedig, wo er den Physiker Galileo Galilei kennenlernte. Dank wachsender Anerkennung für seine Arzttätigkeit wurde er an der Universität von Padua zum Professor für theoretische Medizin ernannt. 1624 kehrte er nach Venedig zurück, wo er den Rest seines Lebens verbrachte. Santorio war ein exzellenter Redner und beliebter Lehrer. Er war zurückhaltend und beherrscht, und seine bemerkenswerten Ideen stellte er stets in den Zusammenhang einer allgemein akzeptierten Lehre. Da er keine Familie hatte und recht anspruchslos lebte, erwarb er ein beträchtliches Vermögen.

Commentaria in primam Fen primi libri Canonis Avicennae.

VENEDIG: J. SARCINA, 1625.

Um das Gleichgewicht der „Säfte" im Körper zu bestimmen (7.1), konstruierte Santorio Instrumente zur Messung von Zeit, Luftströmungen und Wasserfluss, Feuchtigkeit und Temperatur. In diesem Buch beschreibt er zum ersten Mal die Konstruktionsprinzipien dieser Instrumente. Er verrät zwar nicht viele Einzelheiten über den genauen Aufbau, doch es gibt einige Illustrationen zur Erläuterung der Messmethoden. Wie gewohnt, stellt Santorio seine Darstellung in den Zusammenhang der anerkannten medizinischen Lehre. Außerdem kommentiert er hier das erste Buch des Al-Quanun (Kanon der Medizin), das der persische Philosoph und Arzt Ibn Sina (Avicenna) zu Beginn des 11. Jahrhunderts verfasste.

Im Spiegel der Zeit:
Die quantitative Beziehung zwischen dem Volumen und der Temperatur eines Gases, die sich Santorios Thermometer zunutze machte, wurde 200 Jahre später von Gay-Lussac nachgewiesen (7.2). Im Laufe des 17. Jahrhunderts wurden Santorios Geräte weiterentwickelt, insbesondere von den Mitgliedern der ersten Wissenschaftsakademie (Accademia del Cimento) (7.3). Martine beurteilte viele verschiedene Temperaturskalen und ihren potenziellen klinischen Nutzen (7.4). Obwohl Currie Martines Ideen 1797 in der medizinischen Praxis umsetzte (7.5), entdeckte erst Wunderlich 1868 die große Bedeutung von Temperaturänderungen bei Kranken (7.6). Fahrenheit stellte 1714 das erste quecksilberhaltige Glasthermometer her, und ab den 1820er-Jahren ließ sich die Temperatur auch mithilfe von Thermoelementen messen (7.7). Feuchtigkeitsgrade bestimmte man zunächst durch Wasserkondensation (7.3). Hooke entwarf ein Hygrometer unter Verwendung von Flughafergrannen und etwa 100 Jahre später entwickelte Saussure das Haarhygrometer, das viele Jahre in Gebrauch war (7.8). Psychrometer, die mit Thermoelementen und Temperaturdifferenzen arbeiten (7.9), sowie kapazitive Dünnfilmsensoren (7.10) haben die Feuchtemessung in neuerer Zeit erheblich verbessert.

7.1 Siehe Nr. 6 Santorio S. 48.
7.2 Gay-Lussac JL. Sur la dilatation des gaz et des vapeurs. *Ann de chimie* 1802; 43:137.
7.3 *Saggi di natura esperienze fatte nell'Accademia del Cimento.* Florenz 1667.
7.4 Martine G. *Essays Medical and Philosophical.* London 1740.
7.5 Currie J. *Medical reports, on the effect of water, cold and warm, as a remedy in fever and febrile diseases.* Liverpool 1797.
7.6 Wunderlich C. *Das Verhalten der Eigenwärme in Krankheiten.* Leipzig 1868.
7.7 Knowles Middleton WE. *A History of the Thermometer.* Baltimore 1966.
7.8 Saussure HB. *Essais sur l'Hygrométrie.* Neuchatel 1783. Zu Hookes Instrument siehe auch Ref. 9.2.
7.9 Siehe Ref. 6.8.
7.10 Nilsson GE. On the measurement of evaporative water loss, methods and clinical applications. *Linköping Studies in Science and Technology Dissertations* Nr. 11. Linköping 1977.

Anders Celsius (1701–1744), sein Thermometer (unten) und sein Vorschlag für eine neue Thermometerskala (rechts). Als die beiden Fixpunkte der Temperaturskala wählt Celsius den Siedepunkt und den Gefrierpunkt des Wassers. So „kann man sicher sein, dass mehrere dieser Thermometer in derselben Luft immer die gleiche Gradzahl anzeigen ..."

Obſervationer om twänne beſtändiga Grader på en Thermometer.
af
AND. CELSIUS.

Thermometrar äro nu förtiden hos oß mycket brukeliga, merendels at hängas på wäggen, antingen til en prydnad, eller ock til at ſe huru mycket wärman til- eller aftager i Kammaren.

De gångbaraſte äro de ſå kallade Florentiſka Thermometrar, ſom kommit in i Swerige från Tyſkland, ock äro alla ſå wida onyttiga, ſom de ej gifwa något wiſt mått på Graderne af wärma eller köld, ock deſutan, wid lika wärma, ej wiſa ſamma Grad; hwilket likwäl är nödigt, ſå wäl wid Meteorologiſka Obſervationers jämförande ſins emellan, från ſärſkilta orter, ſåſom ock wid åtſkilliga Oeconomiſka ock Phyſicaliſka experimenters anſtällande, hwilka fordra en wiß Grad af wärma.

7:9

7:10

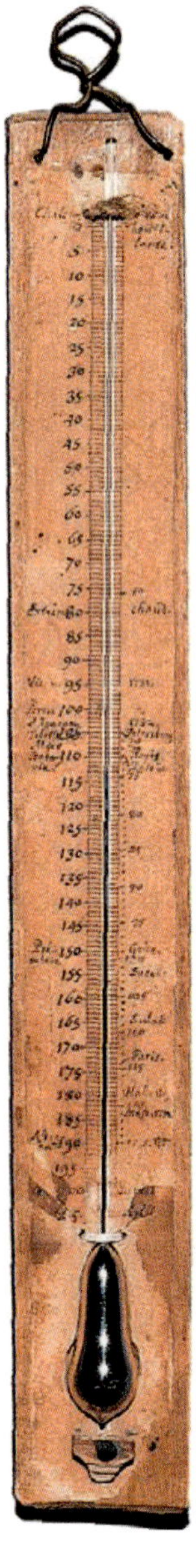

7:8

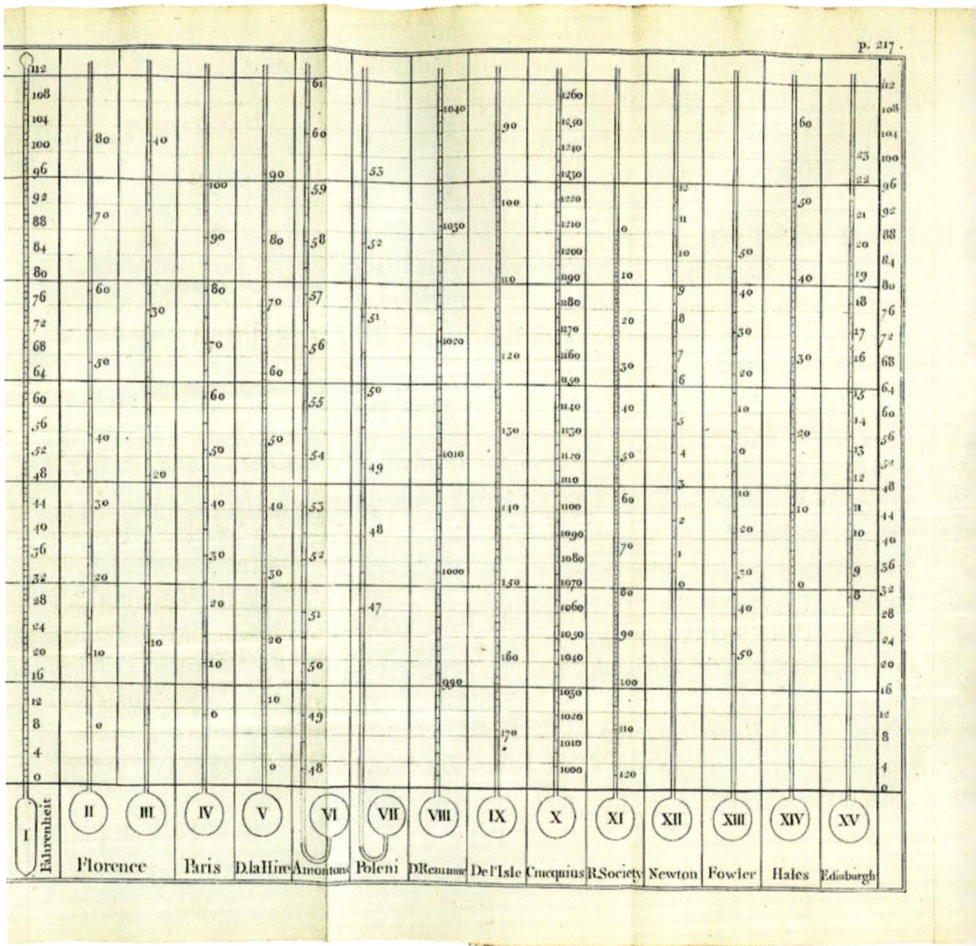

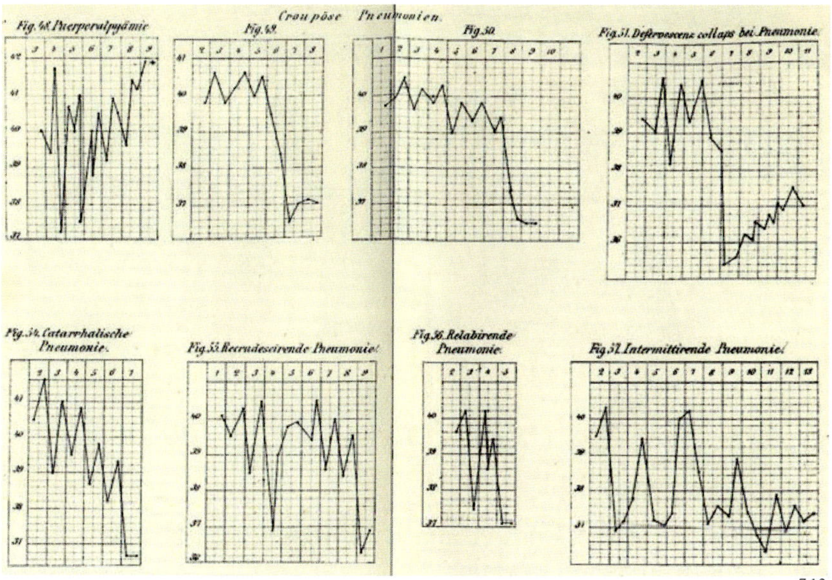

7:12

Carl Wunderlich (1815–1877) entdeckt die Bedeutung von Fieberkurven für die Diagnose verschiedener Krankheiten. Seine Arbeit begründet das Feld der klinischen Thermometrie.

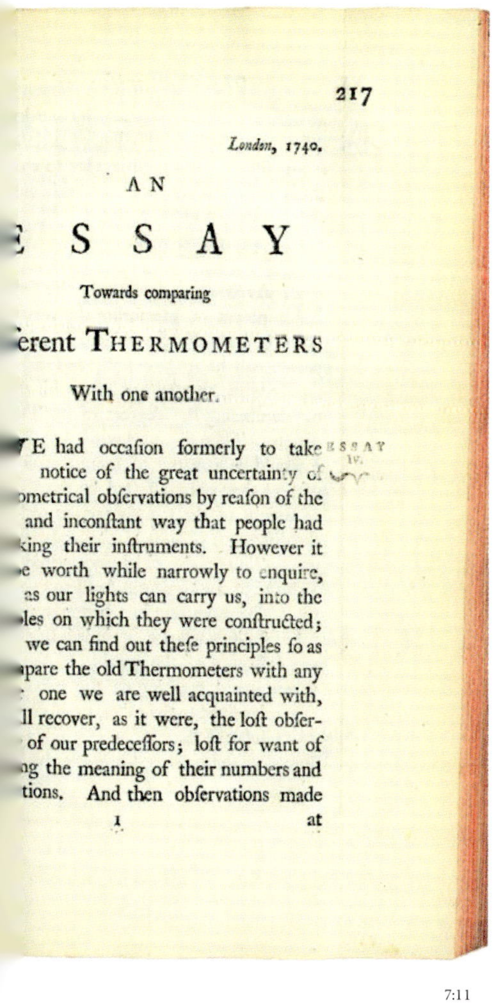

217

London, 1740.

AN

SSAY

Towards comparing

erent THERMOMETERS

With one another.

E had occaſion formerly to take ESSAY IV.
notice of the great uncertainty of
ometrical obſervations by reaſon of the
and inconſtant way that people had
king their inſtruments. However it
e worth while narrowly to enquire,
as our lights can carry us, into the
les on which they were conſtructed;
we can find out theſe principles ſo as
pare the old Thermometers with any
one we are well acquainted with,
ll recover, as it were, the loſt obſer-
of our predeceſſors; loſt for want of
g the meaning of their numbers and
tions. And then obſervations made
at

7:11

7:13

George Martine (1702–1741) veröffentlicht einen Aufsatz (links), in dem er die vielen verschiedenen Temperaturskalen, die in den 1740er-Jahren in Gebrauch waren, bewertet. Außerdem erörtert er zum ersten Mal ihren medizinischen Nutzen.

Ein Jahrhundert vor Saussures Erfindung (siehe unten auf der Seite) propagiert Robert Hooke die Verwendung von Flughafergrannen für die Feuchtemessung. Unten ist die Funktion eines solchen Hygrometers beschrieben.

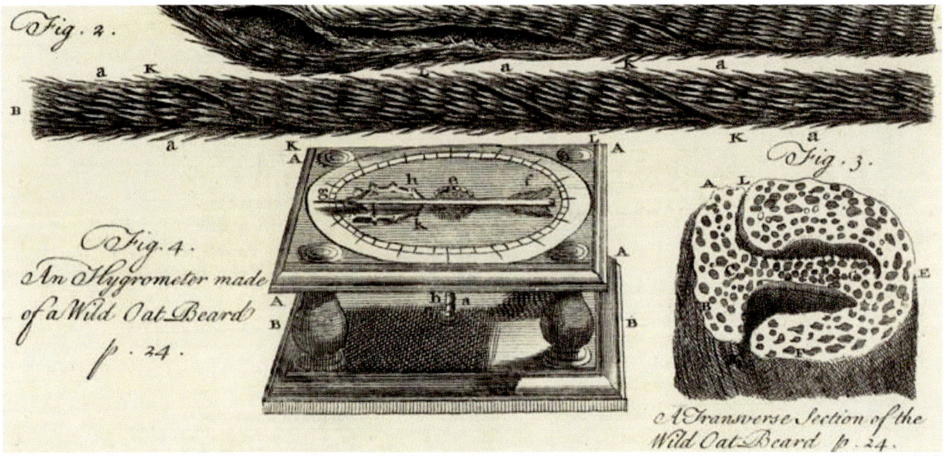

7:17

THE Beard of a Wild-Oat, cut afunder at the Ends A and B, is reprefented by the two long prickly Figures we are now about to examine. Wild-Oat Beard.

This little Production of Nature is wonderfully remarkable, on account of its making an exceeding good *Hygrometer*, or Inftrument for difcovering the *Drynefs* or *Moifture* of the Air; being extremely fenfibly of, and vifibly affected by the leaft Alteration as to thofe Particulars. A Defcription of it muft therefore be an inftructive as well as entertaining Amufement.

7:16

7:14

Horace Saussure (1740–1799) stellt seine Erfindung, das Haarhygrometer, vor. Obwohl es nicht besonders präzise war, blieb das entsprechende Prinzip fast 200 Jahre in Gebrauch.

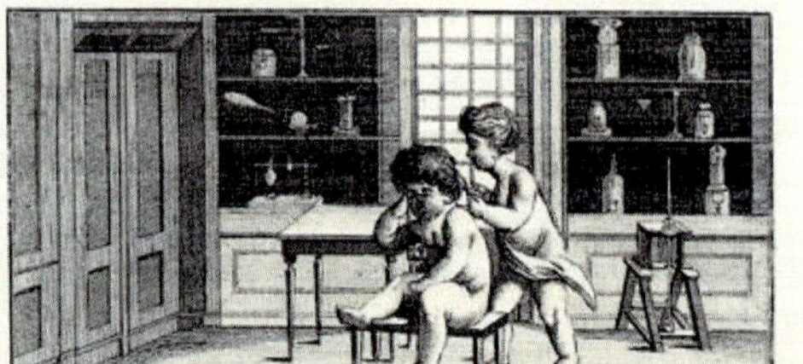

PREMIER ESSAI.

DESCRIPTION

D'UN NOUVEL

HYGROMETRE COMPARABLE.

CHAPITRE PREMIER.

STRUCTURE DE L'HYGROMETRE.

§. I. LE cheveu s'alonge quand il s'humecte, & fe contracte ou fe raccourcit quand il fe deffeche. La différence entre le plus grand alongement que puiffe lui donner l'humidité, & la plus grande contraction qu'il puiffe recevoir de la féchereffe Extenfion du cheveu par l'humidité.

A

7:15

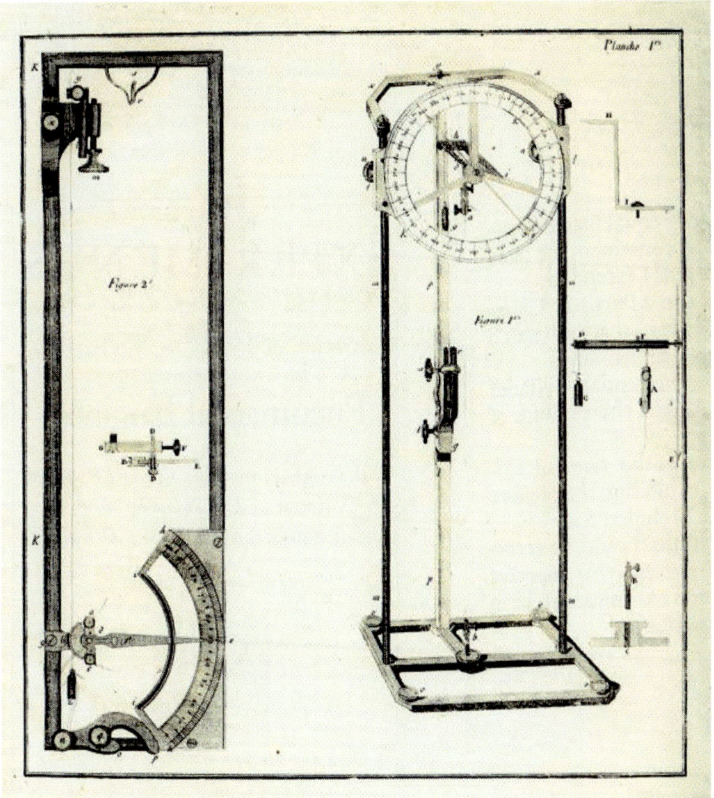

7:18

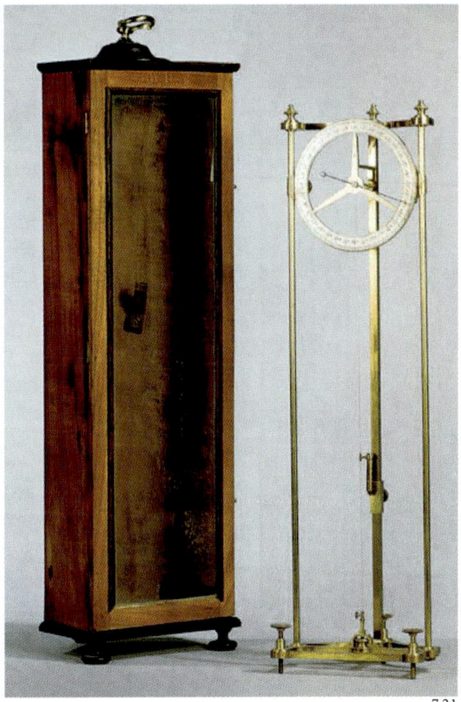

7:21

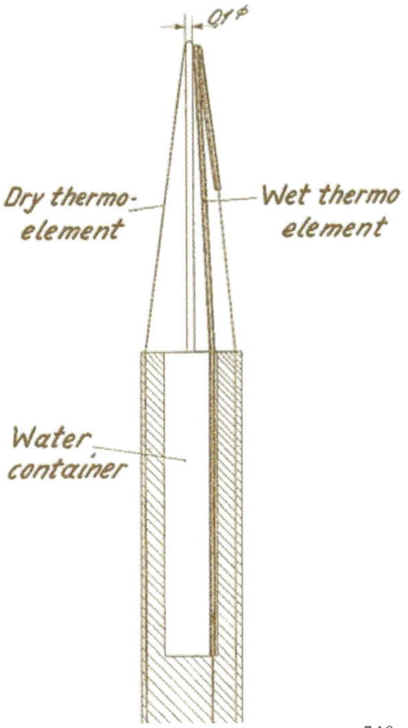

7:19

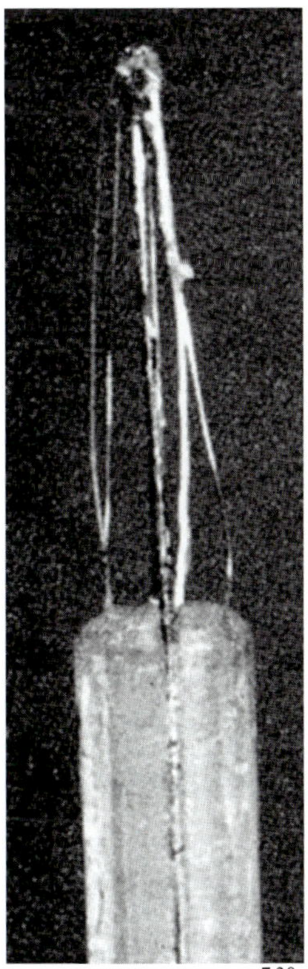

7:20

Das Hygrometer nach einer Zeichnung von Saussure aus dem Jahre 1783 (links) und das Instrument, wie man es heute sehen kann.

Moderne Methoden der Hygrometrie. Mit Temperaturdifferenzen arbeitende nasse und trockene Thermoelemente (links und Mitte) sowie ein differentieller kapazitiver Sensor (unten).

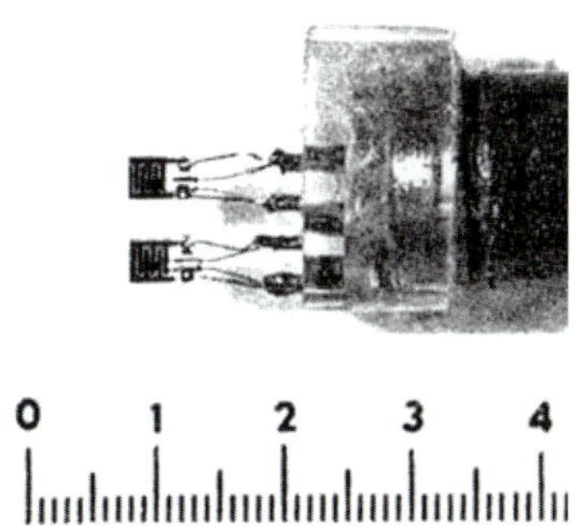

7.22

A Table of the Condenſation of the Air.

A	*A*	*B*	*C*	*D*	*E*
48	12	00	Added to $29\frac{1}{8}$ makes	$29\frac{2}{16}$	$29\frac{2}{16}$
46	$11\frac{1}{2}$	$01\frac{7}{16}$		$30\frac{9}{16}$	$30\frac{6}{16}$
44	11	$02\frac{13}{16}$		$31\frac{15}{16}$	$31\frac{12}{16}$
42	$10\frac{1}{2}$	$04\frac{6}{16}$		$33\frac{8}{16}$	$33\frac{1}{7}$
40	10	$06\frac{3}{16}$		$35\frac{5}{16}$	35--
38	$9\frac{1}{2}$	$07\frac{14}{16}$		37--	$36\frac{15}{19}$
36	9	$10\frac{2}{16}$		$39\frac{4}{16}$	$38\frac{7}{8}$
34	$8\frac{1}{2}$	$12\frac{8}{16}$		$41\frac{10}{16}$	$41\frac{2}{17}$
32	8	$15\frac{1}{16}$		$44\frac{3}{16}$	$43\frac{11}{16}$
30	$7\frac{1}{2}$	$17\frac{15}{16}$		$47\frac{1}{16}$	$46\frac{3}{5}$
28	7	$21\frac{3}{16}$		$50\frac{5}{16}$	50--
26	$6\frac{1}{2}$	$25\frac{3}{16}$		$54\frac{5}{16}$	$53\frac{10}{13}$
24	6	$29\frac{11}{16}$		$58\frac{13}{16}$	$58\frac{2}{8}$
23	$5\frac{3}{4}$	$32\frac{3}{16}$		$61\frac{5}{16}$	$60\frac{18}{23}$
22	$5\frac{1}{2}$	$34\frac{15}{16}$		$64\frac{1}{16}$	$63\frac{6}{11}$
21	$5\frac{1}{4}$	$37\frac{15}{16}$		$67\frac{1}{16}$	$66\frac{4}{7}$
20	5	$41\frac{9}{16}$		$70\frac{11}{16}$	70--
19	$4\frac{3}{4}$	45--		$74\frac{2}{16}$	$73\frac{11}{19}$
18	$4\frac{1}{2}$	$48\frac{12}{16}$		$77\frac{14}{16}$	$77\frac{2}{3}$
17	$4\frac{1}{4}$	$53\frac{11}{16}$		$82\frac{12}{16}$	$82\frac{4}{17}$
16	4	$58\frac{2}{16}$		$87\frac{14}{16}$	$87\frac{3}{8}$
15	$3\frac{3}{4}$	$63\frac{15}{16}$		$93\frac{1}{16}$	$93\frac{1}{5}$
14	$3\frac{1}{2}$	$71\frac{5}{16}$		$100\frac{7}{16}$	$99\frac{6}{7}$
13	$3\frac{1}{4}$	$78\frac{11}{16}$		$107\frac{13}{16}$	$107\frac{7}{13}$
12	3	$88\frac{7}{16}$		$117\frac{9}{16}$	$116\frac{4}{8}$

AA. The number of equal ſpaces in the ſhorter leg, that contained the ſame parcel of Air diverſly extended.
B. The height of the Mercurial Cylinder in the longer leg, that compreſs'd the Air into thoſe dimenſions.
C. The height of a Mercurial Cylinder that counterbalanc'd the preſſure of the Atmoſphere.
D. The Aggregate of the two laſt Columns *B* and *C*, exhibiting the preſſure ſuſtained by the included Air.
E. What that preſſure ſhould be according to the ***Hypotheſis***, that ſuppoſes the preſſures and expanſions to be in reciprocal proportion.

8:1

Robert Boyle (1627–1691) beweist (vgl. Spalte D und E in der Tabelle links), dass der Druck eines Gases umgekehrt proportional zu seinem Volumen ist (Boyles Gesetz). Unten ist die Titelseite seiner berühmten Publikation von 1662 zu sehen.

NEW
EXPERIMENTS
PHYSICO-MECHANICAL,
Touching
The SPRING of the AIR, and its EFFECTS,
(Made, for the moſt part, in a New
Pneumatical Engine)
Written by way of LETTER
To the Right Honorable *CHARLES* Lord
Vicount of *DUNGARVAN*,
Eldeſt Son to the EARL of *CORKE*.

By the Honorable *Robert Boyle* Eſq;

OXFORD: Printed by *H. Hall*, Printer to the Univerſity, for *Tho: Robinſon*. 1662.

8:3

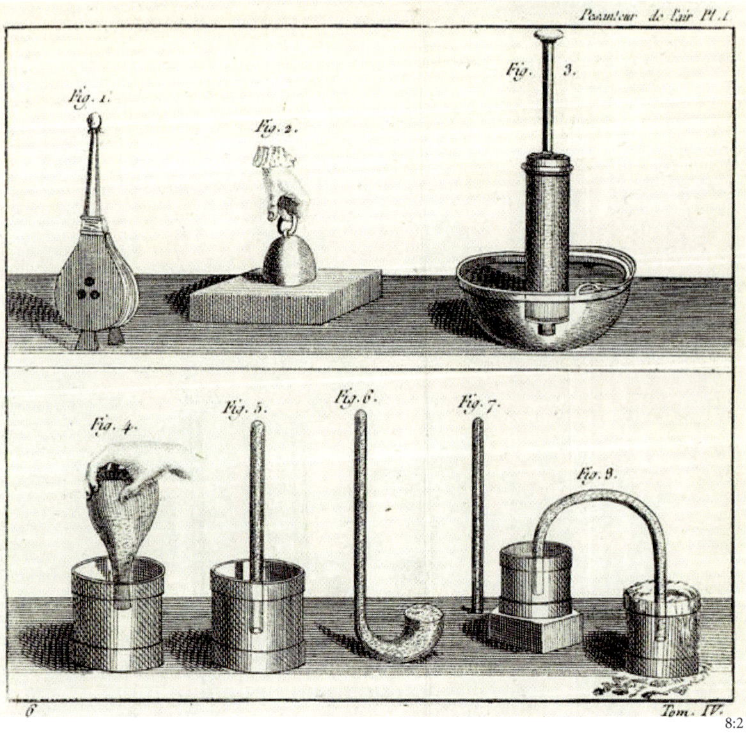

8:2

8:4

Blaise Pascal (1623–1662) untersucht das Gleichgewicht von Flüssigkeiten in einem Tal und auf dem Gipfel eines Berges und erklärt die Wirkungen des Luftdrucks.

Jan Baptist van Helmont

8:5

Jan Baptist van Helmont

Helmont wurde 1579 als Kind einer bekannten Familie in Brüssel geboren. Er studierte Philosophie, Geographie und Jura und machte 1599 einen Studienabschluss in Medizin. Da er reich geheiratet hatte, lehnte er verlockende berufliche Angebote ab. Er beschloss, auf eigene Faust Forschungen zu betreiben, statt sich, wie er sagte, „vom Elend meiner Mitmenschen zu ernähren“ oder „Reichtümer anzuhäufen und mein Seelenheil zu gefährden“. Einige seiner Schriften erregten den Zorn der Theologischen Fakultät von Löwen; er gestand jedoch seinen Fehler ein und kam mit einem befristeten Hausarrest davon. Helmont war eine sanftmütige Person mit einem Hang zu Träumen und Visionen. Als okkulter Mystiker stand er logischem Denken zwar skeptisch gegenüber, bemühte sich aber dennoch, die Geheimnisse des Lebens auf rein chemische Weise zu erklären.

Ortus Medicinae. Id est, initia physicae inaudita.

Edente authoris filio, Francisco Mercurio van Helmont
Amsterdam: Louis Elzevir, 1652.

Hierbei handelt es sich um die vollständigste Sammlung von Helmonts medizinischen und alchimistischen Schriften. Beim Untersuchen der Gärung und Verbrennung fester Stoffe entdeckt Helmont, dass der erzeugte Rauch für die jeweilige Ursprungssubstanz spezifisch ist. Er nennt den entweichenden Rauch „Gas“ (nach „Chaos“) und identifiziert mehrere verschiedene Gase, insbesondere Kohlendioxid, das er als „gas sylvestre“, also „wildes Gas“, bezeichnet, weil es bei Ausdehnung geschlossene Glasgefäße sprengen kann. Helmont betrachtet jede Krankheit als einen spezifischen Zustand und sucht nach ihren Ursachen, auch psychophysischer Art. Er macht weitreichende Beobachtungen zu Asthma, Tuberkulose und der Reizbarkeit von Gewebe. Er glaubt, dass Fieber die Reaktion auf eine Reizung und dem Heilungsprozess förderlich sei.

Im Spiegel der Zeit:
Helmonts wissenschaftliche Ansichten sind eng mit seiner mystischen religiösen Metaphysik verflochten. Seine Ideen zur Wundbehandlung mittels Magnetismus inspirierten Mesmer im 18. Jahrhundert zu seinen Vorträgen über den „animalischen Magnetismus“ (8.1). Der Mesmerismus wiederum hat den modernen Hypnoseverfahren seinen Stempel aufgedrückt. Stark beeinflusst von Paracelsus (8.2), steht Helmonts Werk für den Übergang von der Alchemie zur Chemie als Wissenschaft, die im modernen Sinne mit Lavoisier ihren Anfang nimmt (8.3). Innerhalb von drei Jahrzehnten nach Helmonts Tod hatte Pascal den barometrischen Druck (Gewicht) der Luft erklärt (8.4) und Guericke die erste Luftpumpe erfunden (8.5). Boyle wies die quantitative Beziehung zwischen Volumen und Druck eines Gases nach und veröffentlichte einen kritischen Aufsatz, der der Alchemie einen schweren Schlag versetzte (8.6). Das erste mikroskopische Gasmodell wurde 1738 von Bernoulli präsentiert (8.7) und von Dalton weiterentwickelt (8.8). Schon bald war der Mechanismus der Atmung und seine Bedeutung für den Erhalt des Lebens Gegenstand intensiver Studien (8.9). 1754 stellte Black zum ersten Mal Kohlendioxid dar und untersuchte es sorgfältig (8.10).

8.1 Mesmer FA. *Mémoire sur la Decouverte du Magnetisme Animal.* Genf & Paris 1779.
8.2 Siehe Nr. 3 Paracelsus S. 32.
8.3 Siehe Nr. 24 Lavoisier S. 134.
8.4 Pascal B. *Traitez de l'équilibre des liqueurs, et de la pesanteur de la masse de l'air.* Paris 1663.
8.5 Guericke O. *Experimenta Nova (ut vocantur) Magdeburgica De Vacuo Spatio ...* Amsterdam 1672.
8.6 Boyle R. *New experiments physico-mechanical, touching the spring of the air and its effects.* Oxford 1662 und Ref. 4.6.
8.7 Siehe Nr. 18 Bernoulli S. 104.
8.8 Dalton J. Experimental essays on the constitution of mixed gases; ... *Mem Lit Phil Soc Manchester* 1802; 5:535. Siehe auch Ref. 18.6.
8.9 Siehe Nr. 11 Hooke S. 72.
8.10 Siehe Nr. 20 Black S. 116.

Otto Guericke (1602–1686) und die Titelseite seines Buches von 1672, wo er die Erfindung der Luftpumpe, den ersten elektrischen Generator und seine Experimente zur statischen Elektrizität beschreibt.

8:6

8:7

1802 untersucht John Dalton (1766–1844) die Eigenschaften von Gasmischungen und formuliert das Gesetz der Partialdrücke.

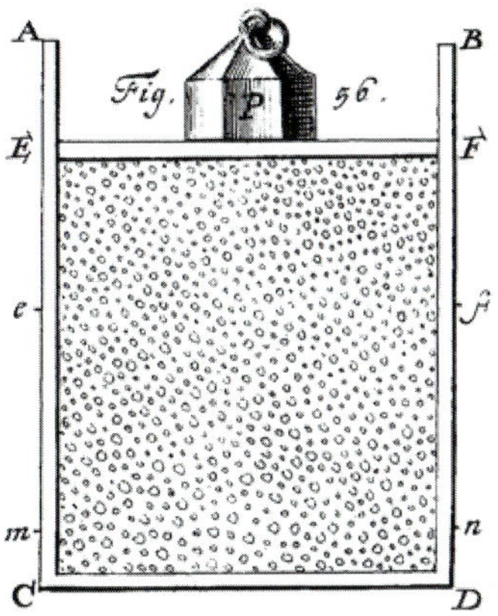

8:8

Illustration der ersten kinetischen Gastheorie, die Daniel Bernoulli (1700–1782) im Jahre 1738 aufstellte, um die grundlegenden Gasgesetze zu erklären.

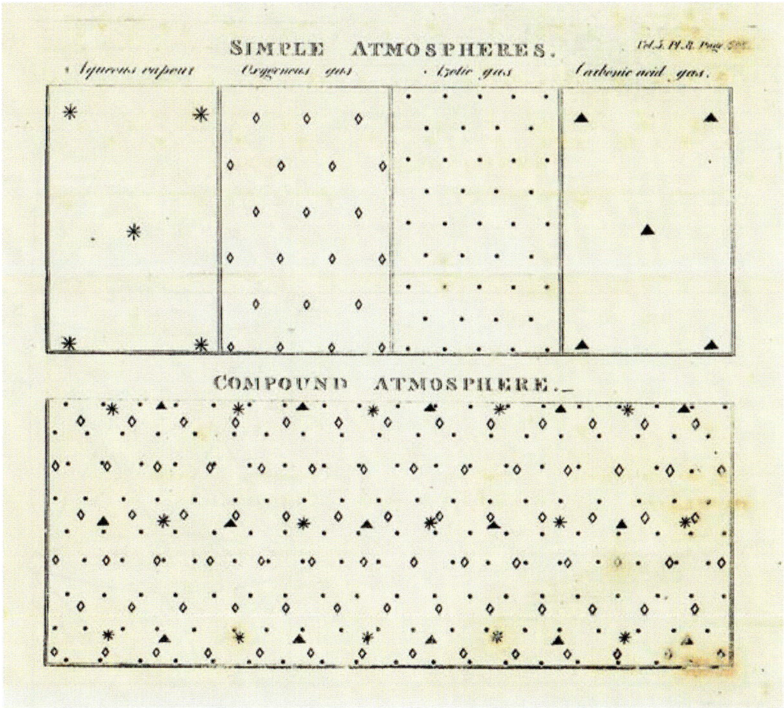

8:10

8:9

Franz Mesmer (1734–1815, Porträt oben) führt den Begriff des „animalischen Magnetismus“ als Heilmethode ein. Beeinflusst von den Ideen van Helmonts, behandelt er Patienten mit Magneten und Hypnosen. Zunächst hat er Erfolg, doch 1794 wird er in Paris von einer Königlichen Kommission aus Ärzten und Akademikern als Betrüger hingestellt. Rechts versetzt ein Operateur seine Patientin in eine „Krise“

8:11

9:1

Zacharias Janssen (1580–1638), der Erfinder des Verbundmikroskops.

Die Konstruktion des Verbundmikroskops mit Erläuterungen von Pierre Borel (1620–1671).

Nota, Lentem cavam unam & ſolam ſemper acceptas ſpecies confundere & diſſipare convexam confuſam ſpeciem acceptam, & tranſmiſſam diſtinguere & benè ordinare.

Tubi Optici demonſtratio.

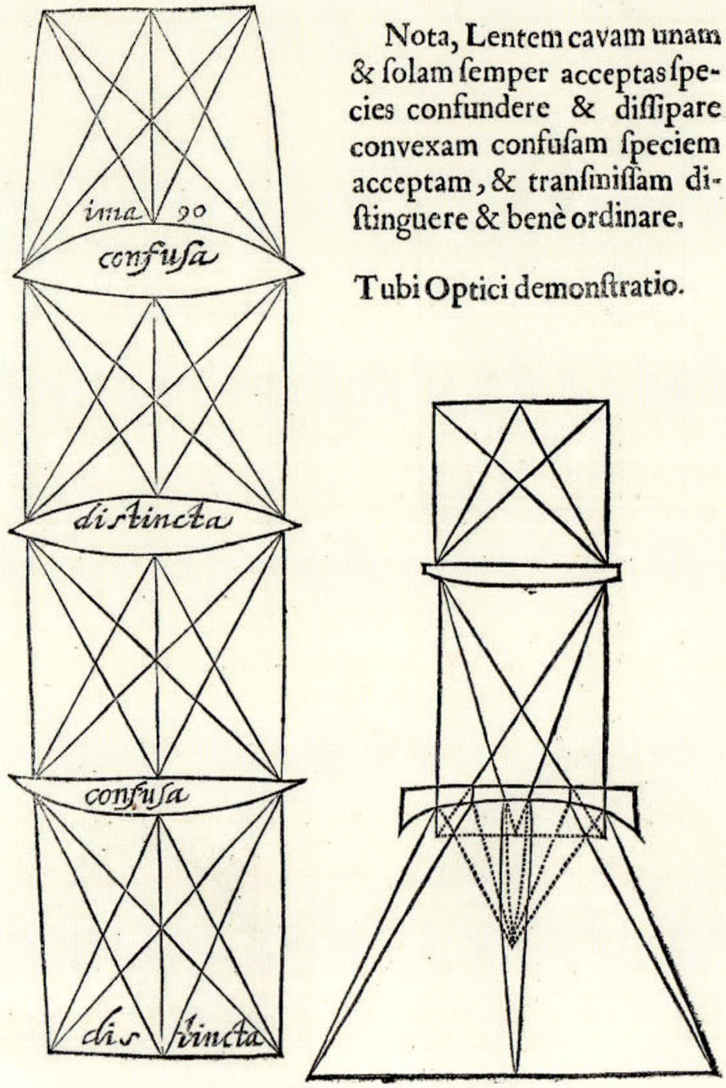

9:2

Borel berichtet von mikroskopischen Betrachtungen des Gonorrhoewurms. „Ein Freund von mir beobachtete bösartige Gonorrhoe am Penis eines Soldaten. Es war eine kleine, fast unsichtbare schneckenartige Infektion, aber ihre Progression sah einem Wurm sehr ähnlich und war an bestimmten Stellen des Körpers deutlicher ausgeprägt. Unter dem Mikroskop produzierte sie 30 oder 40 Eier. Aus einigen dieser Eier schlüpften kleine stachelige Würmer. Sie wurden markiert, um sie von den oben erwähnten Eiern zu unterscheiden. Drückte man sie zusammen, sonderten sie eine milchige Flüssigkeit ab."

Observatio LIII

Da Gonorrheæ verme.

IN Gonorrhea virulenta militis, ſeu in balano ejus, amicus meus obſervavit Inſectulum limaciformem, ſed ferè inviſibilem, quod ejus etiam greſſus vel vermium imitabatur, craſſeſcens in certis corporis locis: 30. autem vel 40. peperit ova in Microſcopio, è quorum quibuſdam vermiculi ſubtiliſſimi, ſed hirſuti manabant, punctis autem notata erant & diſtincta ova ſupradicta. Lac autem quaſi reſudant ſi comprimantur.

9:3

Pierre Borel

9:4

Pierre Borel, Porträt von J. Pauthe (1850) nach einem heute verschollenen Originalgemälde.

Borel wurde um 1620 in Castres, Frankreich, geboren, wo er bis 1653 Medizin praktizierte. Dann ging er nach Paris, um „médecin ordinaire du roy" zu werden. Er soll als Erster die Gehirnerschütterung beschrieben und die Verwendung konkaver Spiegel zur diagnostischen Untersuchung von Nase und Rachen empfohlen haben (9.1). Borel war ein eifriger Sammler von Pflanzen, Mineralien, Antiquitäten und Büchern. Er war voller Energie, vielseitig interessiert und verfügte in vielen Bereichen über ein umfassendes Wissen. Um darzulegen, auf wen bestimmte Erfindungen und wissenschaftliche Entdeckungen zurückgingen, brachte er ein Buch heraus, in dem sich der erste vollständige Bericht über die Erfindung des Mikroskops und des Teleskops befindet.

De vero telescopii inventore, cum brevi omnium conspiciliorum historia ... accessit etiam centuria Observationum microcospicarum. /sic/

Den Haag: A. Vlacq, 1655–1656.

Borel schildert hier zum ersten Mal die Entwicklung und Konstruktion des Teleskops und des Verbundmikroskops (Mehrfachlinsenmikroskop). Seinen Angaben zufolge erfand Janssen, ein niederländischer Brillenmacher, etwa in der Zeit von 1590 bis 1610 das Mikroskop. Borel untermauert diese Behauptung (von deren Richtigkeit man heute überzeugt ist) mit einem Bericht des niederländischen Botschafters in Frankreich, der das Verbundmikroskop 1619 selber gesehen hatte. In einem separaten Abschnitt des Buches von 1656 stellt Borel 100 teilweise illustrierte medicophysikalische Beobachtungen vor, die er mit einem solchen Mikroskop gemacht hat.

Im Spiegel der Zeit:
Das Verbundmikroskop wurde bald von Hooke weiterentwickelt, der damit winzige Details von Insekten und Pflanzen untersuchte und sie beschrieb (9.2). Etwa zur gleichen Zeit baute van Leeuwenhoek einlinsige Mikroskope von sehr guter Qualität, mit denen er viele bedeutende biologische Objekte, wie Bakterien, Blutzellen und Spermien, erstmalig beobachtete (9.3). Im 18. Jahrhundert entwickelte sich das Verbundmikroskop zu einem praktischeren und häufig genutzten Instrument (9.4). Zu Beginn des 19. Jahrhunderts war die Kompensation von Farbfehlern bei Linsen voll entwickelt (9.5) und man erfand elektrische Lichtquellen zur Beleuchtung der Objekte (9.6). Zudem erzielte man Erfolge beim Ergründen der Wellenstruktur des Lichts (9.7) sowie beim Untersuchen und Verbessern der Eigenschaften optischer Materialien (9.8). In Deutschland verknüpfte Abbe diese Fortschritte zu einem neuen Konzept für die mikroskopische Bilderzeugung, das zu herausragenden Mikroskopentwürfen führte (9.9). Im 20. Jahrhundert trugen die Phasenkontrastmethode (9.10), optische Beschichtungstechniken, neue Lichtquellen und ausgeklügelte Scanning-Verfahren (9.11) dazu bei, dass die optische Mikroskopie zu einem unverzichtbaren Werkzeug vieler wissenschaftlicher Bereiche, einschließlich der Medizin, wurde.

9.1 *Dictionary of Scientific Biography* Bd. II. New York 1970–1990. S. 305.

9.2 Hooke R. *Micrographia: or some Physiological Descriptions of Minute Bodies* ... London 1665.

9.3 Siehe Nr. 16 van Leeuwenhoek S. 96.

9.4 Adams G (der Jüngere). *Essays on the Microscope* ... London 1787.

9.5 Lister JJ. On some properties in achromatic object glasses ... *Phil Trans* 1830; 120:187.

9.6 Donné A, Foucault L. *Description du microscope photo-électrique*. Extrait du bulletin de la societé d'encouragement pour l'industrie nationale. Paris 1845.

9.7 Airy G. On the Diffraction of an Annual Aperture. *Phil Mag* 1841; XVIII:1.

9.8 von Fraunhofer J. Bestimmung des Brechungs- und Farbenzerstreuungsvermögens verschiedener Glasarten ... *Denkschr der k Akad d Wiss zu München*. 1817; Bd. V.

9.9 Siehe Nr. 64 Abbe S. 328.

9.10 Zernike F. Das Phasenkontrastverfahren bei der microscopischen Beobachtung. *Phys Z* 1935; 36:848.

9.11 Pawley JB Hrsg. *Handbook of Biological Confocal Microscopy*. New York: Plenum Press; 1995.

Robert Hooke (1635–1703) prägt den Begriff der „Zelle", als er die Struktur von Kork untersucht. Er schreibt: „Ich konnte immer besser erkennen, dass er ganz perforiert und porös war, ganz ähnlich einer Honigwabe. Aber die Poren waren nicht regelmäßig ... Diese Poren, oder Zellen, ... waren tatsächlich die ersten mikroskopischen Poren, die ich je gesehen habe ..."

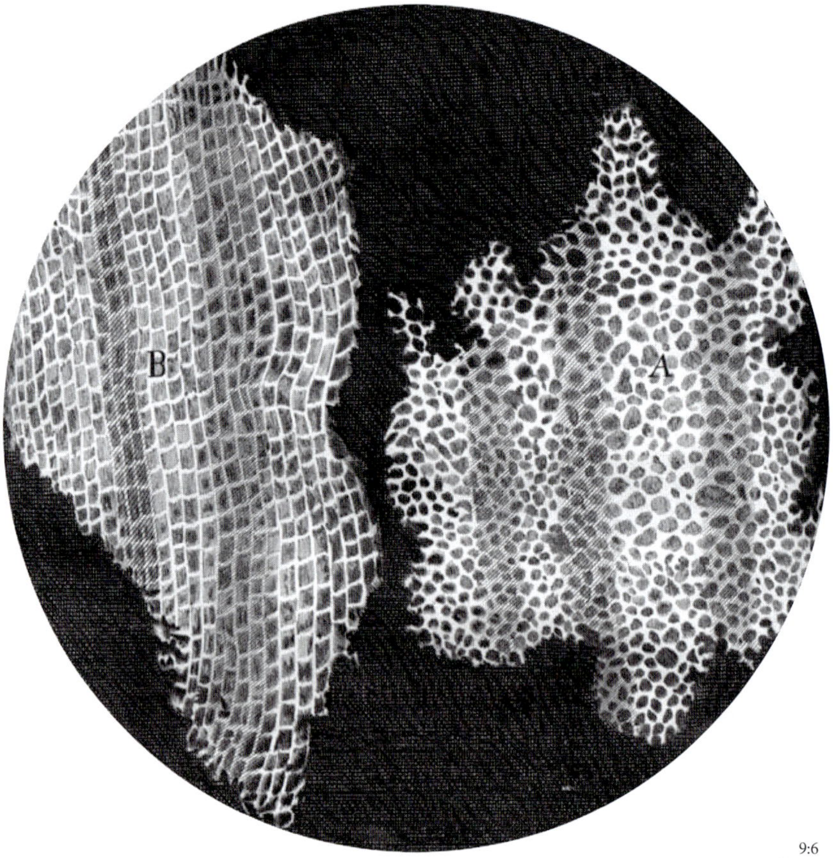

9:6

9:5

Italienisches Verbundmikroskop aus dem 17. Jahrhundert im Vergleich zu Robert Hookes berühmter Zeichnung aus dem Jahre 1665 von seinem eigenen Mikroskop (rechts).

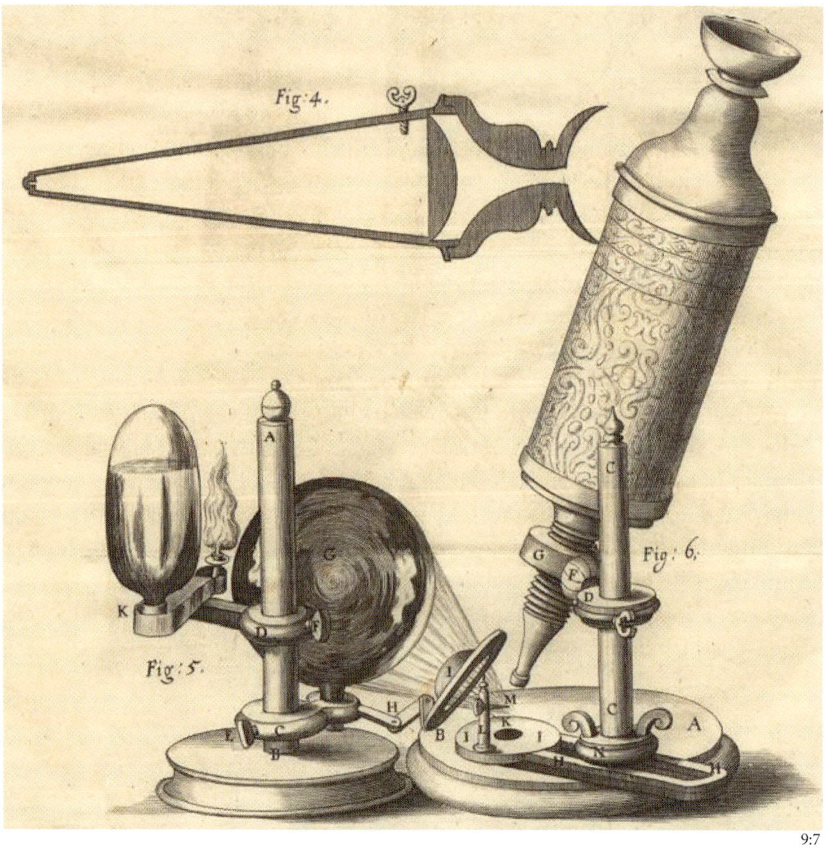

9:7

9:8

Ein Jahrhundert nach Hookes frühem Entwurf entwickelt sich das Verbundmikroskop zu einem komplizierteren Instrument, wie dieses Mikroskop aus Augsburg zeigt.

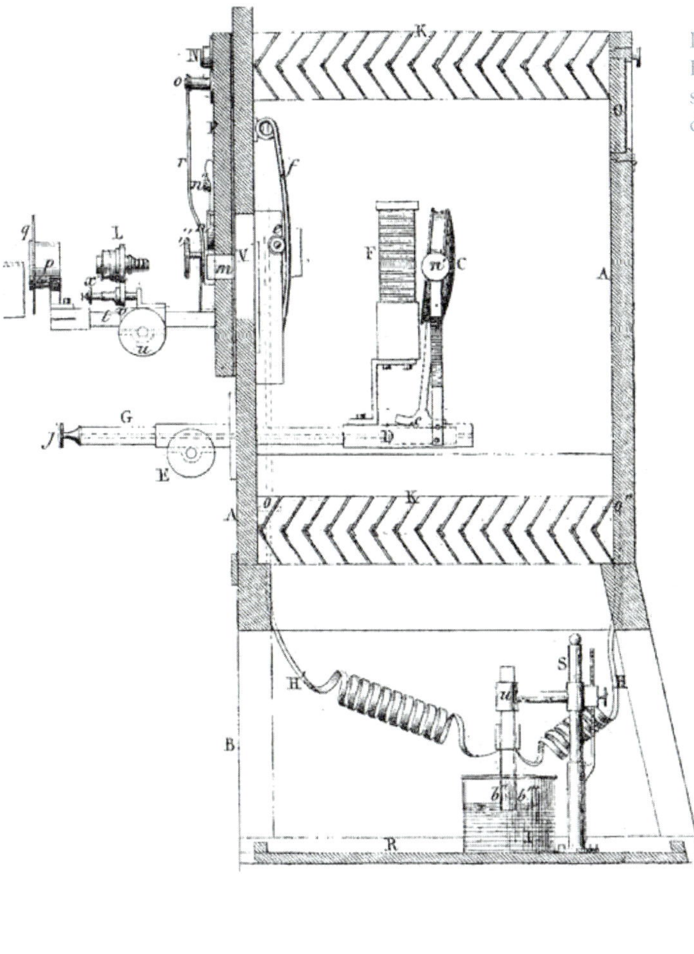

9:9

Léon Foucault (1819–1868) erfindet den elektrischen Lichtregler, eine große Erleichterung, weil diese elektrischen Bogenlampen eine starke und stetige Beleuchtung des mikroskopierten Objekts erlauben.

10:1

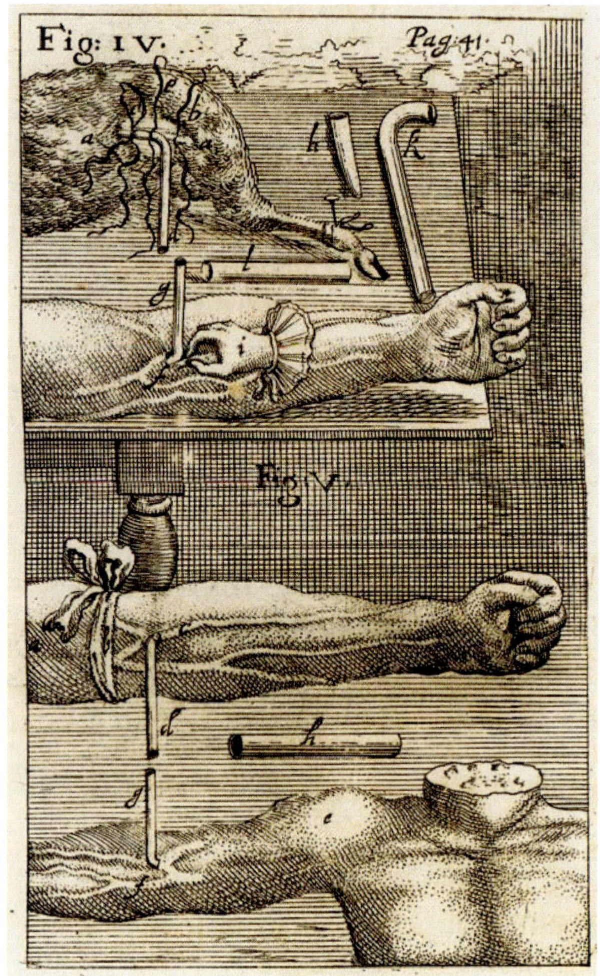

10:2

Infusions- und Transfusionsexperimente, beschrieben von Johann Elsholtz (1623–1688) im Jahre 1665. Infusion (oben links) und Transfusion von Tier zu Mensch und von Mensch zu Mensch (oben rechts). Auf den Tafeln rechts wird die beste Vorgehensweise für diese Verfahren dargelegt. Wegen des Todes eines Patienten (vermutlich nicht aufgrund der Prozedur) wurde die Bluttransfusion bei Menschen 1670 gesetzlich untersagt.

CLYSMATICA NOVA. 41

g. Tubulus argenteus alter, venæ insertus.
h. Obturamentum Tubuli, ex penna.
i. Manus Chirurgi cutem comprimens.
k. Forma Tubuli argentei sine margine, pro Homine.
l. Canalis ex penna, utrique Tubulo interserendus.

N. Tubulus K. in debita maguitudine exprimitur: Tubulorum vero d. & g. diminuta est proportio.

Fig. V.

Transfusio ex Homine in Hominem.

a. Brachium mandans.
b. Ligatura ipsi injecta.
c. Mediana ejus secta.
d. Tubulus argenteus insertus, curvatura ad manum versa.
e. Brachium recipiens.
f. Mediana ipsius secta.
g. Tubulus argenteus insertus, curvatura ad cor versa.
h. Canalis ex penna, intercedens.

N. 1. Manus Chirurgi cutem comprimentis in utroque brachio scien-

C 5 ter

10:3

CLYSMATICA NOVA. 21

Explicatio notarum in Fig. II.
qua monstratur

Infusio simplex in Homine.

In crure.

a. Vena cruralis ramus internus, lanceola apertus.
b. Sipho repletus, & Venæ insertus.
c. Manus Chirurgi sinistra, cutem comprimens.
d. Manus Chirurgi dextra, vaginam tenens.
e. Manus ministri scapum impellens.
f. Vinculum post sectionem remotum.

In brachio.

g. Mediana secta.
h. Sipho immissus.
i. Manus Chirurgi sinistra.
k. Manus Chirurgi dextra.
l. Manus ministri.

Alter propter febrem venam sibi Medianam aperiri expetebet. Suasi, ut emissa sangvinis sufficiente portione, liquorem prætetea aliquem

B 3 anti-

10:4

Christopher Wren

10:5

Sir Christopher Wren

Wren wurde 1632 in East Knoyle, England, geboren. Er stammte aus einer sehr gebildeten Familie und nahm in Oxford ein Studium auf. Hier erregten seine vielen Talente für wissenschaftliche Arbeit bald Aufsehen. Er wurde zu einem hervorragenden Dozent für Anatomie, einem außergewöhnlichen Konstrukteur und, laut Newton, zu einem der besten Mathematiker (Geometer) seiner Zeit. 1657 wurde er zum Professor für Astronomie in Oxford ernannt und spielte eine führende Rolle bei der Gründung der Royal Society of London 1662, deren dritter Präsident er war. Wren, der 1673 zum Ritter geschlagen wurde, ist heute vor allem als Architekt bekannt. Zu seinen zahlreichen Leistungen in diesem Bereich gehört der Bau der St. Paul's Cathedral in London, wo er auch begraben wurde.

Philosophical Transactions of the Royal Society London. 1665; 1 (December 4):128.

Oldenburg, der Sekretär der neu gegründeten Royal Society, liefert einen „Bericht über das Entstehen und Erproben einer Möglichkeit, Flüssigkeiten unmittelbar ins Blut zu leiten" durch den „gelehrten und genialen Dr. Christopher Wren". Zudem wird festgehalten, dass der „noble Wohltäter der experimentellen Philosophie, Mr. Robert Boyle", (10.1) den Bau der erforderlichen Gerätschaften veranlasst habe. Bei den Experimenten, die erstmalig 1656 im Heim des französischen Botschafters erfolgen, bindet Wren die Venen eines Hundes ab und führt dann eine Spritze in eine Öffnung an der Seite der Ligatur ein. Die Spritze besteht aus einer Tierblase, an der ein Federkiel befestigt ist. Dieser wird mit verschiedenen flüssigen Lösungen, insbesondere einer mit Opium, befüllt. Wren vermerkt, dass der Hund dabei betäubt, aber nicht getötet wurde.

Im Spiegel der Zeit:

Diesen ersten Experimenten folgten bald Bluttransfusionen zwischen Tieren und auch von Tieren zu Menschen. 1665 führte Elsholtz solche Experimente durch (10.2) und andere folgten seinem Beispiel (10.3) (10.4) (10.5). Wegen des Todes eines Patienten (vermutlich nicht aufgrund der Prozedur) wurden Bluttransfusionen bei Menschen 1670 gesetzlich untersagt. Anfang des 18. Jahrhunderts konstruierte Anel eine Spritze, die denen für rektale Injektionen ähnelte, aber viel kleiner war. 1853 übernahm Pravaz dieses Instrument, um Gerinnungsmittel in die Blutbahn zu injizieren (10.6). Gemeinsam mit Wood, der Opiate (10.7) zur Schmerzlinderung in Gelenke spritzte (10.8), gilt Pravaz als derjenige, der die subkutane Kanüle in die medizinische Praxis einführte. 1875 berichtete Oré über systematische Untersuchungen zur intravenösen Gabe von Anästhetika zur Schmerzlinderung (10.9). 1955 führte Roehr Products Co. „Monoject", die erste Einwegspritze aus Plastik, ein (10.10); die befüllte Einwegspritze wurde von Murdoch erfunden (10.11).

10.1 Siehe Nr. 14 Boyle S. 88. Auch Ref. 4.6 und Ref. 8.6.

10.2 Elsholtz JS. *Clysmatica nova; oder newe Clystier-Kunst.* Berlin 1665.

10.3 Lower R. The method observed in transfusing the blood out of one animal into another. *Phil Trans* 1666; 1:353.

10.4 Lower R, King E. An account of the experiment of transfusion, practiced upon a man in London. *Phil Trans* 1667; 2:557.

10.5 Denis J. A letter concerning a new way of curing sundry diseases by transfusion of blood. *Phil. Trans* 1667; 2:489.

10.6 Pravaz CG. Sur un nouveau moyen d'opérer la coagulation du sang dans les artères. *C R Acad Sci* 1853; 36:88.

10.7 Siehe Nr. 29 Sertürner S. 162.

10.8 Wood A. New method of treating neuralgia by the direct application of opiates to the painful joints. *Edinb Med Surg J* 1855; 82:265.

10.9 Oré PC. *Études cliniques sur l'anesthésie chirurgicale par la méthode des injections de chloral dans les veines.* Paris 1875.

10.10 Roehr ZM. *Hypodermic syringe.* US Patent 2 728 341 1955. (appl. 1951) und *Disposable needle assembly.* US Patent 2 953 243 1960 (appl. 1957).

10.11 Murdoch CA. *Means for use in the administering of drugs, medicines and the like to animals.* US Patent 3 207 157 1965 (appl. 1962).

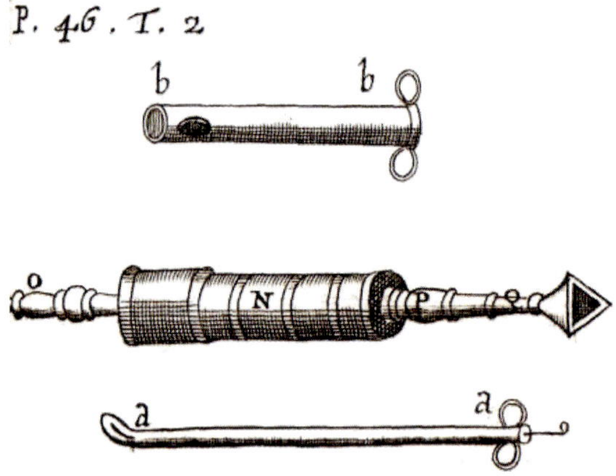

10:6

Die oben abgebildete Spritze wird von Dominique Anel (1679–1713) zur Reinigung von Wunden und Spülung von Körperhöhlen, wie rechts dargestellt, verwendet. Sie ist gewissermaßen ein Vorläufer der von ihm entwickelten viel kleineren Spritzen (unten).

10:7

Die von Anel entwickelte kleine Spritze zur Beseitigung von Verstopfungen in den Tränengängen von den Augen zur Nase.

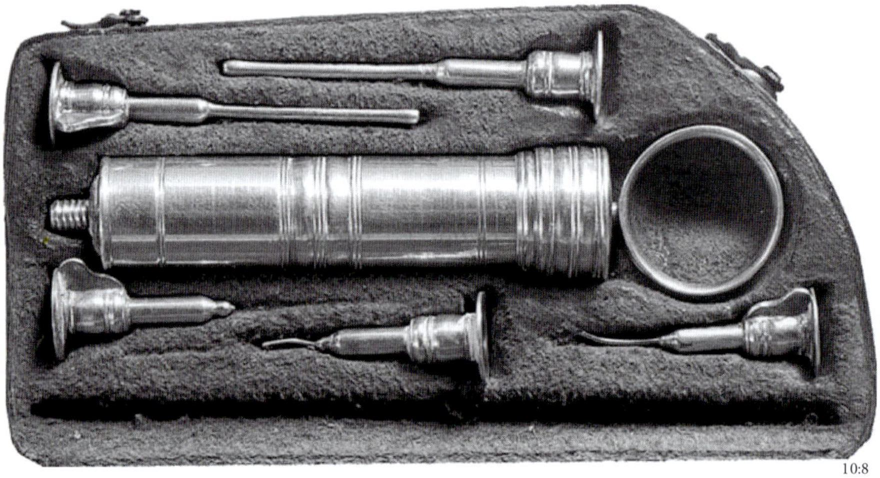

10:8

1853 entwickelt Charles Pravaz (1791–1853) eine subkutane Kanüle, um Blutgerinnungsmittel präzise injizieren zu können (rechts). Das Bild zeigt eine nach Pravaz angefertigte subkutane Kanüle aus Glas und Silber vom ausgehenden 19. Jahrhundert.

10:9

Originale subkutane Kanüle von Alexander Wood (1817–1884), mit der er zur Schmerzlinderung Opiate in Gelenke injizierte (oben). Wood gilt zusammen mit Pravaz als Erfinder der subkutanen Kanüle.

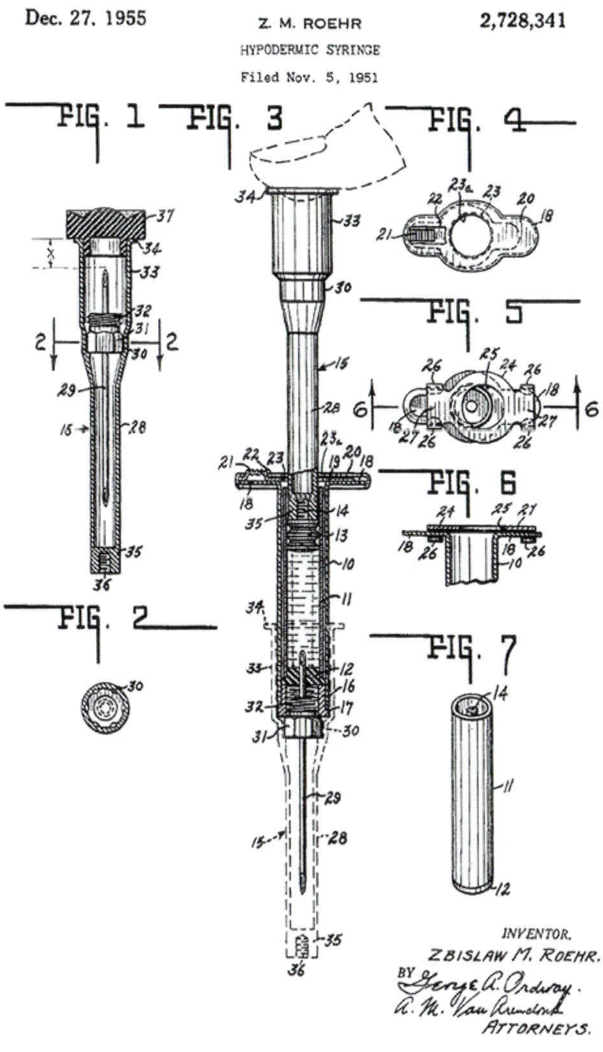

10.11

10:10

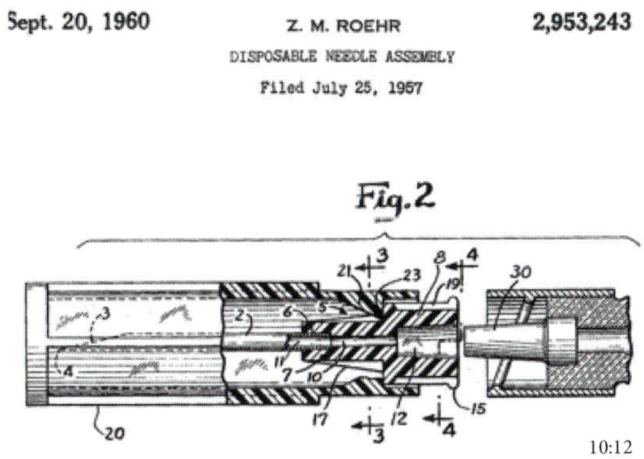

10:12

Patentanmeldungen für die erste subkutane Einwegspritze (links) und den Einweg-Kanülenbausatz (oben), die Zbislaw Roehr in den frühen 1950er-Jahren entwickelte. Die Spritze kam 1955 unter der Bezeichnung „Monoject“ auf den Markt.

An Account

of an Experiment made by M. Hook, of Preſerving Animals alive by Blowing through their Lungs with Bellows.

This Noble Experiment came not to the Publiſher's *hands, till all the preceding Particulars were already ſent to the Preſs, and almoſt all Printed off, (for which cauſe alſo it could not be mentioned among the* Contents:) *And it might have been reſerved for the next opportunity, had not the conſiderableneſs thereof been a motive to haſten its Publication. It ſhall be here annexed in the Ingenious* Author *his own words, as he preſented it to the* Royal Society, Octob. 24. 1667. *the Experiment it ſelf having been* both *repeated (after a former ſucceſsful trial of it, made by the ſame hand a good while agoe)* and *improved the week before, at their* publick Aſſembly. *The Relation it ſelf followes;*

I Did heretofore give this *Illuſtrious Society* an account of an Experiment I formerly tryed of keeping a Dog alive after his *Thorax* was all diſplay'd by the cutting away of the *Ribbs* and *Diaphragme*; and after the *Pericardium* of the Heart alſo was taken off. But divers perſons ſeeming to doubt of the certainty of the Experiment (by reaſon that ſome Tryals of this matter, made by ſome other hands, failed of ſucceſs) I caus'd at the laſt Meeting the ſame Experiment to be ſhewn in the preſence of this *Noble Company*, and that with the ſame ſucceſs, as it had been made by me at firſt; the Dog being kept alive by the Reciprocal blowing up of his Lungs with *Bellowes*, and they ſuffered to ſubſide, for the ſpace of an hour or more, after his *Thorax* had been ſo diſplay'd, and his *Aſpera arteria* cut off juſt below the *Epiglottis*, and bound on upon the noſe of the Bellows.

And becauſe ſome Eminent Phyſitians had affirm'd, that the *Motion of the Lungs* was neceſſary to Life upon the account of promoting the Circulation of the Blood, and that it was conceiv'd, the Animal would immediately be ſuffocated as ſoon as the Lungs ſhould ceaſe to be moved, I did (the better to fortifie my own *Hypotheſis* of this matter, and to be the better able to judge of ſeveral others) make the following additional Experiment; *viz.*

The Dog having been kept alive, (as I have now mentioned) for above an houre, in which time the Tryal had been often repeated, in ſuffering the Dog to fall into *Convulſive* motions by ceaſing to blow the Bellows, and permitting the Lungs to ſubſide and lye ſtill, and of ſuddenly reviving him again by renewing the blaſt, and conſequently the motion of the Lungs: This, I ſay, having been done, and the Judicious Spectators fully ſatisfied of the reallity of the former Experiment; I cauſed another pair of Bellowes to be immediately joyn'd to the firſt, by a contrivance, I had prepar'd, and pricking all the outer-coat of the Lungs with the ſlender point of a very ſharp pen-knife, this ſecond pair

11:1

Robert Hookes (1653–1703) Bericht über seine genialen Experimente mit künstlicher Lungenbeatmung. Hookes Beobachtungen und Schlussfolgerungen sind noch heute gültig.

Robert Hooke

11:2

Von Robert Hooke ist kein Bild überliefert, aber so könnte er ausgesehen haben. Das Porträt stammt von Rita Greer aus dem Jahr 2006.

Hooke wurde 1653 in Freshwater auf der Isle of Wight geboren. Schon als Junge stellte er eine außergewöhnliche Kunstfertigkeit beim Konstruieren raffinierter mechanischer Geräte unter Beweis. Nach formalen Studien in Oxford wurde er Assistent von Boyle (11.1) und fand Aufnahme in den Kreis brillanter Männer, die 1662 die Royal Society gründeten (11.2). Als Kurator der Experimente bei den Treffen der Society machte er zahlreiche Erfindungen und erstmalige wissenschaftliche Beobachtungen. Seine Theorie der Himmelsmechanik und der Schwerkraft gaben den Anstoß zu Newtons Arbeiten. Als Freund von Wren (11.2) war er auch am Wiederaufbau Londons nach dem Großen Brand beteiligt. Hooke war ein schwieriger, streitsüchtiger Mensch, der in lange und bittere Fehden mit seinen Kollegen verwickelt war. Er war ein wahrer Hypochonder, unterhielt eine stürmische Beziehung zu seiner Nichte und starb mit 67 Jahren.

Philosophical Transactions of the Royal Society London. 1667; 2 (October 21):539.

Die Abhandlung mit dem Titel „Bericht über ein Experiment von M. Hook, bei dem Tiere am Leben gehalten werden, indem man mit Blasebälgen Luft durch ihre Lungen pumpt“ beschreibt, wie Hooke einen Hund mit geöffnetem Brustkorb an zwei Blasebälge anschließt. Mit der Betätigung nur eines Blasebalgs demonstriert er innerhalb einer Stunde wiederholt, dass der Hund durch „die Zufuhr frischer Luft“ am Leben bleibt. Mit beiden Blasebälgen, von denen der zweite durch schnelles Pumpen einen ständigen Überdruck erzeugt, zeigt er: Wenn die Lungen perforiert sind und konstant von Luft durchströmt werden, reicht das bereits aus, den Hund am Leben zu erhalten. So beweist er, dass „die bloße Bewegung der Lungen ohne frische Luft nichts zur Lebenserhaltung des Tieres beiträgt“.

Im Spiegel der Zeit:
An einer trächtigen Sau erläuterte Vesalius als Erster die Wirkung der künstlichen Beatmung (11.3). Assistiert von Hooke, hatte Boyle zuvor gezeigt, dass Tiere in einem geschlossenen luftleeren Raum eingehen (11.4). Mayow entdeckte, dass bei der Atmung nur ein Teil der Luft genutzt wird, da das Gasvolumen beim Atmen nur um einen kleinen Anteil reduziert wurde (11.5). Er nahm an, dass die Lungen Partikel aus der Luft ins Blut transportierten, wo sie verbrannt wurden und die Körpertemperatur erzeugten. Mit der Entdeckung von Kohlendioxid und Sauerstoff (11.6) (11.7) (11.8) konnte Spallanzani zeigen, dass Sauerstoff von Tieren aufgenommen und Kohlendioxid über Gewebe und Organe abgegeben wird (11.9). Außerdem demonstrierte er, dass dieser Prozess durch Aktivität und Temperatur sowie durch die Beschaffenheit und Menge der verzehrten Nahrung beeinflusst wird. Fast ein halbes Jahrhundert später bestätigten quantitative Studien über Gasaustausch und Blutgase seine Beobachtungen (11.10).

11.1 Siehe Nr. 14 Boyle S. 88.
11.2 Siehe Nr. 10 Wren S. 68.
11.3 Siehe Ref. 1.6, letztes Kapitel.
11.4 Siehe Ref. 8.6, S. 174: A Digression containing some Doubts touching Respiration.
11.5 Mayow J. *Tractatus quinque medico-physici.* Oxford 1674.
11.6 Siehe Nr. 20 Black S. 116.
11.7 Siehe Nr. 21 Scheele S. 120.
11.8 Siehe Nr. 24 Lavoisier S. 134.
11.9 Spallanzani L. *Mémoires sur la respiration … traduits en Français, d'après son manuscrit inédit,* par J. Senebier. Genf 1803.
11.10 Siehe Nr. 24 Lavoisier S. 134, Nr. 37 Magnus S. 196 und Nr. 58 Voit S. 300.

11:3

Andreas Vesalius (1514–1564) beschreibt als Erster die künstliche Beatmung. 1543 schreibt er: „Das Vorgehen: Die Vivisektion, die ich unlängst zu erläutern versprach, ist an einer trächtigen Sau oder Hündin vorzunehmen. Wegen der Stimme ist eine Sau vorzuziehen. Denn ein Hund, den man eine Weile festgebunden hat, wird schließlich, gleich was man mit ihm tut, weder bellen noch jaulen, und so ist man mitunter nicht in der Lage, Verlust oder Schwächung der Stimme zu bemerken. Zunächst muss man also das Tier so fest, wie es Langmut und Mittel erlauben, an den Operationstisch binden, und zwar so, dass es auf dem Rücken liegt und Kehle und Rumpf ungehindert darbietet." Nach dem Perforieren „der inneren Auskleidung der Rippen" erklärt Vesalius, wie die Lunge kollabiert, obwohl sich der Brustkorb wie zuvor weiter bewegt. Schließlich vermerkt er: „Doch damit das Leben dem Tier zu einem gewissen Maß wiedergegeben werden kann, ist am Luftröhrenstamm eine Öffnung vorzunehmen und ein Binsen- oder Schilfrohr einzuführen. In dieses muss man blasen, sodass sich die Lunge ausdehnen und das Tier einigermaßen Luft schöpfen kann. Denn bei einem leichten Atemzug wird die Lunge in diesem lebenden Tier bis zur Größe der Brustkorbhöhle anschwellen und das Herz gewinnt neue Kraft und vollführt ganz vielfältige Bewegungen."

(540)

pair of Bellows was mov'd very quick, whereby the firſt pair was alwayes kept full and alwayes blowing into the Lungs; by which means the Lungs alſo were alwayes kept very full, and without any motion; there being a continual blaſt of Air forc'd into the Lungs by the firſt pair of Bellows, ſupplying it as faſt, as it could find its way quite through the Coat of the Lungs by the ſmall holes pricked in it, as was ſaid before. This being continued for a pretty while, the Dog, as I exſpected, lay ſtill, as before, his eyes being all the time very quick, and his Heart beating very regularly: But, upon ceaſing this blaſt, and ſuffering the Lungs to fall and lye ſtill, the Dogg would immediately fall into Dying convulſive fits; but be as ſoon reviv'd again by the renewing the fulneſs of his Lungs with the conſtant blaſt of freſh Air.

Towards the latter end of this Experiment a piece of the Lungs was cut quite off; where 'twas obſervable, that the Blood did freely circulate, and paſs thorow the Lungs, not only when the Lungs were kept thus conſtantly extended, but alſo when they were ſuffer'd to ſubſide and lye ſtill. Which ſeem to be Arguments, that as the *bare* Motion of the Lungs *without freſh Air* contributes nothing to the life of the Animal, he being found to ſurvive as well, when they were not mov'd, as when they were; ſo it was not the ſubſiding or moveleſneſs of the Lungs, that was the immediate cauſe of Death, or the ſtopping the Circulation of the Blood through the Lungs, but the *want* of a ſufficient *ſupply of freſh Air.*

I ſhall ſhortly further try, whether the ſuffering the Blood to circulate through a veſſel, ſo as it may be openly expoſed to the freſh Air, will not ſuffice for the life of an Animal; and make ſome other Experiments, which, I hope, will throughly diſcover the *Genuine uſe of Reſpiration*; and afterwards conſider of what benefit this may be to Mankinde.

FINIS.

11:4

Fortsetzung von Hookes Bericht über seine Experimente mit künstlicher Beatmung, wo er folgert, dass „die bloße Bewegung der Lungen ohne frische Luft nichts zur Lebenserhaltung des Tieres beiträgt". Diese scheinbar simple Beobachtung geriet danach über 100 Jahre lang fast in Vergessenheit.

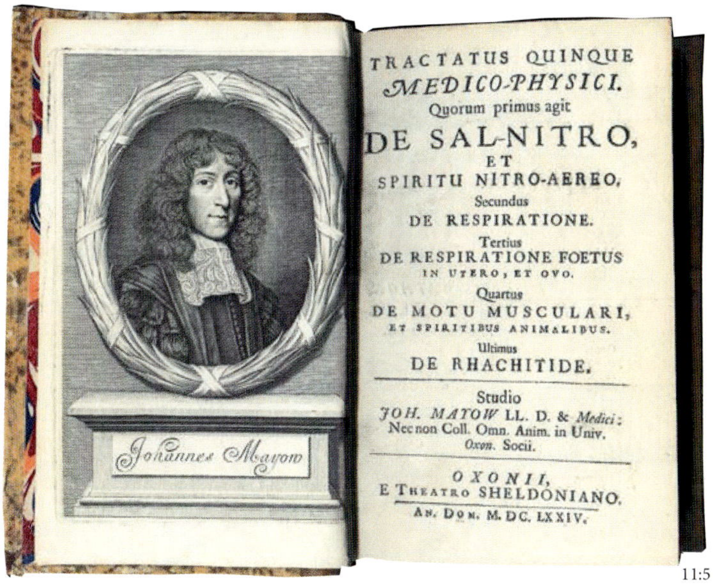

11:5

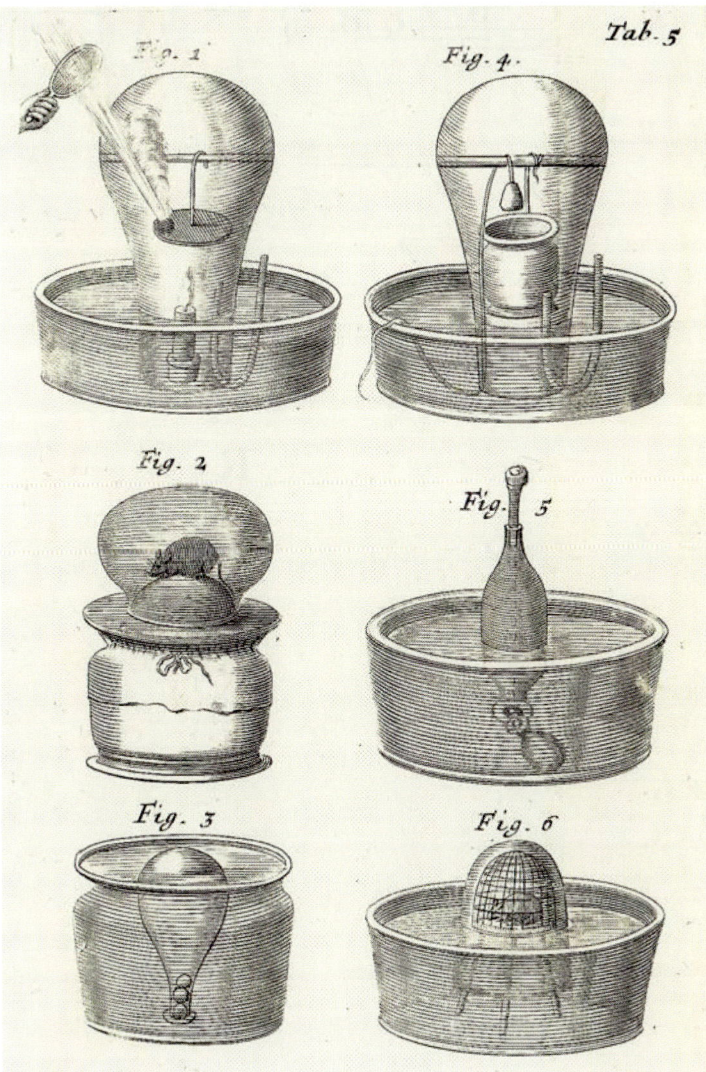

11:6

John Mayow (1641–1679) beweist, dass ein gewisser Anteil der Luft aus „nitro-aerialen“ Partikeln besteht (die später als Sauerstoff identifiziert werden). Er stellt fest, dass sie in ausgeatmeter Luft weniger gehäuft vorkommen, aber erforderlich sind, um einen Verbrennungsprozess in Gang zu halten. In seinem oben abgebildeten Buch von 1674 schreibt er: „Stellt man eine brennende Kerze ins Wasser ... und stülpt einen ausreichend hohen Schröpfkopf über das Licht und senkt ihn umgehend in das Wasser, das das Licht umgibt ... wird man sofort sehen, während das Licht weiterbrennt, dass das Wasser allmählich in die Höhlung des Schröpfkopfes eindringt.“ Mayow nimmt auch an, dass „nitro-aeriale“ Partikel für die Atmung (auch beim Fötus) und für die Ausführung von Muskelbewegungen wesentlich sind. Links sind seine Experimentanordnungen dargestellt

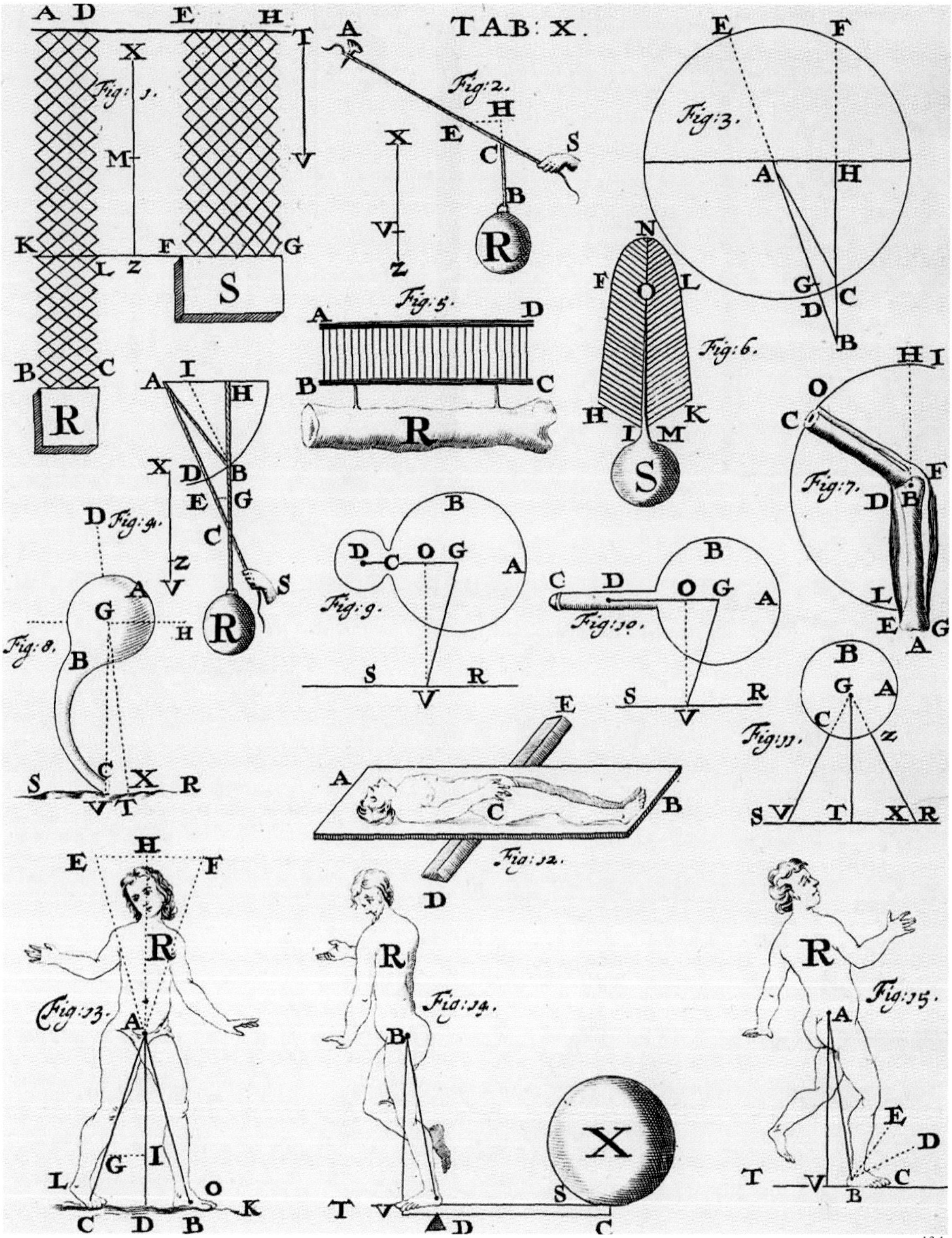

12:1

Giovanni Borelli (1608–1679) ist der Erste, der die neue von Galileo Galilei (1564–1642) eingeführte Wissenschaft der Mechanik auf die Physiologie anwendet. Dabei analysiert er die Bewegungen des menschlichen Körpers und dessen Muskeln.

Giovanni Borelli

Borelli kam 1608 als Sohn eines spanischen Infanteristen in Neapel zur Welt. Wegen des allgemeinen politischen Aufruhrs und der privaten Probleme seines Vaters erlebte Borelli eine bewegte Kindheit. Als junger Mann lernte er in Rom bekannte Wissenschaftler und Förderer der Wissenschaften kennen. Später, als Mathematikprofessor in Pisa, war er maßgeblich an der Gründung und den Aktivitäten der „Accademia del Cimento“ beteiligt (12.1). Ab 1637 lehrte er Mathematik in Messina, Sizilien, wo er 1649 Professor wurde. Die Ausbreitung von Fieberepidemien weckte sein Interesse an Anatomie und Medizin. Außerdem war er politisch aktiv; einmal wurde sogar ein Kopfgeld auf ihn ausgesetzt. Von einem Bediensteten all seiner Besitztümer beraubt, verbrachte er seine letzten Lebensjahre als Lehrer für elementare Mathematik in Rom.

12:2

Giovanni Borelli

De motu animalium.

Rom: A. Bernabo, 1680–1681.

Dieses zweibändige Buch wurde in den Jahren nach Borellis Tod veröffentlicht. Den Druck bezahlte Königin Christina von Schweden, der das Werk gewidmet ist. Der erste Teil befasst sich mit den äußeren Bewegungen des Tierkörpers aufgrund des Zusammenspiels von Knochen und Muskeln. Der zweite Teil behandelt die inneren Bewegungen, wie Atmung und Kreislauf. Hier untersucht Borelli auch den Ursprung der Muskelfunktion. Er erkennt, dass eine nur auf mechanischen Annahmen basierende Erklärung inadäquat ist. Seiner Meinung nach beeinflussen chemische Prozesse und nervliche Stimulation die Muskelkontraktion im Allgemeinen und das Herz im Besonderen. Seine Analyse der Herzfunktion beruht auf Harveys Demonstrationen (12.2) und einem einfachen Hydraulikmodell.

Im Spiegel der Zeit:
Dem Geist seiner Zeit gemäß betrachtete Borelli den Körper als Maschine, die es im Lichte der neuen Wissenschaft der Mechanik von Galileo Galilei (12.3) zu ergründen galt, und begründete so die Biomechanik. Borelli verstand die Herzfunktion erstmalig als hydraulisches System, was Bernoulli bald darauf aufgriff (12.4). Borelli, den die Lehren Santorios stark beeinflussten (12.5), war ein scharfer Beobachter und erkannte, dass Biomechanik und Physik allein seine Beobachtungen nicht erschöpfend erklären konnten. So entwickelte er neue Ideen, die schließlich dazu führten, dass man Herztätigkeit und Muskelkontraktionen als neurogen bedingt erkannte (12.6) (12.7). Im 19. Jahrhundert wurde die Physiologie der Bewegung und die Physik der Muskelfunktion von den Brüdern Weber (12.8) und von Fick (12.9) weiter erklärt, und Marey führte mithilfe fotografischer und kinematografischer Techniken detaillierte Studien über Tierbewegungen durch (12.10) (12.11).

12.1 Siehe Ref. 7.3.
12.2 Harvey W. *Exercitatio Anatomica de motu Cordis et Sanguinis in Animalibus.* Frankfurt am Main 1628.
12.3 Galilei G. *Discorsi e dimostrazioni ...* Leiden 1638.
12.4 Borelli GA. *De motu animalium Ed novissima. Johannis Bernouilli meditationes mathematicae de motu musculorum.* Lugduni Bat 1710.
12.5 Siehe Nr. 4 Santorio S. 36.
12.6 Haller A. *Elementa physiologiae corporis humani.* Lausanne, Bern, Leiden 1757–1766.
12.7 Galvani L. *De viribus electricitatis in motu musculari.* Bologna 1791.
12.8 Weber W, Weber E. *Mechanik der menschlichen Gehwerkzeuge. Eine anathomisch-physiologische Untersuchung.* Göttingen 1836.
12.9 Siehe Nr. 46 Fick S. 242 und Ref. 46.6.
12.10 Marey É-J. *La machine animale, locomotion terreste et aérienne.* Paris 1873.
12.11 Frizot M. *La Chronophotographie.* Beaune (Cote d'Or) 1984. Siehe auch Nr. 52 Marey S. 272.

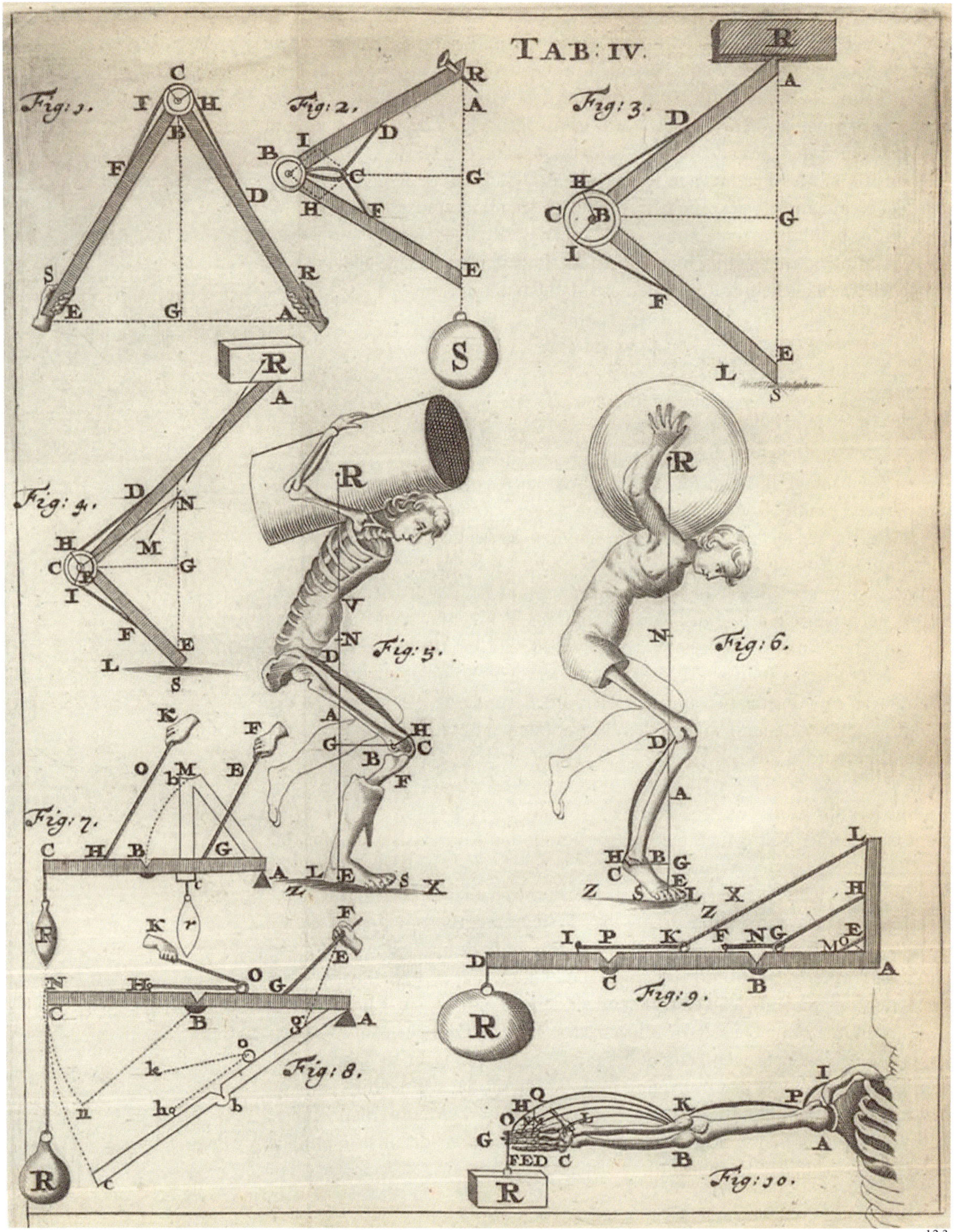

12:3

Obwohl Borelli die muskuläre Kontrolle und Bewegung aus mechanischer Sicht betrachtet (siehe seine Illustrationen oben), erkennt er, dass Kontraktion und Anschwellen der Muskeln nicht rein mechanischer Art sein können, sondern auch auf chemischen Prozessen beruhen müssen.

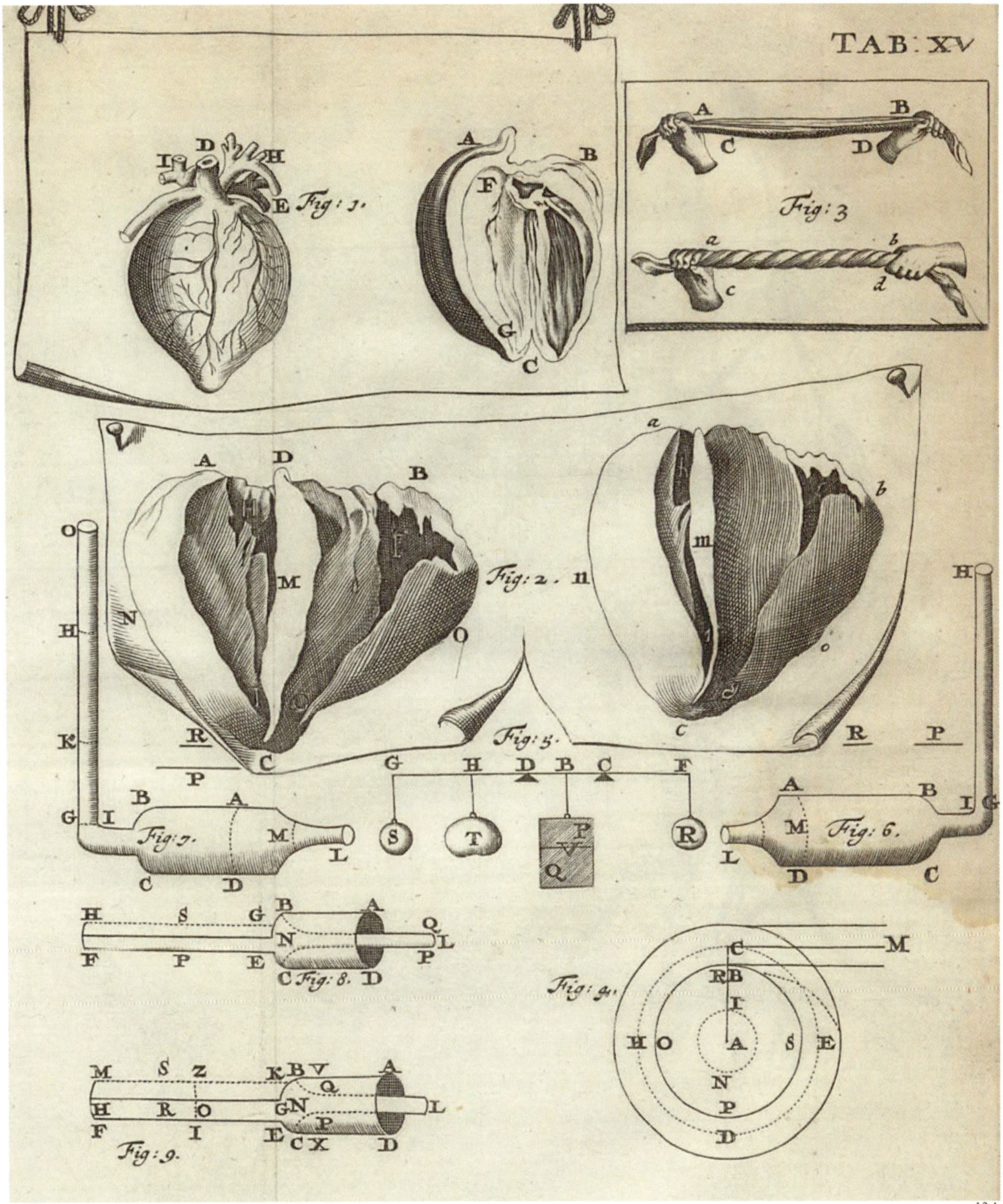

12:4

Borelli behauptet als Erster, dass der Herzschlag das Ergebnis einer Muskelkontraktion ist und sich das Kreislaufsystem mit einem einfachen Hydraulikmodell darstellen lässt, wie oben abgebildet.

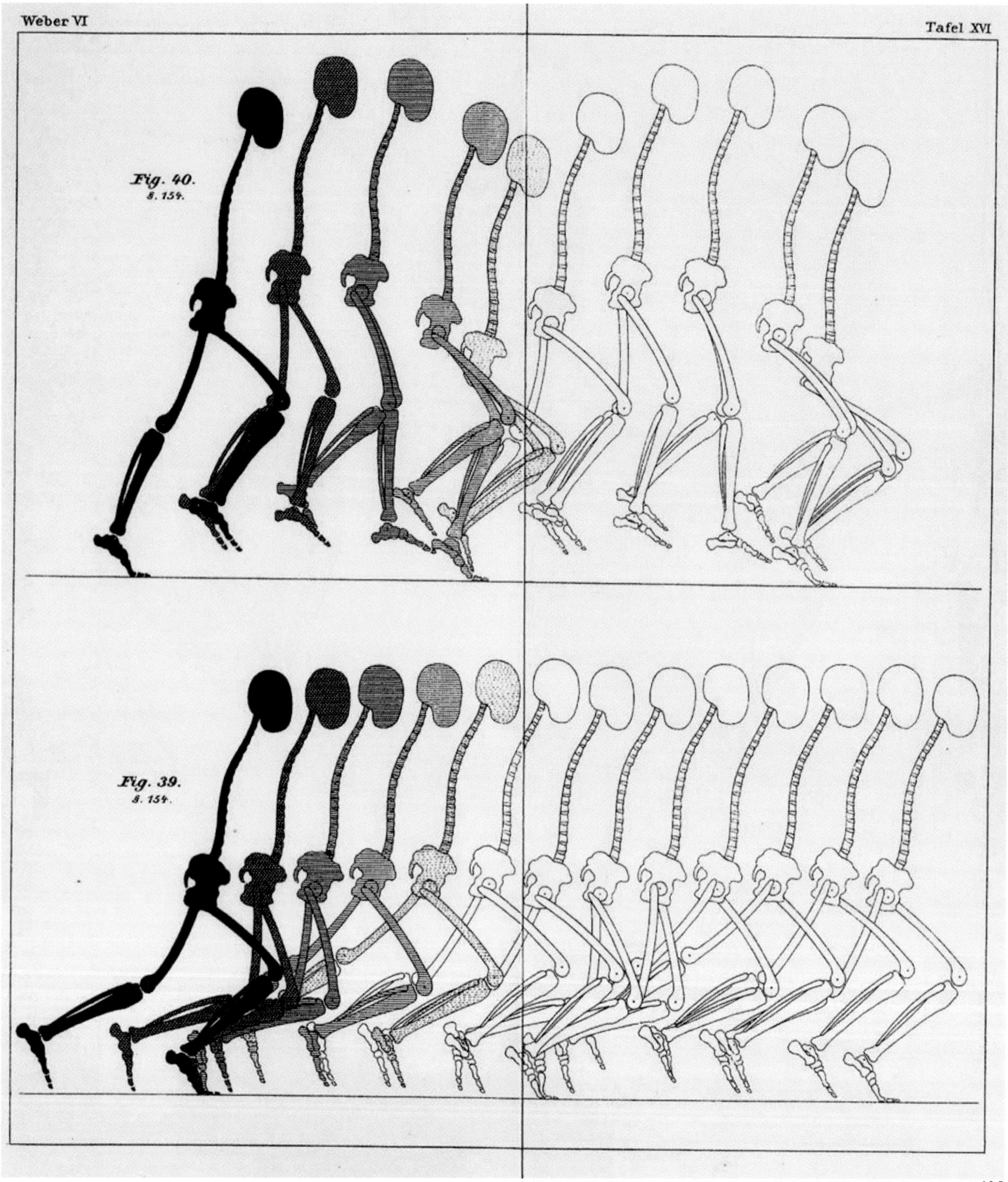

12:5

1836 untersuchen die Brüder Wilhelm Weber (1804–1891) und Eduard Weber (1806–1871) Mechanik und Physiologie des Gehens und stellen sie bildlich dar.

12.6

12:7

Étienne Marey (1830–1904) entwickelt neue fotografische Techniken, die detaillierte Aufnahmen und Untersuchungen schneller Bewegungen von Tier und Mensch erlauben. In einem seiner Experimente läuft ein Mann in schwarzer Kleidung mit weißen Streifen und Punkten vor einem schwarzen Hintergrund entlang (oben). Links sieht man Mareys Apparat, den „Chronofotografen“ von 1882, mit dem er diese Bilder gemacht hat.

ATHANASII KIRCHERS
è Soc: JESU
Neue Hall- und Thon-Kunst/
Oder
Mechanische Gehaim-Verbindung der Kunst und Natur/
durch
Stimme und Hall-Wissenschafft gestifftet/
Worinn ingemein der Stimm/ Thons/ Hall- und Schalles Natur/ Eigenschafft/ Krafft und Wunder-Würckung/ auch deren geheime Ursachen/ mit vielen neu- und ungemeinen Kunst-Wercken und Proben vorgestellt werden.
Jngleichem wie die Sprach- und Gehör-Instrumenta, Machinen und Kunst-Wercke/ vermittelst der Natur/ zur Nachahmung/ so wohl die Stimm/ Hall- und Schall an weitentlegene Ort zu führen/ als auch in abgesonderten Gehaim-Zimmern/ auf kunstverborgene Weise/ vertreulich und ungefahr sich mit einander zu unterreden sollen verfertigt werden.
Endlich wie solche schöne Erfindung zu Kriegs-Zeiten nutzlichen könne angebracht und gebrauchet werden.
Jn unsere Teutsche Mutter-Sprach übersetzt von
AGATHO-CARIONE.
Nördlingen/
Gedruckt bey Friderich Schultes/
Jn Verlegung Arnold Heylen/ Buchhändlers in Elwangen/
M DC LXXXIV.

13:1

13:2

1673 schreibt Athanasius Kircher (1602–1680) das erste Buch, das sich ausschließlich mit Beschaffenheit und Eigenschaften des Schalls befasst. Oben ist die kunstvolle Titelseite der deutschen Übersetzung dieses Werks zu sehen. Auf einem Ausschnitt der zweiten Titelseite (links) sind einige im Buch beschriebene Beobachtungen über Schallausbreitung und -erzeugung dargestellt.

Athanasius Kircher

Kircher wurde 1602 im thüringischen Geisa an der Ulster geboren. Er studierte Geisteswissenschaften, Naturwissenschaften, Mathematik, Philosophie, Sprachen und Theologie und trat 1616 dem Jesuitenorden bei. Als Professor für Philosophie und Mathematik in Würzburg veröffentlichte er das erste seiner 44 Bücher über seine eigenen physiko-mathematischen Experimente zum Magnetismus. Dank der außerordentlichen Bandbreite seiner Interessen und Bildung verfasste er Schriften über nahezu alle geistes- und naturwissenschaftlichen Bereiche. 1633 ließ er sich in Rom nieder und widmete sich dort für den Rest seines Lebens unabhängigen Studien. Als Universalgelehrter spielte er im 17. Jahrhundert eine bedeutende Rolle bei der Verbreitung neuer Erkenntnisse in verschiedenen Wissensgebieten und beförderte damit den wissenschaftlichen und medizinischen Fortschritt.

13:3

Athanasius Kircher mit 76 Jahren.

Neue Hall- und Thon-Kunst, oder Mechanische Gehaim-Verbindung der Kunst und Natur ...

Nördlingen: F. Schultes, 1684.

Dieses Buch, die deutsche Übersetzung von Kirchers *Phonurgia nova* aus dem Jahre 1673, ist eine der ersten Veröffentlichungen, die sich ausschließlich dem Studium der Beschaffenheit und Eigenschaften des Schalls widmen. Kirchers Interesse an Akustik entsprang seiner intensiven Beschäftigung mit Musik, von der er glaubte, sie könne wichtige Erkenntnisse über die Welt vermitteln. Als Jesuit war er der Überzeugung, dass Musik eine starke positive Wirkung auf Körper und Geist haben könne. So beschrieb er die Tarantella, einen Volkstanz, als „Gegenmittel“ für den Biss einer giftigen Spinne (Apulische Tarantel).

Im Spiegel der Zeit:
Kircher war ein früher Mikroskopist und der Erste, der dabei medizinische Zwecke verfolgte. So entwickelte er die Vorstellung weiter, dass mikroskopische Organismen Infektionskrankheiten hervorrufen (13.1). In seinem Hauptwerk über Magnetismus und statische Elektrizität, „Magnetstein oder die magnetische Kunst“ (13.2), stellte er die medizinische Anwendung des Magnetismus ausführlich dar. Obwohl Boyle gezeigt hatte (13.3), dass der Schall im luftleeren Raum geschluckt wird, begann man Schallphänomene erst Anfang des 19. Jahrhunderts genauer zu verstehen, als Young die Schallausbreitung und Interferenzphänomene anhand einer Analogie zu den Welleneigenschaften des Lichts analysierte (13.4) und Chladni akustische Resonanzmuster auf Platten sichtbar machte (13.5). Ein Jahrzehnt später hatte von Kempelen die Funktion der menschlichen Organe zur Spracherzeugung erforscht und ein funktionierendes mechanisches Modell von ihnen konstruiert (13.6). Mit einem besseren Verständnis der Wellenphänomene ließ sich der Hörmechanismus detailliert untersuchen (13.7) (13.8). Einen wichtigen Schritt tat Helmholtz, als er die Physiologie des Hörens mit der Wissenschaft vom Schall kombinierte (13.9); Lord Rayleigh stellte diese Theorie auf eine solide mathematische Grundlage (13.10).

13.1 Kircher A. *Scrutinium physico-medicum contagiosae luis, quae pestis dicitur.* Rom 1658. Siehe auch Nr. 9 Borel S. 64.
13.2 Kircher A. *Magnes, sive, de Arte magnetica opus tripartitum* ... Köln 1643.
13.3 Siehe Ref. 8.6 Experiment 27.
13.4 Young T. Outlines of Experiments and Inquiries respecting Sound and Light. *Phil Trans Roy Soc* 1800; Jan. 16.
13.5 Chladni EF. *Die Akustik.* Leipzig 1802.
13.6 Siehe Nr. 25 von Kempelen S. 138.
13.7 Siehe Nr. 32 Fourier S. 176 und Ref. 32.5.
13.8 Siehe Nr. 26 Volta S. 144 Ref. 26.5 und Ref. 26.6.
13.9 von Helmholtz H. *Die Lehre von den Tonempfindungen als physiologische Grundlage für die Theorie der Musik.* Braunschweig 1863.
13.10 Lord Rayleigh (Strutt J). *The theory of sound.* London 1878.

13:4

13:5

Kircher erörtert Anwendungen der Schallverstärkung (oben), die Akustik von Gebäuden und das Phänomen des Echos.

13:6

13:7

Das große Horn, das, laut Kircher, Alexander der Große (356–323 v. Chr.) benutzte, um seiner Armee Befehle zu erteilen (oben), und seine eigene (umstrittene) Erfindung, die „sprechende Trompete" (unten).

Als Jesuit schreibt Kircher der Musik eine wohltuende Wirkung auf Körper und Seele zu. Er beschreibt die Tarantella (rechts), die verbreitet gespielt und getanzt wird (unten), als „Gegenmittel" für den Biss einer giftigen Spinne, der Apulischen Tarantel (die in der linken unteren Ecke des Bildes abgebildet ist).

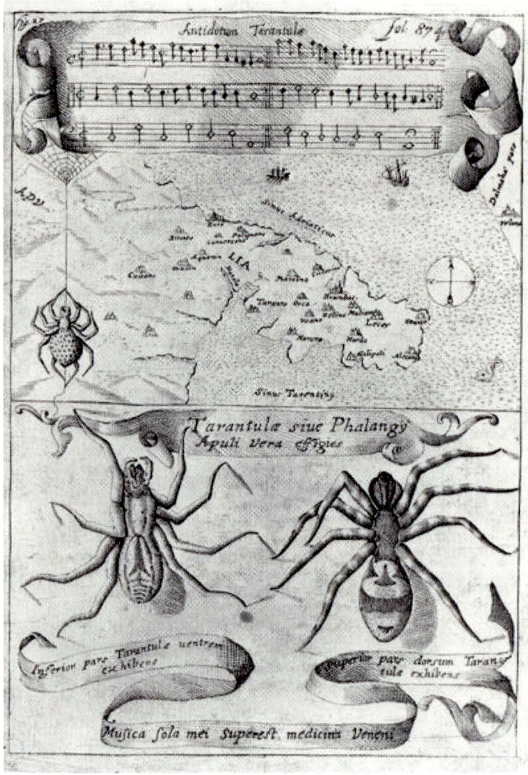

13:8

13:9

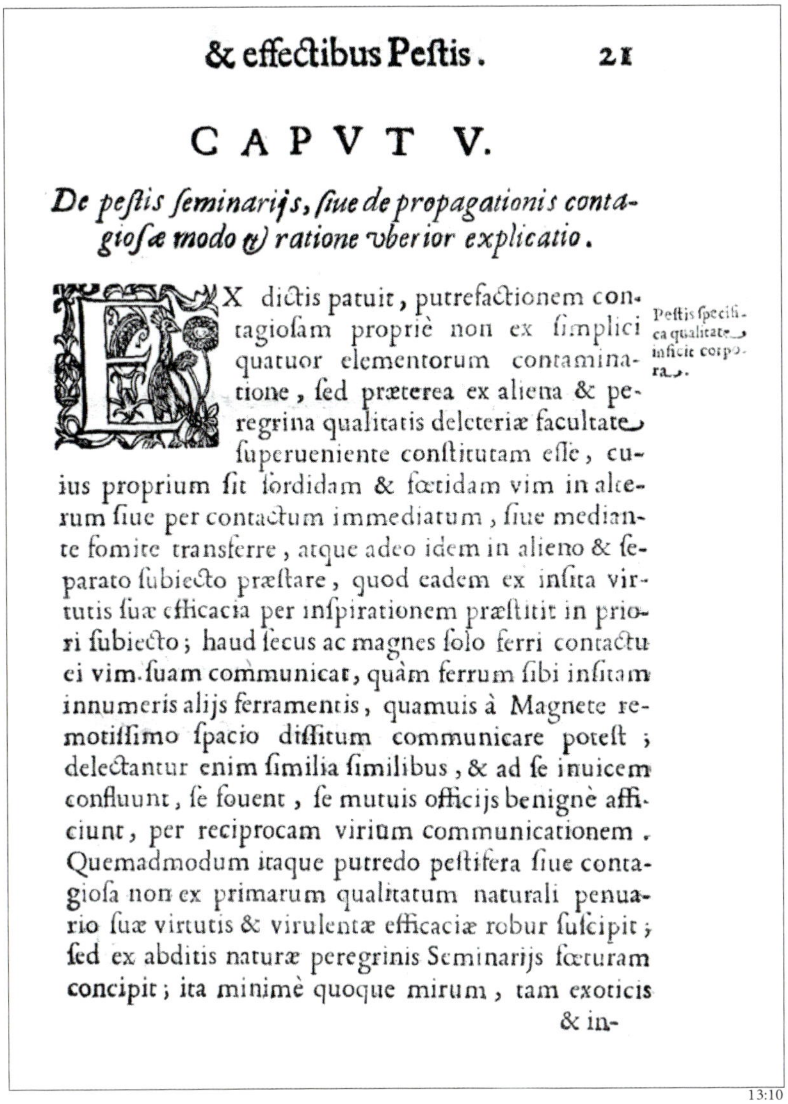
& effectibus Pestis. 21

CAPVT V.

De pestis seminarijs, siue de propagationis contagiosæ modo & ratione vberior explicatio.

EX dictis patuit, putrefactionem contagiosam propriè non ex simplici quatuor elementorum contaminatione, sed præterea ex aliena & peregrina qualitatis deleteriæ facultate superueniente constitutam esse, cuius proprium sit sordidam & fœtidam vim in alterum siue per contactum immediatum, siue mediante fomite transferre, atque adeo idem in alieno & separato subiecto præstare, quod eadem ex insita virtutis suæ efficacia per inspirationem præstitit in priori subiecto; haud secus ac magnes solo ferri contactu ei vim suam communicat, quàm ferrum sibi insitam innumeris alijs ferramentis, quamuis à Magnete remotissimo spacio dissitum communicare potest; delectantur enim similia similibus, & ad se inuicem confluunt, se fouent, se mutuis officijs benignè afficiunt, per reciprocam virium communicationem. Quemadmodum itaque putredo pestifera siue contagiosa non ex primarum qualitatum naturali penuario suæ virtutis & virulentæ efficaciæ robur suscipit; sed ex abditis naturæ peregrinis Seminarijs fœturam concipit; ita minimè quoque mirum, tam exoticis & in-

Pestis specifica qualitate inficit corpora.

13:10

Kircher nutzt die Mikroskopie erstmalig zu medizinischen Zwecken. 1656 weckt ein Ausbruch der Beulenpest in Rom sein Interesse an den Ursachen von Infektionskrankheiten. Zwei Jahre später veröffentlicht er eine berühmte Abhandlung (siehe rechts die Titelseite), wo er unter der Überschrift „Eine detaillierte Beschreibung des Ursprungs der Pest oder des Mechanismus ihrer Verbreitung" behauptet, dass Infektionen durch mikroskopische Organismen über direkten Kontakt zwischen Menschen sowie zwischen Mensch und Tier übertragbar sind (oben ein Ausschnitt aus dem Werk).

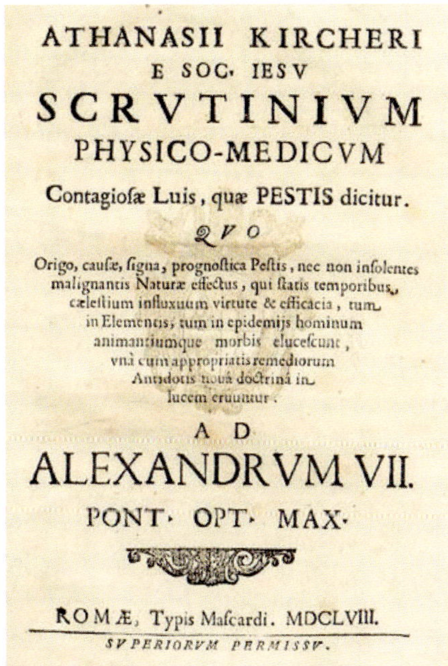
ATHANASII KIRCHERI
E SOC. IESV
SCRVTINIVM
PHYSICO-MEDICVM
Contagiosæ Luis, quæ PESTIS dicitur.
QVO
Origo, causæ, signa, prognostica Pestis, nec non insolentes malignantis Naturæ effectus, qui statis temporibus, cælestium influxuum virtute & efficacia, tum in Elementis; tum in epidemijs hominum animantiumque morbis elucescunt, vnà cum appropriatis remediorum Antidotis nouâ doctrinâ in lucem eruuntur.
A D
ALEXANDRVM VII.
PONT. OPT. MAX.
ROMÆ, Typis Mascardi. MDCLVIII.
SVPERIORVM PERMISSV.

13:11

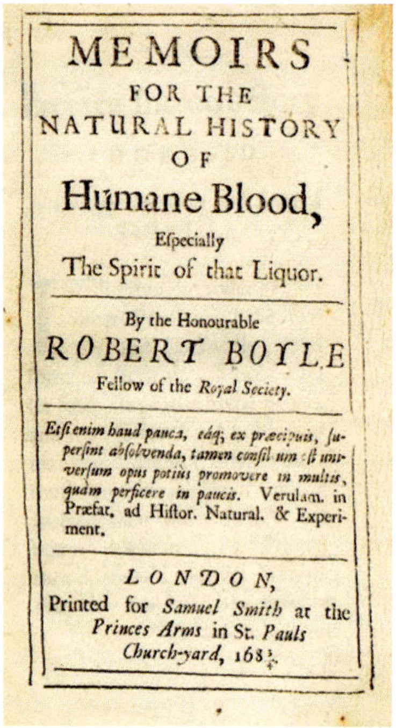

MEMOIRS
FOR THE
NATURAL HISTORY
OF
Humane Blood,
Especially
The Spirit of that Liquor.

By the Honourable
ROBERT BOYLE
Fellow of the *Royal Society*.

Etsi enim haud pauca, eáq; ex præcipuis, supersint absolvenda, tamen consilium est universum opus potiùs promovere in multis, quàm perficere in paucis. Verulam. in Præfat. ad Histor. Natural. & Experiment.

LONDON,
Printed for *Samuel Smith* at the *Princes Arms* in St. *Pauls Church-yard*, 168¾.

14:1

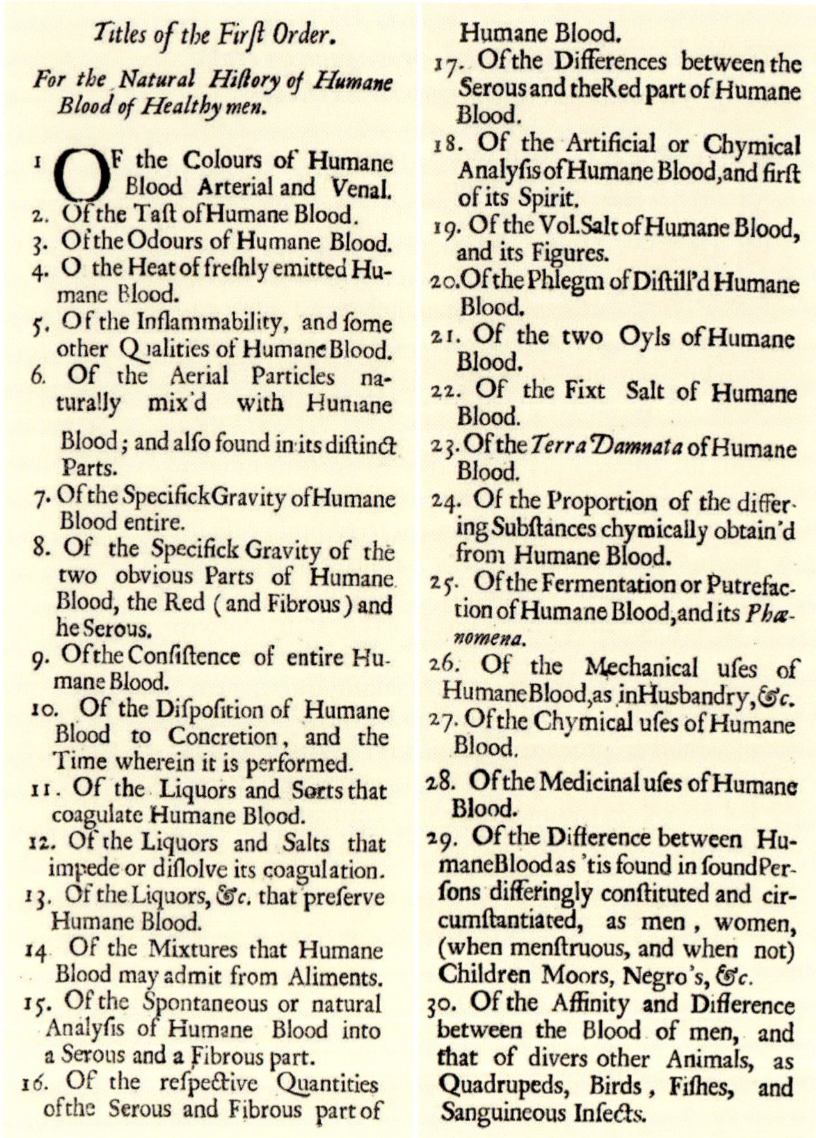

Titles of the First Order.

For the Natural History of Humane Blood of Healthy men.

1. OF the Colours of Humane Blood Arterial and Venal.
2. Of the Tast of Humane Blood.
3. Of the Odours of Humane Blood.
4. O the Heat of freshly emitted Humane Blood.
5. Of the Inflammability, and some other Qualities of Humane Blood.
6. Of the Aerial Particles naturally mix'd with Humane Blood; and also found in its distinct Parts.
7. Of the Specifick Gravity of Humane Blood entire.
8. Of the Specifick Gravity of the two obvious Parts of Humane Blood, the Red (and Fibrous) and he Serous.
9. Of the Consistence of entire Humane Blood.
10. Of the Disposition of Humane Blood to Concretion, and the Time wherein it is performed.
11. Of the Liquors and Sorts that coagulate Humane Blood.
12. Of the Liquors and Salts that impede or dissolve its coagulation.
13. Of the Liquors, &c. that preserve Humane Blood.
14. Of the Mixtures that Humane Blood may admit from Aliments.
15. Of the Spontaneous or natural Analysis of Humane Blood into a Serous and a Fibrous part.
16. Of the respective Quantities of the Serous and Fibrous part of Humane Blood.
17. Of the Differences between the Serous and the Red part of Humane Blood.
18. Of the Artificial or Chymical Analysis of Humane Blood, and first of its Spirit.
19. Of the Vol. Salt of Humane Blood, and its Figures.
20. Of the Phlegm of Distill'd Humane Blood.
21. Of the two Oyls of Humane Blood.
22. Of the Fixt Salt of Humane Blood.
23. Of the *Terra Damnata* of Humane Blood.
24. Of the Proportion of the differing Substances chymically obtain'd from Humane Blood.
25. Of the Fermentation or Putrefaction of Humane Blood, and its *Phænomena*.
26. Of the Mechanical uses of Humane Blood, as in Husbandry, &c.
27. Of the Chymical uses of Humane Blood.
28. Of the Medicinal uses of Humane Blood.
29. Of the Difference between Humane Blood as 'tis found in sound Persons differingly constituted and circumstantiated, as men, women, (when menstruous, and when not) Children Moors, Negro's, &c.
30. Of the Affinity and Difference between the Blood of men, and that of divers other Animals, as Quadrupeds, Birds, Fishes, and Sanguineous Insects.

14:2

In 30 Kapiteln erläutert Robert Boyle (1627–1691) die Eigenschaften des menschlichen Blutes. Mit diesem Werk wird gewissermaßen die Wissenschaft der physiologischen Chemie eingeläutet.

Robert Boyle

14:3

Robert Boyle

Boyle wurde als Sohn des wohlhabenden und einflussreichen ersten Earl of Cork in Lismore, Irland, geboren. Nachdem er zunächst Privatunterricht erhalten hatte, studierte er in Eton, Genf und später in Oxford. Sein Interesse galt zuerst der Astronomie, wandte sich aber bald medizinischen Problemen zu, was ihn dann zur Chemie und Physik brachte. 1668 ließ er sich in London nieder und machte sein Haus, wo er sein Labor hatte, bald zu einem Zentrum wissenschaftlicher Aktivitäten. Er war einer der Gründer und das prominenteste Mitglied der Royal Society. Als Autor zahlreicher Schriften über „experimentelle Naturphilosophie", wie er es nannte, war er zugleich ein frommer und gewissenhafter Mann, der sich umfassend mit der „Natürlichen Theologie", also mit der Beziehung zwischen Wissenschaft und Religion, auseinandersetzte.

Memoirs for the Natural History of Humane Blood, especially the Spirit of that Liquor.

London: S. Smith, 1683–1684.

Dieses Buch markiert den Beginn der physiologischen Chemie. Boyle beschreibt zahlreiche Experimente zur Untersuchung der physischen und chemischen Eigenschaften des Blutes. Er untersucht seine Beschaffenheit bei Hitze und Kälte, die Dichte und Viskosität der verschiedenen Bestandteile. Das Verhalten von Blut in Kontakt mit mehreren chemischen Stoffen, Säuren und Basen wird beschrieben, und er versucht, mittels einer Luftpumpe (pneumatischen Maschine), dem Blut Gase zu entziehen. Boyle vermerkt außerdem, dass das dunkle Blut bei Kontakt mit Luft eine „gefällige" Farbe annimmt. Ausführlich erörtert er die vielen Anwendungsmöglichkeiten des Blutes zur Medikation. Die detaillierten Erläuterungen der Begriffe und Methoden spiegeln seine neuartigen Ideen über die wissenschaftliche Herangehensweise an ein Problem wider (14.1).

Im Spiegel der Zeit:
Boyles Arbeiten beschritten immer neue Wege, waren nie dogmatisch und beeinflussten das wissenschaftliche Denken noch fast ein Jahrhundert nach seinem Tod. Ende des 18. Jahrhunderts konnte Hewson aufgrund besserer Trennverfahren die erste gültige Darstellung des Blutgerinnungsmechanismus präsentieren (14.2). Davy stellte fest, dass Blut Kohlendioxid und Sauerstoff enthält (14.3). Berzelius analysierte die Bestandteile des Blutes und zeigte, dass darin Eisen enthalten ist (14.4). Gustav Magnus führte 1837 erstmalig quantitative Messungen von Blutgasen durch (14.5), und kurz darauf isolierte und untersuchte Hoppe-Seyler Hämoglobin (14.6). Arrhenius' Arbeiten über Ionen in verdünnten Lösungen (14.7), stetig verbesserte Methoden der Blutgasanalyse (14.8) und die Einführung des pH-Begriffs zu Beginn des 20. Jahrhunderts (14.9) trugen allesamt entscheidend zur Entwicklung der modernen klinischen Chemie bei (14.10). Ihre zentrale Rolle im Kampf gegen die Polioepidemie 1950–1953 in Skandinavien (14.11) ist eins von vielen Beispielen dafür, dass klinische Erfordernisse zu technischen Innovationen führen, die ihrerseits den medizinischen Fortschritt vorantreiben.

14.1 Siehe Ref. 4.6.
14.2 Hewson W. *An experimental inquiry into the properties of the blood*. London 1771.
14.3 Siehe Nr. 28 Davy S. 156.
14.4 Berzelius JJ. *Föreläsningar i djurkemien Vol. I*. Stockholm 1806. S. 130–131. Siehe auch Ref. 51.3.
14.5 Siehe Nr. 37 Magnus S. 196.
14.6 Siehe Nr. 51 Hoppe-Seyler S. 268.
14.7 Siehe Nr. 62 Arrhenius S. 320.
14.8 Astrup P, Severinghaus JW. *The history of blood gases, acids and bases*. Kopenhagen: Munsgaard, 1986.
14.9 Siehe Ref. 14.8 Kapitel XI.
14.10 Siehe Nr. 81 Van Slyke S. 416.
14.11 Siehe Nr. 87 Engström S. 450.

156 The Natural History

The X. (Secondary) Title.

Of the coagulating Power of the Spirit of Humane Blood.

THough the Spirit of Humane Blood, have ſuch a diſſolving power as we have mention'd, in reference to ſome Bodies, yet upon ſome others it ſeems to have a quite contrary Operation. I ſay *ſeems*, becauſe it may be queſtion'd, (and I am not now minded to diſpute it) whether the effect I am going to ſpeak of be a *Coagulation*, properly ſo call'd, that one Body makes of another or a Coalition of Particles fitted, when they chance to meet one another, (in a convenient manner,) to ſtick together. But whatever name ought to be properly given to the thing I am about to ſpeak of, I have found by Tryal purpoſely made, that the

of Humane Blood. 157

the highly rectifyed Spirit of Humane Blood, being well mingled by ſhaking with a convenient quantity, (which ſhould be at leaſt equal) of Vinous Spirits that will burn all away, (for if either of the Liquors be Phlegmatick, the Experiment ſucceeds either not at all, or not ſo well) there will preſently enſue a Coagulation or concretion, either of the whole Mixture, or a great portion of it, into Corpuſcles of a Saline form, that cohering looſly together, make up a Maſs that has conſiſtence enough not to be fluid, though it be very ſoft : and in this form it may remain as far as I have yet tryed, for a good while, perhaps ſeveral weeks, or months at leaſt, if it be kept in a cool place.

14:4

Boyle beschreibt Experimente über die Blutgerinnung (oben) und seine frühe Beobachtung zum Farbwechsel des Blutes bei Kontakt mit Sauerstoff (unten).

Experiment VI.

THe Black or lower part of a Portion of Humane Blood being turn'd uppermoſt, and thereby expos'd to the Air, within half or three quarters of an hour, (ſomewhat more or leſs) acquired by the Contact of it, a pleaſant and florid colour.

14:5

14:6

14:8

In einer Reihe von Berichten beschreibt William Hewson (1739–1774) ab 1768 die Entdeckung der Lymphozyten. Außerdem findet er heraus, dass Fibrinogen die Blutgerinnung bewirkt.

1806 nimmt Jakob Berzelius (1779–1848) die erste quantitative Bestimmung des Eisengehalts des Hämoglobins („blodets färgämne") vor. Etwa 20 Jahre später vermerkt er einen Eisengehalt von 0,536% des Gewichts (siehe unten), was dem heutigen Wert von 0,347% gegenüberzustellen ist.

XXXII. *Experiments on the Blood, with ſome Remarks on its Morbid Appearances;* *by* William Hewſon, *F. R. S.*

Read June 14 & 21. 1770.

AS the following Experiments are made on a ſubject generally thought important, and as the inferences which I have ventured to draw from them ſeem to explain ſome appearances in diſeaſes, they will not, I flatter my ſelf, be thought altogether unworthy the attention of this learned Society.

When freſh blood is received into a baſon, and ſuffered to reſt, in a few minutes it jellies, or coagulates, and ſoon after ſeparates into two parts, diſtinguiſhed by the names of *craſſamentum* and *ſerum*. Theſe two parts differ in their proportions in different conſtitutions: in a ſtrong perſon, the *craſſamentum* is in greater proportion to the *ſerum* than in a weak one; and the ſame difference is found to take place in diſeaſes; thence is deduced the general concluſion, that the leſs the quantity of *ſerum* is in proportion to the *craſſamentum*, bleeding, diluting liquors, and a low diet, are the more neceſſary: whilſt in ſome dropſies and other diſeaſes where the

14:7

Undersökning af Blodkakan. 67

af oxblod. Dess färg är roſtröd. Michaëlis fann af kalfblodets färgämne ända till 2,1 procent, hvilket dock ſynes härröra från ofullkomligt aflägsnande af blodvatten. Af 1,3 del aſka, erhållen af 100 del. färgämne ur menniſkoblod, erhöll jag: kolſyradt natron, med ſpår af phosphorſyradt, 0,3, phosphorſyrad kalk 0,1, ren kalkjord 0,2, baſiſk phosphorſyrad jernoxid 0,1, jernoxid 0,5, kolſyra och förluſt 0,1. Ur färgämne af oxblod, ſom ſå trögt låter förvandla ſig till aſka, att den ſiſta portion kol måſte medelſt ſalpeter bortbrännas, erhöll jag af 1,0 del aſka, återſtod efter 100 del. tort färgämne, phosphorſyrad kalk 0,06, ren kalkjord 0,2, baſiſk phosphorſyrad jernoxid 0,075, jernoxid 0,5, kolſyra och förluſt 0,165. Här ſaknas alkalihalten, hvilken vid ſalpeterns utlakning bortfördes. Som det phosphorſyrade jernſaltet endaſt genom den analytiſka methoden bildas, ſå förſökte jag att af 100 del. aſka af blodets färgämne, på lika ſätt förbrändt med tillſats mot ſlutet af ſalpeter, utfälla jernet utan halt af phosphorſyra, medelſt väteſvafladt ſvafvelammonium, hvarvid jag erhöll 55½ procent jernoxid. Häraf följer ſåledes att blodets färgämne har en jernhalt, ſvarande mot något mer än ½ procent, eller 0,00536 af dess vigt metalliſkt jern, men i hvad form jernet deri finnes är ett problem, ſom vi ännu ej kunnat löſa. Jag ſkall emedlertid anföra det hiſtoriſka om våra bemödanden dertill.

E 2

14:9

Zwei von Francis Hauksbees (1666–1713) genialen Geräten zur Erzeugung und Untersuchung elektrischer Ladung und Entladung. Er erforscht das Licht, das durch Reibung zwischen Glas und anderen Materialien entsteht und das von Elektrizität in dünner Luft erzeugt wird.

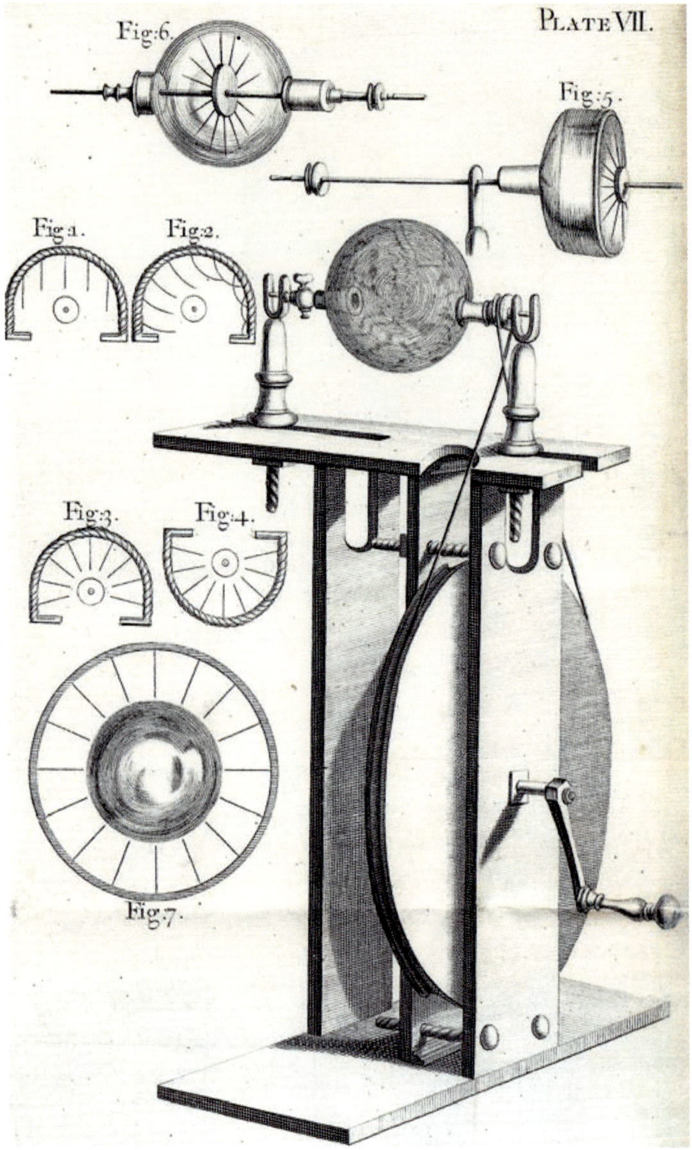

15:1

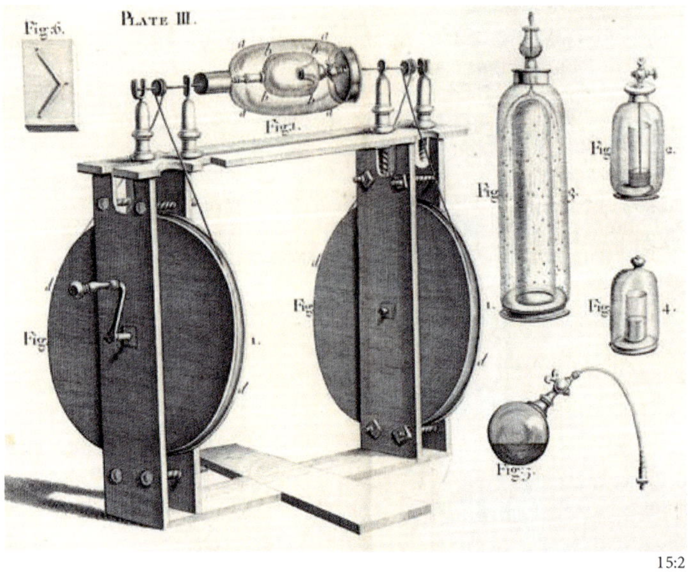

15:2

Francis Hauksbee

Über Hauksbees junge Jahre ist wenig bekannt. Er kam vermutlich 1666 in Colchester zur Welt, arbeitete als Textilkaufmann und heiratete 1687. Schon 1703 galt er jedoch als hervorragender Instrumentenbauer und kunstfertiger Experimentator. Newton, der neue Präsident der Royal Society, lud ihn ein, bei den wöchentlichen Treffen Demonstrationen vorzuführen. 1705 wurde Hauksbee zum Mitglied der Royal Society gewählt. Als Person, die in allen möglichen Bereichen Experimente durchführte, war er an theoretischer Arbeit nicht sonderlich interessiert, oder, wie er im Anklang an Newton sagte, „niemand, der sich mit nichtssagenden Hypothesen amüsiert, die sehr nach Fantasiegeschichten klingen". Zwischen Newton und Hauksbee entwickelte sich eine enge und fruchtbare Zusammenarbeit, die bis zu Hauksbees Tod im Jahre 1713 andauerte. Newton gab häufig den Anstoß zu den Experimenten und steuerte mögliche Erklärungen für die Ergebnisse bei.

Physico-mechanical Experiments on Various Subjects ...

London: R. Brugis, 1709.

In diesem Buch, in dem die ersten systematischen Experimente über statische Elektrizität dargestellt sind, beschreibt Hauksbee seine Geräte und Beobachtungen. Das Hauptziel ist, den Ursprung des Lichts (leuchtendes Quecksilber) zu erklären, von dem bereits bekannt ist, dass es durch Reibung zwischen Glas und Quecksilber entsteht. Hauksbee entwirft geniale Geräte, um dieses Phänomen hervorzurufen; er erzeugt auf mehrere Arten elektrische Ladungen und untersucht das durch unterschiedliche Materialien und unter verschiedenen Umständen erzeugte Licht. Dabei erforscht er die Eigenschaften der statischen Elektrizität innerhalb und außerhalb luftleerer Glasgefäße. Außerdem untersucht Hauksbee die Kapillarität und behauptet, dass unabhängig vom Material der kapillaren Röhren Anziehungskräfte auf engem Raum wirkten, die einem „universal gültigen Naturgesetz" entsprächen.

Im Spiegel der Zeit:
Wie das griechische Wort für Bernstein, „Elektron", nahelegt, war statische Elektrizität schon in der Antike wohlbekannt (15.1). In seinem bedeutenden Werk über Magnetismus (15.2) untersuchte auch Gilbert elektrische Phänomene und fand neue Materialien, insbesondere Phosphor, die leicht aufladbar waren. Guericke verwendete eine rotierende Schwefelkugel, um statische Elektrizität zu erzeugen (15.3). Im Anschluss an Hauksbees Arbeiten wurden viele immer kompliziertere und größere Elektrisiermaschinen gebaut (15.4) (15.5) (15.6). Ein wichtiger Schritt war die Erfindung der Leidener Flasche durch van Musschenbroek im Jahre 1746. Seine erstmalig von Winckler beschriebene Methode (15.7), eine teilweise mit Wasser gefüllte Flasche elektrisch aufzuladen, erhöhte die Leistungsfähigkeit dieser ersten Maschinen beträchtlich (15.1). Volta induzierte 1775 erstmalig eine elektrische Spannung zwischen Körpern (15.8), und 1785 entwickelte Coulomb eine empfindliche Torsionswaage zur Messung der elektrostatischen Anziehung (15.9). 1748 beobachtete Jallabert, dass sich mit Elektrizität Muskeln stimulieren lassen, und wandte diese Erkenntnis erstmalig zur Behandlung eines gelähmten Patienten an (15.10).

15.1 Dibner B. *Early electrical machines*. Norwalk 1957.

15.2 Gilbert W. *De magnete, magneticisque corporibus, et de magno magnete tellure*. London 1600.

15.3 Siehe Ref. 8.5.

15.4 Nollet JA. *Essai sur l'Électricité des Corps*. Paris 1746.

15.5 Watson W. *Expériences et Observations pour servir a l'Explication de la Nature et des Propriétés de l'Électricité*. Paris 1748.

15.6 van Marum M. *Description d'une Très Grande Machine Électrique* ... Haarlem 1785–1787.

15.7 Winckler JH. *Die Stärke der Elektrischen Kraft des Wassers in gläsernen Gefässen, welche durch den Musschenbroekischen Versuch bekannt geworden*. Leipzig 1746.

15.8 Volta A. *Lettera a Priestley sull'elettroforo perpetuo*. Scelta di Opuscull. 1775, 9:91.

15.9 Coulomb C-A. Construction et usage d'une balance électrique, ... *Mém de l'Acad Sci* 1785; S. 569.

15.10 Siehe Nr. 19 Jallabert S. 110.

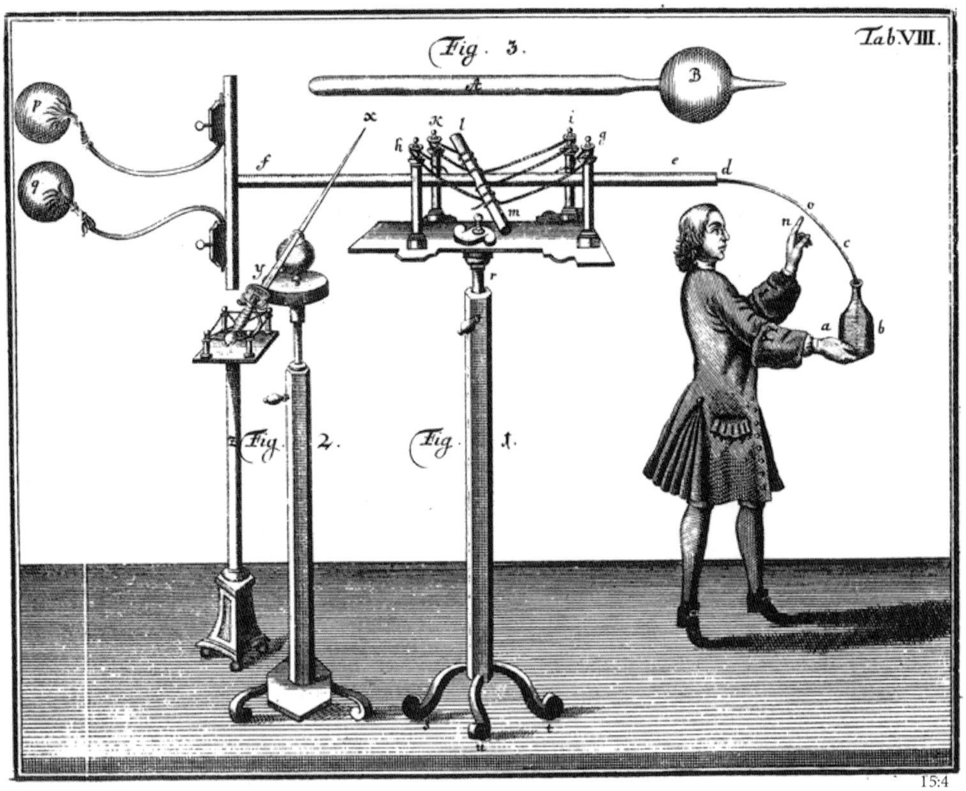

15:4

1746 beschreibt Johann Winckler (1703–1770) erstmalig ein Experiment mit einer Leidener Flasche (eine mit Wasser gefüllte breite Flasche, die als primitiver Kondensator fungiert). Dieses Gerät war gerade von Pieter van Musschenbroek (1692–1761) erfunden worden und verstärkte die elektrische Kapazität der frühen Elektrisiermaschinen beträchtlich.

15:5

Im Jahre 1784 baut Martinus van Marum (1750–1837) die größte Elektrisiermaschine des 18. Jahrhunderts. Die zwei Glasplatten haben einen Durchmesser von 1,6 m und die Funken zwischen den Messingelektroden können bis zu 0,65 m lang werden.

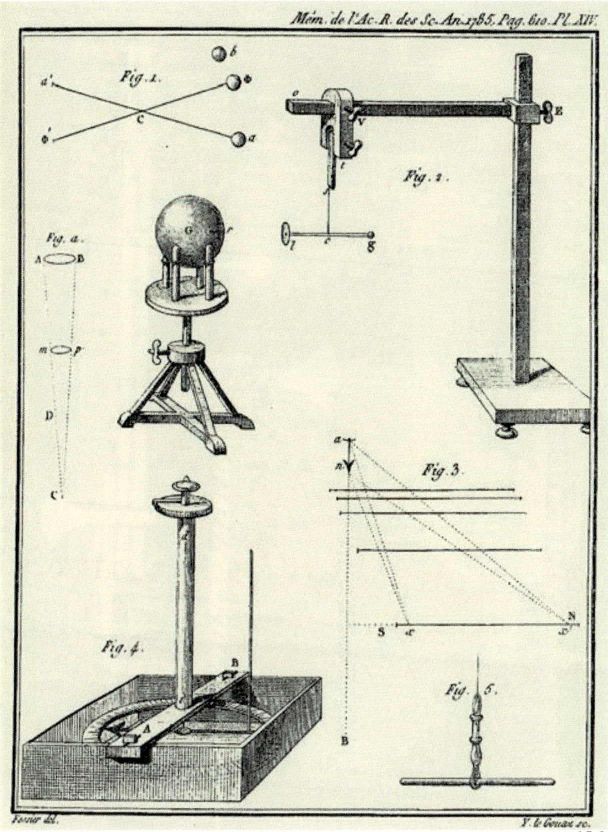

15:6

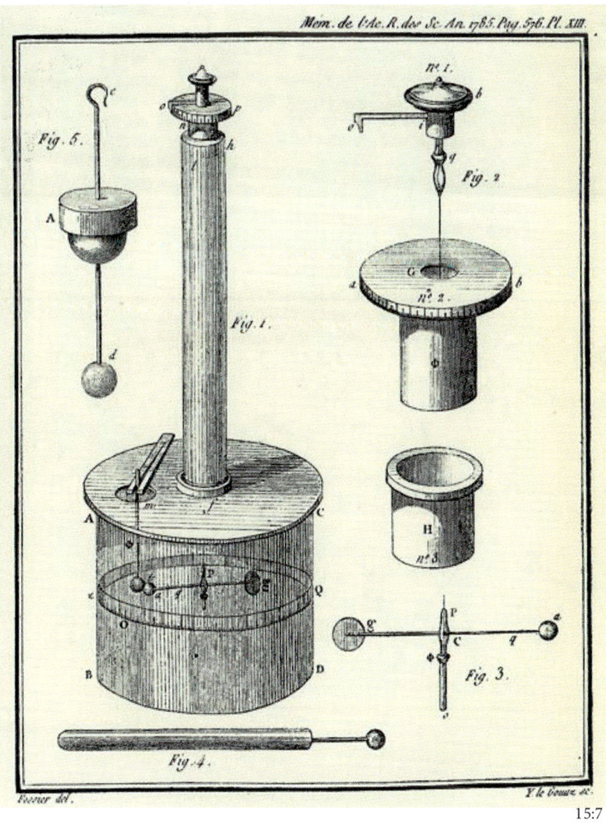

15:7

15:8

Die Konstruktion einer hochempfindlichen Torsionswaage (siehe Abbildungen links) ermöglicht es Charles-Augustin de Coulomb (1736–1806), die elektrostatischen Kräfte zwischen geladenen Körpern in verschiedenen Abständen zu messen und zu bestimmen – mit dem sogenannten Coulomb-Gesetz.

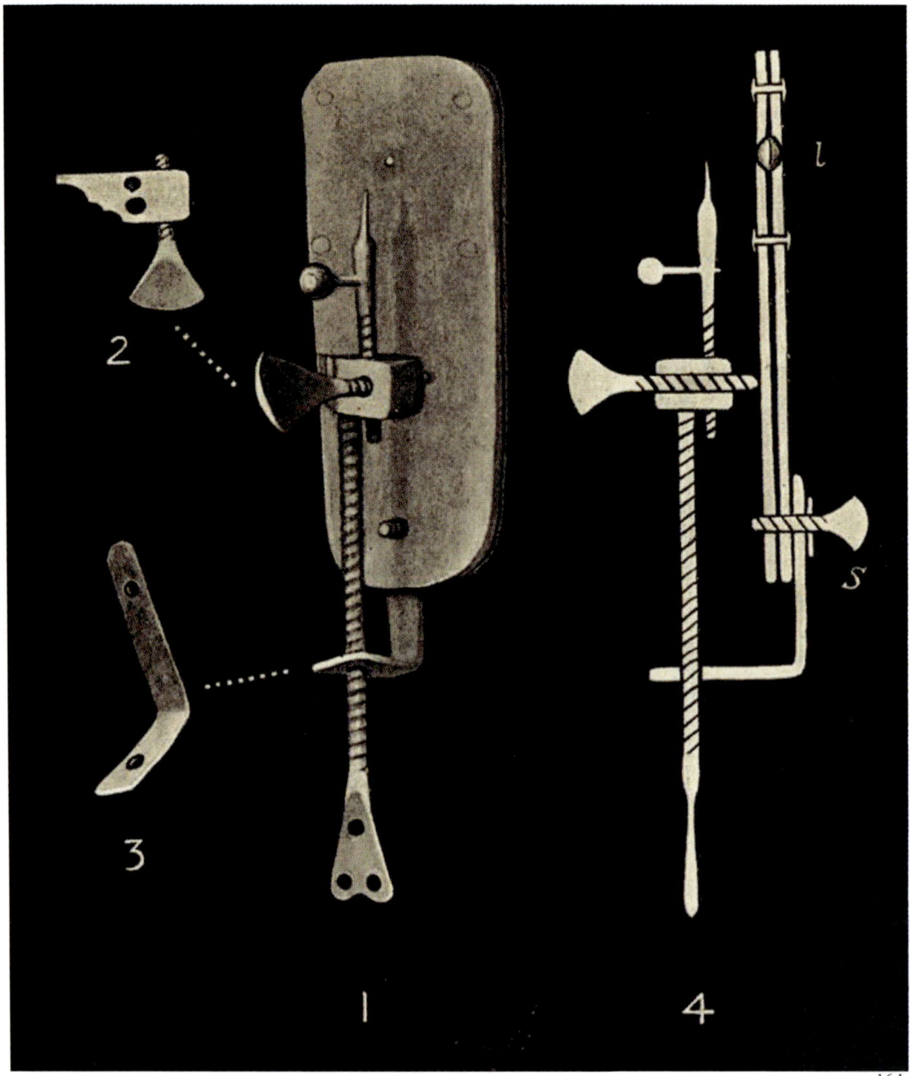

16:1

Antoni van Leeuwenhoek (1632–1723) konstruiert ein ganz einfaches Mikroskop mit starker Vergrößerung. Dazu verwendet er eine selbst entworfene und hergestellte feststehende Linse („l"). Das Untersuchungsobjekt wird mittels einer Schraube bewegt.

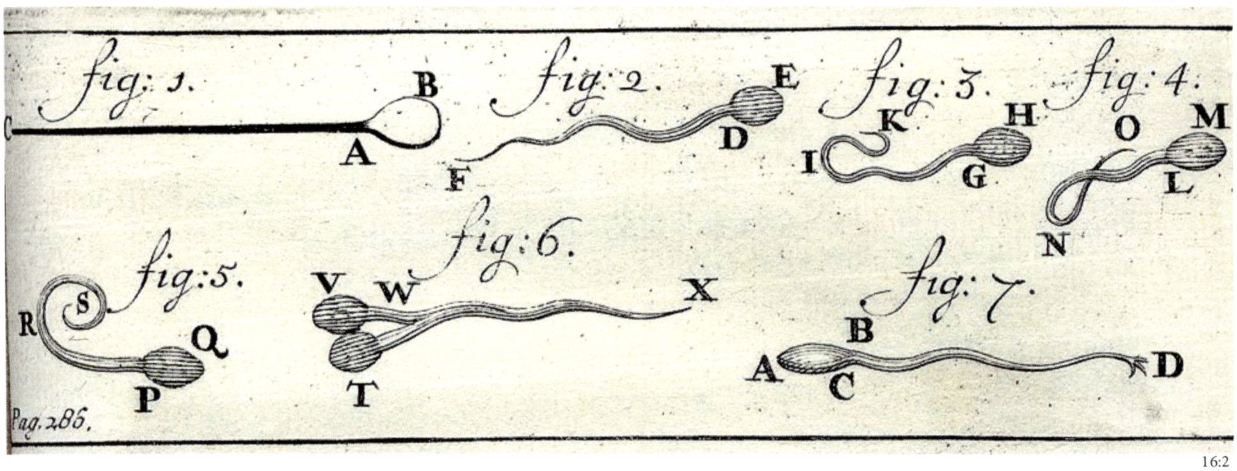

16:2

Die ersten von Leeuwenhoek beobachteten Samenzellen, wie sie in seinem Bericht abgebildet sind.

Antoni van Leeuwenhoek

16:3

Antoni van Leeuwenhoek

Antoni van Leeuwenhoek kam 1632 in Delft zur Welt. Er starb mit 91 Jahren, nachdem er fast sein ganzes Leben in dieser Stadt verbracht hatte. Nach dem Besuch des Gymnasiums arbeitete er zuerst im Tuchhandel, dann als Ladenbesitzer und schließlich als Staatsbeamter. Seine wissenschaftliche Laufbahn begann 1671 und die meisten seiner bedeutenden Entdeckungen machte er in den darauffolgenden zehn Jahren. Die Royal Society wählte ihn 1680 zum Mitglied und übersetzte auch seine Briefe, in denen er von seinen Ergebnissen berichtete, ins Englische. Seine wissenschaftlichen Leistungen verhalfen ihm zu Ruhm und einer stattlichen Pension. Die Delfter bezeichneten ihn liebevoll als „Magier"; so viele prominente Adlige wollten ihn treffen, dass er sie um Einführungsschreiben bitten musste, bevor er sie empfing.

Opera Omnia. Vol. I–IV.

LEIDEN: J. A. LANDERAK (A. BEMAN), 1719–1722.

Van Leeuwenhoeks gesammelte Werke bestehen aus den 165 Briefen, die er zur Veröffentlichung an die Royal Society sandte. Er schleift seine eigenen Linsen und verwendet einfache einlinsige Mikroskope, mit denen er organische und anorganische Strukturen penibel beobachtet und dokumentiert. Sein bestes Instrument hat eine Auflösung von ~ 1 μm bei etwa 500-facher Vergrößerung, was nahezu zwei Jahrhunderte lang nicht übertroffen wird (16.1). Seine wichtigsten Entdeckungen macht van Leeuwenhoek im Bereich der Allgemeinen Biologie. Er untersucht die Samenzellen verschiedener Spezies und glaubt, dass sie der Ursprung allen neuen Lebens sind. Seiner Meinung nach erfolgt die Befruchtung durch ihr Eindringen in die Eizelle. Weitere bedeutende Beobachtungen macht er an Blutkörperchen, Kapillaren, Bakterien und Pflanzenstrukturen.

Im Spiegel der Zeit:
Da er mit Fremdsprachen Probleme hatte und nicht gern reiste, war van Leeuwenhoek in seiner Arbeit eher isoliert. Malpighi, ein herausragender Mikroskopist seiner Zeit und ein Freund Borellis (16.2), hatte die Blutkörperchen bereits 1665 entdeckt, hielt sie aber für Fettkügelchen. Malpighi untersuchte auch die Struktur der Froschlunge und entdeckte dabei 1661 erstmalig Kapillaren (16.3) (16.4). Diese Entdeckung bestätigte die von Cesalpino aufgestellte Theorie des Blutkreislaufs, die Harvey später unter Beweis stellte (16.5). Etwa 100 Jahre danach beobachtete Spallanzani in geduldigen und sorgfältigen mikroskopischen Studien bei Säugetieren zum ersten Mal arteriovenöse Anastomosen. Dank eines neuartigen Seziermikroskops (16.6) konnte er die Entwicklung des Kreislaufsystems in einem Hühnerembryo verfolgen (16.7). Ob das Leben in den Samenzellen seinen Anfang nahm, wie van Leeuwenhoek glaubte, oder in der Eizelle, wie Harvey behauptete (16.8), klärte sich schließlich 1875, als Hertwig zeigte, dass die Befruchtung als Ergebnis der Verschmelzung der beiden erfolgt (16.9).

16.1 Siehe Nr. 64 Abbe S. 328. Zum ersten Verbundmikroskop (mit Mehrfachlinsen) siehe Nr. 9 Borel S. 64.
16.2 Siehe Nr. 12 Borelli S. 76.
16.3 Malpighi M. *De pulmonibus observationes anatomicae*. Bologna 1661.
16.4 Malpighi M. *Opera Omnia*. London 1686.
16.5 Cesalpino A. *Peripateticarum Quationum Libri Quinque*. Venedig 1571. Siehe auch Ref. 12.2.
16.6 Lyonet P. *Traité anatomique de la chenille, ...* Den Haag 1762.
16.7 Spallanzani L. *De' Fenomeni della Circolazione ...* Modena 1773.
16.8 Harvey W. *Exercitationes de Generatione Animalium*. London 1651.
16.9 Hertwig O. *Beiträge zur Kenntniss der Bildung, Befruchtung und Theilung des thierischen Eies*. Leipzig 1875.

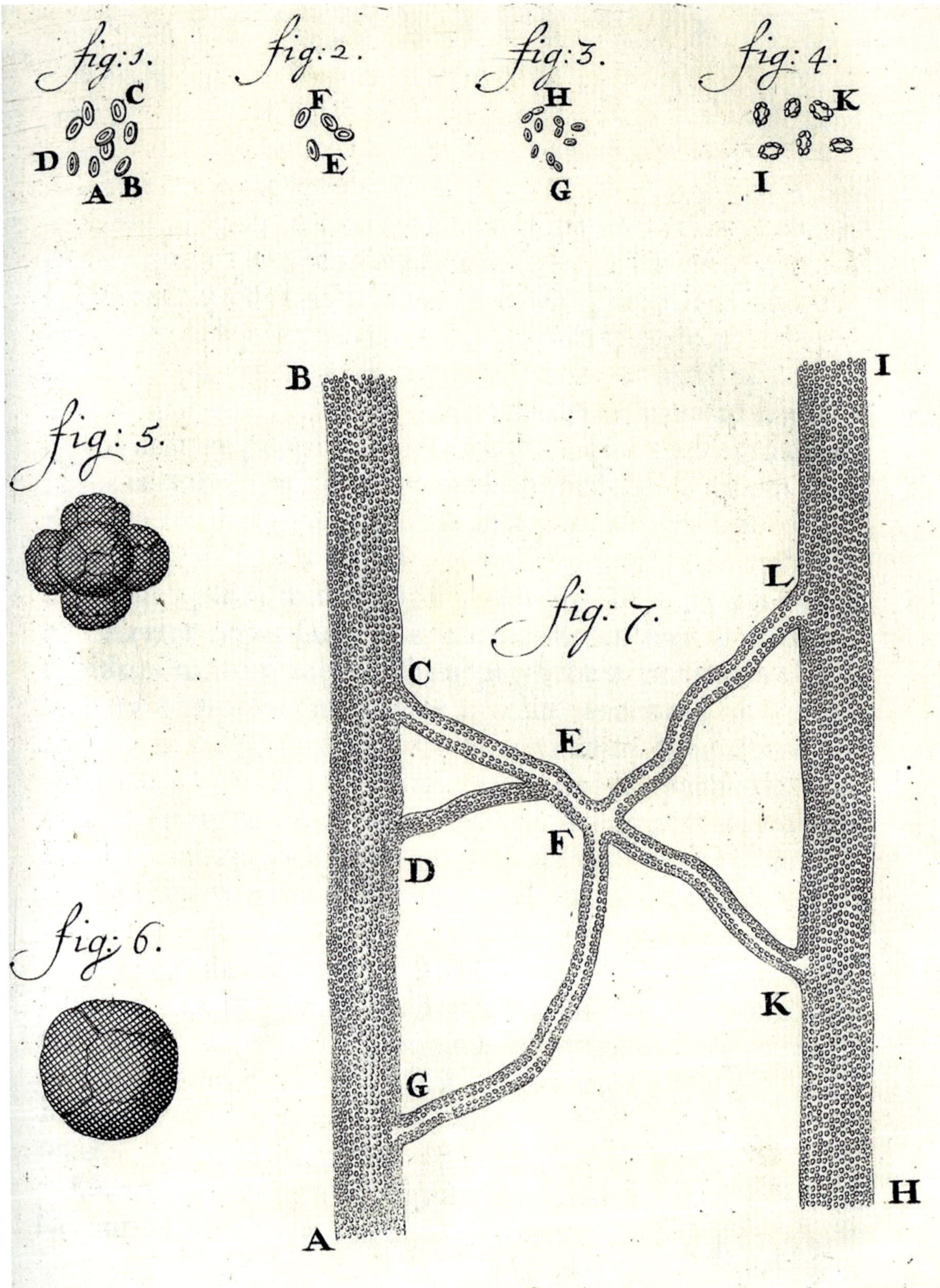

16:4

1700 gelingt van Leeuwenhoek die erste korrekte mikroskopische Identifizierung der roten Blutkörperchen (in den Kapillaren). Oben ist seine Darstellung dieser Entdeckung zu sehen.

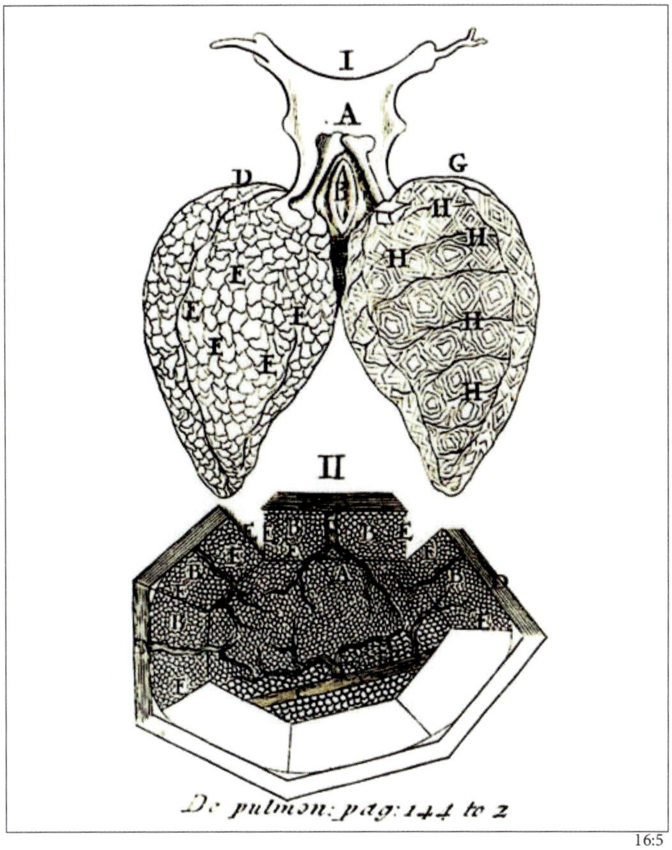

16:5

16:6

1661 beobachtet Marcello Malpighi (1628–1694) das kapillare Gefäßbett in der Froschlunge. Diese bedeutende Entdeckung liefert das fehlende Glied in William Harveys (1578–1657) Erklärung, wie das Blut im Körper zirkuliert.

16:7

16:8

Mithilfe eines neuartigen Seziermikroskops verfolgt Lazarro Spallanzani (1729–1799) genauestens die Entwicklung von Hühnerembryonen und beobachtet als Erster bei Säugetieren arteriovenöse Anastomosen (Verbindungen zwischen Arterie und Vene).

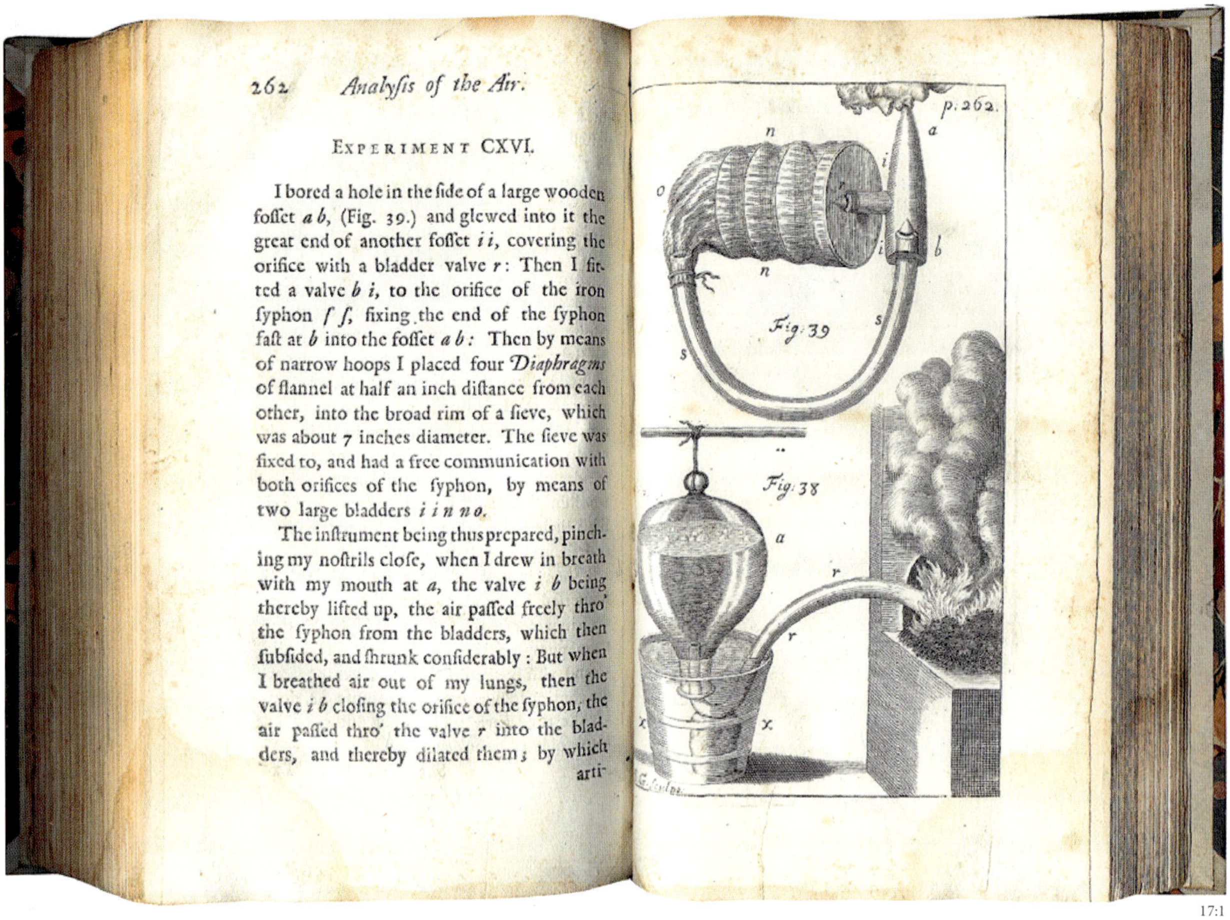
262 *Analyſis of the Air.*

EXPERIMENT CXVI.

I bored a hole in the ſide of a large wooden foſſet *a b*, (Fig. 39.) and glewed into it the great end of another foſſet *i i*, covering the orifice with a bladder valve *r*: Then I fitted a valve *b i*, to the orifice of the iron ſyphon *ſ ſ*, fixing the end of the ſyphon faſt at *b* into the foſſet *a b*: Then by means of narrow hoops I placed four *Diaphragms* of flannel at half an inch diſtance from each other, into the broad rim of a ſieve, which was about 7 inches diameter. The ſieve was fixed to, and had a free communication with both orifices of the ſyphon, by means of two large bladders *i i n n o*.

The inſtrument being thus prepared, pinching my noſtrils cloſe, when I drew in breath with my mouth at *a*, the valve *i b* being thereby lifted up, the air paſſed freely thro' the ſyphon from the bladders, which then ſubſided, and ſhrunk conſiderably: But when I breathed air out of my lungs, then the valve *i b* cloſing the orifice of the ſyphon, the air paſſed thro' the valve *r* into the bladders, and thereby dilated them; by which arti-

17:1

Stephen Hales (1677–1761) führt ein neues Verfahren der Gasgewinnung und -speicherung ein. Mit Experimenten bestimmt er die Wirkungen der Rückatmung von Gasen und stellt fest, dass Atmen durch ätzende Substanzen hindurch eine längere Rückatmungsdauer ermöglicht. Hales' Werk hat bedeutenden Einfluss auf spätere Entwicklungen in der Chemie und trägt zur Entdeckung vieler der wichtigsten medizinischen Gase bei.

Stephen Hales

17:2

Stephen Hales

Hales wurde 1677 als Sohn einer angesehenen Familie in Bekesbourne, England, geboren. Er studierte in Cambridge, wo er 1709 zum Dekan ernannt wurde. Danach ließ er sich als Pfarrer in dem Dorf Teddington nieder, wo er den Rest seines Lebens verbrachte. Neben seinen gemeindlichen Pflichten führte er ab 1713 etwa 20 Jahre lang gelegentliche wissenschaftliche Experimente durch. Obwohl er Mitglied der Royal Society war, widmete er die letzten 30 Jahre seines Lebens ausschließlich seinen Pflichten als Landpfarrer. Er besaß einen heiteren und fröhlichen Charakter und war strikt auf die Moral seiner Dorfbewohner bedacht. Er betrieb aktiv die Verabschiedung des Gingesetzes von 1736, das zum Ziel hatte, „der übermäßigen Verbreitung dieser alkoholischen Flüssigkeit Einhalt zu gebieten, die die Moral und Konstitution der gemeinen Leute zu ruinieren droht".

Vegetable Staticks, Statical Essays: containing Hæmastaticks; ...

London: W. Innys, R. Manby, T. Woodward, 1727 und 1733.

Im Kapitel „Analyse der Luft" beschreibt Hales Experimente zur Bestimmung der Luftmenge, die in verschiedenen Körpern gebunden („fixed") ist oder von ihnen abgegeben wird. Er entwickelt eine neue Methode zur Gewinnung und Speicherung von Gasen, die später Priestley nutzt (17.1), wobei das Gas zuerst durch Wasser geleitet wird, um „den sauren Geist" zu beseitigen. Bei Rückatmungsstudien findet er heraus, dass das Atmen durch ätzende Substanzen hindurch eine sehr viel längere Rückatmungsdauer ermöglicht. Er misst den Blutdruck, indem er eine an einer langen Glasröhre befestigte Kanüle in die Oberschenkelarterie einer Stute einführt und vermerkt, wie hoch das Blut in der Röhre steigt. Außerdem beeinflusst er den peripheren Widerstand durch die Injektion von Substanzen wie Weinbrand und untersucht die Wirkung auf die Kapillaren, den Herzschlag und den Blutfluss. In Anlehnung an Hauksbees Experimente (17.2) vermutet Hales, dass die Arbeit des Herzmuskels möglicherweise durch Elektrizität angeregt wird, was die Kräfte erklären würde, die zur Erzeugung des beobachteten Blutdrucks benötigt werden.

Im Spiegel der Zeit:
1754, noch zu Hales' Lebzeiten, identifizierte und untersuchte Black erstmalig Kohlendioxid (17.3). Vor Ende des 18. Jahrhunderts wurden viele wichtige medizinische Gase, wie Sauerstoff (17.4) (17.1) (17.5), Stickstoff (17.6) und Lachgas (17.1) (17.7), entdeckt und untersucht. Der erste bedeutende Fortschritt in der Blutdruckmessung nach Hales war die Einführung des Quecksilbermanometers durch Poiseuille im Jahre 1828 (17.8). Darauf folgte die Erfindung von Sphygmographen (17.9) (17.10), die den Arterienpuls aufzeichneten, und Ende des 19. Jahrhunderts von Riva-Roccis Sphygmomanometer (17.11), das bereits nach modernen Prinzipien arbeitete. Somit übten Hales' wissenschaftliche Studien, obwohl er ihnen nur einen kleinen Teil seiner Zeit widmete, einen bedeutenden Einfluss auf spätere Entwicklungen in der Medizin aus.

17.1 Siehe Nr. 22 Priestley S. 124.
17.2 Siehe Nr. 15 Hauksbee S. 92.
17.3 Siehe Nr. 20 Black S. 116.
17.4 Siehe Nr. 21 Scheele S. 120.
17.5 Siehe Nr. 24 Lavoisier S. 134.
17.6 Rutherford D. *Dissertatio Inauguralis de Aere Fixo dicto, Aut Mephitico*. Edinburgh 1772.
17.7 Siehe Nr. 28 Davy S. 156.
17.8 Siehe Nr. 35 Poiseuille S. 188.
17.9 Vierordt K. *Die Lehre vom Arterienpuls in gesunden und kranken Zuständen, gegründet auf eine neue Methode der bildlichen Darstellung des menschlichen Pulses*. Braunschweig 1855.
17.10 Siehe Nr. 52 Marey S. 272.
17.11 Siehe Nr. 68 Riva-Rocci S. 350.

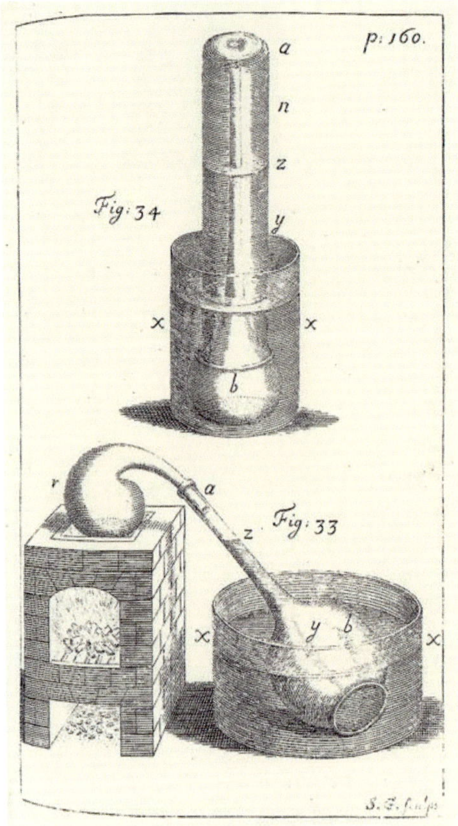

17:3

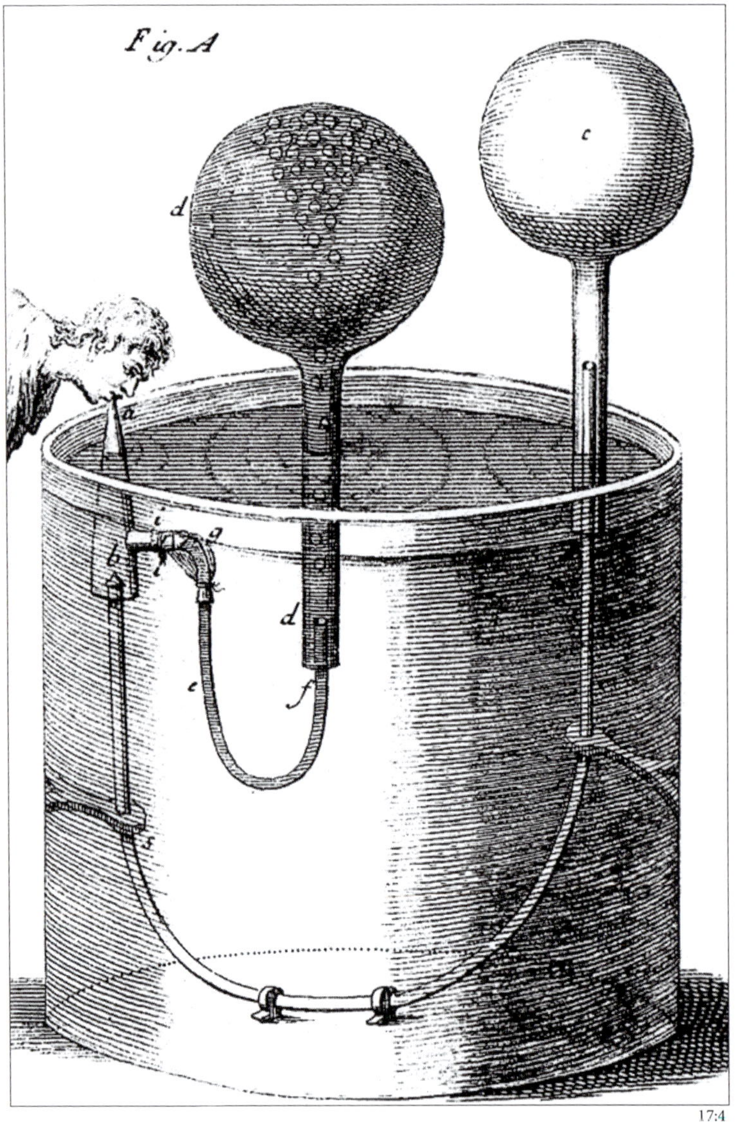

17:4

Hales' einflussreiche Experimente (oben), die zeigen, dass Luft bei Gärung „entweder erzeugt oder absorbiert" wird (Abb. 34) und bei der Erhitzung verschiedener Substanzen normalerweise entweicht (Abb. 33).

George Compte de Buffons (1707–1788) Illustration (rechts) von Hales' simpler, aber genialer Methode, die Menge der „durch Atmung zerstörten" Luft zu bestimmen – also den Unterschied zwischen Sauerstoffaufnahme und Kohlendioxidabgabe beim Atmen.

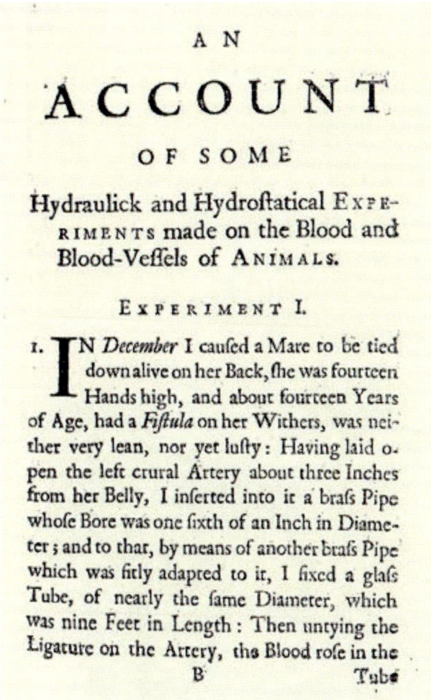

AN

ACCOUNT

OF SOME

Hydraulick and Hydroſtatical Experiments made on the Blood and Blood-Veſſels of Animals.

Experiment I.

1. In *December* I cauſed a Mare to be tied down alive on her Back, ſhe was fourteen Hands high, and about fourteen Years of Age, had a *Fiſtula* on her Withers, was neither very lean, nor yet luſty: Having laid open the left crural Artery about three Inches from her Belly, I inſerted into it a braſs Pipe whoſe Bore was one ſixth of an Inch in Diameter; and to that, by means of another braſs Pipe which was fitly adapted to it, I fixed a glaſs Tube, of nearly the ſame Diameter, which was nine Feet in Length: Then untying the Ligature on the Artery, the Blood roſe in the

B Tube

17:5

In einer Reihe bahnbrechender Experimente, von denen das erste oben auszugsweise beschrieben wird, misst Hales den Blutdruck und den intrathorakalen Druck bei Tieren, wobei er sein neu entwickeltes U-Rohr-Manometer einsetzt. Außerdem schätzt er die Geschwindigkeit des Blutes in den Arterien, Venen und kapillaren Gefäßen.

17:6

Künstlerische Darstellung von Hales' Experiment mit einer Stute, das oben auszugsweise beschrieben ist.

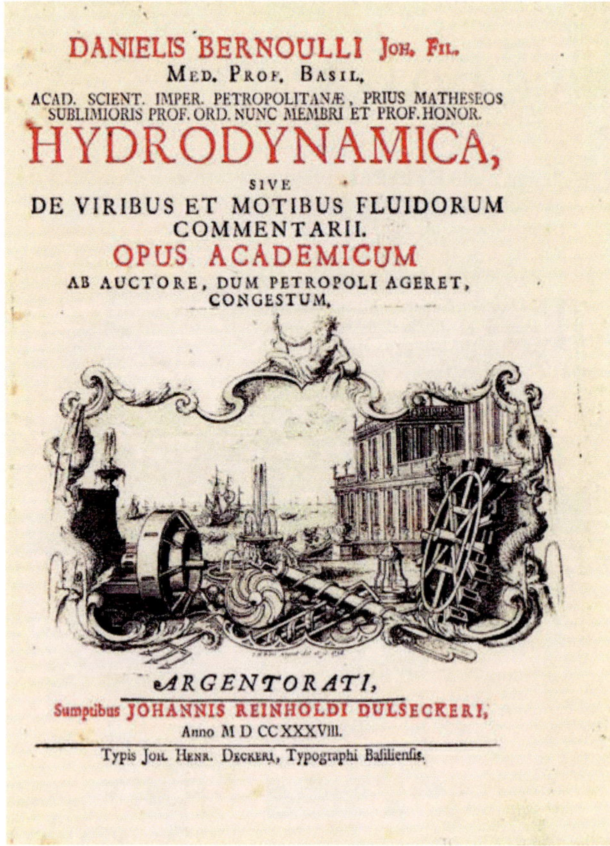
DANIELIS BERNOULLI Joh. Fil.
Med. Prof. Basil.
ACAD. SCIENT. IMPER. PETROPOLITANÆ, PRIUS MATHESEOS SUBLIMIORIS PROF. ORD. NUNC MEMBRI ET PROF. HONOR.
HYDRODYNAMICA,
SIVE
DE VIRIBUS ET MOTIBUS FLUIDORUM COMMENTARII.
OPUS ACADEMICUM
AB AUCTORE, DUM PETROPOLI AGERET, CONGESTUM.
ARGENTORATI,
Sumptibus JOHANNIS REINHOLDI DULSECKERI,
Anno M D CCXXXVIII.
Typis Joh. Henr. Deckeri, Typographi Basiliensis.

Titelseite von Daniel Bernoullis (1700–1782) klassischem Werk von 1738, in dem er die Wissenschaft der Hydrodynamik einführt (der Begriff wird hier erstmalig verwendet). Er leitet die später so bezeichnete Bernoullische Gleichung ab, mit der der stete Fluss einer inkompressiblen Flüssigkeit dargestellt wird, und zeigt ihre Gültigkeit anhand mehrerer Experimente (einige davon sind unten abgebildet).

18:1

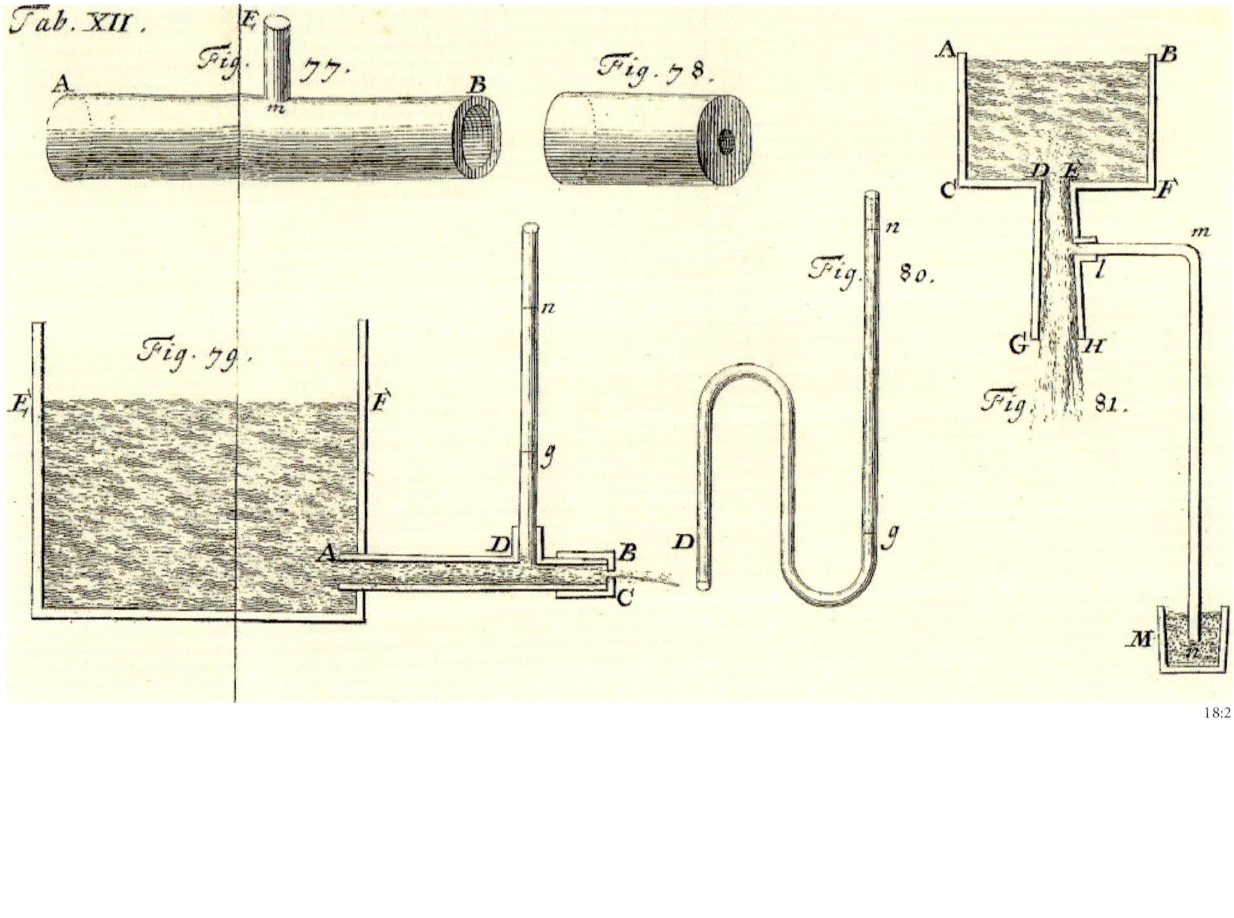

18:2

Daniel Bernoulli

18:3

Daniel Bernoulli

Bernoulli kam 1700 in Groningen zur Welt, wo sein Vater Johann Mathematikprofessor war. Zuerst studierte Bernoulli in Basel Medizin, aber unter der Anleitung seines Vaters wandte er sich bald der Mathematik und Physik zu. 1725 berief ihn Kaiserin Katharina I. von Russland an die Kaiserliche Akademie von St. Petersburg, wo er acht Jahre blieb. Er gewann zehnmal den Mathematikpreis der Akademie der Wissenschaften in Paris und wurde 1750 in Basel zum Physikprofessor ernannt. Das Leben der Familie Bernoulli war durch interne Konflikte geprägt. Johann und sein Bruder Jakob I., ebenfalls ein berühmter Mathematiker, kamen nie gut miteinander aus, und Johann datierte seine Schriften über Hydrodynamik vor, um seinem Sohn Daniel unrechtmäßig den Vorrang seiner Entdeckungen streitig zu machen.

Hydrodynamica, sive de viribus et motibus fluidorum commentarii.

Strassburg: J. H. Decker, 1738.

Mit diesem Buch begründet Bernoulli die Wissenschaftsdisziplin der „Hydrodynamik" und gibt ihr zugleich ihren Namen. Mehrere Phänomene im Zusammenhang mit der Flüssigkeitsströmung berechnet er mathematisch. In Kapitel IX analysiert er die Leistung von Pumpen, was zur ersten adäquaten Berechnung der Herzleistung führt (18.1). In Kapitel X befasst er sich mit „elastischen Flüssigkeiten", d. h. Gasen, und präsentiert das erste mathematische Modell und eine kinetische Theorie der Gase. Von dieser Theorie leitet er die grundlegenden damals bekannten Gasgesetze ab (18.2) und berechnet das Verhältnis zwischen barometrischem Druck und Höhe. Kapitel XII behandelt die stationäre Flüssigkeitsströmung in Röhren; Bernoulli weist darauf hin, dass die erzielten Ergebnisse (Bernoullische Gleichung) auch auf „den Blutfluss in Venen und Arterien" anwendbar sind.

Im Spiegel der Zeit:
Die Familie Bernoulli hatte entscheidenden Anteil an der rasanten Entwicklung der mathematischen Analysis im 18. Jahrhundert. Daniel Bernoulli wandte als Erster mathematische Verfahren konsistent auf physische und physiologische Probleme an. Die grundlegenden Gesetze der Gasphysik wurden zu Beginn des 19. Jahrhunderts von Gay-Lussac, Avogadro und Dalton entdeckt (18.3) (18.4) (18.5) (18.6). Danach gelang es Maxwell, eine Formel für die Geschwindigkeitsverteilung von Gaspartikeln abzuleiten, wobei er eine Verbindung zwischen den mikroskopischen Prozessen und den makroskopischen, beobachtbaren Eigenschaften herstellte (18.7). Poiseuille untersuchte experimentell die Strömung verschiedener Flüssigkeiten durch kapillare Röhren. Er entdeckte das heute nach ihm benannte Gesetz, das die Strömung zu Druck, Durchmesser und Länge der Röhre sowie zur Viskosität der Flüssigkeit in Beziehung setzt (18.8). 1851 wandten die Brüder Weber ihre vormaligen Untersuchungen über Wellenausbreitung (18.9) auf die Untersuchung des Blutflusses im Kreislaufsystem an (18.10).

18.1 Bernoulli D. „Oratio physiologica de vita" 1737. Nachdruck des Originals und deutsche Übersetzung Spiess O, Vezár F. *Verhandlungen der Naturforschenden Gesellschaft in Basel.* 1940/1941, 52:189.

18.2 Siehe Ref. 8.4, 8.6.

18.3 Dalton J. Experimental essays on the constitution of mixed gases; ... *Mem Lit Phil Soc Manchester* 1802; 5:535. Siehe auch Ref. 7.2.

18.4 Gay-Lussac JL. Mémoire sur la combinaison des substances gazeuses, les unes avec les autres. *Mém phys chim Soc d'Arcueil* 1809; 2:207.

18.5 Avogadro A. Essai d'une manière de déterminer les masses relatives des molécules élémentaires des corps ... *Journal de physique* 1811; 73:58.

18.6 Dalton J. *A New System of Chemical Philosophy.* Manchester 1827. Siehe auch Ref. 8.8.

18.7 Siehe Nr. 55 Maxwell S. 286 und Ref. 55.2.

18.8 Poiseuille JLM. Recherches expérimentales sur le mouvement des liquides dans les tubes de très petits diamètres. *Mém Acad Roy Sci* 1846; 9:433. Siehe auch Ref. 35.10.

18.9 Weber EH, Weber W. *Wellenlehre auf Experimente gegründet* ... Leipzig 1825.

18.10 Siehe Nr. 44 Weber S. 232.

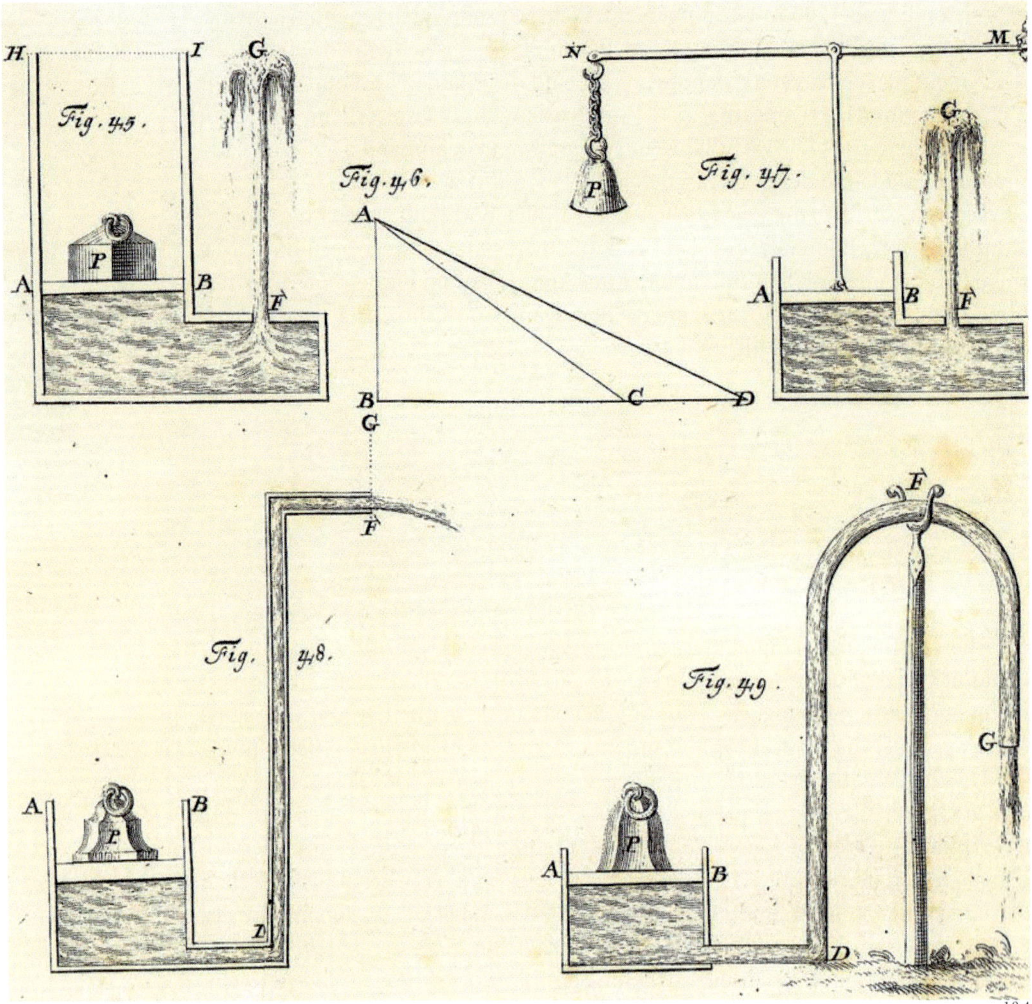

18:4

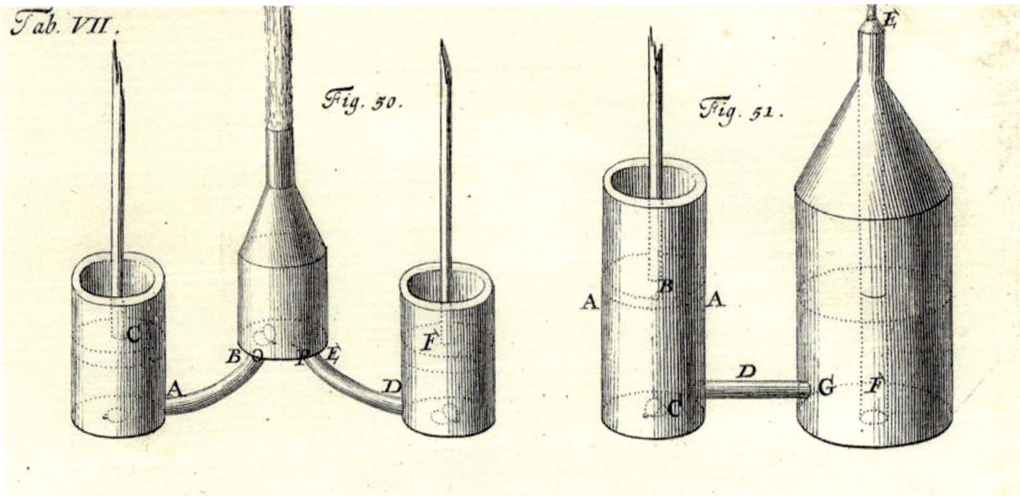

18:5

Im neunten Kapitel von „Hydrodynamica" behandelt Bernoulli „die Bewegung von Flüssigkeiten, die nicht durch ihr eigenes Gewicht, sondern von einer äußeren Kraft vorangetrieben werden, und insbesondere hinsichtlich hydraulischer Maschinen ..." (Einige der beschriebenen Anordnungen sind oben abgebildet.) In der Einleitung des Buches vermerkt er: „In der Physiologie werden jene Dinge, die die Bewegung von Flüssigkeiten in einem Tierkörper betreffen, bereits besser verstanden ..."

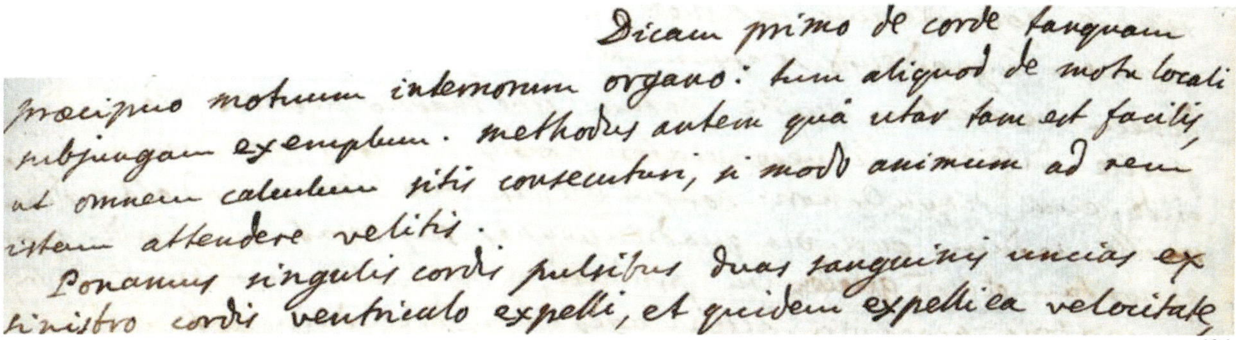
Dicam primo de corde tanquam praecipuo motuum internorum organo: tum aliquod de motu locali subjungam exemplum. methodus autem quâ utar tam est facilis, ut omnem calculum sitis consecuturi, si modo animum ad rem istam attendere velitis.
Ponamus singulis cordis pulsibus duas sanguinis uncias ex sinistro cordis ventriculo expelli, et quidem expelli ea velocitate

18:6

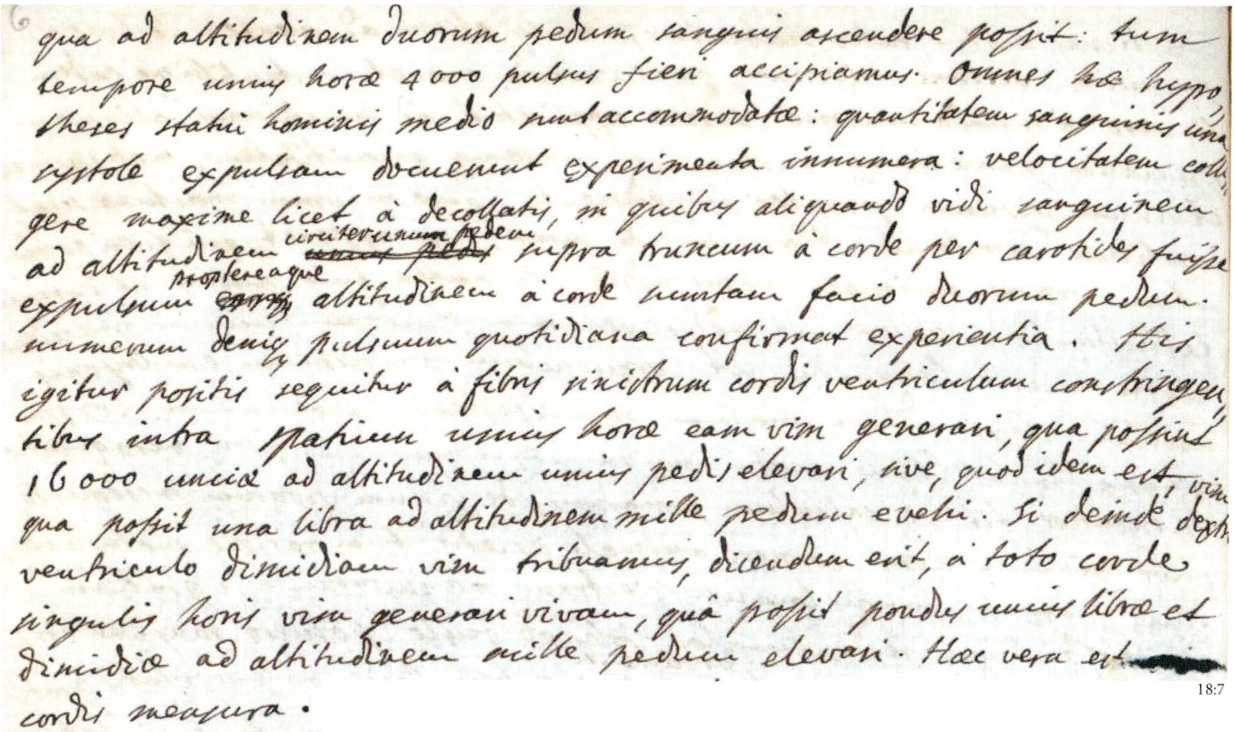
qua ad altitudinem duorum pedum sanguis ascendere possit: tum tempore unius horae 4000 pulsus fieri accipiamus. Omnes hae hypotheses statui hominis medio sunt accommodatae: quantitatem sanguinis una systole expulsam docuerunt experimenta innumera: velocitatem colligere maxime licet a decollatis, in quibus aliquando vidi sanguinem ad altitudinem circiter unum pedem supra truncum a corde per carotides fuisse expulsum propterea que altitudinem a corde nuntam facio duorum pedum. numerum denique pulsuum quotidiana confirmat experientia. His igitur positis sequitur a fibris sinistrum cordis ventriculum constringentibus intra spatium unius horae eam vim generari, qua possint 16000 unciae ad altitudinem unius pedis elevari, sive, quod idem est, vim qua possit una libra ad altitudinem mille pedum evehi. Si deinde dextro ventriculo dimidiam vim tribuamus, dicendum erit, a toto corde singulis horis vim generari vivam, quâ possit pondus unius librae et dimidiae ad altitudinem mille pedum elevari. Haec vera est cordis mensura.

18:7

Auszug aus Bernoullis Manuskript einer Rede, die er bei einer Promotion am 4. Oktober 1737 hält. Hier erläutert er zum ersten Mal, wie die Herzleistung zu berechnen sei. „Ich werde zunächst über das Herz als das wichtigste Organ der inneren Bewegung sprechen und dann ein Beispiel für die Bewegung von Ort zu Ort anfügen. Das Verfahren, das ich hierbei anwende, ist so einfach, dass Sie den gesamten Berechnungsverlauf verfolgen können, solange Sie nur Ihre Aufmerksamkeit darauf richten. Wir gehen von der Annahme aus, dass bei jedem Schlag des Herzens aus seinen linken Kammern zwei Unzen (0,0624 kg) Blut mit einer solchen Geschwindigkeit ausgestoßen werden, dass das Blut dabei eine Höhe von zwei Fuß erreichen könnte (siehe Anmerkung unten). Wir gehen weiter von 4000 Pulsschlägen pro Stunde aus. Alle diese Annahmen gelten für Personen von mittlerer Statur. Die bei einer Systole ausgestoßene Blutmenge ist aus zahlreichen Experimenten bekannt. Ihre Geschwindigkeit lässt sich am besten bei einer Enthauptung feststellen. So sah ich einmal, dass das Blut aufgrund der Tätigkeit des Herzens etwa ein Fuß hoch durch die Halsgefäße über den Rumpf hinausgespritzt wurde, und von daher schätze ich die vom Herzen aus gemessene Höhe auf zwei Fuß. Die Zahl der Pulsschläge schließlich lässt sich von der täglichen Erfahrung ableiten. Unter diesen Annahmen sehen wir nun, dass im Zeitraum einer Stunde die Muskelfasern, die die linken Kammern zusammendrücken, eine Kraft erzeugen, die 16 000 Unzen (500 kg) auf eine Höhe von einem Fuß anheben kann, oder anders gesagt, ein Pfund (0,5 kg) auf eine Höhe von 1 000 Fuß. Schreiben wir dann dem rechten Ventrikel die Hälfte dieser Kraft zu, so können wir sagen, dass das ganze Herz in einer Stunde eine Kraft entwickelt, mit der sich ein Gewicht von 1,5 Pfund 1 000 Fuß hochheben ließe. Dies ist also das wahre Maß der Kraft des Herzens."
Beachten Sie: Bernoullis Berechnung geht von ~ 6 000 m/kg in einer Zeit von 24 Stunden aus, was etwa 1/3 des korrekten Wertes entspricht! Dieser Fehler beruht im Wesentlichen auf seiner groben Unterschätzung des Blutdrucks; die von Stephen Hales einige Jahre zuvor angegebenen korrekteren Werte kannte er nicht (siehe Nr. 17).

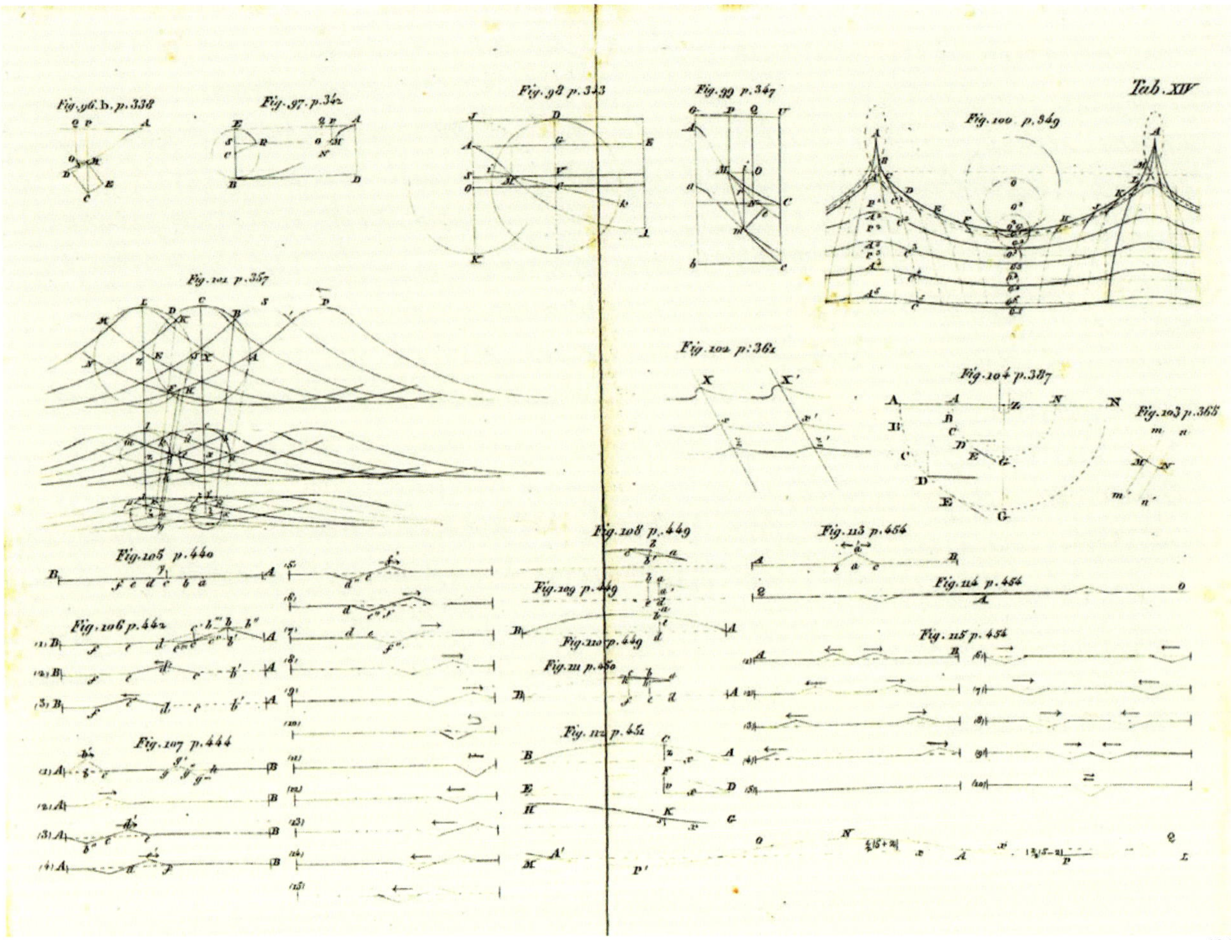
Tab. XIV
Fig. 96. b. p. 338
Fig. 97. p. 342
Fig. 98 p. 343
Fig. 99 p. 347
Fig. 100 p. 349
Fig. 101 p. 357
Fig. 102 p. 361
Fig. 103 p. 365
Fig. 104 p. 387
Fig. 105 p. 440
Fig. 106 p. 442
Fig. 107 p. 444
Fig. 108 p. 449
Fig. 109 p. 449
Fig. 110 p. 449
Fig. 111 p. 450
Fig. 112 p. 451
Fig. 113 p. 454
Fig. 114 p. 454
Fig. 115 p. 454

18:8

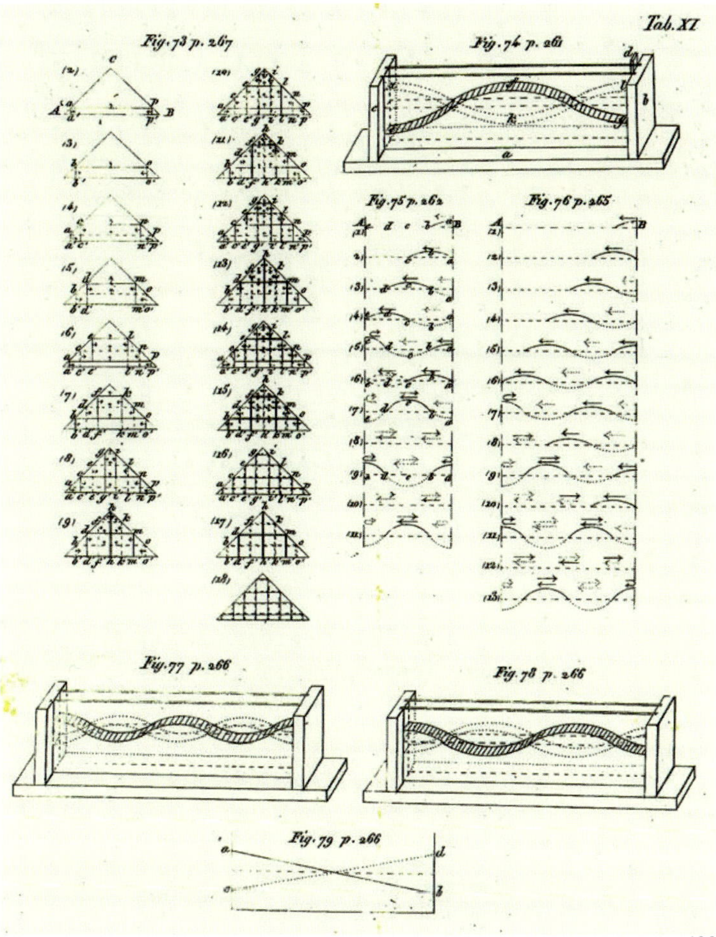

18:9

Ernst Heinrich Weber (1795–1878) und sein jüngerer Bruder Wilhelm Eduard Weber (1804–1891) wenden die Wellentheorie des Schalls und des Lichts auf die hydrodynamischen Probleme des Kreislaufsystems an. Ihre Arbeiten umfassen experimentelle und theoretische Untersuchungen der Flüssigkeitsströmung in starren wie auch elastischen Röhren.

Jean Jallaberts (1712–1768) Bericht über die erste erfolgreiche Anwendung von Elektrizität zur Behandlung von Lähmungen. Ein rechtsseitig gelähmter Schlosser namens Nogues (unten) wird täglich mit Elektroschocks behandelt. Nach drei Monaten kann er seinen rechten Arm wieder uneingeschränkt benutzen (unten rechts).

EXPERIENCES

SUR

L'ELECTRICITÉ,

AVEC

QUELQUES CONJECTURES SUR LA CAUSE DE SES EFFETS.

PAR MR. JALLABERT

Professeur en Philosophie Expérimentale & en Mathématiques, des Sociétés Royales de Londres & de Montpellier, & de l'Académie de l'Institut de Bologne.

A GENEVE,
Chez BARRILLOT & FILS.

M. DCC. XLVIII.

19:1

(127)

JOURNAL

DE QUELQUES

EXPERIENCES

FAITES SUR UN PARALYTIQUE.

§. CLXXXVII. QUelques observations me firent naître l'idée de tenter quel effet l'électricité produiroit sur un paralytique; & j'avoue que la curiosité de vérifier certains faits eut autant de part à mes premiers essais, que l'espérance de sa guérison.

Le 26. Decembre 1747. le nommé Nogues, maitre Serrurier, âgé de 52 ans & d'une complexion assés délicate, vint chez moi. Paralytique du bras droit, il y avoit perdu tout sentiment. Le poignet étoit fléchi vers le côté interne des deux os de l'avant bras; il étoit pendant & sans mouvement. Le pouce, le doigt index, l'auriculai- Etat du paralytique, & en particulier de sa main.

re

19:2

SUR L'ELECTRICITÉ. *133

troit, d'exciter dans tous les muscles qui meuvent l'os du bras les mêmes mouvements convulsifs que j'avois excité dans le deltoïde.

§. CCXXXV. Le 28. Noguès éleva, à la hauteur de plus de 7 piés, un poids de 16 livres attaché à une corde passant sur une poulie fixée au plancher. Et, par le mouvement d'extension du poignet, il jetta avec facilité plusieurs fois de suite une boule. Je mesurai le bras au même endroit que je l'avois deja fait, sa circonférence étoit de plus de 9. pouces.

§. CCXXXVI. Le 29. Mr. *Guiot* mit par écrit l'état où il avoit trouvé Noguès.

L'embonpoint du bras a beaucoup augmenté, les mouvements du bras, de l'avant-bras, du carpe & des doigts se font avec plus de facilité & de force. J'ai vu le malade empoigner une boule de 4 à 5 pouces de diamêtre, & la jetter, en étendant le carpe, à plusieurs pas de distance. Il a aussi élevé par le moyen d'une poulie, en em- Quatrième rapport de Monsr. Guiot.

1* 3 poi-

19:3

Jean Jallabert

Jallabert wurde 1712 als Sohn eines Predigers, der auch Mathematik- und Philosophieprofessor war, in Genf geboren. Schon bald trat er in die Fußstapfen seines Vaters. Anfänglich als Prediger tätig, wandte er sich bald der Wissenschaft zu und wurde mit 25 Jahren zum Professor für Physik ernannt. Im Jahre 1752 hatte er auch den Lehrstuhl für Mathematik und Philosophie an der Genfer Akademie inne. Zudem war er Städtischer Bibliothekar. Sein Hauptinteresse galt der Erforschung und Erklärung der Elektrizität. Mit seinem berühmteren Kollegen, dem Abbé Nollet, führte er einen regen Briefwechsel zu diesen Themen (19.1). Außerdem verfasste er mehrere Schriften über meteorologische Beobachtungen.

Expériences sur l'électricité avec quelques conjectures sur la cause de ses effets.

GENF: BARRILOT & FILS, 1748.

Nach einer knappen Zusammenfassung der über die Elektrizität bekannten Fakten schildert Jallabert aufgrund seiner Beobachtungen, wie sie Muskeln stimulieren und Lähmungen beheben kann. Gemeinsam mit Guiot, einem führenden Chirurgen, untersucht er einen Schlosser namens Nogues, der seit einem 14 Jahre zurückliegenden unglücklichen Schlag auf den Kopf rechtsseitig gelähmt ist. Der Mann hat kein Gefühl in seinem Arm, kann ihn nicht bewegen und besitzt keine Kontrolle über die Finger der rechten Hand. Mit einer Leidener Flasche (19.2) in der gesunden Hand, die er mit der gelähmten Hand berührt, wird Nogues jeden Tag über eine Stunde lang mit Elektroschocks behandelt. Innerhalb von zwei Wochen ist eine verblüffende Besserung festzustellen und nach drei Monaten kann der Patient seinen Arm wieder uneingeschränkt benutzen.

Im Spiegel der Zeit:
1738 demonstrierte Stuart bei einem geköpften Frosch reflexhafte Bewegungen aufgrund mechanischer Stimulation des Rückenmarks (19.3), doch dies blieb, wie auch Jallaberts Beobachtungen, weitgehend unbeachtet. Galvanis Experimente mit elektrischer Stimulation jedoch (19.4) entzündeten die Kontroverse, die schließlich zum Durchbruch in Verständnis und Anwendung elektrischer Phänomene führte (19.5). Galvani glaubte, Elektrizität werde im tierischen Gewebe („animalische Elektrizität") erzeugt (19.6), während Volta, der mit verschiedenen Metallen in Kontakt mit Gewebe experimentierte, behauptete, Strom sei ein externes physikalisches Phänomen (19.7). 1804 fasste Aldini, Galvanis Neffe, die beobachteten Auswirkungen des galvanischen Stroms auf Menschen und Leichen zusammen (19.8). Der Erste, der die nervlichen Reaktionen auf Reize systematisch untersuchte, war Humboldt, der die Wirkung von Licht, Wärme, Magnetismus und Elektrizität erforschte (19.9). Danach befasste sich Du Bois-Reymond mit stark verbesserten Instrumenten und Verfahren in aller Ausführlichkeit mit dem Thema (19.10). Pionier der klinischen Anwendung elektrischer Reize auf Muskeln und Sinnesorgane war Duchenne de Boulogne (19.11).

19.1 Benguigui I. Théories électriques du XVIIe siècle. *Isis* 1985, 76:442.
19.2 Siehe Nr. 15 Hauksbee S. 92 und Ref. 15.7.
19.3 Stuart A. *Dissertatio de Structura et Motu Musculari*. London 1738.
19.4 Siehe Ref. 12.7.
19.5 Dibner B. *Galvani-Volta A Controversy that led to the Discovery of Useful Electricity*. Norwalk 1952.
19.6 Vgl. Nr. 8 van Helmont S. 60 und Ref. 8.1 sowie Nr. 4 Santorio S. 36 und Ref. 4.7.
19.7 Cavallo T. Some Discoveries Made by Mr Galvani of Bologna with Experiments and Observations on Them. *Phil Trans Roy Soc* 1793; 10:83.
19.8 Aldini J. *Essai théorique et expérimental sur la galvanisme*. Vol. 1, 2. Paris 1804.
19.9 von Humboldt A. *Versuche über die gereizte Muskel- und Nervenfaser* ... Vol. 1, 2. Berlin 1797.
19.10 Siehe Nr. 42 Du Bois-Reymond S. 224.
19.11 Duchenne de Boulogne G. *De l'électrisation localisée et de son application a la physiologie, a la pathologie et a la thérapeutique*. Paris 1855.

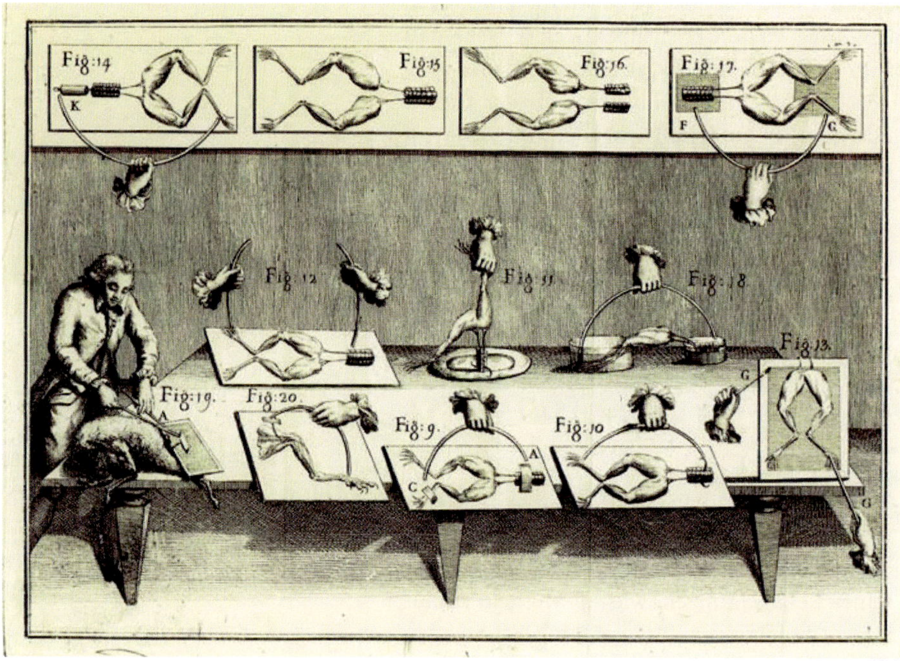

19:6

19.7

Luigi Galvani (1737–1798) und seine berühmte Demonstration muskulärer Kontraktionen in Froschbeinen, die durch elektrische Entladungen hervorgerufen werden.

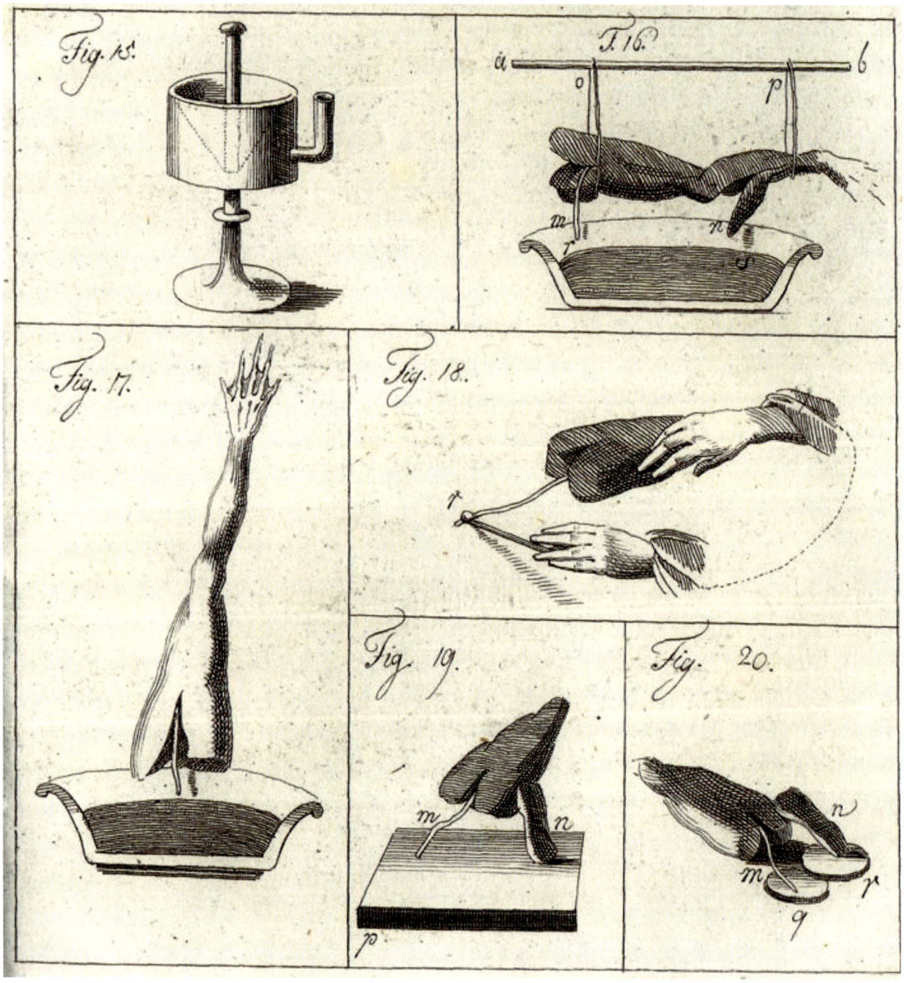

19:5

19:8

1797 berichtet Alexander von Humboldt (1769–1859) von der ersten systematischen Untersuchung über die Auswirkungen verschiedener Faktoren, wie Wärme, Licht, Magnetismus und Elektrizität, auf die muskuläre Kontraktilität. Die Abbildung links zeigt einige seiner Experimente.

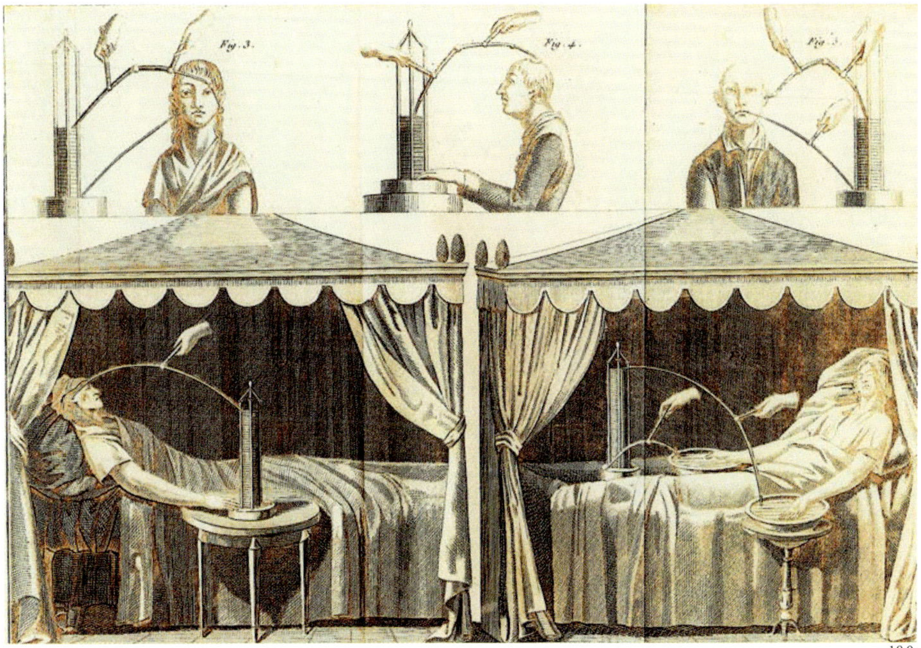

19:9

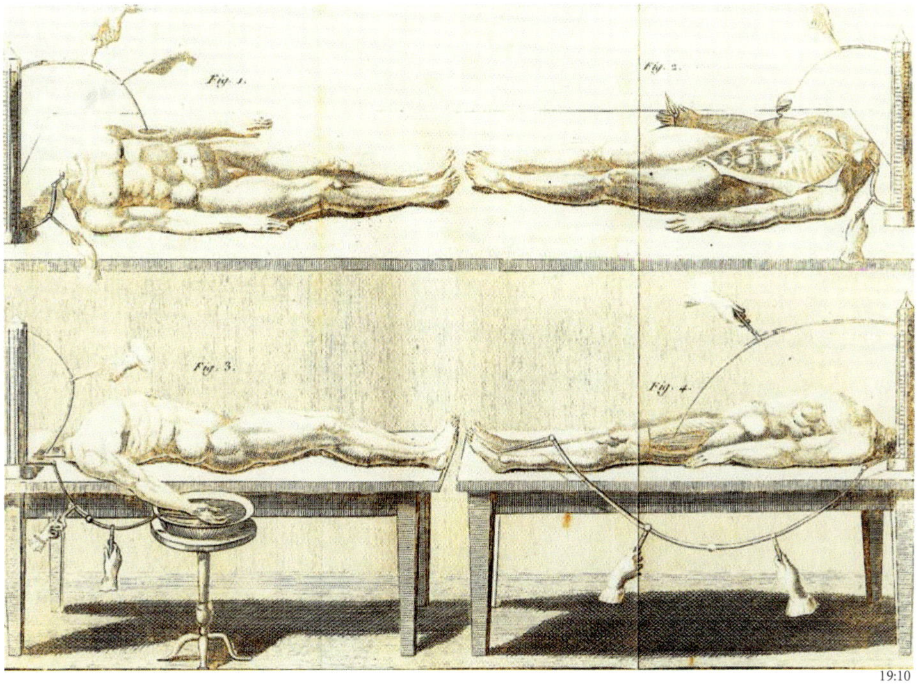

19:10

19:11

Giovanni Aldini (1762–1834), ein Neffe und leidenschaftlicher Anhänger Galvanis, führt elektrische Experimente an lebenden Personen (oben) und Leichen (unten) durch. In einem 1804 erschienenen Buch fasst er den Stand der Forschung im Bereich des „Galvanismus" zusammen.

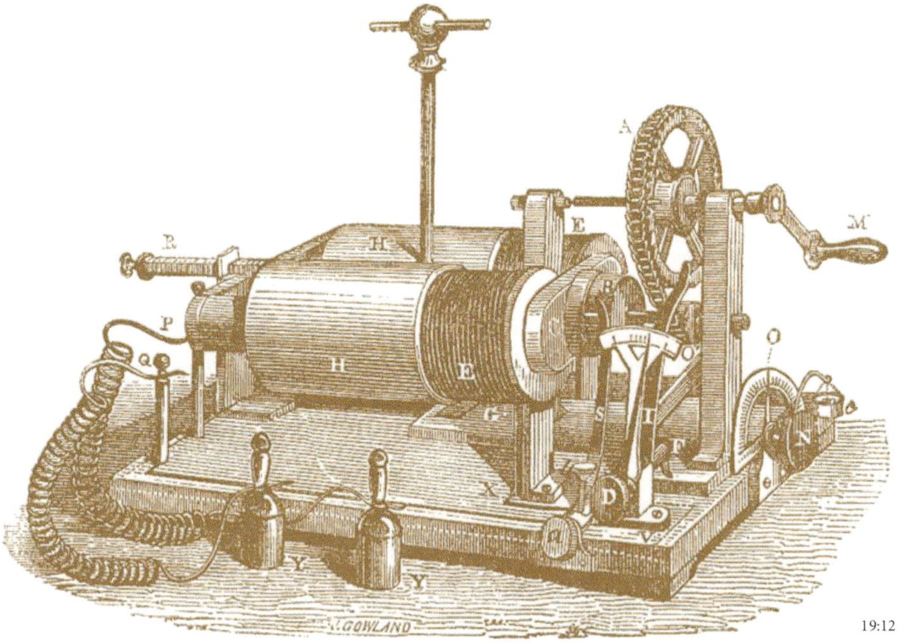

19:12

19:14

In den 1850er-Jahren entwickelt Duchenne du Boulogne (1806–1875) einen klinisch nutzbaren Apparat zur elektrischen Stimulation. Oben ist der Prototyp und unten das fertige Gerät zu sehen, das er später für seine bahnbrechenden elektrophysiologischen Untersuchungen verwendet.

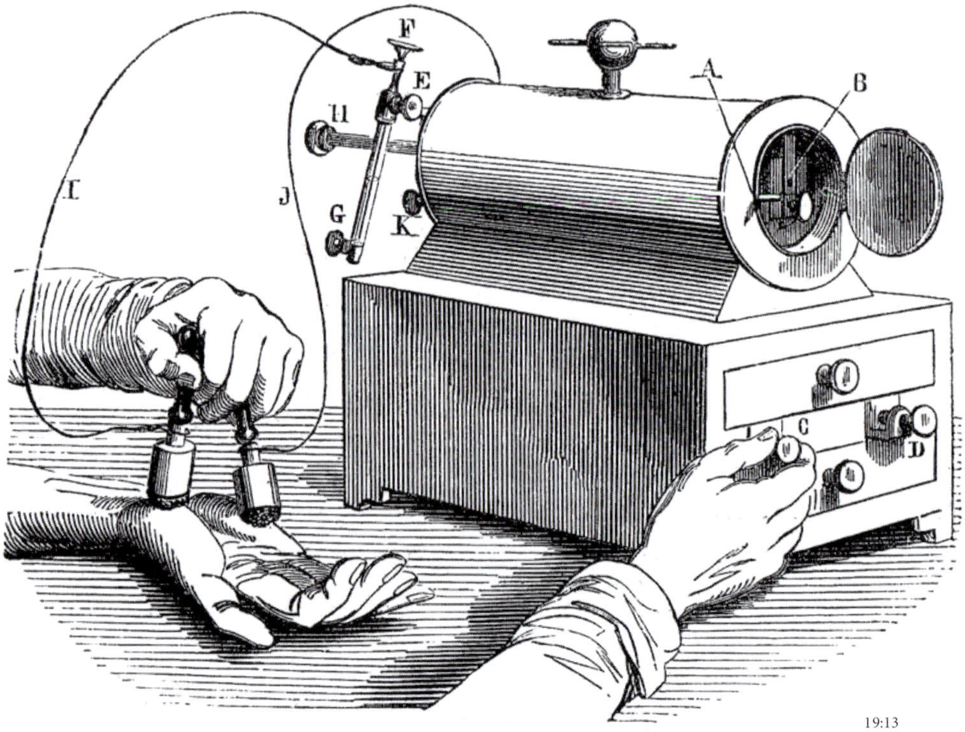

19:13

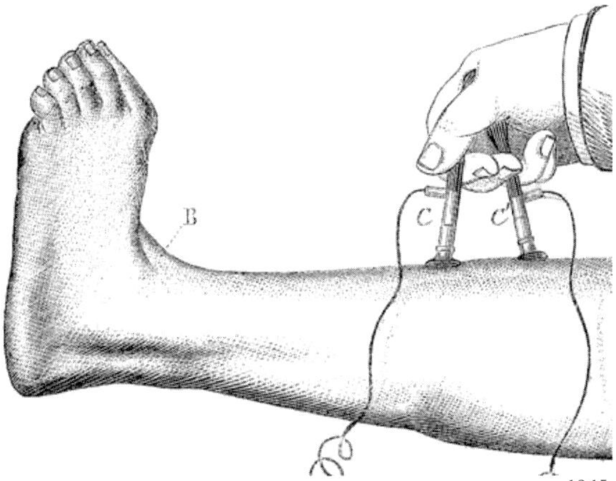

19:15

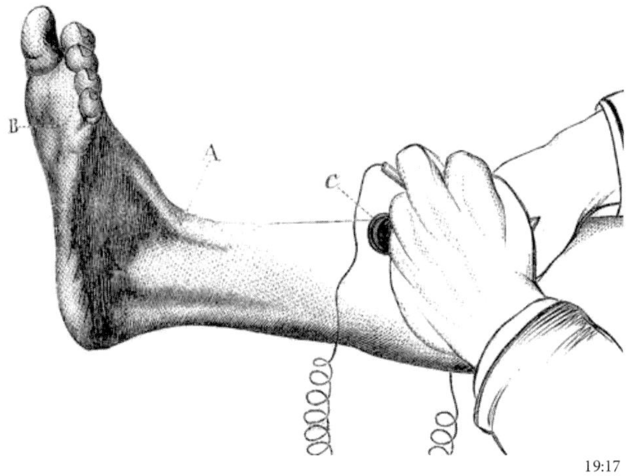

19:17

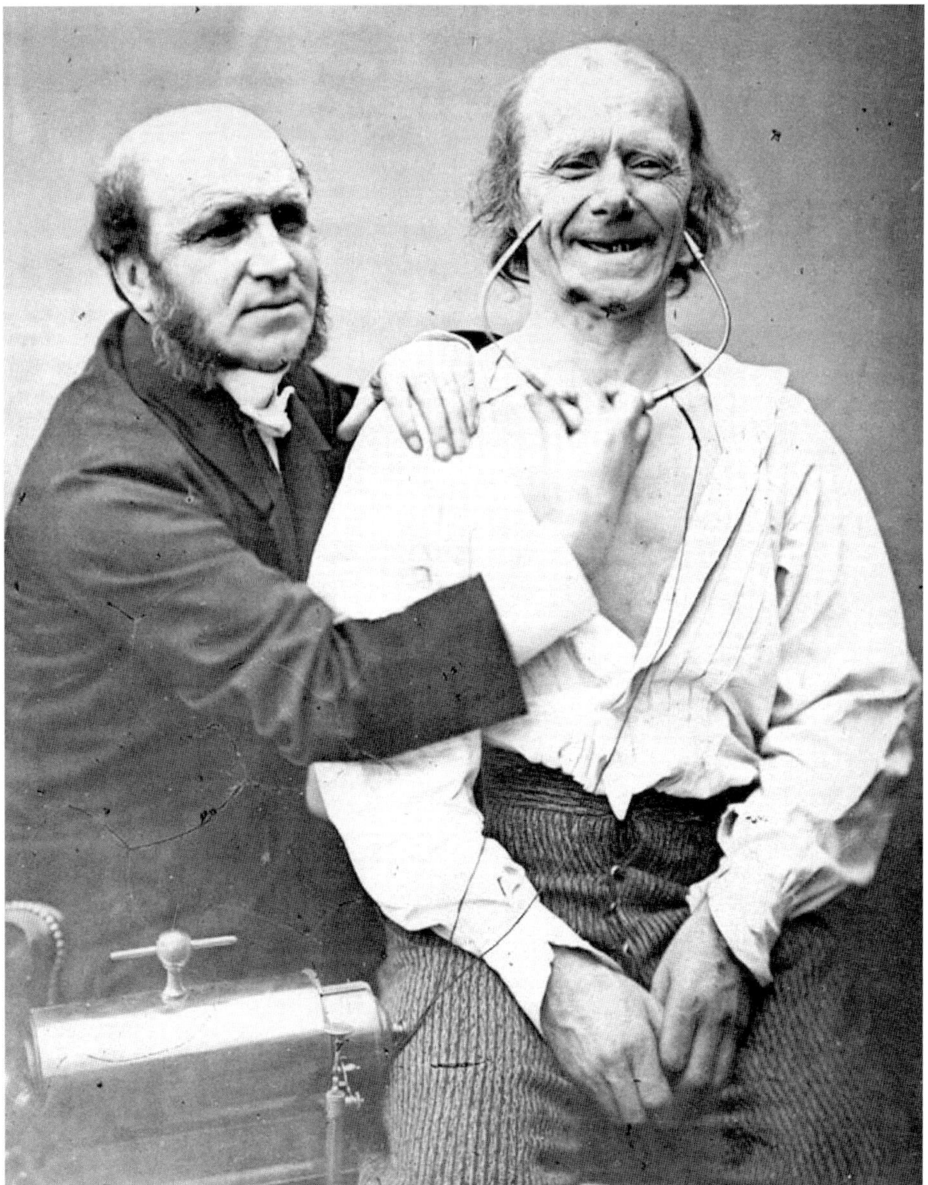

19:16

In einer umfassenden und penibel dokumentierten Studie, die die Grundlage der Elektrotherapie bildet, beschreibt du Boulogne Anwendungen der Elektropunktur entweder direkt (über den Muskel) oder indirekt (über den Nerv) (oben). Er gehört auch zu den Ersten, die die Fotografie zu medizinischen Zwecken einsetzen. In seinem Buch *Der Mechanismus des menschlichen Gesichtsausdrucks* stimuliert er die Gesichtsmuskeln einer Testperson mithilfe von Elektroden (links).

Titelseite von Joseph Blacks (1728–1799) Dissertation (oben links); der zweite Teil befasst sich mit der Entdeckung des Kohlendioxids. 1756 veröffentlicht er einen stark erweiterten Bericht über seine Ergebnisse und begründet damit die quantitative Chemie. Black, der die über 20 Jahre zuvor erschienenen Arbeiten von Stephen Hales gut kennt, beschreibt quantitative Experimente, um herauszufinden, wie viel Gas durch Zusatz von Säuren aus Alkalien entweicht.

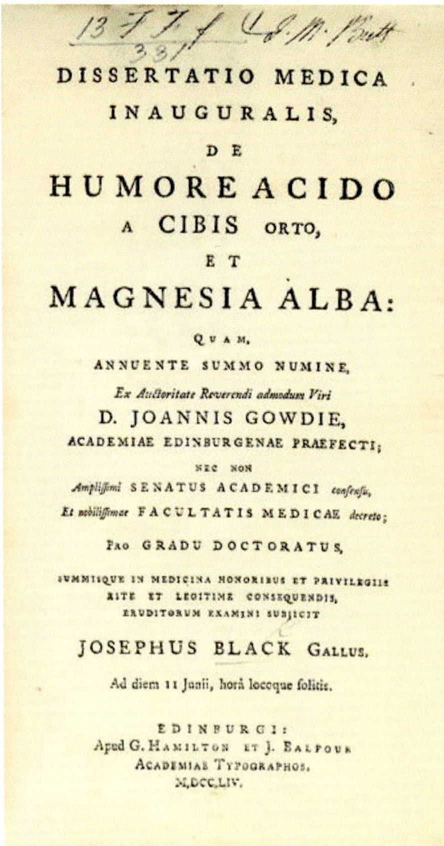

DISSERTATIO MEDICA
INAUGURALIS,
DE
HUMORE ACIDO
A CIBIS ORTO,
ET
MAGNESIA ALBA:
QUAM,
ANNUENTE SUMMO NUMINE,
Ex Auctoritate Reverendi admodum Viri
D. JOANNIS GOWDIE,
ACADEMIAE EDINBURGENAE PRAEFECTI;
NEC NON
Amplissimi SENATUS ACADEMICI *consensu*,
Et nobilissimae FACULTATIS MEDICAE *decreto*;
PRO GRADU DOCTORATUS,
SUMMISQUE IN MEDICINA HONORIBUS ET PRIVILEGIIS
RITE ET LEGITIME CONSEQUENDIS,
ERUDITORUM EXAMINI SUBJICIT
JOSEPHUS BLACK GALLUS.
Ad diem 11 Junii, horâ locoque solitis.
EDINBURGI:
Apud G. HAMILTON ET J. BALFOUR
ACADEMIAE TYPOGRAPHOS.
M.DCC.LIV.

20:1

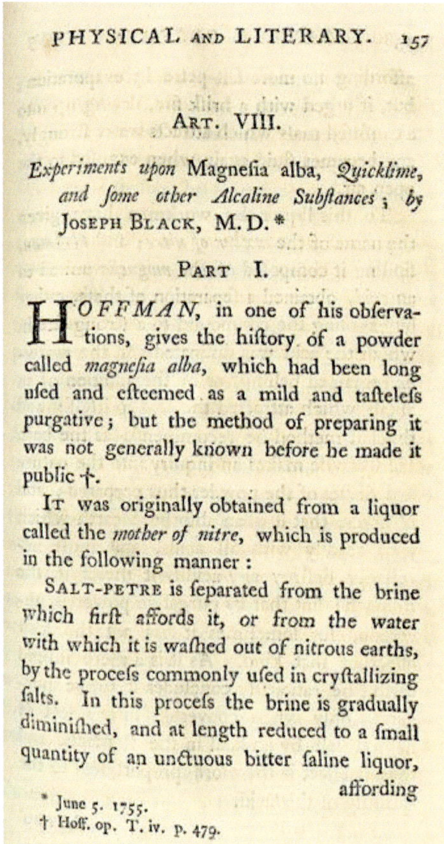

PHYSICAL AND LITERARY. 157

ART. VIII.

Experiments upon Magnefia alba, *Quicklime, and fome other Alcaline Subftances*; *by* JOSEPH BLACK, M.D. *

PART I.

HOFFMAN, in one of his obfervations, gives the hiftory of a powder called *magnefia alba*, which had been long ufed and efteemed as a mild and taftelefs purgative; but the method of preparing it was not generally known before he made it public †.

IT was originally obtained from a liquor called the *mother of nitre*, which is produced in the following manner:

SALT-PETRE is feparated from the brine which firft affords it, or from the water with which it is wafhed out of nitrous earths, by the procefs commonly ufed in cryftallizing falts. In this procefs the brine is gradually diminifhed, and at length reduced to a fmall quantity of an unctuous bitter faline liquor, affording

* June 5. 1755.
† Hoff. op. T. iv. p. 479.

20:2

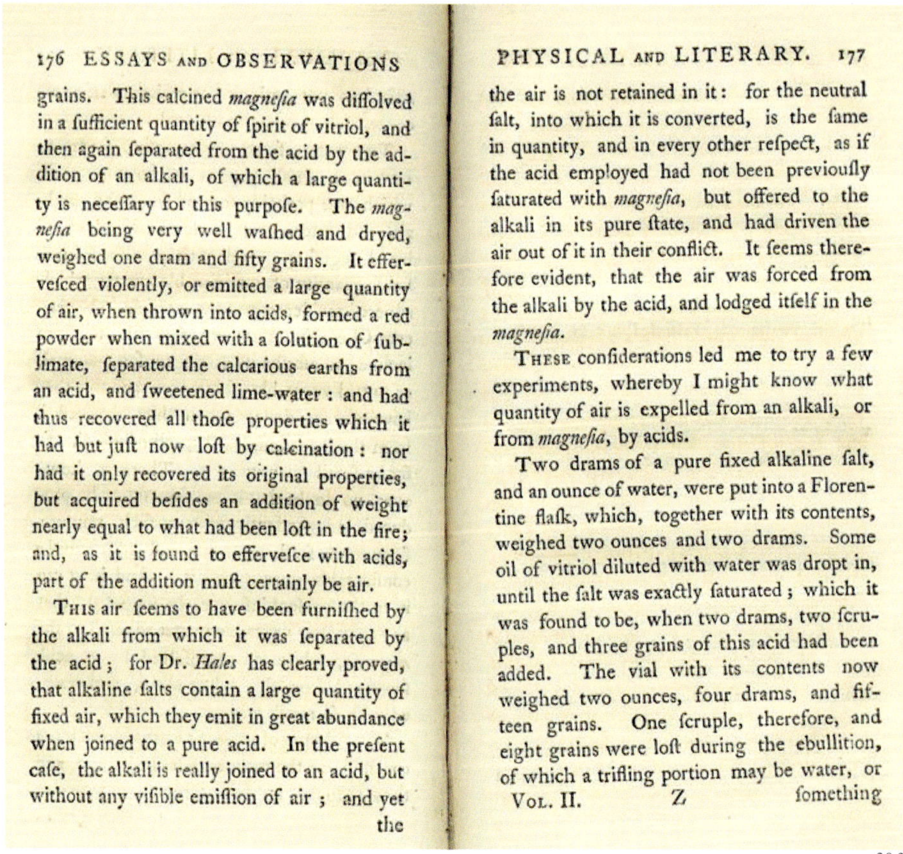

176 ESSAYS AND OBSERVATIONS

grains. This calcined *magnefia* was diffolved in a fufficient quantity of fpirit of vitriol, and then again feparated from the acid by the addition of an alkali, of which a large quantity is neceffary for this purpofe. The *magnefia* being very well wafhed and dryed, weighed one dram and fifty grains. It effervefced violently, or emitted a large quantity of air, when thrown into acids, formed a red powder when mixed with a folution of fublimate, feparated the calcarious earths from an acid, and fweetened lime-water: and had thus recovered all thofe properties which it had but juft now loft by calcination: nor had it only recovered its original properties, but acquired befides an addition of weight nearly equal to what had been loft in the fire; and, as it is found to effervefce with acids, part of the addition muft certainly be air.

THIS air feems to have been furnifhed by the alkali from which it was feparated by the acid; for Dr. *Hales* has clearly proved, that alkaline falts contain a large quantity of fixed air, which they emit in great abundance when joined to a pure acid. In the prefent cafe, the alkali is really joined to an acid, but without any vifible emiffion of air; and yet the

PHYSICAL AND LITERARY. 177

the air is not retained in it: for the neutral falt, into which it is converted, is the fame in quantity, and in every other refpect, as if the acid employed had not been previoufly faturated with *magnefia*, but offered to the alkali in its pure ftate, and had driven the air out of it in their conflict. It feems therefore evident, that the air was forced from the alkali by the acid, and lodged itfelf in the *magnefia*.

THESE confiderations led me to try a few experiments, whereby I might know what quantity of air is expelled from an alkali, or from *magnefia*, by acids.

TWO drams of a pure fixed alkaline falt, and an ounce of water, were put into a Florentine flafk, which, together with its contents, weighed two ounces and two drams. Some oil of vitriol diluted with water was dropt in, until the falt was exactly faturated; which it was found to be, when two drams, two fcruples, and three grains of this acid had been added. The vial with its contents now weighed two ounces, four drams, and fifteen grains. One fcruple, therefore, and eight grains were loft during the ebullition, of which a trifling portion may be water, or

VOL. II. Z fomething

20:3

Joseph Black

20:4

Joseph Black

Black wurde 1728 als das vierte von zwölf Kindern geboren. Er entstammte der Familie eines Weinhändlers schottischer Herkunft, die in Bordeaux lebte. Mit 16 Jahren begann er an der Glasgow University ein Medizin- und Chemiestudium. 1754 promovierte er an der University of Edinburgh mit einer mittlerweile historischen Dissertation (20.1). 1766 wurde er zum Professor für Chemie ernannt; er gab sämtliche Forschungen auf und widmete sich fortan ausschließlich der Lehre. Bei seinen zahlreichen Studenten war er bekannt für seine exzellenten pädagogischen Fähigkeiten, seine Freundlichkeit und elegante Erscheinung. Als Junggeselle war er gerne in Clubs und mit seinen Freunden zusammen; zu ihnen zählten der Erfinder James Watt und der Philosoph David Hume.

Experiments upon Magnesia Alba, Quicklime, and some other Alcaline Substances. Essays and Observations, Physical and Literary.

EDINBURGH, 1756; 2:157.

Diese Abhandlung, eine erweiterte Fassung des zweiten Teils seiner Dissertation (20.1), gilt als die erste quantitative Studie in der Chemie. Blacks Untersuchung von Magnesiumcarbonat (Magnesia alba) erbringt, dass das Erhitzen von Magnesium- wie auch Calciumcarbonat einen beträchtlichen Gewichtsverlust zur Folge hat, weil dabei Kohlendioxid (fixe Luft) entweicht. Er vermerkt, dass dieses neue Gas Feuer löscht, „so wirkungsvoll, als habe man es in Wasser getaucht". Außerdem untersucht er die Rückreaktionen, wie etwa die Bildung von Calciumcarbonat (Kalk) aus Calciumhydroxid (mit Wasser gelöschter Kalk) und Kaliumcarbonat (mildes Alkali). Black erörtert die Ergebnisse anhand einer Tabelle mit den Affinitäten alkalischer Substanzen zu Säuren und fixer Luft.

Im Spiegel der Zeit:
Medizinisch gesehen untersuchte Black Magnesiumcarbonat, um eine Substanz zu finden, die Harnsteine auflöste. Damit scheiterte er, weil sich Magnesiumoxid (Magnesia usta) als in Wasser unlöslich herausstellte. Black stellte Magnesiumcarbonat aus Kaliumcarbonat (fixes Alkali oder Perlasche) und Magnesiumsulfat (Epsom-Salz) her. Black kannte (20.2) Hales' Arbeiten (20.3); dieser hatte vermerkt, dass Kaliumcarbonat (fixes oder gebundenes Alkali) „sehr viel Luft enthält". Demnach war er nicht überrascht festzustellen, dass sich beim Erhitzen von Magnesiumcarbonat ein Gas bildete. Seine Entdeckung, dass sich ein Gas mit einem festen Stoff verbinden konnte und dass sich dieses Gas, Kohlendioxid (fixe Luft), chemisch von „Luft" unterschied, war dennoch revolutionär und führte bald zur Entstehung der „pneumatischen Chemie" (20.4) (20.5) (20.6). Die neuen chemischen Theorien Lavoisiers (20.7) wurden von Black etwas zögerlich anerkannt; 1790 schrieb er Lavoisier, er habe sie in seine Vorlesungen aufgenommen (20.8) (20.9).

20.1 Black J. *Dissertatio medica inauguralis De Humore Acido a Cibis orto et Magnesia Alba*. Edinburgh 1754.
20.2 Black J. Das oben zitierte Hauptwerk S. 176.
20.3 Siehe Nr. 17 Hales S. 100.
20.4 Siehe Nr. 22 Priestley S. 124.
20.5 Siehe Nr. 28 Davy S. 156.
20.6 Keys TE. The Early Pneumatic Chemists and Physicians: Their Influence on the Development of Surgical Anesthesia. *Anesthesiology* 1969; 30:447.
20.7 Siehe Nr. 24 Lavoisier S. 134.
20.8 Thompson T. *History of Chemistry* I. Kapitel 9. London 1830.
20.9 Robinson J. *Lectures on the elements of chemistry*. Edinburgh 1803.

It is diffolved in every acid but very flowly, unlefs affifted by heat. The feveral folutions, when thoroughly faturated, are all aftringent with a flight degree of an acid tafte, and they alfo agree with a folution of alum in this, that they give a red colour to the infufion of turnfol.

Neither this earth, nor that of animal bones, can be converted into quick-lime by the ftrongeft fire, nor do they fuffer any change worth notice. Both of them feem to attract acids but weakly, and to alter their properties lefs when united to them than the other abforbents.

Part II.

In reflecting afterwards upon thefe experiments, an explication of the nature of lime offered itfelf, which feemed to account, in an eafy manner, for moft of the properties of that fubftance.

It is fufficiently clear, that the calcarious earths in their native ftate, and that the alkalis and magnefia in their ordinary condition, contain a large quantity of fixed air, and this

this air certainly adheres to them with confiderable force, fince a ftrong fire is neceffary to feparate it from magnefia, and the ftrongeft is not fufficient to expell it entirely from fixed alkalis, or take away their power of effervefcing with acid falts.

These confiderations led me to conclude, that the relations between fixed air and alkaline fubftances was fomewhat fimilar to the relation between thefe and acids; that as the calcarious earths and alkalis attract acids ftrongly and can be faturated with them, fo they alfo attract fixed air, and are in their ordinary ftate faturated with it: and when we mix an acid with an alkali or with an abforbent earth, that the air is then fet at liberty, and breaks out with violence; becaufe the alkaline body attracts it more weakly than it does the acid, and becaufe the acid and air cannot both be joined to the fame body at the fame time.

I alfo imagined, that, when the calcarious earths are expofed to the action of a violent fire, and are thereby converted into quick-lime, they fuffer no other change in their compofition than the lofs of a fmall quantity of water and of their fixed air. The remarkable

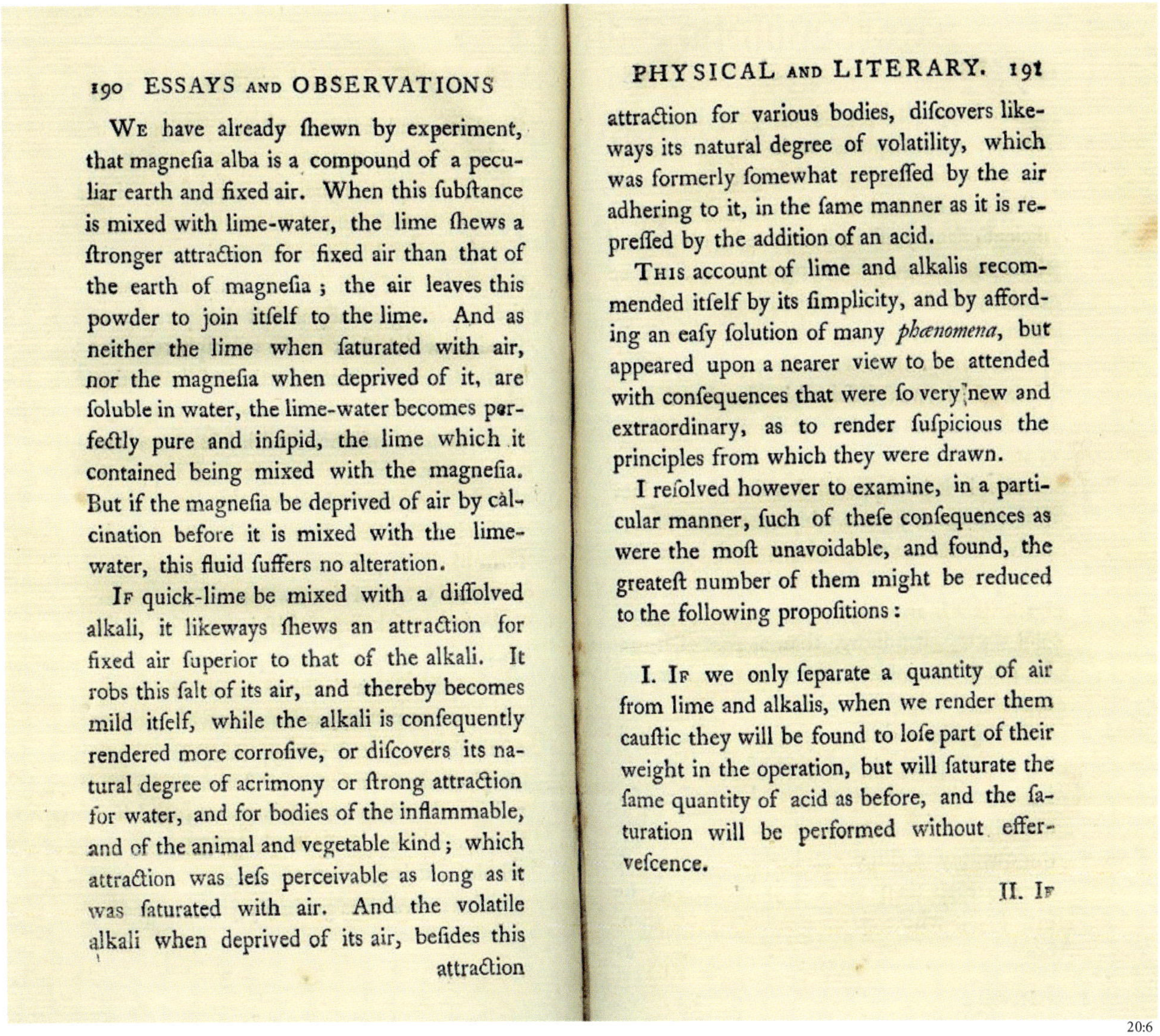

190 ESSAYS AND OBSERVATIONS

We have already ſhewn by experiment, that magneſia alba is a compound of a peculiar earth and fixed air. When this ſubſtance is mixed with lime-water, the lime ſhews a ſtronger attraction for fixed air than that of the earth of magneſia; the air leaves this powder to join itſelf to the lime. And as neither the lime when ſaturated with air, nor the magneſia when deprived of it, are ſoluble in water, the lime-water becomes perfectly pure and inſipid, the lime which it contained being mixed with the magneſia. But if the magneſia be deprived of air by calcination before it is mixed with the lime-water, this fluid ſuffers no alteration.

If quick-lime be mixed with a diſſolved alkali, it likeways ſhews an attraction for fixed air ſuperior to that of the alkali. It robs this ſalt of its air, and thereby becomes mild itſelf, while the alkali is conſequently rendered more corroſive, or diſcovers its natural degree of acrimony or ſtrong attraction for water, and for bodies of the inflammable, and of the animal and vegetable kind; which attraction was leſs perceivable as long as it was ſaturated with air. And the volatile alkali when deprived of its air, beſides this attraction

PHYSICAL AND LITERARY. 191

attraction for various bodies, diſcovers likeways its natural degree of volatility, which was formerly ſomewhat repreſſed by the air adhering to it, in the ſame manner as it is repreſſed by the addition of an acid.

This account of lime and alkalis recommended itſelf by its ſimplicity, and by affording an eaſy ſolution of many *phænomena*, but appeared upon a nearer view to be attended with conſequences that were ſo very new and extraordinary, as to render ſuſpicious the principles from which they were drawn.

I reſolved however to examine, in a particular manner, ſuch of theſe conſequences as were the moſt unavoidable, and found, the greateſt number of them might be reduced to the following propoſitions:

I. If we only ſeparate a quantity of air from lime and alkalis, when we render them cauſtic they will be found to loſe part of their weight in the operation, but will ſaturate the ſame quantity of acid as before, and the ſaturation will be performed without efferveſcence.

II. If

20:6

Black zeigt, dass eine „luftförmige Flüssigkeit", die er als „fixe Luft" (Kohlendioxid) bezeichnet, Bestandteil alkalischer Substanzen ist, wie etwa von Magnesia alba (Magnesiumcarbonat), Kalk (Calciumoxid), Pottasche (Kaliumcarbonat) und Backsoda (Natriumhydrogencarbonat). Er fasst zusammen: „Die obigen Experimente veranlassen uns auch zu dem Schluss, dass flüchtige Alkalien und die gewöhnlichen absorbierenden Erden, die ihre Luft beim Zusammenschluss mit Säuren verlieren, aber sie offensichtlich zurückgewinnen, wenn sie durch Alkalien von den Säuren getrennt werden, die Luft von diesen Alkalien erhielten, welche sie im Augenblick ihrer Vereinigung mit der Säure verloren."

Carl Wilhelm Scheele's
d. Königl. Schwed. Acad. d. Wissenschaft. Mitgliedes,
Chemische Abhandlung
von der
Luft und dem Feuer.
Nebst einem Vorbericht
von
Torbern Bergman,
Chem. und Pharm. Prof. und Ritter; verschied. Societ. Mitglied.

Upsala und Leipzig,
Verlegt von Magn. Swederus, Buchhändler;
zu finden bey S. L. Crusius.
1777.
Dono Celeberr. Dom. Autoris
J.G.Gahn.

21:1

21:2

Torbern Bergman (1735–1784), Scheeles Lehrer und Mentor, ein talentierter und vielseitiger Wissenschaftler, der seine Einleitung zu Scheeles Buch (dessen Titelseite links abgebildet ist) nicht rechtzeitig fertigstellte und so die Publikation um fast zwei Jahre verzögerte. In dem Buch beschreibt Carl Wilhelm Scheele (1742–1786) die Entdeckung von Sauerstoff und viele andere bedeutende chemische Experimente.

21:3

Porträt von Johann Gahn (1745–1818), Chemiker, Scheeles Mentor und Freund, dem er das abgebildete Exemplar seines Buches widmete.

Carl Wilhelm Scheele

21:4

Carl Wilhelm Scheele (vermutlich ein nach einem Gemälde von J. Falander später erstelltes Porträt).

Scheele kam 1742 in Schwedisch-Pommern zur Welt. Mit einem älteren Bruder erlernte er die Pharmazie bei Bauch, einem versierten Apotheker in Göteborg. 1770 ging er nach Uppsala, wo er mit der Unterstützung seiner Mentoren, der bekannten Chemiker Gahn und Bergman, die meisten seiner bedeutenden Entdeckungen machte (21.1). 1775 wurde Scheele in die Königliche Schwedische Akademie der Wissenschaften aufgenommen und zog im gleichen Jahr in die Kleinstadt Köping, um eine Apotheke zu übernehmen, die eine Witwe kurz zuvor geerbt hatte. Trotz zahlreicher schmeichelhafter Angebote aus dem Ausland blieb er für den Rest seiner Tage Apotheker. Mit seiner ehrlichen und einfachen Gesinnung hielt sich Scheele aus den wissenschaftlichen Eifersüchteleien und Geplänkeln seiner Zeit heraus (21.2). Der ständige Umgang mit giftigen Chemikalien, die er synthetisierte, trug vermutlich zu seinem frühen Tod im Jahre 1786 bei.

Chemische Abhandlung von der Luft und dem Feuer.

Uppsala, Leipzig: M. Swederus, 1777.

In diesem Buch, dessen Publikation sich um zwei Jahre verzögerte, weil Bergman die versprochene Einleitung zu spät ablieferte, werden 97 Experimente beschrieben. Die meisten wurden vor 1773 durchgeführt und führten zur Entdeckung des Sauerstoffs (Feuerluft) durch Scheele. Er produziert Sauerstoff auf verschiedene Weisen, beispielsweise durch starkes Erhitzen von Quecksilber- und Manganoxid oder Silber- und Quecksilbercarbonat. Das in dem Prozess entstehende Kohlendioxid (fixe Luft) entzieht er mit einem Alkali, wie Kaliumhydroxid, wobei reiner Sauerstoff zurückbleibt. Er beweist, dass von Kohlendioxid und Wasserdampf gereinigte Luft aus Sauerstoff (Feuerluft), das Brennvorgänge fördert, und Stickstoff (verdorbene Luft) besteht (21.3), auf die dies nicht zutrifft.

Im Spiegel der Zeit:

Wie bei seinem Zeitgenossen Hales (21.4) entsprangen viele von Scheeles Experimenten mit Gasen seinem Interesse an der Pflanzenphysiologie. Scheele entdeckte sieben Elemente (N, O, Cl, Mn, Mo, Ba und W) – mehr als jeder andere Chemiker. Seine Beobachtung, dass Licht Silbersalze dunkeln lässt, war von grundlegender Bedeutung für die Entwicklung der Fotografie (21.5). Seine äußerst originellen Arbeiten in der organischen Chemie waren wegweisend. Viele organische Säuren (Citronen-, Milch-, Harn-, Oxal- und Weinsäure) wurden erstmalig von Scheele hergestellt, indem er zunächst ihre Salze kristallisierte und diesen dann verdünnte Schwefelsäure beigab. Beim Erhitzen von Olivenöl und Bleioxid entdeckte er eine durchsichtige sirupartige Flüssigkeit, Glycerol, einen wesentlichen Bestandteil aller Fette und Öle, der auch noch in der modernen pharmazeutischen Industrie eine wichtige Rolle spielt. Scheele arbeitete weitgehend isoliert und hinterließ schwer zu entziffernde Notizen (21.6). Seine Ergebnisse wurden weithin bekannt und zitiert (21.7), großenteils durch seinen Freund Bergman (21.8).

21.1 Siehe Ref. 1.8.
21.2 Wilson G. *The Life of the Honourable Henry Cavendish*. Kapitel III. London 1851.
21.3 Stickstoffgas wurde unabhängig von Daniel Rutherford entdeckt. Siehe Ref. 17.6.
21.4 Siehe Nr. 17 Hales S. 100.
21.5 Siehe Nr. 38 Daguerre S. 202.
21.6 Boklund U. *Carl Wilhelm Scheele Bruna Boken*. Stockholm 1961.
21.7 Partington JR. *A History of Chemistry*. Vol. III. Mansfield Centre 1999, S. 135. Nachdruck der Ausgabe 1961–1979.
21.8 Siehe Ref. 21.7, S. 221.

Geräte, mit denen Scheele seine Experimente durchführte.

Einige der chemischen Symbole und Bezeichnungen, die Scheele in seinem wissenschaftlichen Notizbuch verwendete.

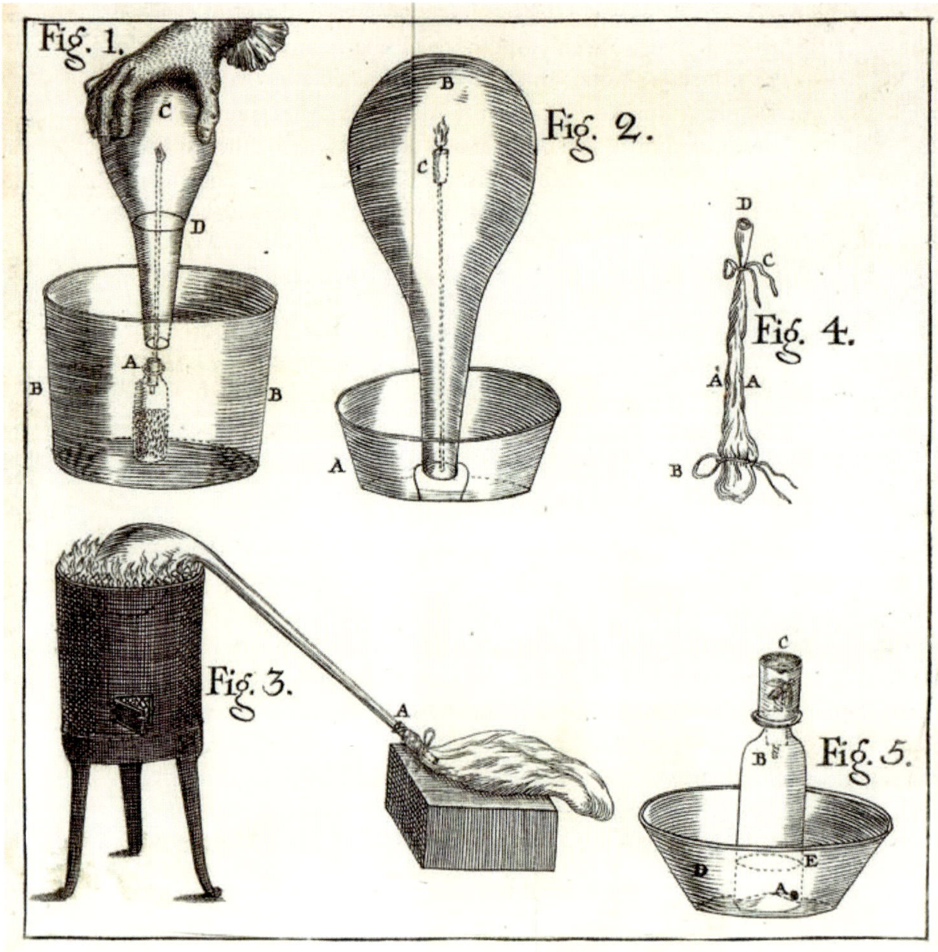

21:5

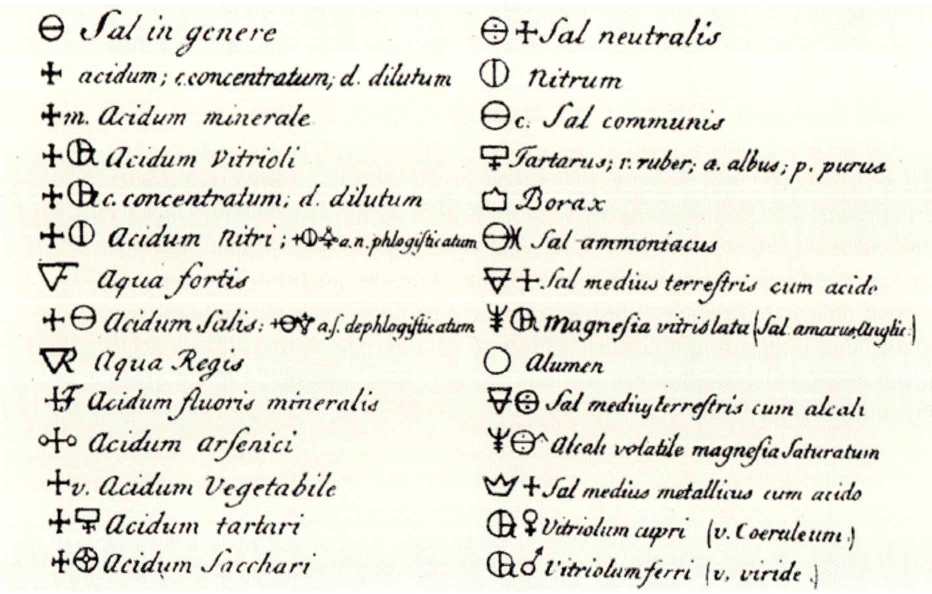
Sal in genere
acidum; c. concentratum; d. dilutum
m. Acidum minerale
Acidum Vitrioli
c. concentratum; d. dilutum
Acidum Nitri; a. n. phlogisticatum
Aqua fortis
Acidum Salis; a. s. dephlogisticatum
Aqua Regis
Acidum fluoris mineralis
Acidum arsenici
v. Acidum Vegetabile
Acidum tartari
Acidum Sacchari
Sal neutralis
Nitrum
c. Sal communis
Tartarus; r. ruber; a. albus; p. purus
Borax
Sal ammoniacus
Sal medius terrestris cum acido
Magnesia vitriolata (Sal amarus Anglic.)
Alumen
Sal medius terrestris cum alcali
Alcali volatile magnesia Saturatum
Sal medius metallicus cum acido
Vitriolum cupri (v. Coeruleum)
Vitriolum ferri (v. viride)

21:6

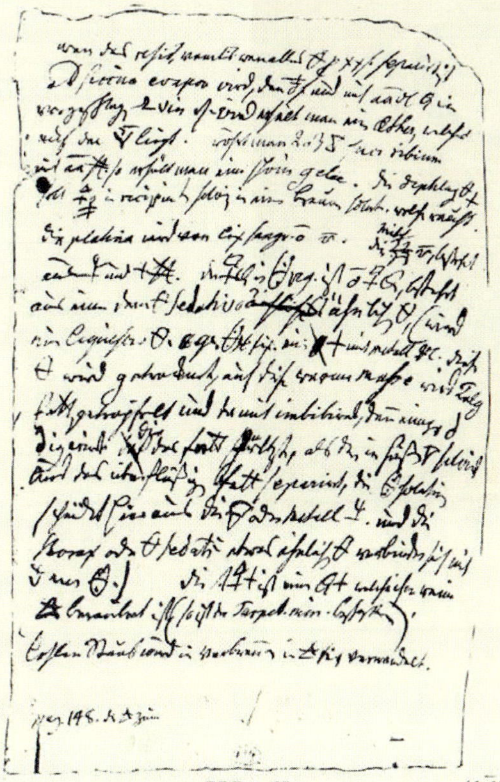

BRB p. 65 (1:1)

wen das resid. vom ⊡ wen alles ⊖ & ҲҲ s. separiret ist ad siccum evapor. wird, den ♁ s. und mit aa ol. ⊕ in vorgeschlagenem ☊ vini ∫. wird erhält man einen AEther, welcher auf der ▽ liegt.

röhrt man 2 a 3 ⧖ succ. ribium mit aa ♯ so erhält man eine schöne gelée.

die dephlog. ⊖+ soll 🜂 p in recipienten solviren in eine braune solut. welche raucht.

Die platina wird von lix. sang. ō ⊽.

die Milch ≠≠ ⊽, bestehet aus ♆ und + ♯.

der ♀ ⊕ in ⊕ veg. ist ō ♀ ⊕. bestehet aus einem dem ⊖ sedativo ähnlichen ⊖,

(wird ein liquesc. ⊖. e. gr. ⊖ fix. eine + mit metall &c. dieses ⊖ wird getrocknet, auf diese warme Masse wird Talgfett getröpfelt und damit imbibiret, denn einige ♂ digeriret die das fett schmeltzt, alsden in heissem ▽ solvirt und das überflüssige fett separiret, die ⊕ solution scheidet hieraus die ▽ oder metall ♆. und die Borax oder ⊖ sedativ. etwas ähnlichen ⊖ verbinden sich mit dem ⊕.)

die △ 🜂 + ist eine ⊕+ welche ihrer reinen △ beraubet ist (so ist der Turpet. min. beschaffen).

Kohlen Staub wird in verbrennen in △ fix. verwandelt.

21:7

Seite aus Scheeles wissenschaftlichen Notizen (oben links) und ihre Deutung (oben rechts). Übersetzt man die dabei von Scheele verwendeten Symbole, besagt der Anfang des Textes: „Wird der verbleibende Harnstoff, dem Salze und Kristalle entzogen wurden, getrocknet, pulverisiert und mit gleichen Anteilen konzentrierter Schwefelsäure (Oleum vitrioli) destilliert, so erhält man eine Mischung aus Alkohol und Äther, wobei der Äther auf dem Alkohol schwimmt."

Joseph Priestleys (1733–1804) Sammellinse, die er 1774 verwendet, um Quecksilberoxid (das auf Quecksilber schwimmt) zu erhitzen und so erstmalig Sauerstoff zu erzeugen. Ein späteres Modell dieser Experimentanordnung ist auch auf dem Foto zu sehen.

Antoine Lavoisier (1743–1794) verwendet ganz ähnliche Verfahren wie Priestley, um neue Gase zu erzeugen und zu untersuchen. Im Gegensatz zu seinen Zeitgenossen gelingt ihm jedoch, aus seinen Beobachtungen weitreichende Schlüsse über die Natur chemischer Transformationen zu ziehen.

22:1

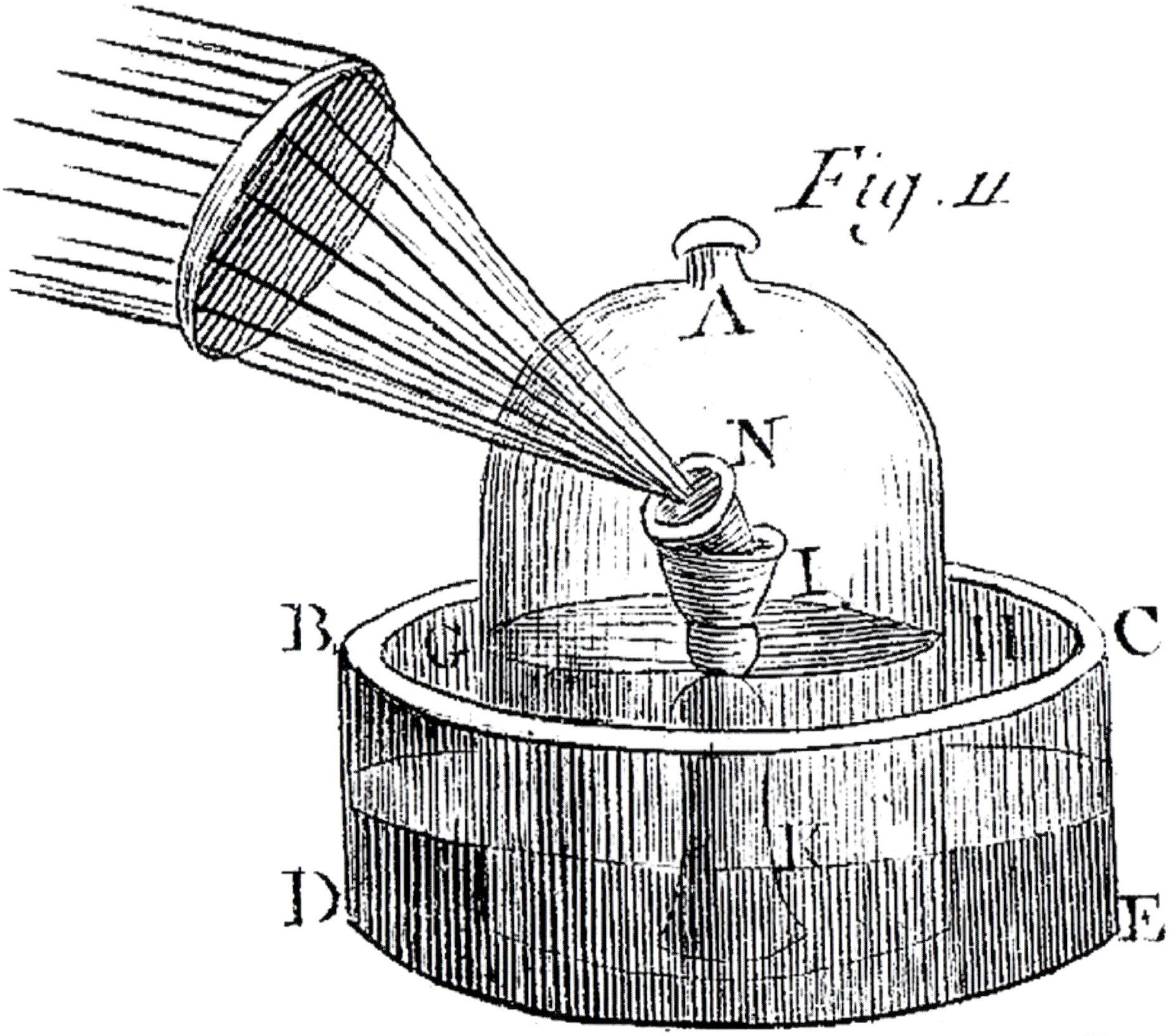

22:2

Joseph Priestley

22:3

Joseph Priestley

Priestley, der 1733 in Birstal Fieldhead in England geboren wurde, verlor seine Mutter mit sechs Jahren und verbrachte seine Kindheit bei einer Tante. Er besuchte Gemeindeschulen, war aber auch ein vielseitiger Autodidakt. Er wurde Prediger und Unitarier, doch wegen eines Sprachfehlers wandte er sich dem Unterrichten und Schreiben zu. Seine häufig vom öffentlichen Konsens abweichenden Ansichten tat er in zahlreichen Schriften über Theologie, Bildung, Wissenschaft und Politik kund. Priestleys erster bedeutender wissenschaftlicher Aufsatz erschien 1772 (22.1). Später wurde er wegen seiner religiösen und politischen Einstellung verfolgt (er war zunächst ein Verfechter der Französischen Revolution); 1791 zerstörte der Mob sein Labor in Birmingham. 1794 emigrierte er in die USA und starb dort zehn Jahre später als ein Freund von Präsident Jefferson.

Experiments and Observations on Different Kinds of Air Vol. I–III.

London: J. Johnson, 1774–1777.

In diesen drei Bänden beschreibt Priestley seine Studien über Gase, darunter die Entdeckung der medizinisch bedeutsamsten – Sauerstoff (dephlogestierte Luft), Distickstoffmonoxid (dephlogestiertes nitroses Gas) und Stickstoffmonoxid (nitrose Luft). Er präpariert Sauerstoff und Stickstoffmonoxid durch Erhitzen von Quecksilberoxid (Mercurius calcinatus) (22.2) oder Kupfernitrat (grünes Präzipitat) mit einer Brennlinse. Distickstoffmonoxid wird durch Reagieren von Quecksilber mit einer Salpetersäurelösung (Salpetergeist) hergestellt. Er identifiziert Schwefeldioxid und Ammoniak und untersucht die Rolle des Blutes bei der Atmung. Priestley betont die Notwendigkeit, bei einer Studie stets adäquate Geräte zu verwenden.

Im Spiegel der Zeit:
Priestleys Geräte waren einfach, aber er nutzte sie geschickt und verfolgte seine Beobachtungen mit großer Zielstrebigkeit. Seine Untersuchungen über den Einfluss von Pflanzen auf Gase führten im Jahre 1779 zur Entdeckung der Photosynthese (22.3). Seine Interessen und Methoden wurden stark von Hales' Arbeiten beeinflusst (22.4). Er war ein leidenschaftlicher Experimentator mit einem gut ausgestatteten Labor und hatte Zugang zu dem neuartigen Eudiometer (22.5), mit dem sich die Qualität von Luftproben bestimmen ließ (22.6). Priestley glaubte, mithilfe genialer Experimente ließen sich einige grundlegende Elemente entdecken, von denen alle anderen ableitbar waren. Demzufolge war er ein erbitterter Gegner von Lavoisiers neuer chemischer Theorie (22.7), die die Bildung sehr vieler neuer Substanzen einräumte. Er hoffte, seine Forschungen über verschiedene Arten der Luft würden „Anwendungen von großem medizinischem Nutzen" ermöglichen. Die Vorworte zu den oben zitierten Büchern und einige in seinen Arbeiten enthaltene Briefe legen nahe, dass Priestley bei vielen seiner Entdeckungen einen Prioritätsstreit ausfocht, wie etwa in Bezug auf die Entdeckung von Sauerstoff (22.8) und die Bestandteile von Wasser (22.9).

22.1 Priestley J. Observations of different kinds of air. *Phil Trans Roy Soc* 1772; 62:147.

22.2 Siehe auch Nr. 21 Scheele S. 120.

22.3 Ingen-Housz J. *Experiments upon Vegetables, discovering their great Power of Purifying the common Air in the Sun-shine ...* London 1779.

22.4 Siehe Nr. 17 Hales S. 100.

22.5 Priestley J. *Experiments and Observations on Different Kinds of Air.* Vol. III. London 1774, S. 380.

22.6 Landriani M. *Richerche fisiche intorno alla salubrità dell'aria.* Mailand 1775.

22.7 Siehe Nr. 24 Lavoisier S. 134.

22.8 Priestley J. *Experiments and Observations on Different Kinds of Air.* Vol. II. London 1774, S. 304.

22.9 Siehe Ref. 21.2.

Marsilio Landrianis (1751–1815) Eudiometer, das er zur Beurteilung an Priestley sendet und das dieser bei den Untersuchungen über die Eigenschaften von Gasen nutzt.

Geräte aus Priestleys gut ausgestattetem Labor. Sein Interesse an dem Einfluss von Pflanzen auf Gase führt unmittelbar zur Entdeckung des Mechanismus der Photosynthese.

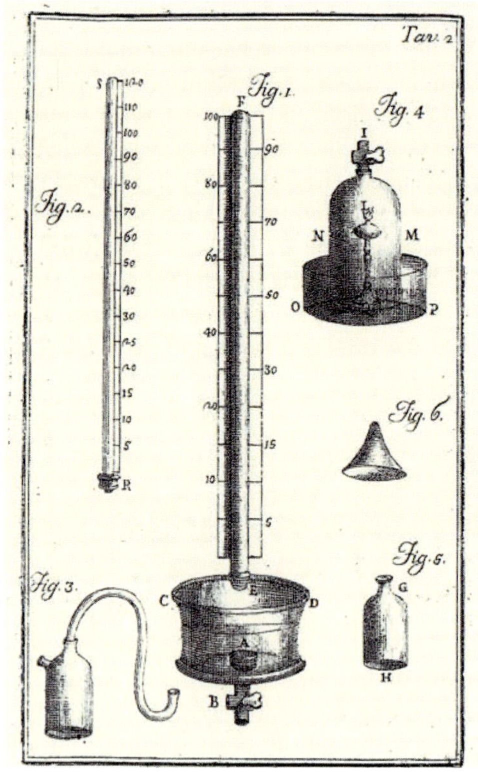

22:4

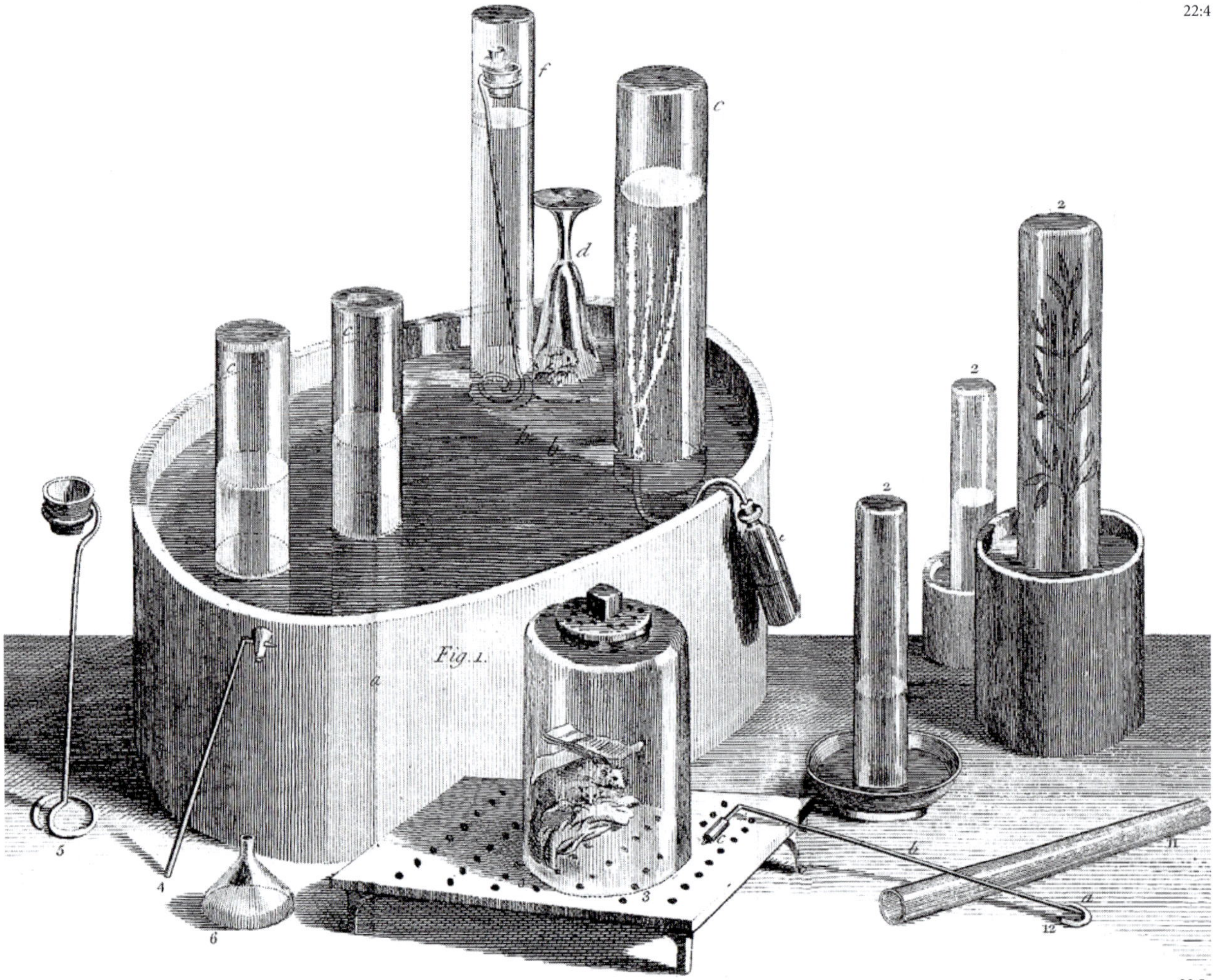

22:5

Priestley stellt Distickstoffmonoxid (Lachgas), Ammoniak, Stickstoffdioxid und Schwefeldioxid her und untersucht außerdem die Rolle des Blutes bei der Atmung. Er glaubt, seine Arbeiten ermöglichten „Anwendungen von großem medizinischem Nutzen".

22:6

Charles Kites (1768–1811) bahnbrechender Bericht über Kardioversion und die elektrische Stimulation des Herzens. Die von ihm verwendete Ausrüstung ist unten abgebildet.

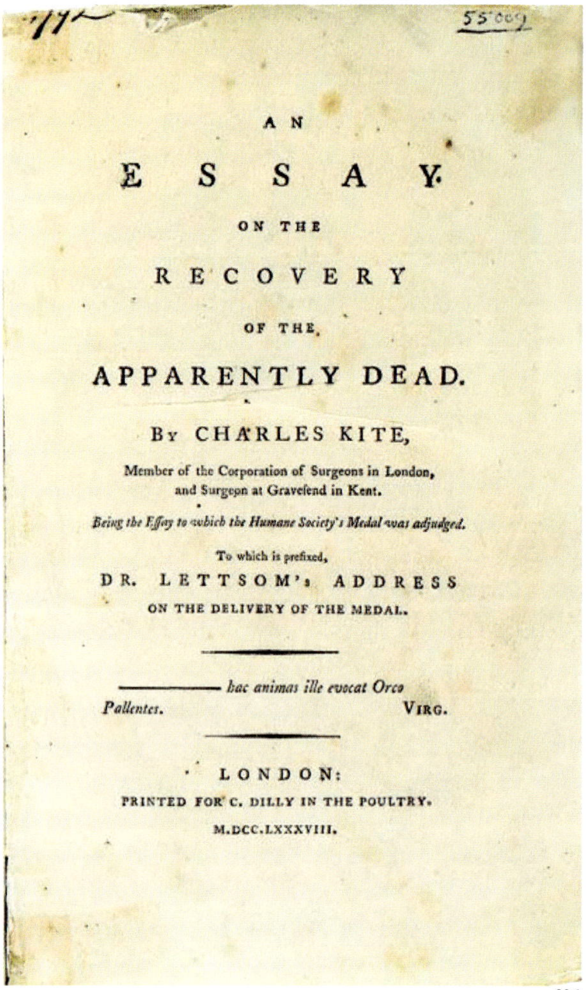

23:1

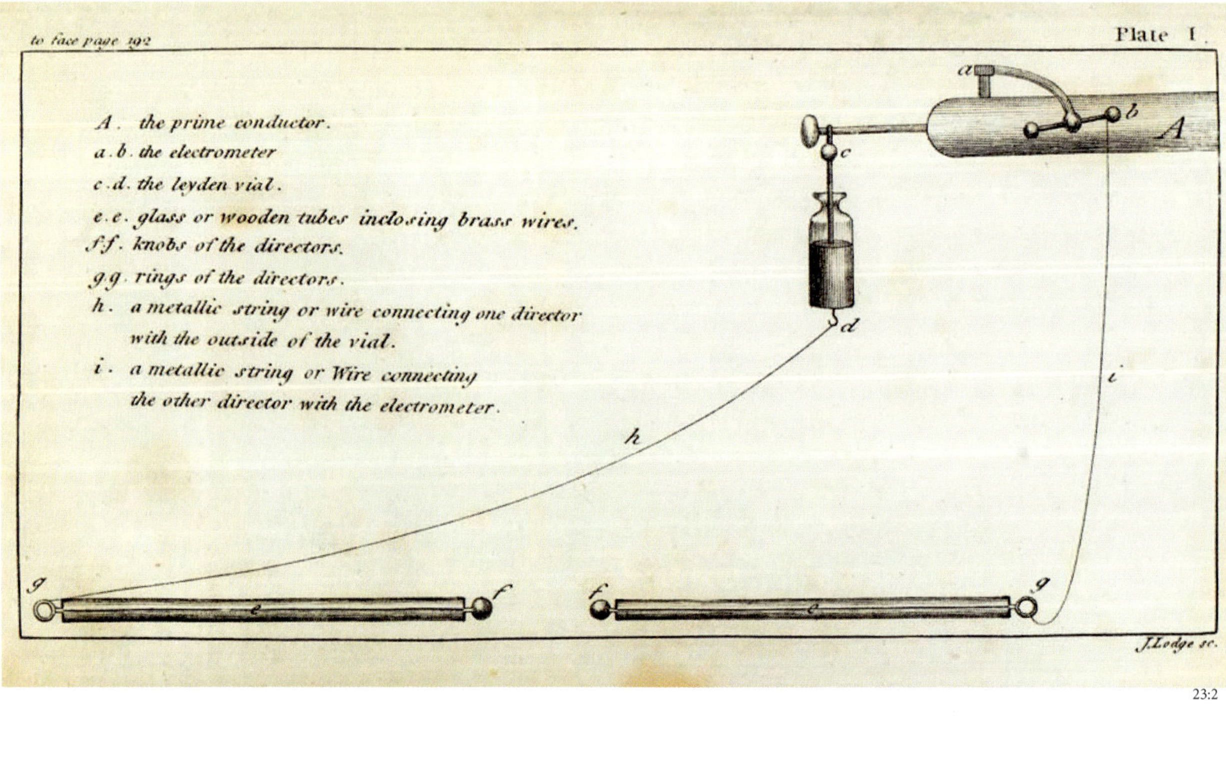

23:2

Charles Kite

Kite wurde 1768 in Gravesend, England, geboren. Er war ein äußerst versierter praktischer Arzt und gehörte dem Royal College der Chirurgen in London an. Er schrieb regelmäßig für das London Medical Journal und veröffentlichte zwei Bücher – das unten zitierte und eins über „ausgewählte Krankheitsgeschichten". Im Jahre 1811 starb er in Gravesend.

An Essay on the Recovery of the Apparently Dead.

London: C. Dilly, 1788.

Dieser Aufsatz wurde mit der Silbermedaille der Royal Humane Society ausgezeichnet (23.1). Kite schildert darin die erste Anwendung von Elektroschocks zur Wiederbelebung eines dreijährigen Kindes, das man nach dem Sturz aus einem Fenster für tot gehalten hatte. Mit diesem Bericht bereitet er den Weg für spätere Arbeiten über die elektrische Stimulation des Herzens und die Kardioversion. Darüber hinaus betont Kite die Wichtigkeit umgehender künstlicher Beatmung, geht jedoch fälschlich davon aus (23.2), dass die Atembewegungen an sich „eine Apoplexie des Gehirns" verhindern können. Außerdem enthält das Buch einen Plan für weitere Forschungen über Wiederbelebung und beschreibt Geräte zur Intubierung und für die Elektroschockbehandlung.

Im Spiegel der Zeit:
1744 berichtete Fothergill mit bemerkenswertem Sachverstand über die erfolgreiche Wiederbelebung einer Person mit Mund-zu-Mund-Beatmung (23.3). Diese Methode kam jedoch bald wieder aus der Mode, um erst rund 200 Jahre später erneut erfolgreich eingesetzt zu werden. 1767 gründete eine Gruppe wohlhabender Kaufleute in Amsterdam die erste Gesellschaft für die Förderung besserer Verfahren zur „Rettung Ertrunkener" (23.4). Sie boten denjenigen, die empfohlene Techniken anwandten, Geld an sowie eine noch höhere Entlohnung, wenn jemand erfolgreich wiederbelebt wurde. Bald darauf wurden ähnliche Gesellschaften in anderen Städten gegründet, wie in Lille, Wien, Venedig, 1772 Kopenhagen, 1773 Paris und im Jahr darauf in London (23.1). Eine historische Übersicht und aktualisierte Verfahren wurden 1796 von Herholdt und Rafn herausgegeben (23.5). Für das oben zitierte Werk erhielt Kite eine Silbermedaille von der Humane Society, während die Goldmedaille für Untersuchungen über die Bedeutung der Beatmung bei der Wiederbelebung an Goodwyn ging (23.6). Die elektrische Stimulation des Herzens wurde erstmalig von Bichat an gerade enthaupteten Opfern der Französischen Revolution und später auch von Aldini untersucht (23.7). 1812 demonstrierte Le Gallois die Auswirkung der Vagusnerven auf das Herz und vermerkte zum ersten Mal, dass ein Bereich im Rückenmark die Atmung steuert (23.8). Die rasante Entwicklung der Messtechniken erlaubte Fortschritte in der Elektrophysiologie und insbesondere ein besseres Verständnis der elektrischen Funktion des Herzens (23.9). Dies bereitete den Weg für elektrische Kardioversionstechniken, Herzschrittmacher und die Erfindung des EKGs (23.10) (23.11).

23.1 Die Gründer Dr. W. Hawes und Dr. T. Cogan warben 1774 jeweils 16 Freunde an, um die „Humane Society for the recovery of persons apparently drowned" zu gründen.
23.2 Siehe Nr. 11 Hooke S. 72.
23.3 Fothergill J. Observation on a Case ... of Recovering a Man Dead in Appearance, by distending the Lungs with Air. *Phil Trans Roy Soc* 1744–1745, S. 275.
23.4 Meijer P. Bekendmaaking. *Philosooph* N. 86, N. 88, N. 94 Aug–Okt. Amsterdam 1767.
23.5 Herholdt JD, Rafn CG. *Forsøg til en historisk udsikt over redningsanstalter for druknede, og underretning om de bedste midler ved hvilke de igen kunne bringes til live.* Kopenhagen 1796.
23.6 Goodwyn E. *The connection of Life with Respiration* ... London 1788.
23.7 Bichat X. *Recherches physiologiques sur la vie et la mort.* Paris 1800. Siehe auch Ref. 19.8 Vol. 1, S. 153.
23.8 Le Gallois J. *Expériences sur le principe de la vie, notamment sur celui des mouvements du coeur.* ... Paris 1812. Siehe auch Ref. 44.3.
23.9 Stannius FH. Zwei Reihen physiologischer Versuche. *Arch Anat Physiol wiss Med* 1852, S. 85. Siehe auch Nr. 42 Du Bois-Reymond S. 224 und Ref. 19.11.
23.10 Steiner F. Über die Electropunctur des Herzens als Wiederbelebungsmittel in der Chloroformsyncope. *Arch klin Chir.* 1871; 12:748.
23.11 Green T. On death from chloroform; its prevention by galvanism. *Brit Med J* 1872; 1:552. Siehe auch Nr. 65 Waller S. 334, Nr. 71 Einthoven S. 366 und Nr. 91 Elmqvist/Senning S. 470.

23:3

John Fothergill (1712–1780) beschreibt (unten) die erste erfolgreiche Wiederbelebung einer Person durch Mund-zu-Mund-Beatmung.

[276]

will be ſufficient in this Place: Thoſe who deſire an ampler Account may conſult the Article itſelf.

A Perſon ſuffocated by the *nauſeous Steam* ariſing from Coals ſet on Fire in the Pit, fell down as dead; he lay in the Pit *between half an Hour and three Quarters*; and was then dragg'd up; *his Eyes ſtaring and open, his Mouth gaping wide, his Skin cold; not the leaſt Pulſe in either Heart or Arteries, and not the leaſt Breathing to be obſerved.*

In theſe Circumſtances, the Surgeon, who relates the Affair, *applied his Mouth cloſe to the Patient's, and, by blowing ſtrongly, holding the Noſtrils at the ſame time, raiſed his Cheſt fully by his Breath.* The Surgeon *immediately felt ſix or ſeven very quick Beats of the Heart; the Thorax continued to play, and the Pulſe was ſoon after felt in the Arteries. He then opened a Vein in his Arm; which, after giving a ſmall Jet, ſent out the Blood in Drops only for a Quarter of an Hour, and then he bled freely. In the mean time he cauſed him to be pull'd, puſh'd, and rubb'd, as much as he could. In one Hour the Patient began to come to himſelf; within four Hours he walked home; and in as many Days returned to his Work.*

There were many Hundred People, ſome of them of Diſtinction, preſent at the Time.

This is the Subſtance of the Account; from whence it naturally appears how much ought to be attributed to the Sagacity of the Surgeon in the Recovery of this Perſon. Anatomiſts, it is true, have long known, that an artificial Inflation of the Lungs of a dead or dying Animal will put the Heart in Motion, and continue it ſo for ſome time; yet this is the firſt Inſtance

I

23:4

23:5

Auf der gegenüberliegenden Seite ist die 1767 in Amsterdam veröffentlichte Bekanntmachung des Buchhändlers Pieter Meijer (1718–1781, oben) zu sehen. Dort wird jedem für die Rettung Ertrunkener eine großzügige Belohnung angeboten. Außerdem werden empfohlene Maßnahmen beschrieben, wie etwa das Warm- und Trockenhalten des Körpers, Riechenlassen an Ammoniaksalz, Verabreichen alkoholischer Getränke und das Blasen von Luft oder Tabakqualm in die Lungen.

BEKENDMAAKING.

De BESTIERDERS der MAATSCHAPPY ter Behoudenis van DRENKELINGEN, onlangs in Amſterdam opgerecht, hunne menſchlievende oogmerken aan alle Ingezetenen der Zeven Provintiën, gaarne zo algemeen als mogelyk is willende bekend maaken, hebben goedgevonden door deeze eene korte doch zaakelyke ſchets derzelven te geeven; terwyl zulks reeds wydloopiger geſchied is in *N.* 86. *N.* 88. en *N.* 94 van het weekelyks Blad genaamd de *Philoſooph*, in de maanden *Aug.*, *Sept.* en *October* 1767. te *Amſterdam* uitgegeeven.

1. Een ieder, die met goede bewyzen kan aantoonen, een menſch of kind, 't welk zonder eenige beweeging of teken van leeven uit het water is gehaald, door eene goede behandeling weder tot zichzelven gebragt te hebben, zal eene *Premie* genieten, beſtaande in ZES GOUDEN DUKAATEN, of (indien hy zulks liever heeft) in een GOUDEN GEDENKPENNING, op welken de naam des geenen, die door zyne welaangelegde hulp een ongelukkigen gered heeft, geſteld zal worden;

2. Maar dewyl het meermaalen gebeuren zal, dat 'er meer dan een in de behoudenis eens Drenkelings hebben medegewerkt, zo zal alsdan de *Gedenkpenning* of de *zes Dukaaten* aan hun allen gegeeven worden, om daaromtrent eene billyke ſchikking onder malkanderen te maaken.

3. Om tot het ontfangen deezer *Premie* gerechtigd te zyn, word alleenlyk eene ſchriftelyke verklaaring vereiſcht van twee braave menſchen, van onbeſproken naam en faam, die geen belang hebben in het trekken van de *Premie*, en, als ooggetuigen, beveſtigen dat dezelve aan zoodanig een' Perſoon of Perſoonen behoort uitgedeeld te worden.

4. Deeze verklaaring moet gebragt of gezonden worden ten huize van den Boekverkooper *Pieter Meijer*, op den Dam te *Amſterdam*; dezelve onderzocht en echt bevonden zynde, zal de uitdeeling der *Premie* een maand na het ontfangen der verklaaring geſchieden.

5. By aldien 'er eenige onkoſten in een Herberg of ander Huis gemaakt hebben moeten worden, zullen dezelven, mids niet boven de *vier Dukaaten* beloopende, boven de *Premie* voldaan worden, dat zelfs plaats zal hebben 't zy de Verdronkene al of niet gered is, indien men ſlechts behoorlyk kan bewyzen, dat die onkoſten wezenlyk alleen ten nutte van den Drenkeling gemaakt zyn.

6. Een *Genees-* of *Heelmeeſter* zyn tyd en zorgen tot het herſtellen van een Drenkeling aangewend hebbende, en daar voor niet beloond zynde, kan verzekerd weezen dat zulks op eene onbekrompene wyze zal geſchieden, 't zy dat de Perſoon, omtrent welken hy zyne moeite heeft aangewend, in 't leven behouden is of niet, indien zyne rekening, met behoorlyke bewyzen voorzien, insgelyks aan den Boekverkooper *Pieter Meijer*, word ter hand geſteld.

Voorts mogen wy een ieder verzekeren, dat men hier door geenszins tegen de Wetten der Overigheid zal handelen, dewyl die Wetten, het algemeene beſt ten doelwit hebbende, toelaaten, niet alleen Drenkelingen uit het water te haalen, maar ook aan dezelven, ſchoon zy reeds van het leven beroofd ſchynen, alle behoorlyke middelen tot herſtelling te beproeven, zullende, wanneer de aangewende middelen vruchteloos zyn uitgevallen, aan de Ordonnantiën voldaan worden, door het voorgevallene den Gerechte bekend te maaken.

De Beſte Middelen die men tot het herſtellen van een Drenkeling kan en behoort in 't werk te ſtellen, gelyk zulks ons reeds, ſedert de oprechting deezer Maatſchappy, door verſcheidene voorbeelden, waar voor de Premie is gegeeven, gebleeken is, zyn:

Eerſtelyk. Het Blaazen in het *Fondament* (*den Aarsdarm*), door middel van een Tabaks- of andere Pyp, of een Schede van een Mes, waarvan de punt is afgeſneeden, of van een Blaasbalg zelve, en hoe ſpoediger, ſterker en aanhoudender dit Blaazen geſchied, hoe beter het ook altoos zyn zal. Indien men een brandende Tabakspyp of een zogenaamde Tabaksklisteerpyp (by Monſieur Steitz in de Runſtraat te Amſterdam te bekomen) heeft, en dat men dus in plaats van enkele Lucht of Wind den warmen en prikkelenden Rook der brandende Tabak in het Ligchaam op kan blaazen, verdient zulks ſteeds den voorrang: Dit Blaazen echter in 't algemeen, op de eene of andere der gemelde wyzen, behoort ſteeds het allereerſte werk te zyn, en kan ook altoos zonder eenig tydverzuim overal verricht worden, 't zy op een ſchuit, op het land aan den kant van 't water, in Steden en Dorpen, op den ſteenen wal der ſtraaten, of waar ook elders een Drenkeling het eerſt wordt nedergelegd, terwyl men inmiddels in de

Tweede plaats, zoodra mogelyk, trachten moet het door en door nat, ja dikwyls reeds yskoud en verkleumd, Ligchaam voorzichtiglyk droog en warm te maaken; ten welken einde wederom verſcheidene gemakkelyke middelen meeſttyds te vinden of te bekomen zyn; zo als by voorbeeld het warme Hembd en de Onderkleederen van een der omſtanders, een of meer wolle Deekens voor 't vuur gewarmd, warme Aſch van Bakkers, Brouwers, Zout- of Zeepzieders of van andere Fabrieken, warme Beeſtevellen, vooral Schaapen-vellen, ja eindelyk de warmte van een maatig vuur, of de koeſterende natuurlyke warmte van twee gezonde warme Menſchen, zich met den Drenkeling te Bed begeevende; — Terwyl men met het Blaazen en verwarmen van den Drenkeling onvermoeid en teffens voorzichtig bezig is, kan het ook van zeer veel nut zyn, dat het Ligchaam overal, maar voornaamelyk langs den geheelen Ruggengraat van het Hoofd af tot aan het Onderlyf toe, ſterk gewreeven word met warme wollen of andere doeken in Brandewyn nat gemaakt, of met veel droog Zout beſtrooid. — Men mag ook gerustelyk een doek met Brandewyn nat gemaakt, of eenig ſterk vlug Zout, gelyk als de geeſt van Amoniak-zout is, onder de Neus houden, en de zyden des Hoofds daarmede vryven; — Met de Veer van een Pen in de Keel en Neus te prikkelen, is insgelyks zeer raadzaam; doch Wyn, Brandewyn of eenige andere ſterke drank, met wat Zout of iets anders dat prikkelen kan vermengd, in de keel te gieten, behoort nooit eerder te geſchieden, dan als men eenig teeken van leven beſpeurd heeft; maar inzonderheid kan het ook van zeer veel nut zyn, dat een der omſtanderen zynen mond tegen dien des ongelukkigen Drenkelings zettende, en met zyn eene Hand de Neusgaaten toehoudende, terwyl hy met de andere Hand op de linker Borſt des Drenkelings ſteunt, deszelfs Longen onmiddelyk tracht opteblaazen, ja wy oordeelen zulks van het eerſte oogenblik af aan zo noodig te zyn als het blaazen in den Aarsdarm zelve. Men behoort ook, zo het mogelyk zy, zonder uitſtel, alle Drenkelingen te doen Aderlaaten, en beſt tapt men alsdan het Bloed uit een groote Ader op den Arm, of uit de Strotader zelve af.

Deeze de beſte en beproefde Middelen tot herſtelling des Levens van Drenkelingen zynde, hoopen en wenſchen wy, dat voortaan geene deezer ongelukkigen, gelyk voorheen, *door hen op een Ton te rollen*, of *door hen met een Touw onder de Armen door*, *of by de Beenen optehangen*, enz. mishandeld zullen worden, en *dewyl door onërvaarnen geene andere Drenkelingen dan alleen die*, *welker ligchaamen reeds duidelyke teekenen van Bederf geeven*, *met zekerheid gezegd kunnen worden inderdaad geſtorven te zyn*, vleijen wy ons insgelyks, dat men aan alle anderen voortaan geene der gemelde Middelen onbeproefd zal laaten; maar ook dat een ieder aan wien eenig ander beproefd middel tot redding der Verdronkenen mogt bekend zyn, zulks edelmoedig aan ons zal opgeeven; ja, zo iemand, die het geluk gehad heeft van een Drenkeling te redden, goed mogt vinden ons de *Premie* niet te willen afeiſchen, verzoeken wy echter van al het voorgevallene tot de redding betrekkelyk, onderricht te worden, om daarvan een goed gebruik te kunnen maaken, wanneer wy zullen goedvinden een verhaal van de door ons beloonde reddingen of andere verrichtingen der *Maatſchappy* in 't licht te geeven.

Eindelyk wenſchen wy dat het Gode zal behaagen, door deeze onze pogingen, en de medewerking van anderen, niet alleen het tydelyk maar ook het eeuwig welzyn van veelen onzer Landgenooten en Medemenſchen te bevorderen!

Amſterdam, 16 December, 1767.

Te Amſterdam, by PIETER MEIJER, op den Dam.

(Zie bladz. 17)

23:6

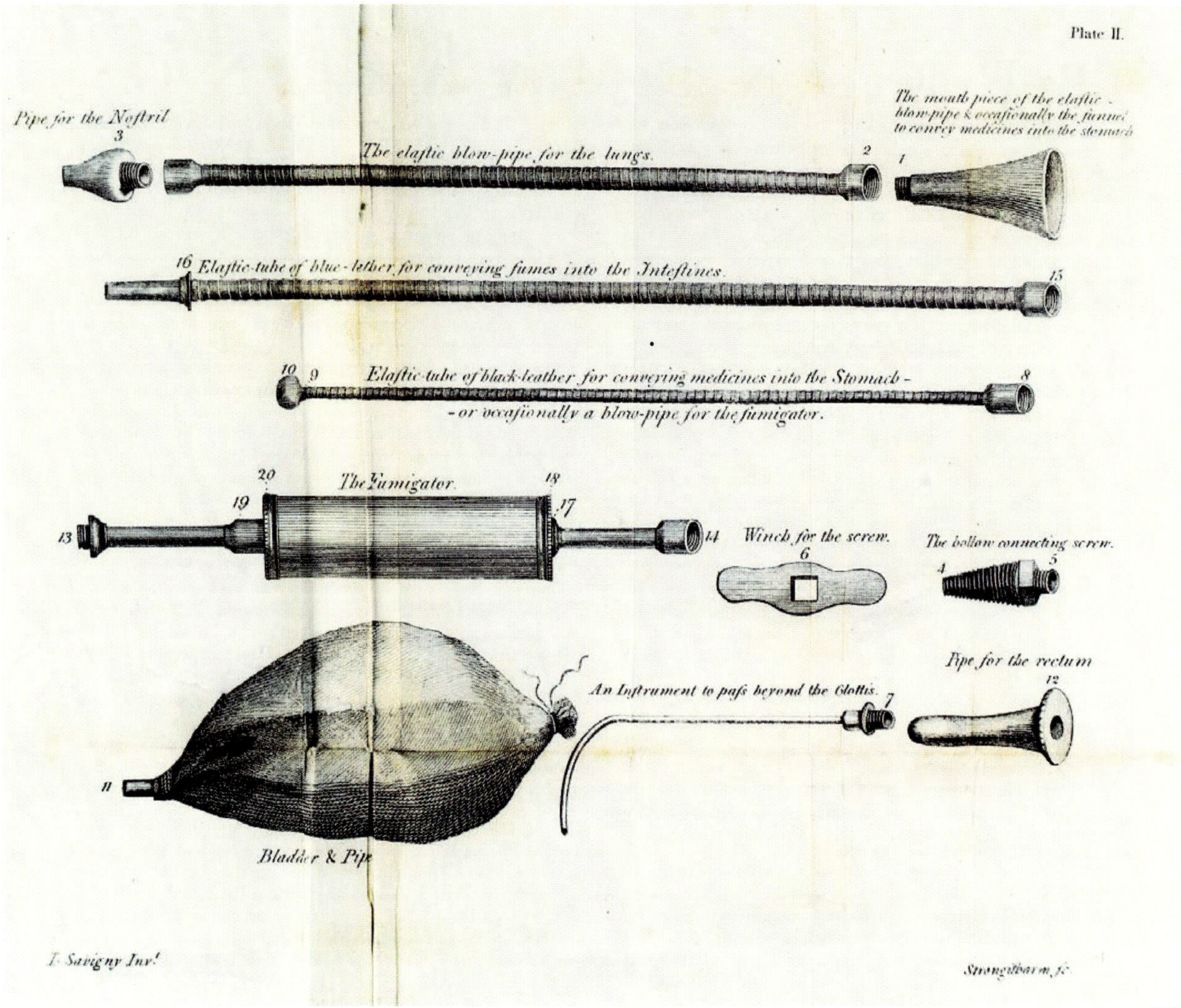

23:7

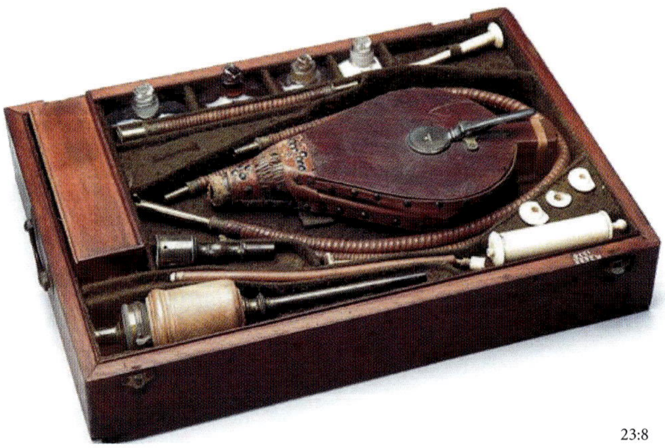

Englische Wiederbelebungsausrüstung von 1774. Die empfohlene Anwendung dieser Gerätschaften ist die Wiederbelebung von „Scheintoten" durch das Blasen von Tabakqualm in die Lungen oder den Darm.

23:8

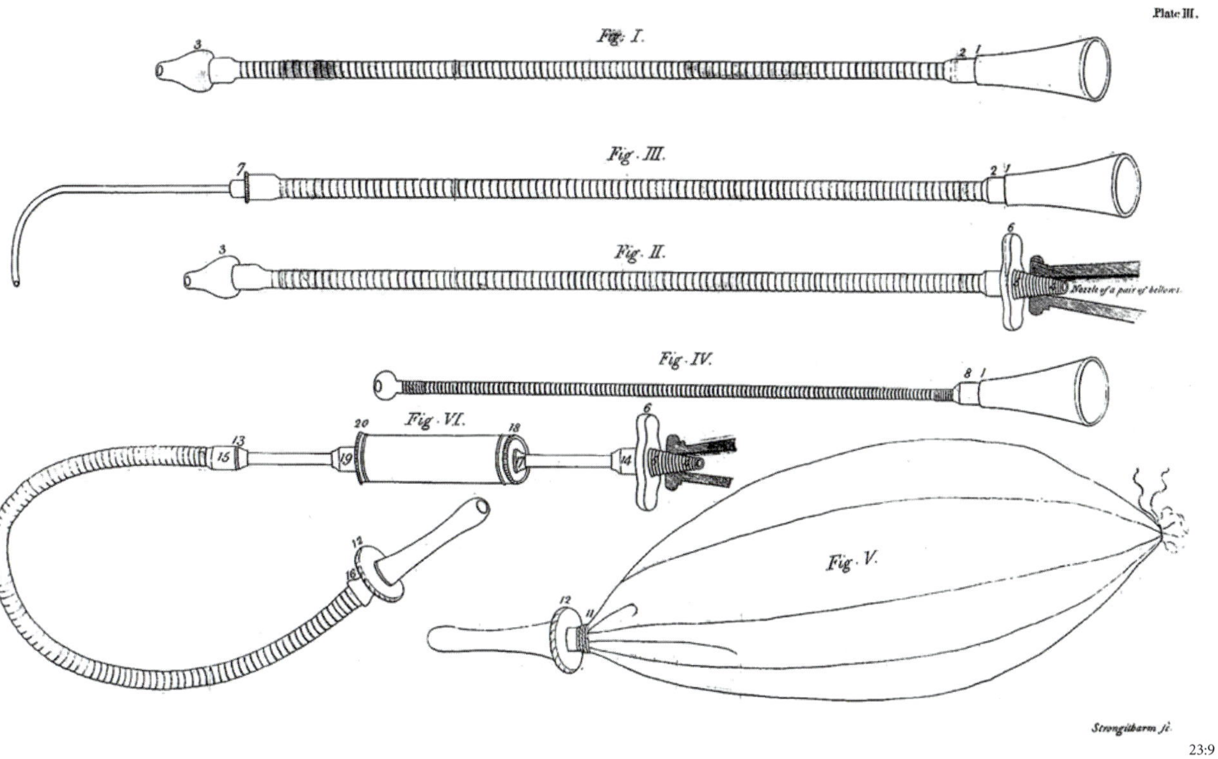

23:9

Oben und auf der Seite links sind die Intubierungsgeräte und Blasebälge abgebildet, die von Kite zur künstlichen Beatmung bei Wiederbelebungsversuchen empfohlen werden.

Die von Johan Herholdt (1764–1836) und Carl Rafn (1769–1808) genannten Geräte zur Rettung Ertrunkener. Die beiden erkennen früh die positive Wirkung von Sauerstoff und funktionieren ein Beatmungsgerät so um, dass es Luft-Sauerstoff-Mischungen abgeben kann.

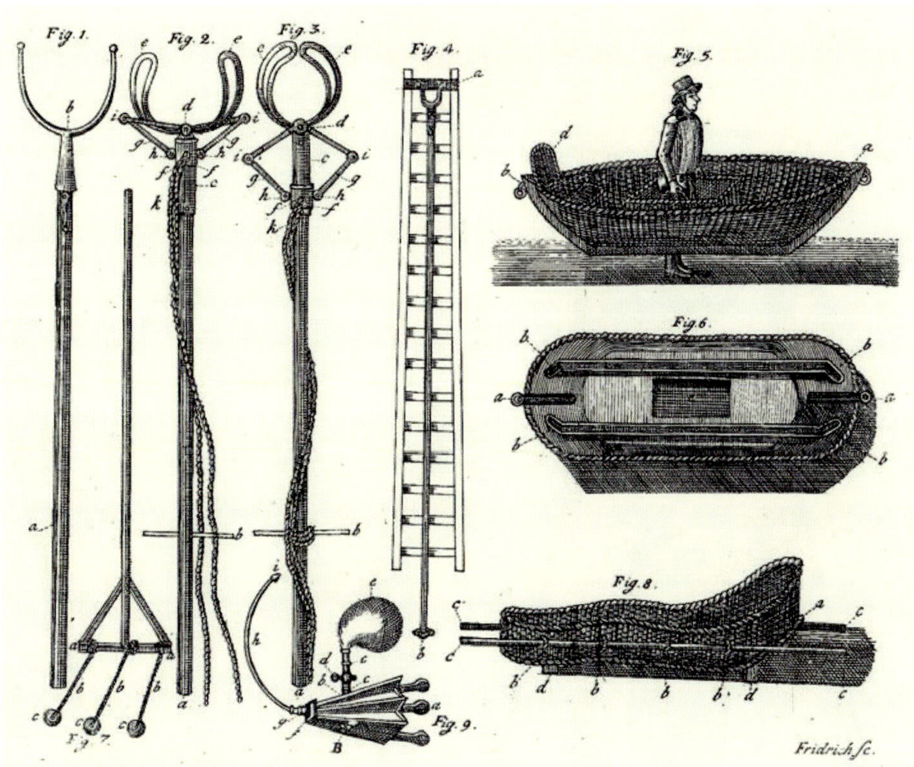

23:10

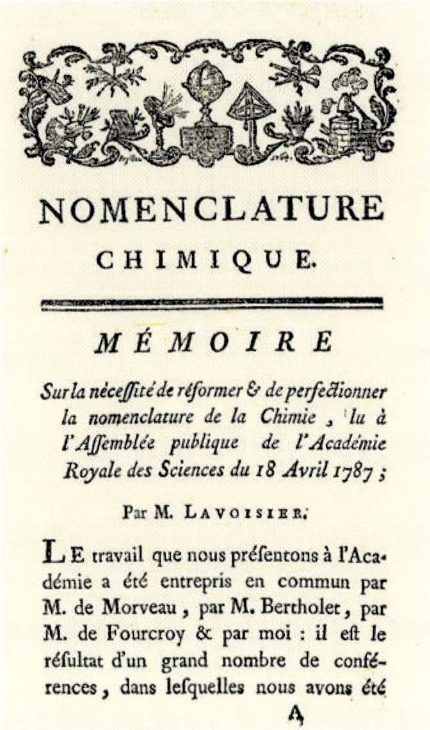

NOMENCLATURE

CHIMIQUE.

MÉMOIRE

Sur la nécessité de réformer & de perfectionner la nomenclature de la Chimie, lu à l'Assemblée publique de l'Académie Royale des Sciences du 18 Avril 1787;

Par M. LAVOISIER.

LE travail que nous présentons à l'Académie a été entrepris en commun par M. de Morveau, par M. Bertholet, par M. de Fourcroy & par moi : il est le résultat d'un grand nombre de conférences, dans lesquelles nous avons été

A

24:1

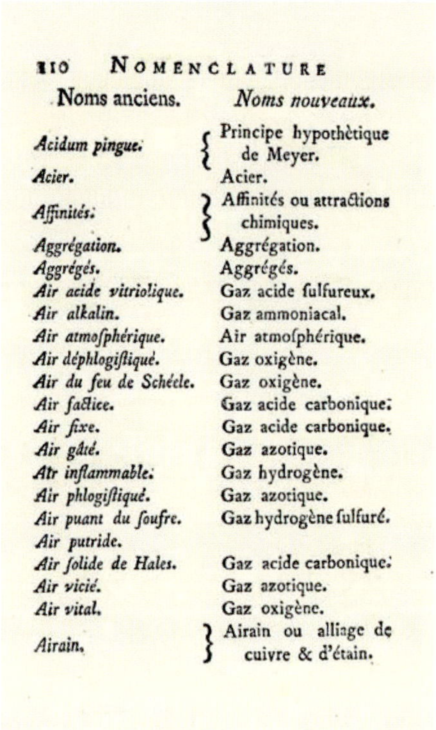

110 NOMENCLATURE

Noms anciens.	Noms nouveaux.
Acidum pingue.	Principe hypothètique de Meyer.
Acier.	Acier.
Affinités.	Affinités ou attractions chimiques.
Aggrégation.	Aggrégation.
Aggrégés.	Aggrégés.
Air acide vitriolique.	Gaz acide sulfureux.
Air alkalin.	Gaz ammoniacal.
Air atmosphérique.	Air atmosphérique.
Air déphlogistiqué.	Gaz oxigène.
Air du feu de Schéele.	Gaz oxigène.
Air factice.	Gaz acide carbonique.
Air fixe.	Gaz acide carbonique.
Air gâté.	Gaz azotique.
Air inflammable.	Gaz hydrogène.
Air phlogistiqué.	Gaz azotique.
Air puant du soufre.	Gaz hydrogène sulfuré.
Air putride.	
Air solide de Hales.	Gaz acide carbonique.
Air vicié.	Gaz azotique.
Air vital.	Gaz oxigène.
Airain.	Airain ou alliage de cuivre & d'étain.

24:2

Die neue von Antoine Lavoisier (1743–1794) übernommene chemische Nomenklatur für sein chemisches System, die den Grundstein für die moderne Wissenschaft der Chemie legt.

Das von Lavoisier verwendete Kalorimeter, um die bei chemischen Reaktionen und beim Stoffwechsel erzeugte Wärme zu untersuchen. Wenn sich im Käfig in der Mitte ein Tier befindet, dient die Menge des geschmolzenen Eises aus dem doppelwandigen Behälter als Maß für die vom Tier abgegebene Wärme.

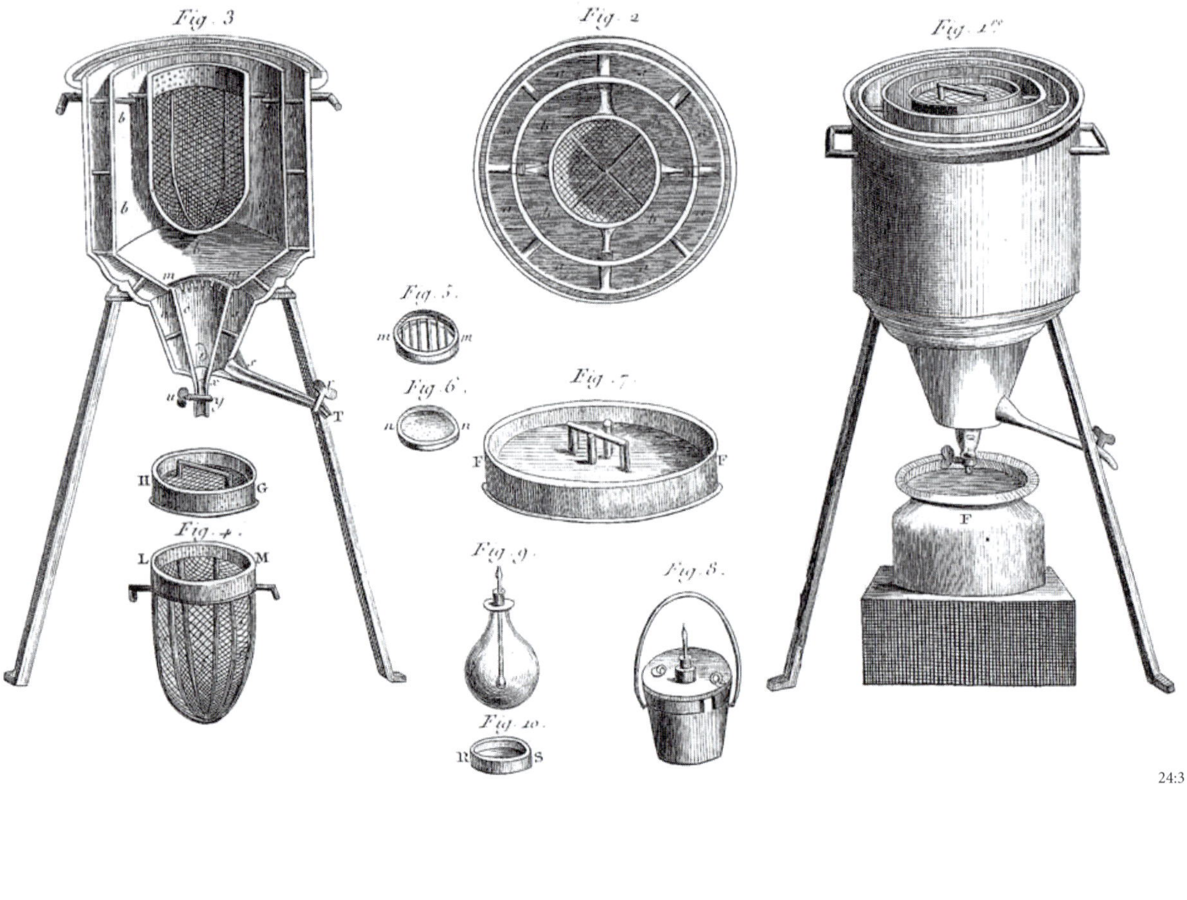

24:3

Antoine-Laurent Lavoisier

24:4

Antoine-Laurent Lavoisier

Lavoisier kam 1743 in Paris zur Welt, verlor seine Mutter mit fünf Jahren und wurde von einer liebevollen ledigen Tante großgezogen. Er erhielt eine exzellente Grundausbildung am Collège Mazarin, machte in Jura Examen und war bald von Mineralogie, Physik und Chemie fasziniert. Ehrgeizig, äußerst energiegeladen und nach öffentlicher Anerkennung strebend, trat er 1768 der Akademie der Wissenschaften bei und wurde zehn Jahre später Vollmitglied. Parallel zu seinen umfangreichen wissenschaftlichen Arbeiten besetzte Lavoisier zahlreiche Regierungsposten. Er war von liberaler Gesinnung und setzte sich für Steuerreformen, Altersversicherung und Arbeit für die Armen ein. Er unterstützte aktiv die Französische Revolution, doch 1794 wurde er im Zuge der Schreckensherrschaft durch die Guillotine hingerichtet. Der berühmte Mathematiker Lagrange zollte Lavoisier Tribut mit den Worten: „Es kostete nur einen Augenblick, diesen Kopf abzuschlagen, doch hundert Jahre mögen nicht ausreichen, um erneut einen solchen hervorzubringen." Nach Lavoisiers Tod sammelte seine Frau, die nicht nur seine Mitarbeiterin und Illustratorin, sondern auch seine glühendste Bewunderin war, seine zahlreichen unvollendeten Studien und veröffentlichte sie (24.1).

Premier Mémoire sur la Respiration des Animaux.

MÉMOIRE DE L'ACADÉMIE ROYALE. PARIS: 1789, S. 566.

In dieser Untersuchung, die Lavoisier gemeinsam mit Seguin durchführt und dokumentiert, misst er die Verbrennungswerte (Sauerstoffaufnahme) beim Menschen. Er zeigt, dass Sauerstoff („air éminemment respirable" oder „air vital") von den Lungen aufgenommen wird und dass die Aufnahme mit steigender Temperatur sowie bei der Verdauung und bei körperlicher Anstrengung zunimmt.

Im Spiegel der Zeit:
1773 verkündete Lavoisier, sein Werk werde eine „Revolution in der Physik und Chemie" bewirken. Der erste Schritt hierzu war die Veröffentlichung einer neuen Nomenklatur für Chemie im Jahre 1787 (24.2), auf den 1789 der Bericht über die Resultate seiner umfassenden experimentellen Studien folgte (24.3). Er erläuterte die Rolle des Sauerstoffs bei Verbrennung und Oxidation und erforschte die Mechanismen der Säurebildung und Wasserzersetzung. Außerdem vermaß er Verbrennung und Kohlendioxidausstoß bei Tieren sowie, mithilfe eines genialen Kalorimeters, die bei ihrem Stoffwechsel erzeugte Wärme (24.3). Obwohl er zweifellos durch die Arbeiten von Hales (24.4) inspiriert wurde und vermutlich die von Scheele (24.5), Priestley (24.6) und Cavendish (24.7) gemachten Entdeckungen kannte, arbeitete er mit großer Disziplin nach seinen eigenen unabhängigen Richtlinien (24.8) (24.9). Im Gegensatz zu anderen bedeutenden Chemikern seiner Zeit war er entschlossen, die Grundregeln der chemischen Reaktion zu entschlüsseln. Die chemische Grundlage des Stoffwechsels wurde schließlich von Liebig formuliert (24.10), und seinen Zusammenhang mit dem Austausch von Gasen erforschten Pettenkofer und Voit (24.11).

24.1 Lavoisier A-L et al. *Mémoires de Chimie.* Paris 1803–1805.
24.2 Lavoisier A-L et al. *Méthode de Nomenclature Chimique.* Paris 1787.
24.3 Lavoisier A-L. *Traité élémentaire de chimie, présenté dans un ordre nouveau et d'après les découvertes modernes.* Paris 1789.
24.4 Siehe Nr. 17 Hales S. 100.
24.5 Siehe Nr. 21 Scheele S. 120.
24.6 Siehe Nr. 22 Priestley S. 124.
24.7 Cavendish H. Experiments on air. *Phil Trans Roy Soc* 1784; 74:119. Siehe auch Ref. 21.2.
24.8 Grimaux E. *Lavoisier 1743–1794.* Paris 1888.
24.9 Guerlac H. *Lavoisier in Dictionary of Scientific Biography VIII.* New York 1973, S. 66.
24.10 Siehe Nr. 39 Liebig S. 208.
24.11 Siehe Nr. 58 Voit S. 300.

Lavoisier misst den Gasaustausch beim Menschen, während Madame Lavoisier die Resultate am Schreibtisch notiert. In der Zeichnung unten ist dargestellt, wie die Versuchsperson, der Chemiker Armand Seguin (1767–1835), mechanische Arbeit verrichtet, indem er auf ein Pedal tritt. Die Zeichnung auf der gegenüberliegenden Seite zeigt das gleiche Experiment mit der Versuchsperson in ruhendem Zustand.

Lavoisier dans son laboratoire
Expériences sur la respiration de l'homme exécutant un travail
Fac-simile réduit d'un dessin de Mme Lavoisier

24:5

24:6

Lavoisier mit seiner Frau Marie. Madame Lavoisier ist eine begabte Künstlerin und eine kompetente Forschungsassistentin für ihren Gatten. Trotz äußerst harter Zeiten gelingt es ihr nach Lavoisiers Enthauptung während der Schreckensherrschaft im Zuge der Französischen Revolution, alle seine unvollendeten Arbeiten zu veröffentlichen.

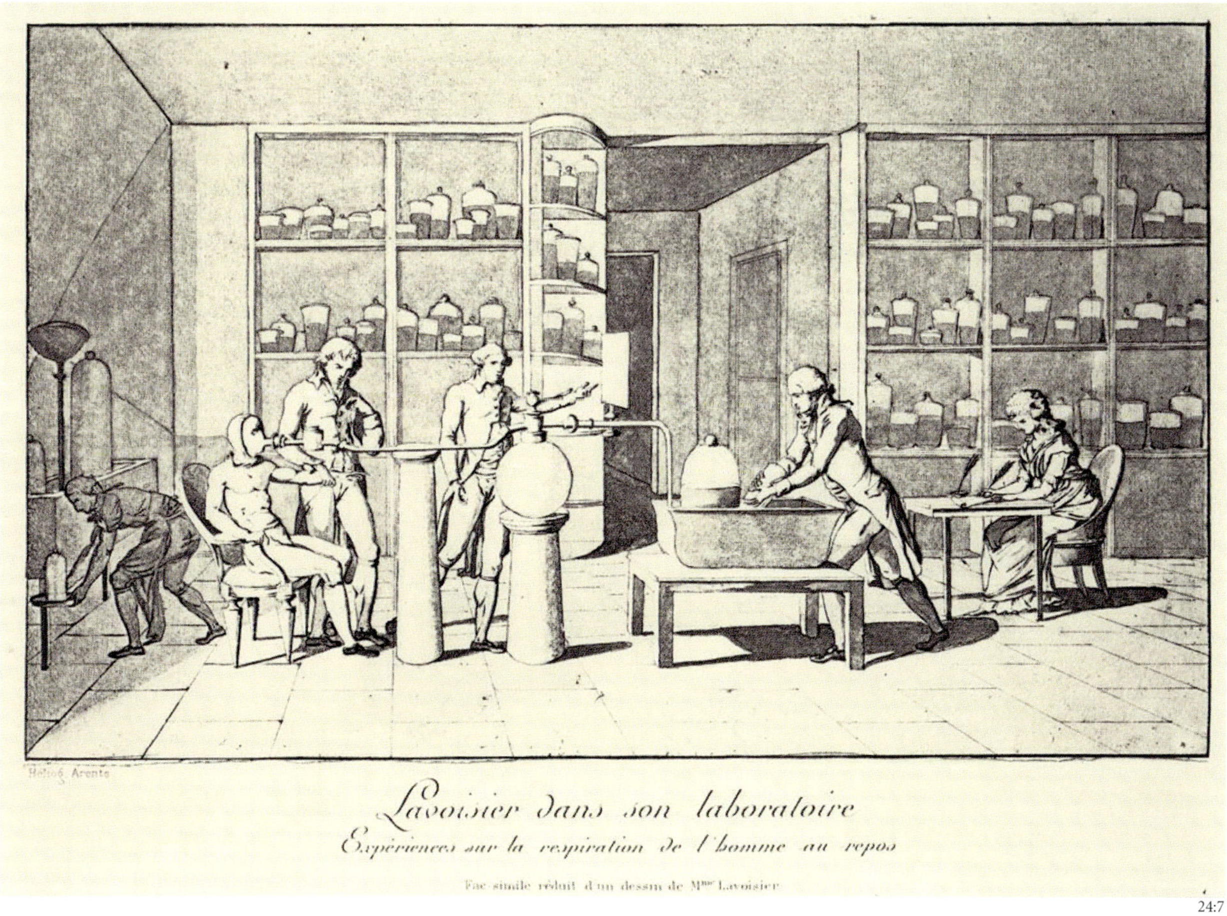

24:7

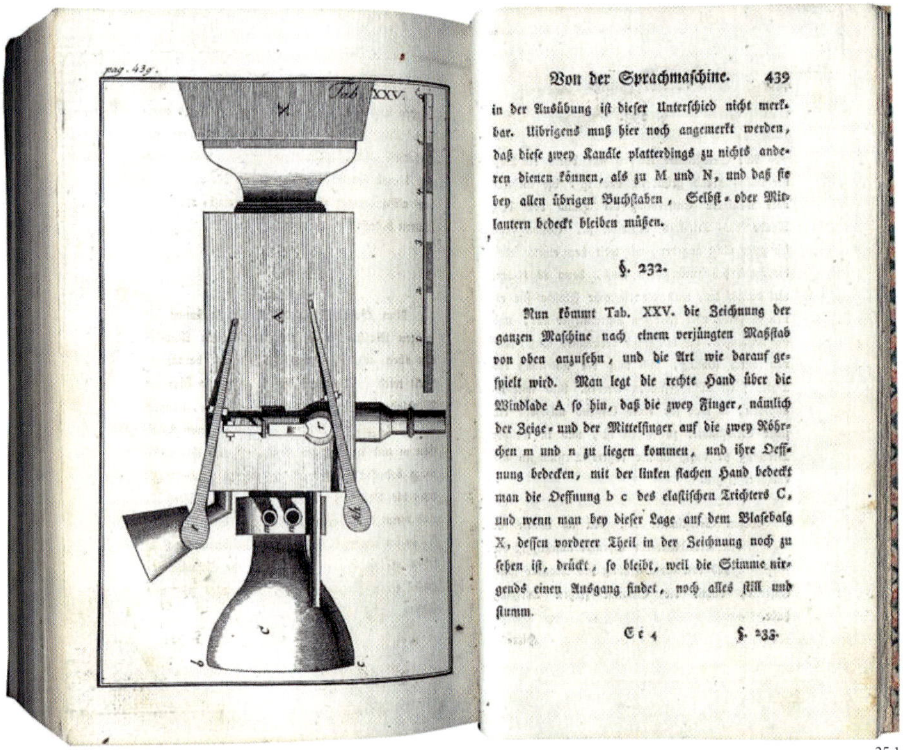

pag. 439.

Tab. XXV.

Von der Sprachmaschine. 439

in der Ausübung ist dieser Unterschied nicht merkbar. Uibrigens muß hier noch angemerkt werden, daß diese zwey Kanäle platterdings zu nichts anderen dienen können, als zu M und N, und daß sie bey allen übrigen Buchstaben, Selbst- oder Mitlautern bedeckt bleiben müßen.

§. 232.

Nun kömmt Tab. XXV. die Zeichnung der ganzen Maschine nach einem verjüngten Maßstab von oben anzusehn, und die Art wie darauf gespielt wird. Man legt die rechte Hand über die Windlade A so hin, daß die zwey Finger, nämlich der Zeige- und der Mittelfinger auf die zwey Röhrchen m und n zu liegen kommen, und ihre Oeffnung bedecken, mit der linken flachen Hand bedeckt man die Oeffnung b c des elastischen Trichters C, und wenn man bey dieser Lage auf dem Blasebalg X, dessen vorderer Theil in der Zeichnung noch zu sehen ist, drückt, so bleibt, weil die Stimme nirgends einen Ausgang findet, noch alles still und stumm.

Ee 4 §. 233.

25:1

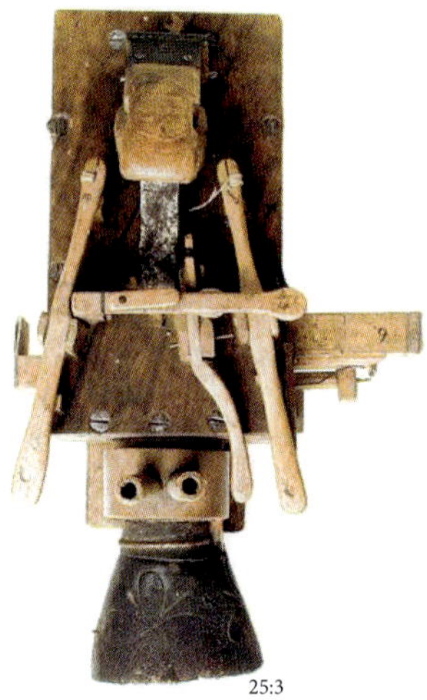

25:3

Wolfgang von Kempelen (1734–1804) beschreibt seine Geräte, mit denen er Sprachlaute und Wörter erzeugen kann. Die Originalapparate, wie sie heute noch zu sehen sind, sind zum Vergleich abgebildet.

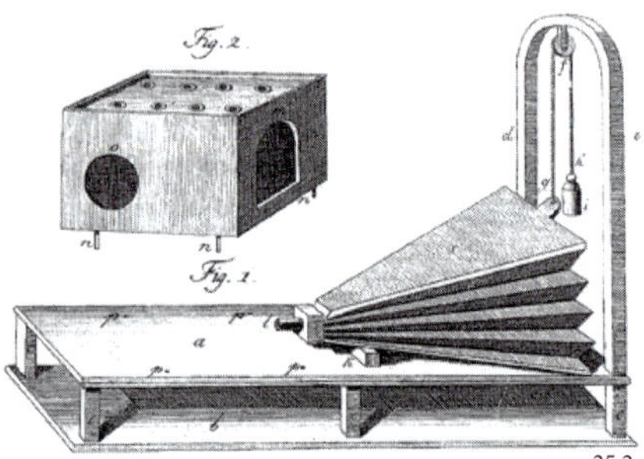

25:2

25:4

Wolfgang von Kempelen

25:5

Wolfgang von Kempelen

Kempelen wurde 1734 in Pressburg (Bratislava) geboren. Er studierte Philosophie und Jura in Wien und begann eine Laufbahn als Staatsbeamter. Ab 1786 war er als Hofrat im Büro des österreichisch-siebenbürgischen Hofes tätig. Kempelen hatte viele Talente. Er konstruierte Brücken und Kanäle, mechanische Geräte, wie Pumpen und eine Druckmaschine für Blinde, schuf jedoch auch Landschaftsradierungen und schrieb mehrere Dramen. Berühmt-berüchtigt ist er für seinen Schachautomaten „Der Schachtürke", eine angeblich Schach spielende Maschine, in der in Wirklichkeit aber ein Mann saß und heimlich die Züge der Figuren steuerte. Von 1770 bis zur Mitte des 19. Jahrhunderts war dieser Trick eine erfolgreiche, beim Publikum sehr beliebte Attraktion (25.1).

... Mechanismus der menschlichen Sprache nebst der Beschreibung seiner sprechenden Maschine.

Wien: J. B. Degen, 1791.

Kempelen erörtert zunächst allgemein die Ursprünge der Sprachen und geht dann auf Mechanismen und Physiologie der Spracherzeugung ein. Zuletzt beschreibt er ein mechanisches Gerät, dessen Konstruktion 20 Jahre beanspruchte und das Sprachlaute und Wörter hervorbringen kann. Was die Natur der Sprache angeht, behauptet er, menschliche Sprache und Vernunft seien miteinander verknüpft und entwickelten sich gemeinsam mit der Zeit; er widerspricht der Theorie, alle Sprachen hätten einen gemeinsamen (göttlichen) Ursprung. Er erforscht die Funktion der Sprechorgane und entdeckt, dass die Resonanzräume über dem Kehlkopf die wichtigste Rolle bei der akustischen Artikulation spielen. Seine Maschine enthält eine Druckkammer für die Lungen, ein vibrierendes Rohrblatt für die Stimmlippen, eine lederne Röhre, deren Formung bei der Erzeugung verschiedener Vokale hilft, sowie durch die Finger gesteuerte Verengungen zur Produktion von Konsonanten. Für Plosivlaute montiert er bewegliche Lippen und eine an einem Scharnier aufgehängte Zunge.

Im Spiegel der Zeit:
Leonardo da Vinci untersuchte Anatomie und Mechanismus der Lauterzeugung um 1510 (25.2) und fast 100 Jahre später beschrieb Casserius erstmalig detailliert die Stimm- und Hörorgane (25.3). Kratzenstein, ein Zeitgenosse Kempelens, entwarf akustische Resonatoren zur Erzeugung von Vokalen (25.4). In den 1830er-Jahren erforschte Bell die Stimmorgane (25.5) und Müller untersuchte an einem Modell die Funktion der Stimmlippen (25.6). Weitere 100 Jahre lang blieben mechanische Modelle, die Kempelens ähnelten, der Maßstab der synthetischen Spracherzeugung (25.7) (25.8). Dann jedoch entwarf Dudley die ersten elektrischen Geräte (25.9). In den 1950er-Jahren entwickelte sich die künstliche Spracherzeugung und -analyse im Zuge des rasanten Fortschritts der Elektronik und der Digitalcomputer rasch zu einem höchst komplexen wissenschaftlichen Bereich mit vielen Anwendungen (25.10).

25.1 Levitt GM. *The Turk, Chess Automaton.* Jefferson: McFarland & Co, 2000.
25.2 Leonardo da Vinci. *Leonardo on the human body. Drawing 39.* New York: Dover Publications Inc., 1983.
25.3 Casserius J. *De vocis auditusque organis historia anatomica, tractatibus duobus explicata.* Ferrara 1600.
25.4 Kratzenstein C. Sur la naissance de la formation des voyelles. *Journal de Physique* 1782; 21:358.
25.5 Bell C. Of the Organs of the Human Voice. *Phil Trans Roy Soc* Teil II. 1832, S. 299.
25.6 Müller J. *Ueber die Compensation der physischen Kräfte am menschlichen Stimmorgan, ...* Berlin 1839.
25.7 Flanagan J. *Speech Analysis, Synthesis and Perception.* Berlin: Springer Verlag, 1972.
25.8 Cater JP. *Electronically Speaking: Computer Speech Generation.* H. M. Sams & Co., 1983.
25.9 Dudley H. The Vocoder. *Bell Lab. Records.* Dezember 1939, S. 122.
25.10 Klatt D. Review of Text-to-Speech Conversion for English. *J Acoust Soc Am* 1987; 82(3):737.
Siehe auch Nr. 89 Fant S. 460.

Julius Casserius (1552–1616) veröffentlicht die erste vergleichende Studie über die Sprech- und Hörorgane. Bemerkenswert an seinem Buch sind auch die Präzision und Schönheit der anatomischen Tafeln.

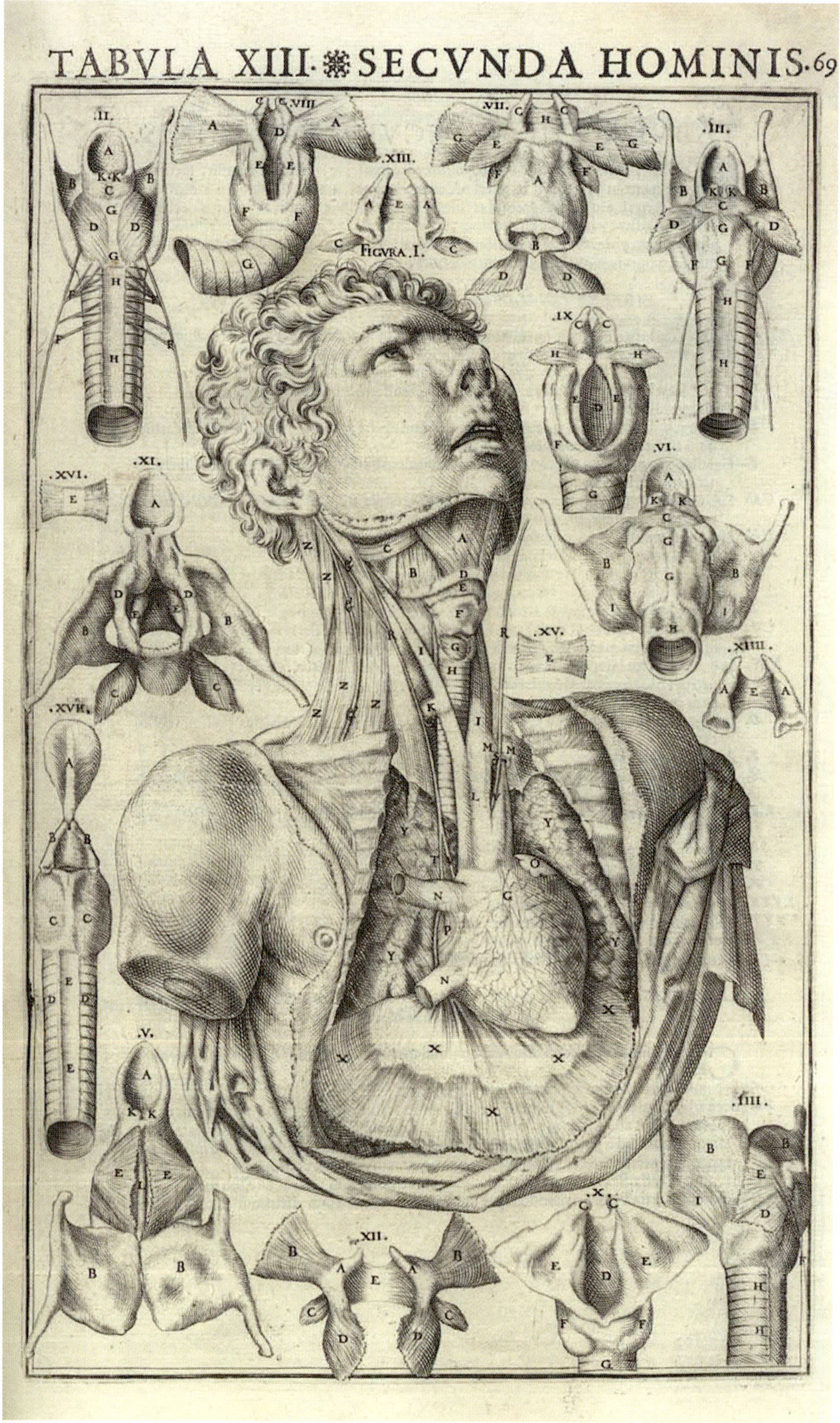

25:6

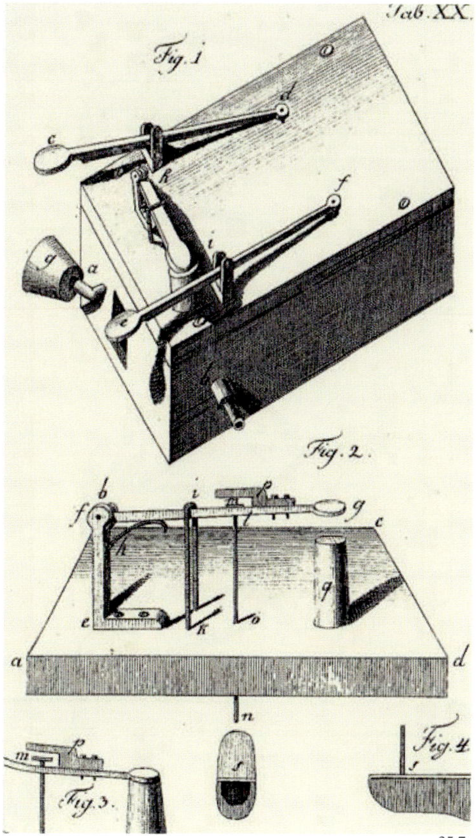

25:7

Weitere Details von Kempelens Apparat, wie sie in seinem Buch erscheinen (links), und zum Vergleich (unten) das Originalgerät, wie es heute zu sehen ist.

25:8

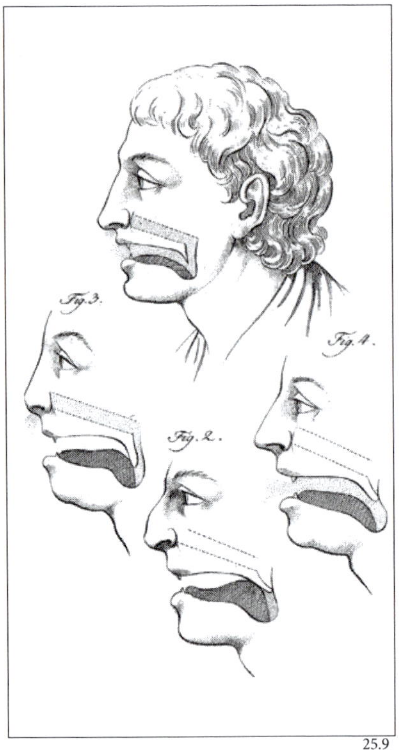

25.9

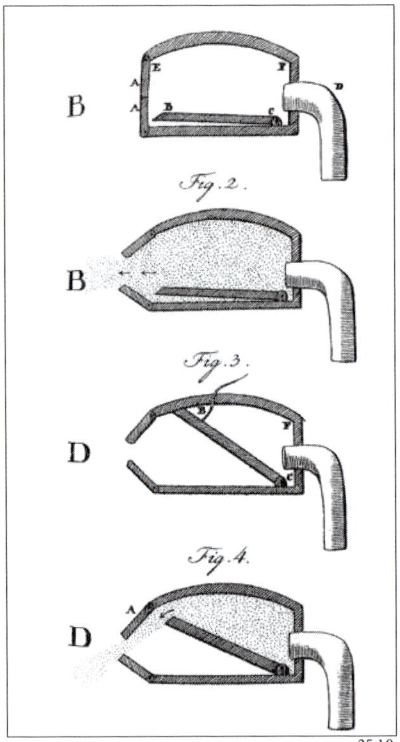

25.10

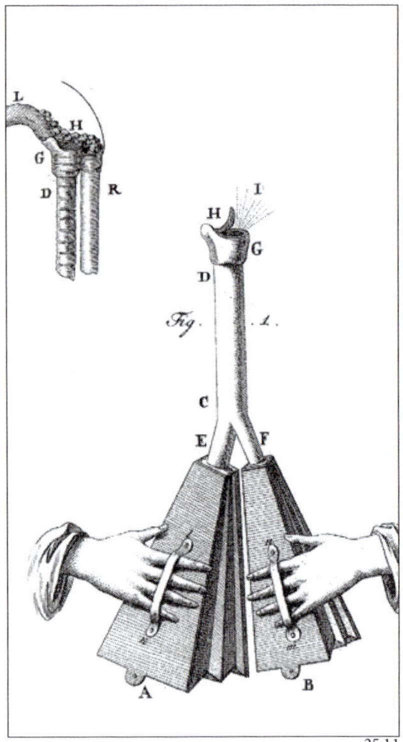

25.11

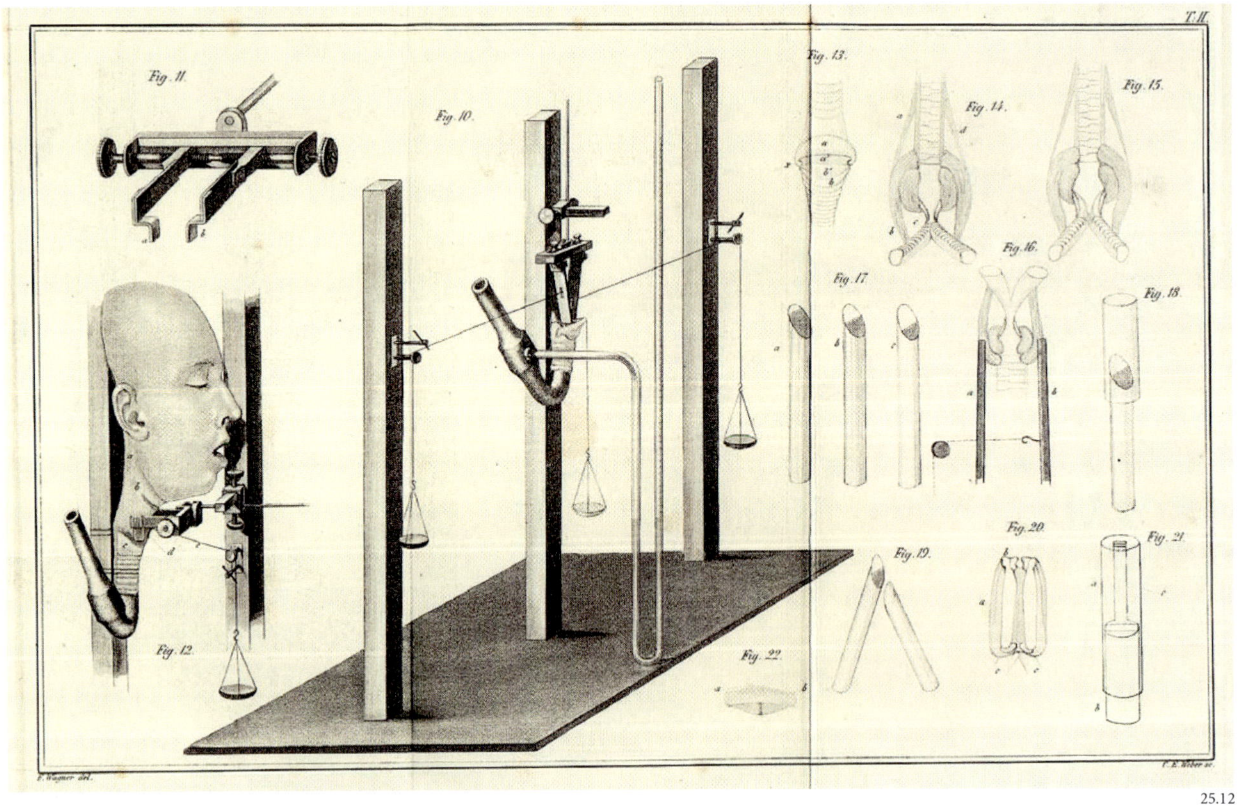

25.12

Die oberen drei Abbildungen auf der gegenüberliegenden Seite zeigen, wie Kempelen zur Darstellung der Entstehung von Plosivlauten bewegliche „Lippen“ und eine „Zunge“ an einem Scharnier in sein Gerät integriert.

Gegenüberliegende Seite unten: Johannes Müller (1801–1858) baut ein Modell der Stimmlippen und bestimmt die physischen Bedingungen für das Erzeugen spezifischer Laute.

1939 gelingt Homer Dudley (1896–1980) ein großer Schritt mit der Einführung des Vocoders zur elektronischen Analyse und Synthese der Stimme (unten). Rechts ist das Funktionsprinzip der ersten Version dieses Geräts als Diagramm dargestellt.

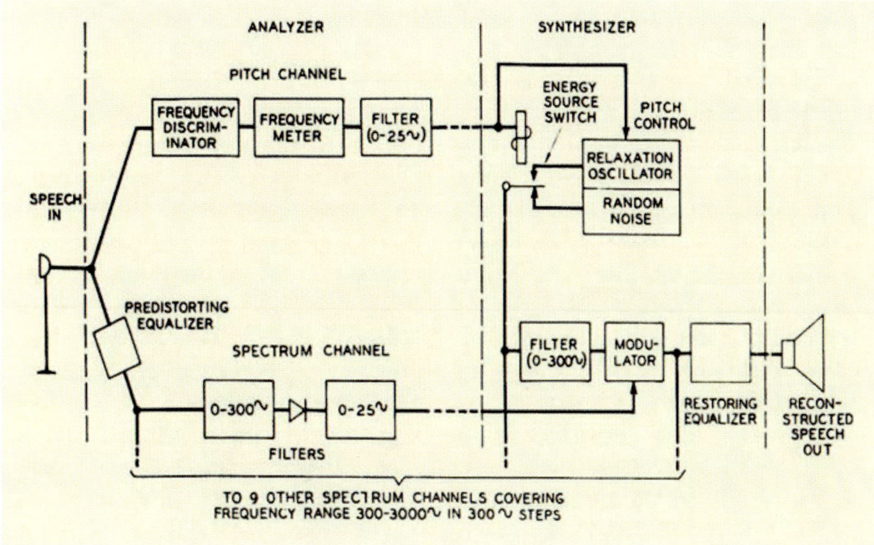

25:13

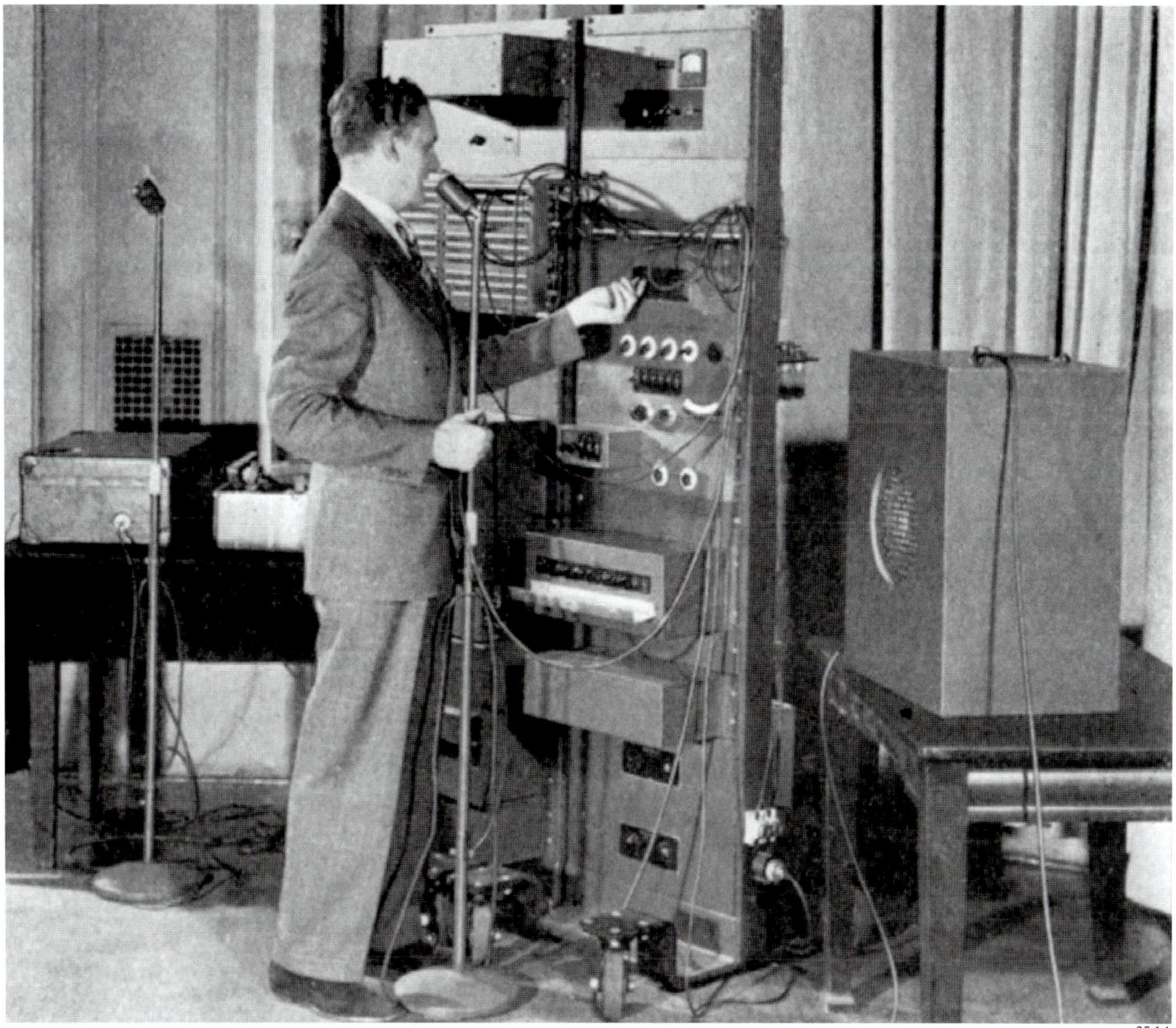
25:14

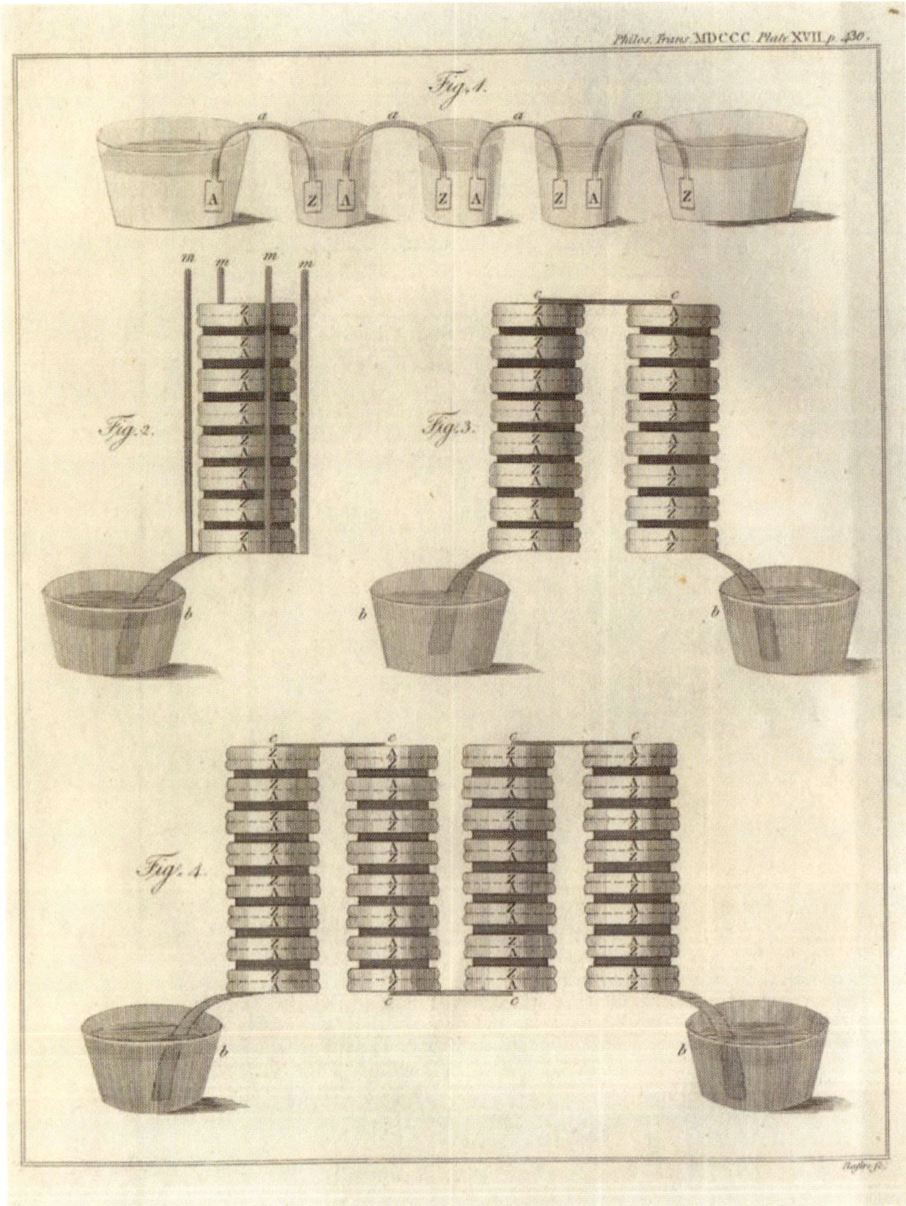

26:1

Alessandro Volta (1745–1827) erfindet den „elektromotorischen“ Apparat, der die „unendliche Zirkulation der elektrischen Flüssigkeit“ erzeugt, was, wie er hinzufügt, „paradox und sogar unerklärlich erscheinen mag, jedoch nichtsdestoweniger wahr und real ist und man es, wie ich sagen möchte, mit eigenen Händen spüren kann“. Zwei Anordnungen werden erörtert – die sogenannte Tassenkrone und die übereinandergeschichteten Plättchen. Der Buchstabe A steht für Silber- und der Buchstabe Z für Zinkplättchen.

Voltasche Säule von etwa 1800, mit der sich Wasser dissoziieren lässt und andere frühe elektro-chemische Experimente durchführbar sind.

26:2

Alessandro Volta

Volta wurde 1745 in Como, Italien, als Sohn eines verarmten Adligen geboren. Als sein Vater 1752 starb, schickte ihn ein Onkel zum Studium der Altphilologie auf eine Jesuitenschule. Doch schon bald weckte das Phänomen der Elektrizität sein Interesse. 1775 erfand Volta ein neues Verfahren zur Erzeugung hoher elektrischer Spannung (den „Elektrophor"), was ihn allgemein bekannt machte. Von 1779 an war er 40 Jahre lang Professor für Physik in Pavia und wurde von zahlreichen Gelehrtengesellschaften aufgenommen. Er unternahm viele Reisen und korrespondierte mit vielen zeitgenössischen Wissenschaftlern, insbesondere mit Experten für Elektrizität (26.1). Nach der Erfindung der elektrischen Batterie im Jahre 1800 widmete er den Rest seines Lebens seiner Familie und seinem Besitz. Volta war befreundet mit Napoleon und anderen Koryphäen seiner Zeit.

26:3

Alessandro Volta

On the Electricity excited by the mere Contact of Conducting Substances of Different Kinds.

THE PHILOSOPHICAL MAGAZINE. LONDON: SEPTEMBER 1800.

In diesem Brief beschreibt Volta, wie er ein Verfahren zur Erzeugung eines konstanten elektrischen Stroms (fortwährende Bewegung der elektrischen Flüssigkeit) entdeckt hat, und erforscht einige seiner physikalischen und physiologischen Eigenschaften. Er verwendet Metallpaare (wie Silber und Zink), angeordnet als Kette von mit Salzwasser gefüllten Tassen (Tassenkrone) oder als Stapel (Säule) mit alternierenden Metallplättchen, die periodisch durch angefeuchtetes Papier getrennt werden. Volta testet das Gerät an verschiedenen Körperteilen, auch an seinen Augen und Ohren. Er empfindet akuten Schmerz, sieht Lichtblitze und hört ein knisterndes, kochendes Geräusch. Als er den Strom zwischen seinen Ohren hindurchleitet, vermerkt er „die unangenehme Empfindung" und dass „der Schock im Gehirn ihn von einer Wiederholung des Experiments abhielt".

Im Spiegel der Zeit:
Während Volta glaubte, seine Entdeckung sei „besonders interessant für die Medizin" und biete „dem Anatom, dem Physiologen und dem praktischen Arzt ein reiches Betätigungsfeld", ermöglichte seine Erfindung auch grundlegende wissenschaftliche Fortschritte, darunter Oersteds Entdeckung des Elektromagnetismus (26.2), während er über die Voltasche Säule dozierte (26.3), und Faradays Demonstration der elektromagnetischen Induktion (26.4). Savart bestimmte die Frequenzempfindlichkeit des Ohrs (26.5), Duchenne du Boulogne und Brenner untersuchten die durch verschiedene elektrische Reize erzeugten Hörempfindungen (26.6), und das erste Audiometer wurde von Hartmann entwickelt (26.7). In den 1930er-Jahren waren empfindliche Verstärker allgemein verfügbar, was ein neues Feld der Hörforschung eröffnete (26.8). 1957 wurde der Hörnerv erstmalig in einer kontrollierten Studie von Djourno direkt stimuliert (26.9). Die Fortschritte der Mikroelektronik, implantierte multiple Elektroden und ausgeklügelte Verfahren zur Sprachanalyse und -erkennung führten gemeinsam zur Entwicklung der modernen hochleistungsfähigen Cochlea-Implantate (26.10) (26.11).

26.1 Nollet (Ref. 19.1), Galvani (Ref. 19.4), Humboldt (Ref. 19.9), Priestley (Ref. 22.1), Spallanzani (Ref. 16.7), Saussure (Ref. 7.8).

26.2 Oersted HC. *Experimenta circa effectum conflictus electrici in acum magneticam.* Kopenhagen 1820.

26.3 Oersted HC. *Laeresaetninger af den nyere Chemie.* Kopenhagen 1820, S. 15.

26.4 Faraday M. Experimental Researches in Electricity. *Phil Trans Roy Soc* Part I, 1832, S. 125.

26.5 Savart F. Sur la sensibilité de l'organe de l'ouie. *Ann Chim Phys* 1830; 44:337.

26.6 Brenner R. *Untersuchungen und Beobachtungen auf dem Gebiete der Elektrotherapie.* Bd. I, II. Leipzig 1868. Siehe auch Ref. 19.11.

26.7 Hartmann A. Ueber eine neue Methode der Hörprüfung mit Hülfe elektrischer Ströme. *Arch Physiol Leipzig* 1878, S. 155.

26.8 Stevens SS, Jones RC. The Mechanism of Hearing by Electrical Stimulation. *J Acoust Soc Am* 1939; 10:261.

26.9 Djourno A, Eyries Ch. Prothèse auditive par excitation électrique a distance du nerf sensoriel a l'aide d'un bobinage inclus a demeure. *La Presse Medicale* 1957; 35:1431.

26.10 Clark GM, Tong YC, Patrick JF. *Cochlear Prostheses.* Melbourne: Churchill Livingstone, 1990.

26.11 Siehe Nr. 89 Fant S. 460 und Nr. 85 Eckert/Mauchley S. 438 Ref. 85.10.

26:4

26:5

26:6

26:8

Hans Christian Oersted (1777–1851) und der Magnetkompass, den er benutzte, als er bei einer Vorlesung das Phänomen des Elektromagnetismus entdeckte. Seine Vorlesungsnotizen von 1820 (unten), in denen die Erzeugung elektrischen Stroms mithilfe einer Voltaschen Säule beschrieben wird.

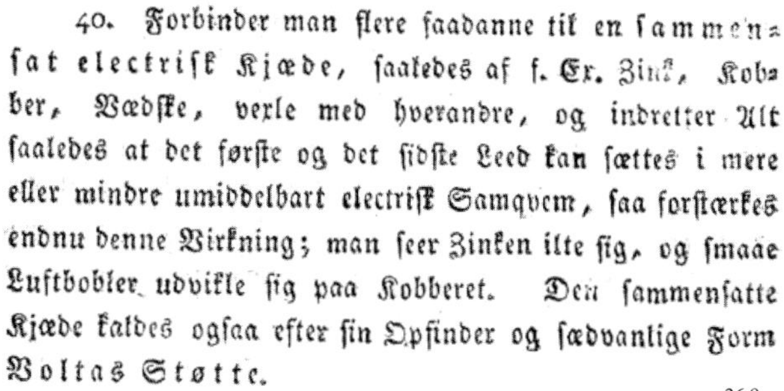

40. Forbinder man flere saadanne til en sammensat electrisk Kjæde, saaledes af f. Ex. Zink, Kobber, Vædske, vexle med hverandre, og indretter Alt saaledes at det første og det sidste Leed kan sættes i mere eller mindre umiddelbart electrisk Samqvem, saa forstærkes endnu denne Virkning; man seer Zinken ilte sig, og smaae Luftbobler udvikle sig paa Kobberet. Den sammensatte Kjæde kaldes ogsaa efter sin Opfinder og sædvanlige Form Voltas Støtte.

26:9

26:7

Michael Faraday (1791–1867) berichtet 1832 über seine Entdeckung der elektromagnetischen Induktion.

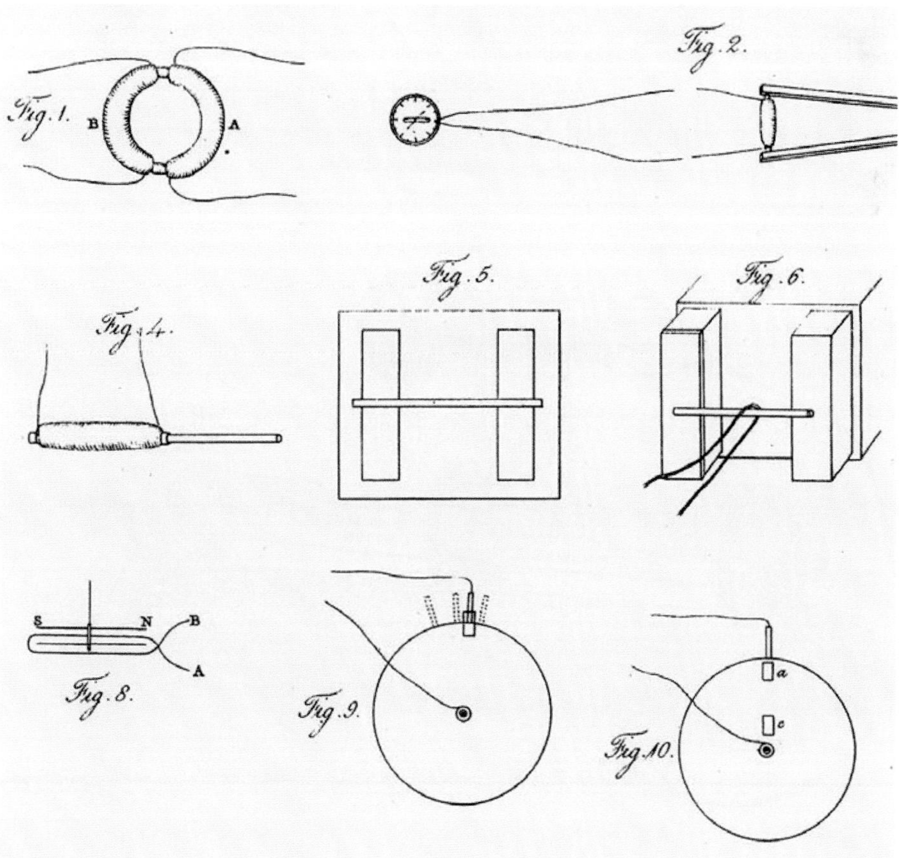

26:10

Zwei Darstellungen von Voltas berühmter Demonstration seiner Erfindung vor Napoleon Bonaparte, bei einer Vorlesung an der Akademie der Wissenschaften von Paris am 18. November 1800 (oben) und in privatem Rahmen (unten).

26:11

Arthur Hartmann (1849–1931) entwickelt im Jahre 1878 das erste Audiometer.

26:12

26:14

David Hughes (1831–1900) verwendet eine sogenannte Induktionswaage zur Entwicklung des ersten praktikablen Audiometers, des „Sonometers". Hier ist der Apparat und seine korrekte Anwendung nach den Angaben in der Zeitschrift *The Practitioner* von 1880 abgebildet.

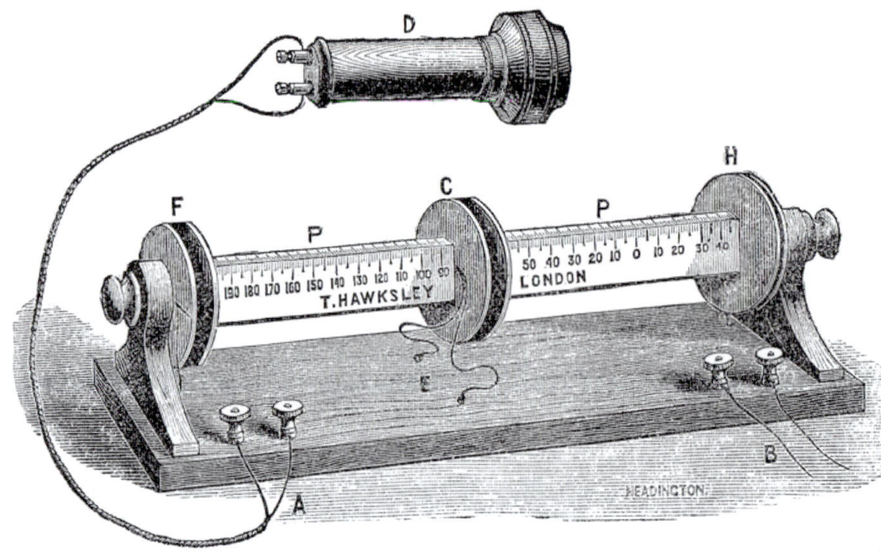

26:13

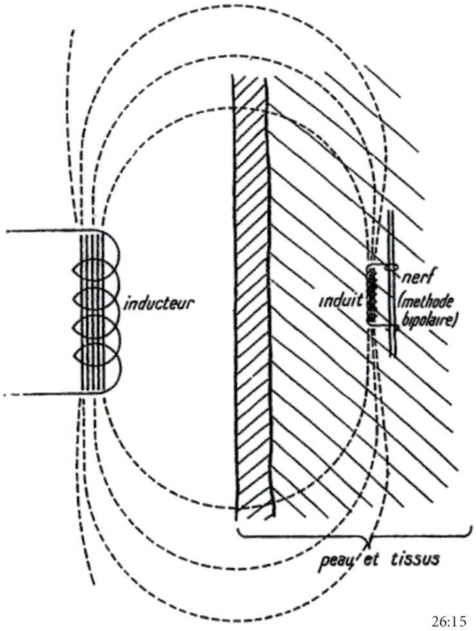

26:15

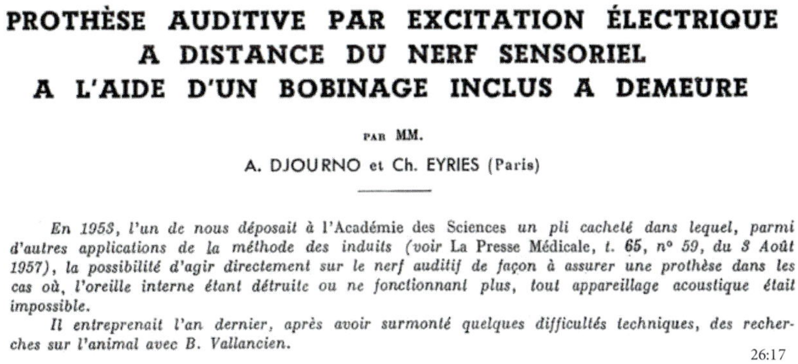

PROTHÈSE AUDITIVE PAR EXCITATION ÉLECTRIQUE A DISTANCE DU NERF SENSORIEL A L'AIDE D'UN BOBINAGE INCLUS A DEMEURE

PAR MM.

A. DJOURNO et Ch. EYRIES (Paris)

En 1953, l'un de nous déposait à l'Académie des Sciences un pli cacheté dans lequel, parmi d'autres applications de la méthode des induits (voir La Presse Médicale, t. 65, n° 59, du 3 Août 1957), la possibilité d'agir directement sur le nerf auditif de façon à assurer une prothèse dans les cas où, l'oreille interne étant détruite ou ne fonctionnant plus, tout appareillage acoustique était impossible.

Il entreprenait l'an dernier, après avoir surmonté quelques difficultés techniques, des recherches sur l'animal avec B. Vallancien.

26:17

1957 wird von der ersten kontrollierten Studie über die direkte Stimulation des Hörnerven berichtet. Während der Operation an einem Cholesteatom (gutartigem Tumor) werden Elektroden an dem Nerv angebracht. Der Patient kann Tonhöhenunterschiede in Inkrementen von 100 Pulsen/Sekunde wahrnehmen und erkennt Wörter wie „pappa", „maman" und „allo".

Ein modernes Cochlea-Implantatsystem besteht aus dem Implantat mit Elektroden und einem externen Teil mit Mikrofon, Batterien und Mikroelektronik. Das Gerät hat die Sprachverarbeitung und drahtlose Kommunikationsfunktionen vorangebracht. 1978 wurden erstmalig Mehrkanalgeräte mit verbesserter Spracherkennung implantiert.

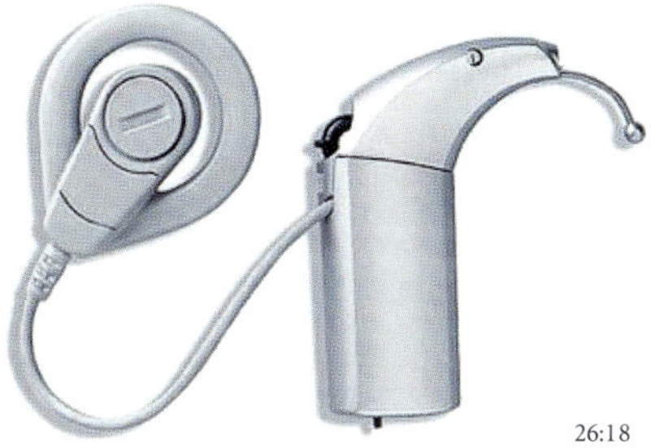

26:18

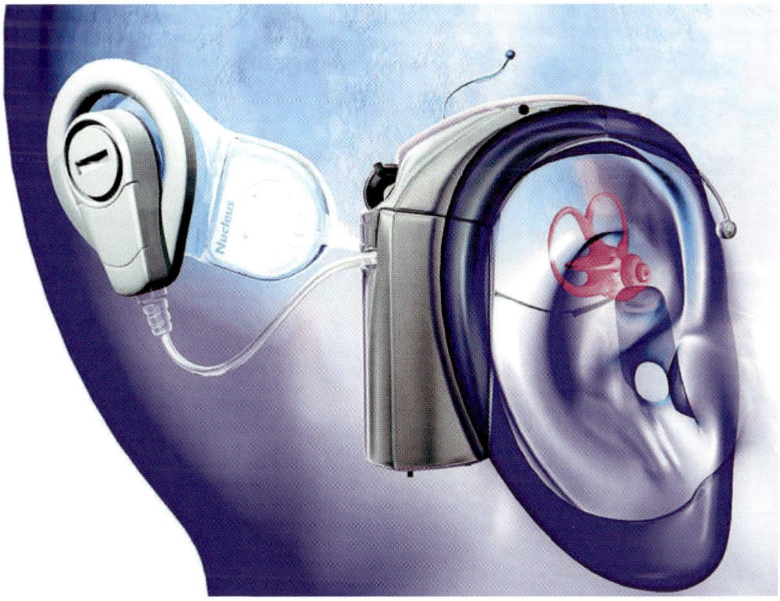

26:16

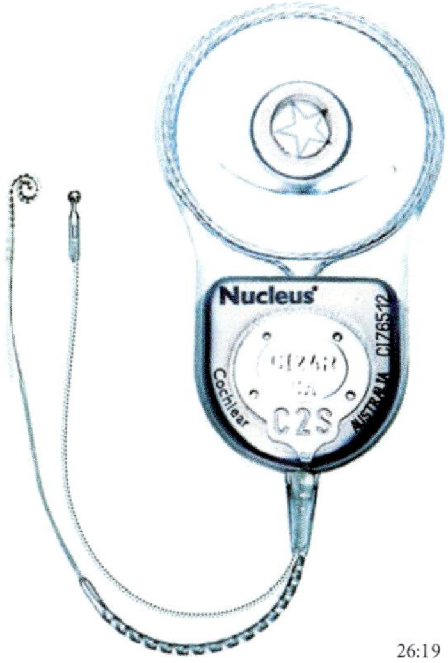

26:19

Wilhelm Herschels (1738–1822) Experimente zur Messung der Wärmestrahlung der verschiedenen Spektralfarben. Durch Drehen eines Prismas (oben) oder Kippen eines Brennspiegels (unten) werden Strahlen unterschiedlicher Wellenlänge auf Thermometer gelenkt.

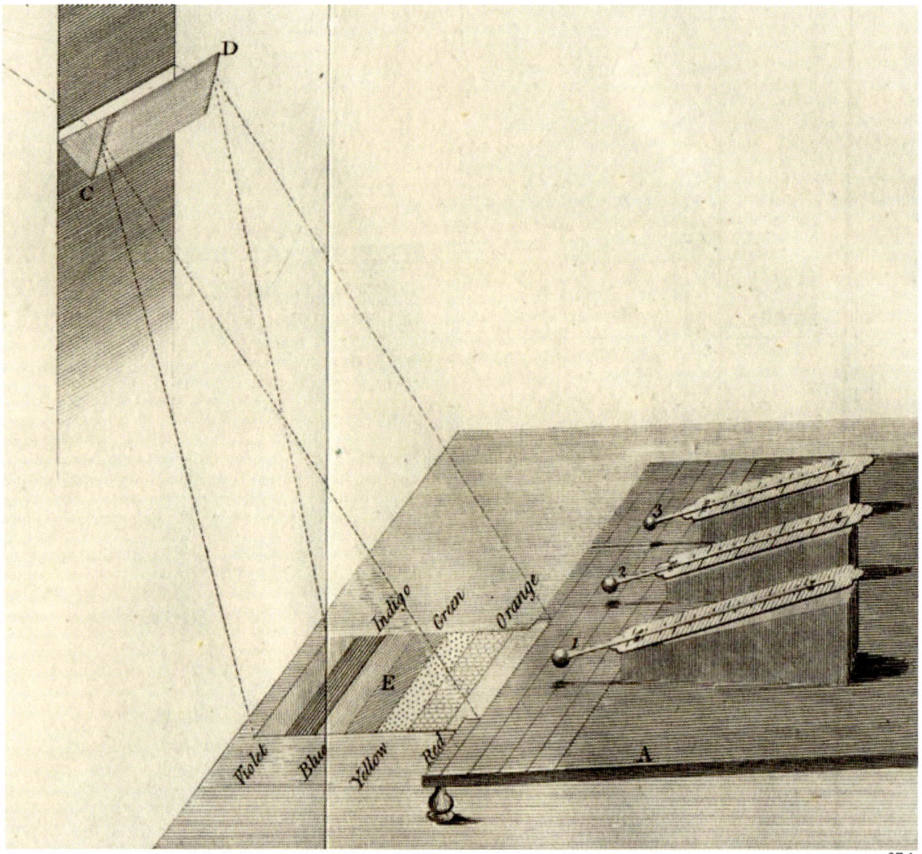

27:1

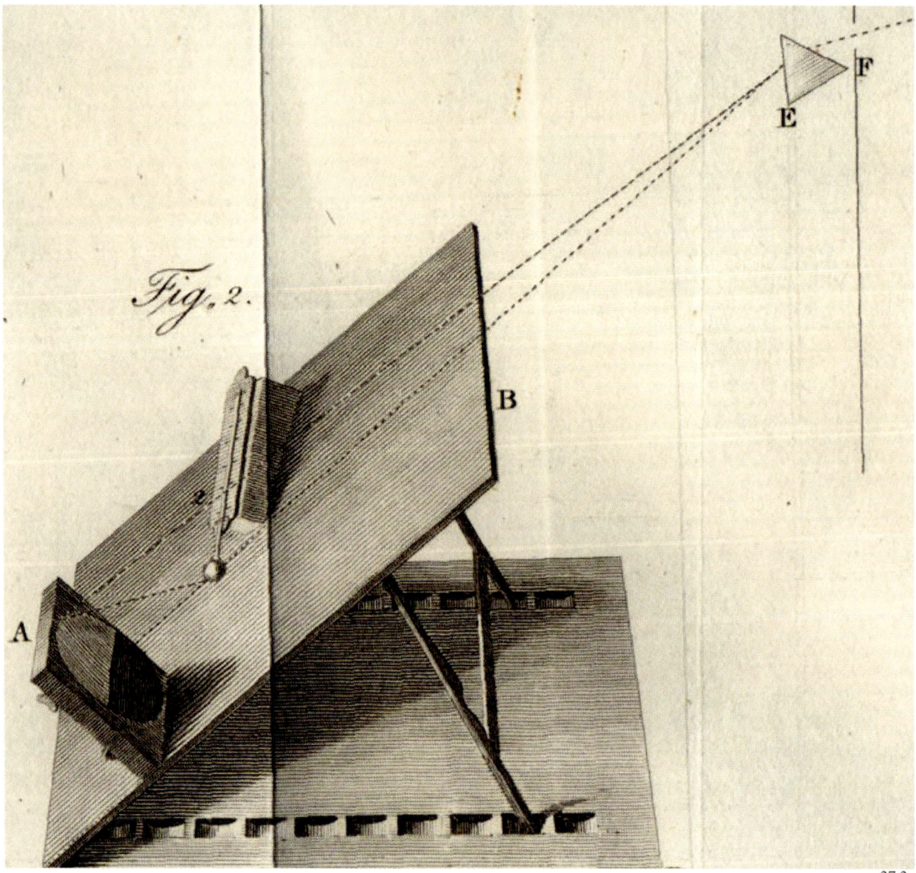

27:2

Wilhelm Herschel

Herschel kam 1738 in Hannover zur Welt. Als Oboist in der Militärkapelle seines Vaters besuchte er 1756 England und floh ein Jahr später dorthin, als die Franzosen Hannover besetzten. Zuerst verdiente er seinen Lebensunterhalt mit Musizieren und Komponieren, doch schon bald faszinierte ihn die Astronomie und er wollte den „Bau des Himmels“ ergründen. Er lernte, riesige Spiegelteleskope zu entwerfen und herzustellen, die allen ähnlich gearteten Instrumenten jener Zeit überlegen waren. Mit seiner Schwester Caroline als Assistentin erforschte Herschel die Sterne, den Mond und das Sonnensystem. Die Entdeckung des Planeten Uranus 1781 verschaffte ihm Ruhm und finanzielle Sicherheit. Mit 50 Jahren heiratete er; sein einziger Sohn John wurde ein bekannter Wissenschaftler und Astronom (27.1). Herschel wurde 1816, sechs Jahre vor seinem Tod, zum Ritter geschlagen.

27:3

Wilhelm Herschel

Investigation of the Powers of the prismatic Colours to heat and illuminate Objects, ...

Philosophical Transactions of the Royal Society London. 1800; I:255.

Hier berichtet Herschel über einige bemerkenswerte Beobachtungen, die er beim Untersuchen der Sonnenstrahlung machte. Beim Verwenden verschiedener Kombinationen farbigen Glases verspürt er „die Empfindung von Wärme, obwohl ich nur sehr wenig Licht hatte“. Als er das Phänomen mit Prismen und Thermometern untersucht (27.2), entdeckt er, dass die Wärmestrahlen brechbar sind, die maximale Wärme jedoch „sogar jenseits der sichtbaren Brechung“ auftritt. Hier und in zwei Berichten (27.3), die dem zitierten Werk unmittelbar folgen, beweist er, dass die Wärmestrahlung, ob von der Sonne oder von künstlichen Quellen, den Gesetzen der Optik folgt, wie sie für das Licht beschrieben wurden.

Im Spiegel der Zeit:
Etwa 20 Jahre später bemerkte Fraunhofer, dass schwarze Streifen erschienen, wenn Sonnenlicht durch ein Prisma fiel (27.4). Diese Beobachtung wurde 1860 von Kirchhoff und Bunsen als die Spektren der Elemente erklärt (27.5). Die Spektroskopie wurde von Vierordt entwickelt, der auch die spektralen Eigenschaften des Blutes bestimmte (27.6). In den 1970er-Jahren entwickelte sich die Pulsoximetrie zu einem bedeutenden klinischen Werkzeug (27.7) und die Nahinfrarotspektroskopie hielt Einzug in die medizinische Forschung, insbesondere zur Untersuchung der Hirnfunktion (27.8). Die medizinische Bildgebung mit Infrarotstrahlung musste noch die Entwicklung ausreichend schneller und empfindlicher Halbleiterdetektoren abwarten. Die erste Anwendung galt der Diagnose von Brustkrebs, wie Lawson 1956 angeregt hatte (27.9). Die 1970er-Jahre brachten neue Materialien für Detektoren, verbessertes optisches Design und neue Anwendungen für die Diagnose von Krankheiten, die direkt oder indirekt die Mikrozirkulation der Haut betrafen (27.10). Große Fortschritte in der Infrarotthermographie gab es in jüngerer Zeit dank der Weiterentwicklung von Mikroelektronik, Detektormaterialien und FPA-Detektoren, die schnell Bilder mit hoher Auflösung und hoher Temperaturempfindlichkeit erzeugen (27.11).

27.1 Siehe Nr. 38 Daguerre S. 202 und Ref. 38.5.
27.2 Siehe Ref. 7.7.
27.3 Herschel W. Experiments on the Refrangibility of the invisible Rays of the Sun. Experiments on the solar, and on the terrestrial Rays that occasion Heat. *Phil Trans Roy Soc* Part I 1800, S. 284, S. 293.
27.4 Siehe Ref. 9.8.
27.5 Siehe Nr. 49 Kirchhoff S. 258.
27.6 Vierordt K. *Die quantitative Spectralanalyse in ihrer Anwendung auf Physiologie, Physik, Chemie und Technologie.* Tübingen 1876, S. 59.
27.7 Severinghaus JW. History and recent developments in pulse oximetry. *Scand J Clin Lab Invest* 1993; Suppl. 214:105.
27.8 Jobsis FF. Noninvasive, infrared monitoring of cerebral and myocardial oxygen sufficiency and circulatory parameters. *Science* 1977; 198:1264.
27.9 Lawson RN. Implication of surface temperatures in the diagnosis of breast cancer. *Can Med Assoc J* 1956; 75:309.
27.10 Cooke ED, Pilcher MF. Thermography in diagnosis of deep venous thrombosis. *Br Med J* 1973; 2:523.
27.11 Keyserlingk JR et al. Infrared imaging of the breast. *The Breast Journal* 1998; 4:245.

27:4

Wilhelm Herschel (1738–1822) entdeckt die Existenz infraroter Strahlung und untersucht die Wärme, die von verschiedenen Strahlungsquellen ausgeht.

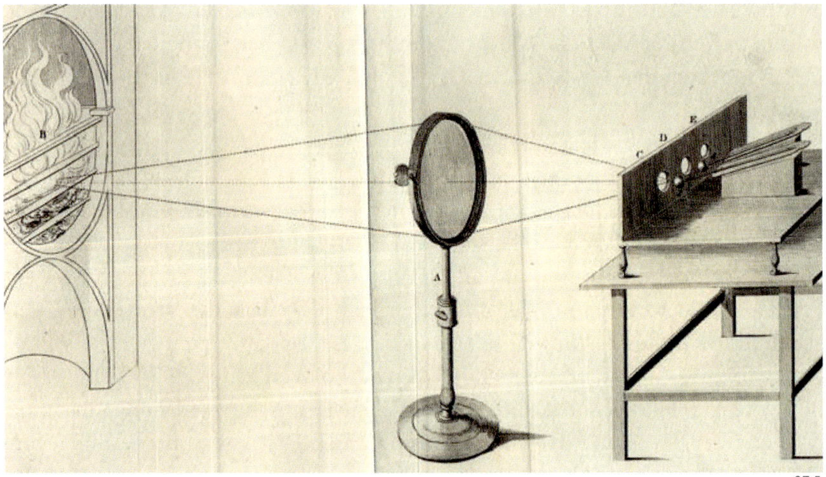

27:5

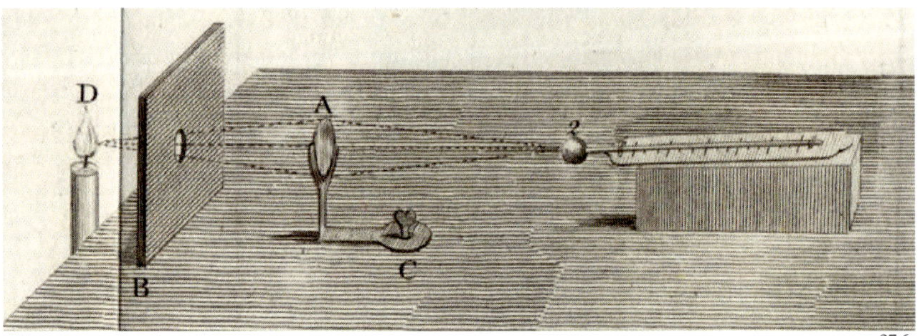

27:6

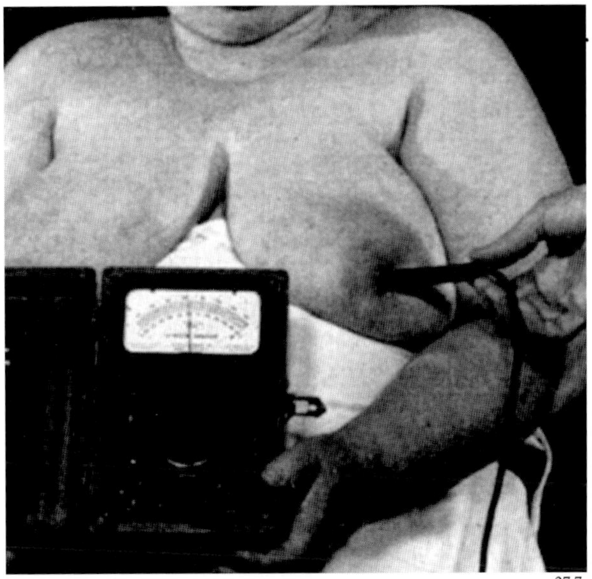

27:7

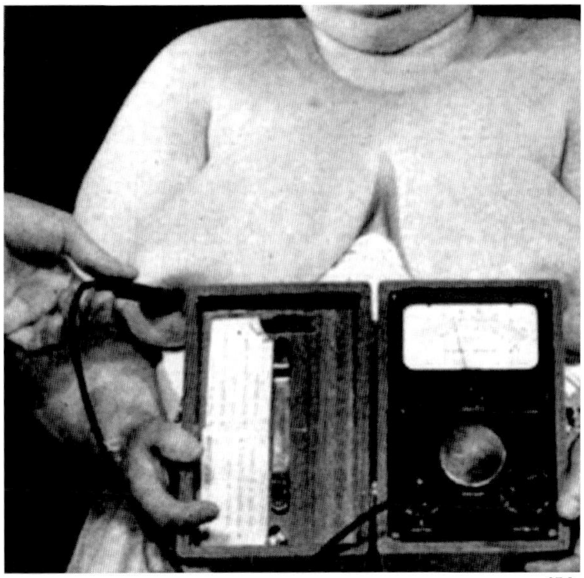

27:8

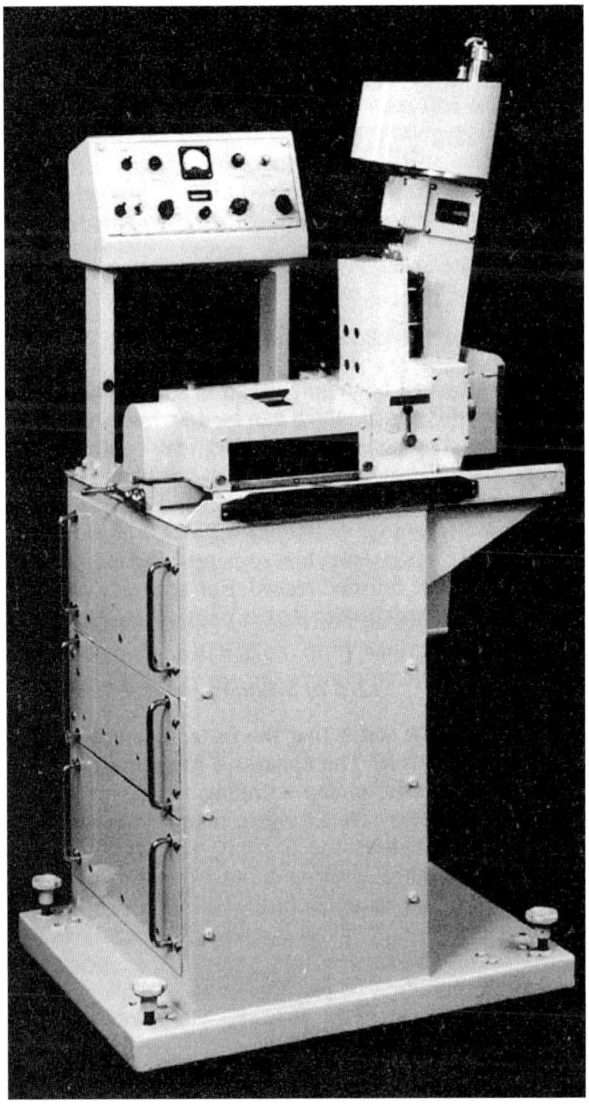

27:9

1956 schlägt Ray Lawson die Messung der Temperatur der Hautoberfläche zur Erkennung von Brustkrebs vor. Die erhöhte Temperatur der linken Brust, die die Fotografien oben zeigen, weist auf ein Karzinom hin.

Der 1964 zur klinischen Anwendung entwickelte Hochgeschwindigkeitsscanner Pyroscan erzeugt ein Bild in etwa 30–180 Sekunden.

Funktionelles Diagramm des ersten kommerziellen Infrarotscanners, der 16 Bilder pro Sekunde liefert und 17 kg wiegt.

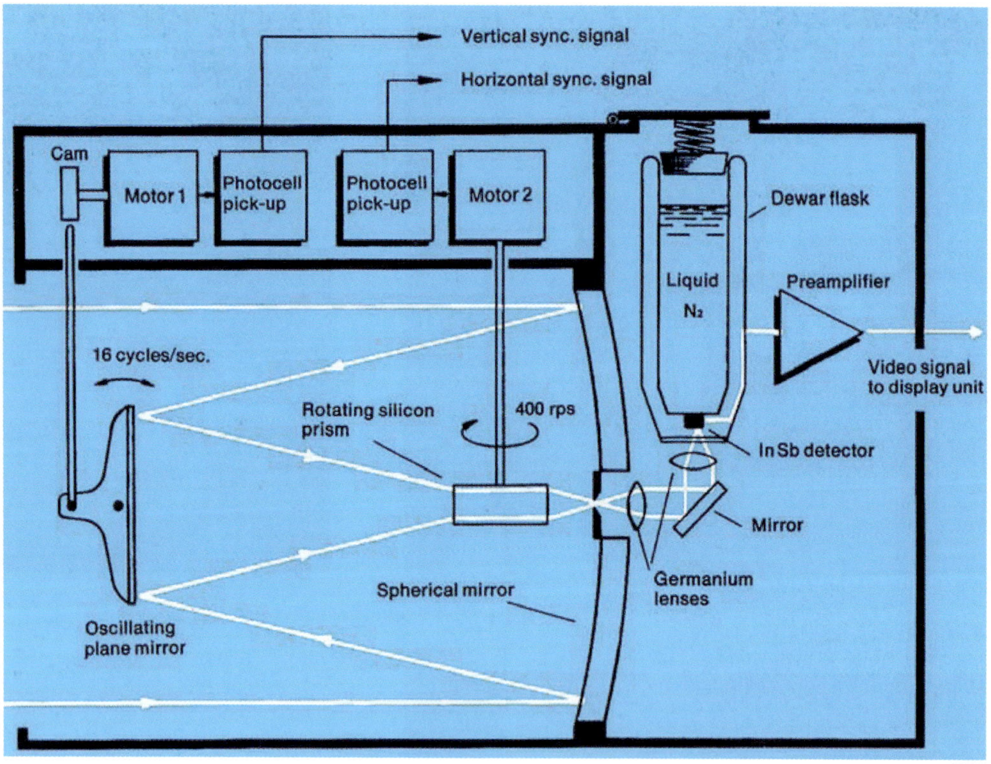

27:10

Medizinische Anwendung des Infrarotscanners im Jahre 1966 am Karolinska Sjukhuset.

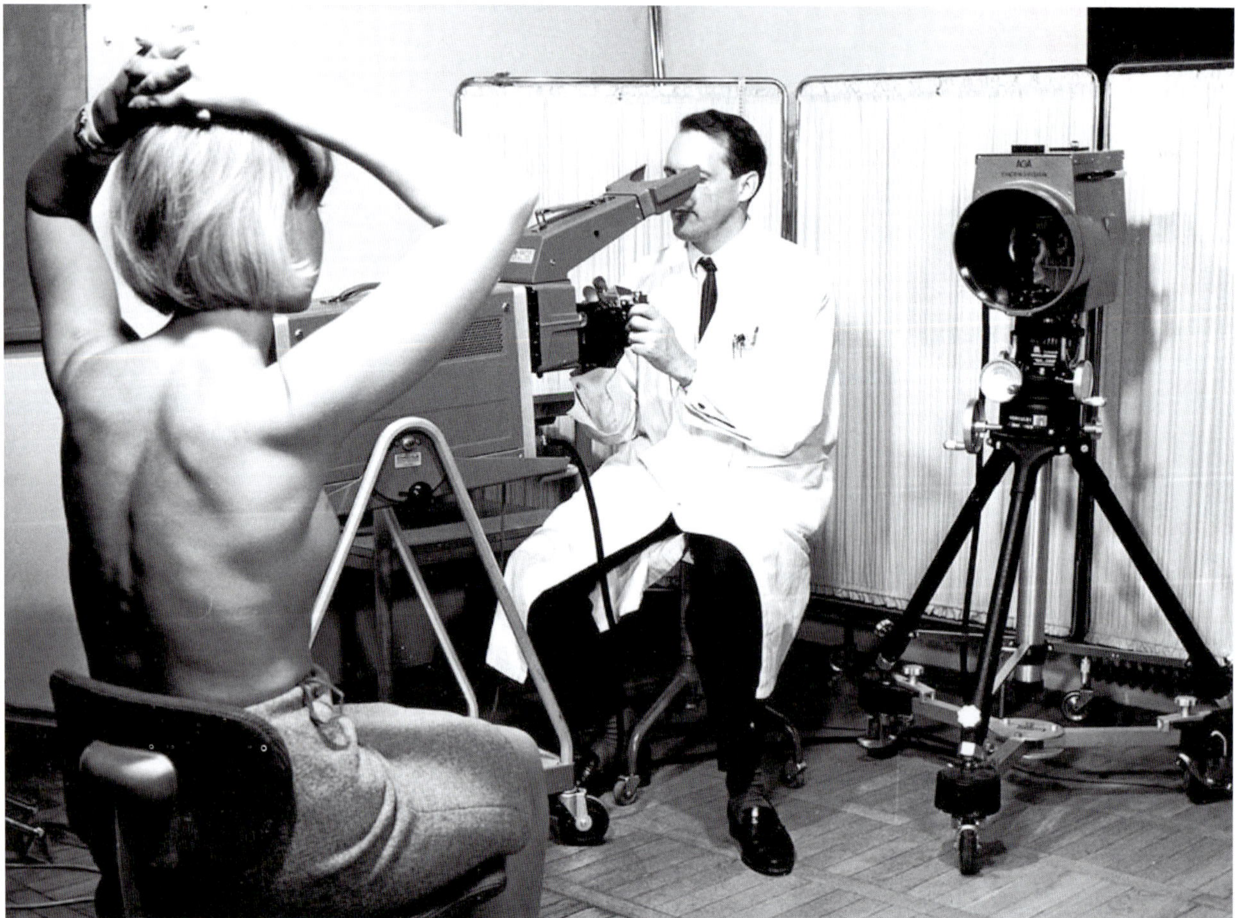

27:11

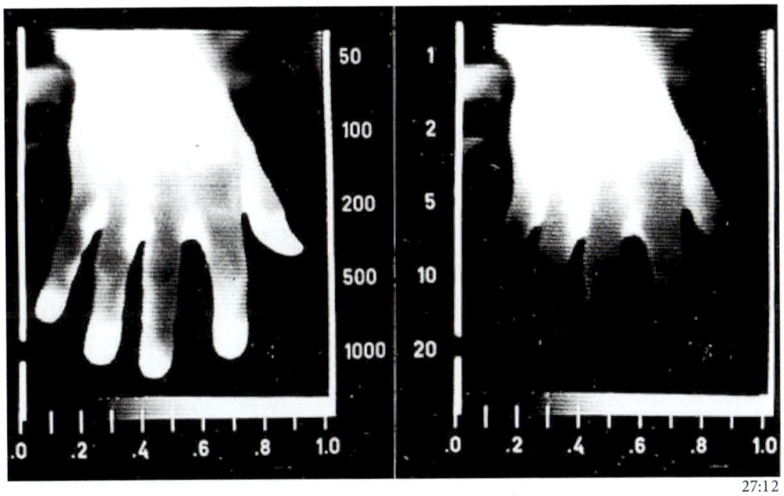

27:12

Links werden die Auswirkungen von fünf Minuten Rauchen auf den Blutkreislauf in den Fingern demonstriert. Dunkle Bereiche entsprechen einer niedrigeren Hauttemperatur infolge der verminderten peripheren Zirkulation.

Mitte: Farbbilder zur Diagnose von Brustkrebs aus dem Jahr 1978.

Unten links: IR-Kamera von 1974 mit einer Temperaturempfindlichkeit von 0,2° C und einem Gewicht von 6 kg. Unten rechts: Moderne batteriebetriebene IR-Kamera mit Farbdisplay. Sie hat eine Temperaturempfindlichkeit von 0,08° C und ein Gewicht von 2 kg.

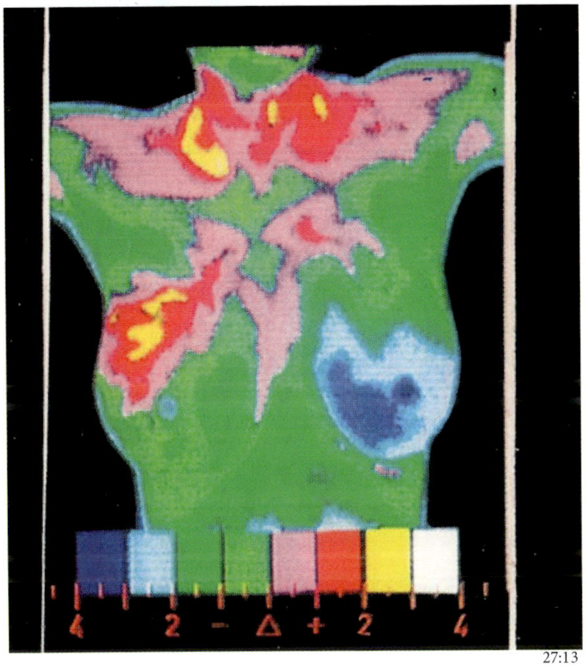

27:13

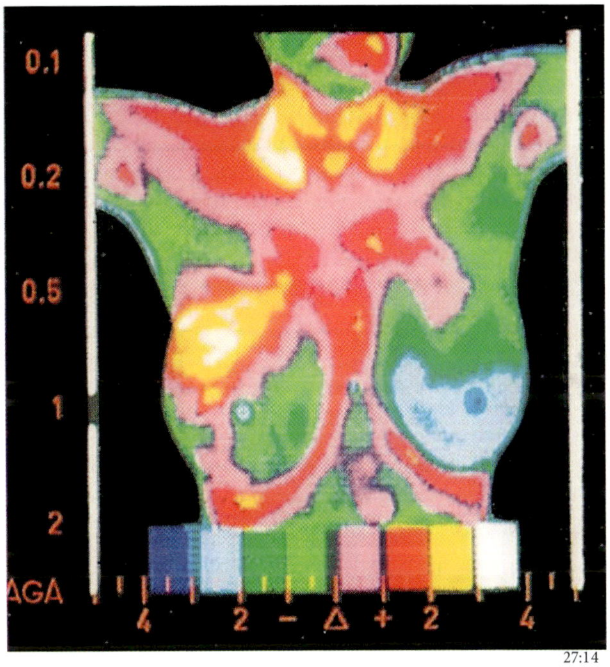

27:14

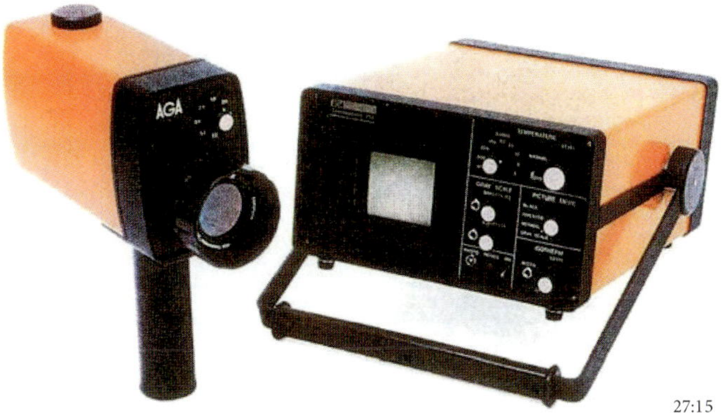

27:15

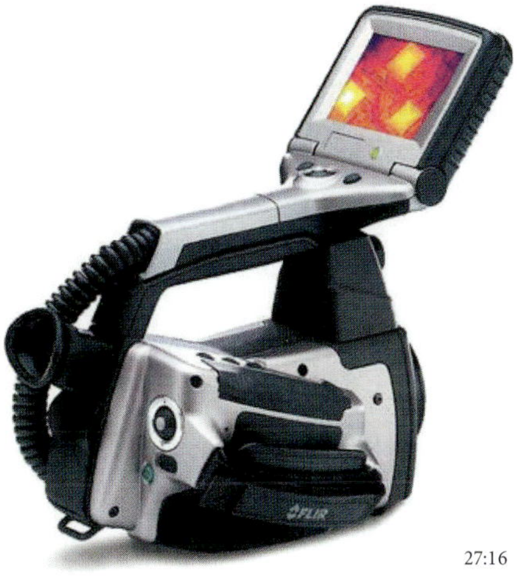

27:16

Mit 22 Jahren veröffentlicht Humphry Davy (1778–1829) seine Beobachtungen über Distickstoffmonoxid (Lachgas). Bei einem Selbstversuch stellt er fest, dass die von einem Weisheitszahn hervorgerufenen Schmerzen damit gelindert werden und vermerkt, es ließe sich „vermutlich nutzbringend bei chirurgischen Operationen anwenden". Seine Hinweise bleiben jedoch weitere 40 Jahre unbeachtet. Unten ist sein Beatmungsgerät abgebildet.

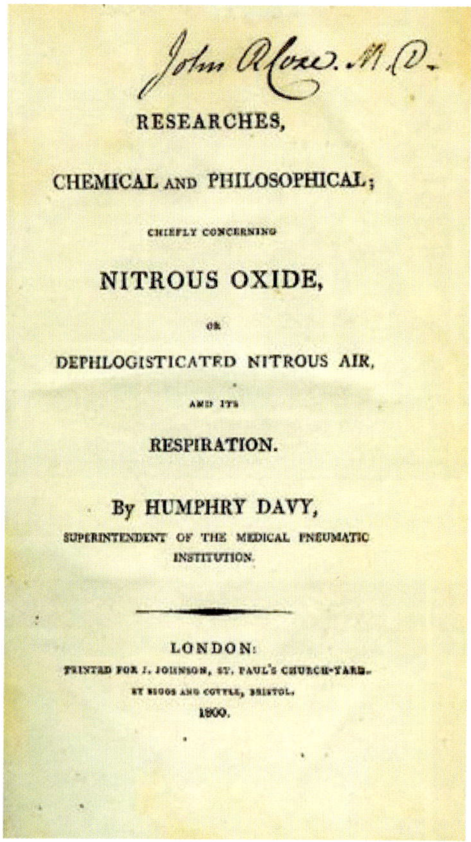

John Alcox. M.D.

RESEARCHES,

CHEMICAL AND PHILOSOPHICAL;

CHIEFLY CONCERNING

NITROUS OXIDE,

OR

DEPHLOGISTICATED NITROUS AIR,

AND ITS

RESPIRATION.

By HUMPHRY DAVY,

SUPERINTENDENT OF THE MEDICAL PNEUMATIC INSTITUTION.

LONDON:

PRINTED FOR J. JOHNSON, ST. PAUL'S CHURCH-YARD,

BY BIGGS AND COTTLE, BRISTOL.

1800.

28:1

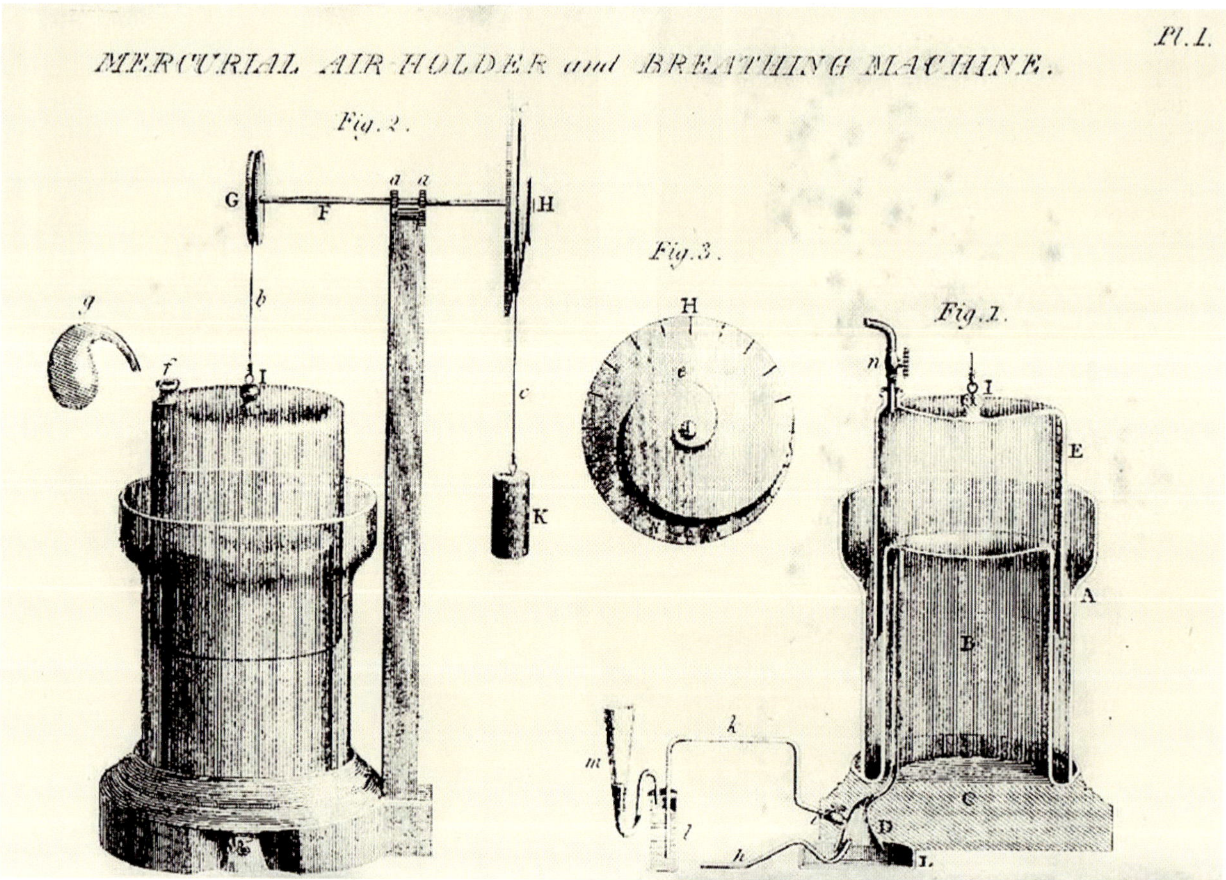

28:2

Humphry Davy

Davy wurde 1778 in Penzance, England, geboren. Als er 16 Jahre alt war und sein Vater starb, begann er eine Lehre bei Borlase, einem Chirurgen und Apotheker. Als Autodidakt stürzte er sich in ein ehrgeiziges Ausbildungsprogramm, das auch die Arbeiten von Lavoisier einschloss (28.1). 1798 wurde Davy von Beddoes zum Leiter seines „Pneumatischen Instituts" ernannt, das die therapeutischen Verwendungen der neuen Gase (künstliche Luftarten) erforschen sollte (28.2) (28.3). Dort vollendete Davy seine berühmte Untersuchung über die Eigenschaften von Distickstoffmonoxid (Lachgas). 1801 wurde er an der Royal Institution zum Professor für Chemie ernannt und zwei Jahre später in die Royal Society aufgenommen. Davy nahm gerne neue wissenschaftliche Herausforderungen und Chancen wahr. Als arrogant verschrien und an den Folgen eines Schlaganfalls leidend, verbrachte er seine letzten Jahre unglücklich und isoliert und starb im Jahre 1829.

28:3

Humphry Davy

Researches, Chemical and Philosophical: chiefly concerning Nitrous Oxide.

LONDON: J. JOHNSON, 1800.

Davy beginnt seine Untersuchung von Distickstoffmonoxid mit der Widerlegung der Annahme, dass es sich um eine giftige Substanz handelt (28.4). Er unternimmt Selbstversuche und bittet Freunde, seine Beobachtungen zu überprüfen. Auf diese Weise stellt er die schmerzstillende Wirkung von Distickstoffmonoxid unter Beweis. So bemerkt er, als er einen entzündeten Zahn hat: „An dem Tag, als die Entzündung am schmerzhaftesten war, atmete ich drei große Dosen Distickstoffmonoxid ein. Nach den ersten vier oder fünf Atemzügen wurde der Schmerz stets gelindert ..." Er schlägt vor: „Da Distickstoffmonoxid bei großzügiger Verwendung offenbar körperlichen Schmerz beseitigen kann, lässt es sich vermutlich nutzbringend bei chirurgischen Operationen anwenden, bei denen nicht viel Blut fließt."

Im Spiegel der Zeit:

Davy arbeitete schnell und mit großem experimentellem Geschick; ihm gelangen bedeutende Entdeckungen in der Elektrochemie, einem neuen Bereich, der sich durch Voltas Erfindung der Batterie erschlossen hatte (28.5). Die erste klinische Anwendung von Distickstoffmonoxid zur Schmerzlinderung nahm Well 1844 in seiner Zahnarztpraxis vor (28.6). Vermutlich aufgrund einer falschen Dosierung gelang es ihm leider nicht, seine Wirkung auch in der Allgemeinchirurgie erfolgreich zu demonstrieren. Der Patient erwachte mit großen Schmerzen, die Chirurgen erklärten das Verfahren für Humbug (28.7) und so geriet es schnell in Verruf. 1863 führte Colton Distickstoffmonoxid jedoch wieder als Narkosemittel in die Zahnbehandlung ein (28.8). Die anästhetische Wirkung des Gases unter erhöhtem Druck wurde von Bert untersucht (28.9). Es wurde zunehmend beliebter, als bei der Narkotisierung mit Chloroform immer mehr Todesfälle auftraten (28.10) und man gute Erfahrungen mit der Kombination von Distickstoffmonoxid und Sauerstoff machte (28.9) (28.11).

28.1 Siehe Nr. 24 Lavoisier S. 134.
28.2 Siehe Nr. 22 Priestley S. 124.
28.3 Beddoes T, Watt J. *Considerations on the Medicinal Use of Factitious Airs, and on the Manner of Obtaining Them in Large Quantities. In two Parts.* Bristol 1794.
28.4 Mitchill SL. *Remarks on the Gaseous Oxyd of Azote or of Nitrogene, ...* New York 1795.
28.5 Siehe Nr. 26 Volta S. 144.
28.6 Keys TE. *The History of Surgical Anesthesia.* New York: Schuman's; 1945, S. 24.
28.7 Wells H. The discovery of etheral inhalation. *The Boston Med Surg J* 1847; 36(15):298.
28.8 Lyman HM. *Artificial Anaesthesia and Anaesthetics.* New York: William Wood & Co.; 1881, S. 309.
28.9 Siehe Nr. 59 Bert S. 304. Siehe auch Ref. 28.6, S. 73.
28.10 Siehe Nr. 47 Snow S. 248.
28.11 Andrews E. The oxygen mixture, a new anaesthetic combination. *Chicago Med Exam* 1868; 9:656.

Das Beatmungsgerät, das James Watt (1736–1819) für die medizinische Nutzung der neu entdeckten Gase, insbesondere Sauerstoff, erfand. Watt folgerte: „Ich glaube, wenn Gifte über die Lungen in den Körper gelangen können, so können auch Heilmittel über den gleichen Zugang zugeführt werden.“

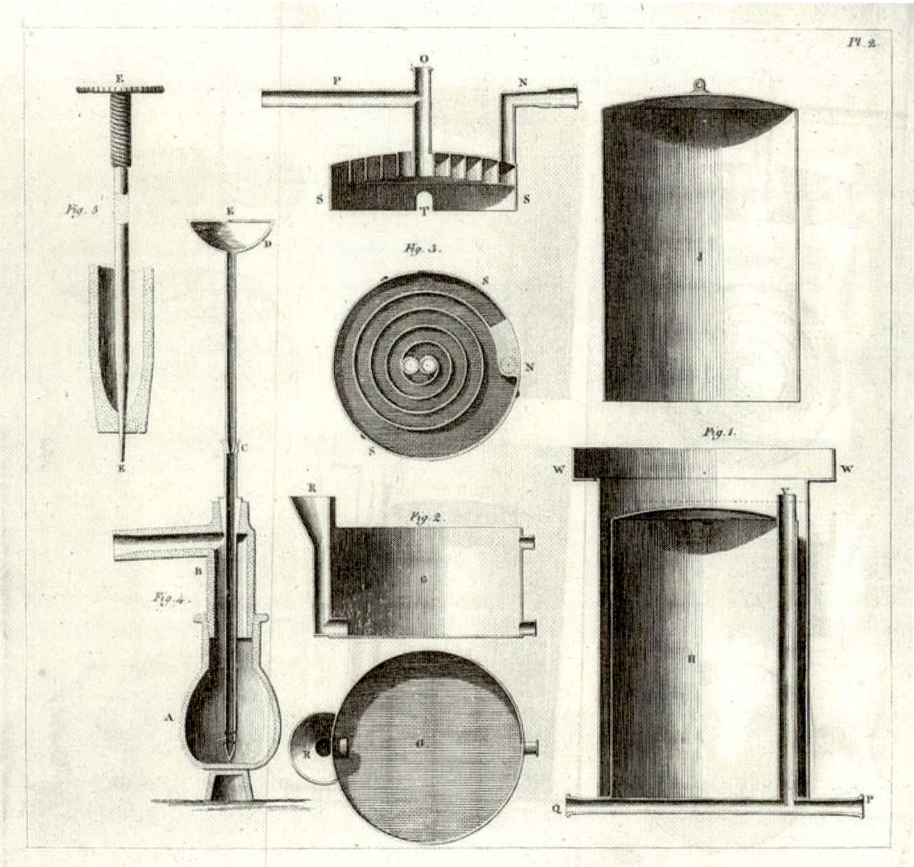

28:4

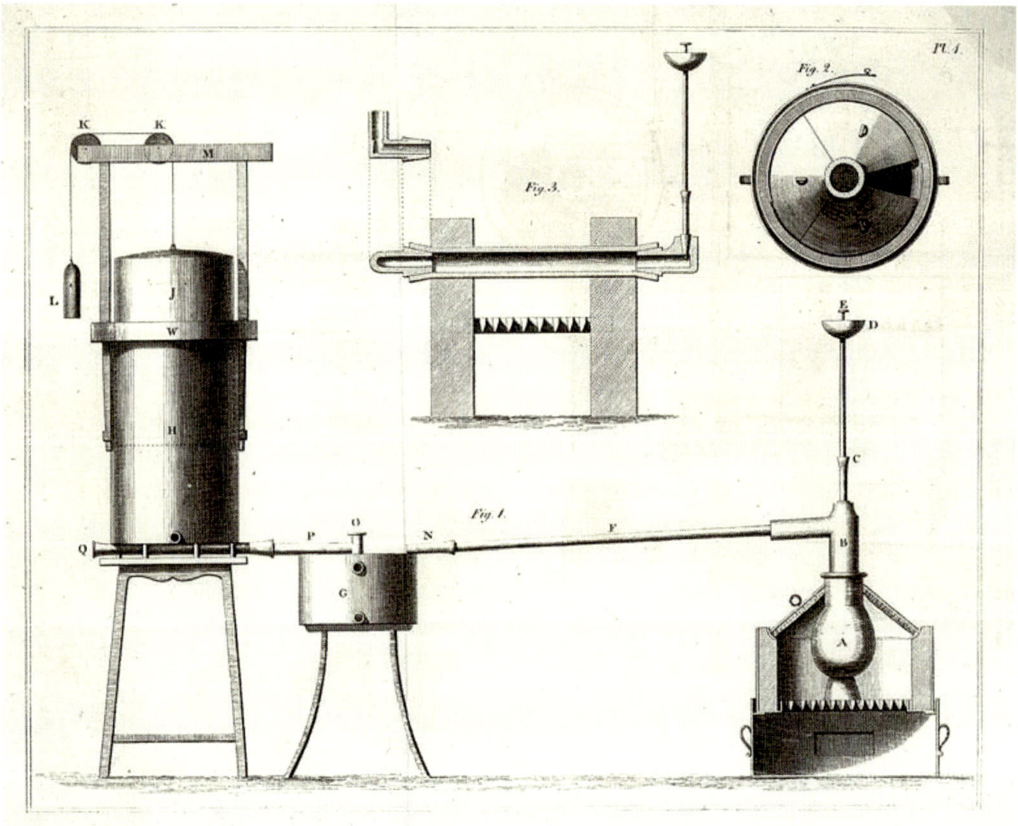

28:5

CONSIDERATIONS

ON THE

MEDICINAL USE

OF

FACTITIOUS AIRS,

AND

ON THE MANNER

OF

OBTAINING THEM IN LARGE QUANTITIES.

IN TWO PARTS.

PART I. BY THOMAS BEDDOES, M. D.

PART II. BY JAMES WATT, ESQ.

BRISTOL:

PRINTED BY BULGIN AND ROSSER,

FOR J. JOHNSON, NO. 72, ST. PAUL'S CHURCH-YARD,

AND H. MURRAY, NO. 32, FLEET-STREET, LONDON.

PRICE TWO SHILLINGS AND SIXPENCE.

28:6

Thomas Beddoes (1760–1808) gründet in der Nähe von Bristol das „Pneumatische Institut", wo Krankheiten durch die Inhalation von Gasen geheilt werden sollen. Er und James Watt berichten von guten Erfolgen bei zahlreichen Fällen von Asthma, Epilepsie, Kopfschmerzen, Geschwüren, Syphilis und anderen Krankheitsbildern, darunter auch Melancholie. Die Tabelle unten fasst ihre Erfahrungen mit der Sauerstofftherapie zusammen.

ANASARCA, GENERAL, AND OF THE LUNGS. ASCITES.

Name.	*State in other Reſpects.*	*Medicines beſides.*	*What Air.*	*Circumſtances.*	*Reſult as to the Diſeaſe.*	*Authority.*
7. Mr. G. I.	Dyſpeptic: free liver.	Digitalis.	Ox. mod. & aft. lit. dil.	Dyſpepſia relieved.	Not cured.	Author, C. 157.
8. Mr. ——		Digitalis.	Ox. nearly pure.	No temporary advantage	Not cured.	Dr. Darwin, A. 76.
*8. Mr. Barker.	Free liver.	Many in vain: digitalis.	Ox. mod. dil.	Diſtreſs ſoon removed.	Cure.	Mr. Barr, A. 113.
9. Sir W. Chambers.	Age 75.	Bitters, aperient occaſ.	Ox. ext. dil.	Dyſpnœa removed.	Great ben.	P. N. A. 2.
10. Mary Leucraft.	Aſcites.	Crem. tartar.	Ox. mod. dil.	Complexion heightened.	Cure pp.	S. Hill, Eſq. A. 7.

ASTHMA, AND DYSPNOEA.

11. A Lady.	Spaſm. Fit every four days.	None.	Hg. $\frac{1}{3}$.	Two ſhort fits in two months.	Conſid. ben.	Dr. Ferriar, Vol. II. page 227.
12. J. B——.	Humoral.	None.	Hdc. dil.	Relapſed from imprudence.	Great ben.	Dr. Carmichael, C. 101. A. 82.
13. Mr. ——	Humoral.		Ox.	Inhaled but once.	Much eaſe.	Dr. Ferriar, C. 82.
14. Mr. T——.	Humoral.	Tonics in the day, opium at night.	Ox. ext. dil. in the forenoon, and hg. dil. in the evening.	The diſeaſe appeared aggravated ſix weeks by the dil. ox. when exhibited alone.	Cure pp.	Dr. Thornton, C. 77.
15. Lady.	Dyſpnœa.	Tonics. Aperients occaſ.	Ox. mod. dil.	Walks up ſtairs with leſs dyſpnœa after the inhalation.	Imperfect trial.	Dr. Thornton, C. 18.
16. Rev. Dr. ——	Fit every night, ending in expectoration.	Emetics. Aperients occaſ. and tonics.	Ox. ext. dil.	Strength and appetite increaſed.	Cure pp.	Mr. Townſend, G. 398.
17. Mrs. Barrett.	Spaſmodic.	Tonics. Aperients occaſ.	Ox. ext. dil.	Complexion heightened.	Cure pp.	P. N. A. 25.
18. Mr. ——	Humoral.	Tonics.	Ox. ext. dil.	General health eſtabliſhed.	Much ben.	Mrs. Barrett, A. 26.
19. B. Clopton, Eſq.	Spaſmodic.	None.	Ox. ext. dil.	Strength, and ſpirits, improved.	Cure pp.	P. N. A. 48.
20. Mrs. Barker.	Orthopnœa.	Tonics.	Ox. ext. dil.	Cancer leſs indurated.	Cure pp.	Mr. Barker, A. 23.
21. A Lady.	Humoral.	Aperients.	Ox. mod. dil.	Immediate relief.	Cure pp.	Mr. Phipps, A. 70.

28:7

Verfahren und Ausrüstung aus den 1870er-Jahren zur Verabreichung von Distickstoffmonoxid. Unten wird einem Patienten das Gas aus einem Beutel zugeführt. Oben auf der gegenüberliegenden Seite sind Inhalationsapparate mit Mundstücken abgebildet, die gut anzupassen sind.

28:8

Gardner Colton (1814–1898) ist ein Vorreiter der medizinischen Nutzung von Distickstoffmonoxid. 1863 führt er es in die Zahnbehandlung ein, wo es bald äußerst populär wird.

Joseph Clover (1825–1882) ist ein Vorreiter in der Entwicklung von Geräten zur Verabreichung von Narkosegasen. Auf der gegenüberliegenden Seite unten ist einer seiner ersten Apparate zur kombinierten Zufuhr von Äther und Distickstoffmonoxid zu sehen.

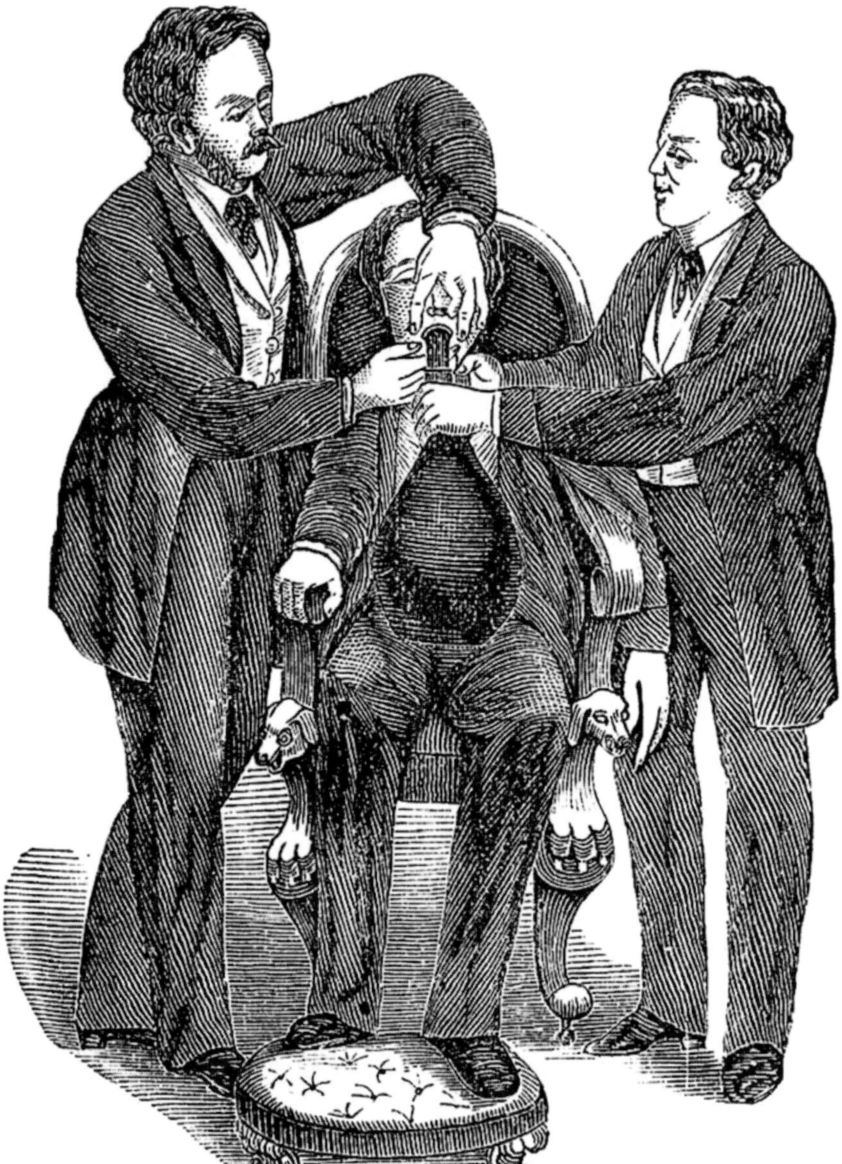

28:9

Fig. 1.

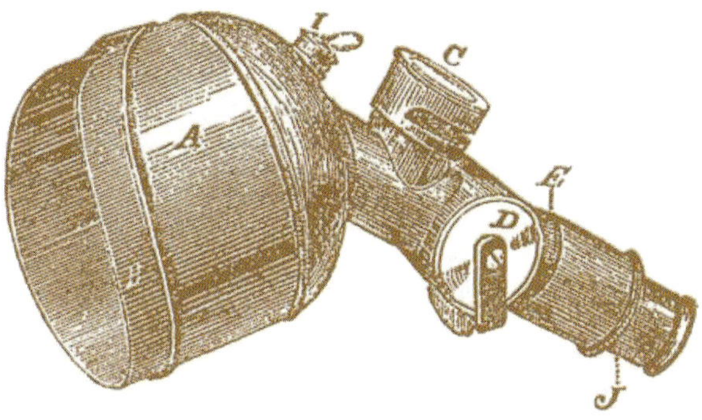

Fig. 2.

Codman & Shurtleff's Inhalers for Nitrous Oxide.

Fig. 1.—Inhaler for Nitrous Oxide Gas: A, hard-rubber mouth-piece; B, metallic hood.
Fig. 2.—A, metallic hood; B, flexible rubber hood, projecting from within the metallic face-piece; C, exhaling-valve; D, two-way stop-cock; I, packing, through which a silk cord passes; E, sliding-joint, where J is detached to connect the ether-reservoir; J contains the inhaling-valve.

28:10

Clover's Inhaler for Ether and Nitrous Oxide: E, container for ether; F, face-piece; G, caoutchouc bag traversed by a tube, for the direct transmission of ether vapor. By a proper arrangement the vapor can be combined in the bag with nitrous oxide from the receiver R, K. Re, regulator.

28:11

1806 berichtet Friedrich Sertürner (1783–1841) von der Entdeckung des Morphins („Opiumsäure") als aktiver Substanz des Opiums (links). Nach fünf Jahren, in denen seine Entdeckung nahezu keine Beachtung findet, weist er in dem unten abgebildeten Aufsatz auf die adäquate Verwendung und den medizinischen Nutzen des Morphins hin.

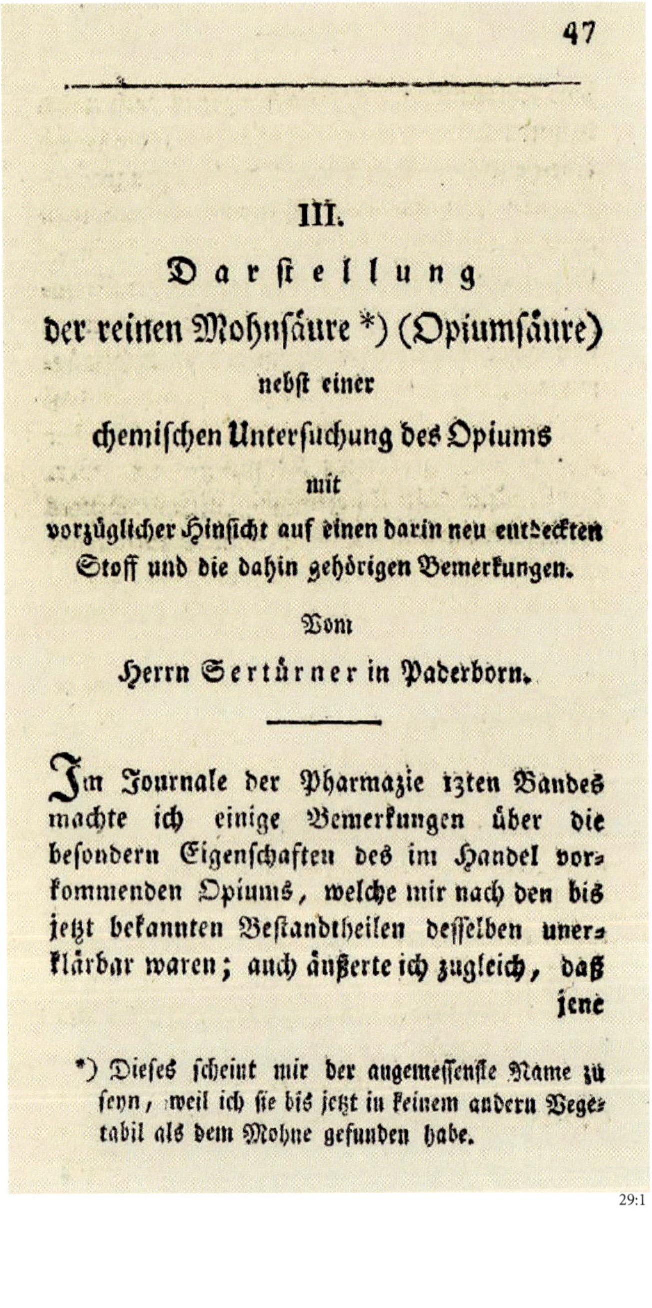

47

III.

Darstellung der reinen Mohnsäure *) (Opiumsäure) nebst einer chemischen Untersuchung des Opiums mit vorzüglicher Hinsicht auf einen darin neu entdeckten Stoff und die dahin gehörigen Bemerkungen.

Vom Herrn Sertürner in Paderborn.

Im Journale der Pharmazie 13ten Bandes machte ich einige Bemerkungen über die besondern Eigenschaften des im Handel vorkommenden Opiums, welche mir nach den bis jetzt bekannten Bestandtheilen desselben unerklärbar waren; auch äußerte ich zugleich, daß jene

*) Dieses scheint mir der angemessenste Name zu seyn, weil ich sie bis jetzt in keinem andern Vegetabil als dem Mohne gefunden habe.

29:1

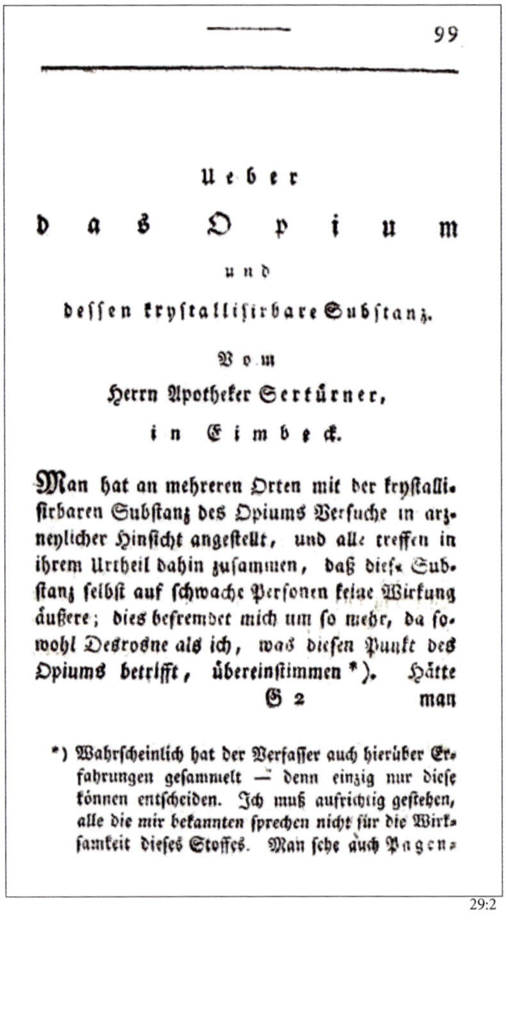

99

Ueber das Opium und dessen krystallisirbare Substanz.

Vom Herrn Apotheker Sertürner, in Eimbeck.

Man hat an mehreren Orten mit der krystallisirbaren Substanz des Opiums Versuche in arzneylicher Hinsicht angestellt, und alle treffen in ihrem Urtheil dahin zusammen, daß diese Substanz selbst auf schwache Personen keine Wirkung äußere; dies befremdet mich um so mehr, da sowohl Desrosne als ich, was diesen Punkt des Opiums betrifft, übereinstimmen *). Hätte

G 2 man

*) Wahrscheinlich hat der Verfasser auch hierüber Erfahrungen gesammelt — denn einzig nur diese können entscheiden. Ich muß aufrichtig gestehen, alle die mir bekannten sprechen nicht für die Wirksamkeit dieses Stoffes. Man sehe auch Pagen-

29:2

Sertürner kam 1783 als eines von sechs Kindern einer Familie österreichischer Abstammung in Neuhaus zur Welt. Sein Vater war Ingenieur und Landvermesser des Fürstbischofs von Paderborn. Nach dem Tode des Vaters im Jahre 1798 ging Sertürner bei dem Hofapotheker Cramer in die Lehre. 1803 bestand er die Prüfung zum Apothekergehilfen mit Auszeichnung und machte sich an die Erforschung des Opiums. 1806 kam er zur Stadtapotheke von Einbeck und veröffentlichte, immer noch als Gehilfe, einen umfassenden Bericht über seine Erkenntnisse zum Morphin, der etwa ein Jahrzehnt später weltweit Aufsehen erregte. 1820 übernahm er die Stadtapotheke von Hameln. Dort lebte er als glücklicher Ehemann und Vater von sechs Kindern. Obwohl Sertürner ein guter Vater war und einen aufrechten und freundlichen Charakter besaß, war er auch ein Hypochonder und litt am Ende seines Lebens an geistiger Verwirrtheit.

29:3

Friedrich Sertürner

Darstellung der reinen Mohnsäure (Opiumsäure) nebst einer chemischen Untersuchung des Opiums.

Journal der Pharmacie. Leipzig: J. B. Trommsdorff, 1806; 14:47.

Sertürner berichtet über seine umfassende Untersuchung der „Opiumsäure". In 57 verschiedenen Tests isoliert er den „schlafmachenden Stoff (Principium somniferum)" des Opiums und erläutert seine Eigenschaften. Er identifiziert neun verschiedene Bestandteile des Opiums und entdeckt bei unterschiedlichen Prüfungen der Substanzen, unter anderem an einem Hund, dass der aktive Teil aus einem kristallinen Material besteht, das er als Pflanzenalkali bezeichnet. Er vermutet, dass möglicherweise auch andere Pflanzen nützliche aktive pharmakologische Substanzen liefern.

Im Spiegel der Zeit:

Opium (Papaver somniferum) hat eine lange medizinische Geschichte. Einzelheiten über die Zubereitung und Verwendung von Opium finden sich in Theophrastus' Abhandlung über Botanik von etwa 300 v. Chr. (29.1), Celsus' Enzyklopädie allen medizinischen Wissens, etwa 30 n. Chr. (29.2) und Avicennas einflussreichen gesammelten Schriften von etwa 1000 n. Chr. (29.3). Dennoch war im ausgehenden 18. Jahrhundert die medizinische Wirkung von Opiumextrakten nach wie vor ungeklärt, und so suchten Forscher nach dem reinen aktiven Bestandteil der Pflanze (29.4). Dem französischen Apotheker Derosne gelang es beinahe, ihn zu isolieren, als er 1803 Narcotin (Derosnesches Salz) herstellte (29.5). Sertürner berichtete erstmals 1805 von seinen Beobachtungen (29.6), doch seine Schriften fanden nahezu keine Beachtung, bis er 1817 eine erweiterte Fassung seiner bisherigen Arbeiten herausbrachte (29.7) (29.8) und für die aktive Substanz die Bezeichnung Morphium (nach Morpheus, dem griechischen Gott des Schlafes) prägte (29.8). 1821 führte Magendie die neue Familie alkaloider chemischer Zusammensetzungen in die medizinische Praxis ein (29.9). Schon bald stellte man fest, dass sich die Wirkung des Morphins bei intravenöser Verabreichung verstärkt (29.4), aber erst nach der Erfindung der subkutanen Spritze fand dieses Verfahren allgemein Eingang in die Praxis (29.10).

29.1 Theophrastus. *De Plantis, De causis plantarum.* Venedig 1465.

29.2 Celsus C. *De medicina.* Florenz 1478. Siehe auch Ref. 3.1.

29.3 Avicenna. *Canon medicinæ.* Mailand 1473. Siehe auch Nr. 7 Santorio S. 51.

29.4 Krömeke F. *Friedrich Wilh. Sertürner, der Entdecker des Morphiums.* Jena 1925, S. 5.

29.5 Derosne C. Mémoires sur l'opium. *Ann Chim* 1803; 45:257.

29.6 Sertürner FW. Säure im Opium, Nachtrag zur Charakteristik der Säure im Opium. Auszüge aus Briefen an den Herausgeber. *J der Pharm* 1805; 13:229.

29.7 Sertürner FW. Über das Opium und dessen krystallisirbare Substanz. *J der Pharm* 1811; 20:99.

29.8 Sertürner FW. Ueber eins der fürchterlichsten Gifte der Pflanzenwelt, ... *Ann der Phys* 1817; 27:192.

29.9 Magendie F. *Formulaire pour la préparation et l'emploi de plusieurs nouveaux médicaments, tels que la noix vomique, la morphine ...* Paris 1821.

29.10 See Ref. 10.8 und Nr. 10 Wren S. 68.

29:4

29:5

Dioscorides Pedanius (ca. 40–90) fasst in fünf Büchern mit dem Titel *De Materia Medica* Zubereitung und Eigenschaften von etwa 600 Pflanzen zusammen. Den meisten davon schreibt er einen bedeutenden medizinischen Nutzen zu.

Opium (Papaver somniferum) nach der Darstellung im ältesten erhaltenen illustrierten Manuskript der Schriften des Dioscorides aus dem Jahre 512.

29:6

29:7

Avicenna (Ibn sina) (980–1037), Philosoph, Wissenschaftler und Arzt, verfasst einen höchst einflussreichen medizinischen Text mit dem Titel *Kanon der Medizin* (links ist die erste Seite abgebildet). Dort sagt er, es sei „erstrebenswert, einen zutiefst bewusstlosen Zustand herbeizuführen, um Schmerzen ertragbar zu machen“ und dass das stärkste Betäubungsmittel Opium sei.

29:8

François Magendie (1783–1855) führt 1822 Morphin und andere Alkaloide (wie Chinin, Atropin und Strychnin) in die medizinische Praxis ein. Rechts ist ein Kapitel über Morphin in der ersten amerikanischen Ausgabe seines Buches von 1824 zu sehen.

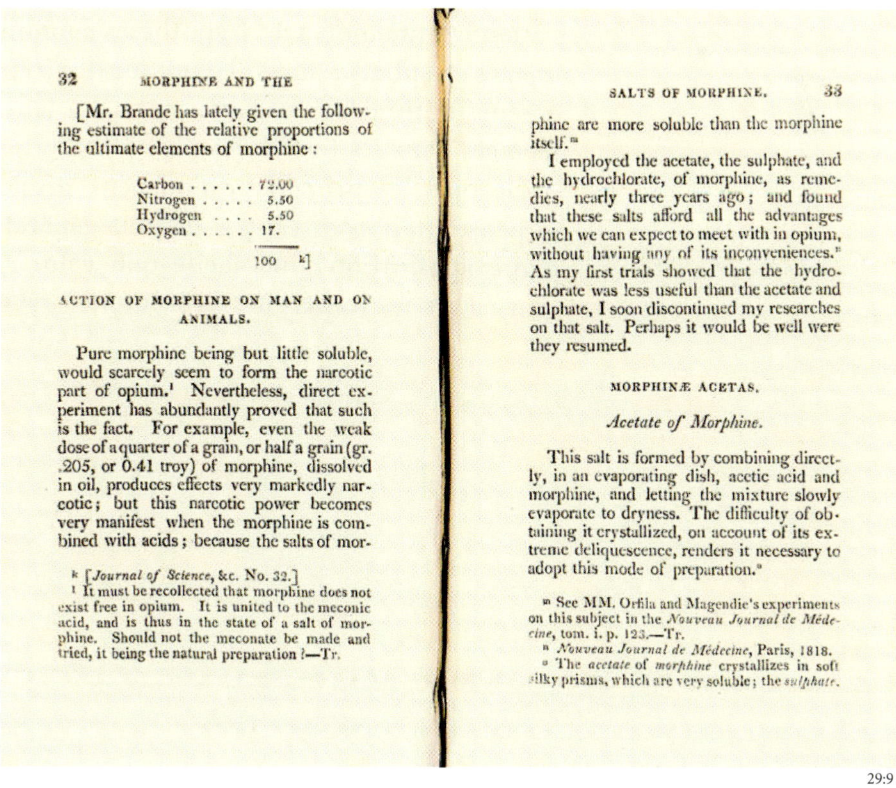

32 MORPHINE AND THE

[Mr. Brande has lately given the following estimate of the relative proportions of the ultimate elements of morphine :

Carbon	72.00
Nitrogen	5.50
Hydrogen	5.50
Oxygen	17.
	100 [k]]

ACTION OF MORPHINE ON MAN AND ON ANIMALS.

Pure morphine being but little soluble, would scarcely seem to form the narcotic part of opium.[l] Nevertheless, direct experiment has abundantly proved that such is the fact. For example, even the weak dose of a quarter of a grain, or half a grain (gr. .205, or 0.41 troy) of morphine, dissolved in oil, produces effects very markedly narcotic; but this narcotic power becomes very manifest when the morphine is combined with acids; because the salts of mor-

[k] [*Journal of Science*, &c. No. 32.]

[l] It must be recollected that morphine does not exist free in opium. It is united to the meconic acid, and is thus in the state of a salt of morphine. Should not the meconate be made and tried, it being the natural preparation ?—Tr.

SALTS OF MORPHINE. 33

phine are more soluble than the morphine itself.[m]

I employed the acetate, the sulphate, and the hydrochlorate, of morphine, as remedies, nearly three years ago; and found that these salts afford all the advantages which we can expect to meet with in opium, without having any of its inconveniences.[n] As my first trials showed that the hydrochlorate was less useful than the acetate and sulphate, I soon discontinued my researches on that salt. Perhaps it would be well were they resumed.

MORPHINÆ ACETAS.

Acetate of Morphine.

This salt is formed by combining directly, in an evaporating dish, acetic acid and morphine, and letting the mixture slowly evaporate to dryness. The difficulty of obtaining it crystallized, on account of its extreme deliquescence, renders it necessary to adopt this mode of preparation.[o]

[m] See MM. Orfila and Magendie's experiments on this subject in the *Nouveau Journal de Médecine*, tom. i. p. 123.—Tr.

[n] *Nouveau Journal de Médecine*, Paris, 1818.

[o] The *acetate* of *morphine* crystallizes in soft silky prisms, which are very soluble; the *sulphate*.

29:9

APPENDICE.

Sur la Méthode des moindres quarrés.

Dans la plupart des questions où il s'agit de tirer des mesures données par l'observation, les résultats les plus exacts qu'elles peuvent offrir, on est presque toujours conduit à un système d'équations de la forme

$$E = a + bx + cy + fz + \&c.$$

dans lesquelles a, b, c, f, &c. sont des coëfficiens connus, qui varient d'une équation à l'autre, et x, y, z, &c. sont des inconnues qu'il faut déterminer par la condition que la valeur de E se réduise, pour chaque équation, à une quantité ou nulle ou très-petite.

Si l'on a autant d'équations que d'inconnues x, y, z, &c., il n'y a aucune difficulté pour la détermination de ces inconnues, et on peut rendre les erreurs E absolument nulles. Mais le plus souvent, le nombre des équations est supérieur à celui des inconnues, et il est impossible d'anéantir toutes les erreurs.

Dans cette circonstance, qui est celle de la plupart des problêmes physiques et astronomiques, où l'on cherche à déterminer quelques élémens importans, il entre nécessairement de l'arbitraire dans la distribution des erreurs, et on ne doit pas s'attendre que toutes les hypothèses conduiront exactement aux mêmes résultats; mais il faut sur-tout faire en sorte que les erreurs extrêmes, sans avoir égard à leurs signes, soient renfermées dans les limites les plus étroites qu'il est possible.

De tous les principes qu'on peut proposer pour cet objet, je pense qu'il n'en est pas de plus général, de plus exact, ni d'une application plus facile que celui dont nous avons fait usage dans les recherches précédentes, et qui consiste à rendre

30:1

Adrien-Marie Legendre (1752–1833) entwickelt die Methode der kleinsten Quadrate, das erste mathematische Verfahren zur Auswertung experimenteller Ergebnisse, das auf statistischen Überlegungen beruht.

Adrien-Marie Legendre

Legendre wurde 1752 in eine wohlhabende Pariser Familie hineingeboren. Er studierte Mathematik und Physik und promovierte 1770 am Collège Mazarin. 1782 gewann er den Mathematikpreis der Berliner Akademie der Wissenschaften und wurde drei Jahre später in die Französische Akademie aufgenommen. Das kleine Vermögen, das ihm erlaubte, rund um die Uhr seinen Forschungen nachzugehen, fiel der Französischen Revolution zum Opfer. Unermüdlich und fleißig ordnete er seine Finanzen nach und nach wieder mit der Hilfe seiner Frau. Legendres Schüchternheit und die Konkurrenz durch seine noch brillanteren Mathematikkollegen Laplace und Lagrange ließen seine Karriere nur schleppend vorankommen. 1813 nahm er jedoch Lagranges Platz im Bureau de Longitude ein und blieb dort 20 Jahre bis zu seinem Tod.

30:2

Adrien-Marie Legendre

Nouvelles Méthodes pour la Détermination des Orbites des Comètes; avec un Supplément. Appendice sur la Méthode des moindres quarrés.

Paris: Courcier, 1806.

In dieser Abhandlung über die Berechnung der Umlaufbahnen der Kometen formuliert Legendre die Methode der kleinsten Quadrate. Die Frage, wie die Verknüpfung verschiedener Beobachtungen mit theoretischen Vorhersagen über die Himmelsmechanik zu vereinbaren seien, war schon lange ein Thema von großer Bedeutung (30.1) und hatte Legendre seit Jahren beschäftigt (30.2). Hier wendet er seine neue Methode auf Beobachtungen an, anhand derer die Länge des Meridianquadranten durch Paris bestimmt werden sollte. Seine Präsentation, „eine der klarsten und elegantesten Einführungen einer neuen statistischen Methode in der Geschichte der Statistik" (30.3), erlangt rasch verbreitet Anerkennung.

Im Spiegel der Zeit:
Legendres Werk führte statistische Methoden in die Auswertung von Beobachtungen der experimentellen Wissenschaft ein. 1809 zeigte Gauß, dass unter bestimmten Annahmen Messfehler eine (Gaußsche) Normalverteilung aufweisen (30.4). Seine Behauptung, Legendres Prinzip der kleinsten Quadrate bereits seit 1795 angewandt zu haben, hatte Animositäten zur Folge, da er seine Erkenntnisse, wie so oft, nicht veröffentlicht, sondern nur in seinem Notizbuch vermerkt hatte (30.5). Laplace integrierte Gauß' Ergebnisse umgehend in seine eigene Forschung über den sogenannten Zentralen Grenzwertsatz (30.6) (30.7), womit er die Methode der kleinsten Quadrate und die Normalverteilung des Fehlers um den Mittelwert herum auf eine festere probabilistische Grundlage stellte. Beim Studium der Vererbung und der Weitergabe von Wesenszügen an nachfolgende Generationen entwickelte Galton intuitive Verfahren für den Umgang mit statistischen Ergebnissen, wenn viele jeweils normal verteilte Faktoren eine Rolle spielen (30.8). Er führte die Begriffe Varianz und Regression ein (30.9) und bereitete den Weg für die allgemeine Anwendung statistischer Verfahren in vielen neuen Bereichen, wie der Medizin und den Sozialwissenschaften. Später wurden Galtons Ergebnisse von Edgeworth auf eine solide mathematische Basis gestellt (30.10).

30.1 Stigler SM. *The History of Statistics: The Measurement of Uncertainty before 1900.* Cambridge: The Belknap Press, Harvard University Press, 1998.
30.2 Siehe Ref. 30.1, S. 56.
30.3 Siehe Ref. 30.1, S. 13.
30.4 Gauß CF. *Theoria Motus Corporum Coelestium.* Hamburg 1809.
30.5 Siehe Nr. 32 Fourier S. 176.
30.6 Siehe Ref. 30.1, S. 136 und S. 139.
30.7 Laplace P. *Œuvres complètes de Laplace (1878–1912).* Vol. 12. Paris 1898, S. 349.
30.8 Galton F. Typical laws of heredity. *Nature* 1877; 15:492, 512, 532.
30.9 Siehe Ref. 30.1, S. 293–299.
30.10 Siehe Ref. 30.1, S. 300.

Fortsetzung von Legendres Text. Auf der vorigen Seite beginnend, schreibt er: „Von allen Prinzipien, die zu diesem Zwecke vorgeschlagen werden können, ist, so glaube ich, keines allgemeiner, genauer und leichter anzuwenden als das, welches wir in den vorangegangenen Studien angewandt haben und das darauf beruht, die Summe der Quadrate der Fehler zu minimieren. Auf diese Weise werden die Fehler in einer Art Gleichgewicht gehalten, das, indem es verhindert, dass die Extremwerte übermäßigen Einfluss erlangen, sehr gut dazu geeignet ist, denjenigen Zustand des Systems zu enthüllen, der sich der Wahrheit am meisten annähert."

(73)

minimum la somme des quarrés des erreurs. Par ce moyen, il s'établit entre les erreurs une sorte d'équilibre qui empêchant les extrêmes de prévaloir, est très-propre à faire connoître l'état du système le plus proche de la vérité.

La somme des quarrés des erreurs $E^2 + E'^2 + E''^2 +$ &c. étant

$$(a + bx + cy + fz + \&c.)^2$$
$$+ (a' + b'x + c'y + f'z + \&c.)^2$$
$$+ (a'' + b''x + c''y + f''z + \&c.)^2$$
$$+ \&c.;$$

si l'on cherche son *minimum*, en faisant varier x seule, on aura l'équation

$$o = \int ab + x\int b^2 + y\int bc + z\int bf + \&c.,$$

dans laquelle par $\int ab$ on entend la somme des produits semblables $ab + a'b' + a''b'' +$ &c.; par $\int b^2$ la somme des quarrés des coëfficiens de x, savoir $b^2 + b'^2 + b''^2 +$ &c., ainsi de suite.

Le *minimum*, par rapport à y, donnera semblablement

$$o = \int ac + x\int bc + y\int c^2 + z\int fc + \&c.,$$

et le *minimum* par rapport à z,

$$o = \int af + x\int bf + y\int cf + z\int f^2 + \&c.,$$

où l'on voit que les mêmes coëfficiens $\int bc$, $\int bf$, &c. sont communs à deux équations, ce qui contribue à faciliter le calcul.

En général, *pour former l'équation du* minimum *par rapport à l'une des inconnues, il faut multiplier tous les termes de chaque équationproposée par le coëfficient de l'inconnue dans cette équation, pris avec son signe, et faire une somme de tous ces produits.*

On obtiendra de cette manière autant d'équations du *minimum*, qu'il y a d'inconnues, et il faudra résoudre ces équations par les méthodes ordinaires. Mais on aura soin d'abréger tous les calculs, tant des multiplications que de la résolution, en n'admettant dans chaque opération que le nombre de chiffres

10

30:3

212 LIBR. II. SECT. III.

$$\frac{dv}{dr}\varphi' v + \frac{dv'}{dr}\varphi' v' + \frac{dv''}{dr}\varphi' v'' + \text{etc.} = 0$$

$$\frac{dv}{ds}\varphi' v + \frac{dv'}{ds}\varphi' v' + \frac{dv''}{ds}\varphi' v'' + \text{etc.} = 0$$

Hinc itaque per eliminationem problematis solutio plene determinata deriuari poterit, quamprimum functionis φ' indoles innotuit. Quae quoniam a priori definiri nequit, rem ab altera parte aggredientes inquiremus, cuinam fnnctioni, tacite quasi pro basi acceptae, proprie innixum sit principium triuium, cuius praestantia generaliter agnoscitur. Axiomatis scilicet loco haberi solet hypothesis, si quae quantitas per plures obseruationes immediatas, sub aequalibus circumstantiis aequalique cura institutas, determinata fuerit, medium arithmeticum inter omnes valores obseruatos exhibere valorem maxime probabilem, si non absoluto rigore, tamen proxime saltem, ita vt semper tutissimum sit illi inhaerere. Statuendo itaque $V = V' = V''$ etc. $= p$, generaliter esse debebit $\varphi'(M-p) + \varphi'(M'-p) + \varphi'(M''-p) + \text{etc.} = 0$, si pro p substituitur valor $\frac{1}{\mu}(M + M' + M'' + \text{etc.})$, quemcunque integrum positiuum exprimat μ. Supponendo itaque $M' = M'' = \text{etc.} = M - \mu N$, erit generaliter, i. e. pro quouis valore integro positiuo ipsius μ, $\varphi'(\mu-1)N = (1-\mu)\varphi'(-N)$, vnde facile colligitur, generaliter esse debere $\frac{\varphi'\Delta}{\Delta}$ quantitatem constantem, quam per k designabimus. Hinc fit $\log\varphi\Delta = \frac{1}{2}k\Delta\Delta + \text{Const.}$, siue designando basin logarithmorum hyperbolicorum per e, supponendoque $\text{Const.} = \log\varkappa$,

$$\Delta\varphi = \varkappa e^{\frac{1}{2}k\Delta\Delta}$$

Porro facile perspicitur, k necessario negatiuam esse debere, quo Ω reuera fieri possit maximum, quamobrem statuemus $\frac{1}{2}k = -hh$; et quum per theorema elegans primo ab ill. Laplace inuentum, integrale $\int e^{-hh\Delta\Delta}d\Delta$, a $\Delta = -\infty$ vsque ad $\Delta = +\infty$, fiat $= \frac{\sqrt{\pi}}{h}$, (denotando per π semicircumferentiam circuli cuius radius 1), functio nostra fiet

$$\varphi\Delta = \frac{h}{\sqrt{\pi}}e^{-hh\Delta\Delta}$$

178.

Functio modo eruta omni quidem rigore errorum probabilitates exprimere certo non potest: quum enim errores possibiles semper limitibus certis coërceantur,

30:4

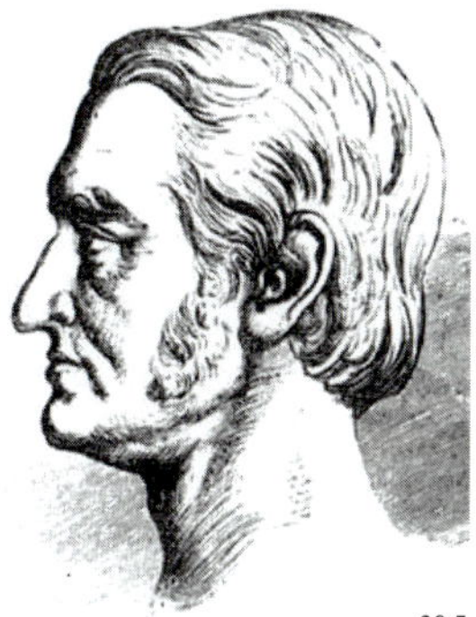

30:5

Carl Friedrich Gauß (1777–1855) leitet die „Gauß-" oder „Normalverteilung" des Fehlers in einer einzigen Beobachtung ab. Dabei nimmt er an, dass der wahrscheinlichste Wert durch das arithmetische Mittel der gemessenen Werte ausgedrückt wird.

SUPPLÉMENT AU MÉMOIRE

SUR LES

APPROXIMATIONS DES FORMULES

QUI SONT FONCTIONS DE TRÈS GRANDS NOMBRES.

Mémoires de l'Académie des Sciences, Ire Série, Tome X, année 1809; 1810.

J'ai fait voir, dans l'article VI de ce Mémoire, que, si l'on suppose dans chaque observation les erreurs positives et négatives également faciles, la probabilité que l'erreur moyenne d'un nombre n d'observations sera comprise dans les limites $\pm \frac{rh}{n}$ est égale à

$$\frac{2}{\sqrt{\pi}}\sqrt{\frac{k}{2k'}}\int dr\, e^{-\frac{k}{2k'}r^2};$$

h est l'intervalle dans lequel les erreurs de chaque observation peuvent s'étendre. Si l'on désigne ensuite par $\varphi\left(\frac{x}{h}\right)$ la probabilité de l'erreur $\pm x$, k est l'intégrale $\int dx\,\varphi\left(\frac{x}{h}\right)$ étendue depuis $x = -\frac{1}{2}h$ jusqu'à $x = \frac{1}{2}h$; k' est l'intégrale $\int \frac{x^2}{h^2} dx\,\varphi\left(\frac{x}{h}\right)$ prise dans le même intervalle; π est la demi-circonférence dont le rayon est l'unité, et e est le nombre dont le logarithme hyperbolique est l'unité.

Supposons maintenant qu'un même élément soit donné par n observations d'une première espèce, dans laquelle la loi de facilité des erreurs soit la même pour chaque observation, et qu'il soit trouvé égal à A par un milieu entre toutes ces observations. Supposons ensuite qu'il soit trouvé égal à $A + q$ par n' observations d'une se-

30:6

30:7

Pierre-Simon Laplace (1749–1827) integriert die Ergebnisse von Gauß und Legendre in seine eigenen Forschungen über den sogenannten Zentralen Grenzwertsatz, womit er die Methode der kleinsten Quadrate auf eine solide probabilistische Grundlage stellt.

30:8

Darstellung der von Francis Galton (1822–1911) angewandten intuitiven Methode zur Erlangung statistischer Ergebnisse, wenn viele jeweils normal verteilte Faktoren eine Rolle spielen. Er untersucht die Weitergabe erblicher Merkmale und führt dabei die Begriffe der Varianz und Regression ein.

30:9

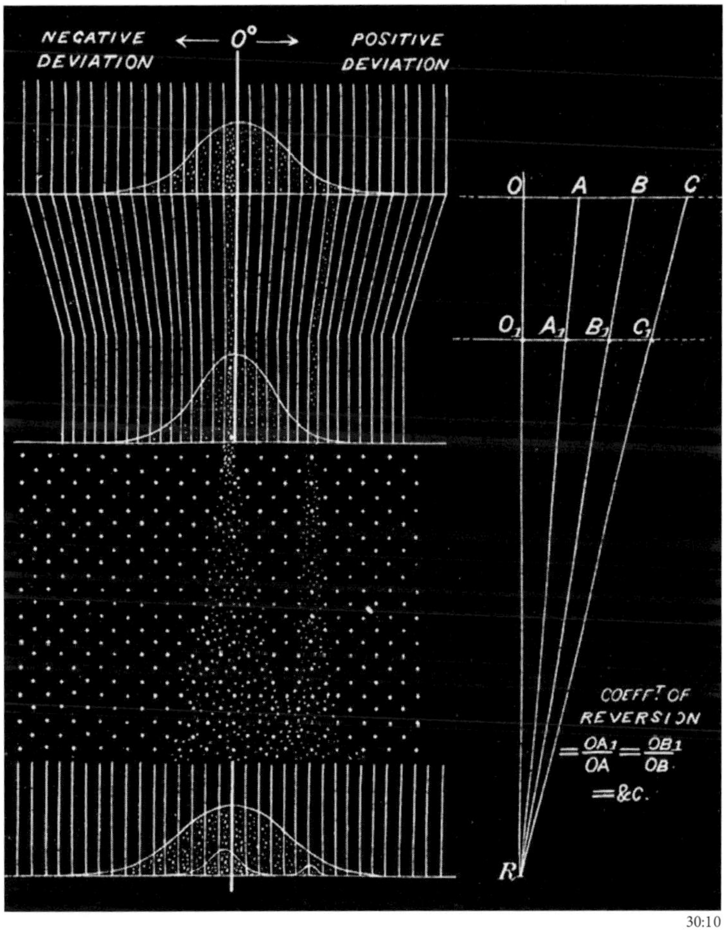

30:10

René Laennec (1781–1826) beschreibt seine Erfindung, das Stethoskop (rechts). Unten ist sein eigenes Gerät abgebildet. Das Bild von Laennec, der einen Patienten im Necker Hospital mit dem Ohr an seinem Brustkorb abhorcht, ist von etwa 1816, dem Jahr, in dem die Erfindung gemacht wurde.

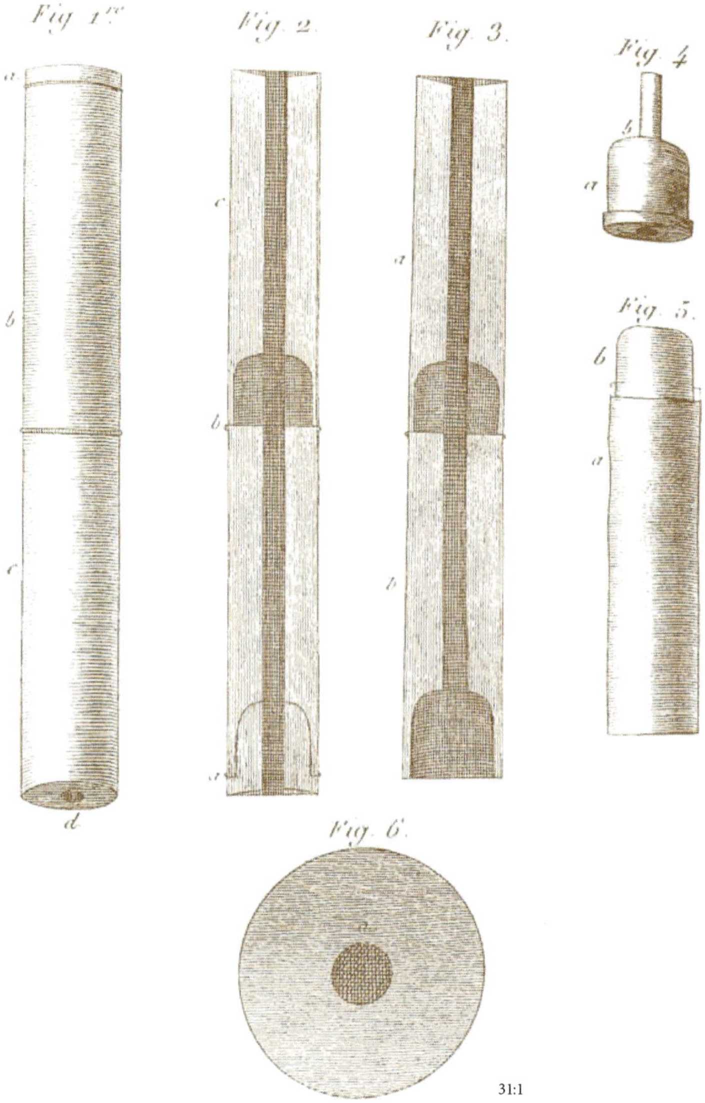

31:1

31:3

31:2

René Laennec

31:4

René Laennec

Laennec wurde 1781 in Quimper, Frankreich, geboren. Weil seine Mutter früh starb, wurde er von seinem Onkel, einem Arzt aus Nantes, großgezogen. Als kleiner Junge half er, die Kranken in den städtischen Krankenhäusern zu versorgen. Obgleich er der Altertumswissenschaft und dem Flötenspiel zugetan war, nahm er in Paris unter Corvisart ein Medizinstudium auf (31.1). Nach seiner Promotion im Jahre 1804 arbeitete er zunächst privat als praktischer Arzt und später im Necker Hospital. Hier entwickelte er ein Interesse an Lungenkrankheiten, was 1816 zu seiner Erfindung des Stethoskops führte. Später wurden ihm zahlreiche Ehren zuteil, wie etwa die Mitgliedschaft an der Académie de Médecine. Laennec war sein Leben lang von schwacher Gesundheit; er litt an Asthma, Kopfschmerzen und Verdauungsstörungen. 1826 erlag er der Tuberkulose – einer Krankheit, deren Diagnose er sich so erfolgreich gewidmet hatte.

De l'auscultation médiate ou traité du diagnostic des maladies des poumons et du cœur, fondé principalement sur ce nouveau moyen d'exploration.

Paris: J. A. Brosson, J. S. Chaudé, 1819.

Laennec beschreibt, wie man Krankheiten der Lunge und des Herzens durch Auskultation (Abhören) diagnostiziert. Er kündigt auch die Erfindung des Stethoskops an, einer Röhre aus Zedernholz, die die Geräusche verstärken könne, weshalb die „mittelbare" Auskultation der traditionellen „unmittelbaren", bei der man das Ohr direkt an den Brustkorb legt, vorzuziehen sei. Mithilfe einer präzisen Terminologie ordnet Laennec unterschiedliche Geräusche aus dem Brustkorb verschiedenen Organen und ihren Krankheiten zu, was durch spätere Autopsien bestätigt wird.

Im Spiegel der Zeit:
Hippokrates (um 400 v. Chr.) empfahl, Patienten zu schütteln (Sukkussion) und dabei auf die Geräusche in ihrem Brustkorb zu achten. Ein wichtiger Schritt gelang Auenbrugger, der sich wie Laennec für Musik begeisterte, als er die Perkussion (Abklopfen) einführte, wobei man mit einem Finger auf den Brustkorb klopft und die entstehenden Geräusche zur Diagnose nutzt (31.1) (31.2). Dennoch fand seine Arbeit fast ein halbes Jahrhundert kaum Beachtung, bis Corvisart sie ins Französische übertrug und aufgrund seiner eigenen Erfahrungen zahlreiche Erläuterungen anfügte (31.1). Piorry modifizierte und verbesserte die Gestaltung des Stethoskops und führte als Ersatz für Auenbruggers Abklopfen mit dem Finger das Plessimeter ein, ein Plättchen, das man an den Brustkorb legte und mit einem Perkussionshammer beklopfte (31.3). Auch wenn die Auskultation einiges Geschick erforderte, fand sie weite Verbreitung, nachdem Škoda ein verbessertes Klassifikationssystem der Geräusche einführte, das auf physikalischer Akustik und einer vereinfachten Terminologie beruhte (31.4). Das binaurale Stethoskop kam in den 1850er-Jahren auf, und bald nach der Erfindung des Telefons (31.5) entwickelte Stein das Sphygmophon, ein Stethoskop, das mit einem elektrischen Mikrofon ausgestattet war (31.6). Sinn und Grenzen der Auskultation sind nach wie vor Gegenstand aktiver Studien (31.7) (31.8) (31.9) (31.10).

31.1 Auenbrugger L. *Nouvelle méthode pour reconnaître les maladies internes de la poitrine par la percussion de cette cavité.* Ouvrage traduit du latin et commenté par J. N. Corvisart. Paris 1808.

31.2 Auenbrugger L. *Inventum novum ex percussione humani ut signo abstruso interni pectoris morbis detengendi.* Wien 1761.

31.3 Piorry PA. *De la percussion médiate et des signes obtenue à l'aide de ce nouveau moyen d'exploration, dans les maladies des organes thoraciques et abdominaux.* Paris 1828.

31.4 Škoda J. *Abhandlung über Perkussion und Auskultation.* Wien 1839.

31.5 Bell AG. *Telegraphy.* US Patent 174 465 März 1876.

31.6 Stein S. Das Sphygmophon, ein neuer electro-telephonischer Apparat zur Diagnose der Herz- und Pulsbewegungen. *Berl Klin Wochsch* 1878; 49:723.

31.7 Osmer JC, Cole BK. The stethoscope and roentgenogram in acute pneumonia. *South Med J* 1966; 59:75.

31.8 Loudon R, Murphy RLH. Lung sounds (state of the art). *Am Rev Respir Dis* 1984; 130:663.

31.9 Stevenson LW, Perloff JK. The limited reliability of physical signs for estimating hemodynamics in chronic heart failure. *JAMA* 1989; 261:884.

31.10 Melbye H. Bronchial airflow limitation and chest findings in adults with respiratory infection. *Scand J Prim Health Care* 1995; 13:261.

31:5

Leopold Auenbrugger (1722–1809) entdeckt den diagnostischen Nutzen der Perkussion des Brustkorbs, möglicherweise weil sein Vater, ein Gastwirt, häufig gegen Weinfässer klopfte, um zu prüfen, wie voll sie waren. Sein 1761 erschienenes „Inventum Novum" ist einer der großen Klassiker der Medizin.

LEOPOLDI AUENBRUGGER

MEDICINÆ DOCTORIS
IN CÆSAREO REGIO NOSOCOMIO NATIONUM
HISPANICO MEDICI ORDINARII.

INVENTUM NOVUM

EX

PERCUSSIONE THORACIS HUMANI
UT SIGNO

ABSTRUSOS INTERNI
PECTORIS MORBOS
DETEGENDI.

LABORE ET FAVORE.

VINDOBONÆ,

TYPIS JOANNIS THOMÆ TRATTNER, CÆS. REG.
MAJEST. AULÆ TYPOGRAPHI.

MDCCLXI.

31:6

31:7

31:8

47 Jahre nach der Erstausgabe übersetzt Jean-Nicholas Corvisart (1755–1821) (mittleres Porträt) Auenbruggers Werk ins Französische und fügt ihm viele eigene klinische Beobachtungen hinzu. Damit etabliert sich die Perkussion umgehend als bedeutendes Diagnosewerkzeug.

Joseph Škoda (1805–1881) verbessert die Terminologie und das Klassifikationssystem der Geräusche für die Perkussionstechnik, womit das Verfahren leichter zu vermitteln und klinisch einzusetzen ist.

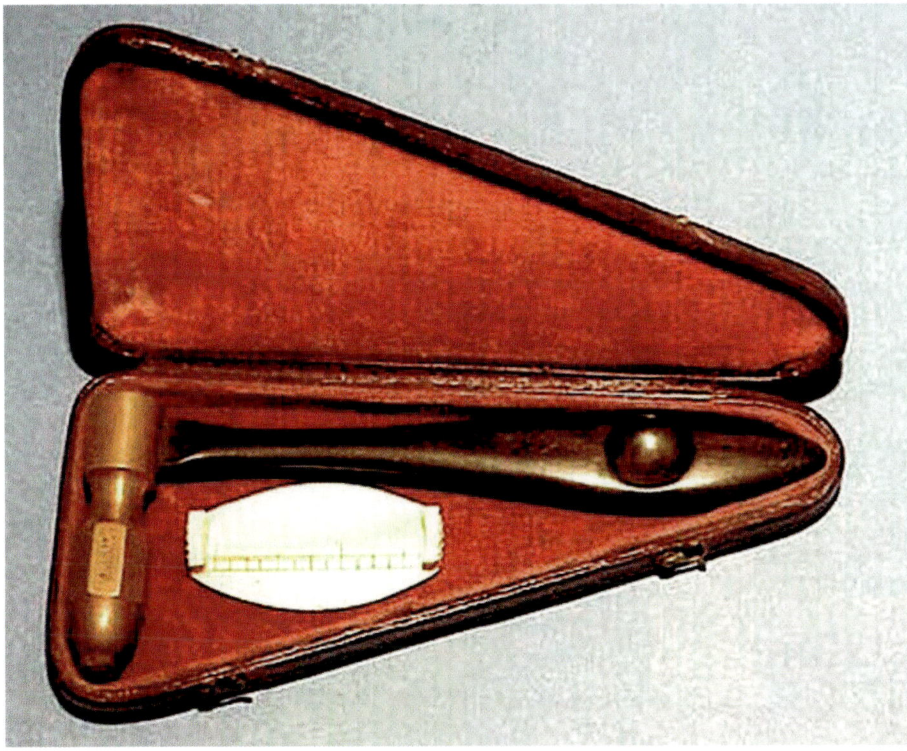

31:10

31:9

1826 erfindet Adolph Piorry (1794–1879) den Perkussionshammer und das Plessimeter. Das Plessimeter-Plättchen wird gegen den Brustkorb gelegt und mit dem Perkussionshammer beklopft.

31:11

Um 1855 konstruiert George Camman (1804–1863) das erste praktisch verwendete binaurale Stethoskop. Das abgebildete Gerät stammt aus den 1870er-Jahren.

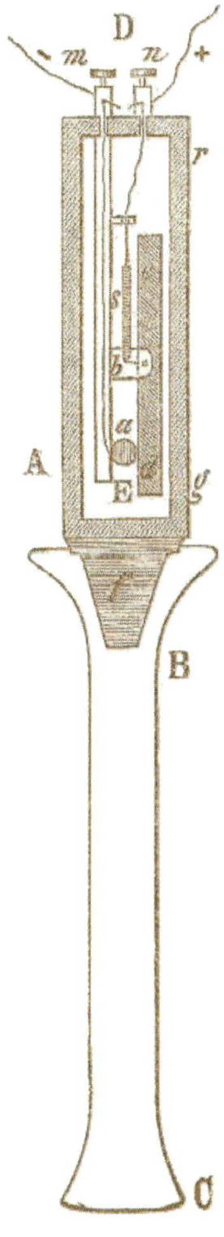

31:12

Mit der Entwicklung der Telefontechnologie wurden auch empfindliche Mikrofone verfügbar. 1878 stattet S. Stein ein Stethoskop mit einem Mikrofon aus. Die Zeichnung zeigt sein „Sphygmophon", das die elektrische Registrierung von Puls und Herztönen ermöglicht.

THÉORIE

DU MOUVEMENT DE LA CHALEUR

DANS LES CORPS SOLIDES (1),

PAR M. FOURIER.

Et ignem regunt numeri. (PLATO.)

I.

Exposition.

1. LES effets de la chaleur sont assujettis à des lois constantes que l'on ne peut découvrir sans le secours de l'analyse mathématique. L'objet de cet ouvrage est d'exposer les lois de l'équilibre et du mouvement de la chaleur, et d'en

(1) Ce Mémoire est la copie littérale de la pièce déposée aux archives de l'Institut le 28 septembre 1811, et qui a été couronnée dans la séance publique du 6 janvier 1812. *Il n'a été fait aucun changement au texte de cette pièce.* Elle contient tous les principes fondamentaux d'une nouvelle branche de la physique-mathématique : il était nécessaire d'exposer ces principes avant de publier les recherches entreprises depuis par l'auteur sur le même sujet.

1819. 24

32:1

DES MATIÈRES. 533

Numéros de l'article. | Numéros des pages.

21. $\frac{1}{4}\pi z = e^{-\frac{1}{2}\pi x}.\cos.\left(\frac{1}{2}\pi y\right) + \frac{1}{3}e^{-\frac{3}{2}\pi x}.\cos.\left(\frac{3}{2}\pi y\right) + \frac{1}{5}e^{-\frac{5}{2}\pi x}.\cos.\left(\frac{5}{2}\pi y\right) + \frac{1}{7}e^{-\frac{7}{2}\pi x}.\cos.\left(\frac{7}{2}\pi y\right) + \text{etc.}$

z est la température fixe du point de la barre dont les coordonnées sont x et y. 281.

281. Développement d'une fonction arbitraire φx en série de sinus d'arcs multiples.

Dans l'équation

$\varphi x = a\sin.x + b\sin.2x + c\sin.3x + d\sin.4x + \text{etc.},$

on détermine les coëfficiens a, b, c, d, etc., en éliminant les inconnues dans un nombre infini d'équations du premier degré.

On obtient ainsi l'équation :

22. $$\frac{1}{2}\pi\varphi x = \varphi\pi\left[\sin.x - \frac{1}{2}\sin.2x + \frac{1}{3}\sin.3x - \frac{1}{4}\sin.4x + \text{etc.}\right] - \varphi''\pi\left[\frac{1}{1^3}\sin.x - \frac{1}{2^3}\sin.2x + \frac{1}{3^3}\sin.3x - \frac{1}{4^3}\sin.4x + \text{etc.}\right] + \varphi^{IV}\pi\left[\frac{1}{1^5}\sin.x - \frac{1}{2^5}\sin.2x + \frac{1}{3^5}\sin.3x - \frac{1}{4^5}\sin.4x + \text{etc.}\right] - \varphi^{VI}\pi\left[\frac{1}{1^7}\sin.x - \frac{1}{2^7}\sin.2x + \frac{1}{3^7}\sin.3x - \frac{1}{4^7}\sin.4x + \text{etc.}\right] + \text{etc.}$$

Par exemple le développement de la fonction $e^x - e^{-x}$ donne la série :

$$e^x - e^{-x} = \frac{e^\pi - e^{-\pi}}{\frac{1}{2}\pi}\left(\frac{\sin.x}{1+\frac{1}{1}} - \frac{\sin.2x}{2+\frac{1}{2}} + \frac{\sin.3x}{3+\frac{1}{3}} - \frac{\sin.4x}{4+\frac{1}{4}} + \text{etc.}\right)$$ 299.

299. On peut donner à l'équation générale de l'article 22 la forme suivante :

23. $$\frac{1}{2}\pi\varphi x = \sin.x\int(dx\,\varphi x\sin.x) + \sin.2x\int(dx\,\varphi x\sin.2x) + \sin.3x\int(dx\,\varphi x\sin.3x) + \text{etc.}$$

32:2

„Die Wärmewirkung ist unveränderbaren Gesetzen unterworfen, die sich ohne Rückgriff auf mathematische Analysis nicht entschlüsseln lassen. Das Ziel dieser Arbeit ist es, die Gesetze des Gleichgewichts und der Bewegung von Wärme darzulegen." Mit dieser Erklärung begründet Jean Fourier (1768–1830) ein neues mathematisches Verfahren, das für Naturwissenschaft und Medizin von herausragender Bedeutung ist und heute seinen Namen trägt. Die unten links gezeigte Sinus-Reihenentwicklung einer Funktion ist seiner Publikation von 1822 entnommen und verdeutlicht die Anwendung seiner Methode.

Illustration von Fouriers experimenteller Anordnung zur Untersuchung der Wärmeleitung in dünnen Platten (das Untersuchungsobjekt ist in der Abbildung zwischen c und c zu platzieren).

Fig. 2.

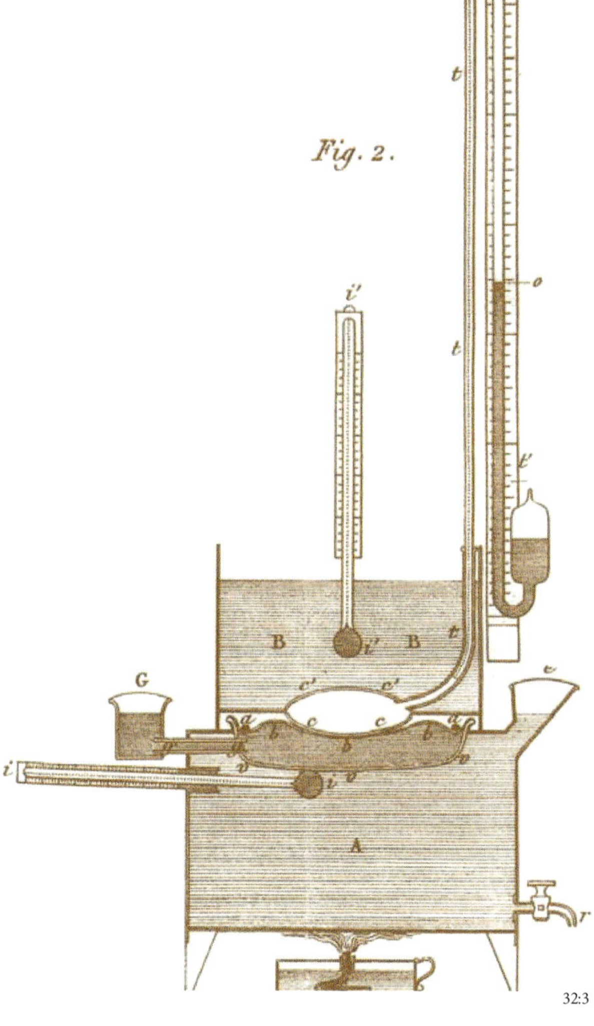

32:3

Jean Baptiste Fourier

Fourier kam 1768 in Auxerre, Frankreich, zur Welt. Mit neun Jahren war er bereits Vollwaise und wurde auf eine Militärschule geschickt, wo man sein mathematisches Talent entdeckte. Er spielte eine aktive Rolle in der Französischen Revolution und wurde während der Schreckensherrschaft verhaftet; nur knapp entging er dem Tod. Er unterrichtete Mathematik an der École Polytechnique, als er 1798 aufgefordert wurde, an Napoleons Ägyptenfeldzug teilzunehmen. Napoleon, der Fouriers herausragendes diplomatisches und verwaltungstechnisches Geschick erkannte, berief ihn auf mehrere wichtige Positionen. Nach Napoleons Fall widmete sich Fourier, der zuvor nur Teilzeitwissenschaftler gewesen war, ganz und gar der Mathematik. 1822 wurde er Sekretär der Académie des Sciences und im Jahr darauf fand er Aufnahme in die Royal Society. 1830 erlag er einer Krankheit, die er sich bei seinem Aufenthalt in Ägypten zugezogen hatte.

32:4

Jean Baptiste Fourier

Théorie Analytique de la Chaleur.

PARIS: F. DIDOT, PÈRE ET FILS; 1822.

Fourier präsentiert seine Analyse über die Wärmeleitung in Körpern unterschiedlicher Gestalt und unter verschiedenen Randbedingungen. So löst er mit großem analytischen Geschick und physikalischer Intuition das Problem, die Temperaturverteilung in einem halbunendlichen Streifen zu bestimmen, der am einen Ende konstant warm und an den Seiten konstant kalt ist. Die mathematischen Verfahren, die man zur Lösung der entsprechenden partiellen Differentialgleichungen benötigt, setzen voraus, dass sich eine algebraische Funktion über ein endliches Intervall durch trigonometrische Entwicklungen darstellen lässt.

Im Spiegel der Zeit:
Fourier nahm seine Forschungen über die Wärmeverteilung um 1807 auf. 1805 hatte Gauß bereits trigonometrische Entwicklungen zur Interpolation bei Kreisberechnungen verwendet (32.1), doch wie es oft der Fall war (32.2), blieben seine Ergebnisse lange Zeit unveröffentlicht (32.3). Eine frühe Anwendung der Fourier-Analyse auf zeitlich variierende Funktionen war Ohms Theorie des galvanischen Elements (32.4) und seine Arbeiten über Akustik (32.5). Die auf Daten von einem Michelson-Interferometer angewandte räumliche Fourier-Transformation führte in den 1960er-Jahren zur Entwicklung der hochauflösenden Spektroskopie (32.6). Jahrzehntelang waren auch Strukturbestimmungen medizinisch wichtiger komplexer Moleküle ausnahmslos abhängig von Röntgenbeugungsdaten, die anhand dreidimensionaler Fourier-Verfahren analysiert wurden (32.7) (32.8). Wegen der ungeheuren Rechenleistung, die viele dieser Anwendungen erforderten, wäre ein rascher Fortschritt ohne die Entwicklungen in der Computertechnologie (32.9) und neue numerische Verfahren, allen voran die Schnelle Fourier-Transformation (FFT) (32.10), undenkbar gewesen. Das FFT-Verfahren ist auch von zentraler Bedeutung für die moderne medizinische Bildgebung, wie das MRT (32.11). Fourier sagte: „Das gründliche Studium der Natur ist die ergiebigste Quelle für mathematische Entdeckungen." Die Geschichte zeigt, dass sich seine mathematische Entdeckung für das Studium der Natur und die Medizin als überaus nützlich erwiesen hat.

32.1 Heideman MT, Johnson DH, Burrus CS. Gauss and the History of Fast Fourier Transform. *Arch Hist Exact Sci* 1985; 34:265.
32.2 Siehe Nr. 30 Legendre S. 166.
32.3 Gauß CF. Nachlass, Theoria Interpolationis Methodo Nova Tractata. In: *Carl Friedrich Gauß Werke* Bd. 3. Göttingen 1866, S. 265.
32.4 Ohm GS. *Die galvanische Kette, mathematisch bearbeitet.* Berlin 1827.
32.5 Ohm GS. Über die Definition des Tones ... *Ann Phys Chem* 1843; 59:513. Siehe auch Ref. 13.9.
32.6 Connes J. Recherches sur la spectroscopie par la transformation de Fourier. *Rev d'Optique Théor Exp* 1961; 40:41 und S. 116, S. 171, S. 231. Siehe auch Nr. 49 Kirchhoff S. 258.
32.7 Siehe Nr. 76 Laue S. 390 und Nr. 88 Watson/Crick S. 456.
32.8 Booth AD. *Fourier technique in X-ray organic structure analysis.* Cambridge: Cambridge University Press, 1948.
32.9 Siehe Nr. 85 Eckert/Mauchly S. 438.
32.10 Cooley JW, Tukey JW. An algorithm for machine calculation of complex Fourier series. *Mathematical Computation* 1965; 19:297. Siehe auch Ref. 32.1.
32.11 Siehe Nr. 96 Lauterbur S. 498 und Ref. 96.5.

An Algorithm for the Machine Calculation of Complex Fourier Series

By James W. Cooley and John W. Tukey

An efficient method for the calculation of the interactions of a 2^m factorial experiment was introduced by Yates and is widely known by his name. The generalization to 3^m was given by Box et al. [1]. Good [2] generalized these methods and gave elegant algorithms for which one class of applications is the calculation of Fourier series. In their full generality, Good's methods are applicable to certain problems in which one must multiply an N-vector by an $N \times N$ matrix which can be factored into m sparse matrices, where m is proportional to $\log N$. This results in a procedure requiring a number of operations proportional to $N \log N$ rather than N^2. These methods are applied here to the calculation of complex Fourier series. They are useful in situations where the number of data points is, or can be chosen to be, a highly composite number. The algorithm is here derived and presented in a rather different form. Attention is given to the choice of N. It is also shown how special advantage can be obtained in the use of a binary computer with $N = 2^m$ and how the entire calculation can be performed within the array of N data storage locations used for the given Fourier coefficients.

Consider the problem of calculating the complex Fourier series

$$(1) \qquad X(j) = \sum_{k=0}^{N-1} A(k) \cdot W^{jk}, \qquad j = 0, 1, \cdots, N-1,$$

where the given Fourier coefficients $A(k)$ are complex and W is the principal Nth root of unity,

$$(2) \qquad W = e^{2\pi i/N}.$$

A straightforward calculation using (1) would require N^2 operations where "operation" means, as it will throughout this note, a complex multiplication followed by a complex addition.

The algorithm described here iterates on the array of given complex Fourier amplitudes and yields the result in less than $2N \log_2 N$ operations without requiring more data storage than is required for the given array A. To derive the algorithm, suppose N is a composite, i.e., $N = r_1 \cdot r_2$. Then let the indices in (1) be expressed

$$(3) \qquad \begin{aligned} j &= j_1 r_1 + j_0, \qquad j_0 = 0, 1, \cdots, r_1 - 1, \qquad j_1 = 0, 1, \cdots, r_2 - 1,\\ k &= k_1 r_2 + k_0, \qquad k_0 = 0, 1, \cdots, r_2 - 1, \qquad k_1 = 0, 1, \cdots, r_1 - 1. \end{aligned}$$

Then, one can write

$$(4) \qquad X(j_1, j_0) = \sum_{k_0} \sum_{k_1} A(k_1, k_0) \cdot W^{jk_1 r_2} W^{jk_0}.$$

Received August 17, 1964. Research in part at Princeton University under the sponsorship of the Army Research Office (Durham). The authors wish to thank Richard Garwin for his essential role in communication and encouragement.

32.5

Die Einführung des Cooley-Tukey-Algorithmus (bekannt als schnelle Fourier-Transformation, FFT) im Jahre 1965 erhöht die Geschwindigkeit von Berechnungen und damit auch den Nutzen der Fourier-Verfahren enorm.

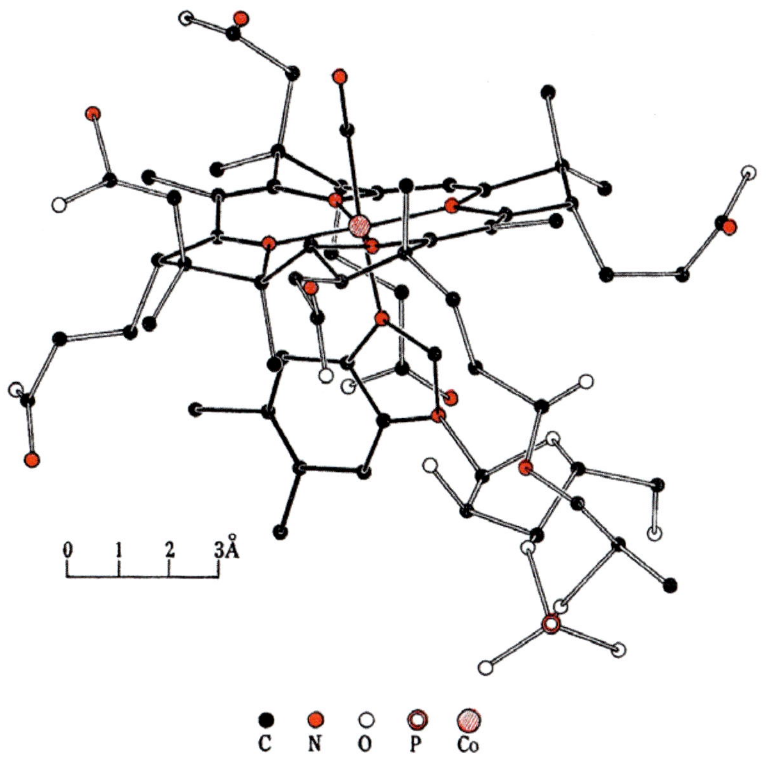

Figure 18. Atomic positions in the molecule of vitamin B_{12}. These are derived from the positions found in the air-dried crystals seen in projections on the *b* plane.

32:6

Positionen der Atome (links) und chemische Struktur von Vitamin B_{12} (unten rechts).

Elektronendichtekarte von luftgetrockneten Vitamin-B_{12}-Kristallen, die Dorothy Hodgkin (1910–1994) im Jahre 1957 mithilfe der dreidimensionalen Fourier-Analyse von Röntgenbeugungsdaten erstellt. Dies ist eine der ersten für Biologie und Medizin bedeutenden komplexen Molekularstrukturen, die mittels Fourier-Verfahren bestimmt wird (siehe Nr. 76).

32:7

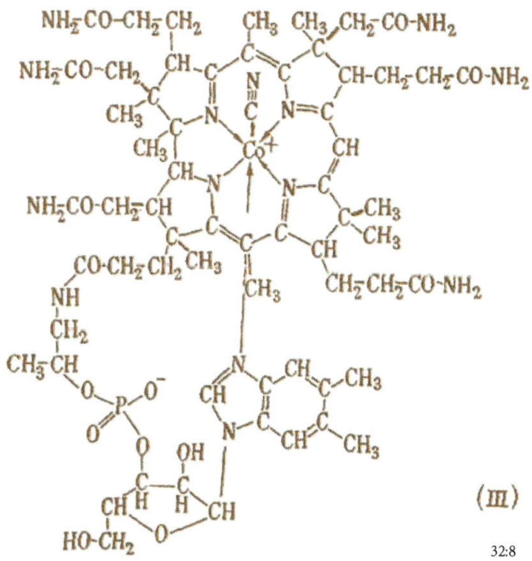

32:8

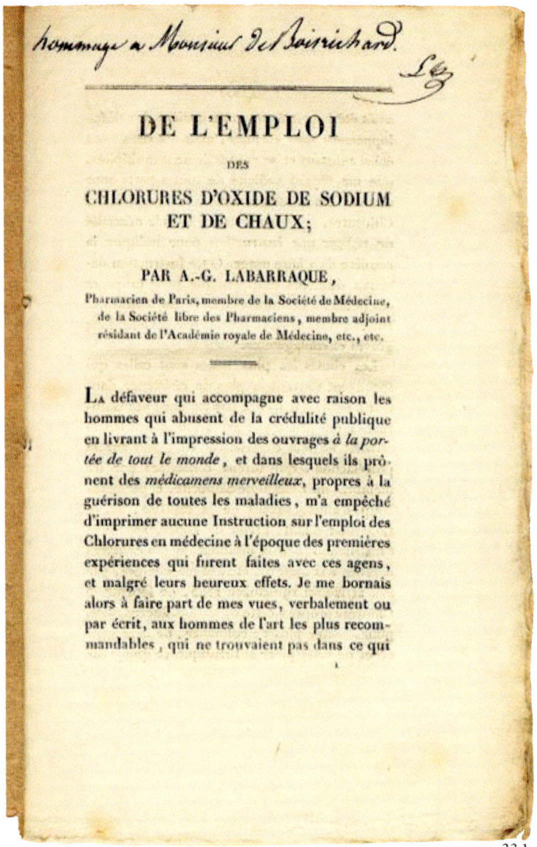

hommage à Monsieur de Boisrichard. [signature]

DE L'EMPLOI

DES

CHLORURES D'OXIDE DE SODIUM ET DE CHAUX;

PAR A.-G. LABARRAQUE,

Pharmacien de Paris, membre de la Société de Médecine, de la Société libre des Pharmaciens, membre adjoint résidant de l'Académie royale de Médecine, etc., etc.

La défaveur qui accompagne avec raison les hommes qui abusent de la crédulité publique en livrant à l'impression des ouvrages *à la portée de tout le monde*, et dans lesquels ils prônent des *médicamens merveilleux*, propres à la guérison de toutes les maladies, m'a empêché d'imprimer aucune Instruction sur l'emploi des Chlorures en médecine à l'époque des premières expériences qui furent faites avec ces agens, et malgré leurs heureux effets. Je me bornais alors à faire part de mes vues, verbalement ou par écrit, aux hommes de l'art les plus recommandables, qui ne trouvaient pas dans ce qui

1

33:1

Antoine Labarraque (1777–1850) entdeckt die desinfizierende Wirkung von Natriumhypochlorit.

In der Einleitung (links) schreibt er: „Das Missfallen, das zu Recht jene Leute erregen, die die Leichtgläubigkeit der Öffentlichkeit ausnutzen, indem sie allgemein zugängliche Werke publizieren, die wundersame Medikamente rühmen, welche jede erdenkliche Krankheit zu heilen imstande seien, hat mich davon abgehalten, eine Monographie über die Anwendung von Chloriden in der Medizin bereits zum Zeitpunkt der ersten Experimente mit diesen Stoffen zu veröffentlichen, obgleich sie sehr gute Wirkung zeigten."

Die von der Pariser Polizeibehörde herausgegebenen Nutzungsanweisungen (unten) beginnen mit den Worten: „Wiederholte Experimente haben gezeigt, dass in Wasser gelöstes Calciumhypochlorit die Eigenschaft besitzt, die Luft zu desinfizieren und den Verwesungsprozess erheblich zu verlangsamen."

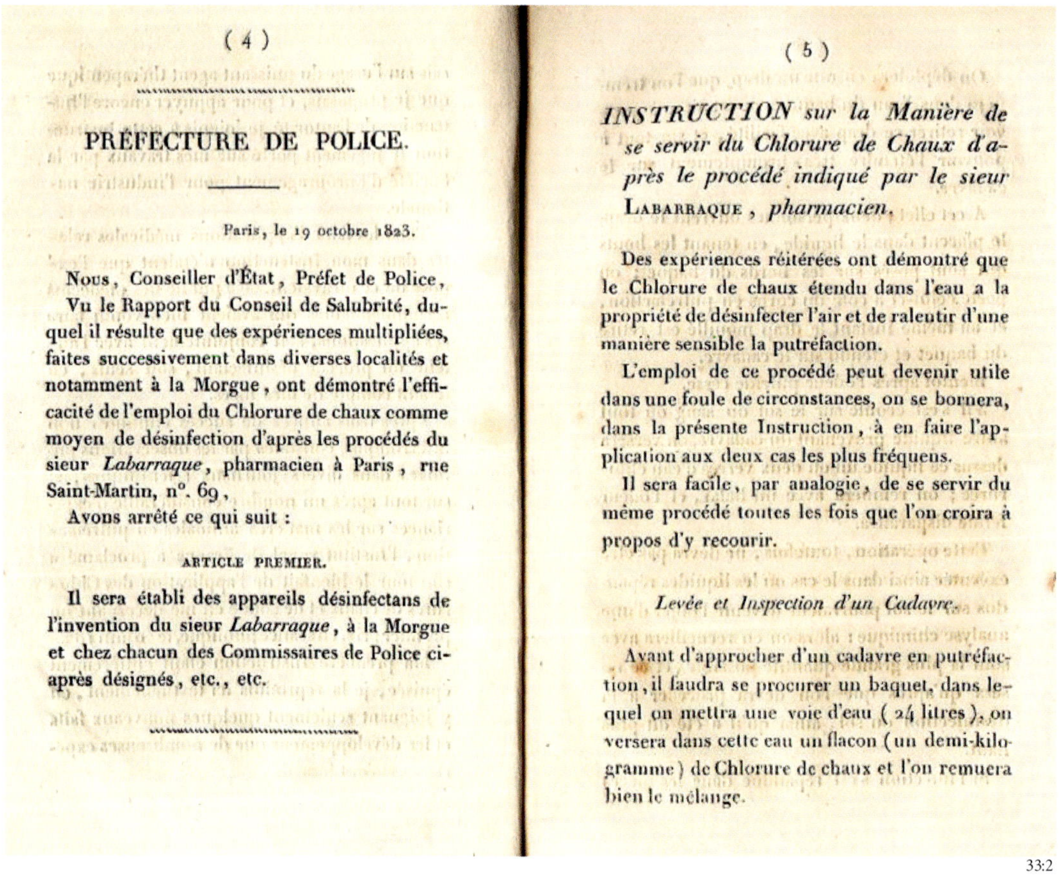

(4)

PRÉFECTURE DE POLICE.

Paris, le 19 octobre 1823.

Nous, Conseiller d'État, Préfet de Police,

Vu le Rapport du Conseil de Salubrité, duquel il résulte que des expériences multipliées, faites successivement dans diverses localités et notamment à la Morgue, ont démontré l'efficacité de l'emploi du Chlorure de chaux comme moyen de désinfection d'après les procédés du sieur *Labarraque*, pharmacien à Paris, rue Saint-Martin, n°. 69,

Avons arrêté ce qui suit :

ARTICLE PREMIER.

Il sera établi des appareils désinfectans de l'invention du sieur *Labarraque*, à la Morgue et chez chacun des Commissaires de Police ci-après désignés, etc., etc.

(5)

INSTRUCTION sur la Manière de se servir du Chlorure de Chaux d'après le procédé indiqué par le sieur Labarraque, *pharmacien*.

Des expériences réitérées ont démontré que le Chlorure de chaux étendu dans l'eau a la propriété de désinfecter l'air et de ralentir d'une manière sensible la putréfaction.

L'emploi de ce procédé peut devenir utile dans une foule de circonstances, on se bornera, dans la présente Instruction, à en faire l'application aux deux cas les plus fréquens.

Il sera facile, par analogie, de se servir du même procédé toutes les fois que l'on croira à propos d'y recourir.

Levée et Inspection d'un Cadavre.

Avant d'approcher d'un cadavre en putréfaction, il faudra se procurer un baquet, dans lequel on mettra une voie d'eau (24 litres), on versera dans cette eau un flacon (un demi-kilogramme) de Chlorure de chaux et l'on remuera bien le mélange.

33:2

Antoine-Germain Labarraque

33:3

Antoine-Germain Labarraque

Labarraque wurde 1777 in Oléron, Frankreich, geboren. Er lernte bei einem Apotheker in St-Jean-de-Luz und später in Montpellier bei Chaptal, einem Chemieprofessor und prominenten Industriellen, der große Chemiefabriken besaß und leitete. Labarraque zog als Pharmazeut nach Paris und konnte dort beweisen, dass eine Natriumhypochloritlösung (Eau de Labarraque) ein wirksames Desinfektionsmittel ist. Sein Desinfektionsverfahren wurde zuerst in Schlachthäusern angewandt und 1823 zur Desinfektion beim Umgang mit Leichen und Latrinen offiziell von der Polizei übernommen (33.1). Bald wurde es auch in Leichenschauhäusern, Anatomiesälen und in der Klinik genutzt, wo man es bei Krankenhausinfektionen, Wundbrand und Geschwüren einsetzte. 1825 wurde Labarraque von der Akademie der Wissenschaften der mit 3000 Franc dotierte Preis des Baron de Montyon verliehen. In späteren Jahren setzte sich Labarraque aktiv für das Gesundheitswesen ein. 1850 starb er in Paris.

De l'emploi des chlorures d'oxide de sodium et de chaux.

PARIS: L'AUTEUR, HUZARD, 1825.

Ganz zu Beginn dieses privat gedruckten Berichts über die Anwendungen von Natriumhypochlorit zur Desinfektion vermerkt Labarraque, dass er seine ersten erfolgreichen medizinischen Versuche mit Chloridlösungen aus Angst, zu den Scharlatanen mit ihren Wundermitteln gezählt zu werden, nicht veröffentlichte. Dann druckt er die Anweisungen für den Pariser Polizeipräfekten zur Anwendung des Desinfektionsmittels nach und nennt zahlreiche Anwendungsmöglichkeiten im Gesundheitswesen und in spezifischen medizinischen Fällen.

Im Spiegel der Zeit:

Chlor wurde 1774 von Scheele entdeckt (33.2) und erstmals von Berthollet und Chaptal als Bleichmittel (Kaliumhypochlorit oder Javelwasser) verwendet (33.3). De Morveau stellte fest, dass Salzsäure den Geruch verwesender Leichen wirkungsvoll bekämpft, und entwickelte einen Desinfektionsapparat, der „nach und nach ein mit Sauerstoff angereichertes Muriumsäuregas" (Chlor) abgab (33.4). Interessanterweise fand Sérullas zur gleichen Zeit, als Labarraque seine Entdeckung verkündete, ein weiteres bedeutendes Desinfektionsmittel, Iodoform (33.5). Semmelweis demonstrierte den Nutzen der Desinfektion zur Vorbeugung gegen Sepsis, indem er Händewaschen mit Chlorkalk (Calciumoxid, Calciumhydroxidkomplexe mit Chlor) vor der Untersuchung von Patientinnen in einer geburtshilflichen Klinik anordnete (33.6) (33.7). Einen großen Schritt tat Lister, als er, angeregt durch Pasteurs Entdeckung der Infektion durch die Luft (33.8), Karbolsäure (Phenol) in die Operationspraxis einführte und damit eine neue Ära der Chirurgie einläutete (33.9). Hypochloritlösungen sind stark alkalisch und daher hautreizend. Aus diesem Grunde führte Dakin 1915 Borsäure als Puffer ein (Dakinsche Lösung) (33.10). Hypochloritlösungen sind nach wie vor Hauptbestandteil vieler moderner Desinfektionsprodukte, und Chlor wird wegen seiner hohen Wirksamkeit und leichten Anwendung immer noch verbreitet zur Wasserbehandlung eingesetzt.

33.1 Labarraque A-G. *Ordonance du préfet de police, en date du 19 octobre 1823, préscrivant l'emploi du chlorure de chaux* ... Paris 1825.

33.2 Siehe Nr. 21 Scheele S. 120.

33.3 Partington JR. *A History of Chemistry*. Vol III Mansfield Centre, 1999, S. 497, S. 557.

33.4 De Morveau G. *Traité des moyens de désinfecter l'air, de prévenir la contagion, et d'en arrêter les progrès*. Paris 1805.

33.5 Sérullas GS. Mémoire sur l'iodure de potassium l'acid hydriodique et sur un composé nouveau de carbone, d'iode et d'hydrogène. *Ann Chim Phys* 2 sér. 1822; 20:163.

33.6 Škoda J. Ueber die von Dr Semmelweis entdeckte wahre Ursache ... *Sitz d kaiserl Akad Wiss math nat* 1849; 8:168.

33.7 Semmelweis IP. *Die Aetiologie, der Begriff und die Prophylaxis des Kindbettfiebers*. Pest 1861.

33.8 Siehe Nr. 50 Pasteur S. 264.

33.9 Siehe Nr. 54 Lister und auch Ref. 73.4 zu Phenol.

33.10 Dakin HD. On the use of certain antiseptic substances in the treatment of infected wounds. *Br Med J* 1915; 2:318.

In den ersten Jahren des 19. Jahrhunderts entdeckt Louis Guyton de Morveau (1737–1816), dass Salzsäure den Geruch verwesender Leichen wirkungsvoll beseitigt. Er entwirft sowohl stationäre als auch tragbare Geräte, die „nach und nach ein mit Sauerstoff angereichertes Murimsäuregas" (Chlor) abgeben.

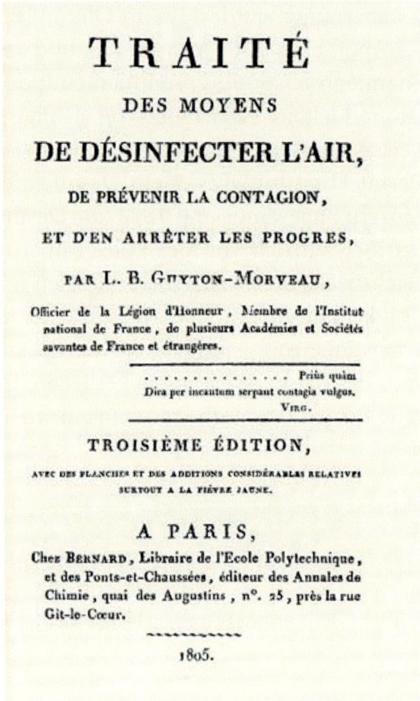

TRAITÉ
DES MOYENS
DE DÉSINFECTER L'AIR,
DE PRÉVENIR LA CONTAGION,
ET D'EN ARRÊTER LES PROGRES,

PAR L. B. GUYTON-MORVEAU,

Officier de la Légion d'Honneur, Membre de l'Institut national de France, de plusieurs Académies et Sociétés savantes de France et étrangères.

.... Priùs quàm
Dira per incautum serpant contagia vulgus.
VIRG.

TROISIÈME ÉDITION,

AVEC DES PLANCHES ET DES ADDITIONS CONSIDÉRABLES RELATIVES SURTOUT A LA FIÈVRE JAUNE.

A PARIS,

Chez BERNARD, Libraire de l'Ecole Polytechnique, et des Ponts-et-Chaussées, éditeur des Annales de Chimie, quai des Augustins, n°. 25, près la rue Gît-le-Cœur.

1805.

33:4

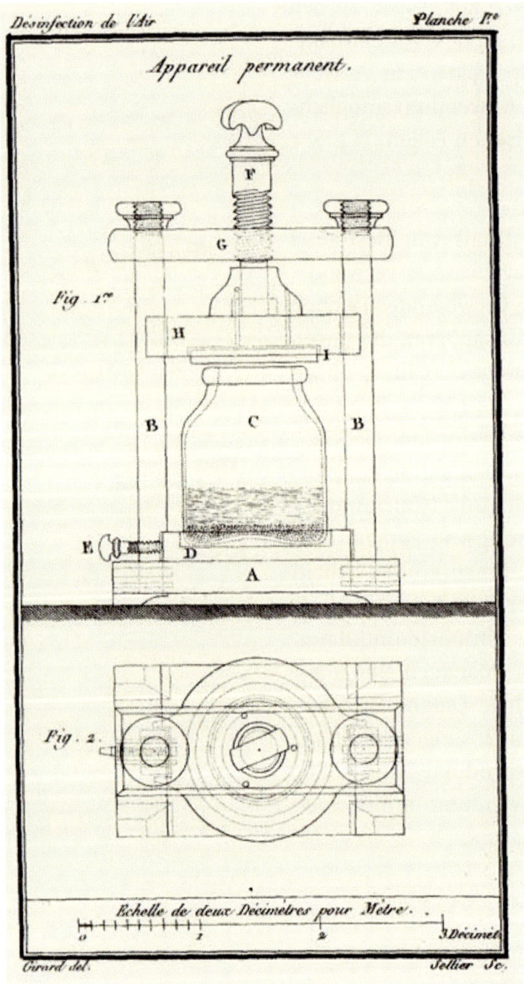

33:5

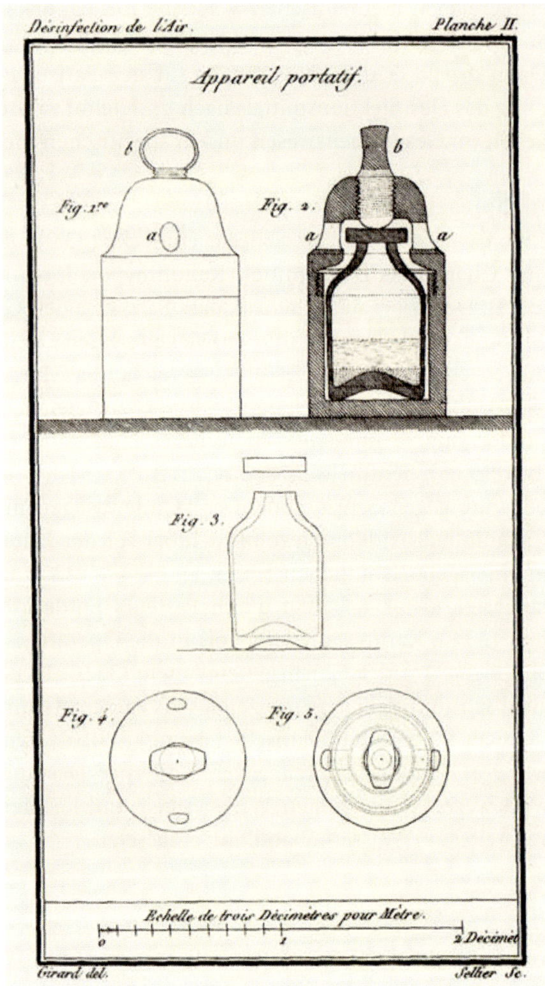

33:6

33:7

1847 führt Ignaz Semmelweis (1818–1865) Desinfektionsmittel zur Vorbeugung gegen Sepsis ein, indem er das Händewaschen mit Chlorkalk für die Ärzte und Krankenschwestern einer geburtshilflichen Klinik in Wien anordnet.

Jahr	Gebärende	Todte	Percent-Antheil	Gebärende	Todte	Percent-Antheil
1829	2141	34	1.59	3012	140	4.64
1830	2288	12	0.52	2797	111	3.97
1831	2176	12	0.55	3353	222	6.62
1832	2242	12	0.53	3331	105	3.15
				Trennung des Gebärhauses in zwei Abtheilungen.		
				I. Abtheilung: Klinik für Schüler und Schülerinnen.		
1833	2138	12	0.57	3737	197	5.29
1834	2024	34	1.67	2657	205	7.71
1835	1902	34	1.78	2573	143	5.55
1836	1810	36	1.98	2677	200	7.47
1837	1833	24	1.30	2765	251	9.09
1838	2126	45	2.11	2987	91	3.04
1839	1951	25	1.23	2781	151	5.04
1840	1521	26	1.70	2889	267	9.05
				I. Abtheilung: Klinik für Aerzte.		
1841	2003	23	1.14	3036	237	7.07
1842	2171	21	0.96	3287	518	15.08
1843	2210	22	0.99	3060	274	8.09
1844	2288	14	0.61	3157	260	8.02
1845	1411	35	2.48	3492	241	6.08
1846	2025	17	0.83	4010	459	11.04
				Einführung der Chlorwaschungen im Mai 1847 an der Abtheilung für Aerzte.		
1847	1703	47	2.75	3490	176	5.00
1848	1816	35	1.92	3556	45	1.27
1849	2063	38	1.84	3858	103	2.06
In 66 Jahren	141903	1758	1.21	153841	6224	4.04

33:8

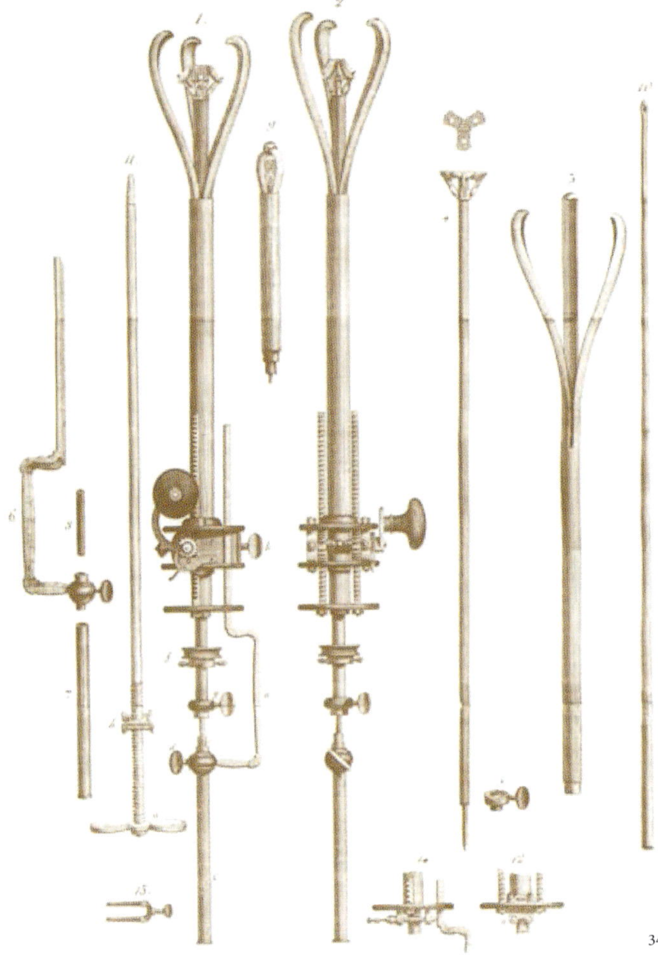

Jean Civiale (1792–1867) verbessert das Verfahren der Lithotritie. Er erfindet Instrumente, die über die Harnröhre in die Blase eingeführt werden können (wie unten), um in den Stein hineinzubohren und ihn dann zu zertrümmern. Auf diese Weise lassen sich die schmerzhaften Lithotomieoperationen vermeiden.

34:1

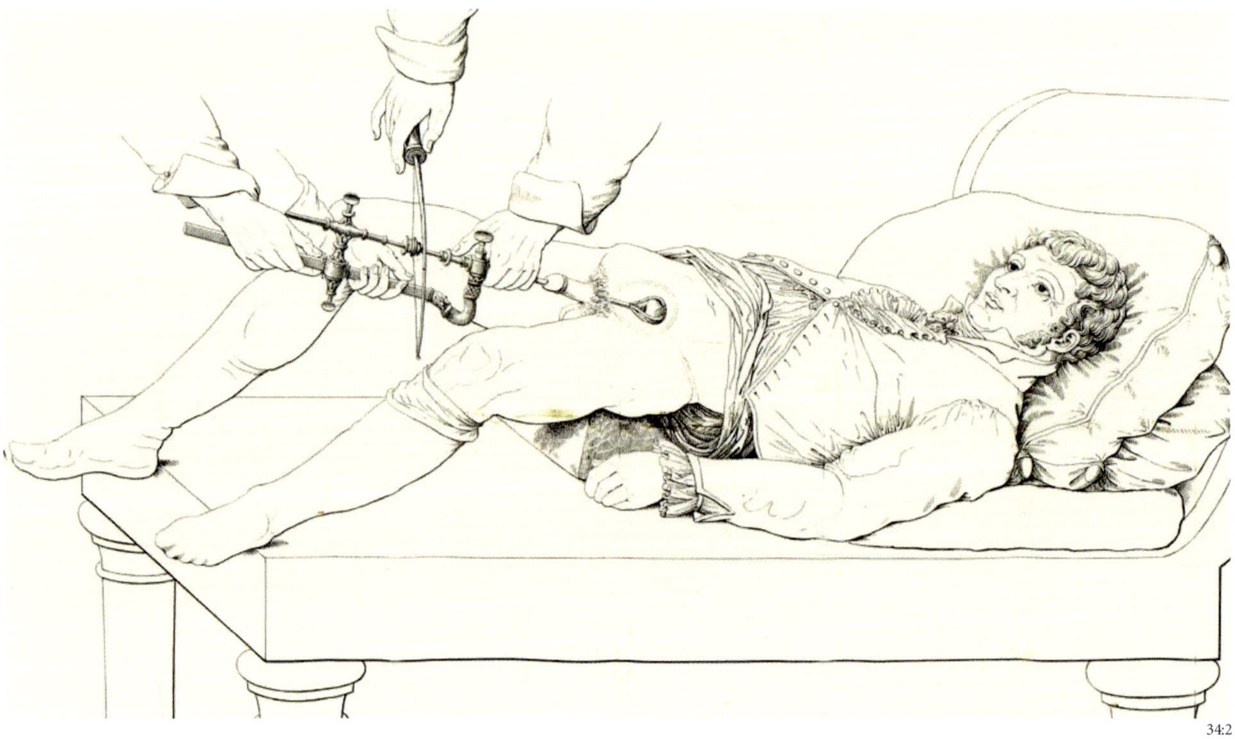

34:2

Jean Civiale

Civiale wurde 1792 als Bauernsohn in Thiézac, Frankreich, geboren. Unter Dupuytren, dem berühmten Professor für klinische Chirurgie an der École de Médecine, studierte er ab 1817 in Paris Medizin. Nach einer kurzen Zeit als Arzt in Brioude kehrte er nach Paris zurück, um den Rest seiner Karriere der Urologie zu widmen und insbesondere verbesserte Verfahren für die Entfernung von Blasensteinen (Lithotritie) zu entwickeln, ohne auf eine schmerzhafte Operation (Lithotomie) zurückgreifen zu müssen. Sein erster Erfolg bei einem klinischen Fall im Jahre 1824 setzte eine heftige Auseinandersetzung über die Priorität des Verfahrens in Gang (34.1). Civiale war ein schlechter Dozent, aber ein exzellenter Autor. Er verfasste viele Schriften über Urologie und gründete eine eigene Spezialabteilung für Lithotritie am Necker Hospital. Er führte über 3000 Eingriffe durch und häufte ein beträchtliches Vermögen an. Bei seinem Tode 1867 hinterließ er seiner Abteilung einen ansehnlichen Teil davon.

34:3

Jean Civiale

De la Lithotritie, ou broiement de la pierre dans la vessie.

Paris: Béchet Jeune, 1827.

Diese Arbeit ist die erweiterte Fassung eines kürzeren Aufsatzes, die Civiale im Jahr zuvor veröffentlichte. Hier beschreibt er sein Verfahren der Lithotritie und zählt Argumente auf, um seine Theorien und seine Methode gegen Kritiker zu verteidigen. Am Ende des Buches fügt er einen Bericht an die l'Académie Royale des Sciences an, der die Zusammenfassung einer unabhängigen Untersuchung über Civiales Prioritätsanspruch an der Lithotritie enthält.

Im Spiegel der Zeit:

Über Lithotomie schrieb bereits Celsus (um 30), und die arabischen Chirurgen Al Razi (um 900) und Albucasis (um 1000) dürfen als Urheber der Lithotritie gelten, da sie spezielle Instrumente und ein Bohrverfahren zur Zertrümmerung von Steinen entwickelten (34.2) (34.3). Paré widmete zehn Kapitel seines Werks (34.4) der Entfernung von Nierensteinen, doch bedeutende Verbesserungen der Instrumente und Verfahren gab es erst im frühen 19. Jahrhundert durch die Arbeiten von Civiale und seinem Gegner Leroy d'Etoilles (34.5). Später führte Bigelow (34.6) die Lithotripsie (Litholapaxie) ein, das Zertrümmern des Steins mit sofortiger Ausspülung der Fragmente. Frühe Untersuchungen über die Erzeugung (34.7) und Wirkung akustischer Stoßwellen führten zur ersten kontaktfreien Zertrümmerung eines Nierensteins im Labor (34.8). Bald folgten Forschungen in vivo (34.9), die 1980 in der ersten klinischen Anwendung der extrakorporalen Stoßwellentherapie (ESWT) beim Menschen mündeten (34.10). Bedenken über die Sicherheit dieses Verfahrens haben in neuerer Zeit zu Untersuchungen geführt, die nahelegen, dass Stoßwellen auch eine sinnvolle Therapiemöglichkeit bei orthopädischen Erkrankungen sein könnten (34.11).

34.1 von Kern V. *Bemerkungen über die neue, von Civiale und Le Roy verübte Methode, die Steine in der Harnblase zu zermalmen und auszuziehen.* Wien 1826. Siehe auch die unten zitierte wegweisende Publikation von Civiale.

34.2 Spink MS, Lewis IL. *Albucasis on surgery and instruments.* London: Wellcome Institute of the History of Medicine, 1973. Siehe auch Ref. 29.2.

34.3 Ellis H. *A History of Bladder Stone.* London: Blackwell Scientific Publications, 1969.

34.4 Siehe Nr. 2 Paré S. 26 und auch *The Collected Works of Ambroise Paré.* Lib. 17 Kap. 34–44. Transl. T. Johnson. London 1634.

34.5 Leroy d'Etoilles JJ. *Histoire de la lithotritie, précédée de réflexions sur la dissolution des calculs urinaires.* Paris 1839.

34.6 Bigelow HJ. Lithotrity by a single operation. *Am J Med Sci* 1878; 75:117.

34.7 Eisenmenger W. Eine elektromagnetische Impulsschallquelle zur Erzeugung von Druckstößen in Flüssigkeiten und Festkörpern. *Proc 3rd Int Congr Acoustics* 1961. Amsterdam: Elsevier; 1962, S. 326.

34.8 Häusler E, Kiefer W. Anregung von Stoßwellen in Flüssigkeiten durch Hochgeschwindigkeitswassertropfen. *Verh D Physikal Gesell* 1971; 6:786.

34.9 Chaussy C et al. The use of shock waves for the destruction of renal calculi without direct contact. *Urol Res* 1976; 4:175.

34.10 Chaussy C, Brendel W, Schmiedt E. Extracorporeally induced destruction of kidney stones by shock waves. *Lancet* 1980; 2:1265.

34.11 Haupt G. Use of extracorporeal shock waves in the treatment of pseudoarthrosis, tendopathy and other orthopedic diseases. *J Urol* 1997; 4:158.

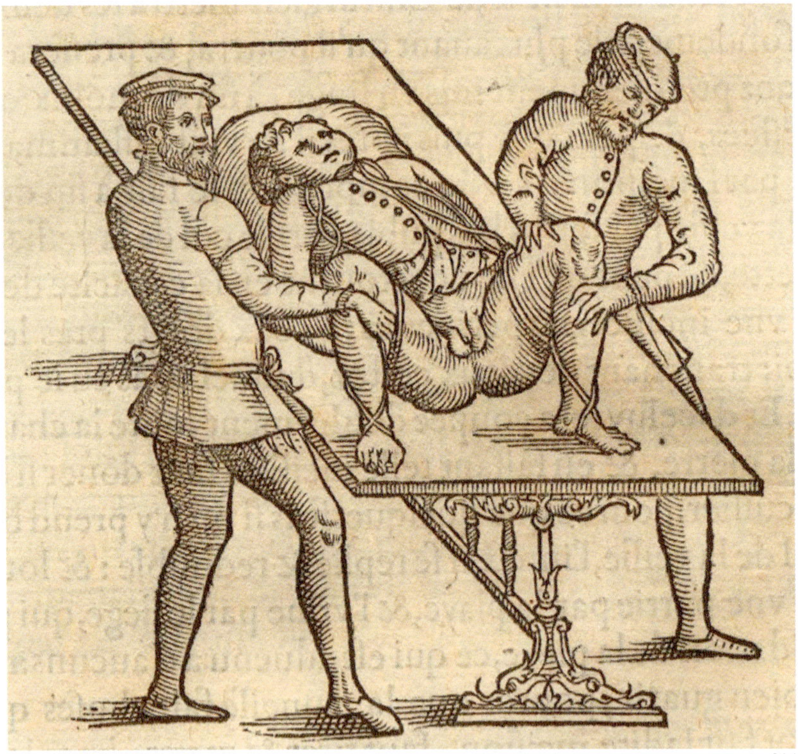

34:4

Vorbereitung auf die Entfernung von Nierensteinen und ein Gerät zum Zertrümmern des Steins, wie von Ambroise Paré 1575 beschrieben (siehe Nr. 2).

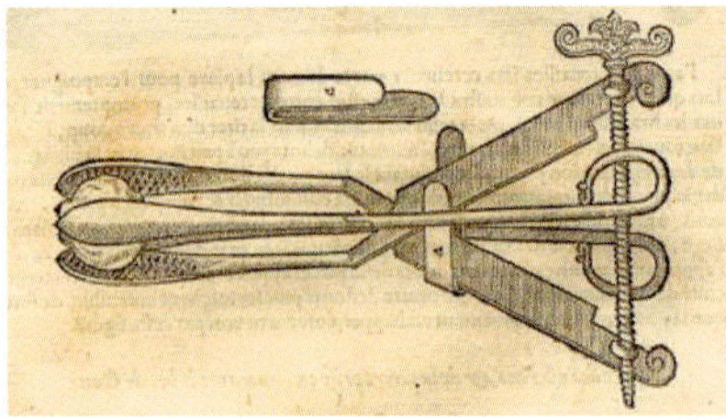

34:6

Henry Bigelow (1818–1890) erfindet ein Instrument, das den Stein sofort nach der Zertrümmerung ausspült. Das Bild zeigt seine Geräte für die Litholapaxie zum Zertrümmern und Ausspülen der Steine von etwa 1880.

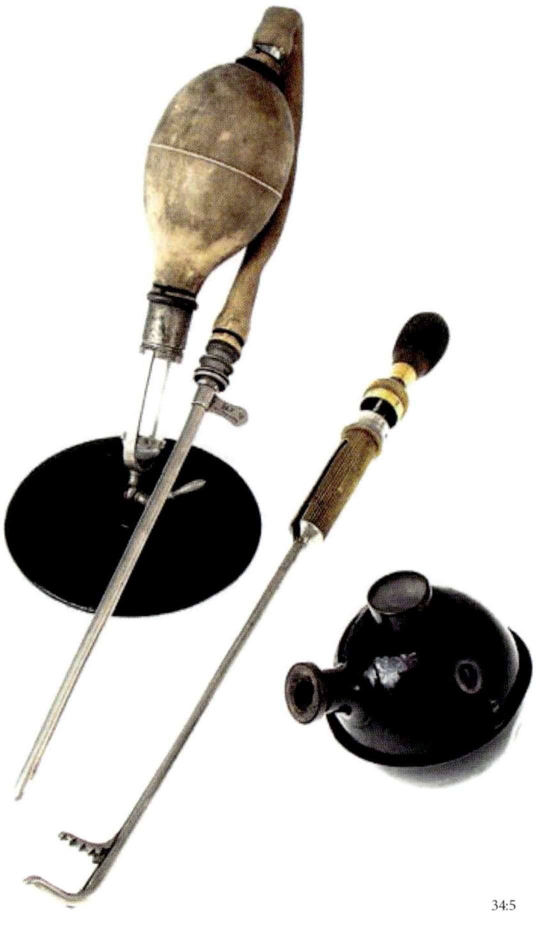

34:5

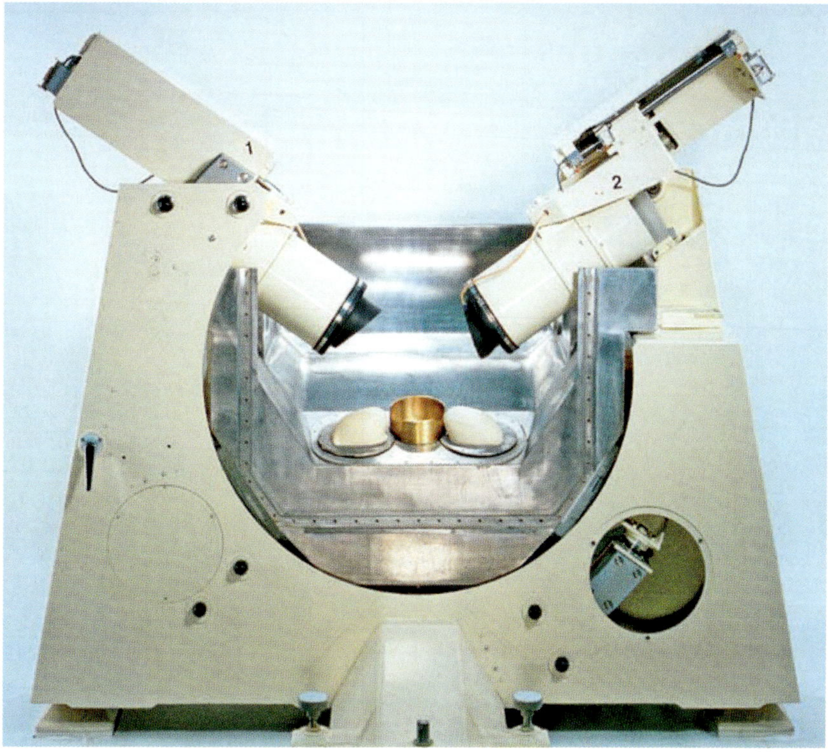

Das erste Gerät, der 1982 hergestellte Nierensteinzertrümmerer HM1, für die extrakorporale Stoßwellentherapie. Das Verfahren der Steinzertrümmerung mit gelenkten akustischen Wellen wird 1976 von Christian Chaussy und Mitarbeitern eingeführt.

Moderner Nierensteinzertrümmerer mit elektrohydraulischer Stoßwellentechnologie.

34:7

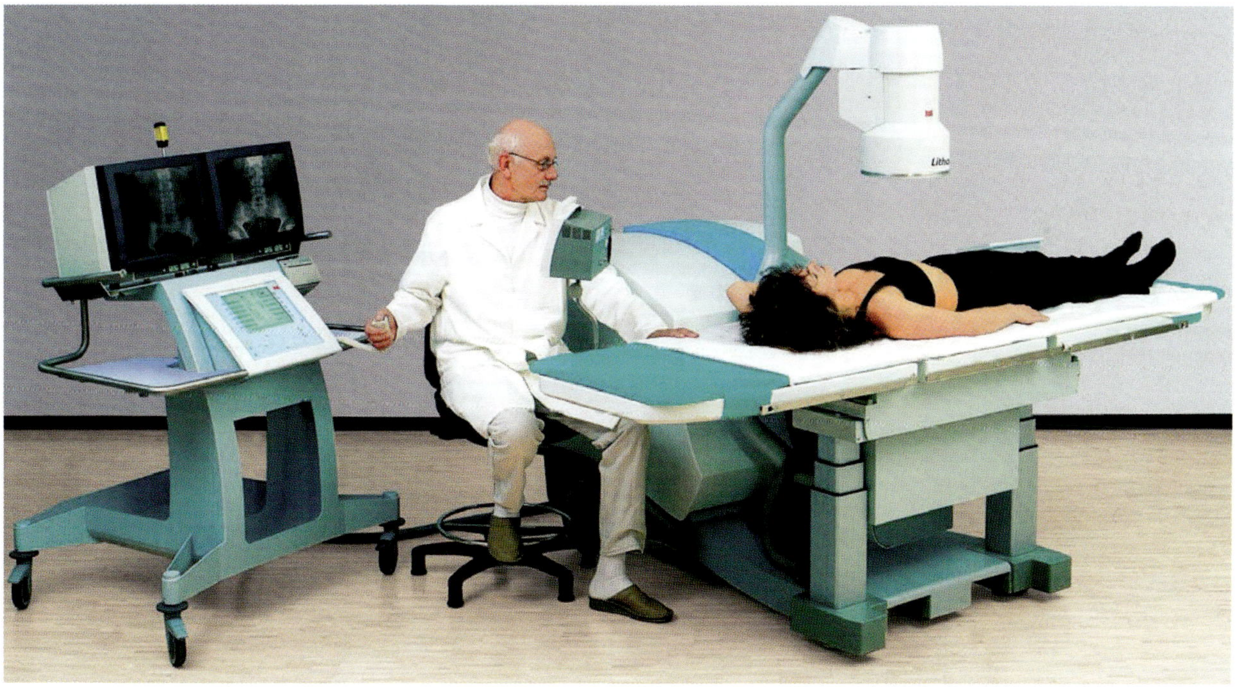

34:8

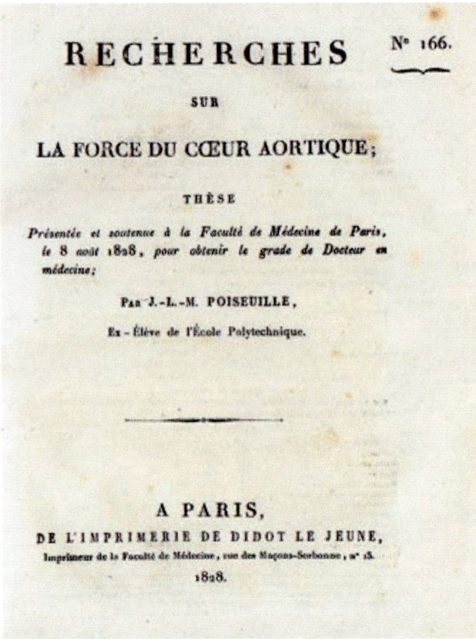

RECHERCHES N° 166.

SUR

LA FORCE DU CŒUR AORTIQUE;

THÈSE

Présentée et soutenue à la Faculté de Médecine de Paris, le 8 août 1828, pour obtenir le grade de Docteur en médecine;

PAR J.-L.-M. POISEUILLE,

Ex-Élève de l'École Polytechnique.

A PARIS,

DE L'IMPRIMERIE DE DIDOT LE JEUNE,

Imprimeur de la Faculté de Médecine, rue des Maçons-Sorbonne, n° 13.

1828.

35:1

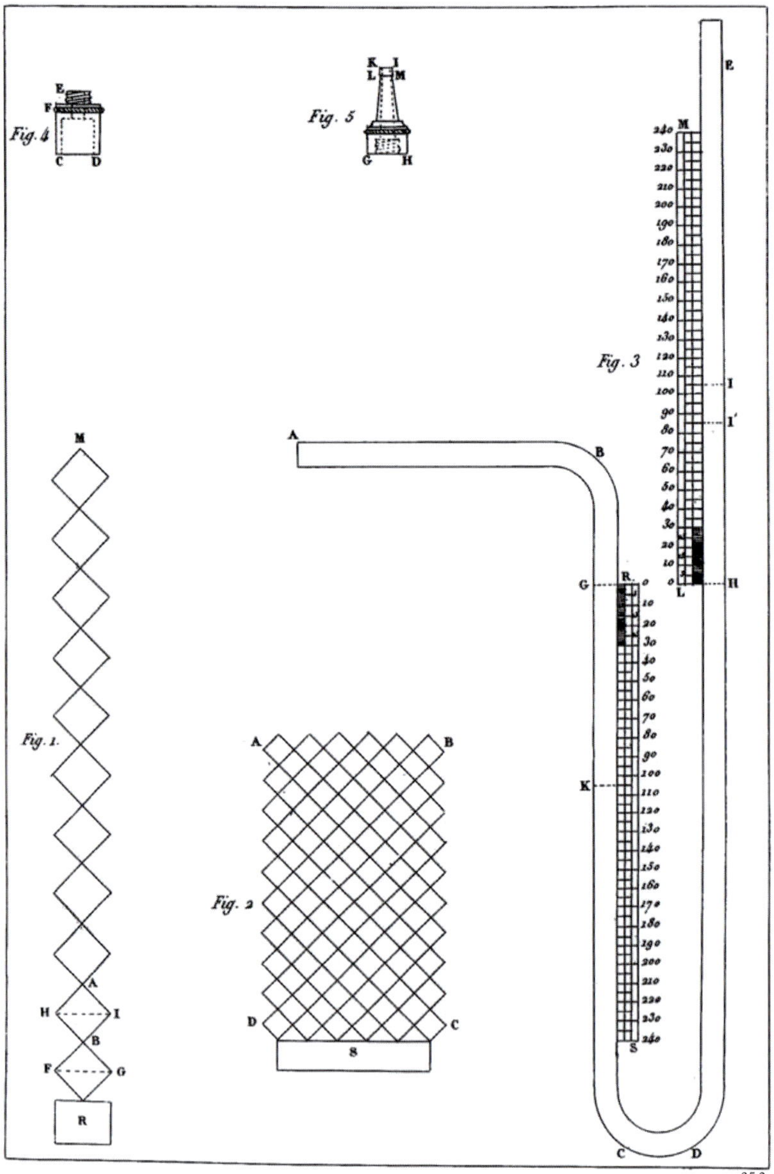

35:2

Jean Léonard Poiseuilles (1797–1869) Dissertation von 1828. Er erfindet das „Hämodynamometer", bei dem erstmalig Quecksilber in einem Manometer eingesetzt wird. Er untersucht die Veränderung des Blutdrucks beim Atmen und die Erweiterung der Arterien in Abhängigkeit vom Puls.

Jean Léonard Poiseuille

35:3

Jean Léonard Poiseuille

Poiseuille wurde 1797 in Paris als Sohn eines Zimmermanns geboren. Er studierte an der École Polytechnique und promovierte 1828 mit der unten zitierten Dissertation in Medizin. Seine Physiologieforschungen brachten ihm viermal die Montyon-Medaille (35.1) und 1842 auch die Aufnahme in die Académie de Médecine ein. Für die Académie schrieb er eine Reihe von Berichten über physiologische Themen und war auch einer der Herausgeber des „Dictionnaire de médecine usuelle" von 1849. Im Jahre 1860 wurde Poiseuille zum Inspektor der Pariser Grundschulen ernannt. 1869 starb er in seiner Heimatstadt.

Recherches sur la force du cœur aortique.

Thèse. Paris: Didot Jeune, 1828.

Nach einem kurzen historischen Abriss über die bisherigen Arbeiten zur Pumpwirkung des Herzens mit Verweis auf das Werk von Borelli (35.2), Kreill (35.3) und Hales (35.4) beschreibt Poiseuille sein Gerät (Hämodynamometer) und sein Verfahren zur Blutdruckmessung. Er führt die Verwendung eines Quecksilbermanometers ein und verwendet Kaliumcarbonat, um die Blutgerinnung zu verhindern. Poiseuille entdeckt, dass der Blutdruck mit der Aus- und Einatmung steigt und fällt, und es gelingt ihm, die Erweiterung der Arterien in Abhängigkeit vom arteriellen Puls zu messen.

Im Spiegel der Zeit:

Poiseuilles Arbeit markierte einen Meilenstein in der Messung des Blutdrucks. Ein weiterer Fortschritt gelang Ludwig 1847, der auf dem Quecksilber einen Schwimmer anbrachte und ihn so ausstattete, dass er auf einem Drehzylinder Aufzeichnungen hinterließ (35.5). Auf diese Weise ließen sich die Auswirkungen der Atmung auf den arteriellen Puls erstmals sichtbar machen. Die langsame Reaktion dieses Systems wurde von Vierordt als Problem erkannt, und so entwickelte er mithilfe von Webers Wellenanalyse des arteriellen Blutflusses (35.6) 1855 den ersten Sphygmographen (35.7). Dieses empfindliche Gerät arbeitete, indem es einen direkten mechanischen Gegendruck auf die Arterie erzeugte. Vierordts Konstrukt wurde bald von Marey (35.8) zu einem kompakten Gerät weiterentwickelt, das man zu klinischen Zwecken am Unterarm anbringen konnte. Poiseuilles Dissertation veranlasste ihn außerdem dazu, die Bewegungen von Flüssigkeiten in den Kapillaren zu untersuchen. Er bestimmte den Einfluss der Temperatur auf das Strömungsverhalten verschiedener Flüssigkeiten mit einer Abweichung von etwa 0,5% zu heutigen Werten. Gemeinsam mit Hagen (35.9) formulierte Poiseuille die Abhängigkeit der Strömung vom Strömungsdruck, von Radius und Länge der Röhre sowie von der Viskosität der Flüssigkeit (35.10). Diese Relation, das „Hagen-Poiseuille-Gesetz", ist für alle hydrodynamischen Überlegungen zum Kreislaufsystem von grundlegender Bedeutung.

35.1 Siehe Nr. 33 Labarraque S. 180.
35.2 Siehe Nr. 12 Borelli S. 76.
35.3 Kreill J(ames). *Tentamina medico-physica, ad quasdam quastiones, quae oeconomiam animalem spectant, accommodata.* London 1718.
35.4 Siehe Nr. 17 Hales S. 100.
35.5 Ludwig C. Beiträge zur Kenntnis des Einflusses der Respirationsbewegungen auf den Blutlauf im Aortensysteme. *Arch Anat Phys wiss Med* 1847, S. 242.
35.6 Siehe Nr. 44 Weber S. 232.
35.7 Siehe Ref. 17.9.
35.8 Siehe Nr. 52 Marey S. 272.
35.9 Hagen GH. Ueber die Bewegung des Wassers in engen cylindrischen Röhren. *Ann Phys Chem* 1839; 46:423.
35.10 Poiseuille JL. Recherches expérimentales sur le mouvement des liquides dans les tubes de très-petits diamètres. *C R Acad Sci* 1840; 11:961, S. 1041, S. 1841 und *C R Acad Sci* 1841; 12:112.

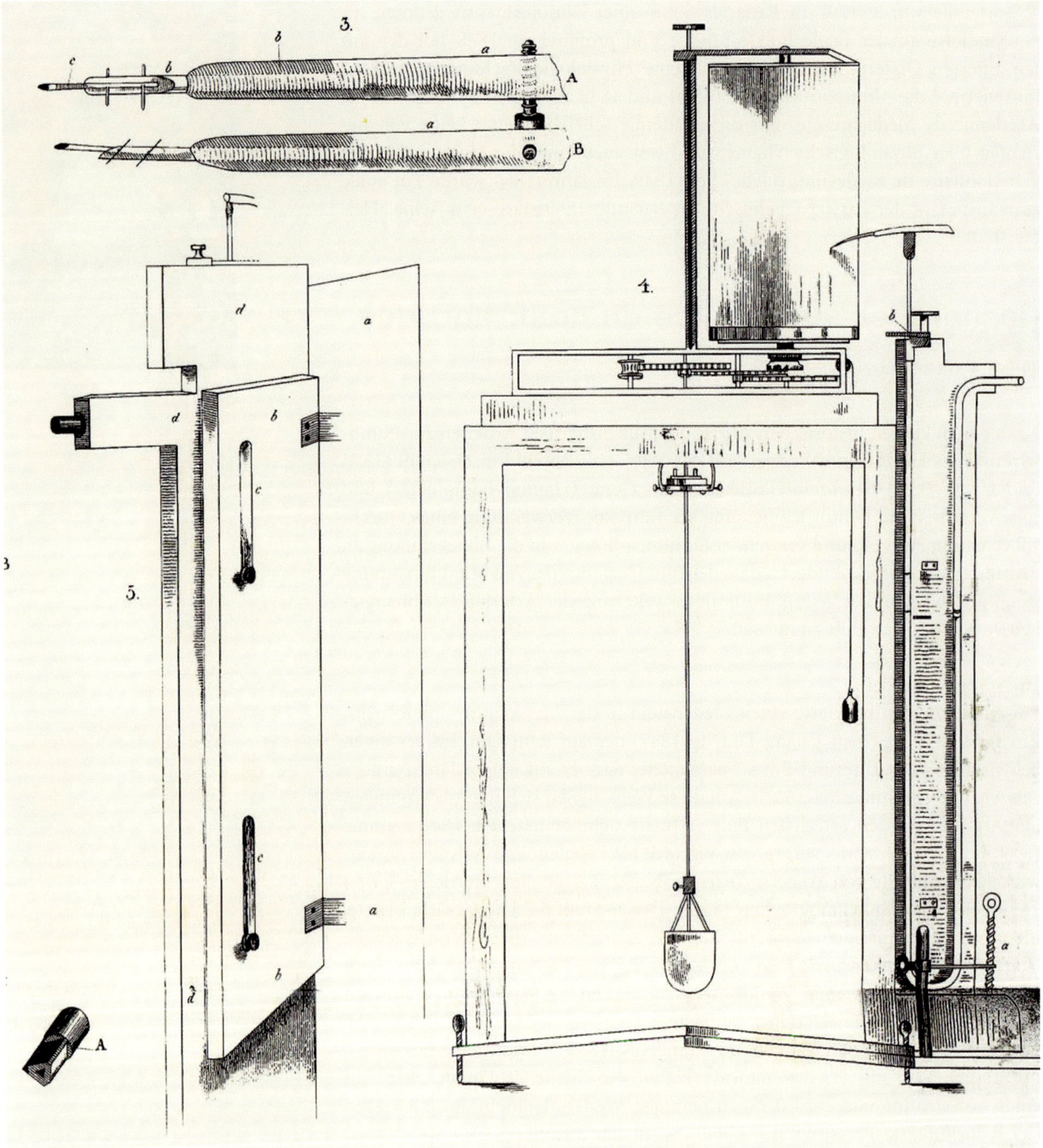

35:4

1847 bringt Carl Ludwig (1816–1895) einen Schwimmer auf dem Quecksilber des Manometers an und verbindet ihn mit einem Schreibstift, der die Bewegungen auf einem Drehzylinder abbildet. Auf diese Weise gelingen ihm die ersten Aufzeichnungen von den Auswirkungen der Atmung auf den Blutdruck.

35:5

Karl Vierordt (1818–1885) unternimmt 1855 den ersten Versuch, den Blutdruck nicht-invasiv zu messen. Seine Erfindung, der Sphygmograph, ist ein empfindliches Gerät, das den arteriellen Druck anzeigt, indem er einen mechanischen Gegendruck ausübt, der den Puls der Speichenarterie unterdrückt. Unten sind zwei seiner zahlreichen Aufzeichnungen mit diesem Instrument abgebildet.

Fig. 32. (XXII 2 a. Fr. 77.) Gangräna pulmonum. Tafel A.

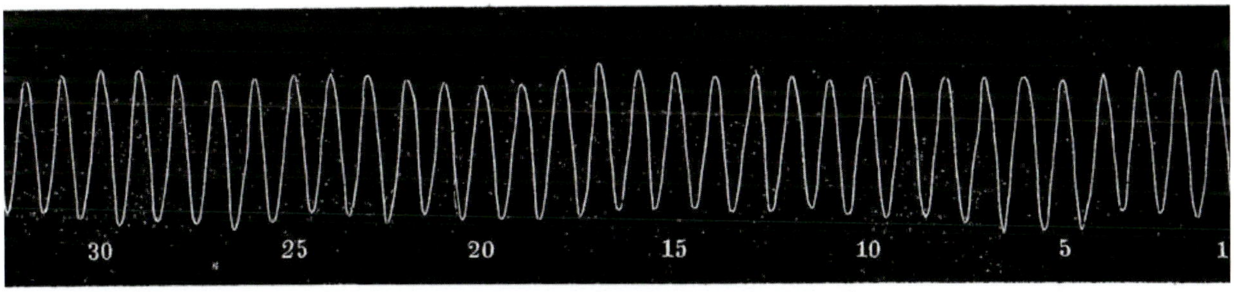

Fig. 34. (XXIV 1. a. Fr. 99.) Morbus cordis.

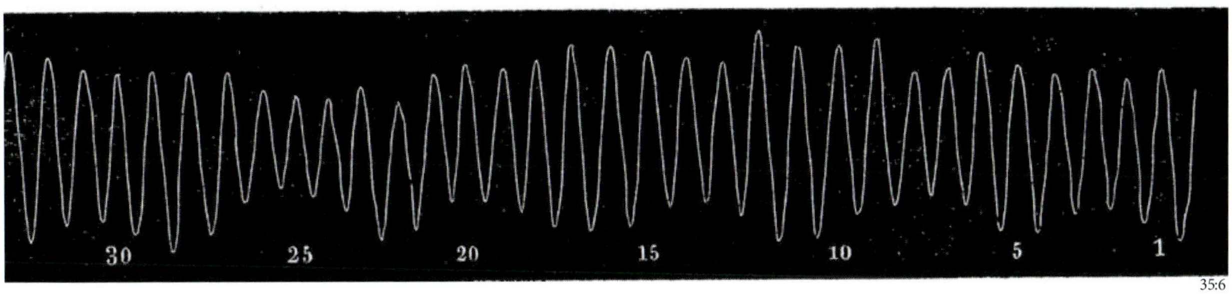

35:6

RECHERCHES

DE

CHIMIE ORGANIQUE,

RELATIVES

A L'ACTION DU CHLORE SUR L'ALCOOL.

LOI DES SUBSTITUTIONS OU MÉTALEPSIE.

PAR M. J. DUMAS.

Lu à l'Académie des Sciences, le 13 janvier 1835.

DANS un mémoire que j'ai eu l'honneur de communiquer récemment à l'Académie, je suis revenu, ainsi que je l'avais annoncé, sur la question des éthers, et j'ai ajouté quelques arguments à ceux qui nous avaient déterminés autrefois à publier sur ces corps une théorie qui a soulevé tant de discussions, qu'on peut s'étonner qu'elle ait pu résister à des attaques si vives et si répétées.

Je craindrais d'abuser des moments de l'Académie, en lui retraçant l'histoire de ce point de la science, avec les détails circonstanciés qui seraient nécessaires pour rendre à chacun ce qui lui appartient. Je me bornerai donc à préciser ici les idées qui ont apparu successivement.

36:1

pyro-acétique. La préparation s'exécute comme avec l'alcool; mais, ainsi que l'observe M. Liebig, on en obtient bien davantage.

Le produit purifié par l'acide sulfurique, comme dans le cas précédent, a été soumis ensuite à l'analyse.

0,699 matière ont fourni 0,260 d'acide carbonique, et 0,061 d'eau. Ces résultats donnent en centièmes :

Carbone	10,29
Hydrogène.	0,97
Chlore	88,74
	100,00

Tous ces résultats s'accordent entre eux, et s'accordent fort bien aussi avec les résultats calculés d'après la formule $C^2 H Ch^3$; celle-ci donnerait en effet :

C^2	76,52	10,24
H	6,25	0,83
Ch^3	663,96	88,93
	746,73	100,00

Ces résultats s'accordent également bien avec ceux qui seraient tirés de la même formule, relativement à la densité de la vapeur. On a, en effet,

$$C^2 \ldots\ldots = 0,8432$$
$$H \ldots\ldots = 0,0688$$
$$Ch^3 \ldots\ldots = 7,3150$$
$$\frac{8,2270}{2} = 4,113.$$

36:2

Jean Baptiste Dumas (1800–1884) führt 1835 eine neue Art der Betrachtung chemischer Reaktionen ein. Dank seiner Substitutionstheorie und sorgfältiger Messungen gelingt es ihm, die korrekten Formeln vieler neuer organischer Substanzen zu bestimmen, darunter (siehe oben) die von Chloroform $CHCl_3$.

Jean Baptiste Dumas

36:3

Jean Baptiste Dumas

Dumas kam 1800 in Alès in Frankreich zur Welt. Als Jugendlicher wollte er zur Marine, wandte sich aber bald der Wissenschaft zu und begann eine Lehre als Apotheker. 1816 brach er zum Studium nach Genf auf. Auf Empfehlung von Humboldts (36.1), dem sein Talent auffiel, ging er 1823 nach Paris; dort richtete er sich ein kleines Chemielabor ein und unterrichtete an der École Polytechnique. 1832 wurde er zum Mitglied der Akademie der Wissenschaften gewählt und 1868 ihr Ständiger Sekretär. Dumas war ein brillanter Lehrer; als Professor für organische Chemie an der École de Médecine und an der Sorbonne bildete er eine ganze Generation hervorragender französischer Chemiker aus. Er besaß einen sanften, großzügigen Charakter und suchte zur Lösung von Problemen stets nach Kompromissen. Nach der Revolution von 1848 engagierte er sich in der Politik, und als Präsident des Pariser Gemeinderats überwachte er die Umgestaltung und Modernisierung der Stadt.

Recherches de chimie organique relative à l'action du chlore sur l'alcool. Loi des substitutions ou métalepsie.

Lu à l'Académie des Sciences 1835. Paris: F. Didot, 1835.

Hier begründet Dumas eine neue Art der Betrachtung von organischen chemischen Reaktionen. Seine Substitutions- oder Austauschtheorie (métalepsie) formuliert Regeln, nach denen Wasserstoff bei Reaktionen durch eine entsprechende Zahl von Molen einer anderen Substanz, wie etwa eines Halogens, ersetzt wird. Auf diese Weise ist Dumas in der Lage, die Zusammensetzung der neu entdeckten Substanzen zu bestimmen. Er gibt ihnen die heute gebräuchlichen Namen Chloroform, Bromoform und Iodoform (36.2).

Im Spiegel der Zeit:

Die Auseinandersetzungen und Animositäten zwischen den drei führenden Chemikern der 1830er-Jahre, Dumas, Liebig (36.3) und Berzelius, entsprangen nicht nur unterschiedlichen wissenschaftlichen Standpunkten, sondern auch ihren verschiedenen Persönlichkeiten und zu einem gewissen Maß nationalistischen Gefühlen (36.4). Dumas' Substitutionstheorie war der Anfang vom Ende des etablierten dualistischen (elektronegativ oder Säure versus elektropositiv oder Base) chemischen Systems von Berzelius (36.5). 1831 wurde innerhalb weniger Monate eine Substanz, die später den Namen Chloroform erhielt, unabhängig voneinander von Guthrie (36.6), Soubeiran (36.7) und Liebig (36.8) entdeckt. 1847 zeigte Flourens an Tieruntersuchungen, dass Chloroform und Äther eine ähnliche anästhetisierende Wirkung hatten (36.9). Zur gleichen Zeit suchte Simpson mit der Unterstützung des Chemikers Waldie in Edinburgh nach einem in der Geburtshilfe einsetzbaren Narkosemittel, das nicht so unangenehm wie Äther roch; diese Substanz hatte gerade sehr erfolgreich Einzug in die chirurgische Anästhesie gehalten (36.10). Simpson berichtet, dass Dumas zufällig dem ersten klinischen Einsatz von Chloroform beiwohnte und „über alle Maßen angetan davon war, die wunderbaren physiologischen Wirkungen einer Substanz mitzuerleben, mit deren chemischer Geschichte sein eigener Name so untrennbar verknüpft wurde" (36.11).

36.1 Siehe Ref. 19.9 zu einem bedeutenden Werk Alexander von Humboldts.
36.2 Siehe Ref. 33.5 und Ref. 36.6–36.8.
36.3 Siehe Nr. 39 Liebig S. 208.
36.4 Partington JR. *A History of Chemistry*. Vol. III, Kap. XI. Mansfield Centre: Martino fine books, 1999.
36.5 Berzelius JJ. *Lärobok i kemien*. Vol. 1–6. Stockholm 1812–1830.
36.6 Guthrie S. New mode of preparing a spirituous solution of Chloric Ether. *Am J Sci and Arts* 1832; 21:64 und S. 405. Siehe auch: On pure Chloric Ether. *Am J Sci and Arts* 1832; 22:105.
36.7 Soubeiran E. Recherches sur quelques Combinaisons du Chlore. *Ann Chim Phys* 1831; 48:113.
36.8 Liebig J. Ueber die Verbindungen, welche durch die Einwirkung des Chlors auf Alkohol, Aether, ölbildendes Gas und Essiggeist entstehen. *Ann der Pharm* 1832; 1:182.
36.9 Flourens P. Chloro-forme. *Arch Gen de Med* 4 ser. 1847; 13:549.
36.10 Siehe Nr. 47 Snow S. 248.
36.11 Simpson JY. Account of a New Anaesthetic Agent as substitute for sulphuric Ether in Surgery and Midwifery. *Comm Medico-Chirurgical Soc Edin*. Edinburgh; 1847, 10. November.

RECHERCHES *sur quelques Combinaisons du Chlore,*

PAR M. E. SOUBEIRAN.

(Communiqué par l'auteur.)

DES nombreuses combinaisons entre le chlore et l'oxigène que la théorie chimique fait prévoir, les suivantes sont seules connues :

Protoxide de chlore.	2 vol. chlore	+1 vol. oxigène.
Deutoxide de chlore.	1 vol.	+2 vol.
Acide chlorique....	2 vol.	+5 vol.
Acide oxichlorique..	2 vol.	+7 vol.

36:4

36:6

1831 stellt Eugène Soubeiran (1793–1858) Chloroform her, eine Substanz, die er fälschlich als „éther bichlorique" bezeichnet.

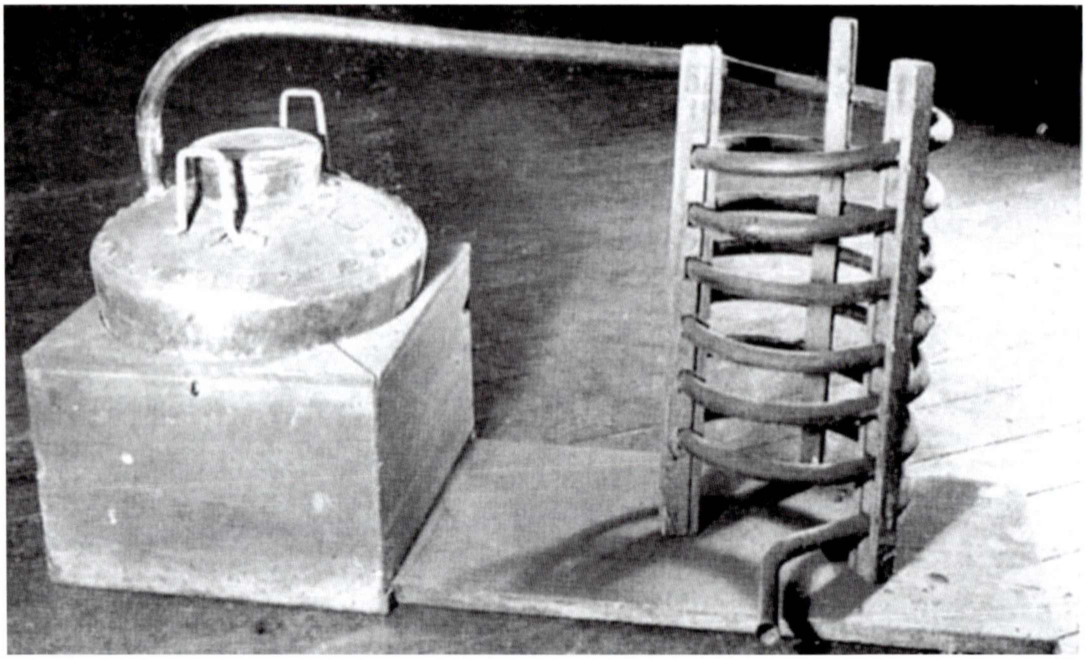

36:7

ART. VI.—*New mode of preparing a spirituous solution of Chloric Ether; by* SAMUEL GUTHRIE, of Sackett's Harbor, N. Y.

Mr. Editor—As the usual process for obtaining chloric ether for solution in alcohol is both troublesome and expensive, and as from its lively and invigorating effects it may become an article of some value in the *Materia Medica*, I have thought a portion of your readers might be gratified with the communication of a cheap and easy process for preparing it. I have therefore given one below, combining these advantages with unerring certainty in the result.

36:5

Zur gleichen Zeit wie Soubeiran stellt Samuel Guthrie (1782–1848) ebenfalls Chloroform her, jedoch aus Whisky (er hatte keinen Alkohol) und Chlorkalk. Er benutzt die oben abgebildete Ausrüstung und nennt die neue Zusammensetzung „chloric ether" oder „sweet whiskey".

36:8

Justus von Liebig (1803-1873) synthetisiert, ebenfalls 1831 und unabhängig von Soubeiran und Guthrie, Chloroform. Er bezeichnet die Substanz als „Chloral".

Ueber die Verbindungen, welche durch die Einwirkung des Chlors auf Alkohol, Aether, ölbildendes Gas und Essiggeist entstehen;

von

Justus Liebig.

Die Bildung und Zusammensetzung des ölartigen Körpers, welcher durch die Einwirkung des Chlors auf Alkohol entsteht, hat neuerdings die Aufmerksamkeit mehrerer Chemiker beschäftigt.

36:10

M. Flourens a essayé un corps nouveau connu sous le nom de *chloro-forme*. Après quelques minutes, l'animal soumis à l'inhalation de ces vapeurs a été tout à fait éthérisé. Les phénomènes ont été les mêmes que dans l'éthérisation par l'éther sulfurique ou chlorhydrique.

36:11

36:9

Marie Flourens (1794–1867) entdeckt die anästhetisierende Wirkung von Chloroform. Dies besagt eine ganz kurze Notiz vom April 1847 (rechts) mit dem Wortlaut: „Monsieur Flourens hat eine neue Substanz unter dem Namen Chloroforme erprobt. Wenige Minuten, nachdem ein Tier ihren Dämpfen ausgesetzt wird, ist dieses vollkommen betäubt. Diese Phänomene haben sich als identisch zur Anästhesie mit Schwefeläther (Äthyläther, Äther) oder Äthylchlorid (Chlorethan) erwiesen."

ARCHIVES GÉNÉRALES

DE MÉDECINE,

JOURNAL COMPLÉMENTAIRE DES SCIENCES MÉDICALES.

4e SÉRIE. — TOME XIII.

Avril 1847.

AVIS AUX SOUSCRIPTEURS.

Les *Archives générales de médecine* paraissent les premiers jours de chaque mois, par numéros de 8 à 10 feuilles. Quatre cahiers forment un volume, qui est terminé par une table des matières très-détaillée. — Des planches et figures sont ajoutées quand elles sont nécessaires.

Le prix de l'abonnement est fixé à 20 fr. pour Paris, à 25 fr., franc de port, pour les départements, et à 30 fr. pour les pays où le port est double. — AFFRANCHIR. *Toute demande d'abonnement doit être accompagnée d'un mandat sur la poste, au nom de M. LABÉ, à l'adresse ci-dessous.*

On souscrit à Paris,

CHEZ LABÉ, ÉDITEUR, LIBRAIRE DE LA FACULTÉ DE MÉDECINE, place de l'École-de-Médecine, 4;

ET CHEZ PANCKOUCKE, IMPRIMEUR-LIBRAIRE, RUE DES POITEVINS, 14.

Dans les départements,

Chez les Libraires, les Directeurs des postes, et aux Bureaux des Messageries royales et Caillard.

AVIS. — MM. les Abonnés sont priés de faire renouveler leur abonnement pour 1847, afin de ne pas éprouver de retard dans l'envoi des numéros de cette année.

36:12

37:1

Gustav Magnus (1802–1870) berichtet von der ersten quantitativen Bestimmung von Blutgasen. Er injiziert Blutproben von Pferden in einen Trichter mit Quecksilber und extrahiert die Blutgase, indem er mit der links abgebildeten Apparatur wiederholt Unterdruck erzeugt. Wie die Tabelle unten zeigt, stellt er fest, dass die arteriovenöse Differenz für Sauerstoff positiv und für Kohlendioxid negativ ist. Er berechnet die Kohlendioxidbilanz nach Passieren der Lungen, indem er einen Wert für das Herzzeitvolumen annimmt und so (umgekehrt) erstmalig das Ficksche Prinzip anwendet, wie es später genannt wird (siehe Nr. 56).

	Cubikcentimeter.		
Blut von ein. Pferde	125 gaben	9,8 Luft	5,4 Kohlensäur. 1,9 Sauerstoff 2,5 Stickstoff
Venöses Blut von demselben Pferde, am 4. Tage, nach der Entziehung des arteriellen aufgefangen	205 -	12,2 -	8,8 Kohlensäur. 2,3 Sauerstoff 1,1 Stickstoff
Dasselbe Blut	195 -	14,2 -	10,0 Kohlensäur. 2,5 Sauerstoff 1,7 Stickstoff
Arterielles Blut von einem sehr alten, aber gesund. Pferde	130 -	16,3 -	10,7 Kohlensäur. 4,1 Sauerstoff 1,5 Stickstoff
Dasselbe Blut	122 -	10,2 -	7 Kohlensäur. 2,2 Sauerstoff 1 Stickstoff
Venöses Blut von demselben alten Pferde nach 3 Tagen aufgefangen	170 -	18,9 -	12,4 Kohlensäur. 2,5 Sauerstoff 4,0 Stickstoff
Arterielles Blut v. einem Kalbe	123 -	14,5 -	9,4 Kohlensäur. 3,5 Sauerstoff 1,6 Stickstoff

37:2

Gustav Magnus

37:3

Gustav Magnus

Magnus kam 1802 als Sohn eines reichen Kaufmanns in Berlin zur Welt. Nach privaten Studien in Mathematik und Naturwissenschaften promovierte er 1827 an der Berliner Universität. Danach verbrachte er ein Jahr in Stockholm, wo er im Labor von Berzelius arbeitete, der sein lebenslanger Freund und Mentor wurde. Als Dozent für Chemie und Technologie kehrte Magnus nach Berlin zurück. 1845 wurde er zum Professor für Technologie und Physik an der Berliner Universität berufen und behielt diese Stellung bis zu seinem Lebensende bei. Sein Hauptforschungsbereich lag zunächst in der Chemie, doch später wandte er sich zunehmend physikalischen Problemen zu und führte in diesem Bereich auf vielen Gebieten bedeutende experimentelle Arbeiten durch.

Ueber die im Blute enthaltenen Gase, Sauerstoff, Stickstoff und Kohlensäure.

Annalen der Physik und Chemie. Leipzig 1837; 40:583.

In diesem Aufsatz bestimmt Magnus den Sauerstoff-, Stickstoff- und Kohlendioxidgehalt des arteriellen und venösen Blutes von Pferden. Er leitet das Blut unter Quecksilber in einen Trichter und setzt unter wiederholtem Erzeugen eines Unterdrucks die Blutgase frei. Beim Überleiten der Gase in ein Eudiometer (37.1) zur Analyse gewährleistet der Quecksilberverschluss, dass von außen keine Luft eindringen kann. Magnus vermerkt eine positive arteriovenöse Differenz für Sauerstoff und eine negative für Kohlendioxid. Daraus schließt er, dass Kohlendioxid nicht in den Lungen, sondern im Blutkreislauf zugeführt wird. Außerdem berechnet er das Kohlendioxidgleichgewicht unter Berücksichtigung angenommener Werte für das Herzzeitvolumen und den Kohlendioxidausstoß sowie der gemessenen arteriovenösen Differenz. Dies ist die erste Anwendung des Fickschen Prinzips, wie es später genannt wird (37.2).

Im Spiegel der Zeit:
Bereits 1662 zeigte Boyle, dass sich mithilfe einer Luftpumpe bedeutende Mengen von Gas aus Blut gewinnen ließen, und Davy hatte beobachtet, dass Blut sowohl Sauerstoff als auch Kohlendioxid enthält (37.3). An Magnus' Arbeiten entzündete sich eine lange Kontroverse darüber, ob die Verbrennung während des Blutkreislaufs erfolgt, wie Magnus und Pflüger behaupteten (37.4), oder zumindest teilweise in den Lungen, wie Ludwig annahm (37.5). Das Problem lösten Marie und August Krogh 1910 mit einer Serie von Aufsätzen, die zeigten, dass in den Lungen nichts anderes als eine Diffusion stattfindet (37.6) (37.7). Die spezifische sauerstoffbindende Eigenschaft des Blutes wurde 1857 von Meyer entdeckt, kurz nachdem Hoppe-Seyler Hämoglobin isoliert und untersucht hatte (37.8). Zu Beginn des 20. Jahrhunderts verbesserten Barcroft und Haldane die Verfahren zur Blutgasanalyse (37.9) (37.10). Die klinische Relevanz von Blutgasmessungen während der Polioepidemie in den 1950er-Jahren diente als Motivation zur nachfolgenden Entwicklung der modernen Elektrodentechnik in der Blutgasanalyse (37.11).

37.1 Siehe Nr. 22 Priestley S. 124 und Ref. 22.6.
37.2 Siehe Nr. 56 Fick S. 290.
37.3 Siehe Ref. 8.6 und Nr. 28 Davy S. 156.
37.4 Pflüger E. Zur Gasometrie des Blutes. *Zbl Med Wiss* 1866; 4(20):305.
37.5 Ludwig C. Zusammenstellung der Untersuchungen über Blutgase. *Z k k Ges Ärzte in Wien* 1865; 1:145.
37.6 Krogh A. On the Mechanism of the Gas-Exchange in the Lungs. *Skand Arch Physiol* 1910; 23:248.
37.7 Krogh A, Krogh M. On the tension of gases in the arterial blood. *Skand Arch Physiol* 1910; 23:179.
37.8 Meyer L. *Die Gase des Blutes.* Dissertation Medicinische Fakultät Würzburg. Göttingen 1857. Siehe auch Nr. 51 Hoppe-Seyler S. 268.
37.9 Barcroft J. *The respiratory function of the blood.* Cambridge 1913.
37.10 Haldane JS. *Methods of Air Analysis.* 2nd ed. London 1918. Siehe auch Ref. 81.5.
37.11 Severinghaus JW, Astrup P, Murray JF. Blood Gas Analysis and Critical Care Medicine. *Am J Respir Crit Care Med* 1998; 157:S114. Siehe auch Ref. 14.8 und Nr. 87 Engström S. 450.

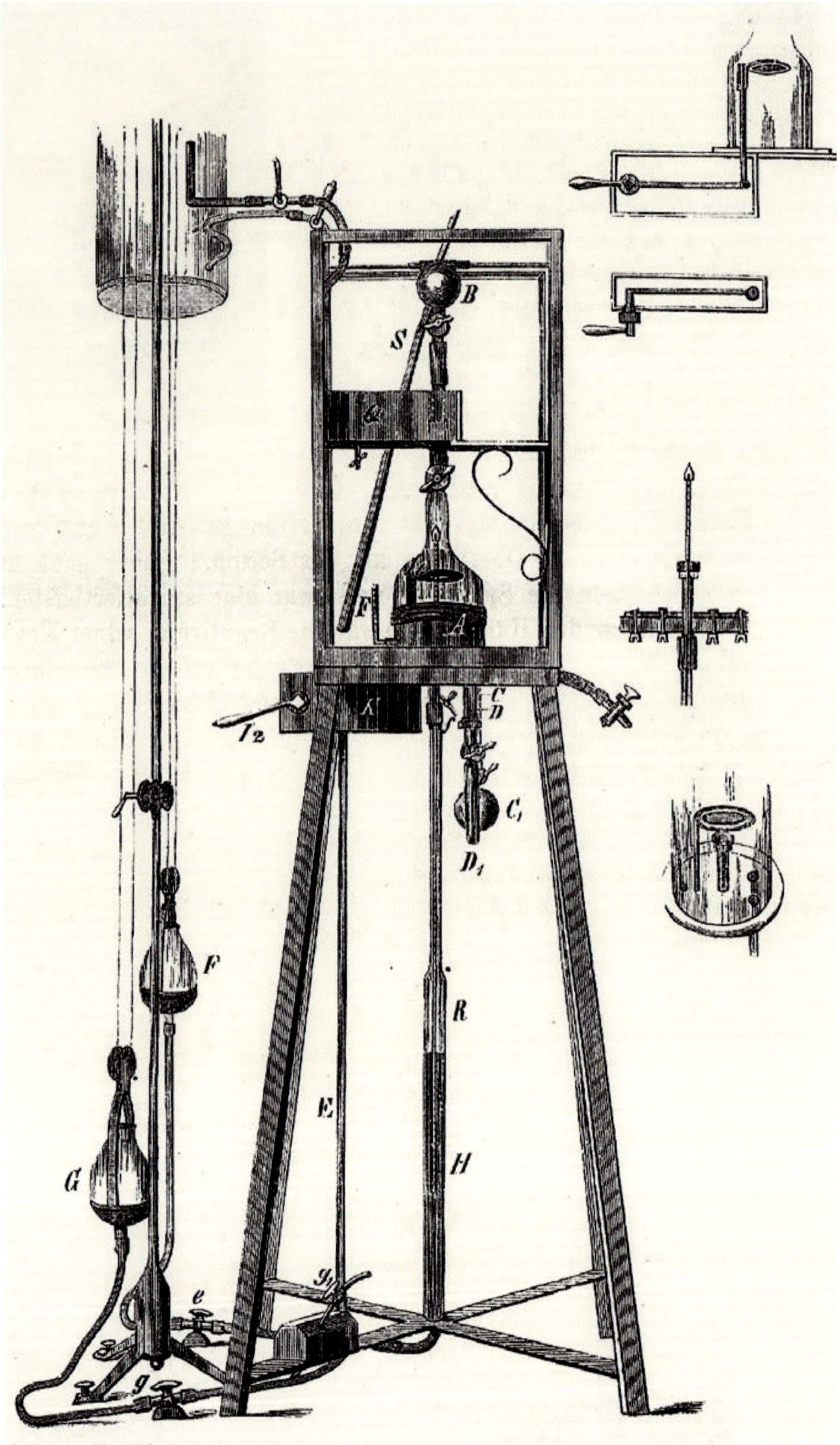

37:4

37:5

Carl Ludwig (1816–1895) und sein verbesserter Blutgasapparat. Im Gegensatz zu Magnus behauptet Ludwig, dass die Sauerstoffverbrennung zumindest teilweise in der Lunge erfolgt. 1910 wird er durch die Forschungen von August Krogh (1874–1949) schließlich widerlegt.

37:6

Nathan Zuntz (1847–1920) konstruiert einen genialen Apparat (rechts), mit dem er gleichzeitig arterielles und venöses Blut von Pferden gewinnen kann. Dank seines experimentellen Geschicks erlangt er präzise Werte des Herzzeitvolumens, die nach wie vor gültig sind.

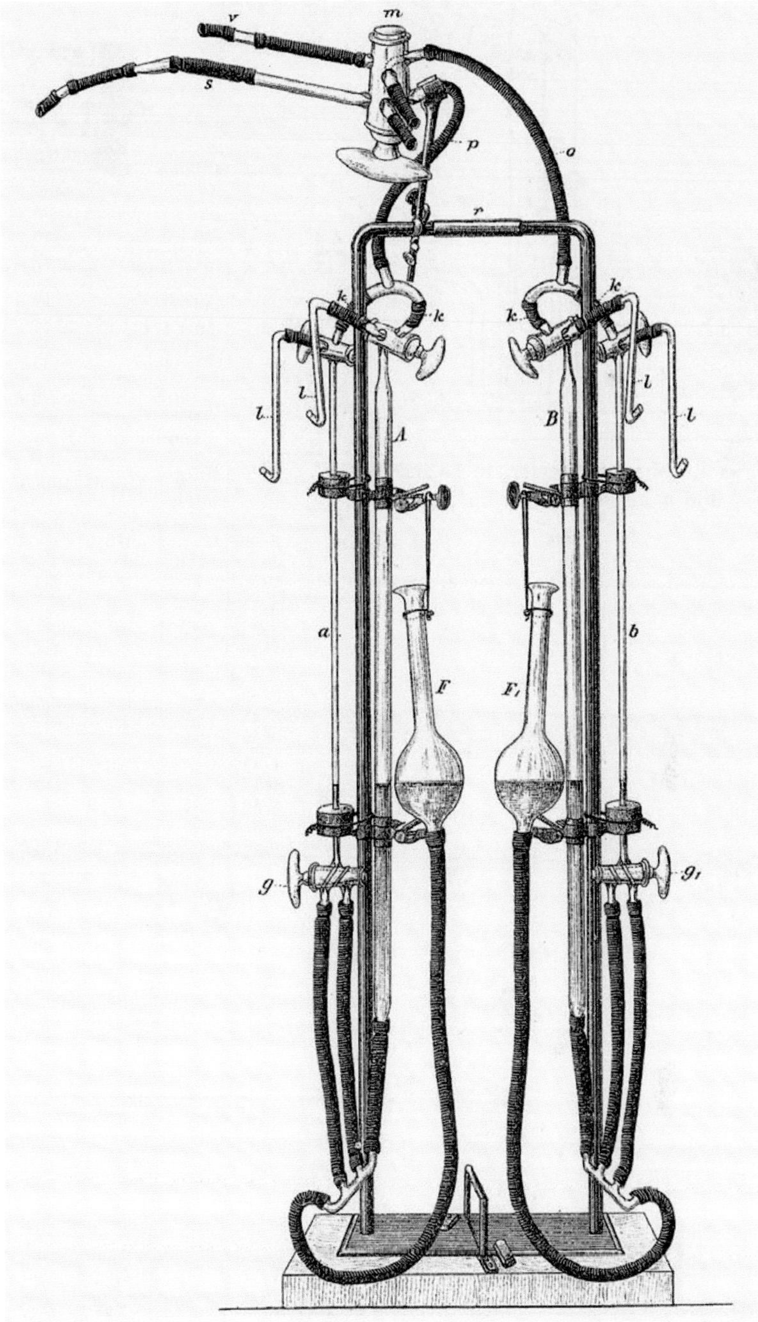

37:8

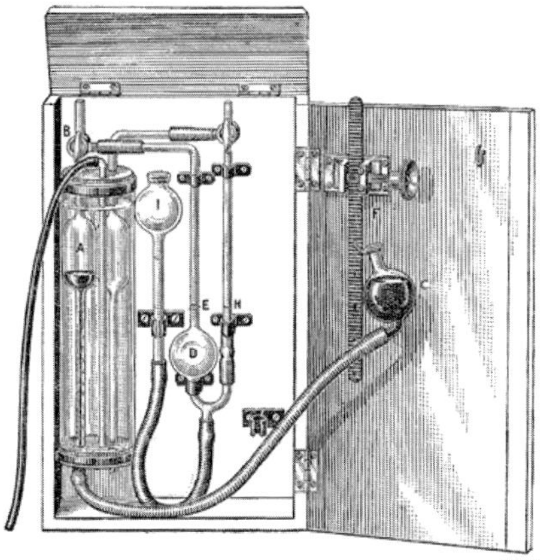

37:7

1898 führt John Haldane (1860–1936) verbesserte Verfahren und Geräte zur Gasanalyse ein, mit denen sich Sauerstoff- und Kohlendioxidkonzentrationen bis hinunter zu 0,005% messen lassen. Seine Methoden setzen fast ein halbes Jahrhundert Maßstäbe in der Atemgasanalyse.

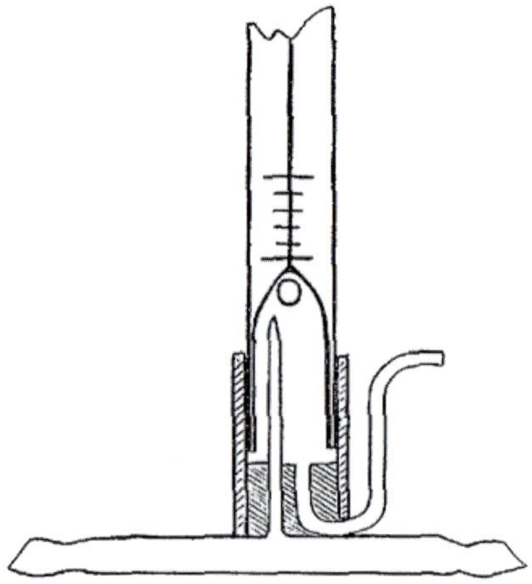

Fig. 1. Micro-tonometer, to be inserted into a blood-vessel of an animal.

37:9

Kroghs Mikrotonometer (oben) dient zur genauen Bestimmung von Blutgasen in vivo, ohne dass Blutproben entnommen werden müssen.

August und Marie Krogh (1874–1943) untersuchen die gleichzeitige Variation der alveolaren Kohlensäure- und Sauerstoffspannung über die Zeit. Ihre Ergebnisse zeigen endgültig, dass der Gasaustausch in der Lunge allein mit Diffusion erschöpfend zu erklären ist.

184 AUGUST KROGH AND MARIE KROGH:

Tonometric experiments.

No.	Time	Total tension mm	Gases in tonometer CO_2 %	O_2 %	
1	2·30—2·55	– 10	4·1	15·3	Determinations of total tension not very reliable
2	2·55—3·20	– 10	4·5	14·5	
3	3·25—3·45	– 10	3·9	14·9	
4	3·50—4·17	– 15	3·4	15·9	
5	4·22—4·57	– 30	3·4	15·4	

Tensions calculated.

Time	Tension of CO_2 in			Tension of O_2 in			
	Bifurcation	Alveoli	Blood	Bifurcation	Alveoli	Blood	
2·49	—	3·8	—	—	17·0	—	Determinations of alveolar tension unreliable
2·52	4·1	—	—	16·5	—	—	
2·55	—	—	4·1	—	—	15·1	
3·14	—	3·8	—	—	17·2	—	
3·17	4·3	—	—	16·4	—	—	
3·20	—	—	4·5	—	—	14·3	
3·25	—	3·9	—	—	16·7	—	
3·43	—	3·8	—	—	16·8	—	
3·45	—	—	3·9	—	—	14·7	
3·46	3·8	—	—	17·0	—	—	
4·15	—	3·6	—	—	17·3	—	
4·17	—	—	3·3	—	—	15·6	
4·19	3·3	—	—	17·6	—	—	
4·56	3·1	—	—	17·9	—	—	
4·57	—	—	3·3	—	—	14·8	

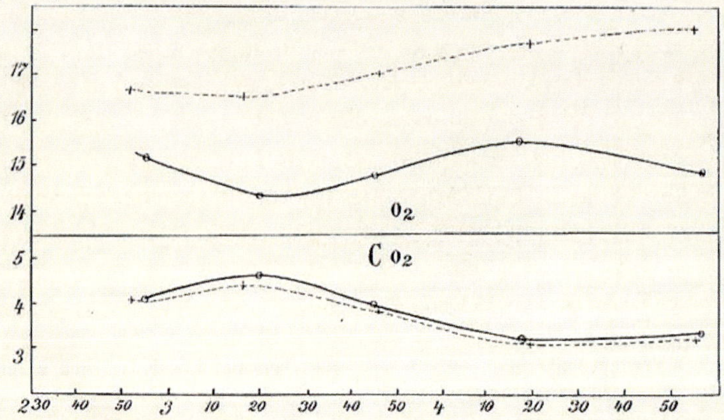

Fig. 2 (Exp. I).

37:10

Funktionelles Diagramm des ersten Prototypen der Elektrodentechnik von 1958 (unten), die Richard Stow und John Severinghaus zur Messung der Kohlensäurespannungen im Blut entwickelt haben. Eine für Kohlendioxid permeable Membran trennt das zu analysierende Blut oder Gas von den Silber-Silberchlorid-Elektroden.

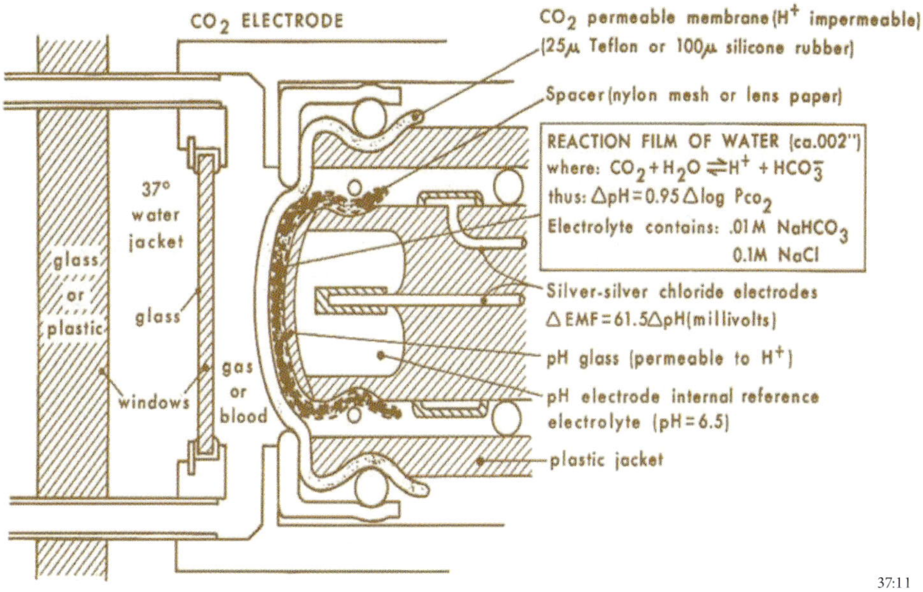

37:11

37:12

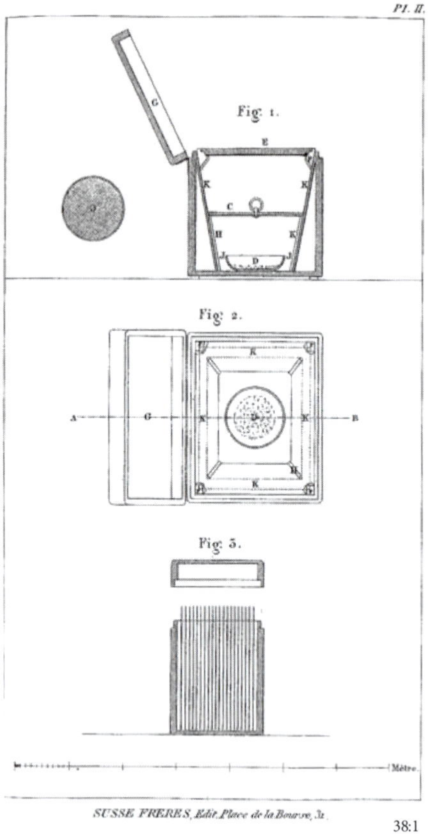

38:1

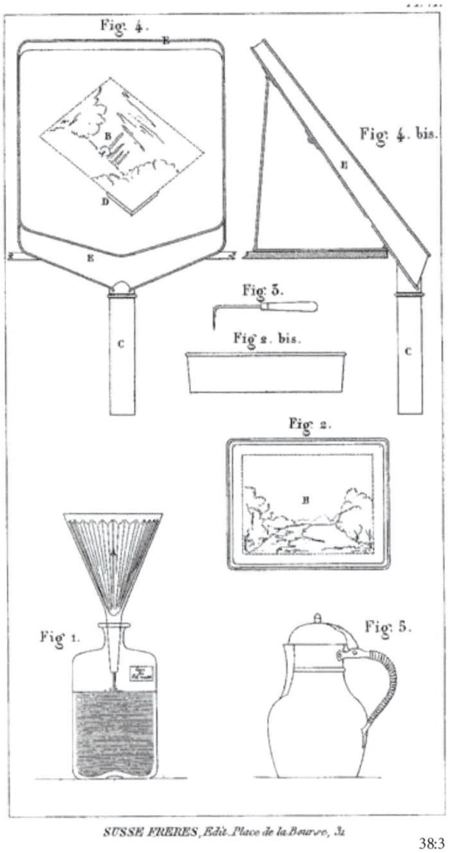

38:3

Louis Daguerres (1787–1851) Darstellung der praktischen Prozesse, die in sein neues Verfahren der „Daguerreotypie“ zur Erstellung dauerhafter fotografischer Abbildungen eingehen.

38:2

38:4

François Arago (1786–1853), Physiker und einflussreiches Mitglied der Abgeordnetenkammer in Paris, ist ein getreuer Anhänger Daguerres. Links sieht man ihn bei der Verkündung der Erfindung des neuen fotografischen Verfahrens vor der französischen Akademie der Wissenschaften am 10. August 1839.

Louis Jacques Daguerre

38.5

Louis Jacques Daguerre

Daguerre wurde 1787 in Cormeilles-en-Parisis geboren. Wegen seines zeichnerischen Talents ging er 1803 zu einem Bühnenbildmaler an der Pariser Oper in die Lehre. 1822 war ihm ein plötzlicher Erfolg beschieden, als er das Diorama erfand, eine „magische" Schaubühne, die durch den Einsatz bemalter Prospekte und spezieller Lichteffekte realistisch wirkende Illusionen erzeugte. 1829 ging Daguerre eine Partnerschaft mit dem verarmten Niepce ein, um dessen Erfindung, die „Heliografie", zu entwickeln, ein langsames und unpraktisches Verfahren, mit dem man immerhin dauerhafte Bilder auf beschichtete Zinnplatten bannen konnte. 1835 entdeckte Daguerre zufällig eine wirksame Methode, das latente fotografische Bild zu entwickeln, und zwei Jahre später ein Verfahren zur Fixierung des Bildes. Arago, Physiker und einflussreiches Mitglied der Abgeordnetenkammer, verkündete die Entdeckungen 1839 (38.1) und löste damit eine weltweite „Daguerreotypomanie" aus. Die französische Regierung erwarb umgehend die Rechte an dem Verfahren und gewährte Daguerre eine lebenslange großzügige Pension.

Historique et description des procédés du Daguerréotype et du Diorama.

Paris: Lerebours et Susse Frères, 1839.

Hierbei handelt es sich um einen praktischen, aber recht oberflächlichen Leitfaden für das Verfahren der „Daguerreotypie". Auch Niepces Beschreibung der Heliografie-Technik von 1829 ist erneut abgedruckt, sowie Daguerres Erläuterung der Unterschiede zwischen den beiden Verfahren. Außerdem sind die Berichte der Sonderkommissionen enthalten (die politische unter Leitung von Arago und die wissenschaftliche unter Leitung von Gay-Lussac), die die neue Technik beurteilen sollten.

Im Spiegel der Zeit:
Der der fotografischen Aufzeichnung zugrunde liegende Mechanismus, die Lichtempfindlichkeit von Silbersalzen, wurde von Scheele entdeckt (38.2). Die Verwendung einer tragbaren „Camera obscura", die bei der frühen Entwicklung der Fotografie ebenfalls eine zentrale Rolle spielt, wurde 1694 von Hooke konzipiert (38.3). Obwohl Daguerre dank seines einflussreichen Verbündeten Arago zu rascher Berühmtheit gelangte, leisteten außer Niepce auch noch andere fähige Wissenschaftler und Erfinder, wie Bayard, Herschel und Talbot, bedeutende Beiträge (38.4) (38.5). Als Daguerre 1851 starb, löste das von Archer entwickelte nasse Kollodiumverfahren die Daguerreotypie in ihrer Vormachtstellung ab (38.4). Nur wenige Wochen nach Erscheinen des oben zitierten Buches ätzten Donné und Foucault Daguerreotypien von mikroskopischen Bildern mithilfe von Salpetersäure und stellten Papierdrucke von der gravierten Platte her, die Donné in seinen Medizinkursen an der Pariser Charité-Klinik benutzte (38.6). Duchenne de Boulogne und Darwin untersuchten mittels Fotografie die Gesichtsausdrücke bei verschiedenen physiologischen und emotionalen Zuständen (38.7) (38.8). Charcot stellte anhand zahlreicher Fotografien die Unterschiede zwischen Hysterie und Epilepsie dar (38.9) und dokumentierte die Gesichter und andere körperliche Merkmale von Patienten mit neurologischen Erkrankungen (38.10).

38.1 Arago DF. *Rapport de M Arago sur la Daguerréotype.* Lu à la séance de la Chambre des Députés le 3 juillet 1839. Paris 1839.
38.2 Siehe Nr. 21 Scheele S. 120.
38.3 Derham W. *Philosophical Experiments and Observations of the late Eminent Dr Robert Hooke London.* 1726, S. 295. Siehe auch Nr. 11 Hooke S. 72.
38.4 Gernsheim H. *The History of Photography.* London: Thames Hudson, 1969.
38.5 Herschel JF. On the chemical action of the rays of the solar spectrum on preparations of silver and other substances, ... *Phil Trans* 1840; 1:1.
38.6 Donné A, Foucault L. *Cours de Microscopie complémentaire des études médicales* ... Paris, 1844–1845.
38.7 Duchenne de Boulogne G. *Mécanisme de la physionomie humaine,* ... Paris 1862.
38.8 Darwin C. *The expression of emotions in man and animals.* London 1872.
38.9 Charcot J-M. *Iconographie Photographique de la Salpêtrière,* 3 vols. Paris 1877–1880.
38.10 Charcot J-M. *Nouvelle Iconographie de la Salpêtrière,* 28 vols. Paris 1888–1918.

38:6

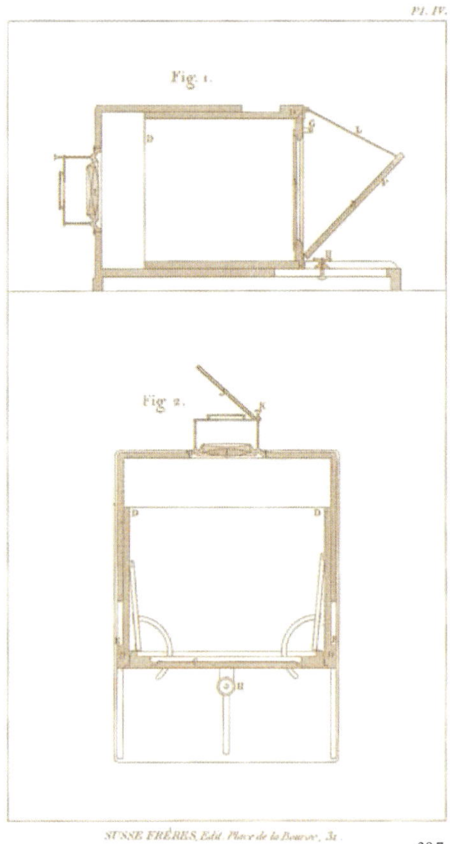

38:7

1694 konzipiert Robert Hooke (1635–1703) die tragbare Camera obscura, einen Apparat, den er „Bilderkasten" nennt. Er empfiehlt seine Verwendung bei Reisen.

Daguerres Zeichnungen von seiner Kamera (oben rechts) und das Bild einer Kamera von 1839.

38:8

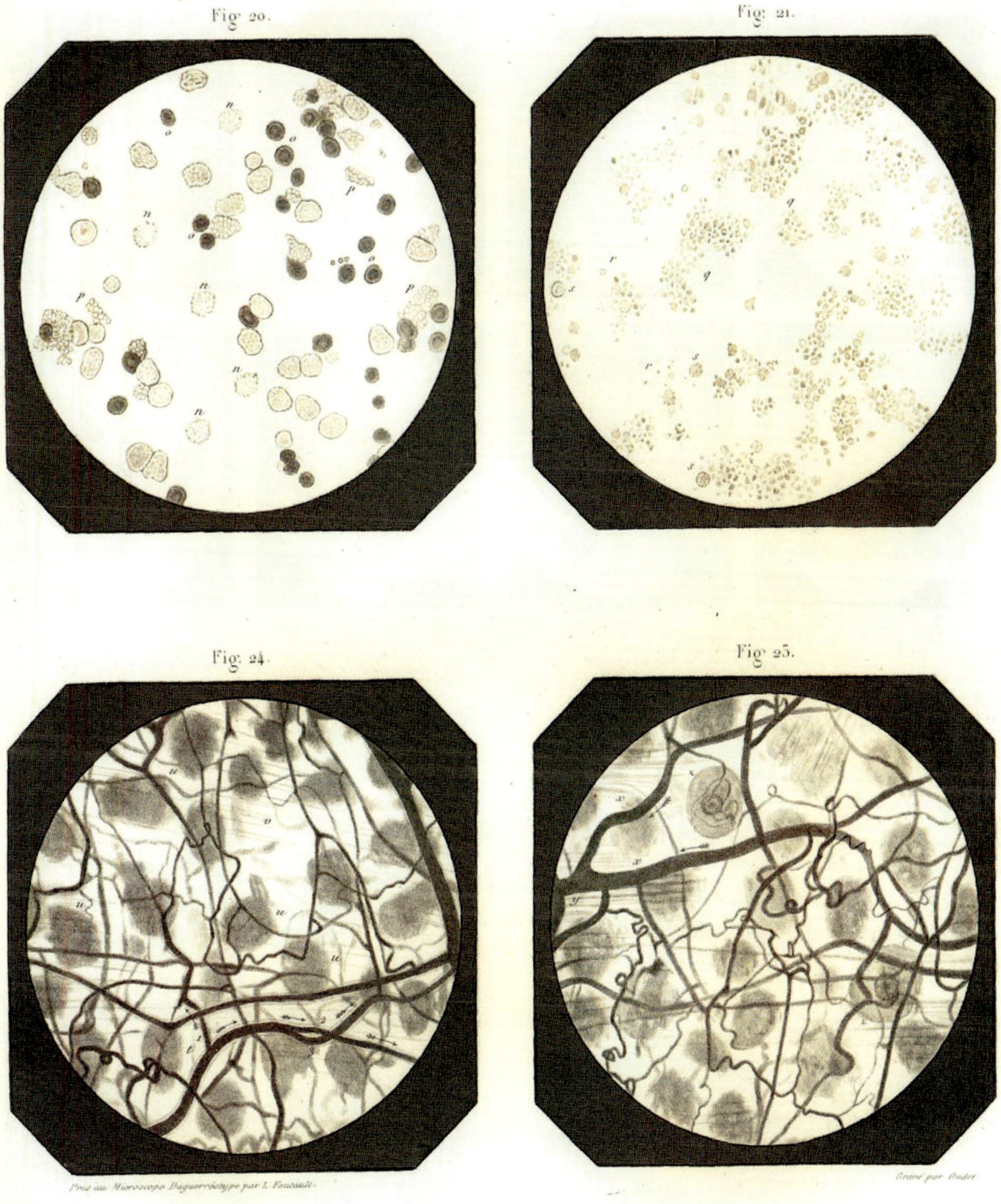

38:9

Die ersten fotografischen Aufzeichnungen zu medizinischen Zwecken von einem durch ein Mikroskop aufgenommenen Bild. Diese Bilder wurden mithilfe von Platten gedruckt, die geätzte Daguerreotypien mikroskopischer Aufnahmen waren. Sie zeigen Blutkörperchen (oben) und den Blutkreislauf in der Zunge eines Frosches (unten). Nur wenige Wochen nach der öffentlichen Verkündigung von Daguerres Erfindung werden diese Bilder in einem Mikroskopierkurs an der Pariser Charité-Klinik verwendet.

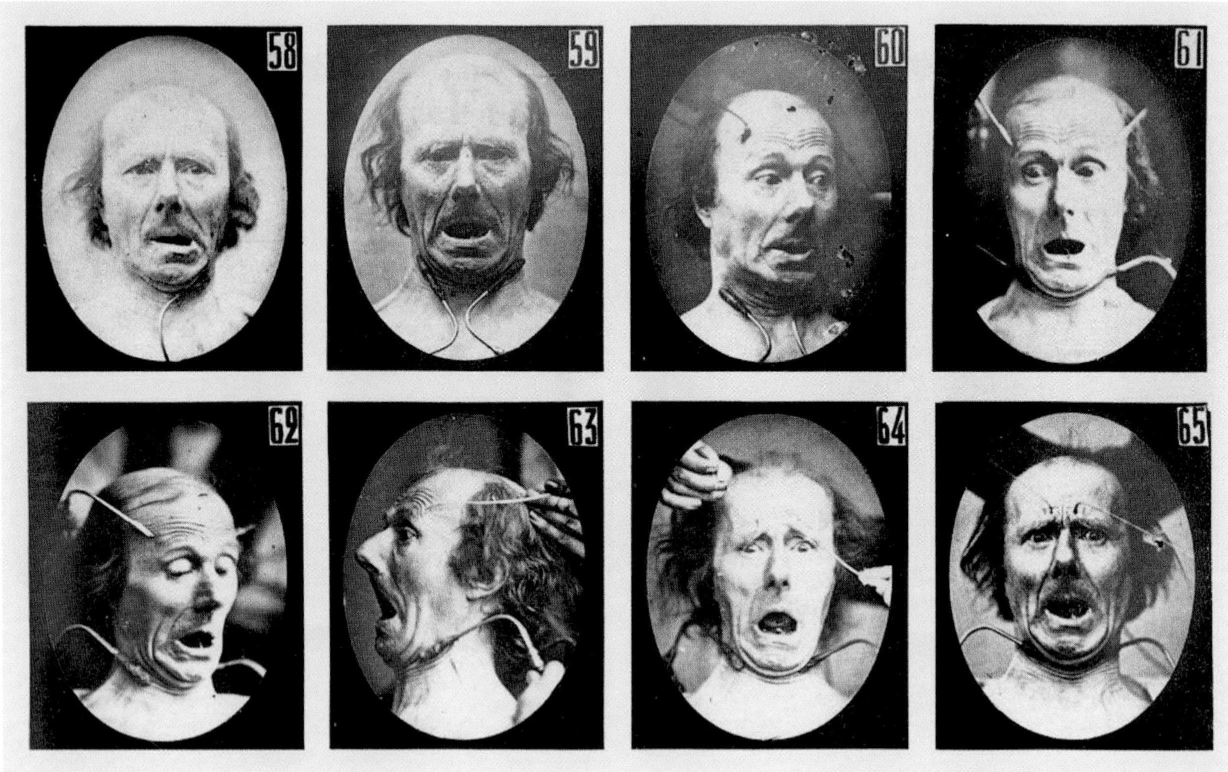

38:10

1862 dokumentiert Duchenne de Boulogne (1806–1875) mit Fotografien die Gesichtsausdrücke, die durch die elektrische Stimulation von Gesichtsmuskeln erzeugt werden.

Ein Jahrzehnt später erstellt Charles Darwin (1809–1882) fotografische Aufzeichnungen von Gesichtsausdrücken, die mit verschiedenen emotionalen Zuständen beim Menschen und auch bei Tieren einhergehen.

38:11

38:12

Ab den 1870er-Jahren macht Jean-Martin Charcot (1825–1893) 40 Jahre lang zahlreiche Fotografien zur Dokumentation von Hysterie und Epilepsie sowie von den mimischen und physischen Merkmalen bei Patienten mit neurologischen Erkrankungen.

Patientin mit cerebraler Atrophie und Epilepsie (rechts).

38:14

38:13

Patientin, die sich einmal in ekstatischer Verzückung befindet und ein andermal bedroht fühlt.

38:15

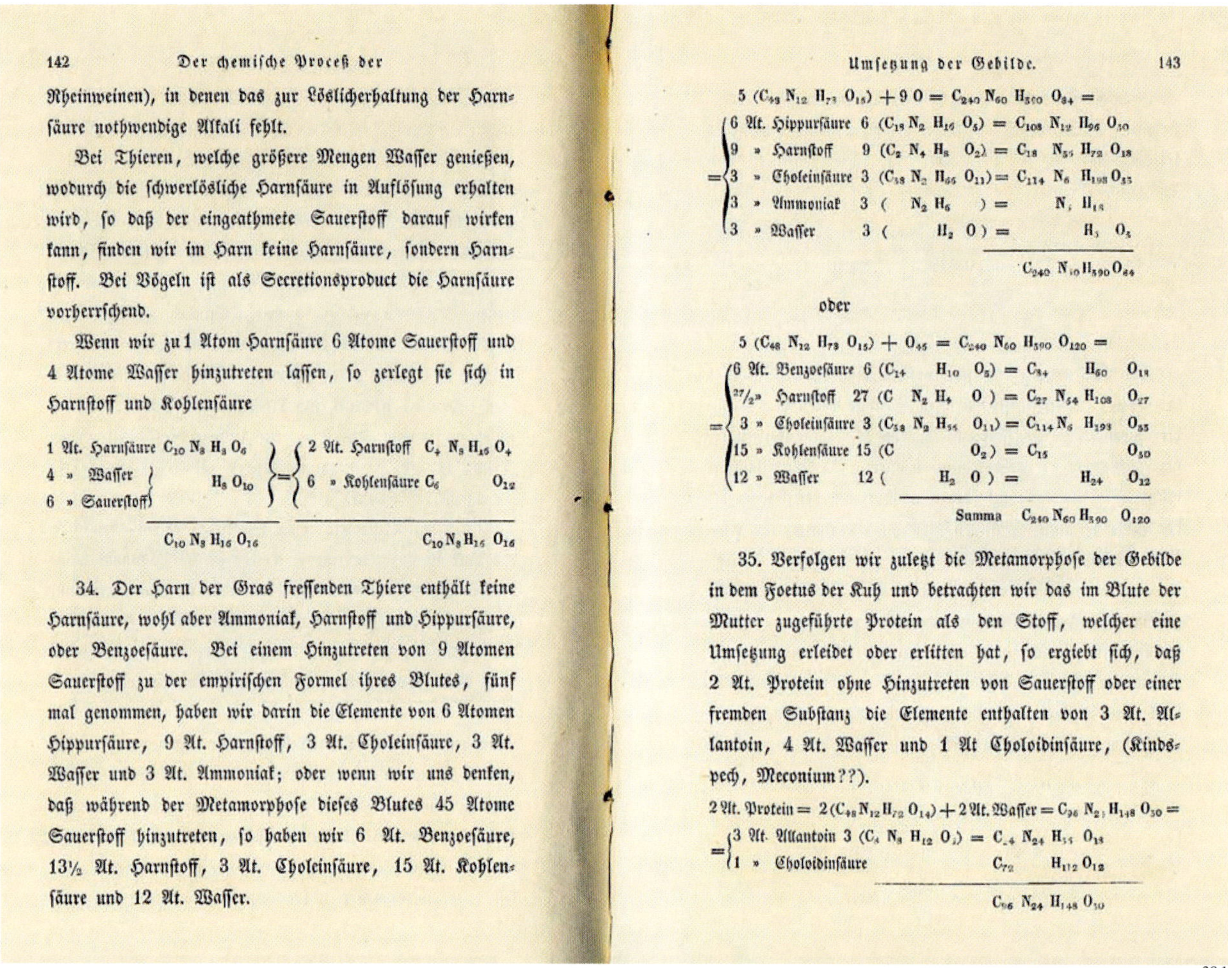

142 Der chemische Proceß der

Rheinweinen), in denen das zur Löslicherhaltung der Harnsäure nothwendige Alkali fehlt.

Bei Thieren, welche größere Mengen Wasser genießen, wodurch die schwerlösliche Harnsäure in Auflösung erhalten wird, so daß der eingeathmete Sauerstoff darauf wirken kann, finden wir im Harn keine Harnsäure, sondern Harnstoff. Bei Vögeln ist als Secretionsproduct die Harnsäure vorherrschend.

Wenn wir zu 1 Atom Harnsäure 6 Atome Sauerstoff und 4 Atome Wasser hinzutreten lassen, so zerlegt sie sich in Harnstoff und Kohlensäure

1 At. Harnsäure $C_{10} N_8 H_8 O_6$
4 » Wasser / 6 » Sauerstoff $H_8 O_{10}$
= 2 At. Harnstoff $C_4 N_8 H_{16} O_4$
6 » Kohlensäure C_6 O_{12}

$C_{10} N_8 H_{16} O_{16}$ — $C_{10} N_8 H_{16} O_{16}$

34. Der Harn der Gras fressenden Thiere enthält keine Harnsäure, wohl aber Ammoniak, Harnstoff und Hippursäure, oder Benzoesäure. Bei einem Hinzutreten von 9 Atomen Sauerstoff zu der empirischen Formel ihres Blutes, fünf mal genommen, haben wir darin die Elemente von 6 Atomen Hippursäure, 9 At. Harnstoff, 3 At. Choleinsäure, 3 At. Wasser und 3 At. Ammoniak; oder wenn wir uns denken, daß während der Metamorphose dieses Blutes 45 Atome Sauerstoff hinzutreten, so haben wir 6 At. Benzoesäure, 13½ At. Harnstoff, 3 At. Choleinsäure, 15 At. Kohlensäure und 12 At. Wasser.

Umsetzung der Gebilde. 143

$5 (C_{48} N_{12} H_{72} O_{15}) + 9\,O = C_{240} N_{60} H_{360} O_{84} =$

6 At. Hippursäure 6 $(C_{18} N_2 H_{16} O_5) = C_{108} N_{12} H_{96} O_{30}$
9 » Harnstoff 9 $(C_2 N_4 H_8 O_2) = C_{18} N_{36} H_{72} O_{18}$
3 » Choleinsäure 3 $(C_{38} N_2 H_{66} O_{11}) = C_{114} N_6 H_{198} O_{33}$
3 » Ammoniak 3 $(N_2 H_6) = N_6 H_{18}$
3 » Wasser 3 $(H_2 O) = H_6 O_3$

$C_{240} N_{60} H_{390} O_{84}$

oder

$5 (C_{48} N_{12} H_{78} O_{15}) + O_{45} = C_{240} N_{60} H_{390} O_{120} =$

6 At. Benzoesäure 6 $(C_{14} H_{10} O_3) = C_{84} H_{60} O_{18}$
27/2 » Harnstoff 27 $(C N_2 H_4 O) = C_{27} N_{54} H_{108} O_{27}$
3 » Choleinsäure 3 $(C_{38} N_2 H_{66} O_{11}) = C_{114} N_6 H_{198} O_{33}$
15 » Kohlensäure 15 $(C O_2) = C_{15} O_{30}$
12 » Wasser 12 $(H_2 O) = H_{24} O_{12}$

Summa $C_{240} N_{60} H_{390} O_{120}$

35. Verfolgen wir zuletzt die Metamorphose der Gebilde in dem Foetus der Kuh und betrachten wir das im Blute der Mutter zugeführte Protein als den Stoff, welcher eine Umsetzung erleidet oder erlitten hat, so ergiebt sich, daß 2 At. Protein ohne Hinzutreten von Sauerstoff oder einer fremden Substanz die Elemente enthalten von 3 At. Allantoin, 4 At. Wasser und 1 At Choloidinsäure, (Kindspech, Meconium??).

2 At. Protein $= 2 (C_{48} N_{12} H_{72} O_{14}) +$ 2 At. Wasser $= C_{96} N_{24} H_{148} O_{30} =$

3 At. Allantoin 3 $(C_8 N_8 H_{12} O_6) = C_{24} N_{24} H_{36} O_{18}$
1 » Choloidinsäure $C_{72} H_{112} O_{12}$

$C_{96} N_{24} H_{148} O_{30}$

39:1

Justus von Liebig (1803–1873) ist der Erste, der die chemische Grundlage der Lebensprozesse systematisch untersucht. Er erforscht und klassifiziert die Bestandteile von Nahrungsmitteln und versucht, Ernährung, Stoffwechsel, Wärmeproduktion und den Gasaustausch bei der Atmung mit chemischen Begriffen zu erklären.

Liebigs berühmter „Kali-Apparat" von 1837. Seine Ausrüstung und Methoden für eine verbesserte, standardisierte organische Elementanalyse werden schnell zu einem Grundpfeiler späterer Forschungen in der organischen Chemie.

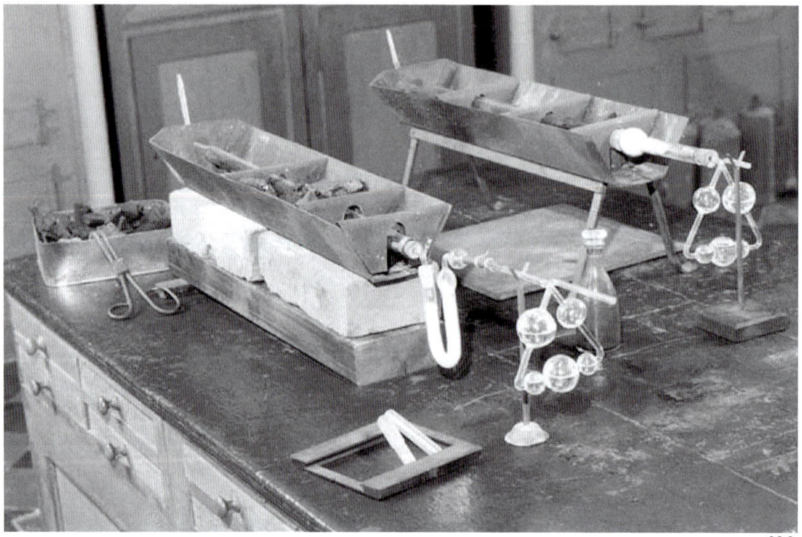

39:2

Justus von Liebig

39:3

Justus von Liebig

Liebig wurde 1803 als Sohn eines Drogisten und Farbenhändlers in Darmstadt geboren. Da er in der Schule versagte, konzentrierte er sich auf die Durchführung chemischer Experimente. Nach der Promotion 1822 in Erlangen ging er zum Studium nach Paris. Obwohl er dort nur zwei Jahre blieb, drückte der Unterricht von Gay-Lussac (39.1) seinem ganzen weiteren Lebenswerk seinen Stempel auf. Humboldt, der Liebigs Talent erkannte (39.2), empfahl ihn für eine Anstellung in Gießen. Hier baute er, ab 1825 als Professor, ein großes weltbekanntes Chemielabor auf und begründete ein System der Lehre und Forschung, das den heutigen akademischen Institutionen als Vorbild diente. Liebig war warmherzig, aber auch scharfzüngig und scheute nicht davor zurück, Gegner zu kritisieren. Er focht zahlreiche erbitterte Kämpfe aus, war aber nicht nachtragend, und wenn er im Irrtum war, konnte er dies nach einer Weile auch eingestehen.

Die organische Chemie in ihrer Anwendung auf Physiologie und Pathologie.

BRAUNSCHWEIG: F. VIEWEG & SOHN, 1842.

Liebig skizziert einige zentrale chemische Prozesse der grundlegenden organischen Funktionen. Er erörtert Atmung und Ernährung, Stoffwechsel, Wärmeproduktion und die Bewegungen des Körpers in chemischer Hinsicht. In der Ernährung unterscheidet er zwischen plastischen Nahrungsmitteln (Proteine, stickstoffhaltige Substanzen) und Respirationsmitteln (nicht-stickstoffhaltige Fette und Kohlenhydrate). Er behauptet, der erste Typ diene dem Aufbau von Organen und der Energieerzeugung und der zweite der Erzeugung von Wärme. Am Ende des Buches präsentiert Liebig chemische Formeln und Analyseergebnisse, um seine Theorien zu untermauern. Liebig ist sich der Komplexität der Thematik bewusst und gibt der Hoffnung Ausdruck, dass sein Buch vor allem neue Forschungsrichtungen aufzeigen werde.

Im Spiegel der Zeit:
1840, nachdem Liebig bedeutende Beiträge zu allen Bereichen der organischen Chemie geleistet hatte (39.3) (39.4) und erbitterte Auseinandersetzungen insbesondere mit Dumas zu vermeiden trachtete (39.3), beschloss er, nach Anwendungsmöglichkeiten für die neuen chemischen Erkenntnisse zu suchen (39.5). Untersuchungen der Zusammensetzung von Pflanzen weckten in ihm das Interesse an der Physiologie. Das zitierte Werk Liebigs hatte seinen Ursprung in den Experimenten Lavoisiers (39.6), aber noch direkter in den frühen Arbeiten von Berzelius über „Tierchemie" (39.7) und in Magendies Studien, mit denen er die Bedeutung der Proteine für die Ernährung von Säugetieren aufzeigte (39.8). Indem Liebig scheinbar unvereinbare Fakten zusammenbrachte, gelang es ihm, neues Licht auf die Rolle der organischen Chemie in den Lebensprozessen zu werfen. Der alternde Berzelius, dem Liebig sein Buch voller Zuneigung gewidmet hatte, sprach von „Lehnstuhlphysiologie", doch Bischoff, Voit und Pettenkofer, die später alle wichtige Arbeiten über den Stoffwechsel verschiedener Nahrungsmittel durchführten (39.9) (39.10), erkannten die epochemachende Bedeutung von Liebigs Buch.

39.1 Siehe Ref. 7.2, Ref. 18.4 zu wichtigen Werken Gay-Lussacs.
39.2 Siehe Nr. 36 Dumas S. 192 und Ref. 36.1.
39.3 Siehe Nr. 36 Dumas S. 192.
39.4 Partington JR. *A History of Chemistry*. Vol. III, Kap. X. Mansfield Centre: Martino fine books, 1999.
39.5 von Liebig J. *Die organische Chemie in ihrer Anwendung auf Agricultur und Physiologie*. Braunschweig 1840.
39.6 Siehe Nr. 24 Lavoisier S. 134.
39.7 Siehe Ref. 14.4.
39.8 Magendie F. *Précis élémentaire de physiologie*, 2 vols. Paris 1816–1817.
39.9 Bischoff T, von Voit C. *Die Gesetze der Ernährung des Fleischfressers durch neue Untersuchungen festgestellt*. Leipzig 1860.
39.10 Pettenkofer MJ, von Voit C. Untersuchungen über die Respiration. *Ann Chem Pharm* 1862/1863, Suppl. 2:52.

Justus Liebigs chemisches Laboratorium

(Erbaut vom Universit

Nach einer gleichzeitiger

Liebigs weltberühmtes Chemielabor in Gießen um 1840. Hier begründet er eine Methode der Lehre und Forschung, die zum Vorläufer der heutigen akademischen Institutionen wird.

·eltersberg zu Gießen um das Jahr 1840.

·mann im Herbst 1839.)

Wilhelm Trautschold.

39:4

40:1

Hyppolite Fizeau (1819–1896) entdeckt unabhängig von Doppler den „Dopplereffekt" für den Schall und vermutet sein Vorkommen auch bei Lichtquellen.

40:2

1845 beweist Christoph Buys-Ballot (1817–1890) Dopplers Schallwellentheorie, indem er auf einem Zug zwischen Amsterdam und Utrecht Trompeter spielen lässt.

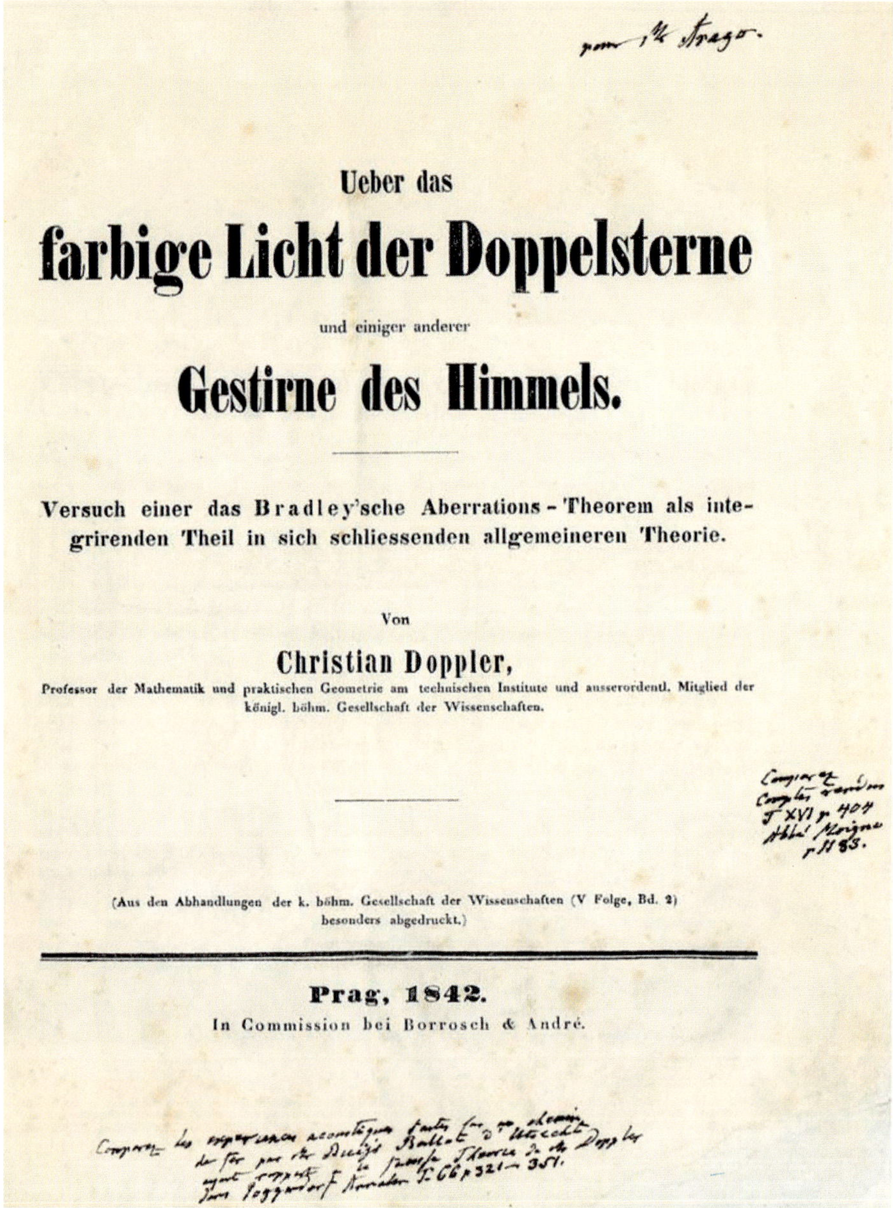

Ueber das

farbige Licht der Doppelsterne

und einiger anderer

Gestirne des Himmels.

Versuch einer das Bradley'sche Aberrations-Theorem als integrirenden Theil in sich schliessenden allgemeineren Theorie.

Von

Christian Doppler,

Professor der Mathematik und praktischen Geometrie am technischen Institute und ausserordentl. Mitglied der königl. böhm. Gesellschaft der Wissenschaften.

(Aus den Abhandlungen der k. böhm. Gesellschaft der Wissenschaften (V Folge, Bd. 2) besonders abgedruckt.)

Prag, 1842.

In Commission bei Borrosch & André.

40:3

Titelseite von Christian Dopplers (1803–1853) wegweisender Abhandlung, in der er vermutet, dass Doppelsterne verschiedenfarbig strahlen, weil sie sich umeinander drehen und sich einer demnach zum Beobachter hin- und der andere vom Beobachter wegbewegt. Dieses Exemplar seines Werks sandte Doppler an Alexander von Humboldt (siehe Nr. 19), einen Wissenschaftler mit breit gefächerten Interessen, der es, wie die Widmung zeigt, später an seinen Freund François Arago weitergab (siehe Nr. 38), mit der Empfehlung, die Ergebnisse mit den Arbeiten Buys-Ballots zu vergleichen.

Christian Doppler

Doppler kam 1803 in Salzburg zur Welt. Als begabter Mathematiker studierte er am Polytechnischen Institut in Wien. Im Jahre 1835 schob er die geplante Auswanderung nach Amerika auf, weil man ihm eine Lehrerstelle für Mathematik und praktische Geometrie an der Staats-Oberrealschule in Prag anbot. 1841 wurde er Professor für Mathematik und Geometrie am Prager Polytechnikum und 1850 ernannte man ihn zum Direktor des Physikinstituts an der Universität Wien. Doppler war zeitlebens kränklich; 1853 starb er auf einer Reise in Venedig an einer Lungenerkrankung.

40:4

Christian Doppler

Ueber das farbige Licht der Doppelsterne und einiger anderer Gestirne des Himmels.

Prag: Borrosch & André, 1842.

Nach Doppler rührt die Verschiedenfarbigkeit von Doppelsternen, die sich umeinander drehen, daher, dass sich die Wellenlänge des Lichts aufgrund der unterschiedlichen Bewegung der beiden Sterne in Relation zum Beobachter verschiebt. Er gibt die korrekte Formel für die Größe dieser Verschiebung an und weist darauf hin, dass dieses Phänomen auch auf die Schallausbreitung zutreffen sollte. Trotz einiger fehlerhafter Beispiele, die Doppler zur Untermauerung seiner Theorie anführt, ist die Bedeutung seiner Entdeckung unumstritten.

Im Spiegel der Zeit:
1845 bewies Buys-Ballot mit Trompetern auf einem fahrenden Zug, dass Dopplers Theorie auch auf den Schall zutraf (40.1). Unabhängig davon entdeckte Fizeau den „Dopplereffekt" beim Licht und erklärte ihn schlüssig. Er bestimmte als Erster im Labor den absoluten Wert der Lichtgeschwindigkeit sowie ihren Wert in einem sich bewegenden Medium (40.2). 1964, nach der Erfindung des LASER (40.3), ließen sich optische Dopplerverfahren zur Messung der Bewegung und Strömung von Flüssigkeiten entwickeln (40.4). Etwa zehn Jahre später wurde die Technik medizinisch angewandt – zuerst auf die Blutströmung in den Netzhautgefäßen (40.5) und dann auf die Mikrozirkulation in einem Finger und anderen Körperteilen (40.6) (40.7). Ende der 1950er-Jahre zeigte Satomura, dass sich der Dopplereffekt in Kombination mit Ultraschallwellen zu Diagnosezwecken einsetzen ließ (40.8). Innerhalb eines Jahrzehnts wurden Doppler-Ultraschallgeräte im Dauerstrich-Verfahren für Untersuchungen an peripheren und arteriellen Gefäßen (40.9) (40.10), in der Kardiologie (40.11) und in der Geburtshilfe (40.12) entwickelt. 1969 wurde das erste Ultraschall-Puls-Doppler-Verfahren eingeführt (40.13), das zwischen mehreren beweglichen Zielen differenzieren konnte.

40.1 Buys-Ballot C. Akustische Versuche auf der Niederländischen Eisenbahn nebst gelegentlichen Bemerkungen zur Theorie des Herrn Professor Doppler. *Ann Phys Chem* 1845; 66:321.

40.2 Fizeau MH. Sur les hypothèses relatives à l'éther lumineux. *Ann Chim Phys* 3 ser. 1859; 57:385.

40.3 Siehe Nr. 92 Maiman S. 474.

40.4 Yeh Y, Cummins HZ. Localized fluid flow measurements with an He-Ne laser spectrometer. *Appl Phys Letters* 1964; 4:176.

40.5 Riva C, Ross B, Benedek GB. Laser Doppler measurements of blood flow in capillary tubes and retinal arteries. *Invest Ophthalmol* 1972; 11:936.

40.6 Stern MD. In vivo evaluation of microcirculation by coherent light scattering. *Nature* 1975; 254:56.

40.7 Öberg PÅ, Shepherd AP (Hg). *Laser-Doppler Blood Flowmetry (Developments in Cardiovascular Medicine DICM 107).* Kluwer Academic Publisher, 1990.

40.8 Satomura S. Ultrasonic Doppler Method for the Inspection of Cardiac Functions. *J Acoust Soc Am* 1957; 29:1181. Siehe auch Ref. 90.11.

40.9 Rushmer RF, Baker DW, Stegall HF. Transcutaneous Doppler flow detection as a non-invasive technique. *J Appl Physiol* 1966; 21:554.

40.10 Gosling RG, King DH. Arterial assessment by Dopplershift ultrasound. *Proc Roy Soc Med* 1974; 67:447.

40.11 Lube M, Safarov Yu, Yakimenkov LI. Ultrasonic Detection of the Motions of Cardiac Valves and Muscles. *Sov Phys Acoust* 1967; 13:59.

40.12 Johnsson WL et al. Detection of Fetal Life in Early Pregnancy with an Ultrasonic Doppler Flowmeter. *Obst Gyn* 1965; 26:305. Siehe auch Ref. 90.8.

40.13 Wells PN. A range-gated ultrasonic Doppler system. *Med & Biol Eng* 1969; 7:641.

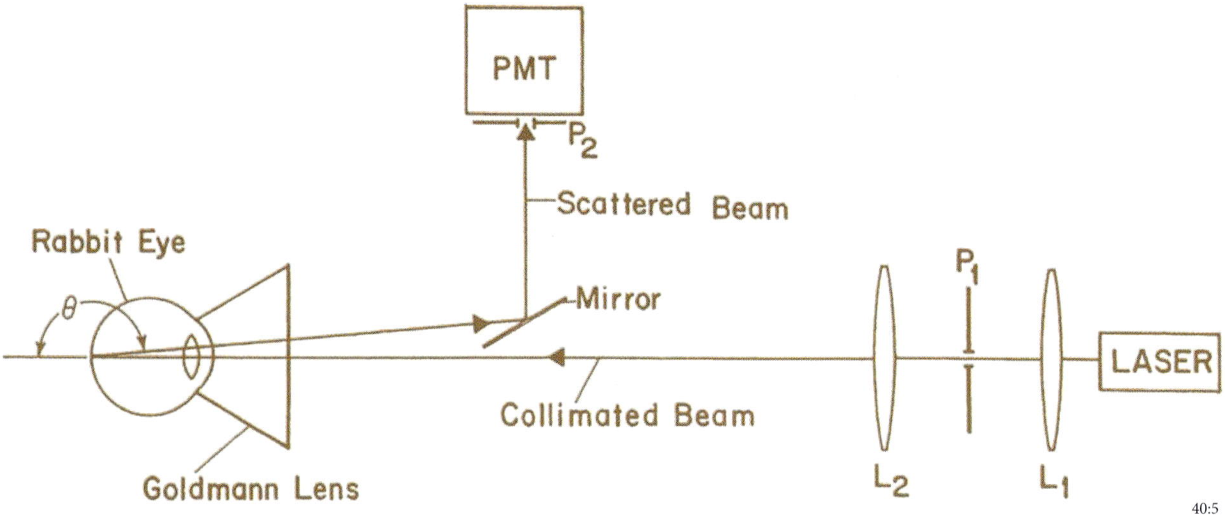

40:5

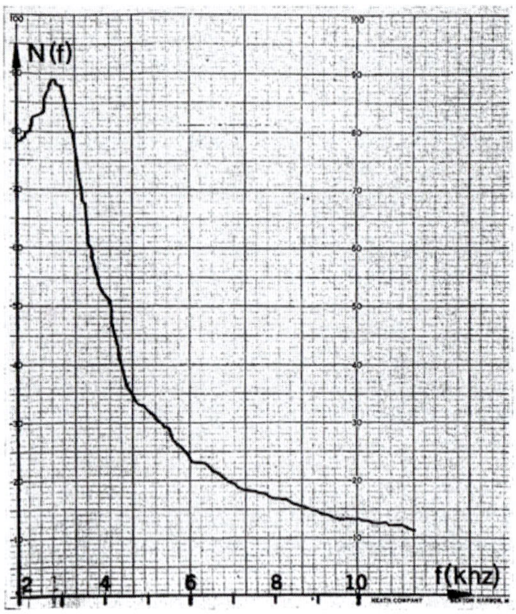

40:6

Bei den ersten Laser-Doppler-Messungen zu medizinischen Zwecken im Jahre 1972 wird die Blutströmung in den Netzhautarterien von Kaninchen untersucht. Hier sind die experimentelle Anordnung (Diagramm oben) und das Leistungsspektrum des Lichts, das von der Netzhautarteriole zurückgestreut wird (links), dargestellt.

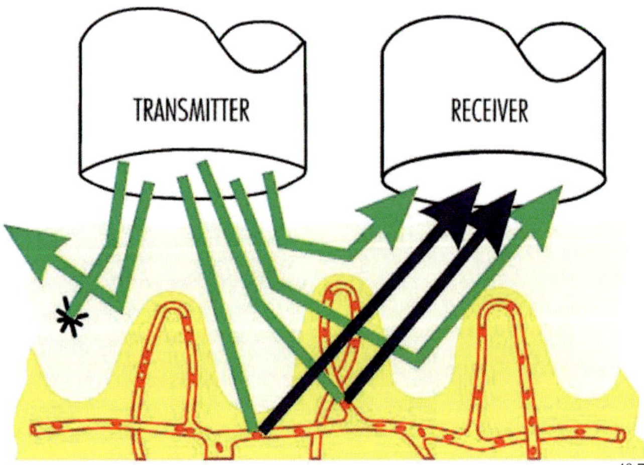

40:7

Prinzip von Laser-Doppler-Messungen der mikrovaskulären Gewebedurchblutung.

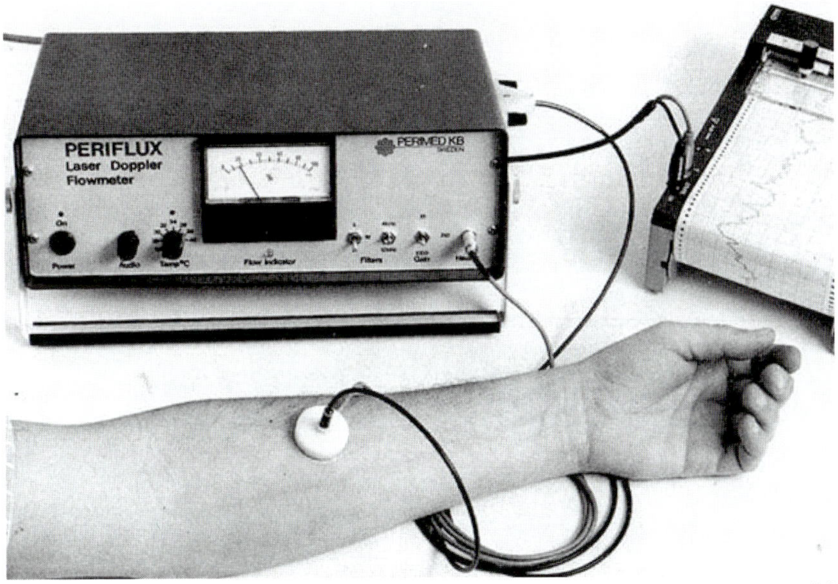

40:8

Instrument zur Messung der mikrovaskulären Gewebedurchblutung aus den frühen 1980er-Jahren.

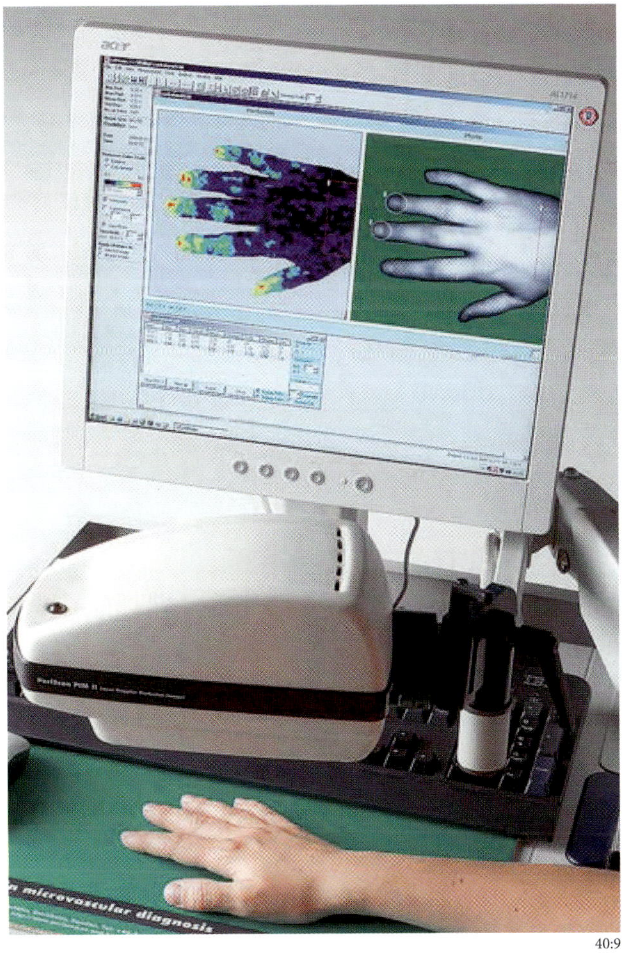

40:9

Modernes bildgebendes Laser-Doppler-Gerät zur Darstellung der peripheren Zirkulation in der Hand und im Herzen während und nach einer koronaren Bypass-Operation.

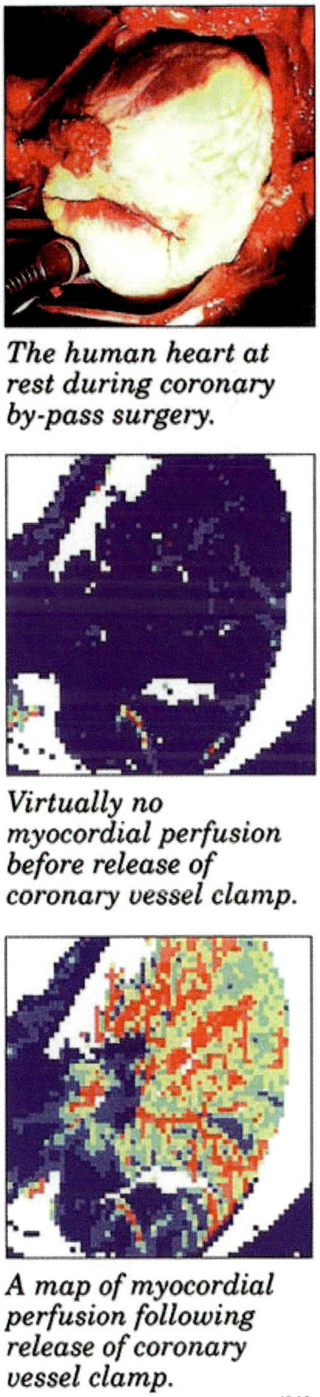

40:10

40:11

40:12

Shigeo Satomura (1919–1960) ist der Vorreiter der Verwendung von Ultraschall-Doppler-Verfahren zu medizinischen Diagnosezwecken. Auf dem Foto ist seine Originalausrüstung aus den späten 1950er-Jahren an der Universität Osaka zu sehen. Unten sind sein Transducer und von ihm erstellte Aufzeichnungen von Herzbewegungen abgebildet.

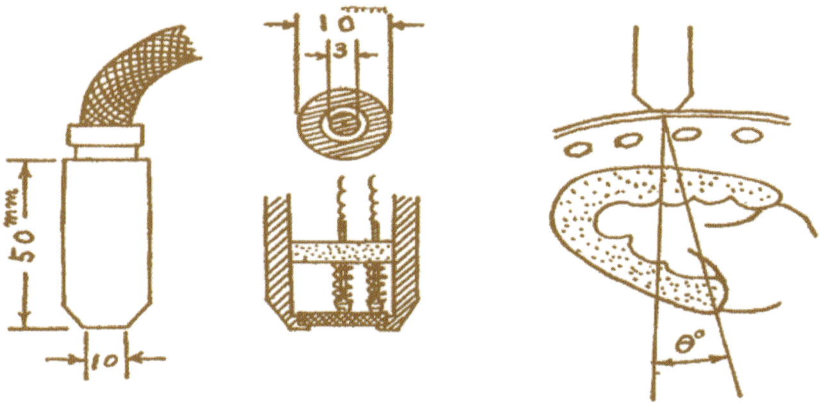

40:13

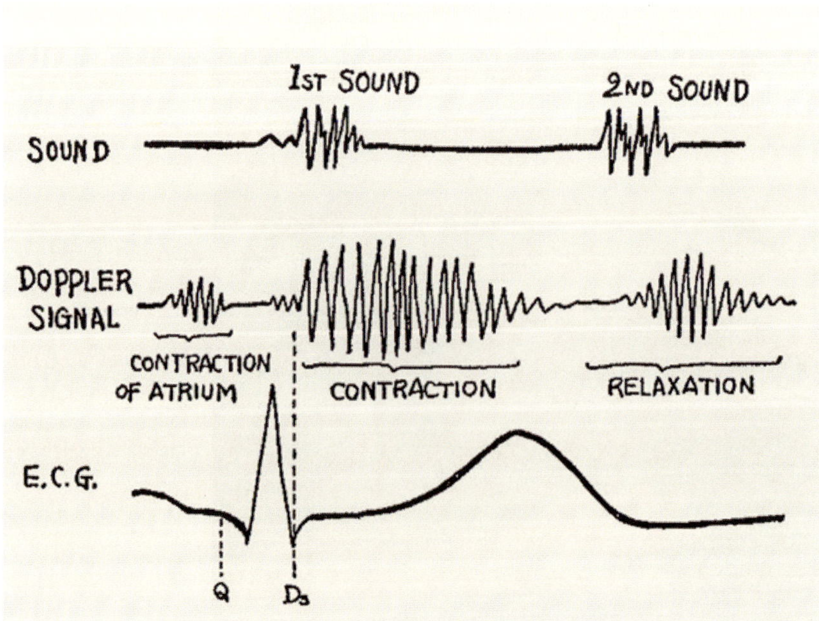

40:14

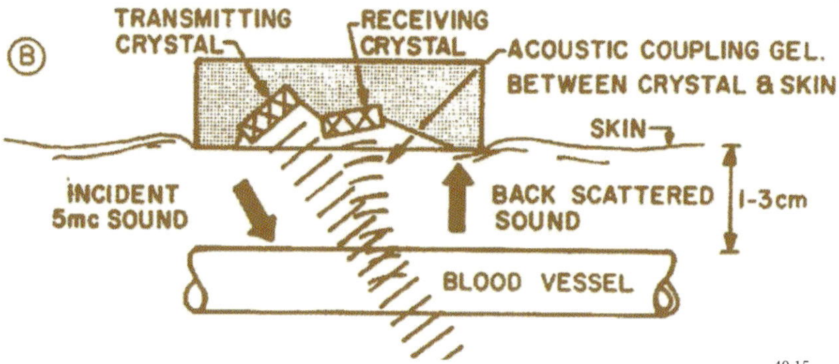

40:15

40:17

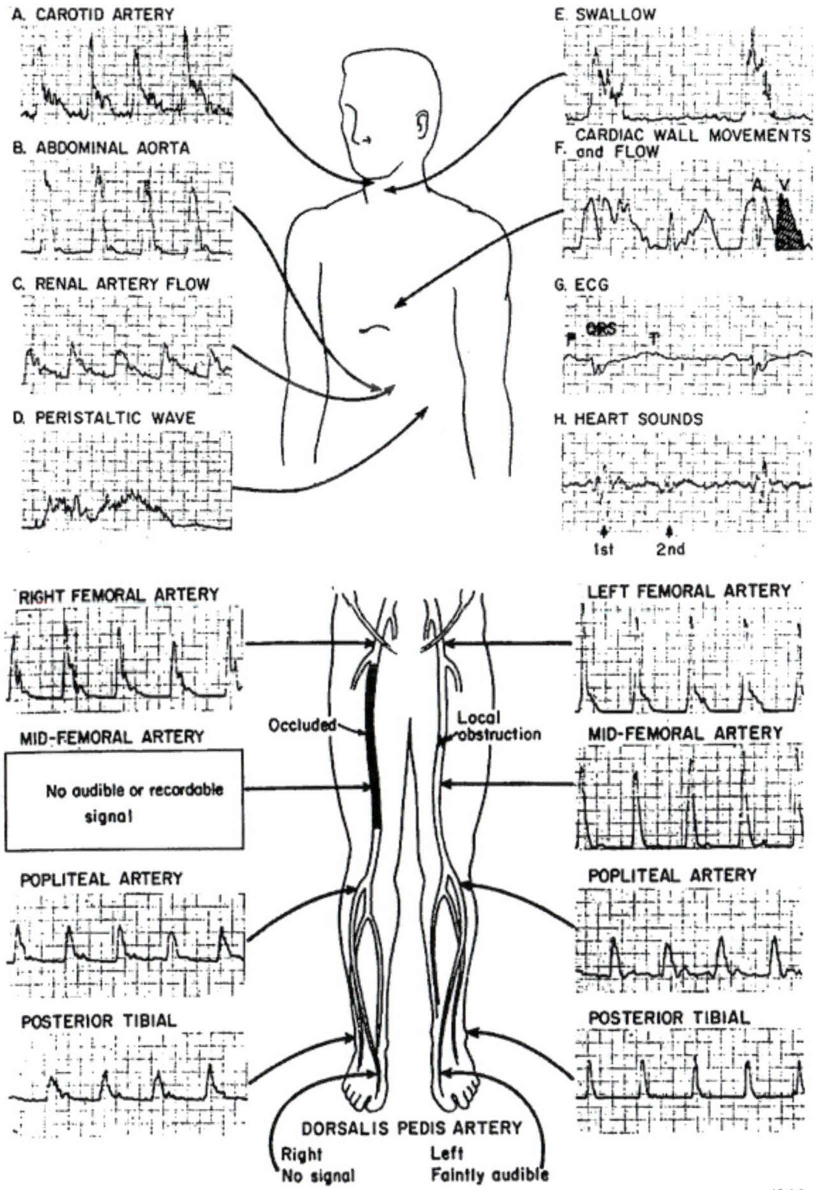

40:16

Das Prinzip der Doppler-Ultraschallmessung der Blutströmung, der Transducer, den Robert Rushmer (1915–2001) und seine Mitarbeiter Mitte der 1960er-Jahre verwendeten, sowie ihre Demonstration der vielen Anwendungsmöglichkeiten von Doppler-Ultraschallverfahren in der kardiovaskulären Diagnostik.

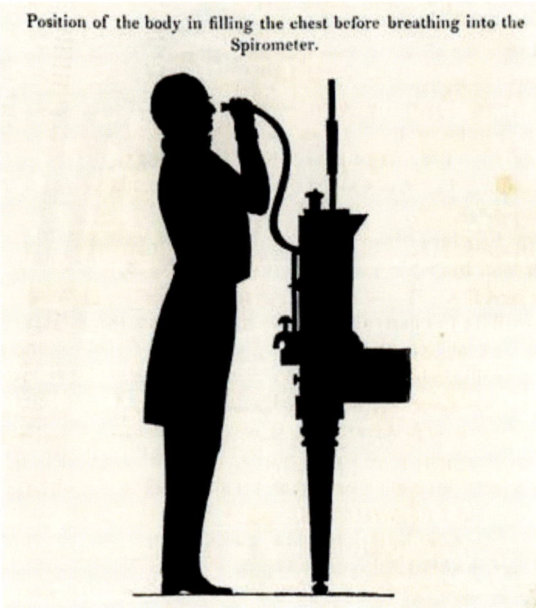

41:1

1846 erfindet John Hutchinson (1811–1861) ein Spirometer und demonstriert, dass es ein „präzises und einfaches Verfahren zum Entdecken von Krankheiten“ der Lunge bietet. Die Abbildungen zeigen seinen Apparat und die empfohlene Anwendungsweise im Stehen.

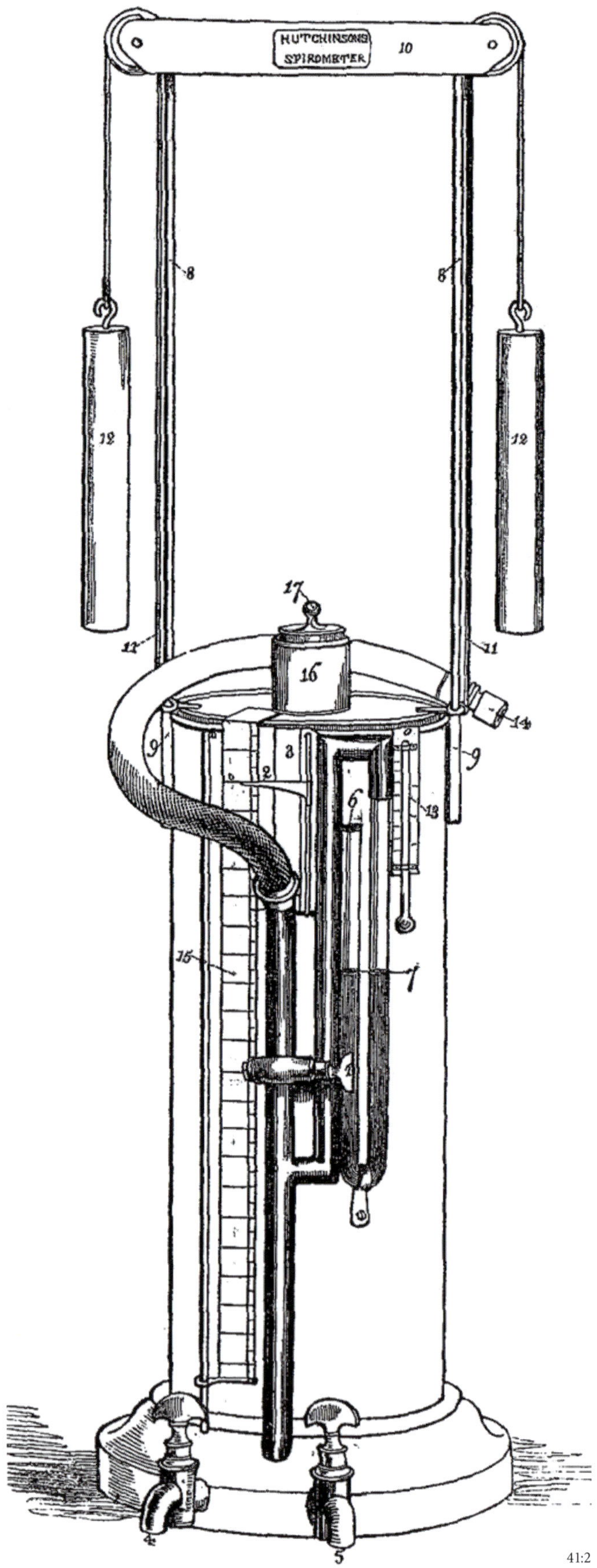

41:2

John Hutchinson

Hutchinson wurde 1811 in Newcastle upon Tyne geboren. Zuerst interessierte er sich für Maschinenbau, aber später studierte er Medizin. 1836 nahm er eine Stellung als Arzt für die Britannia Life Assurance Company (41.1) an und wurde 1842 Mitglied der Statistical Society. 1840 heiratete er und hatte drei Kinder, doch 1852 verließ er seine Familie und wanderte nach Melbourne, Australien, aus. Dort hatte man Goldvorkommen entdeckt und Hutchinson wurde vom „Goldfieber" gepackt (41.2). 1855 trat er in Australien erneut als Facharzt in Erscheinung; sechs Jahre später reiste er jedoch auf die Fidschiinseln, wo er sich bald die Ruhr holte. Er „vernachlässigte sich und entwickelte unmäßige Gewohnheiten", um schließlich an den „vereinten Folgen von Enttäuschung, Krankheit und dem Mangel jeglichen Komforts" zu sterben (41.2).

41:3

John Hutchinson

On the Capacity of the Lungs, and on the Respiratory Functions, with a View of establishing a Precise and Easy Method of detecting Disease by the Spirometer.

MEDICO-CHIRURGICAL TRANSACTIONS. ROY MED CHIR SOC, LONDON. 1846; 29:137.

Nach einer kurzen historischen Einführung erläutert Hutchinson die „Vitalkapazität" der Lunge. Dann beschreibt er detailliert in sieben Kapiteln und über 200 Absätzen ein selbst entworfenes Spirometer und die Messungen der Vitalkapazität von mehr als 2000 Personen, die er mit diesem Instrument durchgeführt hat. Er untersucht den Einfluss der Größe des Brustkorbs und auch von Größe, Gewicht, Alter und Geschlecht der Versuchsperson sowie die Auswirkungen der Schwindsucht, der fibrotischen Komplikation der Lungentuberkulose, die die Vitalkapazität durch Vernarbung des Lungengewebes vermindert.

Im Spiegel der Zeit:
Lavoisier, Beddoes, Watt und Davy verwendeten Gasometer zur Erforschung der Atmung (41.3). Hutchinsons Apparat war jedoch ein bedeutender Fortschritt gegenüber früheren Geräten und, was noch wichtiger war, durch seine umfassenden und systematisch dokumentierten Messungen etablierte sich die Spirometrie als Diagnoseverfahren. 1864 untersuchte Gréhant als Erster die Gaszusammensetzung des ausgeatmeten Volumens in Relation zur Gasverteilung in den Lungen (41.4) und einige Jahre später baute Speck stark verbesserte Spirometer zur Messung des Gasaustauschs beim Menschen während körperlicher Anstrengung (41.5). 1904 erzeugte Tissots Apparatur (41.6) (41.7) einen nur noch geringen Atemwiderstand, sodass die Exkursionen der Spirometerglocke nun proportional zur Änderung des Volumens waren. Über 50 Jahre lang war sein Gerät der „Goldstandard" in der Spirometrie. Noch heute macht man regen Gebrauch von Hutchinsons Begriff der Vitalkapazität (41.8). 1980 zeigte eine Untersuchung an über 5200 Männern über dreißig, dass die Vitalkapazität ein nützlicher Prädiktor für Lungenkrankheiten und Herzschwäche ist (41.9).

41.1 Spriggs EA. John Hutchinson, the inventor of the spirometer – his North Country background, life in London and scientific achievements. *Med History* 1977; 21:357.

41.2 Gandevia B. John Hutchinson in Australia and Fiji. *Med History* 1977; 21:365.

41.3 Siehe Nr. 24 Lavoisier S. 134 und Nr. 28 Davy S. 156 und Ref. 28.3.

41.4 Siehe Ref. 6.6 und Ref. 37.7. Siehe auch Nr. 97 Wagner/West S. 504.

41.5 Speck C. Untersuchungen über Sauerstoffverbrauch und Kohlensäureausathmung des Menschen. *Schr Ges Beförd gesam Naturwiss zu Marburg*. Cassel 1871:10. Siehe auch Nr. 58 Voit S. 300 und Ref. 58.4.

41.6 Tissot J. Nouvelle méthode de mesure et d'inscription du débit et des mouvements respiratoires. *J Physiol Path Gén* 1904; 6:688.

41.7 Tissot J. Nouvelle méthode de mesure et d'inscription du débit et des mouvements respiratoires de l'homme et des animaux. *Trav l'Assoc Inst Marey* Vol II. 1910, S. 231.

41.8 Petty TL. John Hutchinson's mysterious machine revisited. *Chest* 2002; 121:219S.

41.9 Kanel WB et al. The value of measuring vital capacity for prognostic purposes. *Trans Assoc Life Insur Med Dir Am* 1980; 64:66.

30.—The persons I have examined may be arranged as follows:—

Sailors (merchant service)	121
Fire Brigade of London	82
Metropolitan police	144
Thames ditto	76
Paupers	129
Mixed class (artisans)	370
First Battalion Grenadier Guards	87
Royal Horse Guards (Blue)	59
Chatham recruits	185
Woolwich Marines	573
Pugilists and wrestlers	24
Giants and dwarfs	4
Pressmen . 30 } Compositors . 43 } Printers	73
Draymen	20
Girls	26
Gentlemen	97
Diseased cases	60
Total number	2130

41:4

The division of the thoracic movements.

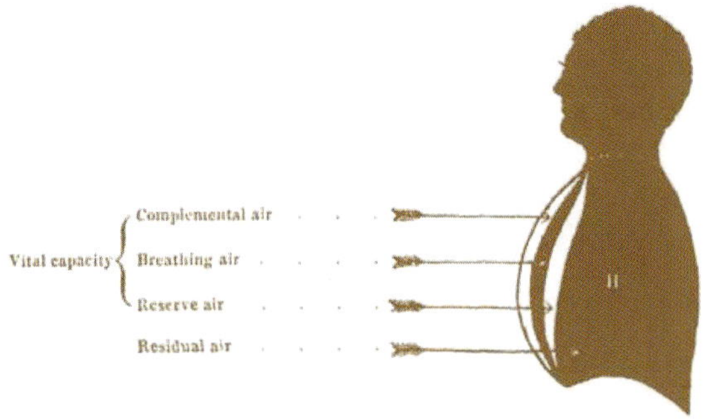

41:6

164.—Q.—Table of the Comparison of Healthy and Diseased Cases.

Phthisis Pulmonalis.			
Early Stage.		Advanced Stage.	
Vital Capacity. Diseased.	Vital Capacity. Healthy.	Vital Capacity. Diseased.	Vital Capacity. Healthy.
Cubic inches.	Cubic inches.	Cubic inches.	Cubic inches.
113	220	59	135
115	173	89	224
105	173	108	254
130	204	72	135
128	220	80	229
120	229	75	254
100	193	34	246
140	246	171	270
100	204	60	237
110	220		
136	229		
135	204		
192	230		
225	300		
145	220		
200	240		
185	230		
218	240		
129	220		
344	434		
220	260		
196	254		

165.—These cases were not from my own diagnosis, but individuals sent to me by others, well skilled in auscultation.

41:5

Hutchinson definiert die Bestandteile eines Atemzugs bei Ruheatmung in Relation zur Bewegung des Brustkorbs bei der Atmung. Dann untersucht er zahlreiche gesunde Versuchspersonen (Tabelle oben) und bestimmt den Normalwert der Vitalkapazität der Lunge. Anhand dieser Daten kann er zeigen (Tabelle links), wie man mithilfe der Spirometrie Patienten mit Lungenschwindsucht erkennt.

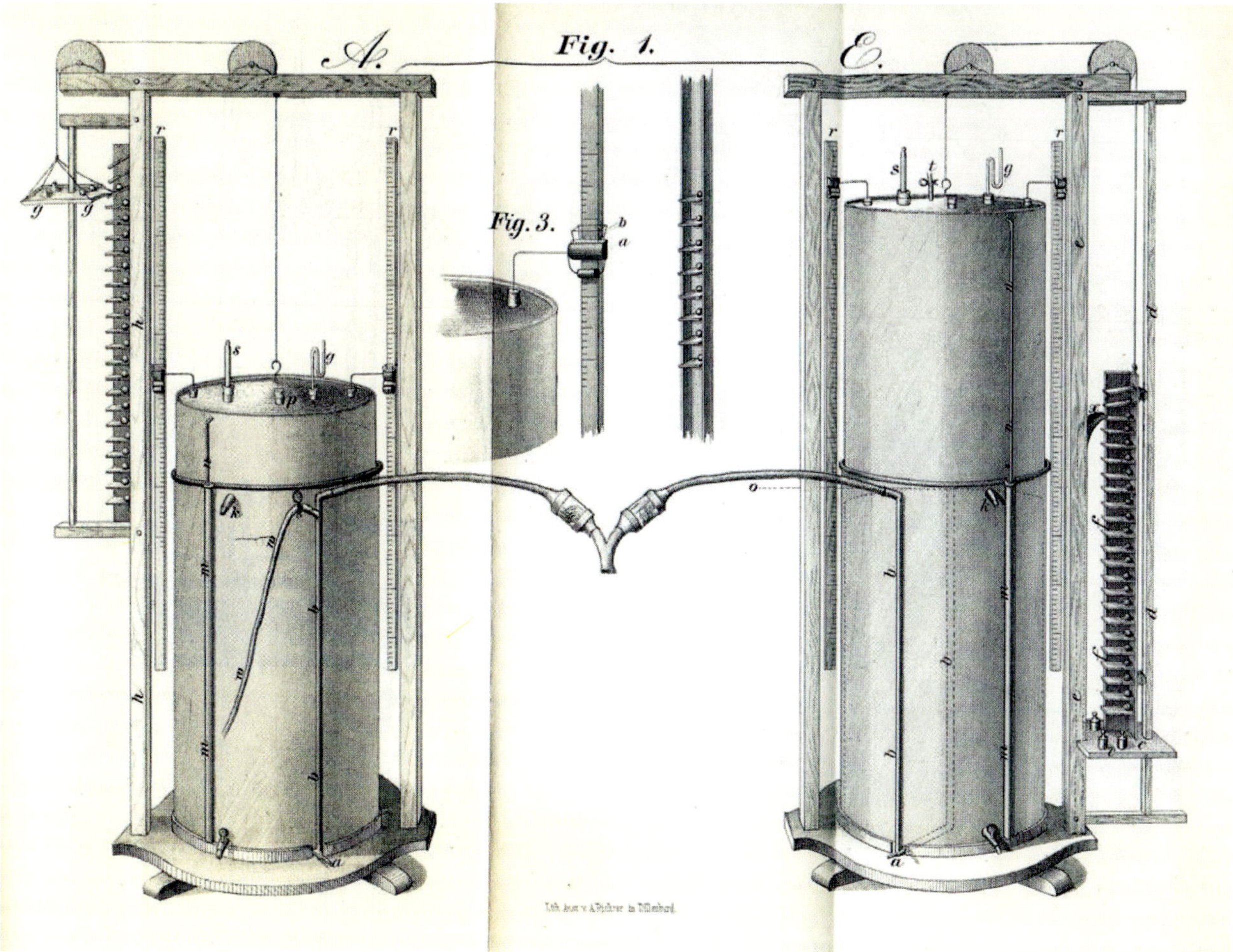

41:7

Carl Speck (1828–1916) beschreibt ein stark verbessertes Spirometer, mit dem er 1871 den Atemgasaustausch in Ruhe und bei körperlicher Anstrengung misst. So wird er zu einem Pionier der Sportmedizin.

Jules Tissot (1864–1918) konstruiert 1904 ein Spirometer, das in der Spirometrie über 50 Jahre lang Maßstäbe setzt. Es bietet nur geringen Atemwiderstand und einen linearen Zusammenhang zwischen der Auslenkung der Spirometerglocke und der Änderung des Volumens. Hier sieht man den Apparat und eine von ihm erstellte typische Aufzeichnung. Die Ausschläge mit den Bezeichnungen „1, 2, 3" repräsentieren bekannte Volumen von 1 l, 0,5 l und 0,25 l.

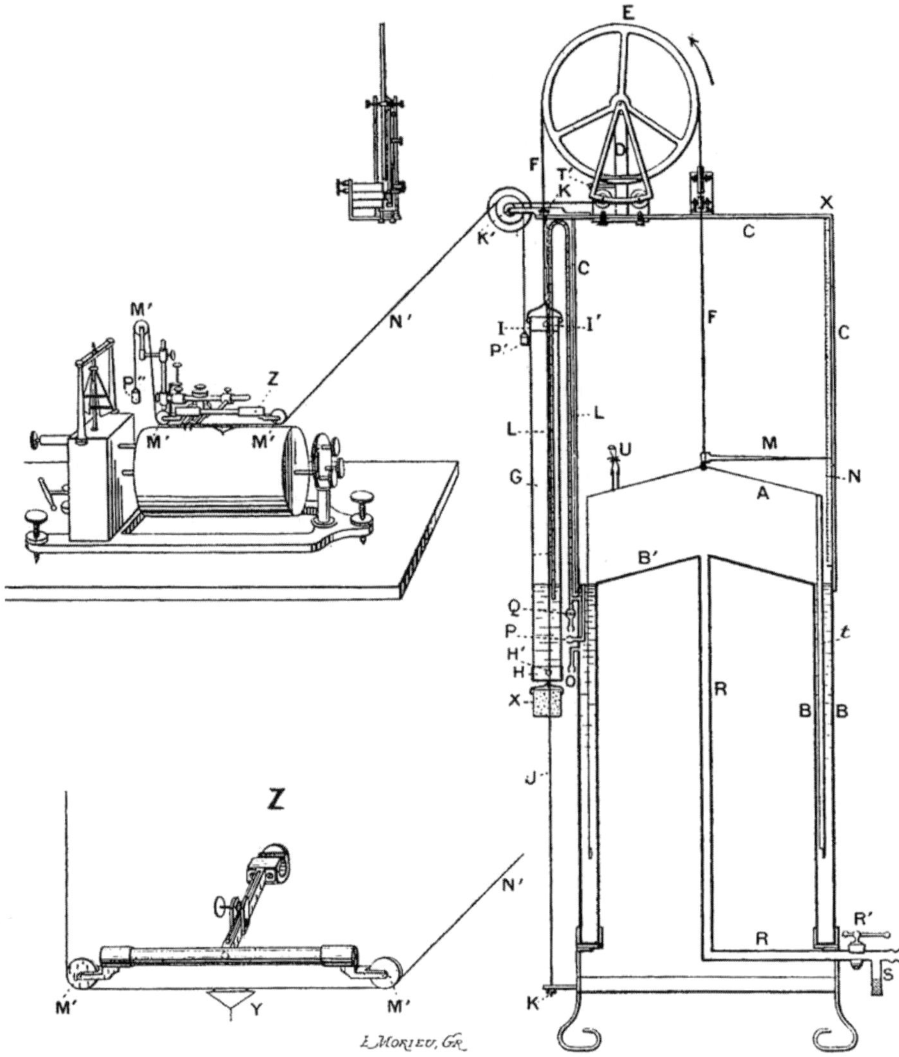

41:8

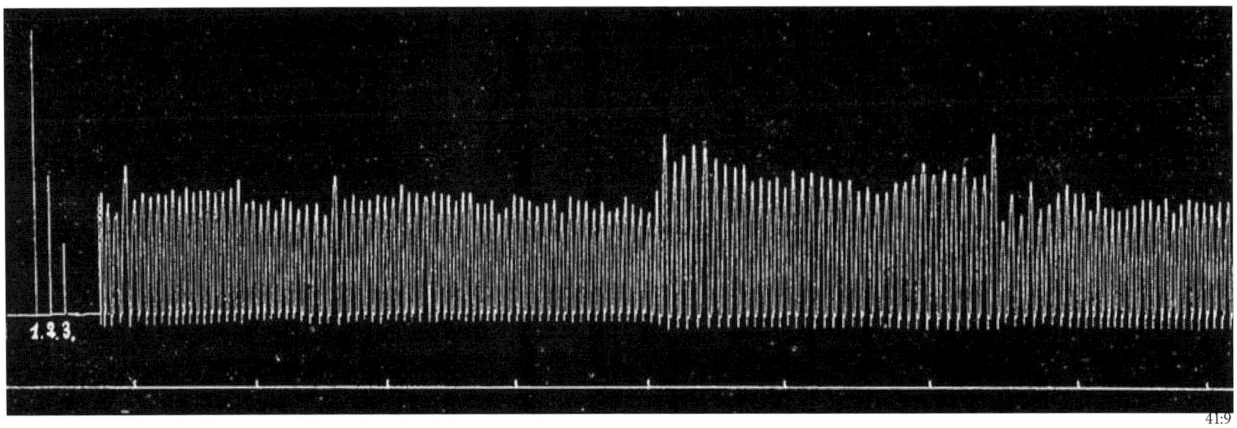

41:9

41:10

41:11

Tissot entwirft auch neue Geräte mit niedrigem Atemwiderstand, die eine dichte Verbindung zwischen Mensch oder Tier und seinem Spirometer gewährleisten. Bei vielen klinischen Anwendungen ist es noch heute schwierig, den Apparat so am Patienten anzubringen, dass keine Luft entweichen kann.

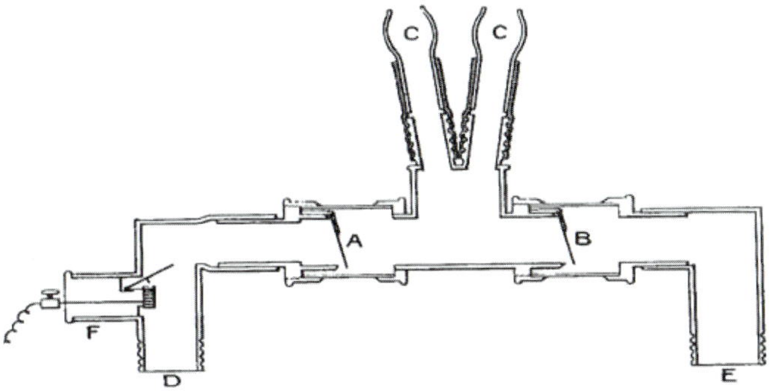

41:12

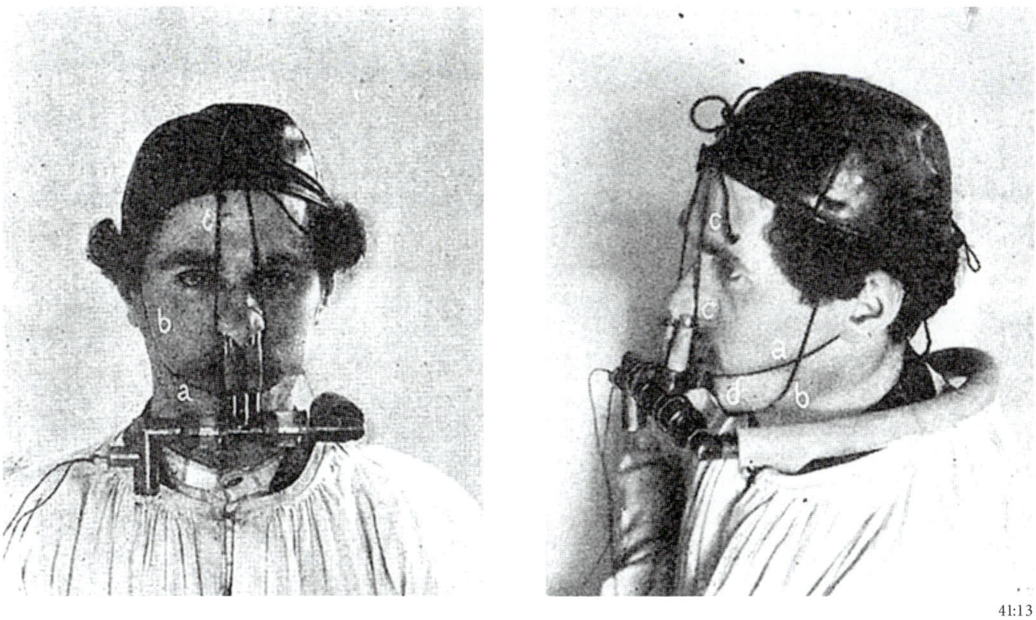

41:13

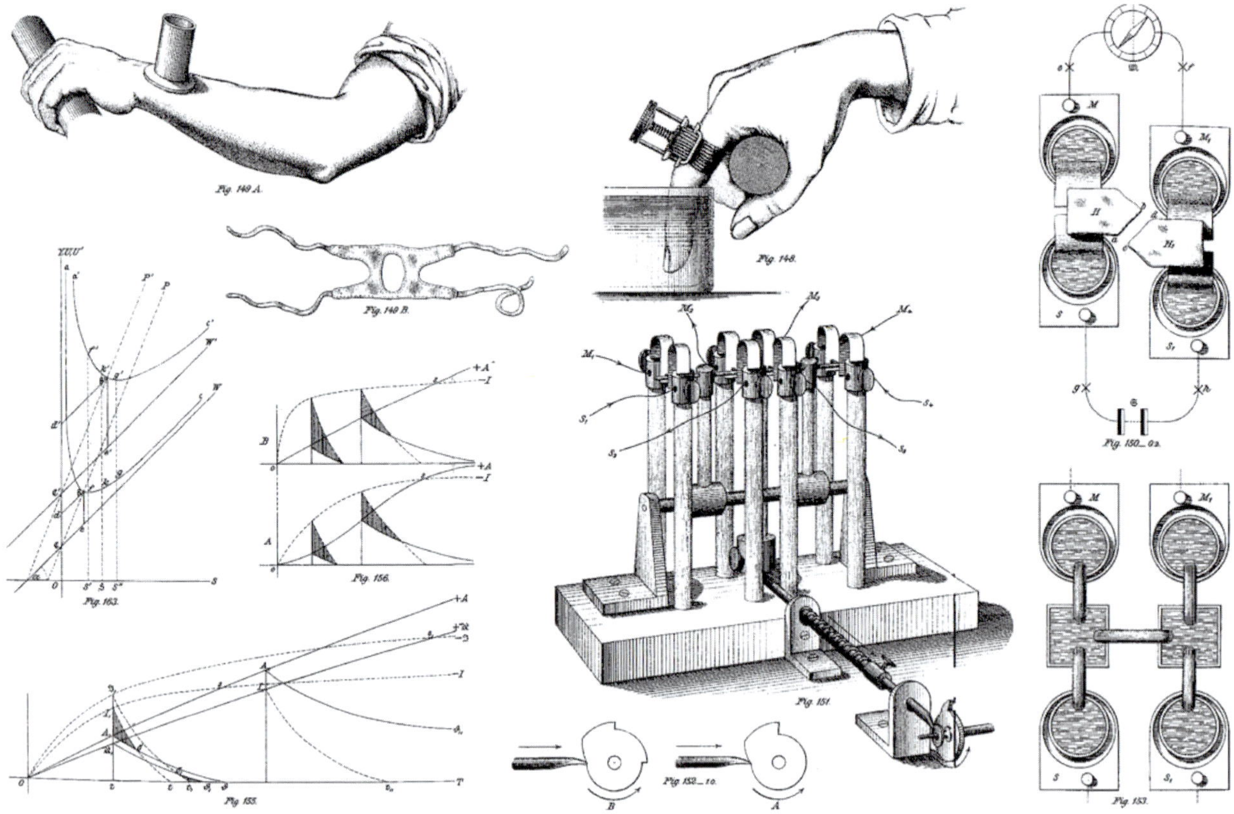

42:1

Rechts ist Emil Du Bois-Reymonds (1818–1896) „Willkürversuch“ dargestellt, bei dem er die Richtung des elektrischen Stroms demonstriert, der von willentlichen Muskelkontraktionen erzeugt wird. Oben sieht man einige Geräte und Experimente seiner wegweisenden neurophysiologischen Untersuchungen.

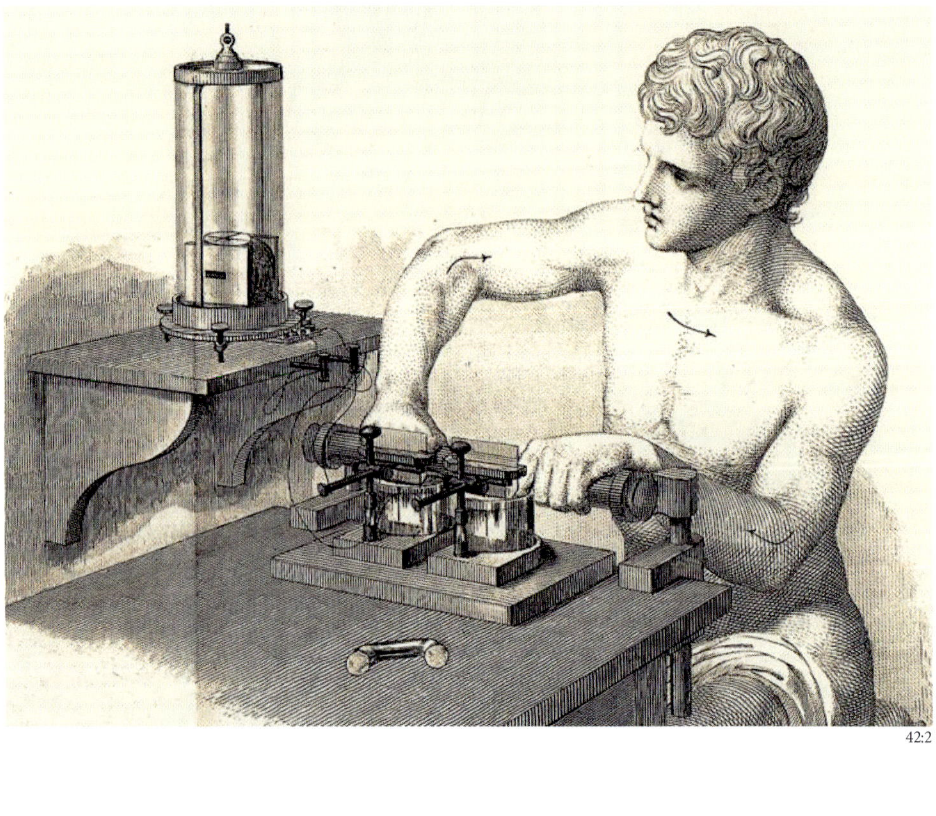

42:2

Emil Du Bois-Reymond

42:3

Emil Du Bois-Reymond

Du Bois-Reymond kam 1818 in Berlin zur Welt. Dort besuchte er das Französische Gymnasium und später die Berliner Universität, wo er eine breite Palette an Fächern belegte, von Theologie, Philosophie, Psychologie und Literatur bis hin zu Botanik, Geologie, Naturwissenschaften, Logik und Mathematik. Schließlich blieb er bei der Medizin und erwählte sich bald das Studium der tierischen Elektrizität zur Lebensaufgabe (42.1) (42.2). Dank Humboldts Interesse an diesem Thema (42.3) wurde er 1851 in die Königlich-Preußische Akademie der Wissenschaften aufgenommen. Nach dem Tode seines Dozenten Johannes Müller folgte er ihm 1858 auf den Lehrstuhl für Physiologie in Berlin. Du Bois-Reymond war ein geschliffener Redner und Autor und vereinte französische Eloquenz mit deutscher Gründlichkeit. Die Geschichte der Naturwissenschaft betrachtete er als den wichtigsten, aber am stärksten vernachlässigten Teil der Kulturgeschichte. Seine Reden über wissenschaftliche und kulturelle Themen setzten Maßstäbe, die zu seiner Zeit und auch später, wenn überhaupt, nur von wenigen erreicht werden konnten (42.4).

Untersuchungen über thierische Elektricität.

Band 1, Band 2 (2 Abteilungen). Berlin: G. Reimer, 1848–1884.

In diesen gesammelten elektrophysiologischen Werken beschreibt Du Bois-Reymond viele neue Phänomene im Zusammenhang mit Nervenaktivität und Muskelkontraktion, wie etwa den „Verletzungsstrom" in Muskel und Nerv und auch das Phänomen der „negativen Schwankungen" im Muskel. Er erforscht gründlich die Polarisation, die auftritt, wenn ein Strom den Nerven durchfließt (Elektrotonus), und die Polarisation, die an der Grenze zwischen unterschiedlichen Elektrolyten auftritt. Zu diesen experimentellen Ergebnissen gelangt er, indem er viele mögliche Quellen von Messfehlern vermeidet und neue Instrumente entwickelt, wie hochempfindliche Spulen, die schwache Ströme detektieren, nicht-polarisierbare Elektroden und spezielle Schaltgeräte.

Im Spiegel der Zeit:
Du Bois-Reymond führte die von Jallabert (42.5), Galvani (42.6) und insbesondere Humboldt (42.3) begonnenen Arbeiten fort, doch sein unmittelbares Interesse weckte das 1840 von Matteucci veröffentlichte Buch über Tierelektrizität (42.1). Neben seinen elektrophysiologischen Entdeckungen führte Du Bois-Reymond gemeinsam mit seinen Freunden Helmholtz (42.7), Ludwig und Brücke (42.8) die verbreitete Nutzung physikalischer Verfahren und Instrumente ein und eröffnete damit ein neues Kapitel der Physiologie. In der berühmten Vorrede zum ersten Band des oben zitierten Werkes rechnete er ein für allemal mit den Anhängern der Theorie der Lebenskraft ab (42.9). Pflüger, einer seiner prominenten Schüler, setzte seine elektrophysiologischen Studien fort und vollbrachte weitere bedeutende Leistungen, vor allem in der Atmungsphysiologie und in der Erforschung der Blutgase (42.10).

42.1 Matteucci C. *Essai sur les phénomènes électriques des animaux*. Paris 1840.
42.2 Du Bois-Reymond E. Vorläufiger Abriss einer Untersuchung über den sogenannten Froschstrom. *Ann Phys* 1843; 58:1.
42.3 Siehe Ref. 19.9.
42.4 Du Bois-Reymond E. *Reden*. 2 Bände. Leipzig 1912.
42.5 Siehe Nr. 19 Jallabert S. 110.
42.6 Siehe Ref. 19.4 und Ref. 19.7.
42.7 Siehe Nr. 43 Helmholtz S. 228 und Nr. 45 Helmholtz S. 236.
42.8 Siehe Ref. 35.5 und Ref. 45.8.
42.9 Siehe Ref. 4.7.
42.10 Siehe Ref. 37.4.

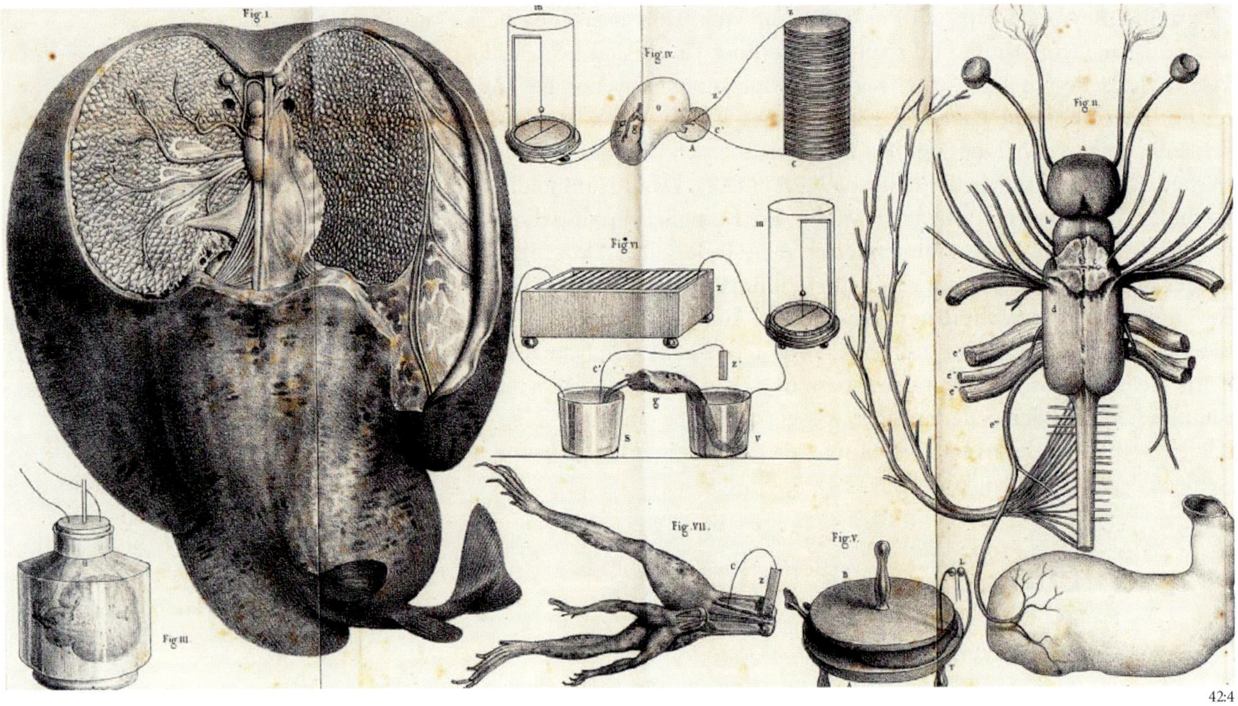

42:4

Carlo Matteuccis (1811–1868) Untersuchungen von 1840 über die im Rochen und im Froschnerven erzeugte Elektrizität (oben) bilden den Ausgangspunkt von Du Bois-Reymonds Arbeit.

42:6

Johannes Müller (1801–1858) (siehe auch Abbildung 25:12) lenkt Du Bois-Reymonds Interesse auf die Elektrophysiologie. Nach Müllers Tod folgt ihm Du Bois-Reymond auf den Lehrstuhl für Physiologie in Berlin.

42:5

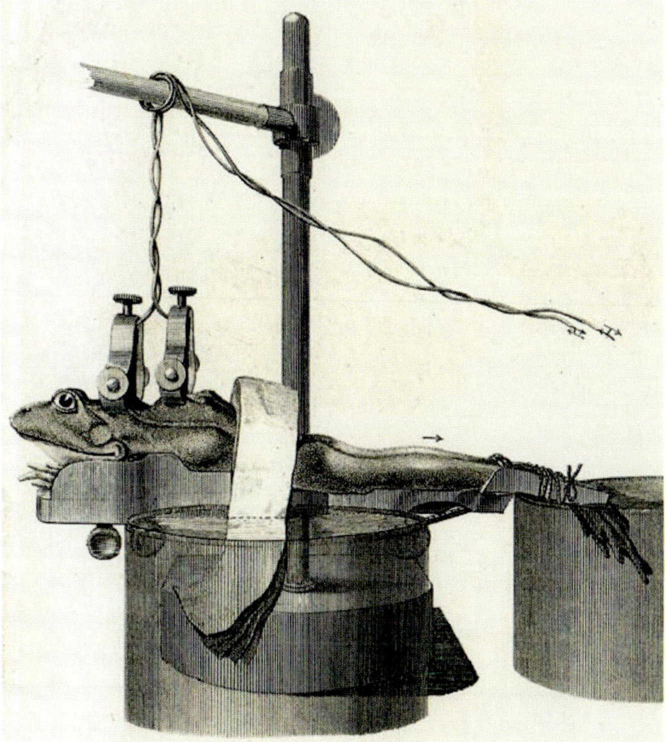

42:7

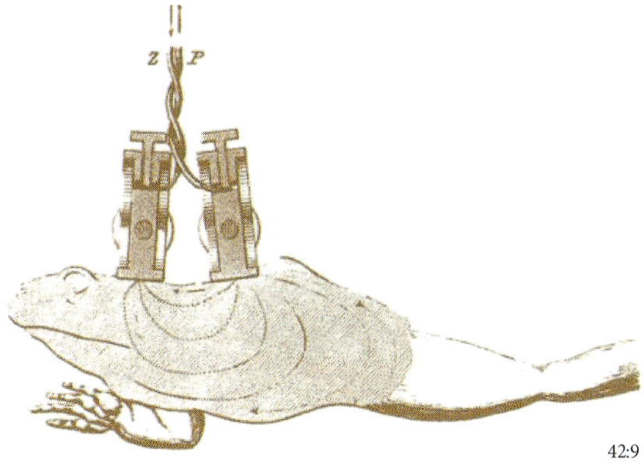

42:9

Dank der Entwicklung empfindlicher Instrumente und einer sorgfältigen experimentellen Planung entdeckt Du Bois-Reymond neue neurophysiologische Phänomene von grundlegender Bedeutung, wie etwa den ruhenden Nervenstrom, den „Verletzungsstrom“ im Muskel und im Nerven und die „negativen Schwankungen“ im Muskel.

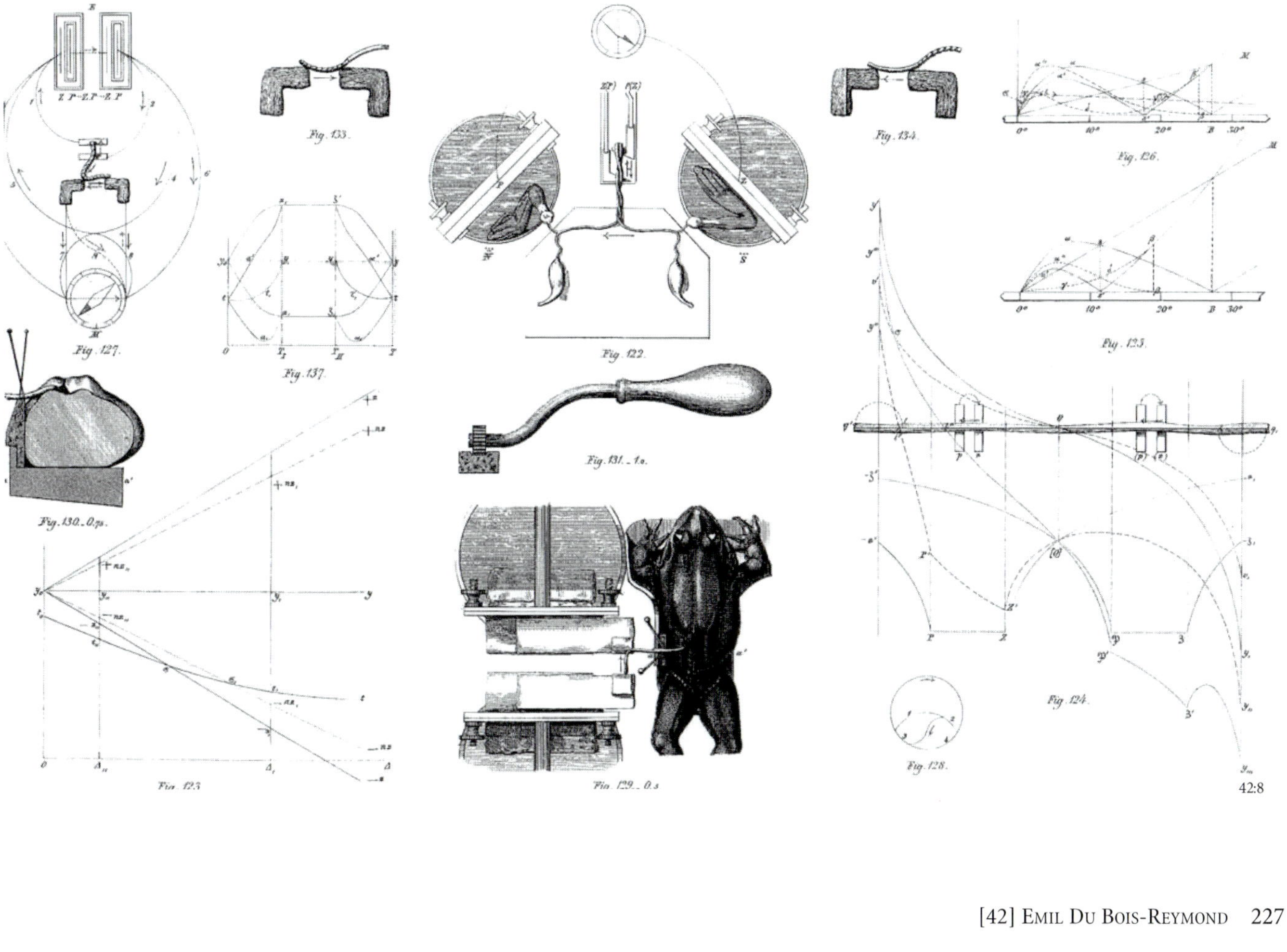

42:8

43:1

1844 entwirft Claude Pouillet (1790–1868) das ballistische Galvanometer. Indem er beim Abfeuern eines Projektils einen elektrischen Strom erzeugt und das Projektil den Strom in einem variablen Abstand vom Abschusspunkt unterbricht, kann er die Zeitspanne sehr kurzer Flugintervalle messen, obwohl er dafür eher langsam reagierende Instrumente benutzt.

Hermann von Helmholtz' (1821–1894) Illustration seines ballistischen Galvanometers, das er entwickelt, um die Ausbreitungsgeschwindigkeit von Nervenimpulsen zu messen.

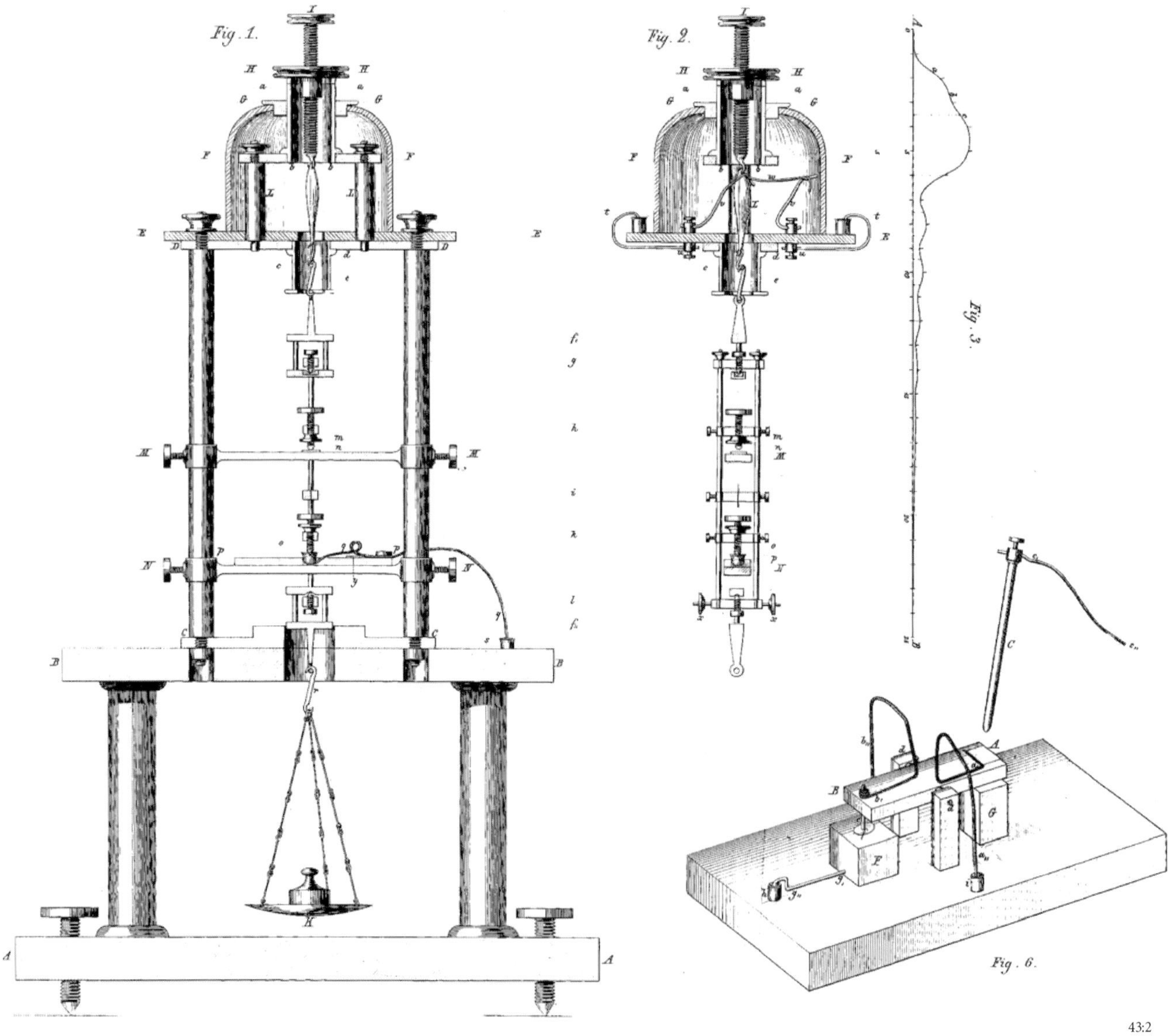

43:2

Hermann von Helmholtz

43:3

Hermann von Helmholtz

Helmholtz wurde 1821 als ältestes von vier Kindern eines Potsdamer Gymnasiallehrers geboren. Er fühlte sich schon früh zur Physik hingezogen, doch die Familie konnte ihm nur eine medizinische Ausbildung finanzieren, für die es staatliche Stipendien gab. Nach der Promotion im Jahre 1842 trat Helmholtz seine achtjährige Dienstzeit als Militärarzt an, zu der er sich verpflichtete, um einen Studienplatz zu bekommen. 1847 legte er seinen klassischen Aufsatz über das grundlegende Gesetz zur Erhaltung der Energie vor (43.1). Auf Humboldts (43.2) Bitte wurde Helmholtz bald von seinen chirurgischen Pflichten entbunden und zum Professor für Physiologie in Königsberg ernannt. Über 20 Jahre lang besetzte er ähnliche Stellen in Bonn und Heidelberg, während er in erster Linie über Sinnesphysiologie forschte (43.3). 1871 folgte er Magnus (43.4) als Physikprofessor in Berlin und widmete sich in erster Linie Problemen der Thermodynamik und Elektrodynamik. Außerdem schrieb er viel über philosophische Themen, vor allem über Wissenschaftsmethodik (43.5).

Messungen über den zeitlichen Verlauf der Zuckung animalischer Muskeln und die Fortpflanzungsgeschwindigkeit der Reizung in den Nerven.

Arch Anat Physiol Berlin: Veit, 1850, S. 276.

Helmholtz beschreibt eine geniale Anordnung zur Bestimmung der Geschwindigkeit eines Nervenimpulses. Er erzeugt induktiv einen Strom, der die Kontraktion des Muskels bewirkt und so den Stromfluss unterbricht. Das langsam reagierende Galvanometer produziert eine Ablenkung proportional zur Dauer des Stromimpulses. Indem er den Strom unterschiedlich weit durch den Nerv leitet, berechnet er die Geschwindigkeit auf etwa 30 m/s.

Im Spiegel der Zeit:
Helmholtz' Verfahren, das er zwei Jahre später durch eine graphische Vorrichtung ergänzte (43.6), lässt sich bis zu Hookes ersten Versuchen zurückverfolgen, die Geschwindigkeit eines Projektils zu bestimmen (43.7) (43.8). Hookes ballistisches Experiment beruhte auf folgender Grundidee: Wenn ein Projektil einen ruhenden Körper von ausreichender Größe trifft und in ihn eindringt, ist die hervorgerufene Bewegung dieses Körpers, die dem Impulserhaltungsgesetz unterliegt, langsam genug, um sich messen zu lassen. Analog dazu entwickelte Pouillet das Verfahren des ballistischen Galvanometers, indem er beim Abfeuern eines Projektils einen elektrischen Strom erzeugte und bewirkte, dass das Projektil den Strom in einem variablen Abstand vom Abschusspunkt unterbrach (43.9). Die Ablenkung des Galvanometers war dann proportional zur Dauer des Impulses. Laut Ref. (43.8) „ist ein Hauptmerkmal des Erfindungsreichtums, wenn nicht gar des Genies, die Fähigkeit, die breite Anwendbarkeit von Vorstellungen zu erkennen, die von anderen Wissenschaftszweigen entwickelt wurden, und sie zu neuartigen Zwecken einzusetzen". Helmholtz, als der vermutlich letzte Universalgelehrte, war genau dazu in der Lage.

43.1 von Helmholtz H. *Über die Erhaltung der Kraft, eine physikalische Abhandlung vorgetragen in der Sitzung der physikalischen Gesellschaft zu Berlin am 23sten Juli 1847.* Berlin 1847.

43.2 Zu Humboldts Einfluss siehe Nr. 36 Dumas S. 192, Nr. 39 Liebig S. 208, Nr. 42 Du Bois-Reymond S. 224 und Ref. 19.9.

43.3 Siehe Ref. 5.13 und auch Nr. 45 Helmholtz S. 236 sowie Ref. 19.3.

43.4 Siehe Nr. 37 Magnus S. 196.

43.5 von Helmholtz H. *Die Thatsachen in der Wahrnehmung.* Berlin 1879. Siehe auch Ref. 4.9.

43.6 von Helmholtz H. Messungen über Fortpflanzungsgeschwindigkeit der Reizung in den Nerven. *Arch Ant Physiol Berlin* 1852, S. 199.

43.7 Günther RT. *Early science in Oxford* Vol. VI. The life and work of Robert Hooke (Part I). Oxford 1930. Siehe auch Nr. 11 Hooke S. 72.

43.8 Hoff HE, Geddes LA. Ballistics and the Instrumentation of Physiology: The Velocity of the Projectile and of the Nerve Impulse. *J Hist Med* 1960; 15:133.

43.9 Pouillet CS. Note sur un moyen de mésurer des intervalles de temps extrémement courts, ... *C R Acad Sci* 1844; 19:1384.

Helmholtz' verbesserte Apparatur von 1852, die ihm ermöglicht, die Ergebnisse des ballistischen Galvanometers aufzuzeichnen und einen präzisen Wert für die Geschwindigkeit des Nervenimpulses zu erhalten (siehe gegenüberliegende Seite).

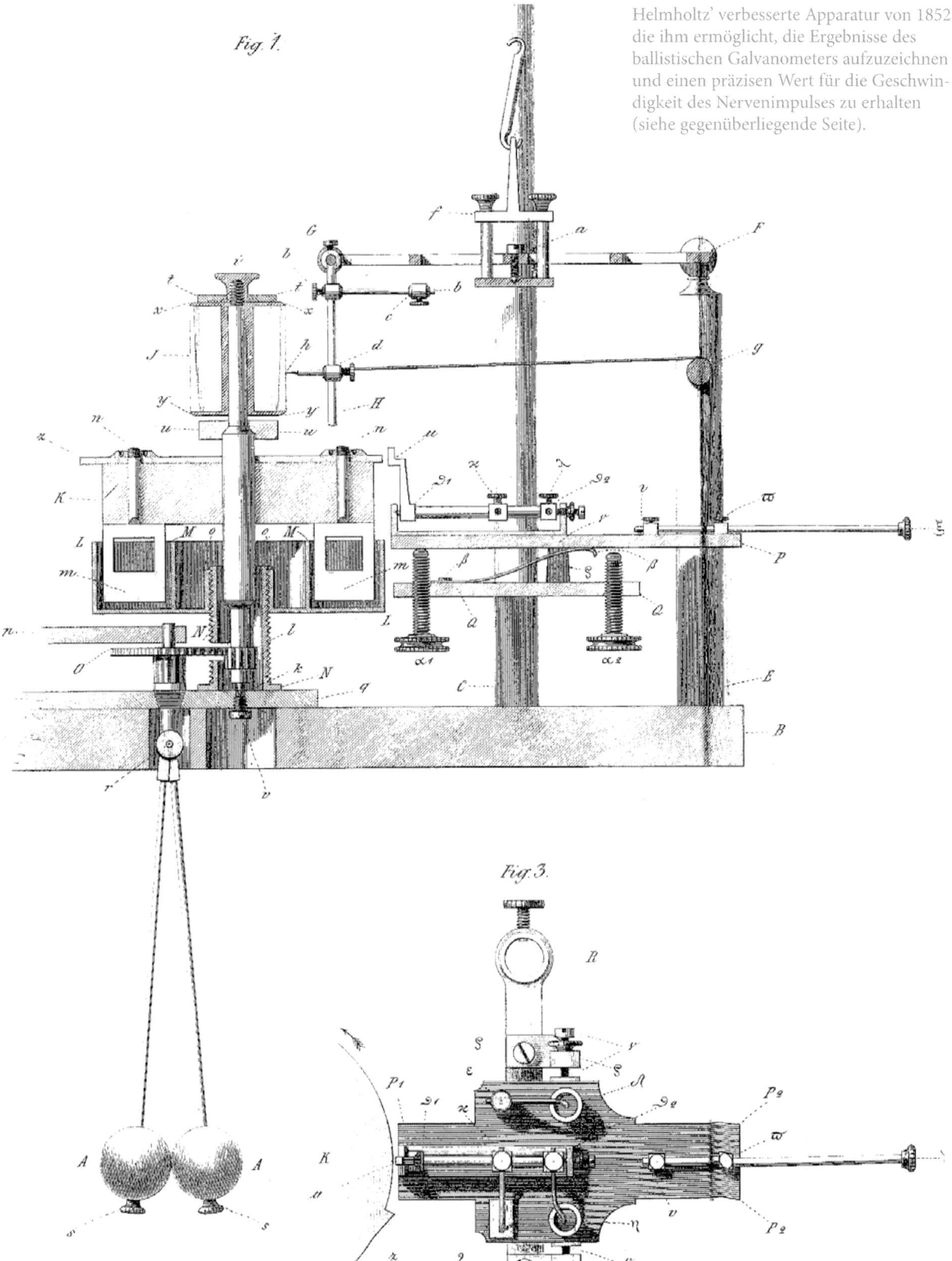

43:4

Reihe X.

Am 29sten Decb. mit den Muskeln eines seit vier Monaten aufbewahrten Frosches angestellt. Durch die entferntere Nervenstelle wird ein stärkerer Strom geleitet, der durch die sich berührenden Spiralen erzeugt wird, durch die nähere ein schwächerer bei $2\frac{1}{2}$ Ctm. Abstand der Spiralen. Nach je zwei Beobachtungen wird der Muskel neu eingestellt.

A. Rechter Muskel. Nervenstrecke 40 mm. Ablenkung vorher 116,09, nachher 112,45, im Mittel 114,27.

No.	Ueberlastung.	Erhebungshöhe.	Differenz der Ausschläge bei Reizung der entfernteren Nervenstrecke.	Differenz der Ausschläge bei Reizung der näheren Nervenstrecke.
1	20 gr.	1,19	100,69	
2	—	1,22	96,15	
3	—	1,22		93,92
4	—	1,15		97,19
5	—	1,10	97,70	
6	—	1,10	104,33	
7	—	1,17		93,87
8	—	1,12		92,27
9	—	1,15	106,43	
10	—	1,15	101,74	
11	—	1,12		98,00
12	—	1,17		98,60
13	—	1,12	96,81	
14	—	1,10	103,99	
		Mittel	100,98	95,64
		Wahrscheinl. Fehler des Mittels	± 0,86	± 0,66
		Derselbe der einzelnen Beobachtung	± 2,42	± 1,61
		Zeitdauer in Secunden von der Reizung bis zur Erhebung	0,02437	0,02307
		Wahrscheinl. Fehler derselben .	± 0,00020	± 0,00016

Zeitunterschied wegen der Fortpflanzung: 0,00130 ± 0,00027

Fortpflanzungsgeschwindigkeit: 30,8 ± 6,4 Mt.

43:5

Das Resultat eines von Helmholtz' Experimenten zur Messung der Geschwindigkeit des Nervenimpulses. Mit einer elektrischen Stimulation wird der Nervenimpulsstrom erzeugt, der unterbrochen wird, sobald der Muskel kontrahiert. Die Strecke, die der Impuls durchmisst, beträgt 40 mm und als der entsprechende Zeitunterschied werden 0,0013 Sekunden berechnet, was eine Geschwindigkeit von 30,8 m/s ergibt.

44:1

In den 1820er-Jahren erforscht Wilhelm Weber (1804–1891) gemeinsam mit seinem älteren Bruder Ernst Heinrich die experimentellen Aspekte der Flüssigkeitsdynamik im Kreislaufsystem.

Ernst Heinrich Weber (1795–1878) errechnet eine Geschwindigkeit des Arterienpulses von etwa 9 m/s und zeigt, dass Elastizität und Widerstand der Blutgefäße die pulsierende Bewegung des Blutes in der Aorta in einen kontinuierlichen Fluss durch die Arteriolen und Kapillaren verwandeln.

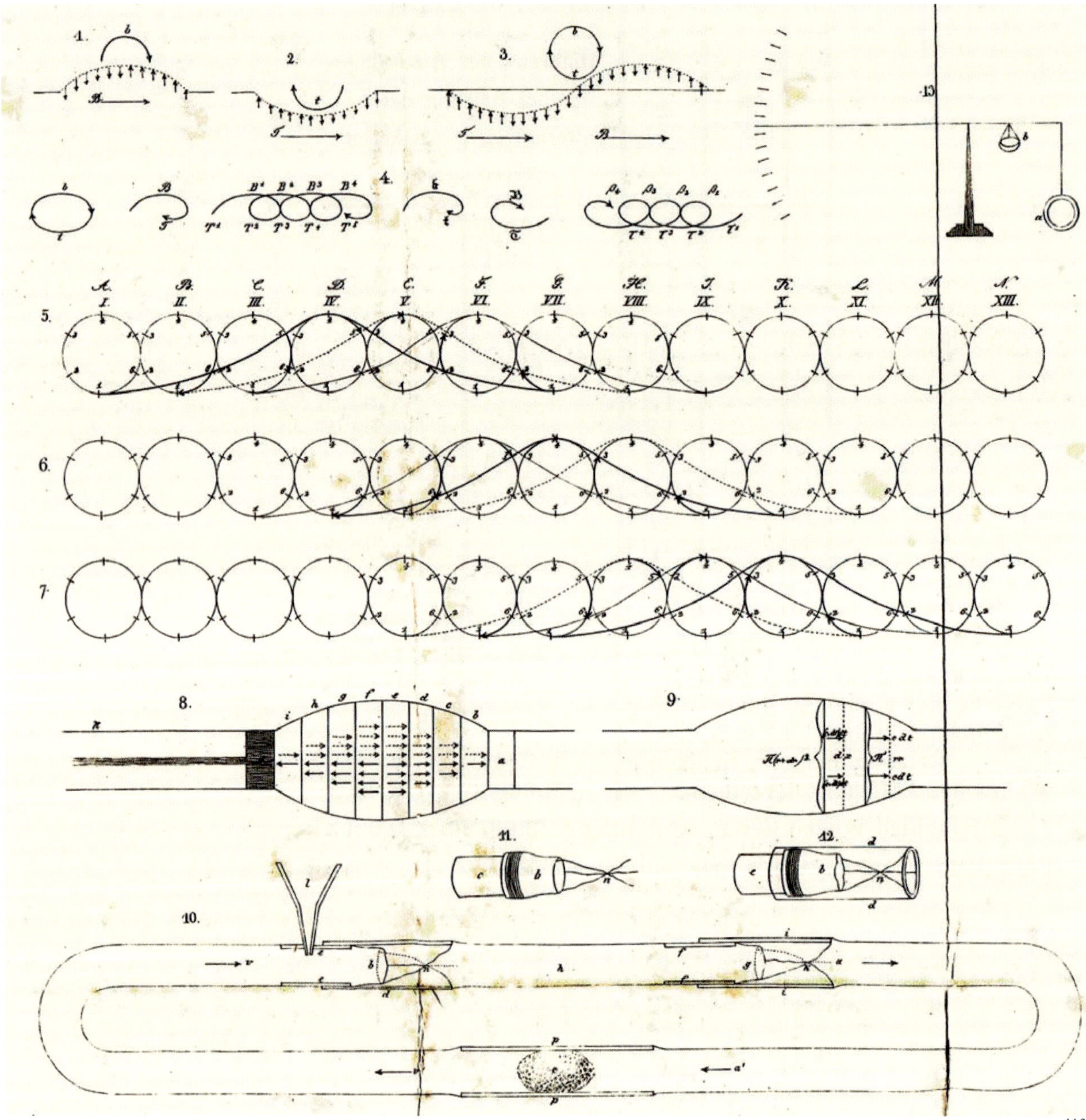

44:2

Weber kam 1795 in Wittenberg zur Welt, wo sein Vater Theologieprofessor war. Als Junge traf er mit Chladni (44.1) zusammen und entdeckte sein Interesse an der Physik. Er nahm ein Medizinstudium in Wittenberg auf und habilitierte sich 1817 in Leipzig. Vier Jahre später wurde er Professor für vergleichende Anatomie und behielt diese Position 50 Jahre bis zur Emeritierung bei. Von 1840 bis 1866, als Ludwig sein Nachfolger wurde (44.2), hatte er auch den Lehrstuhl für Physiologie inne. Weber vollbrachte viele bedeutende Leistungen in der Anatomie. Einige von ihm entdeckte Strukturen tragen noch heute seinen Namen. In der Physiologie gelang ihm mit seinem jüngsten Bruder Eduard die berühmte Demonstration des inhibitorischen Effekts des Vagusnerven auf das Herz (44.3). Außerdem war er ein Pionier der Sinnesphysiologie, insbesondere was taktile Empfindungen im Zusammenhang mit Haut und Muskulatur betraf (44.4). Damit ist er einer der Begründer der Psychophysik (die Erforschung der Beziehung zwischen Reiz und Empfindung).

Ernst Heinrich Weber

44:3

Ernst Heinrich Weber

Ueber die Anwendung der Wellenlehre auf die Lehre vom Kreislaufe des Blutes und insbesondere auf die Pulslehre.

Arch Anat Physiol Berlin: Veit, 1851, S. 497.

Weber fasst zehn Jahre Forschung ab 1825 (44.5) über die Bewegung der Flüssigkeiten in elastischen Röhren in Bezug auf den Blutkreislauf zusammen (44.6). Mit Gummiröhren oder Dünndärmen als Modell untersucht Weber Strömung und Druck in offenen und geschlossenen Strömungssystemen. Er erforscht die Elastizität der Arterienwand und ihre Auswirkung auf die Ausbreitungsgeschwindigkeit der Pulswellen sowie den vom Kapillarbett auf die Pulswellen ausgeübten Widerstand und die daraus resultierende Verlangsamung. Außerdem entdeckt er, dass der Durchmesser der Blutgefäße einer muskulären und nervösen Kontrolle unterliegt.

Im Spiegel der Zeit:
Die Erforschung der Hydrodynamik begann mit den Arbeiten Bernoullis (44.7). 1809 untersuchte Young den Blutkreislauf und die Herzfunktion aus hydrodynamischer Sicht (44.8). In den 1840er-Jahren formulierte Poiseuille die Gesetze der Flüssigkeitsströmung in kapillaren Röhren mit festen Wänden (44.9). Weber untersuchte 1825 als Erster die Flüssigkeitsströmung in elastischen Röhren und arbeitete dabei mit seinem jüngeren Bruder Wilhelm zusammen (der sich besonders durch seine Arbeiten über Erdmagnetismus ausgezeichnet hat; die Einheit für den magnetischen Fluss ist nach ihm benannt) (44.5) (44.6). Der oben zitierte Artikel fasst seine Ergebnisse zusammen, die sich trotz vieler anschließender gründlicher Untersuchungen als gültig erwiesen haben. Sie sind nach wie vor ein Eckpfeiler der modernen Hämodynamikforschung. Die drei Weber-Brüder Ernst, Wilhelm und Eduard waren Vorreiter des „physiko-mathematischen" Ansatzes in der Physiologie, der von Du Bois-Reymond, Helmholtz und Ludwig (44.10) sowie von ihren Schülern (44.11) im ausgehenden 19. Jahrhundert rückhaltlos übernommen wurde.

44.1 Siehe Ref. 13.5.
44.2 Siehe Ref. 35.5 und Ref. 37.5.
44.3 Weber E, Weber EH. Experimenta, quibus probatur nervos vagos ... *Ann Univ Med* (Mailand) 3 ser. 1845; 20:227.
44.4 Weber EH. Der Tastsinn und das Gemeingefühl. R. Wagner *Handwörterbuch Physiol* III Teil 2. 1850, S. 481.
44.5 Siehe Ref. 18.9.
44.6 Weber EH. Programmata collecta. I. Pulsum arteriarum non in omnibus arteriis simul, ... *Annot anat physiol.* Leipzig 1827, S. 1.
44.7 Siehe Nr. 18 Bernoulli S. 104.
44.8 Young T. On the function of the heart and arteries. *Phil Trans* 1809; I:12.
44.9 Siehe Nr. 35 Poiseuille S. 188 und Ref. 35.10.
44.10 Siehe Nr. 42 Du Bois-Reymond S. 224, Nr. 43 Helmholtz S. 228, Ref. 35.5 und Ref. 37.5.
44.11 Rothschuh C. *History of Physiology.* New York: R. E. Krieger, 1978.

44:4

PHILOSOPHICAL

TRANSACTIONS.

I. *The Croonian Lecture. On the Functions of the Heart and Arteries. By* Thomas Young, *M. D. For. Sec. R. S.*

Read November 10, 1808.

44:5

In examining the functions of the heart and arteries, I shall inquire, in the first place, upon the grounds of the hydraulic investigations which I have already submitted to the Royal Society, what would be the nature of the circulation of the blood, if the whole of the veins and arteries were invariable in their dimensions, like tubes of glass or of bone; in the second place, in what manner the pulse would be transmitted from the heart through the arteries, if they were merely elastic tubes; and in the third place, what actions we can with propriety attribute to the muscular coats of the arteries themselves. I shall lastly add some observations on the disturbances of these motions, which may be supposed to occur in different kinds of inflammations and of fevers.

44:6

Thomas Young (1773–1829) leistet zahlreiche bedeutende Beiträge zur Physik wie auch zur Physiologie (siehe Nr. 5). In diesem Vortrag von 1808 erörtert er die Eigenschaften des Kreislaufsystems von einer verblüffend modernen Warte aus. Sein Werk beeinflusst maßgeblich die nachfolgenden Arbeiten der Weber-Brüder.

When we consider the blood vessels as tubes of invariable dimensions, we may suppose, in order to determine the velocity of the blood in their different parts, and the resistances opposed to its motion, that this motion is nearly uniform, since the alternations, arising from the pulsation of the heart, do not materially affect the calculation, especially as they are much less sensible in the smaller vessels than in the larger ones, and the principal part of the resistance arises from these small vessels. We are to consider the blood in the arteries as subjected to a certain pressure, by means of which it is forced into the veins, where the tension is much less considerable; and this pressure, originating from the contractions of the heart, and continued by the tension of the arteries, is almost entirely employed in overcoming the friction of the vessels: for the force required to overcome the inertia of the blood is so inconsiderable, that it may, without impropriety, be wholly neglected. We must therefore inquire, what the magnitude of this pressure is, and what degree of resistance we can suppose to arise from the friction of the internal surface of the blood vessels, or from any other causes of retardation. The magnitude of the pressure has been ascertained by HALES's most interesting experiments on a variety of animals, and may thence be estimated with sufficient accuracy for the human body; and for determining the magnitude of the resistance, I shall employ the theorems which I have deduced from my own experiments on very minute tubes, compared with those which had been made by former observers under different circumstances; together with some comparative experiments on the motion of water and of other fluids in the same tubes.

B 2

44:7

1850 kündigt Hermann von Helmholtz (1821–1894) die Erfindung des Augenspiegels an. Rechts ist seine Illustration des Gerätes abgebildet. Nach achttägiger Arbeit hat er einen Prototypen erstellt und berichtet, er habe das große Vergnügen gehabt, als Erster die Netzhaut eines lebenden Menschen zu betrachten. Er hatte das Auge seiner Frau Olga untersucht.

Der berühmte Ophthalmologe Albrecht von Graefe (1828–1870) erklärt zwar, Helmholtz „habe uns eine neue Welt eröffnet", aber andere sind weniger enthusiastisch. Helmholtz selbst erinnert sich, einer seiner berühmten chirurgischen Kollegen habe ihm mitgeteilt, er werde ein solches Instrument niemals benutzen, da es seiner Meinung nach viel zu gefährlich sei, mit einem solch hellen Licht in ein krankes Auge einzudringen. Ein anderer habe erklärt, der Augenspiegel sei für Ärzte mit schlechten Augen geeignet, aber da er sehr gute Augen habe, sei er nicht darauf angewiesen.

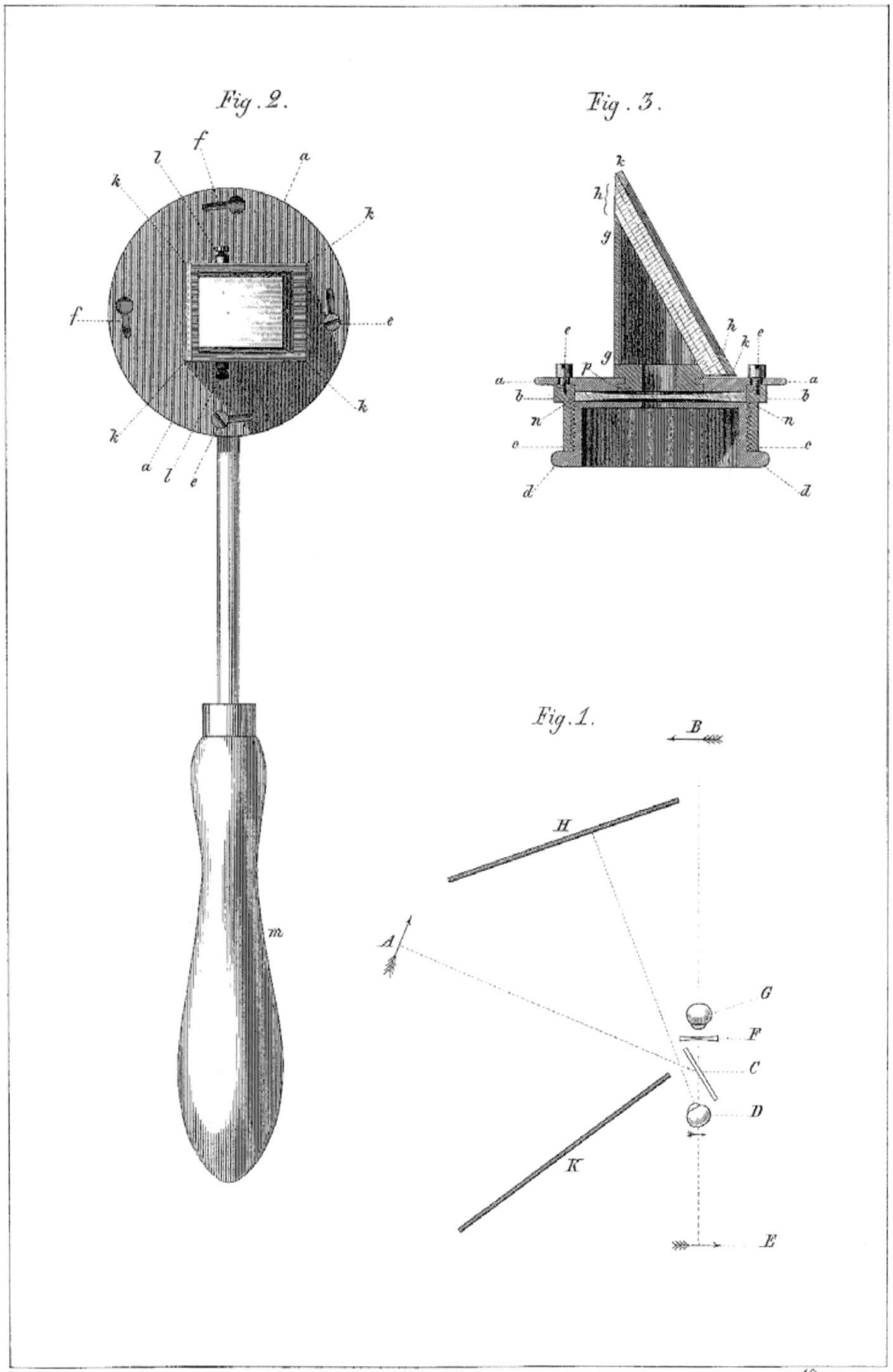

Helmholtz gez. Afinger gest.

45:1

Helmholtz wurde 1821 als ältestes von vier Kindern eines Potsdamer Gymnasiallehrers geboren, der sich sehr für Fragen der Ästhetik und Philosophie interessierte. Helmholtz fühlte sich schon früh zur Physik hingezogen, doch die Familie konnte ihm nur eine medizinische Ausbildung finanzieren, für die es staatliche Stipendien gab. Nach der Promotion im Jahre 1842 trat Helmholtz seine achtjährige Dienstzeit als Militärarzt an, zu der er sich verpflichtete, um einen Studienplatz zu bekommen. 1847 legte er seinen klassischen Aufsatz über das grundlegende Gesetz zur Erhaltung der Energie vor (45.1). Auf Humboldts (45.2) Bitte wurde Helmholtz bald von seinen chirurgischen Pflichten entbunden und zum Professor für Physiologie in Königsberg ernannt. Über 20 Jahre lang besetzte er ähnliche Stellen in Bonn und Heidelberg, während er in erster Linie über Sinnesphysiologie forschte (45.3). 1871 folgte er Magnus (45.4) als Physikprofessor in Berlin und widmete sich in erster Linie Problemen der Thermodynamik und Elektrodynamik. Außerdem schrieb er viel über philosophische Themen, vor allem über Wissenschaftsmethodik (45.5).

Hermann von Helmholtz

45:2

Hermann von Helmholtz

Beschreibung eines Augenspiegels zur Untersuchung der Netzhaut im lebenden Auge.

Berlin: Förstner'sche Verlagsbuchhandlung, 1851.

Zuerst erzählt Helmholtz, wie ihn Ernst Brückes Werk zur Erfindung des Augenspiegels inspiriert habe. Dann erläutert er seine Gedankengänge bei der Lösung der praktischen Probleme, die die Betrachtung der Netzhaut von außen aufwirft, und beschreibt das Instrument. Außerdem leitet er eine Formel für die von der Netzhaut reflektierte Lichtmenge ab, die das Auge des Beobachters erreicht.

Im Spiegel der Zeit:
1619 lokalisierte Scheiner als Erster die Netzhaut als Sitz des Sehens (45.6). Cumming und Brücke entdeckten unabhängig voneinander, dass das menschliche Auge zum Leuchten gebracht werden kann, und Cumming erkannte das sich hieraus ergebende diagnostische Potenzial (45.7) (45.8) (45.9). Von Brückes Forschungen angespornt, entwickelte Helmholtz in acht Tagen den Augenspiegel. Zunächst schaute er damit in die Augen seiner Frau Olga und widmete ihr ein Exemplar seines Buches in Erinnerung daran, dass ihr Auge das Erste gewesen sei, das sein Inneres dem forschenden Auge offenbarte. Zu den frühen Reaktionen auf seine Erfindung sagte Helmholtz (45.10), einer seiner berühmten chirurgischen Kollegen habe ihm mitgeteilt, er werde ein solches Instrument niemals benutzen, da es seiner Meinung nach viel zu gefährlich sei, mit einem solch hellen Licht in das Auge einzudringen. 1896 wurde ein Augenspiegel mit eingebauter elektrischer Lichtquelle erfunden. In den darauffolgenden Jahren wurden viele praktische Verbesserungen vorgenommen (45.9). Insbesondere die Zusammenarbeit von Gullstrand und Carl Zeiss erbrachte bedeutende Fortschritte im Design (45.11) und führte zur Entwicklung zahlreicher weiterer ophthalmologischer Instrumente.

45.1 Siehe Ref. 43.1.
45.2 Zu Humboldts Einfluss siehe Nr. 36 Dumas S. 192, Nr. 39 Liebig S. 208, Nr. 42 Du Bois-Reymond S. 224 und Ref. 19.9.
45.3 Siehe Ref. 43.3.
45.4 Siehe Nr. 37 Magnus S. 196.
45.5 Siehe Ref. 43.5.
45.6 Siehe Ref. 5.7 und auch Nr. 5 Kepler S. 42.
45.7 Cumming W. On a luminous appearance of the human eye, and its application to the detection of disease of the retina and posterior part of the eye. *Med-Chir Trans Med Chir Soc* London 1846; 29:283.
45.8 Brücke E. Ueber das Leuchten der menschlichen Augen. *Anat Phys wiss Med* 1847, S. 225.
45.9 Friedenwald H. The History of the Invention and of the Development of the Ophthalmoscope. *JAMA* 1902; 38(9):549.
45.10 Siehe Ref. 4.9, S. 20.
45.11 Gullstrand, A. Die reflexlose Ophthalmoskopie. *Arch Augenheilkunde* 1911; 68:101. Siehe auch Nr. 64 Abbe S. 328.

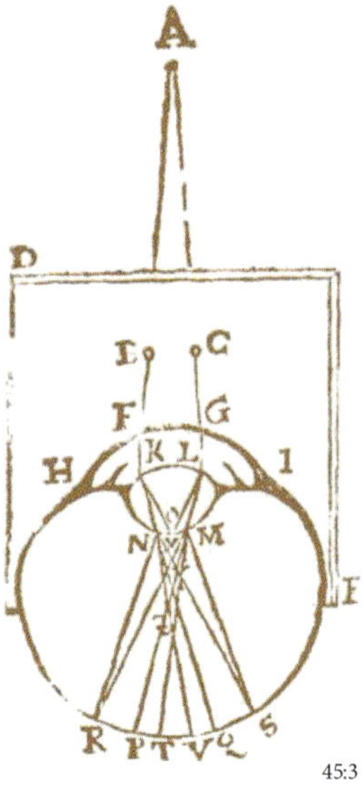

45:3

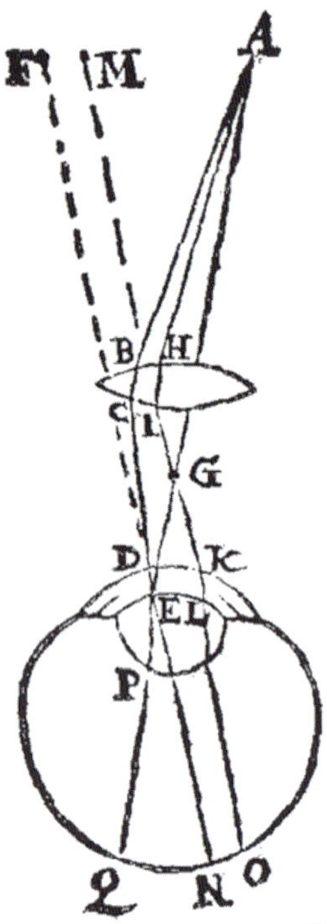

45:4

45:5

Christoph Scheiner (1573–1650) weist erstmals die Netzhaut als Sitz des Sehens nach. Er zeigt, dass die Akkomodation ein aktiver Prozess ist, und erstellt genaue Abbildungen des Auges. Die Illustrationen links sind seinen Untersuchungen entnommen.

Das berühmte Titelblatt von Scheiners Buch *Oculus hoc est fundamentum opticum* von 1619, auf dem sechs kleine Szenen (drei rechts und drei links) zu sehen sind, die seine Studien über das Sehen und die Formung des Bildes im Auge symbolisieren.

45:6

Ernst Brücke (1819–1892) beobachtet, dass die Augen von Kaninchen, Katzen und Menschen das Licht reflektieren. Dennoch gelingt ihm nicht die Erfindung des Augenspiegels, weil er sich, wie Helmholtz feststellt, nicht fragte, wie durch das Licht, das vom Auge zurückkehrt, ein optisches Bild entsteht.

ON A

LUMINOUS APPEARANCE

OF

THE HUMAN EYE,

AND ITS APPLICATION TO THE DETECTION OF DISEASE OF THE RETINA AND POSTERIOR PART OF THE EYE.

BY WILLIAM CUMMING,

LATE HOUSE-SURGEON TO THE LONDON HOSPITAL.

COMMUNICATED BY T. B. CURLING,

ASSISTANT-SURGEON TO THE LONDON HOSPITAL.

Received June 1st—Read June 23rd, 1846.

THE luminous appearance of the eyes of cats, dogs, rabbits, oxen, sheep, and other animals, has been long known, and referred to the reflection of light by the tapetum; as also the reflection from the eye of the Albino, the reflection produced by morbid deposits in, and other changes of, the retina; and from the deficiency of pigment in persons not Albinoes.

Müller, (page 93, by Baly,) in a paragraph on the development of light in the higher animals, says, "The luminous appearance of the eyes of some animals arises from the reflection of the light from a brilliant tapetum which is devoid of black pigment; for which reason the eye of the white rabbit is especially brilliant, and the eyes of the Albino Sachs are said to have been luminous. Prevost was the first to explain the phenomenon: he showed that it could never be seen in complete darkness, and is dependent neither on the will, nor on the passions, but is the effect of the reflection of light which enters the eye from without."

45:7

Schon 1846 konstatiert William Cumming (1812–1886), dass jedes gesunde menschliche Auge zum Leuchten gebracht werden kann. Zudem schlägt er als Erster vor, diese Erkenntnis zur Untersuchung der Netzhaut und des hinteren Teils des Augapfels zu nutzen.

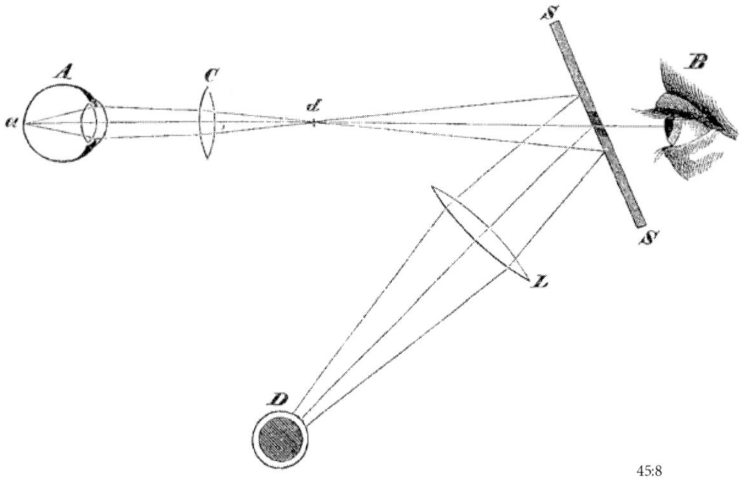

45:8

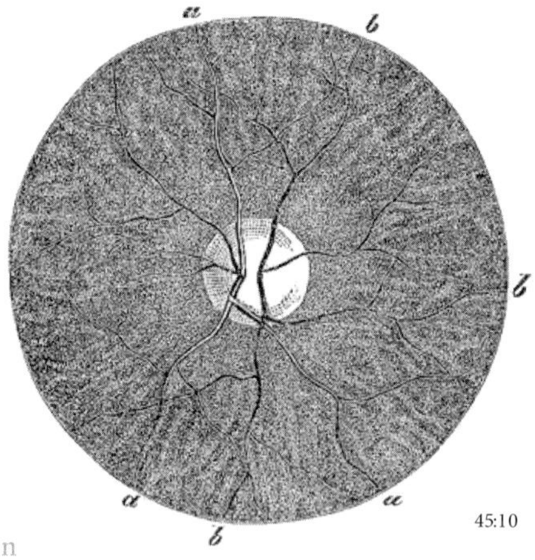

45:10

Illustrationen aus Helmholtz' detaillierter Abhandlung der Eigenschaften und korrekten Anwendung von Augenspiegeln aus seiner 1867 erschienenen klassischen Monographie über physiologische Optik.

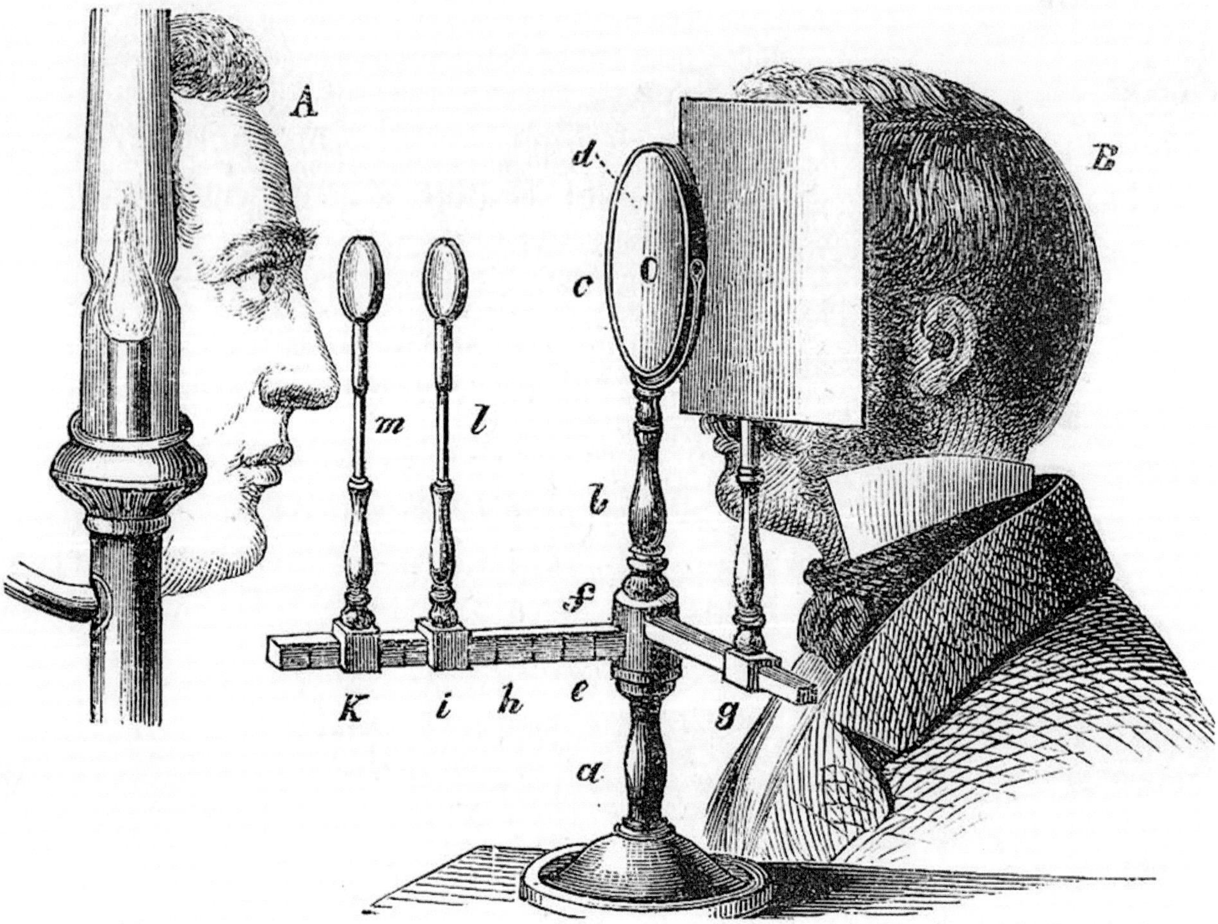

45:9

45:11

45:12

Alvar Gullstrand (1862–1930) legt eine detaillierte mathematische Analyse des Akkomodationsmechanismus des Auges vor und konstruiert 1911 in Zusammenarbeit mit dem Unternehmen Carl Zeiss einen hochwertigeren Augenspiegel (rechts).

Ganz oben ist ein Augenspiegel zu sehen, der um 1860 von Richard Liebreich (1830–1917) entworfen wurde. 1863 gibt Liebreich einen *Atlas der Ophthalmoscopie* heraus, der die ersten Abbildungen vom Augenhintergrund enthält.

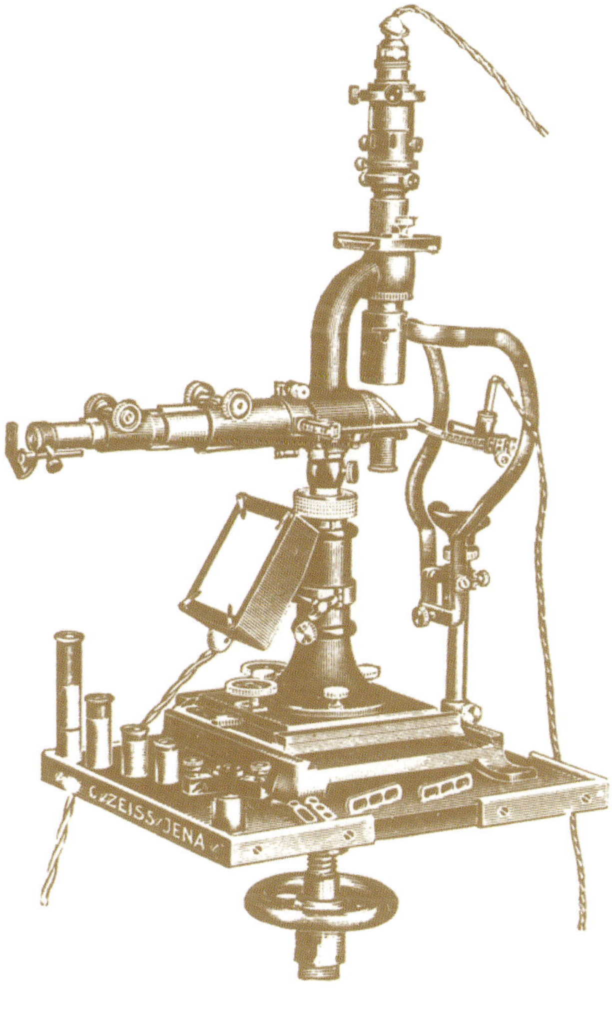

45:13

Supplementband

zu

Müller-Pouillet's

Lehrbuch der Physik.

Für Mediziner.

Medizinische Physik

von

Dr. A. Fick,

Professor in Zürich.

Mit in den Text eingedruckten Holzschnitten.

Braunschweig,

Druck und Verlag von Friedrich Vieweg und Sohn.

1 8 5 6.

46:1

In *Medizinische Physik* gibt Adolf Fick (1829–1901) den ersten umfassenden Überblick über die verschiedenen Anwendungen der Physik in der Medizin.

Fick formuliert die Diffusionsgleichung und definiert den Diffusionskoeffizienten *k*. Dabei verweist er auf die Analogie zu Fouriers Theorie des Wärmestroms (siehe Nr. 32).

Ueber Diffusion. 213

nicht streng richtig ist) übertragen hat. Man darf nur in dem Fourier'schen Gesetz das Wort Wärmequantität mit dem Worte Quantität des gelösten Körpers, und das Wort Temperatur mit Lösungsdichtigkeit vertauschen. Der Leitungsfähigkeit entspricht in unserem Falle eine von der Verwandtschaft der beiden Körper abhängige Constante.

Das Gesetz kann nun in Bezug auf die Verbreitung eines in Wasser löslichen Salzes, dessen spezifisches Gewicht das des Wassers übertrifft, in diesem letzteren so ausgedrückt werden (wobei auf die kleine Verdichtung bei der Mischung ungleich concentrirter Lösungen keine Rücksicht genommen wird). In einer Masse von Salzlösung sei in jeder horizontalen Elementarschicht die Concentration constant und $= y$ einer Function der Höhe x dieser Schicht über irgend einer als Anfang angenommenen Horizontalebene, wobei noch die Einschränkung zu machen ist, dass die Function y mit wachsendem x abnehmen müsse, d. h. dass jede höhere Schicht weniger concentrirt (also leichter) als alle darunter liegenden sein müsse, weil nur in diesem Falle die Diffusion nicht durch die Schwere gestört wird; dann wird aus der Elementarschicht zwischen den Horizontalebenen bei x und $x+dx$ (in welcher die Concentration y ist) während des Zeitdifferentials dt in die nächst höher liegende, von den Horizontalebenen bei $x+dx$ und $x+2dx$ begrenzte, in welcher die Concentration $y+\frac{dy}{dx}dx$ herrscht, eine Salzmenge übertreten $= -Q.k.\frac{dy}{dx}dt$, wo Q die Oberfläche der Schicht und k eine von der Natur der Substanzen abhängige Constante bedeutet. Gleichzeitig tritt natürlich eine an Volum jener Salzmenge gleiche Wassermenge aus der oberen Schicht in die untere.

Genau nach dem Muster der Fourier'schen Entwicklung für den Wärmestrom leitet man aus diesem Grundgesetze für den Diffusionsstrom die Differentialgleichung her

$$\frac{\delta y}{\delta t} = -k\left(\frac{\delta^2 y}{\delta x^2} + \frac{1}{Q}\frac{dQ}{dx}\cdot\frac{\delta y}{\delta x}\right) \quad \ldots \quad (1)$$

wenn der Querschnitt Q des Gefässes, in welchem der Strom statthat, eine Funktion seiner Höhe über dem Boden ist. Ist der Querschnitt constant (d. h. das Gefäss cylindrisch oder prismatisch), so vereinfacht sich die Differentialgleichung zu

$$\frac{\delta y}{\delta t} = -k\frac{\delta^2 y}{\delta x^2} \quad \ldots \quad (2).$$

46:2

Adolf Fick

46.3

Adolf Fick

Fick wurde 1829 in Kassel geboren, wo sein Vater als Stadtarchitekt arbeitete. Als jüngstes von neun Kindern begann er ein Mathematik- und Physikstudium in Marburg, wo einer seiner Brüder Anatomieprofessor war. Bald wandte er sich der Medizin zu, wo er nicht nur von seinem Bruder, sondern auch von Carl Ludwig angeleitet wurde (46.1). In Berlin schloss Fick Freundschaft mit Du Bois-Reymond und von Helmholtz (46.2). Nach seiner Promotion im Jahre 1851 ging er nach Zürich, wo er bei Ludwig als Prosektor in der Anatomie arbeitete und später zum Professor für Anatomie und Physiologie ernannt wurde. 1868 besetzte er den Lehrstuhl für Physiologie in Würzburg und blieb dort bis zu seiner Emeritierung im Jahre 1899. Fick war ein bescheidener Mann mit festen Überzeugungen, für die er stets ohne Zögern eintrat. Abgesehen von seinen bemerkenswert vielfältigen wissenschaftlichen Interessen verfasste er auch Schriften zu sozialen Themen. Insbesondere war er ein entschiedener Gegner des Alkoholmissbrauchs (46.3).

Medizinische Physik.

BRAUNSCHWEIG: F. VIEWEG & SOHN, 1856.

In acht Kapiteln liefert Fick eine präzise Abhandlung über Wissenschaft und Technik im Dienste der Medizin und Physiologie. Folgende Themen werden behandelt: Molekularphysik (Diffusion von Gasen und Flüssigkeiten), Mechanik (Statik und Dynamik von Muskeln und Gelenken), Hydrodynamik (Strömung in Blutgefäßen, Blutdruck), Schall (Fortpflanzung und Auskultation), Wärme (chemische Prozesse der Wärmeerzeugung, Erhaltung von Energie), Optik (geometrische Optik und ihre Anwendung auf das Auge, Ophthalmoskopie und Farbensehen), Elektrizität (Ströme und ihre Rolle in Nerv und Muskel, Elektrotherapie) und schließlich Instrumentale Hilfsmittel (Sphygmograph, Mikroskop, Augenspiegel, elektrische Chronometer, Induktionsapparat).

Im Spiegel der Zeit:
Fick war mit den neuesten Erkenntnissen der Mathematik, Physik und Chemie vertraut und konnte sie auf medizinische und physiologische Probleme anwenden (46.4). So war er der Erste, der die Muskelkontraktion mit dem Prinzip der Energieerhaltung in Zusammenhang brachte (46.5) und, auf Anregung von Liebig, einen Test für die chemische Theorie der Energieerzeugung im Muskel entwickelte (46.6). Fick formulierte die Diffusionsgleichung und verwendete bei der Untersuchung der Diffusion durch poröse Medien erstmals die Kollodiummembran (46.7) (46.8). In die Hämodynamik führte er das Prinzip der Plethysmographie (46.9) und das Verfahren zur Bestimmung des Herzminutenvolumens ein, das nach ihm benannt wurde (46.10). Außerdem entwickelte er das erste Gerät zur Messung des Augeninnendrucks (46.11). Fick und die deutschen Physiologen seiner Generation (46.1) (46.2) arbeiteten mit den denkbar einfachsten Anordnungen unter konstanten oder kontrollierten Bedingungen. Sie machten Beobachtungen mit wissenschaftlichen Methoden und Messgeräten, die sie oft selbst entwickelt oder so modifiziert hatten, dass sie den jeweiligen Anforderungen der Experimente genügten.

46.1 Siehe Ref. 35.5 und Ref. 37.5 sowie Nr. 42 Du Bois-Reymond S. 224 und Nr. 44 Weber S. 232.

46.2 Siehe Nr. 42 Du Bois-Reymond S. 224, Nr. 43 Helmholtz S. 228 und Nr. 45 Helmholtz S. 236.

46.3 Fick A. *Die Alkoholfrage.* (Vortrag Würzburg am 16. März 1892), Würzburg 1892.

46.4 Fick A. *Gesammelte Schriften.* Band I–IV. Würzburg 1903–1905.

46.5 Fick A. *Experimenteller Beitrag zur Lehre von der Erhaltung der Kraft bei der Muskelzusammenziehung.* Untersuchungen aus dem physiologischen Laboratorium der Züricher Hochschule. Wien 1869.

46.6 Fick A, Wislicenus J. Ueber die Entstehung der Muskelkraft. *Vierteljahrsschrift der Nat Ges Zürich* Vol. X. 1865. Siehe auch Nr. 39 Liebig S. 208.

46.7 Fick A. Ueber Diffusion. *Ann Phys Chem* 1855; 94:59. Siehe auch Tyrell HJ. The Origin and Present Status of Fick's Diffusion Law. *J Chem Ed* 1964; 41(7):397.

46.8 Fick A. Ueber Endosmose. *Wiener Med Wochenschrift* 1857; 45:809/810.

46.9 Fick A. *Die Geschwindigkeitskurve in der Arterie des lebenden Menschen.* Untersuchungen aus dem physiologischen Laboratorium der Züricher Hochschule. Wien 1869.

46.10 Siehe Nr. 56 Fick S. 290.

46.11 Fick A. Ueber Messung des Druckes im Auge. *Pflügers Arch ges Physiol* 1888; 42:86.

PHILOSOPHICAL TRANSACTIONS.

VII. The Bakerian Lecture.—*On Osmotic Force.*
By Thomas Graham, *F.R.S.* &c.

Received June 15,—Read June 15, 1854.

The expression "Osmotic Force" (from *ὠσμός, impulsio*) has reference to the endosmose and exosmose of Dutrochet.

We may succeed in covering a solution of salt occupying the lower part of a glass jar by a stratum of pure water without much intermixture of the two liquids. A force, however, is thereby brought into action which carries up the salt in a gradual manner, dispersing it and ultimately producing a uniform mixture of the salt with the whole volume of water. The molecules of salt have the liquid condition when in solution as well as those of water itself, and we have in the experiment the contact of two different liquids, which must of necessity diffuse through each other, the molecules of a liquid being self-repellent, or subject to a force the same in kind but less in degree as that which gives to gases their elasticity and diffusibility.

The force of liquid diffusibility will still act if we interpose between the two liquids a porous sheet of animal membrane or of unglazed earthenware; for the pores of such a septum are occupied by water, and we continue to have an uninterrupted liquid communication between the water on one side of the septum and the saline solution on the other side.

46:5

46:4

Thomas Graham (1805–1869) untersucht die Diffusion bei Gasen und Lösungen. Er entdeckt und benennt das heute als osmotische Kraft bekannte Phänomen. Er stellt fest, dass bestimmte Substanzen (etwa Leim) Membranen langsamer durchdringen als andere (etwa Kochsalz). Erstere nennt er Kolloide, Letzere Kristalloide und führt den Begriff der Dialyse ein, um diese Beobachtungen zu beschreiben. Der Anfang seines berühmten Vortrags *On Osmotic Force* mit Illustrationen seiner Ausrüstung ist rechts abgebildet.

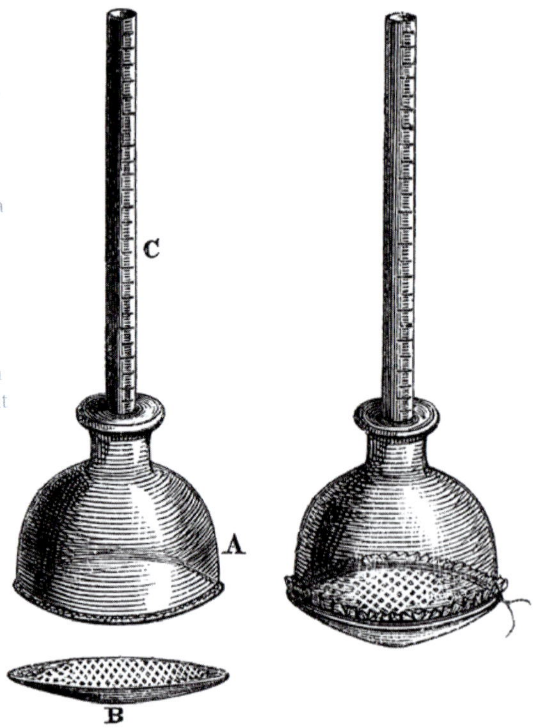

46:6

46:7

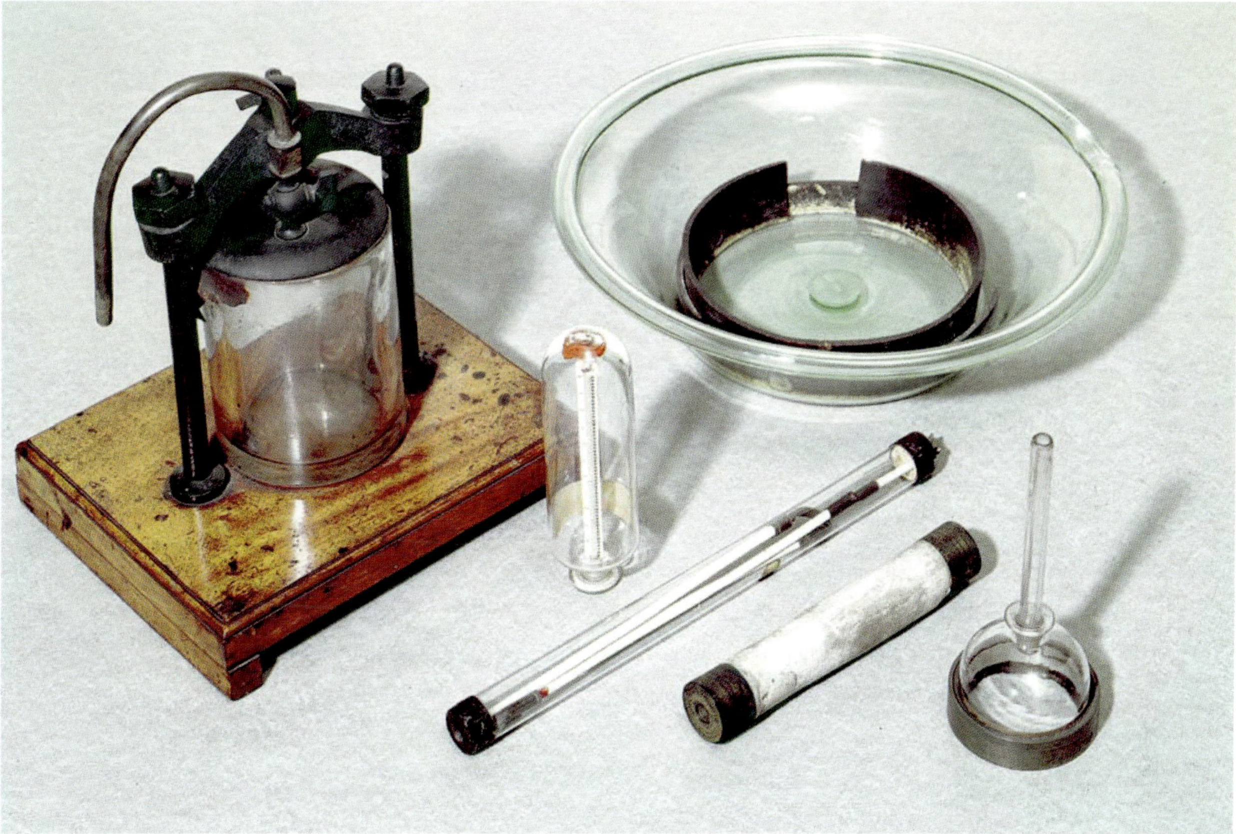

46:8

Grahams Osmometer, bei dem eine semipermeable Membran am unteren Ende der Glasglocke befestigt wird. Zum Vergleich siehe die Zeichnungen aus seiner Publikation von 1854 auf der gegenüberliegenden Seite.

Sonnabend den 7. November. № 45. Siebenter Jahrgang 1857.

Bureau: Stadt, Herrengasse Nr. 252.

Man pränumerirt in Wien im Bureau der „Wiener mediz. Wochenschrift“ und in Seidel's Buchhandlung, Graben 1122. Ausser Wien in den Buchhandlungen und Postämtern. Geldsendungen müssen frankirt werden.

Jeden Sonnabend erscheint eine Nummer.

Preis dieser Wochenschrift für Wien und im Buchhandel ganzjährig 8 fl., halbjährig 4 fl., mit Postzusendung ganzjährig 10 fl., halbjährig 5 fl. C.-Mze. Inserate werden mit 8 kr. pr. zweispaltige Petitzeile berechnet.

Wiener Medizinische Wochenschrift.

Ueber Endosmose.

Von **Professor A. Fick** in Zürich.

Die unsicheren und widerspruchsvollen Resultate der meisten endosmotischen Versuche mit thierischen Häuten hatten schon lange in mir die Vermuthung rege gemacht, dass zwei ganz verschiedene Prozesse des Durchganges flüssiger Körper durch permeable Scheidewände unter dem Begriffe der Endosmose zusammengeworfen würden, und dass diese beiden Vorgänge bei thierischen Membranen in den meisten Fällen gleichzeitig auftreten und so der eine das gesetzmässige Erscheinen des andern verdeckt. Die Bestätigung dieser Vermuthung sehe ich als das wichtigste Resultat einer umfassenderen Experimentaluntersuchung an, die ich der Naturforscher-Versammlung in Bonn vorzulegen die Ehre hatte, und die demnächst ausführlich in ihrem ganzen Umfange in der physiologischen Zeitschrift des Hrn. Moleschott erscheinen wird. *)

Es hat sich nämlich ganz wie ich vermuthete herausgestellt, dass der Austausch heterogener aber mischbarer Flüssigkeiten durch Struktur — also porenlose Scheidewände, — der demnach durch die eigentlichen Molekularinterstitien vor sich gehen muss, — nach ganz anderen Gesetzen geschieht als der Austausch solcher Flüssigkeiten durch eine Scheidewand mit wirklichen Poren oder Löchern. Zur Untersuchung des erstbezeichneten Vorganges dienten mir Beutelchen von Kollodium, zur Untersuchung der andern Thonscheidewände; als heterogene Flüssigkeiten habe ich bis jetzt auf der einen Seite immer Wasser, auf der andern Lösungen verschiedener Salze, namentlich von Chlornatrium angewandt. Ich kann in dieser kurzen Ankündigung nicht näher auf die Methode meiner Versuche eingehen. Nur eine Bemerkung kann ich nicht unterdrücken. Es hat mir trotz wiederholter ernsthafter Bemühungen nicht gelingen wollen, eine Kollodiummembran horizontal auszuspannen, so dass sie zu einer ausgedehnteren Versuchsreihe brauchbar gewesen wäre, und ich habe mich desshalb mit den erwähnten Beutelchen begnügen müssen, was mancherlei Missstände und Fehler herbeiführte, die eine sonst überflüssige Vervielfältigung der Versuche nothwendig machte.

Die Gesetze der wahren Endosmose durch eine aus quellungsfähiger Substanz gebildete aber strukturlose Scheidewand — durch meine Kollodiummembranen — scheinen sehr einfach, so weit sie sich auf die Abhängigkeit des Vorganges von der Konzentration der angewandten Salzlösung beziehen. Auf diesen Punkt hatte ich zunächst allein mein Augenmerk gerichtet. Befindet sich in einem Kollodiumbeutelchen eine Salzlösung, und wird dasselbe gleichzeitig umspült von reinem Wasser, so wird die Substanz des Beutels, wie Jedermann bekannt, von zwei entgegengesetzt gerichteten endosmotischen Strömen durchsetzt. Es geht ein Wasserstrom von aussen nach innen und ein Salzstrom von innen nach aussen. Es ist ferner allgemein bekannt, dass der Wasserstrom viel stärker ist als der Salzstrom, es ging beiläufig gesagt in den meisten meiner Versuche mehr als hundertmal so viel Wasser in der Zeiteinheit nach innen als Salz nach aussen. Das Verhältniss dieser beiden Stromstärken bezeichnet man gemeiniglich als das endosmotische Aequivalent, doch dürfte diese Grösse zunächst kaum von dem hohen Interesse sein, das man ihr vielfach beigelegt hat.

Ich habe an meinen Kollodiumhäuten vor Allem eine höchst merkwürdige und vielleicht für eine dereinstige Theorie lehrreiche Veränderlichkeit mit der Zeit beobachtet. Sie hat mich theils im Allgemeinen sehr überrascht, da ich gewiss mit Allen in Uebereinstimmung von dem Vortheil ausging, eine Kollodiumhaut sei ein ganz konstantes Ding; theils noch ganz im Besonderen, weil sie nur eine relative ist. In Beziehung auf den endosmotischen Wasserstrom verhält sich nämlich die Membran in der That ganz konstant, d. h. sie lässt unter sonst gleichen Bedingungen — bei gleicher Temperatur, gleicher Konzentration etc. — immer gleich viel Wasser durchtreten, mag sie zum erstenmal mit Flüssigkeiten in Berührung kommen oder schon wochenlang damit in Berührung gewesen sein. Die Durchgängigkeit der Membran für Salz ist dagegen, abgesehen von allen andern Umständen, abhängig von der Zeit, während welcher die Membran bereits mit Lösungen in Berührung war. Die Durchgängigkeit für Salz ist im Anfang Null und wächst mit der Zeit, und zwar langsamer als die Zeit, so dass vermuthlich nach einer gewissen Zeit ein stationärer Zustand eintritt, den ich aber leider nie habe beobachten können, weil mir die Membranen — sehr zerbrechlich wie sie sind — immer vor Erreichung desselben zu Grunde gingen. Beispielsweise ging durch eine gewisse Membran bei einer Konzentration von etwa 0,084 während 5 Minuten 8 Tage nach Beginn der Versuchsreihe 0,025 Mgr. Salz, einige Tage später 0,029 Mgr., noch später 0,08 Mgr. — Am besten springt die Gesetzmässigkeit dieser Veränderung der Membran in die Augen, wenn man ihre Durchgängigkeit für Salz als Funktion der Zeit graphisch darstellt durch die Ordinaten einer Kurve. Diese kehrt alsdann ihre konkave Seite gegen die Abscissenaxe, auf welcher die Zeiten gemessen werden, und geht durch den Ursprung der Koordinaten.

Die Abhängigkeit der endosmotischen Stromstärken von der Dichtheit der Lösungen im Innern der Membran ist folgende: Die Wasserstromstärke wächst durchweg und stetig mit zunehmender Lösungsdichtheit, jedoch in den meisten Fällen etwas langsamer als diese, so dass zu einer doppelt so dichten Lösung ein nicht ganz doppelt so starker Wasserstrom geht. Als Maass der Dichtheit ist dabei der Quotient des gelösten Salzes dividirt durch das Gewicht der Lösung anzusehen. In Versuchsreihen, wo die Wasserstromstärke überall nicht bedeutend war, ist sie der soeben bezeichneten Grösse nahezu proportional, nicht aber der Grösse, durch welche Jolly die Konzentration misst und welcher er die Wasserstromstärke proportional setzt — nämlich dem Quotienten des gelösten Salzes dividirt durch das lösende Wasser. Die Abgängigkeit der Salzstromstärke von der Konzentration lässt sich aus meinen Versuchsreihen wegen der vorhin erwähnten Veränderung der Membran nur mittelbar folgern. Ceteris paribus scheint die Salzstromstärke mit zunehmender Konzentration noch langsamer zu wachsen als die Wasserstromstärke, so dass also das Verhältniss beider Ströme — das sogenannte endosmotische Aequivalent — mit zunehmender Konzentration selbst zunimmt.

Was das Verhalten verschiedener Salze bei dem fraglichen Vorgange betrifft, so habe ich bis jetzt erst wenig Material zur Vergleichung, jedoch sind zwei Beispiele, die ich vorführen kann, gerade

*) Der geehrte Verfasser hat auf unser ausdrückliches Ersuchen obigen Artikel uns freundlichst überlassen. D. Red.

46:9

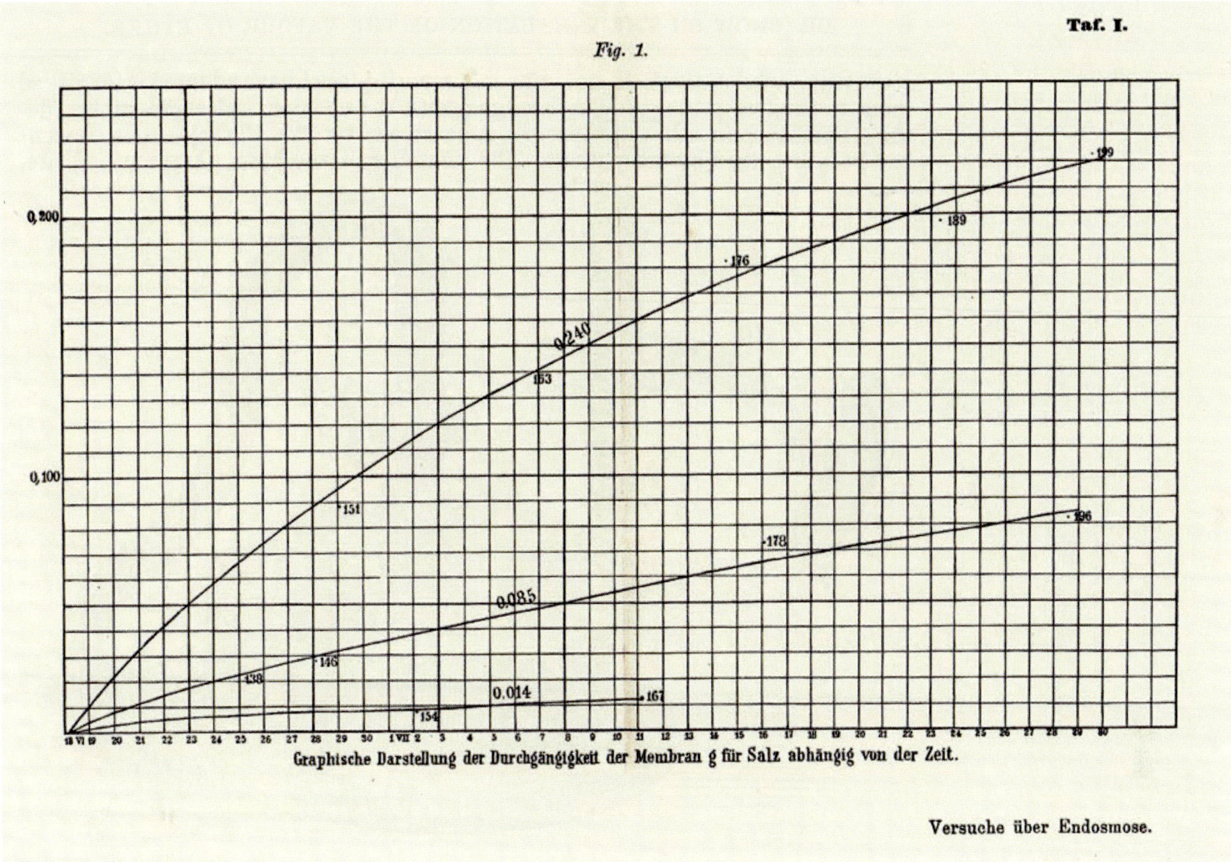

46:10

Die Graphen oben bilden Ergebnisse aus Ficks Experiment über die Diffusion eines Salzes durch eine semipermeable Kollodiummembran ab.
1846 entdeckt Christian Schönbein (1799–1868), wie man Pyroxylin („Schießbaumwolle“) herstellt, eine Substanz, die bald vielfältige Anwendungen findet (siehe Nr. 38), darunter in der Medizin (siehe Nr. 77). Eine Lösung aus Pyroxylin in Alkohol oder Äther ergibt Kollodium. Fick beschreibt sein Experiment mit einer Kollodiummembran mit den folgenden Worten: „Es hat sich ... herausgestellt, dass der Austausch heterogener aber mischbarer Flüssigkeiten durch Struktur – also porenlose Scheidewände, – der demnach durch die eigentlichen Molekularinterstitien vor sich gehen muss, – nach ganz anderen Gesetzen geschieht als der Austausch solcher Flüssigkeiten durch eine Scheidewand mit wirklichen Poren oder Löchern. Zur Untersuchung des erstbezeichneten Vorganges dienten mir Beutelchen von Kollodium, zur Untersuchung der andern Thonscheidewände; als heterogene Flüssigkeiten habe ich bis jetzt auf der einen Seite immer Wasser, auf der andern Lösungen verschiedener Salze, namentlich von Chlornatrium angewandt.“

Die erste von John Snow (1813–1858) gelieferte Beschreibung seines Äther-inhalators in der *London Medical Gazette* 1847.

sequently, whilst there is no impediment to the free passage of air through the apparatus, no ether escapes till it has been breathed by the patient. The mouth-piece I have adopted is furnished with the cushion and India-rubber described by Mr. Tracy in a recent number of the MED. GAZETTE. I use,

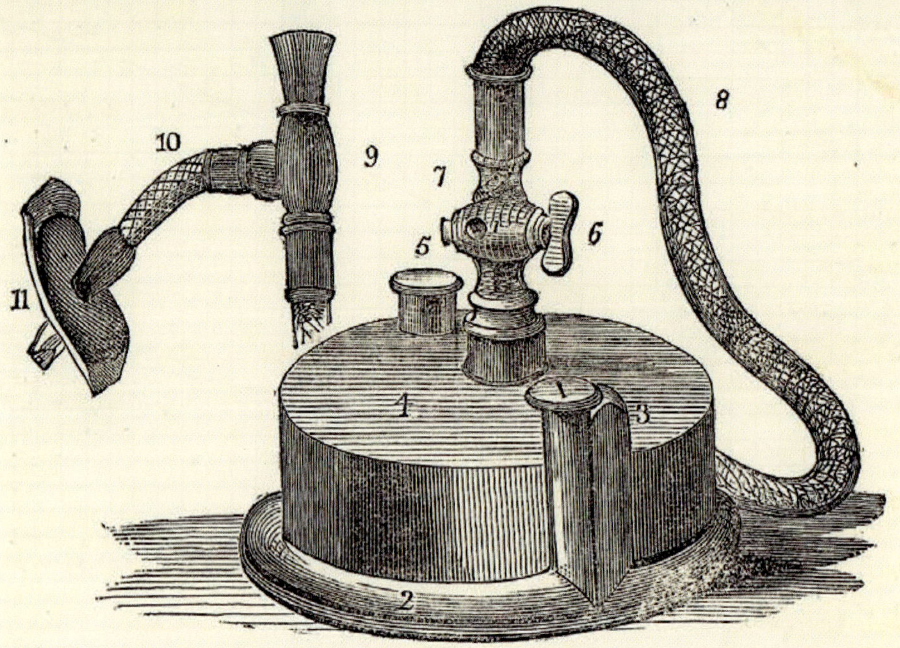

1, Cap which unscrews to admit the air to
2, Metal pipe.
3, Entrance of ditto into
4, Spiral chamber.
5, Star closing aperture for putting in or pouring out ether.
6, Two-way tap.
7, External opening of ditto.
8, Flexible tube.
9, Ebony tube, containing ball valves of cedar wood.
10, Portion of flexible tube to admit of change of position of
11, Mouth-piece, with soft cushion, &c.

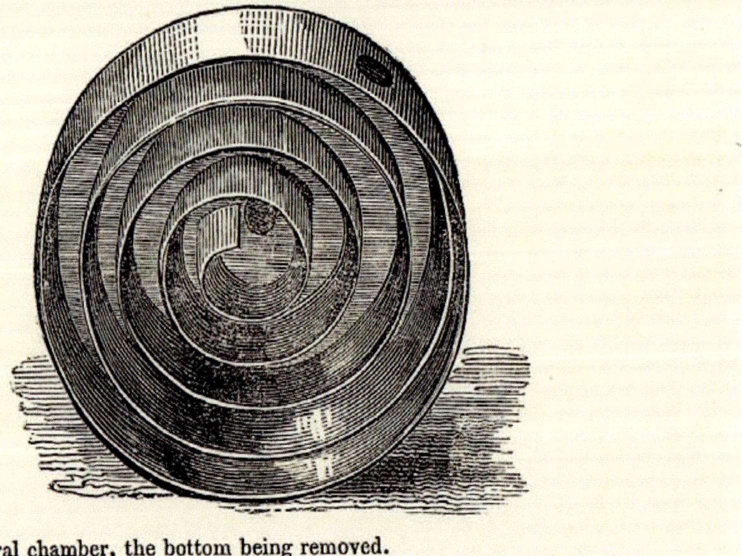

Interior of spiral chamber, the bottom being removed.
N.B.—The spiral tin plate is soldered to the top, and reaches nearly to the bottom.

47:1

47:2

John Snow

John Snow wurde 1813 in York geboren und arbeitete ab 1838 als praktischer Arzt in London. Da er sich für die Atmungsphysiologie und die Gestaltung von Beatmungsgeräten interessierte, gelang es ihm bald, die Verabreichungsmethoden für die neuen Inhalationsanästhetika, (Schwefel-)Äther und Chloroform, zu verbessern, die 1846–47 eingeführt wurden. Snow war der erste hauptberufliche Anästhesist. Da er für seine Kenntnisse und Fähigkeiten berühmt war, bat man ihn, Königin Victoria bei der Geburt zweier Kinder Chloroform zu verabreichen. Die Zufriedenheit der Königin trug maßgeblich dazu bei, dass Chloroform als Narkotikum in der Geburtshilfe anerkannt wurde. Richardson, selbst ein bekannter Anästhesist und ein guter Freund von Snow, schrieb später in einer Kurzbiographie über Snow (in dem unten zitierten Buch): „Die reine Wahrheit um ihrer selbst willen war das, wonach er strebte und das er liebte. Keine lockenden Ehrungen oder Gewinne schienen es zu vermögen, seine Ansichten zu einem Thema zu erschüttern."

On Chloroform and Other Anaesthetics: Their Action and Administration.

LONDON: J. CHURCHILL, 1858.

In diesem letzten und bedeutendsten Werk Snows beschreibt er Tierversuche über die Physiologie des anästhesierten Zustands und die erste Anwendung der Intubationsnarkose. Snow erforscht die physikalischen und chemischen Eigenschaften der Anästhetika und ihre Konzentrationen in Luft und Blut. Die physiologischen Auswirkungen dieser Konzentrationen werden ebenfalls beleuchtet. Todesfälle durch Chloroformnarkose werden erörtert und neuartige, verbesserte Inhalatoren für Äther und Chloroform beschrieben.

Im Spiegel der Zeit:

Ende des 16. Jahrhunderts erkannte Paracelsus bereits den narkotischen Effekt von Äther und Turner empfahl ihn 1761 gegen Kopfschmerzen (47.1). Der klinische Nutzen der Ätherinhalation wurde 1842 von Long bestätigt (47.2), doch erst nach Mortons Demonstration der Schmerzstillung bei einer Operation allgemein anerkannt (47.3). Die ersten Anwender von Äther und Chloroform waren handwerklich orientierte Männer mit geringen wissenschaftlichen Kenntnissen (47.4) (47.5), die im Umgang mit komplizierteren Apparaten nicht geübt waren. Aus diesem Grunde hatte die Inhalationsanästhesie, insbesondere mit Chloroform, bald zahlreiche Todesfälle zur Folge, was zu Recht Besorgnis erregte (47.6). Während Snow die Verabreichung von Anästhetika auf eine solide wissenschaftliche Grundlage stellte, erforschten die bekannten Physiologen Longet und Bernard den Mechanismus der anästhetischen Wirkung (47.7) (47.8). Danach verbesserten neuartige Wirkstoffe, bessere Geräte und neue Erkenntnisse in der Atmungsphysiologie nach und nach Sicherheit und Wirksamkeit der klinischen Anästhetika. Das bei Snows Verdampfern eingesetzte Verdampfungsverfahren ist auch in den modernen Apparaten noch Standard (47.9), obwohl noch andere Systeme entwickelt wurden, bei der die Anästhesieflüssigkeit durch direkte druckkontrollierte (47.10) und elektronisch gesteuerte (47.11) Injektion in den Atemkreislauf eingebracht wird.

47.1 Siehe Ref. 3.2 und Ref. 3.6.
47.2 Siehe Ref. 3.7.
47.3 Siehe Ref. 3.9.
47.4 Siehe Ref. 3.7, Ref. 3.9 und Ref. 36.11.
47.5 Weiger J. *Über Äther und Chloroform*. Wien 1850.
47.6 Report of the committee, appointed to inquire into the uses and the physiological, therapeutical and toxical effects of chloroform. *Medico-Chirurgical Trans The Roy.* Med Chir Soc London 1864. Siehe auch Ref. 23.10 und 23.11.
47.7 Longet F-A. *Expériences relatives aux effects de l'inhalation de l'éther sulphurique sur le système nerveux*. Paris 1847.
47.8 Bernard C. *Leçons sur les anesthésiques et sur l'asphyxie*. Paris 1875.
47.9 Dorsch JA, Dorsch SE. *Understanding Anesthesia Equipment*. Baltimore: Williams & Wilkins, 1994.
47.10 Gedeon A, Olsson SG. A new type of anæsthetic vaporizer. *30-th Ann Conf Eng Med Biol* 1977; 19:203. Siehe auch Ref. 47.9, S. 103.
47.11 Cooper JB et al. A new anesthesia delivery system. *Anesthesiology* 1978; 49:310.

Experiment 28. A young rabbit, rather more than half-grown, was made insensible by breathing air charged with four per cent. of vapour of chloroform in a large jar. The trachea was then opened, and a tube was introduced and tied. The lungs and heart were then exposed, by making an incision and removing the lower half of the sternum, with the adjoining part of the cartilages of the ribs on each side. The front of the pericardium was also cut away, to expose the heart. Whilst these operations were performed, artificial respiration was kept up by means of a bladder of air attached to the tube in the trachea. The heart contracted vigorously and quickly, and the lungs were of a light red colour. The rabbit was beginning to show signs of returning sensibility, when the bladder of air was changed for one containing ten per cent. of vapour of chloroform. The bladder contained 125 cubic inches, and twelve minims of chloroform were put in before it was filled with the bellows. Three or four inflations of the lungs only were made, when I perceived that the heart was beginning to be affected, and I changed the chloroform for a bladder containing only air. These three or four inflations of the lungs with chloroform, had the effect of causing the right cavities of the heart to become distended with blood, and its pulsations to become much slower. In two or three minutes, however, the action of the heart was quite reestablished by the artificial respiration, the pulsations being vigorous and

47:3

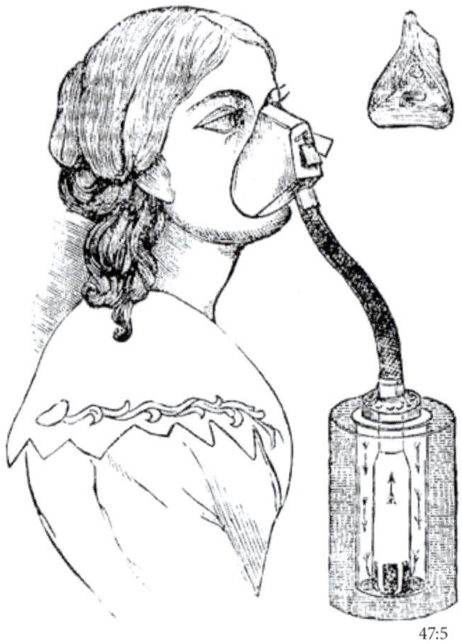

47:5

Snows Chloroforminhalator.

Links ist die Beschreibung der ersten Intubationsanästhesie von 1858 zu sehen, die Snow an einem jungen Kaninchen durchführt.

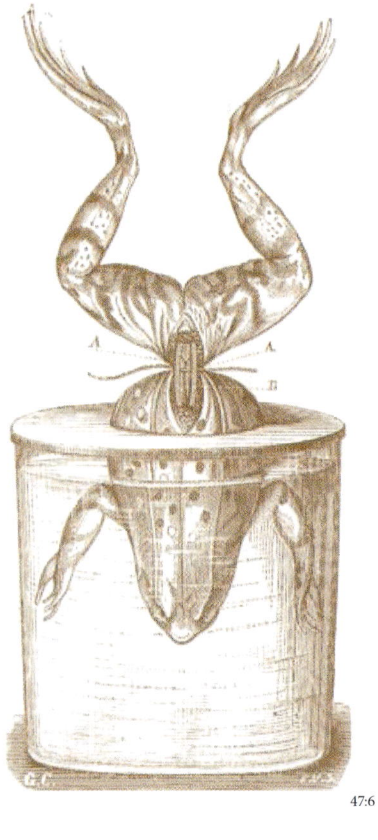

47:6

Der Mechanismus der anästhetischen Wirkung wird erstmals von François Longet (1811–1871) in umfangreichen Tierversuchen erforscht. Später untersucht Claude Bernard (1813–1878) die Auswirkungen von Chloroform auf das zentrale Nervensystem anhand der ganz rechts dargestellten Froschpräparation.

47:4

47:7

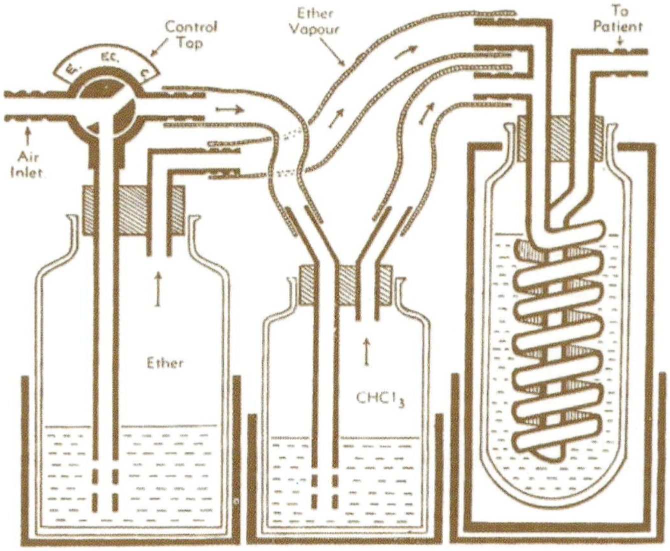

47:9

Prinzip und Realisierung eines warmen Äther-Chloroform-Verdampfers von 1916.

47:8

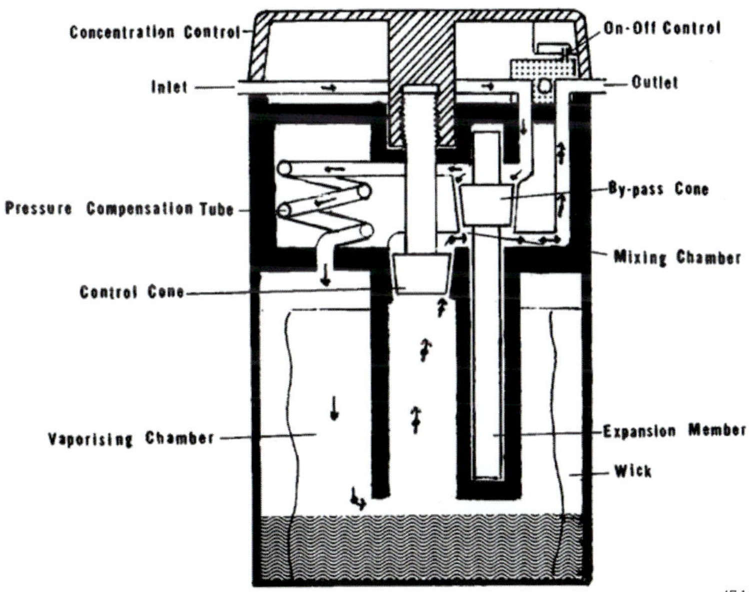

47:10

Prinzip und Realisierung eines modernen Verdampfers für Isofluran. Im Grunde sind die auf dieser Seite abgebildeten Apparate Entwicklungen und Verbesserungen des Draw-over-Verdampfers, der auf den in 47:1 dargestellten Originalentwurf von Snow zurückgeht.

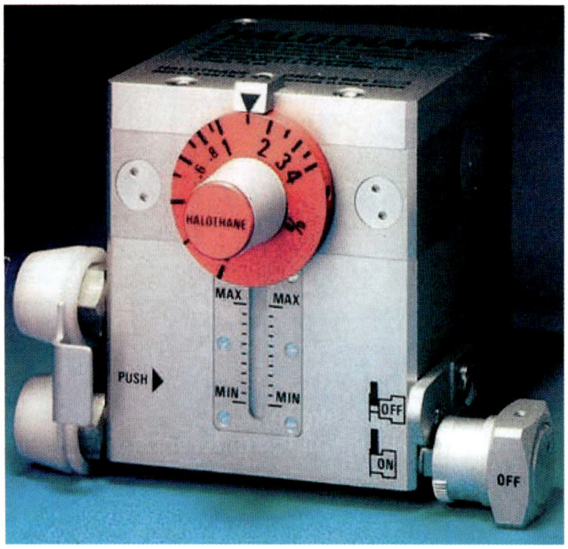

47:11

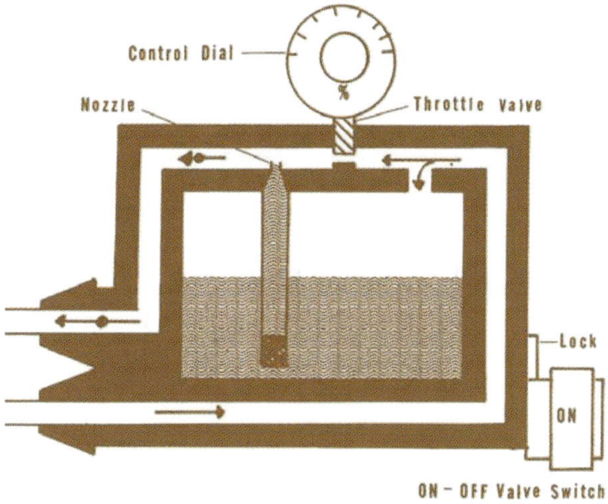

47:13

Prinzip und Realisierung eines Verdampfers mit einem Injektor für das Anästhetikum, das durch die Strömung des Trägergases transportiert wird.

Elektronisches System zur Injektion des flüssigen Narkosemittels mit der Verdampferspirale (links). Rechts ist das in den ersten elektronischen Narkoseapparat von 1978 eingebaute Element zu sehen.

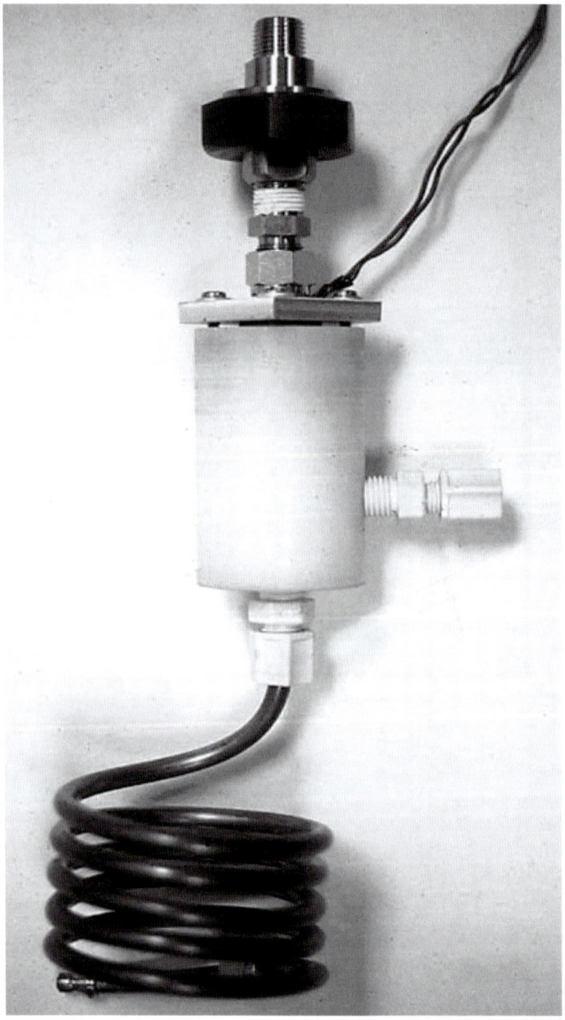

47:12

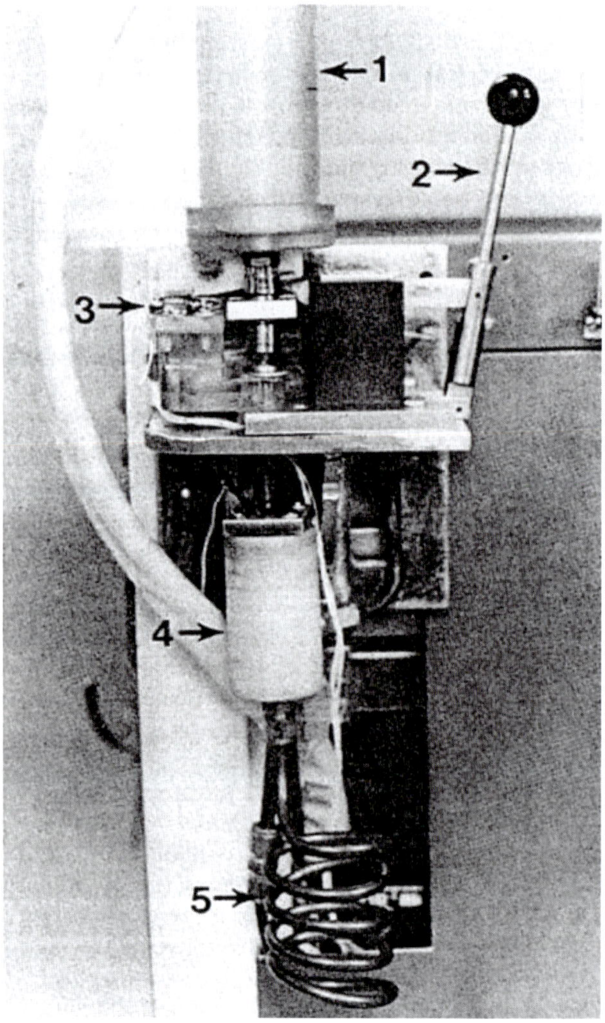

47:14

47:15

Verdampfungssystem des ersten kommerziell vertriebenen elektronischen Narkosegeräts aus den späten 1980er-Jahren. Der Behälter mit der Anästhesieflüssigkeit wird über eine Buchse an der Rückseite des Geräts angeschlossen. Die Flüssigkeit verdampft in einer Temperaturkontrollkammer (unten links) und das auf diese Weise gewonnene konzentrierte Anästhesiegas wird elektronisch in den Frischgasfluss injiziert.

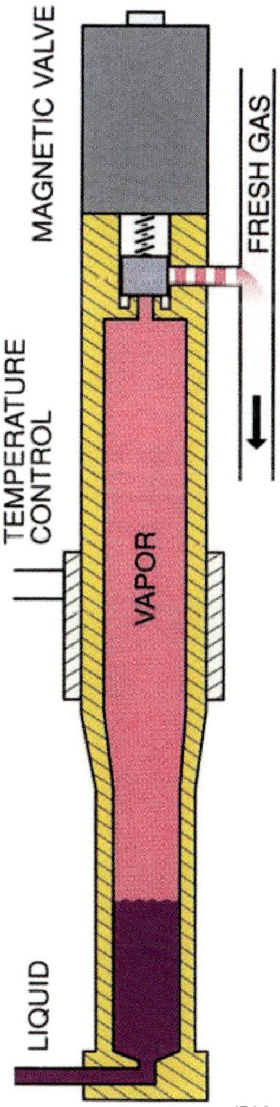

47:16

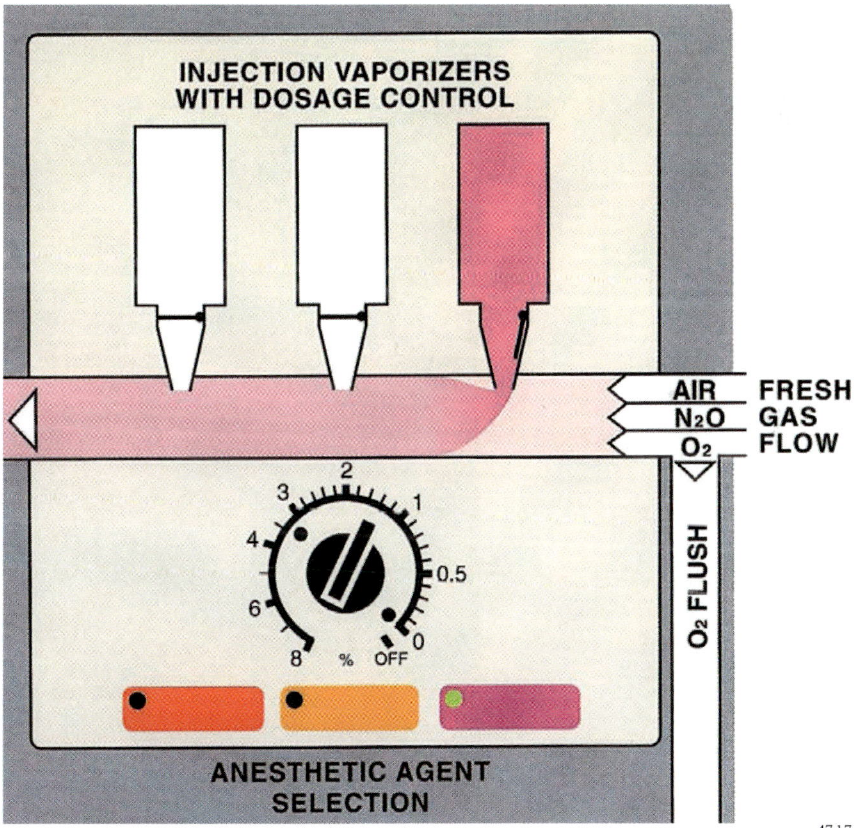

47:17

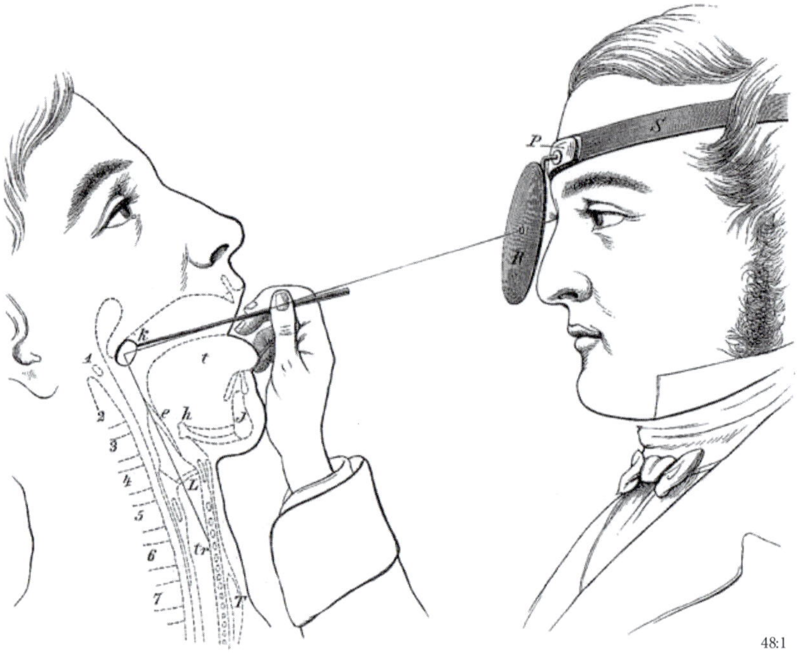

48:1

Johann Czermak (1828–1873) entwickelt die Kehlkopfspiegelung zu einer praktischen Untersuchungsmethode. Er ersetzt Sonnenlicht durch künstliches Licht, entwirft Spezialspiegel und hält viele Vorträge, um für die klinische Anwendung des Verfahrens zu werben.

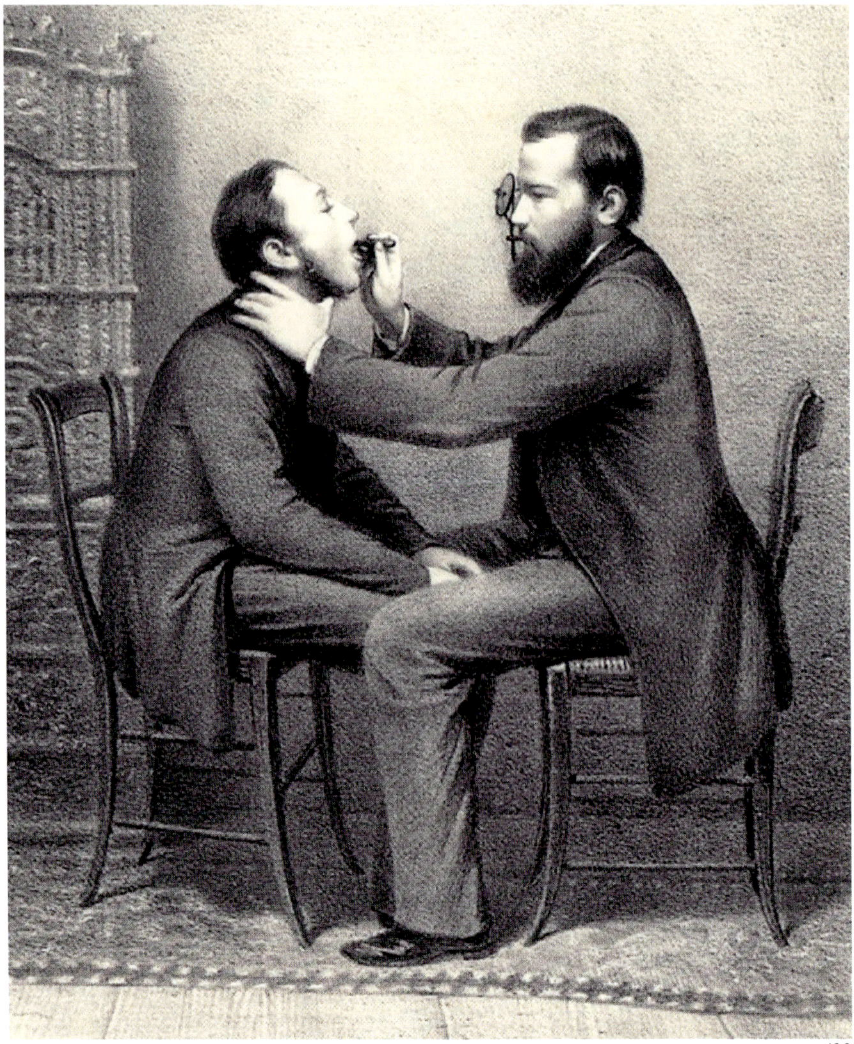

48:2

Johann Czermak

48:3

Johann Czermak

Czermak kam 1828 in Prag zur Welt. Vater, Großvater und Onkel waren Ärzte. Als Junge spielte er Klavier und offenbarte sowohl praktische als auch theoretische Talente. Nach dem Tod seines Vaters im Jahre 1843 studierte er Medizin, zuerst in Wien und später in Breslau, wo Purkinje, ein Freund der Familie, sein lebenslanger Mentor wurde (48.1). 1850 schloss er sein Studium in Würzburg ab und wurde am neu gegründeten Physiologischen Institut in Prag Purkinjes Assistent. 1858 wurde er in Budapest zum Professor für Physiologie ernannt, wo er mit Untersuchungen des Kehlkopfs begann, weil er sich für den Mechanismus des Sprechens interessierte. Zwei Jahre später gab er seine Stellung jedoch auf, da er sich außerstande sah, auf Ungarisch zu unterrichten, was von der neuen nationalistischen Regierung verlangt wurde. In seinen letzten Lebensjahren arbeitete er in Prag, Jena und Leipzig und starb mit nur 45 Jahren an den Folgen von Diabetes.

Physiologische Untersuchungen mit Garcia's Kehlkopfspiegel.

SITZUNGSBERICHTE DER KAISERLICHEN AKADEMIE DER WISSENSCHAFTEN.
WIEN 1858, 29:557.

Dies ist der erste von Czermak veröffentlichte detaillierte Bericht über die Verbesserungen, die er an Garcias Kehlkopfspiegel vorgenommen hat. Czermak führt die Verwendung eines großen konkaven Spiegels ein, der in der Mitte ein Loch hat und Licht auf den Kehlkopfspiegel reflektiert, sowie eine künstliche Lichtquelle, um das Verfahren zu erleichtern.

Im Spiegel der Zeit:
1748 lieferte Fothergill eine klassische Beschreibung bösartiger Halsentzündungen (48.2). Zu Beginn des 19. Jahrhunderts ließen sich bereits verschiedene Arten von Kehlkopfgeschwulsten differenzieren (48.3). Zu diesem Zweck entwickelten unter anderem Bozzini (1807), Babington (1829) und Liston (1837) mehr oder weniger unpraktische Instrumente zur Untersuchung des Kehlkopfes (48.3). 1855 jedoch beschrieb Garcia, ein Londoner Gesangslehrer, der sich für die Bewegungen seiner Stimmlippen beim Singen interessierte, eine Spiegelanordnung, die sich, mit der Sonne als Lichtquelle, für eine solche Untersuchung eignete (48.4). Zwei Jahre später erprobte Türck ein ähnliches Gerät an seinen Patienten (48.5), betrachtete es aber als ungeeignet für die klinische Verwendung. Czermak lieh sich Türcks Spiegel aus und verbesserte sowohl die Spiegel als auch das gesamte Verfahren. Im darauffolgenden Prioritätsstreit mit Türck argumentierte Czermak zu Recht, dass die Kehlkopfspiegelung ohne seine Bemühungen ein „totgeborenes Kind" geblieben wäre. Türck wie auch Czermak verfassten danach zahlreiche Schriften über die Kehlkopfspiegelung und hielten viele Vorträge, was zu ihrer raschen Verbreitung beitrug (48.6) (48.7) (48.8) (48.9). Mit Mackenzies epochemachenden Arbeiten etablierte sich das Verfahren als nützliches klinisches Werkzeug (48.10).

48.1 Kruta V. *J. E. Purkyne (1787–1869) Physiologist. A Short Account of His Contributions to the Progress of Physiology With a Bibliography of His Works.* Prag 1969.
48.2 Fothergill J. *An Account of the Sore Throat.* London 1748. Siehe auch Ref. 23.3.
48.3 Stevenson RC, Guthrie G. *A History of Oto-Laryngology.* Edinburgh 1949.
48.4 Garcia M. Observations on the Human Voice. *Phil Mag* 1855; 10:218.
48.5 Türck L. Der Kehlkopfrachenspiegel und die Methode seines Gebrauches. *Zeit d kaiserl königl Ges d Ärzte zu Wien* 1858; 1:401.
48.6 Czermak J. *Der Kehlkopfspiegel und seine Verwerthung für Physiologie und Medizin.* Leipzig 1860.
48.7 Türck L. *Praktische Anleitung zur Laryngoskopie.* Wien 1860.
48.8 Czermak J. *Gesammelte Schriften.* Bd. I, II. Leipzig 1879.
48.9 Czermak J. Populäre physiologische Vorträge III. *Gesammelte Schriften.* Bd. II. Leipzig 1879, S. 60.
48.10 Mackenzie M. *Essays on Growths in the Larynx.* London 1871.

"Observations on the Human Voice." By Manuel Garcia, Esq.

The pages which follow are intended to describe some observations made on the interior of the larynx during the act of singing. The method which I have adopted is very simple. It consists in placing a little mirror, fixed on a long handle suitably bent, in the throat of the person experimented on against the soft palate and uvula. The party ought to turn himself towards the sun, so that the luminous rays falling on the little mirror, may be reflected on the larynx. If the observer experiment on himself, he ought, by means of a second mirror, to receive the rays of the sun, and direct them on the mirror, which is placed against the uvula. We shall now add our own deductions from the observations which the image reflected by the mirror has afforded us.

48:4

48:6

Manuel Garcia (1805–1906), ein Sänger und Gesangslehrer, der die Bewegungen seiner Stimmlippen beim Singen beobachten will, beschreibt eine Spiegelanordnung, die mit der Sonne als Lichtquelle dafür geeignet ist.

48:7

Ludwig Türck (1810–1868) versucht, Garcias Verfahren technisch zu nutzen, hält es aber für unpraktisch, da es vom Sonnenlicht abhängig ist, wie es in seinem Buch von 1866 (links) dargestellt wird. Später entbrennt zwischen ihm und Czermak ein erbitterter Prioritätsstreit über die Erfindung der klinischen Kehlkopfspiegelung.

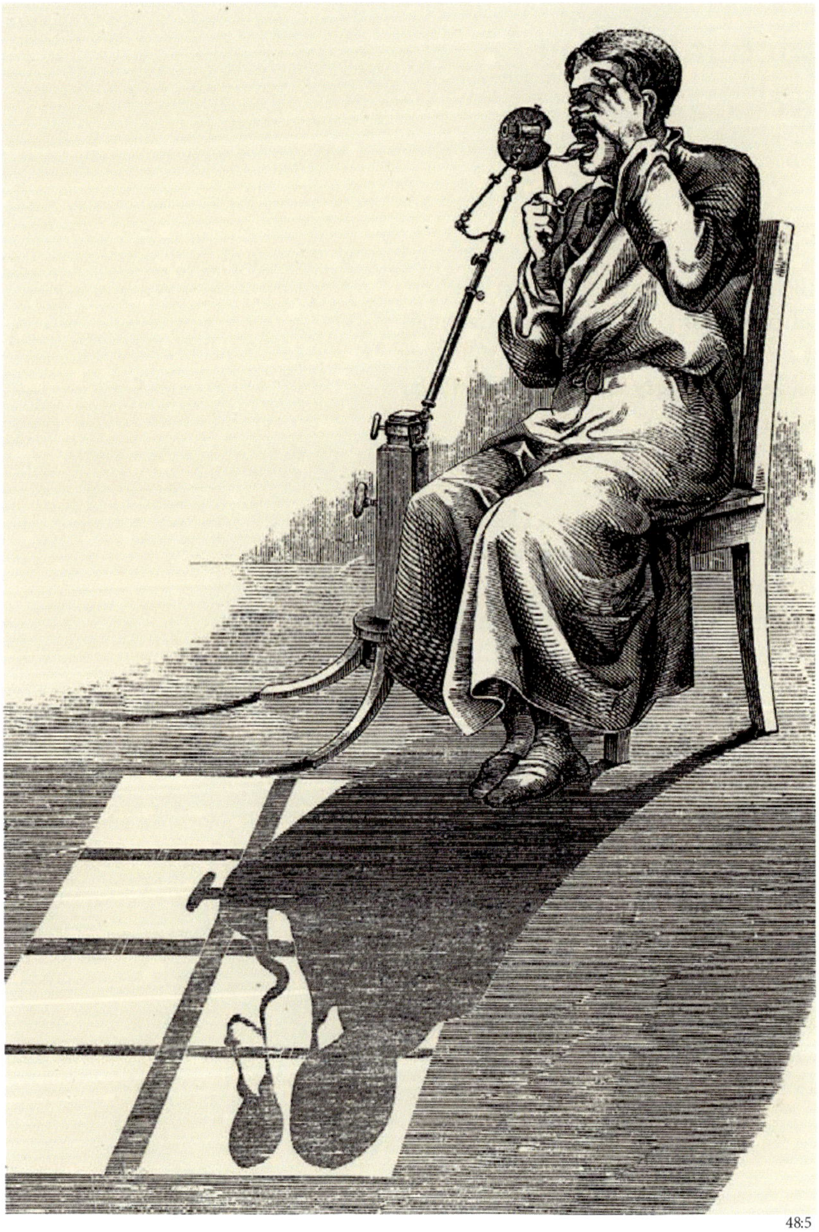

48:5

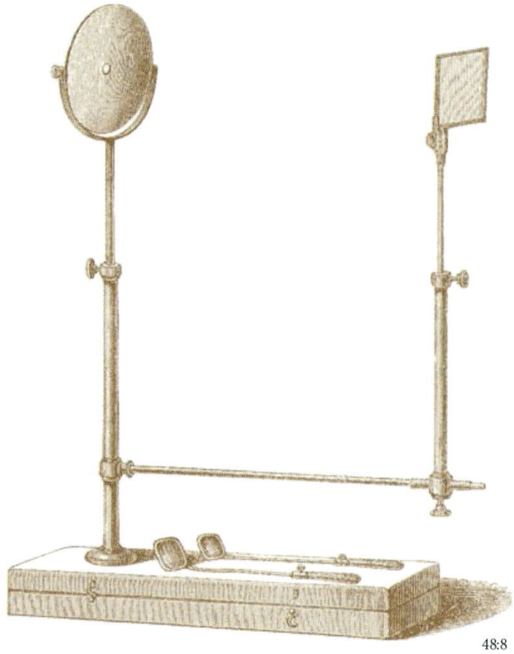

48:8

Ausrüstung und Methode der Selbstuntersuchung nach Czermak.

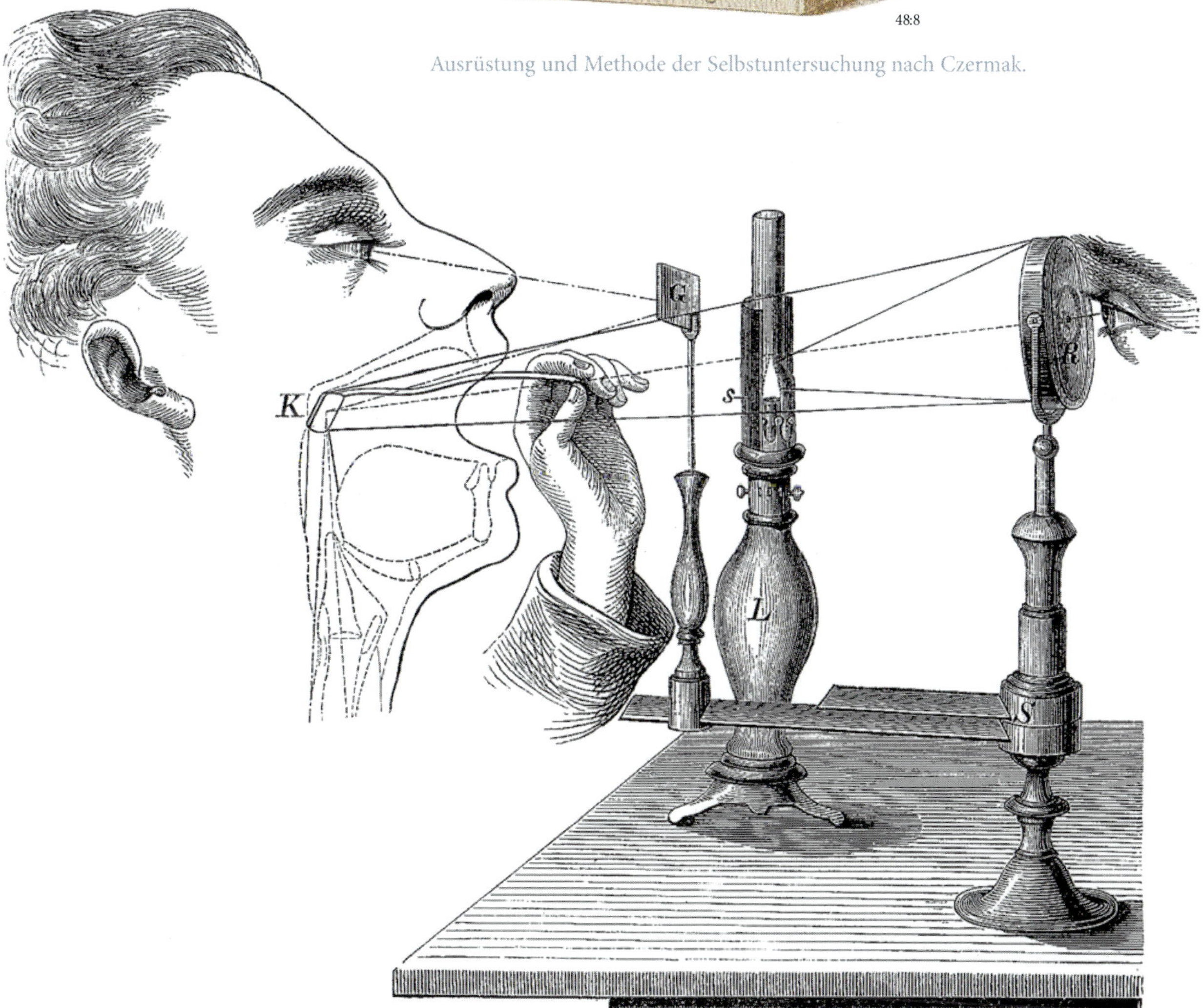

48:9

Gustav Kirchhoff (1824–1887) entdeckt gemeinsam mit Robert Bunsen (1811–1899), dass die dunklen Linien, die zu sehen sind, wenn Sonnenlicht durch Natriumdampf dringt, mit den hellen Linien assoziiert sind, die Natriumdampf emittiert. Kirchhoff arbeitet bis zur Erschöpfung, um die neuen Erkenntnisse, die die Spektroskopie bietet, auszuleuchten. Das verdeutlicht seine Entschuldigung in der Fußnote zu der hier abgedruckten Seite: „Meine Zeichnung umfaßt das Stück des Spectrums von *A* bis *G*; ich muß mich darauf beschränken, jetzt nur einen Theil derselben zu veröffentlichen, da das Übrige noch Revisionen erfordert, die ich in nächster Zeit vorzunehmen außer Stande bin, weil meine Augen durch die anhaltenden Beobachtungen des Spectrums zu sehr angegriffen sind." Unten ist ein Teil des Sonnenspektrums mit erstmalig identifizierten Elementen zu sehen.

Untersuchungen über das Sonnenspectrum und die Spectren der chemischen Elemente.

Von

Hrn. G. KIRCHHOFF.

[Vorgetragen in der Akademie der Wissenschaften am 11. Juli 1861 von Hrn. Magnus.]

Das Sonnenspectrum.

Entwirft man durch ein Prisma ein Sonnenspectrum, das so rein als möglich ist, und betrachtet dasselbe durch ein Fernrohr von geringer Vergröfserung, so erblickt man zwischen den Linien, die Fraunhofer durch Buchstaben bezeichnet hat, ein Gewirre von feinen Linien und nebeligen Streifen, das dem Auge nur wenigen Anhalt darbietet. Wendet man mehr Prismen und eine stärkere Vergröfserung an, so treten, wenn die Apparate die nöthige Vollkommenheit besitzen, aus demselben mehr und mehr Liniengruppen hervor, die so characteristisch sind, dafs sie leicht aufgefafst und leicht wieder erkannt werden, Liniengruppen, die füglich verglichen werden können mit den Sterngruppen, die einzelne Sternbilder so leicht auffinden lassen. Von diesen Liniengruppen sind in der Fraunhoferschen Zeichnung des Sonnenspectrums (1) nur sehr wenige kenntlich, und dasselbe gilt von der in gröfserem Maafstabe ausgeführten Zeichnung, die in neuester Zeit von Brewster und Gladstone (2) veröffentlicht ist. Ich habe dieselben für den hellsten Theil des Sonnenspectrums so vollständig und treu, als möglich, abzubilden gesucht; die Tafeln I und II sind lithographische Copieen der Zeichnung, die ich ausgeführt habe (3).

(1) Denkschriften der Münchner Akademie für 1814 und 1815.

(2) *Phil. Trans. of the royal soc. of London for* 1860.

(3) Meine Zeichnung umfafst das Stück des Spectrums von *A* bis *G*; ich mufs mich darauf beschränken, jetzt nur einen Theil derselben zu veröffentlichen, da das Übrige noch Revisionen erfordert, die ich in nächster Zeit vorzunehmen aufser Stande bin, weil meine Augen durch die anhaltenden Beobachtungen des Spectrums zu sehr angegriffen sind.

49:1

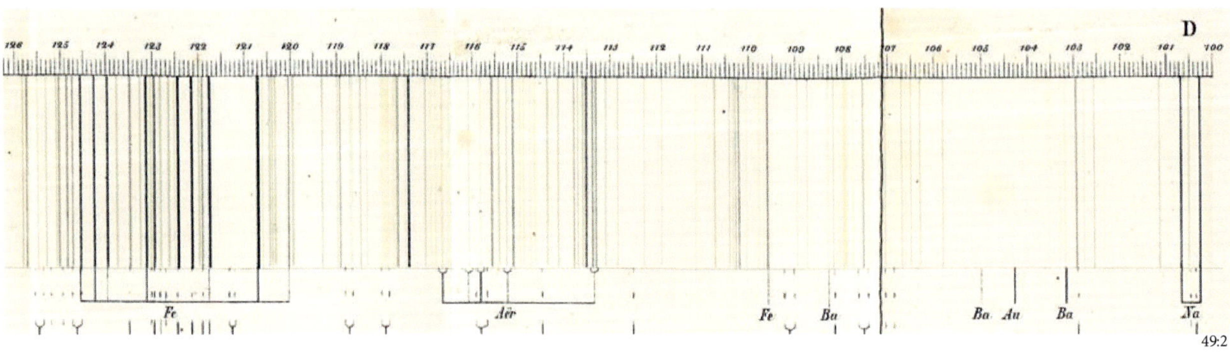

49:2

Gustav Kirchhoff

Kirchhoff, der 1824 in Königsberg geboren wurde, führte ein eher ruhiges Leben. Sein Vater war Anwalt und lehrte ihn, dem preußischen Staat gegenüber loyal zu sein, aber andererseits recht liberale Werte zu pflegen. Kirchhoff studierte an der Universität Königsberg, wo er 1847 sein Examen machte. 1851 wurde er zum Professor für Physik in Breslau ernannt, wo er sich mit Bunsen anfreundete. 1854 ging Kirchhoff auf Bunsens Anraten hin nach Heidelberg, wo sie gemeinsam die Spektralanalyse entwickelten. Kirchhoff war ein exzellenter Lehrer und seine Skripte über theoretische Physik setzten Maßstäbe an deutschen Universitäten. Er hatte ein etwas reserviertes, aber heiteres Temperament, das er selbst während einer langen Krankheit am Ende seines Lebens beibehielt. Als seine schwache Gesundheit ihm experimentelle Arbeiten verbot, besetzte er den Lehrstuhl für theoretische Physik in Berlin und blieb dort bis zu seinem Tod im Jahre 1887.

49:3

Gustav Kirchhoff

Untersuchungen über das Sonnenspectrum und die Spectren der chemischen Elemente.

Abhandlungen der Königl. Akademie der Wiss. zu Berlin. Berlin 1862, S. 63.

Bislang war unbekannt, dass die dunklen Linien im Sonnenlicht, von denen erstmals Fraunhofer berichtete (49.1), mit den hellen Linien assoziiert waren, die Natriumdampf in der Flamme eines Bunsenbrenners emittierte. Hier beschreibt Kirchhoff seine und Bunsens bemerkenswerte Entdeckung (49.2) (49.3), dass diese dunklen Linien sogar noch dunkler werden, wenn man Sonnenlicht durch den Natriumdampf hindurchleitet. Aus dieser Beobachtung folgern sie, dass sich ein Element wie Natrium durch Emissions- und Absorptionsspektren eindeutig identifizieren lässt.

Im Spiegel der Zeit:
Den Anstoß zu dieser Arbeit gab Bunsen, der Salze in den Flammen eines „Bunsenbrenners" an ihrer Farbe erkennen wollte. Dieses Gerät erzeugte sehr hohe Temperaturen bei geringer Leuchtkraft (49.4). Er begann mit farbigen Glasstücken und erstellte dann auf Kirchhoffs Anregung spektrographische Aufzeichnungen. Diese Studien führten bald zur Entdeckung mehrerer neuer Elemente, wie Caesium und Rubidium (49.2) (49.3), sowie schließlich zu Kirchhoffs Strahlungsgesetz über die Spektralverteilung einer Strahlung von einem „Schwarzen Körper". Zwar war die Farbe des Urins schon jahrhundertelang ein wichtiger diagnostischer Indikator (49.5), doch die durch die Spektroskopie eröffneten wissenschaftlichen Verfahren wurden in der Medizin erstmalig von Hoppe-Seyler genutzt, um die Eigenschaften seines neu isolierten „Blutfarbstoffs" Hämoglobin zu bestimmen (49.6). 1873 entwickelte Vierordt ein Doppelschlitzspektrometer zur quantitativen Spektroskopie (49.7); außerdem nutzte er dieses Instrument zur Messung der Spektren von Blut, Galle und Urin (49.8). Fluoreszenzspektroskopie zur Bestimmung von Geweben, photodynamische Therapie von bösartigen Tumoren und neuartige Biosensoren sind nur einige der zahlreichen modernen Anwendungen der optischen Spektroskopie in der Medizin (49.9) (49.10).

49.1 Siehe Ref. 9.8.
49.2 Kirchhoff G, Bunsen R. Chemische Analyse durch Spectralbeobachtungen. *Ann Phys Chem* 1860; 60:161.
49.3 Kirchhoff G, Bunsen R. Analyse chimique fondée sur les observations du spectre. *Ann Chim Phys* 1862; 64:257.
49.4 Bunsen R. *Gesammelte Abhandlungen*. Bd. 1–3. Leipzig 1904.
49.5 Pinder U. *Epiphanie Medicorum*. Nürnberg 1506.
49.6 Siehe Nr. 51 Hoppe-Seyler S. 268.
49.7 Vierordt K. *Die Anwendung des Spectralapparates zur Photometrie der Absorptionsspectren und zur quantitativen chemischen Analyse*. Tübingen 1873.
49.8 Vierordt K. *Die quantitative Spectralanalyse in ihrer Anwendung auf Physiologie, Physik, Chemie und Technologie*. Tübingen 1876.
49.9 Svanberg S. Time-Resolved Spectroscopic Techniques in Laser Medicine. In: *Ultrafast Spectroscopy*. G. Mourou et al. (Hrg.) Springer, 1994.
49.10 Sevick-Muraca E, Benaron D (Hrg.). *Biomedical Optical Spectroscopy & Diagnostics* (*Trends in Optics & Photonics* Vol. 3). Optical Society of America, 1996.

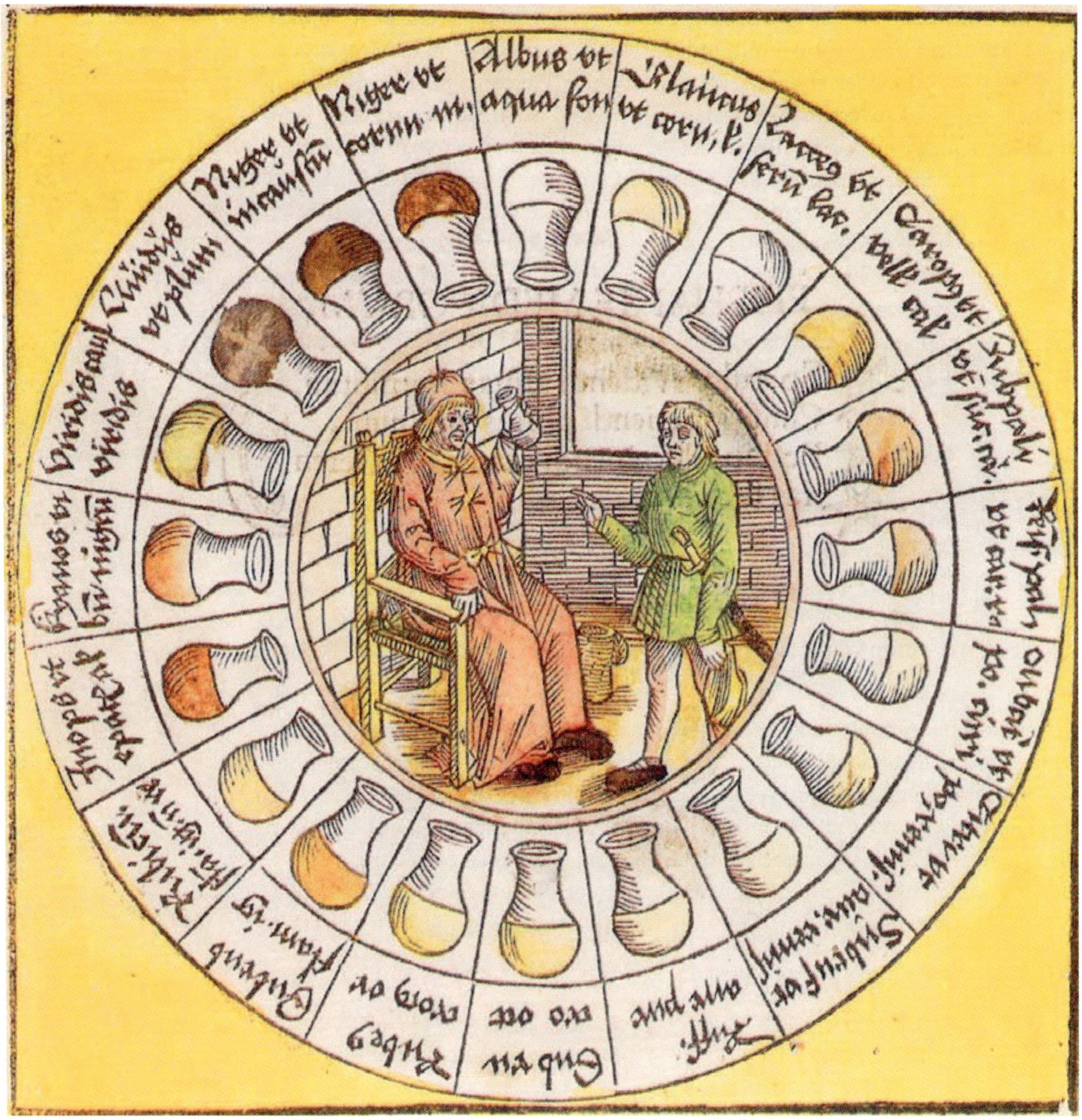

49:4

Die Farbe von Körperflüssigkeiten, insbesondere Urin, zu diagnostischen Zwecken heranzuziehen, hat bereits eine lange Tradition. Hier sieht man, wie ein Arzt im Jahre 1506 einem Schüler das Verfahren der Uroskopie erläutert. Die 20 verschiedenen Färbungen des Urins entsprechen unterschiedlichen Diagnostika für die Bewegung des Herzens und des Pulses sowie für mehrere Fieberarten aufgrund von Krankheiten oder Gefühlszuständen.

Kolorimeter mit Proben von der Bausch & Lomb Optical Co. aus den frühen 1920er-Jahren.

49:5

49:6

Bunsens Bestreben, Salze aufgrund ihrer Farbe in der Flamme seines „Bunsenbrenners“ zu identifizieren, mündete in die Erfindung des Spektrometers. Kirchhoff und Bunsen verwendeten es bald, um chemische Elemente nachzuweisen. Kalium, Rubidium und Caesium gehörten zu den ersten, wie unten gezeigt.

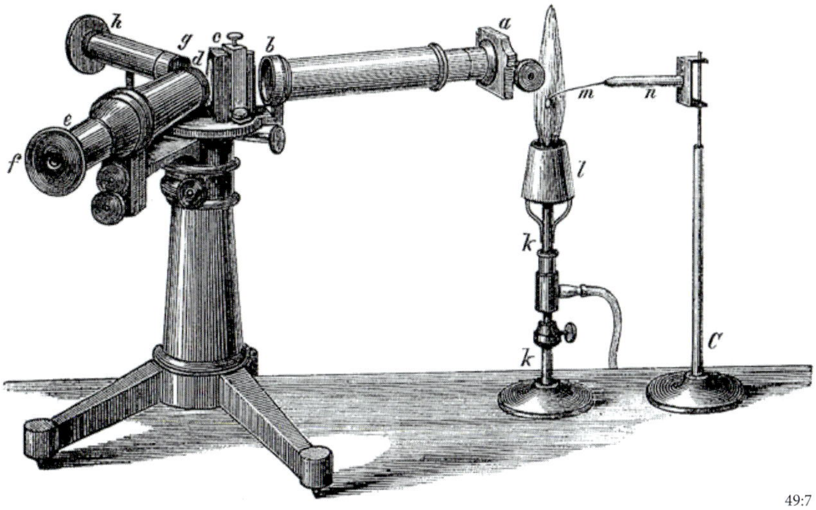

49:7

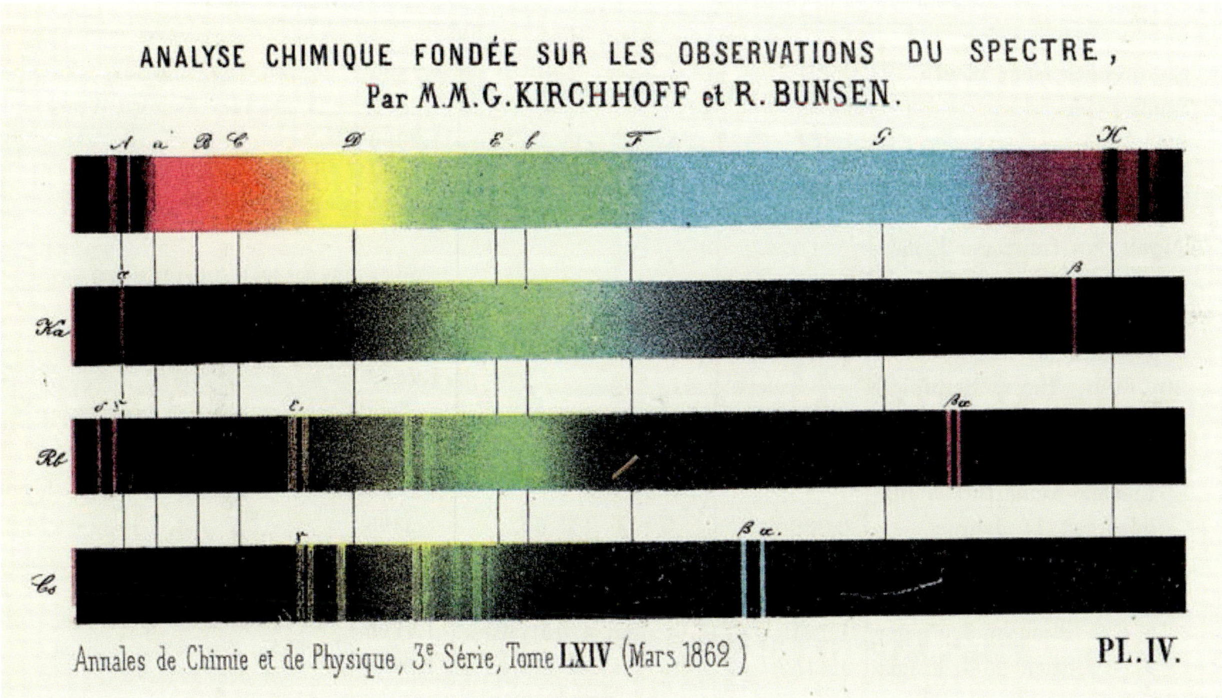

49:8

49:9

Karl Vierordt (1818–1884) erfindet neue Geräte und Techniken, die sich im Umgang mit medizinischen Problemen oft als nützlich erweisen (siehe Nr. 35). 1873 lässt sich mit seinem Doppelschlitzspektrometer erstmals eine quantitative Spektroskopie durchführen (rechts). Drei Jahre später nutzt er das Verfahren, um die Spektren von Blut (siehe Tabelle), Galle und Urin zu bestimmen.

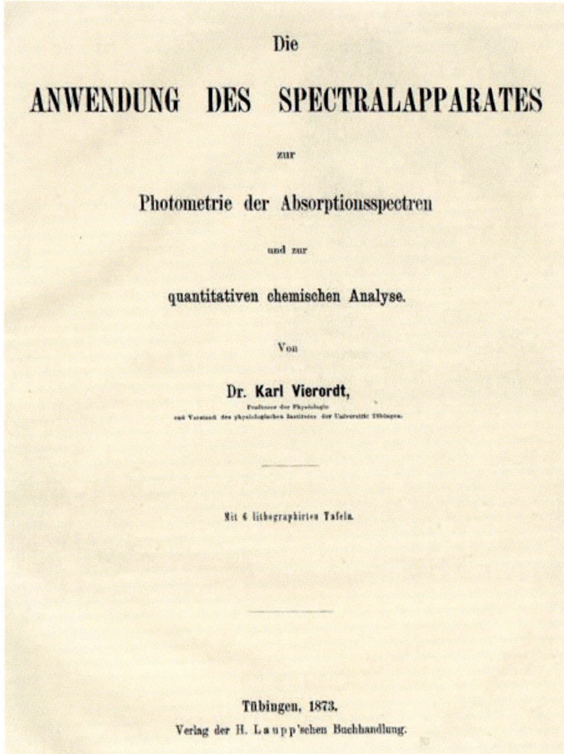

Die

ANWENDUNG DES SPECTRALAPPARATES

zur

Photometrie der Absorptionsspectren

und zur

quantitativen chemischen Analyse.

Von

Dr. Karl Vierordt,

Mit 6 lithographirten Tafeln.

Tübingen, 1873.

Verlag der H. Laupp'schen Buchhandlung.

49:11

Die meisten der in Tabelle 42 enthaltenen Messungen wurden im Januar und Februar 1875 angestellt. Der erforderliche Blutstropfen wurde durch Anstechen eines Fingers gewonnen.

Tabelle 42.

Hämoglobulingehalt des Menschenblutes ausgedrückt in den Werthen des Exstinctionscoëfficienten für die Region des zweiten Absorptionsbandes des 100fach verdünnten Blutes.

		Mein Blut		
Studirender (sehr blass)	0,924	1. Jan. 7^h 40′	1,3936	Vor dem Frühstück.
Studirender	1,566	» » 9^h 45′	1,2879	8^h 15, eine Tasse Kaffe u. 1 Weck.
35j. Mann	1,364	» » 11^h	1,2396	
42j. Mann	1,433	» » 12^h 20′	1,3034	
34j. Frau. Caries des Kniegelenkes (mittlerer Ernährungsstand), kein Fieber	1,086	» » 2^h 15′	1,2918	12^h 30′ bis 1 Uhr Mittagessen; sammt 3/4 Lit. Wein.
29j. Mann. Caries des Kniegelenkes	1,213	» » 4^h 15′	1,2432	2^h 30′ bis 3^h 15′ Spaziergang.
30j. Frau. Blass. Scrofulöse Geschwüre	1,115	» » 6^h	1,2653	4^h 20′ bis 4^h 50′ eine Flasche Bier getrunken.
49j. Mann. Sehr mager. Kein Fieber. Gonarthritis fungosa seit 1½ Jahren	0,838	» » 7^h 50′	1,2396	
Mein Blut 6. Jan.	1,232			
» » 31. Dec.		» » 10^h Abends.	1,2322	8^h 15′—8^h 30′ Abendessen.
Stich im 5. Finger.	1,1249 } also 1/122 Differenz.	2. Jan. 4^h 15′ Morg.	1,2690	Von 11^h bis 4^h 15′ geschlafen.
» » Stich im 4. Finger.	1,1157	» » 8^h Morgens.	1,3112	Von 5^h bis 7^h wieder geschlafen. Vor dem Frühstück.

49:10

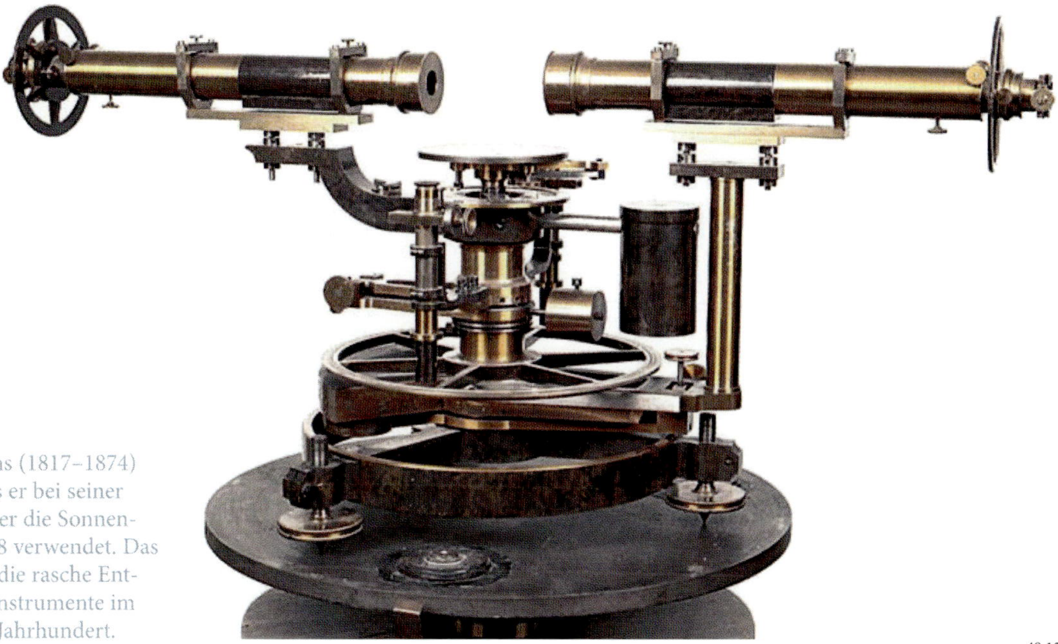

Anders Ångströms (1817–1874) Spektrometer, das er bei seiner Untersuchung über die Sonnenspektren von 1868 verwendet. Das Bild verdeutlicht die rasche Entwicklung dieser Instrumente im ausgehenden 19. Jahrhundert.

49:12

49:13

Infrarotspektrophotometer von 1905.

Louis Pasteurs (1822–1895) einfache, aber geniale Apparatur, mit der er unwiderlegbar beweisen konnte, dass keine Spontanzeugung erfolgte. Wie er sagte, gibt es „keinen bekannten Umstand, in dem sich bestätigen lässt, dass mikroskopische Lebewesen ohne Keime entstehen, ohne Eltern, die ihnen ähnlich sind". In „Schwanenkolben" mit langen, engen Hälsen blieb die vergärbare Flüssigkeit, selbst wenn die Außenluft in die Hälse eindringen konnte, steril, solange die Flüssigkeit nicht mit den Seiten der Hälse in Berührung kam.

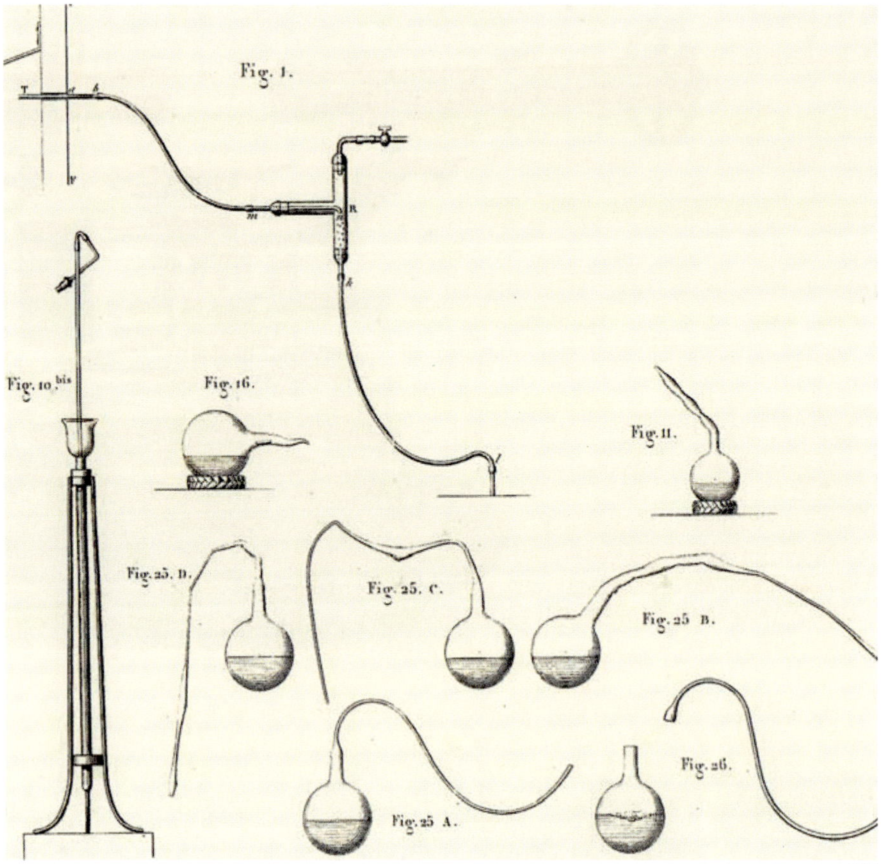

50:1

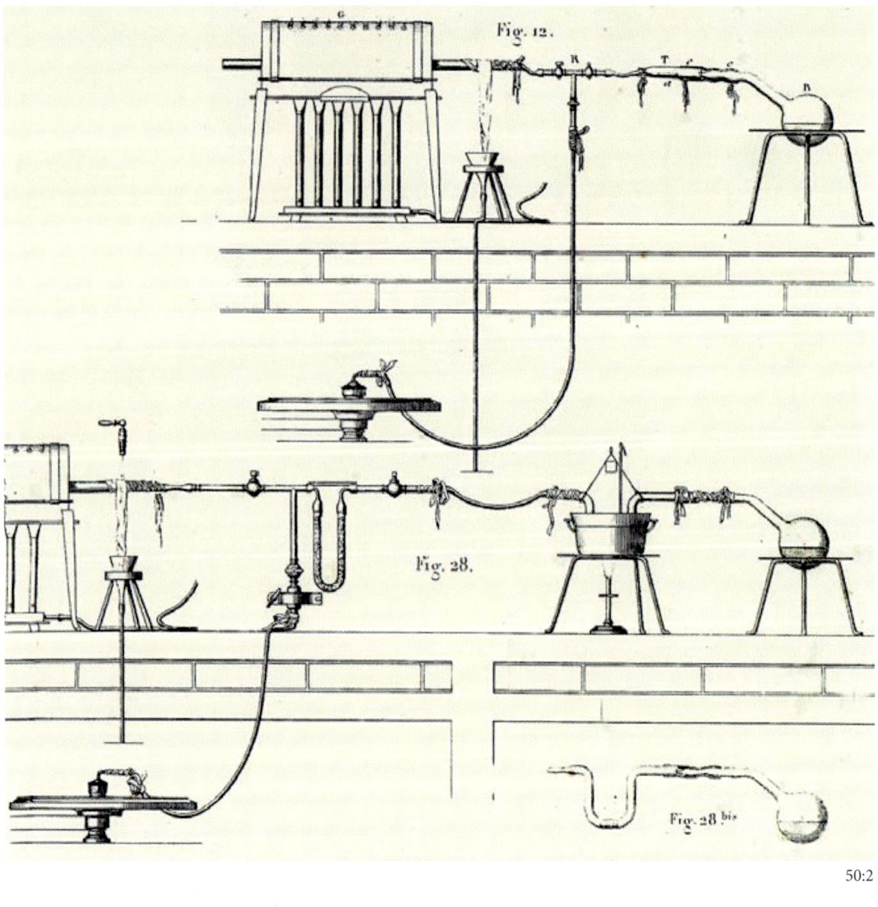

50:2

Louis Pasteur

50:3

Louis Pasteur

Pasteur wurde in Dole als einziger Sohn eines Gerbers geboren. Er war ein mittelmäßiger Grundschüler und dachte über eine Karriere als Künstler nach. Als sein Interesse für Chemie und Naturwissenschaft erwachte, bereitete er sich auf die Zulassung zur École Normale Supérieure in Paris vor, in die er 1843 eintrat. Nach der Promotion im Jahre 1848 wurde er Chemieprofessor in Straßburg und Lille, bevor er 1857 als Leiter der wissenschaftlichen Studien und später als Direktor des Labors für physiologische Chemie an die École Normale zurückkehrte. Pasteur war ehrgeizig, selbstbewusst und opportunistisch und hatte in wissenschaftlichen Diskussionen stets unschlagbare Argumente parat. Obwohl er ein exzellenter Lehrer war, belasteten seine autoritären Ansichten das Verhältnis zu seinen Studenten. Pasteur interessierte sich wenig für soziale, politische, philosophische oder religiöse Themen. Er glaubte, seine Arbeit sei das unausweichliche Ergebnis zugrunde liegender wissenschaftlicher Wahrheiten. Diese Sichtweise spiegelt sich auch in seinen Aussprüchen „Die Experimente haben mich zu der Ansicht geführt“ oder „Der Zufall bevorzugt einen vorbereiteten Geist“. Er leitete das Institut Pasteur von 1888 bis 1895, als ein Schlaganfall seinem Leben ein Ende setzte. Viele seiner Projekte wurden umfassend von der französischen Regierung unterstützt, die ihm eine großzügige Rente auf Lebenszeit gewährte und ihm nach seinem Tode ein Staatsbegräbnis ausrichten ließ.

Mémoire sur les corpuscules organisés qui existent dans l'atmosphère. Examen de la doctrine des générations spontanées.

Ann Chim Phys 1862, 64:5.

Pasteur gibt einen historischen Überblick über die Kontroverse zur Spontanzeugung, der Überzeugung, dass lebende Organismen ohne einen unmittelbaren lebenden Erzeuger aus inorganischem oder organischem Material entstehen können. Dann präsentiert er in acht Kapiteln geniale Experimente, die überzeugend darlegen, dass diese Überzeugung falsch ist und dass das Wachstum mikrobischen Lebens in vormals sterilen Flüssigkeiten, wie Milch und Urin, ausschließlich der Verunreinigung durch Mikroorganismen zuzuschreiben ist, die durch die Luft übertragen werden.

Im Spiegel der Zeit:

Redi, ein Mitglied der Accademia del Cimento (50.1), zeigte 1668, dass sich in verfaulendem Fleisch nicht spontan Maden bildeten, wenn man Fliegen den Zugang zu dem Fleisch verwehrte (50.2). 1765 berichtete Spallanzani (50.3), wenn Hühnerbrühe gekocht werde, nachdem man dem Gefäß die Luft entzogen habe, würden sich keine Organismen bilden. Dennoch war keine dieser Untersuchungen völlig überzeugend, und die Vorstellung von einer Spontanzeugung wurde erst aufgegeben, nachdem Pasteur seine Ergebnisse veröffentlicht hatte. Obwohl Pasteurs Arbeiten über Immunologie und Impfung unmittelbare und spektakuläre medizinische Anwendungen fanden (50.4) (50.5), begründeten seine Studien über Gärung (50.6) (50.7) und seine Experimente, die die Spontanzeugung widerlegten, den Wissenschaftszweig der Mikrobiologie (50.8) und der Keimtheorie bei Krankheiten (50.9), was wiederum zur Entwicklung der antiseptischen Chirurgie führte (50.10).

50.1 Siehe Ref. 7.3.

50.2 Redi F. *Esperienze intorno alla generazione degl'insetti.* Florenz 1668. Siehe auch Ref. 7.3.

50.3 Spallanzani L. *Saggio di osservazioni microscopiche concernenti il sistema della generazione. In Dissertazioni due* ... Modena 1765.

50.4 Pasteur L, Joubert JF. Charbon et septicémie. *C R Acad Sci* 1877; 85:101.

50.5 Pasteur L et al. Sur la rage. *C R Acad Sci* 1881; 92:1259.

50.6 Pasteur L. Mémoire sur la fermentation appelée lactique. *C R Acad Sci* 1857; 45:913.

50.7 Pasteur L. Recherches sur la putréfaction. *C R Acad Sci* 1863; 56:1189.

50.8 Siehe Nr. 61 Koch S. 316.

50.9 Pasteur L, Joubert JF, Chamberland CE. La théorie des germes et ses applications à la médecine et la chirurgie. *C R Acad Sci* 1878; 86:1037.

50.10 Siehe Nr. 54 Lister S. 282.

50:4

Fast zwei Jahrhunderte vor Pasteur veröffentlicht Francesco Redi (1626–1697) ein Buch mit einschlägigen Beobachtungen, die die Vorstellung von der Spontanzeugung widerlegen. Er erläutert: „Ich weiß, dass aus dem Fleisch einer Ziege, die 20 Tage nur mit Maulbeerblättern gefüttert wurde, nichts als Würmer geboren wurden, die sich in Fliegen verwandelten, und dass aus dem Fleisch derselben Ziege, das in einem geschlossenen Krug aufbewahrt wurde, gar nichts geboren wurde."

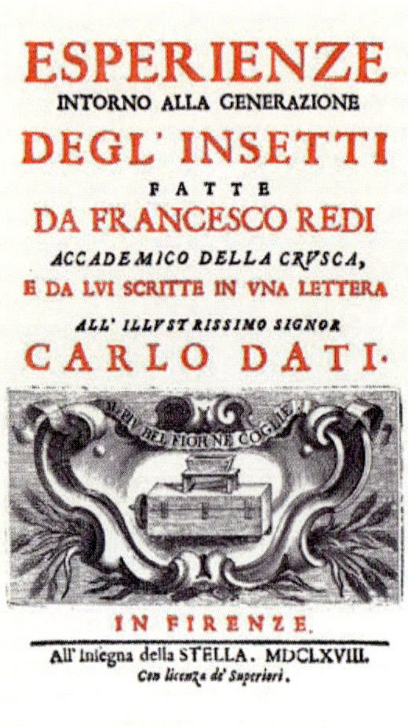

ESPERIENZE
INTORNO ALLA GENERAZIONE
DEGL' INSETTI
FATTE
DA FRANCESCO REDI
ACCADEMICO DELLA CRVSCA,
E DA LVI SCRITTE IN VNA LETTERA
ALL' ILLVSTRISSIMO SIGNOR
CARLO DATI.

IN FIRENZE.
All' Insegna della STELLA. MDCLXVIII.
Con licenza de' Superiori.

50:5

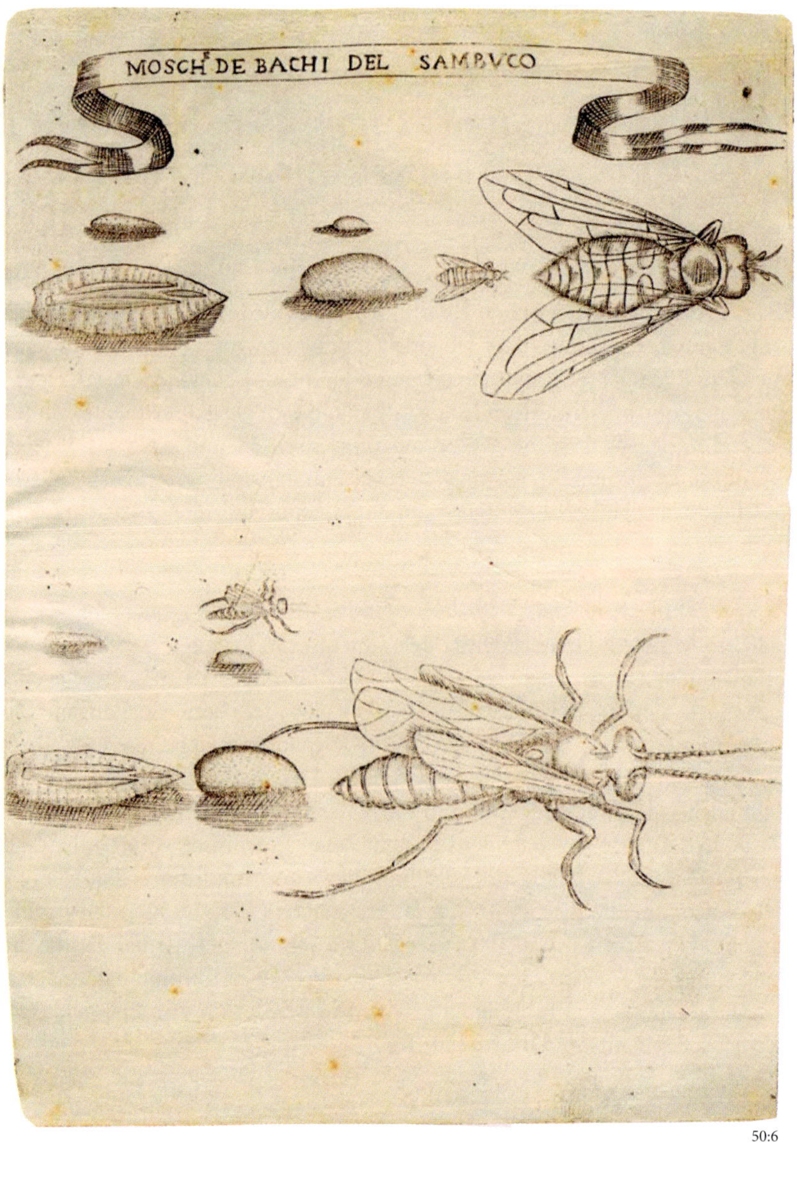

50:6

SAGGIO
DI OSSERVAZIONI
MICROSCOPICHE
CONCERNENTI IL SISTEMA
DELLA GENERAZIONE
DE' SIGNORI
DI NEEDHAM,
E BUFFON.

50:7

Im Jahre 1765, etwa ein Jahrhundert nach Redi und ein Jahrhundert vor Pasteur, untersucht Lazzaro Spallanzani (1727–1799) die verschiedenen Lebensformen, die sich in unterschiedlichen Aufgüssen (z. B. Fig. 2 aus Kürbissamen, Fig. 6 aus Urin, Fig. 9 aus weißen Bohnen) entwickeln. Ihm gelingt ein großer Schritt zur endgültigen Widerlegung der Theorie der Spontanzeugung von Leben, indem er zeigt, dass alle Aufgüsse frei von Mikroorganismen bleiben, wenn sie eine Stunde gekocht und in einem hermetisch verschlossenen Gefäß aufbewahrt werden.

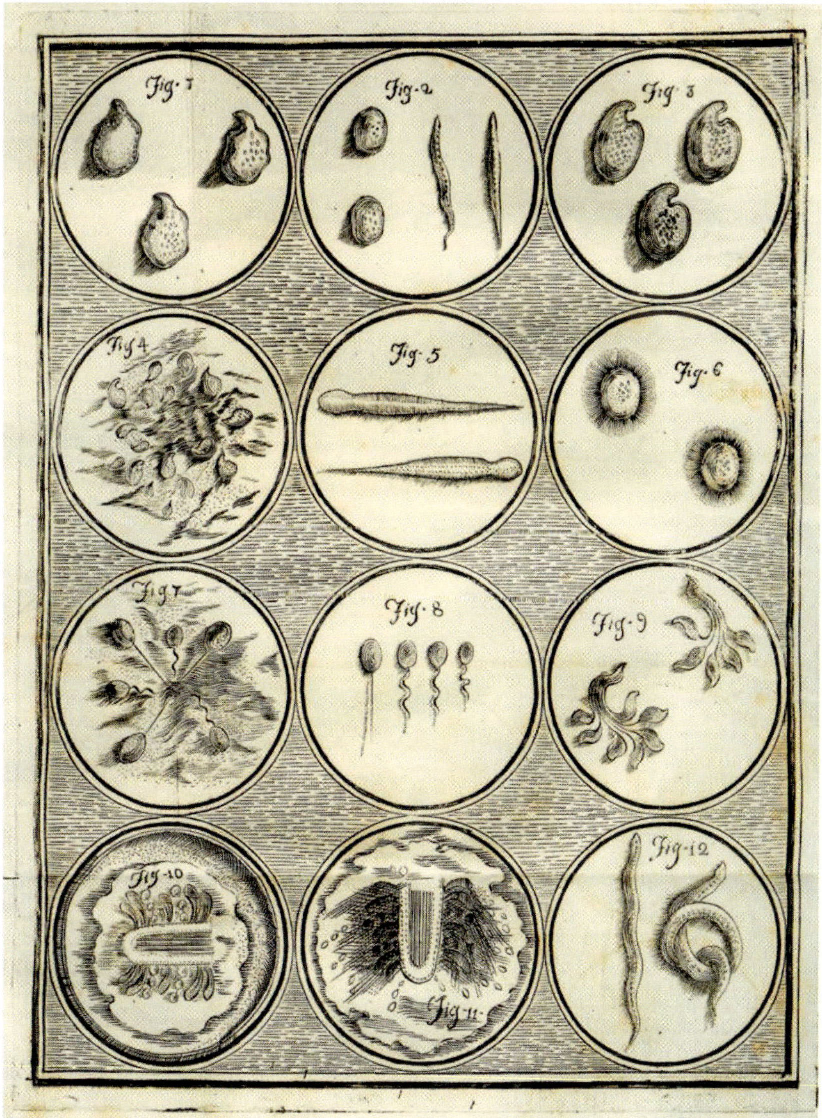

50:8

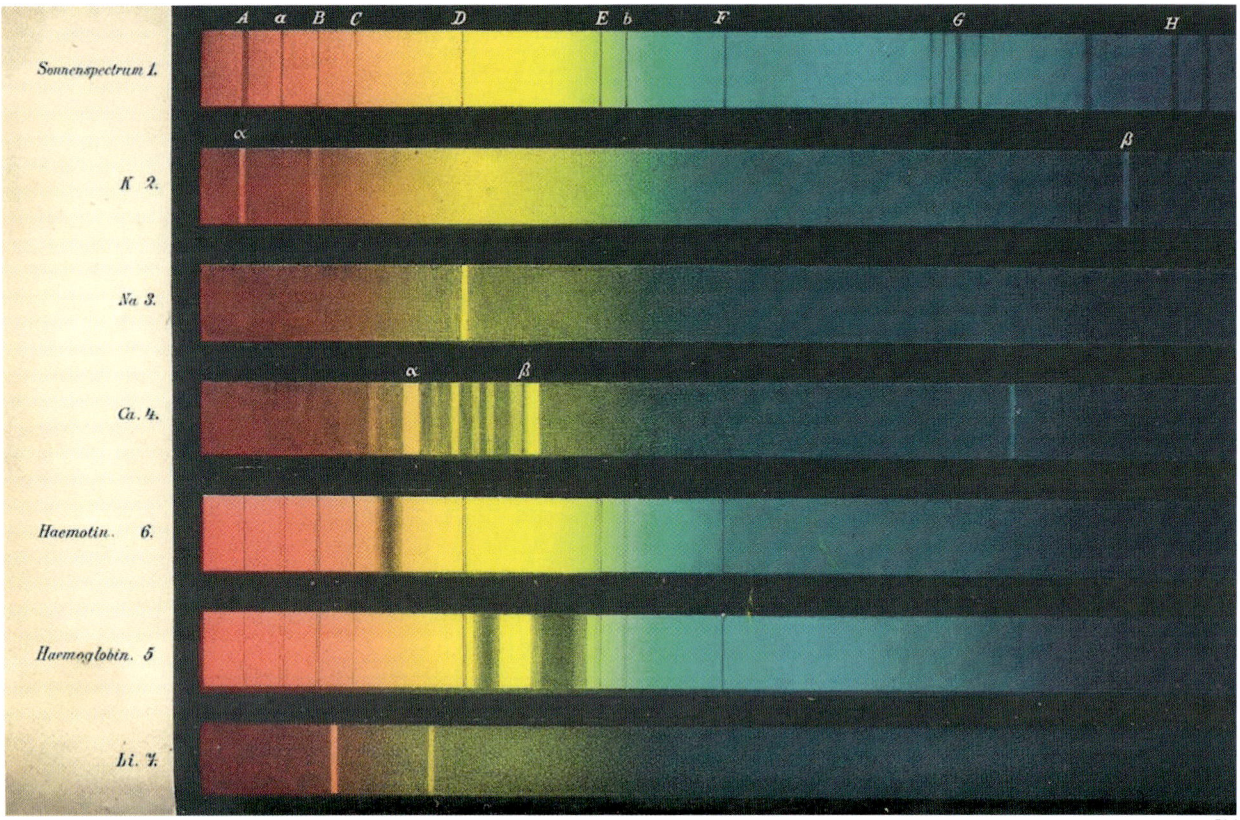

51:1

1862 stellt Felix Hoppe-Seyler (1825–1895) eine reine kristalline Form des Blutfarbstoffs her, die er Hämoglobin nennt. Die Abbildung zeigt seine Aufzeichnung der Spektren des Hämoglobins, der Sonne und mehrerer anderer häufiger Elemente.

51:2

Felix Hoppe-Seyler

Hoppe wurde 1825 als zehntes Kind eines Geistlichen geboren. Ab dem Alter von sechs Jahren, als beide Eltern gestorben waren, wurde er von seinem Schwager, Dr. Seyler, großgezogen und 1864 auch formal adoptiert. Aus diesem Grunde änderte er seinen Namen zu Hoppe-Seyler. Ab 1846 studierte er an der Medizinischen Fakultät in Halle, aber nach einem zufälligen Treffen mit den Weber-Brüdern (51.1) beschloss er, sein Studium in Leipzig fortzuführen. 1851 promovierte er in Berlin und arbeitete kurzzeitig als praktischer Arzt, bevor er am Institut für pathologische Anatomie eine Stelle als Prosektor annahm. 1861 wurde er zum Professor für Chemie an der Medizinischen Fakultät in Tübingen ernannt. Von 1872 bis zu seinem Tode 1895 war er Professor für physiologische Chemie in Straßburg. Er gründete die *Zeitschrift für physiologische Chemie* und setzte sich mit prominenten Schülern dafür ein, dass die Biochemie als eigenständiger Wissenschaftszweig anerkannt wurde. Hoppe-Seyler war ein Mann von freundlichem und gewinnendem Wesen mit bescheidenen Ansprüchen. Er war passionierter Bergsteiger und hatte Freude am Segeln und anderen Freiluftaktivitäten.

Ueber das Verhalten des Blutfarbstoffes im Spectrum des Sonnenlichtes.

Virchows Arch Pathol Anat. Berlin: G. Reimer, 1862; 23:446.

Hoppe-Seyler beschreibt, wie er eine reine Form des Blutfarbstoffs herstellt, indem er ihn kristallisieren lässt. Außerdem unterzieht er diese Substanz, die er Hämoglobin nennt, dem von Kirchhoff und Bunsen entwickelten neuen Verfahren der Spektralanalyse (51.2) und präsentiert die Absorptionsspektren des Hämoglobins.

Im Spiegel der Zeit:

Im 18. Jahrhundert hatte Menghini bewiesen, dass rote Blutkörperchen Eisen enthalten (51.3). Berzelius (51.4) und später auch Le Canu (51.5) zeigten, dass das Eisen im Blutfarbstoff lokalisiert ist, den Le Canu „Hämatosin" nennt, und dass dieser mehr Sauerstoff enthält als der Rest des Blutes, das sogenannte Serum. Nach der Herstellung reinen Blutfarbstoffs (Hämoglobin) zeigte Hoppe-Seyler spektroskopisch (51.6), dass Sauerstoff locker daran gebunden ist und sich leicht durch Kohlenstoffmonoxid und noch leichter durch Stickstoffmonoxid ersetzen lässt (51.7) (51.8). Im Zuge von Vierordts Untersuchungen über das Blutspektrum (51.9) bestimmte Hüfner 1894 den korrekten Wert der Sauerstoffbindungskapazität des Hämoglobins (51.10). Hoppe-Seylers Forschungen erstreckten sich in viele Bereiche der Biochemie, wie sie heute genannt wird, und seine Schüler Miescher und Kossel begannen, die chemische Struktur des Zellkerns zu untersuchen. Miescher war der Erste, der die Existenz eines genetischen Codes vermutete (51.11). Die vollständige Molekularstruktur des Hämoglobins und der mit ihm verwandten Formen wurde erstmalig in den 1950er-Jahren von Perutz und Kendrew enthüllt (51.12).

51.1 Siehe Nr. 44 Weber S. 232.
51.2 Siehe Nr. 49 Kirchhoff S. 258.
51.3 Menghini V. De ferrearum particularum sede in sanguine. Bonon. *Sci Art Inst Acad Comment* 1746; 2(2):244.
51.4 Siehe Ref. 14.4.
51.5 Le Canu LR. De l'Hématosine, au Matière Colorante du Sang. *Ann Chim Phys* 1830; 45:5.
51.6 Hoppe-Seyler EF. Ueber die chemischen und optischen Eigenschaften des Blutfarbstoffs. *Virchows Arch Pathol Anat* 1864; 29:233 und 29:597.
51.7 Herman L. Ueber die Wirkungen des Stickstoffoxydgases auf das Blut. *Arch Anat Physiol wiss Med* 1865, S. 469.
51.8 Hoppe-Seyler F. *Handbuch der Physiologisch- und Pathologisch-Chemischen Analyse für Aerzte und Studirende.* Berlin 1865, S. 201.
51.9 Siehe Ref. 49.8.
51.10 Hüfner CG. Neue Versuche zur Bestimmung der Sauerstoffkapazität des Blutfarbstoffs. *Arch Pat Anat Physiol* 1894, S. 130.
51.11 Olby R, Posner E. An early reference to genetic coding. *Nature* 1967; 215:556.
51.12 Perutz MF. *X-ray Analysis of Haemoglobin.* Nobelvorlesung. Stockholm 1962.

Carl Gustav Hüfner (1840–1908) und die von ihm verwendete Apparatur zur Bestimmung der Sauerstoffbindungskapazität des Hämoglobins. Er entdeckt, dass 1,34 ml Sauerstoff (bei 0° C und 760 mm Hg) von einem Gramm Hämoglobin gebunden wird. Dieser Wert ist heute noch gültig.

51:3

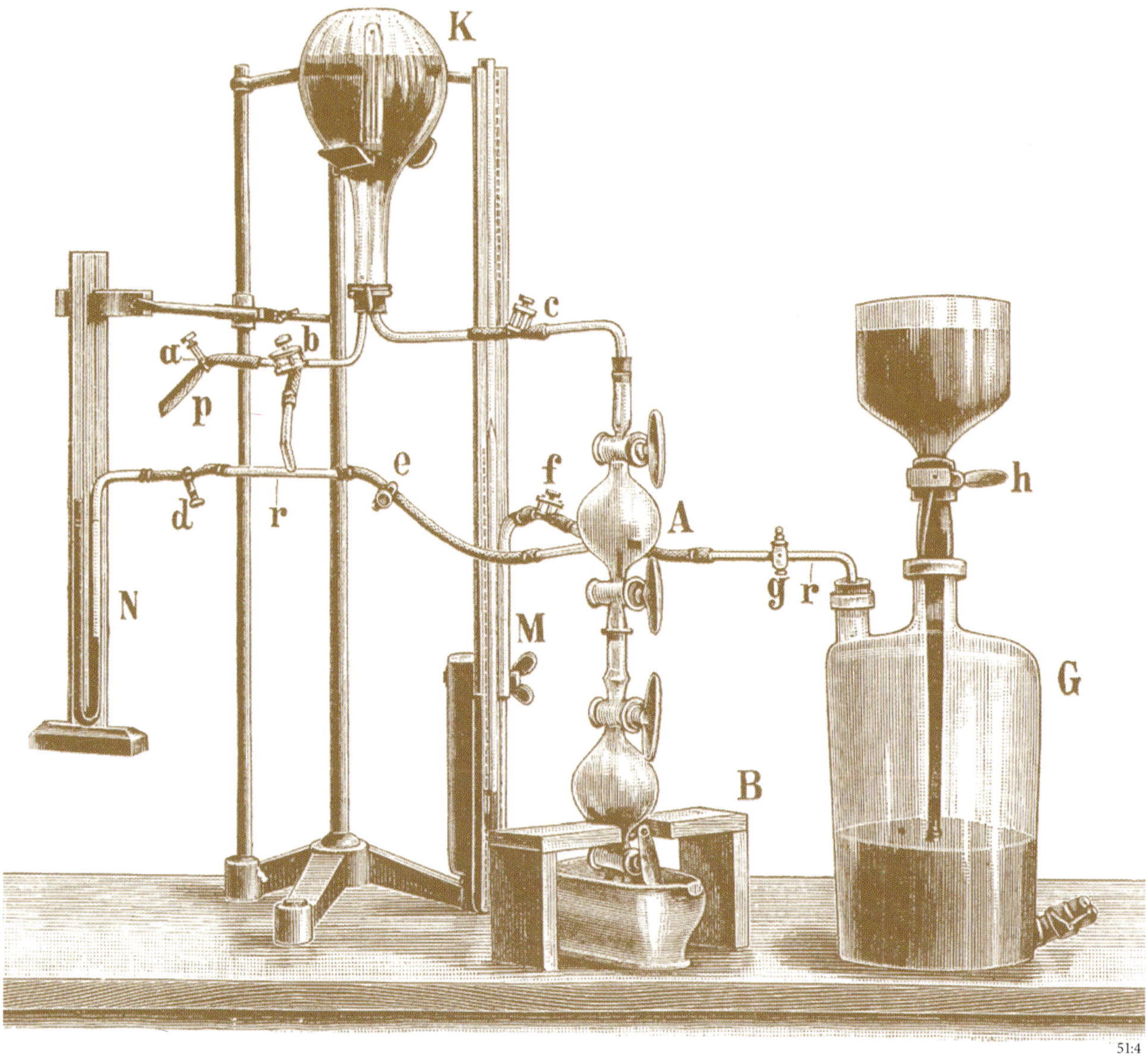

51:4

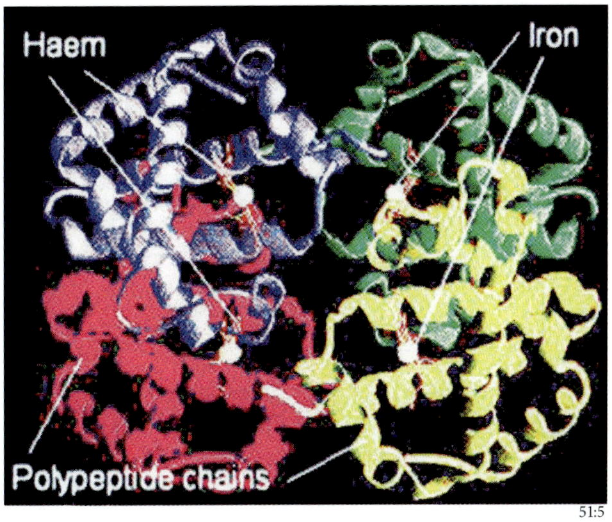

51:5

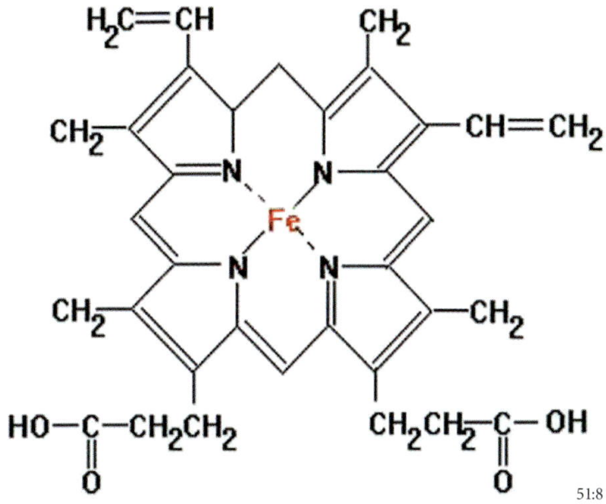

51:8

Max Perutz (1914–2002) erhält 1962 gemeinsam mit seinem Kollegen den Chemie-Nobelpreis für seine Arbeiten über die Struktur globulärer Proteine, wie Hämoglobin. Die Abbildungen zeigen die Struktur des Hämoglobinmoleküls und die chemische Zusammensetzung des Bestandteils der sogenannten Häm-Gruppe, die das Eisenatom enthält. Die Bestimmung der Struktur gelingt im Wesentlichen anhand der Fourieranalyse der Röntgenbeugung, die hier erstmals mithilfe der immer leistungsfähigeren elektronischen Digitalcomputer erstellt wird (siehe Nr. 32 und Nr. 85).

51:9

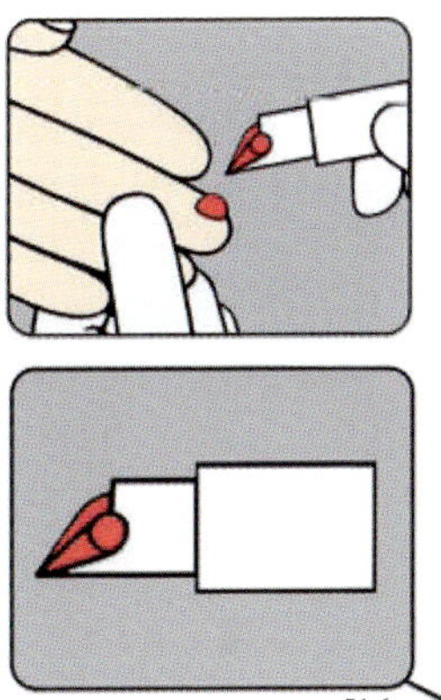

51:6

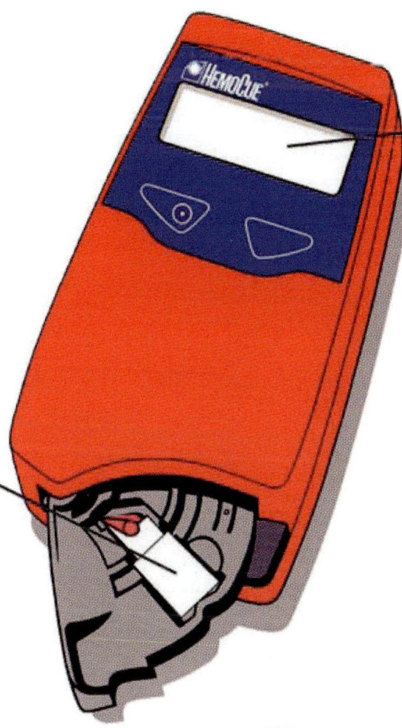

51:7

51:10

Modernes Instrument im Taschenformat zur Hämoglobinmessung. Mithilfe einer Mikroküvette und eines vorkalibrierten Photometers lassen sich auch von ungeschultem Personal in etwa einer Minute Ergebnisse ablesen.

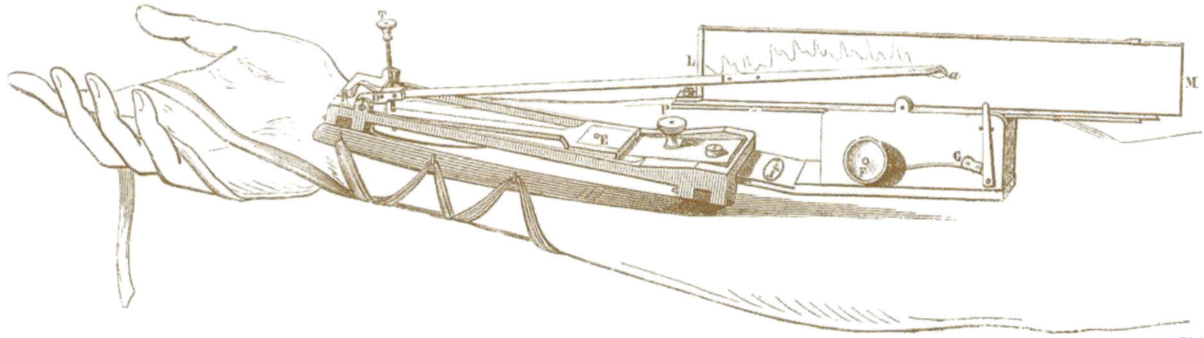

52:1

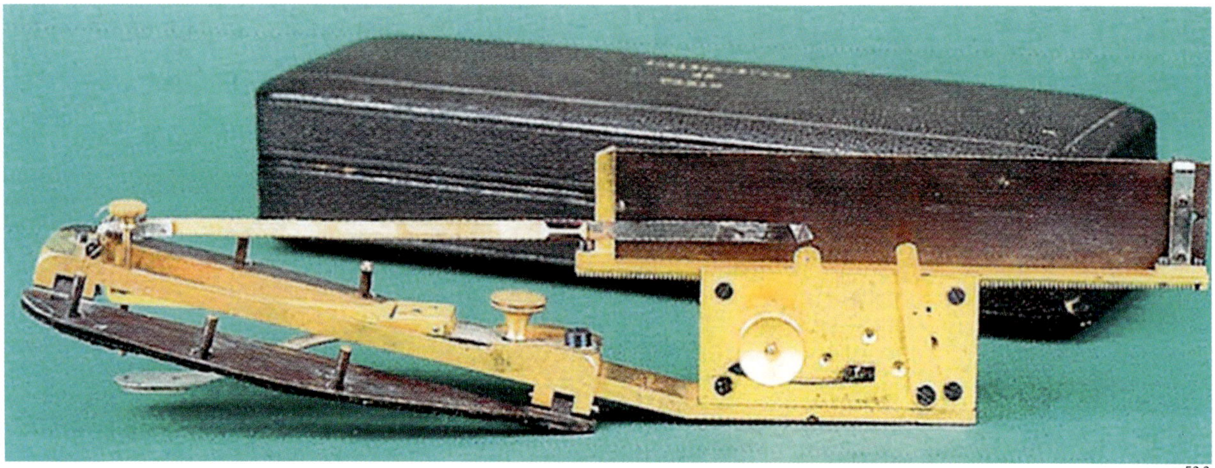

52:2

Étienne-Jules Mareys (1830–1904) stark verbesserter Sphygmograph. Diese Konstruktion war erstmalig robust genug, um sie in der Praxis einzusetzen. Eine Zeichnung aus seinem Buch und ein Foto von einem zeitgenössischen Gerät verdeutlichen die Apparatur und wie sie einzusetzen war.

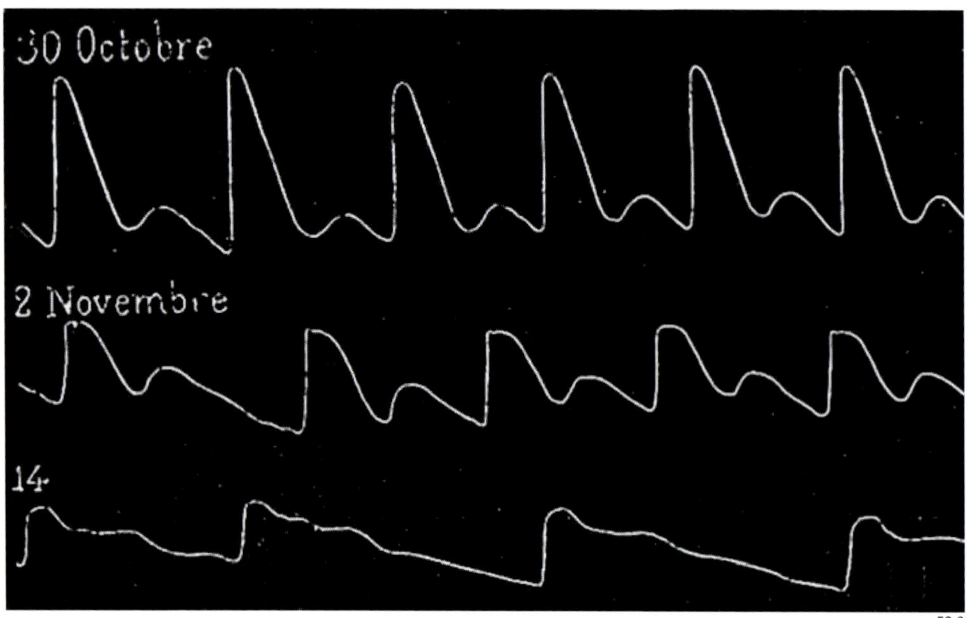

52:3

Marey untersucht die Pulskurve bei verschiedenen kardiovaskulären Erkrankungen, aber auch bei anderen Krankheitszuständen. Die Aufzeichnungen zeigen die progressive Auswirkung von Typhus auf den Puls.

Étienne-Jules Marey

Marey kam 1830 in Beaune zur Welt. Nach seiner Promotion im Jahre 1857 richtete er sich ein privates Labor für experimentelle Physiologie in Paris ein. Ein Jahrzehnt lang erforschte er die Herzfunktion und das Kreislaufsystem, wobei er neue Instrumente für die graphische Aufzeichnung der physiologischen Parameter entwickelte (52.1). 1868 folgte er Flourens (52.2) als Professor für Naturgeschichte am Collège de France und befasste sich nun mit der Bewegungsmechanik. Ab 1881 weitete er diese Studien auf Tierbewegungen im Freien aus. Im Zusammenhang damit gelangen ihm wegweisende Neuerungen auf dem Gebiet der Kinematographie (52.3) (52.4) (52.5). 1878 wurde er in die Académie des Sciences aufgenommen und 1895 zu ihrem Präsidenten gewählt. Einige Jahre vor seinem Tod 1904 gründete Marey ein nach ihm benanntes Institut zur Standardisierung und Verbesserung von graphischen Aufzeichnungsgeräten.

52:4

Étienne-Jules Marey

Physiologie médicale de la circulation du sang basée sur l'étude graphique des mouvements du cœur et du pouls artériel.

Paris: A. Delahaye, 1863.

Im ersten Teil seines Buches beschreibt Marey seinen neuen Sphygmograph (52.6), Kardiograph (52.7) und Sonden für die Herzkatheterisierung. Mit diesen Geräten gelingen ihm die ersten Aufzeichnungen des „Herzklangs" und detaillierte Beobachtungen über Druckveränderungen in Herz und Arterien. Er untersucht die Auswirkung der Atmung auf den Arterienpuls und formuliert das Verhältnis von Blutdruck zu Herzschlag. Außerdem beschreibt Marey ein hydromechanisches Modell des Kreislaufsystems, mit dessen Hilfe er seine physiologischen Beobachtungen simulieren und seine Ausrüstung testen und verbessern will. Der zweite Teil des Buches enthält viele Beispiele graphischer Aufzeichnungen, die verschiedene pathologische Zustände des Herzens und der Blutgefäße illustrieren.

Im Spiegel der Zeit:
Obwohl Marey fortwährend um Genauigkeit bemüht war, achtete er stets auch auf die leichte Anwendbarkeit der Geräte. Sowohl von der Leistung als auch von der klinischen Nutzbarkeit her übertraf sein Sphygmograph die vorherigen Arbeiten von Ludwig und Vierordt um Längen (52.8). Eine weitere bedeutende Neuerung war die „Mareysche Kapsel", ein Gerät zur Druckübertragung, das bei der Aufzeichnung relative Bewegungsfreiheit gewährte und noch in den 1950er-Jahren benutzt wurde. Im Zuge von Ficks Pionierleistung (52.9) entwickelte Marey auch das Verfahren der Plethysmographie zur Messung von Volumenschwankungen und wandte es zur Blutdruckmessung am Arm an (52.1). Diese Studien gelten als Vorläufer des modernen Blutdruckmessverfahrens, das Riva-Rocci 1896 einführte (52.10).

52.1 Marey É-J. *La méthode graphique dans les sciences expérimentales et particulièrement en physiologie et en médecine.* Paris 1878.
52.2 Siehe Ref. 36.9.
52.3 Marey É-J. *Le Vol des Oiseaux.* (Physiologie du Mouvement) Paris 1890.
52.4 Siehe Nr. 12 Borelli S. 81 und Ref. 12.10.
52.5 Siehe Ref. 38.4 Kap. 34.
52.6 Marey É-J. *Recherches sur le pouls au moyen d'un nouvel appareil enregistreur: le sphygmographe.* Paris 1860.
52.7 Chauveau JB, Marey É-J. Appareils et expériences cardiographiques. *Mém Acad imp de Méd* 1863; 26:268.
52.8 Siehe Nr. 35 Poiseuille S. 188 Ref. 35.5 und Ref. 35.7.
52.9 Siehe Nr. 46 Fick S. 242 und Ref. 46.9.
52.10 Siehe Nr. 68 Riva-Rocci S. 350.

Marey entwickelt ein verbessertes plethysmographisches Verfahren zur Messung des Blutdrucks im Arm. Die Volumenschwankung des Armes wird verzeichnet und ein Gegengewicht angebracht, das mit einer Manschette um den Arm verbunden ist.

Ein weiterer wichtiger Schritt gelingt Marey mit der Konstruktion einer empfindlichen Drucksensorkapsel, die er als „tambour“ bezeichnet, für Messungen vor Ort oder zur Übertragung von Druckänderungen auf andere Instrumente. Das Gerät wird in verschiedensten experimentellen Anordnungen seiner kardiovaskulären Studien verwendet, aber auch, wie unten abgebildet, gemeinsam mit dem „Pneumograph“, einem Gerät zur Registrierung von Atembewegungen.

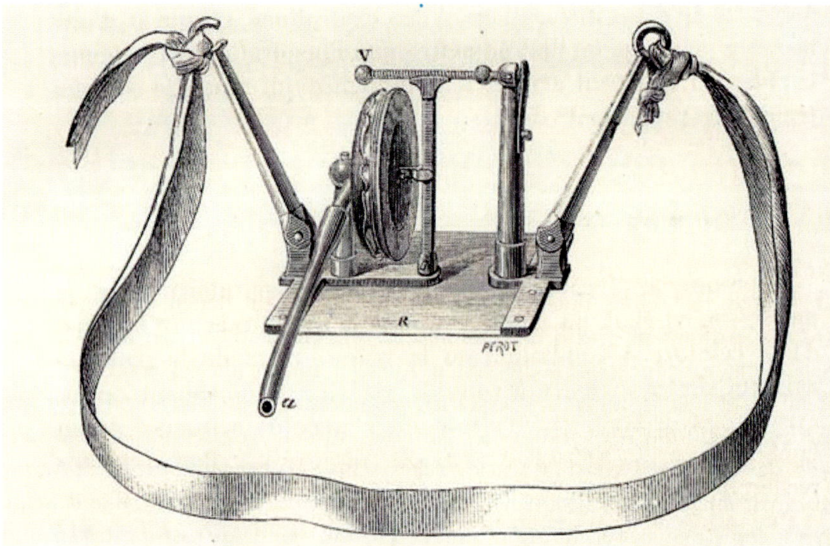

52:5

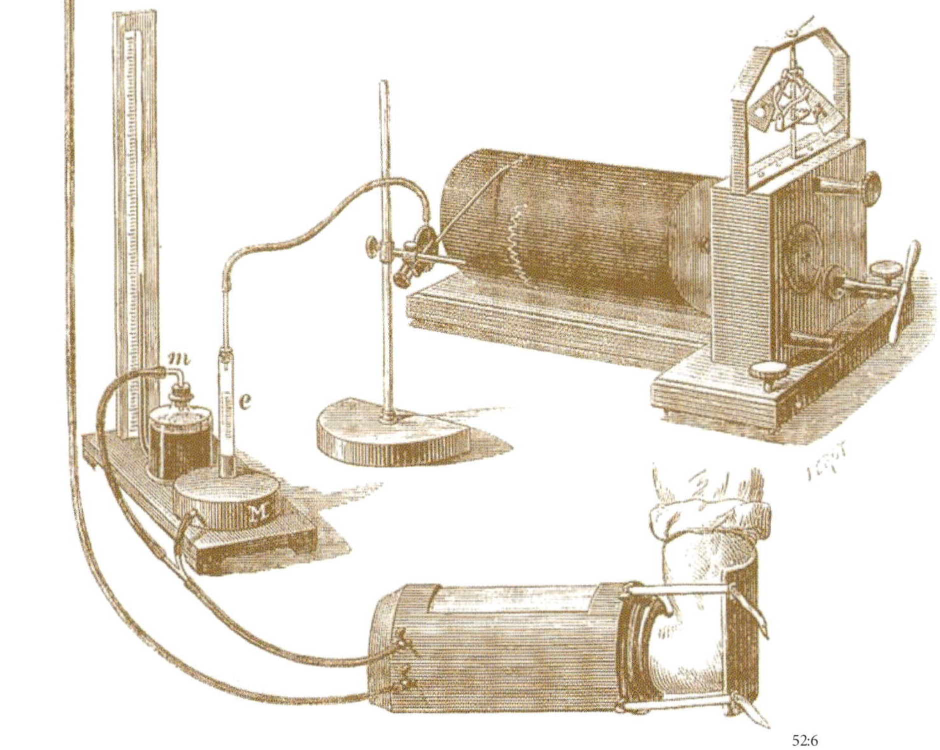

52:6

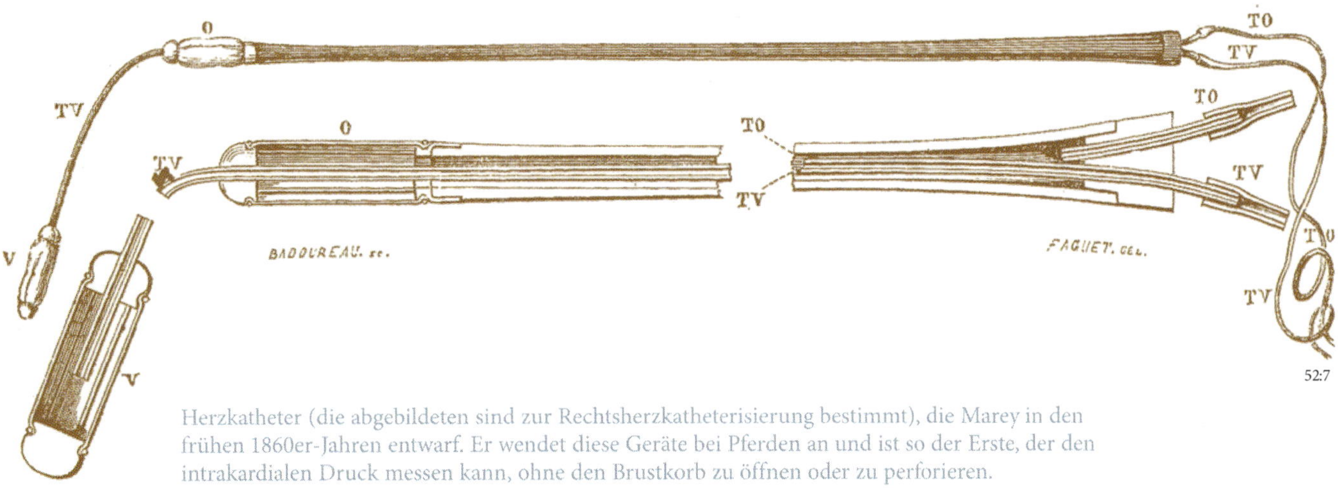

52:7

Herzkatheter (die abgebildeten sind zur Rechtsherzkatheterisierung bestimmt), die Marey in den frühen 1860er-Jahren entwarf. Er wendet diese Geräte bei Pferden an und ist so der Erste, der den intrakardialen Druck messen kann, ohne den Brustkorb zu öffnen oder zu perforieren.

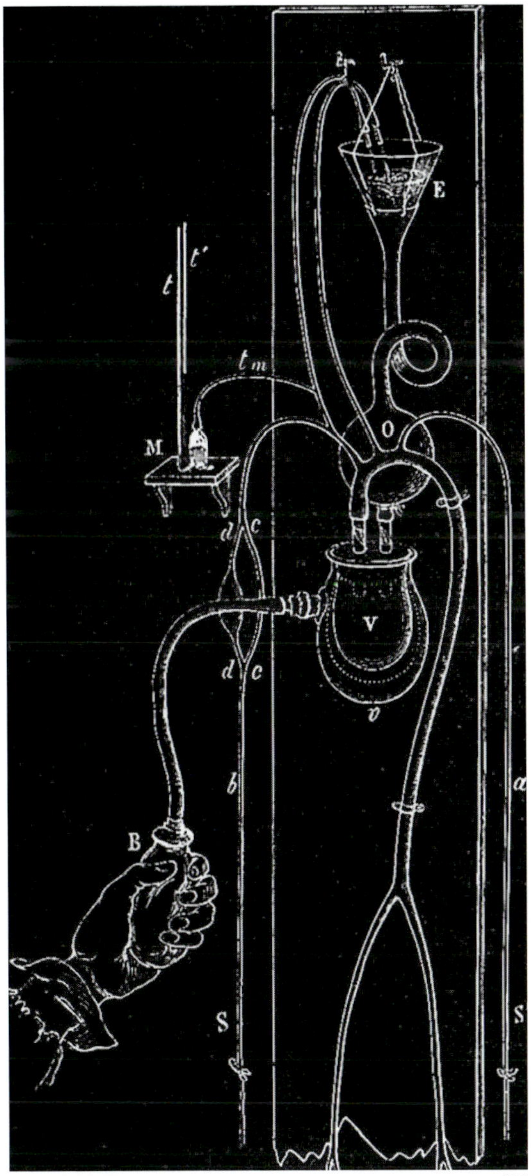

52:8

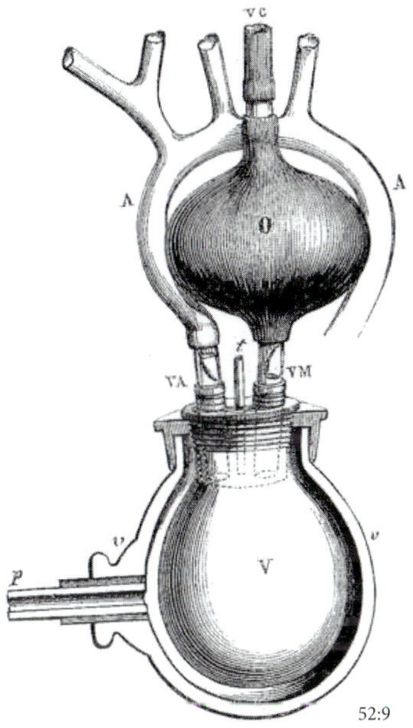

52:9

Marey, der die Arbeiten der Weber-Brüder (siehe Nr. 44) gut kennt, baut ein recht ausgeklügeltes Modell des Kreislaufsystems. Er nutzt das Modell zur Prüfung eines neuen Apparates und zur Simulation und Verifizierung experimenteller Ergebnisse, darunter die Auswirkung eines Arterienaneurysmas auf den Arterienpuls.

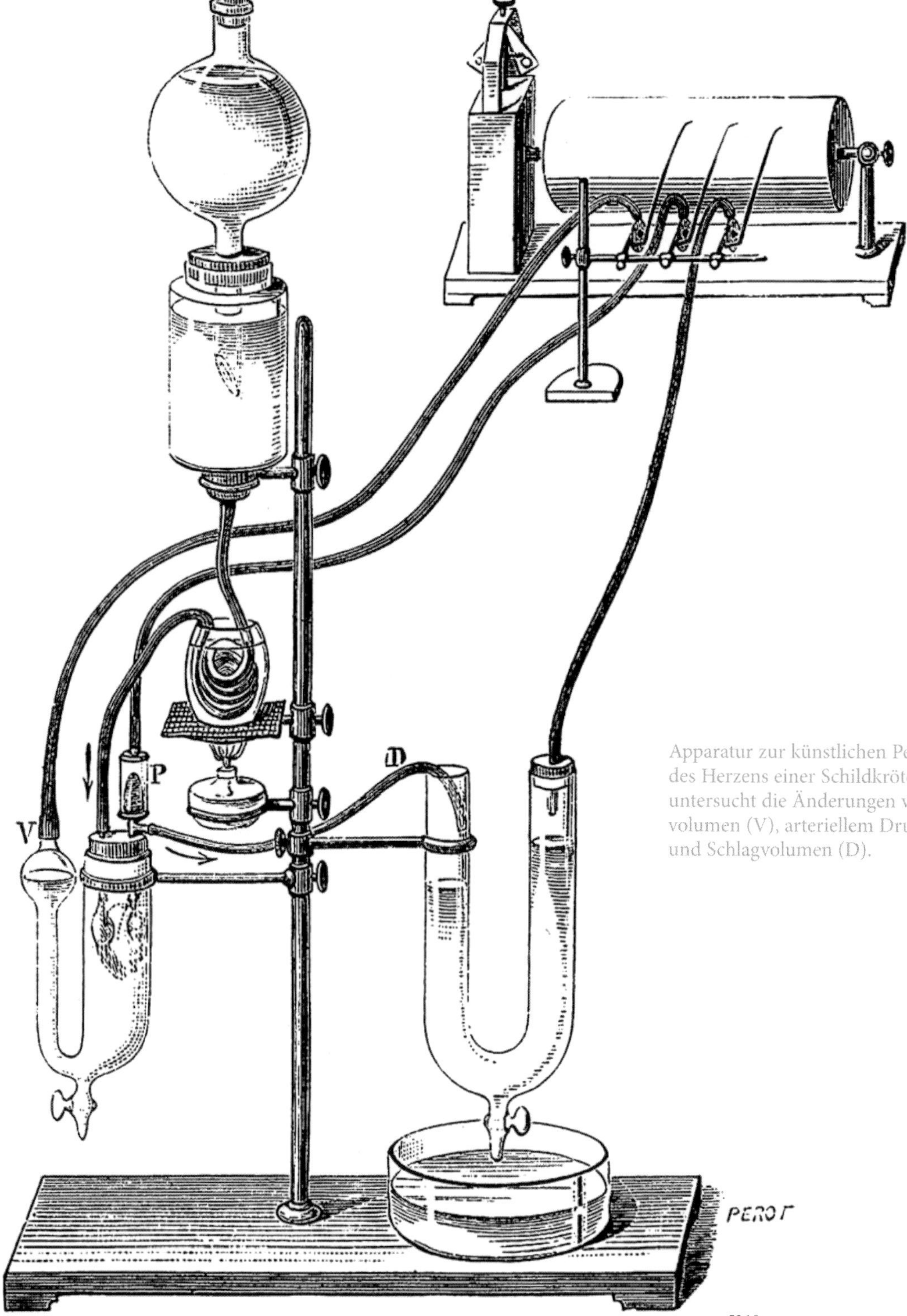

Apparatur zur künstlichen Perfusion des Herzens einer Schildkröte. Marey untersucht die Änderungen von Herzvolumen (V), arteriellem Druck (P) und Schlagvolumen (D).

52:10

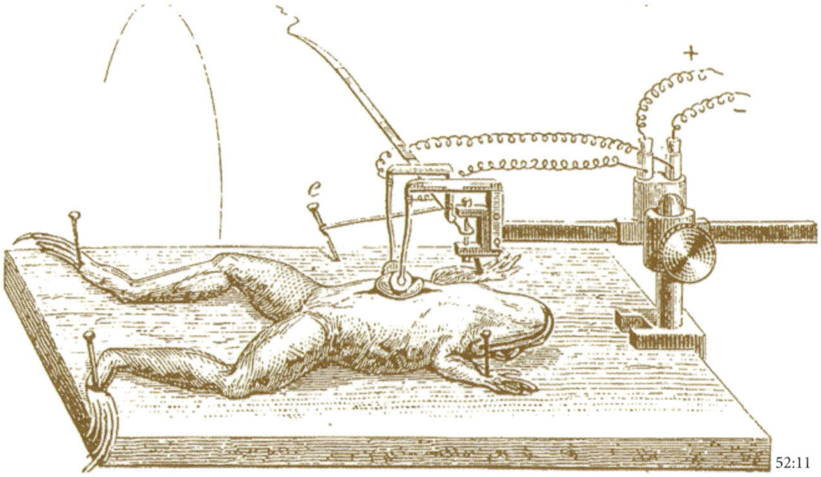

52:11

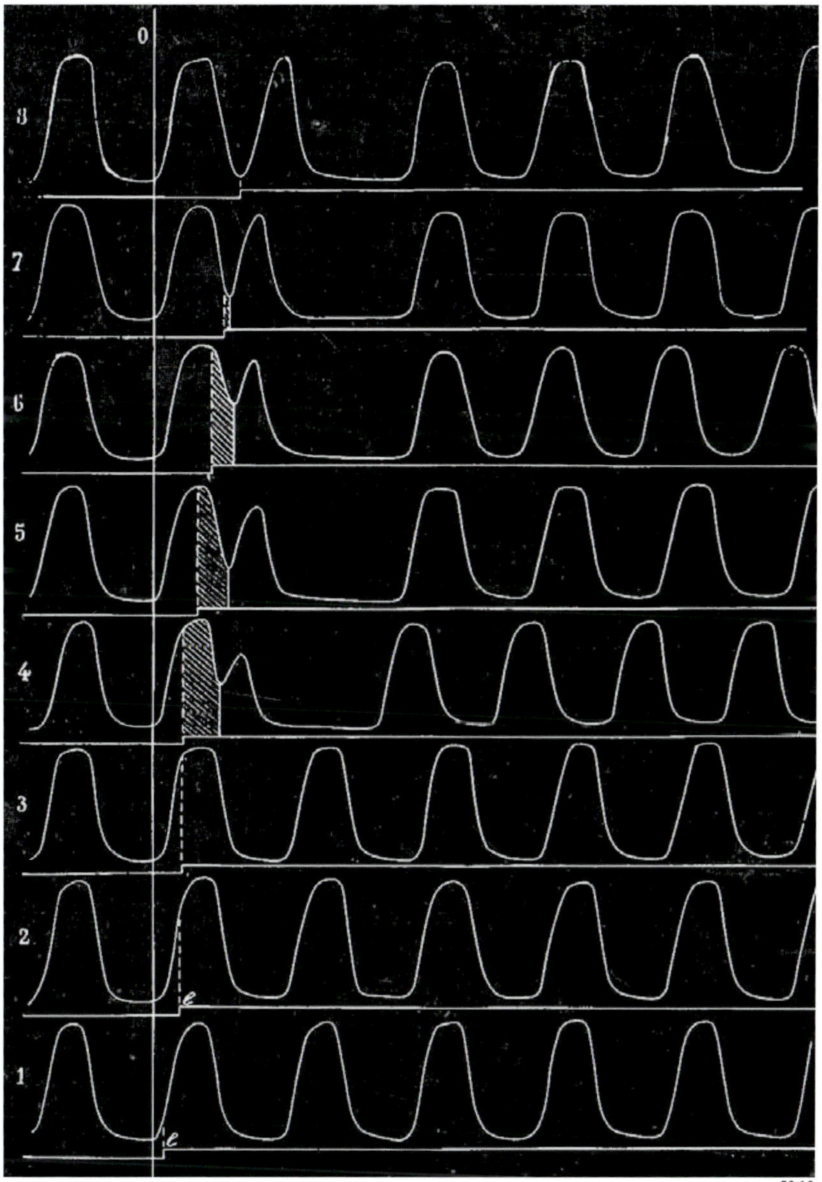

52:12

Marey erforscht die Auswirkung der elektrischen Stimulation auf das Froschherz. Er demonstriert die wechselnde Empfindlichkeit des Herzens für schwache elektrische Reizung (dargestellt als Stufe in der Grundlinie) zu unterschiedlichen Zeitpunkten des Herzzyklus.

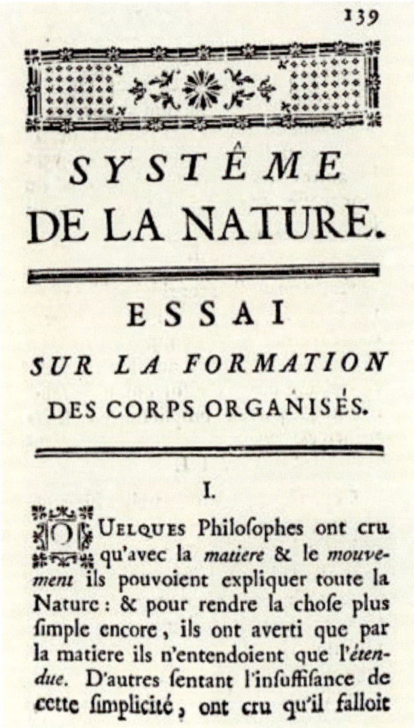

139

SYSTÊME
DE LA NATURE.

ESSAI
SUR LA FORMATION
DES CORPS ORGANISÉS.

I.

QUELQUES Philoſophes ont cru qu'avec la *matiere* & le *mouvement* ils pouvoient expliquer toute la Nature : & pour rendre la choſe plus ſimple encore, ils ont averti que par la matiere ils n'entendoient que l'*étendue*. D'autres ſentant l'inſuffiſance de cette ſimplicité, ont cru qu'il falloit

53:1

53:3

Bereits in der Mitte des 18. Jahrhunderts veröffentlicht Pierre Maupertuis (1698–1759) (Porträt oben) wichtige Beobachtungen, die schon auf die Mendelschen Vererbungsregeln hindeuten. Er untersucht das dominante Merkmal der Polydaktylie (mehr als fünf Finger oder Zehen) und postuliert, dass vom männlichen und vom weiblichen Elternteil getrennte Erbfaktoren kommen und dass sich das Merkmal von beiden Elternteilen vererben lässt.

Gregor Mendel (1822–1884) legt die Ergebnisse seiner umfangreichen Studie über Pflanzen-Hybriden vor. Mit seinen Experimenten will er ein allgemeingültiges Gesetz finden, das die Bildung von Hybriden steuert. Von der Existenz eines solchen Gesetzes ist er überzeugt, „da die Einheit im Entwicklungsplane des organischen Lebens ausser Frage steht". Sein Werk wird über 30 Jahre lang ignoriert.
Unten rechts ist William Batesons (1861–1926) englische Übersetzung von 1909 zu sehen, die rasch bewirkt, dass Mendels Ergebnisse breitere Anerkennung finden.

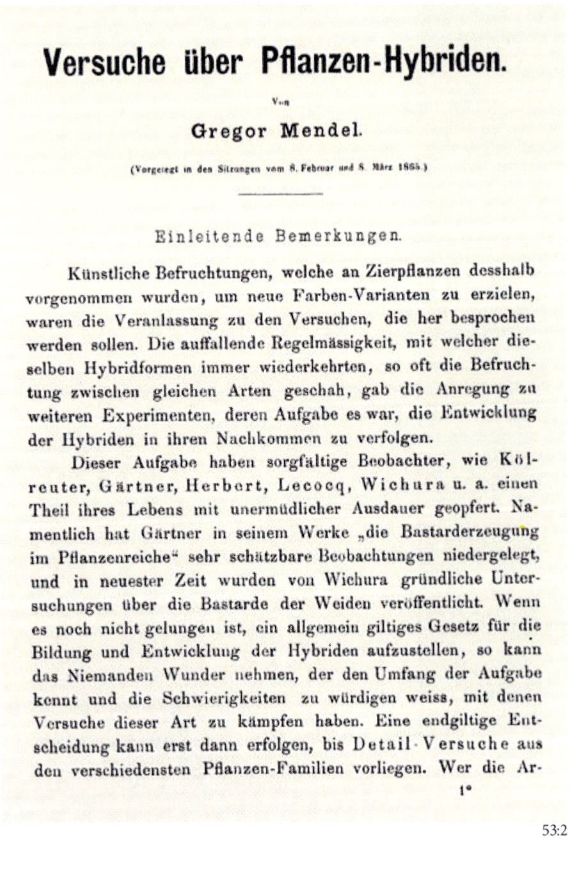

Versuche über Pflanzen-Hybriden.

Von

Gregor Mendel.

(Vorgelegt in den Sitzungen vom 8. Februar und 8. März 1865.)

Einleitende Bemerkungen.

Künstliche Befruchtungen, welche an Zierpflanzen desshalb vorgenommen wurden, um neue Farben-Varianten zu erzielen, waren die Veranlassung zu den Versuchen, die her besprochen werden sollen. Die auffallende Regelmässigkeit, mit welcher dieselben Hybridformen immer wiederkehrten, so oft die Befruchtung zwischen gleichen Arten geschah, gab die Anregung zu weiteren Experimenten, deren Aufgabe es war, die Entwicklung der Hybriden in ihren Nachkommen zu verfolgen.

Dieser Aufgabe haben sorgfältige Beobachter, wie Kölreuter, Gärtner, Herbert, Lecocq, Wichura u. a. einen Theil ihres Lebens mit unermüdlicher Ausdauer geopfert. Namentlich hat Gärtner in seinem Werke „die Bastarderzeugung im Pflanzenreiche" sehr schätzbare Beobachtungen niedergelegt, und in neuester Zeit wurden von Wichura gründliche Untersuchungen über die Bastarde der Weiden veröffentlicht. Wenn es noch nicht gelungen ist, ein allgemein giltiges Gesetz für die Bildung und Entwicklung der Hybriden aufzustellen, so kann das Niemanden Wunder nehmen, der den Umfang der Aufgabe kennt und die Schwierigkeiten zu würdigen weiss, mit denen Versuche dieser Art zu kämpfen haben. Eine endgiltige Entscheidung kann erst dann erfolgen, bis Detail-Versuche aus den verschiedensten Pflanzen-Familien vorliegen. Wer die Ar-

1*

53:2

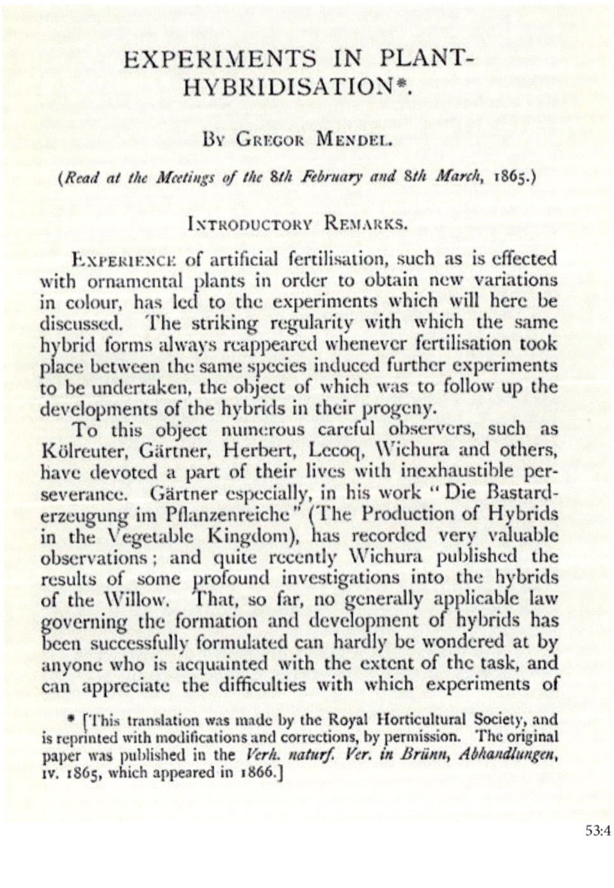

EXPERIMENTS IN PLANT-HYBRIDISATION*.

BY GREGOR MENDEL.

(*Read at the Meetings of the 8th February and 8th March*, 1865.)

INTRODUCTORY REMARKS.

EXPERIENCE of artificial fertilisation, such as is effected with ornamental plants in order to obtain new variations in colour, has led to the experiments which will here be discussed. The striking regularity with which the same hybrid forms always reappeared whenever fertilisation took place between the same species induced further experiments to be undertaken, the object of which was to follow up the developments of the hybrids in their progeny.

To this object numerous careful observers, such as Kölreuter, Gärtner, Herbert, Lecoq, Wichura and others, have devoted a part of their lives with inexhaustible perseverance. Gärtner especially, in his work "Die Bastarderzeugung im Pflanzenreiche" (The Production of Hybrids in the Vegetable Kingdom), has recorded very valuable observations; and quite recently Wichura published the results of some profound investigations into the hybrids of the Willow. That, so far, no generally applicable law governing the formation and development of hybrids has been successfully formulated can hardly be wondered at by anyone who is acquainted with the extent of the task, and can appreciate the difficulties with which experiments of

* [This translation was made by the Royal Horticultural Society, and is reprinted with modifications and corrections, by permission. The original paper was published in the *Verh. naturf. Ver. in Brünn, Abhandlungen*, iv. 1865, which appeared in 1866.]

53:4

Gregor Mendel

53:5

Gregor Mendel

Mendel wurde 1822 in Heinzendorf in Österreichisch-Schlesien geboren. Sein Vater war Bauer und in der Familie seiner Mutter gab es viele professionelle Gärtner. Er besuchte ein Gymnasium und später das Philosophische Institut in Olmütz. 1843 trat er in das Augustinerkloster in Alt Brünn ein. Nach dem Studium von Theologie, Landwirtschaft, Obstbaukunde und Weinbau wurde er 1847 zum Priester geweiht. Ab 1856, als Mendel die Pflege der Klostergärten übertragen wurde, experimentierte er mit Erbsenpflanzen und formulierte 1864 die heute nach ihm benannten Vererbungsregeln. 1868 wurde er zum Abt des Klosters gewählt, weshalb er auf weitere wissenschaftliche Forschungen verzichten musste. Mendel war ein freundlicher Mensch und leidenschaftlicher Lehrer. Er war jedoch auch sehr sensibel und seine letzten zehn Lebensjahre wurden von politischen Auseinandersetzungen überschattet.

Versuche über Pflanzen-Hybriden.

Verhandlungen des naturforschenden Vereines in Brünn 1865; 4:3.
Brünn: G. Gastl, 1866.

Mendel berichtet über die Ergebnisse seiner Beobachtungen an über 28000 Erbsenpflanzen, die er in acht Jahren züchtete. Er analysiert sieben Paare von Samen- und Pflanzenmerkmalen und vermerkt die 128 (= 2^7) konstanten Verbindungen dieser sieben alternativen und sich gegenseitig ausschließenden Merkmale. Anhand der Begriffe des „dominanten“ und „rezessiven“ Merkmals erläutert er „die Entwicklungsgeschichte der organischen Formen“ und behauptet, seine Regeln seien allgemeingültig, „da die Einheit im Entwicklungsplane des organischen Lebens ausser Frage steht“.

Im Spiegel der Zeit:
100 Jahre vor Mendel untersuchte Maupertuis die Vererbungsregeln eines dominanten Merkmals (Polydaktylie bzw. überzählige Finger oder Zehen) (53.1). Er behauptete, vom männlichen und vom weiblichen Elternteil kämen getrennte Erbfaktoren, die aufgrund einer chemischen Anziehung verschmelzen würden. Dass beide Elternteile das Merkmal vererben konnten, zeigte er, indem er über drei aufeinanderfolgende Generationen eine vollständige Familiengeschichte aufzeichnete und nachwies, dass das Ergebnis nicht zufällig auftreten konnte. Ausgehend von Beobachtungen an großen Populationen untersuchte Galton, ein Zeitgenosse Mendels, die Vererbung von Merkmalen über Generationen (53.2). Mendels Werk blieb unbeachtet, bis es Correns (53.3), de Vries (53.4) und Tschermak (53.5) im Jahre 1900 unabhängig voneinander wiederentdeckten. Bateson machte Mendels Überlegungen einem breiten Publikum zugänglich (53.6) und prägte den Ausdruck „Genetik“. Der Begriff der natürlichen Selektion (53.7) beruht auf der Variation in Populationen, die gemäß den Mendelschen Regeln und aufgrund von Mutationen auftritt (53.8). Während Mendel Darwins Theorie (53.9) kannte und schätzte, wusste Darwin nichts von Mendels Arbeiten. 1932 präsentierte Haldane (53.10) eine Synthese der beiden.

53.1 Maupertuis P. *Œuvres*. Vol. 1–4. Lyon 1756. Siehe insbesondere Vol. 2, S. 139, Système de la Nature.
53.2 Siehe Ref. 30.8.
53.3 Correns C. Mendels Regel über das Verhalten der Nachkommenschaft der Rassenbastarde. *Ber dtsch bot Ges* 1900; 18:158.
53.4 de Vries H. Das Spaltungsgesetz der Bastarde. *Ber dtsch bot Ges* 1900; 18:83.
53.5 Tschermak E. Ueber künstliche Kreuzung bei Pisum sativum. *Z landwirtsch Versuchsw in Oesterreich* 1900; 3:465.
53.6 Bateson W. *Mendel's Principles of Heredity*. Cambridge 1909.
53.7 Darwin C, Wallace AR. On the Tendency of Species to form Varieties; and on the Perpetuation of Varieties and Species by Natural Means of Selection. *J Proc Linnean Soc* 1858; 3(9):45.
53.8 de Vries H. *Die Muthationstheorie*. Vol 1, 2. Leipzig 1901–1903.
53.9 Darwin C. *On the Origin of Species by Means of Natural Selection*. London 1859.
53.10 Haldane JB. *The causes of evolution*. London 1932.

Der Klostergarten, in dem Mendel seine Experimente durchführte, Ende des 19. Jahrhunderts (unten). Rechts ist der betreffende etwa 35 × 7 m große Bereich des Gartens abgebildet, wie er zu Beginn des 20. Jahrhunderts aussah.

53:6

53:7

1 and 2. Emily Henderson, white. 3. F_1 Purple Invincible. 4—10. The various F_2 types obtained by self-fertilising F_1. 4. Purple Invincible. 5. Painted Lady. 6. White. 7. Purple with purple wings. 8. Miss Hunt. 9. Purple Picotee. 10. Pink Picotee, or Tinged White. In the red class 5, 8 and 10 correspond respectively to 4, 7 and 9 in the purple classes.

Mendel züchtet in acht Jahren etwa 28 000 Erbsenpflanzen und analysiert sieben Merkmalspaare. Die Abbildung stammt aus Batesons Buch, in dem erstmals das Wort „Genetik“ auftaucht.

53:8

54:1

Lister ehrt Louis Pasteur (1822–1895) auf der Feier zu dessen 70. Geburtstag 1892 in Paris.

Hier erläutert Joseph Lister (1827–1912) die Hintergründe für seine Vorstellung von einer antiseptischen Chirurgie. Pasteurs Keimtheorie der Krankheiten spielt bei diesem bedeutenden Schritt in der Geschichte der Chirurgie offensichtlich eine wichtige Rolle.

Turning now to the question how the atmosphere produces decomposition of organic substances, we find that a flood of light has been thrown upon this most important subject by the philosophic researches of M. Pasteur, who has demonstrated by thoroughly convincing evidence that it is not to its oxygen or to any of its gaseous constituents that the air owes this property, but to minute particles suspended in it, which are the germs of various low forms of life, long since revealed by the microscope, and regarded as merely accidental concomitants of putrescence, but now shown by Pasteur to be its essential cause, resolving the complex organic compounds into substances of simpler chemical constitution, just as the yeast plant converts sugar into alcohol and carbonic acid.

A beautiful illustration of this doctrine seems to me to be presented in surgery by pneumothorax with emphysema, resulting from puncture of the lung by a fractured rib. Here, though atmospheric air is perpetually introduced into the pleura in great abundance, no inflammatory disturbance supervenes; whereas an external wound penetrating the chest, if it remains open, infallibly causes dangerous suppurative pleurisy. In the latter case the blood and serum poured out into the pleural cavity, as an immediate consequence of the injury, are decomposed by the germs that enter with the air, and then operate as a powerful irritant upon the serous membrane. But in case of puncture of the lung without external wound, the atmospheric gases are filtered of the causes of decomposition before they enter the pleura, by passing through the bronchial tubes, which, by their small size, their tortuous course, their mucous secretion, and ciliated epithelial lining, seem to be specially designed to arrest all solid particles in the air inhaled. Consequently the effused fluids retain their original characters unimpaired, and are speedily absorbed by the unirritated pleura.

54:2

Joseph Lister

54:3

Joseph Lister

Lister wurde 1827 als Kind einer Quäkerfamilie in Upton, Essex, geboren. Sein Vater war ein bekannter Arzt (54.1). Nach einer breit gefächerten Ausbildung an Privatschulen nahm er ein Studium am University College London auf und machte 1852 sein Medizinexamen. Nach sieben Jahren als Chirurgieassistent in Edinburgh verschaffte ihm sein Ruf als findiger Forscher und exzellenter Kliniker eine Stelle als Professor für Chirurgie in Glasgow. In der Zeit von 1865 bis 1867 führte er die antiseptische Methode in die Chirurgie ein. 1877 verschaffte ihm die Position als Leiter der Klinischen Chirurgie am Kings College in London eine bessere Plattform, um seine Ideen zu verbreiten, und bald erntete er weltweite Anerkennung und zahlreiche Ehrungen. Lister war ein tief religiöser Mensch, charmant, aber reserviert, und von aufrichtiger und bescheidener Gesinnung. Ein Schlaganfall im Jahre 1903 beeinträchtigte seine Gesundheit und führte 1912 schließlich zu seinem Tod.

On a New Method of Treating Compound Fracture, Abscess, etc. with Observations on the Conditions of Suppuration.

LANCET 1867; 1:326, 357, 387, 507 UND LANCET 1867; 2:95.

Auf der Grundlage von Pasteurs Nachweis (54.2), dass durch die Luft übertragene Keime Fäulnis verursachen, und weil er erfährt, dass die Behandlung von Abwässern mit Karbolsäure (Phenol) sämtliche Gerüche beseitigt, beschließt Lister, diese Verbindung zur Wundbehandlung zu verwenden. Er berichtet von elf komplizierten Brüchen (die normalerweise in 40% der Fälle zum Tod führten). Alle werden mit einer Lösung aus Karbolsäure gereinigt sowie mit einem vor Verdunstung geschützten säuregetränkten Verband bedeckt. Neun seiner Patienten überleben. Außerdem verweist Lister darauf, dass antiseptisch geöffnete Abszesse besser heilen als ungeöffnete.

Im Spiegel der Zeit:
Nach Liebig war Sauerstoff die treibende Kraft organischer Fäulnis (54.3) (54.4). Dagegen hatte Pasteur gezeigt (54.2), dass dieser Prozess von durch die Luft übertragenen Mikroorganismen hervorgerufen wurde. Die durch Listers antiseptische Methode dramatisch verbesserten Behandlungserfolge (54.5) (54.6) führten rasch dazu, dass der gesamte Operationsbereich mit Karbolspray eingesprüht wurde. 1890 jedoch, als Lister erkannte, dass die meisten durch die Luft übertragenen Mikroben weder krankheitserregend waren noch durch das Spray abgetötet wurden, nahm er von diesem Verfahren Abstand (54.7). Kochs Entwicklung der Dampfsterilisation (54.8) (54.9) und das Risiko, den natürlichen Heilungsprozess durch den Einsatz chemischer Antiseptika zu stören, führten zu einer Kontroverse zwischen Befürwortern aseptischer Verfahren und denen, die die Wichtigkeit der Antisepsis bei der Wundbehandlung unterstrichen. Lister, immer auf Vermittlung aus, lud sowohl Koch als auch Pasteur 1881 zu einem Treffen in London ein. Schließlich wurde der Konflikt auf Betreiben von Lister mit der Berücksichtigung beider Standpunkte beigelegt.

54.1 Siehe Ref. 9.5.
54.2 Siehe Nr. 50 Pasteur S. 264.
54.3 Siehe Nr. 39 Liebig S. 208.
54.4 von Liebig J. Ueber die Erscheinungen der Gährung, Fäulniss und Verwesung und ihre Ursachen. *Ann d Pharm* 1839; 30(31):38.
54.5 Lister J. On the Effects of the Antiseptic System of Treatment upon the Salubrity of a Surgical Hospital. *Lancet* 1870; I, S. 4 und S. 40.
54.6 *The Collected Papers of Joseph, Baron Lister.* Vol 1, 2. Oxford 1909. Vol. 2 Teil III. The antiseptic system.
54.7 Lister J. An Address on the present Position of Antiseptic Surgery, delivered before the International Medical Congress Berlin 1890. *Brit Med J* 1890; II:377.
54.8 Siehe Nr. 61 Koch S. 316.
54.9 Koch R. Ueber Desinfection. *Mittheil a d Kais Gesundheitsamte* 1881; 1:234.

Lister erläutert, wie er dazu kam, das System der antiseptischen Chirurgie zu entwickeln. Die Verfügbarkeit von Karbolsäure (Phenol, siehe Nr. 73) ist ein bedeutender Faktor, der die rasche und erfolgreiche Überprüfung seiner neuen Ideen erleichtert.

Unten ist die allgemeine Operationsanordnung für die aseptische Chirurgie abgebildet, mit der Positionierung des Chirurgen und seiner Assistenten, Tüchern und Karbolspray.

Applying these principles to the treatment of compound fracture, bearing in mind that it is from the vitality of the atmospheric particles that all the mischief arises, it appears that all that is requisite is to dress the wound with some material capable of killing these septic germs, provided that any substance can be found reliable for this purpose, yet not too potent as a caustic.

In the course of the year 1864 I was much struck with an account of the remarkable effects produced by carbolic acid upon the sewage of the town of Carlisle, the admixture of a very small proportion not only preventing all odour from the lands irrigated with the refuse material, but, as it was stated, destroying the entozoa which usually infest cattle fed upon such pastures.

My attention having for several years been much directed to the subject of suppuration, more especially in its relation to decomposition, I saw that such a powerful antiseptic was peculiarly adapted for experiments with a view to elucidating that subject, and while I was engaged in the investigation the applicability of carbolic acid for the treatment of compound fracture naturally occurred to me.

My first attempt of this kind was made in the Glasgow Royal Infirmary in March 1865, in a case of compound fracture of the leg. It proved unsuccessful, in consequence, as I now believe, of improper management; but subsequent trials have more than realized my most sanguine anticipations.

Carbolic acid [1] proved in various ways well adapted for the purpose.

[1] Carbolic acid is found in the shops in two forms—the glacial or crystalline, solid at ordinary temperatures of the atmosphere; and the fluid, which sometimes passes under the name of German creosote. The fluid variety is sold in various degrees of purity. The crude forms are objectionable from their offensive odour; but the properly rectified product is almost fragrant. Different samples, however, differ much in energy of action, and hence, though I have hitherto employed the liquid

54:4

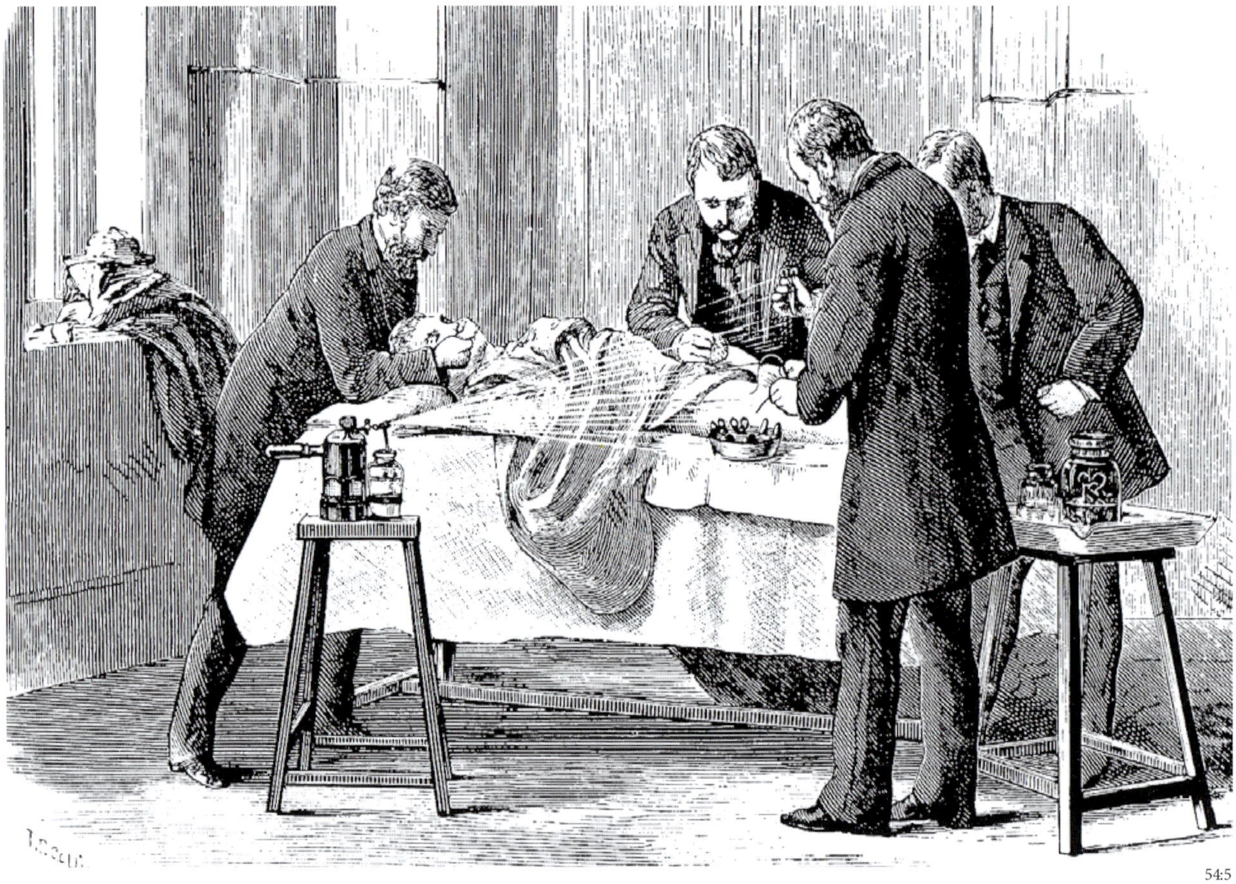

54:5

54:6

54:7

Karbolspray, in Karbolsäure getränkter Verbandsmull und ihre von Lister bei größeren Operationen befolgte korrekte Anwendung.

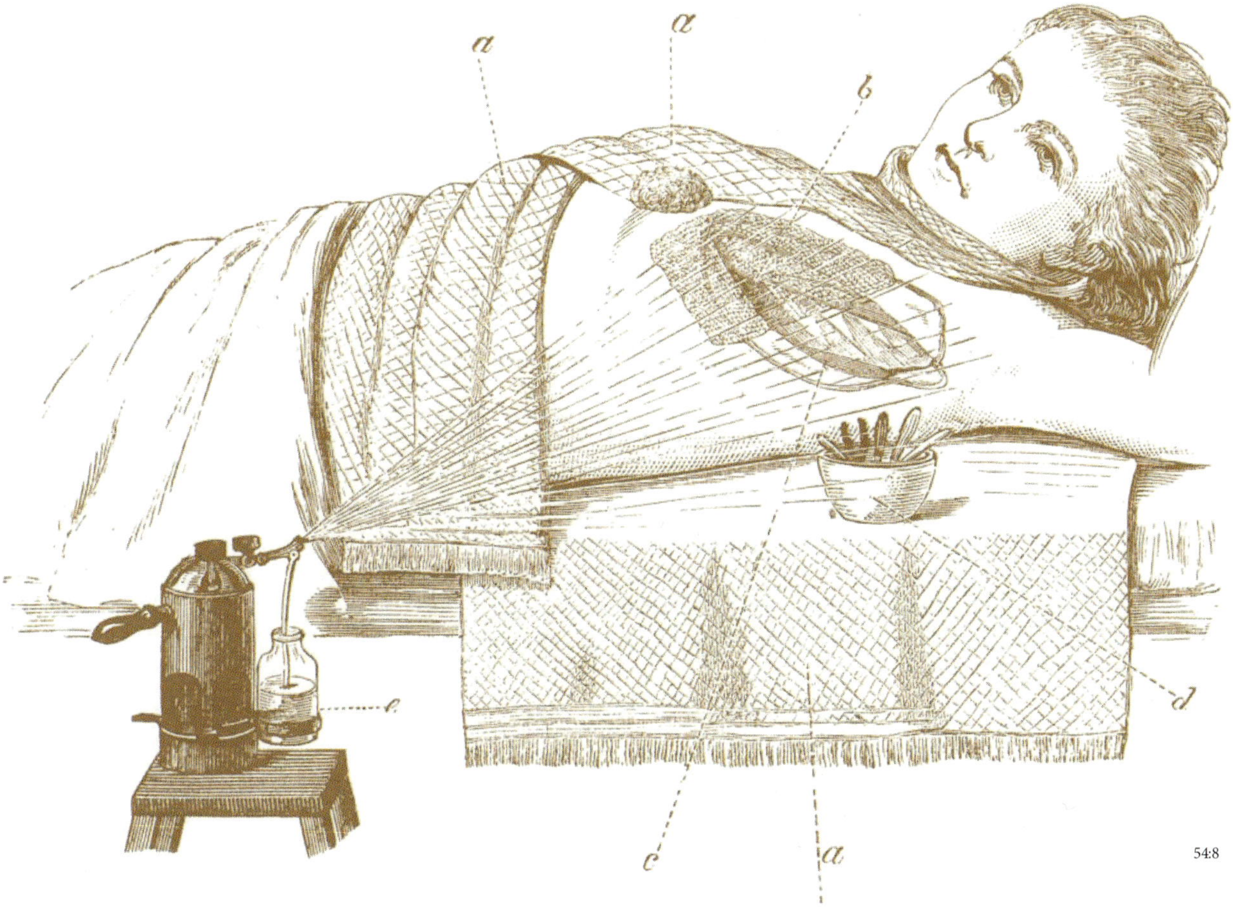

54:8

1868 legt James Clerk Maxwell (1831–1879) den Grundstein für die Kontrolltheorie. Ungefähr zur gleichen Zeit formuliert Claude Bernard (1813–1878) seine Annahme, dass ein Regelungsmechanismus alle Vitalfunktionen eines Organismus steuert und die Gesundheit in einem stabilen Gleichgewicht (Homöostase) hält. Fast ein Jahrhundert später wird aus dem griechischen Wort für Maxwells „*governor*" (Regler) die Bezeichnung „Kybernetik" für diese wissenschaftliche Disziplin abgeleitet.

XXXIV. *On Governors.*

A Governor is a part of a machine by means of which the velocity of the machine is kept nearly uniform, notwithstanding variations in the driving-power or the resistance.

Most governors depend on the centrifugal force of a piece connected with a shaft of the machine. When the velocity increases, this force increases, and either increases the pressure of the piece against a surface or moves the piece, and so acts on a break or a valve.

In one class of regulators of machinery, which we may call *moderators**, the resistance is increased by a quantity depending on the velocity. Thus in some pieces of clockwork the moderator consists of a conical pendulum revolving within a circular case. When the velocity increases, the ball of the pendulum presses against the inside of the case, and the friction checks the increase of velocity.

In Watt's governor for steam-engines the arms open outwards, and so contract the aperture of the steam-valve.

In a water-break invented by Professor J. Thomson, when the velocity is increased, water is centrifugally pumped up, and overflows with a great velocity, and the work is spent in lifting and communicating this velocity to the water.

In all these contrivances an increase of driving-power produces an increase of velocity, though a much smaller increase than would be produced without the moderator.

But if the part acted on by centrifugal force, instead of acting directly on the machine, sets in motion a contrivance which continually increases the resistance as long as the velocity is above its normal value, and reverses its action when the velocity is below that value, the governor will bring the velocity to the same normal value whatever variation (within the working limits of the machine) be made in the driving-power or the resistance.

I propose at present, without entering into any details of mechanism, to direct the attention of engineers and mathematicians to the dynamical theory of such governors.

It will be seen that the motion of a machine with its governor consists in general of a uniform motion, combined with a disturbance which may be expressed as the sum of several component motions. These components may be of four different kinds:—

1. The disturbance may continually increase.
2. It may continually diminish.
3. It may be an oscillation of continually increasing amplitude.
4. It may be an oscillation of continually decreasing amplitude.

The first and third cases are evidently inconsistent with the stability of the motion; and the second and fourth alone are admissible in a good governor. This condition is mathematically equivalent to the condition that all the possible roots, and all the possible parts of the impossible roots, of a certain equation shall be negative.

I have not been able completely to determine these conditions for equations of a higher degree than the third; but I hope that the subject will obtain the attention of mathematicians.

* See Mr C. W. Siemens "On Uniform Rotation," *Phil. Trans.* 1866, p. 657.

55:1

James Clerk Maxwell

55:2

James Clerk Maxwell

Maxwell wurde 1831 als Sohn einer bekannten schottischen Familie in Edinburgh geboren. Er besuchte die dortige Akademie und veröffentlichte mit 14 Jahren seinen ersten Artikel. Nach einem Studium an der Universität Edinburgh ging er 1850 nach Cambridge. Ab 1855, als er ins Trinity College eintrat, besetzte er mehrere Lehrstühle, bevor er sich 1865 aus dem öffentlichen akademischen Leben zurückzog. Dennoch wurde er 1871 zum Professor für experimentelle Physik nach Cambridge berufen, wo er an der Planung und Entwicklung des Cavendish-Labors beteiligt war, das er sogar finanziell unterstützte. Maxwell war ein religiöser Mensch mit einem Hang zum Mystizismus. Am berühmtesten sind seine wegweisende Theorie des elektromagnetischen Feldes (55.1) und seine Beiträge zur kinetischen Gastheorie (55.2). Mit nur 48 Jahren starb er an Krebs.

On Governors.

PROCEEDINGS OF THE ROYAL SOCIETY OF LONDON 1868; 16:270.

Mit diesem Artikel legt Maxwell den Grundstein für die Kontrolltheorie. Zur Einführung in seine Analysen sagt er: „Ein Regler ist ein Teil einer Maschine, durch den die Geschwindigkeit der Maschine nahezu konstant gehalten wird, ungeachtet von Variationen in Antriebsleistung oder Widerstand." Er fährt fort: „Ohne auf Einzelheiten des Mechanismus einzugehen, möchte ich Ingenieuren und Mathematikern nahelegen, sich mit der dynamischen Theorie solcher Regler auseinanderzusetzen."

Im Spiegel der Zeit:

Kontroll- und Kommunikationstheorien sind eng miteinander verknüpft, da eine adäquate Kontrolle den Austausch der notwendigen Informationen zwischen dem System und seinem „Regler" erfordert. In den 1930er-Jahren erzielten Nyquist und Black bedeutende Fortschritte in beiden Bereichen (55.3) (55.4) (55.5). In jüngerer Zeit führte Wiener den Begriff „Kybernetik" ein (abgeleitet vom griechischen Wort für Steuermann) und erörterte biomedizinische Anwendungen von Kontrollsystemen (55.6). Zehn Jahre vor Maxwells Artikel entdeckte Bernard, der die vasomotorischen Nerven untersuchte, dass durch das Zusammenwirken von zwei antagonistischen Innervationen (Vasokonstriktor und Vasodilatator) ein physiologisches Gleichgewicht erzeugt wird (55.7). Aus diesen Beobachtungen entwickelte Bernard die allgemeine Vorstellung, dass ein Regelungsmechanismus alle Vitalfunktionen eines Organismus steuere und die Stabilität des „milieu intérieur" gewährleiste (55.8); Krankheitszustände repräsentierten demnach Abweichungen von dieser Homöostase. Die moderne Kommunikationstheorie beruht auf dem statistischen Begriff der Entropie (55.9). Dieser wurde ursprünglich von Boltzmann geprägt, der in Erweiterung von Maxwells kinetischer Gastheorie (55.2) ein Maß für die Ordnung in einem Gaszustand definieren wollte (55.10). Bei einer neueren Anwendung der medizinischen Signalverarbeitung hat sich das Konzept der Entropie als hilfreich erwiesen. Bei der Analyse des EEG-Signals ist die Entropie ein verlässlicher Anzeiger für die Narkosetiefe (55.11).

55.1 Maxwell JC. *Treatise on Electricity and Magnetism*. Vol. 1, 2. Oxford 1873.
55.2 Niven WD (Hrg.) *The Scientific Papers of James Clerk Maxwell*. Vol. 1, 2. Cambridge 1890. Vol. 1 S. 377 Illustrations of the Dynamic Theory of Gases. 1860. Vol. 2 S. 26 On the Dynamic Theory of Gases. 1866.
55.3 Nyquist H. Thermal agitation of electric charge in conductors. *Phys Rev* 1928; 32:110.
55.4 Nyquist H. Regeneration theory. *Bell Syst Tech J* 1932; 11:126.
55.5 Black HS. Stabilized feedback amplifiers. *Bell Syst Tech J* 1934; 13:1.
55.6 Wiener N. *Cybernetics or Control and Communication in the Animal and the Machine*. MIT Press 1961.
55.7 Bernard C. *Leçons sur la physiologie et la pathologie du système nerveux*. Paris 1858.
55.8 Siehe Ref. 4.8.
55.9 Shannon C, Weaver W. *The Mathematical Theory of Communication*. Urbana 1949.
55.10 Boltzmann L. Über die Beziehung zwischen dem zweiten Hauptsatz ... *Sitzung d Kaiserl Akad Wiss* LXXVI, Oktober 1877 Wien; 1878.
55.11 Viertiö-Oja HE et al. Entropy of EEG signal is a robust index for depth of hypnosis. *Anesthesiology* 2000; 93:1369.

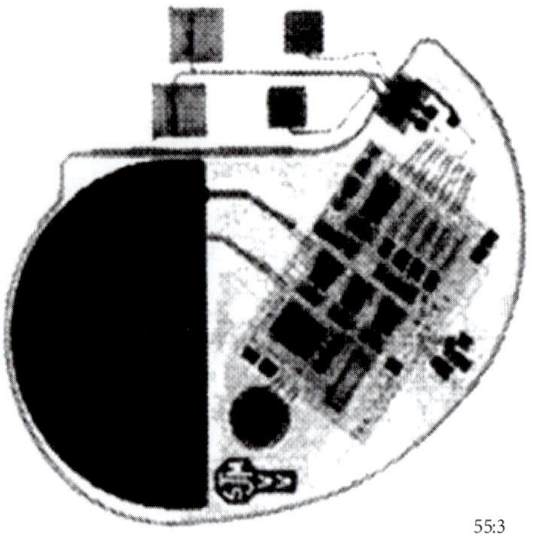

55:3

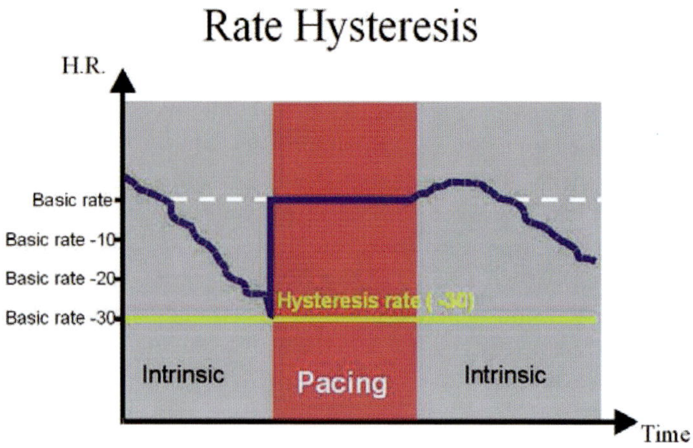

55:4

Röntgenbild eines modernen Herzschrittmachers. Dessen Funktionsweise ist ein Beispiel für ein komplexes Kontrollsystem, das sich, wie die Diagramme rechts zeigen, an verschiedene physiologische Parameter anpasst, die den Zustand und die Bedürfnisse des Patienten fortlaufend widerspiegeln.

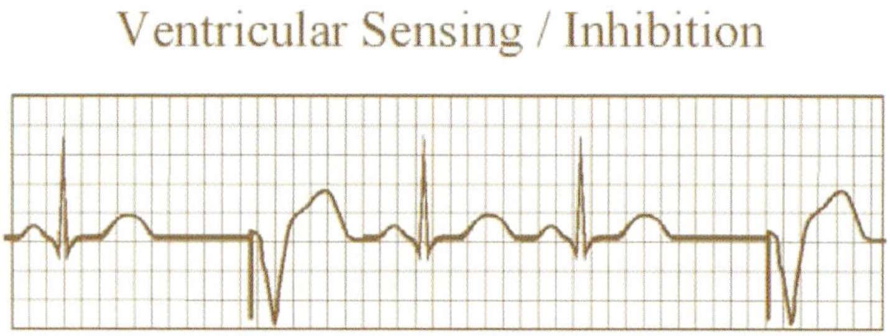

55:5

Moderner Infusionsapparat zur Schmerzbehandlung. Um die Höhe der Dosierung zu steuern, lassen sich physiologische Parameter eingeben, doch die im Vordergrund abgebildete Handbedienung ermöglicht auch eine patientenkontrollierte Analgesie (PCA). In diesem Fall wird der Patient Teil des Regelkreises.

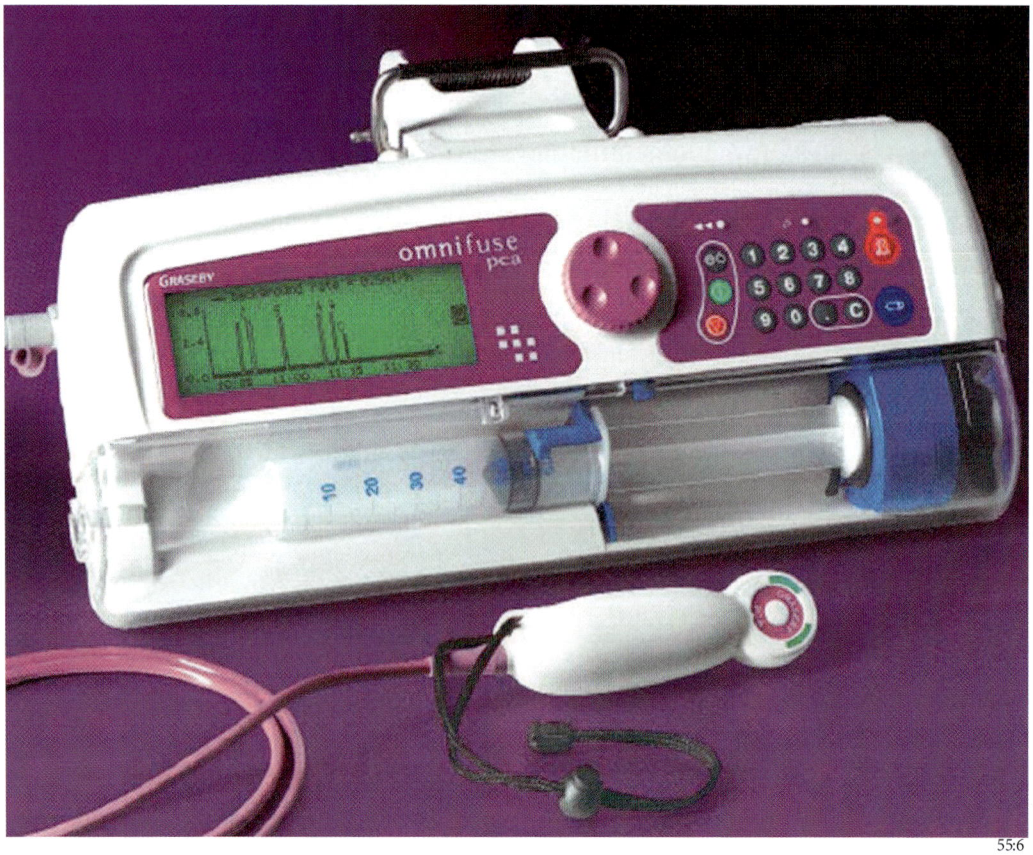

55:6

55:7

55:8

Kontrolle und Kommunikation sind eng verknüpfte Bereiche, da eine adäquate Kontrolle den Austausch der notwendigen Informationen zwischen dem System und seinem „Regler“ erfordert. Die moderne Kommunikationstheorie geht bis ins Jahr 1948 und zu den Arbeiten von Claude Shannon (1916–2001) zurück (oben). Der zentrale Begriff seiner Theorie, die „Entropie“, wurde 70 Jahre vorher als ein Maß für die Ordnung in einem Gaszustand von Ludwig Boltzmann (1844–1906) eingeführt (ganz oben). Die Buchseite rechts enthält Shannons Erläuterung des Entropiebegriffs für das einfachste Informationssystem, das nur zwei mögliche Ergebnisse mit der Wahrscheinlichkeit p und $1-p$ umfasst. Die größtmögliche Unordnung (die größte Entropie) ist gegeben, wenn beide Ergebnisse gleich wahrscheinlich sind, also jeweils eine Wahrscheinlichkeit von 0,5 haben.

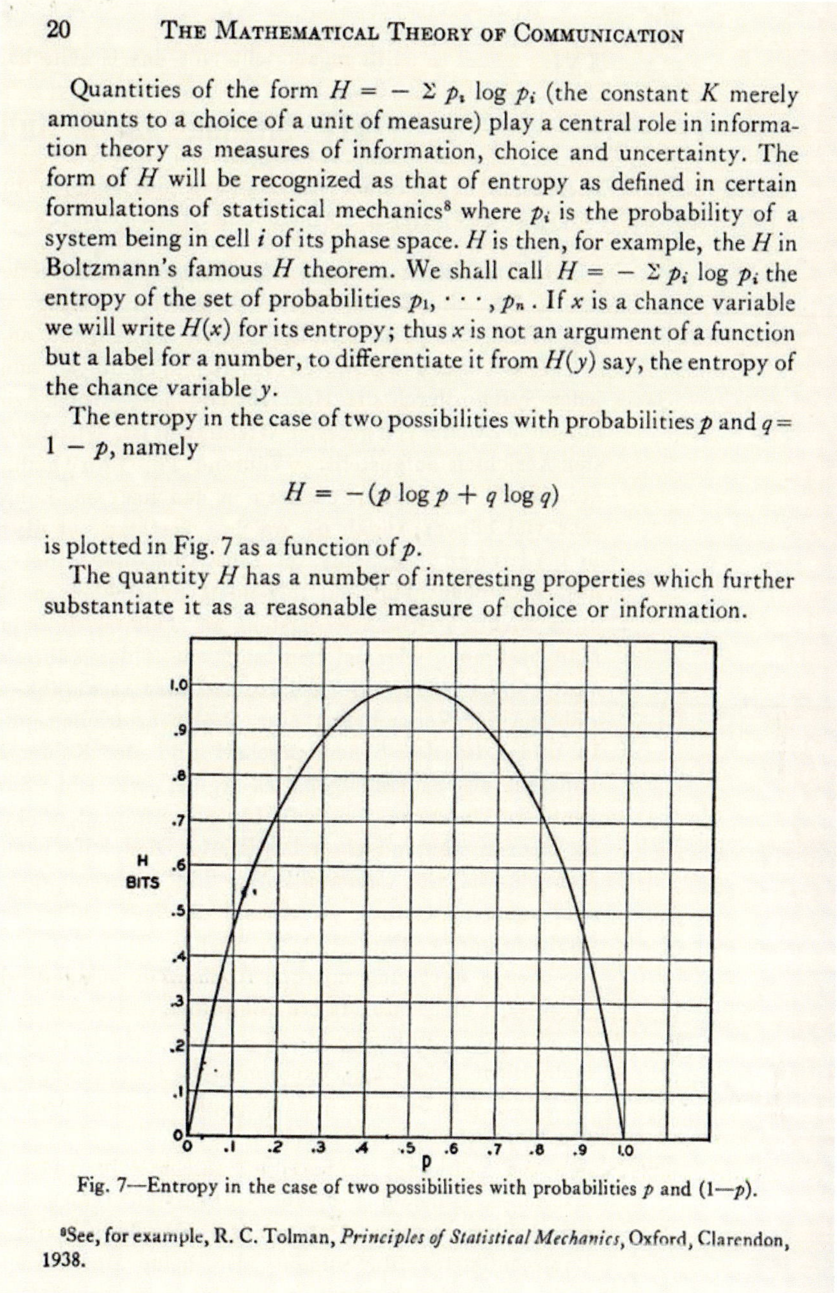

20 THE MATHEMATICAL THEORY OF COMMUNICATION

Quantities of the form $H = -\Sigma p_i \log p_i$ (the constant K merely amounts to a choice of a unit of measure) play a central role in information theory as measures of information, choice and uncertainty. The form of H will be recognized as that of entropy as defined in certain formulations of statistical mechanics[8] where p_i is the probability of a system being in cell i of its phase space. H is then, for example, the H in Boltzmann's famous H theorem. We shall call $H = -\Sigma p_i \log p_i$ the entropy of the set of probabilities $p_1, \cdots, p_n$. If x is a chance variable we will write $H(x)$ for its entropy; thus x is not an argument of a function but a label for a number, to differentiate it from $H(y)$ say, the entropy of the chance variable y.

The entropy in the case of two possibilities with probabilities p and $q = 1 - p$, namely

$$H = -(p \log p + q \log q)$$

is plotted in Fig. 7 as a function of p.

The quantity H has a number of interesting properties which further substantiate it as a reasonable measure of choice or information.

Fig. 7—Entropy in the case of two possibilities with probabilities p and $(1-p)$.

[8]See, for example, R. C. Tolman, *Principles of Statistical Mechanics*, Oxford, Clarendon, 1938.

55:9

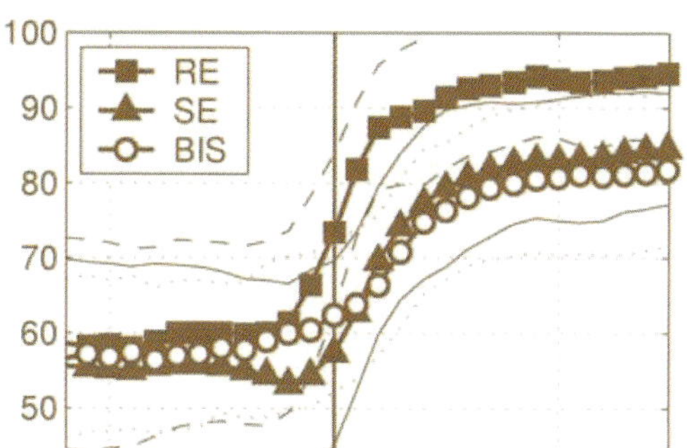

55:10

Eine moderne klinische Anwendung des Begriffs der Informationsentropie ist die Einschätzung des Bewusstseinszustandes eines Patienten mithilfe einer Analyse der durch ein EEG-Signal dargestellten elektrischen Schwankungen in der Hirnaktivität. Das Bild zeigt, wie sich das wiederkehrende Bewusstsein von Patienten, die (zum Zeitpunkt Null) aus der Narkose erwachen, im ansteigenden Entropie- (RE und SE) und Spektral-Index (BIS) des EEG widerspiegelt.

XIV. Sitzung am 9. Juli 1870.

Inhalt: Fick: Ueber die Messung des Blutquantums in den Herzventrikeln. — Rinecker: Ueber Rötheln und Masern.

1) Das Protokoll der letzten Sitzung wurde verlesen und genehmigt.

2) Neu eingelaufene Bücher werden in Vorlage gebracht.

3) Hr. Dr. phil. Röntgen wird als Mitglied angemeldet.

4) Hr. Fick hält einen Vortrag über die Messung des Blutquantums, das in jeder Systole durch die Herzventrikel ausgeworfen wird, eine Grösse, deren Kenntniss ohne Zweifel von grösster Wichtigkeit ist. Gleichwohl sind darüber die abweichendsten Ansichten aufgestellt. Während Th. Young die in Rede stehende Grösse auf etwa 45ccm anschlägt, cursiren in den neueren Lehrbüchern der Physiologie meist sehr viel höhere Angaben, welche, gestützt auf die Schätzungen von Volkmann und Vierordt, sich bis auf 180ccm belaufen. Bei dieser Sachlage ist es seltsam, dass man noch nicht auf folgenden naheliegenden Weg gekommen ist, auf dem diese wichtige Grösse wenigstens an Thieren direkter Bestimmung zugänglich ist. Man bestimme, wie viel Sauerstoff ein Thier während einer gewissen Zeit aus der Luft aufnimmt und wie viel Kohlensäure es abgibt. Man nehme ferner dem Thiere während der Versuchszeit eine Probe arteriellen und eine Probe venösen Blutes. In beiden ist der Sauerstoffgehalt und der Kohlensäuregehalt zu ermitteln. Die Differenz des Sauerstoffgehaltes ergibt, wie viel Sauerstoff jedes Cubiccentimeter Blut beim Durchgang durch die Lungen aufnimmt, und da man weiss, wie viel Sauerstoff im Ganzen während einer bestimmten Zeit aufgenommen wurde, so kann man berechnen, wie viel Cubiccentimeter Blut während dieser Zeit die Lungen passirten, oder wenn man durch die Anzahl der Herzschläge in dieser Zeit dividirt, wie viel Cubiccentimeter Blut mit jeder Systole des Herzens ausgeworfen wurden. Die entsprechende Rechnung mit den Kohlensäuremengen gibt eine Bestimmung desselben Werthes, welche die erstere controllirt.

Da zur Ausführung dieser Methode 2 Gaspumpen gehören, so ist der Vortragende leider nicht in der Lage, experimentelle Bestimmungen mitzutheilen. Er will daher nur noch nach dem Schema der angegebenen Methode eine Berechnung der Blutstromstärke des Menschen geben, gegründet auf mehr oder weniger willkürliche Data. Nach den von Scheffer in Ludwig's Laboratorium ausgeführten Versuchen enthält 1^{ccm} arterielles Hundeblut $0{,}146^{ccm}$ Sauerstoff (gemessen bei 0^0 Temperatur und 1^m Quecksilber Druck), 1^{ccm} venöses Hundeblut enthält $0{,}0905^{ccm}$ Sauerstoff. Jedes Cubiccentimeter Blut nimmt also beim Durchgang durch die Lungen $0{,}0555^{ccm}$ Sauerstoff auf. Nehme man an, das wäre beim Menschen gerade so. Nehme man ferner an, ein Mensch absorbirte in 24^h 833^{gr} Sauerstoff aus der Luft. Sie nehmen bei 0^0 und 1^m Druck 433200^{ccm} Raum ein. Demnach würden in den Lungen des Menschen jede Secunde 5^{ccm} Sauerstoff absorbirt. Um diese Absorption zu bewerkstelligen, müssten aber der obigen Annahme gemäss $\frac{5}{0{,}0555}{}^{ccm}$ Blut die Lungen durchströmen, d. h 90^{ccm}. Angenommen endlich, dass 7 Systolen in 6 Secunden erfolgten, würden mit jeder Systole des Ventrikels 77^{ccm} Blut ausgeworfen.

56:1

Bericht von der Jahrestagung der Physikalisch-Medizinischen Gesellschaft in Würzburg 1870. Adolf Fick (1829–1901) hält einen Vortrag, in dem er sein Verfahren zur Berechnung des Herzzeitvolumens aus der Sauerstoffaufnahme und der Differenz im arteriovenösen Sauerstoffgehalt des Blutes vorstellt (Ficksches Prinzip). Anhand von Werten, die andere erhoben haben, und Blutgasdaten von Hunden schätzt er das Schlagvolumen beim Menschen auf 77 ml, was selbst aus heutiger Sicht ein durchaus plausibler Wert ist. Unmittelbar vor Ficks Vortrag wird der 25-jährige Dr. Wilhelm Röntgen als Mitglied in die Gesellschaft aufgenommen.

Adolf Fick

56:2

Adolf Fick

Fick wurde 1829 in Kassel geboren, wo sein Vater als Stadtarchitekt arbeitete. Als jüngstes von neun Kindern begann er ein Mathematik- und Physikstudium in Marburg, wo einer seiner Brüder Anatomieprofessor war. Bald wandte er sich der Medizin zu, wo er nicht nur von seinem Bruder, sondern auch von Carl Ludwig angeleitet wurde (56.1). In Berlin schloss Fick Freundschaft mit Du Bois-Reymond und von Helmholtz (56.1). Nach seiner Promotion im Jahre 1851 ging er nach Zürich, wo er bei Ludwig als Prosektor in der Anatomie arbeitete und später zum Professor für Anatomie und Physiologie ernannt wurde. 1868 besetzte er den Lehrstuhl für Physiologie in Würzburg und blieb dort bis zu seiner Emeritierung im Jahre 1899. Fick war ein bescheidener Mann mit festen Überzeugungen, für die er stets ohne Zögern eintrat. Abgesehen von seinen bemerkenswert vielfältigen wissenschaftlichen Interessen verfasste er auch Schriften zu sozialen Themen. Insbesondere war er ein entschiedener Gegner des Alkoholmissbrauchs (56.2).

Ueber die Messung des Blutquantums in den Herzventrikeln.

SITZUNGSBER D PHYSIKAL-MED GES ZU WÜRZBURG. GESELLSCHAFTSJAHR 1870. STAHEL'SCHE BUCH- UND KUNSTHANDLUNG 1872, S. 16.

In diesen wenigen Minuten der Sitzung der Physikalisch-Medizinischen Gesellschaft in Würzburg ereignen sich zwei bemerkenswerte Dinge. Dr. phil. Röntgen wird als neues Mitglied in die Gesellschaft aufgenommen und Fick hält einen Vortrag über die Messung der Blutmenge, die die Herzventrikel durchströmt. Fick bedauert, dass er keine experimentellen Ergebnisse vorweisen kann, da er keinen Zugang zu Gaspumpen hat. Dennoch zeigt er anhand der Blutgasdaten aus Ludwigs Labor (56.3), wie sich das Herzzeitvolumen beim Menschen berechnen lässt, indem er annimmt, dass bei Mensch und Hund die gleiche arteriovenöse Differenz im Sauerstoffgehalt auftritt. So kommt er auf einen Wert von 5,4 l/min.

Im Spiegel der Zeit:
1886 bestimmten Gréhant und Quinquaud die Lungenperfusion bei Hunden mithilfe des Fickschen Prinzips, wandten es jedoch auf die Kohlendioxidbilanz im Blut nach Passieren der Lunge an (56.4). Zehn Jahre später berechneten Zuntz und Hagemann ausgehend von der Sauerstoffbilanz das Herzzeitvolumen bei Pferden auf 75 ml/min/kg (56.5) – ein noch heute gültiger Wert (56.6). 1905 nahmen Loewy und von Schrötter anhand der Sauerstoffbilanz die ersten Messungen beim Menschen vor (56.7), auf die bald viele Verbesserungen ihres Verfahrens folgten (56.8). In den 1940er-Jahren wurde das Farbstoffverdünnungsverfahren („*dye dilution*") zur Messung des Herzzeitvolumens eingeführt (56.9), und in jüngerer Zeit fand das Thermodilutionsverfahren weite Verbreitung (56.10). Unter den vielen Methoden, die heute zur klinischen Schätzung des Herzzeitvolumens verfügbar sind (56.11), ist Ficks Verfahren das Einzige, das auf Grundprinzipien beruht. Als Differenz ausgedrückt, ermöglicht es überdies nichtinvasive Bestimmungen des Lungenblutflusses (56.12).

56.1 Siehe Ref. 46.1 und Ref. 46.2.
56.2 Siehe Ref. 46.3.
56.3 Siehe Ref. 37.5.
56.4 Gréhant N, Quinquaud CE. Recherches expérimentales sur la mesure du volume de sang qui traverse les poumons en un temps donné. *C R Séance et Mém d Soc biol* 1886; 38:159.
56.5 Zuntz N, Hagemann O. *Untersuchungen über den Stoffwechsel des Pferdes bei Ruhe und Arbeit.* Berlin 1898.
56.6 Fisher EW, Dalton RG. Cardiac Output in Horses. *Nature* 1959; 184:2020.
56.7 Loewy A, von Schrötter H. Untersuchungen über die Blutcirculation beim Menschen. *Zeit f exp Pathol u Therapie* 1905; 1:197.
56.8 Kisch F, Schwarz H. Das Herzschlagvolumen und die Methodik seiner Bestimmung. *Erg Inner Med u Kinderh* 1925; 27:169.
56.9 Hamilton WF et al. Comparison of the Fick and dye injection methods of measuring the cardiac output in man. *Am J Physiol* 1948; 153:309.
56.10 Ganz W et al. A new technique for measurement of cardiac output by thermodilution in man. *Am J Cardiol* 1971; 17:392.
56.11 Robertson JI, Birkenhäger WH (Hrg.). *Cardiac Output Measurement.* London: Saunders, 1991.
56.12 Gedeon A et al. A new method for noninvasive bedside determination of pulmonary blood flow. *Med & Bio Eng & Comp* 1980; 18:411.

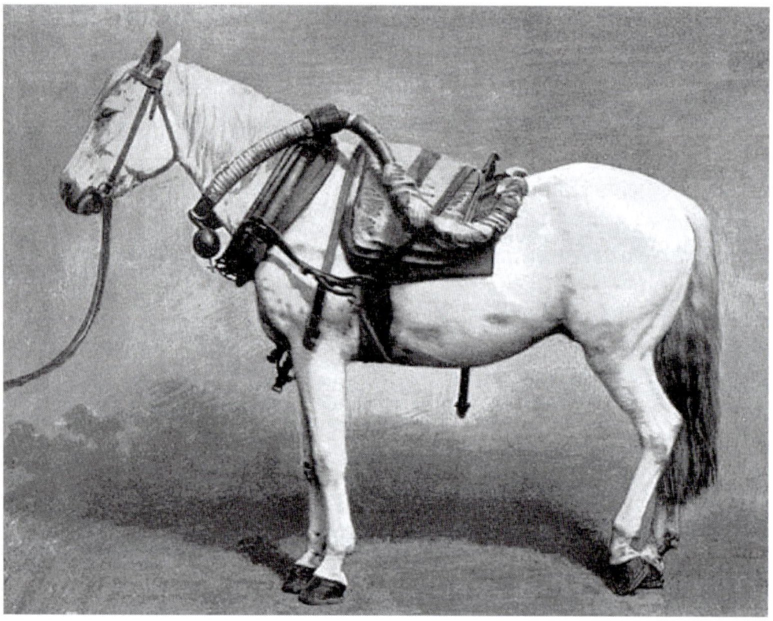

Die von Nathan Zuntz (1847–1920) entwickelte Apparatur zur Messung des Herzzeitvolumens von Pferden anhand des Fickschen Prinzips (siehe Nr. 37). Er ermittelt einen Wert von 75 ml/min/kg. Dieser Wert wird über ein halbes Jahrhundert später bestätigt.

56:3

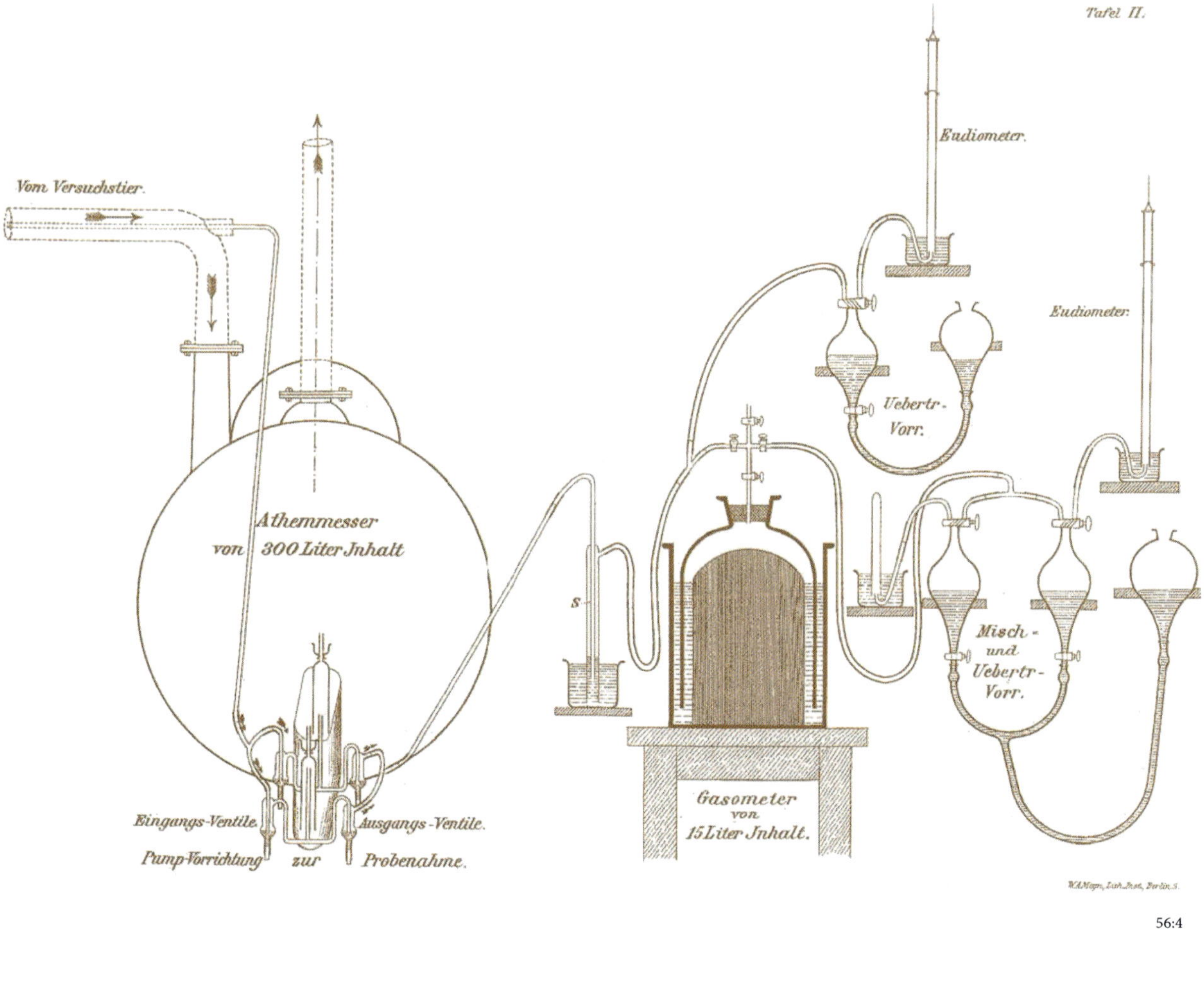

56:4

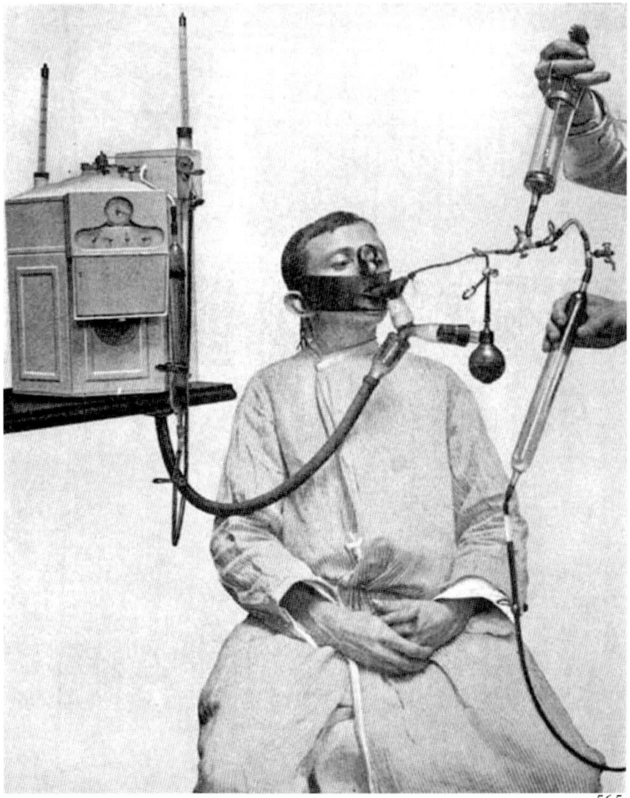

56:5

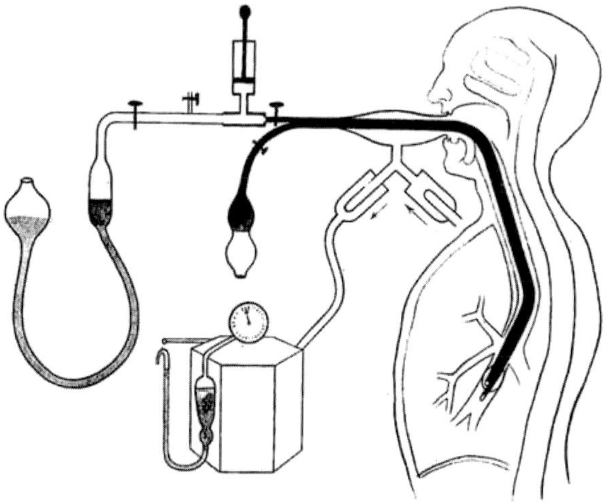

56:7

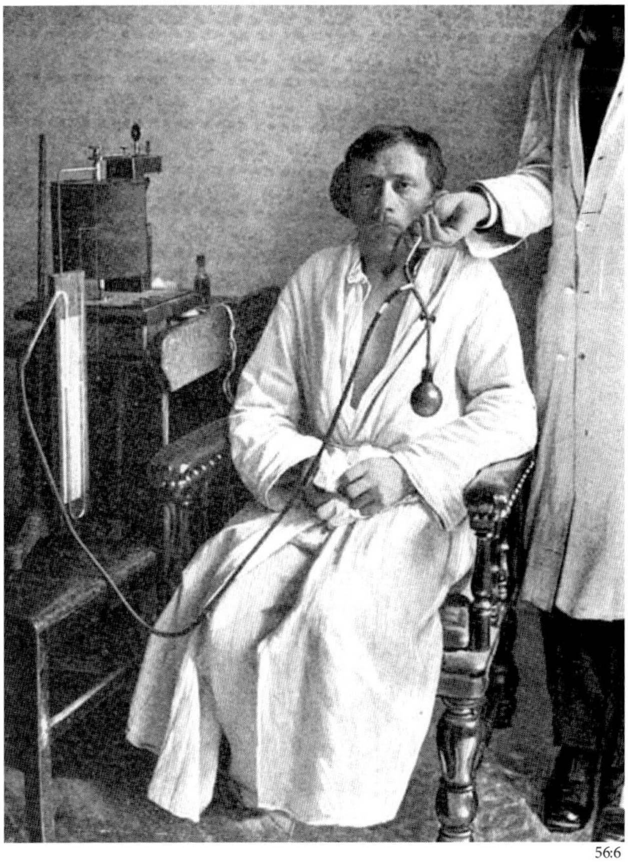

56:6

Adolf Loewy (1862–1937) aus Berlin und Hermann von Schrötter (1870–1928) aus Wien nehmen 1905 gemeinsam die erste nichtinvasive Bestimmung des Herzzeitvolumens anhand des Fickschen Prinzips vor. Wie ihre schematische Abbildung (oben) verdeutlicht, werden venöse Blutgasproben über einen Katheter in einem abgesperrten Teil der Lunge gewonnen. Sie berichten von einem plausiblen durchschnittlichen Herzzeitvolumen von 3,85 l/min, jedoch mit erheblichen Schwankungen bei den einzelnen Messungen.

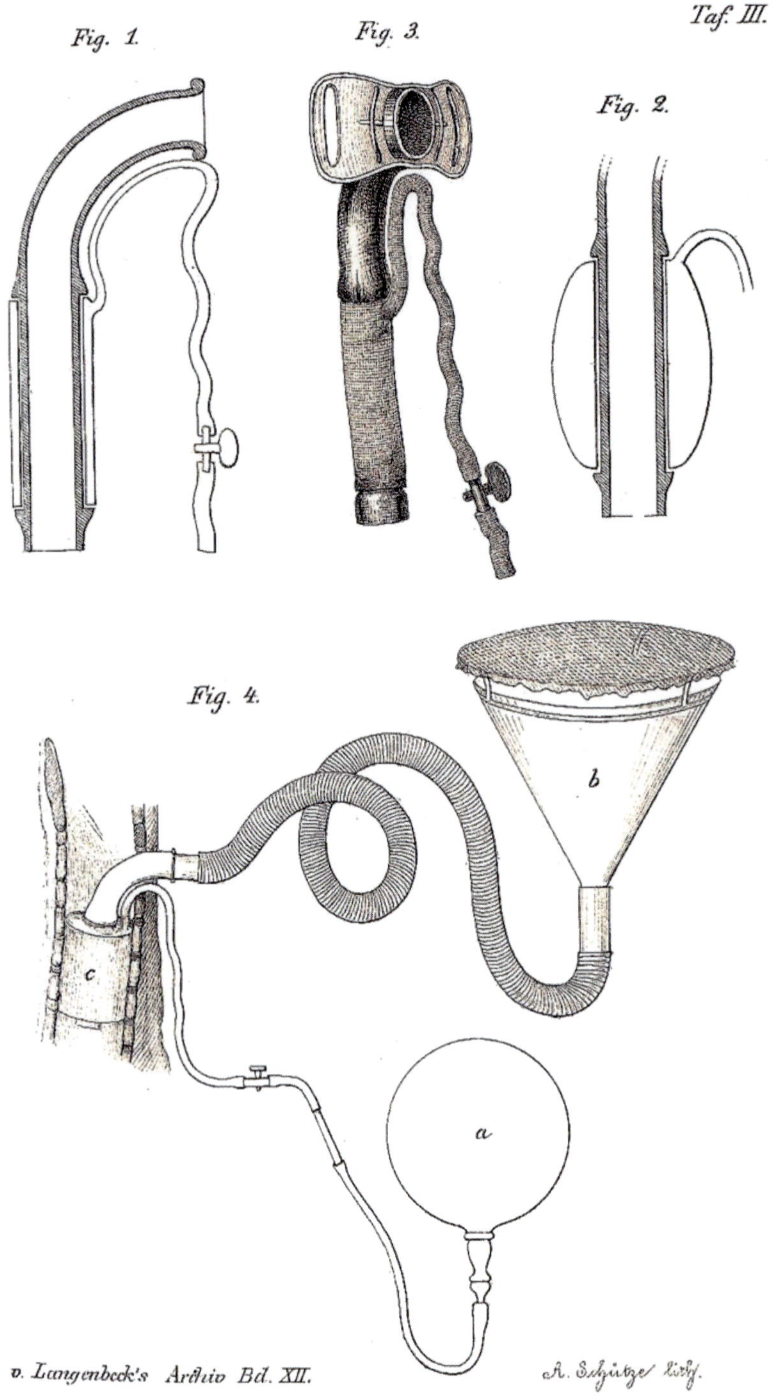

57:1

1871 stellt Friedrich Trendelenburg (1844–1924) eine mit einer Blockmanschette umgebene Kanüle vor, die die Aspiration (das Einatmen von Fremdkörpern) verhindert. Wie die Abbildung zeigt, kann durch den Luftröhrenschnitt (Tracheotomie) daran eine Art Trichter angebracht werden, über den sich bequem Inhalationsanästhetika verabreichen lassen.

Unten sind für den Luftröhrenschnitt benötigte Instrumente vom Ende des 19. Jahrhunderts zu sehen.

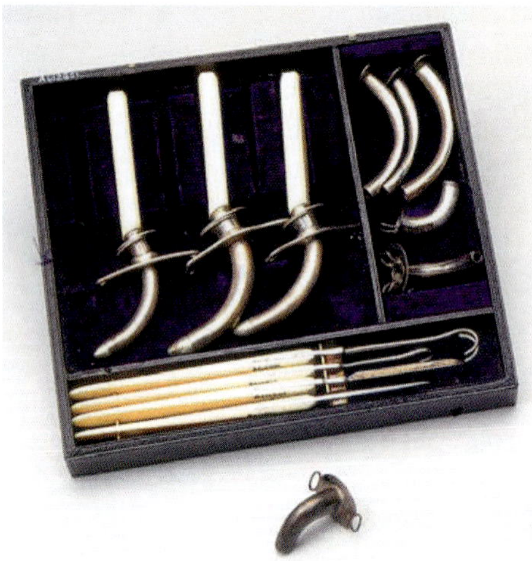

57:2

Friedrich Trendelenburg

Trendelenburg wurde 1844 als Sohn des berühmten deutschen Philosophen Friedrich Adolf Trendelenburg in Berlin geboren. Zum Medizinstudium ging er zunächst nach Glasgow und Edinburgh, kehrte dann aber nach Berlin zurück und promovierte 1866 mit einer Dissertation über alte indische Chirurgie. Von 1868 bis 1874 arbeitete Trendelenburg als chirurgischer Assistent und entwickelte die unten beschriebene Tamponkanüle. 1872 gehörte er zu den Gründungsmitgliedern der Deutschen Gesellschaft für Chirurgie. Von Berlin ging er nach Rostock, wo er 1875 zum Professor für Chirurgie ernannt wurde. Dort blieb er sieben Jahre; dann ging er nach Bonn und 1885 als Ordinarius für Chirurgie an die Universitätsklinik in Leipzig. 1911 wurde er emeritiert und starb 13 Jahre später.

57:3

Friedrich Trendelenburg

Beiträge zu den Operationen an den Luftwegen.

Arch Klin Chir 1871; 12:112. Berlin: A. Hirschwald, 1871.

Trendelenburg berichtet von seiner eigenen Erfahrung aus einem jüngeren Fall und den Erfahrungen anderer mit der Aspirationsgefahr bei größeren Operationen am Kehlkopf. Danach beschreibt er ein auf dem Luftröhrenschnitt basierendes Verfahren und ein neu entwickeltes Gerät, die Tamponkanüle, die der Aspiration und den damit verbundenen Komplikationen vorbeugen soll. Er zählt sechs verschiedene Operationen auf, bei denen sein Verfahren angezeigt wäre, und schließt mit der Schilderung seines ersten Falles vom Dezember 1869, der die Vorzüge seiner Methode voll und ganz bestätigt habe. Außerdem enthält sein Artikel Illustrationen seiner Geräte und ihrer Kombination mit Inhalationsanästhetika.

Im Spiegel der Zeit:
Sowohl römische Chirurgen (Galen) als auch arabische (Rhazes, Avicenna) kannten sich mit dem Luftröhrenschnitt aus (57.1). 1600 fertigte Casserius eine großartige Illustration davon an (57.2), während Santorio das Verfahren aufgrund seiner eigenen Erfahrungen beschrieb (57.3); er hatte einen Trokar und eine Kanüle verwendet, die drei Tage in der Wunde verblieben waren. Heister schlug die Bezeichnung Tracheotomie vor (57.4) und Martine (57.5) war 1730 der Erste, der eine Doppelkanüle benutzte, von denen sich die innere herausnehmen ließ, um die Luftröhre frei von Schleim zu halten. Um 1810 gab es mit Desault die ersten Kehlkopfoperationen (57.6) (57.1). Trendelenburg musste sein Gerät an den Trichter anpassen, der zu jener Zeit in Berlin zur Verabreichung von Chloroform verwendet wurde. 1900 begann Kuhn erste Experimente mit oraler und nasaler Intubation (57.7), und 1905 hatte er ein Verfahren entwickelt, mit dem sich Narkosemittel mittels Überdruckbeatmung verabreichen ließen (57.8). 1907 berichteten Barthélemy und Dufour über die erstmalige Anwendung eines solchen Verfahrens beim Menschen (57.9). Später entwickelte Elsberg in Anlehnung an die Arbeit von Meltzer den für die klinische Nutzung der Überdruckbeatmung erforderlichen Apparat (57.10) (57.11).

57.1 Siehe Ref. 18.3.
57.2 Siehe Ref. 25.3.
57.3 Siehe S. 363 des in Nr. 7 Santorio S. 54 zitierten Hauptwerks.
57.4 Heister L. *Chirurgie. In welcher Alles, was zur Wund-Artzney gehöret, nach der neuesten und besten Art, ...* Nürnberg 1718.
57.5 Siehe Ref. 7.4 mit Angaben zu einem weiteren Beitrag Martines zur Medizin.
57.6 Desault PJ. *Œuvres chirurgicales.* 3 vols. Paris 1798–1803.
57.7 Kuhn F. Die perorale Intubation. *Zbl Chir* 28/52. Leipzig 1901.
57.8 Kuhn F. Perorale Tubagen mit und ohne Druck. *Dtsch Z Chir* 1905; 76:148.
57.9 Barthélemy M, Dufour L. L'anesthésie dans la chirurgie de la face. *La Presse Médicale* 27. Juli 1907, S. 475.
57.10 Elsberg CA. Zur Narkose beim Menschen mittelst der kontinuierlichen intratrachealen Insufflation von Meltzer. *Berl klin W schr* 1910; 47(21):957.
57.11 Gwathmey JT. *Anesthesia.* Kap. X. New York: D. Appleton and Co, 1914.

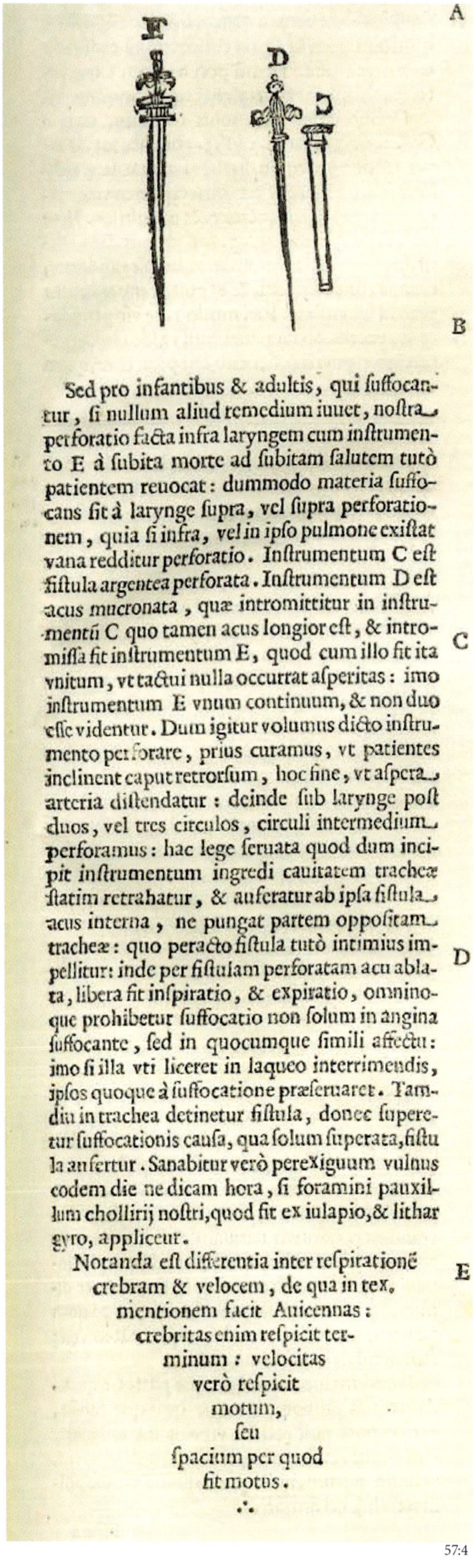

Sed pro infantibus & adultis, qui suffocantur, si nullum aliud remedium iuuet, nostra perforatio facta infra laryngem cum instrumento E à subita morte ad subitam salutem tutò patientem reuocat: dummodo materia suffocans sit à larynge supra, vel supra perforationem, quia si infra, vel in ipso pulmone existat vana redditur perforatio. Instrumentum C est fistula argentea perforata. Instrumentum D est acus mucronata, quæ intromittitur in instrumentũ C quo tamen acus longior est, & intromissa fit instrumentum E, quod cum illo fit ita vnitum, vt tactui nulla occurrat asperitas: imo instrumentum E vnum continuum, & non duo esse videntur. Dum igitur volumus dicto instrumento perforare, prius curamus, vt patientes inclinent caput retrorsum, hoc fine, vt aspera arteria distendatur: deinde sub larynge post duos, vel tres circulos, circuli intermedium perforamus: hac lege seruata quod dum incipit instrumentum ingredi cauitatem tracheæ statim retrahatur, & auferatur ab ipsa fistula acus interna, ne pungat partem oppositam tracheæ: quo peracto fistula tutò intimius impellitur: inde per fistulam perforatam acu ablata, libera fit inspiratio, & expiratio, omninoque prohibetur suffocatio non solum in angina suffocante, sed in quocumque simili affectu: imo si illa vti liceret in laqueo interrimendis, ipsos quoque à suffocatione præseruaret. Tamdiu in trachea detinetur fistula, donec superetur suffocationis causa, qua solum superata, fistula aufertur. Sanabitur verò perexiguum vulnus eodem die ne dicam hora, si foramini pauxillum chollirij nostri, quod fit ex iulapio, & lithargyro, applicetur.

Notanda est differentia inter respirationẽ crebram & velocem, de qua in tex. mentionem facit Auicennas: crebritas enim respicit terminum: velocitas verò respicit motum, seu spacium per quod fit motus.

57:4

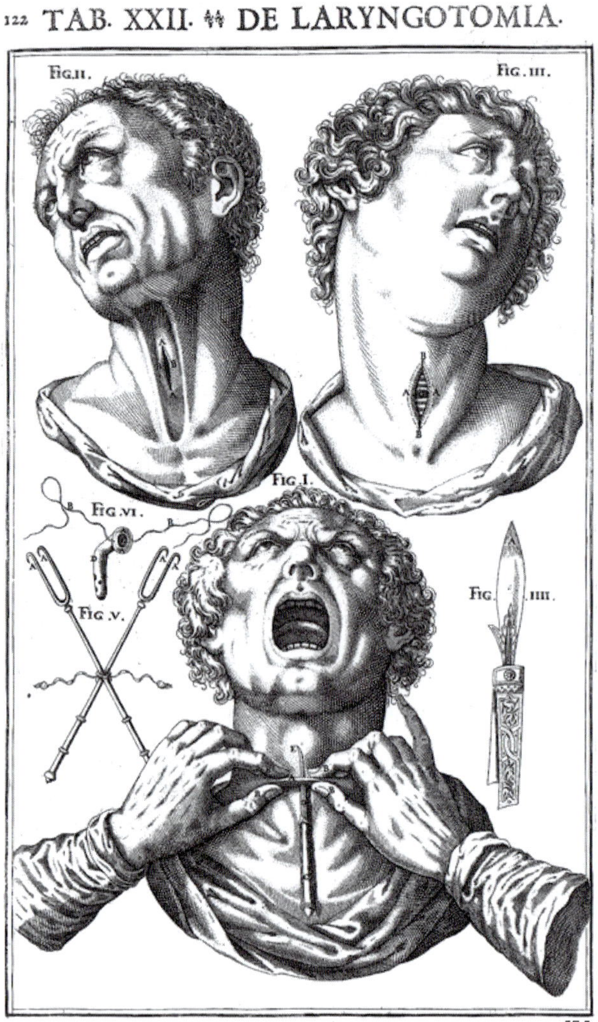

57:5

Julius Casserius (1552–1616) fertigt 1600 eine genaue Illustration der Tracheotomie an.

1625 beschreibt Santorio Santorio (1561–1636) seine eigenen Erfahrungen mit der Tracheotomie wie folgt: „Doch unsere Perforation, mit Instrument E unter dem Kehlkopf vorgenommen, errettet Kinder und Erwachsene, die zu ersticken drohen, sicher vor dem plötzlichen Tod, falls kein anderes Mittel hilft, vorausgesetzt, die Erstickungsursache liegt über dem Kehlkopf oder über dem Schnitt, denn falls sie sich darunter oder in der Lunge selbst befindet, wird die Perforation vergeblich vorgenommen.

Instrument C ist eine durchbohrte silberne Röhre. Instrument D ist eine spitze Nadel, die in Instrument C gesteckt wird. Die Nadel ist nicht länger als Instrument C. So erhalten wir Instrument E, denn sie sollten eine Einheit bilden, damit sich keine Schwierigkeit ergibt, wenn es zur Operation kommt; ... wenn wir sichergehen, dass das Instrument in die Höhlung der Trachea eindringt, wird es umgehend zurückgezogen und die innere Nadel aus der Röhre entfernt, damit sie nicht in die gegenüberliegende Seite der Trachea sticht. Ist dies vollbracht, so wird die Röhre gefahrlos weiter hineingeschoben. Danach sollte die Ein- und Ausatmung ungehindert durch die Röhre, aus der die Nadel entfernt wurde, erfolgen. Insgesamt wird so dem Ersticken nicht nur vorgebeugt, wenn etwas im Rachen steckt, sondern auch in allen ähnlichen Fällen."

1900 beginnt Franz Kuhn (1866–1929) Experimente mit oraler und nasaler Intubation. 1905 hat er ein Verfahren entwickelt, bei dem die Narkosemittel mittels einer Überdruckbeatmung verabreicht werden können.

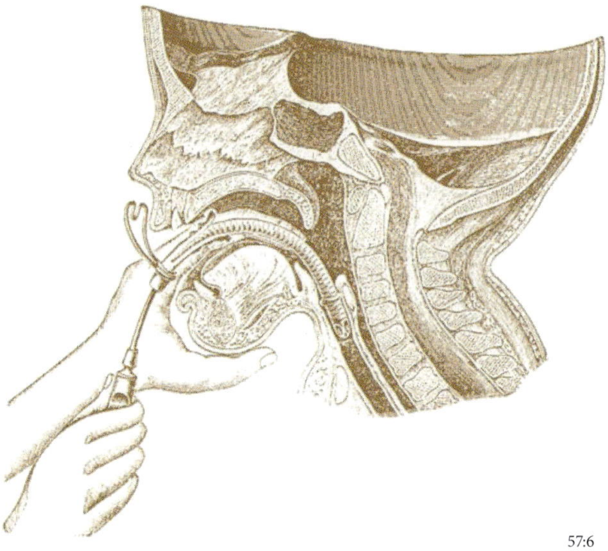

57:6

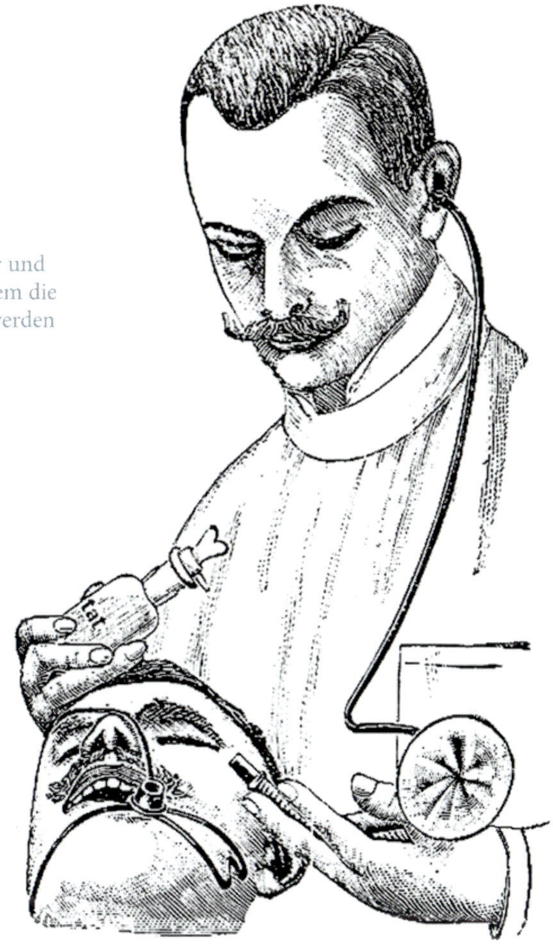

57:8

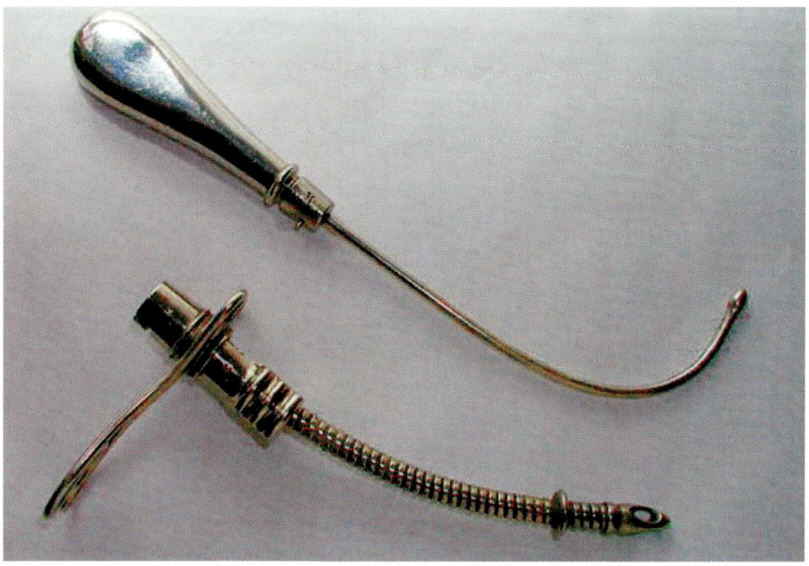

57:7

Kuhns Geräte zur Trachealintubation.

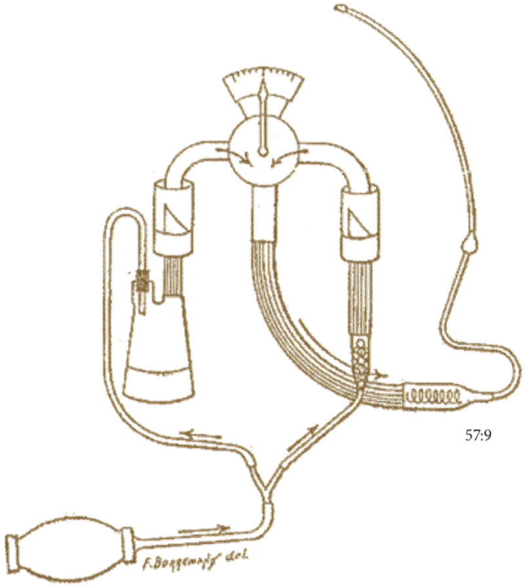

57:9

1907 berichten Marc Barthélemy und Léon Dufour von der ersten klinischen endotrachealen Insufflationsanästhesie beim Menschen unter Verwendung von Chloroform bei einer Gesichtsoperation. Die Apparatur (siehe oben) und das Verfahren beschreiben sie folgendermaßen: „Ein handbetriebener Blasebalg wird über einen Schlauch mit einem Chloroformbehälter verbunden, der wiederum an einem der Inhalationsventile angebracht ist. Zusätzlich steuert derselbe Blasebalg direkt das andere Inhalationsventil, das somit nur reine Luft durchlässt. Das Verhältnis von reiner Luft zu chloroformhaltiger Luft wird über den Zeiger an der zentralen Scheibe geregelt, wo die beiden Zuleitungen enden. Sie vereinen sich in der mittleren Röhre, die in einen No. 18-Gelly-Urethralkatheter übergeht. In den Kehlkopf eingeführt, verstopft der Katheter nicht die Stimmritze und der Patient kann unbehindert an ihr vorbeiatmen. Auf diese Weise behält man die vollständige Kontrolle über die Mischung, die jedes Mal bei Betätigung des Blasebalgs restlos absorbiert wird, und wenn man den Blasebalg nicht betätigt, atmet der Patient reine Luft. ... Um dem Patienten die unangenehme Erfahrung der Einführung des Katheters zu ersparen und um vor allem Reflexe zu vermeiden, die eine Gefahr darstellen könnten, darf man diesen Apparat nur zur Aufrechterhaltung der Narkose verwenden, die auf normale Weise eingeleitet wurde. Überdies erlaubt er die Zuführung reiner Luft, wann immer es notwendig ist – also eine künstliche Beatmung. Dazu muss man nur den Zeiger auf 0 stellen.“

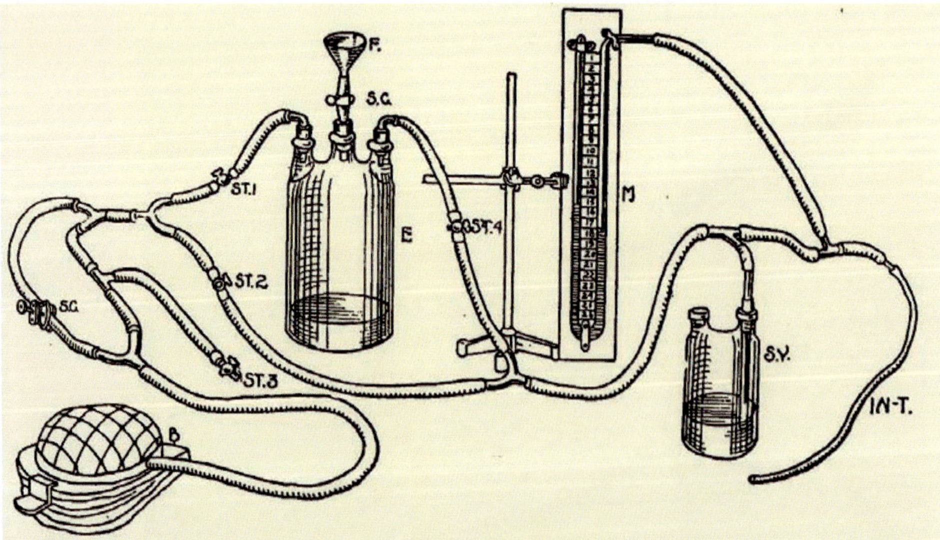

MELTZER'S SIMPLE APPARATUS FOR INTRATRACHEAL INSUFFLATION. B, foot-bellows; S. T, stopcocks; E, ether bottle with S. C, stopcock and F, funnel; M, manometer; S. V, mercury safety valve; IN-T, intratracheal tube.

57:10

Samuel Meltzers (1851–1920) verbesserter intratrachealer Insufflationsapparat. Meltzer berichtet, dass ein kontinuierlicher Luftstrom Hunde für Stunden am Leben erhalten kann. Diese Beobachtung hatte über 200 Jahre zuvor auch schon Hooke gemacht (siehe Nr. 11).

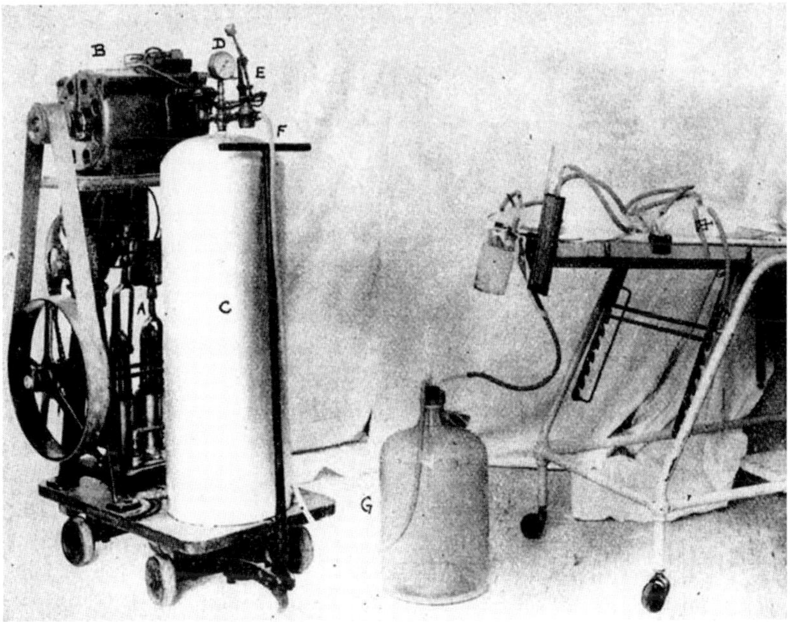

57:11

Elsberg's Apparatus, for Hospital Use.

57:12

Charles Elsberg (1871–1948) entwirft die erste nutzbare Ausrüstung zur intratrachealen Insufflation, womit der Beginn der modernen endotrachealen Anästhesie eingeläutet wird. Die Abbildungen zeigen seinen Prototyp (links) und sein Gerät für den Gebrauch im Krankenhaus (rechts).

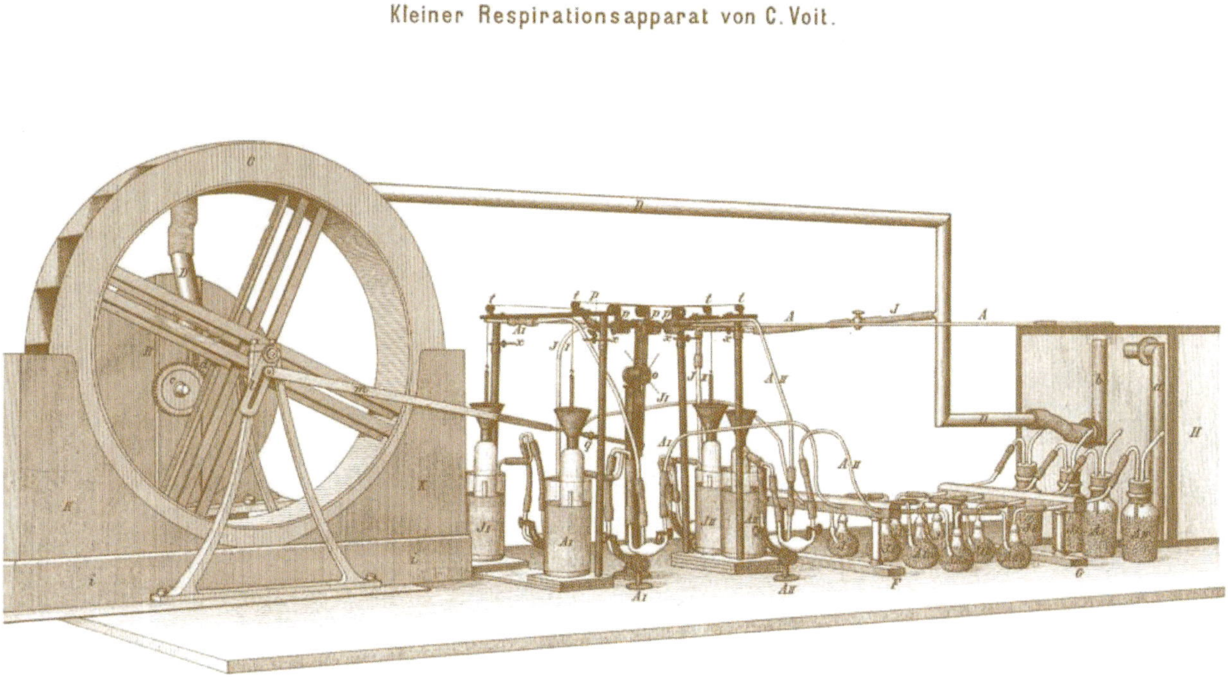

58:1

Abbildung des Respirationsapparates von Carl Voit (1831–1908). Er ist eine kleine, aber stark verbesserte Ausgabe von Max Pettenkofers (1818–1901) riesiger Maschine (siehe die nächsten Seiten). Mit ihm lässt sich der Gasaustausch bei Tieren genau bestimmen. Voit verwendet ihn in seinen bedeutenden Untersuchungen über die Substratverwertung beim Stoffwechsel.

58:2

Carl von Voit

58:3

Carl von Voit

Voit wurde 1831 als Sohn eines Architekten in Amberg geboren. Mit 17 Jahren nahm er ein Medizinstudium in München auf. Danach erhielt er eine Ausbildung in Analytischer Chemie in Göttingen und auch in München, wo er die Vorlesungen Liebigs besuchte (58.1). 1856 wurde er am Physiologischen Institut in München Assistent von Bischoff und vier Jahre später Mitarbeiter im Labor von Pettenkofer, der zeitlebens sein Freund blieb. 1863 wurde Voit zum Professor für Physiologie ernannt und widmete die folgenden drei Jahrzehnte seinen ambitionierten Stoffwechselforschungen. Später übernahm er an der Universität überwiegend offizielle Aufgaben. Sein Leben lang war er ein begeisterter Lehrer und blieb es bis 1907, dem Jahr vor seinem Tod.

Beschreibung eines Apparates zur Untersuchung der gasförmigen Ausscheidungen des Thierkörpers.

Abh d Akad d Wiss München. 1876; 12(1):219.

Voit beschreibt detailliert seinen Apparat zur Messung des Gasaustauschs bei Tieren. Das Verfahren beruht auf einem offenen Kreislauf – Luft strömt durch einen Behälter, in dem sich das Versuchstier befindet. Dank der präzisen Methoden der Gasanalyse und genialer absoluter Kalibriermethoden ist der Apparat der von Pettenkofer 1861 eingerichteten ähnlichen, jedoch viel größeren Anlage überlegen (58.2).

Im Spiegel der Zeit:
1849 präsentierten Regnault und Reiset die erste quantitative Studie über den Gasaustausch bei Tieren (58.3). Indem sie die Schwankungen der Gaskonzentration in einem geschlossenen Raum (Methode des geschlossenen Kreislaufs) maßen, dokumentierten sie die allgemeine Auswirkung der Ernährung auf die Aufnahme von Sauerstoff und die Abgabe von Kohlendioxid. Die Methode des geschlossenen Kreislaufs wurde anschließend von Krogh perfektioniert (58.4). 1860 zeigten Bischoff und Voit, dass sich die gesamte Stickstoffaufnahme bei einer rein fleischlichen Ernährung aus der Sammlung der Exkremente des Tieres und der Änderungen des Körpergewichts berechnen ließ (58.5). Um die Menge an Kohlenstoff und Sauerstoff, die bei der Verstoffwechselung der anderen Substrate ausgeatmet wird, nicht nur zu schätzen, sondern zu messen, baute Pettenkofer einen riesigen Apparat zur Bestimmung der Kohlenstoffdioxidabgabe beim Menschen (58.2). Im Grunde handelte es sich um einen belüfteten Raum, in dem der Gasfluss und die Kohlendioxidkonzentrationen sorgfältig gemessen wurden – ähnlich wie beim Maskenverfahren, das in heutiger Zeit klinisch genutzt wird (58.6). 1919 wurde der Ruheenergieverbrauch beim gesunden Menschen bestimmt (58.7) und Weir zeigte, dass er sich aus Gasaustauschmessungen berechnen ließ (58.8). Mit modernen Ergospirometern lässt sich die Therapie bei schweren akuten und chronischen Erkrankungen überwachen und anpassen (58.9) (58.10) (58.11).

58.1 Siehe Nr. 39 Liebig S. 208.
58.2 Pettenkofer M. Ueber einen neuen Respirations-Apparat. *Abh d k b Akad d Wiss* 1861, S. 231.
58.3 Regnault HV, Reiset J. Recherches Chimiques sur la Respiration des Animaux des Diverses Classes. *Ann chim phys* 1849; 26:299.
58.4 Krogh A. *The respiratory exchange of animals and man.* London: Longmans Green & Co, 1916. Kap. 2. Siehe auch Ref. 37.7.
58.5 Siehe Ref. 39.9.
58.6 Askanazi J et al. Nutrition for the patient with respiratory failure: glucose vs fat. *Anesth* 1981; 54:373.
58.7 Harris JA, Benedict FG. *A Biometric Study of Basal Metabolism in Man.* Publ. 279. Washington DC: Carnegie Institute of Washington, 1919.
58.8 de Weir JB. New methods to calculating metabolic rate with special reference to protein metabolism. *J Physiol* 1949; 109:1.
58.9 AARC Clinical Guideline 949: Metabolic Measurement Using Indirect Calorimetry during Mechanical Ventilation. *Resp Care* 1994; 39(12):1170.
58.10 Bursztein S. (Hrg.) *Energy Metabolism, Indirect Calorimetry and Nutrition.* Baltimore: Williams and Wilkins, 1989.
58.11 Nixon DW et al. Resting energy expenditure in lung and colon cancer. *Metabolism* 1988; 37:1059.

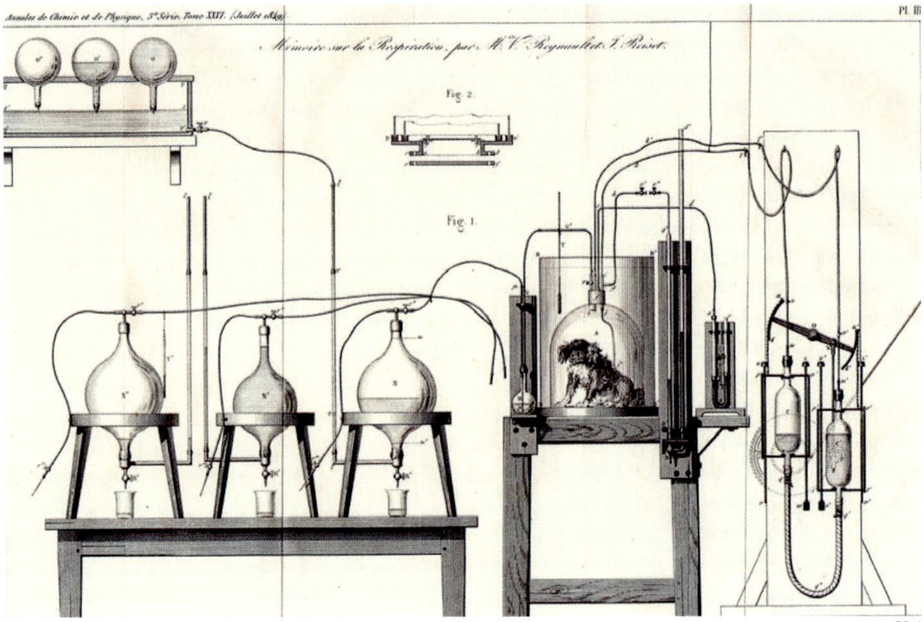

Experimentelle Anordnung von Victor Regnault (1810–1878) und Jules Reiset (1818–1896). Ihre Studie von 1849 dokumentiert erstmalig die Auswirkung der Ernährung auf die Aufnahme von Sauerstoff und die Abgabe von Kohlendioxid.

58:4

Mit finanzieller Unterstützung König Maximilians von Bayern baut Max Pettenkofer (1818–1901) einen Apparat, dessen Experimentierkammer so groß ist wie ein normales Zimmer. Die Menge des Kohlendioxids, die das Versuchsobjekt in der Kammer ausatmet, wird aus der Konzentration der Luft berechnet, die in die Kammer hinein- und aus ihr herausströmt.

58:5

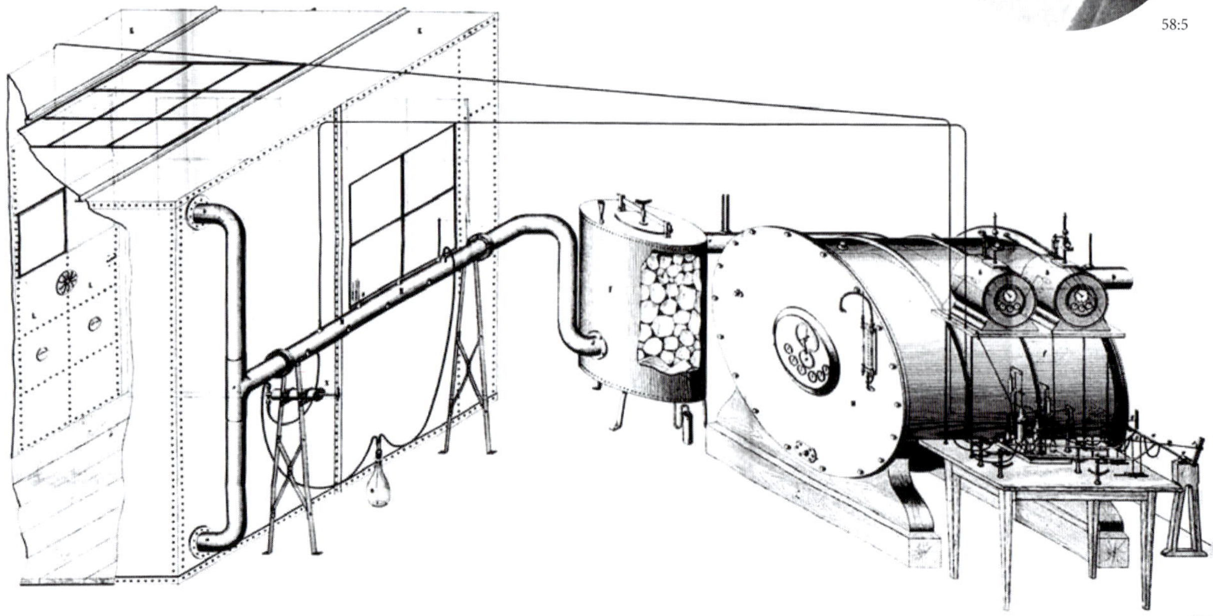

58:6

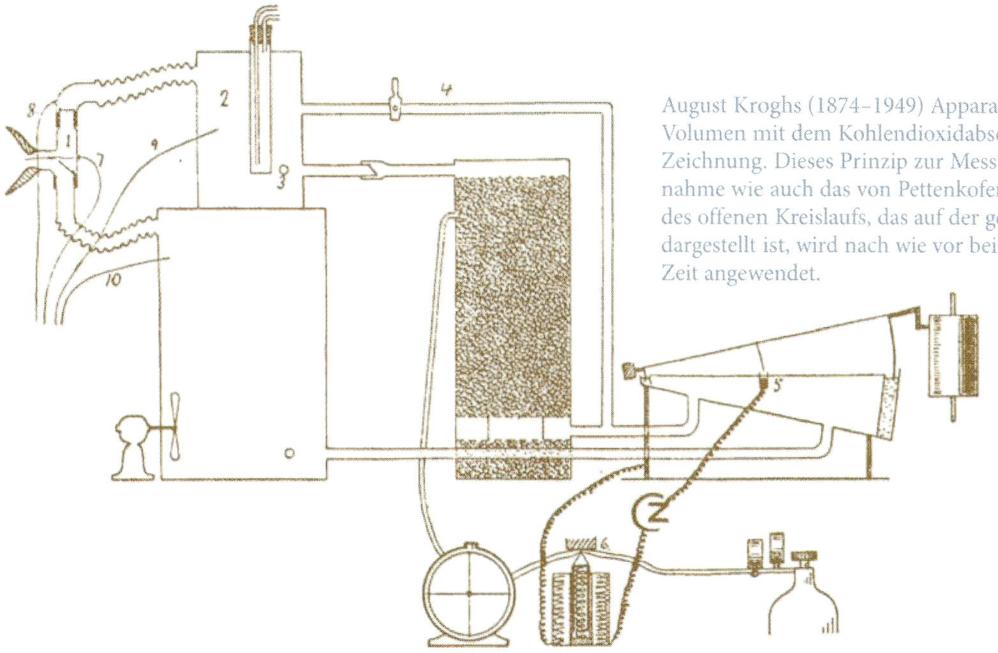

58:7

August Kroghs (1874–1949) Apparat mit geschlossenem Volumen mit dem Kohlendioxidabsorber in der Mitte der Zeichnung. Dieses Prinzip zur Messung der Sauerstoffaufnahme wie auch das von Pettenkofer genutzte Verfahren des offenen Kreislaufs, das auf der gegenüberliegenden Seite dargestellt ist, wird nach wie vor bei Apparaturen unserer Zeit angewendet.

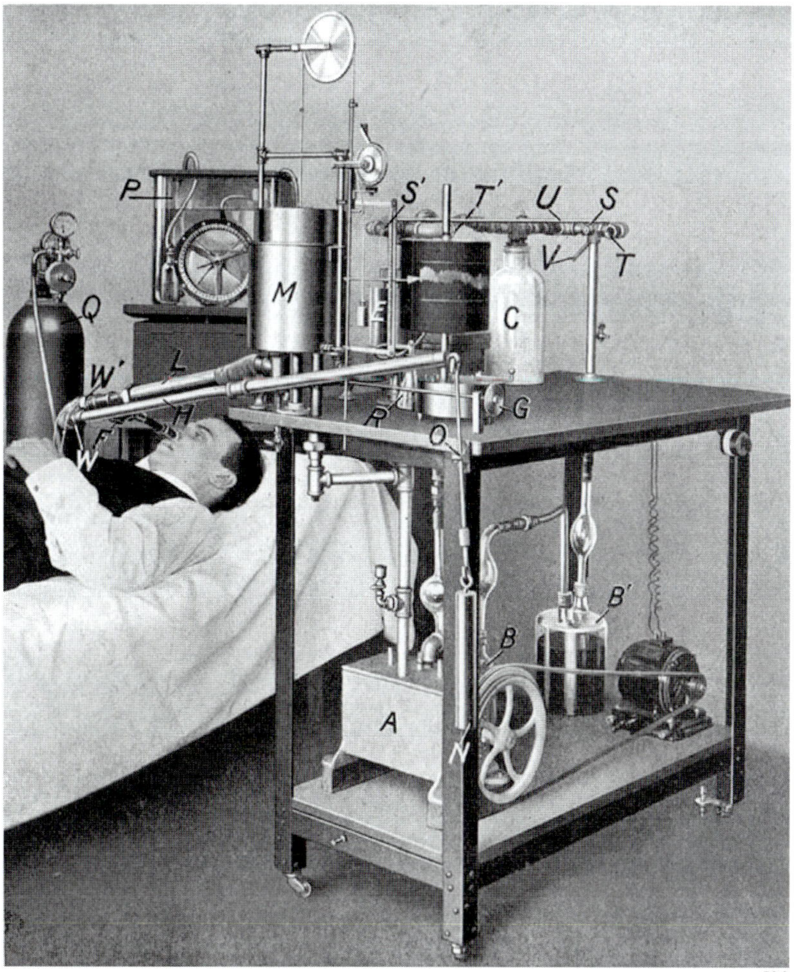

58:8

Der 1919 von Francis Benedict (1870–1957) eingesetzte Apparat zur Bestimmung des Grundumsatzes bei gesunden Versuchspersonen.

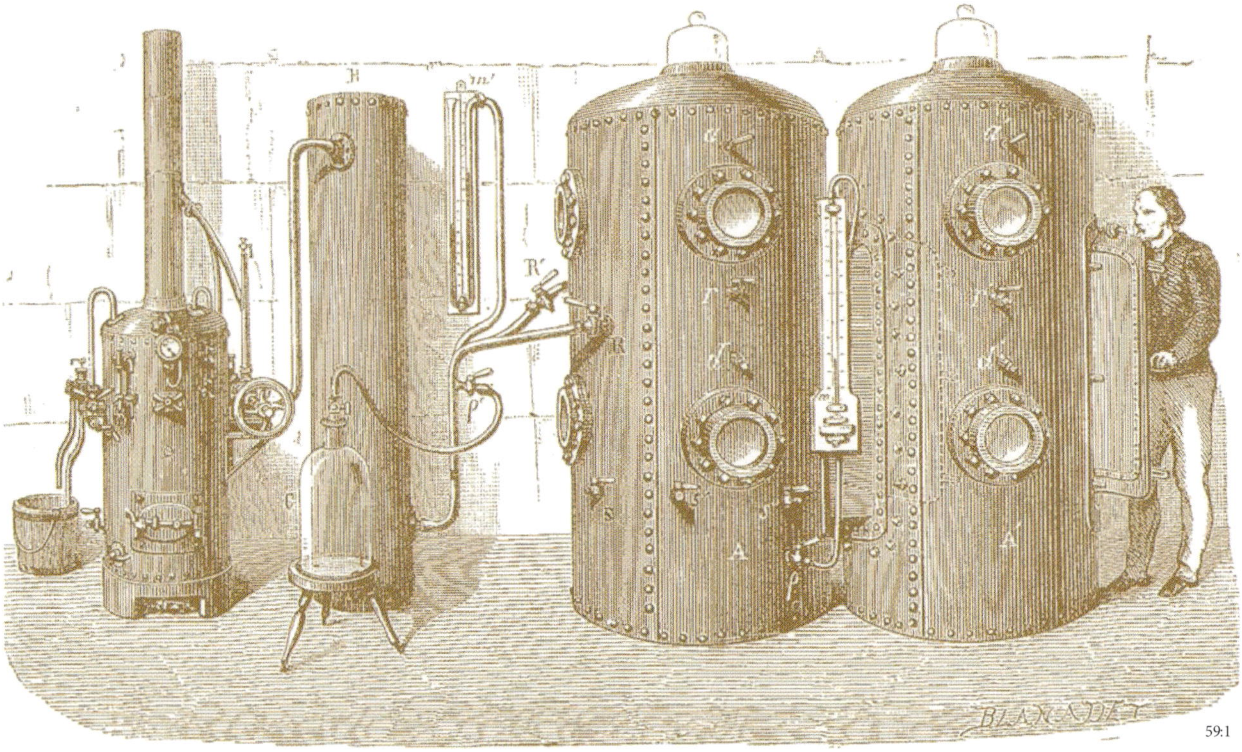

59:1

Druckkammer von Paul Bert (1833–1886), mit der er den Sauerstoffgehalt des Blutes bei subatmosphärischen Druckverhältnissen bestimmte. Die Diagramme repräsentieren ein lebendes Tier (C) sowie, in vitro, Blut bei Körpertemperatur (B) und bei Raumtemperatur (A).

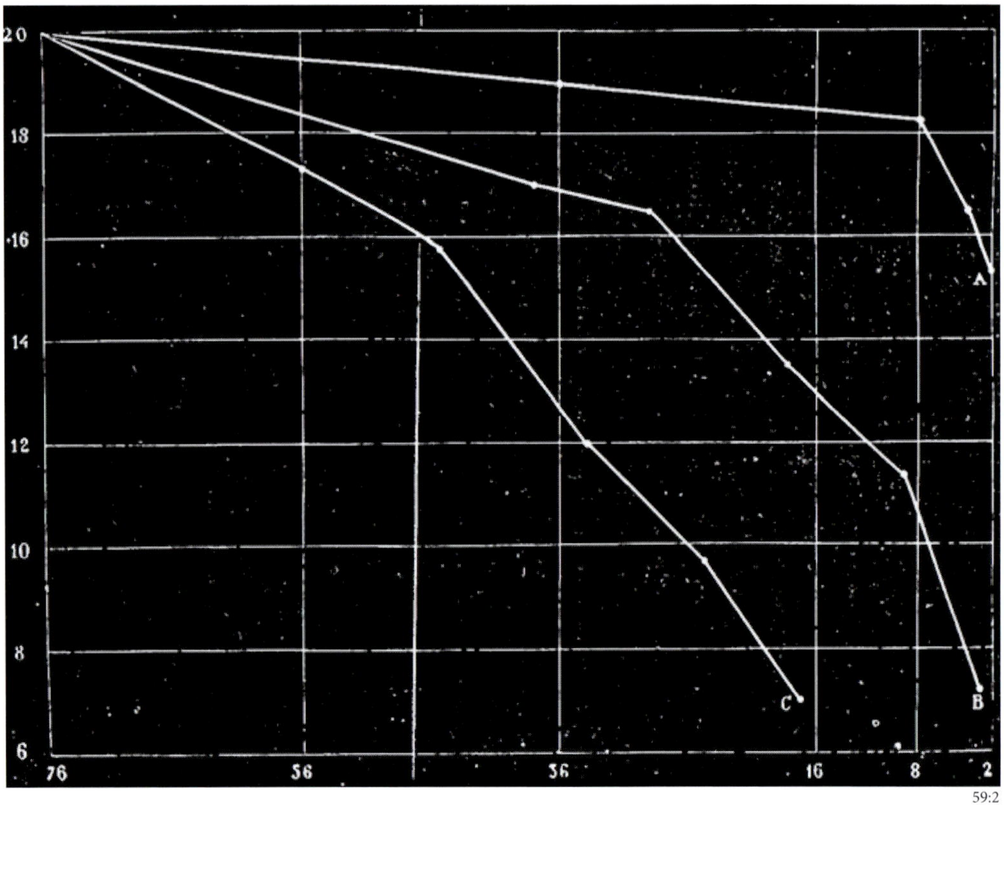

59:2

Paul Bert

59:3

Paul Bert

Bert kam 1833 in Auxerre zur Welt. Er studierte in Paris Medizin und promovierte 1863. Nach drei Jahren als Assistent von Bernard (59.1) wurde er in Bordeaux zum Professor für Zoologie und Physiologie berufen, kehrte jedoch 1869 nach Paris zurück, um Bernard auf den Lehrstuhl für Physiologie an der Sorbonne zu folgen. Im Jahr darauf ging er mit einem Programm zur Reformierung der Grundschulausbildung in die Politik. Seine Vorschläge, den Unterricht mit naturwissenschaftlichen Elementen zu bereichern, um den Intellekt zu schärfen und das kausale Denken zu fördern, wurden 1880 in die Tat umgesetzt. Als 1885 in Indochina eine Revolte gegen die französische Kolonialmacht ausbrach, wurde Bert dort zum ersten zivilen Gouverneur ernannt. Seine ambitionierten Bestrebungen, die Beziehungen zur einheimischen Bevölkerung zu verbessern, wurden 1886 durch seinen Tod in Hanoi zunichtegemacht.

La pression barométrique. Recherches de physiologie expérimentale.

Paris: G. Masson, 1878.

In diesem monumentalen Werk mit über 1 150 Seiten und 89 Abbildungen untersucht Bert mithilfe einer ausgeklügelten neuen Apparatur die Auswirkung des Drucks auf den Organismus. Er berechnet erstmalig die Dissoziationskurve für Sauerstoff und Kohlendioxid im Blut und zeigt, dass nicht der barometrische Druck, sondern der Partialdruck der Gase physiologisch relevant ist. Er erklärt den Mechanismus der Dekompressionskrankheit und Höhenkrankheit und beobachtet den toxischen Effekt reinen Sauerstoffs bei hohem Druck. Außerdem weist er nach, dass Kohlendioxid als Narkosemittel dienen kann. Zum Schluss erörtert Bert die physiologischen Ursachen des tödlichen Ausgangs der Fahrt mit dem Ballon „Zénith" auf 8 600 m Höhe, bei der nur einer der drei Wissenschaftler an Bord überlebte.

Im Spiegel der Zeit:

Berts Arbeit basierte auf dem bekannten Wissen über Blutgase (59.2), über die Eigenschaften von Hämoglobin (59.3) und die anästhesierende Wirkung von Lachgas (59.4) bei normalem Atmosphärendruck. Sein Werk beantwortete viele ungeklärte physiologische Fragen. So hatte Hickman 1824 entdeckt, dass sich Kohlendioxid als Betäubungsmittel einsetzen ließ (59.5), doch sein Verfahren, das er Scheintod („*suspended animation*") nannte, traf allerorts nur auf Desinteresse oder Misstrauen (59.6). Bert, der Hickmans Annahmen bestätigte, erklärte: „Die von Kohlendioxid herbeigeführte Anästhesie verdient erneut die Aufmerksamkeit der Chirurgen" (59.7). Bert verwendete Mischungen aus Sauerstoff und Lachgas (im Verhältnis 1:6) und stellte geeignete Anästhetika her, indem er den Gesamtdruck um etwa 20% erhöhte (59.8). Seine bahnbrechenden Messungen des Dissoziationsverhältnisses des Sauerstoffs im Blut wurden anschließend von Hüfner verbessert (59.9) und später umfassend von Barcroft (59.10), Douglas und Haldane (59.11) behandelt.

59.1 Siehe Ref. 55.7, Ref. 47.8 und Ref. 4.8.
59.2 Siehe Nr. 37 Magnus S. 196.
59.3 Siehe Nr. 51 Hoppe-Seyler S. 268.
59.4 Siehe Nr. 28 Davy S. 156 und Ref. 28.11.
59.5 Hickman H. *A letter on suspended animation, containing experiments showing that it may be safely employed during operations on animals,* ... Ironbridge 1824.
59.6 Sykes WS. *Essays on the first hundred years of anaesthesia.* Vol. I Chap. 7. Edinburgh: Churchill Livingstone, 1982.
59.7 Oben zitiertes Hauptwerk S. 1018.
59.8 Bert P. Sur la possibilité d'obtenir, à l'aide du protoxyde d'azote, une insensibilité du long durée et sur l'innocuité de cet anesthésique. *C R Acad Sci* 1878; 87:728. Siehe auch Ref. 28.8 S. 318–323.
59.9 Siehe Ref. 51.10.
59.10 Barcroft J. *The respiratory function of the blood.* Cambridge: Cambridge University Press, 1913.
59.11 Haldane JC. *Respiration.* New Haven: Yale University Press, 1922.

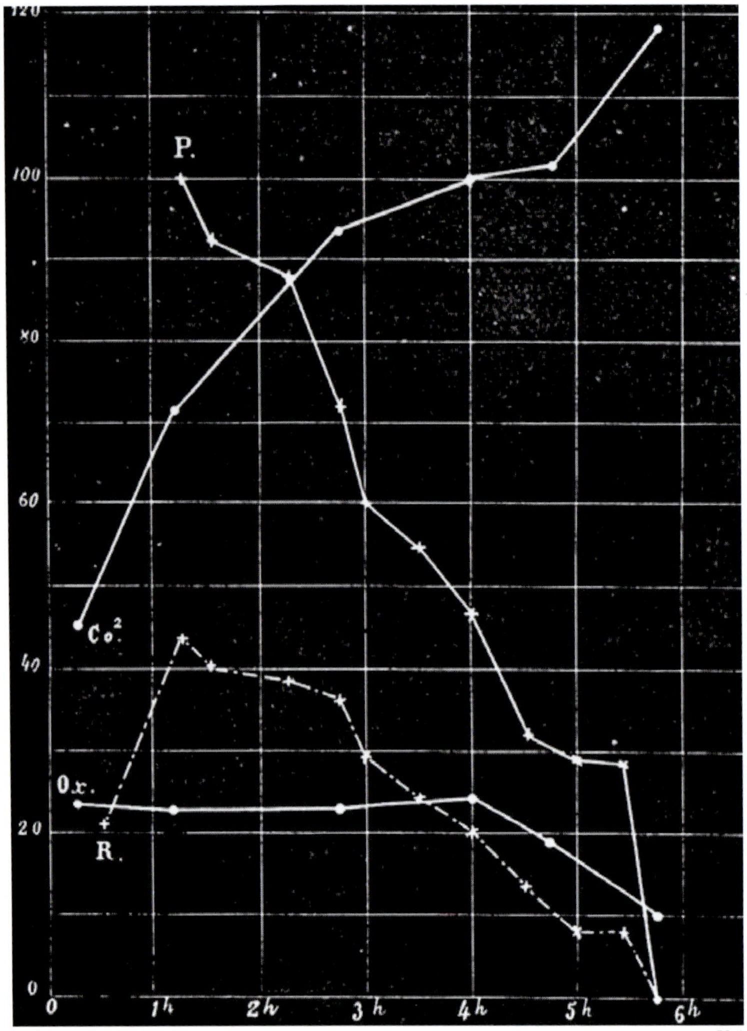

59:4

1823 erklärt Henry Hickman (1800–1830) vergeblich, dass Kohlendioxid als Betäubungsmittel einsetzbar sei. Ein halbes Jahrhundert später rechtfertigt Berts Werk Hickmans Behauptungen. Das Diagramm links zeigt die Auswirkung der steigenden Kohlendioxidspannung im Blut (Co) auf den Blutdruck (P), die Sauerstoffspannung (Ox) und die Atmung (R).

59:5

Die von Bert konstruierte pneumatische Kammer für die Anästhesie mit Sauerstoff und Lachgas wird 1879 erstmals genutzt. Die Mischung von Sauerstoff und Lachgas im Verhältnis 15:85 bei einem Druck von 15% über dem Atmosphärendruck ermöglicht eine zufriedenstellende Narkose bei einer kurzen Operation an einem Zehennagel.

59:6

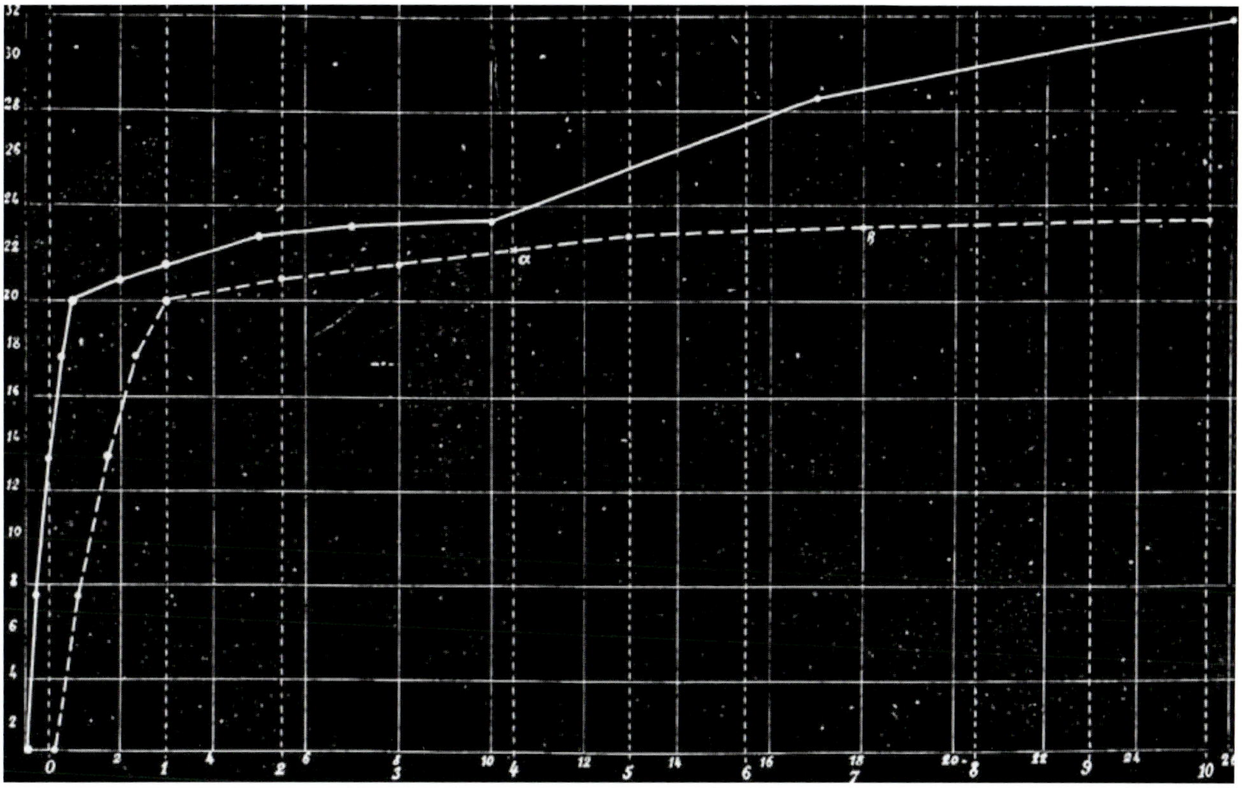

59:7

Bert bestimmt den Anstieg des Sauerstoffgehalts im Blut bei steigendem Druck (gestrichelte Linie 0–10 Atmosphären, durchgezogene Linie 0–26 Atmosphären) und erörtert die Anwendung seiner Ergebnisse auf das Tauchen. Außerdem demonstriert er den toxischen Effekt von hyperbarem Sauerstoff.

59:8

59:9

Berts Apparatur zur Untersuchung der Auswirkung verminderter Sauerstoffzufuhr, wenn der Sauerstoff durch Druckabfall verdünnt wird. Rechts ist das von ihm berechnete Verhältnis zwischen Sauerstoffgehalt und Sauerstoffspannung im Blut dargestellt. Diese Messung ist die erste Bestimmung der „Sauerstoffdissoziationskurve", eine Relation von großer physiologischer Bedeutung.

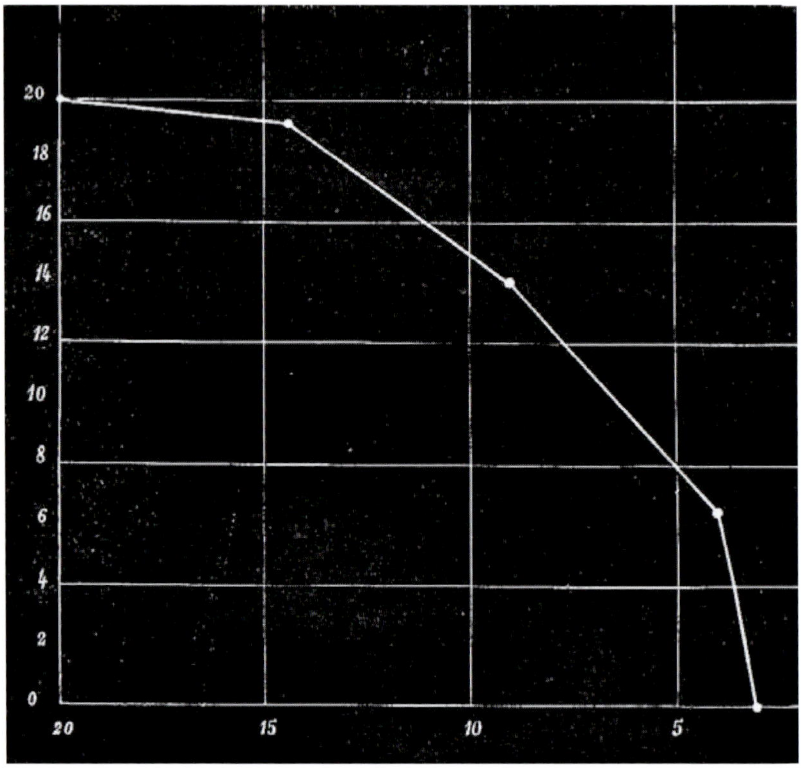

59:10

Fig. 86. — La nacelle du *Zénith* dans les hautes régions de l'atmosphère.

SIVEL coupe les cordelettes qui retiennent à la nacelle les sacs de lest remplis de sable.

G. TISSANDIER observe les baromètres.

CROCÉ-SPINELLI après avoir fait les observations spectroscopiques, va respirer l'oxygène.

59:11

Das berühmte Bild der drei Wissenschaftler, die physikalische Experimente durchführen, während ihr Ballon Zénith auf 8 600 Meter steigt. Nur einer von ihnen, Tissandier, überlebt die Fahrt. Bert erklärt die Tragödie mit dem zu langen Aufenthalt in großer Höhe ohne ausreichende Sauerstoffversorgung.

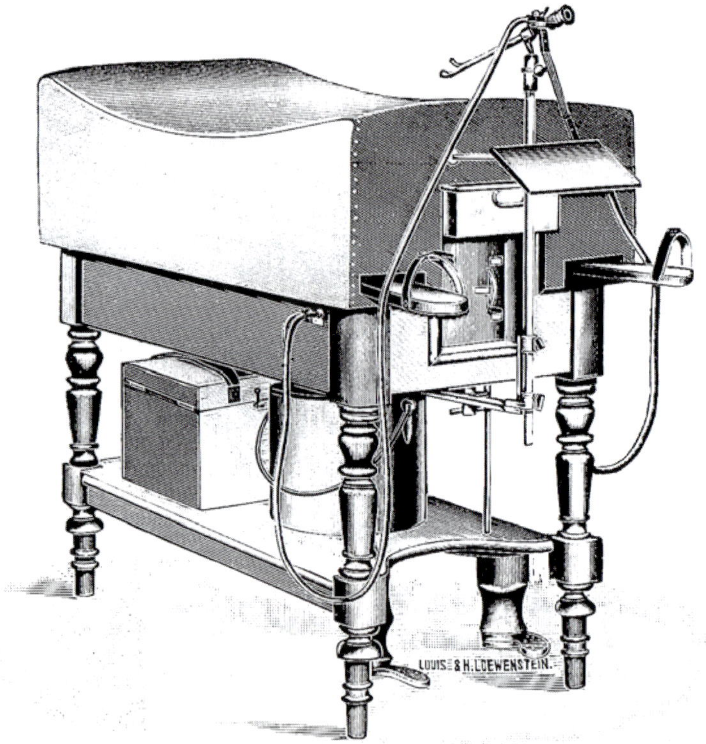

60:6

Der erste Untersuchungstisch speziell für die Zystoskopie.

Geräte zur Sterilisation von Zystoskopen mit Formalin (unten links) und Dampf.

Das rechts abgebildete Spülzystoskop besitzt einen zusätzlichen Kanal, der bei anderen Versionen des Instruments genutzt wird, um eine Platindrahtschlinge zur Kauterisation von Malignomen einzuführen.

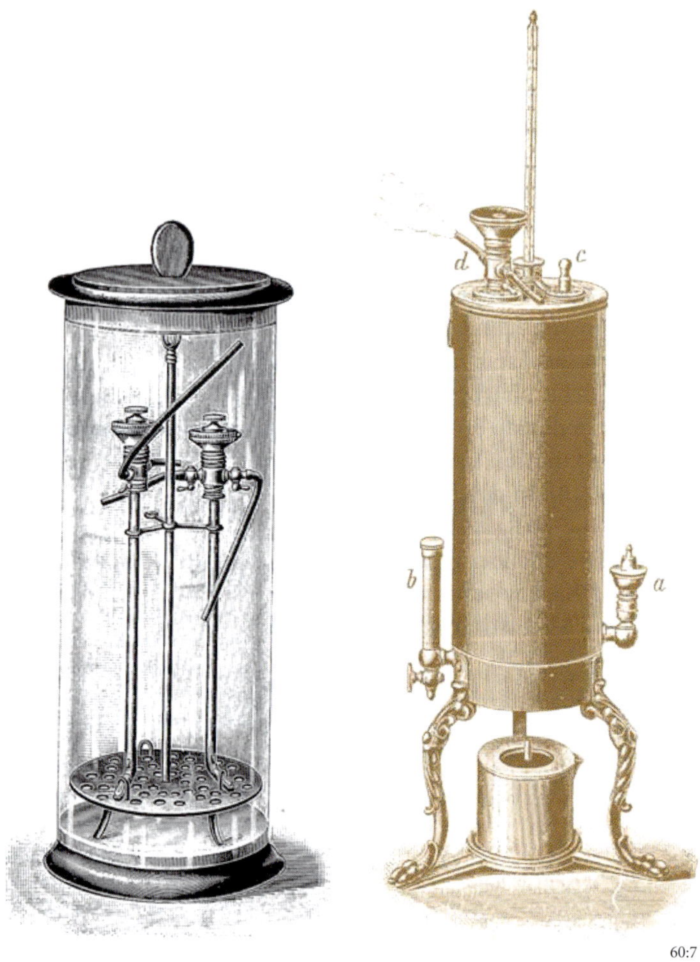

60:7

60:8

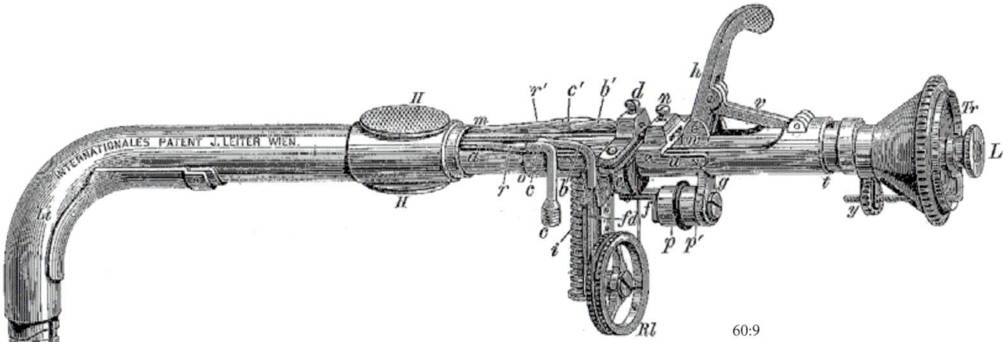

60:9

60:10

Josef Leiter (1830–1892), ein äußerst versierter Hersteller von medizinischem Gerät und Zubehör aus Wien. In Zusammenarbeit mit bekannten Ärzten entwickelt er eine Reihe verbesserter endoskopischer Instrumente, darunter das hier abgebildete neue Gastroskop.

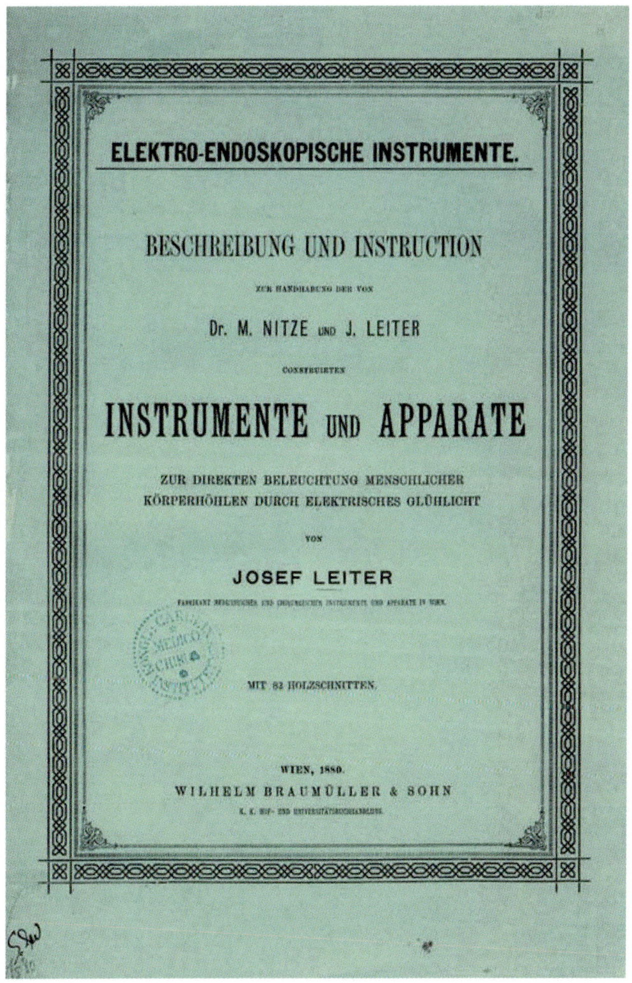

ELEKTRO-ENDOSKOPISCHE INSTRUMENTE.

BESCHREIBUNG UND INSTRUCTION

ZUR HANDHABUNG DER VON

Dr. M. NITZE UND J. LEITER

CONSTRUIRTEN

INSTRUMENTE UND APPARATE

ZUR DIREKTEN BELEUCHTUNG MENSCHLICHER KÖRPERHÖHLEN DURCH ELEKTRISCHES GLÜHLICHT

VON

JOSEF LEITER

MIT 82 HOLZSCHNITTEN.

WIEN, 1880.

WILHELM BRAUMÜLLER & SOHN

60:11

60:12

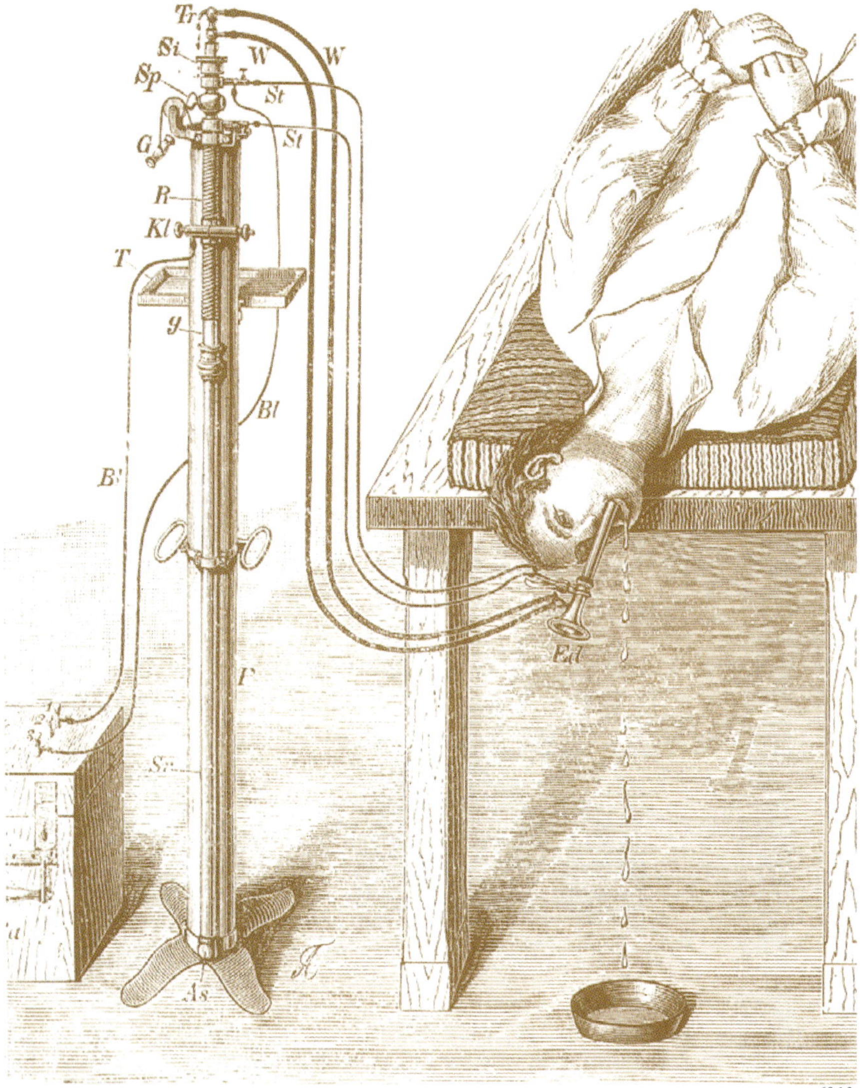

60:13

Leiters Gastroskop wird von Johann Mikulicz-Radecki (1850–1905) entworfen und 1881 von ihm erstmals klinisch genutzt. Die Abbildungen zeigen ihn und sein an einen Patienten angeschlossenes Gerät.

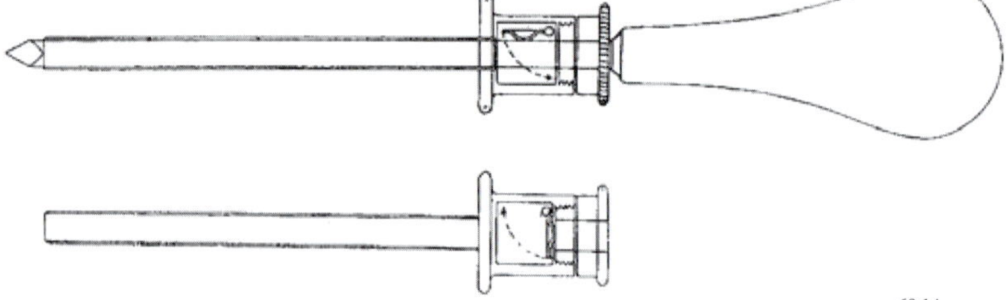

60:14

60:15

Hans Christian Jacobaeus (1879–1937) führt die Thorakoskopie und, in Anlehnung an die Arbeiten von Georg Kelling (1866–1945), auch die Laparoskopie als klinisches Untersuchungsverfahren ein. Abgebildet ist sein erstes Gerät von 1910.

Auf den Abbildungen rechts führt Gustav Killian (1860–1921) mit Assistenten die bronchoskopische Untersuchung von Patienten in sitzender und auf dem Rücken liegender Position durch.

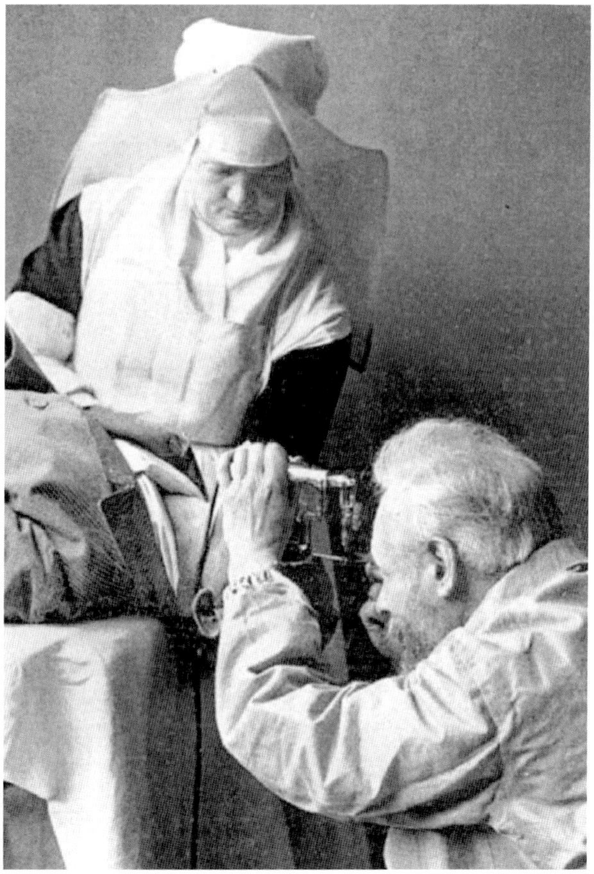

60:17

60:16

1897 demonstriert Killian das neue Verfahren der Bronchoskopie. Im selben Jahr berichtet er von der ersten endoskopischen Entfernung eines Fremdkörpers aus der Lunge – eines kleinen Knochensplitters, den der Patient beim Verzehren einer Gemüsesuppe versehentlich verschluckt hatte.

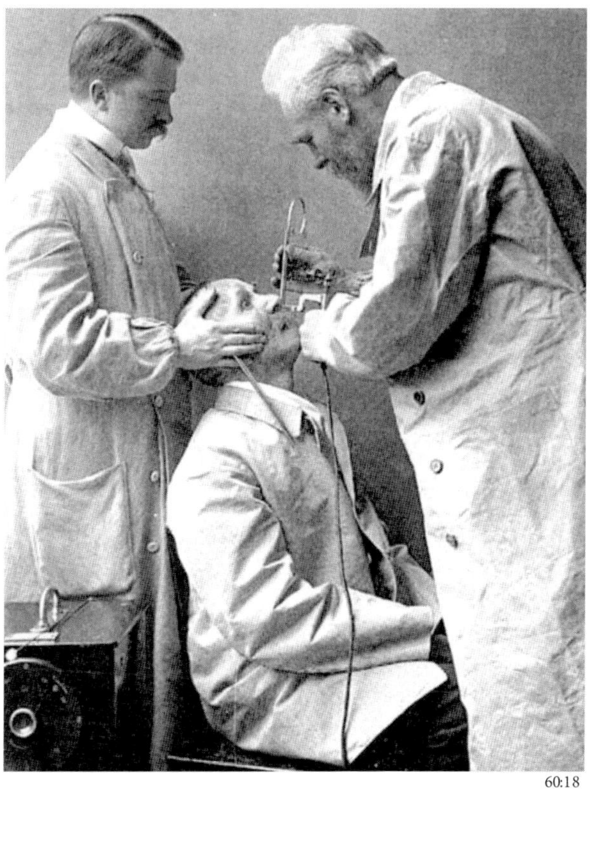

60:18

Mikroskop von Carl Zeiss Jena, das Robert Koch (1843–1910) bei seinen Untersuchungen von Mikroorganismen benutzte. 1882 gelingt ihm mit einem solchen Instrument die berühmte Entdeckung des Tuberkelbazillus.

Koch illustriert seine mikroskopischen Verfahren mit 84 Abbildungen. Sechs davon, auf denen Mikroorganismen aus einer Streptokokkeninfektion der Haut (Erysipel) zu sehen sind, sind hier wiedergegeben.

61:1

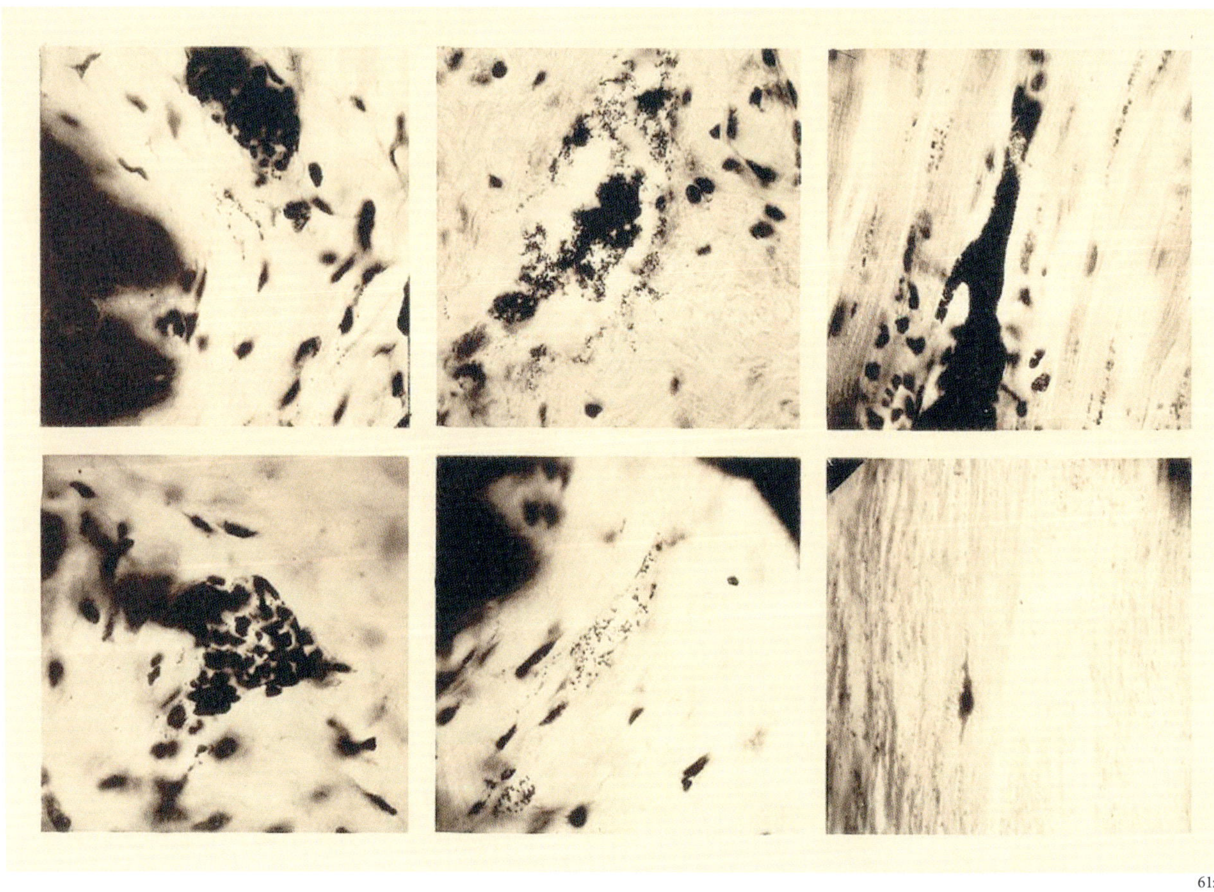

61:2

Robert Koch

61:3

Robert Koch

Koch kam 1843 in Claustal in einer Familie mit 13 Kindern zur Welt. Nach mittelmäßigen Leistungen auf der Volksschule dachte er daran, nach Amerika auszuwandern, nahm aber dann ein Medizinstudium an der Universität Göttingen auf. 1866 bestand er sein Examen mit Auszeichnung, heiratete und kämpfte dann sechs Jahre um eine Arbeitsstelle, mit der er seine Familie ernähren konnte. 1880 wurde er auf eine Forschungsposition am Kaiserlichen Gesundheitsamt in Berlin berufen. Später reiste er als Professor für Hygiene und Berater der Regierung nach Afrika und Indien, wo er Cholera, Beulenpest, Malaria und andere Krankheiten erforschte. In der Heimat half er bei der Bekämpfung von Cholera- und Typhusepidemien. Kochs Motto war, nie müßig zu sein und nie aufzugeben. Er konnte arrogant sein, doch während er Fremden gegenüber reserviert blieb, war er in Gegenwart von Freunden liebenswert und unterhaltsam. 1905, fünf Jahre vor seinem Tod, erhielt er den Nobelpreis für Medizin.

Zur Untersuchung von pathogenen Organismen.

Mittheil a d Kais Gesundheitsamte 1881; 1:1. Berlin: Druck u Verlag d Norddeutschen Buchdruckerei, 1881.

Koch schildert seine Verfahren der Züchtung und Erforschung bakterieller Kulturen. Er verwendet Gelatinelösungen, differenzierende Färbung mit Anilin und eine Wärmebehandlung, um Bakterienfilme zur mikroskopischen Untersuchung und Fotografie zu produzieren. Er diskutiert die pathogenen Eigenschaften und den Verbreitungsmechanismus von Mikroorganismen und erläutert, wie man aus Luft, Staub, Wasser und Erde Proben gewinnt. Außerdem spricht er kurz wirksame neue Desinfektionsmethoden an (61.1) (61.2). 84 Mikrofotografien von verschiedenen Mikroorganismen illustrieren die Präsentation.

Im Spiegel der Zeit:
Kochs berühmte Entdeckungen, darunter die des Tuberkelbazillus (61.3), wurden ermöglicht durch ein Jahrzehnt des methodologischen Fortschritts (61.4) und die Verwendung der brandneuen hervorragenden Mikroskope von Zeiss und Abbe (61.5). Kochs Studien der bakterienhemmenden Wirkung verschiedener Substanzen erbrachten, dass Listers Karbolsäure (61.6) Quecksilberchlorid unterlegen war (61.1). Koch kritisierte auch Pasteurs Milzbranduntersuchungen (61.7), was eine lange, erhitzte Debatte auslöste. In einem wichtigen Schritt demonstrierten Koch und seine Assistenten die bessere Wirksamkeit der Dampfsterilisation gegenüber der trockenen Wärmebehandlung (61.2). Trendelenburg wandte das Verfahren 1882 erstmals klinisch an (61.8) und 1890 wurde die erste zentrale Sterilisationseinheit in Berlin installiert. Tyndall, der von atmosphärischem Staub übertragene Keime untersuchte, erfand ein weniger aggressives Sterilisationsverfahren, das auf mehrfachen Erhitzungs- und Abkühlungszyklen beruhte (Tyndallisation) (61.9). Die heute gebräuchlichen Sterilisationsverfahren durch Gas und Bestrahlung wurden als alternative Techniken in den späten 1950er-Jahren entwickelt (61.10) (61.11).

61.1 Siehe Ref. 54.9.
61.2 Koch R, Gaffky G, Löffler F. Versuche über die Verwerthbarkeit heisser Wasserdämpfe zu Desinfectionszwecken. *Mittheil a d Kais Gesundheitsamte* 1881; 1:322.
61.3 Koch R. Die Aetiologie der Tuberculose. *Berl Klin Wschr* 1882; 19:221.
61.4 Koch R. Verfahren zur Untersuchung, zum Conserviren und Photographiren der Bacterien. *Beitr Biol Pflanz* 1876, S. 399.
61.5 Siehe Nr. 64 Abbe S. 328.
61.6 Siehe Nr. 54 Lister S. 282.
61.7 Koch R. Zur Aetiologie des Milzbrandes. *Mittheil a d Kais Gesundheitsamte* 1881; 1:49. Siehe auch Nr. 50 Pasteur S. 264.
61.8 Siehe Nr. 57 Trendelenburg S. 294.
61.9 Tyndall J. *Essays on the floating-matter of the air in relation to putrefaction and infection.* London: Longmans, Green and Co, 1881, S. 210.
61.10 Skeehan Jr RA, King Jr JH, Kaye S. Ethylene-oxide sterilization in ophthalmology. *Am J Ophthalmol* 1956; 42:424.
61.11 Woolston J. Irradiation Sterilization of Medical Devices. *Medical Device Technology* 1990; 1(4):25.

		Dauer des Versuches	Temperatur			Wirkung auf Sporen
			im Apparat	in der Rolle am Ende des Versuches		
				in der Mitte	in der halben Dicke	
Im Desinfectionsapparat des Baracken-lazarethes	Flanellrolle	4 Stunden	140—150° C.	83,0° C.	92,0° C.	Weder Milzbrandsporen noch die in der Erde enthaltenen waren getödtet.
	Tuchrolle	4 Stunden	140—150° C.	81,0° C.		
Im Dampfkochtopf	Flanellrolle	1½ Stunden	120° C.	117° C.		Sporen von Milzbrand und in Erde getödtet.
		1 Stunde	110° C.	96,5° C.	100° C.	Milzbrandsporen getödtet, Sporen in der Erde nicht sämmtlich entwickelungsunfähig.
	Tuchrolle	½ Stunde	120—126° C.	118° C.		

61:4

Koch nimmt vergleichende Bewertungen verschiedener Sterilisationsverfahren vor und stellt fest (siehe Tabelle oben), dass die Dampfsterilisation anderen Verfahren überlegen ist.

Von F. & M. Lautenschläger entwickelter und in der Berliner Charité verwendeter Hochdruck-Autoklav. An diesem Krankenhaus wird 1890 die erste zentrale Sterilisationseinheit eingerichtet.

61:5

This, then, is my mode of proceeding:—Before the latent period of any of the germs has been completed (say a few hours after the preparation of the infusion), I subject it for a brief interval to a temperature which may be under that of boiling water. Such softened and vivified germs as are on the point of passing into active life are thereby killed; others not yet softened remain intact. I repeat this process well within the interval necessary for the most advanced of those others to finish their period of latency. The number of undestroyed germs is further diminished by this second heating. After a number of repetitions, which varies with the character of the germs, the infusion, however obstinate, is completely sterilized.

61:6

61:8

1877 erfindet John Tyndall (1820–1893) eine neue Sterilisationsmethode („Tyndallisation" oder fraktionierte Sterilisation), die mit „diskontinuierlicher Erwärmung" bei relativ niedrigen Temperaturen arbeitet. Das obige Zitat ist seiner ersten Beschreibung des Verfahrens entnommen. Der einfache Apparat unten links wurde von Dr. Robert Muencke in Berlin nach Anweisungen von Koch gebaut und ist für die Tyndallisation gut geeignet.

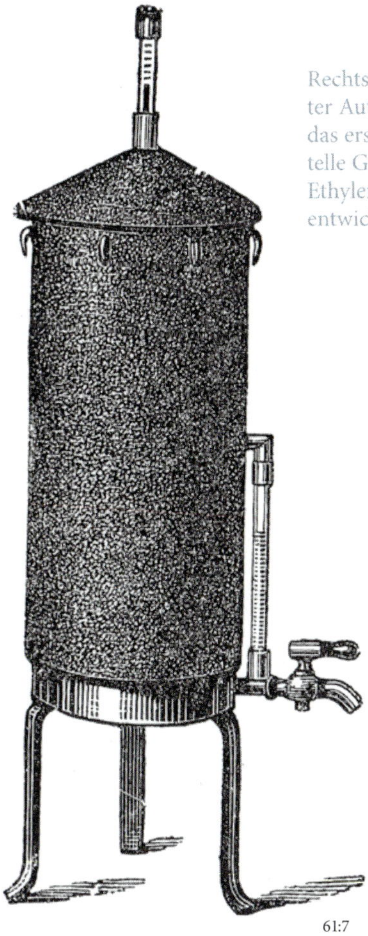

61:7

Rechts ein modifizierter Autoklav von 1959, das erste experimentelle Gerät, das für die Ethylenoxidsterilisation entwickelt wurde.

61:9

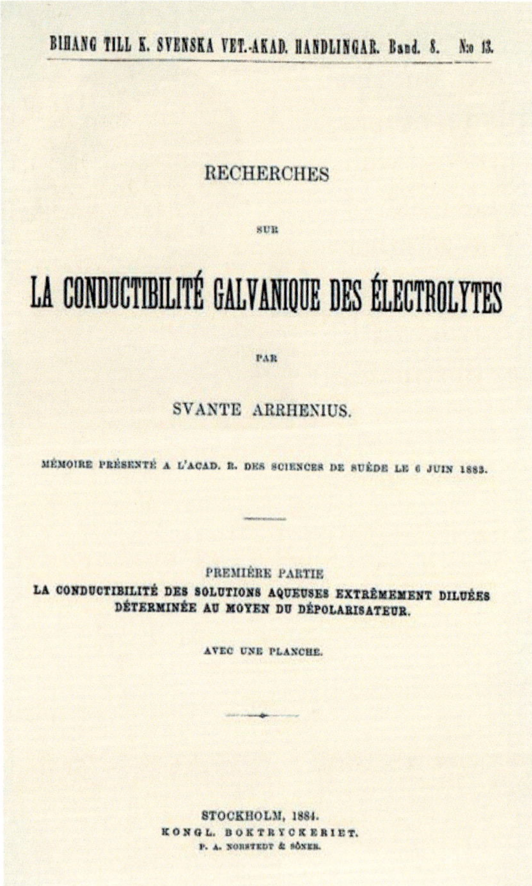

BIHANG TILL K. SVENSKA VET.-AKAD. HANDLINGAR. Band. 8. N:o 13.

RECHERCHES

SUR

LA CONDUCTIBILITÉ GALVANIQUE DES ÉLECTROLYTES

PAR

SVANTE ARRHENIUS.

MÉMOIRE PRÉSENTÉ A L'ACAD. R. DES SCIENCES DE SUÈDE LE 6 JUIN 1883.

PREMIÈRE PARTIE

LA CONDUCTIBILITÉ DES SOLUTIONS AQUEUSES EXTRÊMEMENT DILUÉES DÉTERMINÉE AU MOYEN DU DÉPOLARISATEUR.

AVEC UNE PLANCHE.

STOCKHOLM, 1884.
KONGL. BOKTRYCKERIET.
P. A. NORSTEDT & SÖNER.

62:1

Dissertation von Svante Arrhenius (1859–1927), in der er mithilfe der abgebildeten experimentellen Anordnung die Leitfähigkeit verdünnter Lösungen von Salzen, Säuren und Basen misst und die Ergebnisse erklärt, indem er einen „aktiven" elektrolytischen Teil annimmt, der als Anteil der gesamten Elektrolytmenge ausgedrückt wird.

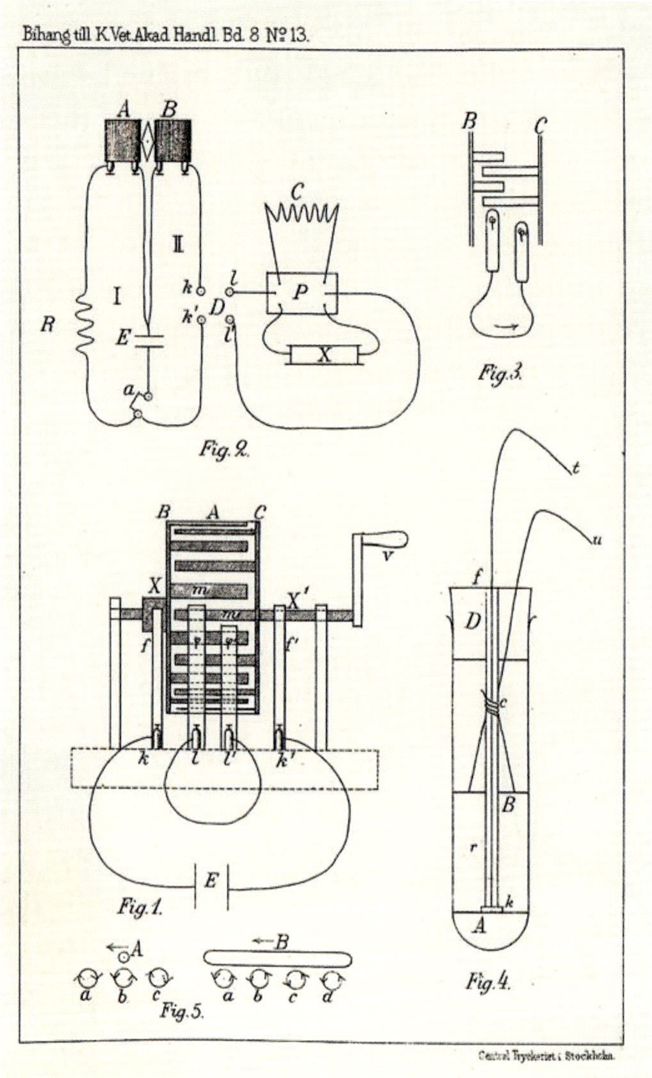

62:2

Svante Arrhenius

Arrhenius wurde 1859 in der Nähe von Uppsala in Schweden geboren. 1876 begann er ein Studium der Mathematik, Physik und Chemie an der Universität von Uppsala. Für seine (unten zitierte) Dissertation erhielt er eine nur mittelmäßige Bewertung, im Ausland stieß sie jedoch auf Anerkennung. Trotz weiterer attraktiver Angebote nahm er 1895 eine Stelle als Professor für Physik an Stockholms Högskola an. 1903 erhielt er den Nobelpreis für Chemie und zwei Jahre später wurde er Direktor des Nobelinstituts für physikalische Chemie. Arrhenius war ein einfacher und gutmütiger Mensch mit einem Sinn für Humor. Er hielt es für wichtig, wissenschaftliches Wissen mit der Öffentlichkeit zu teilen und publizierte populärwissenschaftliche Abhandlungen über vielfältige Themen von Immunchemie bis zu Geowissenschaften und Kosmologie (62.1) (62.2) (62.3). Diese Bücher wurden hoch gelobt und noch lange nach seinem Tod im Jahre 1927 in vielen Sprachen gelesen.

62:3

Svante Arrhenius

Recherches sur la conductibilité galvanique des électrolytes 1, 2.

Bihang K Sv Vet Akad Handl. Stockholm: Norstedt PA & Söner, 1884; 8(13) und 1884; 8(14).

Arrhenius' Dissertation behandelt die Leitfähigkeit verdünnter Lösungen von Salzen, Säuren und Basen bei unterschiedlichen Temperaturen und Lösungsgraden. Im ersten Teil werden die Ergebnisse der Experimente vorgestellt, der zweite enthält eine theoretische Diskussion. Arrhenius glaubt, dass die Lösung aus dem löslichen Teil sowie einem „aktiven" elektrolytischen und einem „passiven" nicht-elektrolytischen Teil besteht. Er führt den Begriff des Aktivitätskoeffizienten des Elektrolyten ein und fasst seine 56 einzelnen Schlussfolgerungen zum Ende in der Feststellung zusammen, dass der aktive Teil bei einer gegebenen Temperatur und Lösung Elektrizität leitet und sich stets als Anteil der gesamten Elektrolytmenge ausdrücken lässt.

Im Spiegel der Zeit:
Obwohl Kohlrausch und Lenz schon vor Arrhenius ähnliche Messungen durchgeführt hatten (62.4) (62.5), waren ihre Studien weniger umfangreich und sie suchten nicht nach einer Erklärung für die erzielten Resultate. 1887 hatte Arrhenius seine Theorie überarbeitet und erweitert und prägte explizit den Begriff der elektrolytischen Dissoziation (62.6). Überdies berücksichtigte er die neue Entdeckung van't Hoffs zur Äquivalenz zwischen den Gesetzen des osmotischen Drucks im flüssigen Zustand und den Gesetzen des Gaszustands (62.7). Dabei setzte er seinen Aktivitätskoeffizienten zu der von van't Hoff eingeführten Proportionalitätskonstante zwischen absoluter Temperatur und dem Produkt von Druck und Volumen eines Gases in Beziehung (62.7). Die Bedeutung von Arrhenius' Werk für die Medizin wurde erstmals 1902 von Hamburger aufgezeigt, der bei Untersuchungen der Hämolyse und der Zellpermeabilität für Ionen entdeckte, dass Bicarbonat- und Chlorid-Ionen durch Zellmembranen ausgetauscht werden konnten (62.8). Diese Fortschritte ermöglichten Henderson die Erforschung der Säure-Basen-Regulation im Blut (62.9).

62.1 Arrhenius S. *Immunochemistry*. New York 1907.
62.2 Arrhenius S. *Ueber den Einfluss des Atmosphärischen Kohlensäuregehalts auf die Temperatur der Erdoberfläche*. Bihang K Sv Vet Akad Handl 22, Avd. I Nr. 1. Stockholm 1896.
62.3 Arrhenius S. *The Life of the Universe, as Conceived by Man from the Earliest Ages to the Present Times*. London: Harper, 1909.
62.4 Kohlrausch F. Das electrische Leitungsvermögen der wässerigen Lösungen von den Hydraten und Salzen der leichten Metalle ... *Ann Phys Chem* 1879; 6:167, S. 1 und 145.
62.5 Lenz HF. Ueber das galvanische Leitungsvermögen alcoholischer Lösungen. *Mém l'Acad Imp Sci*. St. Petersbourg VIIIe Sér. 1882; 30(9).
62.6 Arrhenius S. Ueber die Dissociation der in Wasser gelösten Stoffe. *Zeit Phys Chem* 1887; 1:631.
62.7 Siehe Nr. 63 van't Hoff S. 324.
62.8 Hamburger HJ. *Osmotischer Druck und Ionenlehre in den medicinischen Wissenschaften*. 3 Bde. Wiesbaden 1902–1904.
62.9 Henderson LJ. Das Gleichgewicht zwischen Basen und Säuren im tierischen Organismus. *Ergebn Physiol* 1909; 8:254.

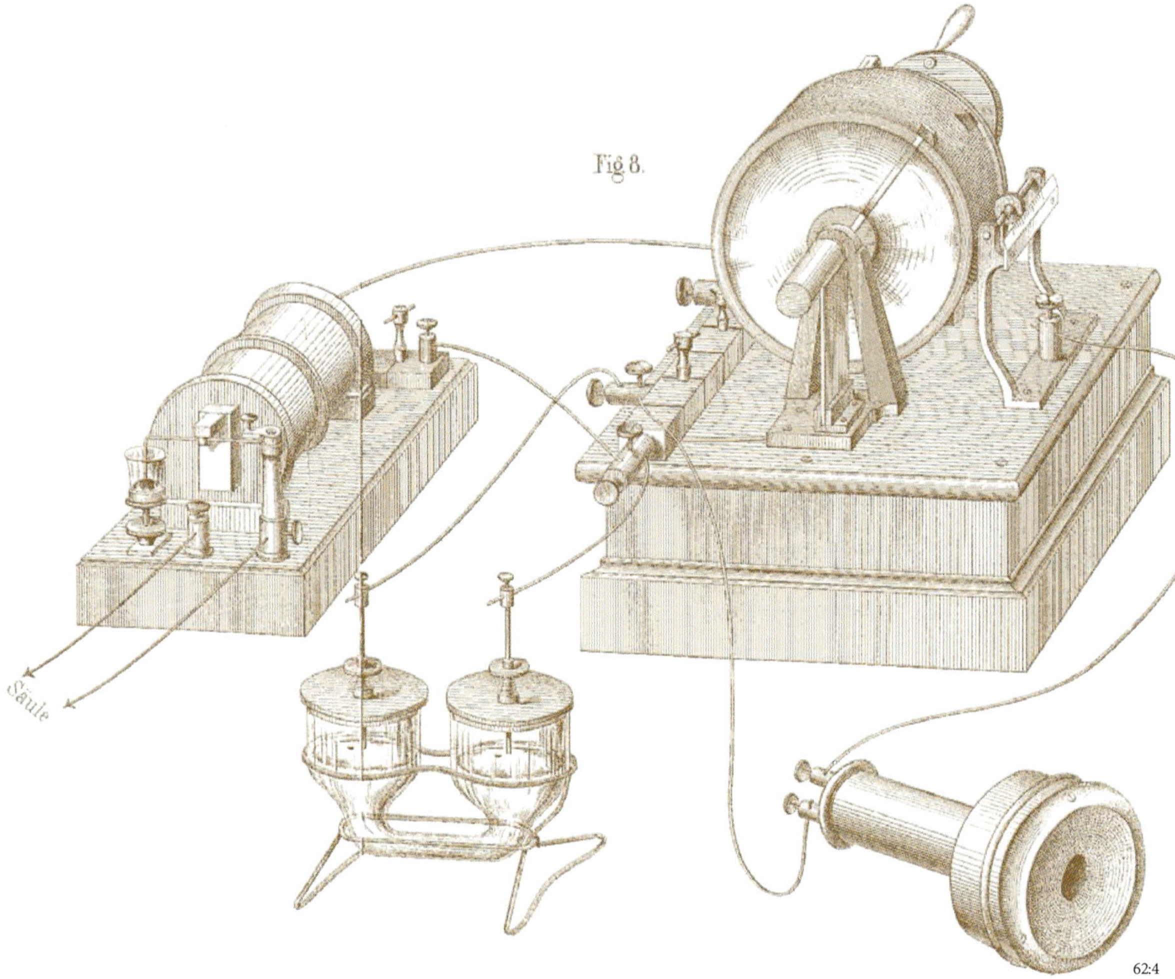

62:4

1879 entwickelt Friedrich Kohlrausch (1840–1910) ein empfindliches Instrument zur Messung der Leitfähigkeit. Dafür verwendet er eine Batterie, eine Induktionsspule und eine elektrische Brücke, deren Gleichgewicht mithilfe eines Telefons detektiert wird. Er misst den Widerstand von Drähten und Elektrolyten. Obwohl er Arrhenius' Experimente vorwegnimmt, unternimmt Kohlrausch keinen Versuch, die beobachteten Phänomene zu erklären.

62:5

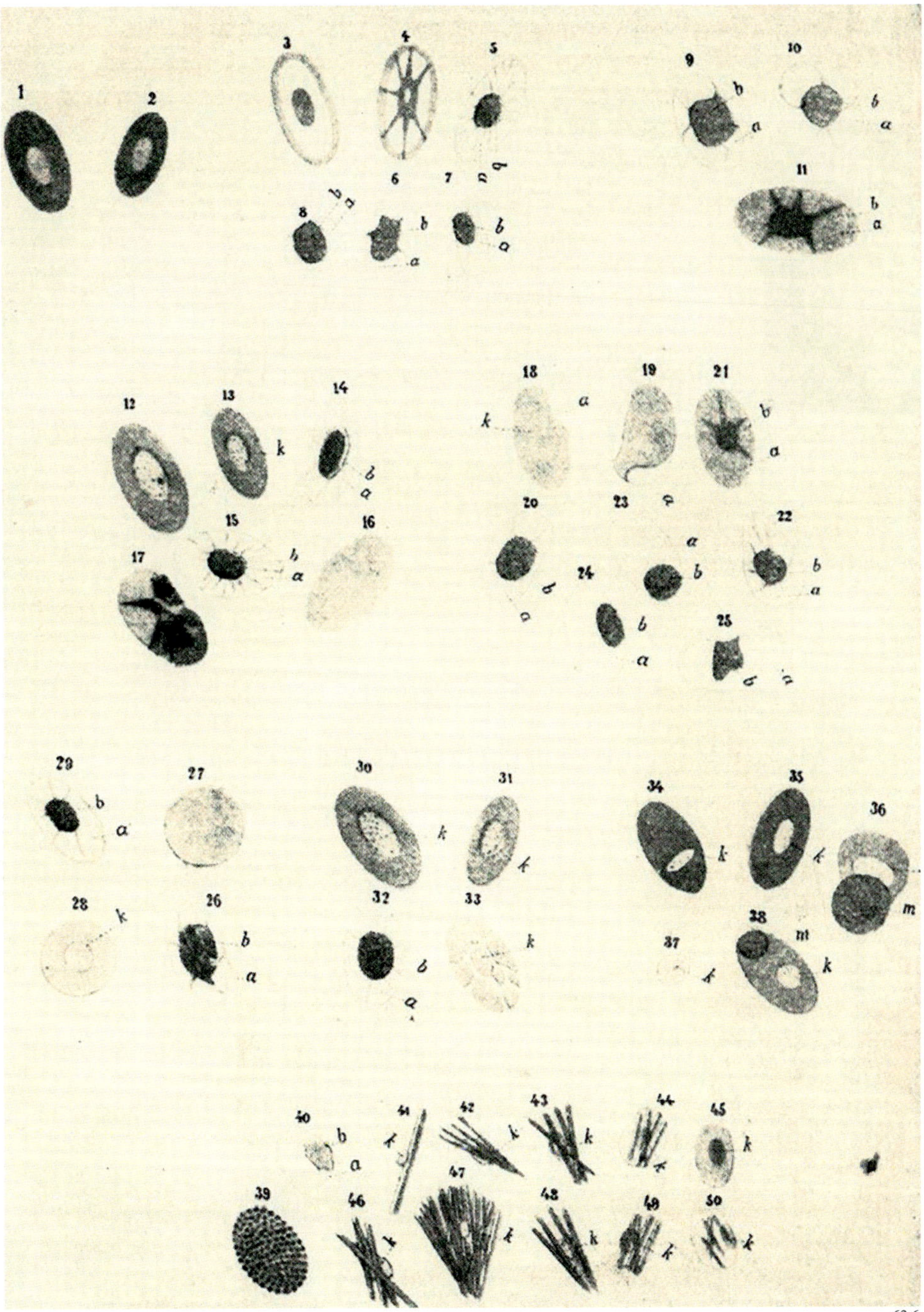

62:6

62:7

Zu Beginn des 20. Jahrhunderts stellt Hartog Hamburger (1859–1924) die Bedeutung von Arrhenius' Entdeckungen für die Medizin unter Beweis. Er untersucht die Zellpermeabilität und die Hämolyse und entdeckt, dass Bicarbonat- und Chlorid-Ionen durch Zellmembranen hindurch ausgetauscht werden können. Die Abbildung zeigt Blutkörperchen eines Frosches (und, mit den Nummern 39–50, eines Fisches) nach 48–72 Stunden in Natriumchlorid- und Rohrzuckerlösungen unterschiedlicher Konzentration.

63:1

1877 führt Wilhelm Pfeffer (1845–1920) die ersten quantitativen Messungen des osmotischen Drucks mit Rohrzuckerlösungen durch. Seine Untersuchung wird ermöglicht durch eine zehn Jahre zuvor gemachte Erfindung von Moritz Traube (1826–1894), die die Herstellung widerstandsfähiger semipermeabler Membranen ermöglicht. Auf den Abbildungen links sind Pfeffer und sein Messgerät zu sehen.

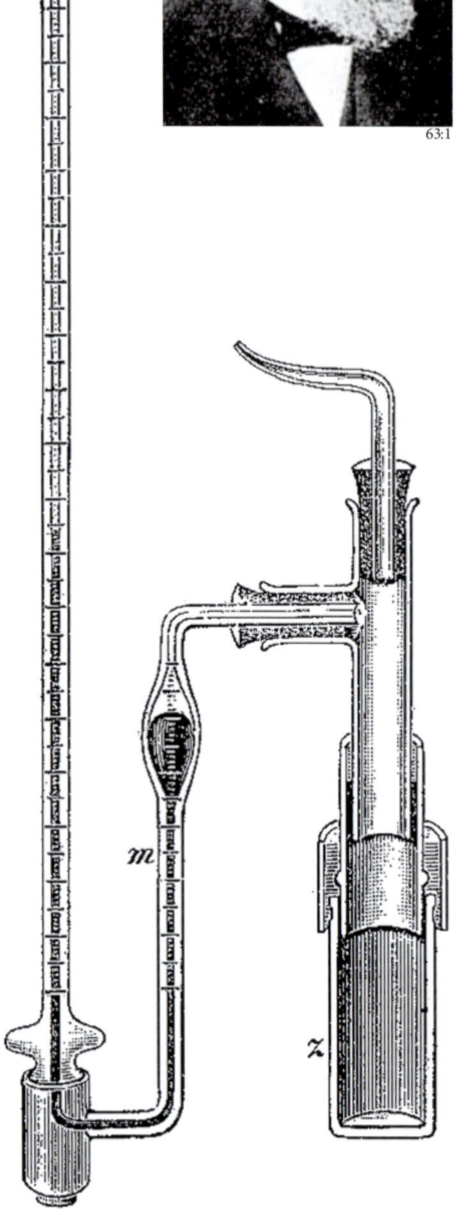

63:2

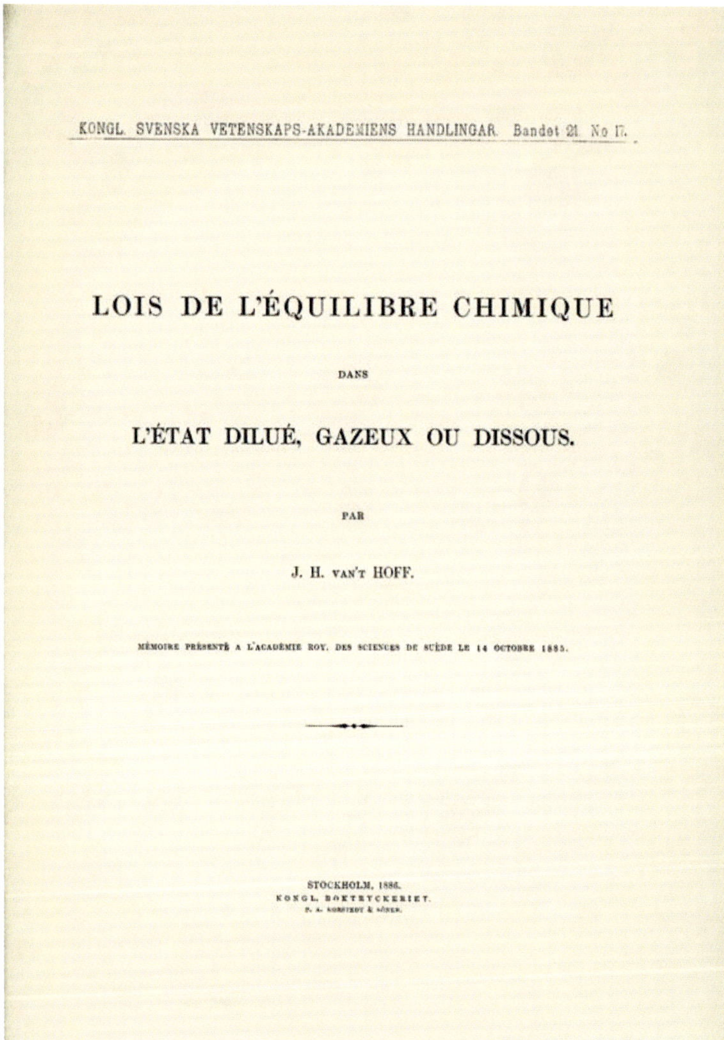
KONGL. SVENSKA VETENSKAPS-AKADEMIENS HANDLINGAR. Bandet 21. No 17.

LOIS DE L'ÉQUILIBRE CHIMIQUE

DANS

L'ÉTAT DILUÉ, GAZEUX OU DISSOUS.

PAR

J. H. VAN'T HOFF.

MÉMOIRE PRÉSENTÉ A L'ACADÉMIE ROY. DES SCIENCES DE SUÈDE LE 14 OCTOBRE 1885.

STOCKHOLM, 1886.
KONGL. BOKTRYCKERIET.
P. A. NORSTEDT & SÖNER.

63:3

Titelseite von Jacobus van't Hoffs (1852–1911) berühmter theoretischer Abhandlung über die Gesetze des chemischen Gleichgewichts verdünnter Lösungen. Seine Theorie stützt er mit Pfeffers experimentellen Ergebnissen.

Jacobus van't Hoff

63:4

Jacobus van't Hoff

Im Jahre 1852 kam van't Hoff als drittes von sieben Kindern eines Arztes in Rotterdam zur Welt. Nach der Volksschulzeit studierte er in Delft drei Jahre Technik und Mathematik. 1871 wechselte er zur Universität Leiden. Nach dreijährigem Studium, einschließlich kurzer Studienaufenthalte in Bonn und Paris, promovierte er in Utrecht in Chemie. 1878 wurde er Dozent an der Universität von Amsterdam und später Professor und Leiter des Chemieinstituts. 1887 lehnte van't Hoff einen Ruf nach Leipzig ab, obwohl man ihm hervorragende Arbeitsbedingungen bot, nahm jedoch zwei Jahre später eine Stellung in Berlin an. Nach seinem Umzug dorthin wandelte er sich von einem eher reservierten zu einem glücklicheren, aufgeschlosseneren Menschen. In den letzten zehn Jahren seines Lebens erhielt er viele Auszeichnungen, darunter 1901 den ersten Nobelpreis für Chemie, der ihm für seine Arbeiten über chemische Dynamik und den osmotischen Druck in Lösungen verliehen wurde.

Lois de l'équilibre chimique dans l'état dilué, gazeux ou dissous.

Kungl Sv Vet Akad Handl. Stockholm: Norstedt PA & Söner, 1886; 21(17):1.

Aus thermodynamischen Prinzipien, die er auf die Diffusion durch eine semipermeable Membran anwendet, leitet van't Hoff die Gesetze des chemischen Gleichgewichts für verdünnte Lösungen ab. Er bestimmt die Beziehung zwischen osmotischem Druck, der Konzentration eines gelösten Stoffes, dem Volumen der Lösung und der Temperatur und vergleicht seine Berechnungen mit experimentellen Ergebnissen zu einer Reihe spezifischer chemischer Reaktionen. In einem unmittelbar auf diese Hauptabhandlung folgenden Artikel (63.1) geht van't Hoff näher auf die augenscheinlichen Parallelen zwischen den Gesetzen des osmotischen Drucks und den von Boyle, Gay-Lussac und Avogadro formulierten idealen Gasgesetzen (63.2) ein.

Im Spiegel der Zeit:
1828 beobachtete Dutrochet, dass Membranen aus organischem Material für Wasser durchlässig waren, wogegen sie eine darin gelöste Substanz am Durchfluss hinderten (63.3). 1854 stellte Graham seine umfangreiche experimentelle Arbeit über die „osmotische Kraft" in Lösungen vor (63.4). Er prägte den Begriff des „Dialysators" und vermerkte, dass einige Substanzen durch eine Membran langsam „dialysierten", während dies bei anderen viel schneller erfolgte. Ungefähr zur gleichen Zeit entwickelte Fick die Diffusionsgleichung und führte die semipermeable Kollodiummembran ein (63.5). Um seine Theorie zu untermauern, berief sich van't Hoff insbesondere auf die experimentellen Beobachtungen des Biologen Pfeffer (63.6). Dennoch gab es weitere Tests durch Messungen der Erniedrigung des Gefrierpunktes einer Lösung (63.7). Auch die von Hamburger dokumentierten Untersuchungen über rote Blutkörperchen (63.8) erbrachten isotonische Koeffizienten, die mit van't Hoffs Theorie in Einklang standen, und Arrhenius zeigte, dass seine auf dem Begriff der elektrolytischen Dissoziation beruhenden Ergebnisse ebenfalls van't Hoffs Arbeiten bestätigten (63.9).

63.1 van't Hoff J. Une propriété générale de la matière diluée. *Kungl Sv Vet Akad Handl.* Stockholm, 1886; 21(17):42.
63.2 Siehe Ref. 8.6, Ref. 7.2, Ref. 18.4 und Ref. 18.5.
63.3 Dutrochet RJ. Nouvelles Recherches sur l'Endosmose et l'Exosmose. *Ann Chim Phys* 1828; 37:191.
63.4 Graham T. The Bakerian Lecture: On Osmotic Force. *Phil Trans Roy Soc* 1854; 144:177.
63.5 Siehe Nr. 46 Fick S. 242 und Ref. 46.8.
63.6 Pfeffer W. *Osmotische Untersuchungen.* Leipzig 1877.
63.7 Raoult F-M. Loi de congélation des solutions acqueuses des matières organiques. *C R l'Acad Sci* 1882; 94:1517.
63.8 Siehe Ref. 62.8.
63.9 Siehe Nr. 62 Arrhenius S. 320.

3. *Détermination de i à l'aide de la pression isotonique. La valeur de i est égale à la moitié du coëfficient isotonique.*

Comme la valeur de i répond à l'expression:

$$i = \frac{PV}{RT}$$

et comme R a été trouvé égal à 845, on a:

$$i = \frac{PV}{845T}$$

où P indique la pression osmotique en $K^{o}_{=}$ par Mr $\frac{2}{=}$, V le volume en Mr $\frac{3}{=}$ dans lequel se trouve la quantité moléculaire en $K^{o}_{=}$.

Or le sucre de cannes étant un des corps dont la pression citée est le mieux connue, ou calculera pour lui la valeur de i d'après les données de M. Pfeffer [1]) obtenues avec une solution contenant 1 partie de sucre sur 100 parties d'eau, ce qui conduit à:

$$V = \frac{342 \times 101}{1000} = 34{,}54 \; (342 = C_{12}H_{22}O_{11}).$$

Comme M. Pfeffer indique la pression en millimètres de mercure (p) et la température en degrés Celsius (t) on a:

$$P = \frac{p}{760} 10333 = 13{,}6 \; p \text{ et } T = t + 273$$

par conséquent:

$$i = \frac{34{,}54}{845(t + 273)} 13{,}6 \, p = \frac{0{,}556 \, p}{t + 273}.$$

C'est ainsi qu'on a calculé i d'après les données suivantes:

t	p	$i = \frac{0{,}556\,p}{t + 273}$
6,8	505	1 –
13,7	525	1,01
14,2	510	0,99
15,5	520	1 –
22	548	1,03
32	544	0,99
36	567	1,02

Il en résulte que pour le sucre de cannes la valeur de i est égale à l'unité.

63:5

Links definiert van't Hoff das Verhältnis „i" (eine Konstante, die bei einem idealen Gas 1 beträgt). Anhand Pfeffers Daten stellt er fest, dass es bei Rohrzuckerlösungen den Wert 1 hat. Auf diese Weise zeigt er die Parallele zwischen den Gesetzen des osmotischen Drucks und den idealen Gasgesetzen auf.

François-Marie Raoult (1830–1901) und sein Experimentiergerät zur Messung der Erniedrigung des Gefrierpunktes verdünnter Lösungen. Dieses Phänomen und die Erniedrigung des Dampfdrucks einer Lösung stützen die Theorien von van't Hoff und Arrhenius (siehe Nr. 62) auch quantitativ.

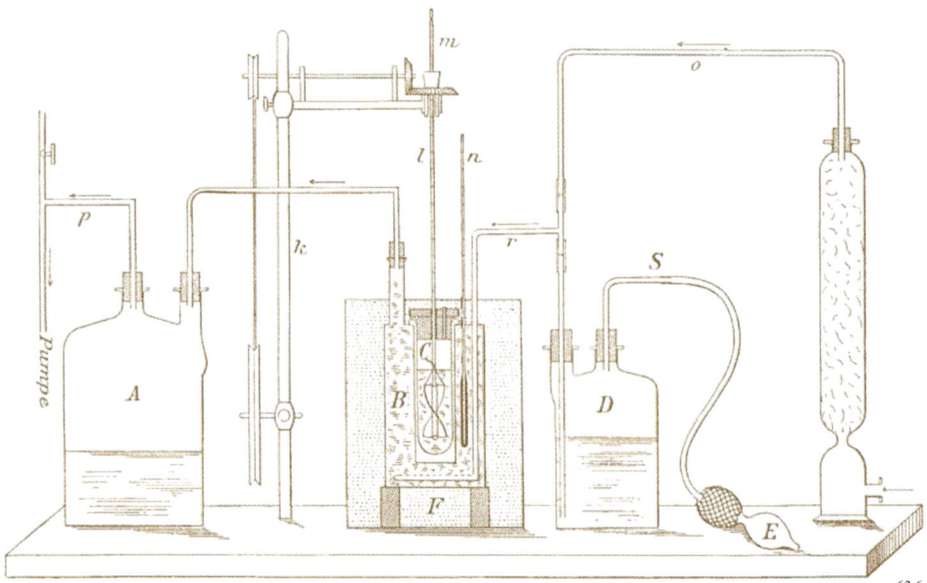

63:6

63:7

Substanz	Formel	α	$i = \frac{\Delta}{1,85}$ (aus der Gefrierpunkts-erniedrigung)	$i = 1 + (k - 1)\,\alpha$ (aus dem elektrischen Leitvermögen)
Aethylalkohol . .	$C_2H_5(OH)$	0,00	0,94	1,00
Glycerin	$C_3H_5(OH)_3$	0,00	0,92	1,00
Mannit	$C_6H_8(OH)_6$	0,00	0,97	1,00
Rohrzucker . . .	$C_{12}H_{22}O_{11}$	0,00	1,00	1,00
Baryumhydroxyd .	$Ba(OH)_2$	0,84	2,69	2,67
Lithiumhydroxyd .	$LiOH$	0,83	2,02	1,83
Natriumhydroxyd .	$NaOH$	0,88	1,96	1,88
Ammoniak . . .	NH_3	0,01	1,03	1,01
Anilin	$C_6H_5 \cdot NH_2$	0,00	0,83	1,00
Chlorwasserstoff .	HCl	0,90	1,98	1,90
Jodwasserstoff . .	HJ	0,96	2,03	1,96
Schwefelsäure . .	H_2SO_4	0,60	2,06	2,19
Borsäure	H_3BO_3	0,00	1,11	1,00
Milchsäure . . .	$C_3H_6O_3$	0,03	1,01	1,03
Chlorkalium . . .	KCl	0,86	1,82	1,86
Chlornatrium . . .	$NaCl$	0,82	1,90	1,82
Chlorammonium . .	$(NH)_4Cl$	0,84	1,88	1,84
Jodkalium	KJ	0,92	1,90	1,92
Kaliumnitrat . . .	KNO_3	0,81	1,67	1,81
Kaliumcarbonat . .	K_2CO_3	0,69	2,26	2,38
Natriumcarbonat .	Na_2CO_3	0,61	2,18	2,22
Kaliumsulfat . . .	K_2SO_4	0,67	2,11	2,33
Natriumsulfat . .	Na_2SO_4	0,62	1,91	2,24
Calciumnitrat . .	$Ca(NO_3)_2$	0,67	2,02	2,33
Magnesiumsulfat .	$MgSO_4$	0,40	1,04	1,40

63:8

Svante Arrhenius (1859–1927) kann zeigen, dass sowohl sein elektrolytischer „Aktivitätskoeffizient" alpha als auch das Phänomen der Erniedrigung des Gefrierpunktes einer Lösung bei zahlreichen Substanzen (vgl. die letzten beiden Spalten in der obigen Tabelle) weitgehend mit van't Hoffs Theorie übereinstimmt.

63:9

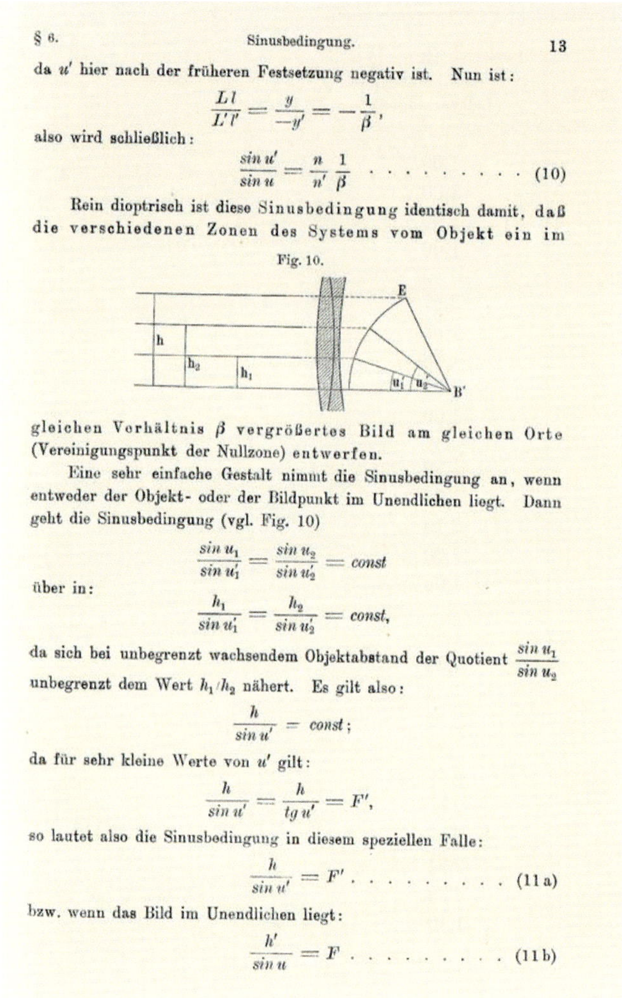

§ 6. Sinusbedingung. 13

da u' hier nach der früheren Festsetzung negativ ist. Nun ist:

$$\frac{Ll}{L'l'} = \frac{y}{-y'} = -\frac{1}{\beta},$$

also wird schließlich:

$$\frac{\sin u'}{\sin u} = \frac{n}{n'}\frac{1}{\beta} \quad \ldots\ldots\ldots\ldots \quad (10)$$

Rein dioptrisch ist diese Sinusbedingung identisch damit, daß die verschiedenen Zonen des Systems vom Objekt ein im

Fig. 10.

gleichen Verhältnis β vergrößertes Bild am gleichen Orte (Vereinigungspunkt der Nullzone) entwerfen.

Eine sehr einfache Gestalt nimmt die Sinusbedingung an, wenn entweder der Objekt- oder der Bildpunkt im Unendlichen liegt. Dann geht die Sinusbedingung (vgl. Fig. 10)

$$\frac{\sin u_1}{\sin u_1'} = \frac{\sin u_2}{\sin u_2'} = const$$

über in:

$$\frac{h_1}{\sin u_1'} = \frac{h_2}{\sin u_2'} = const,$$

da sich bei unbegrenzt wachsendem Objektabstand der Quotient $\frac{\sin u_1}{\sin u_2}$ unbegrenzt dem Wert h_1/h_2 nähert. Es gilt also:

$$\frac{h}{\sin u'} = const;$$

da für sehr kleine Werte von u' gilt:

$$\frac{h}{\sin u'} = \frac{h}{tg\, u'} = F',$$

so lautet also die Sinusbedingung in diesem speziellen Falle:

$$\frac{h}{\sin u'} = F' \quad \ldots\ldots\ldots\ldots \quad (11\,a)$$

bzw. wenn das Bild im Unendlichen liegt:

$$\frac{h'}{\sin u} = F \quad \ldots\ldots\ldots\ldots \quad (11\,b)$$

64:1

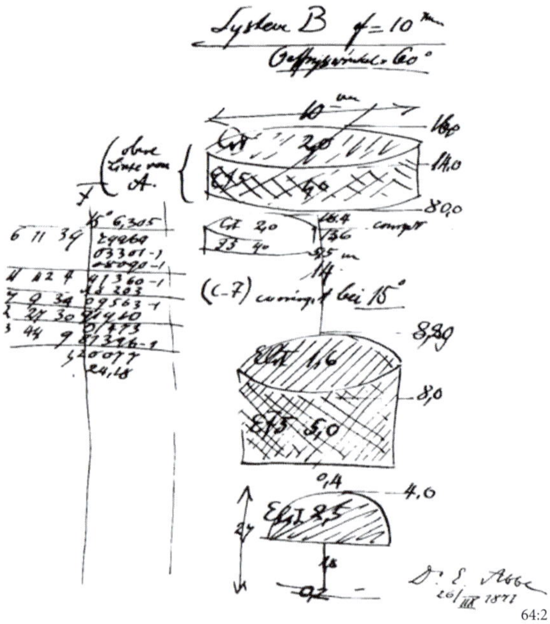

64:2

Ernst Abbes (1840–1905) Ableitung der Sinusbedingung für die Konstruktion von Linsen. Grundlage für die Publikation waren Aufzeichnungen, die während seiner Vorlesungen 1887 entstanden.

Oben rechts ist die von Abbe angefertigte Zeichnung eines optischen Systems mit Berechnungen zu dessen Eigenschaften zu sehen.

Abbes berühmter Apochromat, ein Linsensystem, das Farbfehler korrigiert. Durch Drehung des Ringes „R" lassen sich die Linsen „L_2" verstellen.

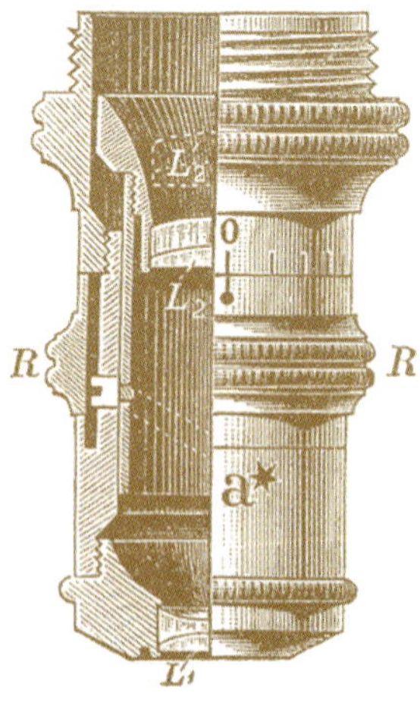

64:3

Ernst Abbe

Abbe wurde 1840 in Eisenach geboren, wo sein Vater viele Stunden am Tag in einer Spinnerei arbeitete. Aufgrund von Erfahrungen während der Revolution 1848 entwickelte der junge Abbe eine tiefe Abneigung gegen Unterdrückung und engagierte sich verstärkt für soziale Gerechtigkeit. Dank finanzieller Unterstützung durch den Arbeitgeber seines Vaters studierte er Physik bei Wilhelm Weber (64.1) und machte 1861 in Göttingen Examen. Zwei Jahre später erhielt er eine Anstellung als Dozent für Mathematik, Physik und Astronomie an der Universität Jena. 1866 wandte sich der Universitätsmechaniker Zeiss, dem eine kleine Mikroskopmanufaktur gehörte und der die wachsende Konkurrenz aus dem Ausland fürchtete, zur Verbesserung seiner Produkte an Abbe (64.2). Dieser konnte ihm bald helfen, und 1875 bot Zeiss ihm eine Beteiligung an seinem Unternehmen an. Als Zeiss 1888 starb, wurde Abbe alleiniger Geschäftsführer des Unternehmens. Im Jahr darauf gründete er die Carl-Zeiss-Stiftung und übergab ihr seine Firmenanteile, blieb jedoch bis zu seinem Tod im Jahre 1905 Mitglied der Geschäftsleitung.

64:4

Ernst Abbe

Ueber Verbesserungen des Mikroskops mit Hilfe neuer Arten optischen Glases.

SITZ D MED NATURW GESELLSCHAFT ZU JENA. 9. JULI 1886.

Abbe berichtet hier über seine abschließenden Korrekturen bei der Verminderung von Farbfehlern bei optischen Systemen. Wie er erläutert, werden die Fortschritte durch die Entwicklung neuer Glasmaterialien ermöglicht, die Phosphor und Bor enthalten. Diese weisen auch bei höheren Brechungswerten noch ein günstiges Dispersionsverhalten auf. Er beschreibt das so entstandene apochromatische Objektiv sowie das daran angepasste Okular und weist auf den möglichen Nutzen dieser Anordnung in der Mikrofotografie hin (64.3).

Im Spiegel der Zeit:

Zeiss wurde von Fraunhofers Ehrgeiz angesteckt, Material und Produktionstechniken von optischem Glas zu verbessern und optische Abbildungen besser zu verstehen (64.2) (64.4). In Schott, dem Besitzer einer kleinen Glashütte, fand er einen idealen Partner für die Weiterentwicklung der ersten beiden Bereiche, während Abbe theoretische Erkenntnisse lieferte und die entsprechenden mathematischen Berechnungen anstellte (64.2) (64.5). In der Linsenherstellung verringerte die „Abbesche Sinusbedingung" Bildverzerrungen und auch seine Beugungsanalyse des Auflösungsvermögens eines Objektivs, das durch seine numerische Apertur und seine Fähigkeit, Farbfehler zu reduzieren, bestimmt wird, trug zur Überlegenheit der neuen Mikroskope von Zeiss bei (64.6). Mithilfe dieser Instrumente fand Koch den Tuberkelbazillus (64.7). Auf Abbes Theorie der Bildentstehung beruht das Design aller optischen Instrumente (64.8); auch für das Verständnis der Elektronenmikroskopie war sie von großer Bedeutung (64.9) (64.10). Die Carl-Zeiss-Stiftung wurde gegründet, um naturwissenschaftliche und mathematische Studien zu fördern, doch darüber hinaus verlangten ihre Statuten (selbst nach heutigem Maßstab) weitreichende Sozialleistungen für alle ihre Arbeitnehmer. Heute ist die Stiftung alleinige Aktionärin eines großen Wirtschaftsunternehmens.

64.1 Siehe Nr. 44 Weber S. 232.
64.2 Volkmann H. *Carl Zeiss und Ernst Abbe, ihr Leben und ihr Werk*. Deutsches Museum 34 Heft 2, 1966.
64.3 Siehe Nr. 61 Koch S. 316 und auch Ref. 38.6.
64.4 Siehe Ref. 9.8, Ref. 9.7.
64.5 Lummer O, Reiche F. (Hrg.) E. Abbe. *Die Lehre von der Bildentstehung im Mikroskop*. Braunschweig 1910.
64.6 *Gesammelte Abhandlungen von Ernst Abbe*. 5 Bde. Jena 1904–1940.
64.7 Siehe Nr. 61 Koch S. 316 und Ref. 61.3.
64.8 Siehe Ref. 9.7, Ref. 9.10, Ref. 9.11.
64.9 Brüche E, Johansson H. Elektronenoptik und Elektronenmikroskop. *Die Naturwissen*. 1932; 20(21):353.
64.10 Siehe Nr. 83 Ruska S. 428.

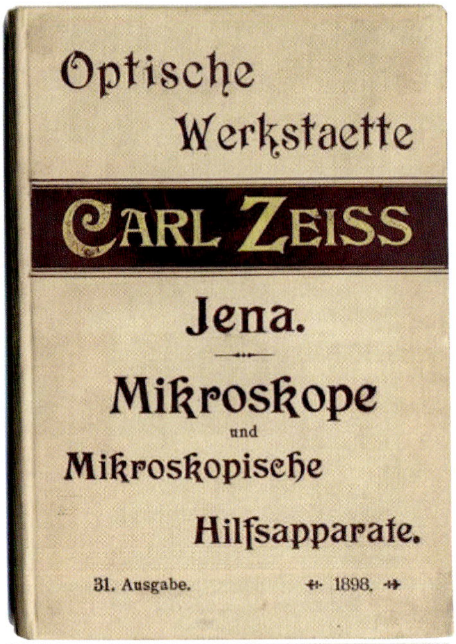

64:5

Katalog des Unternehmens Carl Zeiss Jena von 1898.

Abbes Kondensoreinheit und eine Objektivlinse lassen sich so zusammenbauen, dass eine präzise zentrale Ausrichtung erzielt werden kann.

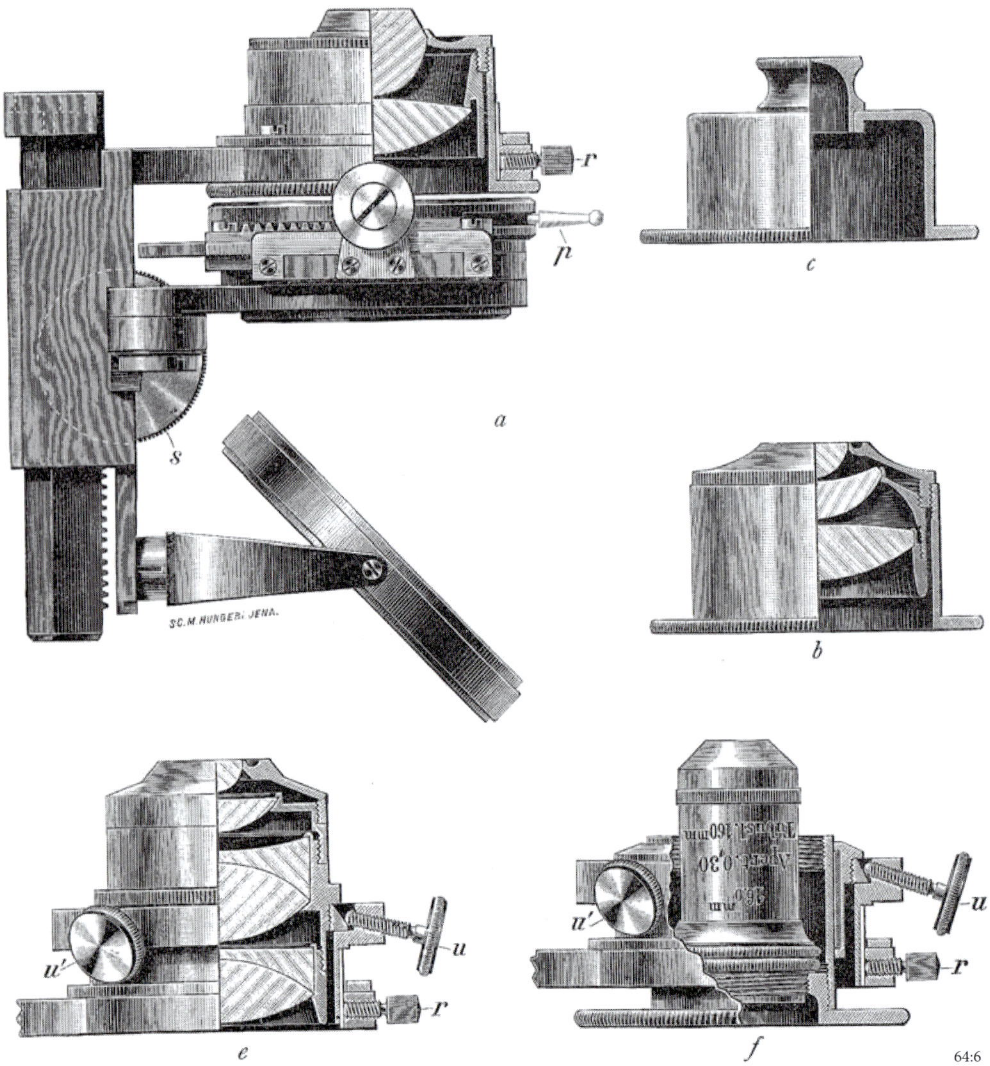

64:6

64:7

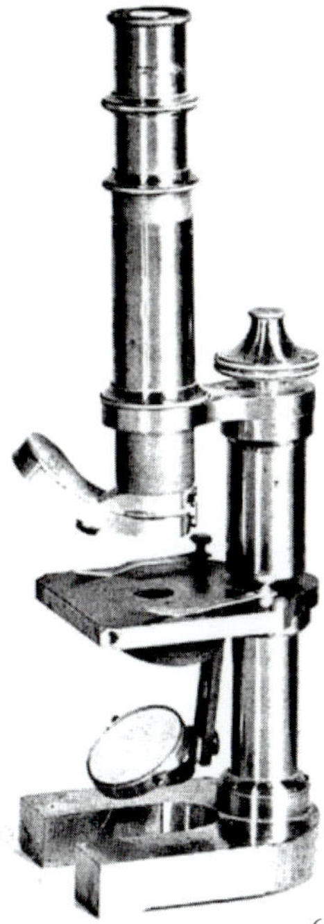

64:9

1885 von Carl Zeiss entwickeltes Gerät für die Mikrofotografie.

Mikrotom zur Präparation mikroskopischer Proben von 1885 (unten links).

Zeiss-Mikroskop von 1860, bevor Abbe seine neuen Entwicklungsmethoden einführte (oben rechts) und das erste, 1875 konstruierte, Instrument mit den von ihm erfundenen Verbesserungen (unten rechts).

64:8

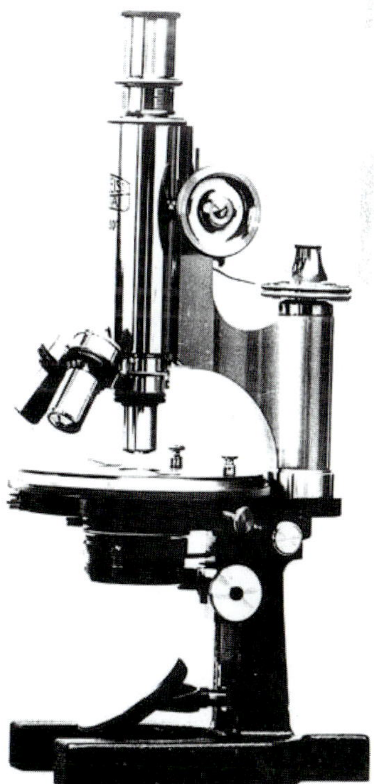

64:10

64:11

Otto Schott (1851–1935), Besitzer einer kleinen Glashütte (unten eine Abbildung aus der Zeit um 1884). Schott, Abbe und Carl Zeiss (1816–1888) begründeten 1879 eine erfolgreiche Partnerschaft. Die Kombination ihrer Talente bürgte für die Entwicklung und Herstellung optischer Systeme von höchster Qualität.

Neue

Mikroskop-

Objective und Oculare

aus

Special-Gläsern

des

Glastechnischen Laboratoriums

(Schott & Gen.)

hergestellt

von

Carl Zeiss

Optische Werkstätte

JENA.

1886.

64:12

64:13

64:14

64:15

Carl Zeiss zwei Jahre vor seinem Tod (oben rechts). Im Katalog der Firma Carl Zeiss für optische Messinstrumente von 1893 ist auch Abbes großes Kristallrefraktometer abgebildet (rechts).

64:16

65:1

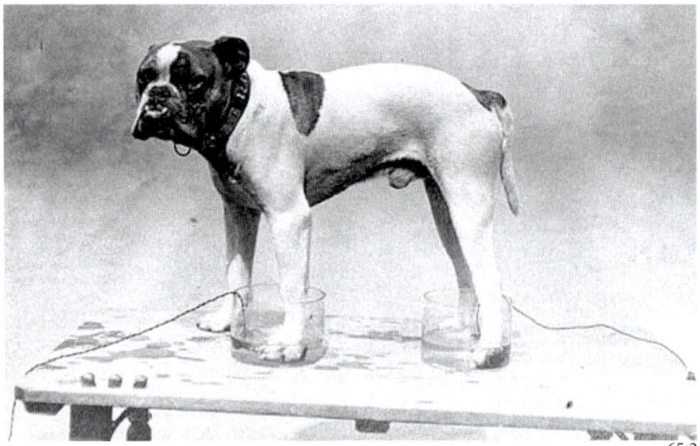

65:2

Augustus Waller (1856–1922) in seinem Labor, beim Vornehmen elektrischer Ableitungen an seiner Bulldogge Jimmy.

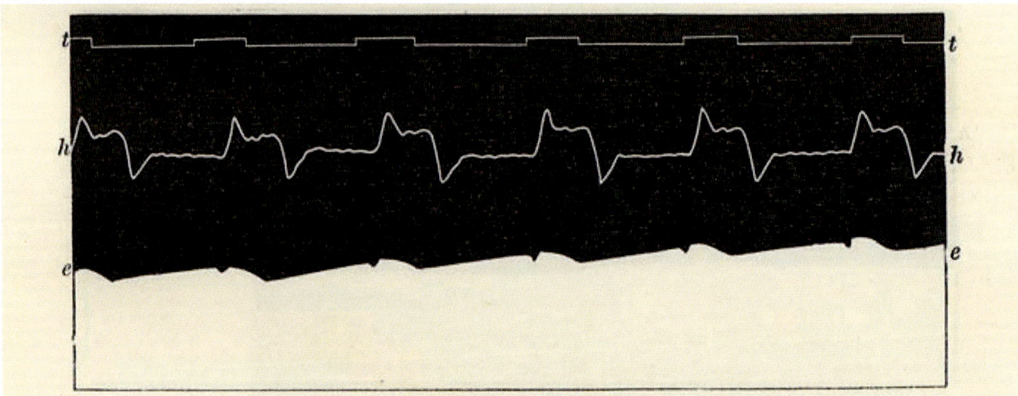

Fig. 1. **Man.** **Heart led off to electrometer from front and back of chest (front to Hg; back to H_2SO_4).**

65:3

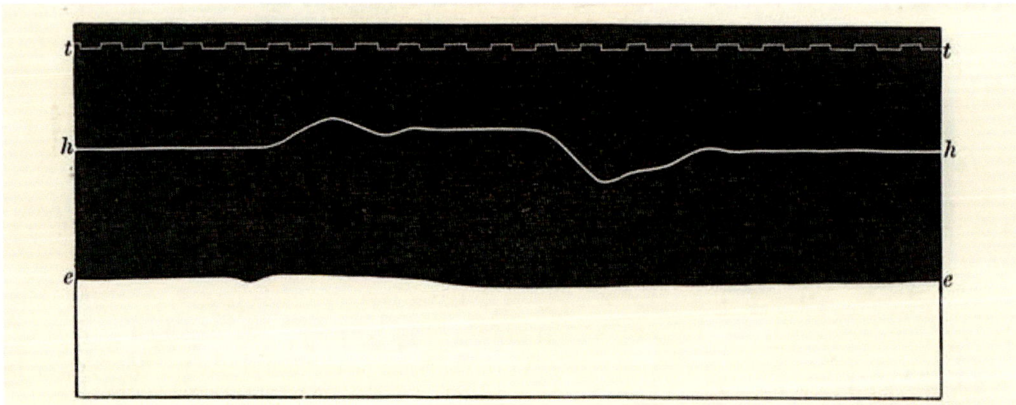

Fig. 2. **Man.** **Heart led off to electrometer from front and back of chest (front to Hg; back to H_2SO_4).**

e.e. **electrometer.** ***h.h.*** **cardiograph.** ***t.t.*** **time in $\frac{1}{20}$th sec.**

65:4

1887 demonstriert Waller bei einer dramatischen öffentlichen Vorführung, dass sich elektrische Signale, die mit dem Herzschlag in Verbindung stehen, von der Körperoberfläche ableiten lassen.

Augustus Désiré Waller

65:5

Augustus Désiré Waller

Waller wurde 1856 in Paris als Sohn des bekannten Physiologen Augustus V. Waller geboren. Sein Leben lang war Waller bestrebt, dem Vorbild seines Vaters nachzueifern. Nach der Promotion im Jahre 1881 kam er ans Physiologieinstitut des University College London. Danach arbeitete er als Dozent am St. Mary's Hospital in Paddington, wo er die Elektrokardiographie erstmals öffentlich vorführte. 1892 wurde Waller, im gleichen Alter wie sein Vater, in die Royal Society aufgenommen. Später wurde er Direktor des Physiologischen Labors an der University of London und bekleidete ähnliche Positionen in Paris, Moskau und Rom. Waller, ein humorvoller, extravertierter Mensch, liebte öffentliche Vorträge und Demonstrationen. Häufig bezog er seine Frau und seinen Hund in seine Experimente ein.

A Demonstration on Man of Electromotive Changes Accompanying the Heart's Beat.

J Physiol London 1887, 8:229.

Waller beschreibt elektrokardiographische Ableitungen, die er mit Lippmanns Quecksilber-Kapillarelektrometer an einem seiner Laborassistenten durchführt (65.1). Er bringt die Elektroden an verschiedenen Teilen des Körpers an, beispielsweise an der Vorder- und Rückseite des Brustkorbs, und bildet die Bewegung der Quecksilbersäule mittels optischer Projektion ab. Er stellt fest, dass das elektrische Signal stets dem Arterienpuls vorangeht und dass das Erscheinungsbild des Signals von der Platzierung der Elektroden abhängt.

Im Spiegel der Zeit:
1842 beobachtete Matteucci bei einem Frosch, dass bei jedem Herzschlag ein elektrisches Signal erzeugt wird (65.2). Als Indikator verwendete er die Kontraktion eines Muskels in einem Froschbein. 1856 nahmen Kölliker und Müller korrekte Messungen des Potenzials an verschiedenen Stellen des Herzens vor (65.3). Der zeitliche Verlauf dieser elektrischen Signale ließ sich untersuchen, als man das hochempfindliche Kapillarelektrometer von Lippmann (65.1) mit dem Registrierungsverfahren von Marey kombinierte (65.4) (65.5) (65.6). So erforschten Burdon-Sanderson und Page das Signal des Potenzials an ungeschädigten und geschädigten Herzen und definierten die beiden Phasen, die später die Bezeichnungen QRS und T erhielten (65.7). Da man wusste, dass der Körper Strom leitet, vermutete Waller, dass sich von äußeren Körperteilen ähnliche Informationen ableiten ließen. So kam es zu der umjubelten Demonstration, die er an sich selbst und seiner Bulldogge Jimmy vollführte (65.8). Dank verbesserter Instrumente gelang es Einthoven schließlich, das EKG-Signal so aufzuzeichnen, wie wir es heute kennen (65.9) (65.10). Zuerst glaubte Waller nicht an den klinischen Nutzen seines Verfahrens, doch 1917, nachdem er 2000 Aufzeichnungen vorgenommen hatte, war er schließlich bereit, seine Meinung zu ändern.

65.1 Lippmann G. Relation entre les phénomènes électriques et capillaires. *C R Acad Sci* 1873, S. 1407.

65.2 Matteucci C. Sur un phénomène physiologique produit par les muscles en contraction. *Ann Chim Phys* 1842; 6;339. Siehe auch Nr. 42 Du Bois-Reymond S. 224 und Ref. 42.1.

65.3 von Kölliker RA, Müller H. Nachweis der negativen Schwankung des Muskelstromes am natürlich sich contrahirenden Muskel. *Verh phys med Ges Würzburg* 1856; 6:528.

65.4 Siehe Nr. 52 Marey S. 272.

65.5 Marey É-J. Inscription photographique des indications de l'électromètre de Lippmann. *C R Acad Sci* 1876, S. 278.

65.6 Ref. 52.1, S. 525.

65.7 Burdon-Sanderson J, Page FJ. Experimental Results Relating to the Rhythmical and Excitatory Motions of the Ventricle of the Heart of the Frog, and of the Electrical Phenomena which Accompany Them. *Proc Roy Soc* 1878; 27:410.

65.8 Waller AD. Introductory Address on the Electromotive Properties of the Human Heart. *Brit Med J* 1888; 2:751.

65.9 Siehe Nr. 71 Einthoven S. 366.

65.10 Waller AD. *Eight lectures on the signs of life from their electrical aspect*. New York: E. P. Dutton & Co, 1903.

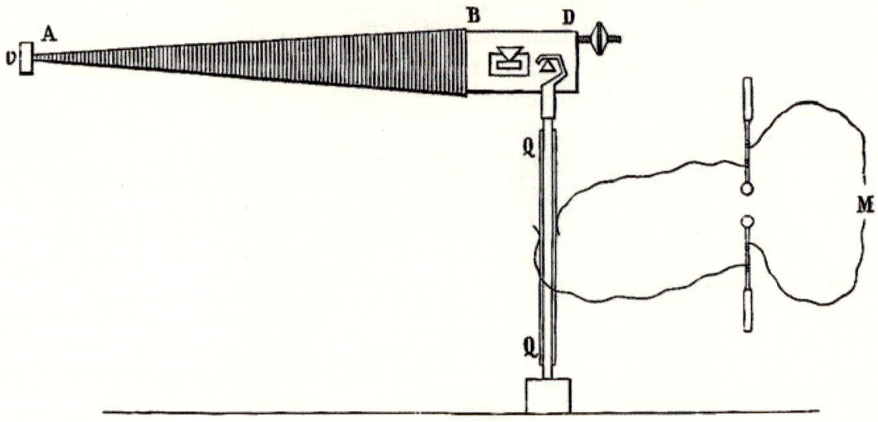

66:1

Pierre Curie (1859–1906) erforscht den piezoelektrischen Effekt im Quarz. Mit einem Mikroskop und einem Hebel misst er die Ausdehnung des Kristalls bei Anlegen einer elektrischen Spannung (oben) und untersucht die Spannung, die entsteht, wenn auf den Kristall ein Druck ausgeübt wird (unten). Die Anordnung in der mittleren Abbildung zeigt zwei zusammengeklebte Quarzstäbe, die sich bei Anlegen einer Spannung krümmen (ein Stab zieht sich zusammen, während sich der andere ausdehnt).

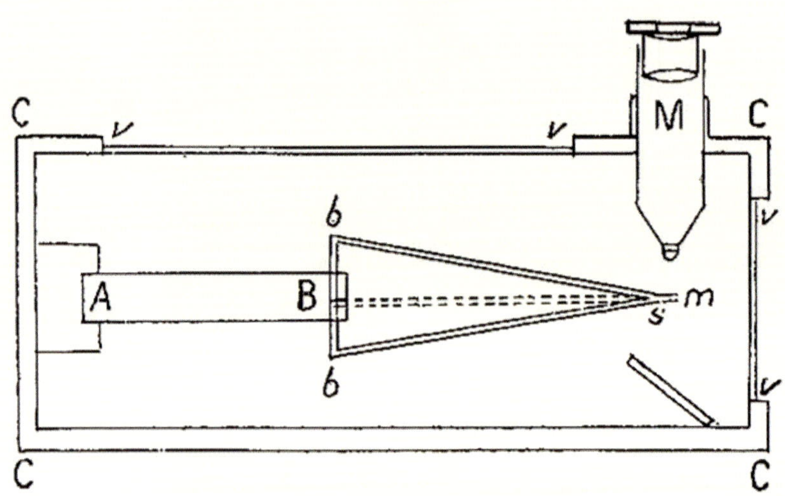

66:2

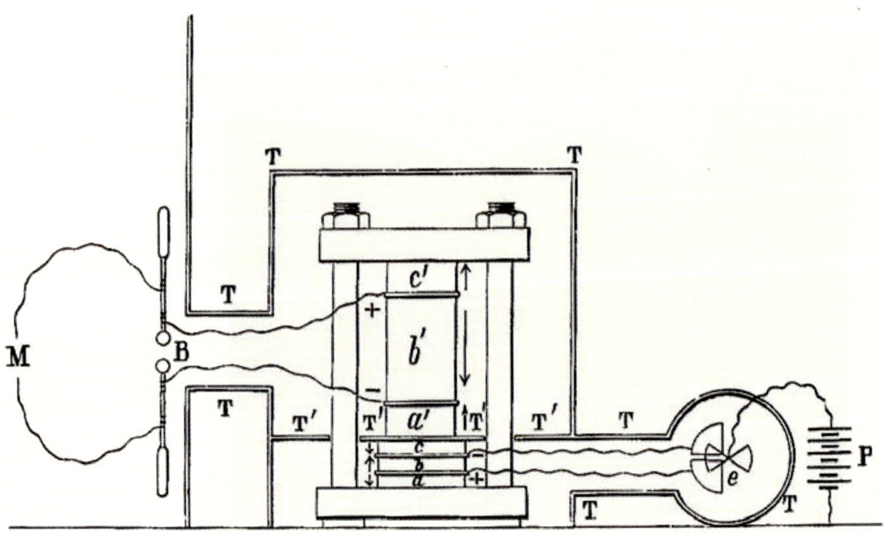

66:3

Pierre Curie

66:4

Pierre Curie

Curie kam 1859 als Sohn eines Arztes in Paris zur Welt. Er besuchte nie eine Grundschule; seine Eltern unterrichteten ihn und er bildete sich selbst weiter. 1875 schrieb sich Curie an der Pariser Fakultät der Wissenschaften ein und begann eine Zusammenarbeit mit seinem älteren Bruder Jacques, der am Labor für Mineralogie an der Sorbonne als Assistent arbeitete. Ihre gemeinsamen Forschungen, die zur Entdeckung der Piezoelektrizität führten (66.1), endeten 1883, als Curie an der École de Physique et Chimie Laborleiter wurde. Hier lernte er die Studentin Maria Skłodowska kennen, die er 1895 heiratete (66.1). 1903 teilten sie sich den Nobelpreis für Physik mit Becquerel, der ihn ebenfalls für seine Arbeiten über Radioaktivität erhielt. Curie war ein ernsthafter, reservierter Mann von freundlichem Wesen. Sein plötzlicher Unfalltod im Jahre 1906, als er beim Überqueren einer Straße in Paris unter eine Droschke geriet, setzte seinem Wirken ein jähes Ende.

Dilatation électrique du quartz.

J de Phys 2 ser. Paris 1889, 8:149.

In diesem gemeinsam mit seinem Bruder Jacques verfassten Artikel analysiert Curie zunächst die elektrische Leistung eines Quarzkristalls für verschiedene Druckrichtungen. Dann präsentiert er experimentelle Ergebnisse von einem piezoelektrischen Manometer, das auf große Drücke ausgelegt ist. Danach benutzt Curie einen Hebel als mechanischen Verstärker und beobachtet mit einem Mikroskop die Ausdehnung eines Kristalls nach Anlegen eines elektrischen Feldes. Schließlich wird eine Anordnung beschrieben, bei der zwei Quarzstäbe aneinandergeklebt sind, die sich unter elektrischer Spannung krümmen.

Im Spiegel der Zeit:
Später entwickelte Curie piezoelektrische Instrumente, die bei den erfolgreichen Forschungen über Radioaktivität, die er und seine Frau durchführten, eine entscheidende Rolle spielten (66.1). 1916 erfand Curies Schüler Langevin das Verfahren, mit dem man anhand piezoelektrischer Wandler Ultraschallwellen erzeugt (66.2). Sein Ziel war, Unterwasserobjekte zu lokalisieren, was zur damaligen Zeit des Ersten Weltkriegs eine dringliche Angelegenheit war. Spallanzani hatte bereits 1794 Ultraschallwellen entdeckt, als ihm klarwurde, dass Fledermäuse nicht nach Sicht fliegen, sondern sich mittels unhörbarer Geräusche orientieren (66.3). Langevin bemerkte die zerstörerische Kraft von Ultraschallwellen; so war ihre frühe medizinische Verwendung überwiegend auf Anwendungen in der Physiotherapie (66.4) und auf Versuche beschränkt, Krebs zu behandeln und Wunden zu heilen. Die ersten diagnostischen Verfahren kamen Ende der 1940er-Jahre auf (66.5), doch der größte Fortschritt war die Entwicklung des Puls-Echo-Verfahrens für zerstörungsfreie Prüfungen in der Industrie (66.6). 1959 zeigte Sauerbrey, dass sich Quarzkristalle als hochempfindliche Mikrowaagen nutzen ließen (66.7). Dies führte zur Entwicklung klinischer Instrumente zum Anästhesiegas-Monitoring (66.8) und zu verschiedenen biomedizinischen Flüssigphasensensoren für Forschungszwecke (66.9) (66.10).

66.1 *Œuvres de Pierre Curie*. Societé Française de Physique. Paris: Gauthier-Villars, 1908.

66.2 Chilowsky C, Langevin P. *Procédés et appareils pour la production de signaux sous-marins dirigés et pour la localisation à distance d'obstacles sous-marins*. Brevet d'invention No 502 913 1920. Application 1916.

66.3 Spallanzani L. Lettere sopra il sospetto di un nuovo senso nei pipistrelli. Turin 1794. Galambos R. The Avoidance of Obstacles by Flying Bats: Spallanzani's Ideas (1794) and Later Theories. *Isis* 1942; 34:132.

66.4 von Pohlmann R, Richter R, Parow E. Über die Ausbreitung und Absorption des Ultraschalls im menschlichen Gewebe und seine therapeutische Wirkung an Ischias und Plexusneuralgie. *Dtsch Med Wschr* 1939; 65:251.

66.5 Dussik KT, Dussik F, Wyt L. Auf dem Wege zur Hyperphonographie des Gehirnes. *Wiener Med Wschr* 1947; 38/39:425.

66.6 Firestone FA. The Supersonic Reflectoscope, an Instrument for Inspecting the Interior of Solid Parts by Means of Sound Waves. *J Acoust Soc Am* 1946; 17(3):287. Siehe auch Nr. 90 Edler/Hertz S. 466.

66.7 Sauerbrey G. Verwendung von Schwingquarzen zur Wägung dünner Schichten und zur Mikrowägung. *Z Phys* 1959; 155:206.

66.8 Gedeon A. Anesthetic Agent Analysis Using Piezoelectric Microbalance. *Biom Instr Tech* Nov/Dec 1989.

66.9 Kanazawa KK, Gordon JG II. Frequency of a quartz microbalance in contact with liquid. *Anal Chem* 1985; 57:1770.

66.10 Höök F et al. Structural changes in hemoglobin during adsorption to solid surfaces: Effects of pH, ionic strength and ligand binding. *Proc Natl Acad Sci* 1998; 95:12271.

In diesem Brief von 1794 beschreibt Lazzaro Spallanzani (1729–1799) seine Experimente mit geblendeten Fledermäusen. Er stellt fest, dass sie auch ohne Sicht Hindernissen ausweichen können, und kommt widerstrebend zu dem Schluss, dass sie von einem unbekannten Sinn geleitet werden. Damit entdeckt er das Phänomen des Ultraschalls. Es vergehen noch einmal 150 Jahre, bis man die Orientierung von Fledermäusen einigermaßen versteht.

Paul Langevin (1872–1946) baut die ersten effizienten piezoelektrischen Wandler, mit denen sich Ultraschall erzeugen lässt. Die Abbildung zeigt seine Patentanmeldung von 1916, mit der Unterwasserobjekte geortet werden sollten, was während des Ersten Weltkriegs dringend geboten war.

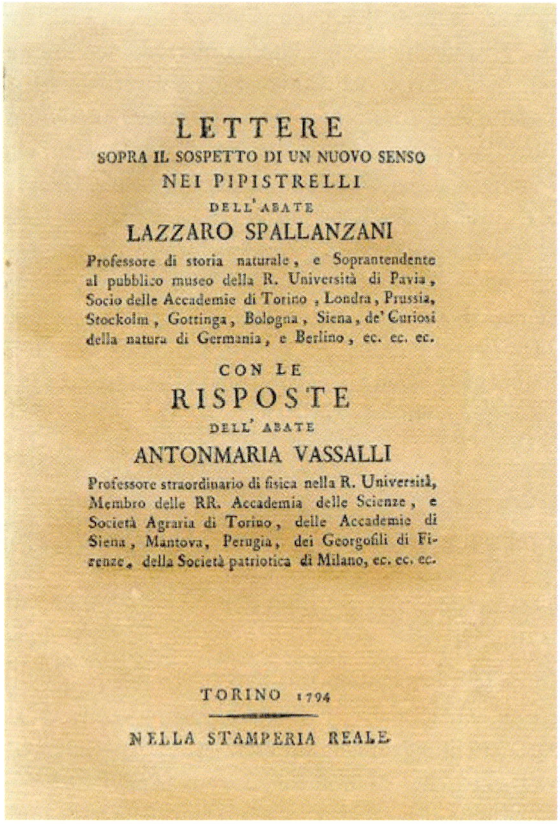

LETTERE
SOPRA IL SOSPETTO DI UN NUOVO SENSO
NEI PIPISTRELLI
DELL' ABATE
LAZZARO SPALLANZANI
Professore di storia naturale, e Soprantendente al pubblico museo della R. Università di Pavia, Socio delle Accademie di Torino, Londra, Prussia, Stockolm, Gottinga, Bologna, Siena, de' Curiosi della natura di Germania, e Berlino, ec. ec. ec.

CON LE
RISPOSTE
DELL' ABATE
ANTONMARIA VASSALLI
Professore straordinario di fisica nella R. Università, Membro delle RR. Accademia delle Scienze, e Società Agraria di Torino, delle Accademie di Siena, Mantova, Perugia, dei Georgofili di Firenze, della Società patriotica di Milano, ec. ec. ec.

TORINO 1794
NELLA STAMPERIA REALE

66:5

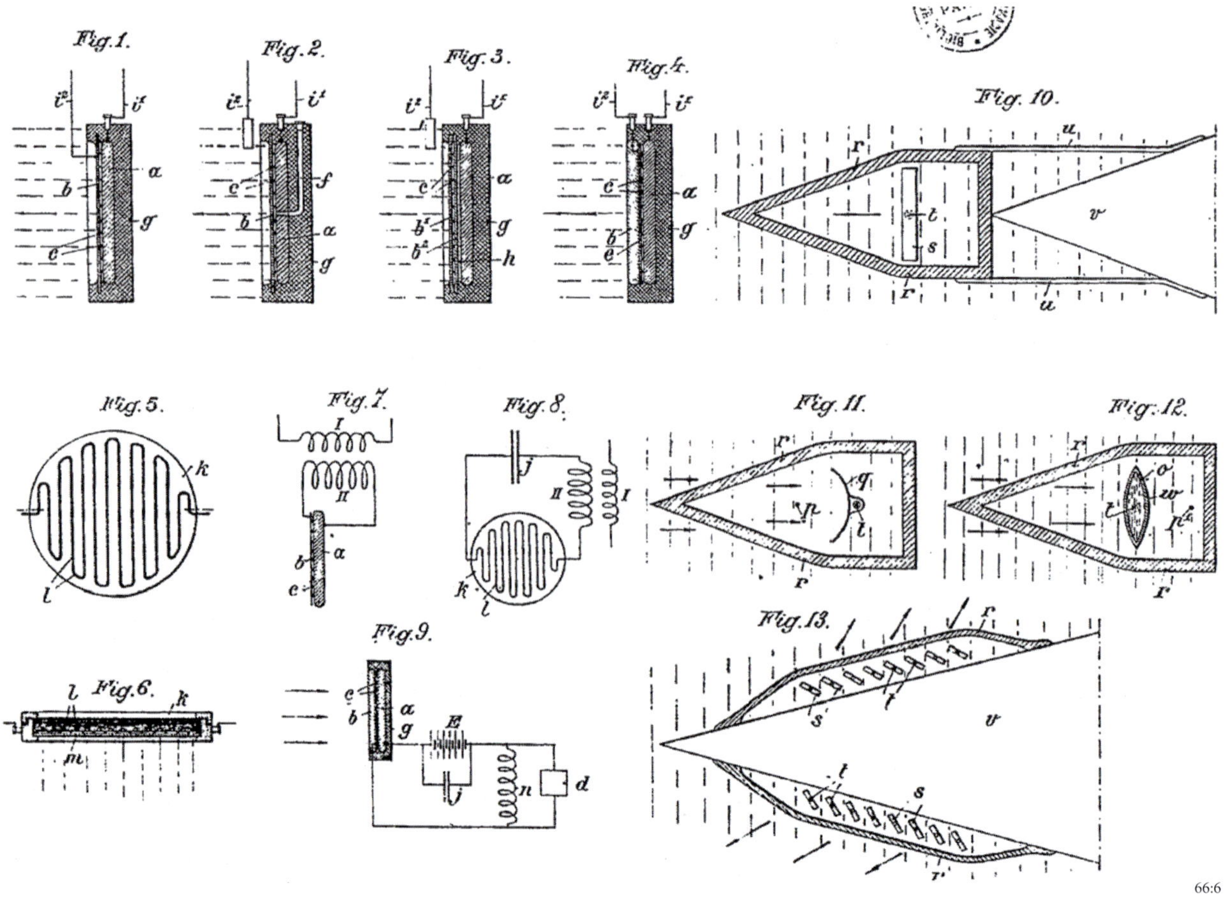

66:6

Mitte der 1940er-Jahre wird zur Anwendung in der Industrie das *Supersonic*-Reflektoskop entwickelt, mit dem sich das Innere von Körpern untersuchen lässt. Unten sind typische Aufzeichnungen des Geräts abgebildet und erläutert.

66:7

FIG. 9. Wall thickness measurement. We sometimes wish to know the wall thickness of a cored casting or of a pipe carrying corrosive material, where the inside surface is inaccessible. The crystal is placed against the wall and a series of successive reflections is obtained; the average distance between them is read off of the inch mark scale and is the thickness of the wall. Above is the series of reflections through a wall one inch thick; note that a reflection follows each one inch mark. The accuracy of this method is of the order of five percent; it depends on the smoothness, flatness, and parallelism of the wall faces.

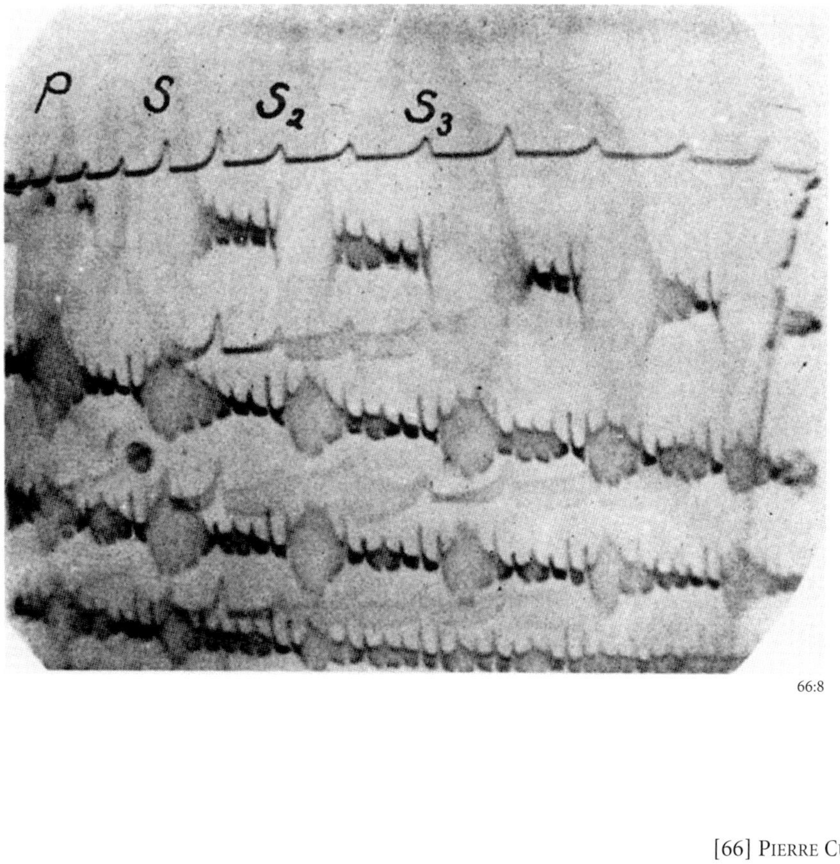

66:8

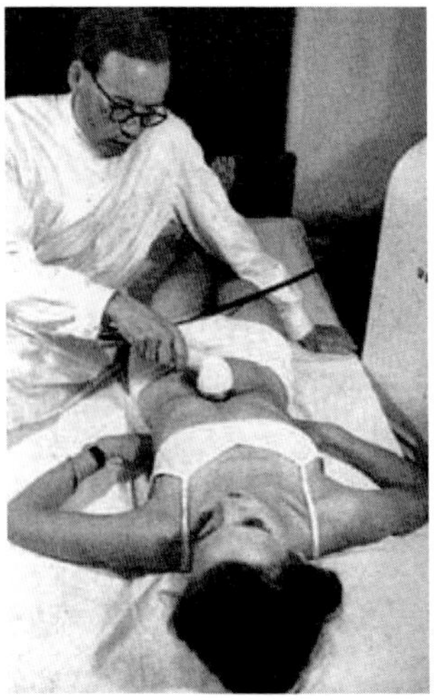

66:9

Bis zu den 1940er Jahren beschränkt sich die medizinische Nutzung des Ultraschalls überwiegend auf Physiotherapie. Auf dem Bild links wird ein Gerät aus jener Zeit zu diesem Zweck eingesetzt.

66:10

Karl Dussik (1908–1968) bereitet der Verwendung des Ultraschalls in der medizinischen Diagnostik den Weg. 1947 beschreibt er seine Ausrüstung (auf dem Bild steht er neben dem Gerät, das er als „Hyperphonograph" bezeichnet) und veröffentlicht die unten abgebildete Darstellung des Gehirns.

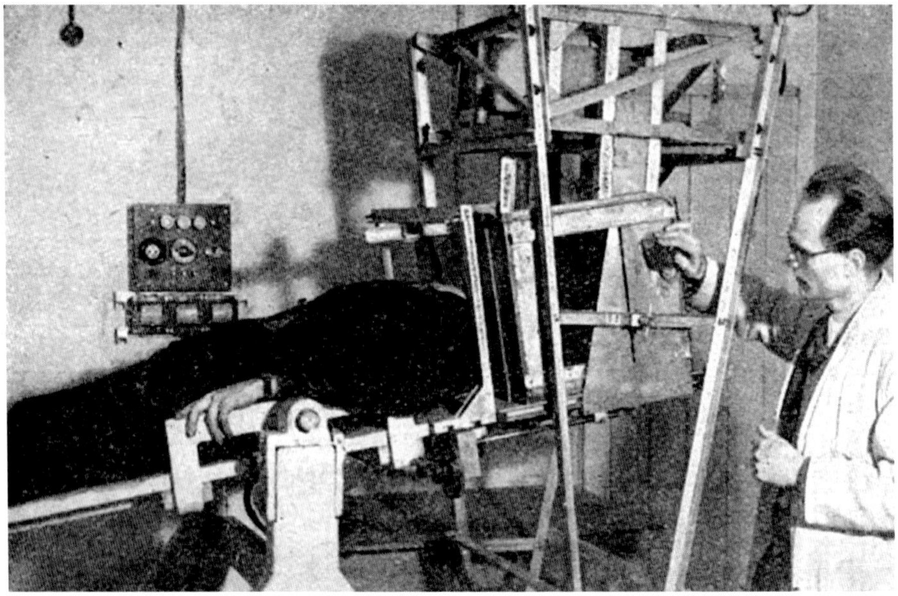

66:11

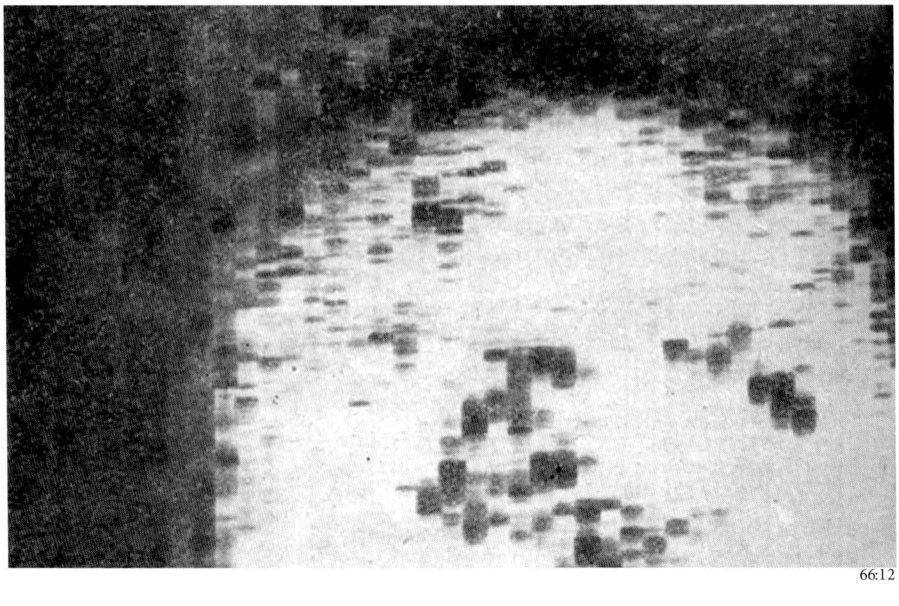

66:12

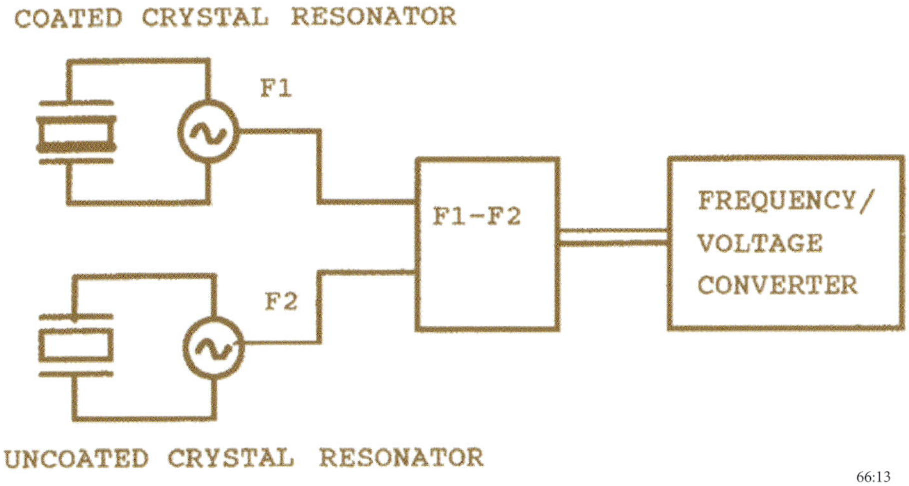

66:13

Funktionsprinzip und Foto eines piezoelektrischen Quarzkristallsensors, mit dem sich Anästhesiegase detektieren lassen. Beide Kristalle besitzen Goldelektroden und schwingen bei etwa 10 MHz. Einer ist jedoch außerdem mit einer Substanz beschichtet, an die das Gas adsorbieren kann. Die Frequenz dieses Kristalls nimmt proportional zur Gaskonzentration ab, die sich demnach anhand der Frequenzdifferenz bestimmen lässt.

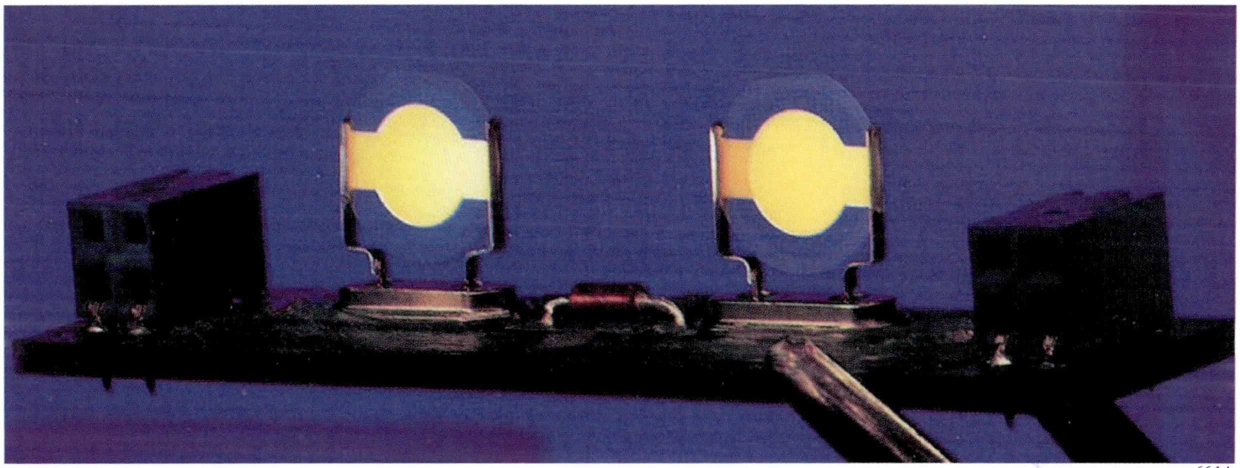

66:14

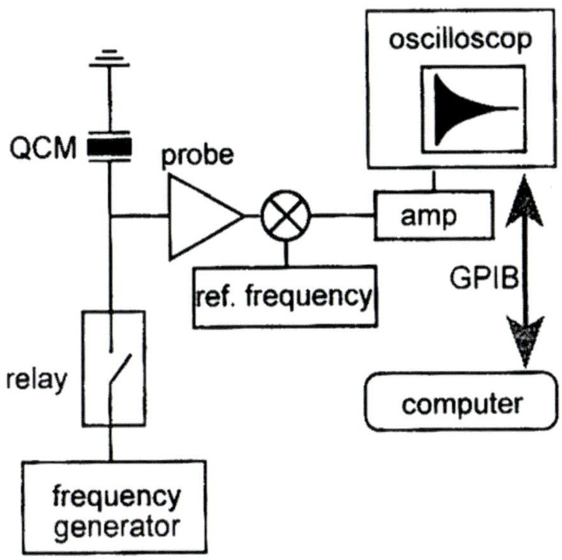

66:15

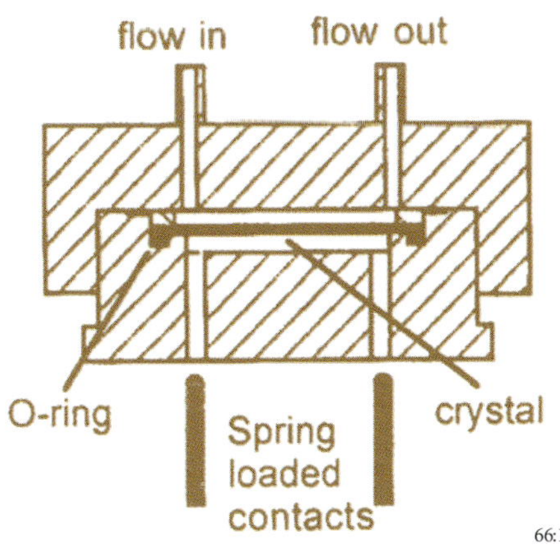

66:16

Quarzkristallmikrowaagen-Technik (QCM) zur Messung von Oberflächenladungseffekten in biomedizinischen Flüssigphasensensoren. In den Abbildungen sieht man die Küvette mit einem Kristall sowie die Elektronik, die den Kristall ansteuert und die exponentiell abnehmende Amplitude aufzeichnet, welche der molekularen Ladung auf der Kristalloberfläche entspricht.

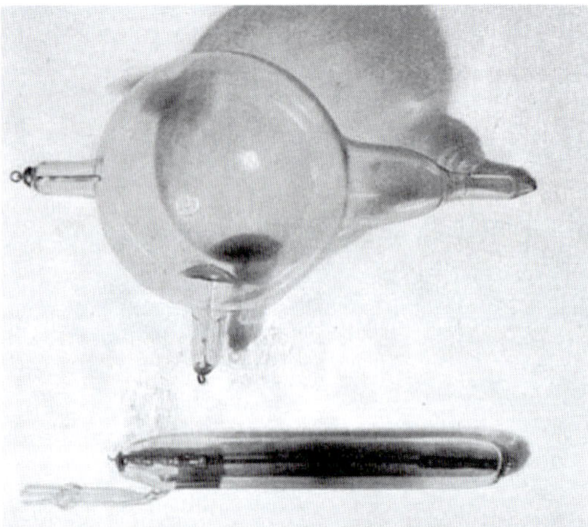

67:1

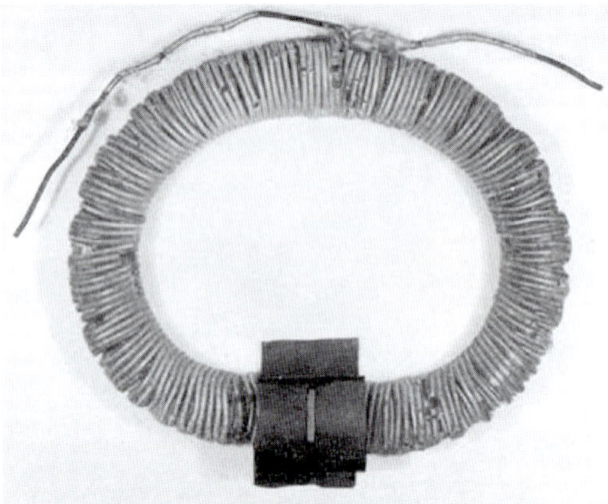

67:2

67:3

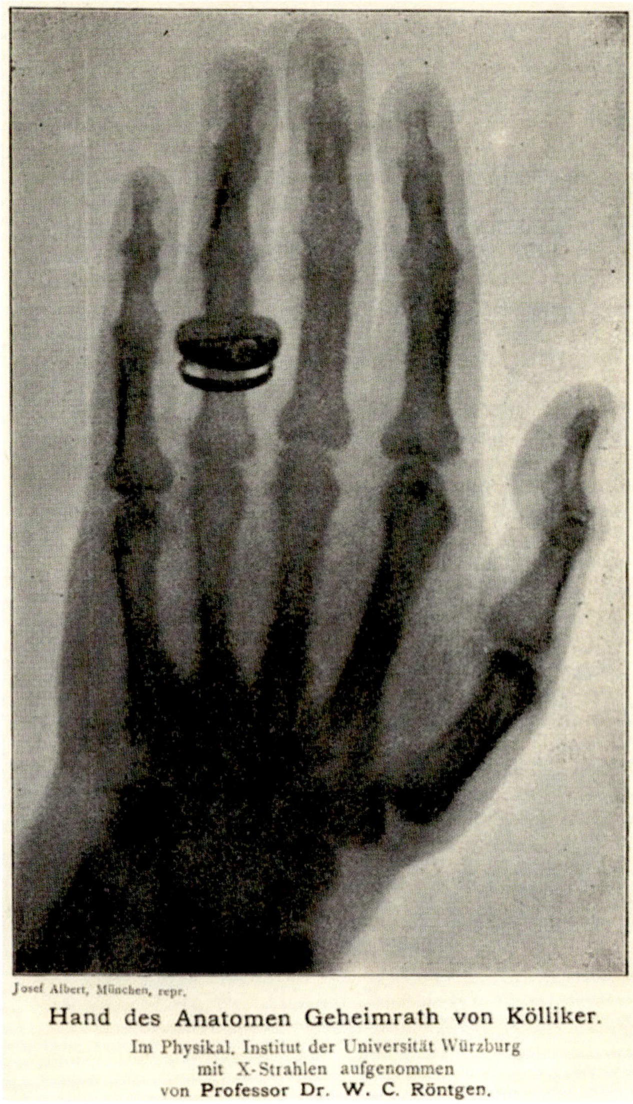

67:4

Das berühmte Röntgenbild der Hand Albert von Köllikers (siehe Nr. 65) aus der ersten Publikation über Röntgens Entdeckung.

Ausrüstungsgegenstände, die Wilhelm Röntgen (1845–1923) in seinen allerersten Experimenten mit X-Strahlen (Röntgenstrahlen) verwendet: Vakuumröhren, eine elektromagnetische Spule, die die X-Strahlen ablenken soll, und eine Bleiplatte mit Öffnungen zur Erforschung der Absorption unterschiedlicher Materialien.

Wilhelm Conrad Röntgen

67:5

Wilhelm Conrad Röntgen

Röntgen kam 1845 als einziger Sohn eines Tuchfabrikanten in Lennep zur Welt. Zunächst besuchte er die Technische Schule in Utrecht und später das Polytechnikum in Zürich, wo er 1868 sein Diplom in Maschinenbau ablegte. 1879 übernahm er den Lehrstuhl für Physik an der Universität Gießen. Später wurde er Direktor des Physikinstituts an der Universität Würzburg und erhielt dort, nach seiner epochemachenden Entdeckung der Röntgenstrahlen im Jahre 1895, auch die Ehrendoktorwürde der Medizin. 1900 zog Röntgen nach München und erhielt im Jahr darauf den ersten Nobelpreis für Physik. Röntgen war ein zurückhaltender Mensch, der öffentliches Engagement scheute und sich sogar weigerte, die Nobelvorlesung zu halten. Er emeritierte 1920 und starb drei Jahre später nach kurzer Krankheit.

Ueber eine neue Art von Strahlen.

SITZUNG D WÜRZBURGER PHYSIK-MED GES JAHRG 1895, S. 132. WÜRZBURG: VERLAG DER STAHEL'SCHEN BUCHHANDLUNG, 1896.

Röntgen verkündet seine Entdeckung der bisher unbekannten „X-Strahlen", die von einer mit schwarzem Papier umwickelten Kathodenstrahlröhre ausgehen. Er stellt fest, dass der Strahl mit Leichtigkeit zahlreiche Materialien, darunter Aluminium, durchdringt, nicht aber eine 1,5 mm dicke Bleiplatte. Röntgen gelingt es weder, die Strahlen zu reflektieren, zu brechen oder zu beugen, noch, mit elektrischen Feldern Interferenzphänomene oder eine Beugung herbeizuführen. Er vermerkt, dass die X-Strahlen immer von der Glaswand ausgehen, und zwar von der Stelle, wo der Kathodenstrahl auf die Röhre trifft. Schließlich beobachtet er, dass die Strahlung photographische Platten schwärzt. Diese Erkenntnis nutzt er, um seine Experimente zu dokumentieren und „Schatten von Handknochen" zu erzeugen.

Im Spiegel der Zeit:
Ende des 19. Jahrhunderts waren Kathodenstrahlröhren weitverbreitet, um die elektrische Entladung in Gasen zu untersuchen (67.1) (67.2) (67.3). Diese Studien gipfelten in der Entdeckung des Elektrons durch Thomson im Jahre 1897 (67.4). Nach Röntgens Vortrag begann Carl Müller (später „Röntgenmüller") umgehend mit der kommerziellen Produktion von Röntgenröhren und entwickelte 1899 ein stark verbessertes wassergekühltes Modell. 1913 erfand Coolidge im Forschungslabor von General Electric die moderne Wolframwendel-Röntgenröhre (67.5). Die medizinische Fachwelt erkannte sofort den außergewöhnlichen Nutzen der Röntgenstrahlen für diagnostische Zwecke, was zu kontinuierlichen Verbesserungen führte; zu den neuesten Errungenschaften in diesem Bereich zählt der Computertomograph (67.6). 1899 berichtete Sjögren von der ersten erfolgreichen Anwendung von Röntgenstrahlen zur Krebsbehandlung (67.7). Auch viele neue Diagnoseverfahren konnten unter Röntgenkontrolle entwickelt werden (67.8). Ein großer Fortschritt gelang Laue 1913, als er das Röntgenbeugungsverfahren entdeckte (67.9); dies ist seitdem ein Grundpfeiler der Strukturbestimmung komplexer Moleküle (67.10), insbesondere derjenigen, die von biomedizinischem Interesse sind (67.11).

67.1 Plücker J. Ueber die Einwirkung des Magneten auf die elektrischen Entladungen in verdünnten Gasen. *Ann Phys Chem* 1858; 103:88, S. 151, S. 113.
67.2 Hittorf W. Ueber die Elektricitätsleitung der Gase. Erste Mittheilung. *Ann Phys Chem* 1869; 136:1.
67.3 Crookes W. Contributions to molecular physics in high vacua. *Phil Trans Roy Soc* 1879; 170:641.
67.4 Siehe Nr. 69 Thomson S. 356.
67.5 Coolidge WD. *Improved x-ray tube.* US Patent 1 203 495 1916.
67.6 Siehe Nr. 95 Hounsfield S. 492.
67.7 Sjögren TA. *Fall af epiteliom behandladt med Röntgensträlar.* Förh Sv Läkare-Sällsk Sammank Stockholm 1899, S. 208.
67.8 Seldinger SI. Catheter replacement of the needle in percutaneous angiography. A new technique. *Acta radiol* 1953; 39:368. Siehe auch Ref. 56.10.
67.9 Siehe Nr. 76 Laue S. 390.
67.10 Siehe Ref. 78.6.
67.11 Siehe Nr. 76 Laue S. 390 und Nr. 88 Watson/Crick S. 456.

William Coolidge (1873–1975) mit seiner neu entwickelten Röntgenröhre, die 1913 erstmals klinisch verwendet wird. Sie besteht aus einer Hochvakuumröhre mit einer erhitzten Wolframwendel als Kathode und einer Wolframscheibe als Anode.

Vakuumröhren, entworfen von William Crookes (1832–1919) (hinten), von Coolidge (in der Mitte) und von Carl Müller (1845–1912) (vorne). In den letzten Jahrzehnten des 19. Jahrhunderts baut Crookes Vakuumröhren im Rahmen seiner Forschungen über die Eigenschaften verdünnter Gase. Nur wenige Monate nach Röntgens Entdeckung beginnt Müller mit der kommerziellen Herstellung von Röntgenröhren.

67:6

67:7

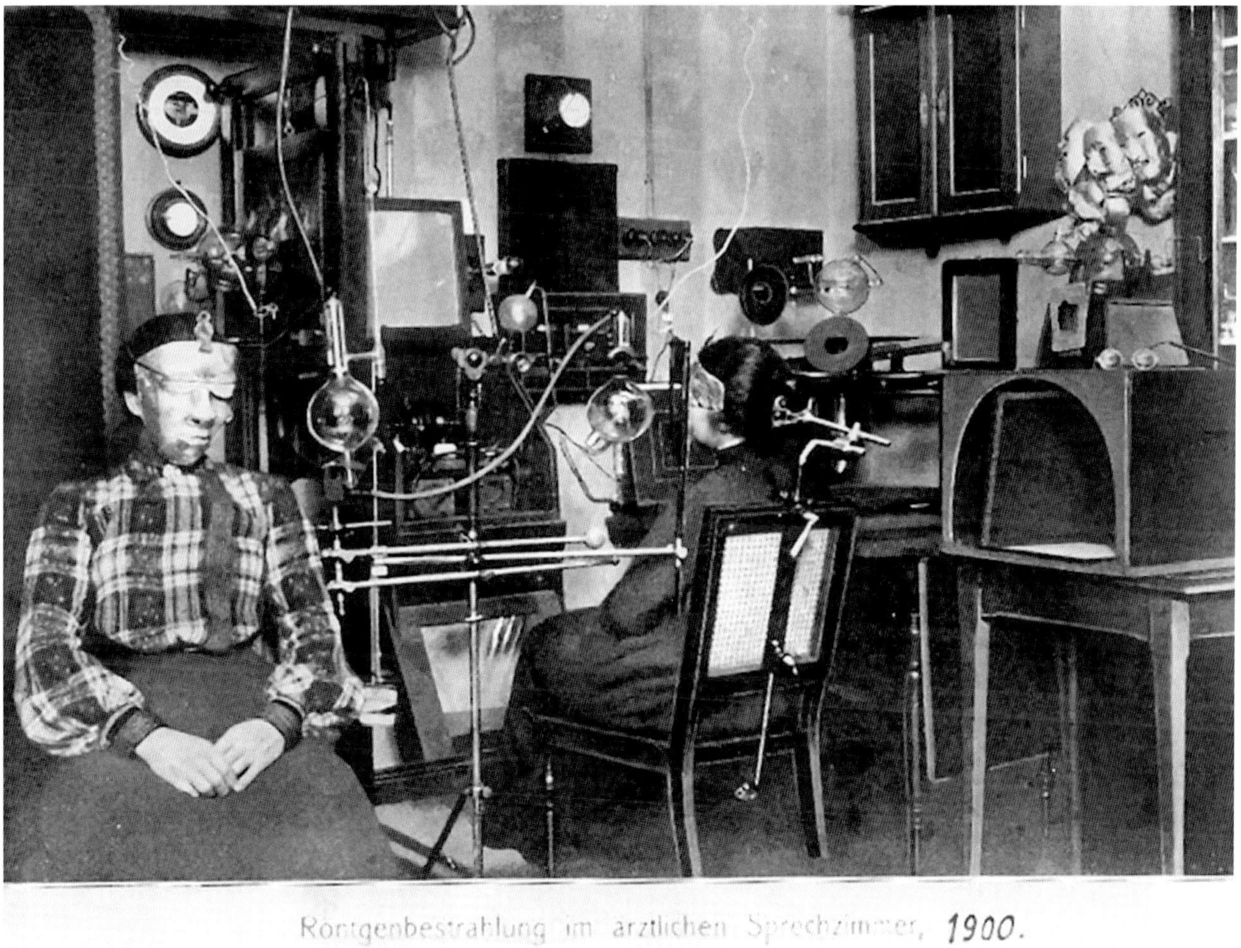

67:8

Röntgenbehandlung im Sprechzimmer eines Arztes im Jahre 1900.

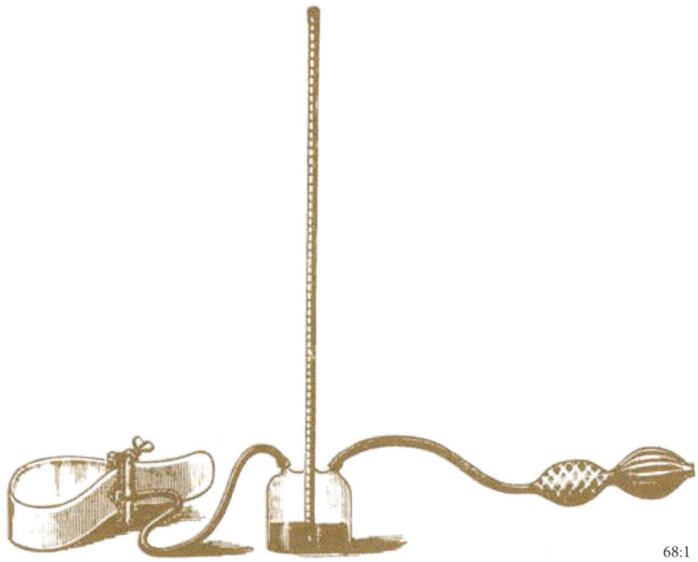

68:1

68:2

Scipione Riva-Rocci (1863–1937) erfindet 1896 das erste klinisch nutzbare praktische Sphygmomanometer. Oben ist seine Zeichnung von dem Gerät zu sehen. Das links abgebildete Instrument wird von Nikolai Korotkow (1874–1920) verwendet, wie auf den folgenden Seiten beschrieben.

Riva-Roccis Sphygmomanometer, das 1905 in London hergestellt wurde.

68:3

Scipione Riva-Rocci

Riva-Rocci wurde 1863 in Almese geboren. 1888 promovierte er an der Universität Turin in Medizin und Chirurgie und blieb dort zehn Jahre als Assistent. Am Ende dieser Periode erfand er das Sphygmomanometer, das ihn berühmt machte. 1894 habilitierte er in Pathologie und 1907 legte er noch eine Prüfung zum Kinderarzt ab. Von 1900 an war er fast 30 Jahre Chefarzt des Ospedale civico di Varese; fast gleichzeitig war er außerdem als Dozent an der Pädiatrischen Klinik der Universität Pavia tätig. Mit 74 Jahren starb er in Rapallo.

68:4

Scipione Riva-Rocci

Un nuovo Sfigmomanometro.

Gaz Med Torino 1896; 47:981 und S. 1001.

Riva-Rocci verkündet seine Erfindung eines einfachen Blutdruckmessgeräts. Er legt um den Oberarm einen Fahrradschlauch, pumpt diesen auf und misst den Druck im Schlauch mit einem Quecksilbermanometer. Den Blutdruck in der Armarterie bestimmt er, indem er fühlt, wie der Puls nach Aufpumpen oder Ablassen der Druckluft unterbleibt oder wiederkehrt.

Im Spiegel der Zeit:
1881 erfand Basch das erste klinisch nutzbare Sphygmomanometer (68.1). Er presste einen wassergefüllten Gummiball, der an einer senkrechten Quecksilbersäule befestigt war, gegen die Speichenarterie und konnte den systolischen Druck bestimmen, indem er vermerkte, wann der Puls aussetzte. Riva-Roccis Verfahren, das in dem zitierten Artikel beschrieben wird, war viel praktischer. Die Funktion beruhte auf einer Kombination der von Vierordt eingeführten Gegendrucktechnik (68.2), der von Fick erfundenen (68.3) und von Marey entwickelten (68.4) Volumenplethysmographie und der alten chinesischen Kunst, den Puls zu fühlen (68.5). 1897 erleichterten Hill und Barnard die Handhabung von Riva-Roccis Gerät erneut, indem sie das Quecksilbermanometer durch einen Druckmesser ersetzten (68.6); 1901 verbreiterte von Recklinghausen die Manschette zugunsten größerer Genauigkeit (68.7). Korotkow, der im Russisch-Japanischen Krieg von 1904 als Chirurg diente, nutzte die Auskultation, um die Bildung kollateraler Blutgefäße bei Aneurysmen der Aorta zu untersuchen (68.8). Im Laufe seiner Arbeit unter Verwendung von Riva-Roccis Gerät bemerkte er, dass die Auskultation eine attraktive Alternative zum Ertasten des Arterienpulses bot (68.9). Korotkow nutzte ein binaurales Stethoskop, eine Weiterentwicklung des ursprünglichen Instruments von Laennec (68.10) aus dem Jahre 1856 (68.11). 1920 waren diese nicht-invasiven Blutdruckmessverfahren sowohl in Krankenhäusern als auch in Arztpraxen allgemein verbreitet. Seit 1970 gibt es automatische Blutdruckmessgeräte, die verlässliche Messungen ohne ärztliche Unterstützung ermöglichen (68.12).

68.1 Basch SS. Ueber die Messung des Blutdrucks am Menschen. *Z Klin Med* 1881; 2:79.
68.2 Siehe Ref. 35.7.
68.3 Siehe Nr. 46 Fick S. 242 und Ref. 46.9.
68.4 Siehe Nr. 52 Marey S. 272 und Ref. 52.1.
68.5 Cleyer A. *Specimen Medicinae Sinicae, sive Opuscula Medica ad Mentem Sinensium, ...* Frankfurt am Main 1682.
68.6 Hill L, Barnard H. A simple and accurate form of sphygmomanometer or arterial pressure gauge contrived for clinical use. *Brit med J* 1897; 2:904.
68.7 von Recklinghausen H. Ueber Blutdruckmessung beim Menschen. *Arch exp Path Pharm* 1901; 46:78.
68.8 Segall HN. Nicolai S. Korotkoff. *Experiments for determining the efficiency of arterial collaterals (translation of thesis 1910), with preface and biographical notes.* Montreal 1980.
68.9 Korotkoff NC. To the question of methods of determining the blood pressure. *Reports Imp mil med Acad* 1905; 11:365. (Anhang 1 in Ref. 68.8)
68.10 Siehe Nr. 31 Laennec S. 172.
68.11 Leared A. On the self-adjusting double stethoscope. *Lancet* 1856; 2:138 und S. 202.
68.12 Geddes LA. *Handbook of Blood Pressure Measurement.* Clifton NJ: Humana Press, 1991.

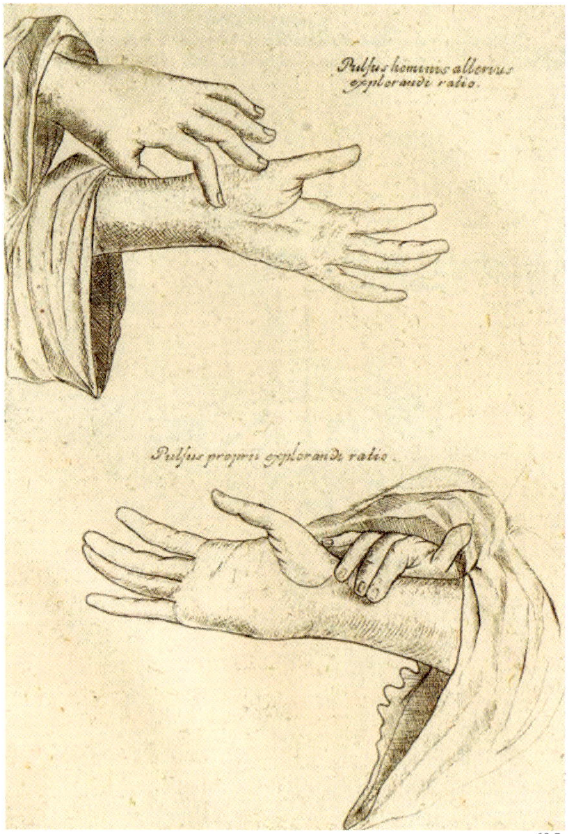

68:5

Chinesische Anleitungen nach Wang Shu-Ho (300 n. Chr.) zur Untersuchung des Pulses, die Andreas Cleyer (1634–1698) 1680 übersetzte und nach Europa brachte.

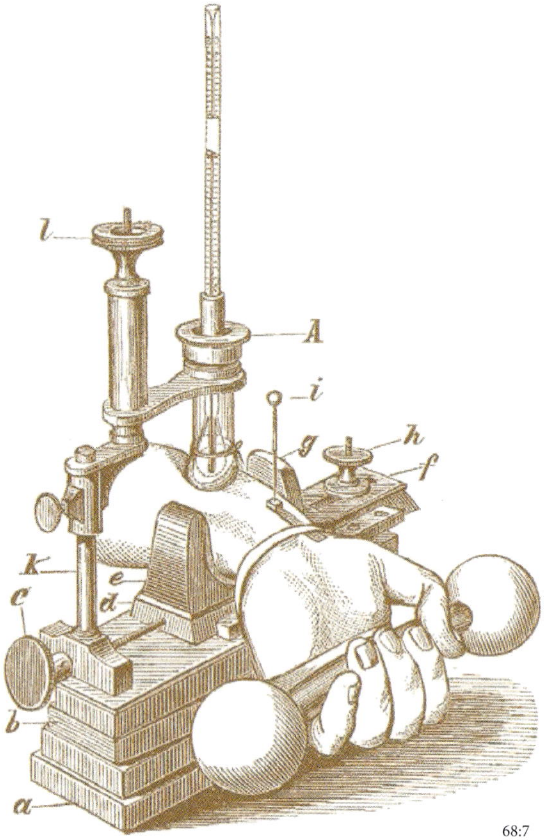

68:7

68:6

Um den Arteriendruck mit einem Quecksilbermanometer sichtbar zu machen, verwendet Samuel von Basch (1837–1905) einen mit Wasser und Quecksilber gefüllten Gummiball, der gegen die Arterie gepresst wird und so den Puls unterdrückt. Oben rechts ist seine Originalzeichnung von 1880 zu sehen, darunter ein späteres Modell seines Geräts, bei dem die Manometerröhre durch einen Druckmesser ersetzt wurde.

68:8

A SIMPLE AND ACCURATE FORM OF SPHYGMOMETER OR ARTERIAL PRESSURE GAUGE CONTRIVED FOR CLINICAL USE.

BY

LEONARD HILL, M.B., and HAROLD BARNARD,
Lecturer on Physiology, London Hospital. M.S., F.R.C.S., Surgical Registrar, London Hospital.

THIS instrument consists of: (1) A broad armlet, which is strapped round the upper arm. The armlet is formed of a flexible steel band, on the inside of which there is fastened a bag of thin indiarubber. The rubber bag is connected by a Y-tube with (2) a small compressing air pump fitted with a valve and (3) a pressure gauge.

The pressure gauge is of special construction. Roughly, it consists of a metal tambour, the expansion of which is

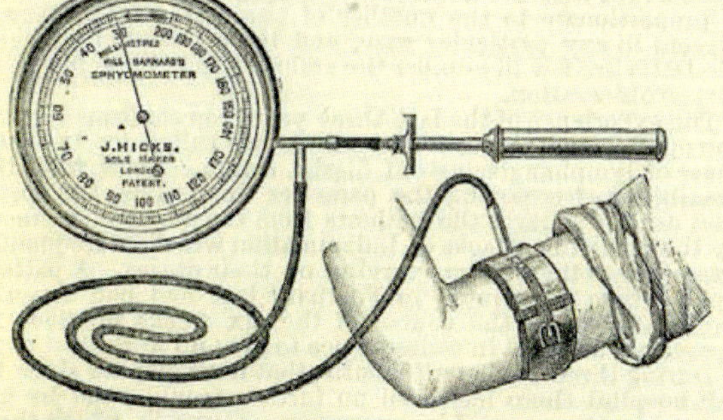

exhibited in a highly magnified form by means of an index or pointer which travels round a dial. This dial is graduated in millimetres of mercury. The armlet, pump, and pressure gauge when not in use fit conveniently into a leather case. The instrument is used thus: (1) The armlet is strapped round the upper arm so that it fits closely to the skin. (2) By means of the pump the pressure is raised within the rubber bag until the pulsation indicated by the index of the pressure gauge becomes of maximal excursion. (3) At this point the pressure indicated by the gauge is read, and this pressure is the mean arterial pressure.

The armlet can be applied to the arm of any individual with the greatest ease, for the flexible steel band adapts itself to any shape or size. In children the armlet can be fitted equally well to the thigh, and the pressure is then taken in the femoral artery. The armlet is bound closely round the arm so that the rubber bag may be but slightly distended when the pressure is raised within up to the arterial tension. If the bag were greatly distended the elasticity of the bag would come into play, and from this an error in the readings would arise. To avoid this error the rubber bag is made thin and flaccid. By raising the pressure within the bag the venous outlets are blocked. This, if continued for long, produces great congestion of the arm and discomfort. For this reason the readings must be taken rapidly. The pressure is never to be maintained on the arm for more than a minute or so. The following is a convenient plan of work:

(1) Force up the pressure rapidly till pulsation appears. (2) Continue to force up the pressure till pulsation disappears or obviously becomes lessened. (3) Slightly open the valve and allow slow leakage. As the pressure falls, note where the pulsation becomes maximal. (4) Let the air out entirely, and empty the arm of venous blood either by elevation of the limb or friction. (5) Repeat the operation and take another reading.

By following this plan no pain or discomfort will arise.

In studying the effect of exercise, posture, drugs, etc., successive readings must be taken in the above manner, first during the normal, and then during the experimental condition.

Owing to the effect of position on the circulation, the readings must be taken uniformly, with the arm placed by the side and on the same level as the heart. The muscles of the arm must be relaxed during the observations. The arterial tension is constantly varying slightly, owing to changes in the force of the heart beat and the respiratory oscillations of pressure. Thus the maximal pulsation may be found now at one place and now at another, a few millimetres higher or lower. The mean of the different readings must be taken just as is done when the mercurial manometer is used in physiological experiments on animals. In conditions of quiet respiration these variations are often not great, and the pressure may be read at each observation within 2 or 3 millimetres. Variations of pressure by 5 to 10 mms. Hg. are of frequent occurrence, are physiological, and of no importance.

When the rubber bag presses upon the outside of the arterial wall, with a pressure equal to that mean pressure exerted from within, the wall is able to oscillate with the greatest freedom. In systole the artery is fully expanded, while in diastole it is collapsed by the pressure of the bag.

The accuracy of this index has been proved by repeated experiment. Thus the armlet was strapped round the neck of a dog (excluding the trachea). A cannula was inserted into the femoral artery, and connected with a mercurial manometer. Simultaneous readings were then taken of the pressure in the femoral artery, as indicated by the mercurial manometer, and the pressure in the carotid arteries as indicated by the sphygmometer. The maximal pulsation of the index of the sphygmometer was thus found to occur always at a pressure which exactly corresponded with the mean pressure in the femoral artery.

It is well known that the carotid and femoral mean pressures are practically the same in the dog when the animal is lying in the horizontal position. To show in yet another way the accuracy of this instrument the following experiment was performed. Whilst one arm was passively elevated above the head and the other remained dependent by the side, simultaneous readings were taken from either brachial artery by means of two sphygmometers. From the dependent arm the higher reading was obtained. The difference was equivalent in mercury to the height of the vertical column of blood which separated the two points of observation.

The facility with which the instrument can be used for clinical purposes is illustrated by a series of observations which we have made upon patients placed under the influence of anæsthetics. Before and during administration a series of readings were taken at intervals of time, and from the figures thus obtained curves were plotted out. In 8 cases of anæsthesia with gas and oxygen (sitting posture) the arterial pressure either rose a few millimetres of mercury or remained constant. In 4 cases of anæsthesia with ether the arterial pressure remained constant or fell a very few millimetres of mercury. In 6 cases of anæsthesia with chloroform the sphygmometer indicated an extensive and rapid fall of arterial pressure. This fall equalled 20 to 40 mm. of mercury. The normal arterial pressure in most healthy young men appears to be 110 to 130 mm. Hg. in the sitting posture.

We shall shortly be in a position to publish a series of preliminary observations on arterial pressure in different pathological states. By means of this instrument, which is made for us by Mr. J. Hicks, of 8, Hatton Garden, E.C., we believe that the arterial pressure can be taken in man as rapidly, simply, and accurately as the temperature can be taken with the clinical thermometer.

68:9

1897 entwickeln Leonard Hill (1866–1952) und Harold Barnard (1868–1908) unabhängig von Riva-Rocci ein bequemes Blutdruckmessverfahren mit einer Armmanschette und einem Aneroidmanometer. Sie vermerken, dass der maximale Ausschlag des Zeigers dem „mittleren Arteriendruck" entspricht.

68:12

1901 untersucht Heinrich von Recklinghausen (1867–1943), wie die Manschettenparameter die Genauigkeit der Blutdruckmessungen beeinflussen. Er demonstriert die Vorzüge breiterer Manschetten (11–13 cm) und konstruiert ein Manometer ganz aus Metall. Die Zeichnung zeigt seine experimentelle Anordnung. Unten links ist die Aufzeichnung der Druckschwankungen in der Manschette bei unterschiedlichem Manschettendruck zu sehen.

68:10

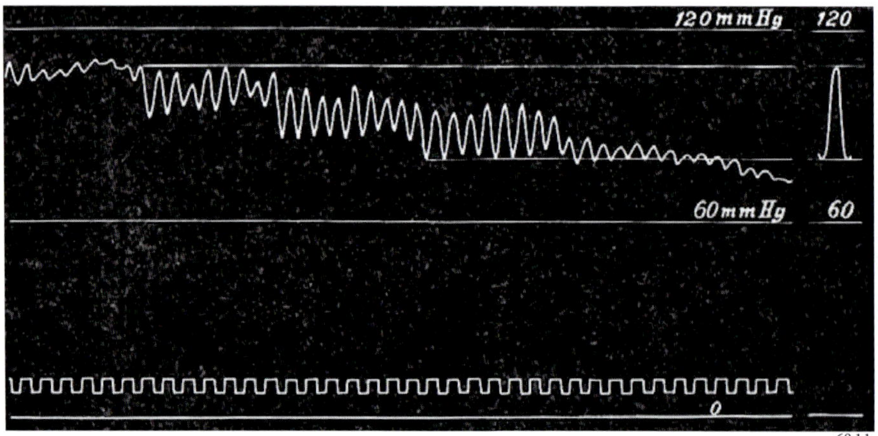

68:11

68:13

Korotkow präsentiert seine neue Auskultationstechnik, mit der sich sowohl der systolische als auch der diastolische Blutdruck bestimmen lässt. Er entwickelt das Verfahren während seiner Arbeit als Chirurg im Russisch-Japanischen Krieg (1904–1905), wo er Aneurysmen und die Auswirkungen des Drucks auf die Arterien untersucht. Unten ist eine typische Aufzeichnung aus diesen Studien abgebildet. Rasch erkennt er die Vorteile der Auskultation gegenüber dem Ertasten des Arterienpulses.

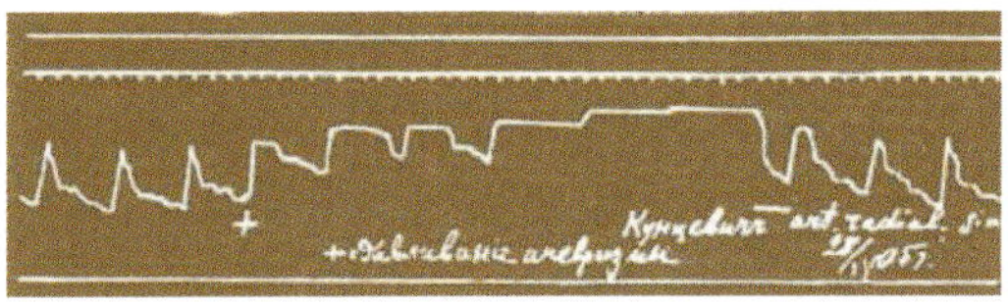

KUNTSEVICH: 28 Jan. 1905
left radial artery
compression of aneurysm at +
compression discontinued at -

68:14

N.C. Korotkoff: To the question of methods of determining the blood pressure (from the clinic of Professor C.P. Federoff). Reports of the Imperial Military Medical Academy, 11:365-367, 8 Nov. 1905.

On the basis of his observations the reporter has come to this conclusion: that the completely compressed artery under normal circumstances does not produce any sounds. Utilizing this phenomenon he proposes the auditory method of determining the blood pressure in man. The cuff of Riva-Rocci is placed on the middle thrid of the upper arm, the pressure within the cuff is quickly raised up to complete cessation of circulation below the cuff. Then, letting the mercury of the manometer fall, one listens to the artery just below the cuff with a children's stethoscope. At first, no sounds are heard. With the falling of the mercury in the manometer, down to a certain height, the first short tones appear; their appearance indicates the passage of part of the pulse wave under the cuff. It follows that the manometric figure at which the first tone appears corresponds to the maximal pressure. With the further fall of the mercury in the manometer one hears the systolic compression murmurs, which pass again into tones (second). Finally, all sounds disappear. The time of the cessation of sounds indicates the free passage of the pulse wave; in other words, at the moment of the disappearance of the sounds the minimal blood pressure within the artery preponderates over the pressure in the cuff. It follows that the manometric figures at this time correspond to the minimal blood pressure. Experiments on animals gave confirmative results. The first sound-tones appear (10 to 12 mm.) earlier than the pulse, for the palpation of which (e.g. in the radial artery) the inrush of the greater part of the pulse wave is required.

68:15

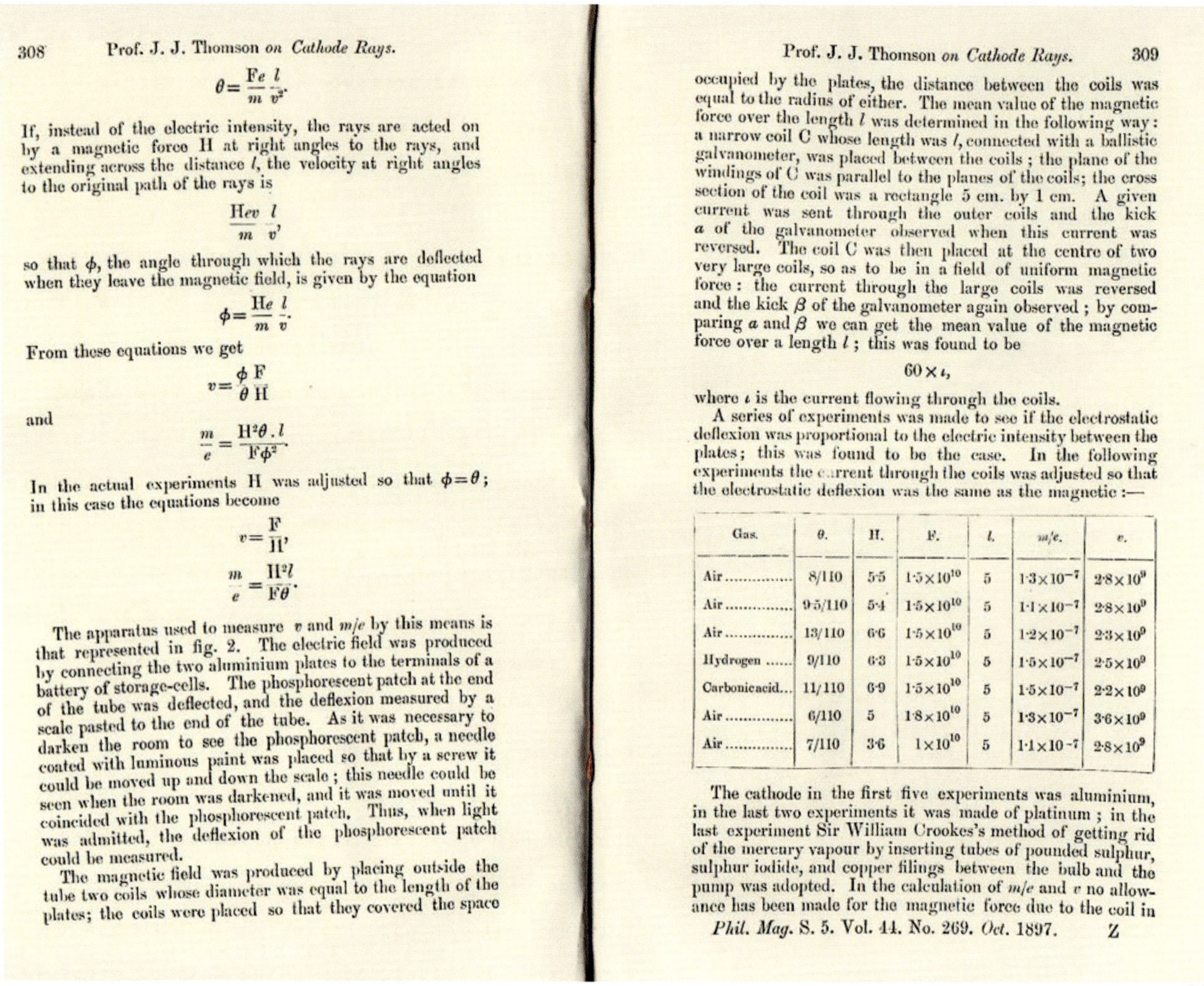

308 Prof. J. J. Thomson *on Cathode Rays.*

$$\theta = \frac{Fe}{m}\frac{l}{v^2}.$$

If, instead of the electric intensity, the rays are acted on by a magnetic force H at right angles to the rays, and extending across the distance *l*, the velocity at right angles to the original path of the rays is

$$\frac{Hev}{m}\frac{l}{v};$$

so that ϕ, the angle through which the rays are deflected when they leave the magnetic field, is given by the equation

$$\phi = \frac{He}{m}\frac{l}{v}.$$

From these equations we get

$$v = \frac{\phi}{\theta}\frac{F}{H}$$

and

$$\frac{m}{e} = \frac{H^2\theta . l}{F\phi^2}.$$

In the actual experiments H was adjusted so that $\phi=\theta$; in this case the equations become

$$v = \frac{F}{H},$$

$$\frac{m}{e} = \frac{H^2 l}{F\theta}.$$

The apparatus used to measure *v* and *m/e* by this means is that represented in fig. 2. The electric field was produced by connecting the two aluminium plates to the terminals of a battery of storage-cells. The phosphorescent patch at the end of the tube was deflected, and the deflexion measured by a scale pasted to the end of the tube. As it was necessary to darken the room to see the phosphorescent patch, a needle coated with luminous paint was placed so that by a screw it could be moved up and down the scale; this needle could be seen when the room was darkened, and it was moved until it coincided with the phosphorescent patch. Thus, when light was admitted, the deflexion of the phosphorescent patch could be measured.

The magnetic field was produced by placing outside the tube two coils whose diameter was equal to the length of the plates; the coils were placed so that they covered the space

Prof. J. J. Thomson *on Cathode Rays.* 309

occupied by the plates, the distance between the coils was equal to the radius of either. The mean value of the magnetic force over the length *l* was determined in the following way: a narrow coil C whose length was *l*, connected with a ballistic galvanometer, was placed between the coils; the plane of the windings of C was parallel to the planes of the coils; the cross section of the coil was a rectangle 5 cm. by 1 cm. A given current was sent through the outer coils and the kick α of the galvanometer observed when this current was reversed. The coil C was then placed at the centre of two very large coils, so as to be in a field of uniform magnetic force: the current through the large coils was reversed and the kick β of the galvanometer again observed; by comparing α and β we can get the mean value of the magnetic force over a length *l*; this was found to be

$$60 \times \iota,$$

where ι is the current flowing through the coils.

A series of experiments was made to see if the electrostatic deflexion was proportional to the electric intensity between the plates; this was found to be the case. In the following experiments the current through the coils was adjusted so that the electrostatic deflexion was the same as the magnetic:—

Gas.	θ.	H.	F.	*l*.	*m/e*.	*v*.
Air	8/110	5·5	$1·5\times10^{10}$	5	$1·3\times10^{-7}$	$2·8\times10^{9}$
Air	9·5/110	5·4	$1·5\times10^{10}$	5	$1·1\times10^{-7}$	$2·8\times10^{9}$
Air	13/110	6·6	$1·5\times10^{10}$	5	$1·2\times10^{-7}$	$2·3\times10^{9}$
Hydrogen	9/110	6·3	$1·5\times10^{10}$	5	$1·5\times10^{-7}$	$2·5\times10^{9}$
Carbonic acid...	11/110	6·9	$1·5\times10^{10}$	5	$1·5\times10^{-7}$	$2·2\times10^{9}$
Air	6/110	5	$1·8\times10^{10}$	5	$1·3\times10^{-7}$	$3·6\times10^{9}$
Air	7/110	3·6	1×10^{10}	5	$1·1\times10^{-7}$	$2·8\times10^{9}$

The cathode in the first five experiments was aluminium, in the last two experiments it was made of platinum; in the last experiment Sir William Crookes's method of getting rid of the mercury vapour by inserting tubes of pounded sulphur, sulphur iodide, and copper filings between the bulb and the pump was adopted. In the calculation of *m/e* and *v* no allowance has been made for the magnetic force due to the coil in

Phil. Mag. S. 5. Vol. 44. No. 269. *Oct.* 1897. Z

69:1

Joseph Thomson (1856–1940) entdeckt das Elektron. Indem er die elektrostatische und magnetische Ablenkung des geladenen „Korpuskels" (Elektron) aufeinander abstimmt (siehe seine Abbildungen der verwendeten Ausrüstung), kann er die Geschwindigkeit bestimmen. Dies ermöglicht ihm, das Verhältnis von Ladung zu Masse durch Ablenkung in einem magnetischen Feld zu messen. Er stellt fest, dass dieses Verhältnis etwa tausendmal größer ist als bei einem Wasserstoffion (siehe seine obigen Berechnungen und die Tabelle, in der er seine Ergebnisse zusammenfasst).

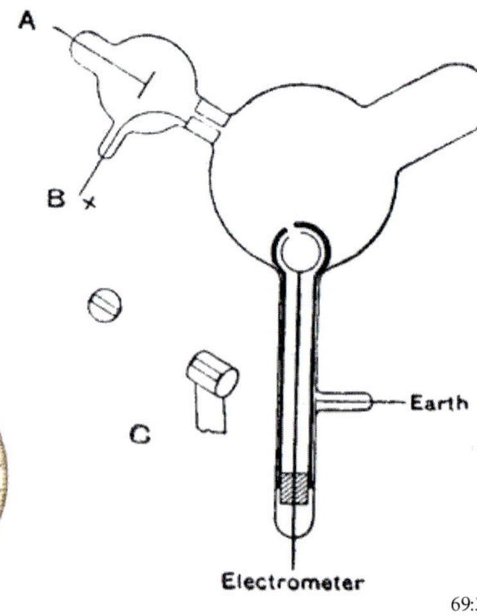

69:3

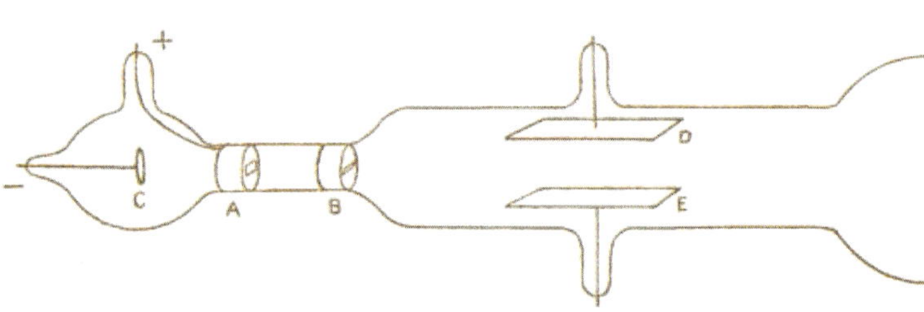

69:2

Joseph John Thomson

69:4

Joseph John Thomson

Thomson wurde 1856 bei Manchester als Sohn eines Buchhändlers geboren. Eigentlich wollte er Ingenieur werden, aber 1876 gewann er ein kleines Stipendium, das ihm den Zugang zum Trinity College in Cambridge verschaffte. Dort blieb er für den Rest seines Lebens. 1884 wurde Thomson als Nachfolger von Maxwell und Rayleigh (69.1) zum Cavendish-Professor für Experimentelle Physik ernannt. Während seiner Amtszeit bildete er sieben Nobelpreisträger aus und gewann den Nobelpreis selbst im Jahre 1906. Thomson war ein begeisterungsfähiger, fantasievoller und kreativer Mensch, der weniger wichtige Dinge delegieren konnte; dies alles machte ihn zu einem exzellenten Forschungsleiter. Er war ein guter Lehrer und herausragender Redner. Er nahm seinen pädagogischen Auftrag ernst und schrieb Lehrbücher für alle Ebenen wissenschaftlicher Forschung. 1919 gab er seine Professur zugunsten von Rutherford auf und starb 1940.

Cathode Rays.

PHILOSOPHICAL MAGAZINE. LONDON: TAYLOR AND FRANCIS, 1897; 44:293.

Thomson schildert seinen erfolgreichen Versuch, die Natur der Kathodenstrahlen zu entschlüsseln. Er verbessert das Vakuum der Kathodenstrahlröhre und entdeckt, dass elektrostatische Kräfte die Strahlen ablenken können. Nun stimmt er die Kräfte der elektrostatischen Ablenkung auf die Kräfte der magnetischen Ablenkung ab und berechnet so die Geschwindigkeit des „Korpuskels" (Elektron). Anhand der bekannten kinetischen Energie und der von einem homogenen magnetischen Feld erzeugten Ablenkung misst er das Verhältnis von Ladung zu Masse und stellt fest, dass es etwa tausendmal größer ist als das eines Wasserstoffions. Dies beweist er an verschiedenen Gasen und mit unterschiedlichen Kathodenmaterialien.

Im Spiegel der Zeit:
Die Kontroverse um die Natur der Kathodenstrahlen (69.2) (69.3) war die treibende Kraft hinter Thomsons und Röntgens (69.4) Forschungen und bahnbrechenden Entdeckungen. Während das Vorkommen von Elektronen einen völlig neuen Blick auf die Struktur der Materie eröffnete, richtete Thomson sein Augenmerk auf „positive Strahlen" (Ionenstrahlen). 1913 waren seine neu entwickelten Geräte in der Lage, Isotope des stabilen Elements Neon zu trennen (69.5); ausgehend von dieser Arbeit entwickelte sein Student Aston das analytische Verfahren der Massenspektrometrie (69.6). Dirac sagte 1928 aufgrund rein theoretischer Überlegungen die Existenz eines positiv geladenen Elektrons (Positron) voraus (69.7). Das heute in der Medizin genutzte bildgebende Verfahren der PET beruht auf der Entdeckung von Gammastrahlen, die bei der Vereinigung von Positronen und Elektronen und deren dabei erfolgender Vernichtung („Annihilation") emittiert werden (69.8). 1946 schlug Wilson die radiologische Nutzung von Protonen vor (69.9), und fünf Jahre später beschrieb Leksell die Nutzung von Protonenstrahlen in der stereotaktischen Neurochirurgie (69.10). Im letzten Jahrzehnt spielten Ionenstrahlen eine immer größere Rolle in der Krebstherapie (69.11), und Elektronenstrahlen finden heute verbreitet Verwendung bei der Sterilisation bestimmter medizinischer Produkte (69.12).

69.1 Siehe Nr. 55 Maxwell S. 286 und Ref. 13.10.
69.2 Darrigol O. *Electrodynamics from Ampere to Einstein.* Oxford University Press, 2000. Kap. 7. Siehe auch Ref. 67.1, Ref. 67.2 und Ref. 67.3.
69.3 Lenard P. Über die Absorption der Kathodenstrahlen. *Ann Phys Chem* 1895; 56:255.
69.4 Siehe Nr. 67 Röntgen S. 344.
69.5 Thomson JJ. Rays of positive electricity. *Proc Roy Soc A* 1913; 89:1.
69.6 Siehe Nr. 79 Aston S. 406.
69.7 Dirac P. The Quantum Theory of the Electron. *Proc Roy Soc A* 1928; 117:610.
69.8 Siehe Nr. 99 Phelps S. 514.
69.9 Wilson RR. Radiological use of fast protons. *Radiology* 1946; 47:487.
69.10 Leksell L. The stereotaxic method and radiosurgery of the brain. *Acta Chir Scand* 1951; 102:316.
69.11 Alonso JR. Review of ion beam therapy: present and future. *Proc EPAC* 2000, S. 235.
69.12 Siehe Ref. 61.11.

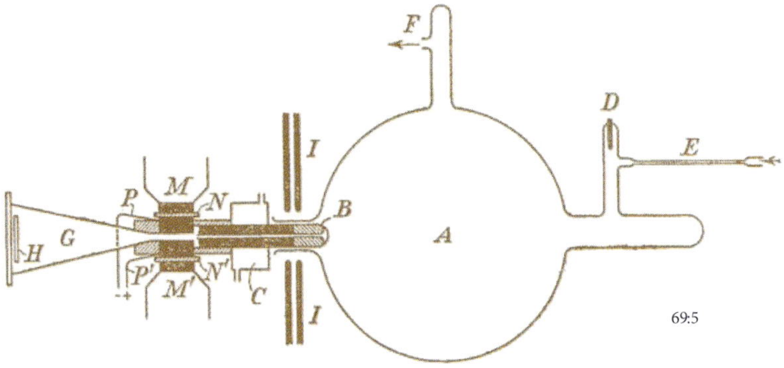

69:5

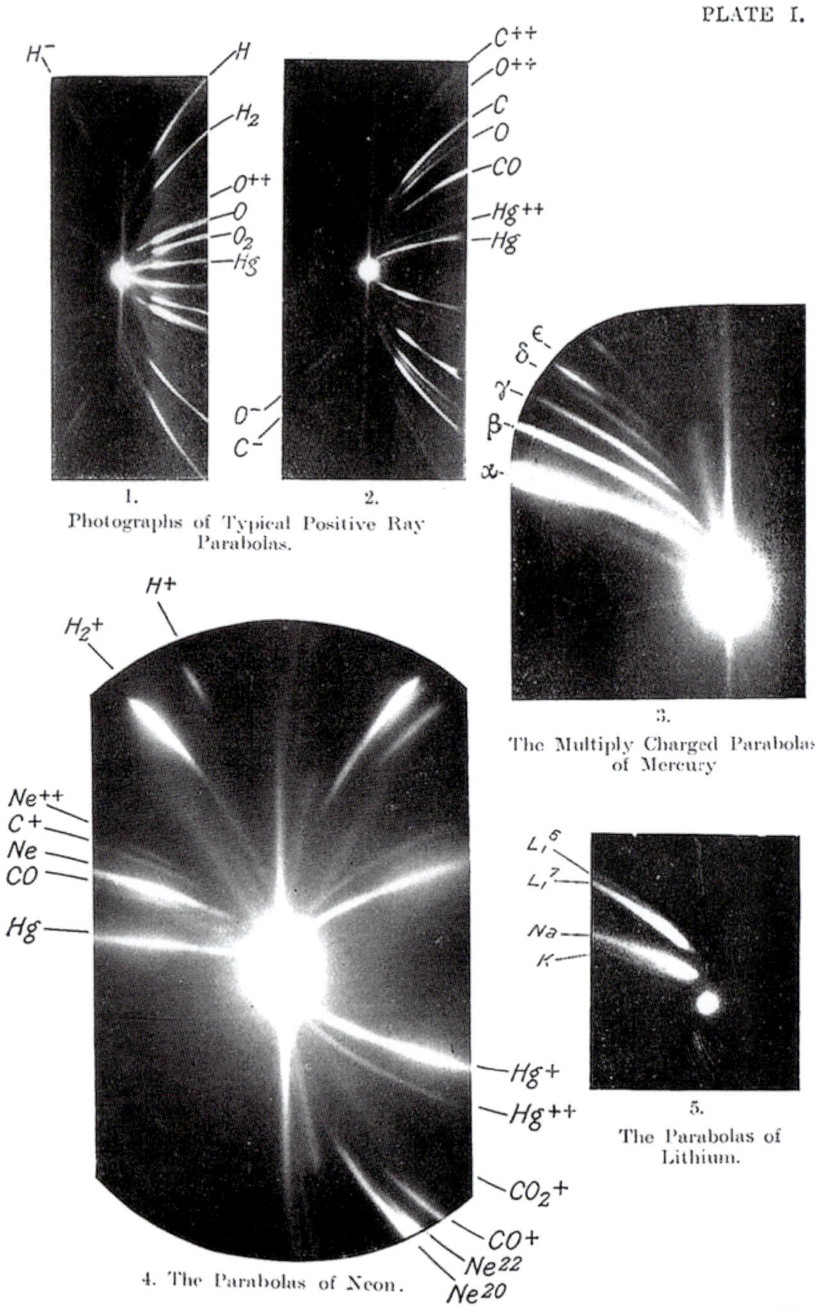

69:6

1913 ist Thomsons Ionenstrahl-Gerät (Zeichnung oben) empfindlich genug, um viele Ionen und auch die Isotope von Neon zu trennen. Die Fotografien zeigen einige Ergebnisse seiner Experimente. Diese Arbeit führt zur Entwicklung der modernen Massenspektrometrie-Instrumente (siehe Nr. 79).

The general interpretation of non-relativity quantum mechanics is based on the transformation theory, and is made possible by the wave equation being of the form

$$(\mathrm{H} - \mathrm{W})\,\psi = 0, \qquad (2)$$

i.e., being linear in W or $\partial/\partial t$, so that the wave function at any time determines the wave function at any later time. The wave equation of the relativity theory must also be linear in W if the general interpretation is to be possible.

The second difficulty in Gordon's interpretation arises from the fact that if one takes the conjugate imaginary of equation (1), one gets

$$\left[\left(-\frac{\mathrm{W}}{c} + \frac{e}{c}\mathrm{A}_0\right)^2 + \left(-\mathbf{p} + \frac{e}{c}\mathbf{A}\right)^2 + m^2c^2\right]\psi = 0,$$

which is the same as one would get if one put $-e$ for e. The wave equation (1) thus refers equally well to an electron with charge e as to one with charge $-e$. If one considers for definiteness the limiting case of large quantum numbers one would find that some of the solutions of the wave equation are wave packets moving in the way a particle of charge $-e$ would move on the classical theory, while others are wave packets moving in the way a particle of charge e would move classically. For this second class of solutions W has a negative value. One gets over the difficulty on the classical theory by arbitrarily excluding those solutions that have a negative W. One cannot do this on the quantum theory, since in general a perturbation will cause transitions from states with W positive to states with W negative. Such a transition would appear experimentally as the electron suddenly changing its charge from $-e$ to e, a phenomenon which has not been observed. The true relativity wave equation should thus be such that its solutions split up into two non-combining sets, referring respectively to the charge $-e$ and the charge e.

69:8

69:7

1928 schließt Paul Dirac (1902–1984) anhand rein theoretischer Überlegungen auf die Existenz positiv geladener Elektronen (Positronen).

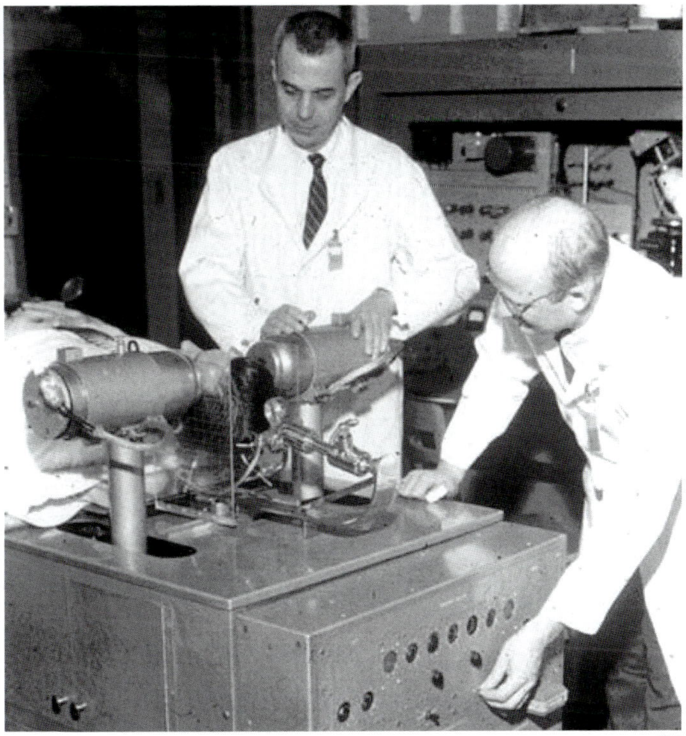

69:9

Gordon Brownell (1922–2008) (links) mit dem ersten klinischen Positronenscanner, der 1952 speziell für Aufnahmen des Gehirns gebaut wurde (siehe Nr. 99).

69:10

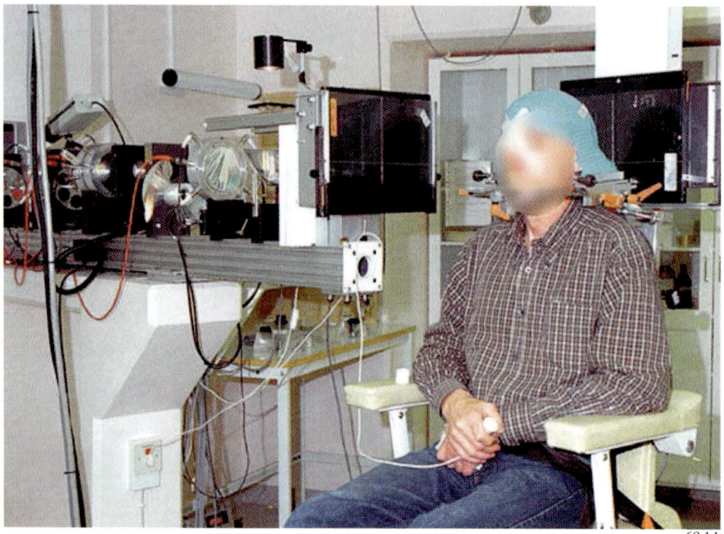

69:11

Das Protonenzyklotron des Svedberg Labors in Uppsala (oben) und Patienten, die dort mit schmalen Protonenstrahlen am Kopf (rechts) und an der Prostata behandelt werden. Mittlerweile haben schätzungsweise 30 000 Patienten weltweit eine Protonenbestrahlungstherapie zur Behandlung verschiedenartiger bösartiger Tumoren erhalten.

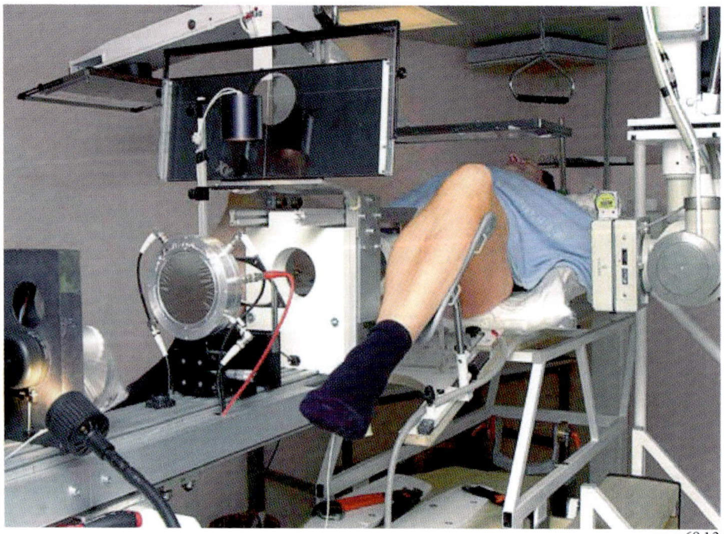

69:12

69:13

69:14

Luftbild des Hyogo Ion Beam Medical Center in Japan (oben), sein Hauptbeschleuniger und ein Behandlungszimmer. In der Einrichtung lässt sich außerdem eine Synchrotronstrahlung erzeugen, die etwa 100 000 000-mal stärker ist als konventionelle Röntgenstrahlen. Sie wurde 2001 eröffnet, um primäre Tumoren mit Protonen- und Kohlenstoffionenstrahlen zu behandeln.

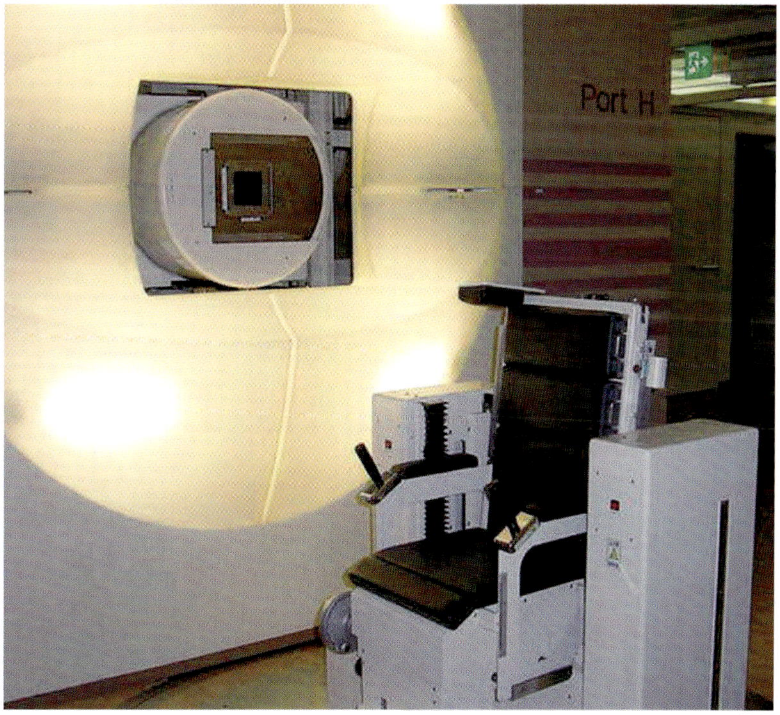

69:15

Labor von Marie Curie (1867–1934) zur Messung von Radioaktivität. Das zentrale Gerät, das Elektrometer, ist auf dem Tisch in der Bildmitte zu sehen. Unten rechts ist eine Explosionsdarstellung des Instruments abgebildet, das ursprünglich von Pierre und Jacques Curie (siehe Nr. 66) entwickelt wurde.

Um die Radioaktivität (R) zu messen (links ganz unten), wird die Substanz auf einer Bleiplatte (A) platziert. Eine Spannung von 100 Volt wird an eine Elektrodenplatte (M) angelegt, die mit einer Brücke sowie der hochempfindlichen piezoelektrischen Waage verbunden ist. Die Nullstellung der Brücke wird durch schrittweises Auflegen von kleinsten Gewichten auf das Elektrometer erreicht („To Weight"). Das Prinzip der Messung ist in der Illustration links unten dargestellt.

70:1

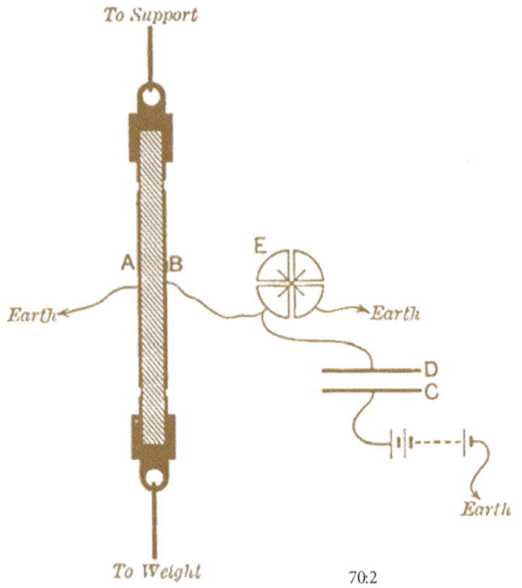

70:2

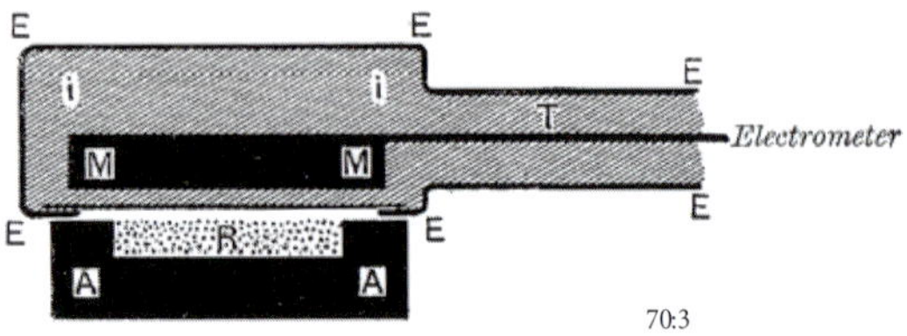

70:3

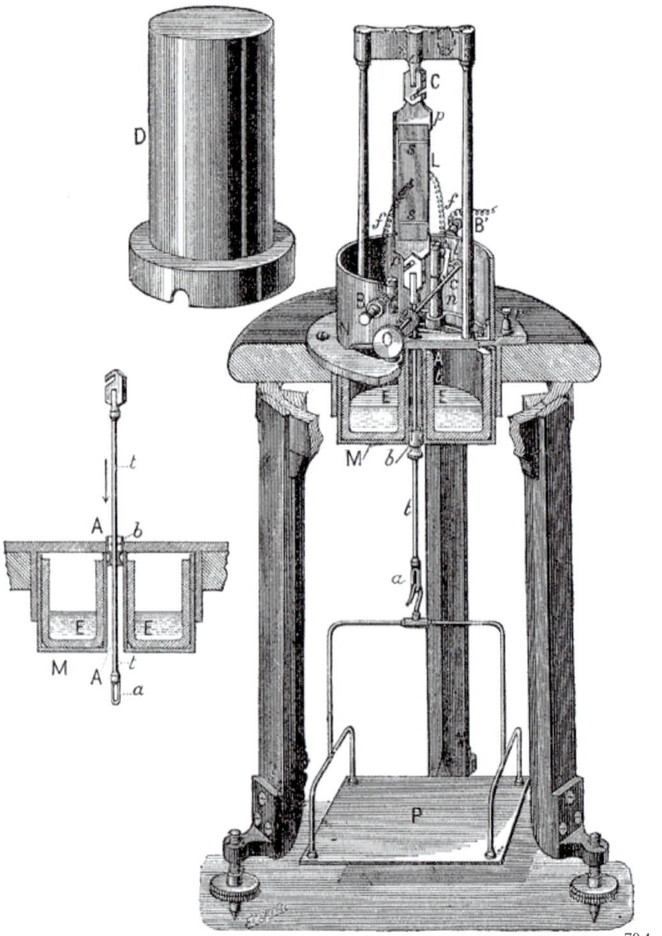

70:4

Maria Skłodowska Curie

70:5

Maria Skłodowska Curie

Skłodowska kam 1867 in Warschau zur Welt. Als brillante Studentin gab sie Privatunterricht und arbeitete als Hauslehrerin, um für sich und ihre Schwester, die in Frankreich studierte, Geld zu verdienen. 1891 zog sie auf Einladung ihrer Schwester nach Paris. Die Prüfungen in Mathematik und Physik an der Sorbonne schloss sie mit Höchstnoten ab und erhielt das Angebot, in Lippmanns Labor zu arbeiten (70.1). Nach der Heirat mit Pierre Curie im Jahre 1895 ließen sich beide bald von der Begeisterung über Röntgens Entdeckung der X-Strahlen und Becquerels Bericht über Uranstrahlung anstecken (70.2). Für ihre Arbeit über Radioaktivität erhielt sie 1903 gemeinsam mit ihrem Mann und Becquerel den Nobelpreis für Physik, zudem aber noch 1911 allein den Chemienobelpreis für ihre Entdeckung der Elemente Radium und Polonium. Mit Unterstützung ihrer Tochter Irène setzte sie ihre Forschungen bis zu ihrem Tod 1934 fort. Dieser war teilweise auf die Schäden durch die großen Mengen radioaktiven Materials, mit denen sie gearbeitet hatte, zurückzuführen.

Rayons émis par les composés de l'uranium et du thorium.

Comptes rendus. Paris: Gauthier-Villars et Fils, 1898; 126:1101.

In ihrem ersten Artikel über Radioaktivität beschreibt Skłodowska Curie das Messverfahren, das sie auch bei allen zukünftigen Forschungen anwenden wird. Die zu untersuchende Substanz, in diesem Fall Uran- und Thoriumverbindungen, wird zwischen zwei Kondensatorplatten platziert, die bei einer Spannung von 100 Volt gehalten werden. Der vom Kondensator abgeleitete Strom wird als Maß für die Aktivität des Materials gewertet. Um die sehr schwachen Ströme (typischerweise $< 10^{-11}$ A) zu messen, nutzt sie die Nullabgleichtechnik mit dem Kondensator und einem hochempfindlichen piezoelektrischen Quarzelektrometer, das die Brüder Pierre und Jacques Curie entworfen haben (70.3).

Im Spiegel der Zeit:

Als Becquerel von Röntgens Entdeckung erfuhr, begann er mit der Untersuchung fluoreszierender Materialien, weil er fälschlicherweise annahm, dass die X-Strahlen von ihnen ausgingen. Nach einem Monat entdeckte er, dass Kaliumuranylphosphat in schwarzes Papier eingewickelte photographische Platten schwarz färbte (70.2). Die nachfolgenden bahnbrechenden Forschungen des Ehepaars Curie (70.3) wurden bald von der experimentellen und theoretischen Arbeit Rutherfords überschattet (70.4). Er erklärte die Gesetze des radioaktiven Zerfalls und führte Kollisionsexperimente durch, die die erste Hypothese über die Struktur des Atoms (70.5) und die erste Demonstration der künstlichen Umwandlung (70.6) nach sich zogen. Hevesy führte radioaktive Techniken in die Chemie und Biologie ein (70.7). 1959 entwickelten Yalow und Berson das Radioimmunoassay-Verfahren (RIA) (70.8), das die chemische Analyse von Blut und Gewebe revolutionisierte. Radioaktive Techniken findet man auch verbreitet in der Perfusionsdiagnostik (70.9), bei der Krebsbehandlung (70.10) und der Sterilisation von Medizinprodukten (70.11).

70.1 Siehe Ref. 65.1.
70.2 Becquerel H. Émission de radiations nouvelles par l'uranium métallique. *C R Acad Sci* 1896; 122:1086.
70.3 Siehe Ref. 66.1, S. 335–516.
70.4 Rutherford E. *Radio-Activity*. Cambridge University Press, 1904.
70.5 Rutherford E. The Scattering of α and β Particles by Matter and the Structure of the Atom. *Phil Mag* 6 ser. 1911; 21:669.
70.6 Rutherford E. Collision of alpha-Particles with Light Atoms. IV. An Anomalous Effect in Nitrogen. *Phil Mag* 6 ser. 1919; 37:581.
70.7 Hevesy G. Application of isotopes in biology. *J Chem Soc* 1939; 39(2):1213.
70.8 Berson SA, Yalow RS. Isotopic tracers in the study of diabetes. In: *Adv Biol Med Phys*. Tobias CA, Lawrence JH. (Hrg.) Vol. VI. New York: Academic Press, 1958, S. 349. Siehe auch Ref. 81.9.
70.9 Kety SS. Measurement of regional circulation by the local clearance of radioactive sodium. *Am Heart J* 1949; 38:321.
70.10 Washington CM, Leaver D. (Hrg.) *Principles and Practice of Radiation Therapy*. Mosby 2003.
70.11 Siehe Ref. 61.11.

70:6

Ernest Rutherfords (1871–1937) theoretische und experimentelle Arbeiten erklären die Gesetze des radioaktiven Zerfalls und führen zur ersten Hypothese über die Struktur des Atoms sowie zur ersten Demonstration der künstlichen Umwandlung. Der Text ist seinem 1904 erschienenen Klassiker *Radio-Activity* entnommen.

CHAPTER IV.

NATURE OF THE RADIATIONS.

PART I.

COMPARISON OF THE RADIATIONS.

65. **The Three Types of Radiation.** All the radio-active substances possess in common the power of acting on a photographic plate and of ionizing the gas in their immediate neighbourhood. The intensity of the radiations may be compared by means of their photographic or electrical action; and, in the case of the strongly radio-active substances, by the power they possess of lighting up a phosphorescent screen. Such comparisons, however, do not throw any light on the question whether the radiations are of the same or of different kinds, for it is well known that such different types of radiations as the short waves of ultra-violet light, Röntgen and cathode rays, all possess the property of producing ions throughout the volume of a gas, lighting up a fluorescent screen, and acting on a photographic plate. Neither can the ordinary optical methods be employed to examine the radiations under consideration, as they show no trace of regular reflection, refraction, or polarization.

Two general methods can be used to distinguish the types of the radiations given out by the same body, and also to compare the radiations from the different active substances. These methods are as follows:

(1) By observing whether the rays are appreciably deflected in a magnetic field.

(2) By comparing the relative absorption of the rays by solids and gases.

70:7

CH. IV] NATURE OF THE RADIATIONS 91

Examined in these ways, it has been found that there are three different types of radiation emitted from radio-active bodies, which for brevity and convenience have been termed the α, β, and γ rays.

(i) The α rays are very readily absorbed by thin metal foil and by a few centimetres of air. They have been shown to consist of positively charged bodies projected with a velocity of about 1/10 the velocity of light. They are deflected by intense magnetic and electric fields, but the amount of deviation is minute in comparison with the deviation, under the same conditions, of the cathode rays produced in a vacuum tube.

(ii) The β rays are far more penetrating in character than the α rays, and consist of negatively charged bodies projected with velocities of the same order as the velocity of light. They are far more readily deflected than the α rays and are in fact identical with the cathode rays produced in a vacuum tube.

(iii) The γ rays are extremely penetrating, and non-deviable by a magnetic field. Their true nature is not yet known, but they are analogous in some respects to very penetrating Röntgen rays.

The three best known radio-active substances, uranium, thorium, and radium, all give out these three types of rays, each in an amount approximately proportional to its relative activity. Polonium stands alone in giving only the α or easily absorbed rays[1].

70:8

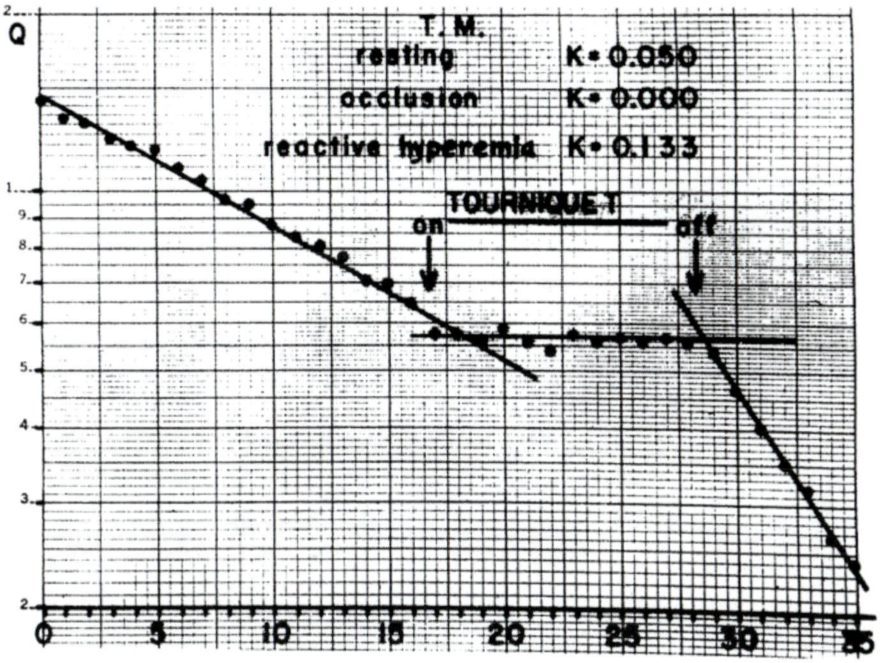

70:9

Seymour Kety (1915–2000) führt 1949 das Verfahren der Isotopen-Clearance zur Messung der Gewebedurchblutung ein. Der Abtransport des Natriumisotops Na^{24} in Natriumchlorid aus dem Wadenmuskel eines Menschen (angezeigt durch die Steigung der Linien) spiegelt die Veränderungen der Durchblutung wider, wenn eine Aderpresse am Oberschenkel angelegt und wieder gelöst wird.

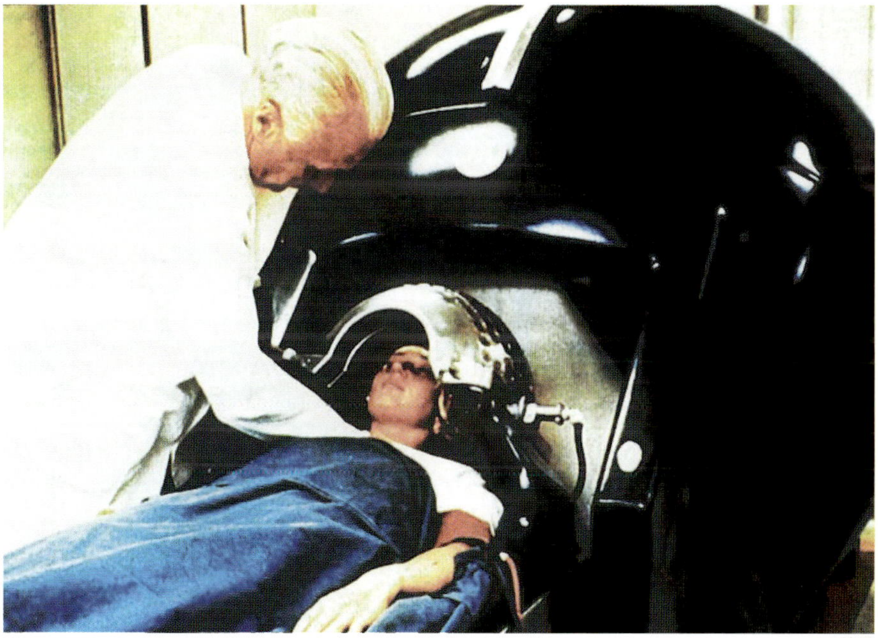

70:10

Hier ist Lars Leksell (1907–1986) neben seinem ersten Gerät für die Gammastrahlenchirurgie zu sehen. Die Einheit besitzt über 200 separate radioaktive (Kobalt-) Strahlungsquellen, die einen spezifischen Bereich des Gehirns bestrahlen. Die erste Installation zur klinischen Nutzung erfolgt 1968 in Stockholm.

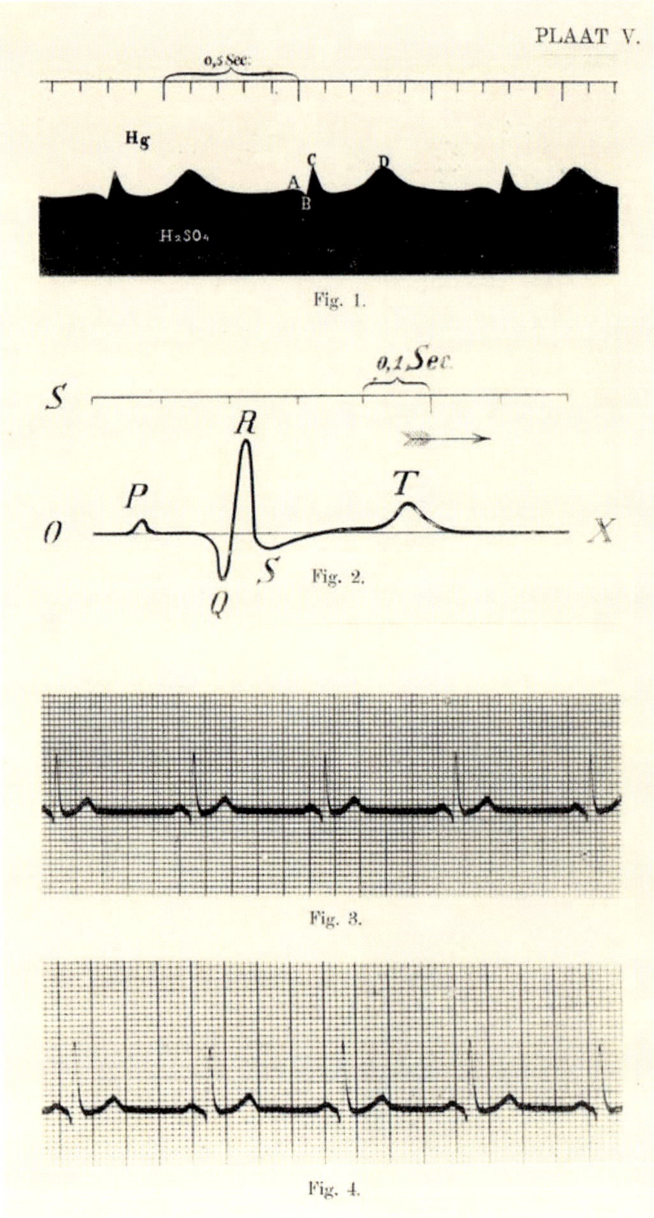

71:1

71:2

In eine kurze Publikation von 1902 fügt Willem Einthoven (1860–1927) die erste moderne EKG-Aufzeichnung ein (das Diagramm O-X), die er mit seinem neu entwickelten Saitengalvanometer erstellt hat. Rechts sind eine Zeichnung und eine Fotografie des ersten Geräts zu sehen. Das zentrale Messelement ist eine dünne silberbeschichtete Quarzsaite in einem starken Magnetfeld.

71:3

Willem Einthoven

71:4

Willem Einthoven

Einthoven wurde 1860 in Semarang auf Java geboren. Als er sechs Jahre alt war, starb sein Vater, ein Arzt, und die Familie zog nach Utrecht. Dort begann Einthoven 1879 ein Medizinstudium und schloss sein Examen sechs Jahre später mit Auszeichnung ab. 1886 wurde er in Leiden zum Professor für Physiologie ernannt. Angeregt durch die Forschungen Wallers (71.1), begann er, die Methoden zur Aufzeichnung der elektrischen Signale des Herzschlags zu überarbeiten. Auf diese Weise konnte er nicht nur die früheren Verfahren verbessern, sondern entwickelte schließlich ein neues Instrument, das Saitengalvanometer, für das er 1924 den Nobelpreis für Medizin erhielt (71.2). Einthoven war mit einer Cousine verheiratet und hatte vier Kinder. Er starb 1927.

Galvanometrische registratie van het menschelijk electrocardiogram.

In: Herinneringsbundel Prof S Rosenstein. Leiden: E. Ijdo, 1902, S.101.

Einthoven präsentiert die verbesserten Ergebnisse, die er mit seinem neuen Gerät zur Registrierung der elektrischen Aktivität des Herzens erzielt hat. Er demonstriert die Überlegenheit des Saitengalvanometers (71.3), indem er Wallers ursprüngliches Verfahren (71.1) unter Verwendung von Lippmanns Kapillargalvanometer (71.4) und die Ergebnisse der von ihm selbst verbesserten Methode (71.5) mit den Aufzeichnungen vergleicht, die das neue Gerät erstellt. Sein Bericht wird durch Abbildungen der ersten modernen EKG-Aufzeichnung mit der gebräuchlichen PQRST-Notation ergänzt.

Im Spiegel der Zeit:
1842 beobachtete Matteucci elektrische Phänomene, als er den schlagenden Herzmuskel direkt berührte (71.6), aber Waller zeigte, dass sich das Signal auch durch Kontakt mit der Körperoberfläche hervorrufen ließ (71.1). Da Wallers Instrument jedoch eine recht langsame Reaktionszeit aufwies, nahm Einthoven zunächst mathematische Korrekturen vor, um seine Frequenzeigenschaften zu verbessern (71.5). Dann gab er diese Versuche auf und widmete sich dem Kompensationsprinzip des Spiegelgalvanometers von d'Arsonval und Deprez (71.7). Er konstruierte ein neues Gerät unter Verwendung einer dünnen silberbeschichteten Quarzsaite in einem Magnetfeld als Messelement. Danach entwickelte er viele Versionen dieses Instruments (71.2) und nutzte es zur Aufzeichnung verschiedener physiologischer Signale, wie ein EKG, Herzgeräusche und Aktionsströme sympathischer Nerven. Indem er zwischen Krankenhauspatienten und seinen Laborgeräten eine Verbindung herstellte, gelangen Einthoven „Telekardiogramme" über eine Entfernung von 1,6 km. Bis um 1950 blieb das Saitengalvanometer das Maß der Dinge (71.8), doch dann wurde es von den schnelleren Tintenstrahldruckern abgelöst, die Elmqvist erfand (71.9). 1947 entwarf Holter den ersten „Radioelektrokardiographen", und zehn Jahre später war das ursprünglich 80 Pfund schwere tragbare System so weit verkleinert worden, dass es klinisch einsetzbar war (71.10) (71.11).

71.1 Siehe Nr. 65 Waller S. 334.
71.2 Einthoven W. *The string galvanometer and the measurement of the action current of the heart.* Nobelvorlesung, Stockholm 1925.
71.3 Einthoven W. Un nouveau galvanomètre. *Arch N Sc Ex Nat* 1901; 6:625.
71.4 Siehe Ref. 65.1.
71.5 Einthoven W. Lippmann's Capillar-Electrometer zur Messung schnell wechselnder Potentialunterschiede. *Pflügers Arch ges Physiol* 1894; 56:528.
71.6 Siehe Ref. 65.2.
71.7 d'Arsonval JA, Deprez M. Galvanomètre apériodique. *C R Acad Sci* 1882; 94:1347. Siehe auch Ref. 2.7.
71.8 Barron SL. *The development of the electrocardiograph.* Cambridge Monogr. 5. London 1952.
71.9 *Swedish Special Apparatus for heart clinics. Electrocardiograph-Elmqvist system.* AB Elema-Järnhs 1952. Siehe auch Nr. 91 Elmqvist/Senning S. 470.
71.10 Holter NJ. Radioelectrocardiography: A New Technique for Cardiovascular Studies. *Ann N Y Acad Sci* 1957; 65:913.
71.11 MacInnis HF. The Clinical Application of Radioelectrocardiography. *Can Med Assoc J* 1954; 70:574.

Im März 1905 führt Einthoven die erste EKG-Aufzeichnung aus der Ferne durch, in einem etwa 1,6 km vom Krankenhaus entfernten Labor. Rechts sind der entsprechende Patient und das dabei entstandene „Telekardiogramm“ zu sehen.

71:5

Etwas über ein halbes Jahrhundert nach Einthovens erstem „Telekardiogramm“ entwirft Norman Holter (1914–1983) das erste ambulante Gerät für die Funkübertragung eines EKG-Signals. Der Apparat wiegt 40 kg und wird auf dem Rücken getragen, wie man auf dem Foto unten sehen kann.

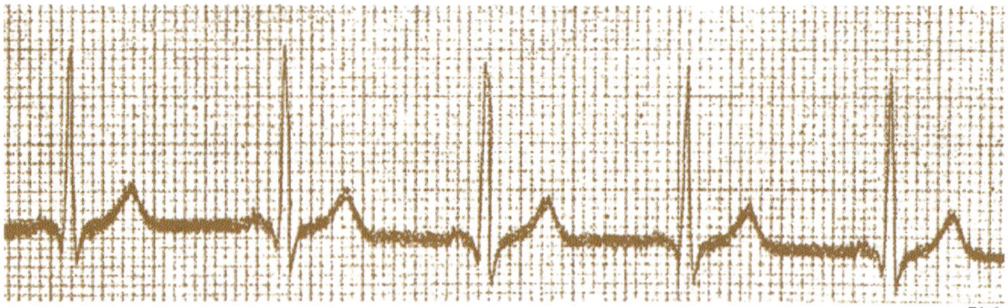

71:6

71:7

71:8

Elektrokardiograph, der 1930 von Cambridge Instrument Company in England hergestellt wurde und, unten, ein französischer Elektrokardiograph von Boulitte, der 1930 bei einem ambulanten Patienten am St. Eriks Hospital in Stockholm zum Einsatz kommt.

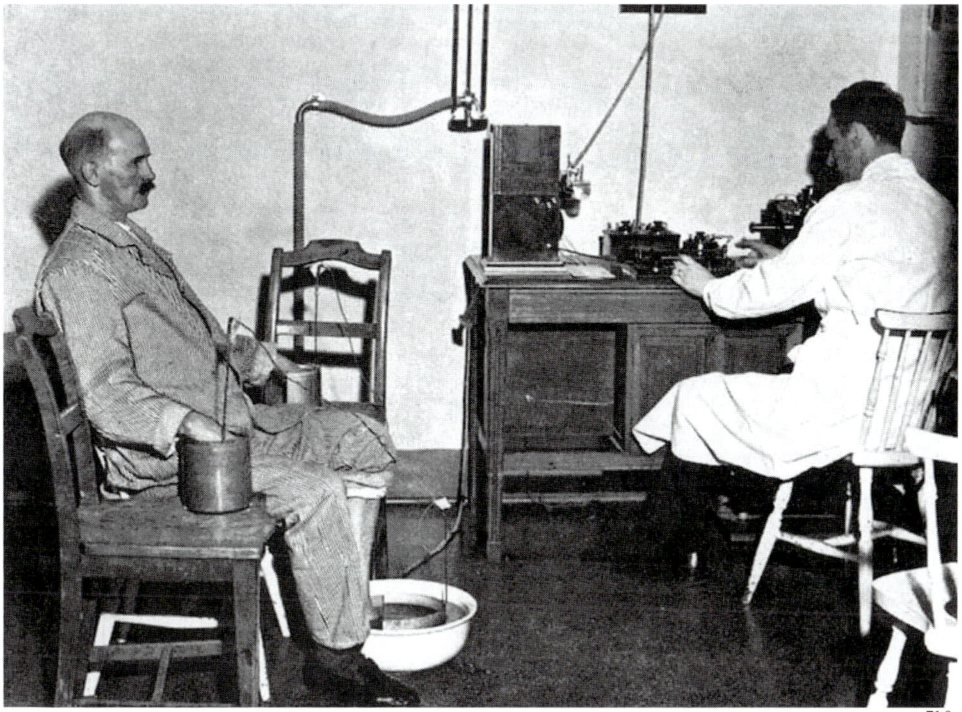

71:9

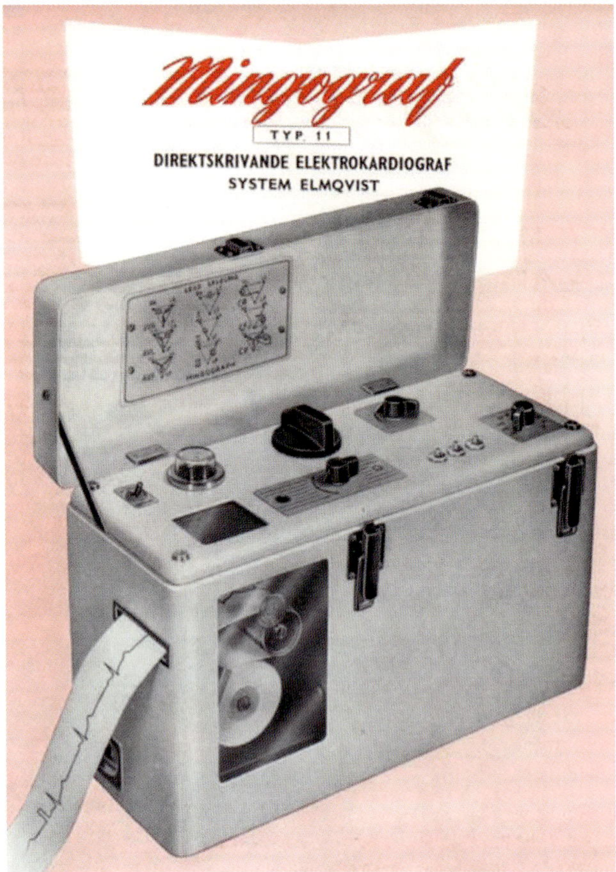

71:10

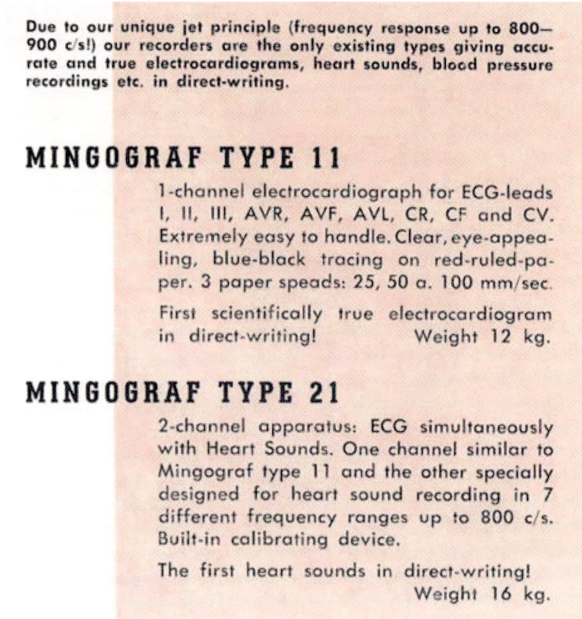

Due to our unique jet principle (frequency response up to 800–900 c/s!) our recorders are the only existing types giving accurate and true electrocardiograms, heart sounds, blood pressure recordings etc. in direct-writing.

MINGOGRAF TYPE 11

1-channel electrocardiograph for ECG-leads I, II, III, AVR, AVF, AVL, CR, CF and CV. Extremely easy to handle. Clear, eye-appealing, blue-black tracing on red-ruled-paper. 3 paper speeds: 25, 50 a. 100 mm/sec.

First scientifically true electrocardiogram in direct-writing! Weight 12 kg.

MINGOGRAF TYPE 21

2-channel apparatus: ECG simultaneously with Heart Sounds. One channel similar to Mingograf type 11 and the other specially designed for heart sound recording in 7 different frequency ranges up to 800 c/s. Built-in calibrating device.

The first heart sounds in direct-writing! Weight 16 kg.

71:11

Rune Elmqvists (1906–1996) EKG-Tintenstrahldrucker („Mingograf“) wird 1952 eingeführt und markiert einen bedeutenden technischen Fortschritt für die Aufzeichnung sich schnell verändernder biomedizinischer Signale. Mit einer Glaskapillare von nur 0,01 mm Durchmesser ermöglicht das Tintenstrahlverfahren eine Wiedergabe von Signalen bis zu einer Frequenz von etwa 900 c/s. Die Abbildungen zeigen das erste Modell des Geräts und sein Funktionsprinzip.

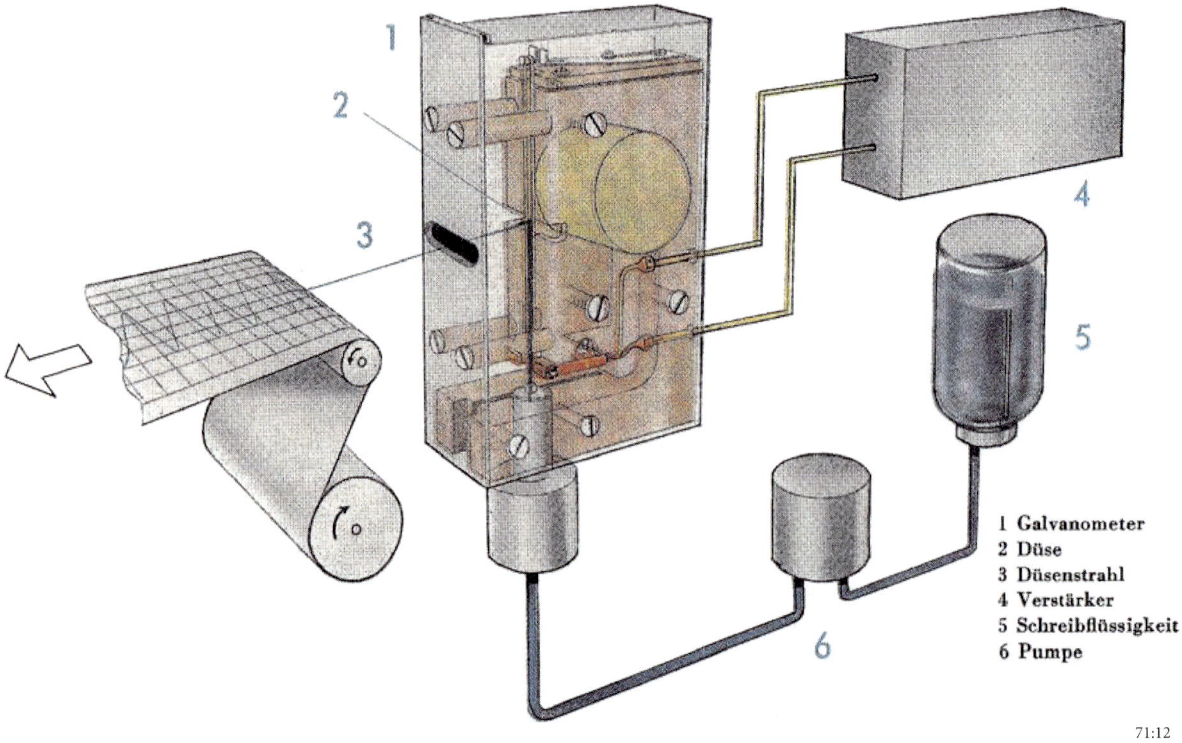

71:12

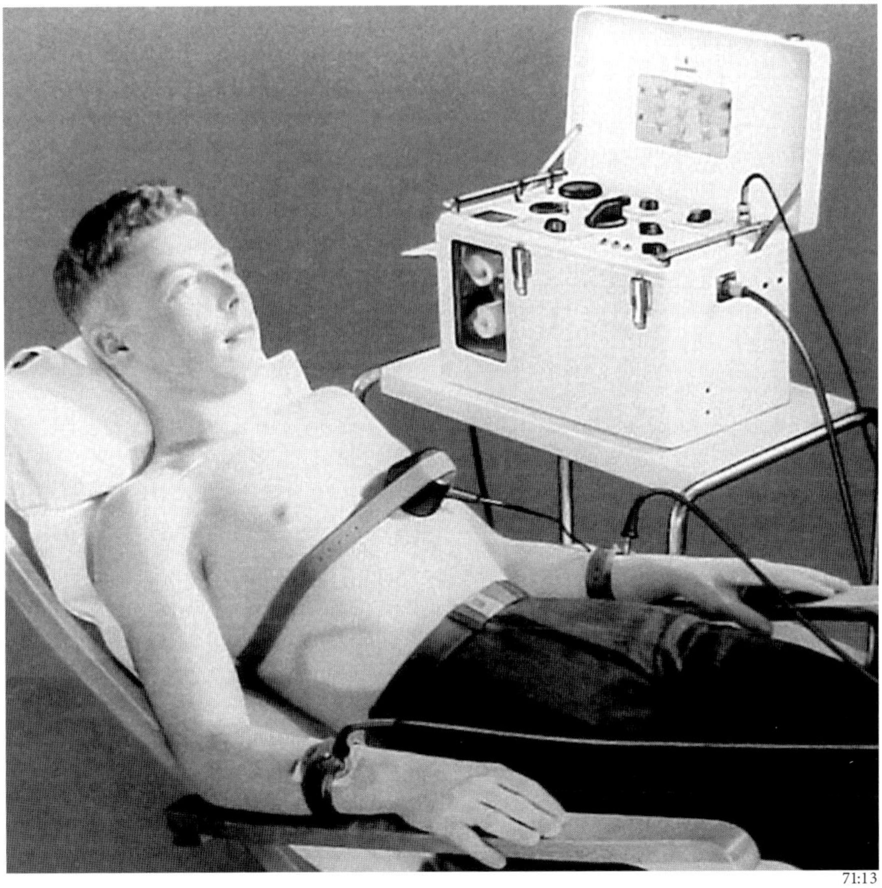

71:13

Aufzeichnung der Herztöne mit dem ersten Modell des Mingograf von 1952.

1955 eingeführter Vier-Kanal-Mingograf, hier angewendet bei einer Herzkatheterisierung im Jahre 1961 am Karolinska Hospital in Stockholm.

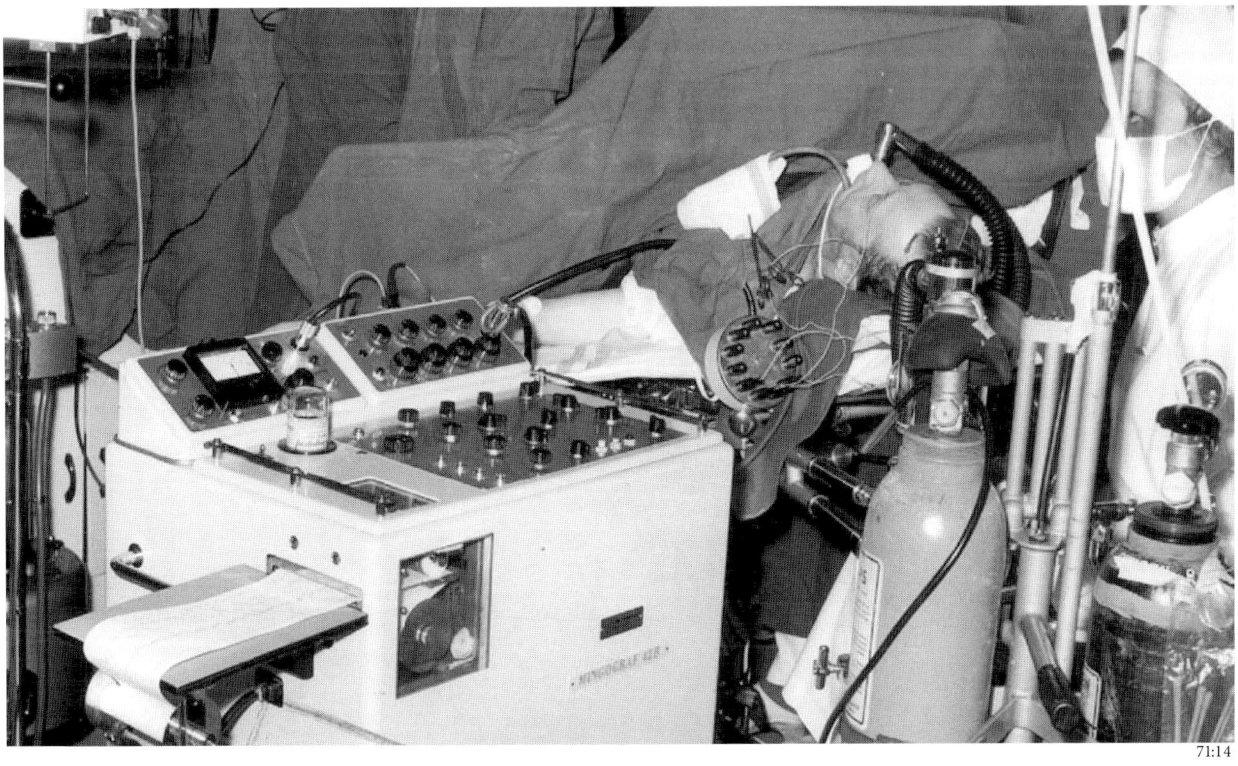

71:14

72:1

Josef von Mering (1849–1908) führt die Laborarbeiten durch, mit der die hypnotische Wirkung von Diethylbarbitursäure unter Beweis gestellt wird. Diese Verbindung war bereits ein Jahrzehnt zuvor synthetisiert worden, doch erst die scharfsinnige Argumentation von Emil Fischer (1852–1919), die er zu Beginn ihres Aufsatzes darlegt (wie hier wiedergegeben), führt zu dieser epochemachenden Entdeckung.

Die Therapie der Gegenwart

1903 herausgegeben von Prof. Dr. G. Klemperer in Berlin. März

Ueber eine neue Klasse von Schlafmitteln.

Von **Emil Fischer** und **J. v. Mering.**

Fast ebenso dunkel wie das Wesen des natürlichen Schlafes ist trotz der nicht geringen Zahl von synthetischen Schlafmitteln der Zusammenhang zwischen chemischer Constitution und pharmakologischer Wirkung. Die seit der Einführung des Chloralhydrats in den Arzneischatz durch Liebreich im Jahre 1869 aufgefundenen Hypnotica ordnen sich chronologisch in folgende Reihe: Urethan, Paraldehyd, Amylenhydrat, Sulfonal, Trional und Chloralformamid; dazu sind in neuerer Zeit das Dormiol und endlich das Hedonal oder Methylpropylcarbinol-Urethan gekommen. Betrachtet man die Structurformeln der angeführten Stoffe, so ergiebt sich ein so grosser Unterschied, dass die schlafmachende Wirkung offenbar ganz verschiedenen Atomgruppen zukommt. Nach der chemischen Zusammensetzung lassen sich die genannten Mittel in 4 Klassen eintheilen. Zu dem Chloralhydrat gehören selbstverständlich sein directes Derivat, das Chloralformamid (Chloralamid) und aller Wahrscheinlichkeit nach auch der Paraldehyd, der ja nichts weiter ist als die polymere Form des Acetaldehyds, von dem das Chloralhydrat abgeleitet wird. Eine zweite Klasse repräsentirt das Amylenhydrat oder tertiärer Amylalkohol von folgender Structur

$$(CH_3)(CH_3)(C_2H_5)C{-}OH$$

in welchem ausser der Alkoholgruppe das mit drei Alkyl verbundene Kohlenstoffatom der Träger der schlafmachenden Wirkung zu sein scheint.

Ein Mittelding zwischen dieser ersten und zweiten Klasse bildet das Dormiol, welches die Combination von Chloralhydrat und Amylenhydrat ist. Die dritte Klasse repräsentirt das Urethan und sein Derivat, das Hedonal und die vierte Klasse endlich bilden die schwefelhaltigen Disulfone, von denen das Trional folgende Structur besitzt.

$$(CH_3)(C_2H_5)C(SO_2 \cdot C_2H_5)(SO_2 \cdot C_2H_5).$$

Sie haben mit dem Amylenhydrat eine gewisse Aehnlichkeit, denn das Centrum des Moleküls ist hier ein Kohlenstoffatom, das mit zwei Alkyl und zwei sehr fest haftenden Sulfonresten verknüpft ist. Weiterhin ist dem Amylenhydrat und den Disulfonen die Anwesenheit des Aethyls gemeinsam. Durch die Beobachtungen von Thierfelder und dem Einen von uns,[1] die später von Baumann und Kast,[2] sowie von Schneegans und dem Einen von uns[3]) wesentlich vervollständigt wurden, wissen wir, dass von der Anzahl der Aethylgruppen die schlafmachende Wirkung der Alkohole und Disulfone stark beeinflusst wird.

Auf Grund dieser Betrachtungen schien es uns interessant, andere Stoffe, die ein mit mehreren Aethylgruppen beladenes und tertiär oder quaternär gebundenes Kohlenstoffatom enthalten, auf die schlafmachende Wirkung zu prüfen, und es ist uns in der That gelungen, eine neue grosse Klasse von Schlafmitteln dieser Art aufzufinden. Beide sind Harnstoffderivate. Die einen leiten sich ab von den Dialkylessigsäuren; als Repräsentant derselben führen wir die Diäthylverbindung an, welche folgende Structur hat:

$$(C_2H_5)(C_2H_5)C(H){-}CO{-}NH{-}CO{-}NH_2$$

und deshalb als Diaethylacetylharnstoff zu bezeichnen ist.

Die anderen sind Abkömmlinge der Diaethylmalonsäure mit cyklischer Structur des stickstoffhaltigen Theiles.

Als wichtigsten Körper dieser Gruppe nennen wir den Diaethylmalonylharnstoff mit der Structurformel

$$(C_2H_5)(C_2H_5)C\langle{}^{CO-NH}_{CO-NH}\rangle CO$$

Durch Verbesserung der synthetischen Methoden ist es uns möglich gewesen, nicht allein zahlreiche Glieder der beiden erwähnten Klassen, sondern auch andere ähnliche Derivate der Dialkylmalonsäuren der pharmakologischen Untersuchung zugänglich zu machen und so einige überraschende Beziehungen zwischen chemischer Constitution und schlaferregender Wirkung festzustellen. Die folgende Zusammenstellung der Beobachtungen am Hunde ist nach chemischen Gesichtspunkten geordnet.

[1]) Zeitschrift f. physiolog. Chemie 9, 511 (1885).
[2]) Zeitschrift für physiol. Chem. 14, 52 (1889).
[3]) Therapeutische Monatshefte 1892, 327.

72:2

Emil Fischer

72:3

Emil Fischer

Fischer kam 1852 in Euskirchen als Sohn eines erfolgreichen Geschäftsmannes zur Welt. Statt in das Familienunternehmen einzutreten, wie sein Vater es wünschte, begann er ein Studium an der Universität Bonn. Ein Jahr später ging er nach Straßburg, wo Baeyer (72.1) ihn für die Chemie begeisterte. 1874 promovierte er. Im Laufe seiner bemerkenswerten Karriere besetzte er Chemielehrstühle in Erlangen, Würzburg und ab 1892 in Berlin. Anfang der 1880er-Jahre begann er seine Forschungen über Purine und Zucker, die im Jahre 1902 im Gewinn des Nobelpreises für Chemie gipfelten. Ab 1899 widmete er sich jedoch bereits seinen bedeutenden Arbeiten über Proteine und Aminosäuren. Der Tod von zwei seiner drei Söhne im Ersten Weltkrieg machte Fischer zu einem gebrochenen Mann. Diese Erfahrung führte in Verbindung mit einer schweren Erkrankung im Jahre 1919 zu seinem Tod.

Ueber eine neue Klasse von Schlafmitteln.

Die Therapie der Gegenwart. Berlin, Wien: Urban & Schwarzenberg, 1903; 44:97.

Fischer und von Mering erforschen die hypnotische Wirkung verschiedener Derivate der Barbitursäure und verwandter Substanzen. Am Morgen verabreichen sie Hunden einige Gramm der zu testenden Substanz und beobachten über den Tag hinweg, wie sie darauf reagieren. Die Verbindung 5,5-Diethylbarbitursäure ($(C_2H_5)_2$–C–$(CO)_2$–$(NH)_2$–CO) erweist sich als starkes Schlafmittel. Beim Menschen reicht weniger als 1 g, aufgelöst in einer Tasse warmem Tee, um innerhalb einer halben Stunde einen tiefen Schlaf herbeizuführen. Da die Autoren keine Nebenwirkungen registrieren, verkünden sie, dass das Medikament ab sofort als „Veronal" von der Firma Merck vertrieben wird.

Im Spiegel der Zeit:
Scheele und Bergman entdeckten Harnsäure im Urin (72.2) und 1834 bestimmte Mitscherlich ihre korrekte Formel (72.3). Einige Jahre später erforschten Liebig und Wöhler ihre Eigenschaften genauer (72.4), und 1882 gelang es Horbaczewski, die Substanz zu synthetisieren (72.5). Die Untersuchung der Harnsäure führte Fischer zur Erforschung der Purine. Nach zwei Jahrzehnten gründlicher Arbeit hatte er etwa 130 Purinderivate hergestellt. Er entdeckte, dass Purin ($C_5N_4H_4$) eine heterozyklische Verbindung und Harnsäure ein Purinoxid ist. 1864 hatte Baeyer gezeigt, dass Barbitursäure unter Hydrolyse in Harnstoff und Malonsäure zerfällt (72.6). Conrad und Guthzeit synthetisierten Barbitursäurederivate und stellten auch „Veronal" her (72.7), waren sich der hypnotischen Wirkung der Substanz aber nicht bewusst. Fischers Arbeiten über Purine waren von bleibender Bedeutung für die elementare und klinische Biochemie sowie für die pharmazeutische Industrie (72.8) (72.9) (72.10). Seine Einführung von Barbital („Veronal") als Schlafmittel war ein bedeutender Beitrag zur klinischen Anästhesiologie (72.11).

72.1 Partington JR. *A History of Chemistry.* Vol. IV. Mansfield Centre: Martino Fine Books, 1999, S. 775.
72.2 Scheele CW. Undersökning om Blåse-stenen. *Kungl Vet Handl* 1776; 37:327 und Bergman T. Tillägning Om Blåse-stenen. *Kungl Vet Handl* 1776; 37:333. Siehe auch Ref. 72.1, S. 222 und Nr. 21 Scheele S. 120.
72.3 Mitscherlich E. Analyse kohlenstoffhaltiger Verbindungen. *Ann Phys* 1834; 33:331.
72.4 von Liebig J, Wöhler F. Untersuchungen über die Natur der Harnsäure. *Ann Pharm* 1838; 26:241.
72.5 Horbaczewski J. Synthese der Harnsäure. *Ber Deutsch Chem Gesell* 1882; 15(2):2678.
72.6 von Baeyer A. *Gesammelte Werke.* Braunschweig 1905. Siehe auch Ref. 72.1, S. 777.
72.7 Conrad M, Guthzeit M. Ueber Barbitursäurederivate. *Ber Deutsch Chem Gesell* 1882; 15(2):2845.
72.8 Lister JH. *The Purines.* John Wiley & Sons, 1996.
72.9 Simmons HA, Stone TW. *Purines: Basic and Clinical Aspects.* Kluwer Academic Publisher, 1991.
72.10 Daly JW, Manganiello V, Jacobson KA. *Purines in Cellular Signaling: Targets for New Drugs.* Springer Verlag, 1990.
72.11 Stoelting RK. *Pharmacology and Physiology in Anesthetic Practice.* Kap. 4. Lippincott Williams & Wilkins, 1999.

Fischer und von Mering beschließen ihre Untersuchung mit der Bemerkung, dass 1 Gramm der hypnotischen Substanz „Diaethylmalonylharnstoff" (der sie den Namen „Veronal" geben) in einer Tasse Tee einen Menschen innerhalb einer halben Stunde schlafen lässt und dass bei kürzerer Anwendung keine unangenehmen Nebenwirkungen auftreten (siehe rechts und auf der gegenüberliegenden Seite oben).

18. Diaethylmalonylthioharnstoff

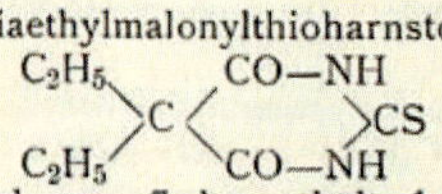

Ein Hund von 7 kg erhält 1 g. Eine Stunde später schläft er tief, reagirt auf keine Reize und stirbt nach 8 Stunden.

Aus vorstehenden Beobachtungen ergeben sich folgende Beziehungen zwischen chemischer Structur und hypnotischer Wirkung in dieser Klasse. Säuren und Amide sind wirkungslos. Zur Erzeugung von Schlaf ist die Harnstoffgruppe erforderlich, aber sie genügt allein nicht. Es muss dazu kommen ihre Combination mit einem Reste, der mehrere kohlenstoffreiche Alkyle enthält. Der einfachste Fall dieser Art ist gegeben in den Harnstoffderivaten der Diäthyl- und Dipropylessigsäure (I. No. 1 und 2). Ungleich stärker wird aber die hypnotische Wirkung bei der cyklischen Anordnung der Harnstoffgruppe in den Derivaten der Dialkylmalonsäure. Hier ist dann weiter die Natur des Alkyls von wesentlicher Bedeutung. Die Wirkung, welche beim Dimethyl (III. No. 6) ganz fehlt, ist gering beim Methylaethyl (7), steigt beim Methylpropyl (8), wird recht stark beim Diaethyl (9) und erreicht ihren Höhepunkt beim Dipropyl (11). Beim Diisobutyl (12) steht sie ungefähr auf gleicher Stufe wie bei Diaethyl und beim Diisoamyl (13) ist sie wieder sehr schwach. Das Dibenzylderivat (14) scheint ganz inactiv zu sein, was aber auch zum Theil durch die Schwerlöslichkeit bedingt sein kann.

Auffallend ist die Giftigkeit von CC-Diaethyl-N-Methylmalonylharnstoff (15), welcher sich von No. 9 nur dadurch unterscheidet, dass das eine Stickstoffatom noch ein Methyl bindet. Dies erinnert an den bekannten physiologischen Unterschied zwischen Acetanilid und seiner Methylverbindung (Exalgin) oder zwischen Phenacetin und Methylphenacetin.

Auffallend ist, dass die ringförmige Anordnung der Harnstoffgruppe in dem Diäthylhydantoin (C. I. 3) gegenüber dem Diäthylacetylharnstoff (C. I. 1) keine Verstärkung, sondern eine Abschwächung der Wirkung hervorruft.

Wie sehr selbst kleine Aenderungen an dem Molekül die pharmakologische Activität beeinflussen können, zeigen am deutlichsten die drei letzten Beispiele. Beim Diaethylmalonsäureureïd (C. III. 16) ist der stickstoffhaltige Ring des Diaethylmalonylharnstoffs (9) durch einfache Wasseranlagerung aufgespalten. Das genügt, um den Körper ganz wirkungslos zu machen. Das Gleiche gilt für Dipropylmalonylguanidin (17), wo der Sauerstoff des Harnstoffrestes durch die NH-Gruppe ersetzt ist. Dem Diaethylmalonylthioharnstoff (18) endlich giebt die Anwesenheit des Schwefels einen ausgesprochen giftigen Charakter.

Aus der Reihe der zuvor besprochenen Präparate treten durch ihre hypnotische Wirkung Diaethylacetylharnstoff

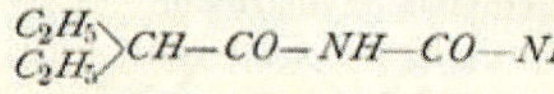

Diaethylmalonylharnstoff

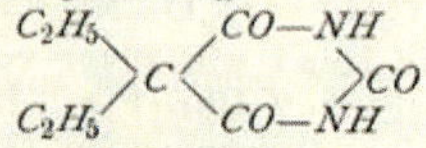

Dipropylmalonylharnstoff

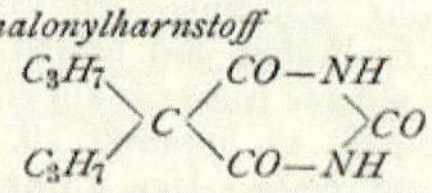

so stark in den Vordergrund, dass ihre Prüfung am Menschen angezeigt erschien.

Dabei hat sich nun ergeben, dass der Diaethylacethylharnstoff an hypnotischer Kraft ungefähr dem Sulfonal gleich steht, dass ferner der Dipropylmalonylharnstoff etwa viermal so stark ist, aber nicht selten eine auffallend lange Nachwirkung hat.

*In der Mitte zwischen Beiden steht der Diaethylmalonylharnstoff und übertrifft demnach an Intensität der Wirkung auch noch alle bisher gebräuchlichen Schlafmittel. Da die Substanz relativ leicht herzustellen ist und in Bezug auf Geschmack und Löslichkeit Vorzüge besitzt, so scheint sie von den Gliedern der neuen Klasse für den praktischen Gebrauch am meisten geeignet. Mit Rücksicht auf die allzu unbequeme chemische Bezeichnung schlagen wir dafür den Namen „**Veronal**" vor.*

Das Veronal[1] *ist ein schön crystallisirender farbloser Stoff, der bei 191⁰ (Corr.) schmilzt, schwach bitter schmeckt, sich in ungefähr 12 Theilen kochendem Wasser und in 145 Theilen Wasser von 20⁰ löst.*

Bei einfacher Schlaflosigkeit genügt in der Regel 0,5 g. Zur Bekämpfung von Agrypnie, die mit stärkeren Erregungszuständen einher geht, kann man die Dosis bis 1 g steigern. Bei schwächlichen Personen, z. B. Frauen kommt man manchmal schon mit 0,3 g aus. Zur Erzielung von Schlaf sind demnach Dosen von 0,3—0,5—0,75—1 g erforderlich. Mehr als 1 g zu geben, dürfte selten indicirt sein.

Wird das Veronal in Lösung gegeben, so tritt der gewünschte Effect in etwa 1/2 Stunde ein. Am meisten empfiehlt sich, das gepulverte Mittel in einer Tasse warmen Thees durch

[1] Das Präparat wird von der Firma E. Merck in Darmstadt in den Handel gebracht.

72:4

März — Die Therapie der Gegenwart 1903. — 101

Umrühren zu lösen. Das Präparat wird übrigens auch im festen Zustand von den meisten Personen mit oder ohne Oblate gerne genommen.

Bei den bisherigen klinischen Beobachtungen haben sich unangenehme Nebenwirkungen nicht gezeigt; ob solche bei längerem und ausgedehntem Gebrauch auftreten können, muss die weitere therapeutische Untersuchung lehren.

Das Resultat unserer Versuche ist derart, dass wir kein Bedenken tragen, das Veronal den Klinikern und Aerzten zur Prüfung seines therapeutischen Werthes bei Schlaflosigkeit zu übergeben.

72:5

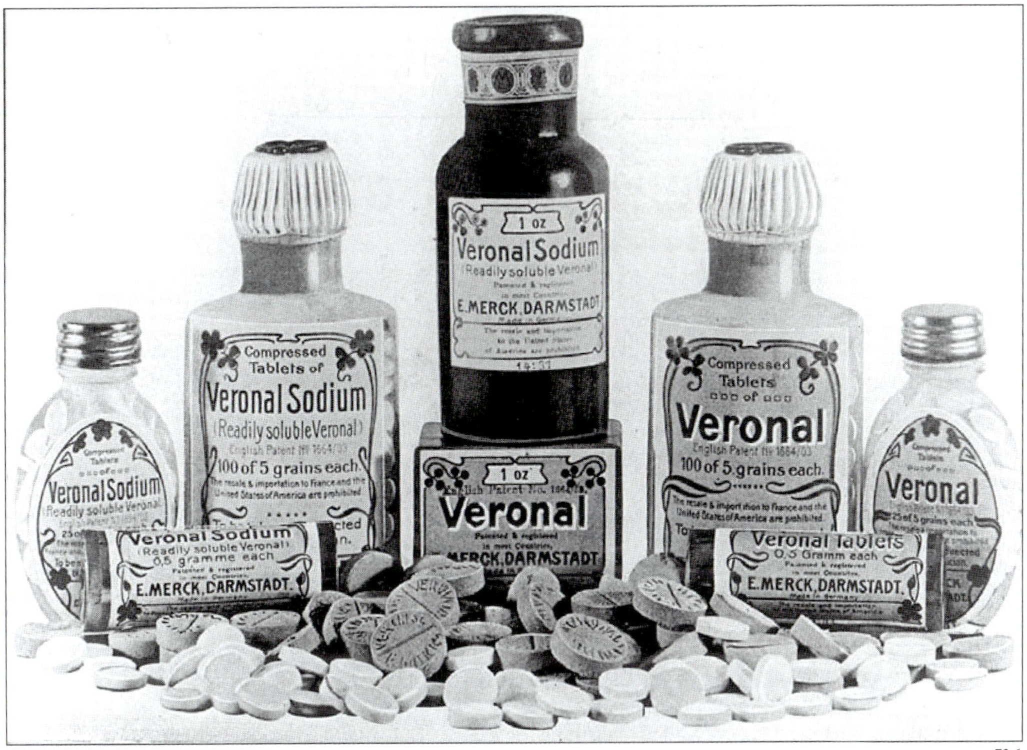

72:6

Werbung für Veronal aus der Zeit von 1908–1910.

72:7

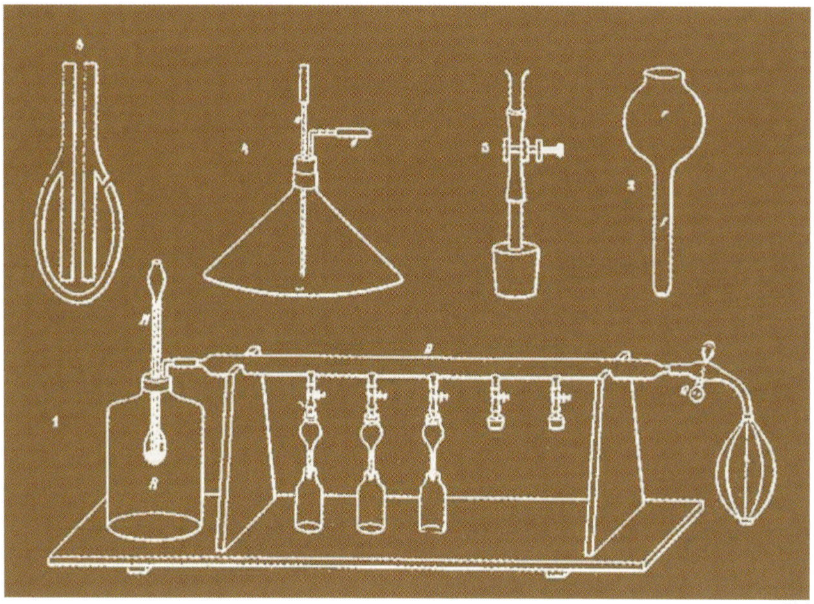

73:1

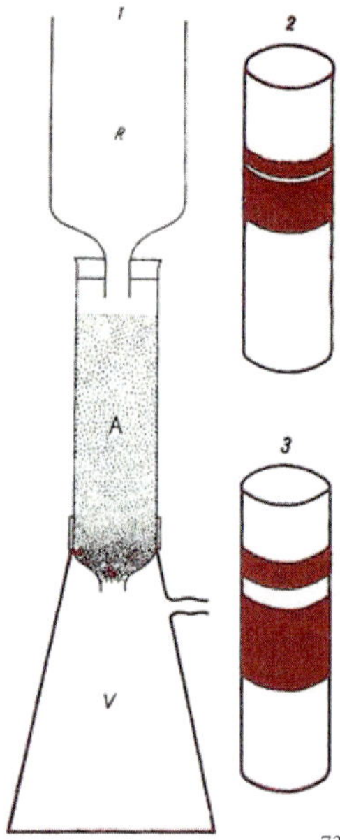

73:3

Michail Tswetts (1872–1919) Zeichnung der ersten chromatographischen Anordnung und der ersten Chromatogramme (rechts) sowie sein wegweisender Entwurf einer Anordnung mit mehreren Trennsäulen und einem Drucksystem (oben).

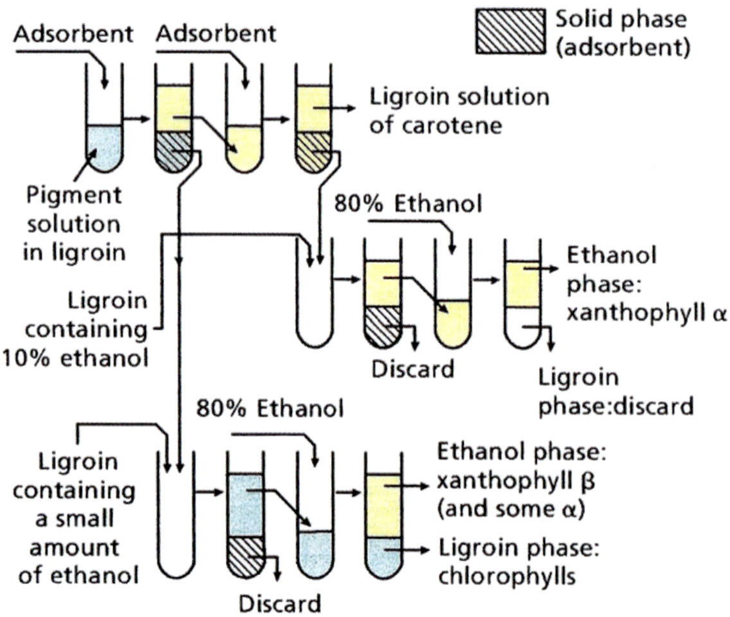

73:2

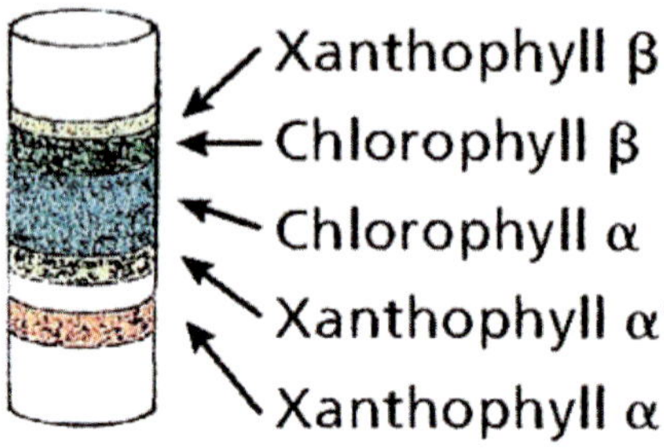

73:4

Trennungsschema (links), das das adsorptive Präzipitations- und Extraktionsverfahren sowie die dabei erreichte chromatographische Trennung von Pflanzenpigmenten, wie von Tswett beschrieben, nachvollzieht.

Michail Semjonowitsch Tswett

73:5

Michail Semjonowitsch Tswett

Tswett wurde 1872 in Asti, Italien, als einziges Kind eines vormals hochrangigen russischen Beamten geboren (73.1) (73.2). Er verbrachte seine Kindheit in Lausanne und begann 1891 ein Mathematik- und Physikstudium an der Universität Genf. Nach Abschluss seiner Dissertation über Pflanzenphysiologie im Jahre 1896 ging er nach St. Petersburg, wo er die ersten Abhandlungen über Chlorophyll veröffentlichte, die ihn später zur Erfindung der Chromatographie führten. Da er keine Anstellung fand, zog er 1901 nach Warschau, um als Laborassistent am Institut für Pflanzenanatomie und -physiologie zu arbeiten. 1915 musste er Warschau wegen der chaotischen Verhältnisse aufgrund des Ersten Weltkriegs verlassen. Nach kurzen Abstechern nach Moskau und Tartu (Estland) ließ er sich schließlich als Professor an der Universität Woronesch nieder. Zwei Jahre später erlag er einer fortschreitenden Herzerkrankung. Er war als ein Mann mit Prinzipien bekannt und besaß ein lebhaftes Temperament mit einem feinen Humor.

On a New Category of Adsorption Phenomena and its Application to Biochemical Analysis.

Tr Varshav Obshch Estestvoispyt Otd Biol 1903; 14:20.

Dieser Aufsatz (73.3) ist die erste explizite Beschreibung der Vorstellungen, auf denen die chromatographische Technik beruht. Tswett verwendet Inulinpulver (ein Polysaccharid), um einen in Ligroin (einer flüchtigen Kohlenwasserstoffmischung) gelösten Chlorophyllextrakt zu filtern und auf diese Weise Carotin zu isolieren. Er stellt fest, dass entlang der Säule grüne und gelbe Banden erscheinen und spricht von der „Möglichkeit, eine neue Methode der physikalischen Trennung verschiedener Substanzen zu entwickeln, die in organischen Flüssigkeiten gelöst sind", „aufgrund der Fähigkeit der gelösten Stoffe, physikalische Adsorptionsverbindungen mit verschiedenen mineralischen und organischen Festkörpern zu bilden" (73.1) (73.3).

Im Spiegel der Zeit:

Um 1850 untersuchte Runge, der auch die Entdeckung des Phenols für sich beanspruchen kann (73.4), synthetische Farbstoffe und erzeugte dabei strahlenförmige Farbmuster, die Vorläufer der Papierchromatogramme (73.5). Goppelsroeder entwickelte die „Kapillaranalyse" mit Papierstreifen (73.6) und wandte das Verfahren in der klinischen Medizin an (73.7). Er nahm 507 Harnstoffproben von 179 Patienten mit unterschiedlichen Krankheiten und beschrieb sorgfältig die 1874 Banden auf den Streifen. 1906 führte Tswett den Begriff „Chromatographie" ein (73.8) und fasste seine Ergebnisse zu 126 verschiedenen Adsorbentien in einer großen Monographie zusammen (73.9). Er hatte bereits genaue Vorstellungen von den vielfältigen Anwendungsmöglichkeiten seines Verfahrens; zahlreiche seiner Beobachtungen und Kommentare weisen auf spätere Entwicklungen hin (73.1). Dennoch geriet Tswetts Werk bis um 1930 völlig in Vergessenheit; dann aber weckten Kuhns Studien über Karotin und Vitamine (73.10) das Interesse an der Chromatographie, die sich daraufhin rasant weiterentwickelte (73.11).

73.1 Sakodynskii KI. *Michael Tswett, Life and Work.* Carlo Erba Strumentazione, Mailand 1983. Siehe auch Sakodynskii KI. *J Chromatogr* 1981; 220:1.

73.2 Ettre LS. *M. S. Tswett and the Invention of Chromatography.* LC-GC Europe 1, September 2003.

73.3 Hesse G, Weil H. *Michael Tswett's first paper on chromatography.* M. Woelm (Hrg.). Eschwege 1954 (englische Übersetzung und Nachdruck der russischen Publikation).

73.4 Runge F. Ueber einige Produkte der Steinkohlendestillation. *Ann Phys* 1834; 31:65 und S. 513 sowie *Ann Phys* 1834; 32:308. Siehe auch Nr. 54 Lister S. 282 zum Phenol in der antiseptischen Chirurgie.

73.5 Runge F. *Zur Farben-Chemie.* Berlin 1850.

73.6 Goppelsroeder F. *Über Capillar-Analyse und ihre verschiedenen Anwendungen sowie über das Emporsteigen der Farbstoffe in den Pflanzen.* Wien: Selbstverlag, 1889.

73.7 Goppelsroeder F. *Studien über die Anwendung der Capillaranalyse.* I. Bei Harnuntersuchungen. II. Bei vitalen Tinktionsversuchen. Basel: E. Birkhäuser, 1904.

73.8 Tswett MS. Physical chemical studies on chlorophyll adsorption. *Ber Dt Bot Ges* 1906; 24:316 und S. 384. Übersetzt in Strain HH, Sherma J. *J Chem Ed* 1967; 44:235. Siehe auch Ref. 73.1.

73.9 Tswett MS. *Chromofilli v Rastitelnom i Zhivotnom Mire* (Chromophylls in the Plant and Animal Kingdom). Warschau: Karbasnikov Publishers, 1910.

73.10 Kuhn R, Lederer E. Zerlegung des Carotins in seine Komponenten. *Ber d Dt Chem Ges* 1931; 64B:1349.

73.11 Gehrke CW, Wixom RL, Bayer E (Hrg.). *Chromatography – a Century of Discovery 1900–2000.* Amsterdam: Elsevier, 2001. Siehe auch Nr. 84 Martin S. 434.

73:7

73:6

Friedlieb Runges (1795–1867) Interesse an der Farbenchemie führt dazu, dass er Reaktionen auf der Oberfläche von Papier untersucht und die ersten Papierchromatogramme erstellt. Er gibt ein Buch für Künstler heraus (rechts ist die Titelseite abgebildet), das originale Farbproben enthält (von denen einige auf der gegenüberliegenden Seite zu sehen sind). Die schönen Muster entstehen, wie er sagt, durch „chemische Wechselwirkung". Das Tintenchromatogramm oben auf der Seite stammt von 1955. Es wurde zum hundertjährigen Gedenken an Runges Leistung nach seinen Anweisungen erzeugt.

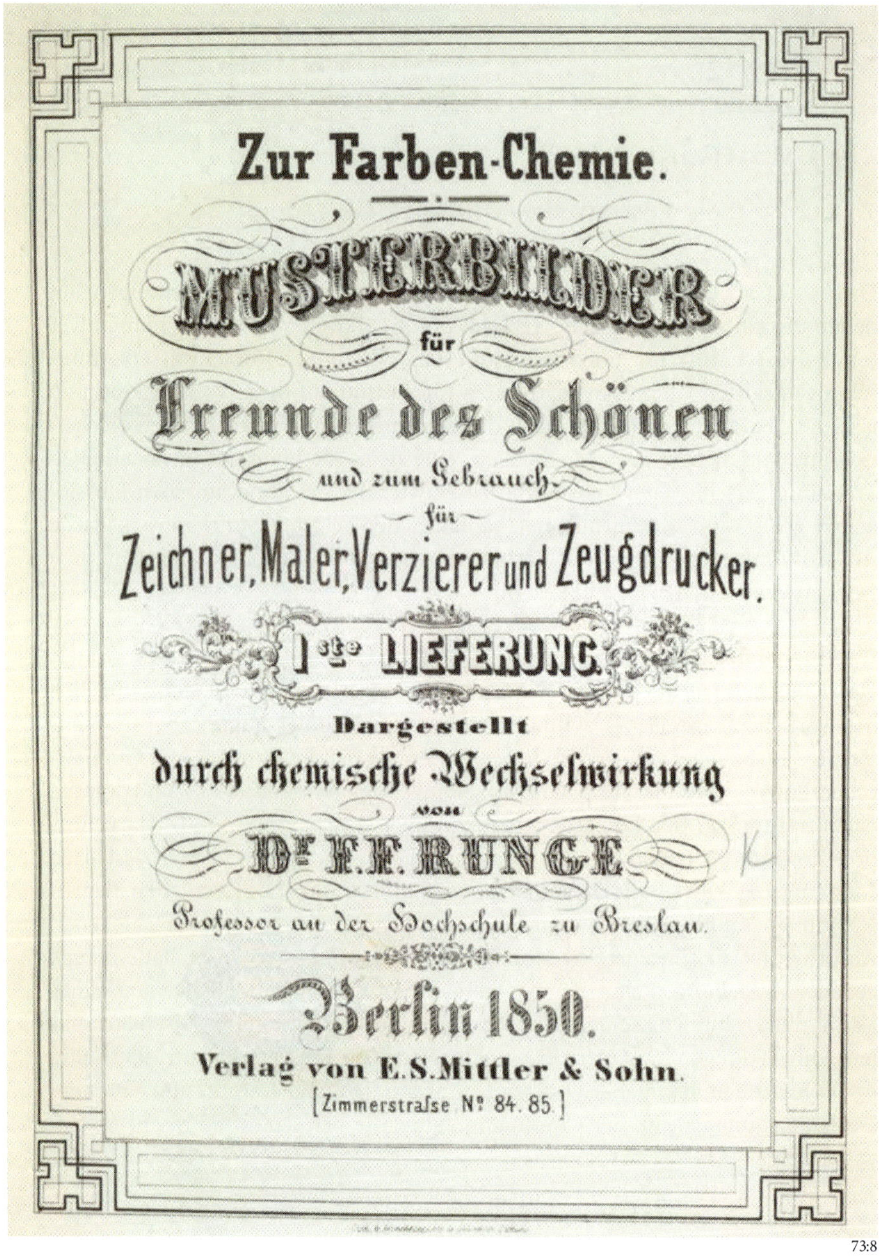

Zur Farben-Chemie.

MUSTERBILDER

für

Freunde des Schönen

und zum Gebrauch

für

Zeichner, Maler, Verzierer und Zeugdrucker.

1ste LIEFERUNG.

Dargestellt

durch chemische Wechselwirkung

von

Dr F. F. RUNGE

Professor an der Hochschule zu Breslau.

Berlin 1850.

Verlag von E. S. Mittler & Sohn.

[Zimmerstraße No 84. 85.]

73:8

73:9

73:10

73:11

1861 entdecken Friedrich Goppelsroeder (1837–1919) und Christian Friedrich Schönbein (1799–1868) (siehe 77:4) den Nutzen der Farbbanden verschiedener chemischer Reaktionen in porösen Medien für die Trennung und Unterscheidung von Farbstoffen. Vier Jahrzehnte später führt Goppelsroeder das Verfahren mit Papierstreifen („Kapillaranalyse") in die klinische Medizin ein. Die Tabelle zeigt einige seiner Beobachtungen über etwa 1874 Farbbanden aus 507 Harnstoffproben, die von 178 Patienten stammen.

TAFEL 16. Anzahl der einzelnen mit den 507 Harnproben nebst ihrer auf die jeweilige

	Krankheiten.	Anzahl der Patienten	Anzahl der Harnproben	Gesammt-Zahl der beobachteten Zonen.	1. Farblose Zonen a. Anzahl.	1. Farblose Zonen b. In % der gesammtzahl=100%	2. gelblicher Hochschein bis sehr hell gelblich. a.	2. b.	3. gelblich bis lebhaft gelb. a.	3. b.	4. bräunliches Gelb bis bräunlich und lebhaft braun. a.	4. b.
I	Kreislauforgane											
1	Aorteninsufficienz	1	3	8	—	—	2	25%	2	25%	2	25%
2.	Degeneratio cordis	1	4	14	5,5	39,3%	6,5	46,4	2	14,3	—	—
3.	Degeneratio cordis senilis	1	4	19	—	—	7	37	4	21	4	21
4.	Vitium cordis	6	27	116	29,5	25,4	40,5	34,9	18	15,5	10	8,6
II	Atmungsorgane											
5.	Bronchiektasia	1	3	10	1	10	3	30	1,5	15	2	20
6.	Bronchitis	7	18	67	22	32,8	28	41,8	13	19,4	3	4,4
7.	Bronchitis acuta	5	6	23	8,5	37	4,5	19,6	8	34,8	1	4,3
8.	Bronchitis apicis	1	4	11	5	45,4	3	27,3	1	9	1	9
9.	Bronchitis chronica	2	6	24	5	20,9	12	50	7	29,1	—	—
10.	Bronchitis chronica Emphysema pulmonum	5	11	38	7	18	16	42	7	18,4	4	10,5
11.	Bronchitis foetida	1	2	6	2,5	41,7	1,5	25	2	33,3	—	—
12.	Bronchitis Gastroptosis	1	3	19	—	—	5	26,3	4	21	3	15,8
13.	Carcinoma mammae	1	5	25	9,5	38	3	12	6,5	26	4	16
14.	Emphysema	1	1	4	3	75	—	—	1	25	—	—
15.	Haemoptoë	1	3	12	4,5	37,5	6,5	54,1	1	8,3	—	—
16.	Haemoptoë Phthisis pulmonum	1	1	2	1	50	1	50	—	—	—	—
17.	Laryngitis acuta	1	1	4	2	50	2	50	—	—	—	—
18.	Phthisis pulmonum	19	71	26,3	60,5	23	86,5	32,8	60	22,8	30,5	11,6
19.	Phthisis pulmonum incipiens	1	1	2	1	50	1	50	—	—	—	—
20.	Pleuritis. Bronchitis	2	7	24	2,5	10,4	11,5	48	3	12,5	3	12,5

73:12

73:13

erhaltenen, nach Färbung und sonstigem äusserem Charakter geordneten Zonen, Gesammtzonenzahl = 100 Prozent berechneten Prozentzahl.

5.		6.		7.		8.		9.		10.		11.		12.	
Rosaschein bis lebhaft Rosa		Rötlicher Schein bis Ziegelrot.		Gefärbte Criställchen in der Eintauchs-Zone.		Farblose glänzende Criställchen in der Eintauchs-Zone.		Perlmutterglanz der Eintauchs-Zone		Fettiges Anfühlen der Eintauchs-Zone		Spiessige Gebilde in der obersten Zone.		Runde Gebilde in der obersten Zone.	
a.	b.	a.	b.	a.	b.	a.	b.	a.	b.	a.	b.	a.	b.	a.	b.
2	25%	—	—	—	—	—	—	—	—	—	—	—	—	—	—
—	—	—	—	—	—	—	—	—	—	—	—	(3)	(21,4%)	—	—
4	21	—	—	—	—	—	—	—	—	—	—	—	—	—	—
15	13	3	2,6%	(4)	(3,4%)	(1)	(0,8%)	—	—	—	—	(6)	(5,1)	(2)	(1,6%)
2,5	25	—	—	—	—	—	—	—	—	—	—	—	—	(1)	(10)
—	—	—	—	(1)	(1,5)	(1)	(1,5)	(1)	(1,5)	—	—	(2)	(3)	(1)	(1,5)
—	—	1	4,3	(1)	(4,3)	—	—	—	—	—	—	(1)	(4,3)	(1)	(4,3)
1	9	—	—	—	—	—	—	—	—	—	—	—	—	—	—
—	—	—	—	—	—	—	—	—	—	—	—	—	—	—	—
4	10,5	—	—	—	—	(1,5)	(4)	—	—	—	—	(1)	(2,6)	(1)	(2,6)
—	—	—	—	—	—	—	—	—	—	—	—	—	—	—	—
3	15,8	4	21	—	—	—	—	—	—	(1)	(5,2)	—	—	—	—
1	4	1	4	(1)	(4)	—	—	—	—	—	—	(1)	(4)	—	—
—	—	—	—	—	—	—	—	—	—	—	—	—	—	—	—
—	—	—	—	—	—	—	—	—	—	—	—	—	—	—	—
—	—	—	—	—	—	—	—	—	—	—	—	—	—	—	—

73:14

1931 führt Richard Kuhn (1900–1967) die Chromatographie wieder ein und entwickelt sie zu einem äußerst vielseitigen und nutzbringenden Analyseverfahren. So gelingt es ihm, die Eigenschaften von Carotinoiden und Vitaminen zu isolieren und zu bestimmen. Die Bilder zeigen α-Carotin und β-Carotin (rechts), wie sie erstmalig von Kuhn beschrieben wurden.

73:15

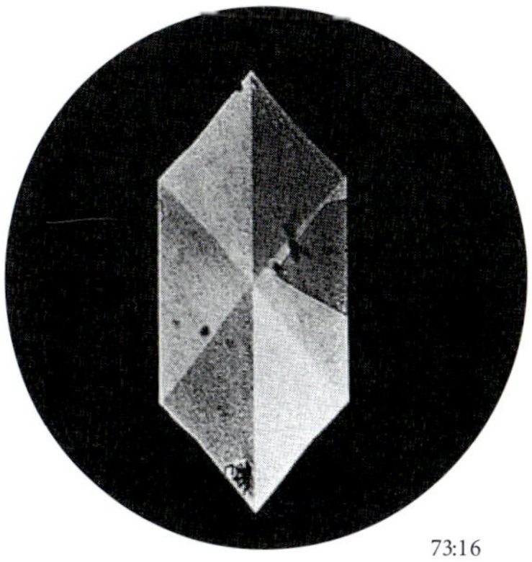

73:16

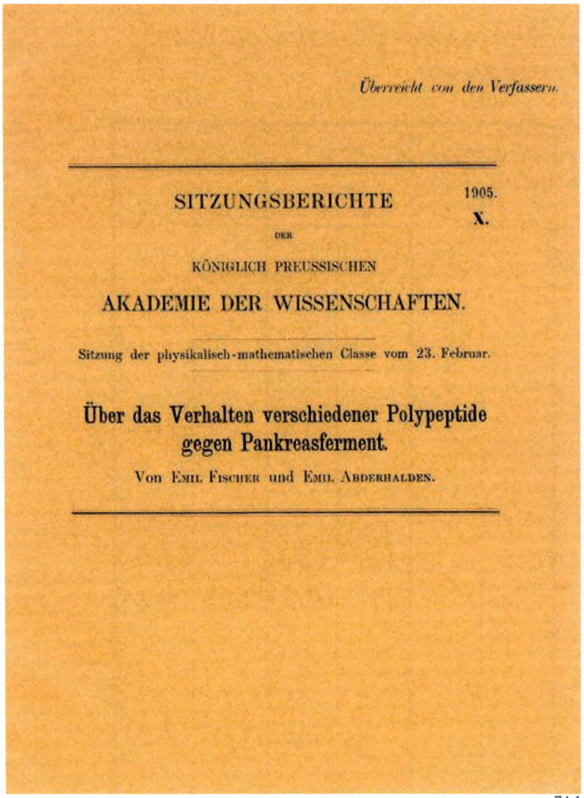

Überreicht von den Verfassern.

SITZUNGSBERICHTE 1905. X.

DER

KÖNIGLICH PREUSSISCHEN

AKADEMIE DER WISSENSCHAFTEN.

Sitzung der physikalisch-mathematischen Classe vom 23. Februar.

Über das Verhalten verschiedener Polypeptide gegen Pankreasferment.

Von Emil Fischer und Emil Abderhalden.

74:1

Emil Fischer (1852–1919) und Emil Abderhalden (1877–1950) erforschen die Eigenschaften der Polypeptide im Vergleich zu denen des Pankreasferments (Verdauungssaftes). Sie stellen fest, dass die Substanzen viele Ähnlichkeiten aufweisen können. Die Studie wird ermöglicht, weil es Iwan Pawlow (1849–1936) gelungen ist, reinen Pankreassaft von Hunden zu gewinnen.

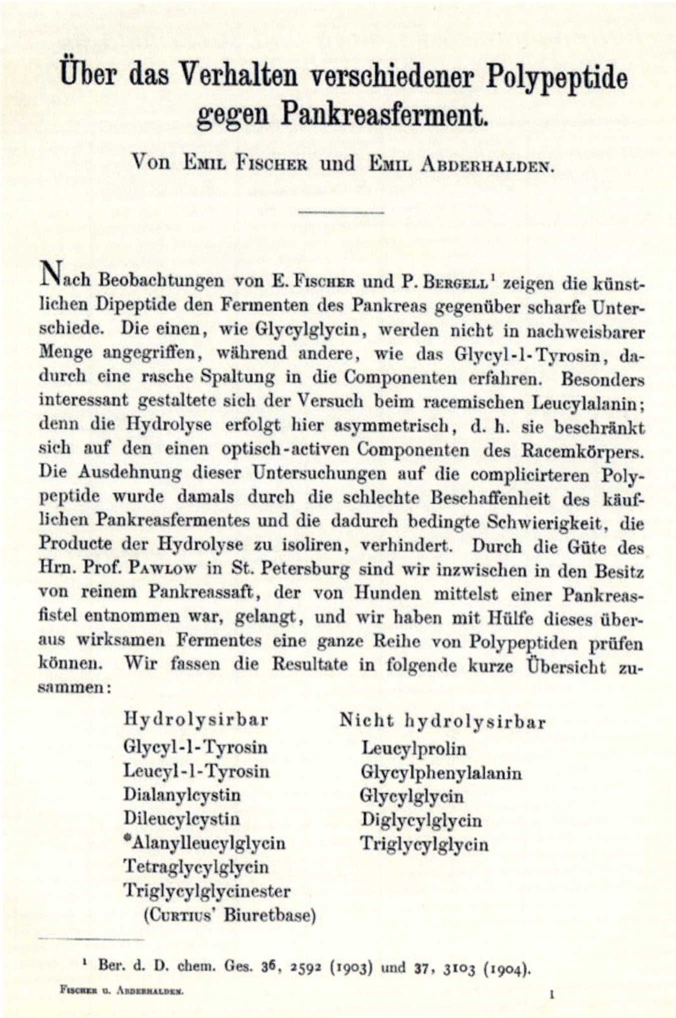

Über das Verhalten verschiedener Polypeptide gegen Pankreasferment.

Von Emil Fischer und Emil Abderhalden.

Nach Beobachtungen von E. Fischer und P. Bergell[1] zeigen die künstlichen Dipeptide den Fermenten des Pankreas gegenüber scharfe Unterschiede. Die einen, wie Glycylglycin, werden nicht in nachweisbarer Menge angegriffen, während andere, wie das Glycyl-l-Tyrosin, dadurch eine rasche Spaltung in die Componenten erfahren. Besonders interessant gestaltete sich der Versuch beim racemischen Leucylalanin; denn die Hydrolyse erfolgt hier asymmetrisch, d. h. sie beschränkt sich auf den einen optisch-activen Componenten des Racemkörpers. Die Ausdehnung dieser Untersuchungen auf die complicirteren Polypeptide wurde damals durch die schlechte Beschaffenheit des käuflichen Pankreasfermentes und die dadurch bedingte Schwierigkeit, die Producte der Hydrolyse zu isoliren, verhindert. Durch die Güte des Hrn. Prof. Pawlow in St. Petersburg sind wir inzwischen in den Besitz von reinem Pankreassaft, der von Hunden mittelst einer Pankreasfistel entnommen war, gelangt, und wir haben mit Hülfe dieses überaus wirksamen Fermentes eine ganze Reihe von Polypeptiden prüfen können. Wir fassen die Resultate in folgende kurze Übersicht zusammen:

Hydrolysirbar	Nicht hydrolysirbar
Glycyl-l-Tyrosin	Leucylprolin
Leucyl-l-Tyrosin	Glycylphenylalanin
Dialanylcystin	Glycylglycin
Dileucylcystin	Diglycylglycin
*Alanylleucylglycin	Triglycylglycin
Tetraglycylglycin	
Triglycylglycinester (Curtius' Biuretbase)	

[1] Ber. d. D. chem. Ges. 36, 2592 (1903) und 37, 3103 (1904).

Fischer u. Abderhalden. 1

74:2

Emil Fischer

74:3

Emil Fischer

Fischer kam 1852 in Euskirchen als Sohn eines erfolgreichen Geschäftsmannes zur Welt. Statt in das Familienunternehmen einzutreten, wie sein Vater es wünschte, begann er ein Studium an der Universität Bonn. Ein Jahr später ging er nach Straßburg, wo Baeyer (74.1) ihn für die Chemie begeisterte. 1874 promovierte er. Im Laufe seiner bemerkenswerten Karriere besetzte er Chemielehrstühle in Erlangen, Würzburg und ab 1892 in Berlin. Anfang der 1880er-Jahre begann er seine Forschungen über Purine und Zucker, die im Jahre 1902 im Gewinn des Nobelpreises für Chemie gipfelten. Ab 1899 widmete er sich jedoch bereits seinen bedeutenden Arbeiten über Proteine und Aminosäuren. Der Tod von zwei seiner drei Söhne im Ersten Weltkrieg machte Fischer zu einem gebrochenen Mann. Diese Erfahrung führte in Verbindung mit einer schweren Erkrankung im Jahre 1919 zu seinem Tod.

Untersuchungen über Aminosäuren, Polypeptide und Proteine (1899–1906).

BERLIN: SPRINGER, 1906.

In diesem 770 Seiten starken Buch fasst Fischer seine Ergebnisse aus sieben Jahren Forschung über Struktur, Synthese und Eigenschaften von Aminosäuren, Peptiden und Proteinen zusammen. In 74 Artikeln, die teilweise in Zusammenarbeit mit Suzuki, Abderhalden und Warburg entstanden sind, berichtet er über neue Verfahren zur Trennung und Bestimmung von Aminosäuren und die Entdeckung neuer Formen, des zyklischen Prolins und des Oxyprolins. Außerdem bestimmt er die Peptidbindung - CO-NH - und zeigt, dass sie die Verknüpfung von Aminosäuren zu längeren Polypeptidketten ermöglicht. Er untersucht die Beziehung zwischen dem gerade von Pawlow gewonnenen Pankreassaft (74.2) und den Polypeptiden (74.3) und entdeckt, dass einige Polypeptide in zahlreichen Eigenschaften natürlichen Proteinen ähneln.

Im Spiegel der Zeit:
Fischer war gerade dabei, seine Arbeit über Zucker und Purine abzuschließen (74.4), als er sich 1899 der Struktur von Proteinen zuwandte. Nach der Publikation des oben zitierten Buches setzte er seine Forschungen über Proteine und Polypeptide für weitere zehn Jahre fort (74.5). 1907 synthetisierte er ein Polypeptid mit dem Molekulargewicht 1213, und 1914 gelang ihm die Synthese der ersten Nucleinsäure (74.6). Einige Jahre später fasste er seine Arbeiten über die Synthese von etwa 100 Polypeptiden zusammen (74.7). Fischer war sich über die Komplexität der Proteine völlig im Klaren und sagte voraus, dass seine Substanzen nur einen Bruchteil der möglichen Strukturen ausmachten, die sich in natürlichen Proteinen fänden. 1920, ein Jahr nach Fischers Tod, führte Staudinger den Begriff der Makromoleküle ein (74.8) und begann mit der Forschung über Polymere, die letztlich die medizinische Praxis und nahezu sämtliche andere Lebensbereiche von Grund auf veränderten.

74.1 Siehe Ref. 72.1

74.2 Pawlow IP. *Physiology of Digestion*. Nobelvorlesung, Stockholm 1904.

74.3 Fischer E, Abderhalden E. Über das Verhalten verschiedener Polypeptide gegen Pankreasferment. *Sitzb d K Pr Akad Wiss* 1905; I:290.

74.4 Fischer E. *Untersuchungen über Kohlenhydrate und Fermente (1884–1908)*. Berlin: Springer, 1909.

74.5 Hoesch K. Emil Fischer. Sein Leben und sein Werk. *Ber Dtsch Chem Ges* 1921:54.

74.6 Fischer E. Über Phosphorsäureester des Methylglucosids und Theophyllinglucosids. *Sitz d k Pr Akad Wiss* 1914; II:905.

74.7 Fischer E. Isomerie der Polypeptide. *Sitz d k Pr Akad Wiss* 1916; II:990.

74.8 Siehe Nr. 78 Staudinger S. 400.

74:4

Emil Fischer um 1900 in seinem Berliner Labor.

BERICHTE
DER DEUTSCHEN
CHEMISCHEN GESELLSCHAFT

VIERUNDFÜNFZIGSTER JAHRGANG
(1921)
SONDERHEFT

EMIL FISCHER

Sein Leben und sein Werk

Im Auftrage
der Deutschen Chemischen Gesellschaft
dargestellt von

KURT HOESCH

BERLIN
EIGENTUM DER DEUTSCHEN CHEMISCHEN GESELLSCHAFT
„VERLAG CHEMIE" G. M. B. H., BERLIN UND LEIPZIG
1921

74:5

Inhaltsverzeichnis.

74:6

74:7

Dieser im Jahre 1921 von der Deutschen Chemischen Gesellschaft herausgegebene Bericht über Fischers Leben und Werk verdeutlicht den außergewöhnlichen Umfang und die Originalität seiner Forschungen. Viele seiner Erkenntnisse waren von grundlegender Bedeutung für spätere Fortschritte der Biologie und Medizin. Unter der Überschrift „Physiologisches und Medizinisches" (S. 240) findet sich der in Nr. 72 zitierte Aufsatz, der die Entwicklung der klinischen Anästhesiologie maßgeblich beeinflusst hat.

75:1

Paul Ehrlich (1854–1915) mit seinem Assistent Sahachiro Hata (1873–1938), der 1909 zu Ehrlichs Forschungsgruppe stößt und fast umgehend eine bereits untersuchte, aber verworfene Substanz mit der Bezeichnung „606" wiederentdeckt. Nach umfangreichen Tests (in der Tabelle unten sind typische Ergebnisse der Experimente wiedergegeben) erweist sich diese Substanz als wirksames Mittel gegen Syphilis sowie andere Spirochäten- und Trypanosomen-Infektionen. Als im Jahre 1910 die Arsenverbindung (siehe die Formel unten) der Welt als das Medikament Salvarsan präsentiert wird, beginnt damit die Ära der modernen Chemotherapie. Die Nachricht stößt zunächst auf beträchtliche Skepsis, doch schon bald lässt sich die Nachfrage nach der Substanz nur noch mit einer Massenproduktion durch die Chemiewerke Hoechst befriedigen.

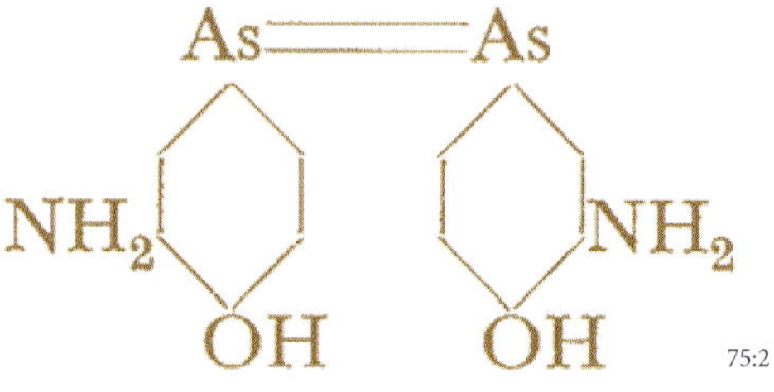

75:2

Tabelle XIII. Heilversuch mit Dioxydiamidarsenobenzol.

Maus		Kontrolle: 1	Kontrolle: 2	3	4	5	6	7	8	9	10
	Gewicht	14	21	14	14	14	14	15	16	16	19
Infektion: je 0,2 ccm pro Maus von einer Blutverdünnung (Spirillenzahl $\frac{1}{2}$), intraperitoneal.											
I. Anfall. 1. Tag	Spirillenzahl	+ ($\frac{1}{10}$)	+ ($\frac{1}{10}$)	+ ($\frac{1}{10}$)	+ w.	+ w.	+ w.	+ ($\frac{1}{10}$)	+ w.	+ ($\frac{1}{5}$)	+ w.
I. Anfall. 1. Tag	Dose pro 20 g			1 : 1000	1 : 1000	1 : 1500	1 : 1500	1 : 2000	1 : 2000	1 : 3000	1 : 3000
I. Anfall.	2. Tag	+ (2)	+ (2—3)	—	—	—	—	—	—	+ ($\frac{1}{2}$)	+ ($\frac{1}{10}$)
I. Anfall.	3. Tag (Dose)	+ (10)	+ +	—	— 1 : 1000	—	— 1 : 1500	—	— 1 : 2000	+ w.	— 1 : 3000
I. Anfall.	4. Tag	—	—	—	—	—	—	—	—	—	—
I. Anfall.	5. Tag (Dose)	—	—	—	—	—	—	— 1 : 2000	— 1 : 2000	— 1 : 3000	— 1 : 3000
I. Anfall.	6. Tag	—	—	—	—	—	—	—	—	—	—
I. Rezidiv	Am Tage	7.	7.	20.	0	14.	0	16.	0	8.	0
I. Rezidiv	Dauer (Tage)	3	5	2		2		3		1	
I. Rezidiv	Höchste Spirillenzahl	+	+	+ w.		+		+		+ w.	
II. Rezidiv	Am Tage	13.	14.	23.		18.		22.		11.	
II. Rezidiv	Dauer (Tage)	3	5	3		3		2		1	
II. Rezidiv	Höchste Spirillenzahl	+	+	+		+		+		+ s. w.	
III. Rezidiv	Am Tage	19.	21.	27.		24.		30.		15.	
III. Rezidiv	Dauer (Tage)	1	2	5		1		2		2	
III. Rezidiv	Höchste Spirillenzahl	+	+ w.	+		+ s. w.		+		+ w.	
IV. Rezidiv	Am Tage	21.	26.	33.		26.		36.		21.	
IV. Rezidiv	Dauer (Tage)	1	3	3		1		2		1	
IV. Rezidiv	Höchste Spirillenzahl	+	+	+ w.		+ w.		+		+	
V. Rezidiv	Am Tage	27.	32.	64.		35.		47.		29.	
V. Rezidiv	Dauer (Tage)	1	4	2		1		1		2	
V. Rezidiv	Höchste Spirillenzahl	+ w.	+	+		+ w.		+ w.		+	
VI. Rezidiv	Am Tage	kein Rezidiv mehr	kein Rezidiv mehr	kein Rezidiv mehr		43.		52.		41.	
VI. Rezidiv	Dauer (Tage)					1		1		1	
VI. Rezidiv	Höchste Spirillenzahl					+ s. w.		+ w.		+ w.	
Bemerkungen					dauernd frei		dauernd frei	kein Rezidiv mehr	dauernd frei	kein Rezidiv mehr	dauernd frei

75:3

Ehrlich wurde 1854 in Strehlen (heute Polen) als Sohn eines Gastwirts geboren. Er besuchte das Gymnasium in Breslau und später die Universitäten von Straßburg, Freiburg im Breisgau und Leipzig, wo er 1878 promovierte. 1890 wurde Ehrlich von Koch (75.1) zum Direktor des neuen Instituts für Infektionskrankheiten in Berlin ernannt. Ab 1899 leitete er das Institut für Experimentelle Therapie in Frankfurt und begann mit seinen Forschungen über Chemotherapie (75.2). Etwa 80 ausländische Akademien verliehen Ehrlich die Ehrendoktorwürde und 1908 bekam er den Medizinnobelpreis für seine Arbeiten über Immunität (75.3). Er war freundlich, bescheiden und etwas zerstreut (75.4). Seine lebenslange übergroße Arbeitsbelastung, unmäßiges Zigarrenrauchen und unregelmäßige Essgewohnheiten führten in ihrer Kombination zu dem Schlaganfall, der 1915 seinem Leben ein Ende setzte.

Paul Ehrlich

75:4

Paul Ehrlich

Die experimentelle Chemotherapie der Spirillosen (Syphilis, Rückfallsfieber, Hühnerspirillose, Frambösie).

Berlin: J. Springer, 1910.

Ehrlich und sein Assistent Hata berichten über die Arbeiten, die sie zu der Substanz „606" (Dioxy-diamino-arsenobenzol-dihydrochlorid) hinführen, welche sich, unter dem Namen „Salvarsan", als hochwirksames Mittel gegen Syphilis sowie andere Spirochäten- und Trypanosomen-Infektionen herausstellte. Ehrlich hatte die korrekte Formel der Arsanilsäure entdeckt und konnte daraus dann neue Derivate gegen diese Infektionen synthetisieren und testen. Wegen der Unachtsamkeit eines Assistenten wurde „Salvarsan" 1907 als unwirksam verworfen, doch die sorgfältige Arbeit Hatas brachte das wahre Potenzial der Substanz wieder ans Tageslicht.

Im Spiegel der Zeit:
Obwohl Paracelsus bereits 1553 Quecksilberverbindungen zur Behandlung von Syphilis empfahl (75.2), wurde Ehrlichs Arbeit, die sich auf das neuartige Konzept hochspezifischer medikamentöser Wirkungen stützte (75.3), erst nach großem Widerstreben honoriert (75.4). Ehrlich arbeitete mit der Chemieindustrie zusammen, um die Substanzen zu erzeugen, die er dann in umfangreichen systematischen Versuchen testete. Dagegen entdeckte Hoffmann bei der Bayer AG „Aspirin" (Acetylsalicylsäure) durch Zufall (75.5) und auch Cade stellte die therapeutische Wirkung von Lithium bei manischen Patienten eher nebenbei fest (75.6). Weil er glaubte, im Urin psychisch kranker Patienten ließe sich ein Gift isolieren, stieß er auf die bemerkenswerte Wirkung von Lithiumsalzen. Bei einer weiteren bedeutenden Entdeckung eines Medikaments zeigte Kuhn 1957, dass eine trizyklische Verbindung (Imipramin) als Antidepressivum fungieren konnte, indem sie die Wiederaufnahme des Neurotransmitters Serotonin im Gehirn hemmte (75.7). Moderne Versionen der Wiederaufnahmehemmer wie Fluoxetin (Prozac) (75.8) sind heute allgemein gebräuchlich. Bei frühen Versuchen der Behandlung von Schizophrenie wurden Barbiturate verwendet (75.9) (75.10), und Experimente mit Hypnotika führten 1952 zur zufälligen Entdeckung des ersten antipsychotischen Medikaments Chlorpromazin (75.10) (75.11).

75.1 Siehe Nr. 61 Koch S. 316.
75.2 Paracelsus. *Von der frantzösischen Kranckheit drey Bücher*. Frankfurt a. M. 1553. Siehe auch Nr. 3 Paracelsus S. 32.
75.3 Himmelweit F (Hrg.). *The Collected Papers of Paul Ehrlich*. 3 Vols. London: Pergamon Press, 1956–1960.
75.4 Marquardt M. *Paul Ehrlich*. London: William Heinemann Medical Books Ltd, 1949.
75.5 Eichengrün A. 50 Jahre Aspirin. *Pharmazie* 1949; 4:582.
75.6 Cade J. Lithium salts in the treatment of psychotic excitement. *Med J Austral* 1949; 36:349.
75.7 Kuhn R. Über die Behandlung depressiver Zustände mit einem Iminodibenzylderivat (G22355). *Schweiz Med Wochenschr* 1957; 87:1135.
75.8 Wong DT, Bymaster FP, Engleman EA. Prozac (Fluoxetine Lilly 110140), the first selective serotonine uptake inhibitor and an antidepressant drug: twenty years since its first publication. *Life Sciences* 1995; 57:411.
75.9 Kläsi J. Ueber die therapeutische Anwendung der „Dauernarkose" mittels Somnifens bei Schizophrenen. *Zeitsch Gesamt Neurol Psych* 1922; 74:557.
75.10 Lehmann HE, Ban TA. The History of Psychopharmacology of Schizophrenia. *Can J Psych* 1997; 42:152.
75.11 Delay J, Deniker P, Harl JM. Traitement des états d'excitation et d'agitation par une méthode médicamenteuse derivée de l'hibernothérapie (part 2). *Ann Med Psychol* 1952; 110:267.

Ehrlich u. Hata, Chemotherapie. Tafel II.

Entwicklung von Schankern.

a

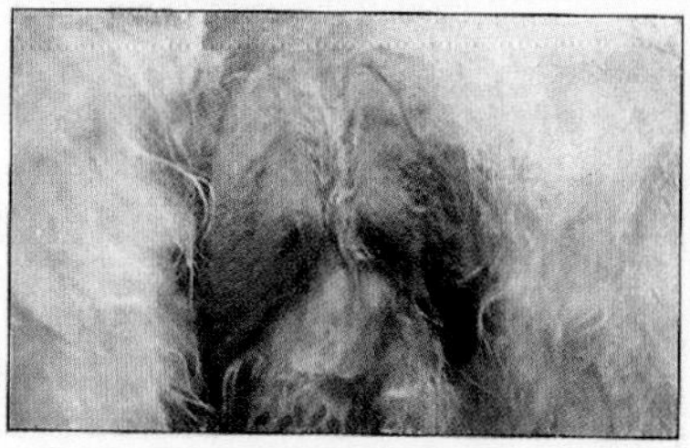

3 Wochen nach Infektion.
Kleine Knötchenbildung unter der Haut.

b

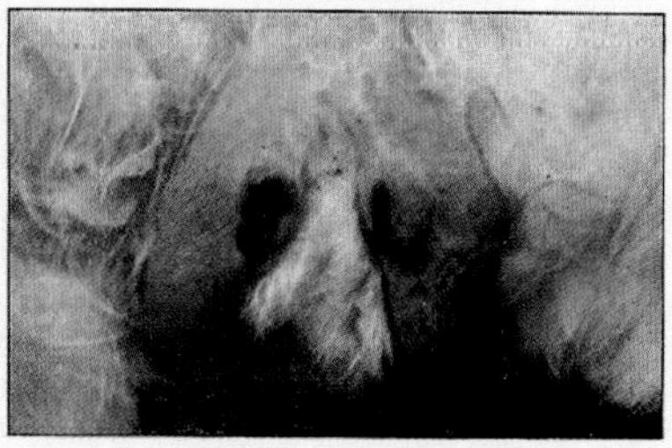

6 Wochen nach Infektion.
Deutliche Bildung von kleinen Schankern.

c

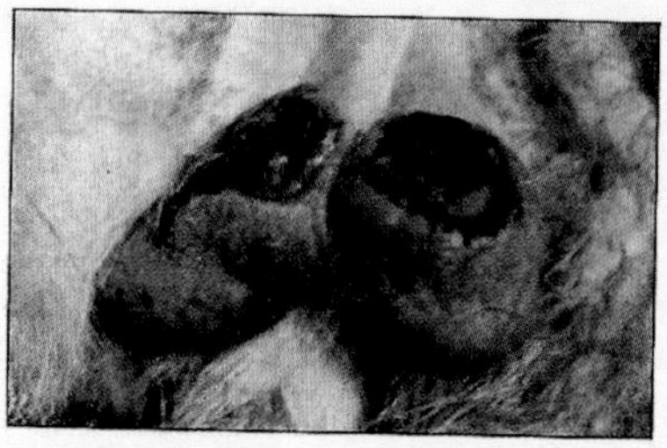

11 Wochen nach Infektion.
Vollständig ausgebildeter Schanker (Kontrolle Nr. IV).

Behandeltes Kaninchen Nr. VI.

d

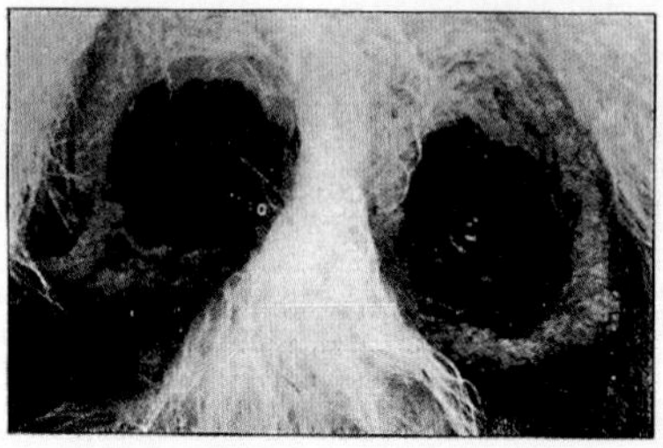

Behandlungstag.

e

18 Tage später.

75:5

Faszinierende Demonstrationen der Ergebnisse einer Behandlung mit Salvarsan. Rechts Schanker aufgrund einer Syphilisinfektion beim Kaninchen und auf der gegenüberliegenden Seite eine Spirilleninfektion beim Huhn.

75:6

Unten links Fieberkurve, in der die Messwerte aus 30 Fällen von Rückfallsfieber zusammengefasst sind, im Vergleich zur gemeinsamen Fieberkurve aus 20 Fällen von Rückfallsfieber nach dem 5. Tag einer intravenösen Behandlung mit Salvarsan (unten rechts).

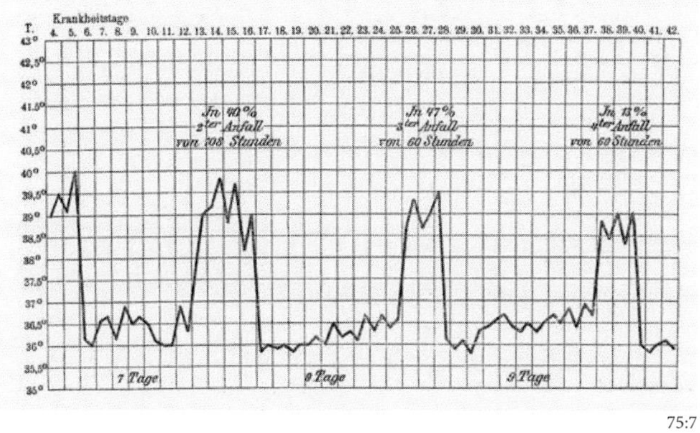

75:7

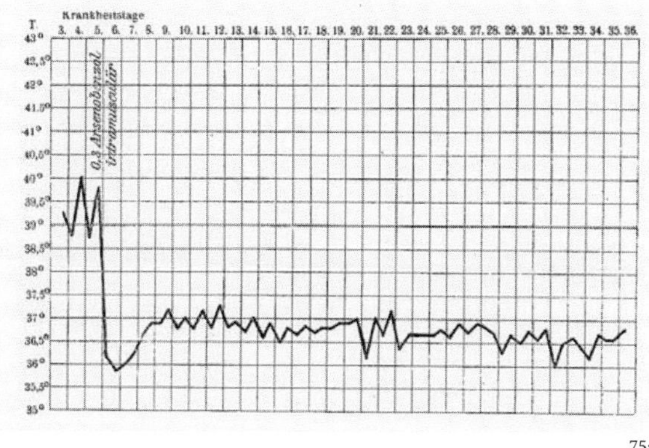

75:8

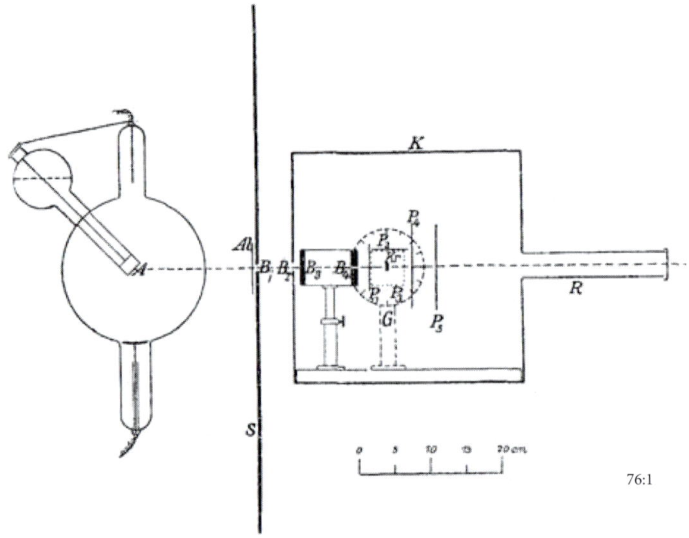

76:1

Max von Laues (1879–1960) experimentelle Anordnung bei der Beobachtung des ersten Röntgenbeugungsmusters. Da er die Gitterkonstante des untersuchten Kupfersulfatkristalls kennt, kann Laue die Wellenlänge der Röntgenstrahlen aus dem Röntgenbeugungsbild (rechts) anhand eines Verfahrens berechnen, das in der Beugungstheorie der Optik gebräuchlich ist. Das Ergebnis stimmt mit weniger präzisen früheren Bestimmungen der Wellenlänge von Röntgenstrahlen überein.

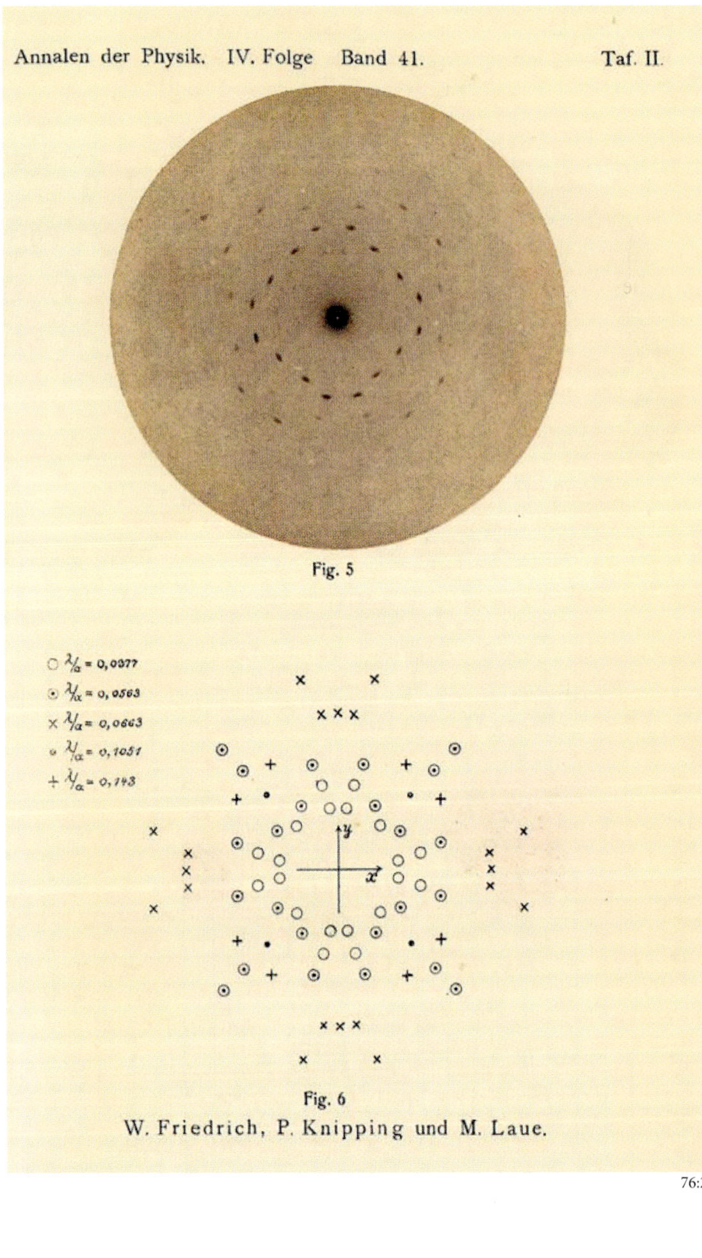

76:2

Max von Laue

76:3

Max von Laue

Laue wurde 1879 als Sohn eines Militärverwalters in Pfaffendorf geboren. 1898 begann er ein Studium der Mathematik, Physik und Chemie an der Universität Straßburg und promovierte 1903 in Berlin. 1909 wechselte er zu Sommerfelds Institut für Theoretische Physik (76.1) in München, wo er die Röntgenbeugung entdeckte, was 1914 mit dem Physiknobelpreis honoriert wurde. Während der Naziherrschaft offenbarte Laue großen Mut und wahrte seine Integrität. Nach dem Zweiten Weltkrieg wurde er Direktor des Fritz-Haber-Instituts für Physikalische Chemie; dank seines untadeligen Charakters und gesunden Urteilsvermögens übte er in der Nachkriegszeit großen Einfluss auf den Wiederaufbau der deutschen Wissenschaft aus. Er war ein religiös denkender Mensch und liebte Freiluftaktivitäten. Obwohl ihn hohe Geschwindigkeiten faszinierten, hatte er nie einen Unfall – bis zu jener tödlichen Kollision, die ihn einige Monate nach seiner Emeritierung 1960 das Leben kostete.

Interferenzerscheinungen bei Röntgenstrahlen. Theoretischer Teil, Experimenteller Teil.

ANN D PHYS. LEIPZIG: J. A. BARTH, 1913; 41:971.

Laue (als Verfasser des theoretischen Teils) sowie seine Assistenten Knipping und Friedrich (die die Experimente beschreiben) schildern die Beobachtung der Beugungsmuster, die auf photographischen Platten entstehen, wenn man Kupfersulfatkristalle einer Röntgenstrahlung aussetzt. Laue vermerkt die Ähnlichkeit zwischen den beobachteten Mustern und denen, die bei einer optischen Beugung nach Fraunhofer zu sehen sind (76.2). Außerdem stellt er fest, dass die aus der Gitterkonstante berechnete Wellenlänge der Röntgenstrahlen grob mit Werten übereinstimmt, die andere gerade veröffentlichte Arbeiten nahelegen (76.1).

Im Spiegel der Zeit:
Laues Experimente beruhten auf seiner durch Überlegungen über Dichte gewonnenen Erkenntnis, dass Kristallgitter (76.3) Dimensionen der Größenordnung 10^{-8} cm aufwiesen, während die Wellenlänge von Röntgenstrahlen etwa 10^{-8}–10^{-9} cm betrug (76.1). Kurz darauf zeigte er, dass sich anhand der Beugungsmuster Gitterdimensionen von Zinksulfid genau bestimmen ließen (76.4). Unmittelbar danach griffen W.H. Bragg (Vater) und W.L. Bragg (Sohn) die quantitative Röntgenkristallographie auf (76.5) (76.6). Erprobt an einem NaCl-Kristall, war die Analyse bald schon ein Standardverfahren und wurde später auf eine Reihe komplexer Substanzen angewendet (76.7). In Kombination mit der computerisierten Fourieranalyse (76.8) mündete das Verfahren letztlich in die Strukturbestimmung vieler wichtiger biologischer Moleküle, wie DNA (Watson, Crick, Wilkins 1953), Vitamin B12 (Hodgkin 1955), Insulin (Sanger 1955), Hämoglobin und Myoglobin (Perutz, Kendrew 1960) (76.9). Außerdem trug es entscheidend zu Fortschritten in anderen medizinisch bedeutenden Bereichen bei, wie etwa der Polymerwissenschaft und Mikroelektronik. Seit 1971 ist auch die Synchrotronstrahlung, eine 1947 erstmalig beobachtete starke Röntgenquelle, für die Erforschung biologischer Systeme verfügbar (76.10).

76.1 Sommerfeld A. Über die Beugung der Röntgenstrahlen. *Ann d Phys* 1912; 38:473.
76.2 Born M, Wolf E. *Principles of Optics*. 8. und 11. Kap. 7. Aufl. Cambridge: Cambridge University Press, 1999.
76.3 Bravais A. Mémoire sur les systèmes formés par des points distribués régulièrement sur un plan ou dans l'espace. *J École Pol* 1850; 19:1.
76.4 von Laue M. Eine quantitative Prüfung der Theorie für die Interferenzerscheinungen bei Röntgenstrahlen. *Ann d Phys* 1913; 41:989.
76.5 Bragg WH. X-rays and Crystals. *Nature* 1913; 90:360 und S. 572.
76.6 Bragg WH, Bragg WL. *X-rays and crystal structure*. G Bell and Sons, 1915.
76.7 Bragg WL. *X-ray Crystallography. Readings from Scientific American. Lasers and Light*. San Francisco: W. H. Freeman and Co, 1969, S. 161.
76.8 Siehe Nr. 32 Fourier S. 176 und Ref. 32.8.
76.9 The birth of molecular biology. *New Scientist*. Sonderausgabe 1987; 114(Nr. 1561):38.
76.10 Rosenbaum G, Holmes KC, Witz J. Synchrotron radiation as a source for x-ray diffraction. *Nature* 1971; 230:434.

Auf dem Foto unten sind William Henry Bragg (1862–1942) und sein Sohn William Lawrence Bragg (1890–1971) zu sehen. Kurz nach Laues Bericht über die Röntgenbeugung entwickeln sie das rechts abgebildete Röntgenspektrometer und machen die Röntgenbeugungsmethode schließlich zu einem routinemäßigen Verfahren für die Strukturanalyse von Festkörpern.

X-RAY SPECTROMETER.

LLL,	Lead box.	*V,*	Vernier of crystal table.
A, B, D,	Slits.	*V',*	Vernier of ionisation chamber.
C,	Crystal.	*K,*	Earthing key.
I,	Ionisation chamber.	*E,*	Electroscope.

M, Microscope.

76:4

76:5

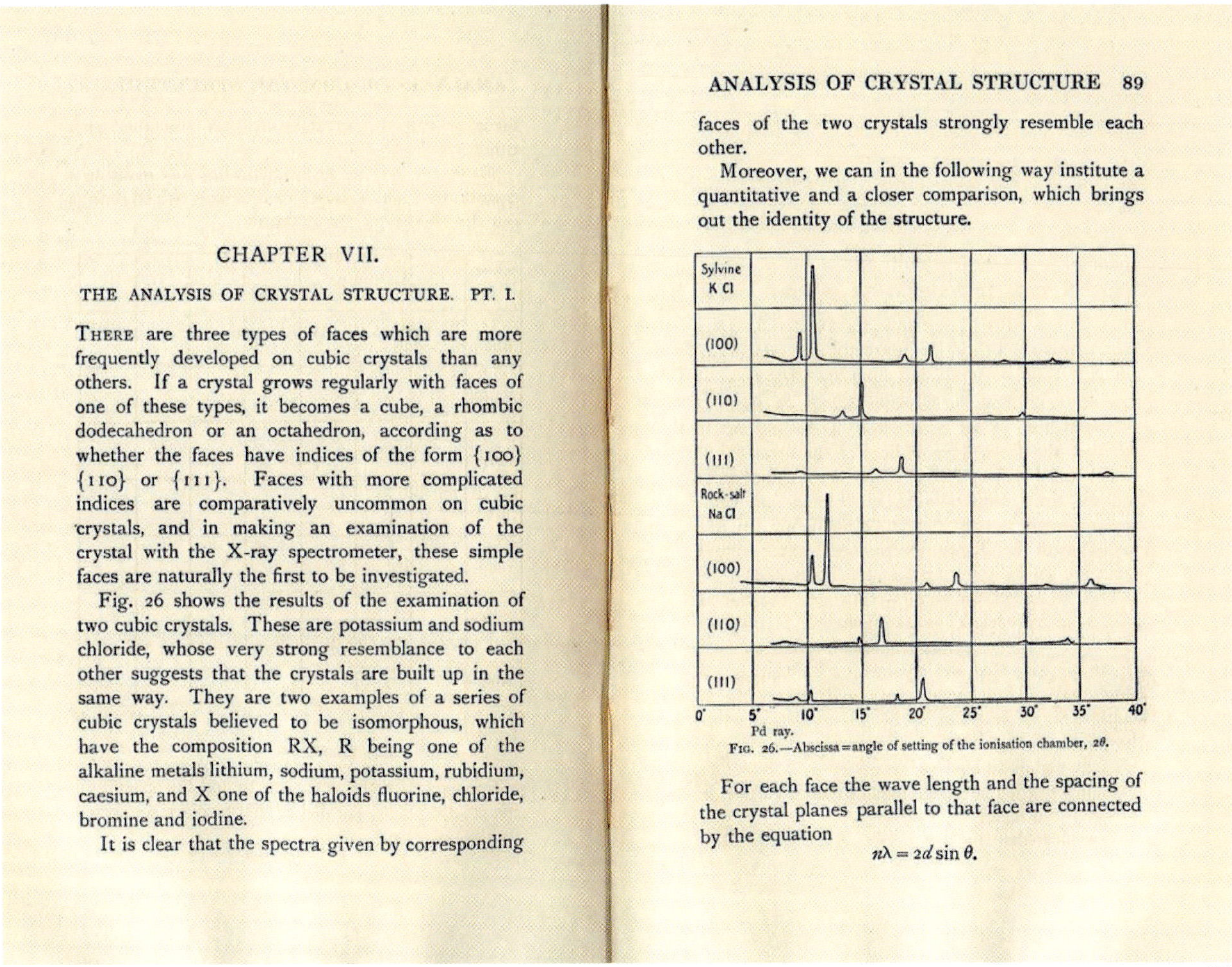

CHAPTER VII.

THE ANALYSIS OF CRYSTAL STRUCTURE. PT. I.

THERE are three types of faces which are more frequently developed on cubic crystals than any others. If a crystal grows regularly with faces of one of these types, it becomes a cube, a rhombic dodecahedron or an octahedron, according as to whether the faces have indices of the form {100} {110} or {111}. Faces with more complicated indices are comparatively uncommon on cubic crystals, and in making an examination of the crystal with the X-ray spectrometer, these simple faces are naturally the first to be investigated.

Fig. 26 shows the results of the examination of two cubic crystals. These are potassium and sodium chloride, whose very strong resemblance to each other suggests that the crystals are built up in the same way. They are two examples of a series of cubic crystals believed to be isomorphous, which have the composition RX, R being one of the alkaline metals lithium, sodium, potassium, rubidium, caesium, and X one of the haloids fluorine, chloride, bromine and iodine.

It is clear that the spectra given by corresponding faces of the two crystals strongly resemble each other.

Moreover, we can in the following way institute a quantitative and a closer comparison, which brings out the identity of the structure.

FIG. 26.—Abscissa = angle of setting of the ionisation chamber, 2θ.

For each face the wave length and the spacing of the crystal planes parallel to that face are connected by the equation

$$n\lambda = 2d \sin\theta.$$

76:6

Vater und Sohn Bragg nutzen das Röntgenspektrometer zunächst zur Untersuchung der Struktur von zwei einfachen kubischen Kristallen, Natriumchlorid und Kaliumchlorid. Sie bestimmen das Verhältnis zwischen dem Abstand der Gitterebenen und der Wellenlänge der Röntgenstrahlung über die sogenannte Bragg-Gleichung (die am Ende der rechts oben abgedruckten Seite erscheint). Die vielen Linien in den Pulver-Röntgenbeugungsmustern auf den Fotostreifen entsprechen den Bragg-Gleichungen für die verschiedenen Gitterebenen der beiden Kristalle.

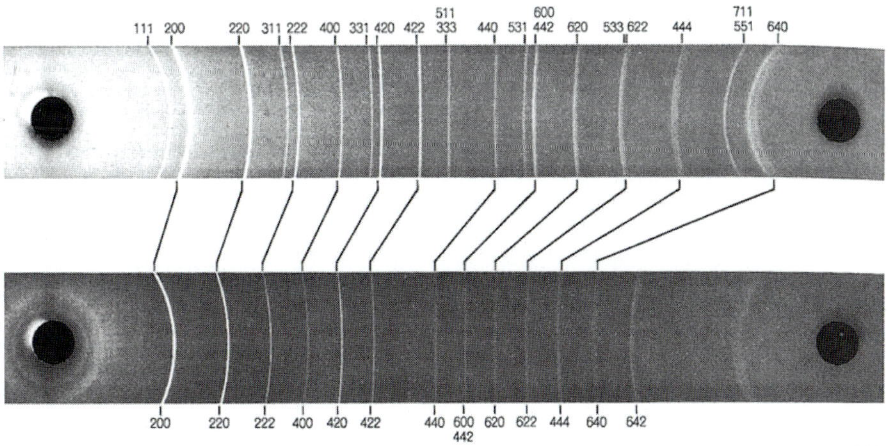

76:7

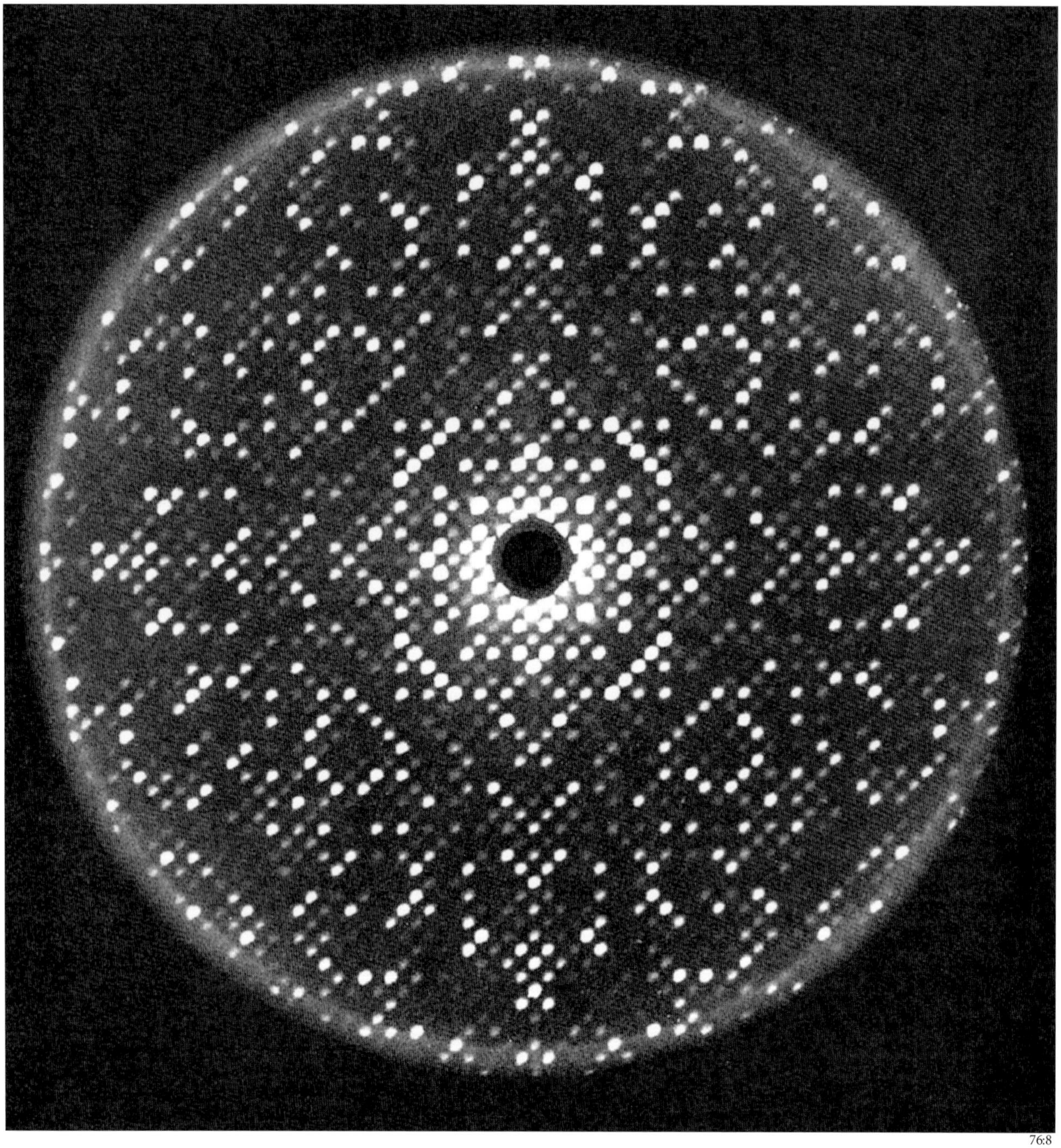

76:8

1965 bestimmt David Phillips (1924–1999) die Molekularstruktur des Lysozyms, des ersten Enzyms, das anhand der Röntgenbeugung analysiert wird. Muster wie das obige zeigen, dass die Struktur aus 1 950 Atomen besteht und eine Größe von etwa 40 Å aufweist.

76:9

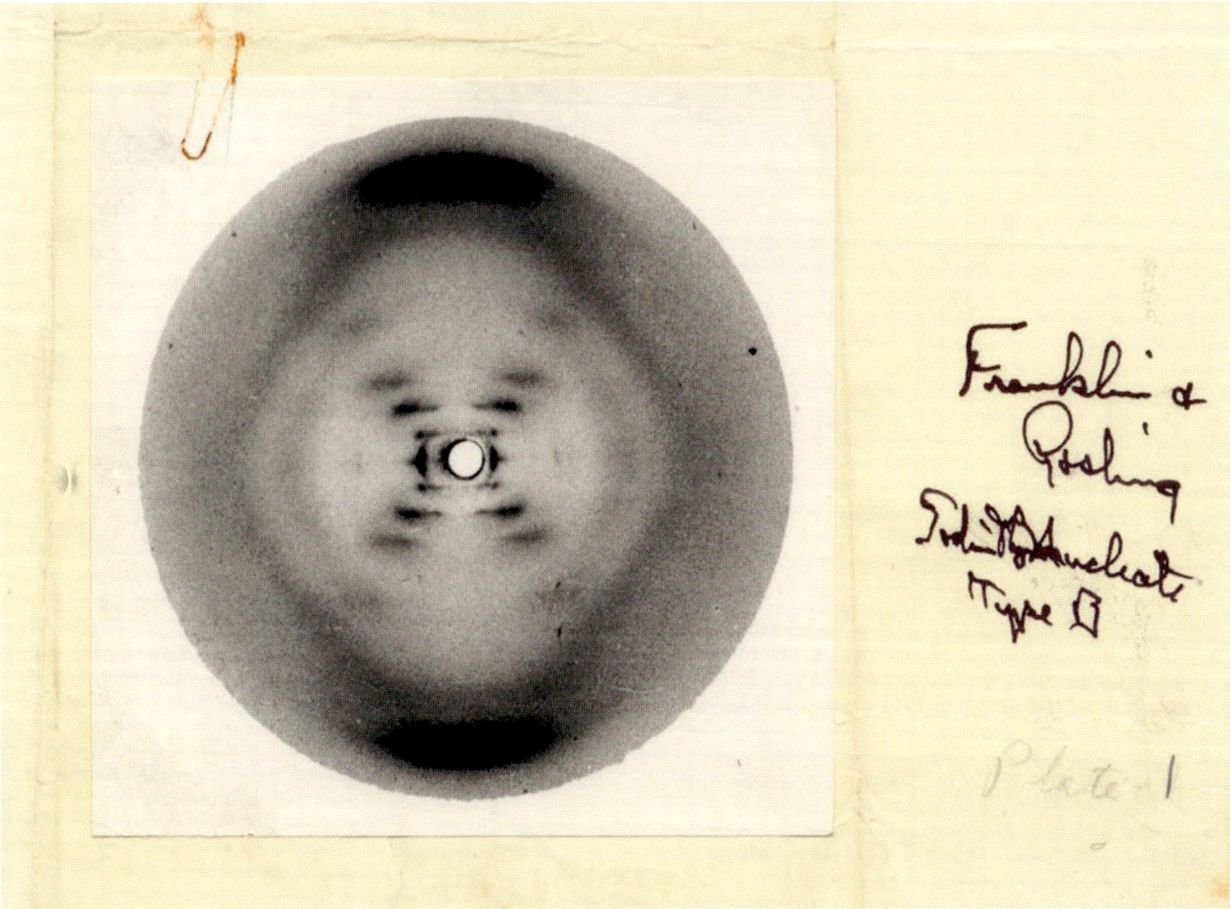

76:10

1952 gelingt es Rosalind Franklin (1920-1958) in Zusammenarbeit mit Raymond Gosling, das berühmte Röntgenbeugungsbild der B-Form der DNA zu erstellen, das ein Jahr später eine entscheidende Rolle bei der Bestimmung der Struktur dieses Moleküls spielt. Das hier abgebildete Diffraktogramm wurde Linus Pauling (1901–1994) geschickt, der damals der führende Experte für komplexe Molekularstrukturen war. Pauling, dessen Notiz rechts zu erkennen ist, arbeitete ebenfalls fieberhaft an der Entschlüsselung der DNA-Struktur und stand kurz davor, das Problem zu lösen (siehe Nr. 88).

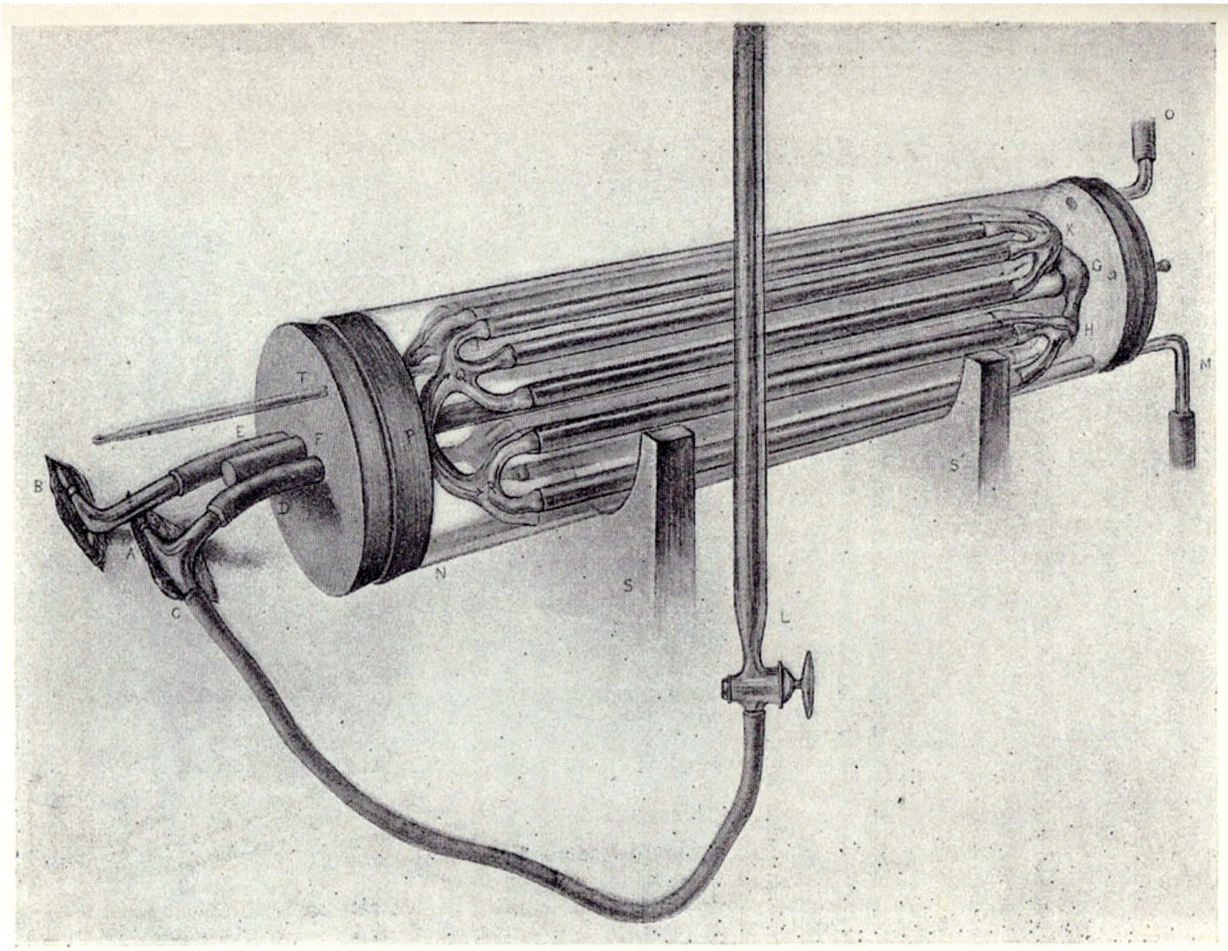

Fig. 1 Perspective View of Vividiffusion Apparatus; Earlier Form With Sixteen Tubes
A, arterial cannula; *B*, venous cannula; *C*, side tube for introduction of hirudin; *D*, inflow tube; *E*, outlet tube; *F*, *G*, supporting rod attached at *H* and *K* to branched U-tubes; *L*, burette for hirudin; *M*, *N*, tube for filling and emptying liquid in outer jacket; *O*, air outlet; *P*, dichotomous branching point of inflow tube; *Q* and *R*, quadruple branching points of same; *S*, *S'*, wooden supports; *T*, thermometer. At each of the points *H* and *K* the blood is collected from four tubes into one, bending around to the back, and there redividing into four return flow tubes. Arrows show the direction of flow.

77:1

Gerät für die Dialyse („Vividiffusion") von John Abel (1857–1938). Die Wände der 16 parallelen Röhren bestehen aus 0,05–0,1 mm dicken Kollodiummembranen; aus Blutegeln gewonnenes Hirudin dient als Gerinnungshemmer. Bei Tierexperimenten stellt Abel fest, dass die Ausscheidung von Salicylsäure nach der intravenösen Injektion von Natriumsalicylat annähernd der Funktion gesunder Nieren entspricht.

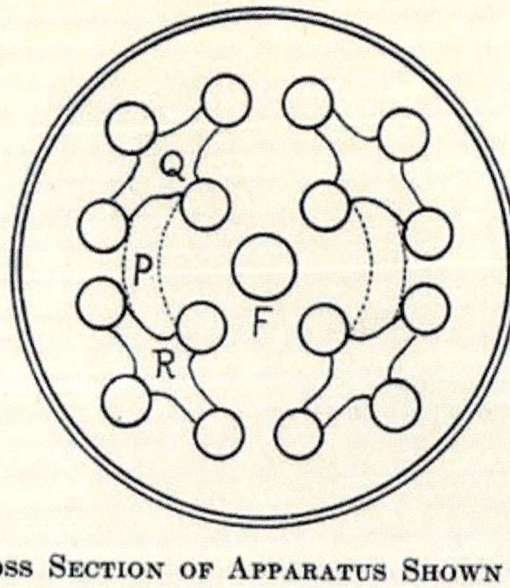

Fig. 2. Cross Section of Apparatus Shown in Figure 1
F, central supporting rod; *P*, point of dichotomous branching of system of blood tubes; *Q* and *R*, quadruple branch points. The sixteen small circles show the arrangement of the celloidin tubes; the blood flows up left-hand eight and down in the remainder.

77:2

John Jacob Abel

Abel wurde 1857 auf einer Farm in der Nähe von Cleveland, Ohio, geboren. Er machte sein Examen an der Universität Michigan, bevor er zur weiteren Ausbildung nach Deutschland ging. Nach dem Studium in Leipzig, Würzburg und Heidelberg promovierte er 1888 an der Universität Straßburg in Medizin. Er kehrte nach Amerika zurück und wurde Dozent für Materia Medica und Pharmakologie an der Universität Michigan. 1893 wurde er zum Professor für Pharmakologie an der Johns Hopkins University ernannt, wo er bis zu seiner Emeritierung 1932 blieb. In seinem Gebaren und seinen asketischen Gewohnheiten als Forscher eiferte Abel den deutschen Professoren nach. Dass er nachdrücklich auf die Bedeutung der Chemie für die Medizin hinwies (77.1), beeinflusste die Entwicklung der Biochemie und Pharmakologie in den USA nachhaltig.

77:3

John Jacob Abel

On the removal of diffusible substances from the circulating blood of living animals by dialysis.

J PHARM EXP THERAP 1914; 5(3):275.

Gemeinsam mit seinen Mitarbeitern Rowntree und Turner beschreibt Abel sein „Vividiffusionsgerät". Dieses Dialysegerät besteht aus parallel angeordneten „Celloidin"- oder Kollodiumröhren (77.2). Er schildert die Herstellung von Röhren mit einer Länge von etwa 40 cm und einem Durchmesser von 8 mm, die eine 0,05–0,1 mm dicke Diffusionsbarriere darstellen. Abel verwendet Hirudin (77.3) als Gerinnungshemmer. Wenn Arterienblut durch ein Gerät mit 32 Röhren gepumpt wird, entspricht die Ausscheidung von Salicylsäure nach einer intravenösen Injektion von Natriumsalicylat annähernd der normalen Ausscheidungsfunktion der Nieren. Mit einer entsprechend schwachen Salzlösung sind nach einer Dialyse von etwa zehn Stunden keine schädlichen Behandlungsfolgen zu beobachten.

Im Spiegel der Zeit:
1846 stellte Schönbein Cellulosenitrat her, indem er Papier mit Salpeter- und Schwefelsäure behandelte (77.2). Die Substanz nannte er Schießbaumwolle; eine andere gebräuchliche Bezeichnung war Pyroxylin. Kollodium (oder Celloidin) war eine Lösung aus Pyroxylin in Alkohol und Äther. Archer nutzte Kollodium 1851, um die ersten Photographien zu verbessern (77.4). Fick verwendete es als Barriere für den Diffusionsprozess (77.5) und es war eins der ersten Materialien in der Kunststoffindustrie (77.6). Abel gewann Hirudinextrakt aus Blutegeln (Hirudo medicinalis), die die Substanz absondern, um die Blutgerinnung zu verhindern. Obwohl Hirudin schon seit dem Altertum beim Aderlass verwendet wurde, wurde es erst 1955 biochemisch dargestellt (77.3). Nach wie vor ist es eine interessante antithrombotische Substanz von großem Nutzen und mit Zukunftspotenzial (77.7). Gestützt auf Abels Werk führte Haas 1924 die erste Dialyse am Menschen durch (77.8) und verwendete dabei erstmals Heparin (77.9) (77.10). 20 Jahre später konstruierte Kolff seine „künstliche Niere" mit einer großen effektiven Oberfläche, die bald klinisch genutzt wurde (77.11).

77.1 Abel JJ. *Chemistry in relation to biology and medicine with especial reference to insulin and other hormones.* The Willard Gibbs Lecture 1927. Baltimore 1939.

77.2 Partington JR. *A History of Chemistry.* Vol. IV. Mansfield Centre: Martino fine books, 1999, S. 195.

77.3 Markwart F. Untersuchungen über Hirudin. *Naturwissenschaften* 1955; 42:537.

77.4 Siehe Nr. 38 Daguerre S. 202 und Ref. 38.4, S. 197.

77.5 Siehe Ref. 46.8 und Nr. 63 van't Hoff S. 324.

77.6 Hyatt JW, Hyatt IS. *Improvement in Treating and Molding Pyroxyline.* US Patent 105 338 1870. Siehe auch Nr. 80 Carothers S. 410.

77.7 Sohn JH et al. Current status of the anticoagulant hirudin: its biotechnological production and clinical practice. *Appl Microb Biotech* 2001; 57:606.

77.8 Haas G. Versuche der Blutauswaschung am Lebenden mit Hilfe der Dialyse. *Klin Wochenschr* 1925; 4(1):13.

77.9 Haas G. Über Blutauswaschung. *Klin Wochenschr* 1928; 7(29):1356.

77.10 Paskalev DN. Georg Haas (1886–1971). The forgotten hemodialysis pioneer. *Dialysis and Transplantation* 2001; 30(12):828.

77.11 Siehe Nr. 86 Kolff S. 444.

77:4

316 J. J. ABEL, L. G. ROWNTREE AND B. B. TURNER

IX. SUMMARY

1. A method has been devised by which diffusible constituents may be removed from the blood of a living animal, which does not involve any procedure prejudicial to life.

2. Two animals have made rapid and complete recovery after being subjected to the procedure for two and three hours respectively.

3. The method has been shown to be available for collecting from the blood, under the ordinary conditions of physiological experimentation, substances present only in small amount at one time.

4. Several types of apparatus have been constructed adapted to various purposes, and full details as to methods of construction are given.

5. Experience has been accumulated on the use of hirudin, and the procedure adopted for the economical preparation of solutions of this active principle from leech heads is given in detail.

6. As an organ of elimination of abnormal substances (e.g., poisons), quantitative results obtained with salicylic acid show that the apparatus in its present form compares not unfavorably with the kidney. The direction of improvement is indicated and experiments in this direction are in progress.

7. Data as to the effect of the procedure on blood pressure are given. It is shown that general oedema in striking degree may result from neglect of certain precautions.

8. Material has been collected in large quantity for the study of the non-proteid amino-bodies present in the blood. The chemical separation of these bodies is in progress and only preliminary results are here given.

9. Directions in which the method may be utilized, both for the study of problems in physiological chemistry, and as a promising therapeutic agent, have been indicated.

77:5

Schlussfolgerungen aus den 1913 von Abel durchgeführten Dialyseexperimenten.

1846 erfindet Christian Friedrich Schönbein (1799–1868) Cellulosenitrat (auch Schießbaumwolle oder Pyroxylin genannt) und Kollodium. Kollodium, oder Celloidin, wie Abel es bezeichnet, ist eine Lösung aus Pyroxylin in Alkohol und Äther. Adolf Fick erkennt als Erster, dass sich ein dünner Film dieses Materials als Diffusionsbarriere eignet (siehe Nr. 46).

Georg Haas (1886–1971) leistet 1924 Pionierarbeit für die Hämodialyse beim Menschen und verwendet 1928 dabei erstmals Heparin. Die Zeichnung verdeutlicht das Prinzip seines „Blutwäscheapparats", bei dem Blut durch Kollodiumröhren (in acht parallelen Zylindern) geleitet wird, die von einer Flüssigkeit aus austauschbaren Glasgefäßen umspült werden. Das System ist nicht sehr effizient und die Prozedur zieht sich über viele Stunden hin. Auf dem Foto unten sitzt Haas am Bett einer seiner vier Patienten von 1926, während ein Assistent beobachtet, wie das Blut durch das System fließt.

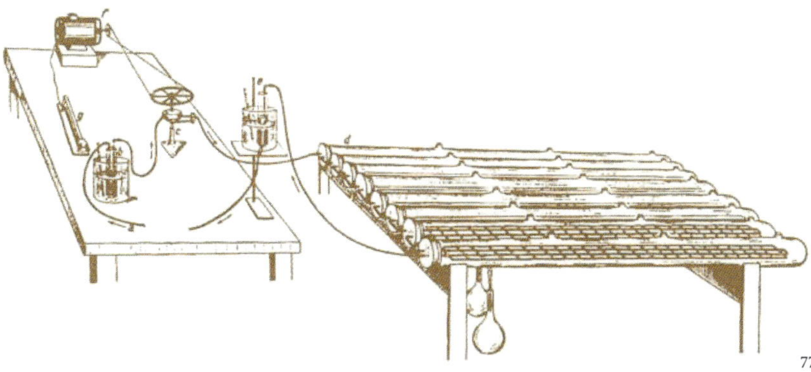

77:6

77:7

77:8

125. H. Staudinger: Über Polymerisation.

[Mitteilung aus dem Chem. Institut der Eidgen. Techn. Hochschule, Zürich.]

(Eingegangen am 13. März 1920.)

Vor einiger Zeit hat G. Schroeter[1]) interessante Ansichten über die Zusammensetzung von Polymerisationsprodukten, speziell über die Konstitution der polymeren Ketene veröffentlicht. Danach sollen diese Verbindungen Molekülverbindungen darstellen und sollen keine Cyclobutan-Derivate sein, wie früher angenommen wurde[2]); denn diese polymeren Ketene unterscheiden sich nach den Schroeterschen Untersuchungen in wesentlichen Punkten von Cyclobutan-Derivaten, die durch Synthese aus Aceton-dicarbonester-Derivaten zugänglich sind.

Die gleichen Ansichten über die Zusammensetzung von Polymerisationsprodukten hat schon im Jahre 1909 H. Hildebrand in einer im Thieleschen Laboratorium ausgeführten Dissertation ausgesprochen[3]), anschließend an eine Untersuchung über die Polymerisation des *asymm.* Diphenyl-äthylens. Das dimolekulare Polymerisationsprodukt soll nicht das Tetraphenyl-cyclobutan darstellen, sondern es soll eine Molekülverbindung sein, bei der Partialvalenzen den Zusammenhalt der ungesättigten Moleküle herbeiführen:

$$2\,(C_6H_5)_2C:CH_2 \longrightarrow \begin{array}{ccc}(C_6H_5)_2C & \text{---} & CH_2\\ \vdots & & \vdots\\ CH_2 & . & C(C_6H_5)_2\end{array} \quad \text{und nicht} \quad \begin{array}{ccc}(C_6H_5)_2C & \text{---} & CH_2\\ | & & |\\ CH_2 & . & C(C_6H_5)_2\end{array}$$

Solche Annahmen sind heute in der organischen Chemie sehr verlockend, nachdem eine große Anzahl gut charakterisierter Verbindungen, z. B. die Chinhydrone, nach den Untersuchungen von Pfeiffer[4]) als Molekülverbindungen, die durch Nebenvalenzen zusammengehalten werden, aufgefaßt werden. Und doch glaube ich, daß nach dem vorliegenden Beobachtungsmaterial solche Annahmen zur Erklärung des Entstehens der Polymerisationsprodukte nicht gemacht zu werden brauchen; vielmehr können die verschiedenartigsten Polymerisationsprodukte, wie ich im Folgenden zeigen möchte, durch normale Valenzformeln eine genügende Erklärung finden;

---

[1]) B. **49**, 2697 [1916].

[2]) Vergl. H. Staudinger, Die Ketene, Verlag F. Enke, Stuttgart 1912, 46.

[3]) H. Hildebrand, Über die Polymerisation des *asymm.* Diphenyl-äthylens, Dissert., Straßburg 1909.

[4]) A. **412**, 253 [1917]; **404**, 1 [1914].

Berichte d. D. Chem. Gesellschaft. Jahrg. LIII. 71

78:1

Die erste Seite von Hermann Staudingers (1881–1965) wegweisendem Artikel über Polymerisation, in dem er behauptet, dass zwischen Molekülen kovalente Bindungen bestehen und sie nicht nur, wie vorher angenommen, Aggregate sind. Er legt dar: „Und doch glaube ich, daß nach dem vorliegenden Beobachtungsmaterial solche Annahmen zur Erklärung des Entstehens der Polymerisationsprodukte nicht gemacht zu werden brauchen; vielmehr können die verschiedenartigsten Polymerisationsprodukte, wie ich im Folgenden zeigen möchte, durch normale Valenzformeln eine genügende Erklärung finden."

Staudinger kam 1881 in Worms zur Welt. Als er 1907 in Straßburg an seiner Habilitationsschrift in Chemie arbeitete, gelang ihm seine erste große Entdeckung (der Ketene). Daraufhin wurde er im selben Jahr als außerordentlicher Professor an die Technische Hochschule in Karlsruhe berufen. 1912 wurde er Professor an der ETH in Zürich, wo er die meisten seiner bahnbrechenden Arbeiten über die makromolekulare Chemie durchführte. Von 1926 bis zu seiner Emeritierung 1950 war er Professor an der Universität von Freiburg im Breisgau. Bereits in den 1930er-Jahren hatte Staudinger eine klare Vorstellung von der Bedeutung der Makromoleküle für die Lebensfunktionen (78.1). Es passt daher gut, dass das Jahr 1953, in dem sein Werk (mit einer 644 Einträge umfassenden Bibliographie) mit dem Chemienobelpreis honoriert wurde, auch den Beginn der Molekularbiologie markiert (78.2).

Über Polymerisation.

BERICHTE D DEUTSCH CHEM GESELLSCHAFT 1920; 53:1073.

Staudinger behauptet, die Polymerisation organischer Moleküle ergebe lange Ketten, in denen die Moleküle durch „primäre", recht starke kovalente Bindungen miteinander verbunden sind. An verschiedenen Kettenstrukturen und ihrer Bildung zeigt er, dass man das vorgeschlagene alternative Modell, in dem die Moleküle lediglich „sekundäre", schwache Bindungskräfte aufweisen, die im Wesentlichen nur in Aggregaten resultieren, außer Acht lassen kann.

Im Spiegel der Zeit:
Staudingers Polymerisationstheorie und seine Vorstellung des Makromoleküls, die er bei der Forschung über synthetischen Kautschuk (Polyisopren) (78.3) einführte, wurde 1926 bestätigt, als Svedberg mit der Ultrazentrifuge (78.4) demonstrierte, dass viele Polymere und Proteine (z. B. Oxyhämoglobin) ein viel größeres Molekulargewicht als erwartet besaßen (78.5). Aufgrund dieser Ergebnisse und Röntgenuntersuchungen der Struktur natürlicher Materialien (78.6) wurden Staudingers Ideen anerkannt, und in den 1930er-Jahren entwickelte man zahlreiche neue Kunststoffe (78.7). Obwohl Goodyear bereits 1839 das Verfahren der Gummivulkanisation entdeckt hatte, war es nun außerdem möglich, nützliche synthetische Kautschukmaterialien, wie „Buna", zu entwickeln, die im industriellen Maßstab durch Copolymerisation von Butadien und Styren erzeugt wurden. Berzelius erforschte schon in den 1820er-Jahren Silicium, und in den 1860er-Jahren synthetisierte Ladenburg die ersten organischen Derivate. In den ersten vier Jahrzehnten des 20. Jahrhunderts leistete Kipping bedeutende Beiträge für die Siliciumchemie (78.8). Hydes Arbeiten über siliciumorganische Polymere bei Corning Glass Works (78.9) Ende der 1930er-Jahre setzte auch die industrielle Forschung bei Dow Chemical und General Electric (GE) in Gang (78.10). 1946 besaßen sowohl GE als auch Dow Corning Anlagen zur industriellen Erzeugung von Silikonen. Heute ist Silikonkautschuk ein wichtiger Bestandteil vieler medizinischer Produkte, wie Katheter, Ummantelungen, Stopfen und Implantate (78.11) (78.12).

Hermann Staudinger

78:2

Hermann Staudinger

78.1 Staudinger H. Über die makromolekulare Chemie. *Angew Chemie* 1936; 49:801.
78.2 Siehe Nr. 88 Watson/Crick S. 456.
78.3 Staudinger H, Fritschi J. Über Isopren und Kautschuk. 5. Mitt.: Über die Hydrierung des Kautschuks und über seine Konstitution. *Helv chim Acta* 1922; 5:285.
78.4 Svedberg T, Rinde H. The Ultra-Centrifuge, a new instrument for the determination of the size particle in amicroscopic colloids. *J Am Chem Soc* 1924; 46:2677.
78.5 Svedberg T, Fåhraeus R. A New Method for the Determination of the Molecular Weight of the Proteins. *J Am Chem Soc* 1926; 48:430.
78.6 Herzog RO, Jancke W, Polanyi M. Röntgenspektrographische Beobachtungen an Zellulose. *Z Phys* 1920; 3:343. Polanyi M. Das Röntgenfaserdiagramm. *Z Phys* 1921; 7:149.
78.7 *Landmarks of the plastics industry 1862–1962.* ICI Plastics Division 1962 und Nr. 80 Carothers S. 410.
78.8 Kipping FS. Organic derivatives of silicon. *Proc Roy Soc A* 1937; 159:139 und Ref. 78.10, Kap. 4.
78.9 Hyde JF, DeLong RC. Condensation Products of the Organo-silane Diols. *J Am Chem Soc* 1941; 63(5):1194.
78.10 Rochow EG. *An introduction to the chemistry of the silicones.* New York: J. Wiley & Sons, Inc., 1946.
78.11 Rochow E. *Silicon and Silicones.* New York: Springer-Verlag, 1987.
78.12 Lane TH, Burns SA. Silica, silicon and silicones ... unraveling the mystery. In: *Immunology of Silicones. Current Topics in Microbiology and Immunology.* Potter M, Rose NR (Hrg.). Berlin: Springer-Verlag, 1996, S. 210.

Staudinger verwendet seine Ideen zur Polymerisation, um die Struktur von Cellulose besser zu verstehen. Er untersucht Polyoxymethylen und entdeckt, dass es sich um ein einfaches Modell der Cellulose handelt. Das Foto rechts verdeutlicht das faserige Erscheinungsbild des Polymers. Das Röntgenbeugungsbild und die davon abgeleitete Struktur sind darunter abgebildet.

Von Staudinger verwendete Ausrüstung und Reaktion bei der Herstellung des synthetischen Kautschuks Isopren. Er entwickelte seine Ideen über die makromolekulare Chemie aus seinen Untersuchungen von Naturkautschuk und synthetischem Kautschuk.

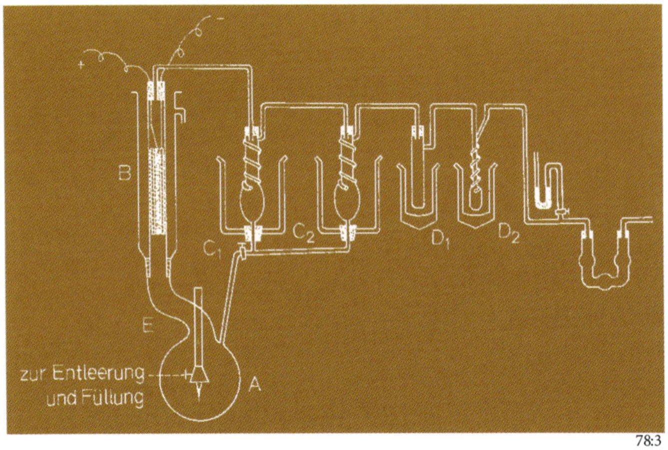

78:3

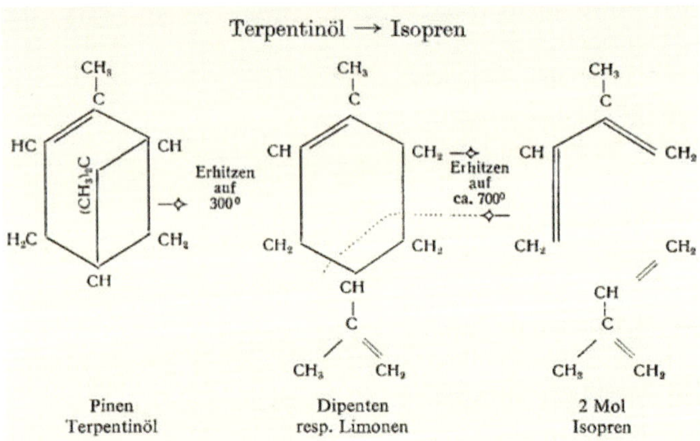

78:4

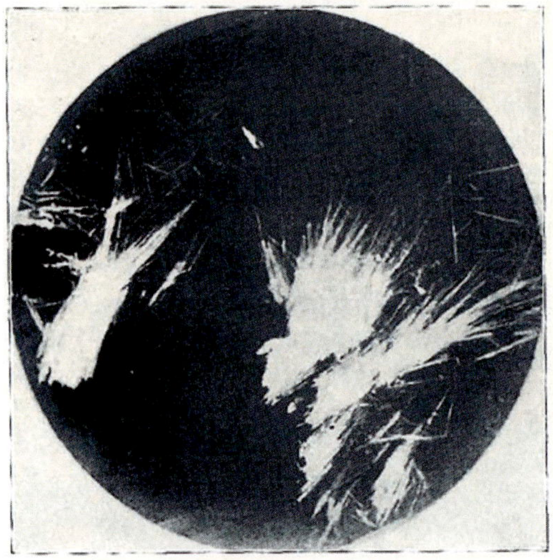

78:5

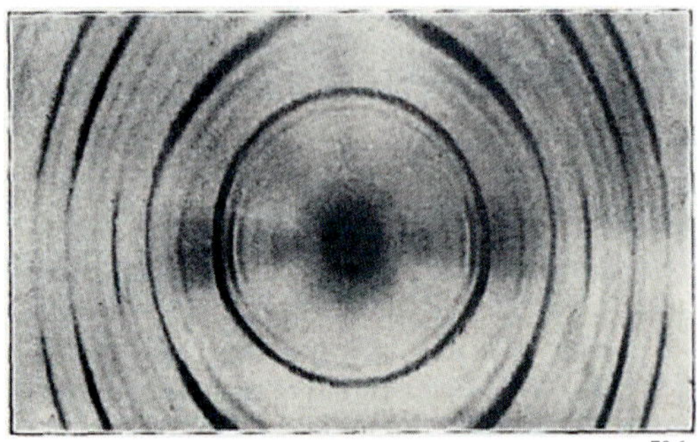

78:6

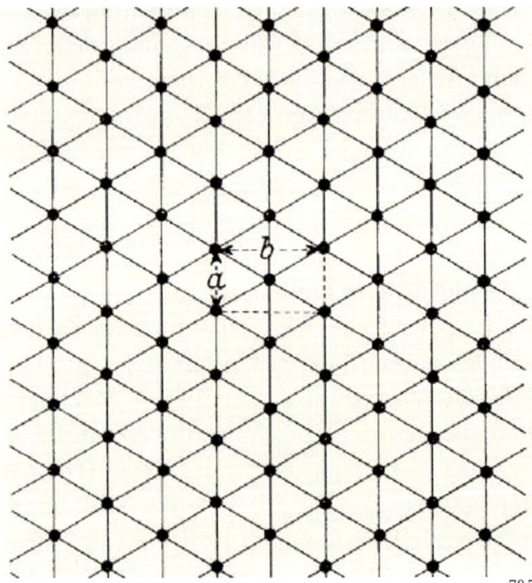

78:7

78:8

Mithilfe seiner neu entwickelten Ultrazentrifuge (deren Konstruktionszeichnung rechts zu sehen ist) stellt Theodore Svedberg (1884–1971) im Jahre 1926 fest, dass das Molekulargewicht des Hämoglobins etwa 66 800 beträgt und damit sehr viel größer ist, als zuvor angenommen wurde. Diese Entdeckung bekräftigt Staudingers Vorstellung von den Mechanismen der Polymerisation.

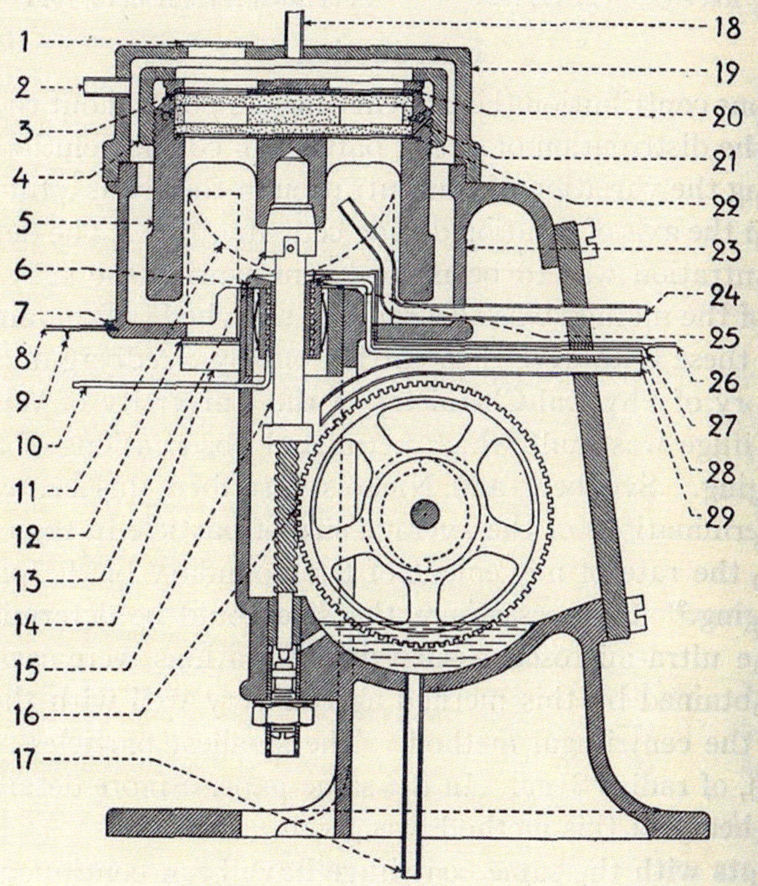

Fig. 1.

1, Upper window; 2, Hydrogen outlet; 3, Ebonite plate; 4, Lid of rotor; 5, Rotor; 6, Water-cooled spring bearing; 7–9, Thermocouple; 10, Water outlet; 11, Copper screen; 12, Lower window; 13, Carrying cone; 14, Reflecting prism; 15, Shaft of rotor; 16, Toothed wheel; 17, Oil outlet; 18, Hydrogen inlet; 19, Lid; 20, Rubber plate; 21, Cell; 22, Rubber plate; 23, Casing of centrifuge; 24, Hydrogen inlet; 25–27, Thermocouple; 28, Water inlet; 29, Oil inlet.

78:9

[CONTRIBUTION FROM THE RESEARCH LABORATORY, CORNING GLASS WORKS]

Condensation Products of the Organo-silane Diols

BY J. F. HYDE AND R. C. DELONG

The hydrolysis of substituted organo-silicon halides is generally accompanied by dehydration to form complex condensation products containing siloxane linkages.[1,2,3,4] The extent and mode of the condensation is affected by the number of organic groups attached to the silicon. Thus, the mono-substituted compounds can form three-dimensional networks, with possible intermediate stages of dehydration in which thermo-setting properties are in evidence. The condensation of tri-substituted compounds is limited to the formation of dimers or ethers. The di-substituted compounds, on the other hand, should condense with the formation of chain molecules and should yield products having high molecular weights and possible thermoplastic characteristics. Although some polymers are described by Kipping and Murray[5] which seem to confirm this view, it appears that there is likewise a strong tendency toward the formation of cyclic structures.[4c] The lack of a clear understanding of the behavior of the substituted organo-silicon compounds and the possibility of producing useful resinous polymers from them led to an investigation of some of the disubstituted compounds, the results of which are described briefly in the present paper.

Discussion of Results

Liquid Hydrolysis Products.—The hydrolysis of the phenylethyl-, diethyl-, phenylmethyl-, dimethyl-, and diphenyl-dichlorosilanes, under mild conditions, results in the formation of relatively low molecular weight products. With one exception these products are liquids. The diphenyl compound forms a crystalline powder. A cyclic trimer appears definitely to be formed upon hydrolysis of the phenylethyldichlorosilane under the conditions described. Cyclic trimeric condensation products also appear to be present in the hydrolysis products of the diethyl and dimethyl compounds.

Resinous Polymers.—The removal of organic groups by hydrolysis or oxidation results in the formation of additional siloxane linkages which contribute to the formation of higher polymers. When the hydrolysis products of the compounds containing phenyl groups are treated at elevated temperatures with aqueous hydrochloric acid, there is a gradual increase in the viscosity of the product which is accompanied by the evolution of benzene. If this treatment is continued sufficiently long the material reaches an extremely viscous tacky state but is fusible and readily soluble in toluene and other solvents. With still further treatment, gelation occurs and the product becomes infusible and insoluble but remains somewhat resilient. When air is passed through the hydrolysis products of the compounds containing alkyl groups at elevated temperatures, similar changes in viscosity occur and the resinification in this case is accompanied by the formation of aldehydes. Here also insoluble products result on longer treatment.

In the case of the phenylethyl compound, analysis and molecular weight of the polymer resulting from acid treatment just prior to gelation indicate that the cyclic trimeric rings have remained intact but have become joined together by the additional siloxane linkages formed by displacement of the phenyl groups.

The hydrolysis product of the phenylmethyl compound, when brought to a similar physical state by air treatment at elevated temperature, likewise appears to have approximately half of its di-substituted silicon atoms converted to mono-substituted silicon atoms by loss of methyl groups, a fact which is indicated by its increased silica residue. Upon acid treatment of the phenylmethyl hydrolysis product, however, gelation occurs with less loss of organic matter than would be expected from comparison with the behavior of the phenylethyl compound under similar conditions. The cyclic dimethyltrisiloxane, upon resinification, seems to gel when approximately one-fifth of the disubstituted silicon atoms are converted to mono-substituted atoms. In this case complications may be involved in the resinification. The point of gelation may be considerably affected by the compatibility of the polymers present. Opening of the ring may also be involved.

(1) Friedel, *Ann. chim. phys.*, [iv] **9**, 5 (1866).
(2) Ladenburg, *Ann.*, **173**, 143 (1874).
(3) Dilthey, *Ber.*, **38**, 4132 (1905).
(4) Kipping and co-workers, (a) *J. Chem. Soc.*, **95**, 302–314 (1909); (b) *ibid.*, **101**, 2108–2166 (1912); (c) *ibid.*, **105**, 484–500, 679–690 (1914); (d) *ibid.*, **107**, 459–468 (1915).
(5) Kipping and Murray, *ibid.*, 1427–1431 (1928).

78:10

78:11

78:12

Auf der gegenüberliegenden Seite ist ein Teil einer bedeutenden Publikation von James Franklin Hyde (1903–1999) aus dem Jahre 1941 abgedruckt. Mit seinen Arbeiten beginnt die industrielle Nutzung der siliciumorganischen Polymere, zuerst bei Corning Glass Works und ab 1943 bei der Dow Corning Corporation und der General Electric Company. Hyde (hier in seinem Labor zu sehen) entwickelt ein Verfahren, um siliciumhaltige Verbindungen zu Silikonen zu verarbeiten. Unten ist eine Extrusion von Silikonkautschuk aus der Mitte der 1950er-Jahre abgebildet.

Von Francis Aston (1877–1945) entworfenes Massenspektrometer mit Entladungsröhre (B), dem Reservoir für das zu analysierende Gas (C), Elektromagnet (M), Kamera (W) und Pumpe (G). Die Zeichnung verdeutlicht das Funktionsprinzip des Instruments. Die Fokussierung in F wird erzielt, indem man Ionen mithilfe der Spalte S_1, S_2 und D selektiert und die elektrostatische Ablenkung der Platten P_1 und P_2 gegen die magnetische Ablenkung (O) abgleicht.

Photograph of the Original Mass-Spectrograph set up in the Cavendish Laboratory in 1919.

79:1

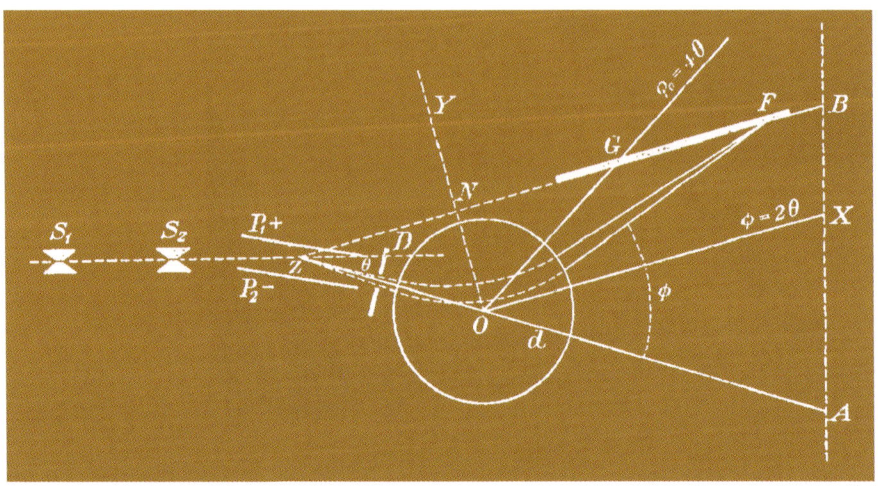

79:2

Francis William Aston

79:3

Francis William Aston

Aston kam 1877 in Harborne zur Welt. Mit 15 Jahren trat er ins Mason College in Birmingham ein, um Chemie zu studieren. Eine Zeitlang arbeitete er als Chemiker in einer Brauerei, doch 1903 kehrte er zu einem Physikstudium nach Birmingham zurück. Von 1910 bis 1919, als er Dozent am Trinity College in Cambridge war, arbeitete er auch im Cavendish-Laboratorium für Thomson (79.1). Aston forschte am liebsten allein und arbeitete nur dann mit anderen zusammen, wenn er sich wegen seiner Schwächen in der Theorie dazu gezwungen sah. 1922 erhielt er den Nobelpreis für Chemie. Aston reiste leidenschaftlich gern; er war ein begeisterter Sportler, versierter Amateurmusiker und begabter Fotograf.

Isotopes.

London: E. Arnold & Co, 1922.

Aston beschreibt sein neues Verfahren zur Erstellung eines Massenspektrogramms. Indem er die magnetische Ablenkung der geladenen Ionen gegen die Ablenkung eines elektrischen Feldes abgleicht, kann er zeigen, dass sich der Strahl auf einen bestimmten Punkt fokussieren lässt. Dies verbessert die Massenauflösung des Instruments um eine Größenordnung. Dann führt er die durchschnittliche Masse von Neon von 20,2 auf zwei Isotope (griechisch: gleicher Ort) mit den Massen 20 und 22 zurück, wobei das erste zehnmal häufiger vorkommt als das zweite. Er berichtet von den Isotopen zahlreicher Elemente und führt die Vorstellung ein, dass Atommassen ganzzahlig sind, wobei Sauerstoff den Wert 16 erhält. Außerdem präsentiert Aston eine Verbesserung des 1918 von Dempster erfundenen direkten magnetischen Fokussierungsverfahrens (79.2).

Im Spiegel der Zeit:
Doppelfokussierende Massenspektrometer (MS) mit hoher Auflösung wurden schon in den 1930er-Jahren in Anlehnung an Dempsters Erfindung entwickelt. Die 1946 angeregte Massentrennung anhand der Flugzeit (TOF) (79.3) hat sich für die biologische Forschung als nützlich erwiesen (79.4). Andere Techniken in MS-Instrumenten sind die Kombination eines radiofrequenten elektrischen Feldes mit einem gleichförmigen magnetischen Feld (ICR-MS) oder einem statischen elektrischen Feld (Quadrupol-MS). ICR-MS mit Fourieranalyse (79.5) gewährleisten die höchste Massenauflösung und liefern Ergebnisse für viele Ionen zugleich. Mit neuen „weichen" Ionisationsverfahren hat sich die Anwendung der MS auf die organische Chemie und die Molekularbiologie ausgedehnt. Besonders zu erwähnen sind dabei die Techniken der matrixunterstützten Laser-Desorption und -Ionisation (MALDI-MS) (79.6) (79.7) sowie der Elektrospray-Ionisation (ESI-MS) (79.7). Für eine praktische Anwendung wurden Massenspektrometer zuerst in den frühen 1960er-Jahren mit einem Gaschromatographen (GC) gekoppelt (79.8) (79.9), was die Strukturbestimmung der Prostaglandine ermöglichte (79.10). Solche kombinierten Geräte (GC-MS) wie auch Tandem-Massenspektrometer (MS-MS) sind heute gebräuchliche und leistungsstarke Werkzeuge in vielen Forschungsbereichen.

79.1 Siehe Nr. 69 Thomson S. 356.
79.2 Dempster AJ. A new method of positive ray analysis. *Phys Rev* 1918; 11:316.
79.3 Stephens WE. A Pulsed Mass Spectrometer with Time Dispersion. *Phys Rev* 1946; 69:691.
79.4 Cotter RJ. Time of Flight Mass Spectrometry: Instrumentation and Applications in Biological Research. *Am Chem Soc* Washington DC 1997, S. 13.
79.5 Siehe Nr. 32 Fourier S. 176. Vgl. auch Nr. 96 Lauterbur S. 498.
79.6 Tanaka K. *The origin of macromolecule ionization by laser irradiation.* Nobelvorlesung, Stockholm 2002.
79.7 Fenn JB. *Electrospray for molecular elephants.* Nobelvorlesung, Stockholm 2002.
79.8 Siehe Nr. 84 Martin S. 434 und Nr. 73 Tswett S. 376.
79.9 Ryhage R. Efficiency of molecule separators used in gas chromatograph-mass spectrometer applications. *Arkiv Kemi* 1967; 26:305.
79.10 Bergström S. *The prostaglandins: from the laboratory to the clinic.* Nobelvorlesung, Stockholm 1982.

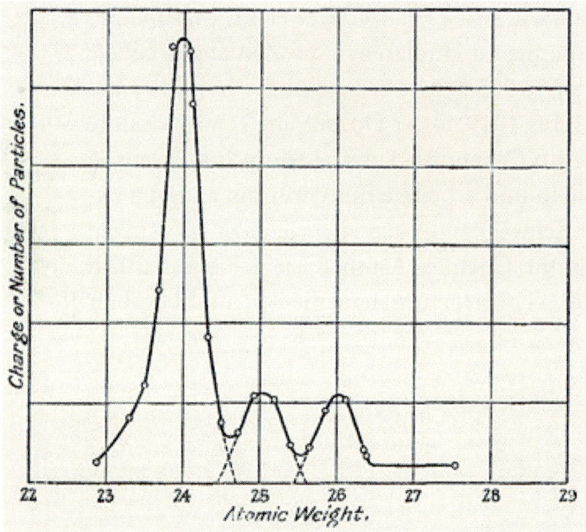

79:4

1918 entwirft Arthur Dempster (1886–1950) einen Massenspektrograph für Ionenstrahlen von niedriger und wohldefinierter Geschwindigkeit. Der Apparat (der auf dem Foto gerade von Dempster justiert wird) beruht ausschließlich auf magnetischer Ablenkung (in der Zeichnung rechts ist das Funktionsprinzip dargestellt). Mit diesem Instrument gelingt es ihm, die drei Isotope des Magnesiums zu detektieren, die durch die drei Spitzen im Massenspektrogramm (oben) gekennzeichnet sind.

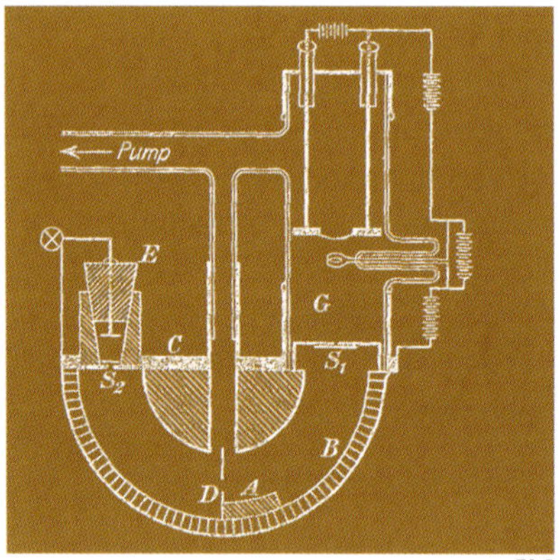

79:5

79:6

Von Aston erstellte Massenspektren. Eintrag I zeigt die Trennung der beiden Isotope von Neon; das häufig vorkommende hat die Masse 20 (tiefdunkle Linie) und das zehnmal seltenere die Masse 22 (schwache Linie).

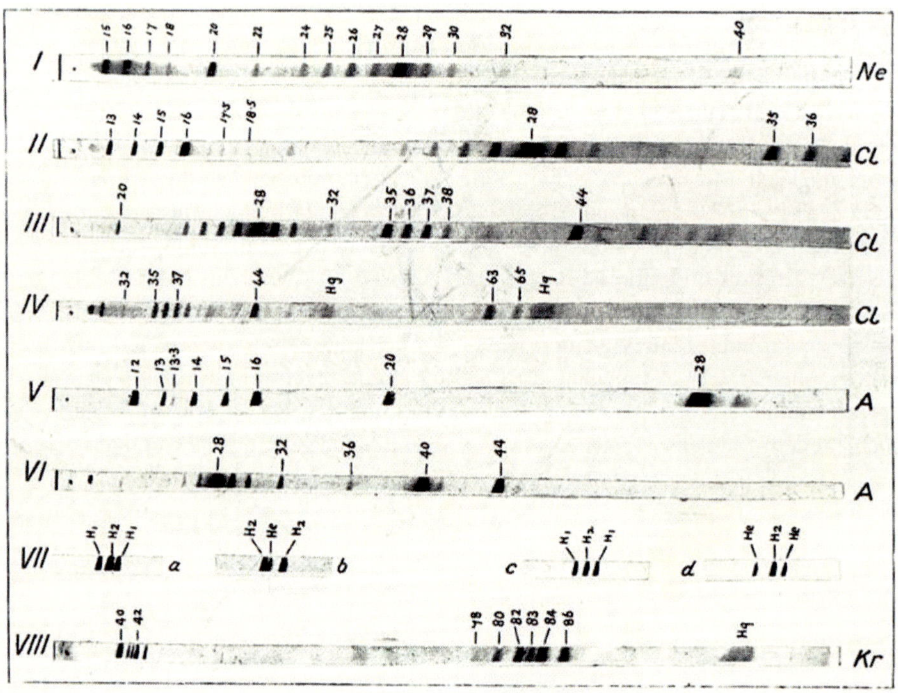

79:7

79:8

79:10

79:9

1967 entwickelt Ragnar Ryhage (1919–1994) ein neues Gerät – die Kopplung eines Gaschromatographen mit einem Massenspektrometer (GC-MS). Als Erstes bestimmt er damit die Struktur der Prostaglandine, der hormonähnlichen Substanzen, die an vielfältigen Körperfunktionen beteiligt sind.

Auf dem Foto links sieht man Ryhage (rechts) mit Sune Bergström (1916–2004) zusammensitzen, der 1982 den Medizinnobelpreis für seine Arbeit über Prostaglandine erhält.

Wallace Carothers (1896–1937) erforscht die Bildung der Polyester und versucht, eine Technik zur industriellen Erzeugung von Polymerfasern zu entwickeln. Im Zuge dieser Arbeiten entdeckt er 1935 die hervorragenden Eigenschaften von Polyamid (Nylon), einem Material, das drei Jahre später seinen kommerziellen Siegeszug antritt.

[CONTRIBUTION No. 11 FROM THE EXPERIMENTAL STATION OF E. I. DU PONT DE NEMOURS AND COMPANY]

STUDIES ON POLYMERIZATION AND RING FORMATION. II. POLY-ESTERS

BY WALLACE H. CAROTHERS AND J. A. ARVIN

RECEIVED APRIL 13, 1929 PUBLISHED AUGUST 7, 1929

An example of a bi-bifunctional reaction is found in the reaction between a dibasic acid and a dihydric alcohol, HOOC—R′—COOH + HO—R″—OH, which, if it is conducted so as to involve both functional groups of each reactant, must lead to an ester having the structural unit, —OC—R′—CO—O—R″—O— = —R—. In accordance with the thesis developed in the previous paper, esters formed in this way will be polymeric unless the number of atoms in the chain of the structural unit is less than seven. In this paper esters are described in which the number of atoms in the chain of the structural unit is 7, 8, 9, 10, 11, 12, 14, 15, 16, 18 and 22 atoms. All these esters are highly polymeric, and, although some of them have been prepared by various methods, no monomeric form of any of them has as yet been isolated.

Preparation of the Esters

The following method was used for the preparation of the solid esters whose properties are listed in the table. The acid together with a 5% excess of the glycol was placed in a Claisen flask provided with a receiver and condenser, and the flask was heated in a metal-bath. At about 160° (bath temperature) reaction set in. Water distilled off freely during the first hour (temp., 175–185°) and very slowly if at all during the succeeding two hours at the same temperature. The receiver was now changed, the flask provided with a very fine capillary and heating continued under a good vacuum (usually less than 0.2 mm.) for about three hours, the temperature of the bath being raised to 200–250°. During this period little or no distillate collected (provided only a 5% excess of glycol was used). The residue, which was a slightly dark and, at 150°, more or less viscous liquid, was poured from the flask. The amount of this residue corresponded with the theoretical (based on the acid used), and the amount of water actually collected approached the calculated more closely the larger the sample used (60–90%). The esters were purified by crystallization.

Ethylene malonate was prepared by heating ethyl malonate and glycol in the same fashion. There was some decomposition (evolution of gas) when the residue was heated to 240° *in vacuo*. This residue was a thick sirup which could not be induced to crystallize. It was dissolved in acetone, filtered and heated for several hours at 175–190° in high vacuum. Nothing corresponding to a monomeric ethylene malonate was found on redistilling the distillates from this preparation.

The preparation and properties of some esters not included in the table are described in the Experimental Part of this paper.

Structure of the Esters

The conclusion that these compounds are esters and that they contain the structural unit —R— indicated above follows directly from the method of preparation and is supported by the analytical data and chemi-

80:1

Wallace Hume Carothers

80:2

Wallace Hume Carothers

Carothers wurde 1896 in Burlington, Iowa, geboren. Nach dem Chemiestudium machte er 1920 am Tarkio College Examen und schrieb sich zwei Jahre später an der University of Illinois in Urbana ein. 1924 promovierte er, und nach einer kurzen Zeit als Assistent wurde er Dozent an der Harvard University. Als leidenschaftlicher Forscher wechselte er 1928 jedoch als Leiter des neu eingerichteten Forschungszentrums zu DuPont. Hier erzielte Carothers bald große Erfolge, doch aufgrund seiner psychischen Erkrankung, verstärkt durch ausufernden Alkoholgenuss und den frühen Tod seiner Schwester, verfiel er in eine tiefe Depression und nahm sich mit nur 41 Jahren das Leben. Zur Zeit seines Todes erwartete seine Frau, die Carothers ein Jahr zuvor geheiratet hatte, ihr gemeinsames Kind.

Studies on Polymerization and Ring Formation. II. Poly-Esters.

J Am Chem Soc 1929; 51(8):2560.

Carothers und Arvin berichten über Herstellung und Darstellung zahlreicher Ester. Die Experimente beruhen auf theoretischen Überlegungen, die Carothers in einem früheren Artikel dargelegt hat (80.1), welcher sich großenteils auf Staudingers Ergebnisse beruft (80.2). Carothers erörtert die Eigenschaften und Strukturen der Ester, bestimmt ihr Molekulargewicht und stellt fest, dass sie alle hochpolymer sind.

Im Spiegel der Zeit:
Der erste von Menschen hergestellte Kunststoff wurde 1862 von Parkes erfunden, der Cellulosenitrat (Pyroxylin) mit Kampfer als Weichmacher verwendete (80.3). Nach Parkes ersetzte Hyatt den Äther im Kollodium durch Kampfer und stellte so das erste kommerzielle Thermoplast (Zelluloid) her (80.4). 1909 entwickelte Baekeland den ersten vollsynthetischen formbaren Kunststoff (Bakelit) (80.5). Dank des zitierten Werks ließen sich bald Fasern aus Estern gewinnen, doch 1935 entdeckte man, dass Polyamidfasern (Nylon) viel bessere mechanische und chemische Eigenschaften besaßen. 1938 brachte DuPont Nylon auf den Markt. Zu anderen Kunststoffen aus den 1930er-Jahren zählen Styropor, Polymethylmethacrylat (Plexiglas), formbares Polyvinylchlorid (PVC), Polyurethane und Polytetrafluorethylen (PTFE, Teflon). Außerdem entdeckte Gibson 1933, dass Polyethylen bei hohem Druck formbar war. 20 Jahre später gelang es Ziegler, mithilfe spezieller Katalysatoren Polyethylen hoher Dichte bei Normaldruck herzustellen (80.6). Bald darauf stellte Natta mit einem ähnlichen Verfahren wie Ziegler erstmalig Polypropylen her (80.7). Vier Jahrzehnte lang erforschte Flory theoretisch die räumliche Anordnung von Makromolekülen (80.8) und erstellte ein Modell der Eigenschaften eines flüssigkristallinen Zustands (80.9), lange bevor er 1968 erstmals synthetisch erzeugt wurde (80.10). Für die klinische Medizin sind viele der oben genannten Kunststoffe heute unverzichtbar; Flüssigkristalltechnologie wird verbreitet in Bildschirmen verwendet.

80.1 Carothers WH. Studies on Polymerization and Ring Formation. I. An Introduction to the General Theory of Condensation Polymers. *J Am Chem Soc* 1929; 51(8):2548.
80.2 Siehe Nr. 78 Staudinger S. 400.
80.3 Siehe Ref. 78.7.
80.4 Siehe Nr. 77 Abel S. 396 und Ref. 77.6.
80.5 Morris PJ. *Polymer Pioneers. A popular history of the science and technology of large molecules.* Philadelphia: Center for the History of Chemistry, 1986, S. 39. Siehe auch Ref. 78.7, S. 13.
80.6 Ziegler K. *Consequences and Development of an Invention.* Nobelvorlesung, Stockholm 1963.
80.7 Natta G. *From the Stereospecific Polymerization to the Asymmetric Autocatalytic Synthesis of Macromolecules.* Nobelvorlesung, Stockholm 1963.
80.8 Flory PJ. *Spatial Configuration of Macromolecular Chains.* Nobelvorlesung, Stockholm 1974.
80.9 Flory PJ. Phase Equilibria in Solutions of Rod-Like Particles. *Proc Roy Soc A* 1956; 234:60.
80.10 Kwolek SL. *Wholly aromatic carbocyclic polycarbonamide fiber having orientation angle of less than about 45 degrees.* US Patent 3 819 587 1974.

80:3

1861 erfindet Alexander Parkes (1813–1890) den ersten von Menschen hergestellten Kunststoff „Parkesine“ aus Pyroxylin (Kollodium) mit Kampfer als Weichmacher. Er stellt seine Erfindung 1862 bei der Great International Exhibition in London vor und erhält einen Preis (rechts).

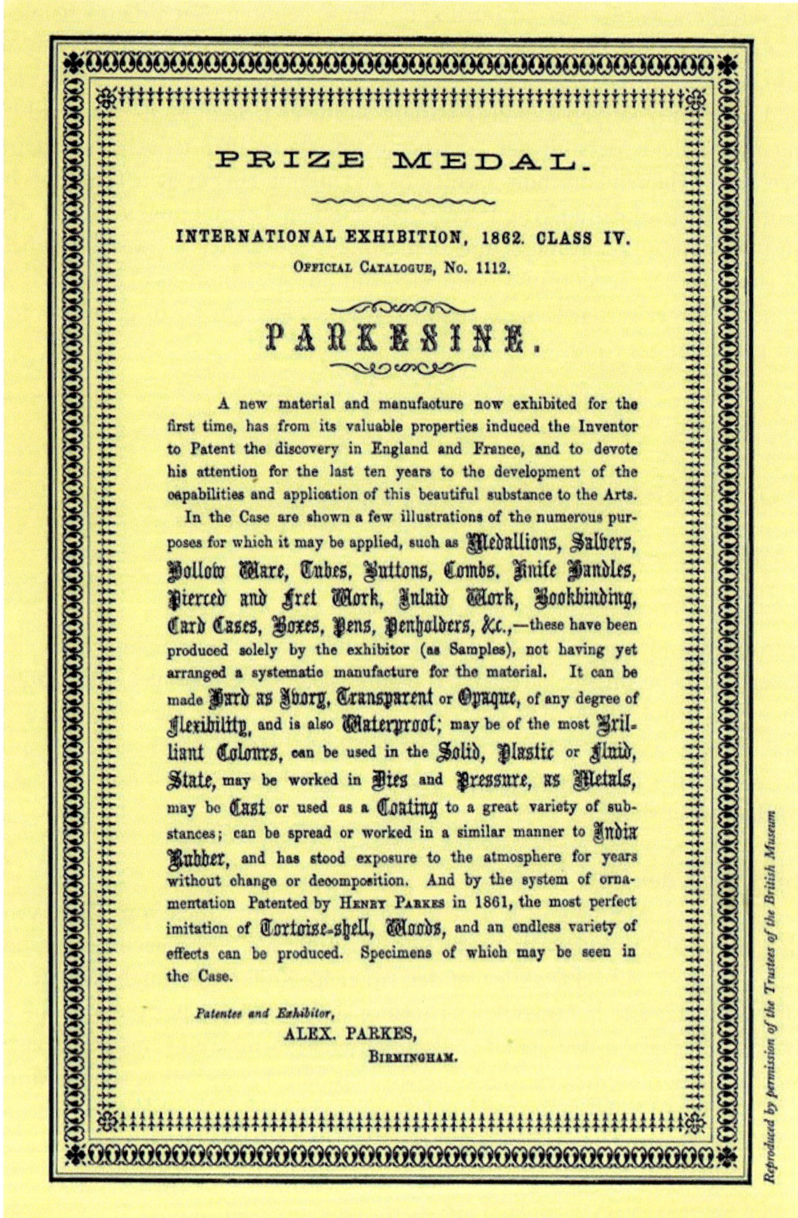

PRIZE MEDAL.

INTERNATIONAL EXHIBITION, 1862. CLASS IV.

OFFICIAL CATALOGUE, No. 1112.

PARKESINE.

A new material and manufacture now exhibited for the first time, has from its valuable properties induced the Inventor to Patent the discovery in England and France, and to devote his attention for the last ten years to the development of the capabilities and application of this beautiful substance to the Arts.

In the Case are shown a few illustrations of the numerous purposes for which it may be applied, such as Medallions, Salvers, Hollow Ware, Tubes, Buttons, Combs, Knife Handles, Pierced and Fret Work, Inlaid Work, Bookbinding, Card Cases, Boxes, Pens, Penholders, &c.,—these have been produced solely by the exhibitor (as Samples), not having yet arranged a systematic manufacture for the material. It can be made Hard as Ivory, Transparent or Opaque, of any degree of Flexibility, and is also Waterproof; may be of the most Brilliant Colours, can be used in the Solid, Plastic or Fluid, State, may be worked in Dies and Pressure, as Metals, may be Cast or used as a Coating to a great variety of substances; can be spread or worked in a similar manner to India Rubber, and has stood exposure to the atmosphere for years without change or decomposition. And by the system of ornamentation Patented by HENRY PARKES in 1861, the most perfect imitation of Tortoise-shell, Woods, and an endless variety of effects can be produced. Specimens of which may be seen in the Case.

Patentee and Exhibitor,
ALEX. PARKES,
BIRMINGHAM.

80:5

John Wesley Hyatt (1837–1920) macht aus Parkes' Ideen ein kommerzielles Unternehmen. Gemeinsam mit seinem Bruder Isaiah gründet er 1871 die Celluloid Manufacturing Company. Auf dem Bild rechts unten ist ihre Fabrik in Newark im Jahre 1875 zu sehen.

80:4

80:6

80:7

80:8

1907 meldet Leo Baekeland (1863–1944) ein Patent an, um sein Verfahren zur Herstellung von Phenol-Formaldehydharzen durch kontrolliertes Pressen und Erhitzen zu schützen. Sein links abgebildetes Originalgerät, der „Bakelizer", wurde auch „Old Faithful" genannt.

Der Apparat, den Reginald Oswald Gibson (1902–1983) bei der zufälligen Entdeckung von Polyethylen 1933 verwendete. Der Kunststoff war das unerwartete Produkt eines Experiments, in dem sich Ethylen und Benzaldehyd bei 170°C und bei einem Druck von 1700 atm verbanden.

80:9

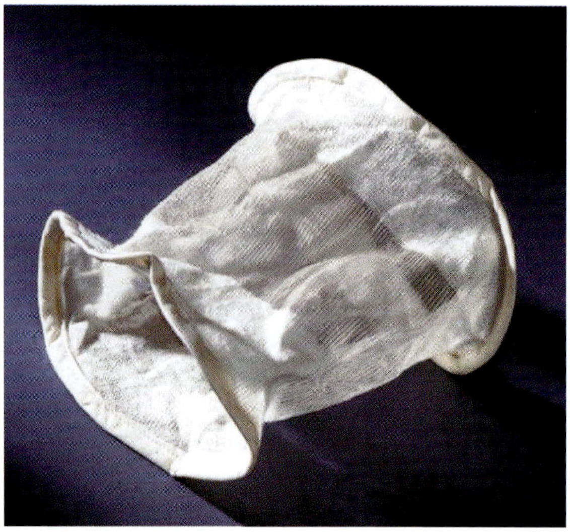

80:12

Bei der ersten experimentellen Erzeugung von Nylon (Polyamid) hergestelltes Probestück von 1935.

80:10

80:11

Geräte der Firma DuPont, die 1937 zur Produktion von Nylonfasern verwendet wurden. Auf den Fotos sind der Polymerisationsapparat (ganz oben) sowie die Extrusionsmaschine und das Spulengatter (oben) zu sehen.

80:13

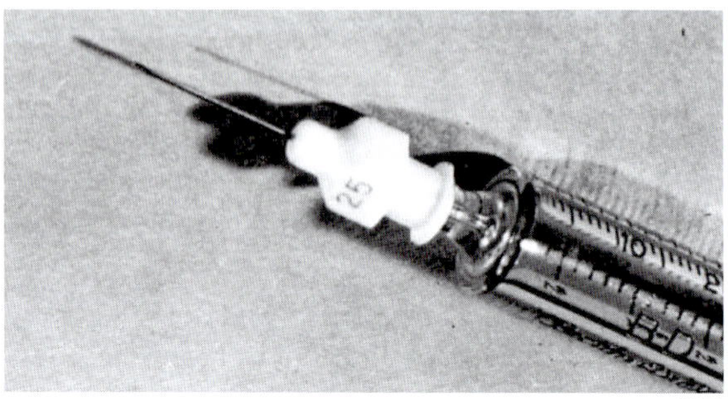

80:14

Erste Verwendungen von Nylon in der Gesundheitsfürsorge. Zelte und Tragen aus Nylon erweisen sich im Zweiten Weltkrieg an der Front, insbesondere bei heißem und feuchtem Klima, als vorteilhaft (oben rechts). Aus Zytel-Nylon von DuPont geformte subkutane Kanüle aus dem Jahre 1952 (rechts). Einführung von chirurgischen Nylonfäden 1939 (gegenüberliegende Seite). Die Fäden werden in versiegelten Glasröhren mit einer antiseptischen Lösung vertrieben.

Du Pont Nylon Steps Into Surgery

The new sutures have some outstanding advantages

By P. F. ZIEGLER
Director of Research, Bauer & Black

THE surgical technique of closing wounds and ligating hemorrhages with threads of varying compositions had its crude beginning in dim, prehistoric times. In many of the very earliest writings allusions are made to this practice, but whether this drama of surgical progress began to unfold on some Arabian plain, in Egypt, or in densely populated India, available records leave us in some doubt.

Comprehensive writings on surgery make their appearance early in history, and one of the first is credited to the Indian surgeon Susruta, about 600 B. C. This writer recommends for suturing and ligating, materials such as cotton, strips of leather, fiber from the bark of trees, and animal sinews. Galen, in the first century, mentions the use of silk, and from this time on frequent references can be found to techniques and materials. The interesting fact to be observed, however, is that, while manufacture and processing have made giant strides, the base materials for present-day sutures have been essentially unchanged in two thousand years—that is, unchanged until the magic of modern chemistry produced a significantly different suture material, for nylon, recently produced by du Pont, has taken its place as a new tool with which the surgical profession can combat disease.

A study of the history of the suture reveals glimpses of the struggle of man to acquire a controlled technique of healing which cannot but heighten anyone's appreciation of the modern means now readily available for arresting hemorrhage and closing wounds safely. Today's ligature and suture materials, with the technique for their use, represent a heritage whose value to mankind cannot be overestimated. A sense of this value is enriched by glimpses of the long, long journey from darkness to light.

RELATED PROBLEMS

Before the age of asepsis, any means designed to stop hemorrhage and to close wounds was surrounded by numerous hazards. Bacteria native to or acquired by the ligature or suture material were buried with it in the patients' tissue; a terrifically high percentage of

This photomicrograph—75 x magnification—shows a No. 1 serum-proof braided silk suture embedded eight days in the muscle of a dog. Note the relatively large area of inflamed tissue around this suture.

The same magnification of a No. 2 undyed nylon suture embedded two days in the muscle. You will note that the area of inflammation surrounding this suture is smaller, with less exudate showing.

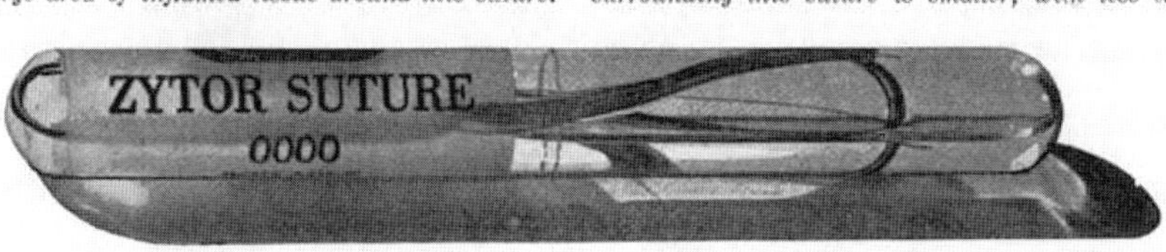

Sutures made of nylon are sold in sealed glass tubes containing an antiseptic solution to insure a sterile condition. The nylon is dyed a solid color; it helps in locating a suture in a wound.

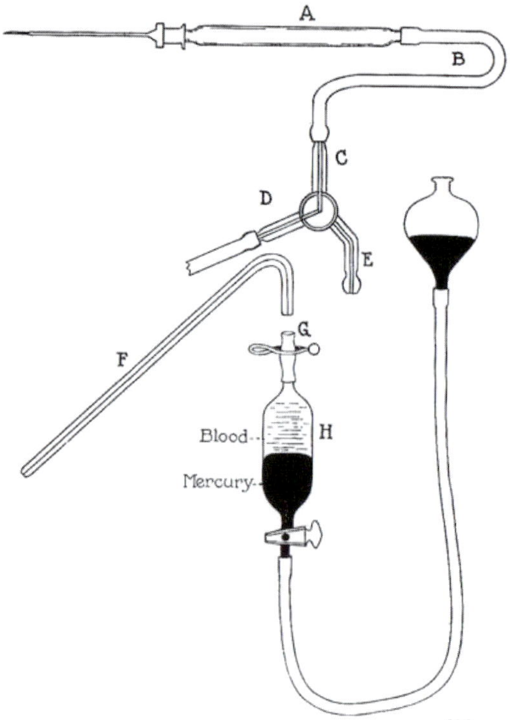

81:2

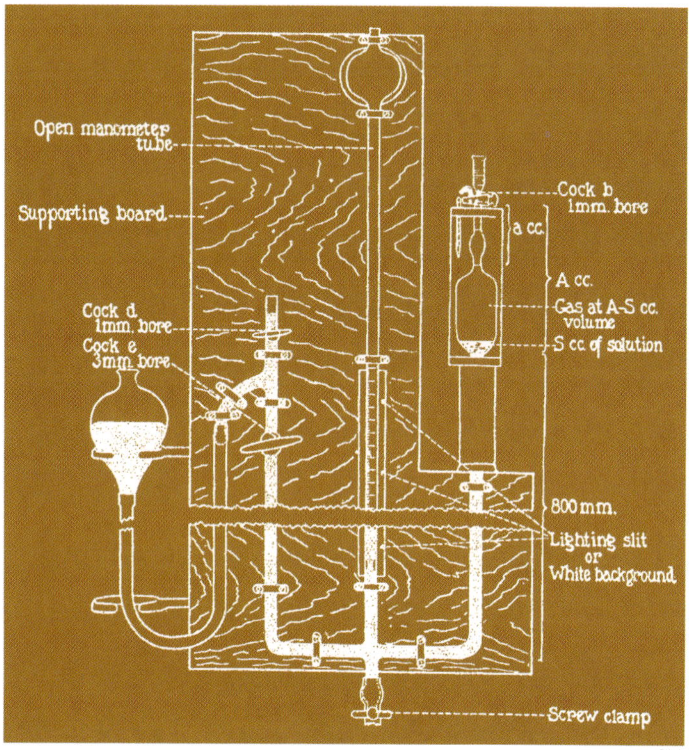

81:1

Illustrationen von Verfahren zum Umgang mit Blut und der 1924 von Donald Van Slyke (1883–1971) eingeführten manometrischen Methode der Blutgasanalyse (links). Sie trat bald an die Stelle der volumetrischen Methoden, die über 50 Jahre in Gebrauch gewesen waren.

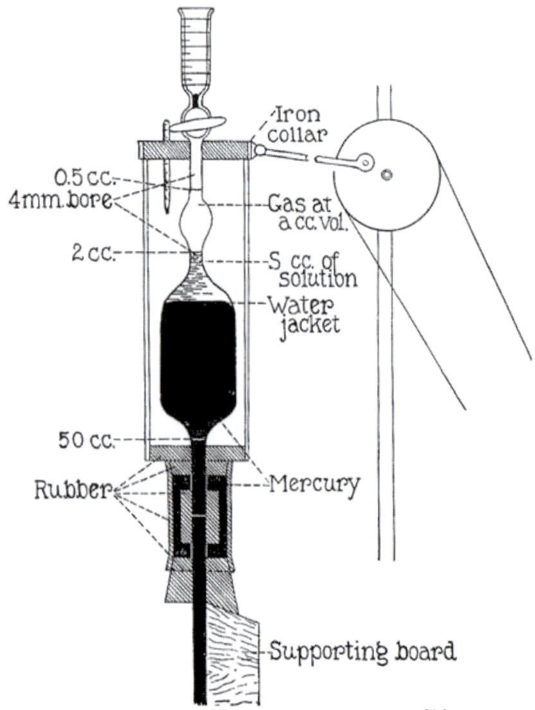

81:3

Donald Dexter Van Slyke

81:4

Donald Dexter Van Slyke

Van Slyke wurde 1883 in Pike (N. Y.) geboren. An der University of Michigan machte er sein Bachelorexamen in Chemie und promovierte dort 1907 in organischer Chemie. Danach arbeitete er als Forschungschemiker am Rockefeller Institute for Medical Research, bis er 1914 leitender Chemiker am Krankenhaus des Rockefeller Institute wurde. 1921 wurde er in die National Academy of Sciences aufgenommen. 1949 wechselte Van Slyke zum Brookhaven National Laboratory, wo er fast bis zu seinem Tod im Jahre 1971 weiterhin aktive Forschungen betrieb.

Quantitative Clinical Chemistry. Vol. I Interpretations, Vol. II Methods.

BALTIMORE: THE WILLIAMS AND WILKINS CO, 1931–1932.

In diesem gemeinsam mit Peters verfassten umfangreichen Werk (von insgesamt rund 2 200 Seiten) beschreibt Van Slyke den derzeitigen Forschungsstand in der klinischen Chemie. Im ersten Band wird die physiologische Aufgabe von Substanzen erörtert, die für die klinische Chemie von Wichtigkeit sind, sowie ihre Bedeutung für Diagnose und Therapie. Der zweite Band schildert die erforderliche Methodologie und Ausrüstung für die Beobachtungen, deren Interpretation im ersten Band behandelt wird.

Im Spiegel der Zeit:

Die Wissenschaft der klinischen Chemie lässt sich mindestens bis zu van Helmont und Boyle zurückverfolgen (81.1). Auf den Arbeiten von Arrhenius und Oswald basierend (81.2), bestimmten Henderson und Hasselbach die Säure-Base-Eigenschaften des Blutes (81.3) (81.4). Blutgase wurden zuerst mit volumetrischen Verfahren gemessen (81.3), doch ab den 1930er-Jahren war Van Slykes manometrische Technik (81.5) allgemein verbreitet, um vor allem bei der neu eingeführten Insulinbehandlung von Diabetes der Stoffwechselazidose entgegenzuwirken. Als in den 1950er-Jahren bei Poliopatienten respiratorische Azidose auftrat, folgte die Entwicklung einer neuen Sensortechnologie für pH (Astrup), Sauerstoff (Clark) und Kohlendioxid (Stow und Severinghaus) (81.3). Dank Bangs wegweisenden Arbeiten (81.6) verringerten sich die für eine Analyse erforderlichen Blutmengen um mehr als das Zehnfache und dank Scholander (81.7) um weitere drei Größenordnungen. Die frühen titrimetrischen und gravimetrischen Verfahren wurden in den 1920er-Jahren großenteils durch die Kolorimetrie und in den 1940er-Jahren durch die Photometrie ersetzt. Seitdem haben die Spektrophotometrie, die Flammenphotometrie und die Atomabsorptionsspektroskopie die Analyse der meisten Elemente erheblich verbessert. In den 1940er-Jahren entwickelte Natelson neuartige hochempfindliche Analysemethoden (81.8) und 1959 ermöglichte das Radioimmunoassay-Verfahren von Berson und Yalow, spezifische Proteine und Hormone in extrem niedriger Konzentration zu messen (81.9). Mit der Einführung vieler neuer und nützlicher Tests musste die Verarbeitung von Proben enorm beschleunigt werden. So wurde die von Skeggs eingeführte Automatisierungstechnologie (81.10) die tragende Säule moderner klinischer Labore.

81.1 Rosenfeld L. *Four Centuries of Clinical Chemistry.* G & B Science Pub, 1999. Siehe auch Nr. 8 van Helmont S. 60, Nr. 14 Boyle S. 88, Nr. 37 Magnus S. 196, Nr. 39 Liebig S. 208, Nr. 49 Kirchhoff S. 258, Nr. 51 Hoppe-Seyler S. 268, Nr. 59 Bert S. 304 und Nr. 62 Arrhenius S. 320.

81.2 Ostwald WF. Die Dissociation des Wassers. *Z phys Chem* 1893, 11:521.

81.3 Ref. 14.8.

81.4 Henderson LJ. *Blood.* New Haven: Yale University Press, 1928 und Ref. 62.9.

81.5 Van Slyke DD, Sendroy Jr J. Manometric analysis of gas mixtures. I. The determination, by simple absorption, of carbon dioxide, oxygen and nitrogen in mixtures of these gases. *J Biol Chem* 1932; 95:509. Siehe auch das oben zitierte Werk.

81.6 Bang I. *Methoden zur Mikrobestimmung einiger Blutbestandteile.* Wiesbaden: J. F. Bergmann, 1916.

81.7 Scholander PF, Irving L. Micro blood gas analysis in fractions of a cubic millimeter of blood. *J Biol Chem* 1947; 169:561 und S. 551.

81.8 Natelson S, Lugovoy JK, Pincus JB. Determination of micro quantities of citric acid in biological fluids. *J Biol Chem* 1947; 170:597.

81.9 Yalow RS, Berson SA. Assay of Plasma Insulin in Human Subjects by Immunological Methods. *Nature* 1959; 184:1648. Siehe auch Ref. 70.8.

81.10 Skeggs LT. Principles of automatic chemical analysis. *Stand Methods Clin Chem* 1965; 5:31.

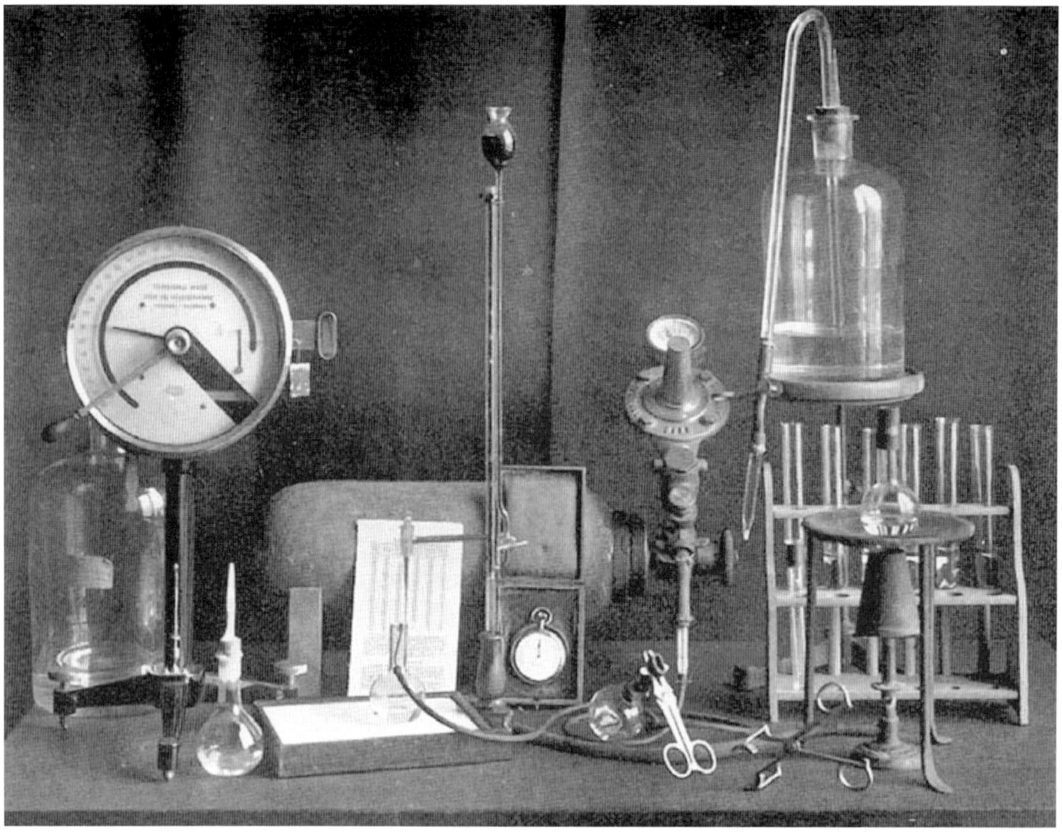

81:5

81:6

1916 führt Ivar Bang (1869–1918) neue Analysemethoden ein, die nur ein Zehntel der zuvor in der klinischen Chemie benötigten Blutmenge erfordern. Abgebildet sind Bangs Apparat zur Mikrobestimmung von Blutzucker und Lipidspiegeln (oben) sowie zur verbesserten Mikro-Kjeldahl-Analyse von Harnstoff-Stickstoff (unten).

81:9

81:8

1893 veröffentlicht Wilhelm Ostwald (1853–1932) die erste Untersuchung der Dissoziation von Wasser. Auf seiner Arbeit beruhen alle zukünftigen Messinstrumente für Wasserstoff-Ionen (pH), wie das hier abgebildete von 1934.

1947 führt Scholander das Mikroverfahren der Blutanalyse ein. Damit verringert sich die vormals zur chemischen Analyse benötigte Blutmenge um das Tausendfache.

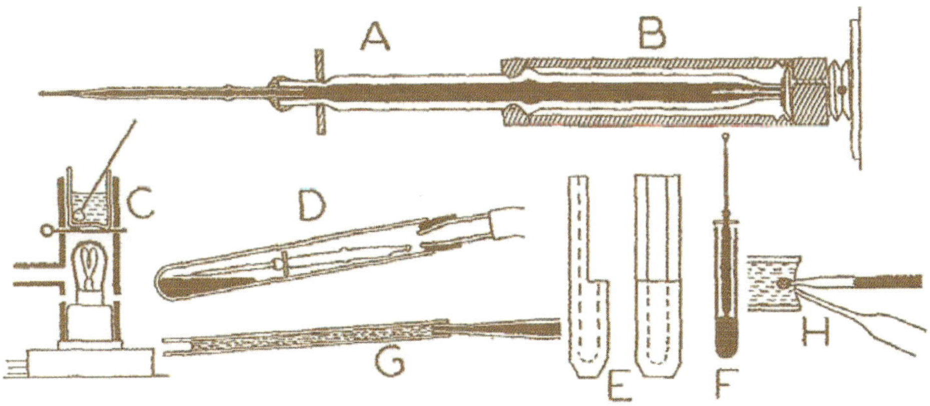

Fig. 1. *A*, extraction tube with sealed on burette needle. *B*, steel yoke holding extraction chamber tight against fiber bearing for micro plunger; *C*, lamp for keeping wax melted and for drying reagents in extraction tube; *D*, evacuation of extraction tube with attached needle; *E*, wooden holders for centrifuge; *F*, centrifuge tube with extraction chamber unit ready for centrifugation; *G*, transfer of blood sample by means of capillary hung on to the tip of the burette needle; *H*, cutting off wax cap in acid with drawn out, broken off glass rod.

81:7

81:10

81:11

John Severinghaus und das erste Blutgasgerät mit drei Elektroden – einer Sauerstoffelektrode nach Beckman und Clark, einer Kohlendioxidelektrode nach Stow und Severinghaus sowie einer pH-Elektrode nach McInnes und Belcher. Es dauert etwa zehn Jahre bis zur Entwicklung eines vollautomatischen Systems. Das erste, gebaut von Radiometer A/S, ist unten zu sehen.

81:12

81:13

1959 entwerfen Solomon Berson (1919–1972) und Rosalyn Yalow (hier in ihrem Labor zu sehen) das Radioimmunoassay-Verfahren, mit dem sich spezifische Proteine und Hormone in extrem niedriger Konzentration messen lassen. Der Text enthält ihre Ergebnisse aus der ersten Untersuchung von menschlichem Insulin.

RADIOBIOLOGY

Assay of Plasma Insulin in Human Subjects by Immunological Methods

We have previously reported on the immuno-assay of beef insulin and certain other animal insulins, employing antiserums from human subjects treated with commercial mixtures of beef and pork insulin[1]. The insulin-binding antibodies present in these antiserums do not form precipitable complexes with insulin, but with the use of insulin labelled with iodine-131 the complexes are readily demonstrable by paper chromatography and electrophoresis[2]. Beef, pork, sheep and horse insulins can be assayed quantitatively by measurement of the degree of competitive inhibition of binding of any insulin labelled with iodine-131[1–3]. As might have been anticipated, however, human insulin competes too weakly in systems employing human antiserum to be measurable at concentrations which obtain *in vivo*. Furthermore, the lack of availability of significant quantities of pure human insulin precludes its use as an antigen for animal immunization. However, in the present work, it has been found that human insulin cross-reacts strongly with insulin-binding antibodies in guinea pigs immunized with crystalline beef insulin, and that guinea pig anti-beef insulin serum has characteristics suitable for the detection and measurement of human insulin at concentrations which exist in the plasma of normal fasting subjects.

81:14

Die Einführung vieler nützlicher Tests in die klinische Chemie lässt die Zahl der benötigten Analysen drastisch in die Höhe schnellen. Mitte der 1950er-Jahre beginnt Leonard Skeggs (1918–1997) mit der Entwicklung der Automatisierungstechniken, die heute ein unverzichtbarer Bestandteil aller klinischen Labore sind. Das Diagramm aus einem bedeutenden Artikel von Skeggs aus dem Jahre 1965 zeigt das von ihm angeregte Prinzip einer multiplen Analyse, das die „Reagenzgläserkolonne", wie er es nennt, überflüssig machen würde.

Multiple Analytical Systems

There is considerable advantage in combining two or more methods within a single flow circuit. For example, urea nitrogen and glucose

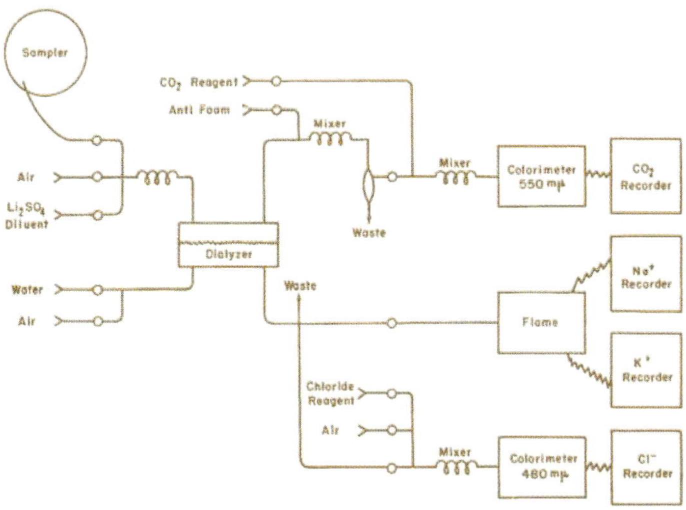

Fig. 3. Flow diagram of the method for the determination of sodium, potassium, chloride, and carbon dioxide.

are very often combined and run as one method yielding two results from a single sample. Creatinine and urea nitrogen have also been combined, as well as calcium and phosphorus.

81:15

82:1

82:2

Blockdiagramm des 1931 in New York getesteten experimentellen Fernsehsystems. Kamera („Ikonoskop") und Aufnahmeröhre („Kineskop") beruhen beide auf der Kathodenstrahlröhren-Technologie, wie die Fotos verdeutlichen.

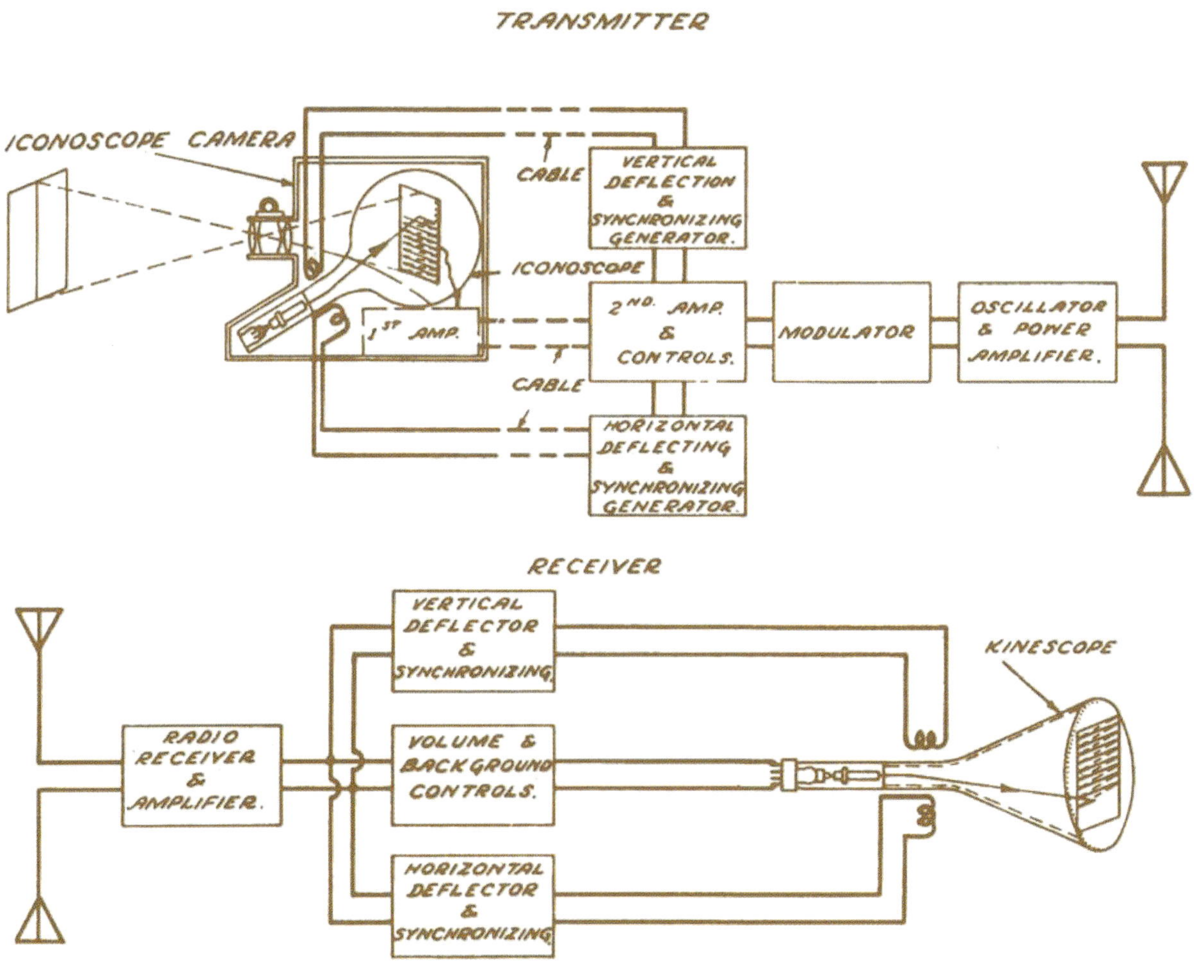

82:3

Vladimir Kosma Zworykin

82:4

Vladimir Kosma Zworykin

Zworykin wurde 1899 in Murom, Russland, als Sohn einer wohlhabenden Familie geboren. Er machte sein Examen in St. Petersburg und studierte am Collège de France in Paris, bevor er 1919 in die Vereinigten Staaten emigrierte. Er arbeitete für Westinghouse, promovierte gleichzeitig an der Universität Pittsburgh in Physik und erfand Komponenten und Systeme des elektronischen Fernsehens. Die Radio Corporation of America (RCA) war an der kommerziellen Nutzung dieser Erfindungen interessiert, und so wurde Zworykin 1929 ihr Laborleiter für elektronische Forschung. 1954 verließ er RCA und übernahm die Leitung des Medical Electronics Centers an der Rockefeller University. Er erhielt zahlreiche Ehrungen für seine Arbeiten über Fernsehsysteme und starb 1982.

Television.

J Franklin Institute 1934; 217(1):1.

Zworykin beschreibt ein neues, rein elektrisches Fernsehsystem, bei dem das visuelle Bild mittels einer „Ikonoskop" genannten Vakuumröhre in ein elektrisches Signal umgewandelt wird (82.1). Dieses Gerät ist „ein virtuelles elektrisches Auge; es besteht aus einem lichtempfindlichen Mosaik, das der Netzhaut des menschlichen Auges entspricht, und einem sich bewegenden Elektronenstrahl, der den Augennerv repräsentiert". Dann reproduziert das „Kineskop" (Kathodenstrahlröhre (82.2)) das Bild mit einem Elektronenstrahl, der einen fluoreszierenden Bildschirm abtastet. Der Artikel behandelt detailliert die Merkmale des Systems und seiner Komponenten, enthält Abbildungen der Geräte und präsentiert Beispiele der übertragenen Bilder.

Im Spiegel der Zeit:
Elektromechanische Systeme zur Bildübertragung wurden in den 1880er-Jahren von LeBlanc, Lucas und Nipkow vorgeschlagen und 1925 von Baird gebaut (82.3). 1908 behauptete Campbell-Swinton, ein vollelektronisches Fernsehsystem könne mittels abgelenkter Elektronenstrahlen sowohl in der Kamera (Abtasten der Bilder) als auch im Wiedergabegerät (Bilderzeugung auf der Bildröhre) gebaut werden (82.4). Farnsworth (82.5) und Zworykin (82.6) erfanden das elektronische Fernsehen fast gleichzeitig. RCA nahm sein System 1932 erstmals in Betrieb (82.7). Basierend auf seinen Erfahrungen mit der Fernsehforschung entwarf Zworykin das erste Rasterelektronenmikroskop (82.8) und Lesehilfen für Blinde (82.9). Ab Anfang der 1950er-Jahre wurde auch die visuelle Auswertung von Röntgenbildern durch die Bildverstärker erheblich erleichtert (82.10). 1949 führte man Videoaufnahmen in den Chirurgieunterricht ein (82.10). Die klinische Überwachung von Patienten wurde in den 1960er-Jahren Realität, als dank der großen öffentlichen Verbreitung des Fernsehens die Kosten für die Einzelteile sanken. Obwohl heute Flüssigkristallbildschirme (82.11) und Plasmabildschirme (82.12) bevorzugt werden, wenn Kompaktheit, sehr hohe Auflösung oder niedriger Energieverbrauch gefragt sind, sind herkömmliche Fernseher nach wie vor Standard bei der klinischen Patientenüberwachung oder beim Verfolgen medizinischer Eingriffe in Echtzeit.

82.1 Zworykin VK, Morton GA. *Television. The electronics of image transmission.* New York: J. Wiley, 1940.
82.2 Braun F. Ueber ein Verfahren zur Demonstration und zum Studium des zeitlichen Verlaufes variabler Ströme. *Ann Phys Chem* 1897; 60:552.
82.3 Dinsdale A. *Television.* London: Sir I. Pitman & Sons, 1926.
82.4 Campbell-Swinton AA. Distant Electric Vision. *Nature* 1908; 78:151. Siehe auch Ref. 82.1, S. 225.
82.5 Farnsworth PT. *Television system.* US Patent 1773980 1930 (eingereicht 1927). Siehe auch Ref. 82.1, S. 230.
82.6 Zworykin VK. *Television system.* US Patent 2141059 1938 (eingereicht 1923).
82.7 Zworykin VK. Description of an experimental television system and the kinescope. *Proc IRE* 1933; 21(12):1655.
82.8 Siehe Ref. 83.7.
82.9 Zworykin VK, Flory LE, Pike WS. *Research on reading aids for the blind.* J Frankl Inst, Mai 1949, S. 483.
82.10 Zworykin VK. Television techniques in biology and medicine. In: *Adv Biol Med Phys. Vol. V.* Lawrence JH, Tobias CA (Hrg.). New York: Academic Press, 1957.
82.11 Siehe Ref. 80.9 und Ref. 80.10.
82.12 Bitzer DL, Slottow HG. *Principles and Applications of the Plasma Display Panel.* Proc. 1968 Microelectr Symp IEEE. St Louis 1968.

82:5

Modell eines 1906 in Deutschland gebauten frühen Fernsehempfängers mit einer Kathodenstrahlröhre, die 1897 von Ferdinand Braun (1850–1918) erfunden wurde.

Funktionsdiagramm der „distant electric vision", des ersten rein elektrischen Fernsehsystems, das 1908 von A. Campbell-Swinton entworfen wird.

Philo Farnsworth (1906–1971) neben seinem Fernsehapparat. 1927 reicht er eine Patentanmeldung über die Erfindung einer „Dissector"-Röhre für die elektronische Bilderzeugung ein. Acht Jahre später spricht man ihm die Priorität der Erfindung des elektronischen Fernsehens zu.

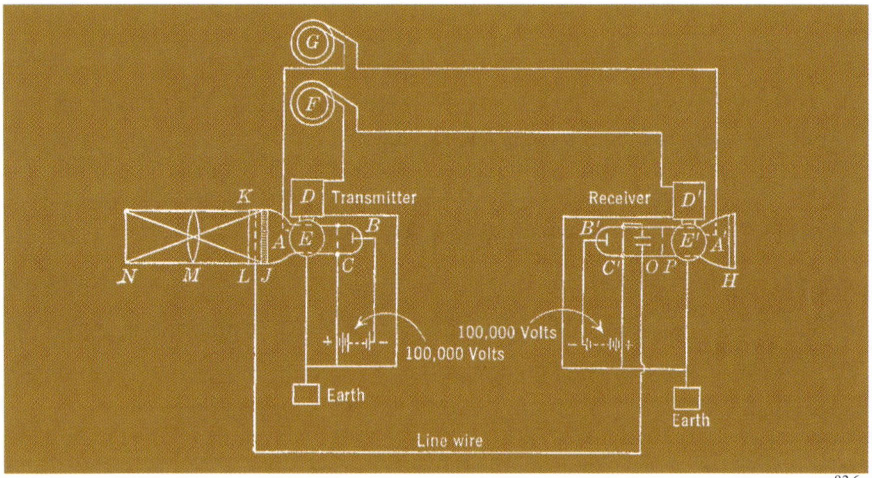

82:6

82:7

82:8

82:9

82:10

Titelblatt der Erstausgabe des ersten Fernsehmagazins, das 1928 erscheint.

Wohlbekannte Disney Figur, die das experimentelle Fernsehsystem 1931 überträgt, und Gehäuse des Fernsehempfängers von Abbildung 82:2. Der Spiegel im Deckel ermöglicht dem Zuschauer den Blick auf den Bildschirm des Fernsehers („Kineskops").

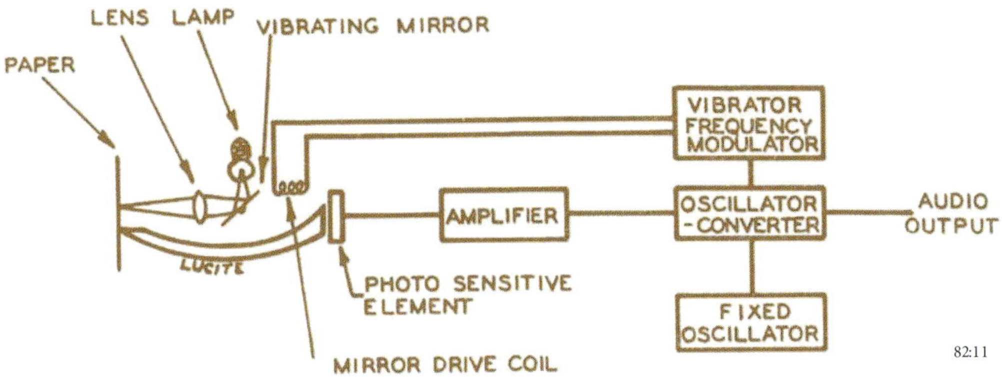

82:11

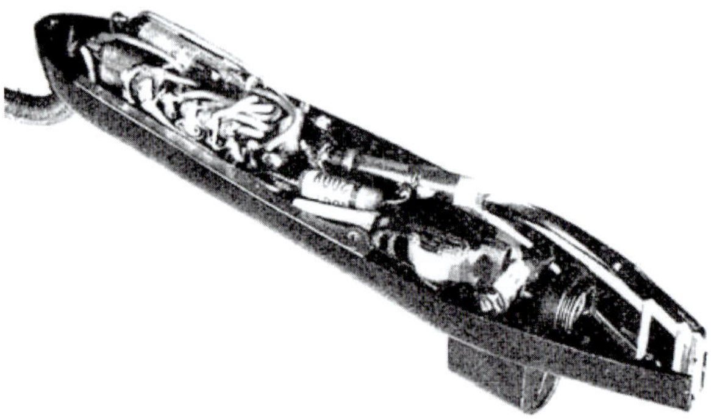

82:12

1949 entwickelt Vladimir Zworykin (1889–1982) ein Lesegerät für Blinde. Dabei nutzt er optische Abtastung und elektronische Signalverarbeitung. Abgebildet sind der Abtastkopf, sein Funktionsprinzip und die stattliche elektronische Ausrüstung, die zur Buchstabenerkennung benötigt wird. Außerdem enthält das System einen Tonerzeuger, der die Buchstaben artikulieren kann.

82:13

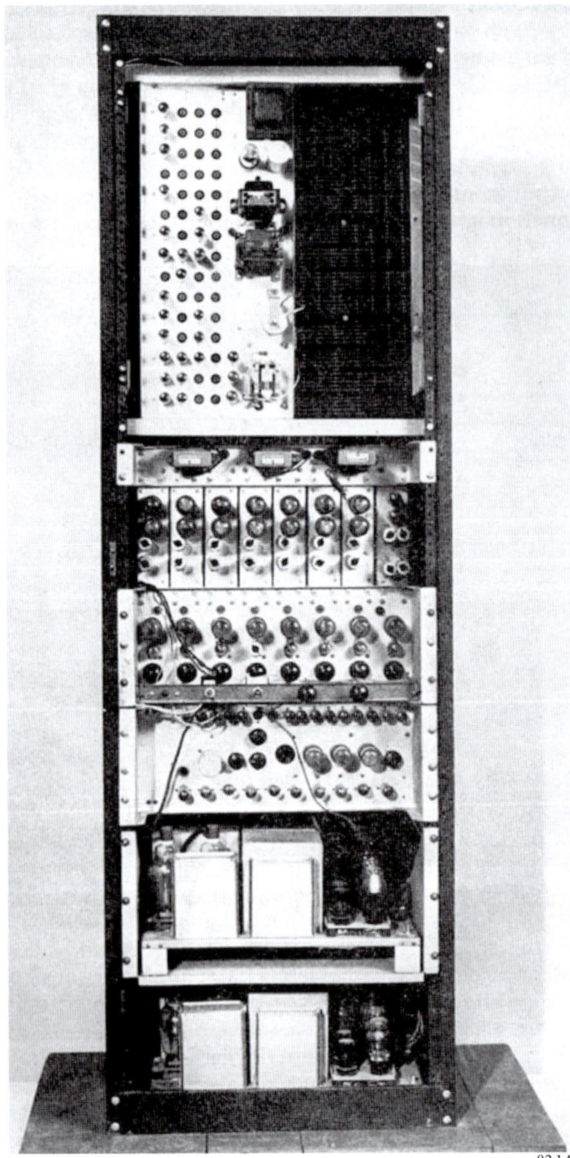

82:14

82:15

Bausteine und Einrichtung eines Fernsehsystems zur Fluoroskopie Mitte der 1950er-Jahre.

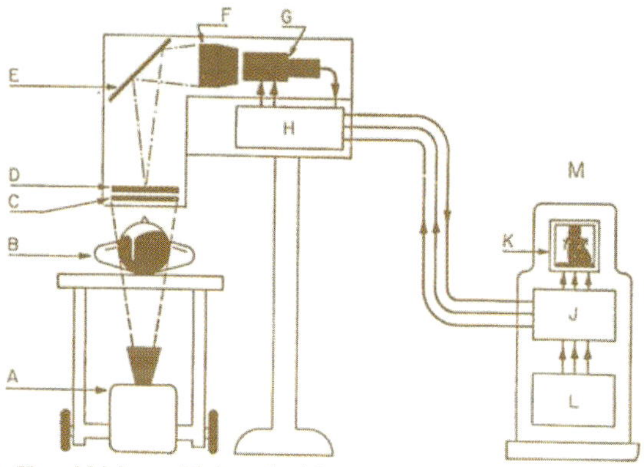

FIG. 33. Use of high-sensitivity television system for fluoroscopy (A, X-ray tube; B, patient; C, wafer grid; D, fluorescent screen; E, mirror; F, lens; G, image orthicon; H, preamplifier; K, viewing screen; J, amplifier; L, sweep generator)

82:16

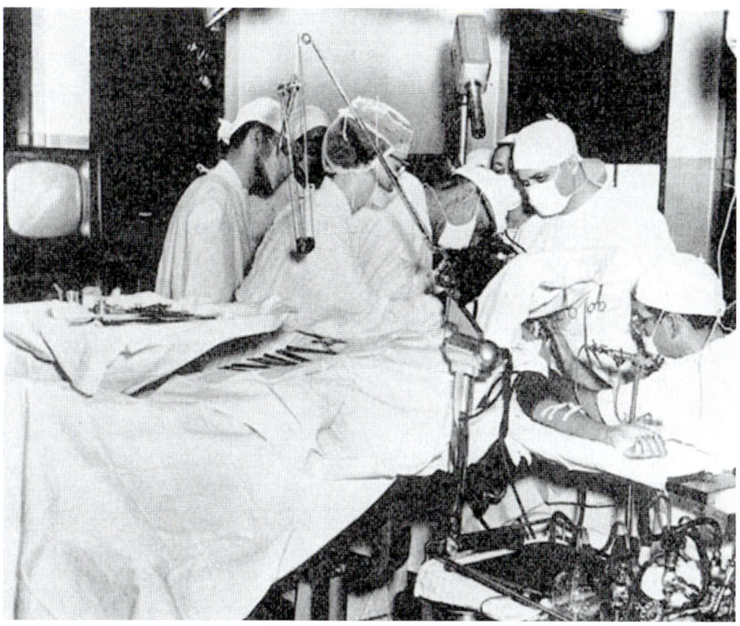

82:17

1949 werden Fernseher erstmals im Chirurgieunterricht eingesetzt. Das Bild zeigt, wie ein Fernsehauge Mitte der 1950er-Jahre in Pittsburgh die Fensterung eines Ohrs aufzeichnet.

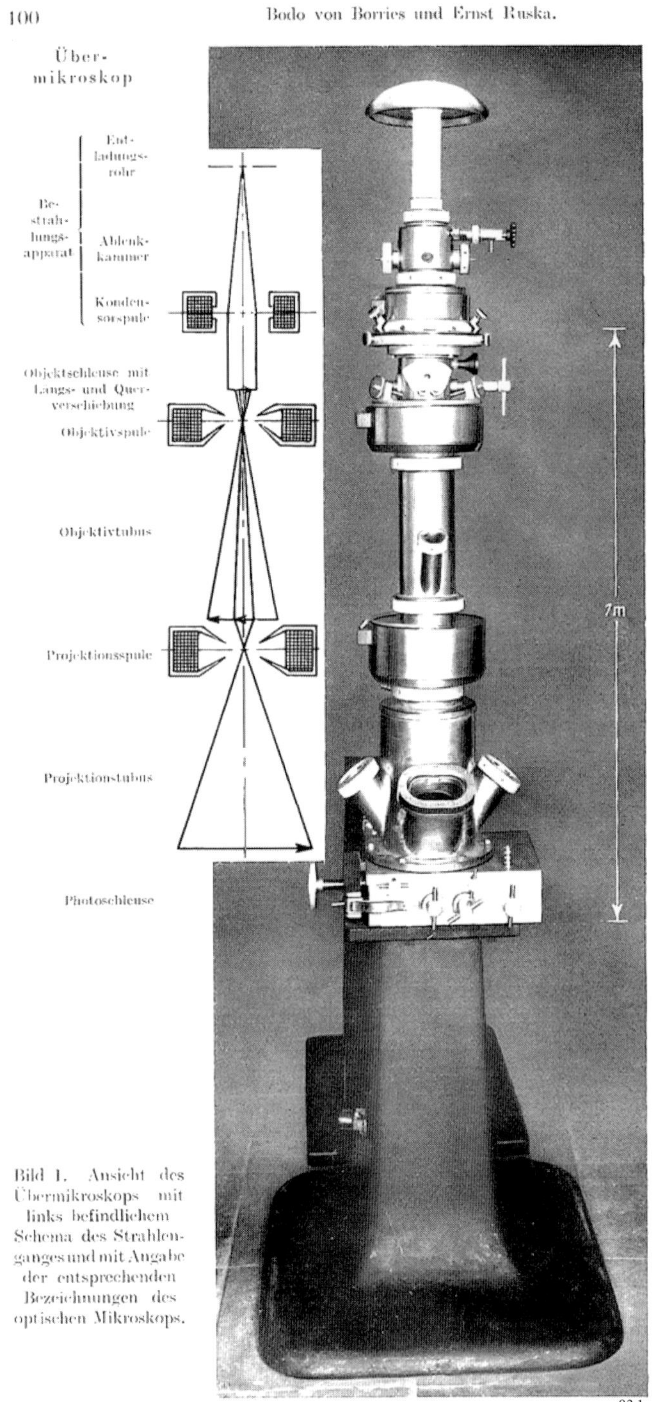

83:1

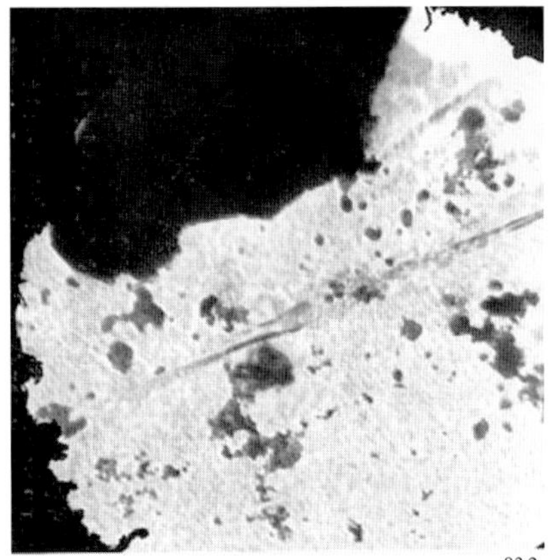
83:2

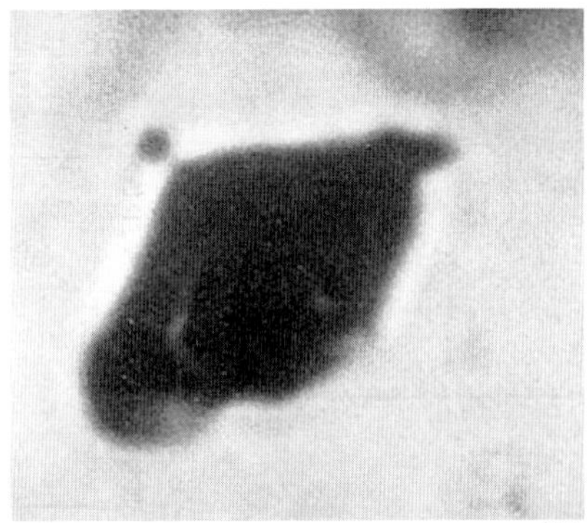
83:3

Der erste Prototyp eines Elektronenmikroskops mit etwa 30 000-facher Vergrößerung, das 1938 in Serie geht. Links werden die Funktionsteile im Vergleich zu den analogen Elementen eines optischen Mikroskops erläutert. Die obigen Fotografien zeigen den direkten Vergleich zwischen dem mit einem optischen Mikroskop (unten) und einem Elektronenmikroskop erstellten Bild eines dünnen Films aus kolloidalen Silberpartikeln.

Ernst Ruska

83:4

Ernst Ruska

Ruska kam 1906 in Heidelberg zur Welt. Er schloss seine technische Ausbildung bei Brown Boveri sowie Siemens & Halske ab und studierte ab 1927 an der Technischen Hochschule Berlin. Als Student forschte er über Kathodenstrahloszillographen und erfand eine leistungsstarke magnetische Linse zur Fokussierung von Elektronenstrahlen (83.1). Nach der Promotion arbeitete er bei der Berliner Fernseh AG an Fernsehempfängern und lichtelektrischen Zellen. Nach drei Jahren kehrte er jedoch zu Siemens & Halske zurück, um am neu gegründeten Labor für Elektronenoptik das „Übermikroskop" zu bauen. Von 1955 bis zu seiner Pensionierung 1974 leitete er das Institut für Elektronenmikroskopie am Fritz-Haber-Institut in Berlin. Zwei Jahre vor seinem Tod 1988 erhielt er den Nobelpreis für Physik.

Vorläufige Mitteilung über Fortschritte im Bau und in der Leistung des Übermikroskopes.

Wiss Veröffent a d Siemens-Werken. Berlin: Springer, 1938, 17:99.

Gemeinsam mit von Borries präsentiert Ruska vorläufige Ergebnisse, die sie mit dem Prototyp eines Elektronenmikroskops mit einer Auflösung von etwa 10^{-5} m bei 80 kV erzielt haben. Die Leistung des Instruments dokumentieren beispielsweise Bilder von Bakterien mit 20 400-facher Vergrößerung. Die bis zu 30 000-fache Vergrößerung wird ermöglicht durch ein besseres Design und die Verwendung von Materialien mit geeigneteren magnetischen Eigenschaften als bei früheren Labormodellen (83.2). Die Autoren sagen voraus, dass mit einer verbesserten Gestaltung der magnetischen Linsen und einer stabileren Elektronik weitere bedeutende Fortschritte zu erwarten seien.

Im Spiegel der Zeit:

De Broglies Idee, dass Partikel wie Wellen zu behandeln seien (83.3), und die darauf folgende Entwicklung der Quantenphysik boten die Grundlage für viele technische Fortschritte der 1930er-Jahre, wie etwa das Elektronenmikroskop. 1934 nutzte Marton als Erster die Elektronenmikroskopie, um biologische Proben zu untersuchen (83.4). Ein Jahrzehnt später erlaubten verbesserte Probenpräparationsverfahren allgemeinere Anwendungen des Instruments bei biomedizinischen Problemen (83.5). 1938 arbeitete von Ardenne mit dem ersten Raster-Transmissionselektronenmikroskop (STEM) (83.6) und vier Jahre später erfand Zworykin das Rasterelektronenmikroskop (SEM) (83.7). In den 1950er-Jahren verbesserten Oatley und seine Studenten nach und nach das SEM-Design (83.8) und dank der Fortschritte in der Detektortechnologie (83.9) wurden 1965 die ersten kommerziellen Geräte produziert (83.10). Heute gibt es weltweit über 50 000 SEMs, die Strukturen und Topographien bis hin zu Dimensionen von etwa $25{,}10^{-10}$ m sichtbar machen. TEMs können eine zehnmal bessere Auflösung haben und erlauben Ansichten auf tatsächlich atomarer Ebene. Heute kann die jeweilige Zusammensetzung der Probe auch von zugeschalteten Instrumenten bestimmt werden, die die von der Interaktion zwischen Elektronenstrahl und Objekt erzeugten sekundären Signale analysieren. Sowohl SEM- als auch TEM-Verfahren sind grundlegende Werkzeuge der biomedizinischen Forschung (83.11).

83.1 Ruska E, Knoll M. Die magnetische Sammelspule für schnelle Elektronenstrahlen. *Z techn Phys* 1931; 12:389 und S. 448. Siehe auch Ref. 64.9.

83.2 Knoll M, Ruska E. Beitrag zur geometrischen Elektronenoptik I und II. *Ann Phys* 1932; 12:607 und S. 641.

83.3 De Broglie L. *Recherches sur la théorie des quanta. Thèse*. Paris: Masson & Cie, 1924.

83.4 Marton L. Electron microscopy of biological objects. *Phys Rev* 1934; 46(2):527. Siehe auch Ref. 83.5, S. 501.

83.5 The Beginnings of Electron Microscopy. In: *Advances in Electronics and Electron Physics*. Hawkes PW (Hrg.). Academic Press, 1985, S. 167 und S. 43.

83.6 von Ardenne M. Das Elektronen-Rastermikroskop. *Z Phys* 1938; 109:553. Siehe auch Ref. 83.5, S. 1.

83.7 Zworykin VK, Hillier J, Snyder RL. A scanning electron microscope. *ASTM Bull* 1942; 117:15.

83.8 Oatley CW. *The Scanning Electron Microscope*. Cambridge: Cambridge University Press, 1972. Siehe auch Ref. 83.5, S. 443.

83.9 Everhart TE, Thornley RF. Wide-band detector for micro-microampere low-energy electron currents. *J Sci Instrum* 1960; 37:246.

83.10 Stewart AD, Snelling MA. A new scanning electron microscope. *Proc 3rd Eur Conf Electron Microscopy Prague* 1965, S. 55.

83.11 *Electron Microscopy in Medicine and Biology*. Gupta PD, Yamamoto H (Hrg.). Science Publ. Inc., 2000.

Im allerersten Bericht über die Elektronenmikroskopie von 1932 dargestellte Visualisierung von Elektronenstrahlen, die ähnlich wie optische Strahlen manipuliert werden.

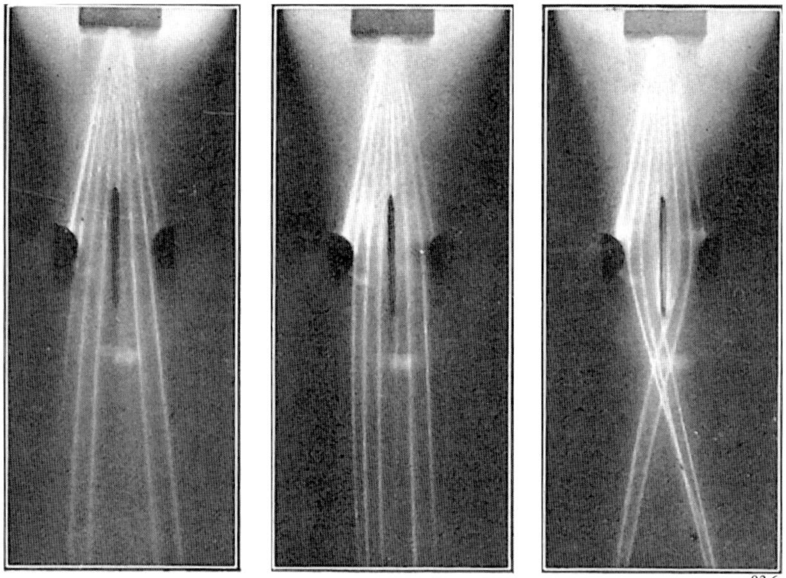

83:6

83:5

83:7

1934 ist Ladislaus Marton (1901–1979) der Erste, der die Elektronenmikroskopie zur Untersuchung einer biologischen Probe nutzt. Hier sieht man sein Mikroskop sowie das erste von ihm erstellte Elektronenmikrogramm einer bakteriologischen Probe aus dem Jahre 1937.

83:8

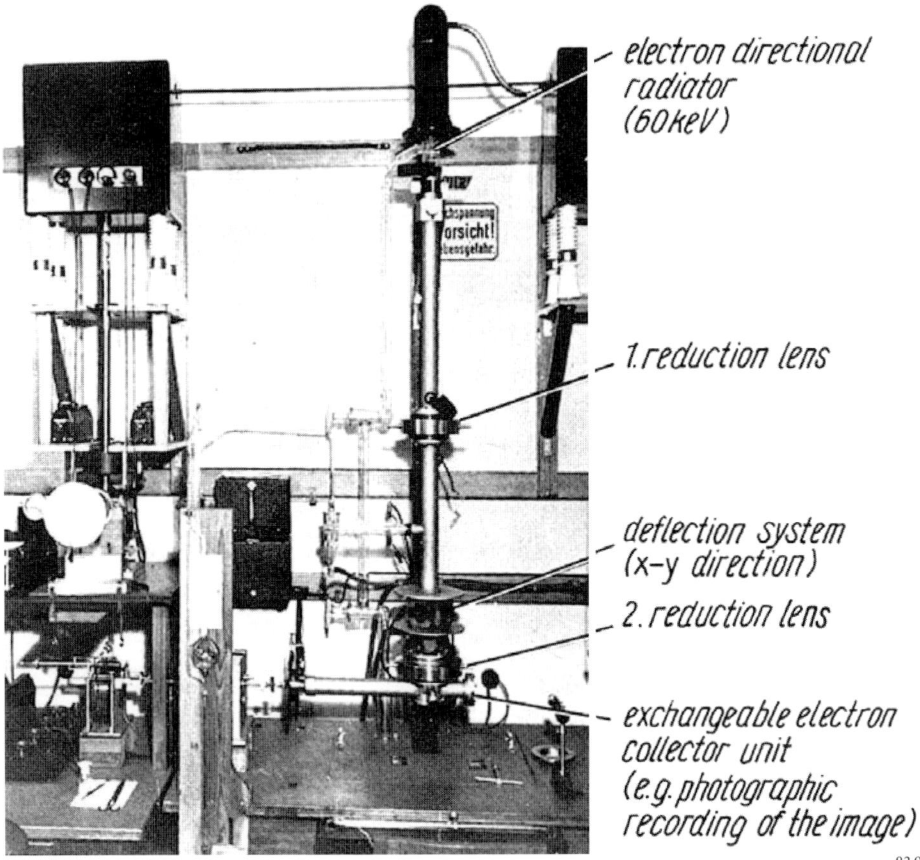

83:9

83:10

Manfred von Ardenne (1907–1997) baut 1938 das erste Raster-Transmissionselektronenmikroskop (oben). Zwei Jahre später erstellt er die ersten stereoskopischen Aufnahmen mit diesem Gerät.

Das erste kommerzielle, in Serie produzierte Elektronenmikroskop wird 1939 von der Siemens AG auf den Markt gebracht.

1942 erfindet Vladimir Zworykin (1889–1982) das Rasterelektronenmikroskop. Abgebildet sind hier das Blockdiagramm, die Instrumente und die Aufnahme einer geätzten Nickeloberfläche bei einer Auflösung von etwa 500 Å.

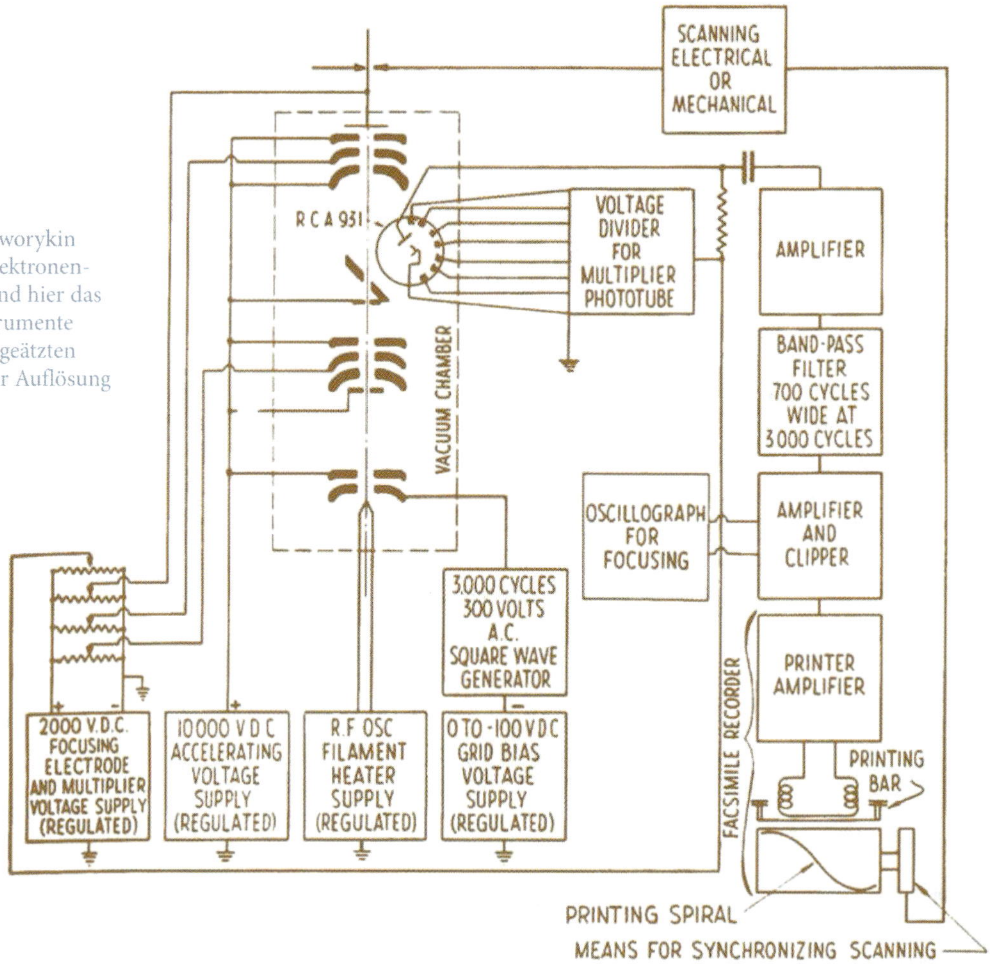

83:11

83:12

83:13

Ein großer Fortschritt in der Präparation biomedizinischer Proben für die Elektronenmikroskopie ist die Entwicklung des Ultramikrotom-Verfahrens zu Beginn der 1950er-Jahre, mit dem sich ultradünne (20–100 Å) Schnittserien von kunstharzeingebetteten oder gefrorenen Proben gewinnen lassen. Die Bilder zeigen das Gerät und den Querschnitt durch die Fotorezeptoren des Facettenauges einer Motte – einer schwierig zu präparierenden Probe.

83:14

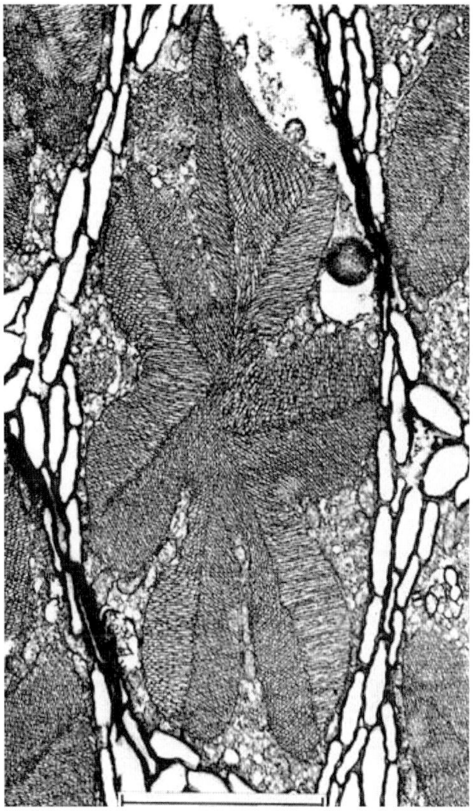

83:16

83:15

83:17

Charles Oatley (1904–1996) leitet ein Forschungsteam in Cambridge, das fast 20 Jahre lang beharrlich die Technologie der Rasterelektronenmikroskopie vorantreibt. 1965 wird ihre Arbeit mit der Einführung des ersten kommerziell produzierten Geräts, des Stereoscans, belohnt. Auf dem Bild ist der Prototyp dieses Instruments von 1964 zu sehen.

151. A NEW FORM OF CHROMATOGRAM EMPLOYING TWO LIQUID PHASES

1. A THEORY OF CHROMATOGRAPHY

2. APPLICATION TO THE MICRO-DETERMINATION OF THE HIGHER MONOAMINO-ACIDS IN PROTEINS

By A. J. P. MARTIN and R. L. M. SYNGE

From the Wool Industries Research Association, Torridon, Headingley, Leeds

(*Received 19 November 1941*)

Introduction

In most forms of counter-current extraction column the very small drop required for the rapid attainment of equilibrium, and hence for high efficiencies, cannot be used owing to the difficulty of preventing it moving in the wrong direction. In the case of a solid, however, for any reasonable size of particle a filter will prevent movement in any undesired direction. Consideration of such facts led us to try absorbing water in silica gel etc., and then using the water-saturated solid as one phase of a chromatogram, the other being some fluid immiscible with water, the silica acting merely as mechanical support. Separations in a chromatogram of this type thus depend upon differences in the partition between two liquid phases of the substances to be separated, and not, as in all previously described chromatograms, on differences in adsorption between liquid and solid phases.

The difficulties of using chromatograms are very greatly lessened when the substances to be separated are coloured, or if colourless can be made visible. Various methods have been used for this [cf. Zechmeister & Cholnoky, 1936; Cook, 1941], though none of these was suitable for our problems. As the substances which we desired to separate were acids, and water was one of our phases, we were able to obtain visual evidence of the presence of any of these acids by adding a suitable indicator to the water with which the gel was saturated.

In the present paper we present an approximate theory of chromatographic separations, and describe an application of the new chromatogram to the micro-determination of the higher monoamino-acids in protein hydrolysates. This method is based on the partition of acetamino-acids between chloroform and water phases, and supersedes the macro-method described by us [Martin & Synge, 1941, 1], being rapid and economical both of materials and of apparatus.

Work is in progress, using ethyl acetate as the less polar phase in the chromatogram, on the separation of the acetyl derivatives of most of the other naturally occurring amino-acids, and the method promises also to be of use in analogous separations of simple peptides.

We wish to stress, however, that the possible field of usefulness of the new chromatogram is by no means confined to protein chemistry. By employing suitable phase pairs, many other substances should be separable. Where water is suitable as one of the phases, an indicator may be used to render visible the separation of organic acids or bases. Even where this is not possible, as with

84:1

Einleitung des wegweisenden Artikels von Archer Martin (1910–2002) und Richard Synge (1914–1994) über die Verteilungschromatographie, wie sie heute genannt wird. Er liefert die Grundlage für eines der häufigsten Analyseverfahren in der Biomedizin.

Archer J. P. Martin

84:2

Archer J. P. Martin

Martin wurde 1910 in London geboren. 1929 immatrikulierte er sich mit dem Ziel, Chemieingenieur zu werden, an der Universität Cambridge, spezialisierte sich aber schließlich auf Biochemie. Nach dem Examen 1932 arbeitete er am Dunn Nutritional Laboratory, wechselte jedoch nach sechs Jahren zu Wool Industries Research Association in Leeds. Hier entwickelte er in Zusammenarbeit mit Synge das Verfahren der Verteilungschromatographie. 1952 wurde Martin Leiter der Abteilung für Physikalische Chemie am National Institute of Medical Research und erhielt im selben Jahr gemeinsam mit Synge den Chemienobelpreis. Martin starb 2002.

A New Form of Chromatogram Employing Two Liquid Phases. 1. A Theory of Chromatography. 2. Application to the Micro-Determination of the Higher Monoamino-Acids in Proteins.

Biochem J 1941; 35:1358.

Martin und Synge präsentieren eine Theorie über chromatographische Trennungen anhand der Vorstellung des „theoretischen Bodens" und zeigen, dass ein Chromatogramm, bei dem die Verteilung gelöster Stoffe zwischen zwei flüssigen Phasen, einer mobilen (Chloroform) und einer stationären (Wasser), erfolgt, eine 500-mal höhere Trenneffizienz als die besten Extraktions- und Destillationssäulen aufweist. Als stationäre Phase für die Trennung von Monoaminosäuren wird Kieselgel in mit Methylorange gefärbtem Wasser als Säulenfüllung verwendet. Es wird vermerkt, dass ein kleiner Partikeldurchmesser und hoher Druck in der Säule die Effizienz erhöhen. Außerdem wird auf die allgemeine Anwendbarkeit des Verfahrens bei geeigneten Phasenpaaren und die Tatsache hingewiesen, dass die „mobile Phase kein flüssiger Stoff sein muss, sondern auch ein Dampf sein kann".

Im Spiegel der Zeit:

Die Verteilungschromatographie verdrängte rasch die von Tswett eingeführten Absorptionsverfahren (84.1). Bei der 1944 erfundenen Papierchromatographie (84.2) wird die Trennung mithilfe zweier Lösungsmittel in senkrechter Richtung auf einem Blatt Papier erzielt, das als stationäre Phase dient. Dieses Verfahren wurde später durch die Dünnschichtchromatographie und mehrere Formen der Elektrophorese ersetzt (84.3). Die Größenausschlusschromatographie (SEC), bei der die Trennung aufgrund der Molekulargröße erfolgt, wurde 1959 eingeführt (84.4) und ist nach wie vor ein wichtiges Verfahren. Auf spezifischen Interaktionen zwischen biochemischen Verbindungen oder zwischen spezifischen Ionen beruhen die Affinitäts- und die Ionenaustauschchromatographie (IEC) (84.5). Neue Füllmaterialien und höherer Säulendruck (was bereits in dem zitierten Artikel als erstrebenswert genannt wurde) führten zur Hochleistungsflüssigkeitschromatographie (HPLC) (84.6). Die Gasflüssigkeitschromatographie (GLC), ebenfalls schon in der obigen Publikation angedacht, wurde von Martin erstmalig in seiner Nobelvorlesung angekündigt (84.7). Sie gehört heute zu den verbreitetsten Analyseverfahren weltweit. GLC mit trägerbeschichteten Kapillaren (SCOT-Säulen) (84.8) bietet eine sehr hohe Trenneffizienz bei kleinen Mengen. Gaschromatographie und Flüssigkeitschromatographie sind in Kombination mit Massenspektrometrie oder Infrarotspektroskopie sehr leistungsfähige Verfahren für die Trennung und Identifikation biomedizinischer Substanzen und Moleküle (84.9).

84.1 Siehe Nr. 73 Tswett S. 376.

84.2 Consden R, Gordon AH, Martin AJP. Qualitative Analysis of Proteins: A Partition Chromatographic Method Using Paper. *Biochem J* 1944; 38:224. Siehe auch Ref. 73.5, Ref. 73.6 und Ref. 73.7.

84.3 Ettre LS, Kalász H. The story of thin-layer chromatography. *LC*GC North America* 2001; 19:712.

84.4 Porath J, Flodin P. Gel filtration: A method for desalting and group separation. *Nature* 1959; 183:1657.

84.5 Sanger F. *The chemistry of insulin*. Nobelvorlesung, Stockholm 1958.

84.6 Ettre LS. Evolution of Liquid Chromatography: A Historical Overview. In: Horváth C (Hrg.). *High-Performance Liquid Chromatography*. Vol. I. New York: Academic Press, 1980.

84.7 Martin AJP. *The development of partition chromatography*. Nobelvorlesung, Stockholm 1952.

84.8 Bente PF, Zenner EH, Dandeneau RD. *Silica chromatographic column*. US Patent 4 293 415 1981.

84.9 *A Century of Separation Science*. Issaq HJ (Hrg.). New York: M. Dekker, 2002. Siehe auch Nr. 79 Aston S. 406 und Nr. 97 Wagner/West S. 504.

Qualitative Analysis of Proteins: a Partition Chromatographic Method Using Paper

By R. CONSDEN, A. H. GORDON and A. J. P. MARTIN, *Wool Industries Research Association, Torridon, Headingley, Leeds, 6*

(*Received* 13 *May* 1944)

Gordon, Martin & Synge (1943*b*) attempted to separate amino-acids on a silica gel partition chromatogram, but found it impracticable owing to adsorption by the silica of various amino-acids. They obtained, however, good separations by using cellulose in the form of strips of filter paper. Following further work along these lines, the present paper describes a qualitative micro-analytical technique for proteins. Using only 200 μg. of wool, it is possible by this method to demonstrate the presence of all the amino-acids which have been shown to be there by other methods.

The method is rather similar to the 'capillary analysis' method of Schönbein and Goppelsroeder (reviewed by Rheinboldt, 1925) except that the separation depends on the differences in partition coefficient between the mobile phase and water-saturated cellulose, instead of differences in adsorption by the cellulose. That adsorption of the amino-acids by the cellulose plays no significant part is seen from Table 1, where the partition coefficient calculated from the rates of movement of the bands are compared with those found directly by England & Cohn (1935). Too much stress should not be laid upon the agreement of these figures, which are based upon an assumed water content of the saturated cellulose and the assumption that the ratio of the weight of n-butanol to paper is constant in all parts of the strip. This assumption does not hold accurately. Nevertheless, the conclusion seems justified that the cellulose is playing the role of an inert support.

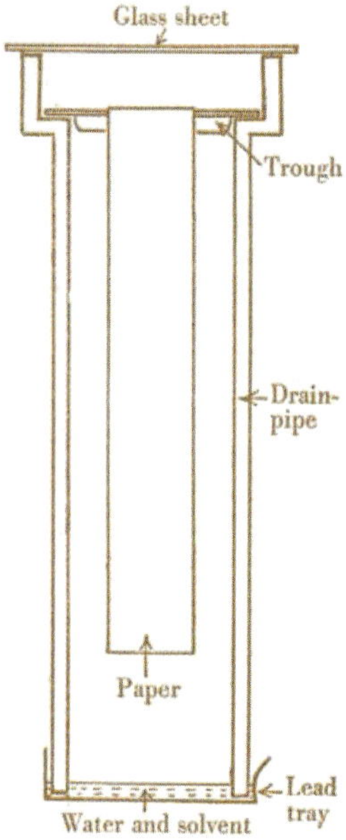

Fig. 3. Elevation of small trough in drain-pipe.

84:3

84:4

Two-dimensional chromatogram of a wool hydrolysate (180 μg.) on Whatman no. 1 sheet. Hydrolysate applied at circle. Run with collidine for 3 days in direction *AB*, then in direction *AC* with phenol for 27 hr. in an atmosphere of coal gas and NH_3 (produced from a 0·3 % NH_3 solution). The filter employed in photographing renders the yellow proline spot scarcely visible. (Photography by J. Manby, photographer to the University of Leeds.)

84:4

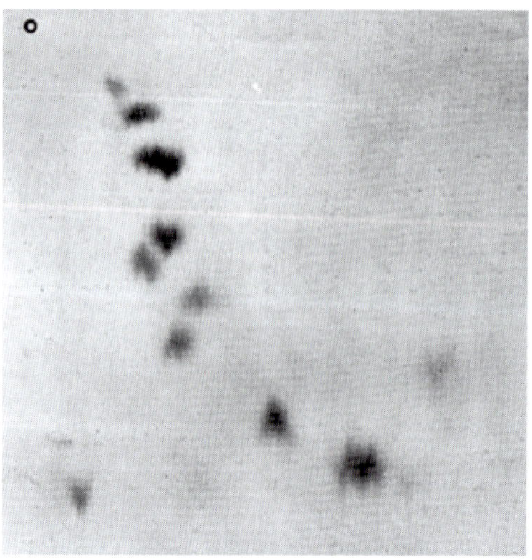

84:4

Dieser Artikel von 1944 beschreibt das moderne Verfahren der Papierchromatographie. Hier sind ein Nutzungsbeispiel und eine Zeichnung des einfachen verwendeten Geräts abgebildet. Später spielt die Papierchromatographie eine wichtige Rolle in der Entwicklung der Molekularbiologie, insbesondere bei der Bestimmung der Aminosäurensequenz des Insulins. Zu den in der Artikeleinleitung erwähnten Arbeiten von Schönbein und Goppelsroeder siehe Nr. 73 und Nr. 77.

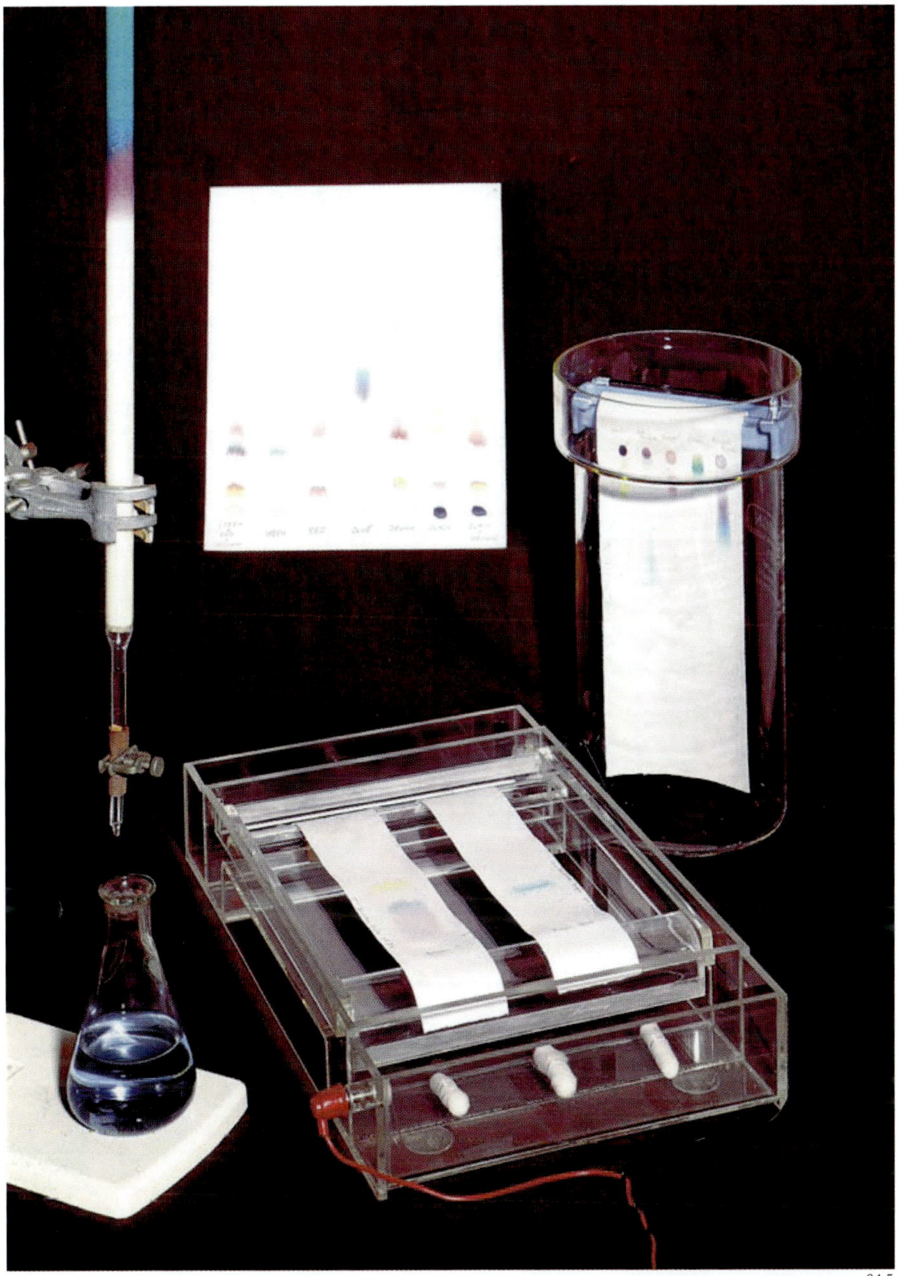

84:5

Chromatographiegerät mit Ausrüstung für die Papierchromatographie aus den späten 1940er-Jahren.

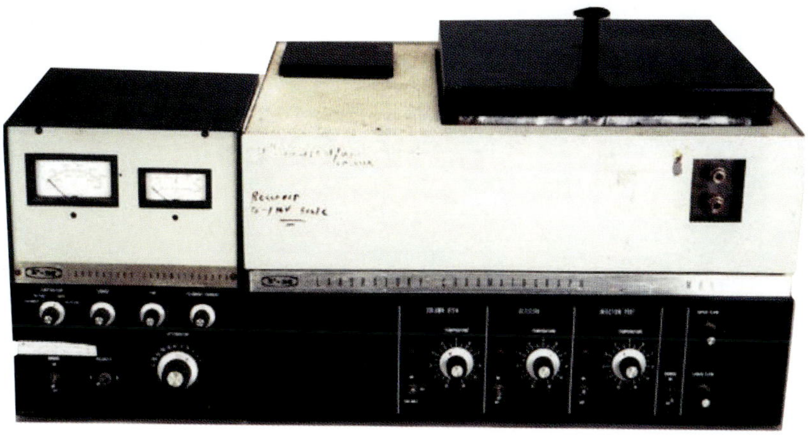

84:6

Bereits 1941 erkennt Martin, dass es äußerst sinnvoll sein kann, als mobile Phase in der Chromatographie Gas zu verwenden. Ernsthafte Arbeiten hierzu beschreibt er jedoch erst eher nebenbei in seiner Nobelvorlesung von 1952. Das Bild zeigt einen Gaschromatograph aus den frühen 1960er-Jahren.

85:1

1945 wird der ENIAC („Electronic Numerical Integrator and Computer") von John Presper Eckert (1919–1995) und John William Mauchly (1907–1980) gebaut. Er ist der erste große elektronische digitale Universalrechner. Mit einem Gewicht von 30 Tonnen und einem Stromverbrauch von 170 kW führt die Maschine 5000 Additionen und 300 Multiplikationen pro Sekunde durch. Wie die beiden Fotos zeigen, wird das Programm an einer Tafel auf Rollen eingerichtet, die durch den Raum geschoben wird.

85:2

John Presper Eckert, John William Mauchly

85:3–4

John Presper Eckert
John William Mauchly

Eckert kam 1919 in Philadelphia zur Welt. Sein Examen machte er 1941 an der Moore School of Electrical Engineering an der University of Pennsylvania. Als er dort lehrte, freundete er sich mit Mauchly an. Dieser, ein 1907 in Cincinnati geborener Physiker, interessierte sich für Wettervorhersagen und versuchte, die Kapazität von Rechenmaschinen zu verbessern. Er verfasste einen Entwurf für einen leistungsfähigen elektronischen Rechner (85.1), und mit der finanziellen Unterstützung der US-Armee gelang es ihm und Eckert, den ENIAC (Electronic Numerical Integrator and Computer) 1946 fertigzustellen. 1948 gründeten sie die Eckert-Mauchly Computer Corporation, die 1951 den ersten UNIVAC (Universal Automatic Computer) herstellte. Nach dem Verkauf des Unternehmens arbeiteten beide Männer als Direktoren in der von ihnen ins Leben gerufenen Computerindustrie. Mauchly starb 1980, Eckert überlebte ihn um 15 Jahre.

Description of the ENIAC and Comments on Electronic Digital Computing Machines.

National Defense Research Committee, 1945.

Co-Autoren dieser ersten Präsentation des ENIAC sind Brainerd, der Projektleiter, und Goldstein, der militärische Mentor des Projekts. Während Mauchly das Gesamtdesign übernimmt, ist Eckert mit seinen technischen Fertigkeiten sowie seinem Beharren auf einer hohen Fehlertoleranz bei jeder Komponente und auf einer Modulbauweise für ausreichende Funktionssicherheit verantwortlich. Von insgesamt fast 18 000 Vakuumröhren fallen täglich im Durchschnitt nur 20 aus, und diese lassen sich schnell finden und ersetzen. Der ENIAC wiegt 30 Tonnen und verbraucht 170 kW. Das Programm wird über Schalter eingestellt und die Maschine führt pro Sekunde 5 000 Additionen und 300 Multiplikationen durch.

Im Spiegel der Zeit:
1623 beschrieb Schickard eine mechanische Rechenmaschine, aber Pascal konstruierte das erste noch erhaltene Gerät (85.2). 1703 führte Leibniz die binäre Arithmetik ein (85.3) und 1854 entwickelte Boole die zweiwertige Algebra, die noch heute in allen Computerprogrammen verwendet wird (85.4). Etwa zur gleichen Zeit entwarf Babbage eine „analytische Maschine" (85.5) (85.6) mit vielen Merkmalen moderner Computer, doch es dauerte noch einmal 100 Jahre, bis Zuse, Stibitz und Aiken die ersten programmierbaren elektromechanischen Rechner bauten (85.6) (85.7). Bemerkenswerterweise blieb der ENIAC zehn Jahre in Gebrauch, obwohl der UNIVAC schon zwanzigmal schneller war. 1948 erfanden Bardeen und Brattain den Transistor (85.8) und zehn Jahre später entwarfen Kilby und Noyce den ersten integrierten Schaltkreis (85.9). Mit der Einführung des 4004-Mikroprozessorchips durch Intel 1971 wurde die dem ENIAC entsprechende Rechenleistung auf eine Oberfläche von 5 mm^2 übertragen. Mehrkanal-Cochlea-Implantate (85.10) und künstliche Sehsysteme (85.11) sind nur zwei der jüngeren Beispiele, bei denen hochentwickelte Mikroelektronik und Software sinnesbehinderten Patienten helfen können.

85.1 Mauchly JW. The use of high speed vacuum tube devices for calculating. In: *The Origins of Digital Computers: Selected Papers.* Randell B (Hrg.). Berlin: Springer, 1973, S. 329.
85.2 Pascal B. Œuvres. 5 Vols. 1779. Machine Arithmétique. Vol. 4. 1645, S. 7.
85.3 Leibniz GW. *Opera Omnia.* 6 Vols. 1768. Explication de l'arithmétique binaire. Vol. III. 1703, S. 390.
85.4 Boole G. *An investigation of the laws of thought, on which are founded the mathematical theories of logic and probabilities.* London 1854.
85.5 Menabrea LF. *Sketch of the Analytical Engine Invented by Charles Babbage.* London 1843.
85.6 Hook DH, Norman JM. *Origins of Cyberspace. A Library on the History of Computing, Networking, and Telecommunications.* Novato: historyofscience.com, 2001.
85.7 Ref. 85.6 liefert die Entstehungsgeschichte der ersten programmierbaren digitalen Universalrechner sowie eine Menge weiteres interessantes historisches Material bis 1990.
85.8 Bardeen J, Brattain WH. The Transistor, a Semi-Conductor Triode. *Phys Rev* 1948; 74(2):230.
85.9 Kilby JS. *Turning potential into realities: The invention of the integrated circuit.* Nobelvorlesung, Stockholm 2000.
85.10 Clark GM. Cochlear implants in the third millenium. *Am J Otol* 1999; 20:4.
85.11 Dobelle WmH. Artificial Vision for the Blind by Connecting a Television Camera to the Visual Cortex. *ASAIO J* 2000; 46:3.

85:5

Um 1623 wurde die erste mechanische Rechenmaschine von Wilhelm Schickard (1592–1635) entworfen, doch das erste bis heute erhaltene Gerät baute Blaise Pascal (1623–1662) im Jahre 1645. Hier sieht man Pascals Porträt und seine Zeichnung der Rechenmaschine.

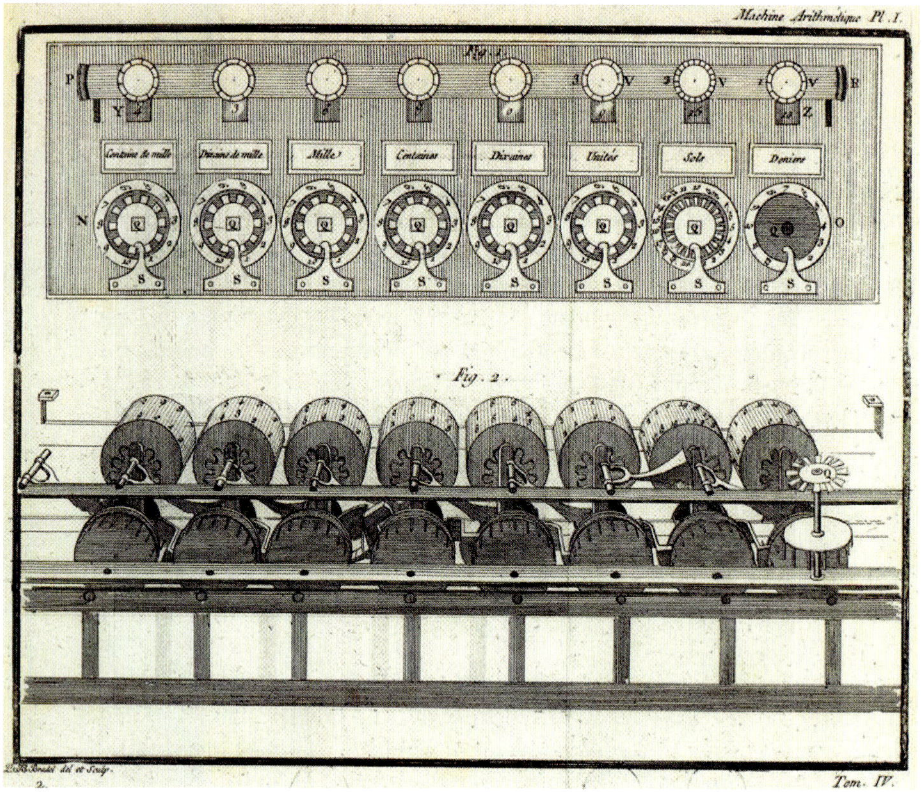

85:7

Wilhelm Leibniz (1646–1716) erfindet nicht nur eine mechanische Rechenmaschine für Multiplikationen, sondern entwickelt auch die Differentialrechnung und führt 1703 die binäre Arithmetik ein, die Grundlage sämtlicher von modernen Computern ausgeführter Berechnungen. Die ersten Seiten seiner bahnbrechenden Publikation sind hier wiedergegeben.

85:6

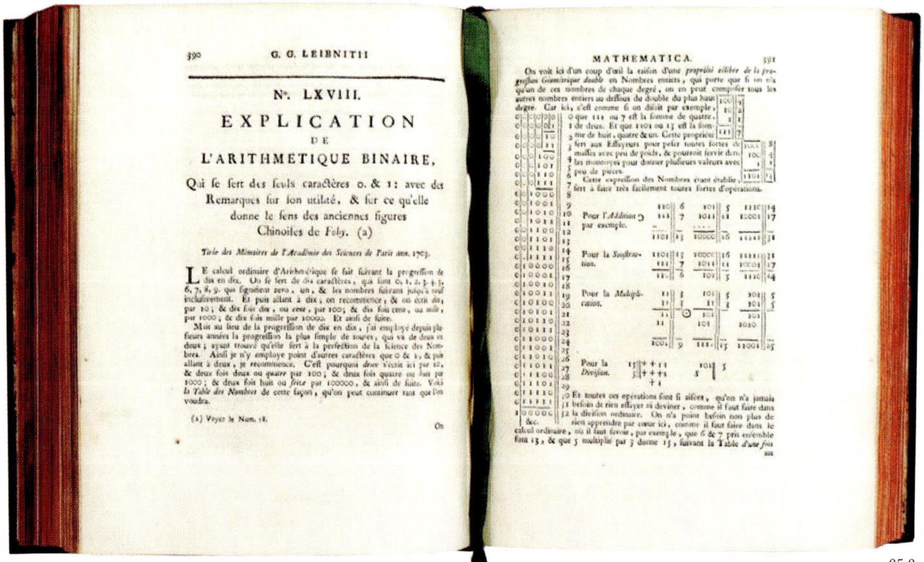

390 G. G. LEIBNITII

N°. LXVIII.

EXPLICATION DE L'ARITHMETIQUE BINAIRE,

Qui se sert des seuls caractères 0. & 1: avec des Remarques sur son utilité, & sur ce qu'elle donne le sens des anciennes figures Chinoises de Fohy. (a)

Tirée des Mémoires de l'Académie des Sciences de Paris ann. 1703.

LE calcul ordinaire d'Arithmétique se fait suivant la progression de dix en dix. On se sert de dix caractères, qui sont 0, 1, 2, 3, 4, 5, 6, 7, 8, 9, qui signifient zero, un, & les nombres suivans jusqu'à neuf inclusivement. Et puis allant à dix, on recommence, & on écrit dix, par 10; & dix fois dix, ou *cent*, par 100; & dix fois cent, ou *mille*, par 1000; & dix fois mille par 10000. Et ainsi de suite.

Mais au lieu de la progression de dix en dix, j'ai employé depuis plusieurs années la progression la plus simple de toutes, qui va de deux en deux; ayant trouvé qu'elle sert à la perfection de la Science des Nombres. Ainsi je n'y employe point d'autres caractères que 0 & 1, & puis allant à deux, je recommence. C'est pourquoi *deux* s'écrit ici par 10, & deux fois deux ou *quatre* par 100; & deux fois quatre ou *huit* par 1000; & deux fois huit ou *seize* par 10000, & ainsi de suite. Voici *la Table des Nombres* de cette façon, qu'on peut continuer tant que l'on voudra.

(a) Voyez le Num. 18.

On

MATHEMATICA. 391

85:8

85:9

85:10

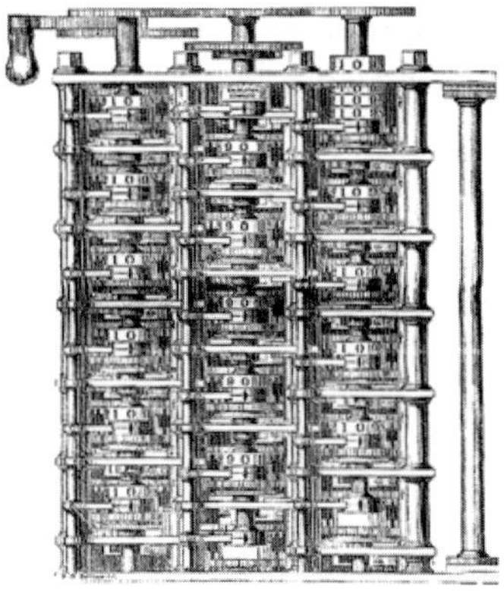
85:11

In den 1830er-Jahren baut Charles Babbage (1791–1871) mechanische Rechenmaschinen, deren Struktur und Konzeption modernen Computern verblüffend ähnlich sind. Nur Teile seiner Entwürfe sind der Nachwelt erhalten geblieben. Das Bild rechts zeigt einen Ausschnitt seiner Differenzmaschine Nr. 1 von 1832, das Bild in der Mitte ein Modell der „Mühle" und der Druckkomponenten seiner „Analytischen Maschine" aus den späten 1830er-Jahren.

Auf diesem Foto sieht man Helmut Schreyer (1912–1984) und Konrad Zuse (1910–1995) im Jahre 1936 bei der Arbeit an ihrem Z1-Computer. Der Z1 ist ein elektromechanisches Gerät und der erste digitale Computer der Welt.

85:13

85:12

Um 1940 baut John Atanasoff (1903–1995) einen elektronischen Digitalrechner. Das Gerät wird nie ganz funktionsfähig, beeinflusst aber Mauchly beim Entwurf der Struktur des ENIAC.

85:14

85:15

85:16

The Transistor, A Semi-Conductor Triode

J. Bardeen and W. H. Brattain
Bell Telephone Laboratories, Murray Hill, New Jersey
June 25, 1948

A THREE-ELEMENT electronic device which utilizes a newly discovered principle involving a semi-conductor as the basic element is described. It may be employed as an amplifier, oscillator, and for other purposes for which vacuum tubes are ordinarily used. The device consists of three electrodes placed on a block of germanium[1] as shown schematically in Fig. 1. Two, called the emitter and collector, are of the point-contact rectifier type and are placed in close proximity (separation ~.005 to .025 cm) on the upper surface. The third is a large area low resistance contact on the base.

The germanium is prepared in the same way as that used for high back-voltage rectifiers.[2] In this form it is an *N*-type or excess semi-conductor with a resistivity of the order of 10 ohm cm. In the original studies, the upper surface was subjected to an additional anodic oxidation in a glycol borate solution[3] after it had been ground and etched in the usual way. The oxide is washed off and plays no direct role. It has since been found that other surface treatments are equally effective. Both tungsten and phosphor bronze points have been used. The collector point may be electrically formed by passing large currents in the reverse direction.

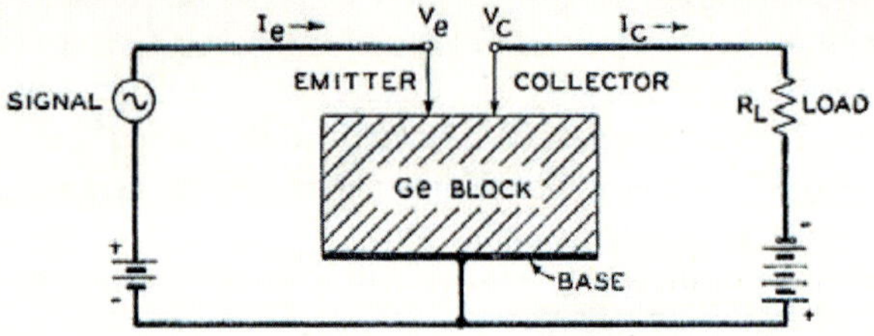

Fig. 1. Schematic of semi-conductor triode.

85:17

85:18

Mauchly (links) und Eckert an der Konsole eines UNIVAC I. Der UNIVAC (Universal Automatic Computer) ist etwa zwanzigmal schneller als der ENIAC. 1951 wird er von Eckert und Mauchlys Electronic Control Company herausgebracht.

Die erste allgemeine Einführung in die Computerprogrammierung von 1957.

Der Beginn des berühmten Artikels von John Bardeen (1908–1991) und Walter Brattain (1902–1987) über die Erfindung des Transistors.

Ein Jahrzehnt nach der Erfindung des Transistors baut Jack Kilby den ersten integrierten Schaltkreis. Es handelt sich um ein elektronisches Oszillatorsystem mit einer Größe von etwa 1,5×11 mm.

85:19

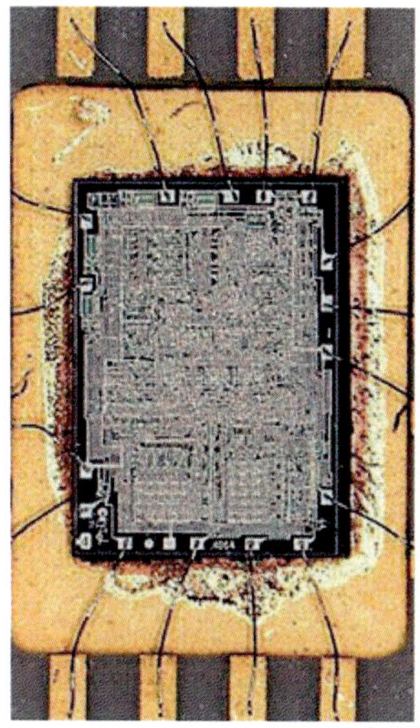

85:21

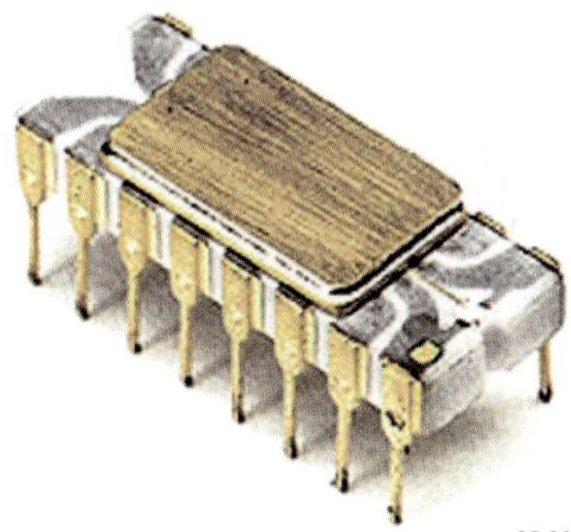

85:22

Schaltkreis (in zwei verschiedenen Vergrößerungen) des Intel 4004, des ersten produzierten Mikroprozessorchips. Als diese Zentraleinheit 1971 eingeführt wird, birgt sie eine dem ENIAC entsprechende Rechenleistung auf einer Oberfläche von 5 mm^2.

85:20

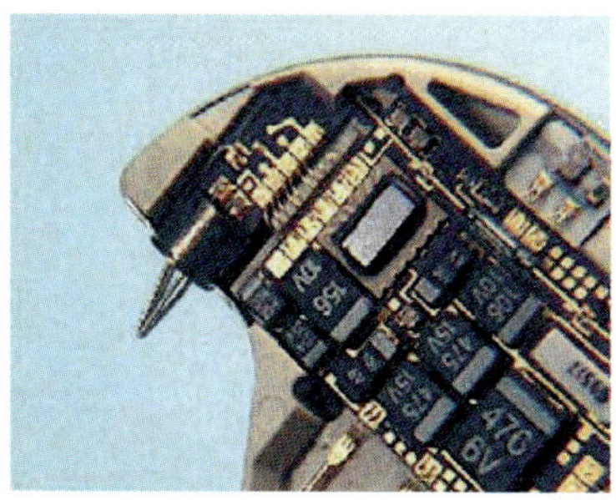

85:23

Zwei Anwendungsmöglichkeiten von Mikroelektronik und Mikroprozessoren in der modernen Medizin. Links die mikroelektronische Komponente eines äußerst komplexen Cochlea-Implantats und rechts ein Teil der Elektronik in einem hochentwickelten Herzschrittmacher.

86:1

86:2

Titelseite von Willem Kolffs (1911–2009) Dissertation, in der er detailliert Konstruktion und Anwendung einer neuen künstlichen Niere mit einer großen effektiven Oberfläche beschreibt. Hier sind das Funktionsprinzip des Apparats und ein Foto der ersten fertiggestellten Geräte zu sehen. Sie bestehen aus einer mit Cellophanschlauch umwickelten Trommel, die beim Drehen teilweise in Dialyseflüssigkeit getaucht wird. Obwohl die ersten 15 von Kolff behandelten Patienten an einer Harnvergiftung sterben, werden die Geräte und das Verfahren rasch als bedeutender Fortschritt erkannt.

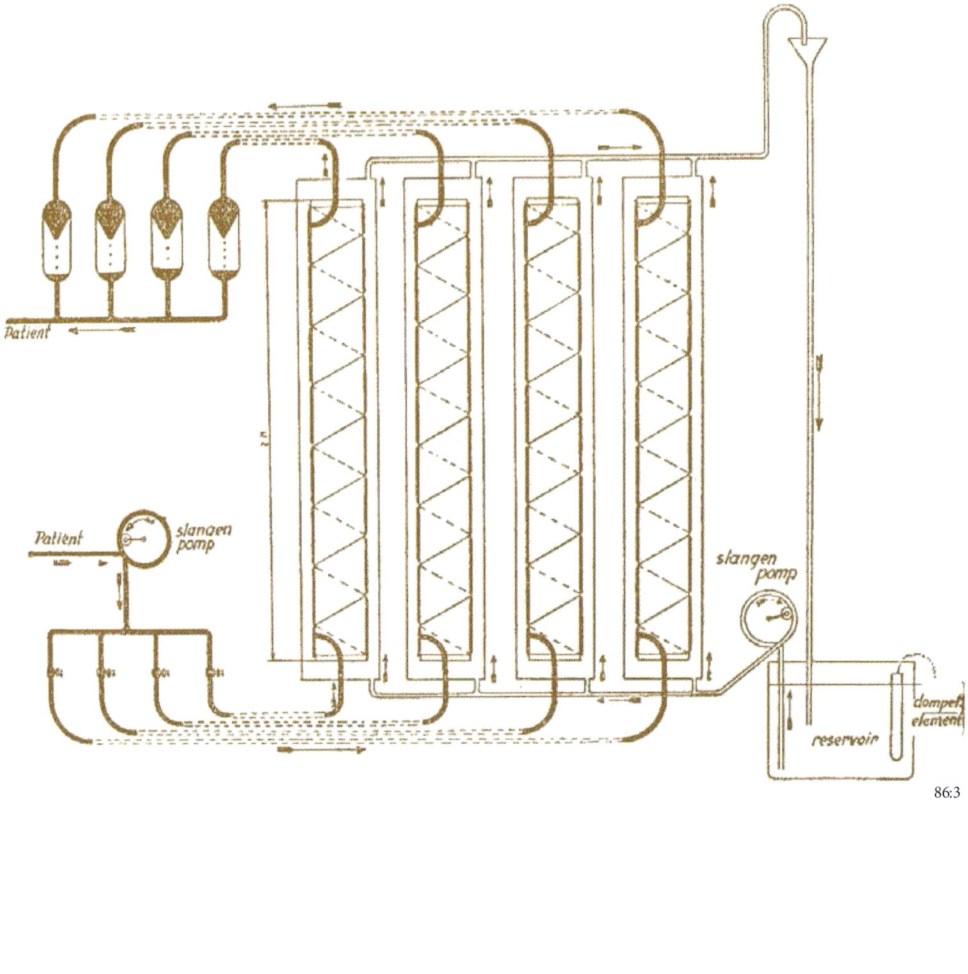

86:3

Willem Johan Kolff

Kolff wurde 1911 in Leiden geboren. Er beschloss, in die Fußstapfen seines Vaters zu treten und Arzt zu werden. Nach dem Medizinexamen an der Universität Leiden 1938 arbeitete er an der Universität Groningen. Wegen der Besetzung der Niederlande wechselte er jedoch 1940 ans Stadtkrankenhaus von Kampen, wo er 1943 die erste noch unausgereifte künstliche Niere entwickelte (86.1). 1946 promovierte er mit der unten genannten Dissertation und wurde 1950 Mitglied des Forschungsteams der Cleveland Clinic Foundation. 1967 ging Kolff an die University of Utah, wo er zum Professor für Chirurgie und Direktor des Instituts für Biomedizintechnik ernannt wurde. Diesen Posten behielt er bis zu seiner Pensionierung 1986 bei.

86:4

Willem Johan Kolff

De Kunstmatige Nier.

Kampen: Drukkerij Kok JH, 1946.

Kolffs Dissertation beschreibt detailliert den Aufbau der künstlichen Niere und liefert Fallbeschreibungen der ersten 15 Patienten, die zwischen März 1943 und Juli 1944 behandelt wurden. Das Dialysegerät besteht aus einer mit Cellophanschlauch umwickelten rotierenden Trommel, die teilweise in eine Dialyseflüssigkeit eintaucht. Zu den bei der Behandlung auftretenden Problemen gehören Blutungen aufgrund der Gabe von Heparin, Schwierigkeiten beim Anlegen der Kanülen, die Erhaltung unverletzter Gefäße und die Wiederherstellung eines ausgewogenen Elektrolythaushalts. Der Tod aller Patienten wird auf eine Harnvergiftung zurückgeführt und nicht dem Dialyseverfahren zugeschrieben.

Im Spiegel der Zeit:
Kolffs Werk beruhte auf Abels „Vividiffusionsverfahren" von 1931 (86.2), der 1908 erfolgten Entdeckung und anschließenden Entwicklung der Cellophanmembran (86.3) und dem neuen Gerinnungshemmer Heparin (86.4). Kolffs Dialysegerät erwies sich als erfolgreich und ließ die Spülung der Bauchhöhle (Peritonealdialyse) wiederaufleben (86.5), ein Behandlungsverfahren bei Harnvergiftung, das erstmals in den 1980er-Jahren einsatzfähig war, als man neu entwickelte Bauchhöhlenkatheter permanent in der Bauchhöhle belassen konnte. Heute sind sowohl synthetische als auch Cellulosemembranen für eine individuell abgestimmte Hämodialysetherapie verfügbar (86.6) und auch der Heparinspiegel lässt sich genau kontrollieren. Gibbon führte 1953 die erste Operation am offenen Herzen durch, doch bereits 1938 nutzte er die Membrantechnik, um venöses Blut mit Sauerstoff anzureichern (86.7). In jüngerer Zeit wurde die Extrakorporale Membranoxygenierung (ECMO) eingeführt, um die Herz-Lungen-Funktion, insbesondere bei der Intensivbetreuung von Neugeborenen, zu unterstützen (86.8). Kolff war beteiligt an der Entwicklung der Herz-Lungen-Maschine (86.9), von Geräten zur Unterstützung des Kreislaufs (86.10) und des Jarvik-7-Kunstherzens (86.11) (86.12), das 1982 erstmalig einem Menschen eingepflanzt wurde. Heute sind bei der Behandlung einer schweren Nieren- oder Kreislaufinsuffizienz Nieren- und Herztransplantationen attraktive Alternativen zur Verwendung künstlicher Organe.

86.1 Kolff WJ, Berk HJ. The Artificial Kidney: A Dialyzer with a Great Area. *Acta med Scand* 1944; 117:121.

86.2 Siehe Nr. 77 Abel S. 396, insbesondere Ref. 77.9. Siehe auch Ref. 63.3, Ref. 63.4 und Ref. 46.8.

86.3 Charch DH. *Moistureproof Material.* US Patent 1 737 187 1929 (eingereicht 1927).

86.4 Murray DWG et al. Heparin and the thrombosis of veins following injury. *Surgery* 1937; 2:163.

86.5 Kolff WJ. *New Ways of Treating Uraemia.* London: J & A Churchill Ltd, 1947.

86.6 Cheung AK, Leypoldt JK. The Hemodialysis Membranes: A Historical Perspective, Current Stage, and Future Prospect. *Seminars in Nephrology* 1997; 17(3):196.

86.7 Gibbon JH. An oxygenator with a large surface-volume ratio. *J Lab Clin Med* 1939; 24:1192.

86.8 Bartlett RH et al. Extracorporeal membrane oxygenation (ECMO) cardiopulmonary support in infancy. *Trans Am Soc Artif Intern Organs* 1976; 22:80.

86.9 Dubbleman CP. Attempts to Design an Artificial Heart-Lung Apparatus for the Human Adult (thesis). *Acta Physiol Parm Neerlandica* 1953; 2:1.

86.10 Kolff WJ. *Artificial Organs.* New York: John Wiley & Sons, 1976.

86.11 Jarvik RK. The Total Artificial Heart. *Scientific American* 1981; 244(1):74.

86.12 Kolff WJ. The Artificial Heart. *Encyclopedia of Human Biology.* Vol. I. Academic Press Inc, 1991, S. 386.

Nils Alwall (1904–1986) eröffnet 1947 die erste Spezialklinik für Dialyse. Er ist ein Pionier der Ultrafiltrationstechnik und führt das Prinzip der Hämofiltration ein. Das Bild rechts zeigt ihn um 1960 bei der Arbeit. Fünf Jahre später erfindet er den Plattendialysator, aus dem sich 1972 der erste Einwegdialysator ganz aus Kunststoff entwickelt (unten).

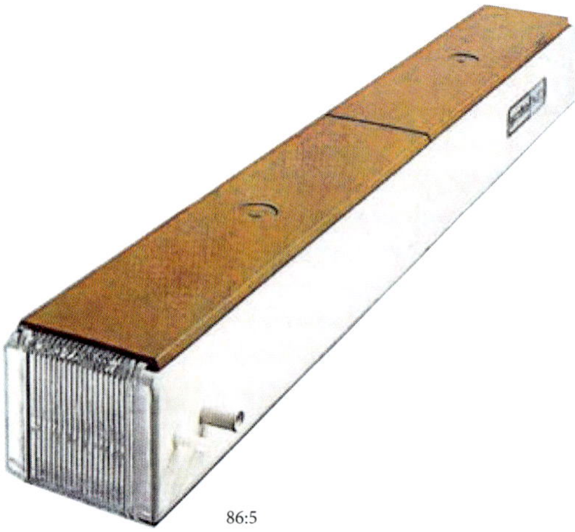

86:5

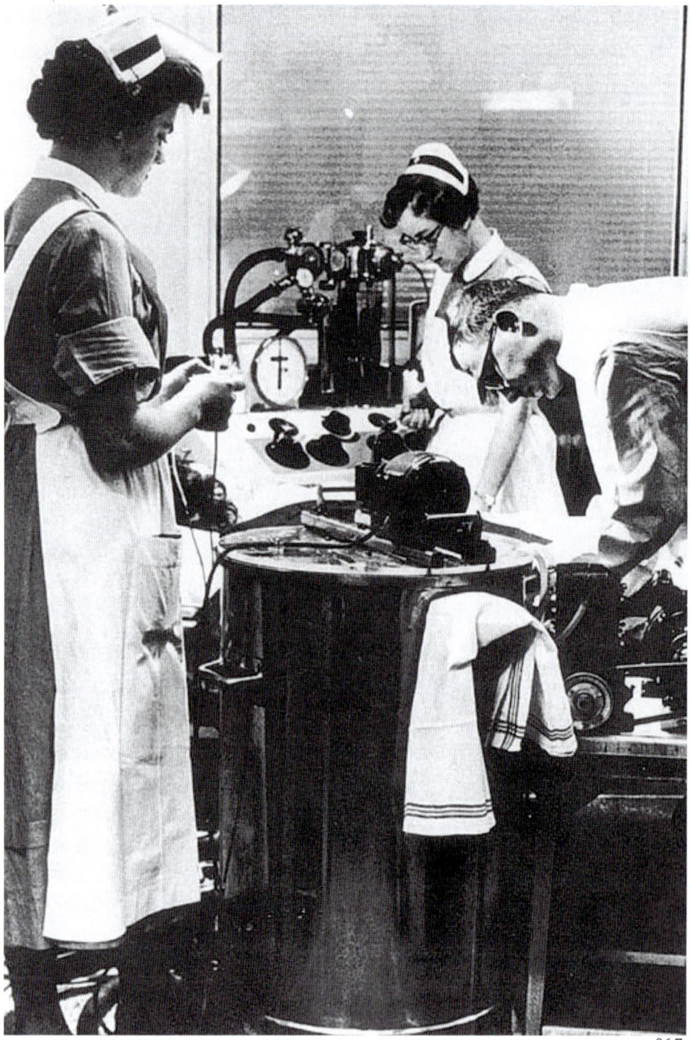

86:7

86:6

John Gibbon (1903–1973) entwickelt 1938 den ersten effizienten künstlichen Oxygenator. Das hier abgebildete Gerät ist sein zweiter Entwurf, mit einem großen Oberfläche-zu-Volumen-Verhältnis.

86:8

86:9

Gibbon ist auch ein Vorreiter in der Entwicklung der Herz-Lungen-Maschinen. 1949 entwirft er den ersten Prototyp, der dann von IBM Corp. gebaut wird. Sein zweites Gerät, das auf den Fotos links abgebildet ist, wird erfolgreich bei der ersten Herz-Bypass-Operation eingesetzt, die am 6. Mai 1953 erfolgt. Das Bild unten links ist bei dieser Gelegenheit entstanden.

Herz-Lungen-Maschine aus den späten 1950er-Jahren, konstruiert von Dennis Melrose, der 1955 ein Verfahren einführt, bei dem Kaliumcitrat und danach Kaliumchlorid injiziert wird, um den Herzschlag zu stoppen, was die Arbeit der Chirurgen erheblich vereinfacht.

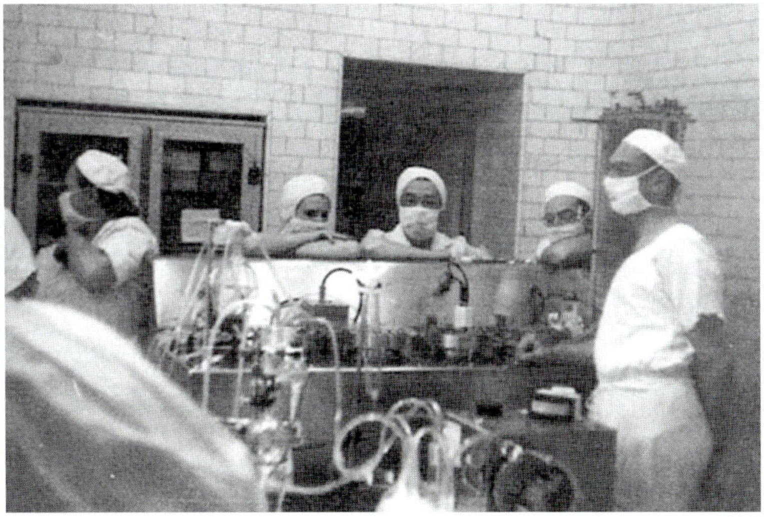

86:10

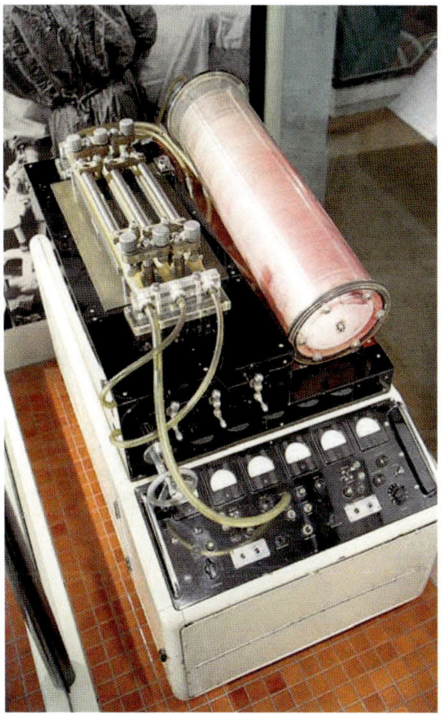

86:11

Prinzip des ECMO-Verfahrens (Extrakorporale Membranoxygenierung) und ein Foto (von 1981), das die originale klinische Einrichtung zeigt. Die Methode wird 1975 von Robert Bartlett eingeführt, um Neugeborene zu behandeln, deren Lungen keinen ausreichenden Gasaustausch leisten können.

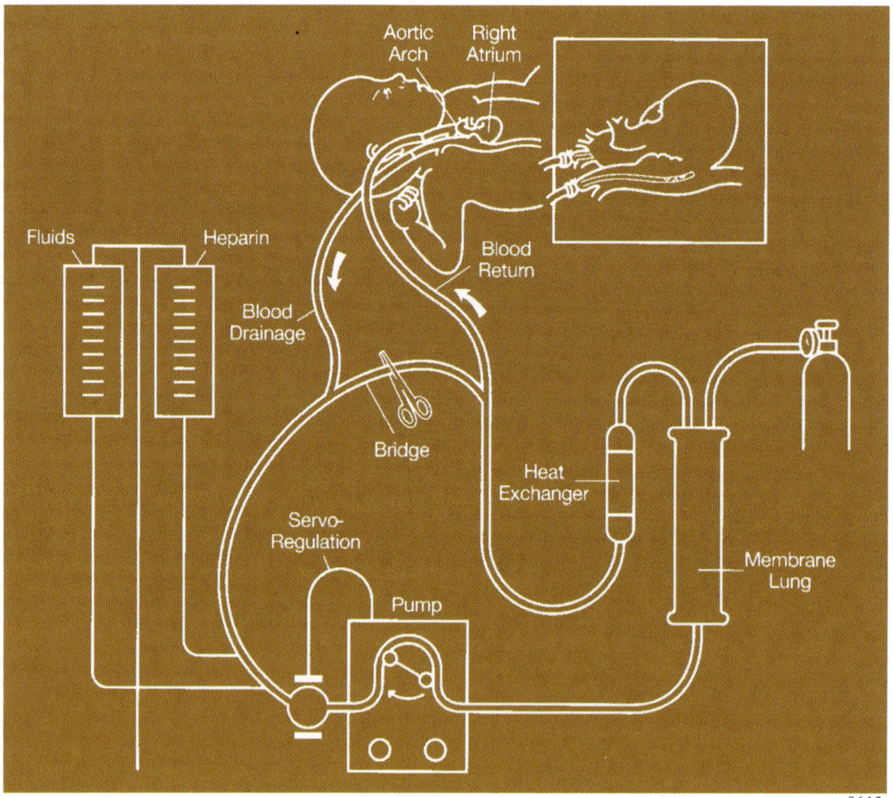

86:12

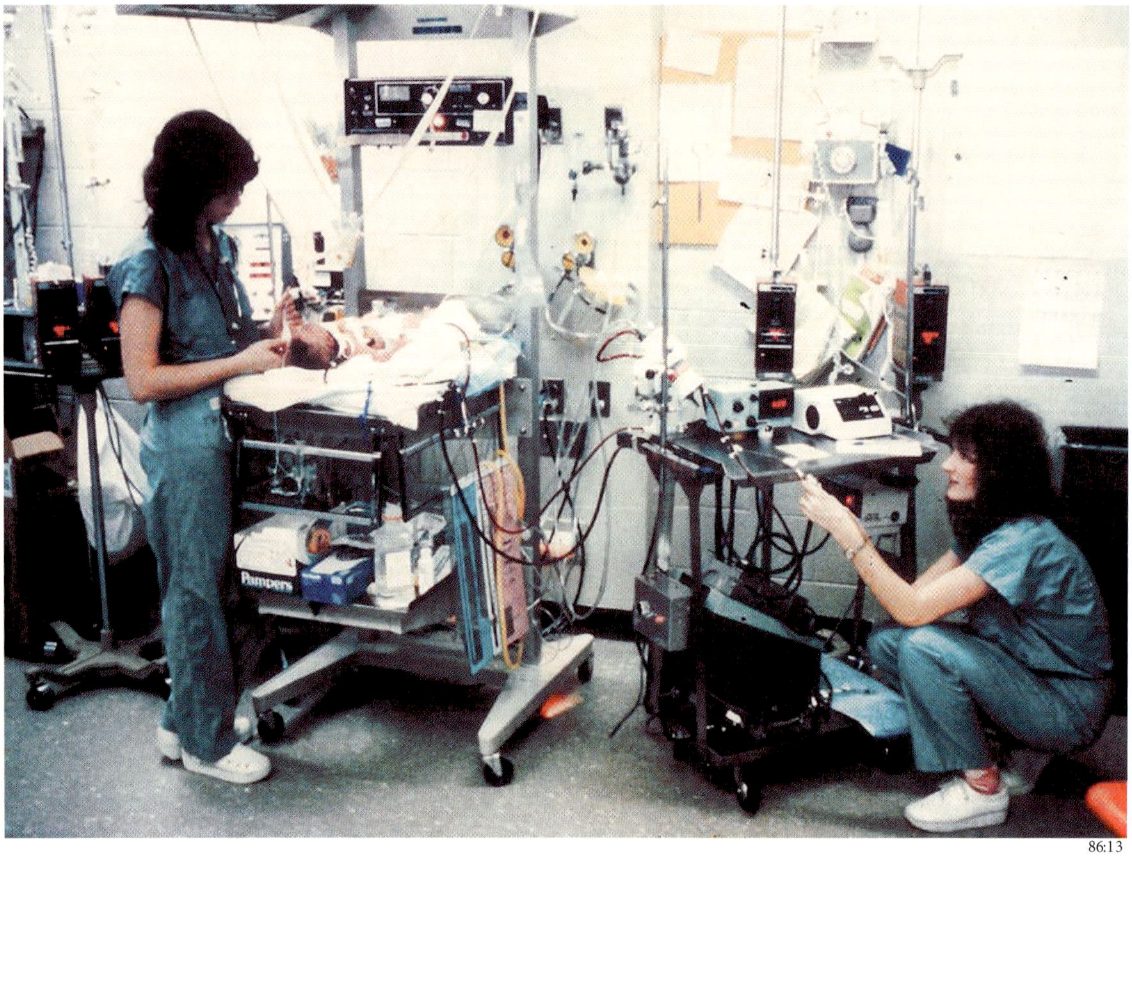

86:13

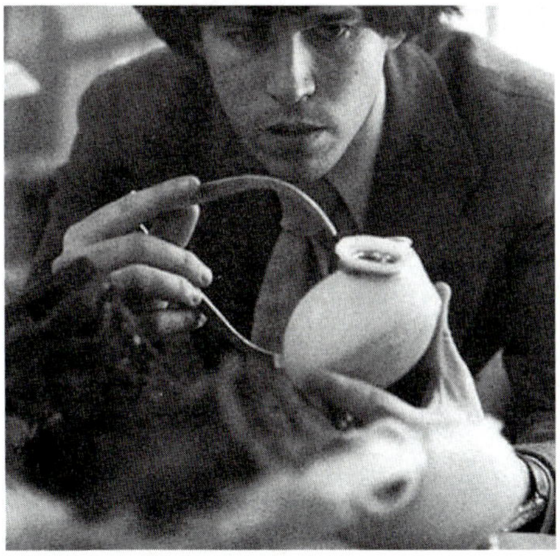

86:14

86:15

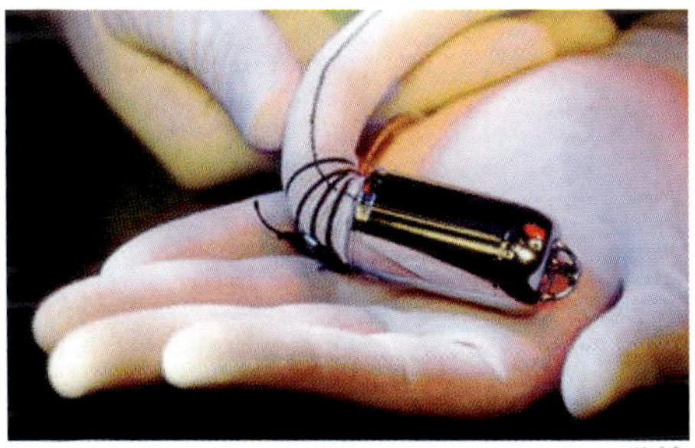

86:16

Robert Jarvik 1973 mit dem Prototyp seines Kunstherzens. 1981, ein Jahr bevor einem Menschen sein Jarvik-7-Kunstherz eingepflanzt wird, präsentiert Jarvik weitsichtig das in der Zeichnung rechts oben dargestellte Kunstherzsystem. Sein Entwurf ist vergleichbar mit einem neueren experimentellen Gerät, dem AbioCor-Kunstherz, abgebildet auf dem mittleren Foto, dessen Funktionsprinzip in der Zeichnung rechts zu sehen ist. Das auf der Hand präsentierte Gerät Jarvik 2000 ist eine experimentelle elektrisch angetriebene Axialpumpe, die in die linke Herzkammer implantiert wird und als Überbrückungssystem bis zu einer Transplantation dient.

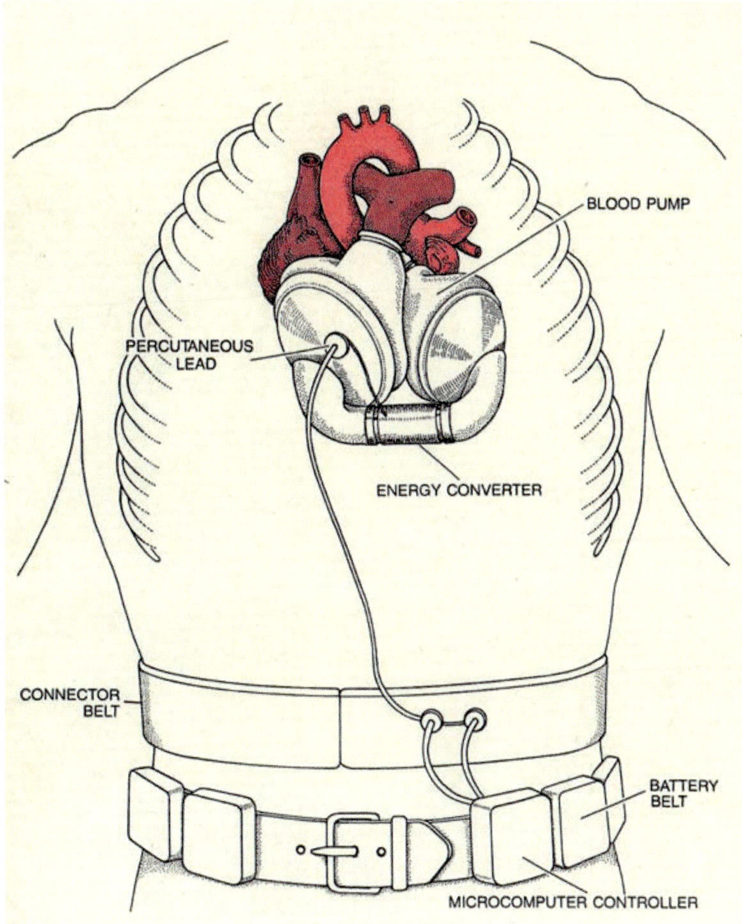

86:17

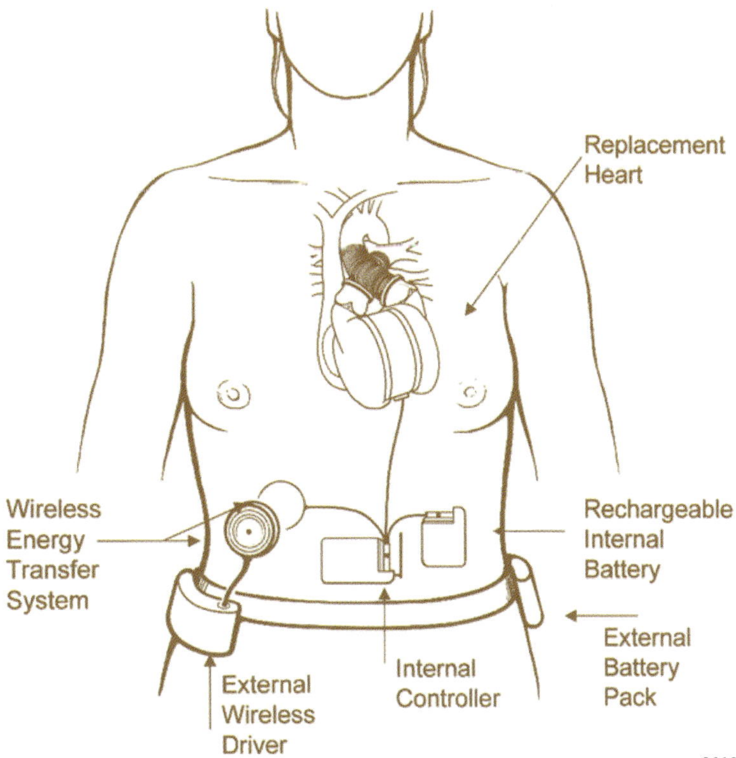

86:18

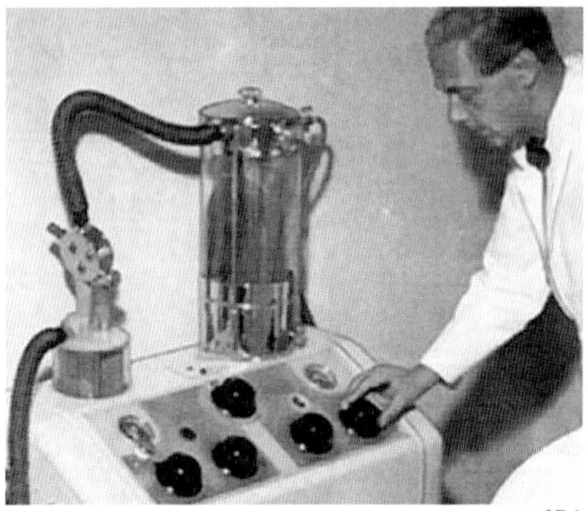

87:1

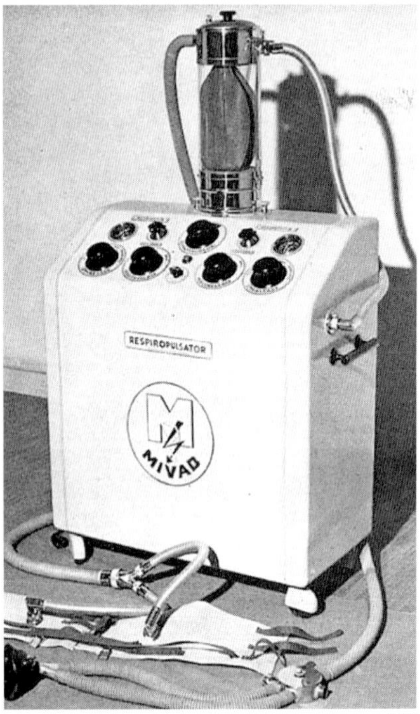

87:2

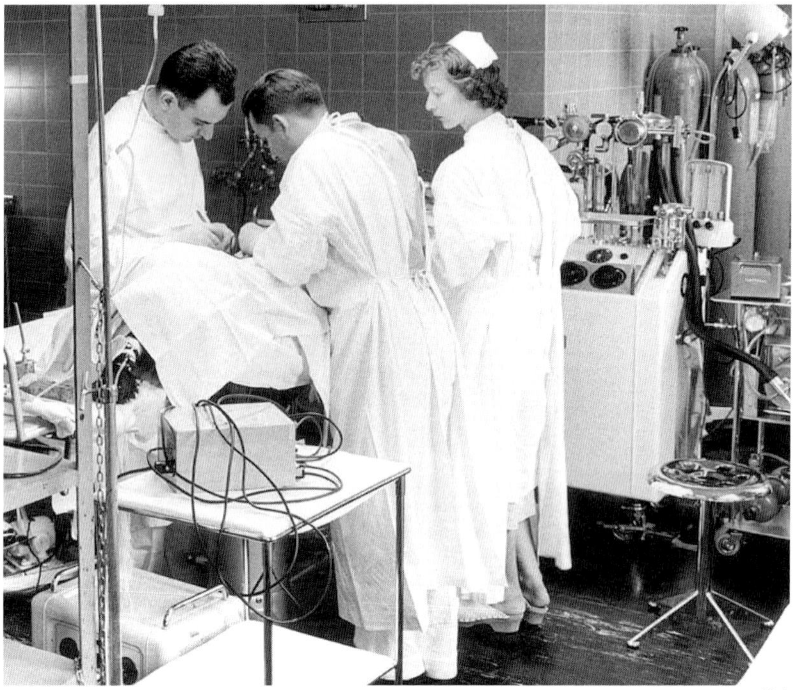

87:4

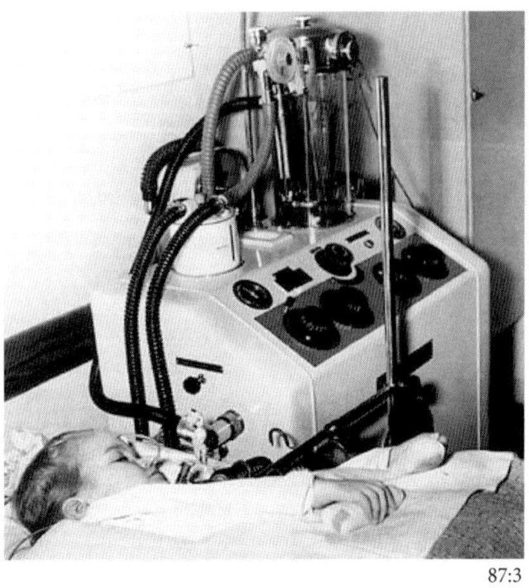

87:3

1950 erfindet Carl-Gunnar Engström (1912–1987) ein Beatmungsgerät, das die effiziente Steuerung der an den Patienten abgegebenen Gasmenge erlaubt und zugleich die aktive Ausatmung ermöglicht. Es ist für Erwachsene und Kinder geeignet und erstmalig sowohl bei einer Langzeitbeatmung als auch bei der Anästhesie zu verwenden. Das Gerät wird 1951 in Kopenhagen international vorgestellt und spielt bald eine bedeutende Rolle bei der Bekämpfung der schweren Polioepidemie, die im Jahr darauf in Dänemark ausbricht. Die Fotos zeigen Engström beim Justieren einer der ersten Produktionseinheiten, das Gerät im Einsatz bei einem Kind und im Operationssaal.

Carl-Gunnar Engström

Engström wurde 1912 in Oskarshamn geboren. Nach dem Studium am Karolinska Institut legte er 1941 sein Medizinexamen ab und erhielt eine Anstellung im Stockholmer Epidemiekrankenhaus. Bei der Behandlung eines Patienten mit Poliomyelitis (Kinderlähmung) erkannte er, dass es von Vorteil war, die Beatmungsmenge zu kontrollieren und eine aktive Ausatmung zuzulassen, und entwarf ein neues Beatmungsgerät, das diesen Anforderungen entsprach (87.1). Nach zahlreichen Blutgasanalysen gelangte Engström zu der Überzeugung, dass eine Ateminsuffizienz auch bei Krankheiten mit anderen Ursachen als Poliomyelitis ein großes Problem darstellte (87.2). Als 1952 in Dänemark eine schwere Polioepidemie ausbrach, tat sein Beatmungsgerät gute Dienste (87.3). Engströms bahnbrechende Arbeiten über die Beatmung in der Thoraxchirurgie und in der Intensivpflege werden in seinem Aufsatz von 1963 zusammengefasst (87.4).

87:5

Carl-Gunnar Engström

Treatment of Bulbar Poliomyelitis by Special Postural Drainage.

The Second International Poliomyelitis Conference Kopenhagen 1951. Philadelphia: J. B. Lippincott Co., 1952, S. 429.

Engström stellt sein neues Beatmungsgerät vor, indem er abschließend feststellt: „Um die vorgeschlagene Drainage in liegender Haltung bei bulbärer Poliomyelitis mit Atemlähmung vornehmen zu können, wurde ein neues Gerät für die künstliche Beatmung auch in liegender Position konstruiert. Diese Einheit gewährleistet aktive Ausatmung, lässt sich aber auch mit aktiver Einatmung mithilfe einer Gesichtsmaske oder einer Trachealkanüle kombinieren."

Im Spiegel der Zeit:
1543 nahm Vesalius die erste Intubierung vor, gefolgt von der künstlichen Beatmung einer Sau (87.5). Danach wurden Beatmungsexperimente vor allem mit dem Ziel durchgeführt, die Physiologie des Atmens zu klären, später aber auch, um Wiederbelebungsmethoden zu entwickeln und die Verabreichung von Inhalationsanästhetika zu verbessern (87.5). Bald erkannte man die Gefahr der Überdehnung der Lunge durch zu starken Druck (87.6) und man entwickelte Geräte, die stattdessen um den ganzen Körper einen Unterdruck erzeugten (Eiserne Lungen) (87.7) (87.8) oder nur um den Brustkorb (Kürass-Beatmung) (87.9). In einem Artikel, der dem oben zitierten folgte, berichten Engström und Svanborg von klinischen Fällen, die die Unzulänglichkeit von Kürass-Beatmungsgeräten für Poliopatienten aufzeigten (87.2). Überdruck-Beatmungsgeräte mit steuerbarem Atemvolumen ermöglichten zudem die erste Langzeitbehandlung von Patienten mit schweren Lungenfunktionsstörungen (87.10). Mechanische Beatmungsgeräte erbrachten einige Erkenntnisse über die Lungenphysiologie (87.4) (87.10), doch erst mit der Einführung von elektronisch kontrollierten Beatmungsgeräten in den 1970er-Jahren (87.11) ließen sich diese Eigenschaften klinisch nutzen. Heute sind über 100 000 Beatmungsgeräte im Gebrauch. Viele davon sind mit hochentwickelten Beatmungsmöglichkeiten ausgestattet und einige liefern Informationen über die Lungenmechanik sowie, in Kombination mit Gasanalysatoren, über die Effizienz des Gasaustauschprozesses.

87.1 Engström C-G. *Dubbelverkande respirator.* Svensk Patent 141 554 1953 (eingereicht 1950).

87.2 Engström C-G, Svanborg NA. The Importance of CO_2 Retention by Respiratory Insufficiency Caused by Poliomyelitis. (Gleiche Quelle wie hier zitierte wegweisende Publikation.)

87.3 Lassen HCA (Hrg.). *Management of Life-Threatening Poliomyelitis. Copenhagen 1952–1956.* London: E & S Livingstone Ltd., 1956. Siehe auch Ref. 14.8, Kap. XVII.

87.4 Engström C-G. The clinical application of prolonged controlled ventilation: with special reference to a method developed by the author. *Acta Anaesth Scand.* Suppl. 13, 1963.

87.5 Siehe Ref. 1.6 Liber VII (die beiden letzten Seiten) sowie Nr. 11 Hooke S. 72, Nr. 23 Kite S. 128, Nr. 47 Snow S. 248, Nr. 57 Trendelenburg S. 294 und Ref. 57.9–57.11.

87.6 Leroy d'Etoilles JJJ. Recherches sur l'asphyxie. *J Physiol* 1827; 7:45.

87.7 Woillez E. Sur le spirophore, appareil de sauvetage pour les asphyxiés principalement pour les noyés et les enfants nouveau-nés. *C R Acad Sci* 1876; 82:1447. Siehe auch *Scientific American* 1876; XXXV(25).

87.8 Drinker P, Shaw LA. An apparatus for the prolonged administration of artificial respiration. I. A design for adults and children. *J Clin Invest* 1929; 7:229.

87.9 Eisenmenger R. Therapeutic application of supra-abdominal suction and compressed air in relation to respiration and circulation. *Wien med Wochenschr* 1939; 89:1032.

87.10 Norlander OP. The use of respirators in anaesthesia and surgery. *Acta Anaesth Scand.* Suppl. 30, 1968.

87.11 Nordström L. On automatic ventilation. *Acta Anaesth Scand.* Suppl. 47, 1972.

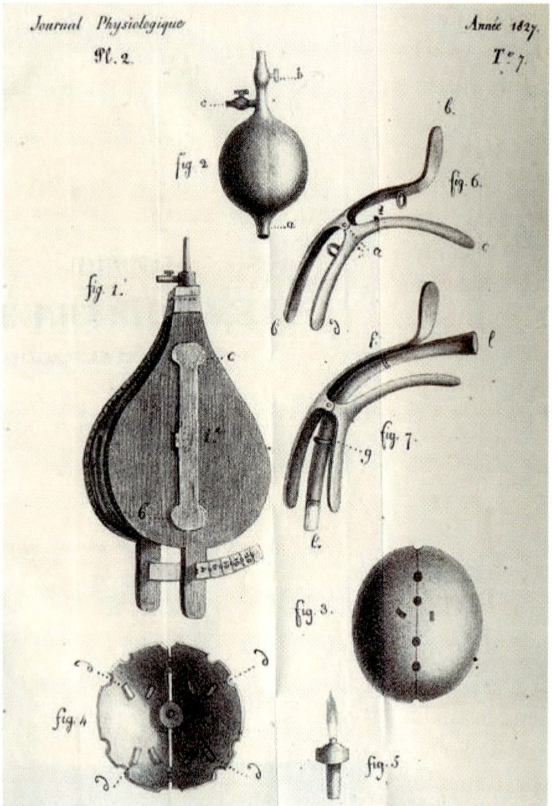

87:6

1827 konstruiert Jean Leroy d'Etoilles (1798–1860), der die Gefahren eines zu hohen Lungendrucks erkennt, einen Blasebalg, der den bei der künstlichen Atmung ausgeübten Druck reduzieren kann.

1876 führt Eugène Woillez (1811–1882) das Beatmungsverfahren der „Eisernen Lunge" ein. Das Gerät, der „Spirophore", erzeugt einen Unterdruck um den Körper (Suktion), der das Risiko der Lungenüberdehnung verringert. Eine interessante Komponente des Geräts (siehe die Ankündigung, die in der Zeitschrift *Scientific American* im selben Jahr abgedruckt wird) ist ein Stab, der auf dem Brustbein des Patienten steht und seine Atembewegungen und damit die Wirksamkeit der Beatmung anzeigt.

Scientific American.

THE SPIROPHORE.

This apparatus was recently described to the Paris Academy by M. Woillez. It is for restoring asphyxiated persons, especially such as have been in danger of drowning, and new born infants. We are indebted to the *Journal de Pharmacie et de Chimie* for the annexed engraving of the apparatus. It consists of a cylinder of sheet iron closed at one end and open at the other. The case is large enough to receive the body to be treated, which is let down into it as far as the head, which remains outside. A tightly fitting diaphragm closes the aperture about the neck. A strong air pump, C, containing more than four and a half gallons of air, is situated outside of the case, and communicates with it by a thick tube, T. It is worked by means of a lever, the descent of which produces aspiration of the air confined about the body. The raising of the lever again restores the abstracted air to the case. A transparent piece of glass, D, on the upper part of the cylinder enables one to see the chest and abdomen of the patient, and a movable rod, E, sliding in a vertical tube, is made to rest on the sternum.

M. Woillez states that he has made several experiments with the apparatus, the general results of which are as follows: When a human body is inclosed as described, and the lever quickly lowered, a vacuum is produced round the body, and immediately the external air penetrates into the chest, the walls of which are seen to rise as in normal life. The ribs separate, the sternum is pushed up 0·393 inch at least (indicated by the movable rod which rests on it). Further, the epigastrum, and even the abdomen below, present an inspiratory projection, which shows that the enlargement of the chest is effected during this artificial inspiration not merely by the raising of the ribs and the sternum, but also

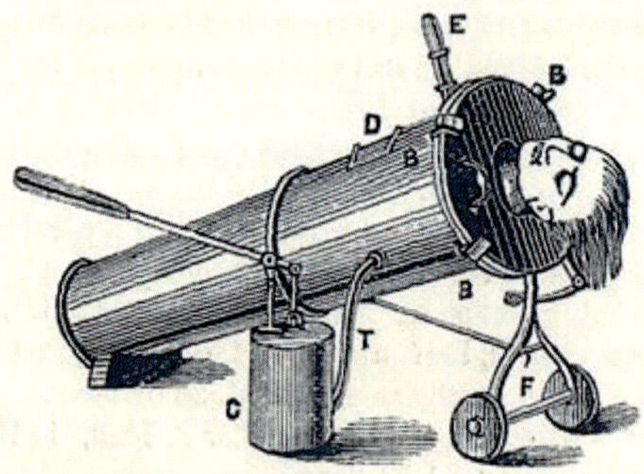

by the descent of the diaphragm. All returns to the former position when the lever is raised again. These complete respiratory movements may be repeated fifteen to eighteen times in a minute, as in a living man.

By means of a tube fixed into the windpipe of the body, and communicating with a graduated reservoir of air over a vessel of water, M. Woillez has measured the quantity of air which thus penetrates into the chest at each pressure of the lever. He finds that this is, on an average, 1¾ pints; whereas the physiological average is only $\frac{1}{10}$ pint. More than 22 gallons of air can be made to traverse the lungs of the asphyxiated person in ten minutes.

It is easy, then, to see the advantages presented by this apparatus for treatment of the asphyxiated, especially drowning persons and new born infants. In all cases of asphyxia by vitiated or insufficient air, or by certain poisonings, in paralysis of the respiratory muscles, in most dysphoric affections, in asphyxia by bronchial mucosities, and that due to inhalations of chloroform, and lastly, in determining some cases of apparent death, the spirophore may be used to produce an efficacious artificial respiration.

This respiration is without danger to the lungs, which are not liable to rupture, however strong the action of the lever. This innocuity is due to the fact that the force of penetration of the air into the lungs is never superior in this case (as also in the case of normal life) to the weight of the atmosphere.

87:7

The Importance of CO_2 Retention by Respiratory Insufficiency Caused by Poliomyelitis

C.-G. ENGSTRÖM, M.D., and N. A. SVANBORG, M.D.

What ought to be stressed especially are those cases of respiratory paralysis where by the given methods we have stated hypoventilation and CO_2 retention with a successive deterioration of the general condition, which deterioration was neutralized by change of respirator. Theoretically it might be indicated to try an alkali therapy in order to bring these patients through a critical stage of the disease.

In these cases we first used a cuirass (Freiberger type) respirator, which was changed to a Sahlin type respirator if underventilation occurred. In some cases none of the respirators gave sufficient ventilation. The cuirass respirator, which in chronic cases usually gives sufficient ventilation often has been unsuitable for acute cases.

Interpretations of the signs in the charts:

General condition:
- uninfluenced: —
- slightly influenced: +
- moderately influenced: ++
- strongly influenced: +++

Patient moribund: m

Respirator I = type Freiberger (cuirass type)

Respirator II = type Sahlin

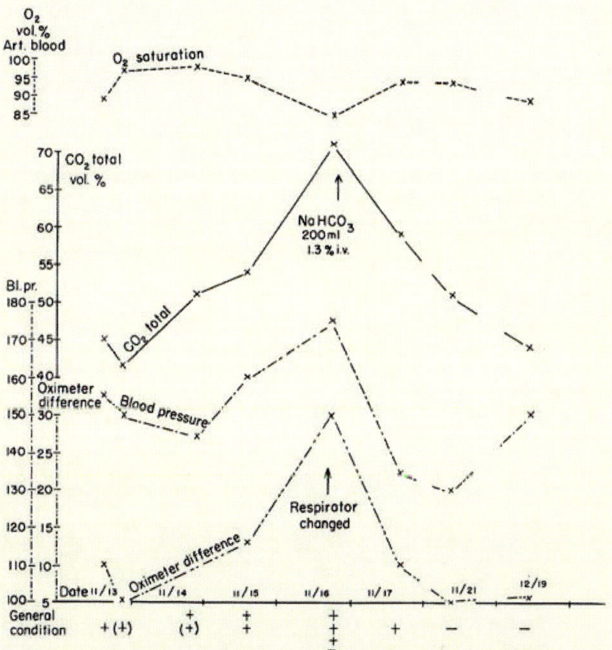

Chart 1. Girl, 17 years old, previously sound; 11/10/1950 fell ill with poliomyelitis with comparatively slow proceeding respiratory paralysis; 11/13 bad diaphragm and thorax breathing in afternoon. Rising blood pressure. She was given extra O_2 by Radnor catheter and was placed in a Freiberger respirator. General condition at first better, but then deterioration in the following days. On 11/16 the patient was in a coma and in the afternoon considered moribund. Patient was removed to another respirator (Sahlin type) and after a while was given NaHCO-200 ml. 1.3%-solution intravenous. Within a couple of hours the general condition was obviously better. Afterwards successively proceeding recovery; 11/18 uninfluenced, clear and lucid. Blood pressure satisfactory. Continuing good general condition. Pulmonary x-ray 11/16 satisfactory. Electrocardiogram 11/13 satisfactory.

87:8

Aufgrund klinischer Fälle von Poliomyelitis, bei denen regelmäßig Blutgasbestimmungen durchgeführt werden, erkennt Engström, dass die Retention (verminderte Abatmung) von Kohlendioxid auch bei Erkrankungen mit anderen Ursachen ein großes Problem darstellt. Außerdem stellt er fest (siehe den hier abgedruckten Ausschnitt seines Artikels von 1951), dass bei Kürass-Beatmungsgeräten (die der Eisernen Lunge ähneln, aber nur den Brustkorb umschließen) die Abgabe von Kohlendioxid häufig ebenfalls unzureichend ist. Diese Beobachtungen veranlassen ihn nicht nur, sein mechanisches Beatmungsgerät zu verbessern, sondern münden auch in neue Verfahren zur Blutgasbestimmung, die in der Klinik routinemäßig nutzbar sind (siehe Nr. 81).

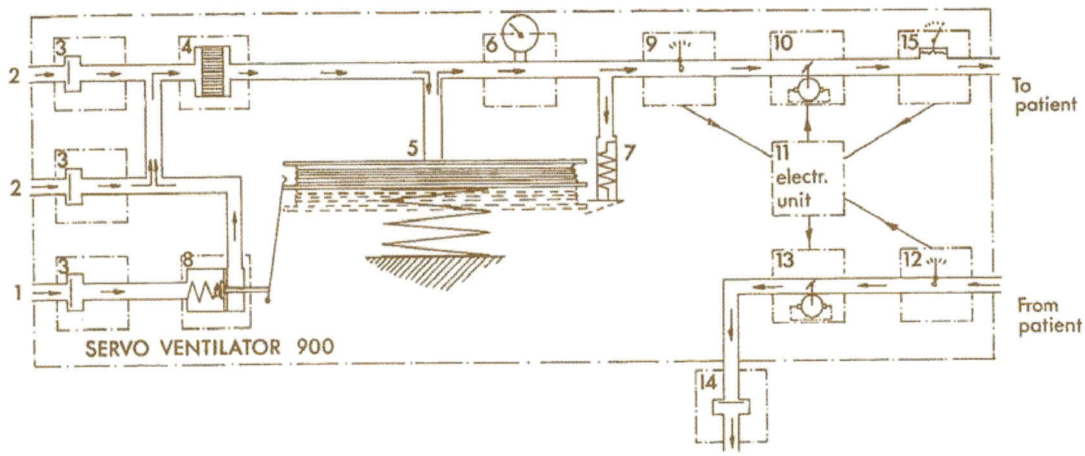

Fig. 2.—Working principles of the ventilator.

1. Air intake from a high pressure source
2. Gas intake from flow regulating devices
3. One way valve
4. Gas filter
5. Springloaded bellows
6. Manometer measuring pressure in the bellows
7. Excess and saftety valve
8. "On demand" valve
9. Inspiratory flow-meter
10. Inspiratory choke valve
11. Electronic unit
12. Expiratory flow-meter
13. Expiratory choke valve
14. One way valve
15. Electronic pressure meter, measuring airway pressure

87:9

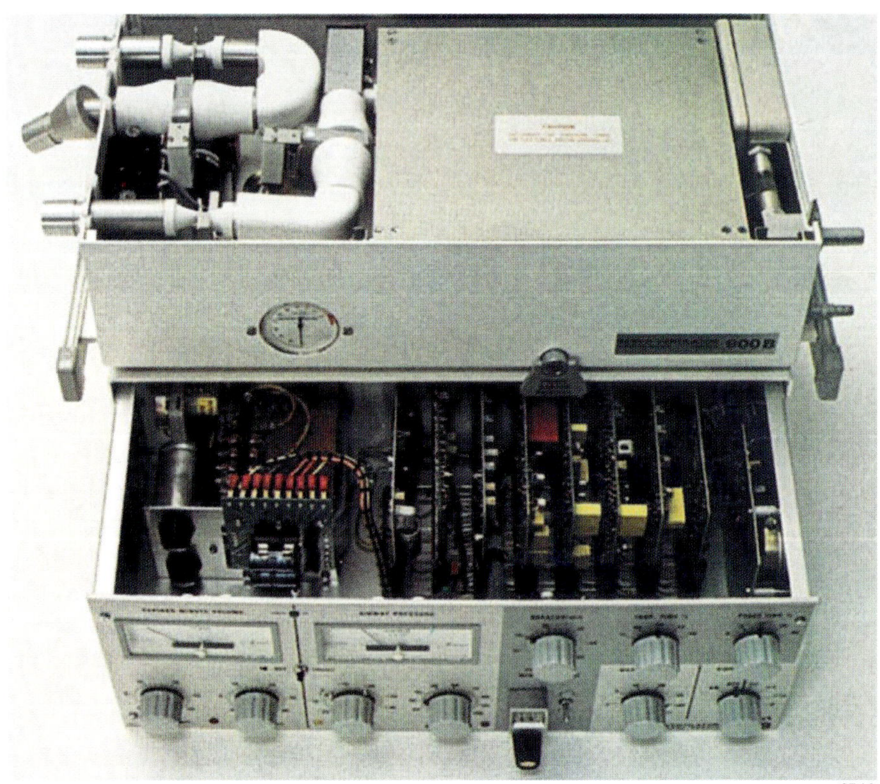

87:10

87:11

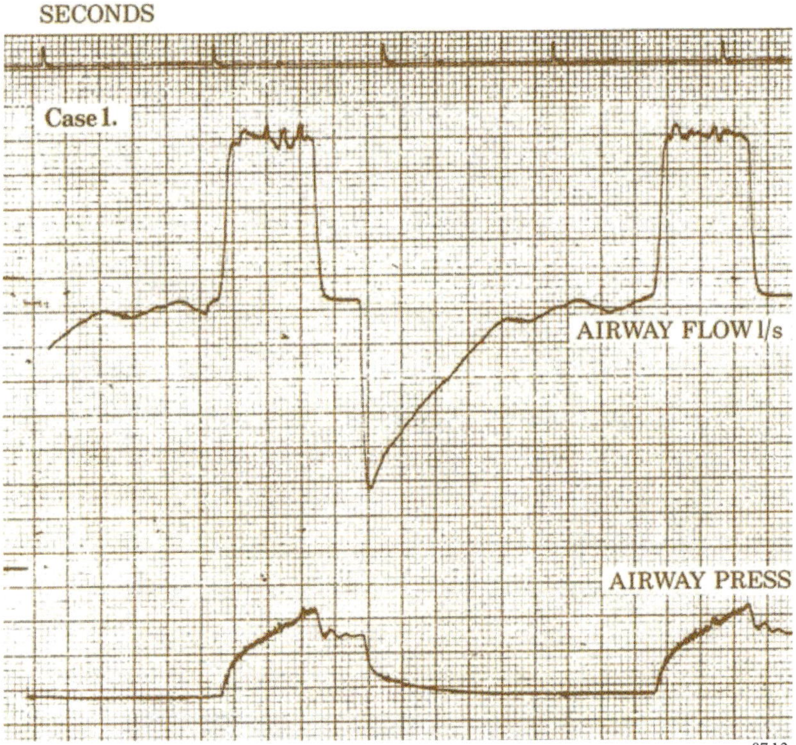

87:12

1971 führt Sven-Gunnar Olson das erste elektronisch gesteuerte Beatmungsgerät, den Servo Ventilator 900, ein. Auf der gegenüberliegenden Seite ist das Gerät und sein Funktionsprinzip abgebildet. Das elektronische System steuert nicht nur die Ein- und Ausatemphasen, sondern liefert auch Signale für den Atemwegsdruck und Atemwegsfluss während des gesamten Atemzyklus (siehe Aufzeichnungen oben rechts). Diese Merkmale ermöglichen erstmals, die Lungenmechanikparameter der Patienten kontinuierlich zu überwachen und so Informationen von signifikantem diagnostischem Nutzen zu gewinnen.

Foto von Engströms Beatmungsgerät und Kohlendioxidanalysator (oben auf dem Beatmungsgerät), die 30 Jahre nach der Einführung des ersten ursprünglichen Modells gebaut wurden. Das Gerät verwendet Mikroprozessor-Technologie zur Überwachung der physiologischen Parameter des beatmeten Patienten, wie Lungenmechanik, Gasaustausch und Energieaufwand. Zudem passt es sich an die jeweiligen Atemanstrengungen des Patienten an, um ein vorher eingestelltes Beatmungsniveau beizubehalten.

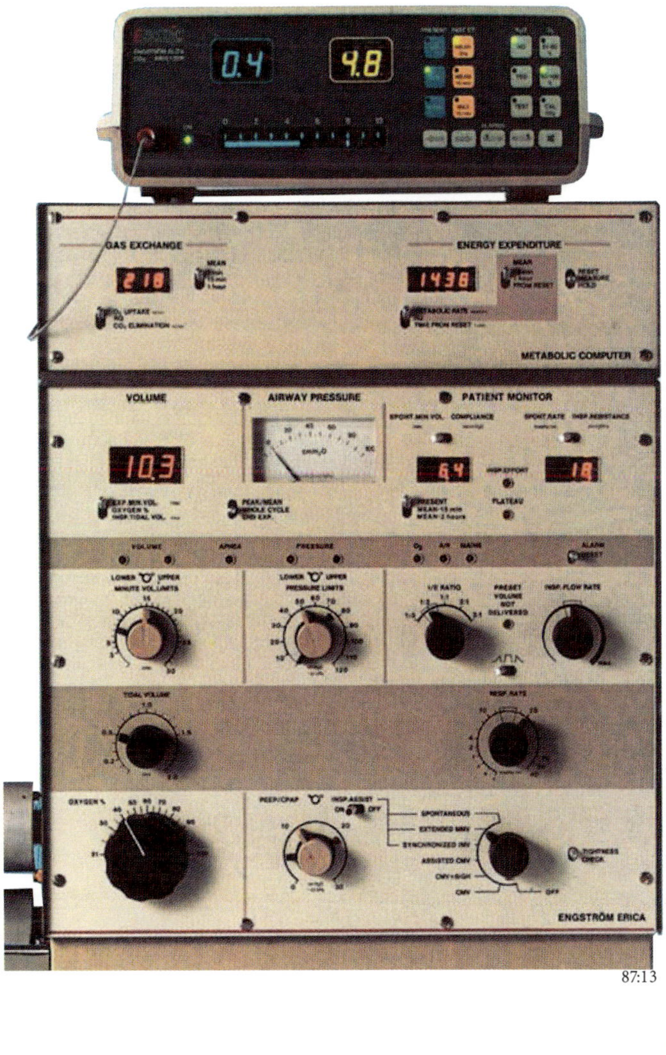

87:13

No. 4356 April 25, 1953 NATURE 737

equipment, and to Dr. G. E. R. Deacon and the captain and officers of R.R.S. *Discovery II* for their part in making the observations.

[1] Young, F. B., Gerrard, H., and Jevons, W., *Phil. Mag.*, **40**, 149 (1920).

[2] Longuet-Higgins, M. S., *Mon. Not. Roy. Astro. Soc., Geophys. Supp.*, **5**, 285 (1949).

[3] Von Arx, W. S., Woods Hole Papers in Phys. Oceanog. Meteor., **11** (3) (1950).

[4] Ekman, V. W., *Arkiv. Mat. Astron. Fysik. (Stockholm)*, **2** (11) (1905).

Francis Crick J. D. Watson

MOLECULAR STRUCTURE OF NUCLEIC ACIDS

A Structure for Deoxyribose Nucleic Acid

WE wish to suggest a structure for the salt of deoxyribose nucleic acid (D.N.A.). This structure has novel features which are of considerable biological interest.

A structure for nucleic acid has already been proposed by Pauling and Corey[1]. They kindly made their manuscript available to us in advance of publication. Their model consists of three intertwined chains, with the phosphates near the fibre axis, and the bases on the outside. In our opinion, this structure is unsatisfactory for two reasons: (1) We believe that the material which gives the X-ray diagrams is the salt, not the free acid. Without the acidic hydrogen atoms it is not clear what forces would hold the structure together, especially as the negatively charged phosphates near the axis will repel each other. (2) Some of the van der Waals distances appear to be too small.

Another three-chain structure has also been suggested by Fraser (in the press). In his model the phosphates are on the outside and the bases on the inside, linked together by hydrogen bonds. This structure as described is rather ill-defined, and for this reason we shall not comment on it.

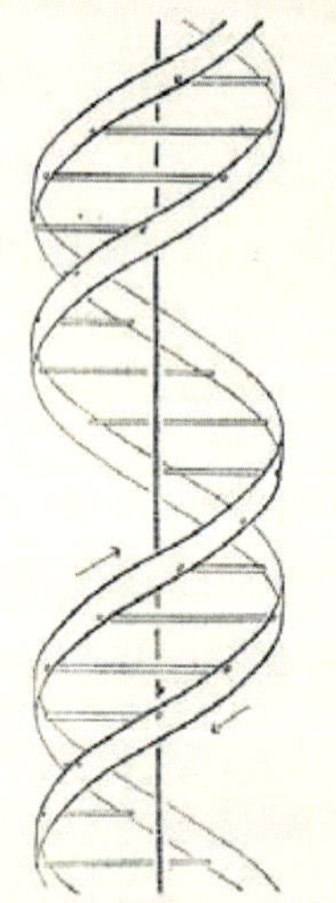

This figure is purely diagrammatic. The two ribbons symbolize the two phosphate—sugar chains, and the horizontal rods the pairs of bases holding the chains together. The vertical line marks the fibre axis

We wish to put forward a radically different structure for the salt of deoxyribose nucleic acid. This structure has two helical chains each coiled round the same axis (see diagram). We have made the usual chemical assumptions, namely, that each chain consists of phosphate diester groups joining β-D-deoxyribofuranose residues with 3′,5′ linkages. The two chains (but not their bases) are related by a dyad perpendicular to the fibre axis. Both chains follow right-handed helices, but owing to the dyad the sequences of the atoms in the two chains run in opposite directions. Each chain loosely resembles Furberg's[2] model No. 1; that is, the bases are on the inside of the helix and the phosphates on the outside. The configuration of the sugar and the atoms near it is close to Furberg's 'standard configuration', the sugar being roughly perpendicular to the attached base. There is a residue on each chain every 3·4 A. in the *z*-direction. We have assumed an angle of 36° between adjacent residues in the same chain, so that the structure repeats after 10 residues on each chain, that is, after 34 A. The distance of a phosphorus atom from the fibre axis is 10 A. As the phosphates are on the outside, cations have easy access to them.

The structure is an open one, and its water content is rather high. At lower water contents we would expect the bases to tilt so that the structure could become more compact.

The novel feature of the structure is the manner in which the two chains are held together by the purine and pyrimidine bases. The planes of the bases are perpendicular to the fibre axis. They are joined together in pairs, a single base from one chain being hydrogen-bonded to a single base from the other chain, so that the two lie side by side with identical *z*-co-ordinates. One of the pair must be a purine and the other a pyrimidine for bonding to occur. The hydrogen bonds are made as follows: purine position 1 to pyrimidine position 1; purine position 6 to pyrimidine position 6.

If it is assumed that the bases only occur in the structure in the most plausible tautomeric forms (that is, with the keto rather than the enol configurations) it is found that only specific pairs of bases can bond together. These pairs are: adenine (purine) with thymine (pyrimidine), and guanine (purine) with cytosine (pyrimidine).

In other words, if an adenine forms one member of a pair, on either chain, then on these assumptions the other member must be thymine; similarly for guanine and cytosine. The sequence of bases on a single chain does not appear to be restricted in any way. However, if only specific pairs of bases can be formed, it follows that if the sequence of bases on one chain is given, then the sequence on the other chain is automatically determined.

It has been found experimentally[3,4] that the ratio of the amounts of adenine to thymine, and the ratio of guanine to cytosine, are always very close to unity for deoxyribose nucleic acid.

It is probably impossible to build this structure with a ribose sugar in place of the deoxyribose, as the extra oxygen atom would make too close a van der Waals contact.

The previously published X-ray data[5,6] on deoxyribose nucleic acid are insufficient for a rigorous test of our structure. So far as we can tell, it is roughly compatible with the experimental data, but it must be regarded as unproved until it has been checked against more exact results. Some of these are given in the following communications. We were not aware of the details of the results presented there when we devised our structure, which rests mainly though not entirely on published experimental data and stereochemical arguments.

It has not escaped our notice that the specific pairing we have postulated immediately suggests a possible copying mechanism for the genetic material.

Full details of the structure, including the conditions assumed in building it, together with a set of co-ordinates for the atoms, will be published elsewhere.

We are much indebted to Dr. Jerry Donohue for constant advice and criticism, especially on inter-atomic distances. We have also been stimulated by a knowledge of the general nature of the unpublished experimental results and ideas of Dr. M. H. F. Wilkins, Dr. R. E. Franklin and their co-workers at

88:1

Der epochemachende Artikel über die Struktur des DNA-Moleküls (Desoxyribonucleinsäure). Die vermutete Anordnung besteht aus zwei spiralförmigen Strängen, auf denen sich Zucker und Phosphate abwechseln. Purin-Pyrimidin-Basenpaare am Zucker verbinden die Stränge über Wasserstoffbrücken miteinander.

James D Watson, Francis H Crick

Watson kam 1928 in Chicago zur Welt und promovierte an der University of Indiana in Zoologie. 1951 wechselte er ans Cavendish-Laboratorium in Cambridge und entschlüsselte in Zusammenarbeit mit Crick die DNA-Struktur. Danach leitete er das Cold Spring Harbor Laboratory of Quantitative Biology und von 1988 bis 1992 außerdem das National Center for Human Genome Research am NIH. Crick wurde 1916 bei Northampton geboren und legte am University College London das Bachelor-Examen in Physik ab. Nachdem er im Zweiten Weltkrieg Radargeräte entwickelt hatte, arbeitete er an seiner Doktorarbeit. Zu jener Zeit begann er sich mit der Entschlüsselung der DNA-Struktur zu befassen. 1976 ging er ans Salk Institute, wo er sich der Erforschung der Hirnfunktionen widmete. 1962 erhielten Watson und Crick gemeinsam mit Wilkins den Nobelpreis für Medizin.

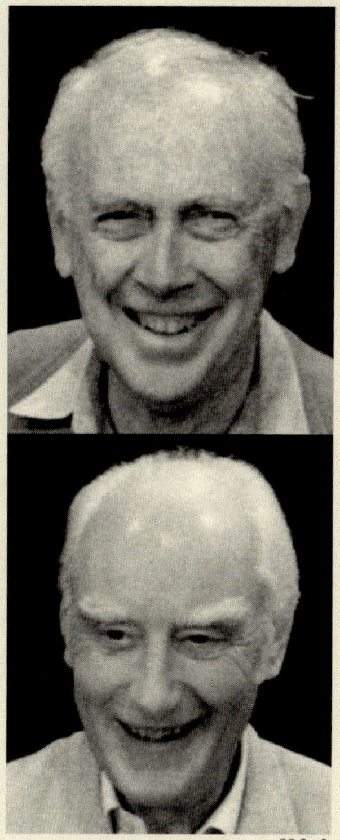

88:2–3

James D Watson
Francis H Crick

A Structure for Deoxyribose Nucleic Acid.

Nature 1953; 171:737.

Watson und Crick präsentieren die korrekte Struktur des DNA-Moleküls. Sie beschreiben die Anordnung der beiden spiralförmigen Stränge mit abwechselnden Zucker- und Phosphatmolekülen. Entlang der Stränge sind zwei Purin- und zwei Pyrimidinbasen an den Zucker gebunden; die beiden Stränge werden durch Wasserstoffbrücken zwischen den Purin-Pyrimidin-Basenpaaren (Adenin-Thymin und Guanin-Cytosin) miteinander verknüpft. Zudem stellen sie fest, „dass die spezifische Paarung, die wir voraussetzen, unmittelbar einen möglichen Kopiermechanismus für das genetische Material nahelegt". Einen Monat später erläutern sie den Mechanismus detaillierter (88.1).

Im Spiegel der Zeit:
Avery hatte 1944 gezeigt, dass die DNA Träger von genetischem Material war (88.2). In einer Untersuchungsreihe entdeckte Chargaff mithilfe des neuen Verfahrens der Papierchromatographie (88.3), dass Purine und Pyrimidine in der DNA in gleichen Mengen vorkamen (88.4). Proteine mit Helixstrukturen waren 1951 von Pauling beschrieben worden (88.5), und Furberg hatte bereits vermutet, die DNA sei ein spiralförmiger Strang, bei dem Basen innen an Zucker und außen an Phosphate gebunden waren (88.6). Im Zuge der bahnbrechenden Arbeiten von Wilkins über die Röntgenbeugung der DNA (88.7) spielten Franklins herausragende kristallographische Verfahren (88.8) eine entscheidende und viel diskutierte Rolle bei den Ereignissen, die in die Entdeckung der wahren Natur der DNA-Struktur durch Watson und Crick mündeten (88.9). Zu den vielen bedeutsamen Leistungen der Molekularbiologie seitdem zählen das Entschlüsseln des genetischen Codes, die Herstellung rekombinanter DNA und monoklonaler Antikörper sowie die Erfindung der Polymerase-Kettenreaktion (PCR) zur Vervielfältigung der DNA. 1990 startete das Humangenomprojekt und 2001 präsentierte man die Sequenzierung und Analyse des Humangenoms (88.10).

88.1 Watson JD, Crick FH. Genetic implications of the structure of deoxyribonucleic acid. *Nature* 1953; 171:964.

88.2 Avery OT, MacLeod CM, McCarty M. Studies on the Chemical Nature of the Substance Inducing Transformation of Pneumococcal Types: Induction of Transformation by a Desoxyribonucleic Acid Fraction Isolated from Pneumococcus Type III. *J Exp Med* 1944; 79(1):137.

88.3 Siehe Nr. 84 Martin S. 434 und Ref. 84.2.

88.4 Chagraff E et al. The composition of the desoxyribonucleic acid of salmon sperm. *J Biol Chem* 1951; 192:223.

88.5 Pauling L, Corey RB. Atomic Coordinates and Structure Factors for Two Helical Configurations of Polypeptide Chains. *Proc Nat Acad Sci* 1951; 37(5):235 und auch S. 251, S. 256, S. 272 und S. 282.

88.6 Furberg SV. On the Structure of Nucleic Acids. *Acta Chem Scand* 1952; 6:634.

88.7 Wilkins MHF, Stokes AR, Wilson HR. Molecular Structure of Deoxypentose Nucleic Acids. *Nature* 1953; 171:738.

88.8 Franklin RE, Gosling RG. Molecular Configuration in Sodium Thymonucleate. *Nature* 1953; 171:740.

88.9 Judson HF. *The Eighth Day of Creation*. New York: Simon & Schuster, 1979.

88.10 The International Human Genome Sequencing Consortium: Initial sequencing and analysis of the human genome. *Nature* 2001; 409:860. The Celera Genomics Sequencing Team: The sequence of the human genome. *Science* 16. Februar 2001, S. 1304.

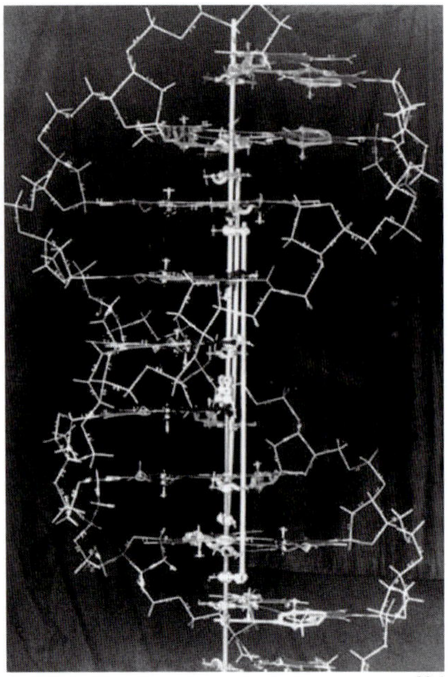

88:4

Originalmodell des DNA-Moleküls und die Erklärung der spezifischen Paarung der Stränge. In der epochemachenden Publikation über die DNA-Struktur weisen James Watson und Francis Crick (1916–2004) lediglich auf „einen möglichen Kopiermechanismus für das genetische Material" hin (siehe Abbildung 88:1).

No. 4361 May 30, 1953 NATURE 965

GENETICAL IMPLICATIONS OF THE STRUCTURE OF DEOXYRIBONUCLEIC ACID

By J. D. WATSON and F. H. C. CRICK

Medical Research Council Unit for the Study of the Molecular Structure of Biological Systems, Cavendish Laboratory, Cambridge

THE importance of deoxyribonucleic acid (DNA) within living cells is undisputed. It is found in all dividing cells, largely if not entirely in the nucleus, where it is an essential constituent of the chromosomes. Many lines of evidence indicate that it is the carrier of a part of (if not all) the genetic specificity of the chromosomes and thus of the gene itself. Until now, however, no evidence has been presented to show how it might carry out the essential operation required of a genetic material, that of exact self-duplication.

We have recently proposed a structure[1] for the salt of deoxyribonucleic acid which, if correct, immediately suggests a mechanism for its self-duplication. X-ray evidence obtained by the workers at King's College, London[2], and presented at the same time, gives qualitative support to our structure and is incompatible with all previously proposed structures[3]. Though the structure will not be completely proved until a more extensive comparison has been made with the X-ray data, we now feel sufficient confidence in its general correctness to discuss its genetical implications. In doing so we are assuming that fibres of the salt of deoxyribonucleic acid are not artefacts arising in the method of preparation, since it has been shown by Wilkins and his co-workers that similar X-ray patterns are obtained from both the isolated fibres and certain intact biological materials such as sperm head and bacteriophage particles[2,4].

The chemical formula of deoxyribonucleic acid is now well established. The molecule is a very long chain, the backbone of which consists of a regular alternation of sugar and phosphate groups, as shown in Fig. 1. To each sugar is attached a nitrogenous base, which can be of four different types. (We have considered 5-methyl cytosine to be equivalent to cytosine, since either can fit equally well into our structure.) Two of the possible bases—adenine and guanine—are purines, and the other two—thymine and cytosine—are pyrimidines. So far as is known, the sequence of bases along the chain is irregular. The monomer unit, consisting of phosphate, sugar and base, is known as a nucleotide.

The first feature of our structure which is of biological interest is that it consists not of one chain, but of two. These two chains are both coiled around a common fibre axis, as is shown diagrammatically in Fig. 2. It has often been assumed that since there was only one chain in the chemical formula there would only be one in the structural unit. However, the density, taken with the X-ray evidence[2], suggests very strongly that there are two.

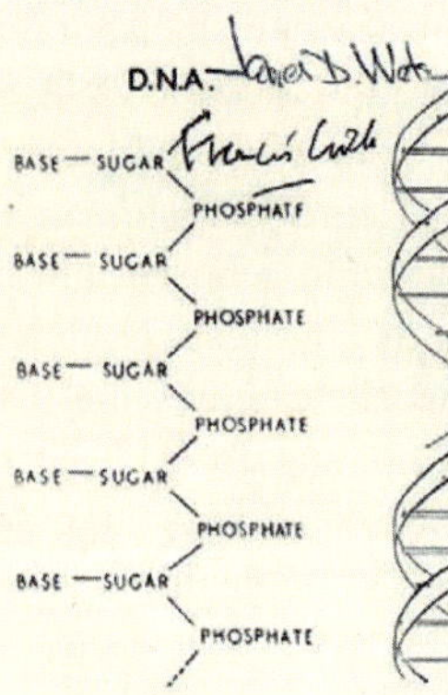

Fig. 1. Chemical formula of a single chain of deoxyribonucleic acid

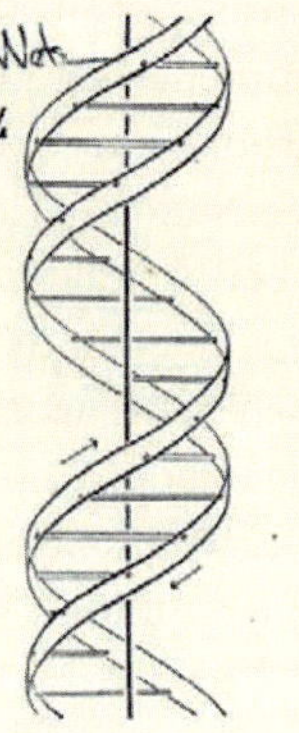

Fig. 2. This figure is purely diagrammatic. The two ribbons symbolize the two phosphate-sugar chains, and the horizontal rods the pairs of bases holding the chains together. The vertical line marks the fibre axis

The other biologically important feature is the manner in which the two chains are held together. This is done by hydrogen bonds between the bases, as shown schematically in Fig. 3. The bases are joined together in pairs, a single base from one chain being hydrogen-bonded to a single base from the other. The important point is that only certain pairs of bases will fit into the structure. One member of a pair must be a purine and the other a pyrimidine in order to bridge between the two chains. If a pair consisted of two purines, for example, there would not be room for it.

We believe that the bases will be present almost entirely in their most probable tautomeric forms. If this is true, the conditions for forming hydrogen bonds are more restrictive, and the only pairs of bases possible are:

adenine with thymine;
guanine with cytosine.

The way in which these are joined together is shown in Figs. 4 and 5. A given pair can be either way round. Adenine, for example, can occur on either chain; but when it does, its partner on the other chain must always be thymine.

This pairing is strongly supported by the recent analytical results[5], which show that for all sources of deoxyribonucleic acid examined the amount of adenine is close to the amount of thymine, and the amount of guanine close to the amount of cytosine, although the cross-ratio (the ratio of adenine to guanine) can vary from one source to another. Indeed, if the sequence of bases on one chain is irregular, it is difficult to explain these analytical results except by the sort of pairing we have suggested.

The phosphate-sugar backbone of our model is completely regular, but any sequence of the pairs of bases can fit into the structure. It follows that in a long molecule many different permutations are possible, and it therefore seems likely that the precise sequence of the bases is the code which carries the genetical information. If the actual order of the

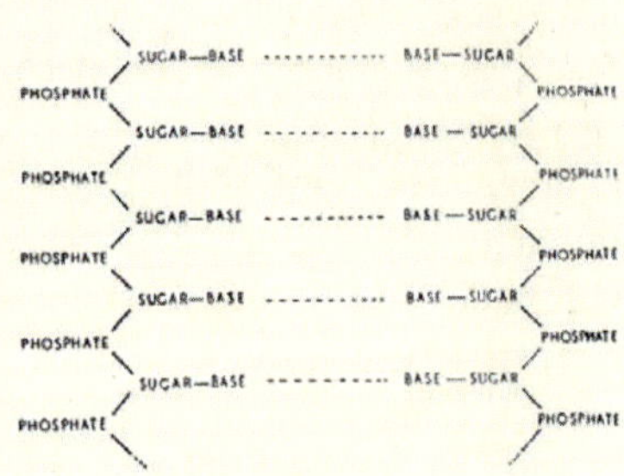

Fig. 3. Chemical formula of a pair of deoxyribonucleic acid chains. The hydrogen bonding is symbolized by dotted lines

88:5

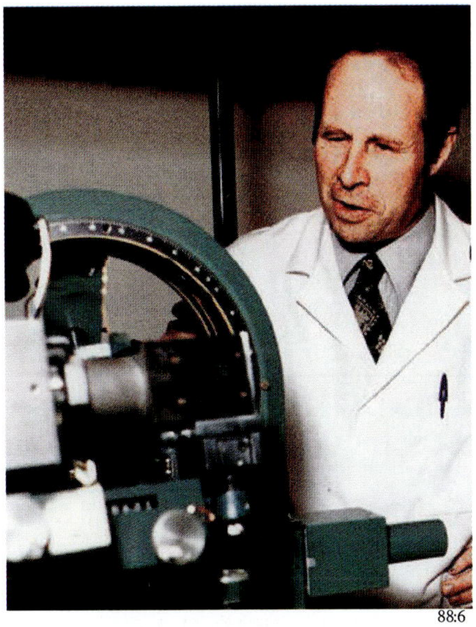

88:6

88:8

88:9

88:7

1951 entwickelt Linus Pauling (1901–1994) (mittleres Foto) ein Helixmodell für Polypeptide, die den bekannten Beugungsdaten für die α-Keratinfaser entsprechen. Seine Arbeit und die von Sven Furberg (1920–1983) (links) im Jahr darauf sind die konzeptionelle Grundlage für die nachfolgende Entdeckung von Struktur und Funktion der DNA.

Titelblatt der Zeitschrift *Nature* vom Februar 2001, in der die Ergebnisse des International Human Genome Mapping Consortium bekanntgegeben werden.

Eine Reihe vollautomatischer DNA-Analysatoren am Broad-Institute, einem der bedeutendsten Einrichtungen für die Genomsequenzierung (einschließlich der Arbeit am Humangenom). Die Geräte werden mit vorbereiteten Sequenzierungsprodukten für die Kapillarelektrophorese und -analyse befüllt. Sie laufen rund um die Uhr, jeden Tag im Jahr, um einen maximalen Durchsatz zu erzielen.

89:1

1953 stellt Gunnar Fant (1919–2009) einen stark verbesserten Sprachgenerator mit der Bezeichnung OVE I vor. Das Gerät reproduziert gesprochene Sprache, indem es Vokale (Laute mit offenem Vokaltrakt) erzeugt, wobei zwei der dominantesten Resonanzfrequenzen des Vokaltraktes manuell justierbar sind. Rechts sieht man den Vergleich zwischen dem gesprochenen Satz „I love you" (oben) und der von OVE I erzeugten synthetischen Version. In beiden Fällen sind der Frequenzgehalt und die Intensität der Laute als Funktion der Zeit dargestellt.

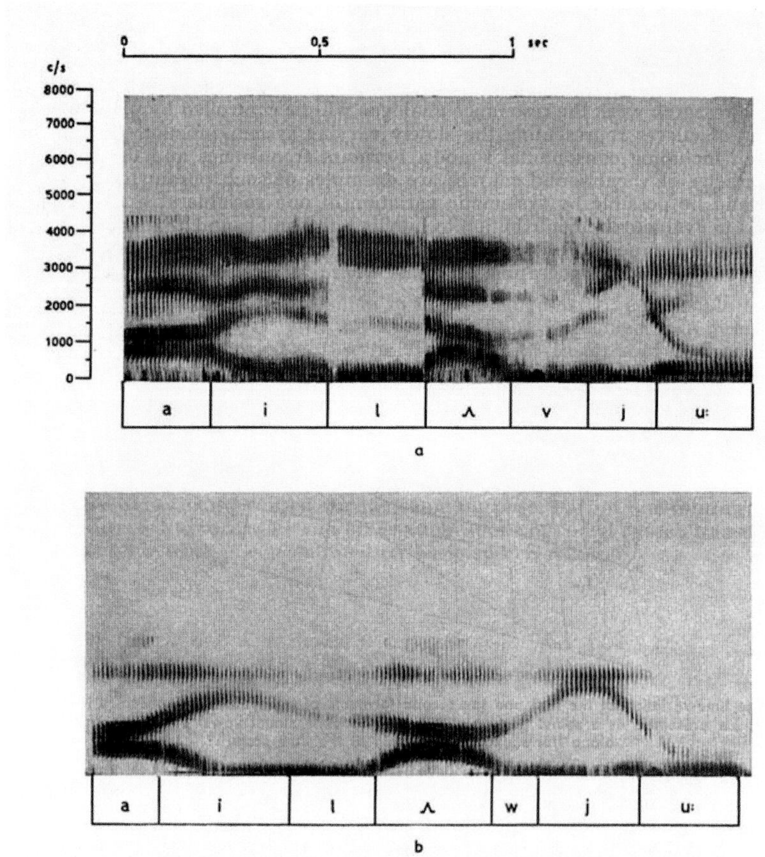

Fig. 3. Time-frequency-intensity spectrograms of the sentence "I love you". Sonagraph analyzer.

a) Spoken by Swedish male subject.

b) Manual reproduction of the same sentence with the resonance analogue, Ove, and the spoken sentence as an audible reference. The following variables were utilized: on-off of primary voice source, the voice fundamental, the first formant and the second formant. The third formant was kept constant.

The synthesized sentence was of a good intelligibility. Observe the general differences between spectrograms a) and b). The 4th and the 5th formants of the spoken sentence do not contribute anything to the intelligibility. The abrupt change of the spectral pattern in some of the boundaries between adjacent sounds of speech a) is not essential for the intelligibility of the synthetically reproduced sentence, which shows smoother transitions. Observe also the correct reproduction of sound intensity variations within the syllables of the synthesized sentence, i. e. the reduced intensity of the consonantal sound patches. This is obtained with no other intensity control than that which follows from the combined filter action of the synthesizer in analogy to the actual vocal tract transmission process. The overall changes in sound intensity is largely a function of formant frequencies and the voice fundamental. The complete preservation of these natural relationships in Ove represents an advantage compared to other synthesizers, e. g. those of references[12, 15].

IVA 24 (1953): 8

89:2

Gunnar Fant

89:3

Gunnar Fant

Fant wurde 1919 in Nyköping, Schweden, geboren und begann sein Studium der Elektrotechnik 1938 an der Königlich Technischen Hochschule (KTH) in Stockholm. Nach dem Examen 1945 arbeitete er vier Jahre im Akustiklabor der Ericsson Telephone Company. Nach weiteren zwei Jahren im Akustiklabor des Massachusetts Institute of Technology kehrte er an die KTH zurück, um die Leitung des neu gegründeten Speech Transmission Laboratory (STL) zu übernehmen. 1966 wurde dort für ihn ein Lehrstuhl als Professor des Department of Speech Communication and Music Acoustics eingerichtet. Fant, der 1987 in den Ruhestand ging, war Mitglied mehrerer schwedischer und ausländischer Wissenschaftsakademien und erhielt über ein Dutzend Auszeichnungen für seine Pionierarbeit in der Sprachkommunikation und verwandten Bereichen. Er starb im Juni 2009.

Speech Communication Research.

IVA (The Royal Swedish Academy of Engineering Sciences) 1953; 24(8):331. Stockholm: Esselte, 1954.

Fant berichtet zuerst über jüngere Fortschritte in der Analyse und Synthese gesprochener Sprache. Dann präsentiert er die von ihm geleitete Forschung am STL, insbesondere den neu entwickelten Sprachgenerator OVE I. Dieses elektronische Gerät synthetisiert Vokalformanten (Frequenzbereiche im Vokaltrakt), wobei die Frequenzposition der beiden dominantesten Formanten manuell justierbar ist. Vokale, einige stimmhafte Konsonanten und aus stimmhaften Lauten bestehende einfache Sätze seien mit recht guter Qualität reproduziert worden. Das Gerät soll früheren Sprachgeneratoren überlegen sein (89.1) (89.2).

Im Spiegel der Zeit:
Bis Mitte der 1930er-Jahre wurden nur mechanische Sprachsynthesegeräte gebaut (89.3). Dann begann Dudley bei Bell Laboratories mit der Arbeit am „Voice Coder" (Vocoder), der sich bis 1939 zum „Voice Operation Demonstrator" (Voder) entwickelte (89.2). Der Voder war ein elektronischer Sprachfrequenzanalysator, der mit einem Sprachgenerator verbunden war, wobei sich Intensität und Tonqualität über eine manuelle Tastatur steuern ließen. In den 1940er-Jahren entwickelte sich die Sprachanalyse mittels Frequenzdarstellung (Sonagraphie) zu einem leistungsfähigen Werkzeug (89.4). Durch Manipulation dieser Sonagramme und Verwendung eines „Pattern Playback"-Geräts, das Laute aufgrund des Sonagramms generieren konnte, ließen sich die Wahrnehmung und der Informationsgehalt gesprochener Sprache detailliert untersuchen (89.5) (89.6) (89.7). In den 1970er-Jahren ermöglichten Fortschritte in der Computertechnologie die Entwicklung mehrerer „Text-to-Speech"-Systeme (89.8) (89.9). Später wurden aus diesen Systemen kommerzielle Produkte, die als Hilfen für Blinde und Sprachgestörte einsetzbar waren. Indem er die Text-to-Speech-Technik mit optischen Scannern und Mustererkennungssoftware kombinierte, konnte Kurzweil 1976 das erste Lesegerät für Blinde präsentieren (89.10).

89.1 Fant G. *Acoustic Analysis and Synthesis of Speech with Applications to Swedish.* Ericsson Technics 1959; 1:3.
89.2 Dudley H, Riesz RR, Watkins SSA. A Synthetic Speaker. *J Franklin Inst* 1939; 227:739 und Ref. 25.9.
89.3 Siehe Nr. 25 Kempelen S. 138. Zu Schall und Hören siehe Nr. 13 Kircher S. 82 und Nr. 26 Volta S. 144.
89.4 Potter RK, Kopp GA, Green HC. *Visible Speech.* New York: D. van Nostrand Co., 1947.
89.5 Cooper FS et al. Some Experiments on the Perception of Synthetic Speech Sounds. *J Acoust Soc Am* 1952; 24:597.
89.6 Lawrence W. The synthesis of speech from signals which have a low information rate. In: *Communication Theory.* Jackson W (Hrg.). Symposium on „Applications of Communication Theory". London, September 1952. London: Butterworth Scientific Publications, 1953, S. 460.
89.7 Peterson GE. The information-bearing elements of speech. S. 402 im Hauptwerk aus Ref. 89.6.
89.8 Carlson R, Granström B. A text-to-speech system based on a phonetically oriented programming language. *Speech Transmission Laboratory report* QPSR 1, 1975, 1.
89.9 Siehe Ref. 25.10.
89.10 Kurzweil R. The Kurzweil Reading Machine: a technical overview. In: *Science, Technology and the Handicapped.* Redden MR, Schwandt W (Hrg.). AAAS Report 76-R-11 1976, 3.

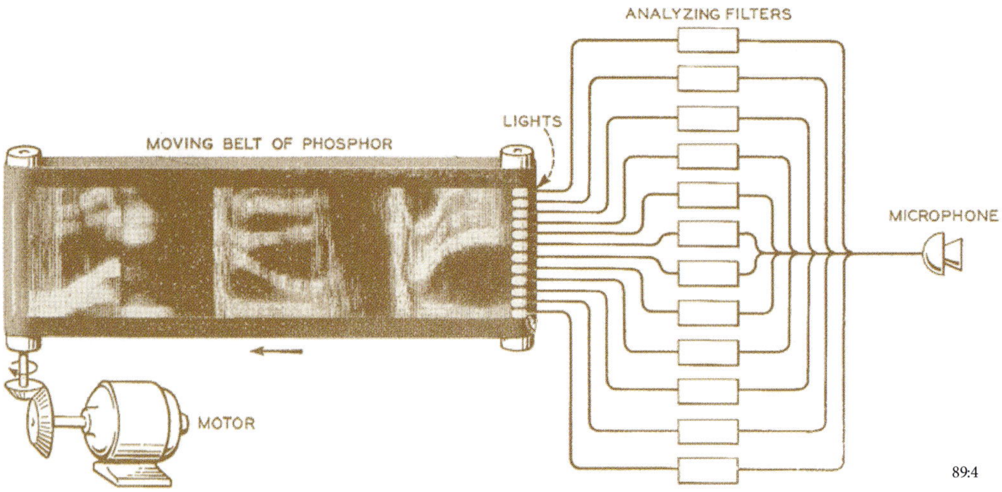

89:4

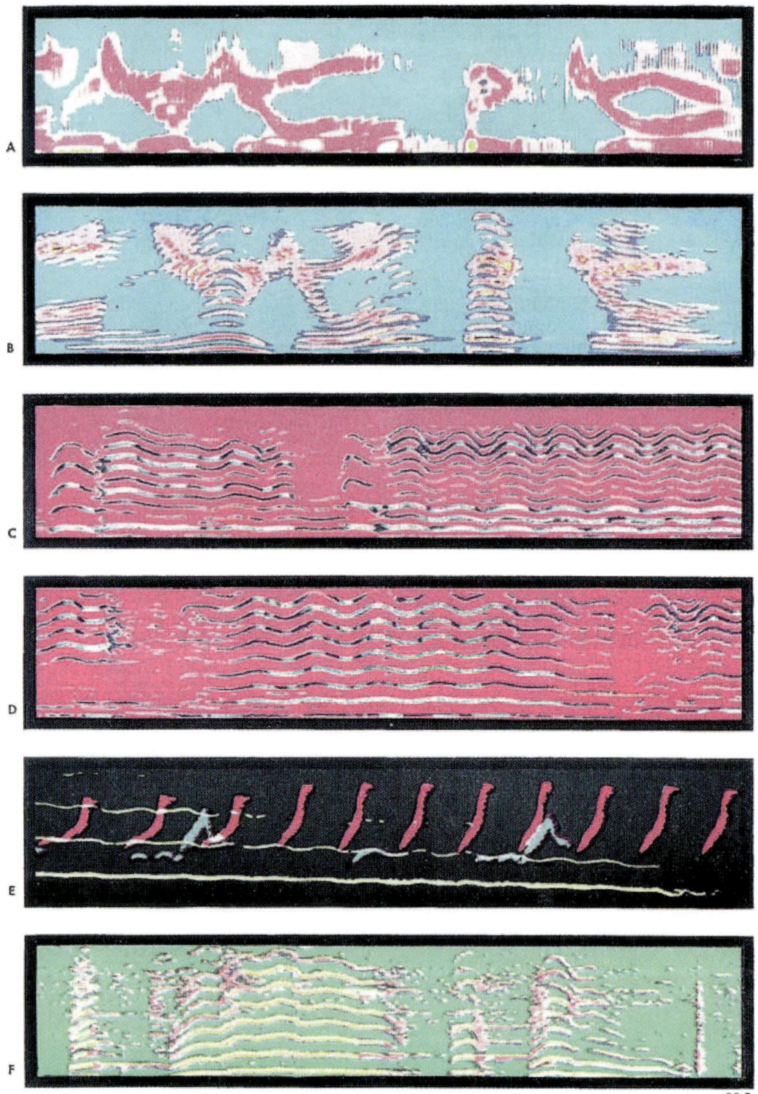

89:5

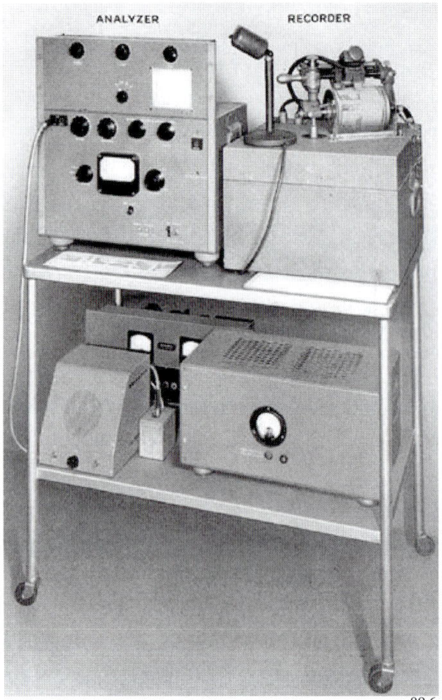

89:6

Mitte der 1940er-Jahre bringt die Erfindung des Klangspektrographen die Wissenschaft von der Sprachanalyse und -synthese ein großes Stück voran. Das Aufzeichnungsverfahren dieser Spektrogramme (Sonagramme) und die dafür verwendeten Geräte sind hier abgebildet, außerdem eine Reihe von Beispielen, von einfachen Wörtern (A, B, F, D) bis zu Vogelgesängen (E) und Carusos Schluchzern (C).

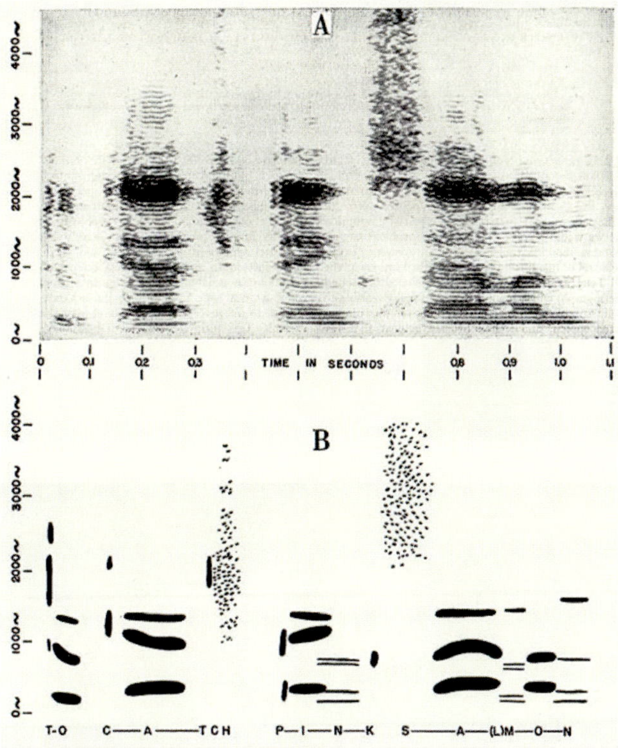

89:7

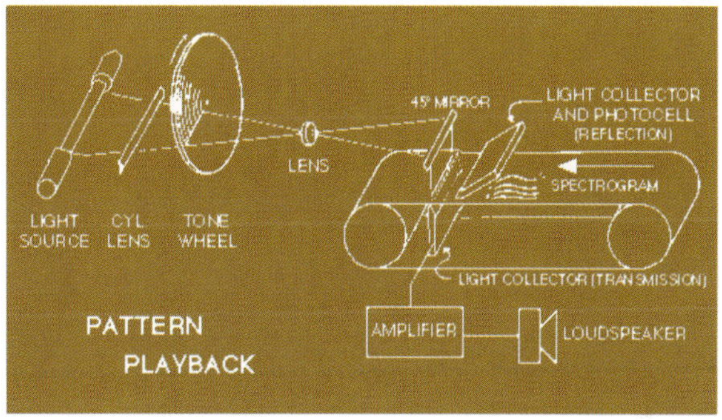

89:8

89:9

Durch manuelle Modifizierung eines Sonagramms lässt sich eine Originalaufzeichnung (A) im Hinblick auf ihren Frequenz- und Intensitätsgehalt verändern (B). Danach lässt sich das Ergebnis mit dem (im Foto abgebildeten) Pattern-Playback-Gerät auswerten, das anhand der im Diagramm gezeigten Methode aus Sonagrammen Laute erzeugen kann. Diese Techniken erweisen sich bei der Entwicklung neuer Verfahren zur Sprachanalyse und -synthese als äußerst nützlich.

89:11

89:10

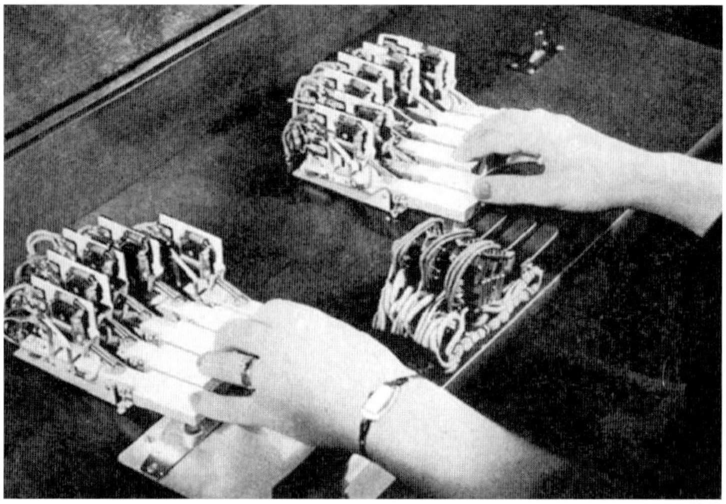

89:12

Homer Dudley (1896–1980) ist ein Pionier der elektronischen Sprachsynthese. Auf der Weltmesse in New York 1939 stellt er den VODER (Voice Operation Demonstrator) vor. Das Gerät verarbeitet gesprochene Sprache mithilfe von manuell gesteuerten Bandpassfilterbänken, wie auf den Fotos zu sehen.

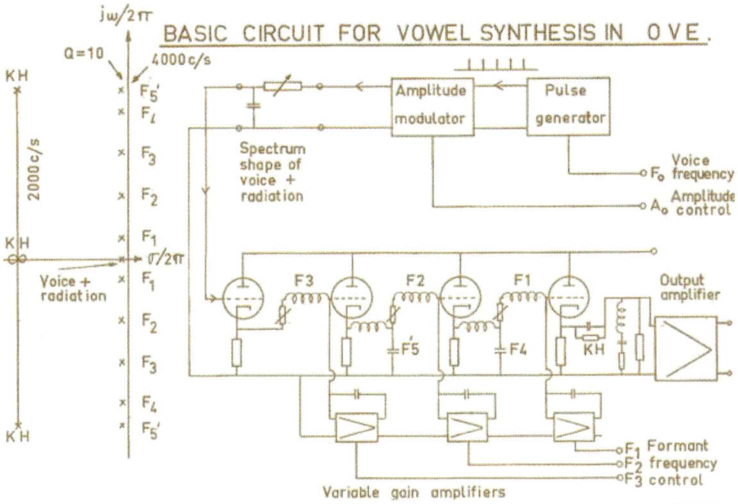

Fig. 47. Block diagram with circuit details of the vocal tract resonance analog incorporated in the Swedish speaking machines OVE I and II.

89:13

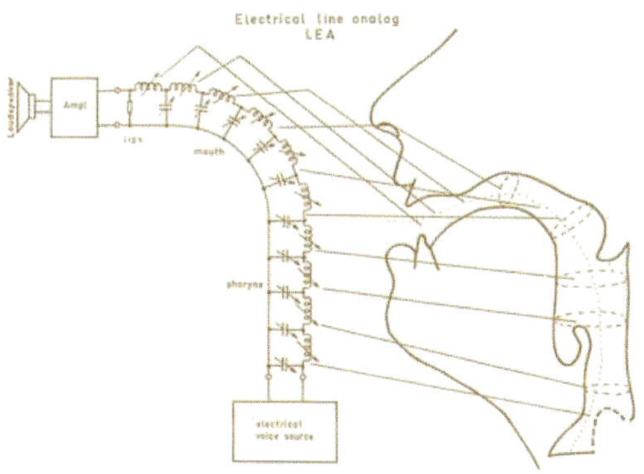

Fig. 15. The electrical line analog LEA comprises 45 cascaded LC low-pass filters simulating the vocal cavities. LEA is a research tool for interrelating physiological and acoustic data on speech production.

89:14

89:15

Zentrale Komponenten der Sprachgeneratoren OVE I und II, die Fant in den 1950er-Jahren baute. Dargestellt sind das Blockschaltbild und das Quelle-Filter-Modell zur Simulation der Merkmale des menschlichen Vokaltraktes.

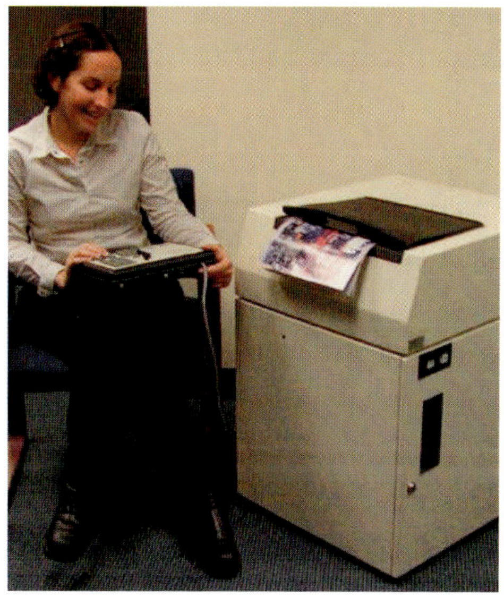

89:16

Ray Kurzweils Lesegerät für Blinde von 1976. Dieser Apparat kombiniert erstmals optische Scanner, Text to Speech-Technik und Mustererkennungssoftware.

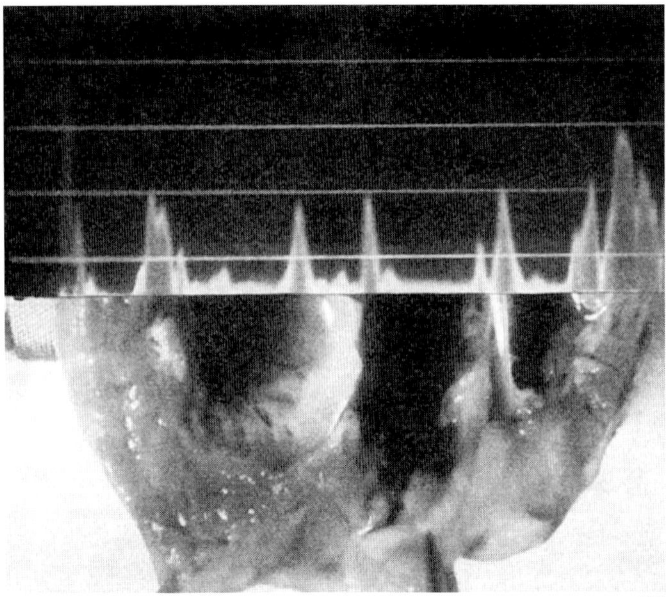

90:1

90:3

12] The Use of Ultrasonic Reflectoscope 51

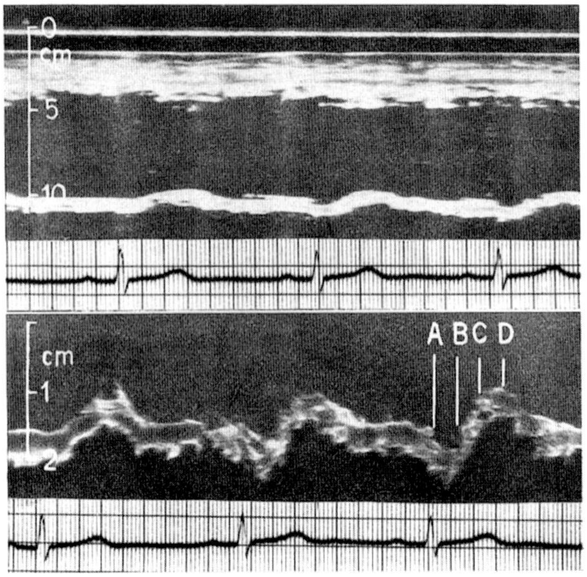

Fig. 7. Top: General view. Bottom: Enlargement of the movements of the posterior wall of the heart. A–B indicates the isometric contraction when the wall moves 2–3 mm. in dorsal direction. B–C denotes the first part of the emptying phase, maximum ejection, when the wall rapidly moves in ventral direction. C–D denotes the final phase of emptying, reduced ejection, when the wall moves slowly in ventral direction.

90:2

1954 stellen Inge Edler (1911–2001) und Helmut Hertz (1920–1990) das Verfahren der Ultraschallechokardiographie vor. Das oben gezeigte Gerät, ein „Reflektoskop", wurde ursprünglich zur Prüfung von Industriematerial entwickelt (siehe Nr. 66). Oben links sind die Ultraschallechos abgebildet, die sichtbar werden, wenn der Schall von den verschiedenen inneren Strukturen des Herzens zurückgeworfen wird. Zum Vergleich ist unmittelbar darunter und angrenzend an die entsprechenden Ultraschallechos eine Schnittdarstellung des Herzens angefügt. Das Bild unten gibt Ultraschallaufzeichnungen im zeitlichen Verlauf (gemeinsam mit dem EKG) und ihre physiologische Interpretation wieder.

Inge Edler, Carl Helmut Hertz

90:4–5

Inge Edler
Carl Helmut Hertz

Edler wurde 1911 in Burlöv, Schweden, geboren. 1930 nahm er sein Medizinstudium an der Universität Lund auf und blieb bis zu seiner Pensionierung 1977 dort. Ab 1944 arbeitete er als Kliniker in der medizinischen Abteilung des Malmö Allmänna Sjukhus und war später verantwortlich für das dortige kardiologische Labor. Von 1950 bis 1960 leitete Edler das kardiovaskuläre Labor am Lunds Lasarett. 1963 wurde er dort zum Direktor der kardiologischen Abteilung ernannt. Hertz wurde 1920 in Berlin geboren; er war verwandt mit dem berühmten Physiker Heinrich Hertz. 1956 promovierte er in Physik an der Universität Lund. Von 1963 bis zu seinem Tod 1990 hatte er den Lehrstuhl der Abteilung für elektrische Messungen inne. Für ihre bahnbrechenden Arbeiten in der kardiologischen Ultraschalldiagnostik erhielten Edler und Hertz zahlreiche Auszeichnungen, darunter 1977 den Albert Lasker Clinical Medical Research Award.

The Use of Ultrasonic Reflectoscope for the Continuous Recording of the Movements of Heart Walls.

Kungl Fysiografiska Sällskapets I Lund Förh 1954; 24(5):40.

Edler und Hertz beschreiben ihre Apparaturen und deren Anwendung zur Erzeugung von Ultraschallechos am isolierten Herzen und am menschlichen Herzen. Eine speziell angefertigte Filmkamera an einem mit 2,5 MHz betriebenen Reflektoskop, das zur Prüfung von Industriematerialien entwickelt wurde (90.1), erweist sich als nützlich beim Bestimmen der Grenzen zwischen Blut und Herzwand. Fortlaufende Aufnahmen der Bewegungen der linken Herzkammerwand in gesundem und krankem Zustand sowie der linken Vorhofwand bei Mitralstenose werden vorgenommen.

Im Spiegel der Zeit:
Obwohl Langevin bereits 1916 Ultraschallwellen erzeugte, um Unterwasserobjekte zu lokalisieren (90.2), und in den 1930er- und 1940er-Jahren sowohl kontinuierliche als auch gepulste Wellen bei Materialprüfungen genutzt wurden (90.1), war es Wild, der 1950 die Ultraschallortung für medizinische Anwendungen einführte – zuerst zur Gewebecharakterisierung (90.3) und zwei Jahre später zur Entdeckung von Tumoren (90.4). Anfang der 1960er Jahre hatte die Ultraschalldiagnostik nicht nur in die Kardiologie erfolgreich Einzug gehalten (90.5), sondern auch in die Augenheilkunde (90.6), die Hirndiagnostik (90.7) sowie in die Geburtshilfe und Gynäkologie (90.8). 1967 hatte man das Pulsechoverfahren zu zweidimensionalen Registrierungen weiterentwickelt (90.9), und im darauffolgenden Jahrzehnt kam die transösophageale Echokardiographie auf (90.10). Mitte der 1950er-Jahre erfand Satamura die Bildgebung mittels Dopplerverfahren, die nicht nur die Bewegungen von Strukturen darstellen konnte, sondern auch den Blutfluss (90.11). Im Laufe der Jahre hat die Ultraschalldiagnostik viele technische Verfeinerungen erfahren, mit verbesserten Methoden und immer mehr Anwendungen in der klinischen Medizin. Heute konkurriert sie mit der Röntgentechnik um den Status des bedeutendsten Diagnoseverfahrens.

90.1 Sokolov SY. Ultrasonic oscillations and their applications. *Tech Phys* 1935; 2:1. Siehe auch Ref. 66.6.
90.2 Siehe Nr. 66 Curie S. 338 und Ref. 66.2 sowie Nr. 40 Doppler S. 212.
90.3 Wild JJ. The Use of Ultrasonic Pulses for the Measurement of Biological Tissue and the Detection of Tissue Density Changes. *Surgery* 1950; 27:183.
90.4 Wild JJ, Reid JM. The Effects of Biological Tissues on 15-mc Pulsed Ultrasound. *J Acoust Soc Am* 1953; 25(2):270.
90.5 Edler I. Ultrasoundcardiography. *Acta Med Scand.* Suppl. 1961, 170.
90.6 Oksala A, Lehtinen A. Diagnosis of Detachment of the Retina by Means of Ultrasound. *Acta Ophth* 1957; 35:461.
90.7 Leksell L. Echoencephalography. I. Detection of Intracranial Complications Following Head Injury. *Acta Chir Scand* 1956; 110:301.
90.8 Donald I, Brown TG. Demonstration of tissue interfaces within the body by ultrasonic echo sounding. *British J Radiol* 1961; 34:539.
90.9 Åsberg AG. Ultrasonic cinematography of the living heart. *Ultrasonics* 1967; 5:113.
90.10 Daniel WG, Mügge A. Transesophageal Echocardiography. *The New England J Med*, Mai 1995, S. 1268.
90.11 Edler I, Lindström K. Ultrasonic doppler techniques in heart disease. II. Clinical application. In: *Proc First World Congress on Ultrasonic Diagnostics in Medicine.* Wien 1969. Bock J, Ossonig K (Hrg.). 1971, S. 455. Siehe auch Nr. 40 Doppler S. 212.

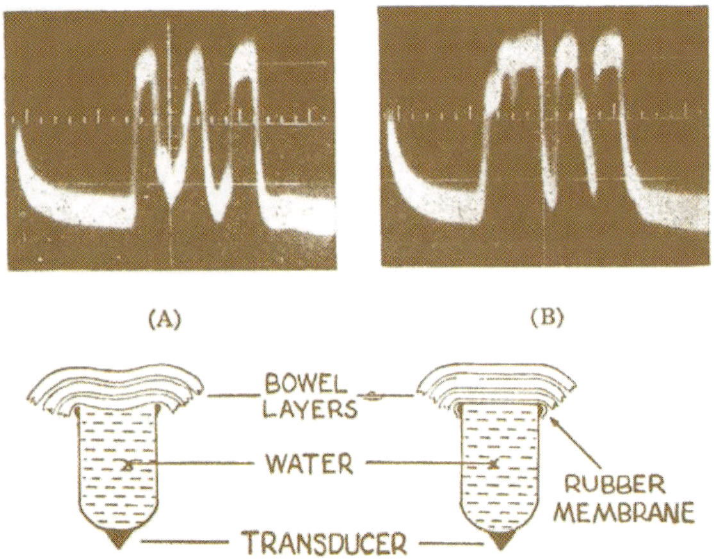

FIG. 1. Method of measurement of biological tissues. (A) Echogram of three layers of dog's bowel placed over mouth of echoscope; (B) Rubber membrane interposed between water in chamber and the tissues. The effect of the rubber membrane on the echogram can be seen. The sound beam penetrated the rubber membrane (condom).

90:6

Anfang der 1950er-Jahre führt John Wild die Nutzung gepulster Ultraschallwellen zur Gewebecharakterisierung ein. 1952 misst er gemeinsam mit John Reid die Dicke der Darmwand und erprobt auch die Brauchbarkeit des Verfahrens zur Diagnose von Hirntumoren. Die Abbildungen zeigen Wandlerentwürfe und experimentelle Ergebnisse dieser frühen Untersuchungen.

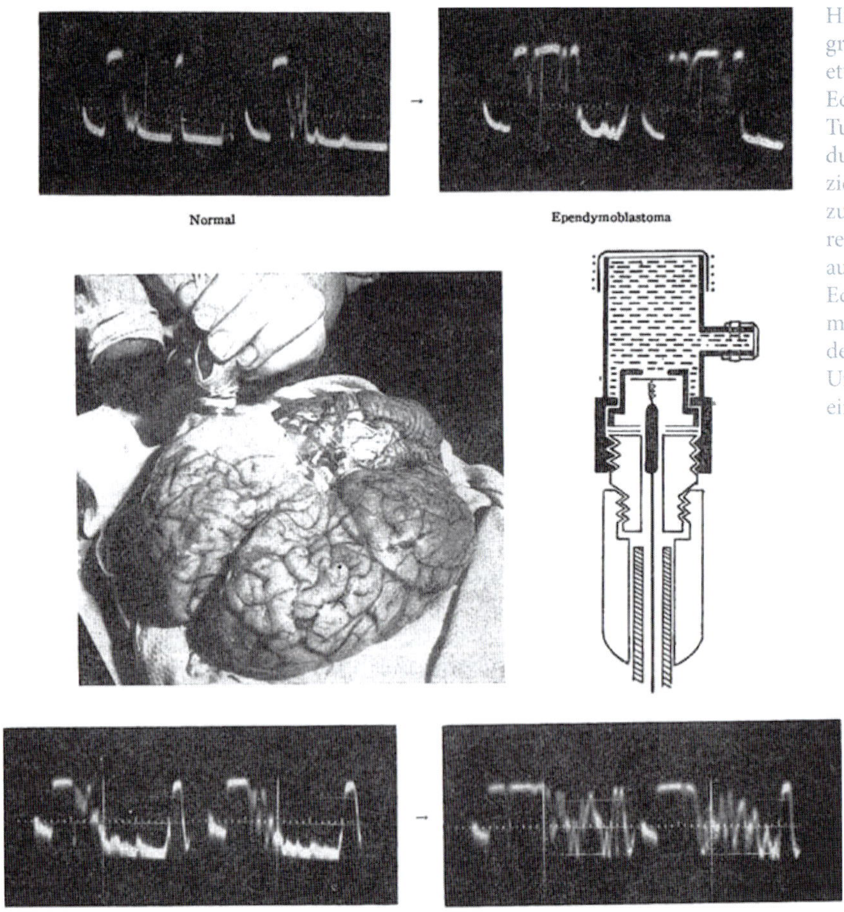

90:7

Hirntumor. Oben außen links zwei Echogramme von normalem Hirngewebe von etwa 1,4 cm Dicke. Oben rechts zwei Echogramme vom Stück eines bösartigen Tumors im selben Gehirn. Der Tumordurchmesser wurde auf die Hälfte reduziert. Unten sind zwei Echogrammpaare zu sehen, die mit dem Echoskop (mitte rechts) vom gesamten Gehirn (mitte links) aufgezeichnet wurden. Die normalen Echogramme (unten außen links) stammen von dem Hirnlappen, der dem von dem Tumor befallenen gegenüberliegt. Unten rechts ist zu sehen, dass der Tumor eine größere Zahl von Echos hervorruft.

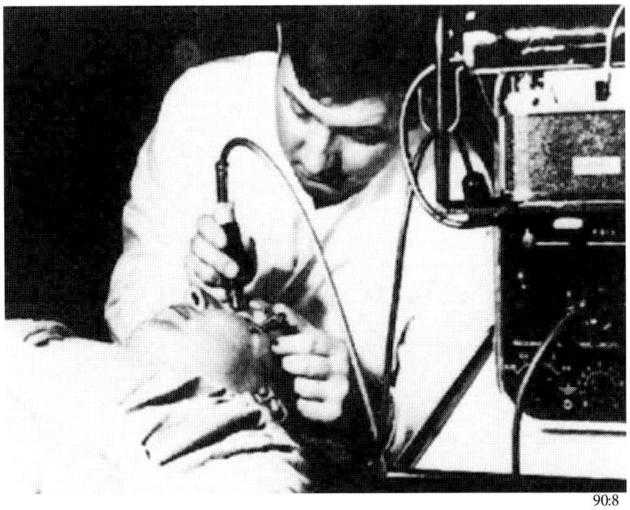

90:8

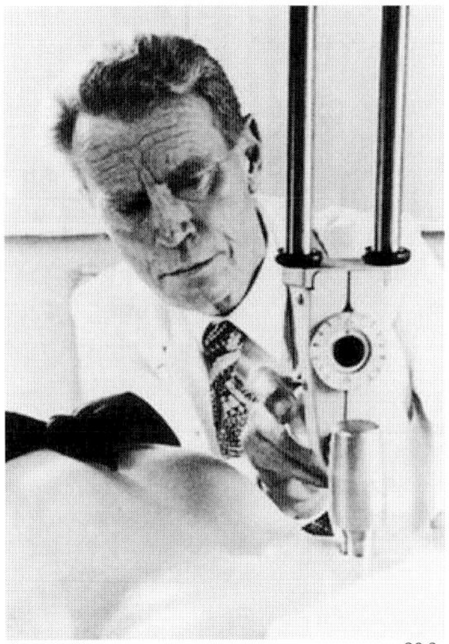

90:9

Zu frühen medizinischen Ultraschallanwendungen gehören das Aufspüren von Fremdkörpern im Auge und die Diagnose von Netzhautablösungen, wie es Arvo Oksala Mitte der 1950er-Jahre demonstriert (links), sowie geburtshilfliche und gynäkologische Untersuchungen, wie sie Ian Donald Mitte der 1960er-Jahre erstmals vornimmt (rechts).

Mitte der 1950er-Jahre werden Ultraschall-Doppler-Verfahren zur medizinischen Diagnostik eingeführt (siehe Nr. 40). 1969 zeigen Inge Edler und Kjell Lindström zudem, dass sich auf diese Weise nicht nur die Bewegung von Strukturen, sondern auch der Blutfluss beobachten lässt, wie man an diesem Diagramm aus ihrem Artikel sehen kann.

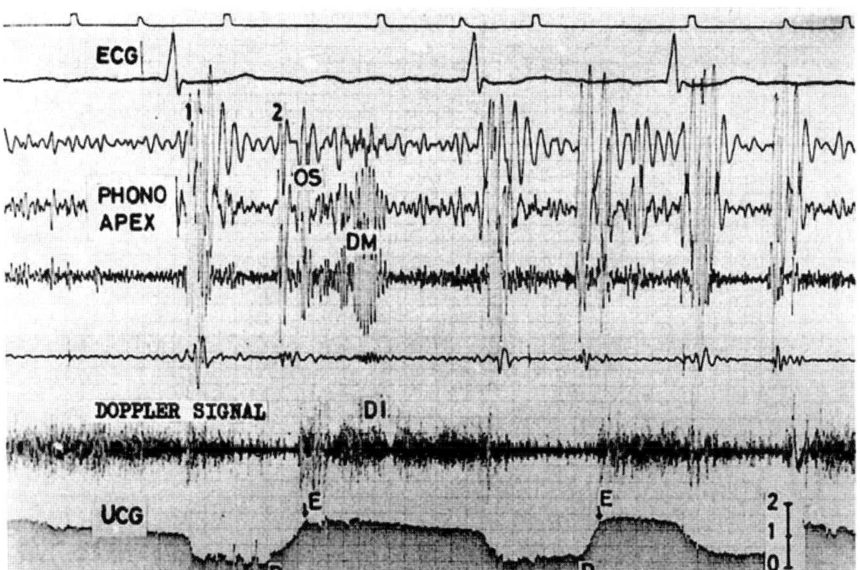

Figure 2: Tight mitral stenosis with atrial fibrillation. Simultaneous recording of ECG, Phonocardiogram taken from the apex, Doppler tracing and pulsed ultrasoundcardiogram (UCG) of the movement of the anterior mitral leaflet. The transducer of the "Doppler detector" was applied in the third left interspace and the beam directed toward the mitral valve. The transducer of the pulsed ultrasound was applied in the fourth left interspace and the movement of the anterior mitral leaflet was recorded.

90:10

An Implantable Pacemaker for the Heart

SOMMAIRE: Description d'un régulateur compact, destiné à être implanté sous la peau au niveau de l'épigastre. Le générateur d'impulsion est composé d'un multivibrateur avec un transistor au silicium. L'amplitude des impulsions est d'environ 2 volts, leur durée est d'environ 1,5 milliseconde. Leur fréquence est constante et d'environ 80 pulsations par seconde. La source d'énergie est un petit accumulateur au cadmium-nickel, composé de deux séries interconnectées de cellules, de 60 mAh chacune.

ONE of the major problems in connection with the permanent use of pacemakers for the heart is the prevention of infection through the channel where the cable is brought out through the skin.

A compact pacemaker is described which is intended to be implanted subcutaneously in the epigastrium. The pulse generator consists of a repetitive blocking oscillator with a silicon transistor. The pulses are fed to the base-circuit of a second silicon transistor. The collector circuit of the second transistor is connected to the electrode over an RC network. The pulse height is about 2 V, and the pulse duration is about 1·5 msec. The pulse frequency is constant and about 80 pulse/sec.

The source of energy is a small nickel-cadmium accumulator consisting of two series-connected cells of 60 mAh each. The apparatus also contains a coil and a silicon diode, which form the secondary circuit of an inductive charging device. The primary circuit of this device consists of a 150 kc/s generator feeding a large diameter coil. This coil is placed over the pacemaker outside the skin, when the accumulator is charged.

The electrode cable had to be specially developed in order to withstand the movements in the body (about 10^5 bends every day).

Experience from animal experiments and one human case are reported.

R. Elmqvist and A. Senning,
Stockholm

91:1

Abdruck der kurzen Ankündigung des ersten vollimplantierbaren Herzschrittmachers von Rune Elmqvist (1906–1996) und Åke Senning (1915–2000) aus dem Jahre 1959. Mit dem in der letzten Zeile erwähnten Krankheitsfall ist der Patient Arne Larsson gemeint, der unten zu einem späteren Zeitpunkt mit seinem Herzschrittmacher abgebildet ist. Larsson war Ingenieur und beteiligte sich aktiv an der Testphase des implantierten Schrittmachermodells. Er lebte noch 42 Jahre; in dieser Zeit wurden ihm fünf Leitungsdrahtsysteme und 22 Pulsgeneratoren (elf verschiedene Schrittmachermodelle) eingepflanzt. Sein Tod wurde nicht durch die Herzschwäche verursacht.

91:2

Rune Elmqvist, Åke Senning

Elmqvist wurde 1906 in Lund, Schweden, geboren. Er studierte Medizin, arbeitete aber nie als Arzt. Als autodidaktischer Ingenieur, der 1948 den EKG-Tintenstrahldrucker erfand (91.1), wurde er Laborleiter bei Järnhs Elektriska AB (später Elema-Schönander AB und Siemens-Elema AB) in Solna. Ab 1952 war Elmqvist Leiter der elektromedizinischen Abteilung und später auch Vorstandsmitglied. Senning kam 1915 in Rättvik, Schweden, zur Welt. Er studierte in Uppsala Medizin und ging 1948 ans Sabbatsberg Hospital in Stockholm, wo er an der Entwicklung der Herz-Lungen-Maschine mitwirkte (91.2). Ab 1956 leistete er am Karolinska Sjukhuset bahnbrechende Arbeiten in der Herzchirurgie. 1961 wurde er Leiter der Chirurgischen Klinik am Universitätsspital Zürich.

An Implantable Pacemaker for the Heart.

Proceedings of the Second International Conference on Medical Electronics Paris 24–27 June 1959. London 1960, S. 253.

In dieser kurzen Mitteilung beschreiben Elmqvist und Senning einen vollimplantierbaren Herzschrittmacher, den sie nach ihren Erfahrungen mit Tierversuchen und einem menschlichen Krankheitsfall entwickelt haben (91.3). Das Gerät in Form einer Schuhcremedose hat einen Durchmesser von 55 mm, ist 16 mm dick und wird von einem Nickel-Cadmium-Akkumulator angetrieben. Mit zwei seit kurzem verfügbaren Siliciumtransistoren erzeugt es 2-V-Pulse von 1,5 ms Dauer bei einer Frequenz von etwa 80 pro Minute. Es wird subkutan implantiert und muss über eine Induktionsspule wiederaufgeladen werden, die über dem Schrittmacher an der Hautoberfläche angebracht ist.

Im Spiegel der Zeit:
Als McWilliam 1889 die ersten Tierversuche über elektrische Herzstimulation durchführte (91.4), hatte man die Elektrophysiologie des Herzens bereits seit fast einem halben Jahrhundert erforscht (91.5). Hyman erprobte als Erster ein Therapieverfahren, als er 1930 „einen künstlichen Schrittmacher" erfand, der mittels einer Nadel durch die Brustwand Impulse an den rechten Herzvorhof übermittelte (91.6). Basierend auf Erfahrungen mit Operationen am offenen Herzen entwickelte Bigelow 1950 die transvenöse Stimulation des Sinusknotens (91.7). Davon wurde nicht nur Senning maßgeblich beeinflusst, sondern auch Zoll, der zeigte, wie man Adams-Stokes-Anfälle mit Plattenelektroden auf dem Brustkorb behandelt (91.8). 1959 implantierten Greatbatch und Chardack den ersten batteriebetriebenen Schrittmacher mit einer Haltbarkeitsdauer von etwa fünf Jahren (91.9), und mit anschließenden neuen Verfahren war die Eröffnung des Thorax nicht mehr zwingend erforderlich (91.10). Der in dem zitierten Artikel erwähnte Patient überlebte in 42 Jahren mehr als 22 Herzschrittmacher und starb 2001 an Krebs (91.3). Heute haben Schrittmacher eine komplizierte Software, passen sich dem Patienten an und können eine Million Mal mehr Transistorfunktionen als das 1958 von Senning implantierte Gerät besitzen.

91:3–4

Rune Elmqvist
Åke Senning

91.1 Siehe Nr. 71 Einthoven S. 366 Ref. 71.9.
91.2 Crafoord C, Norberg B, Senning Å. Clinical studies in extracorporeal circulation with a heart-lung machine. *Acta Chir Scand* 1957; 112:220. Siehe auch Nr. 86 Kolff S. 444 Ref. 86.7 und Ref. 86.9.
91.3 Larsson B et al. Lessons From the First Patient with an Implanted Pacemaker: 1958–2001. *PACE* 2003; 26(1):114.
91.4 McWilliam JA. Electrical stimulation of the heart in man. *Brit Med J* 1889; 1:348 und Ref. 23.10, 23.11.
91.5 Schechter DC. *Exploring the origins of electrical cardiac stimulation.* Minneapolis: Medtronic Inc., 1983 sowie Ref. 65.2, 65.3, 65.7. Siehe auch Nr. 23 Kite S. 128.
91.6 Hyman AS. Resuscitation of the stopped heart by intracardial therapy. *Arch Int Med* 1930; 46:553.
91.7 Callaghan JC, Bigelow WG. An electrical artificial pacemaker for standstill of the heart. *Ann Surg* 1951; 134:8.
91.8 Zoll PM. Resuscitation of the heart in ventricular standstill by external electric stimulation. *New Engl J Med* 1952; 247:768.
91.9 Greatbatch W, Chardack WM. A transistorized implantable pacemaker for the long-term correction of complete atrioventricular block. *M Electron NEREM* 1959; 48:643.
91.10 Carlens E et al. New method for atrial-triggered pacemaker treatment without thoracotomy. *J Thorac Cardiov Surg* 1965; 50:229.

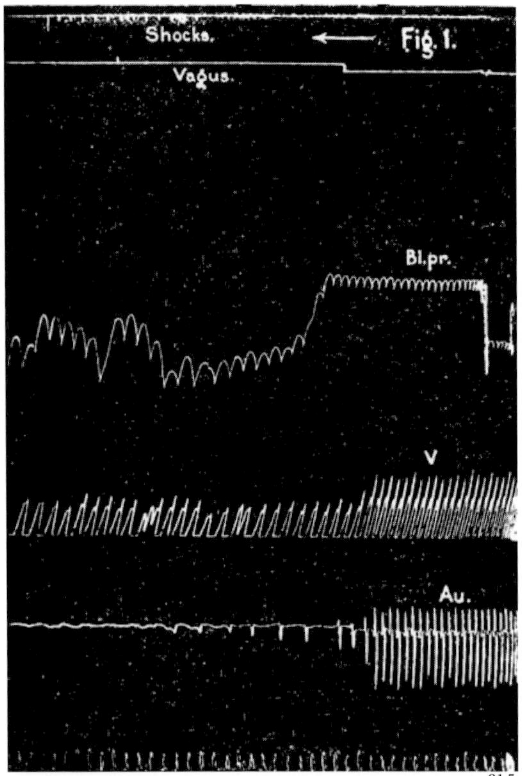

91:5

1889 beschließt John McWilliam (1857–1937), der kurz zuvor einen Fall von Herzversagen und Sekundentod aufgrund von Kammerflimmern miterlebt hat, die Rolle des vegetativen Nervensystems beim Auftreten eines plötzlichen Todes zu erforschen. Er untersucht, ob Elektroschocks den Herzschlag einer Katze, der durch Stimulation des Vagusnerven unterdrückt wurde, reaktivieren können. Die dabei erzielten positiven Ergebnisse (die hier durch zwei Diagramme illustriert werden) eröffnen das wissenschaftliche Feld der Reanimierung des Herzens und seiner elektrischen Stimulation.

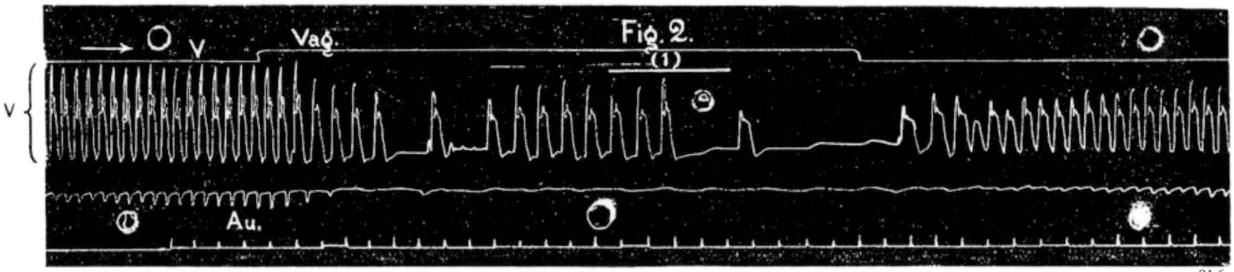

91:6

Albert Hyman (1893–1972) und sein „künstlicher Schrittmacher", der den rechten Herzvorhof mittels einer Nadel durch die Brustwand repetitiv elektrisch stimuliert. 1930 stellt er diesen ersten Therapieversuch vor.

91:7

The artificial pacemaker seen from the front. The following important features are to be noted: A, magnetogenerator; B' and B'',companion magnet pieces; C, neon lamps; D, spring motor; E, ballistic governor; F, handle; G, impulse control; H, speed control; I, flexible electric cord; J, insulated handle; K, handle switch, and L, electrode needle.

91:8

Anfang der 1950er-Jahre gelingt Paul Zoll (1912–1999) ein großer Schritt, als er zeigt, dass sich mit Plattenelektroden auf dem Brustkorb (siehe das Foto von seinem Gerät) die sogenannte Adams-Stokes-Krankheit behandeln lässt, die durch plötzliche Bewusstlosigkeit aufgrund von Herzrhythmusstörungen gekennzeichnet ist.

91:9

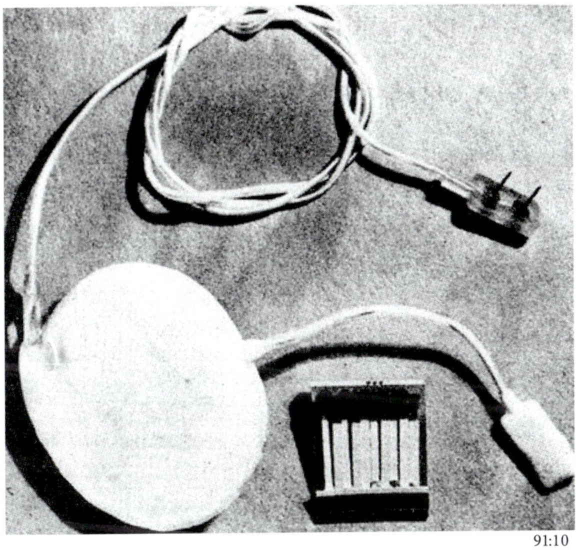

91:10

91:11

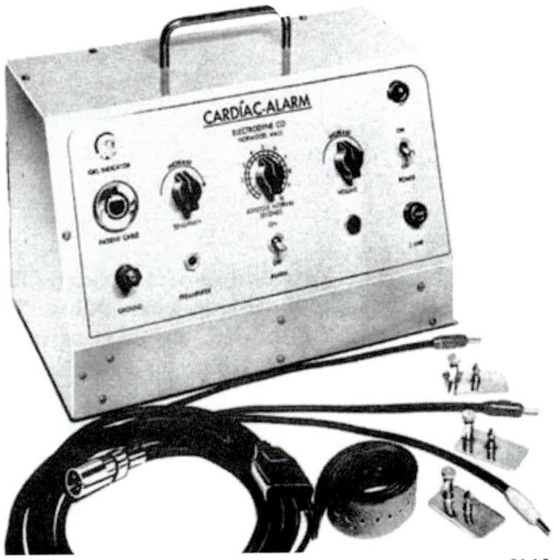

91:12

Originaler Greatbatch-Chardack-Schrittmacher von 1959, unten links allein und links in einer Silikonkautschukhülle mit den angeschlossenen Elektroden. Dieser erste batteriebetriebene Herzschrittmacher hat eine Haltbarkeitsdauer von etwa fünf Jahren.

Der erste von Elmqvist und Senning 1958 entworfene und implantierte Schrittmacher im Vergleich zu einem modernen Gerät mit über einer Million Mal mehr möglichen Transistorfunktionen, das sich mit komplizierten Sensoren und Software an den Träger anpassen kann.

91:13

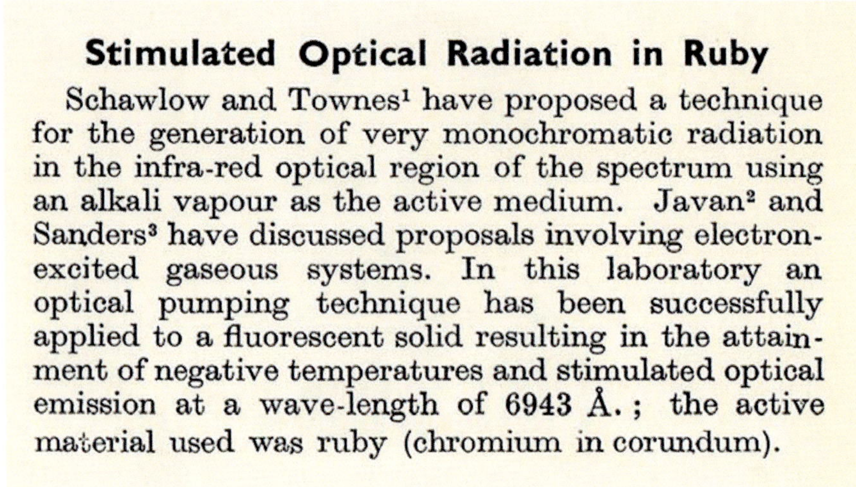

Stimulated Optical Radiation in Ruby

Schawlow and Townes[1] have proposed a technique for the generation of very monochromatic radiation in the infra-red optical region of the spectrum using an alkali vapour as the active medium. Javan[2] and Sanders[3] have discussed proposals involving electron-excited gaseous systems. In this laboratory an optical pumping technique has been successfully applied to a fluorescent solid resulting in the attainment of negative temperatures and stimulated optical emission at a wave-length of 6943 Å.; the active material used was ruby (chromium in corundum).

92:1

Die knappe Einleitung zu Theodore Maimans (1927–2007) Artikel über die erste Beobachtung von LASER-Aktivität (Light Amplification by Stimulated Emission of Radiation).

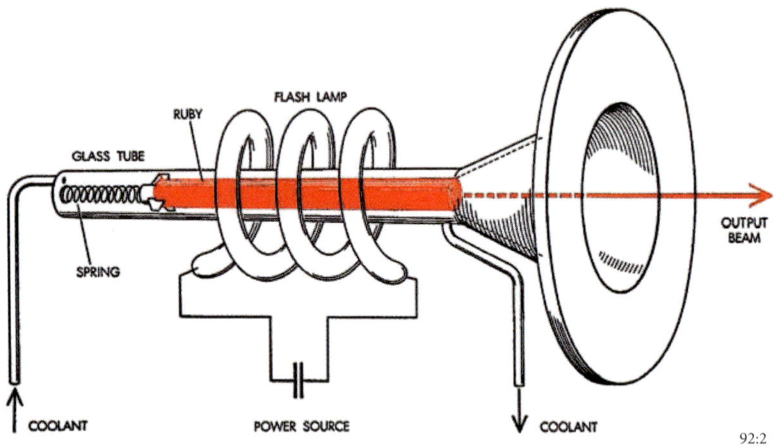

92:2

Hier sieht man eine Zeichnung von Maimans Rubinlaseranordnung und ein Foto des tatsächlichen Geräts. Wenn die Intensität der Lichtblitze der (um den Rubinstab gewundenen) Blitzlampe ein bestimmtes Niveau überschreitet, sind intensive rote Lichtpulse von etwa 0,5 ms Dauer zu sehen, die den Rubinstab axial verlassen.

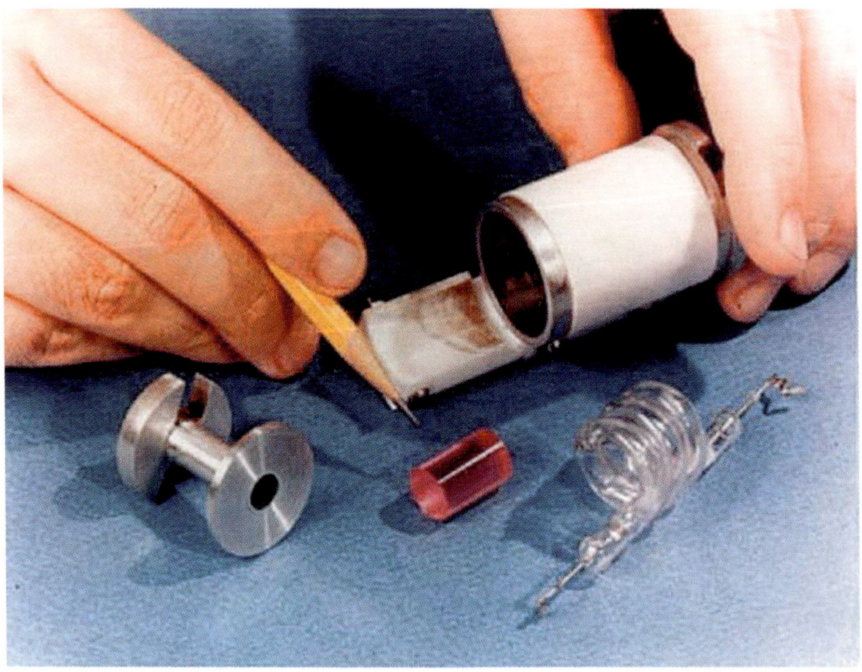

92:3

Theodore Maiman

Maiman wurde 1927 in Los Angeles geboren. 1949 legte er an der University of Colorado sein Bachelorexamen in Technischer Physik ab, und nach dem Studium der Elektrotechnik und Physik promovierte er 1955 an der Stanford University. Maiman war Abteilungsleiter bei Hughes Research Laboratories, als er 1960 den ersten LASER (Light Amplification by Stimulated Emission of Radiation) baute. Zwei Jahre später gründete er ein eigenes Unternehmen zur Entwicklung und Herstellung von Lasergeräten. 1976 ging er als Leiter von Projekten der Spitzentechnologie zu TRW Inc. und stand danach verschiedenen anderen Firmen und Organisationen vor, die sich der Förderung der Lasertechnologie widmeten.

92:4

Theodore Maiman

Stimulated Optical Radiation in Ruby.

NATURE 1960; 187:493.

In diesem kurzen Bericht beschreibt Maiman die Energieniveaus von rosa Rubin (Aluminiumoxid mit 0,05% Chrom), insbesondere die drei angeregten Niveaus des Chromatoms. Ein Rubinstab mit polierten und silberbeschichteten Enden wird mit einer Blitzlampe beleuchtet, um die Atome aufzuladen. Als das Pumpen der Lichtblitze ein bestimmtes Niveau überschreitet, beobachtet Maiman Laseraktivität, die dem Übergang vom metastabilen angeregten Niveau zum Grundzustand entspricht. Es werden Pulse eines intensiven roten Lichtstrahls mit einer Dauer von etwa 0,5 ms erzeugt.

Im Spiegel der Zeit:

1917 zeigte Einstein, dass Absorption und spontane Emission von Strahlung vom Phänomen der stimulierten Emission begleitet sein muss (92.1). 1954 berichteten Townes, Basov und Prokhorov von der Beobachtung dieses Phänomens bei Mikrowellenfrequenzen (92.2). Vier Jahre später entwickelten Schawlow, Townes und Gould Systeme, die bei optischen Frequenzen arbeiteten (92.3) (92.4). Kurz nach Maimans Bericht konnten Javan, Bennett Jr. und Herriott in einer He-Ne-Gasentladung die Aktivität des ersten Dauerstrichlasers präsentieren (92.5) (92.6). Innerhalb weniger Jahre wurden Laser mit vielen anderen Medien gebaut, vor allem mit Halbleitern (92.7). Argon-Ionen-Laser (92.8) und Nd:YAG-Laser (92.9) werden heute in der Netzhautchirurgie eingesetzt. In den 1970er-Jahren kamen Excimerlaser („excited diatomic molecule") auf; sie erzeugen eine starke gepulste ultraviolette Strahlung, die sich für die „kalte" Entfernung biologischer Gewebe durch Verdunsten eignet. Heute sind sie das präzise Werkzeug der Refraktiven Chirurgie (92.10). Die Photodynamische Therapie, die sich die Interaktion von Laserlicht mit spezifischen lichtempfindlichen Substanzen zunutze macht, hat sich bei der Behandlung bestimmter Krebsarten der Lunge, der Haut und des Aerodigestivtraktes als nützlich erwiesen (92.11). Laserbasierte Systeme sind weitverbreitet in der mikroskopischen Bildgebung und der Spektroskopie biologischen Materials bis hinunter zur subzellulären Ebene, und Laser-Doppler-Verfahren spielen eine wichtige Rolle in der kardiovaskulären Diagnostik (92.12).

92.1 Einstein A. Zur Quantentheorie der Strahlung. *Physik Zeitschr* 1917; 18:121.
92.2 Townes CH. *Production of coherent radiation by atoms and molecules*. Nobelvorlesung, Stockholm 1964.
92.3 Schawlow AI, Townes CH. Infrared and optical masers. *Phys Rev* 1958; 112:1940.
92.4 Gould G. *Light amplifying apparatus*. US Patentanmeldung 804504 1959. Akzeptiert als US Patent 4053845, Optically pumped laser amplifiers 1977.
92.5 Javan A, Bennett Jr. WR, Herriott DR. Population inversion and continuous optical maser oscillation in a gas discharge containing a He-Ne mixture. *Phys Rev Lett* 1961; 6:106.
92.6 Bennett Jr. WR. Background of an inversion: The first gas laser. *IEEE J Selected Topics in Quant Electr* 2000; 6(6):869.
92.7 Hall RN et al. Coherent light emission from GaAs junctions. *Phys Rev Lett* 1962; 9:366.
92.8 Bennett Jr. WR et al. Superradiance, Excitation Mechanism, and Quasi-CW Oscillations in the Visible Ar+laser. *Appl Phys Lett* 1964; 4(10):180.
92.9 Geusic JE, Marcos HM, van Uitert LG. Laser Oscillations in Nd:DOPED Yttrium Aluminium, Yttrium Gallium and Gadolinium Garnets. *Appl Phys Lett* 1964; 4:182.
92.10 McGhee NJ et al (Hrg.). *Excimer Lasers in Ophthalmology. Principles and Practice*. Butterworth-Heinemann Medical, 1997.
92.11 Schuitmaker JJ et al. Photodynamic therapy: a promising new modality for the treatment of cancer. *J Photochem Photobiol B Biology* 1996; 34(1):3.
92.12 Siehe Ref. 9.11, Ref. 49.9, Ref. 40.7.

PHYSICAL REVIEW VOLUME 112, NUMBER 6 DECEMBER 15, 1958

Infrared and Optical Masers

A. L. Schawlow and C. H. Townes*
Bell Telephone Laboratories, Murray Hill, New Jersey

(Received August 26, 1958)

The extension of maser techniques to the infrared and optical region is considered. It is shown that by using a resonant cavity of centimeter dimensions, having many resonant modes, maser oscillation at these wavelengths can be achieved by pumping with reasonable amounts of incoherent light. For wavelengths much shorter than those of the ultraviolet region, maser-type amplification appears to be quite impractical. Although use of a multimode cavity is suggested, a single mode may be selected by making only the end walls highly reflecting, and defining a suitably small angular aperture. Then extremely monochromatic and coherent light is produced. The design principles are illustrated by reference to a system using potassium vapor.

92:5

Abstract des berühmten Artikels von Arthur Schawlow (1921–1999) und Charles Townes aus dem Jahre 1958 über die theoretische Möglichkeit der Erzeugung von MASER-Aktivität (oder LASER, wenn man „Microwave" in dem Akronym durch „Light" ersetzt), beispielsweise in einem System mit Kaliumdampf.

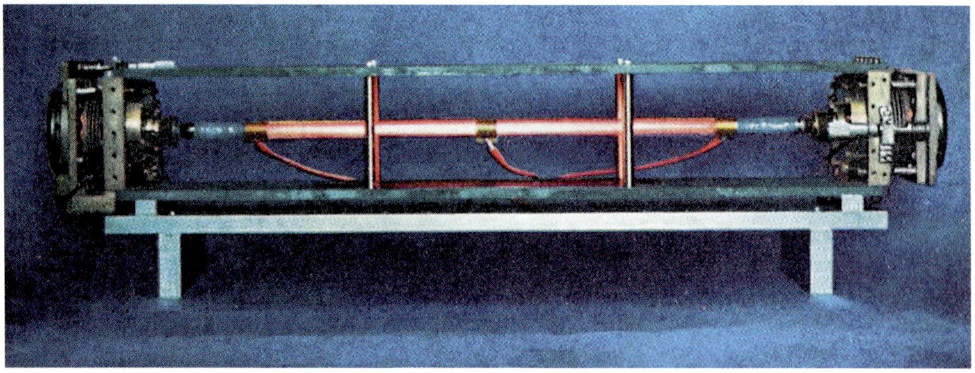

92:6

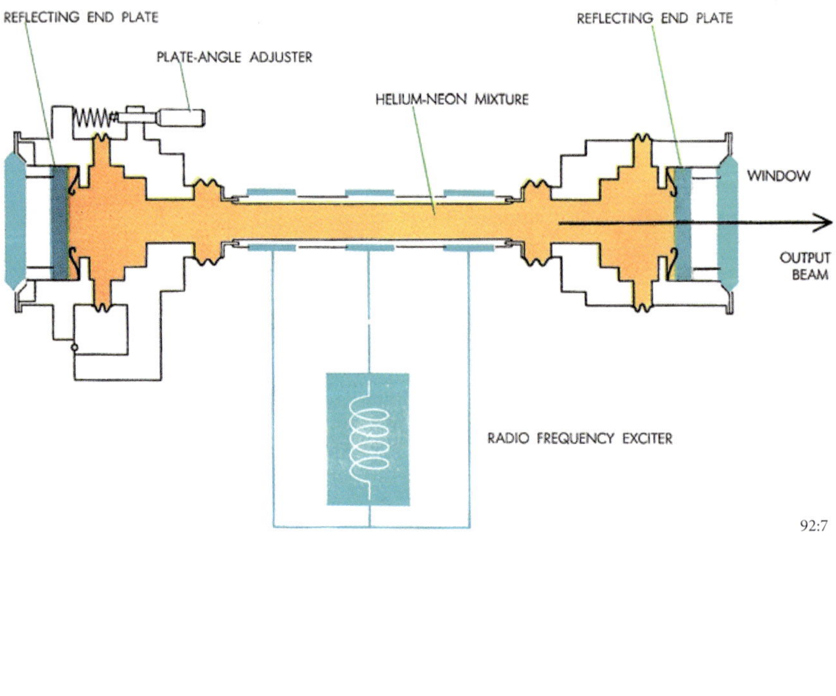

92:7

Der erste Gaslaser, der einen kontinuierlichen Lichtstrahl erzeugt, wird 1960 von William Bennett Jr. und Ali Javan erfunden. Dabei wird die Entladung eines He-Ne-Gasgemisches durch eine Radiofrequenzquelle angeregt. Auf der gegenüberliegenden Seite ist ein Diagramm ihres Apparats und ein Foto des Geräts zu sehen.

Unten stehen die Erfinder neben ihrem Laser. Von rechts nach links Bennett Jr. und Javan, gemeinsam mit D. R. Herriott, der gerade einen der Spiegel am Gerät justiert.

92:8

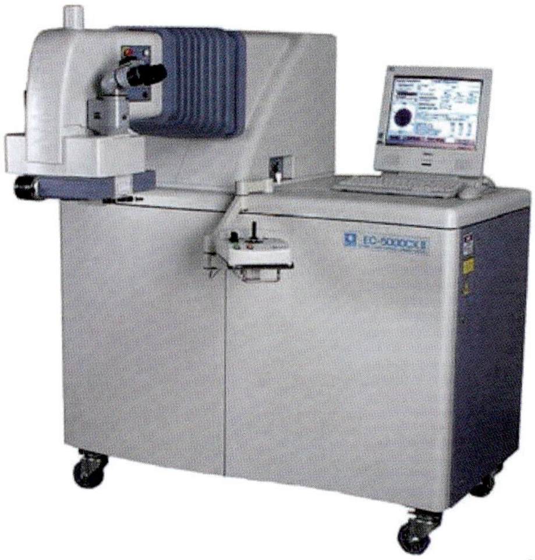

92:9

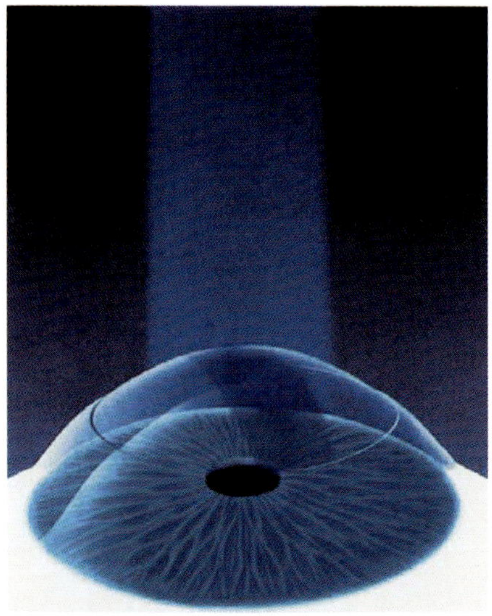

92:11

In den 1970er-Jahren werden Excimerlaser erfunden; sie erzeugen ein starkes gepulstes ultraviolettes Licht, das sich für die „kalte“ Entfernung biologischer Gewebe durch Verdunsten anbietet. Moderne Geräte wie das oben abgebildete lassen sich mit großer Präzision steuern und sind hochwirksame Werkzeuge der Refraktiven Chirurgie, wie die abgetragene Hornhaut des Auges auf dem Foto illustriert.

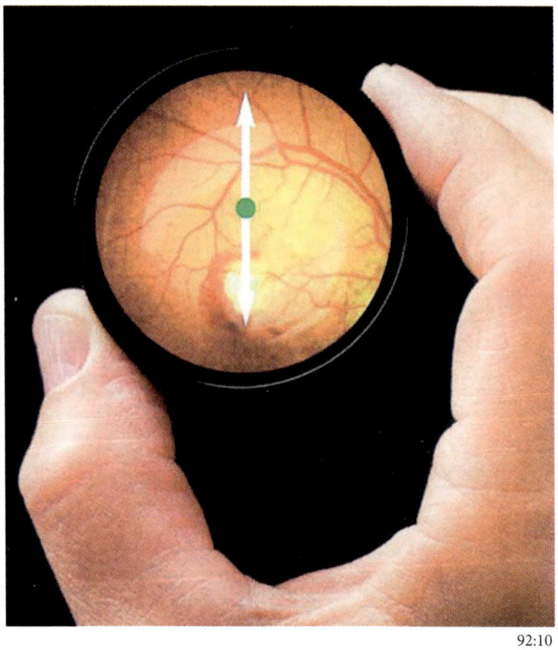

92:10

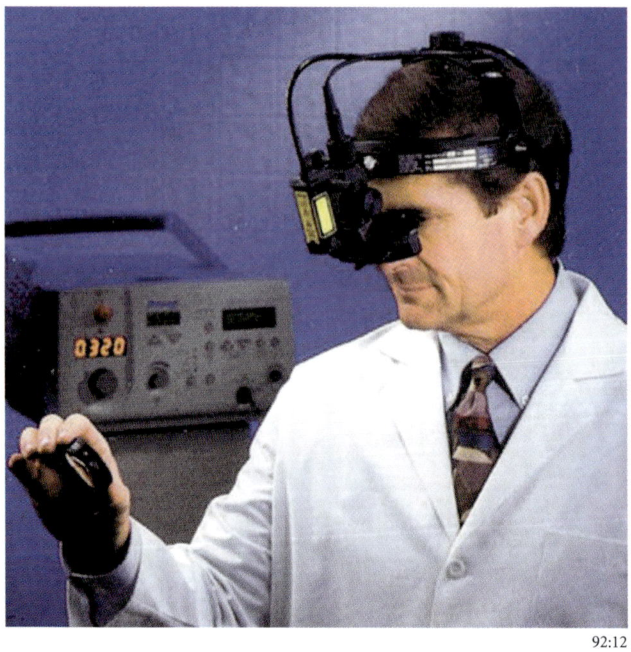

92:12

Die indirekte Ophthalmoskopie mit einem frequenzverdoppelten YAG-Laser ermöglicht die Untersuchung der gesamten Netzhaut selbst bei Grauem Star (zur direkten Ophthalmoskopie, bei der sich nur die zentraleren Teile der Netzhaut betrachten lassen, siehe Nr. 45). Die Geräte kommen oft in Operationen bei Netzhautablösung und in Photokoagulationseingriffen zum Einsatz.

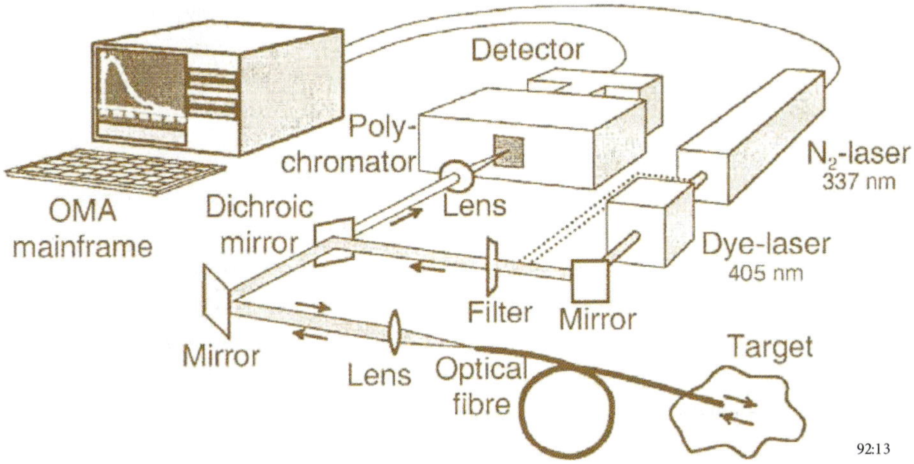

92:13

Schematische Darstellung eines laserbasierten *Optical Multichannel Analyser* (OMA) für In-vivo-Fluoreszenzuntersuchungen der Haut. Ein Stickstofflaser pumpt einen Farbstofflaser, der Strahlung mit einer Wellenlänge von 405 nm emittiert, nahe an der Wellenlänge der maximalen Fluoreszenz der Haut. Mit geeigneten Substanzen, die die Lichtempfindlichkeit erhöhen (z. B. ALA), und Laserstrahlung mit sorgfältig eingestellten Wellenlängen lassen sich Hautbereiche mit Basaliomen gezielt behandeln. Die obere Fotoreihe der Abbildungen unten verdeutlicht die guten Ergebnisse einer solchen Photodynamischen Therapie (PDT). Die entsprechenden Bilder der Hautdurchblutung darunter wurden mit Laser-Doppler-Verfahren (LDPI) (siehe Nr. 40) erzeugt und bestätigen den Behandlungserfolg.

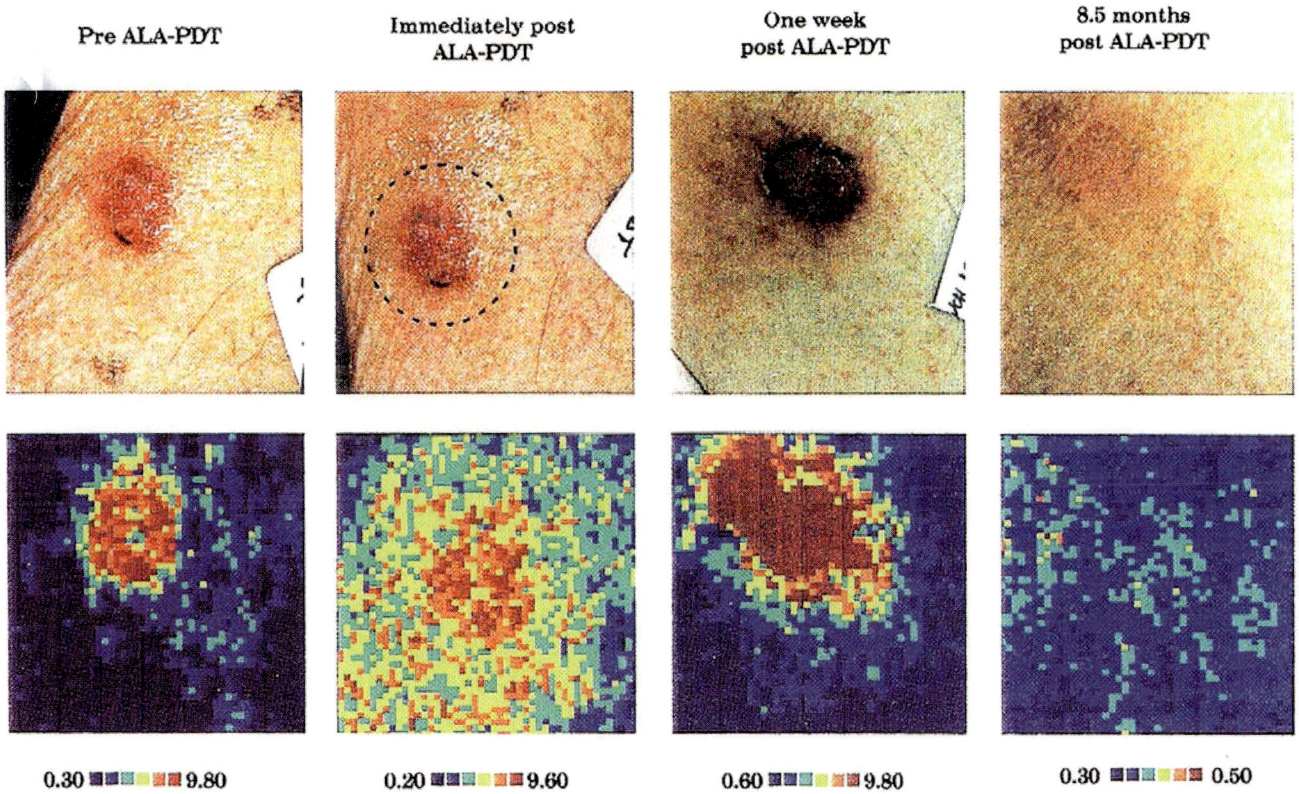

Figure 2. Photographs and LDPI pictures of a mixed superficial/nodular basal cell carcinoma on the arm of a 78-year-old male. The images were taken before treatment, immediately following treatment by laser light irradiation, 1 week and 8·5 months after the PDT procedure. The increased blood flow immediately after the treatment procedure has extended beyond the treatment area into the surrounding non-illuminated normal skin, indicating a recreation of vessels to supply the treated area with blood, as in an immediate inflammatory response. A week following the treatment, an inflammatory reaction is seen, with an extended blood perfusion limited to this area. Eight and a half months after the treatment the lesion is hardly visible and the blood perfusion was as high as in the normal surrounding skin. Note the different colour scales in the blood flow images.

92:14

Scand J Plast Reconstr Surg 3: 81–100, 1969

INTRA-OSSEOUS ANCHORAGE OF DENTAL PROSTHESES

I. *Experimental Studies*

P.-I. Brånemark, U. Breine, R. Adell, B. O. Hansson, J. Lindström and Å. Ohlsson

From the Laboratory of Experimental Biology, Department of Anatomy, University of Gothenburg and the Department of Plastic Surgery, Sahlgrenska Sjukhuset, Gothenburg, Sweden

Abstract. An investigation of factors controlling healing and long term stability of intra-osseous titanium implants to restore masticatory function in dogs revealed that an integrity of the good anchorage of the implant requires: (1) Non-traumatic surgical preparation of soft and hard tissues and a mechanically and chemically clean implant. (2) Primary closure of the mucoperiosteal flap, to isolate the implant site from the oral cavity until a biological barrier has been reestablished. (3) Oral hygiene to prevent gingival inflammation. Provided these precautions are taken, it is possible to subject dental prostheses, connected to the implants, to unlimited masticatory load. With these precautions such implants were found to tolerate ordinary use in dogs for periods of more than 5 years without signs of tissue injury or other indications of rejection phenomena.

Macroscopic clinical investigation, stereomicroscopy, roentgenography and light microscopy of the implant site *in situ* and after removal from the body showed that the soft and hard tissues had accepted the implant and incorporated it without producing signs of tissue injury. In fact the bone appeared to grow into all the minute pits and impressions in the surface of the titanium implant, without any shielding layer of buffer tissue at all.

These findings indicate that dental prostheses can be successfully anchored intra-osseously in the dog suggesting that its possible clinical use in oral rehabilitation should be given unprejudiced consideration.

93:1

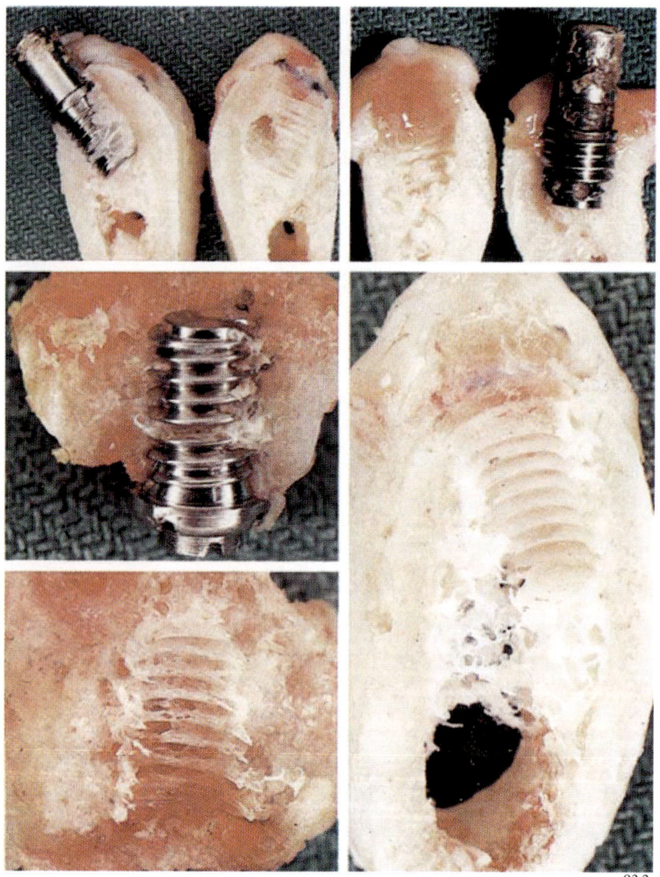

93:2

Abstract und Abbildungen aus dem Bericht von Per-Ingvar Brånemark und seinen Mitarbeitern über das erste erfolgreiche Langzeitexperiment mit Titanimplantaten zur Wiederherstellung der Kaufunktion bei Hunden. Auch nach fünf Jahren ist keinerlei Gewebeverletzung oder Abstoßungsreaktion zu beobachten.

Per-Ingvar Brånemark

93:3

Per-Ingvar Brånemark

Brånemark wurde 1929 in Karlshamn, Schweden, geboren. Er studierte Medizin in Lund und machte dort 1956 Examen. Drei Jahre später legte er seine Dissertation über die Vitalmikroskopie des Knochenmarks vor (93.1). 1960 ging er an die Göteborger Universität, wo er 1969 Professor für Anatomie wurde. Brånemark wurden weltweit über 30 Ehrentitel verliehen. Sein Verfahren der Osseointegration (die strukturelle und funktionelle Verbindung zwischen lebendem Knochengewebe und Implantat) hat außerdem zur Gründung erfolgreicher Unternehmen geführt.

Intra-osseous Anchorage of Dental Prostheses. I. Experimental Studies.

Scand J Plast Reconstr Surg 1969; 3:81.

Brånemark und seine Mitarbeiter (Breine, Adell, Hansson, Lindström und Ohlsson) präsentieren ihre fünfjährige Erfahrung mit intraossären Titanimplantaten bei zwölf Hunden. Nach einem ersten Überblick über die bisherige Literatur stellen sie fest, dass man zu wenig über die biologischen Voraussetzungen für die permanente Verankerung einer Prothese im Knochengewebe weiß (93.2). Mit Röntgenuntersuchungen, Stereomikroskopie und histologischen Analysen finden sie heraus, dass vollständig im Knochen eingebettete Titanschrauben mehrere Jahre mechanisch sehr stabil bleiben, falls das Implantatbett unter minimaler Verletzung des Knochengewebes präpariert und von der Mundhöhle abgeschirmt wird, während man die Barrierefunktion zwischen Implantat und Gewebe wieder erneuert. Die Autoren erklären ihre Absicht, die Anwendung dieses Verfahrens auf die Zahnprothetik beim Menschen zu erforschen.

Im Spiegel der Zeit:

Titan wurde 1791 von Gregor entdeckt (93.3), jedoch erst 1910 in Reinform von Hunter hergestellt, da das Metall aufgrund seiner Reaktivität rasch eine oxidische Schicht auf der Oberfläche bildet. Diese Eigenschaft erklärt jedoch teilweise, warum Titan und seine Legierungen (TiAlV) im Vergleich mit anderen zu Implantaten verarbeiteten Metalllegierungen, wie rostfreiem Stahl und Kobaltlegierungen (CoCrMo oder CoNiCrMo), eine äußerst hohe Korrosionsresistenz und Biokompatibilität aufweisen (93.4). Brånemarks Untersuchungen des Knochenmarks (93.1) (93.5) führten zur zufälligen Entdeckung der günstigen Eigenschaften von Titanimplantaten, wenn sie mit entsprechenden Verfahren in das Knochengewebe eingesetzt werden (93.6). Schon ab Mitte der 1970er-Jahre verbreitete sich die Methode im Laufe der folgenden zehn Jahre, und heute besitzen weltweit über eine Million Menschen osseointegrierte Zahnprothesen mit Titan-Anker (93.7). Das Verfahren hat sich auch außerhalb der Zahnheilkunde bewährt, insbesondere in der Wiederherstellungschirurgie und bei der Verankerung von Hörhilfen und Prothesen (93.8). Viele zentrale Implantatanwendungen greifen auf polymere Biomaterialien zurück (93.9); einige davon besitzen ausgeklügelte Eigenschaften, wie biologische Abbaubarkeit und die Fähigkeit, Wundheilung oder Knochenbildung zu fördern (93.10). Wichtige Verwendungen betreffen Komponenten des kardiovaskulären Systems (Blutgefäße und Klappen), Ersatzstoffe für verschiedene Typen von Gewebe, Bändern und Haut sowie Nahtmaterial.

93.1 Brånemark P-I. Vital microscopy of bone marrow in rabbit. *Scand J Lab Invest* 1959; 11 (Suppl. 38):1.

93.2 Adell R et al. Intra-osseous anchorage of dental prostheses. II. Review of Clinical Approaches. *Scand J Plast Reconstr Surg* 1970; 4:19.

93.3 Gregor W. Beobachtungen und Versuche über den Menakanite, einen in Cornwall (Kirchspiel Menaccan bei Falmouth) gefundenen magnetischen Sand. *Chem Ann* (L. von Crell) 1791, Bd. 1.

93.4 Brunette DM et al (Hrg.). *Titanium in Medicine.* Springer Verlag, 2001.

93.5 Brånemark P-I et al. Regeneration of bone marrow. A clinical and experimental study following removal of bone marrow by curettage. *Acta Anat* (Basel) 1964; 59:1.

93.6 Williams E. *A Matter of Balance.* Akademiförlaget, 1992.

93.7 Brånemark P-I, Zarb GA, Albrektsson T (Hrg.). *Tissue-Integrated Prostheses: Osseointegration in Clinical Dentistry.* Chicago: Quintessence Publ. Inc., 1985.

93.8 Williams E, Rydevik B, Brånemark P-I (Hrg.). *From Molecule to Man; Facts and Hypotheses – Options and Opportunities.* Göteborg: The Institute of Applied Biology, 2000.

93.9 Shtilman MI. *Polymeric Biomaterials.* Part I. Polymer Implants. Brill Academic Publishers, 2003.

93.10 Hubbell J. Biomaterials in tissue engineering. *Biotechnology* 1995; 13:565.

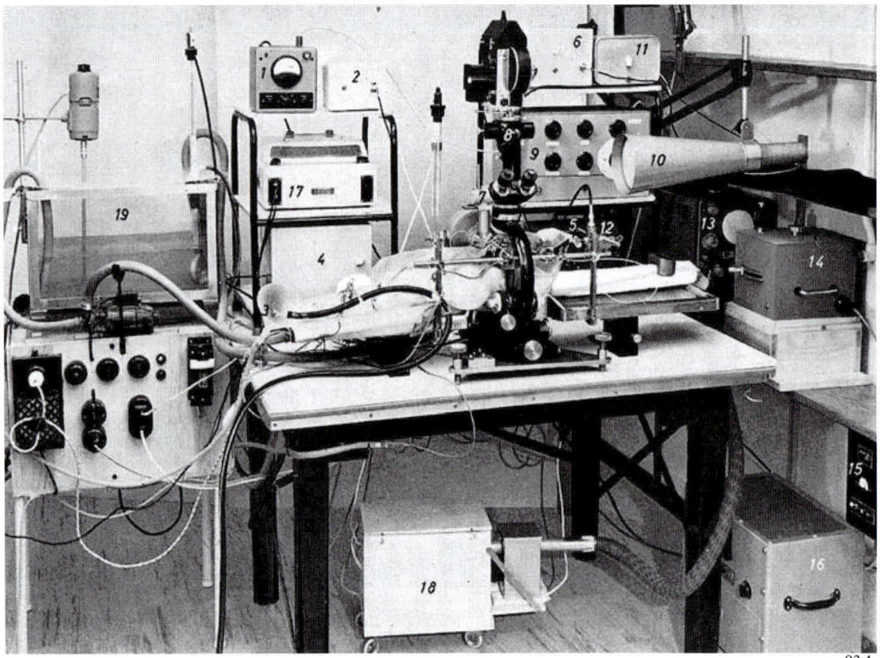

93:4

Die zufällige Entdeckung der bemerkenswerten Biokompatibilität von Titan erfolgt 1959 und beruht auf frühen Untersuchungen des kapillaren Blutflusses im Knochenmark von Kaninchen. Hier ist die von Brånemark bei diesen Studien genutzte experimentelle Anordnung zu sehen sowie die Mikroskopanordnung und ein Foto des Kapillarbetts im Knochenmark. Titan wurde bei einigen Präparationen verwendet, um ein permanentes mikroskopisches Sichtfeld zu schaffen.

Fig. 29. General view of experimental set-up. 1 Exposure meter. 2 Respiration recorder. 3 Microphone of respiration recorder. 4 Blood pressure recorder. 5 Pressure chamber for blood pressure recorder. 6 Photometer with photocells 7 and 8. 9 Corpuscular flow velocity recorder. 10 Cathode ray tube for corpuscular flow velocity recorder. 11 Time marker. 12 Electronic switch. 13 Oscilloscope. 14 Oscilloscope camera. 15 Power unit for mercury lamp. 16 Main voltage stabiliser. 17 Temperature recorder. 18 Apparatus for supply of thermostatically controlled, moistened air. 19 Tyrode's solution.

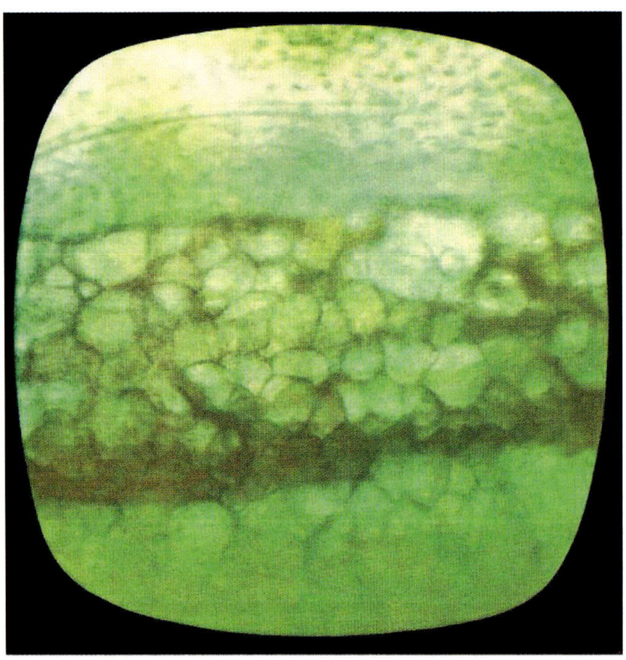

Plate 2. Microphotograph of typical capillary bed of bone marrow (×300).

93:5

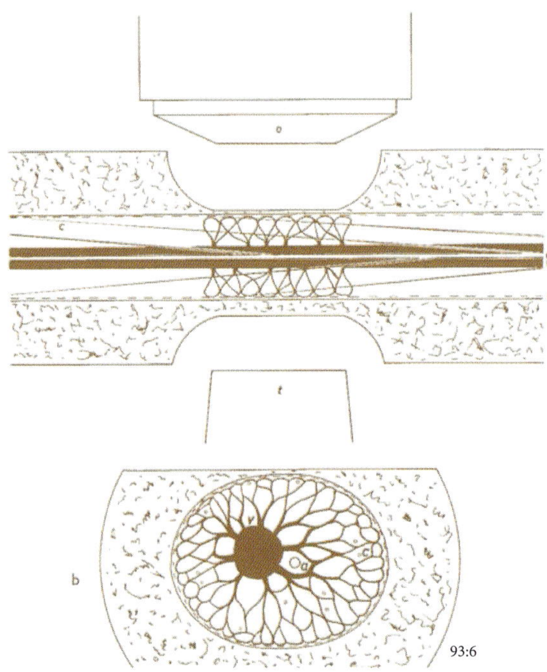

93:6

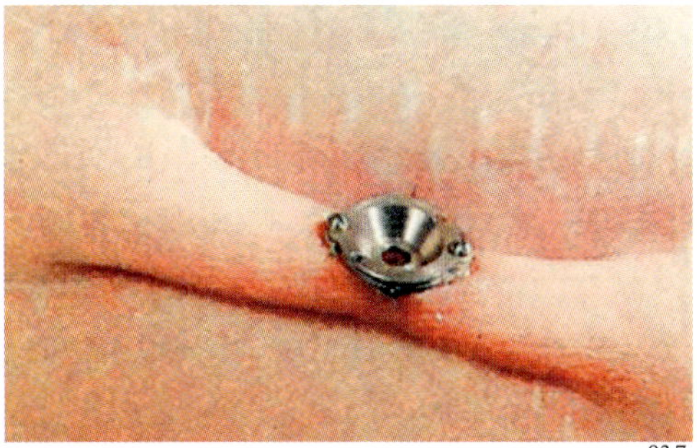

93:7

93:8

In den Oberarm eingesetzte Beobachtungskammer aus Titan zur Untersuchung von Blutkörperchen und eine Ansicht der Blutkörperchen in vivo, die mit der abgebildeten neueren Mikroskop- und Bildgebungsapparatur erzeugt wurde.

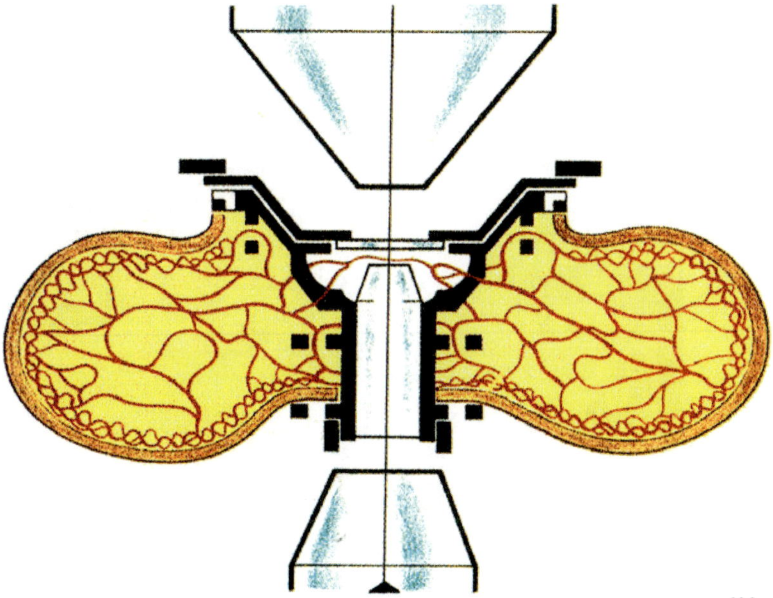

93:9

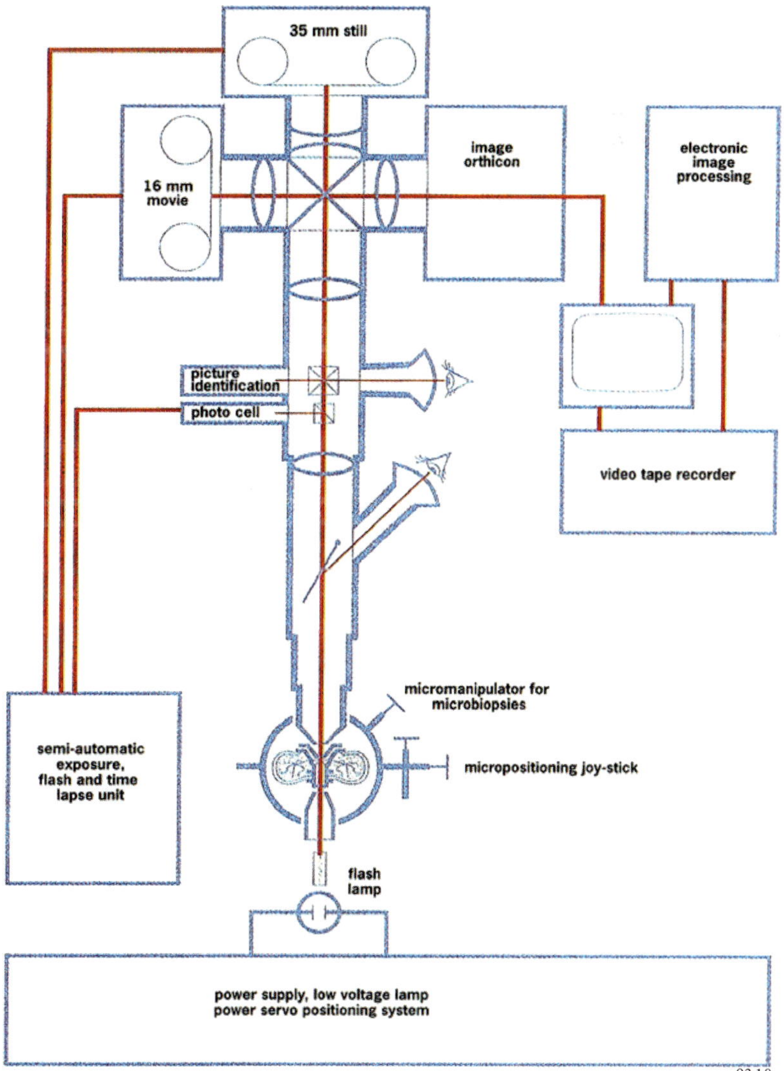

93:10

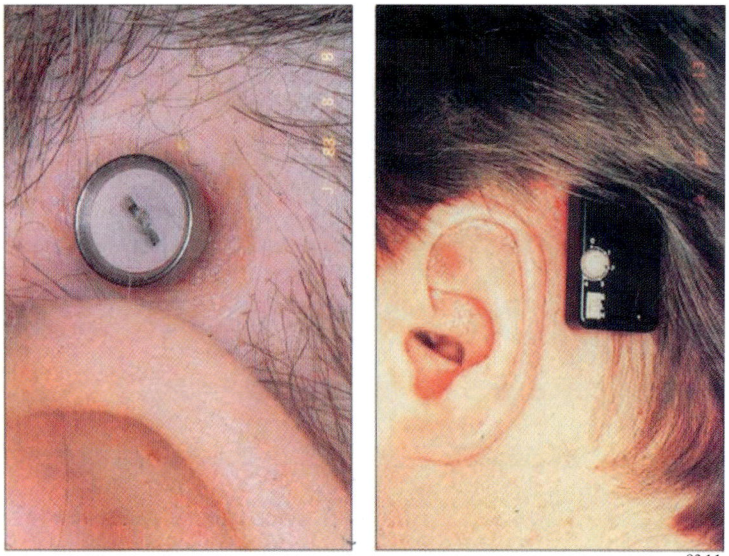

93:11

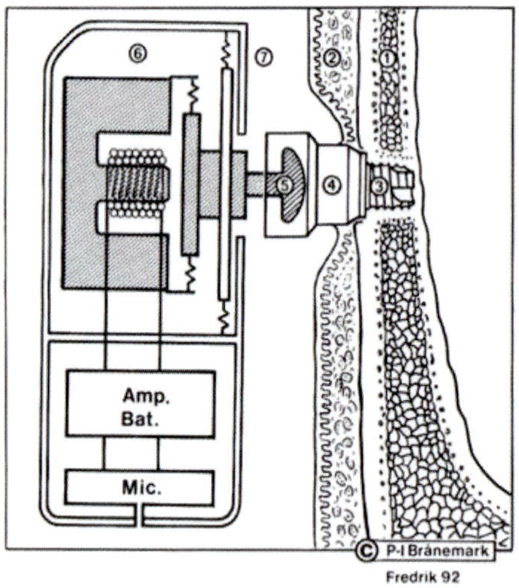

93:12

Fig. 19. Bone conduction hearing aids can be anchored with a fixture in the skull bone. The surgical procedure demands suitable bone preparation and careful trimming of the penetrated skin according to the method proposed by Hallén to avoid relative movement in the region of skin penetration.

Titanbefestigung zur Verankerung von Knochenleitungshörgeräten.

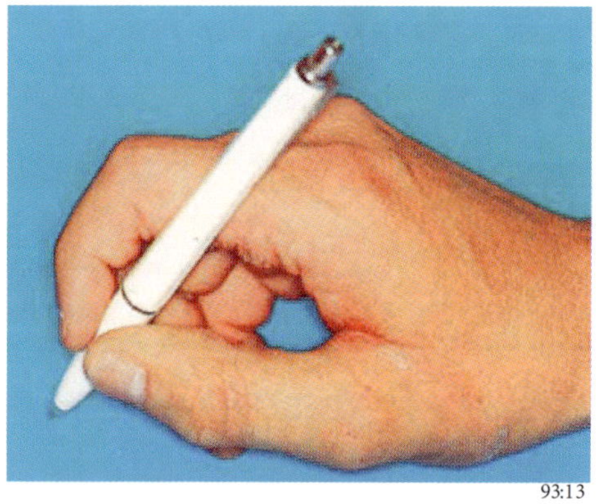

93:13

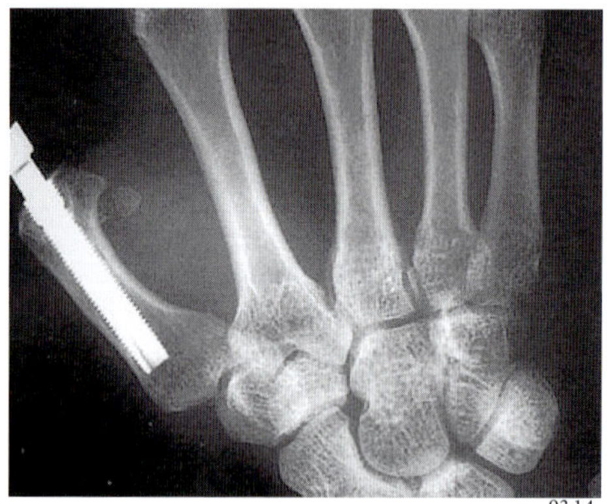

93:14

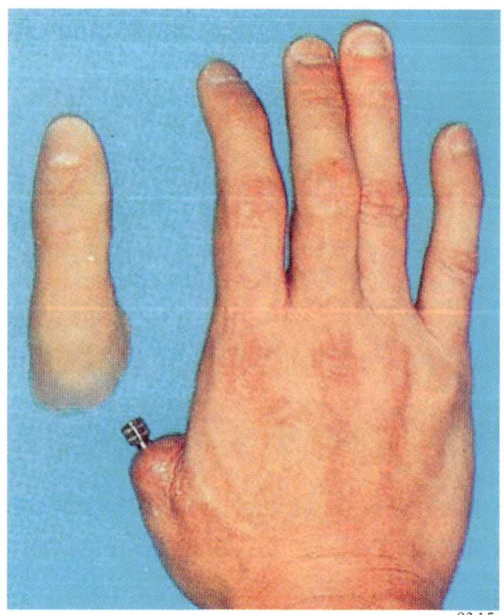

93:15

Beispiel einer Gliedmaßenprothese mit Titan-Anker. Die Röntgenaufnahme zeigt die Verankerung der Daumenprothese im Skelett und das Foto oben die Benutzung der Prothese.

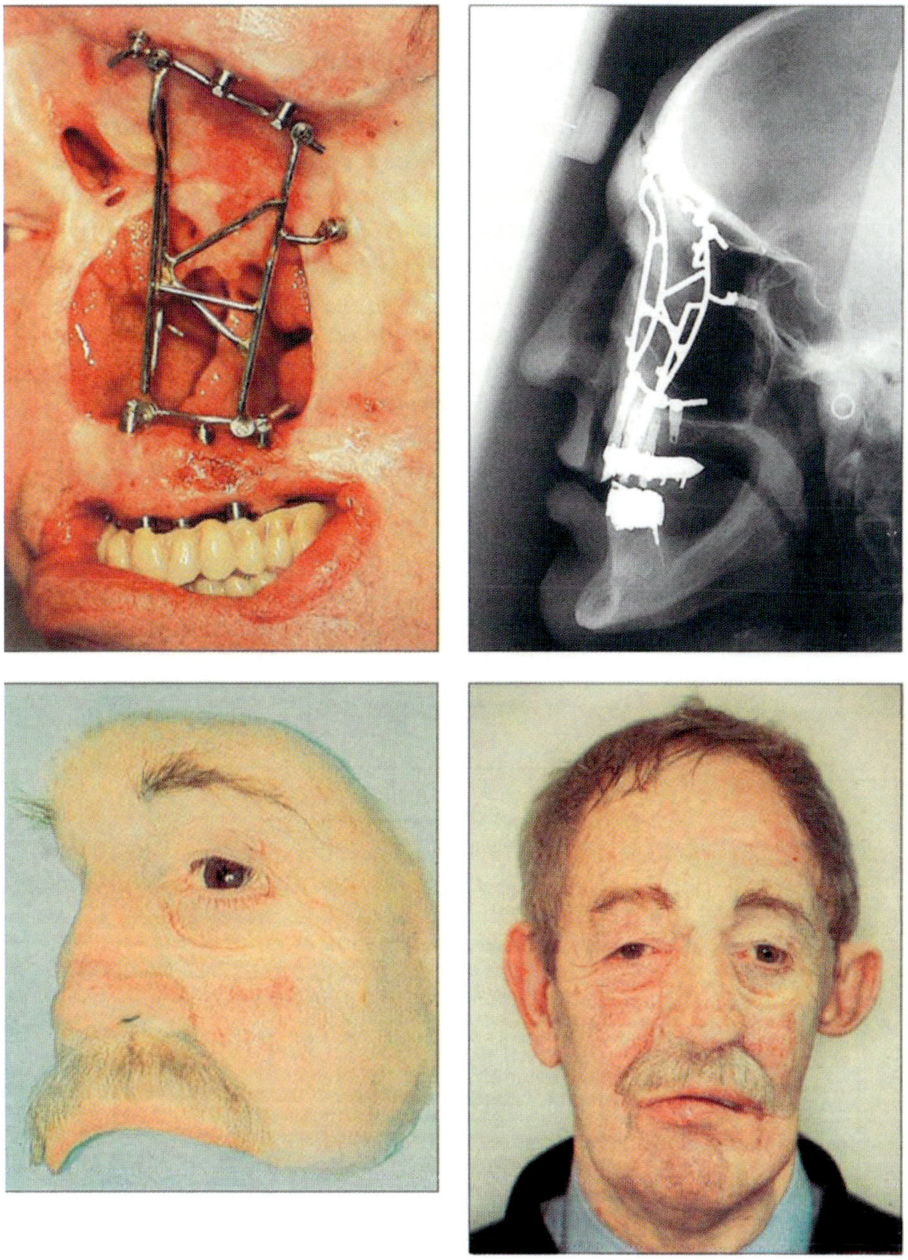

Fig. 20. Typical example of a large maxillofacial defect as a result of tumour resection, where the tissue has been irradiated. Following pre-operative hyperbaric oxygen treatment, the patient was reconstructed with an autologous bone transplant and titanium fixtures, which both anchor a facial prosthesis and provide permanent stability for an upper jaw bridge.

93:16

Umfangreiche Schädigung von Oberkiefer und Gesicht aufgrund einer Tumoroperation und die Rekonstruktion mittels einer autologen Knochentransplantation sowie Titan-Befestigungen, die eine Brücke im Oberkiefer ausreichend stabilisieren.

Tumor Detection by Nuclear Magnetic Resonance

Raymond Damadian

Abstract. *Spin echo nuclear magnetic resonance measurements may be used as a method for discriminating between malignant tumors and normal tissue. Measurements of spin-lattice* (T_1) *and spin-spin* (T_2) *magnetic relaxation times were made in six normal tissues in the rat (muscle, kidney, stomach, intestine, brain, and liver) and in two malignant solid tumors, Walker sarcoma and Novikoff hepatoma. Relaxation times for the two malignant tumors were distinctly outside the range of values for the normal tissues studied, an indication that the malignant tissues were characterized by an increase in the motional freedom of tissue water molecules. The possibility of using magnetic relaxation methods for rapid discrimination between benign and malignant surgical specimens has also been considered. Spin-lattice relaxation times for two benign fibroadenomas were distinct from those for both malignant tissues and were the same as those of muscle.*

94:1

94:2

Raymond Damadian in seinem Labor und Abstract des Artikels, in dem er seine Entdeckung schildert, dass NMR-Techniken („nuclear magnetic resonance" oder Kernspinresonanz) zwischen Tumorgewebe und gesundem Gewebe unterscheiden können. Im NMR-Verfahren wird eine Probe in einem Magnetfeld gepulster RF-(Radiofrequenz-)Strahlung ausgesetzt und das abklingende Signal, das die Protonen des zellulären Wassers in Reaktion auf die RF-Anregung emittieren, wird detektiert. Nach der von Felix Bloch (1905–1983) entwickelten Theorie dieses Prozesses lässt sich der Zerfall durch die zwei Zeitkonstanten T_1 und T_2 charakterisieren. Das Foto zeigt Damadian an seiner Apparatur. Rechts ist die Tabelle aus seinem Artikel zu sehen, in der die Werte von T_1 und T_2 für verschiedenartige Gewebeproben angegeben sind.

Table 2. Spin-lattice (T_1) and spin-spin (T_2) relaxation times (in seconds) in tumors.

Rat No.	Weight (g)	T_1	T_2
		Walker sarcoma	
6	156	0.700	0.100
7	150	.750	.100
8	495	.794 (0.794)*	.100
9	233	.688	
10	255	.750	
Mean and S.E.		0.736 ± 0.022	.100
P		< .01†	
		Novikoff hepatoma	
11	155	0.798	0.120
12	160	.852	.120
13	231	.827	.115
Mean and S.E.		0.826 ± 0.013	0.118 ± 0.002
P		< .01†	
		Fibroadenoma (benign)	
14		0.448	
15		.537	
Mean		.492	
		Distilled water	
		2.691	
		2.690	
		2.640	
Mean and S.E.		2.677 ± 0.021	

* Spin-lattice relaxation time after the specimen stood overnight at room temperature. † The *P* values are the probability estimates of the significance of the difference in the means of T_1 for the malignant tumor and for brain.

94:3

Raymond Damadian

94:4

Raymond Damadian

Damadian kam 1936 in Forest Hills, New York, zur Welt. Er studierte Violine an der Juilliard School of Music und Mathematik an der University of Wisconsin; 1960 legte er ein Medizinexamen am Albert Einstein College of Medicine ab. Nach einem Postdoc-Studium in Biophysik an der Harvard University wurde er 1969 Dozent am State University of New York Downstate Medical Center. Die unten zitierten Kernspinresonanzforschungen wurden beim Unternehmen NMR Specialties Company in New Kensington durchgeführt. 1978 gründete Damadian die Firma FONAR zur Herstellung von Magnetresonanztomographen (MRT-Scanner); er ist noch heute Präsident und Vorsitzender des Unternehmens.

Tumor Detection by Nuclear Magnetic Resonance.

Science 1971; 171:1151.

Damadian beschreibt einige Merkmale von biologischem Gewebe, das er mit einem Puls-NMR-Spektrometer untersucht. Er bestimmt Gewebeeigenschaften nach einer 1950 von Hahn eingeführten Methode (94.1) (94.2) aufgrund der Zerfallszeit der Radiofrequenzstrahlung, die von den Protonen des zellulären Wassers nach einer bestimmten Menge von RF-Pulsanregungen emittiert wird. Es wird gezeigt, dass gesundes Gewebe aus Muskeln, Leber, Magen, Dünndarm, Niere und Gehirn von Ratten signifikant unterschiedliche Zerfallszeiten aufweisen kann, dass aber auch bösartiges Lebergewebe (Novikoff-Hepatom) durch dreimal längere Zerfallszeiten als gesundes Lebergewebe gekennzeichnet ist. Es wird festgestellt, dass ein gutartiger Tumor (Fibroadenom) ähnliche Eigenschaften wie die Niere besitzt.

Im Spiegel der Zeit:
1938 führte Rabi das erste Kernspinresonanzexperiment durch und zeigte, dass es sich zur Bestimmung von atomaren magnetischen Momenten in einem Lithiumchlorid-Molekülstrahl eignete (94.3). 1946 wurde das Phänomen im festen Zustand von Bloch (in Wasser) und von Purcell (in Paraffin) beobachtet (94.4). Blochs NMR-Theorie (94.5) erklärte die Zerfallszeiten, auf die sich Damadian im oben zitierten Artikel stützte. Da das Magnetfeld, das den Atomkern beeinflusst, von der ihn umgebenden Elektronenwolke abhängt, lässt sich anhand einer „chemischen Verschiebung" der NMR-Resonanzfrequenz die Molekularstruktur untersuchen. 30 Jahre lang war dies die wichtigste Anwendung der NMR. Auf diese Weise wurden zahlreiche Moleküle und Verbindungen analysiert, von denen einige von unmittelbarem biologischem und medizinischem Interesse waren (94.6). Ende der 1960er-Jahre richtete sich das Augenmerk speziell auf die Wasser-Protein-Interaktion in den Zellen (94.7). Damadians Entdeckung ebnete den Weg zu medizinischen Anwendungen. Frühe Techniken und Geräte zur Magnetresonanztomographie (MRT) (94.8) (94.9) (94.10) wurden bald durch neue Verfahren ersetzt, die Bilder schnell und von so guter Qualität erzeugten, dass sie klinisch nutzbar waren (94.11).

94.1 Mattson J, Simon M. *The pioneers of NMR and magnetic resonance in medicine. The story of MRI.* New York: Dean Books Co., 1966. Kap. 6 und Kap. 3.
94.2 Hahn EL. Spin echoes. *Phys Rev* 1950; 80:580.
94.3 Rabi II et al. A new method of measuring nuclear magnetic moment. *Phys Rev* 1938; 53:318. Siehe auch Ref. 94.1 Kap. 1.
94.4 Purcell EM, Torrey HC, Pound RV. Resonance absorption by nuclear magnetic moments in a solid. *Phys Rev* 1946; 69:37. Siehe auch Ref. 94.1 Kap. 3.
94.5 Bloch F. Nuclear induction. *Phys Rev* 1946; 70:478. Siehe auch Ref. 94.1 Kap. 4.
94.6 Odeblad E. Nuclear magnetic resonance in biology and medicine. *Zeitschr f med Isotopenforsch* 1956; 1:25.
94.7 Hazlewood CF, Nichols BL, Chamberlain NF. Evidence for the existence of a minimum of two phases of ordered water in skeletal muscle. *Nature* 1969; 222:747.
94.8 Damadian RV. *Apparatus and method for detecting cancer in tissue.* US Patent 3789832 1974.
94.9 Damadian RV. Field-Focusing Nuclear Magnetic Resonance (FONAR): Visualization of a Tumor in a Live Animal. *Science* 1976; 194:1430.
94.10 Damadian RV, Goldsmith M, Minkoff L. NMR in cancer: XVI. Fonar image of the live human body. *Physiol Chem Phys* 1977; 9:97.
94.11 Siehe Nr. 96 Lauterbur S. 498.

94:5

1938 schildern Isidor Rabi (1898–1988) und seine Mitarbeiter die erste Beobachtung des Phänomens der Kernspinresonanz (NMR). In ihrem Experiment verwenden sie einen LiCl-Molekülstrahl.

A New Method of Measuring Nuclear Magnetic Moment*

It is the purpose of this note to describe an experiment in which nuclear magnetic moment is measured very directly. The method is capable of very high precision and extension to a large number and variety of nuclei.

Consider a beam of molecules, such as LiCl, traversing a magnetic field which is sufficiently strong to decouple completely the nuclear spins from one another and from the molecular rotation. If a small oscillating magnetic field is applied at right angles to a much larger constant field, a re-orientation of the nuclear spin and magnetic moment with respect to the constant field will occur when the frequency of the oscillating field is close to the Larmor frequency of precession of the particular angular momentum vector in question. This precession frequency is given by

$$\nu = \mu H/hi = g(i)\mu_0 H/h. \tag{1}$$

To apply these ideas a beam of molecules in a $^1\Sigma$ state (no electronic moment) is spread by an inhomogeneous magnetic field and refocused onto a detector by a subsequent field, somewhat as in the experiment of Kellogg, Rabi and Zacharias.[1] As in that experiment the re-orienting field is placed in the region between the two magnets. The homogeneous field is produced by an electromagnet capable of supplying uniform fields up to 6000 gauss in a gap 6 mm wide and 5 cm long. In the gap is placed a loop of wire in the form of a hairpin (with its axis parallel to the direction of the beam) which is connected to a source of current at radiofrequency to produce the oscillating field at right angles to the steady field. If a re-orientation of a spin occurs in this field, the subsequent conditions in the second deflecting field are no longer correct for refocusing, and the intensity at the detector goes down. The experimental procedure is to vary the homogeneous field for some given value of the frequency of the oscillating field until the resonance is observed by a drop in intensity at the detector and a subsequent recovery when the resonance value is passed.

The re-orientation process is more accurately described as one in which transitions occur between the various magnetic levels given by the quantum number m_i of the particular angular momentum vector in question. An exact solution for the transition probability was given by Rabi[2, 3] for the case where the variable field rotates rather than oscillates. However, it is more convenient experimentally to use an oscillating field, in which case the transition probability is approximately the same for *weak* oscillating fields *near* the resonance frequency, except that ϑ is replaced by $\vartheta/2$ in Eq. (13). With this replacement and with passage to the limit of weak oscillating fields, the formula becomes for the case of $i=\frac{1}{2}$

$$P(\tfrac{1}{2}, -\tfrac{1}{2}) = \frac{\vartheta^2}{(1-q)^2+q\vartheta^2}\sin^2\{\pi tr[(1-q)^2+q\vartheta^2]^{\frac{1}{2}}\}, \tag{2}$$

where ϑ is $\frac{1}{2}$ the ratio of the oscillating field to the steady field, q is the ratio of the Larmor frequency of Eq. (1) to the frequency r of the oscillating field. The denominator of the expression is the familiar resonance denominator. The formula is generalized to any spin i by formula (17).[2]

In the theory of this experiment, t, in Eq. (2), is replaced by L/v, where L is the length of the oscillating region of the field, and v is the molecular velocity. $P(\frac{1}{2}, -\frac{1}{2})$ must then be averaged over the Maxwellian distribution of velocities. However, the first term is not affected by the velocity distribution if t is long enough for many oscillations to take place. The average value of the $\sin^2$ term over the velocity distribution is approximately $\frac{1}{2}$.

To produce deflections of the weakly magnetic molecules sufficient to make the apparatus sensitive to this effect, the beam is made 245 cm long; the first deflecting field is 52 cm in length and the second 100 cm.

We have tried this experiment with LiCl and observed the resonance peaks of Li and Cl. The effects are very striking and the resonances sharp (Fig. 1). A full account of this experiment, together with the values of the nuclear moments, will be published when the homogeneous field is recalibrated.

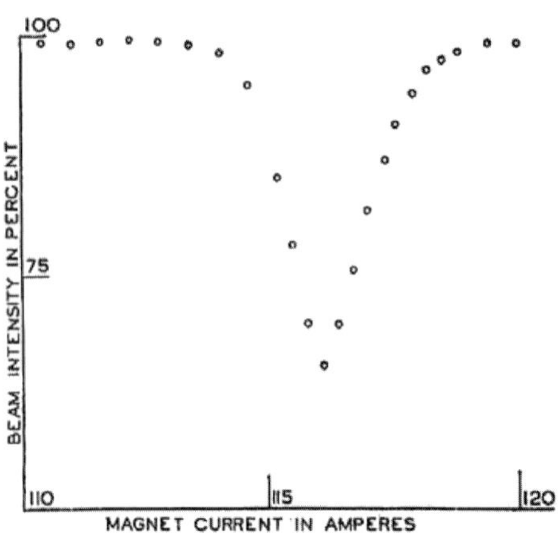

FIG. 1. Curve showing refocused beam intensity at various values of the homogeneous field. One ampere corresponds to about 18.4 gauss. The frequency of the oscillating field was held constant at 3.518 × 10⁶ cycles per second.

I. I. RABI
J. R. ZACHARIAS
S. MILLMAN
P. KUSCH

Hunter College (J. R. Z.),
Columbia University,
New York, N. Y.
January 31, 1938.

* Publication assisted by the Ernest Kempton Adams Fund for Physical Research of Columbia University.

[1] Kellogg, Rabi and Zacharias, Phys. Rev. 50, 472 (1936).
[2] Rabi, Phys. Rev. 51, 652 (1937).
[3] C. J. Gorter, Physica 9, 995 (1936). We are very much indebted to Dr. Gorter who, when visiting our laboratory in September 1937, drew our attention to his stimulating experiments in which he attempted to measure nuclear moments by observing the rise in temperature of solids placed in a constant magnetic field on which an oscillating field was superimposed. Dr. F. Bloch has independently worked out similar ideas but for another purpose (unpublished).

94:6

94:7

Titelseite der Zeitschrift *Science* mit dem ersten Bild eines Tumors in einem lebenden Tier, das Damadian 1976 mit dem von ihm entwickelten NMR-Verfahren erstellt hat. Aufgrund einer Scan-Apertur von 1 mm und einem Thoraxdurchmesser der Maus von 13 mm hat das Bild eine schlechte Auflösung und bildet den Tumor zu groß ab.

Am 3. Juli 1977 sitzt Lawrence Minkoff in Damadians Ganzkörperscanner namens „Indomitable", der den ersten NMR-Scan eines Menschen erstellt. Die Vorbereitung auf das Experiment dauert 14 Stunden und die Erstellung der 106 Bildelemente für das unten reproduzierte Bild noch einmal über vier Stunden.

94:8

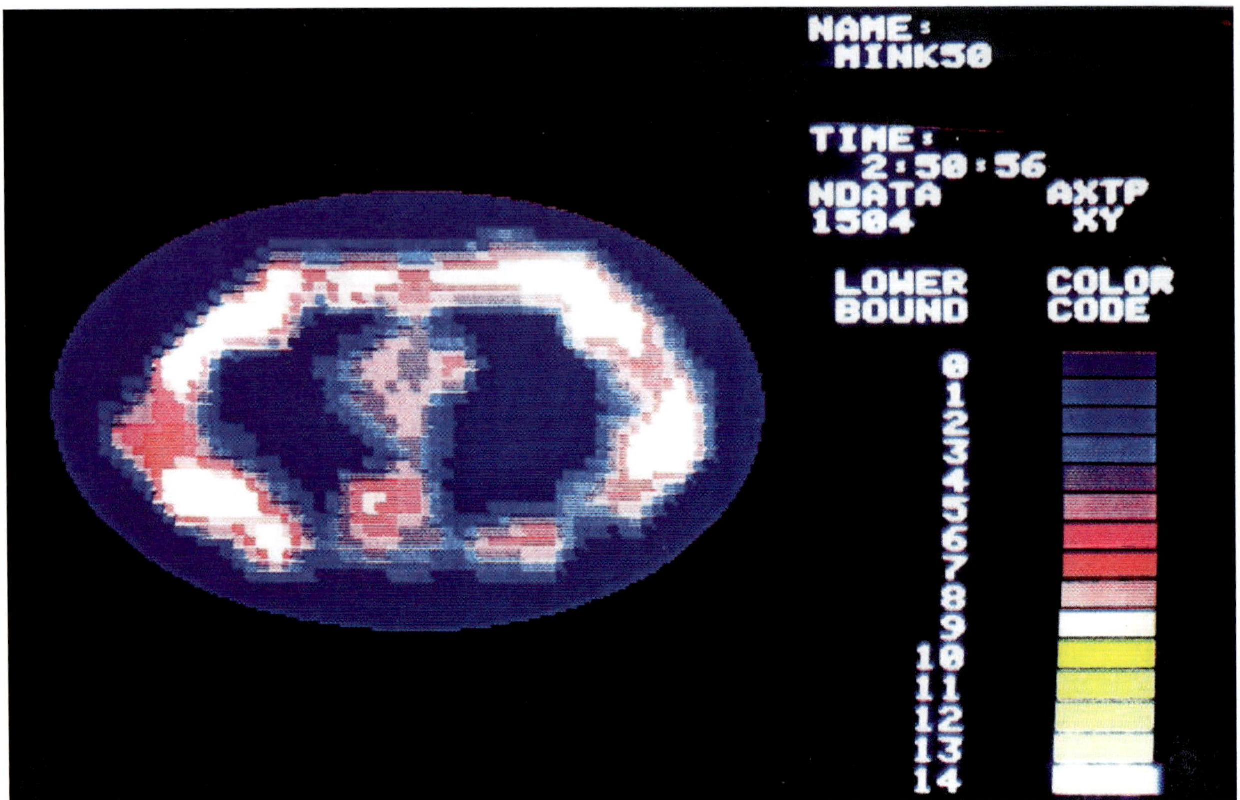

94:9

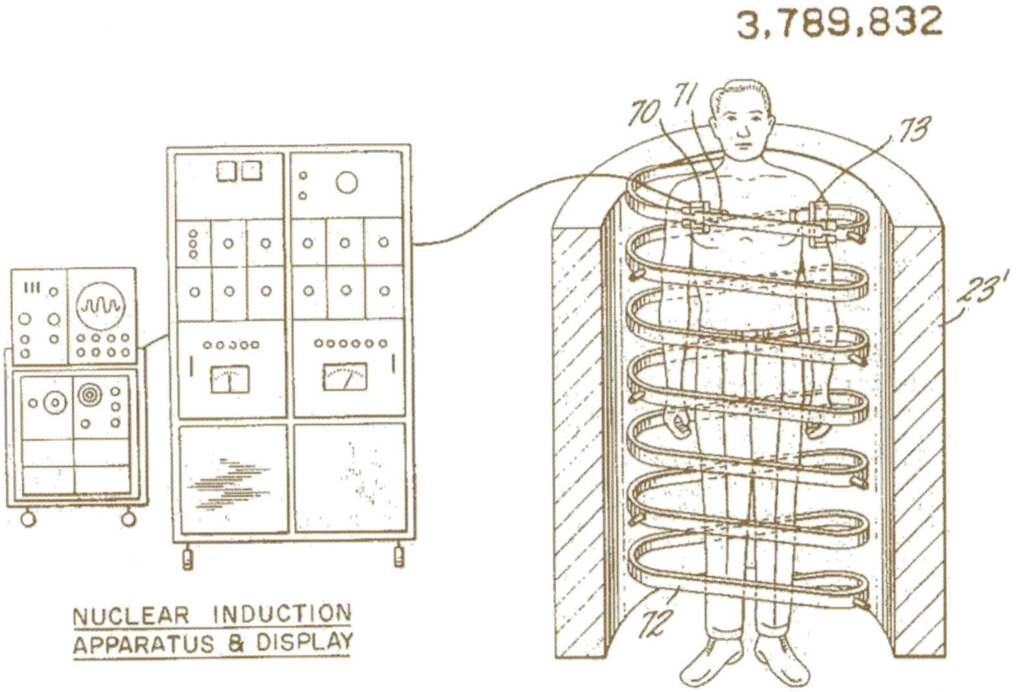

94:10

Die Zeichnung aus Damadians Patentanmeldung von 1974 enthält eine schematische Darstellung seines Ganzkörperscanners FONAR (Field-Focusing Nuclear Magnetic Resonance).

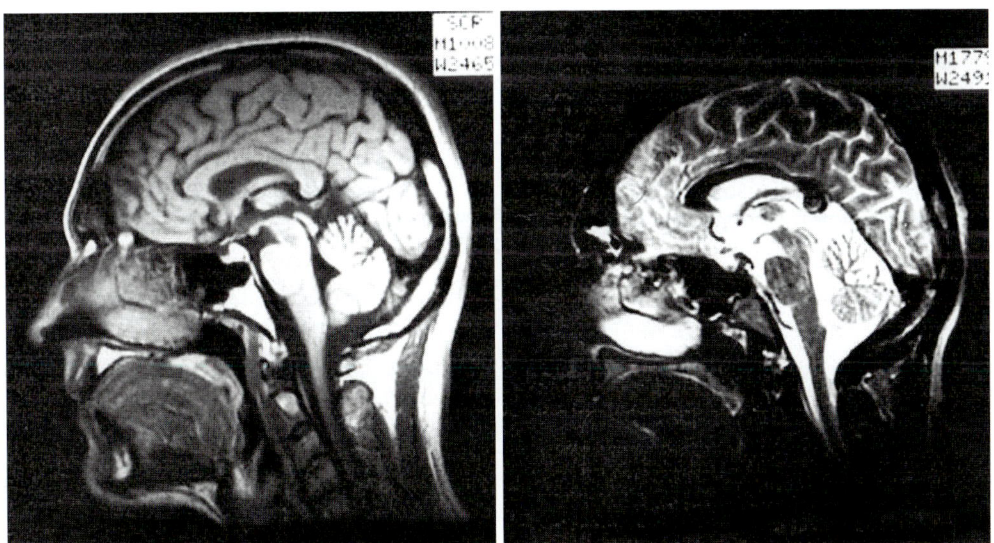

94:11

Moderne MRT-Bilder (Magnetresonanztomographie) derselben Versuchsperson, die verdeutlichen, inwiefern sich die beiden verschiedenen Zerfallzeitkonstanten T_1 (links) und T_2 (rechts) auf die Bildgebung auswirken. T_1 beruht auf dem Mechanismus der Relaxation der durch Radiofrequenz angeregten Protonen, während T_2 auf der Relaxation aufgrund des Anregungsaustauschs zwischen Protonen beruht. Miteinander kombiniert, lassen sich die deutlich unterschiedlichen Bilder zu Diagnosezwecken verwenden.

1973, *British Journal of Radiology*, *46*, 1016–1022

Computerized transverse axial scanning (tomography): Part I. Description of system

G. N. Hounsfield

Central Research Laboratories of EMI Limited, Hayes, Middlesex

(*Received February, 1973 and in revised form July, 1973*)

Abstract

This article describes a technique in which X-ray transmission readings are taken through the head at a multitude of angles: from these data, absorption values of the material contained within the head are calculated on a computer and presented as a series of pictures of slices of the cranium. The system is approximately 100 times more sensitive than conventional X-ray systems to such an extent that variations in soft tissues of nearly similar density can be displayed.

For many years past, X-ray techniques have been developed along the same lines, namely the recording on photographic film of the shadow of the object to be viewed. Recently, it has been realized that this is not the most efficient method of utilizing all the information that can be obtained from the X-ray beam. Oldendorf (1961) carried out experiments based on principles similar to those described here, but it was not then fully realized that very high efficiencies could be achieved and so, picture reconstruction techniques were not fully developed.

As the exposure of the patient to X rays must be restricted, there is an upper limit to the number of photons that may be passed through the body during the examination, and so to the amount of information that can be obtained. It is, therefore, of great importance that the method of examination ensures that all the information obtained is fully utilized and interpreted with maximum efficiency.

In the conventional film technique a large proportion of the available information is lost in attempting to portray all the information from a three-dimensional body on a two-dimensional photographic plate, the image superimposing all objects from front to rear. In order that any one internal structure may be seen, it must clearly stand out against the variations of the materials in front and behind it.

The technique to be described divides the head into a series of slices, each being irradiated via its edges; the radiation is confined to the slice and for this reason, unlike conventional X-ray techniques, the information derived from any object within the slice is unaffected by variations in the material on either side of the slice. Data are processed and displayed by digital computer methods.

A report on this work was presented at the April 1972 Annual Congress of the British Institute of Radiology (Ambrose and Hounsfield, 1973). A short account has also appeared in the *New Scientist* (*Technology Review*), 1972.

Principles of the Method

The aim of the system is to produce a series of images by a tomographic method as illustrated in Fig. 1. Each image shown at the bottom of the figure is derived from a particular slice.

In the actual equipment, the patient is scanned by a narrow beam of X rays. The X-ray tube, detectors, and collimators are fixed to a common frame, as shown in Fig. 2, those rays which pass through the head being detected by two collimated sensing devices (scintillation detectors) which always point towards the X-ray source. Both X-ray source and detectors scan across the patient's head linearly taking 160 readings of transmissions through the head as shown in scan 1 on the scanning sequence diagram (Fig. 3). At the end of the scan the scanning system is rotated 1 deg. and the process is repeated, as shown in scans 2 and 3. This continues for 180 deg. when 28,800 (180×160) readings of transmission will have been taken by each detector. These are stored in a disc file for processing by a mini computer. A picture is reconstructed from the data by the following method:

A separate detector measures the intensity of the X-ray source and the readings taken from this can be used to calculate absorption by the material along the X-ray beam path, where

$$\text{Absorption} = \log \frac{\text{Intensity of X rays at source}}{\text{Intensity of X rays at detector}}$$

If the body is divided into a series of small cubes each having a calculable value of absorption, then the sum of the absorption values of the cubes which are contained within the X-ray beam will equal the total absorption of the beam path. Each beam path, therefore, forms one of a series of 28,800 simultaneous equations, in which there are 6,400 variables and, providing that there are more equations than variables, then the values of each cube in the slice can be solved. In short there must be more X-ray readings than picture points.

95:1

Godfrey Hounsfield (1919–2004) beschreibt die Prinzipien des von ihm erfundenen Computertomographiesystems (CT). Die im Text erwähnten Abbildungen sind in Abb. 95:6 zu sehen.

Godfrey Hounsfield

95:2

Godfrey Hounsfield

Hounsfield wurde 1919 in einem Dorf in Nottinghamshire geboren. Im Zweiten Weltkrieg arbeitete er in der Royal Air Force als Radarmechaniker und erlernte die Kommunikation über Funk. Nach dem Krieg machte er am Faraday House Electrical Engineering College in London sein Diplom in Elektrotechnik. 1951 ging er zu EMI, wo er unter anderem die Entwicklung von Großbritanniens erstem vollständig aus Transistoren bestehenden Computer leitete. Bei der Arbeit an Mustererkennungsproblemen erfand er das Computertomographieverfahren (CAT, von „computed axial tomography", oder CT). 1979 erhielt Hounsfield gemeinsam mit Cormack (95.1) für ihre Entwicklung der computerunterstützten Tomographie den Nobelpreis für Medizin.

Computerized transverse axial scanning (tomography): Part 1. Description of system.

Br J Radiol 1973; 46:1016.

Hounsfield beschreibt ein Verfahren, bei dem ein schmaler kollimierter Röntgenstrahl (Bündel aus parallelen Strahlen) ein Objekt aus zahlreichen Winkeln durchleuchtet und die Absorption des Materials im Objekt berechnet wird. Jeder lineare Scan beleuchtet einen etwa 1 cm dicken Schnitt des Objekts und erzeugt 160 Abbildungswerte. Bei 180 Drehungen um jeweils ein Grad müssen insgesamt 180×160 = 28 800 Aufzeichnungen verarbeitet werden. Der Absorptionskoeffizient wird mit einer Genauigkeit von etwa 0,5% bestimmt, womit das Gerät rund hundertmal empfindlicher als herkömmliche Röntgensysteme ist. Das ermöglicht die Darstellung von Abweichungen in weichen Gewebearten von ähnlicher Dichte. Bei klinischen Tests dauert es etwa fünf Minuten, um das Bild eines Schnitts aus 80×80 Punkten zu erzeugen.

Im Spiegel der Zeit:
1933 beschrieb Bartelink als Erster die medizinische Tomographie (tomos = Schnitt) (95.2). Mit einer fest an der Detektorplatte befestigten Röntgenröhre tastete er das Objekt mit einem fokussierten Strahl ab und erzeugte Bilder von flachen Schnitten, indem er die Bereiche außerhalb der zu betrachtenden Ebene ausblendete. Oldendorf führte mittels kollimierter Gammastrahlung tomographische Experimente an einem einfachen mechanischen Modell durch und zeigte auch, wie sich das Innere eines Schnitts eines sehr einfachen Objekts rekonstruieren lässt (95.3). In den frühen 1960er-Jahren führte Cormack ähnliche Experimente durch, entwickelte aber insgesamt allgemeine mathematische Werkzeuge für die Bildrekonstruktion (95.4) (95.5). Von der ersten klinischen Studie mit Röntgen-CT berichtete Ambrose, der mit der von Hounsfield beschriebenen Apparatur Scans von Gehirnen in gesundem und krankem Zustand erstellte (95.6). Heute lassen sich zwei- und dreidimensionale Bilder mit bis zu 50-mal höherer Auflösung wie der oben beschriebenen in rund einer Sekunde anfertigen. Über 30 000 Einrichtungen auf der ganzen Welt nutzen Röntgen-CT-Geräte. Gemeinsam mit MRT (95.7) und PET (95.8) gehören sie zu den leistungsfähigsten Hilfsmitteln der medizinischen Diagnostik.

95.1 Cormack AM. *Early two dimensional reconstruction and recent topics stemming from it.* Nobelvorlesung, Stockholm 1979.

95.2 Bartelink DL. Röntgenschnitte. *Forschr Röntgenstr* 1933; 47:399.

95.3 Oldendorf WH. Isolated flying spot detection of radiodensity discontinuities – displaying the internal structural pattern of a complex object. *IRE Trans Bio-medical Electr* 1961; 8:68.

95.4 Cormack AM. Representation of a function by its line integrals, with some radiological applications. *J Appl Phys* 1963; 34:2722.

95.5 Cormack AM. Reconstruction of densities from their projections, with applications in radiological physics. *Physics in Medicine and Biology* 1973; 18:195. Siehe auch Nr. 96 Lauterbur S. 498 und Ref. 99.6.

95.6 Ambrose J. Computerized transverse axial scanning (tomography): Part 2. Clinical application. *Br J Radiol* 1973; 46:1023.

95.7 Siehe Nr. 94 Damadian S. 486, Nr. 96 Lauterbur S. 498.

95.8 Siehe Nr. 99 Phelps S. 514.

Aus dem St. Canisius Ziekenhuis Nymwegen (Holland)

Röntgenschnitte

Von **D. L. Bartelink**

Mit 13 Abbildungen

Unsere normalen Röntgenbilder enthalten die Schatten aller zwischen Röhre und Platte gelegenen Gegenstände, wie man sagt: „übereinander projiziert". Dies hat wichtige praktische Folgen. In manchen Projektionen, z. B. des Felsenbeines, wird dessen Bild von Schatten aus anderen Tiefen des Kopfes störend überlagert. Dies gilt besonders in dem Falle, wo die schattengebenden Gebildeplatten näher liegen. Oft kann man dann nur noch die gröberen Umrisse erkennen, von der feineren Zeichnung aber nicht mehr entscheiden, ob sie von dem Felsenbeine herrührt und zu welchem Teile sie gehört.

Wenn es sich um die Fragestellung nach feineren Einzelheiten handelt, empfindet der Röntgenologe das Bedürfnis, ein Felsenbein isoliert darstellen zu können. Er nimmt dann die besonderen Projektionsrichtungen oder die Stereoskopie zu Hilfe. Der Meinung vieler Beobachter nach bleibt dabei aber meistens vieles zu wünschen übrig. Also ist es interessant, daß es möglich ist, zwar nicht absolut aber doch auf einem Umwege, Körperteile mittels Röntgenstrahlen m. w. isoliert abzubilden. Mit Hilfe eines besonderen Apparates ist man imstande, scharfe Bilder von flachen Schnitten (von beliebig großer Flächenausbreitung) des zu untersuchenden Körperteiles herzustellen, wobei alles außerhalb des Schnittes gelegene verwaschen erscheint. Den Namen Röntgenschnitte, wobei man vergleichsweise an Mikrotomschnitte denke, tragen solche Bilder insoweit zu recht, als sie eine ebene Schicht gleichmäßig scharf zeigen, insoweit zu unrecht, als an den Grenzen dieser Schicht auch noch gewisse Teile halbscharf mit abgebildet erscheinen. Im folgenden soll theoretisch gezeigt werden, daß es mechanisch tatsächlich gelingen kann, dieses Ziel zu erreichen.

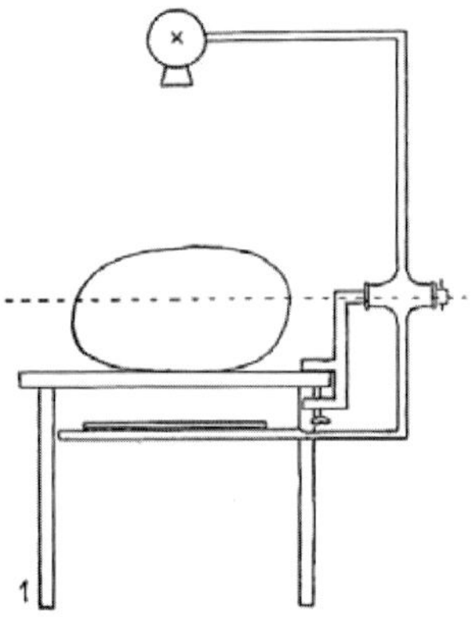

Abb. 1.

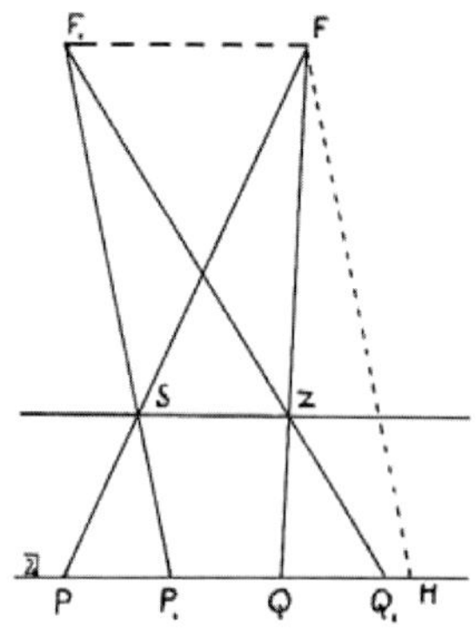

Abb. 2.

Wenn man eine Röhre und eine Platte mittels eines Rahmens starr verbindet und dann während der Aufnahme den Rahmen um eine Achse senkrecht zum Zentralstrahl dreht (Abb. 1), so werden nur diejenigen Punkte eines Körpers (welchen man innerhalb des Rahmens aufgestellt hat und welcher die Drehung nicht mitmacht) auf der Platte scharf abgebildet, welche in der Verlängerung der obengenannten Achse liegen. Alle anderen Punkte des Körpers werden infolge der Projektionsverschiebung unscharf. Eine derartige, scharf abgebildete Linie hat nur einen beschränkten praktischen Wert.

Man kann aber auch eine Ebene scharf abbilden. In Abb. 2 sind dargestellt: F ein Röhrenfokus, P ein Punkt einer Platte und S ein Punkt in einem zu untersuchenden Körper, an welcher Stelle

95:3

1933 wird die Tomographie („tomos" bedeutet „Schnitt") von D. L. Bartelink (1894–1985) erstmals detailliert beschrieben. Im hier abgedruckten Eingangsteil seines Artikels erläutert er die Idee, eine Röntgenröhre fest an der Detektorplatte zu montieren und das Objekt dann ringsherum mit einem fokussierten Strahl abzutasten. So werde das scharfe Bild eines flachen Schnitts erzeugt, während die Bereiche außerhalb des Schnitts ausgeblendet werden.

95:4

1961 demonstriert W. H. Oldendorf ein tomographisches Aufzeichnungs- und Rekonstruktionsverfahren mithilfe des hier abgebildeten einfachen mechanischen Modells. Auf dem Diagramm des Experiments ist das Modell als Ringe aus Eisennägeln dargestellt, die einen Eisen- und einen Aluminiumnagel umgeben. Das System wird in einem kollimierten Gammastrahl gedreht und die Absorption aufgezeichnet. Aus diesen Messungen lässt sich die innere Struktur des Modells und die Position des Aluminiumnagels bestimmen.

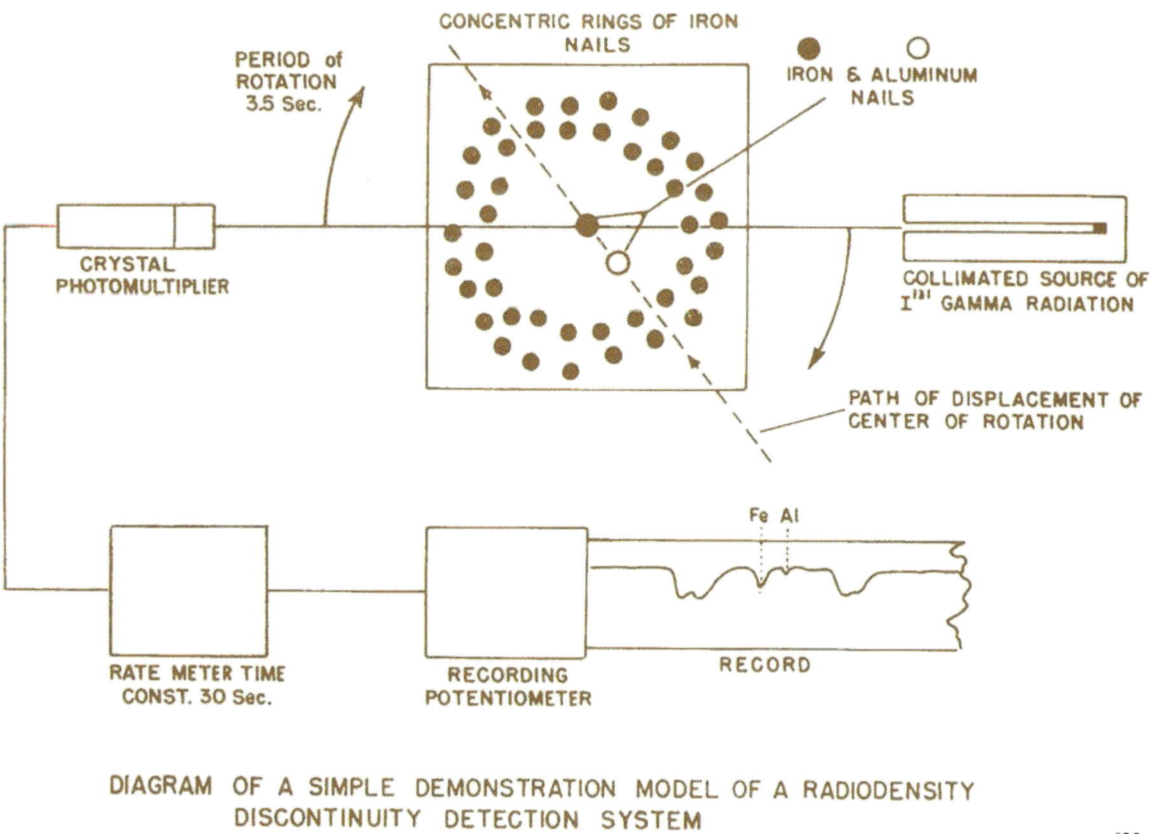

95:5

DECEMBER 1973

Computerized transverse axial scanning (tomography): Part I. Description of system

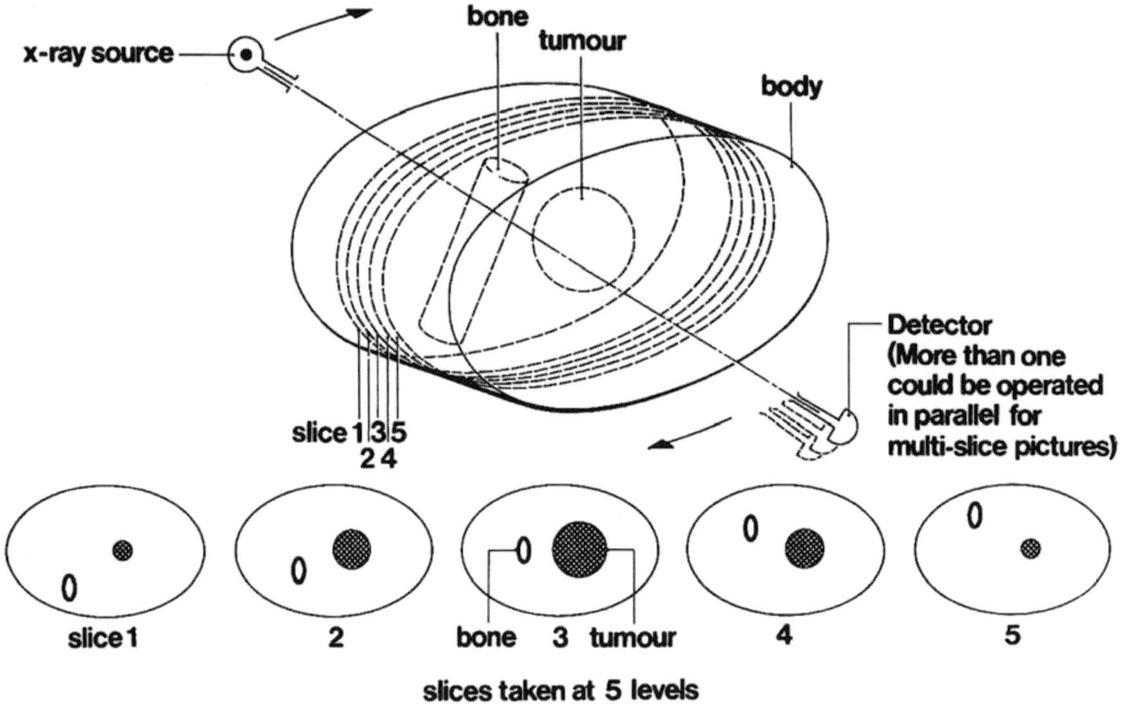

FIG. 1.
Computerized transverse axial techniques on a body containing bone and tumour.

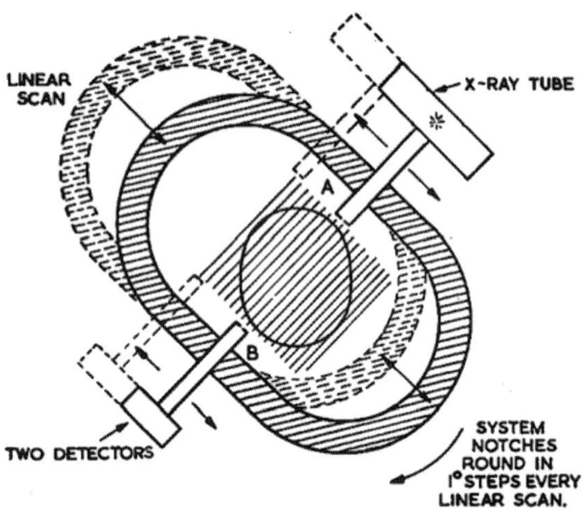

FIG. 2.
Motion of scanning frame and detectors for producing two continuous slices.

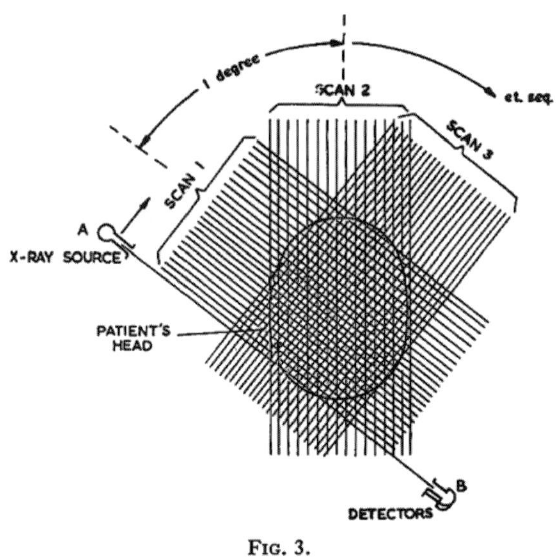

FIG. 3.
Simplified illustration of the scanning sequence.

1017

95:6

Abbildungen aus Hounsfields Artikel von 1973, die die vom CT-System angewendete Technik der Bilderzeugung verdeutlichen. Ein kollimierter Röntgenstrahl bildet einen 1 cm dicken Schnitt ab, indem er 160 Abbildungswerte erzeugt. Dann ergeben sich aus 180 Drehungen um jeweils 1 Grad die insgesamt 160×180 oder 28 800 Aufzeichnungen. Das System ist etwa hundertmal empfindlicher als ein konventionelles Röntgengerät.

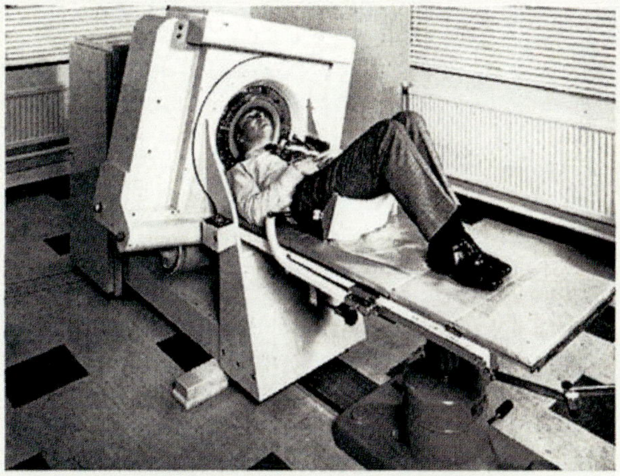

FIG. 5.
Illustration of the patient in position.

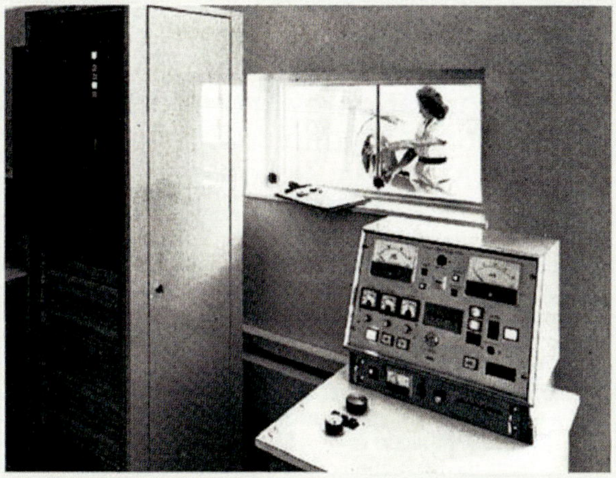

FIG. 6.
X-ray control console.

95:7

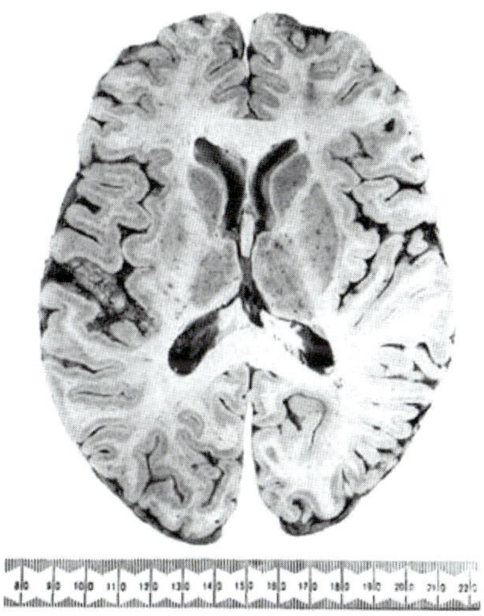

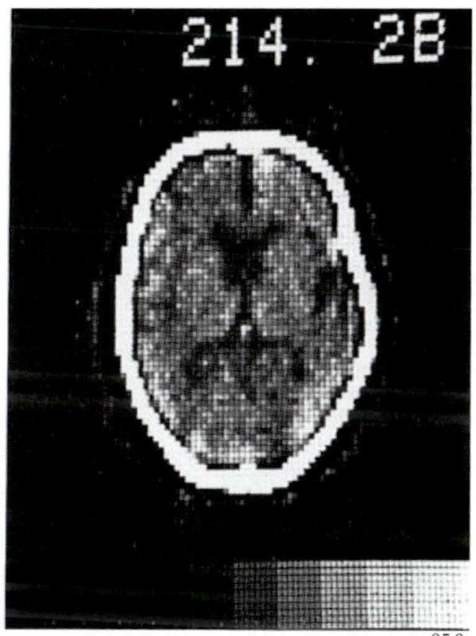

95:8

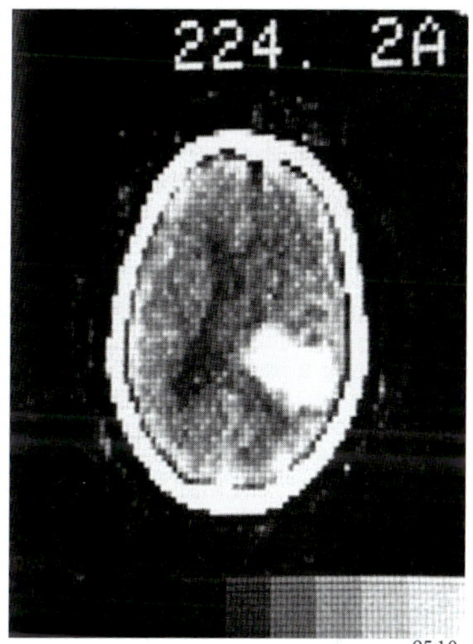

95:10

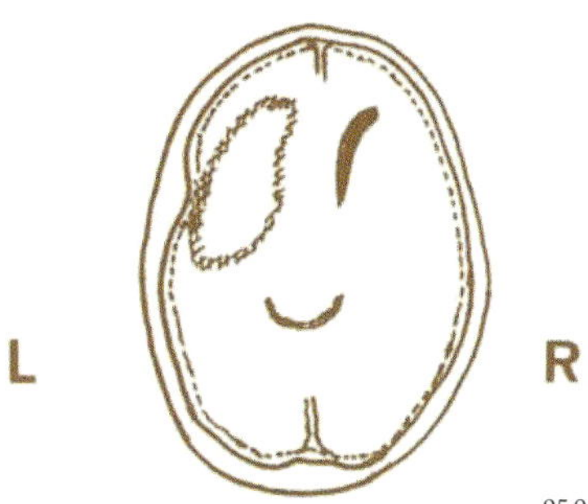

95:9

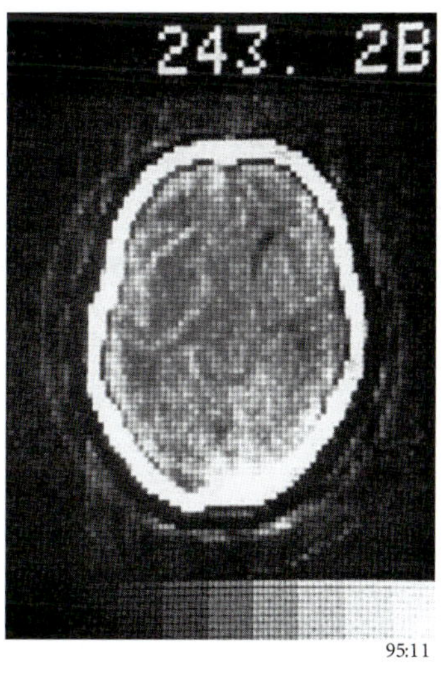

95:11

Die Bilder zeigen das Gerät und einige der erzielten klinischen Ergebnisse. Dargestellt ist ein Schnitt durch ein normales Gehirn mit einem Maßband zum Vergleich und direkt rechts daneben das dazugehörige CT-Bild. Auf dem Bild 224 2A ist ein Hämatom erkennbar, während die Zeichnung, die Bild 243 2B illustriert, einen Tumor im linken inferioren Frontallappen offenbart.

For Dr. Andras Gedeon –
with best regards
Paul C. Lauterbur

Image Formation by Induced Local Interactions: Examples Employing Nuclear Magnetic Resonance

An image of an object may be defined as a graphical representation of the spatial distribution of one or more of its properties. Image formation usually requires that the object interact with a matter or radiation field characterized by a wavelength comparable to or smaller than the smallest features to be distinguished, so that the region of interaction may be restricted and a resolved image generated.

This limitation on the wavelength of the field may be removed, and a new class of image generated, by taking advantage of induced local interactions. In the presence of a second field that restricts the interaction of the object with the first field to a limited region, the resolution becomes independent of wavelength, and is instead a function of the ratio of the normal width of the interaction to the shift produced by a gradient in the second field. Because the interaction may be regarded as a coupling of the two fields by the object, I propose that image formation by this technique be known as zeugmatography, from the Greek ζευγμα, "that which is used for joining".

The nature of the technique may be clarified by describing two simple examples. Nuclear magnetic resonance (NMR) zeugmatography was performed with 60 MHz (5 m) radiation and a static magnetic field gradient corresponding, for proton resonance, to about 700 Hz cm^{-1}. The test object consisted of two 1 mm inside diameter thin-walled glass capillaries of H_2O attached to the inside wall of a 4.2 mm inside diameter glass tube of D_2O. In the first experiment, both capillaries contained pure water. The proton resonance line width, in the absence of the transverse field gradient, was about 5 Hz. Assuming uniform signal strength across the region within the transmitter–receiver coil, the signal in the presence of a field gradient represents a one-dimensional projection of the H_2O content of the object, integrated over planes perpendicular to the gradient direction, as a function of the gradient coordinate (Fig. 1). One method of constructing a two-dimensional projected image of the object, as represented by its H_2O content, is to combine several projections, obtained by rotating the object about an axis perpendicular to the gradient direction (or, as in Fig. 1, rotating the gradient about the object), using one of the available methods for reconstruction of objects from their projections[1–5]. Fig. 2 was generated by an algorithm, similar to that of Gordon and Herman[4], applied to four projections, spaced as in Fig. 1, so as to construct a 20 × 20 image matrix. The representation shown was produced by shading within contours interpolated between the matrix points, and clearly reveals the locations and dimensions of the two columns of H_2O. In the second experiment, one capillary contained pure H_2O, and the other contained a 0.19 mM solution of $MnSO_4$ in H_2O. At low radio-frequency power (about 0.2 mgauss) the two capillaries gave nearly identical images in the

96:1

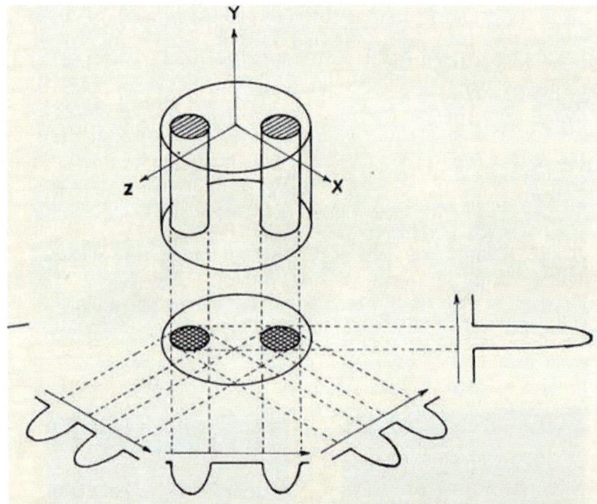

Fig. 1 Relationship between a three-dimensional object, its two-dimensional projection along the Y-axis, and four one-dimensional projections at 45° intervals in the XZ-plane. The arrows indicate the gradient directions.

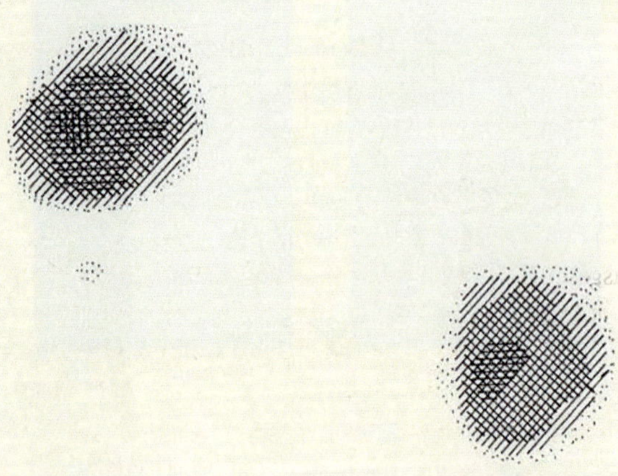

Fig. 2 Proton nuclear magnetic resonance zeugmatogram of the object described in the text, using four relative orientations of object and gradients as diagrammed in Fig. 1.

96:2

Paul Lauterbur (1929–2007) präsentiert einen neuartigen und generellen Ansatz der Bildgebung (den er „Zeugmatographie" nennt), bei dem ein Punkt in einem Objekt durch seine kombinierte Interaktion mit zwei äußeren Feldern charakterisiert ist. Das Verfahren wird mittels NMR-Technik (Kernspinresonanz) demonstriert. Ein linearer Magnetfeldgradient wird an zwei wassergefüllte Glaskapillaren angelegt und die Protonen des Wassers werden ebenfalls einem Radiofrequenzfeld ausgesetzt. Wird die Ausrichtung des Gradienten zum Objekt gedreht, lässt sich ein Magnetresonanzbild (MRT) erstellen. Auf Seite 500 folgt die Fortsetzung des Artikels.

Paul Lauterbur

96:3

Paul Lauterbur

Lauterbur wurde 1929 in Sidney, Ohio, geboren. Nach Ablegen des Bachelorexamens in Chemie am Case Institute of Technology arbeitete er am Mellon Institute und bei den Chemical Center Laboratories der Armee. 1962 promovierte er an der Universität Pittsburgh in Chemie und wurde Dozent der State University of New York in Stony Brook. Hier erforschte Lauterbur Anwendungen der Kernspinresonanz (NMR) und entwickelte die Magnetresonanztomographie (MRT). Ab 1985 war er Professor für Chemie, Biophysik und Computational Biology an der University of Illinois in Chicago. 2003 erhielt Lauterbur gemeinsam mit Mansfield den Medizinnobelpreis für ihre Entdeckungen zur Magnetresonanztomographie.

Image Formation by Induced Local Interactions: Examples Employing Nuclear Magnetic Resonance.

Nature 1973; 242:190.

Lauterbur präsentiert einen neuartigen Ansatz der Bildgebung („Zeugmatographie"), bei dem ein Punkt in einem Objekt durch seine kombinierte Interaktion mit zwei äußeren Feldern charakterisiert ist. Er demonstriert das Verfahren, indem er mithilfe von NMR-Technik Bilder von zwei wassergefüllten Glaskapillaren erzeugt. Zuerst wird ein linearer Magnetfeldgradient an das Objekt angelegt und dann werden die Protonen des Wassers ebenfalls einem Radiofrequenzfeld ausgesetzt. Da die erwartete Resonanzfrequenz und Relaxationszeiten des Protons vom lokalen Magnetfeld abhängen, erzeugt der Gradient einen räumlichen „Scan" der NMR-Eigenschaften des Objekts. Wird die Ausrichtung des Gradienten zum Objekt gedreht, lässt sich ein Magnetresonanzbild (MRT) erstellen. Lauterbur zeigt, dass die Zufügung paramagnetischer Ionen zum Wasser das Bild verändert. Das Erscheinungsbild hängt außerdem von der Relaxationszeit ab, die zur Darstellung der NMR-Eigenschaften gewählt wird.

Im Spiegel der Zeit:

Ausgehend von Rabi, der erstmals 1938 NMR beobachtete, entwickelten sich Verfahren und Theorie zu einem beliebten Werkzeug chemischer Studien (96.1) (96.2). Damadian entdeckte die Fähigkeit von NMR, zwischen verschiedenen biologischen Geweben zu unterscheiden, und davon ausgehend das Potenzial der MRT (96.3). Nach Lauterburs Erfindung wurde bald versucht, die Bildqualität zu verbessern und die Bilderzeugung zu beschleunigen (96.4) (96.5). 1976 beschrieb Mansfield das Verfahren des Echo Planar Imaging (EPI) (96.6) (96.7), bei dem RF-Pulse mit individuell eingestelltem Frequenzgehalt das schnelle Auslesen einer ganzen Objektebene erlaubten. So wurde eine Echtzeitbildgebung mit über zehn Bildern pro Sekunde möglich. In den 1990er-Jahren wurde für die Untersuchung von Hirnfunktionen die funktionelle MRT (fMRT) entwickelt, die den Blutfluss aufgrund der Abhängigkeit der NMR vom Sauerstoffgehalt des Blutes visualisieren kann (96.8) (96.9). Auch magnetisiertes He-3- und Xenon-129-Gas wurden verwendet, um Bilder der Atemwege zu erzeugen (96.10).

96.1 Siehe Nr. 94 Damadian S. 486, insbesondere Ref. 94.1, Ref. 94.2 und Ref. 94.5.

96.2 Ramsey NF, Purcell EM. Interactions between nuclear spins in molecules. *Phys Rev* 1952; 85:143.

96.3 Siehe Nr. 94 Damadian S. 486.

96.4 Lauterbur PC et al. Zeugmatographic high-resolution nuclear magnetic resonance spectroscopy, images of chemical inhomogeneity within macroscopic objects. *J Am Chem Soc* 1975; 97:6866.

96.5 Kumar A, Welti D, Ernst RR. NMR Fourier Zeugmatography. *J Magn Res* 1975; 18:69.

96.6 Mansfield P, Maudsley AA. Planar spin imaging by NMR. *J Phys C: Solid State Phys* 1976; 9:L409.

96.7 Mansfield P, Maudsley AA, Bains T. Fast scan proton density imaging by NMR. *J Phys E: Sci Instr* 1976; 9:271.

96.8 Buxton RB. *An Introduction to Functional Magnetic Resonance Imaging*. Cambridge University Press, 2002.

96.9 McRobbie DW et al. *MRI From Picture to Proton*. Cambridge University Press, 2003.

96.10 Albert MS et al. Biological magnetic resonance imaging using laser-polarized 129Xe. *Nature* 1994; 370:199. Siehe auch Klarreich E. Take a deep breath. *Nature* 2003; 424:873.

zeugmatogram (Fig. 3*a*). At a higher power level (about 1.6 mgauss), the pure water sample gave much more saturated signals than the sample whose spin-lattice relaxation time T_1 had been shortened by the addition of the paramagnetic Mn^{2+} ions, and its zeugmatographic image vanished at the contour level used in Fig. 3*b*. The sample region with long T_1 may be selectively emphasized (Fig. 3*c*) by constructing a difference zeugmatogram from those taken at different radio-frequency powers.

Applications of this technique to the study of various inhomogeneous objects, not necessarily restricted in size to those commonly studied by magnetic resonance spectroscopy, may be anticipated. The experiments outlined above demonstrate the ability of the technique to generate pictures of the distributions of stable isotopes, such as H and D, within an object. In the second experiment, relative intensities in an image were made to depend upon relative nuclear relaxation times. The variations in water contents and proton relaxation times among biological tissues should permit the generation, with field gradients large compared to internal magnetic inhomogeneities, of useful zeugmatographic images from the rather sharp water resonances of organisms, selectively picturing the various soft structures and tissues. A possible application of considerable interest at this time would be to the *in vivo* study of malignant tumours, which have been shown to give proton nuclear magnetic resonance signals with much longer water spin-lattice relaxation times than those in the corresponding normal tissues[6].

The basic zeugmatographic principle may be employed in many different ways, using a scanning technique, as described above, or transient methods. Variations on the experiment, to be described later, permit the generation of two- or three-dimensional images displaying chemical compositions, diffusion coefficients and other properties of objects measurable by spectroscopic techniques. Although applications employing nuclear magnetic resonance in liquid or liquid-like systems are simple and attractive because of the ease with which field gradients large enough to shift the narrow resonances by many line widths may be generated, NMR zeugmatography of solids, electron spin resonance zeugmatography, and analogous experiments in other regions of the spectrum should also be possible. Zeugmatographic techniques should find many useful applications in studies of the internal structures, states, and compositions of microscopic objects.

P. C. LAUTERBUR

Department of Chemistry,
State University of New York at Stony Brook,
Stony Brook, New York 11790

Received October 30, 1972; revised January 8, 1973.

1 Bracewell, R. N., and Riddle, A. C., *Astrophys. J.*, **150**, 427 (1967).
2 Vainshtein, B. K., *Soviet Physics–Crystallography*, **15**, 781 (1971).
3 Ramachandran, G. N., and Lakshminarayan, A. V., *Proc. US Nat. Acad. Sci.*, **68**, 2236 (1971).
4 Gordon, R., and Herman, G. T., *Comm. Assoc. Comput. Mach.*, **14**, 759 (1971).
5 Klug, A., and Crowther, R. A., *Nature*, **238**, 435 (1972).
6 Weisman, I. D., Bennett, L. H., Maxwell, Sr., L. R., Woods, M. W., and Burk, D., *Science*, **178**, 1288 (1972).

96:4

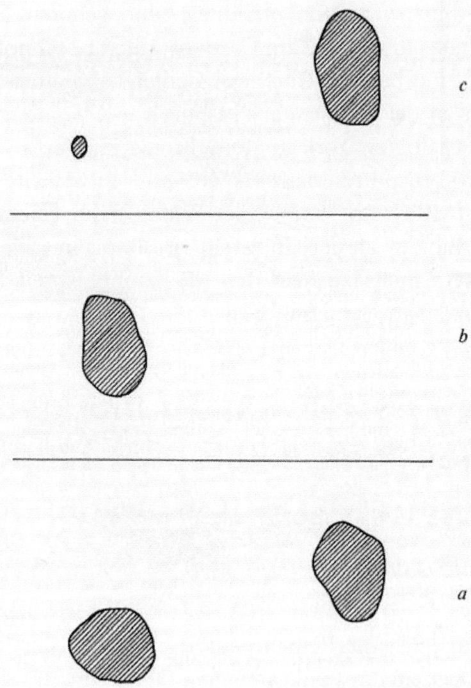

Fig. 3 Proton nuclear magnetic resonance zeugmatograms of an object containing regions with different relaxation times. *a*, Low power; *b*, high power; *c*, difference between *a* and *b*.

96:5

Fortsetzung von Lauterburs Artikel, wo er die Merkmale des neuen Bildgebungsverfahrens weiter erläutert. Durch Zufügung paramagnetischer Ionen zum Wasser in einem der beiden Kapillaren verändern sich seine magnetischen Eigenschaften und damit auch das Bild grundlegend. Das Erscheinungsbild hängt außerdem von der gewählten Relaxationszeit (siehe dazu auch Nr. 94) zur Darstellung der NMR-Eigenschaften ab.

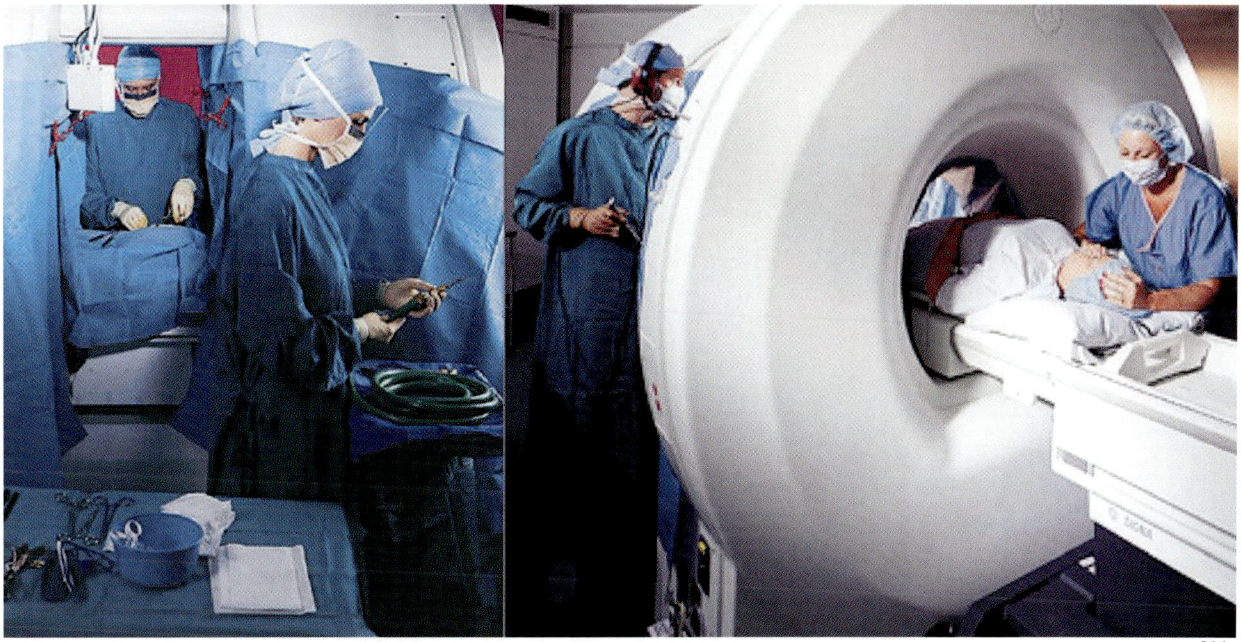

96:6

Mitte der 1990er-Jahre eingeführte offen konstruierte MRT-Geräte für die bildgestützte Therapie.

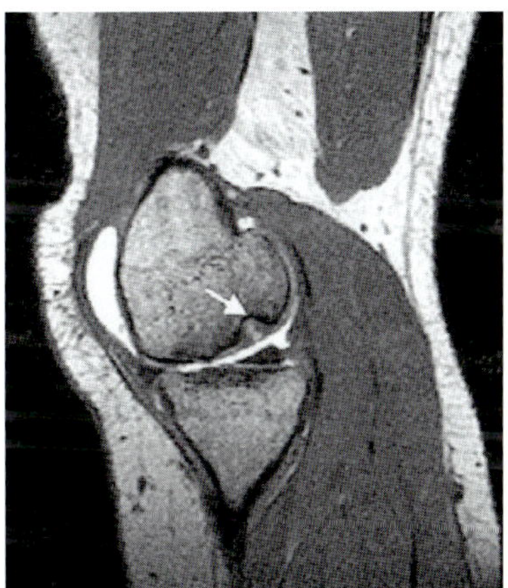

96:7

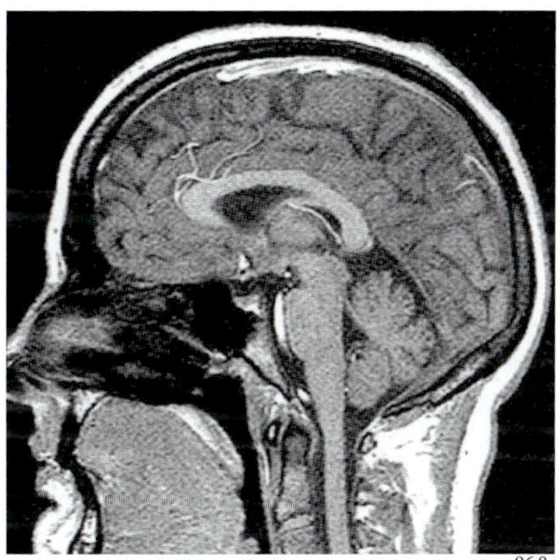

96:8

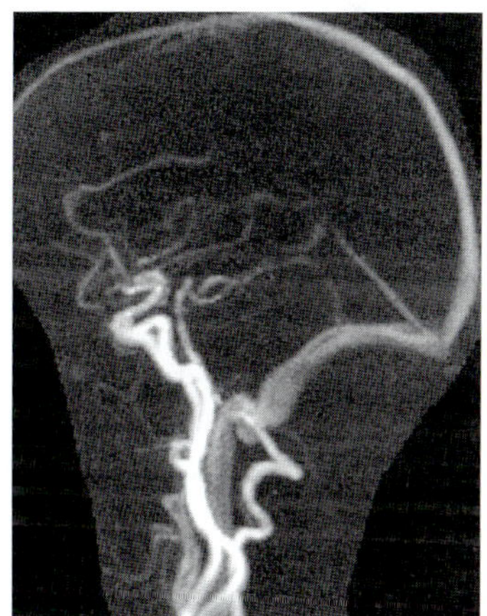

96:9

Mit komplizierten MRT-Techniken erstellte Bilder. Links Knorpelschäden und Knochenerosion, daneben ein Dünnschnitt etwa in der Mitte des Gehirns und rechts eine Phasenkontrast-Angiographie (MRA) des Gehirns, die die arterielle Zirkulation (deutlich) und die venöse (schwach) darstellt.

Funktionelle NMR (fNMR) bildet deutlicher den Blutfluss ab als Strukturen. Visualisierung von Geschwindigkeitsfeldern des Blutflusses im Herzen mit 3D- (dreidimensionaler) Phasenkontrast-MRT und 3D-Visualisierungssoftware (oben). Aus dem Geschwindigkeitsfeld lassen sich auch die Druckfelder berechnen und darstellen, wie es unten für die linke Herzkammer gemacht wurde.

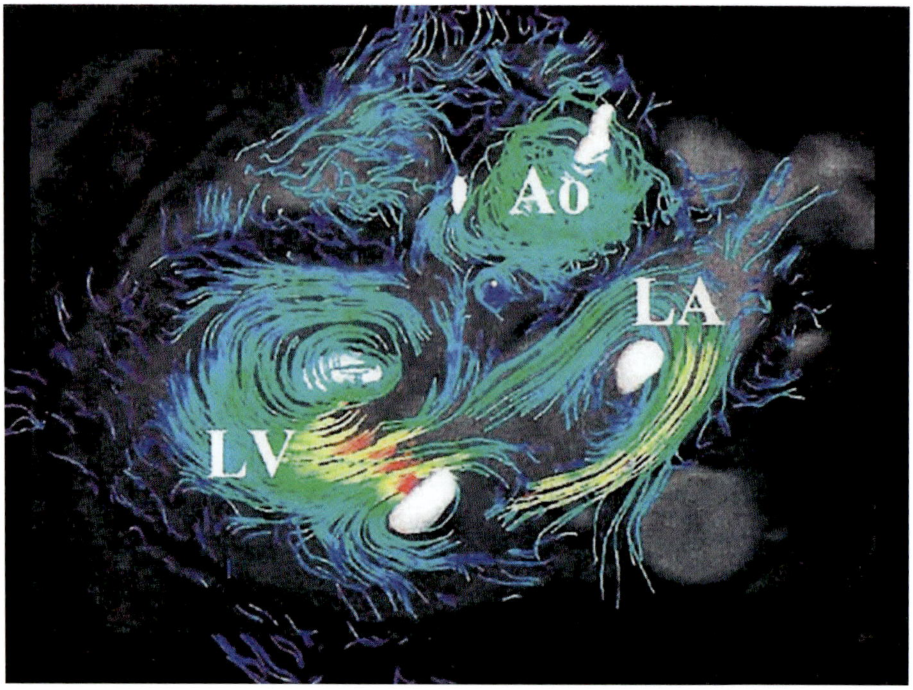

Figure 4.9 High vortex core probability (white surfaces) in the left atrium (LA), left ventricle (LV) and aorta (Ao) of a patient with dilated cardiomyopathy without valvular regurgitation at late-diastole. The velocity field is visualized using streamlines generated from a 2D plane

96:10

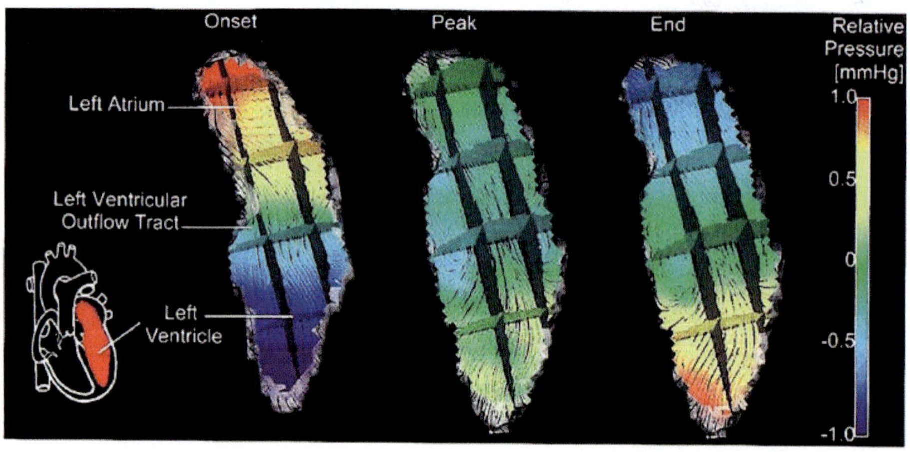

Figure 4.7 A long axis slice of the relative pressure field (color) and the velocity field (black streamlines) in the left side of the normal human heart at the onset, peak, and end of the early phase of diastolic inflow. A schematic drawing shows the orientation of the complete 3D volume

96:11

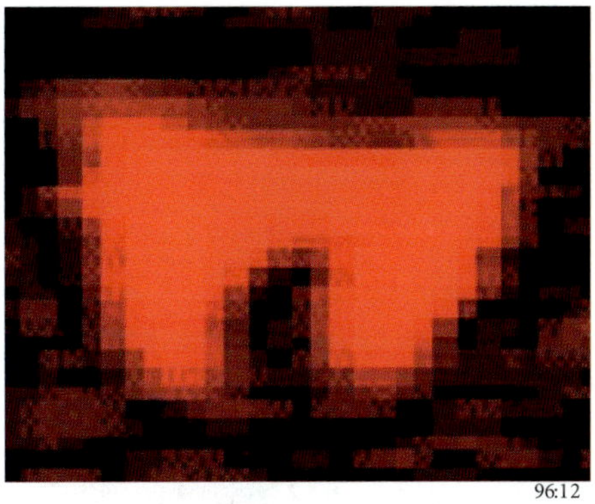

96:12

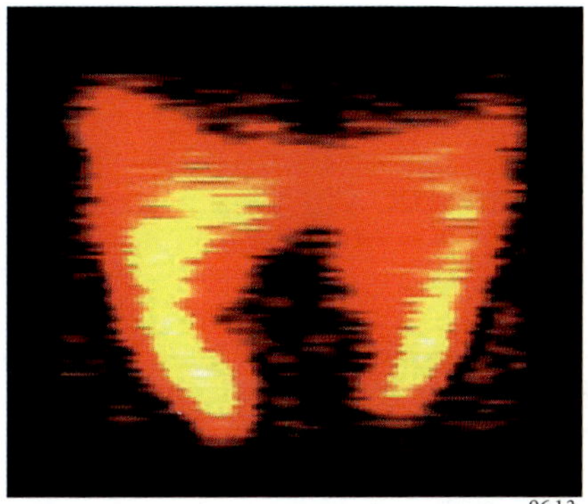

96:13

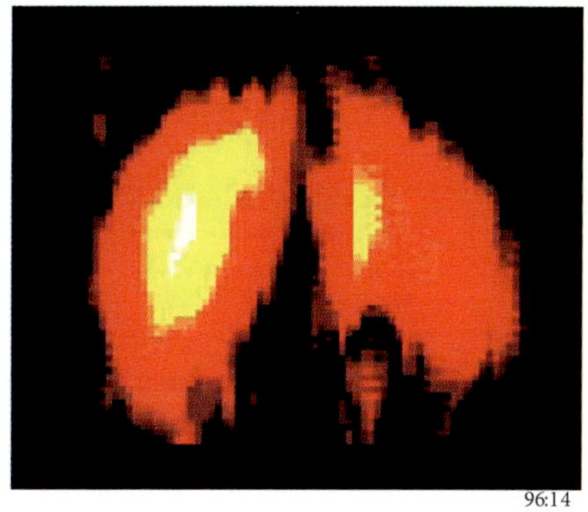

96:14

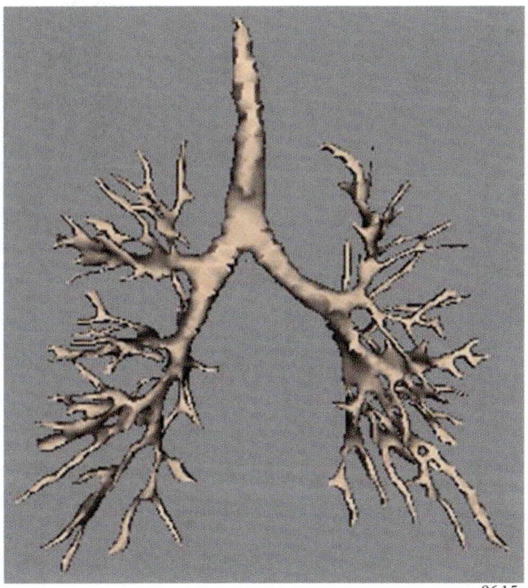

96:15

Das erste NMR-Bild (oben links), das Mitchell Albert 1994 von der Luft, die in die Rattenlunge strömt, erstellt hat; dazu verwendete er speziell präpariertes hyperpolarisiertes Gas (HP-Gas) mit dem ^{129}Xe-Isotop. Das Bild oben in der Mitte stammt von derselben Rattenlunge, jedoch mit hyperpolarisiertem ^{3}He-Isotop-Gas. Oben rechts das erste NMR-Bild von der Luft, die in eine gesunde Menschenlunge strömt, erstellt mit hyperpolarisiertem ^{3}He-Gas.

Links eine dreidimensionale Darstellung des Bronchialbaums, erzeugt durch aneinandergefügte Schnittbilder von koronaren Schnitten der Lunge, die mit dem ^{3}He-MRT-Verfahren erstellt wurden. Die Auflösung in der Ebene beträgt 1,8 mm und die Schnittdicke 13 mm.

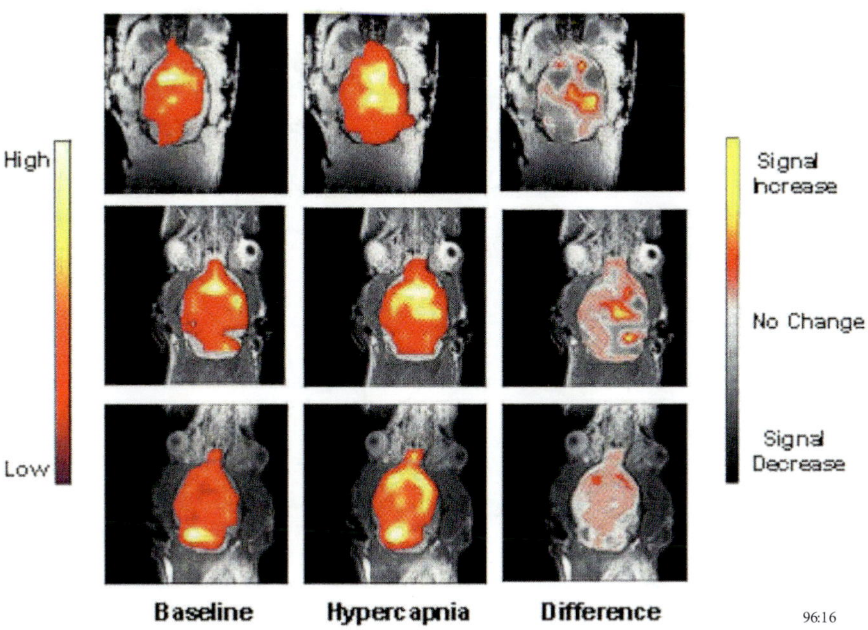

96:16

Studie zur Untersuchung des Effekts von Hyperkapnie (überhöhter Kohlendioxidgehalt im Blut) auf die Verteilung von eingeatmetem hyperpolarisiertem ^{129}Xe im Rattengehirn. Linke Spalte: Die Tiere werden bei jedem Atemzug abwechselnd mit HP-^{129}Xe-Gas und Sauerstoff beatmet. Mittlere Spalte: Erstellen der Bilder während des Herbeiführens von Hyperkapnie, indem die Tiere abwechselnd mit HP-^{129}Xe-Gas und Sauerstoff mit 5% Kohlendioxid beatmet werden. Rechte Spalte: Differenzbilder, erzeugt durch Subtraktion des Ausgangsbildes von dem bei Hyperkapnie erstellten Bild.

Measurement of continuous distributions of ventilation-perfusion ratios: theory

PETER D. WAGNER, HERBERT A. SALTZMAN, AND JOHN B. WEST
Department of Medicine, University of California, San Diego, La Jolla, California 92037

WAGNER, PETER D., HERBERT A. SALTZMAN, AND JOHN B. WEST. *Measurement of continuous distributions of ventilation-perfusion ratios: theory*. J. Appl. Physiol. 36(5): 588–599. 1974.—Most previous descriptions of the distribution of ventilation-perfusion ratios ($\dot{V}_A/\dot{Q}$) divide the lungs into only two or three uniform compartments. However, an analysis which would result in definition of the position, shape, and dispersion of the distribution would be more realistic. We describe here such a technique, applicable both in health and disease, in which the characteristics of distributions containing up to three modes can be determined. In particular, areas with low but finite $\dot{V}_A/\dot{Q}$ ratios are separated from areas whose $\dot{V}_A/\dot{Q}$ ratio is zero (shunt), and regions with high $\dot{V}_A/\dot{Q}$ ratios are differentiated from regions that are unperfused (dead space). To perform the measurement, dextrose solution or saline is equilibrated with a mixture of several gases of different solubilities and then infused into a vein. After a steady state has been established, the concentrations of each gas are measured in the mixed arterial blood and mixed expired gas. The curve relating arterial concentration and solubility is transformed into a virtually continuous distribution of blood flow against $\dot{V}_A/\dot{Q}$, using techniques of numerical analysis. The relation between expired concentration and solubility is similarly converted into the distribution of ventilation. The numerical analysis technique has been tested against many artificial distributions of $\dot{V}_A/\dot{Q}$ ratios and these have all been accurately recovered.

97:1

Abstract des Artikels, in dem die Multiple-Inertgas-Eliminationstechnik (MIGET) vorgestellt wird. Die Zeichnung liefert eine schematische Darstellung des Verfahrens. Sechs bis acht unterschiedlich lösliche Gase werden in einer Salzlösung aufgelöst und in eine Vene infundiert. Dann werden arterielle und gemischtvenöse Blutproben sowie eine Probe des ausgeatmeten Gasgemischs entnommen. Für jedes Gas wird nach den Formeln die Retention (Verhältnis der Gaskonzentration in arteriellem zu gemischtvenösem Blut) und die Exkretion (Verhältnis der Gaskonzentration in der Ausatemluft zu gemischtvenösem Blut) berechnet.

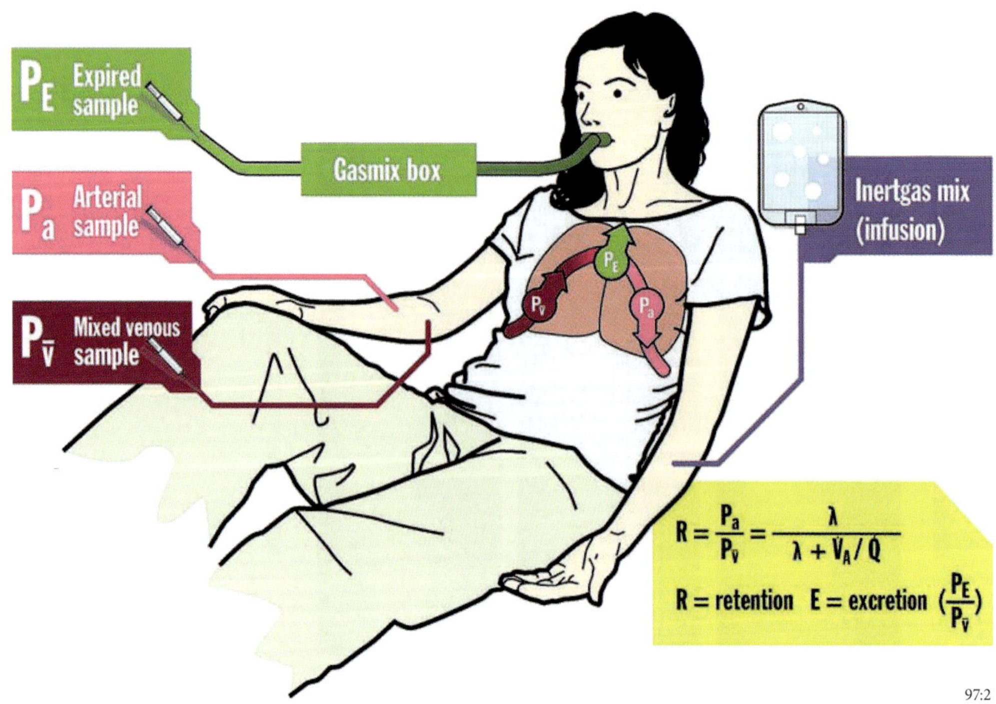

97:2

Peter Wagner, John West

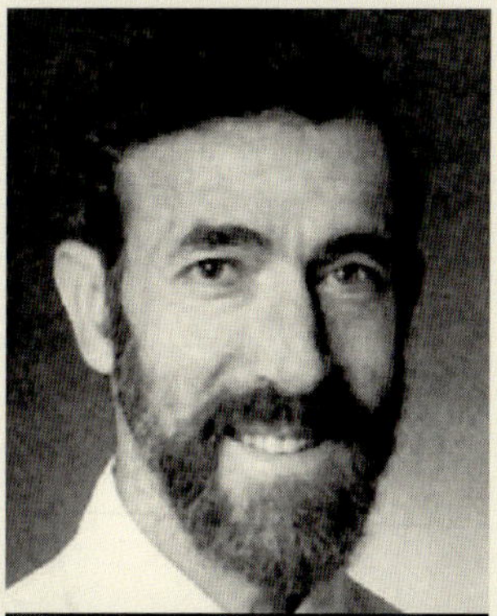

97:3–4

Peter Wagner
John West

Wagner wurde 1944 in Karatschi geboren und machte 1969 sein Medizinexamen an der University of Sydney. Im Jahr darauf ging er an die University of California in San Diego, wo er 1973 Dozent und 1984 Professor für Medizin wurde. Seit 1999 ist er außerdem Leiter der Abteilung für Physiologie. West kam 1928 in Adelaide zur Welt und legte 1959 dort sein Medizinexamen ab. 1960 promovierte er an der University of London. Ab 1962 leitete West die Respiratory Research Group an der Postgraduate Medical School. Seit 1969 ist er Professor für Medizin und Physiologie an der University of California in San Diego.

Measurement of continuous distributions of ventilation-perfusion ratios: theory.

J Appl Physiol 1974; 36(5):588.

Wagner, West und Saltzman beschreiben ein Verfahren zur Bestimmung der Verteilungsfunktionen für Belüftung (Ventilation, V_A) und Durchblutung (Perfusion, Q) der Lunge. Sechs Inertgase mit unterschiedlicher Blutlöslichkeit (von Schwefelhexafluorid bis Aceton) werden in Salzlösung gelöst und in eine periphere Vene infundiert. Bei einem Lungenkompartiment im Gleichgewichtszustand hängt die Menge des ausgeschiedenen (ausgeatmeten) Gases und die Menge des (im arteriellen Blut) zurückgehaltenen Gases nur von dem Verhältnis V_A/Q und der Löslichkeit des Gases ab. Anhand eines iterativen Verfahrens werden die über 50 Kompartimente verteilten V_A/Q-Verhältnisse bestimmt, die der gesamten gemessenen Exkretion und Retention für alle Gase entsprechen.

Im Spiegel der Zeit:
Ende der 1940er-Jahre führte das Interesse an der Überdruckbeatmung (97.1) zu Studien über ihre Auswirkungen auf das Kreislaufsystem (97.2). Die Ventilations-/Perfusionsbedingungen (V_A/Q-Bedingungen) in der Lunge wurden zunächst mittels einfacher Lungenmodelle mit drei Kompartimenten bestimmt (97.3). In den 1960er-Jahren entwickelte Lenfant die Vorstellung der stetigen V_A/Q-Verteilungsfunktion (97.4) und Farhi analysierte den Inertgasaustausch in den Lungen (97.5). Das Verfahren von Wagner und West beruhte auf der Entwicklung einer Technik zur gleichzeitigen Messung der Blutkonzentrationen von bis zu acht Inertgasen, einige davon in sehr niedriger Konzentration (97.6). Um den Gasaustauschprozess zu untersuchen, wurden auch andere Verfahren entwickelt, die mit Non-steady-state-Bedingungen arbeiteten. So ließ sich aus den Konzentrationsvariationen von Stickstoff und den Atemgasen während einer einzelnen Exspiration (Ausatmung) die Inhomogenität der Lunge berechnen (97.7) (97.8). Zudem kann man seit Anfang der 1960er-Jahre mithilfe von Radionukliden topographische Informationen über die Verteilung von Ventilation und Perfusion gewinnen (97.9). In jüngerer Zeit wurden anhand tomographischer Verfahren (97.10) komplexe Bilder erzeugt (97.11), die sowohl die Ventilations- (mit eingeatmetem Xe-133) als auch die Perfusionsverteilung (infundiertes mit I-131 markiertes makroaggregiertes Albumin) darstellen.

97.1 Siehe Nr. 87 Engström S. 450 und Ref. 87.10.

97.2 Werkö L. The influence of positive pressure breathing on the circulation in man. *Acta med Scand* 1947; 193:1.

97.3 Riley RL, Cournand A. Analysis of factors affecting partial pressures of oxygen and carbon dioxide in gas and blood of lungs: theory (methods). *J Appl Physiol* 1951; 4:77 und S. 102. Siehe auch Ref. 6.6 und Ref. 37.6.

97.4 Lenfant C, Okubo T. Distribution function of pulmonary blood flow and ventilation-perfusion ratio in man. *J Appl Physiol* 1968; 24:668.

97.5 Farhi LE. Elimination of inert gas by the lung. *Resp Phys* 1967; 3:1.

97.6 Wagner PD, Naumann PF, Laravuso RB. Simultaneous measurement of eight foreign gases in blood by gas chromatography. *J Appl Physiol* 1974; 36(5):600.

97.7 West JB et al. Measurement of the ventilation perfusion ratio inequality in the lung by the analysis of a single expirate. *Clin Sci Lond* 1957; 16:529.

97.8 Okubo T, Lenfant C. Distribution function of lung volume and ventilation determined by lung N_2 washout. *J Appl Physiol* 1968; 24:658.

97.9 West JB, Dollery CT. Distribution of blood flow and ventilation-perfusion ratio in the lung, measured with radioactive CO_2. *J Appl Physiol* 1960; 15:405.

97.10 Siehe Nr. 95 Hounsfield S. 492.

97.11 Jaszczak RJ. Tomographic radiopharmaceutical imaging. *Proc IEEE* 1988; 76(9):1079.

FIG. 1. Examples of chromatograms of mixtures of eight (*A*) and six (*B*) gases. In each case, one gas (SF_6), is not detected by flame ionization detector, so only 7 and 5 peaks are seen, respectively. Elution time for halothane, the slowest gas, is 8 min (*A*, column temperature 160°C and carrier flow 30 ml/min) and 4 min (*B*, column temperature 170°C and carrier flow 50 ml/min). Note adequate separation of all gases in both cases.

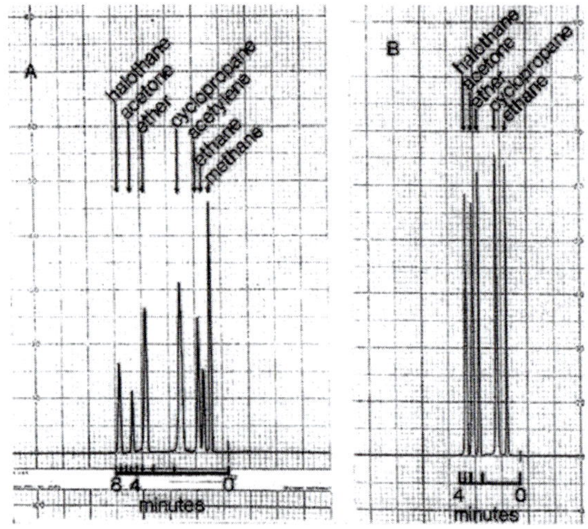

97:7

Die nach dem in Abb. 97:2 abgebildeten MIGET-Verfahren gewonnenen Proben werden mit Helium equilibriert und dann mittels Gaschromatographie analysiert. Das nach acht Minuten vorhandene Ergebnis wird in den obigen Diagrammen dargestellt. Bei allen Gasen ist eine hohe Empfindlichkeit und eine gute Trennung zu beobachten.

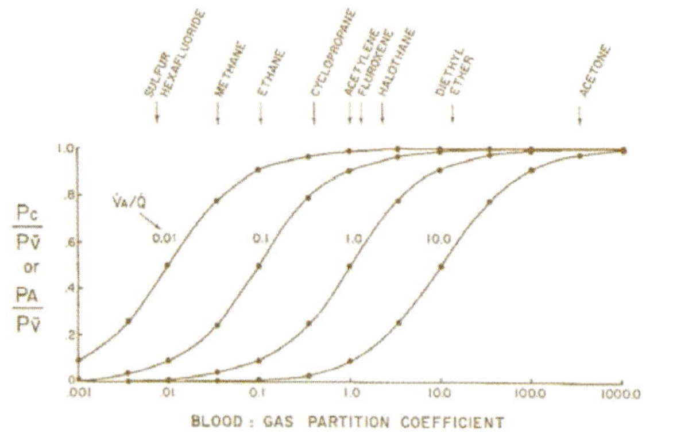

FIG. 1. Relationship between inert gas retention Pc/Pv̄ (or excretion PA/Pv̄) and blood-gas partition coefficient, using a logarithmic scale for the abscissa. Four curves are drawn, each for homogeneous lung units with different V̇A/Q̇ ratios. Note that the curves are all smooth and monotonic. Blood-gas partition coefficients for human blood at 37°C are also shown.

97:5

Exkretions- oder Retentionsverhältnisse völlig homogener Lungen mit ihrem Ventilations-Perfusions-Verhältnis (V_A/Q) als ein Parameter, beginnend mit 0,01 ganz links bis zu 10,0 ganz rechts. Jeder Graph setzt sich aus den Werten für neun verschiedene Gase zusammen (oben im Diagramm aufgeführt), die sehr unterschiedliche Löslichkeiten aufweisen (an der horizontalen Achse angegeben).

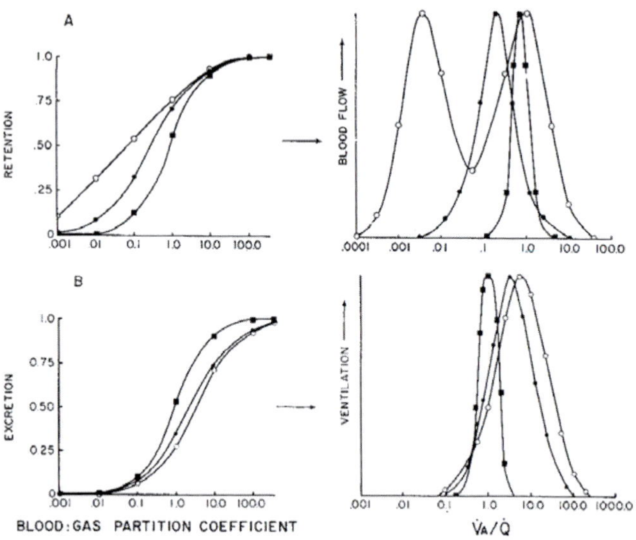

FIG. 2. *A:* relationships between inert gas retention and blood-gas partition coefficient in three examples of lungs with ventilation-perfusion inequality. Note the preservation of smoothness and monotonicity in each case. Corresponding distributions of blood flow are shown with the same symbols. *B:* relationships between inert gas excretion and blood-gas partition coefficient in the corresponding distributions of ventilation.

97:6

Links sind drei Fälle abgebildet, in denen die Lungen nicht mehr homogen sind, das heißt, dass die verschiedenen Lungenkompartimente unterschiedliche V_A/Q-Verhältnisse aufweisen. Die linke Spalte zeigt die drei Retentions- und Exkretionskurven und die rechte Spalte die sich daraus ergebende berechnete Verteilung der Perfusion (Diagramm oben rechts) und der Ventilation (Diagramm unten rechts) als Funktion des V_A/Q-Verhältnisses der Lungenkompartimente.

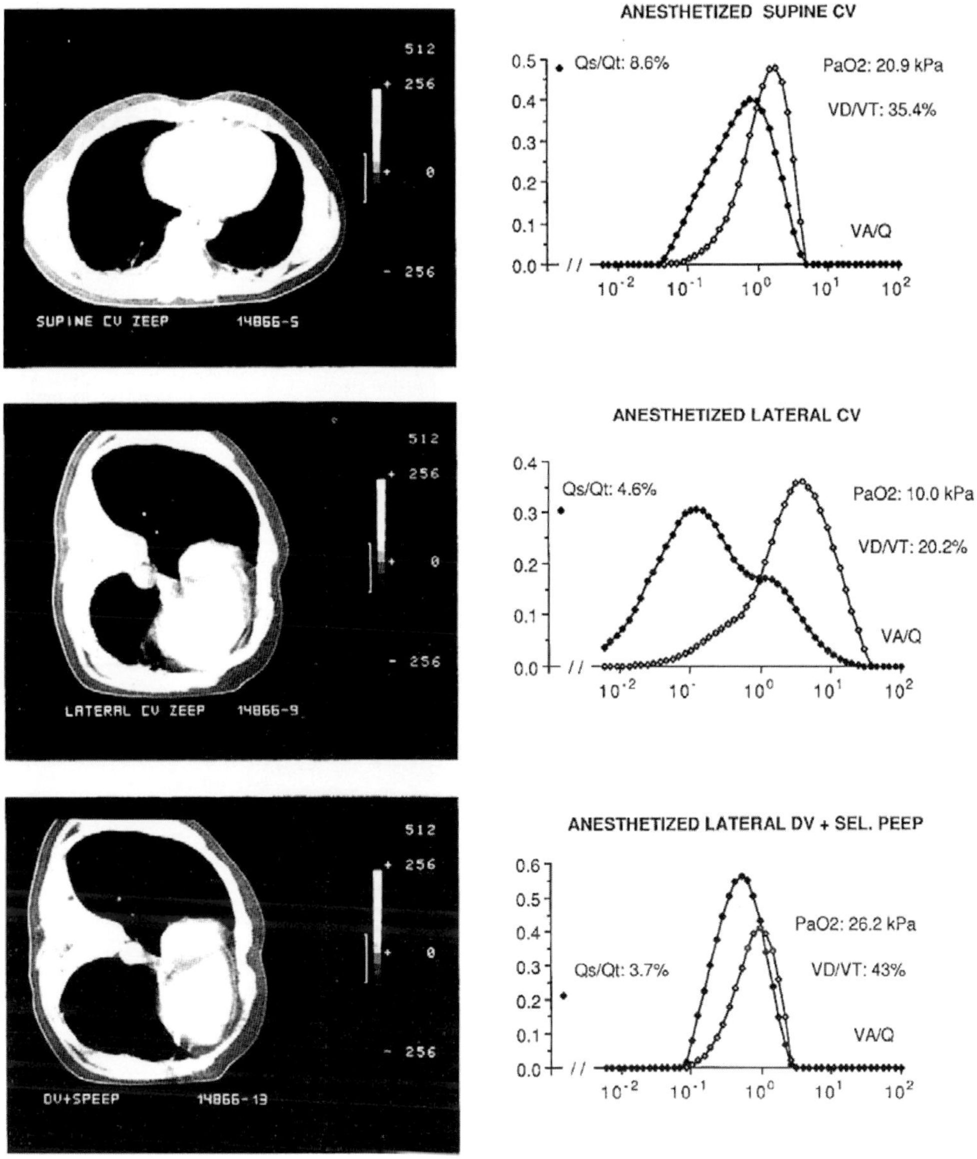

Figure 1:
Transverse CT scans of the chest and V_A/Q distributions (○ :ventilation, ● :blood flow, l/min) in a male patient (age 38, smoker) during anaesthesia and CV with ZEEP in the supine position (*upper panel*); lateral position (*middle panel*); and in the lateral position with DV+SPEEP (*lower panel*). Note the large amount of perfusion of regions with low V_A/Q ratios and the low PaO_2 during conventional ventilation in the lateral position. There is only a small shunt and the corresponding CT scan shows only a small amount of atelectasis in dependent lung regions. During DV+SPEEP, the atelectatic regions have disappeared and there is a good match between the ventilation and perfusion distributions.

97:8

Vergleich zwischen CT-Scans des Brustkorbs und der quantitativen Messung der Ventilations/Perfusions-Bedingungen mittels MIGET. Ein Fall von kontrollierter Beatmung (in der Abbildung durch CV gekennzeichnet) während einer Narkose, wobei der Patient auf dem Rücken (oben) und auf der Seite (Mitte und unten) liegt. Das mittlere Bildpaar zeigt, dass in der Seitenlage ein signifikanter Teil der Lunge nicht gut belüftet wird (die Blutflusskurve hat sich nach links neben die Ventilationskurve verlagert), was eine verminderte Sauerstoffversorgung zur Folge hat. Im unteren Bildpaar ist zu sehen, dass das Erzeugen eines Überdrucks (SEL. PEEP) selektiv auf die abhängige (unten liegende) Lunge die Überlappung zwischen Ventilations- und Perfusionskurve wiederherstellt und wieder für eine adäquate Sauerstoffzufuhr sorgt.

IEEE TRANSACTIONS ON COMMUNICATIONS, VOL. COM-22, NO. 5, MAY 1974

A Protocol for Packet Network Intercommunication

VINTON G. CERF AND ROBERT E. KAHN, MEMBER, IEEE

Abstract—A protocol that supports the sharing of resources that exist in different packet switching networks is presented. The protocol provides for variation in individual network packet sizes, transmission failures, sequencing, flow control, end-to-end error checking, and the creation and destruction of logical process-to-process connections. Some implementation issues are considered, and problems such as internetwork routing, accounting, and timeouts are exposed.

98:1

CONCLUSIONS

We have discussed some fundamental issues related to the interconnection of packet switching networks. In particular, we have described a simple but very powerful and flexible protocol which provides for variation in individual network packet sizes, transmission failures, sequencing, flow control, and the creation and destruction of process-to-process associations. We have considered some of the implementation issues that arise and found that the proposed protocol is implementable by HOST's of widely varying capacity.

The next important step is to produce a detailed specification of the protocol so that some initial experiments with it can be performed. These experiments are needed to determine some of the operational parameters (e.g., how often and how far out of order do packets actually

98:2

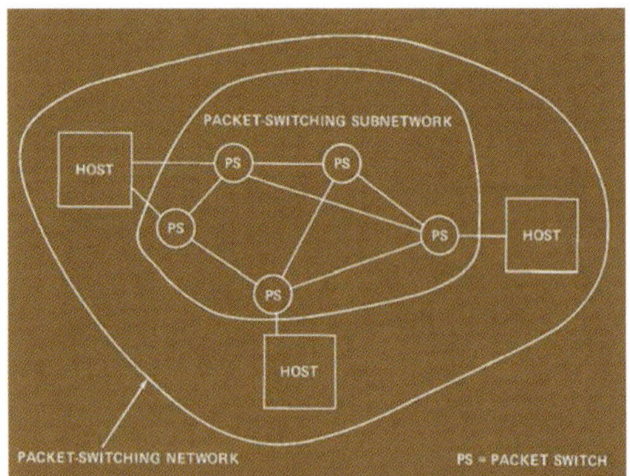

Fig. 1. Typical packet switching network.

98:4

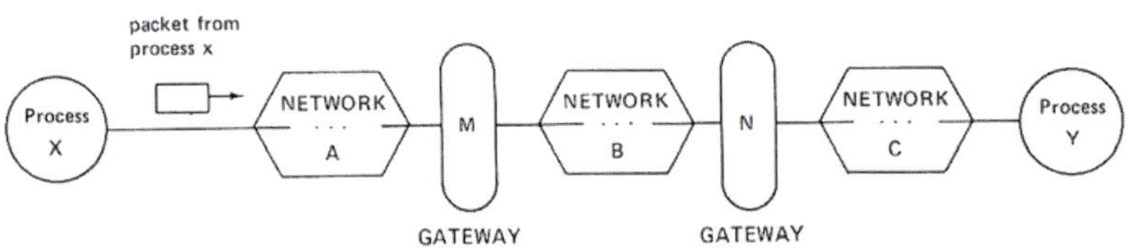

Fig. 2. Three networks interconnected by two GATEWAYS.

(may be null)	Internetwork Header						
LOCAL HEADER	SOURCE	DESTINATION	SEQUENCE NO.	BYTE COUNT	FLAG FIELD	TEXT	CHECKSUM

Fig. 3. Internetwork packet format (fields not shown to scale).

98:3

1974 entwerfen Vinton Cerf und Robert Kahn Struktur und Protokoll für die Interkommunikation zwischen verschiedenen Computernetzwerken zur Paketvermittlung. Dies ist die Einführung des Internet Protocol (IP).

Vinton Cerf, Robert Kahn

Cerf wurde 1943 in New Haven geboren. Nach dem Mathematikstudium an der Stanford University promovierte er 1972 in Informatik an der University of California in Los Angeles. Von 1976 bis 1982 arbeitete er für die Advanced Research Project Agency (ARPA). Dann ging er zu MCI, wo er seit 2003 Abteilungsleiter für Technologie und Strategie ist. Kahn kam 1938 in Brooklyn zur Welt. Er legte eine Bachelorprüfung in Elektrotechnik ab und promovierte 1964 an der Princeton University. Kahn arbeitete bei Bell Telephone Laboratories und bei Bolt, Beranek and Newman Inc. Nach 13 Jahren bei der ARPA gründete er 1986 die Corporation for National Research Initiatives, deren Vorsitzender er ist.

98:5–6

Vinton Cerf
Robert Kahn

A Protocol for Packet Network Intercommunication.

IEEE Trans Communications 1974; COM-22(5):637.

Cerf und Kahn entwerfen Struktur und Protokoll für die Interkommunikation zwischen verschiedenen Computernetzwerken zur Paketvermittlung. Jedes Netzwerk mit seinem Übertragungssteuerungsprotokoll (Transmission Control Protocoll, TCP) ist über Gateways mit anderen Netzwerken verbunden. Das zur Internetkommunikation erforderliche und von den Gateways zugelassene Format beruht auf grundlegenden Überlegungen und wird äußerst präzise dargelegt. Das daraus entstehende Internetprotokoll (Internet Protocol, IP) ist flexibel und unterstützt die Datenübermittlung zwischen Computernetzwerken ganz unterschiedlicher Art.

Im Spiegel der Zeit:
Seit dem Peloponnesischen Krieg (431 v. Chr.), als die optische Signalgebung mit Fackeln erstmals weithin gebräuchlich wurde (98.1), waren militärische Interessen eine wichtige Antriebskraft hinter der Entwicklung der Kommunikationstechnologie. Als Hooke von der Bedrängnis der Wiener Bürger während der Türkenbelagerung las, schlug er 1684 eine „Methode zur Gedankenübermittlung über große Entfernungen“ mittels Zeichen und Teleskopen vor (98.2). Chappe setzte Hookes Idee 1794 in die Praxis um, als die verzweifelte militärische Lage nach der Französischen Revolution eine schnelle Kommunikation zwischen Paris und Lille verlangte (98.3). In jüngerer Zeit gab die Sorge des Militärs um die Angreifbarkeit des Computernetzwerks den Anstoß zur oben zitierten Arbeit (98.4) (98.5). Der Austausch gesundheitsbezogener Informationen zwischen Patienten und Ärzten oder zwischen Ärzten findet schon lange auf der Basis von Konferenzen und Point-to-Point-Verbindungen statt und hat die Vorteile einer fortgeschrittenen Telemedizin aufgezeigt (98.6) (98.7). Heute greifen viele Anwendungen jedoch in zunehmendem Maße auf das Internet zurück (98.8). Ende des 20. Jahrhunderts nutzten schätzungsweise 60 Millionen Erwachsene das Internet, um gesundheitsbezogene Informationen zu finden (98.9). Vertraulichkeit, Sicherheit und Datenintegrität bleiben neuralgische Punkte (98.10) (98.11), doch im Allgemeinen übernehmen besser informierte Patienten in der Zukunft mehr Verantwortung für ihre Gesundheitsfürsorge, was die Rolle der Ärzte und die Art und Weise der medizinischen Versorgung grundlegend verändert.

98.1 Karass T. *Geschichte der Telegraphie*. Teil 1. Braunschweig: F. Vieweg & Sohn, 1909, S. 27.
98.2 Siehe Ref. 38.3 S. 142.
98.3 Chappe I. *Historie de la télégraphie*. Paris: chez l'auteur, 1824. Siehe auch Ref. 85.6 S. 178–181.
98.4 Holzmann GJ, Pehrson B. *The Early History of Data Networks*. IEEE Computer Society Press, 1995. Siehe auch Nr. 85 Eckert/Mauchly S. 438.
98.5 Lynch DC. Historical Evolution. In: Lynch DC, Rose MT (Hrg.). *Internet System Handbook*. Reading: Addison-Wesley Comp., 1993.
98.6 Norris AC. *Essentials of Telemedicine and Telecare*. John Wiley & Sons, 2002.
98.7 Marescaux J et al. Transatlantic robot-assisted telesurgery. *Nature* 2001; 413:379.
98.8 Rusovick RM, Warner DJ. The globalization of interventional informatics through Internet mediated distributed medical intelligence. *New Medicine* 1998; 2:155.
98.9 Kaufmann M. The Internet: A reliable source? *Washington Post*, 16. Februar 1999, S. Z17.
98.10 Silberg WM, Lundberg GD, Musacchio RA. Assessing, controlling and assuring the quality of medical information on the Internet. *JAMA* 1997; 277:1244.
98.11 Spielberg AR. On call and online: Sociohistorical, legal, and ethical implications of e-mail for the patient-physician relationship. *JAMA* 1998; 280(15):1353. Siehe auch Ref. 4.11.

98:7

Während des Peloponnesischen Krieges von 431 v.Chr. nutzen die Griechen das Fackelsystem zur Kommunikation. Zwei Fackelgruppen mit jeweils ein bis fünf Fackeln für Zeilen bzw. Spalten geben Positionen auf einer Tafel mit 5×5 Feldern an, die den Buchstaben des griechischen Alphabets entsprechen.

Dr. HOOK's *Discourse to the* Royal Society, May 21. 1684. *shewing a Way how to communicate one's Mind at great Distances.*

THAT which I now propound, is what I have some Years since discoursed of; but being then laid by, the great Siege of *Vienna*, the last Year, by the *Turks*, did again revive in my Memory; and that was a Method of discoursing at a Distance, not by Sound, but by Sight. I say therefore 'tis possible to convey Intelligence from any one high and eminent Place, to any other that lies in Sight of it, tho' 30 or 40 Miles distant, in as short a Time almost, as a Man can write what he would have sent, and as suddenly to receive an Answer, as he that receives it hath a Mind

98:8

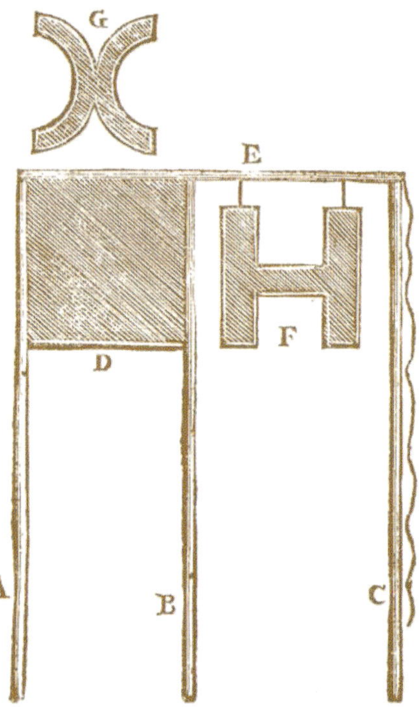

98:9

Die Bedrängnis der Wiener Bürger während der Türkenbelagerung von 1683 bringt Hooke dazu, eine neue Kommunikationstechnik mit mechanischen Zeichen zu entwerfen, die man mit Teleskopen aus der Ferne lesen kann.

98:10

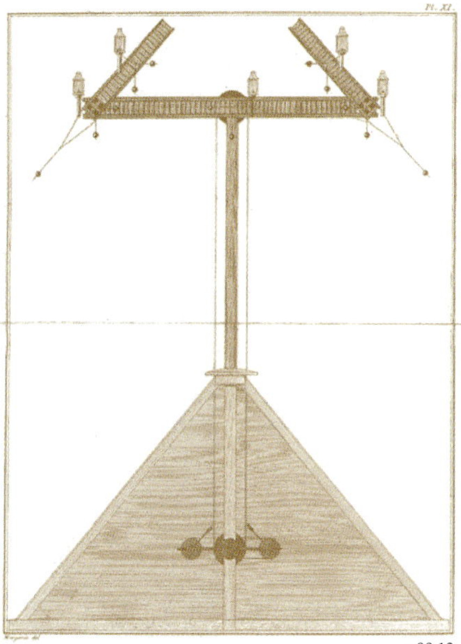

98:12

1791 konstruiert Claude Chappe (1763–1805) einen Telegraphen mit zwei synchronisierten Pendeluhren, auf deren Zifferblatt Codezeichen angebracht sind. Jeder Buchstabe entspricht einem Zeichen und lässt sich so übermitteln. 1793 erfindet Chappe einen praktischeren Apparat, den Semaphor. Er wird rasch zwischen Paris und Lille in Betrieb genommen, um die Kommunikation zu beschleunigen, was wegen der verzweifelten militärischen Lage Frankreichs zur Zeit der Französischen Revolution bitter notwendig ist.

98:11

98:13

Eine weitere Illustration für die Wichtigkeit der Kommunikation in Kriegszeiten. Das französische Telegraphencorps errichtet Telegraphenleitungen (links), die von den Preußischen Truppen (rechts) im Deutsch-Französischen Krieg von 1870–1871 wieder abgebaut werden.

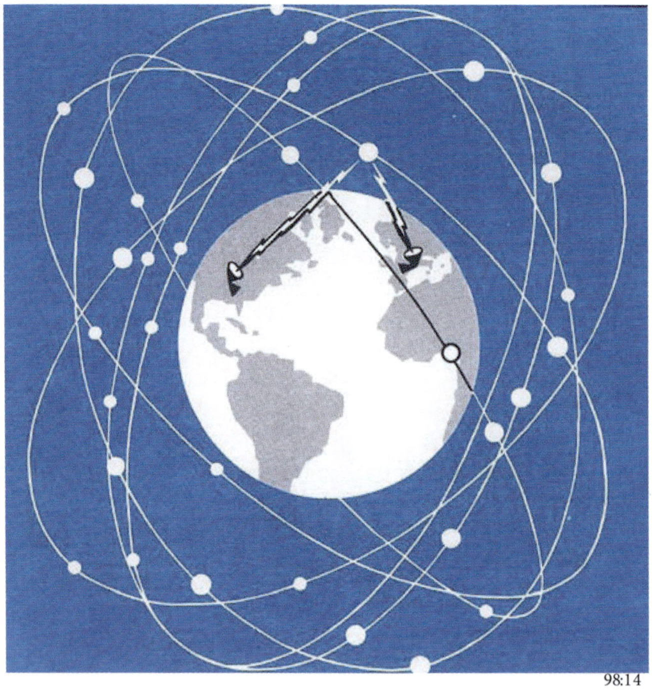
98:14

Mitte der 1960er-Jahre fasst man die Installation zahlreicher passiver und aktiver Satelliten ins Auge, um die ganze Erde mit einem Telekommunikationsnetz zu umspannen.

98:15

98:16

1964 schafft Leonard Kleinrock die theoretische Grundlage der Computernetzwerke. Fünf Jahre später wird sein Computer zum ersten Knoten des ARPANET, des Vorläufers des heutigen Internets.

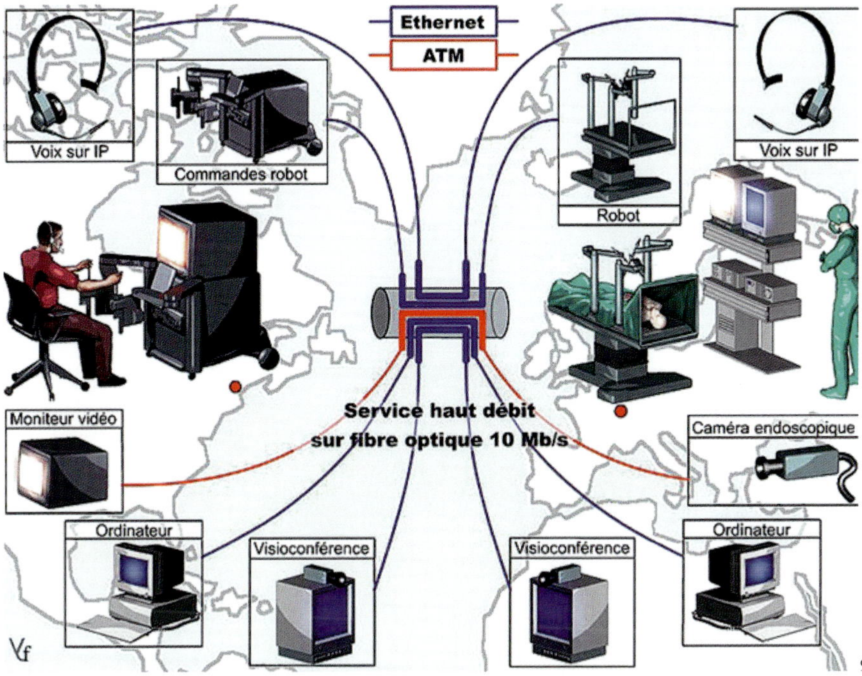

98:17

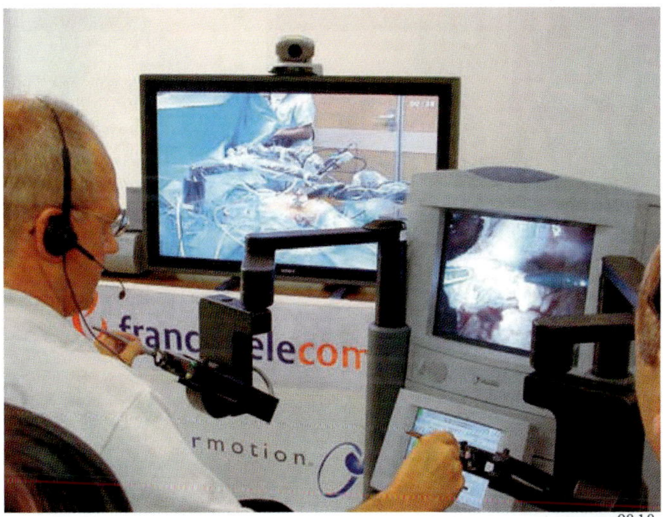

98:18

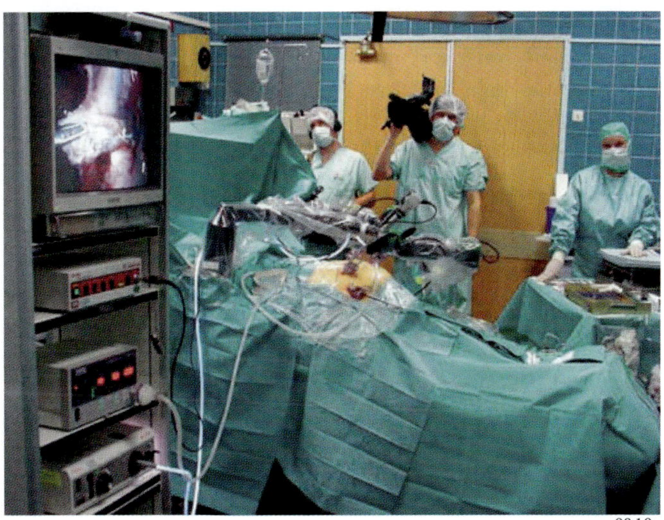

98:19

Bilder vom ersten transatlantischen robotergestützten telechirurgischen Eingriff im September 2001, der von Jacques Marescaux initiiert wird. Die sogenannte „Operation Lindbergh“ dauert etwa eine Stunde und wird von Ärzten in New York an einem Patienten in Straßburg, Frankreich, erfolgreich ausgeführt. Hier sieht man die Komponenten der technischen Systeme sowie Fotos vom Verlauf der Operation.

PHELPS, HOFFMAN, MULLANI, AND TER-POGOSSIAN

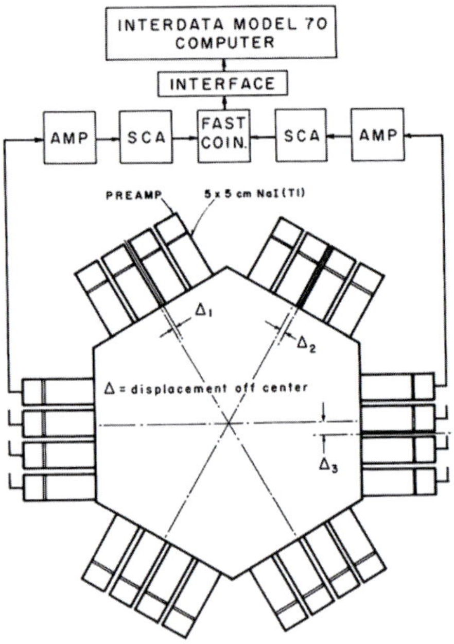

FIG. 11. Schematic illustration of prototype PETT.

99:1

FIG. 12. Photograph of prototype PETT. Object examined (phantom or animal) is placed on computer-controlled turntable at center of hexagon. Axis of rotation is perpendicular to plane of hexagon. Phantom is shown on turntable.

99:2

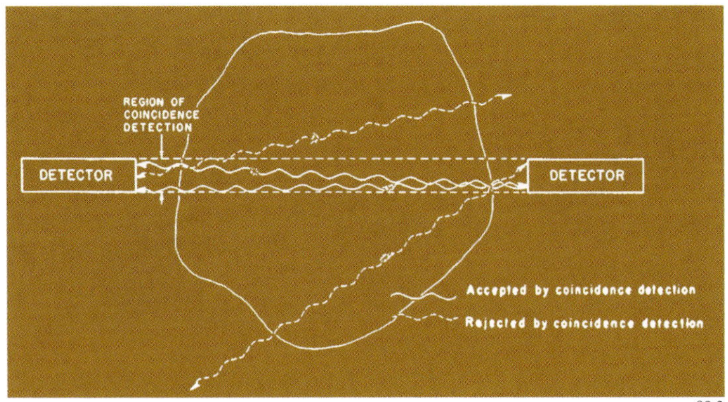

99:3

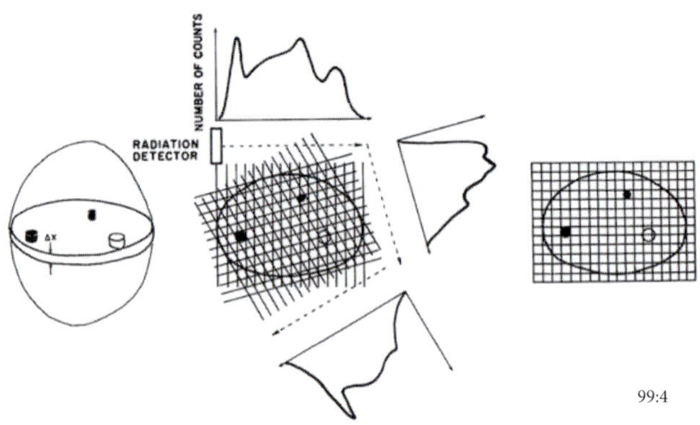

99:4

Schematik und ein Foto des 1974 von Michael Phelps und Mitarbeitern entworfenen Prototypen eines Positronen-Emissions-Tomographen (PET). Mit Radionukliden markierte Objekte emittieren bei jeder Annihilation eines Elektron-Positron-Paars zwei hochenergetische Photonen (siehe Nr. 69). Nur Photonen, die gleichzeitig auf gegenüberliegenden Seiten des Objektes die Detektoren erreichen, werden berücksichtigt. Dieses Kriterium entspricht der beim CT-Verfahren genutzten Kollimation der Röntgenstrahlen und verbessert die Auflösung in der Bildebene erheblich.

Die oben dargestellten Scan- und Bildrekonstruktionssysteme ähneln den bei CT- und MRT-Verfahren verwendeten Techniken (siehe Nr. 95 und Nr. 96).

Michael Phelps

99:5

Michael Phelps

Phelps wurde 1939 in Cleveland geboren. 1970 promovierte er an der Washington University, St. Louis, in Chemie. Bis 1975 blieb er dort als Dozent an der School of Medicine und begann mit seinen Forschungen über die Positronen-Emissions-Tomographie (PET). Nach einem kurzen Abstecher an die University of Pennsylvania ging Phelps 1976 an die California School of Medicine. Zunächst war er dort Professor für Biomathematik und Radiologie; seit 1992 ist er Leiter der Abteilung für Nuklearmedizin und der Abteilung für molekulare und medizinische Pharmakologie.

Application of Annihilation Coincidence Detection to Transaxial Reconstruction Tomography.

J Nucl Med 1975; 16(3):210.

Gemeinsam mit Hoffman, Mullani und Ter-Pogossian präsentiert Phelps den Prototyp eines Positronen-Emissions-Tomographen. Das Gerät erzeugt Bilder von der Verteilung Positronen emittierender Radionuklide. Bei der Vernichtung (Annihilation) eines Positrons (99.1) entstehen zwei hochenergetische Photonen. Mit dem neuen Verfahren werden nur diejenigen Photonen detektiert, die gleichzeitig die Detektoren auf einander gegenüberliegenden Seiten des Objekts erreichen. Diese Koinzidenztechnik entspricht der bei der Computertomographie (CT) genutzten Kollimation von Röntgenstrahlen (99.2) und führt zu einer stark verbesserten Auflösung in wohldefinierten Bildebenen. Die Bildgebungsqualität des Geräts wird an Modell- und Tierversuchen demonstriert und schneidet im Vergleich mit konventionellen Szintillationskameras besser ab.

Im Spiegel der Zeit:

Positronenannihilations-Strahlung wurde in der Medizin erstmals Anfang der 1950er-Jahre zur Lokalisierung von Hirntumoren genutzt (99.3) (99.4). Zu Beginn der 1970er-Jahre wurden tomographische (Ein-Ebenen-)Verfahren entwickelt (99.5), und mit der Erfindung der Röntgen-CT 1973 wurden ähnliche Methoden auch in PET-Geräten verwendet (99.6). Im Laufe der Jahre haben bessere Detektoranordnungen, eine höhere Zahl an Detektoren und neue Detektormaterialien die Bildqualität und die Geschwindigkeit der Bilderzeugung stetig verbessert (99.7). Die Entwicklung neuer Radiopharmazeutika ist bei der Erschließung neuer Anwendungsgebiete für die PET nach wie vor von zentraler Bedeutung (99.8). Zuerst war nur ^{15}O-markierter Sauerstoff und ^{15}O-markiertes Kohlendioxid verfügbar, doch heute stellt man mit speziell angefertigten Minizyklotronen viele andere Radiopharmazeutika her, darunter so wichtige wie ^{14}C-markierte Desoxyglucose und ^{18}F-markierte 2-Fluorodesoxy-D-glucose (99.9). Die wichtigsten klinischen Anwendungen von PET sind die Tumordetektion (auch mit Ganzkörperscans) und die Herzfunktionsdiagnostik. Ein weiterer bedeutender Bereich ist die Untersuchung der Hirnfunktionen im Allgemeinen und die Erforschung der Alzheimer- und Parkinson-Krankheit im Besonderen (99.8). Außerdem wurde das Kombinationsgerät PET/CT vorgestellt, das simultan anatomische und biologische (funktionelle) Bilder erstellen kann (99.10).

99.1 Siehe Nr. 69 Thomson S. 356 und Ref. 69.7.

99.2 Siehe Nr. 95 Hounsfield S. 492.

99.3 Wrenn Jr. FR, Good ML, Handler P. The use of positron emitting radioisotopes for localization of brain tumors. *Science* 1951; 113:525.

99.4 Brownell GL, Sweet WH. Localization of brain tumors with positron emitters. *Nucleonics* 1953; 11:40.

99.5 Burnham CA, Brownell GL. A multi-crystal positron camera. *IEEE Trans Nucl Sci* 1972; NS-19(3):201.

99.6 Chesler DA. Positron tomography and three-dimensional reconstruction technique. In: Freedman GS (Hrg.). *Tomographic Imaging in Nuclear Medicine.* New York: Society of Nuclear Medicine, 1973, S. 176.

99.7 Nutt R. The History of Positron Emission Tomography. *Molecular Imaging and Biology* 2002; 4(1):11.

99.8 Phelps ME. Positron emission tomography provides molecular imaging of biological processes. *PNAS* 2000; 97(16):9226.

99.9 Reivich M et al. The (^{18}F)fluorodeoxyglucose method for the measurement of local cerebral glucose utilization in man. *Circulation Research* 1979; 44:127.

99.10 Beyer T et al. A combined PET/CT scanner for clinical oncology. *J Nucl Med* 2000; 41:1369.

99:6

Positronenannihilations-Verfahren werden in der Medizin erstmals 1953 angewandt, als Gordon Brownell (1922–2008) einen Apparat zur Lokalisierung von Hirntumoren entwirft (siehe Abb. 69:9). Nach der Einführung der Tomographie-Verfahren Mitte der 1960er-Jahre baut Brownell 1969 das erste tomographische PET-Gerät (im Foto unten).

99:7

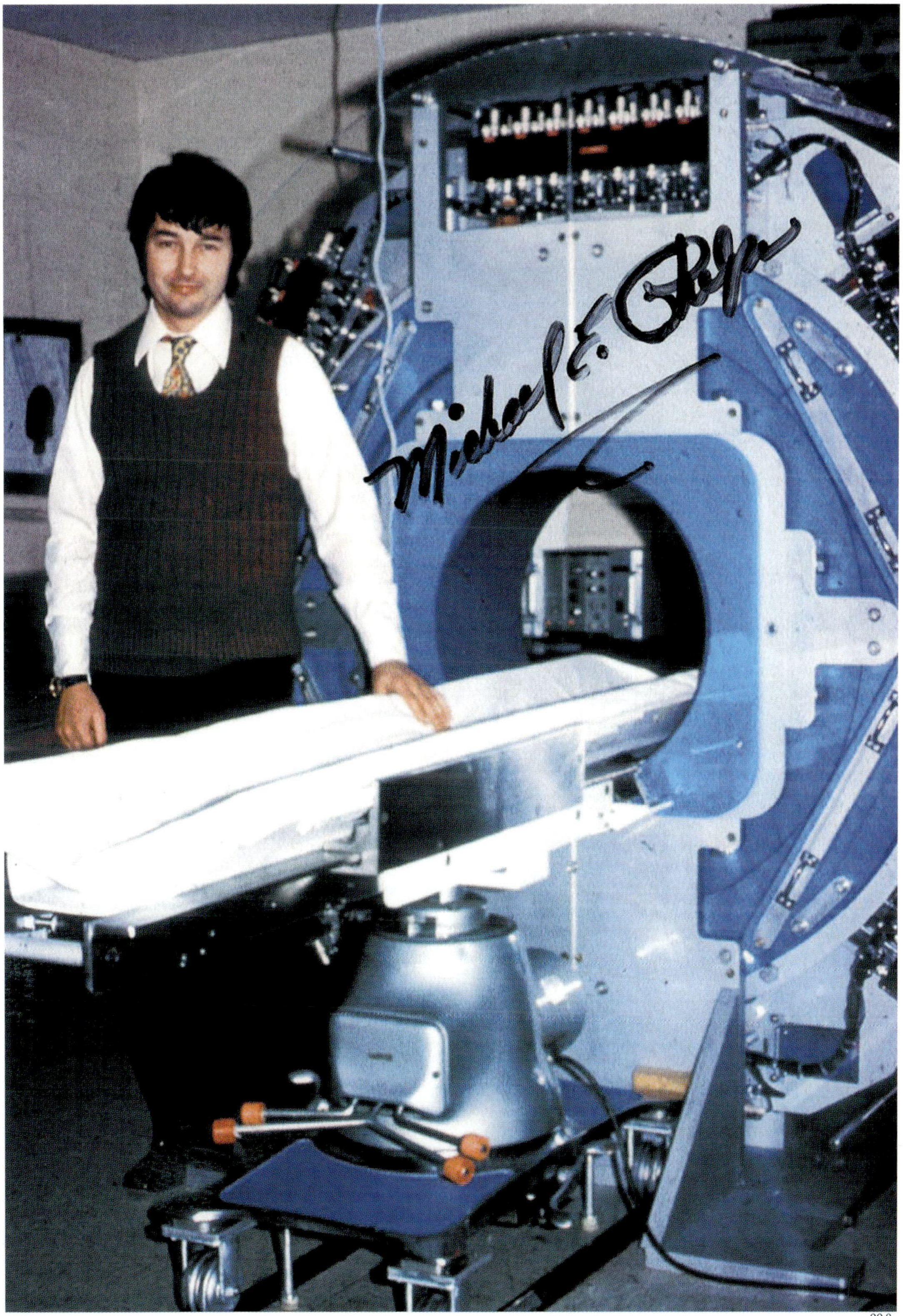

99:8

Michael Phelps mit dem PETT III, einem Nachfolgemodell des Prototypen, der im oben zitierten Artikel von 1975 beschrieben wird. Dieses Gerät erstellt die ersten PET-Scans von Blutfluss, Glucosestoffwechsel und Knochen mit dem Fluorisotop ^{18}F als Radionuklid.

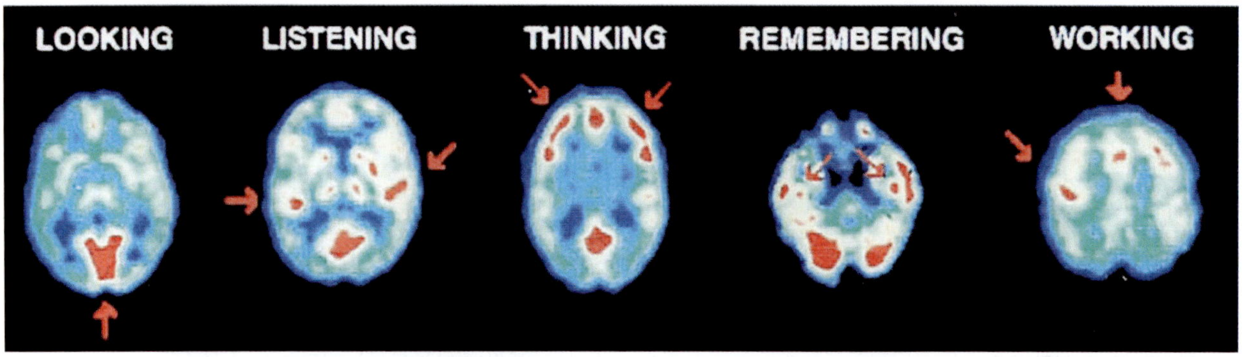

Fig. 3. PET studies of glucose metabolism to map human brain's response in performing different tasks. Subjects looking at a visual scene activated visual cortex (arrow), listening to a mystery story with language and music activated left and right auditory cortices (arrows), counting backwards from 100 by sevens activated frontal cortex (arrows), recalling previously learned objects activated hippocampus bilaterally (arrows), and touching thumb to fingers of

99:9

Hier erkennt man die Leistungsfähigkeit des PET-Verfahrens bei der molekularen Bildgebung biomedizinischer Prozesse. Oben: Glucose-Stoffwechsel im Gehirn beim Ausführen verschiedener Aufgaben. Unten: Progression der Alzheimer-Krankheit im Vergleich zum normalen Gehirn eines Säuglings.
Die PET-Scans auf der gegenüberliegenden Seite (oben) verdeutlichen die Merkmale des Frühstadiums der Parkinson-Krankheit, während das konventionelle MRT-Bild nur die Hirnstruktur wiedergibt.

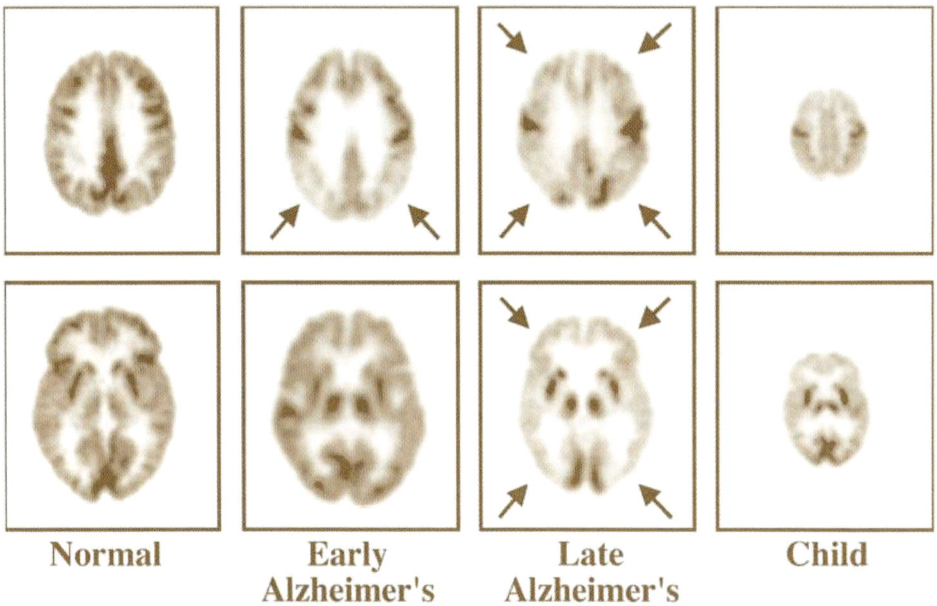

Fig. 4. PET study of glucose metabolism in Alzheimer's disease. The "early Alzheimer's" is at stage of "questionable Alzheimer's disease" and illustrates characteristic metabolic deficits in parietal cortex (arrows) of the brain. In "late Alzheimer's," metabolic deficit has spread throughout areas of cortex (arrows), sparing subcortical (e.g., internal) structures (bottom image), and primary motor and sensory areas, such as visual (bottom image) and motor cortices (top image). At late stage disease, metabolic function in Alzheimer's is similar to that of newborn, shown to the far right, which underlies their similar behavior and functional capacity. MRI studies were normal.

99:10

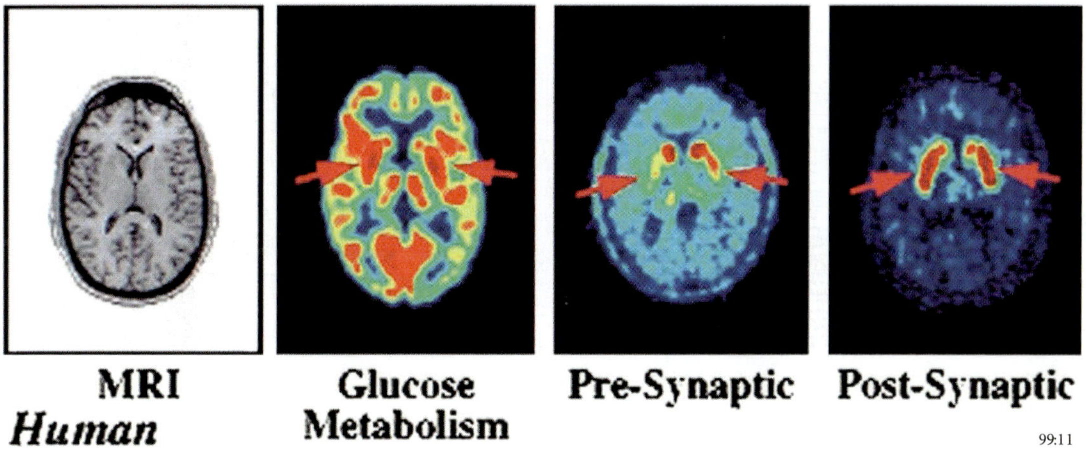

99:11

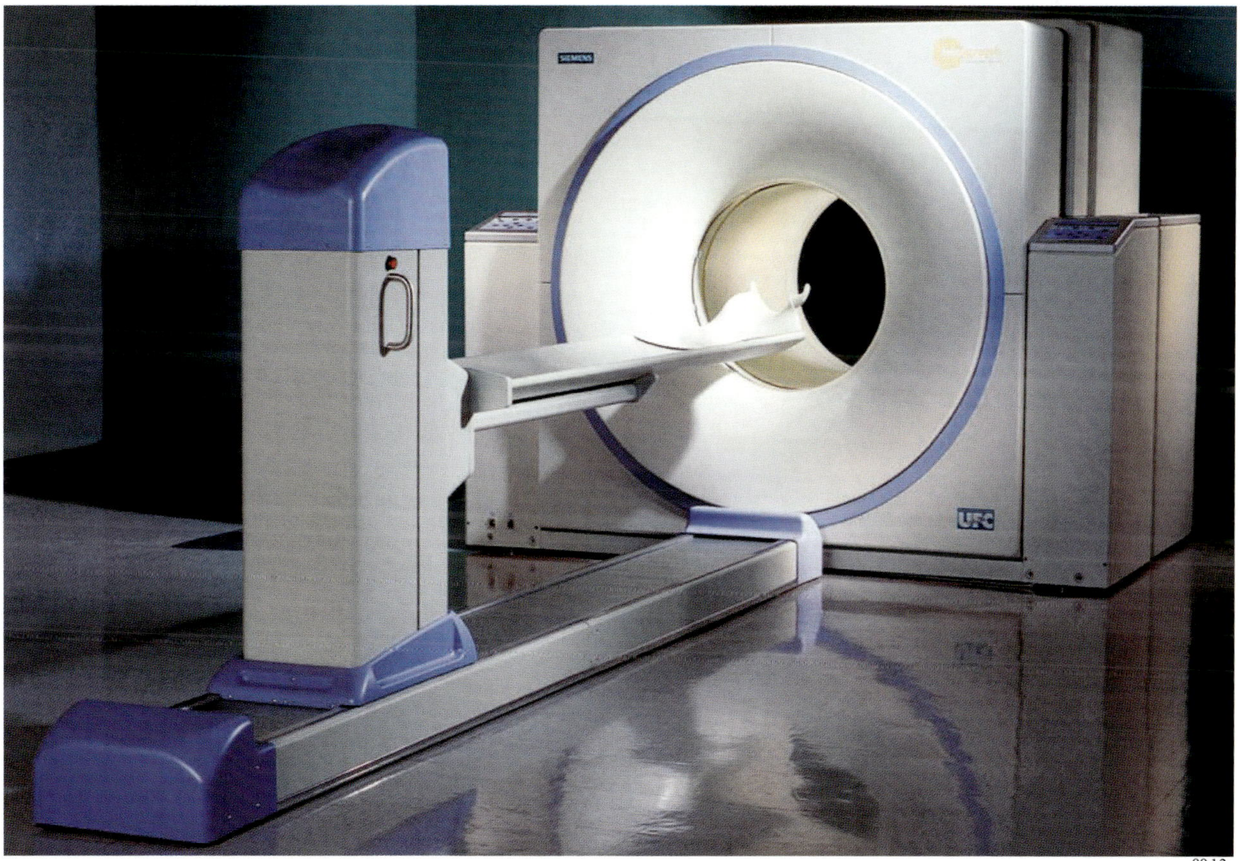

99:12

Im Jahr 2000 wird das erste Kombinationsgerät PET/CT (wie das auf dem Foto) präsentiert. Das Gerät erzeugt simultan anatomische und biologische (funktionelle) Bilder und kann in etwa vier Minuten Ganzkörperscans erstellen.

Zeitleiste und Themen auf einen Blick

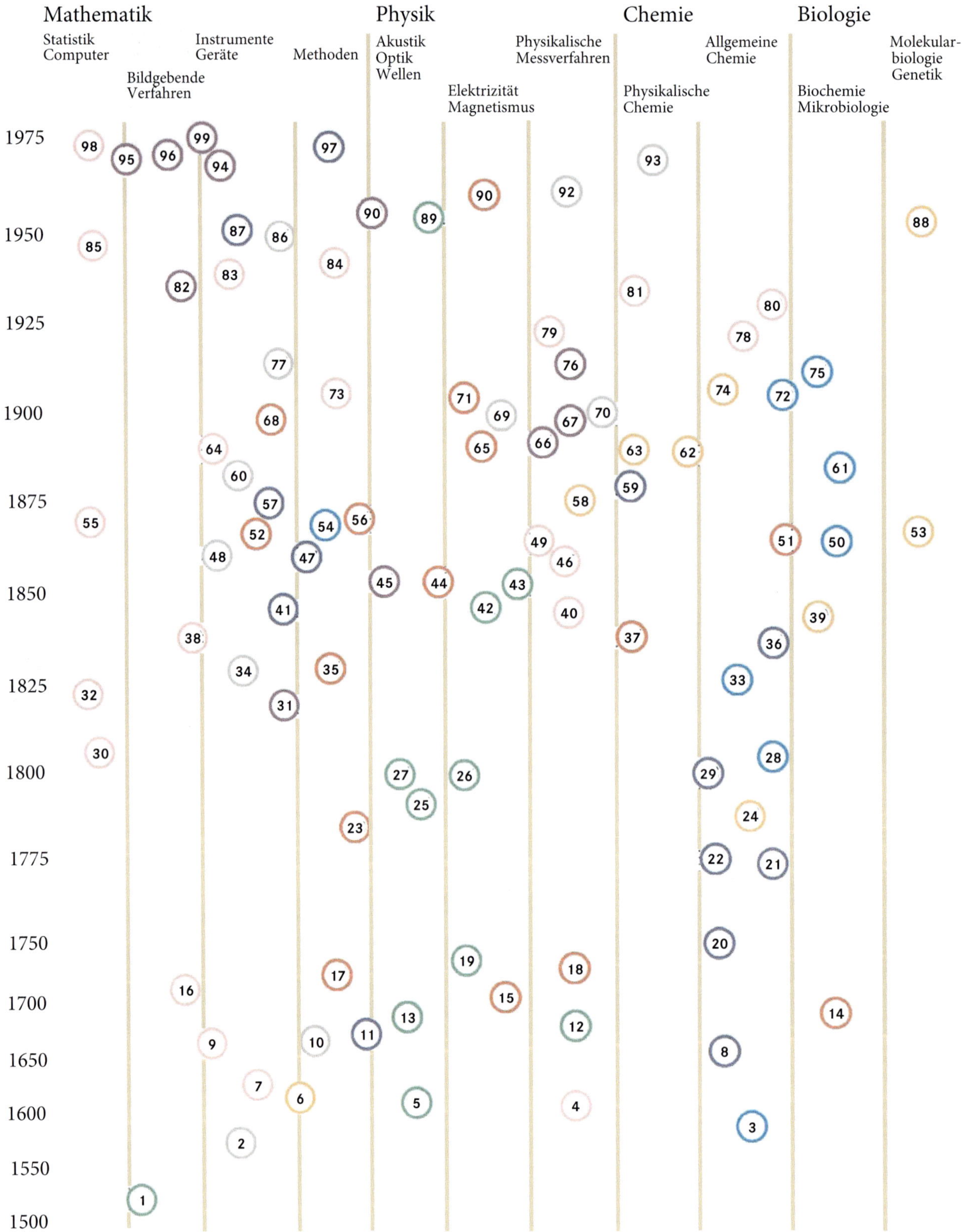

■ Kardiovaskuläre Physiologie, Blut ■ Lungenphysiologie, Gase, Beatmung, Anästhesie ■ Lebensprozesse, Fortpflanzung, Stoffwechsel, Gasaustausch ■ Keime, Krankheitstheorie, Medikamente ■ Diagnoseverfahren und -geräte ■ Materialien, Geräte und Verfahren zur Behandlung von Krankheiten ■ Grundlegende Materialien und Verfahren der klinischen Medizin und medizinischen Forschung ■ Anatomie, Muskelbewegung und Elektrophysiologie, Sinnesphysiologie

Netzwerk der Wechselbeziehungen

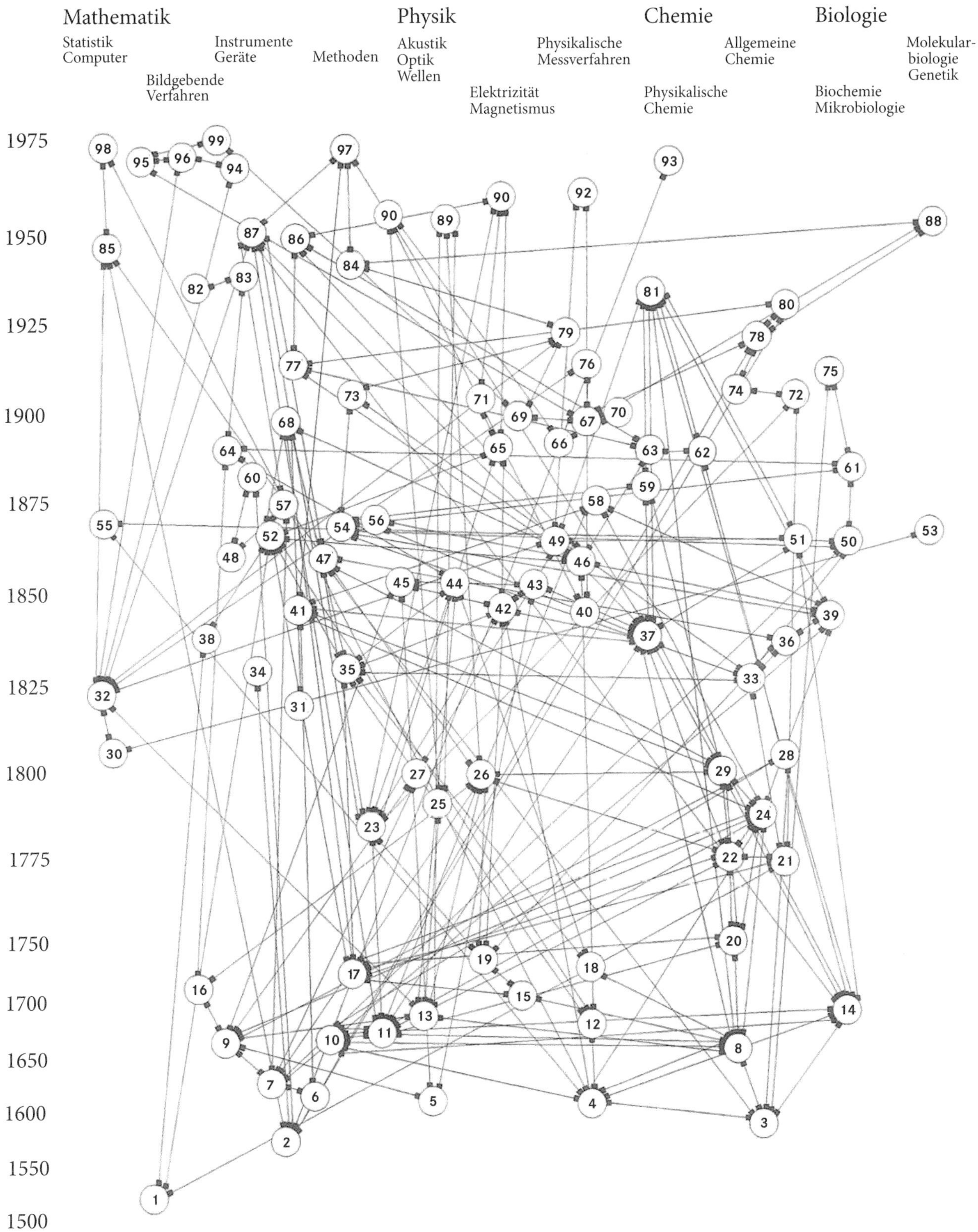

Graphische Darstellung der Wechselbeziehungen zwischen den 99 wegweisenden Publikationen. Eine Linie zwischen zwei Publikationen gibt an, dass sie aufeinander verweisen oder gemeinsame Verweise enthalten und eng miteinander verknüpfte Themen oder Personen betreffen.

Bibliographie von Ove Hagelin

1. Dürer, Albrecht
Hierinn sind begriffen vier Bücher von menschlicher Proportion.
[W. Pirckheimer, Herausgeber. Nürnberg: Hieronymus Andrea Formschneider für Dürers Witwe, 1528.]
Folio – 128 Blätter und 4 doppelseitige Faltblätter. Durchgängig illustriert mit 136 Holzschnitten von menschlichen Ganzfigurenporträts sowie zahlreichen kleineren Holzschnittfiguren und -illustrationen im Text und auf den Faltblättern.

2. Paré, Ambroise
Les œuvres. Avec les figures & portraicts tant de l'Anatomie que des instruments de Chirurgie, & de plusieurs Monstres.
Paris, chez Gabriel Buon, 1575.
Folio – pp (20), 945, (46). Porträt von Paré und 295 Holzschnitte im Text.

3. Paracelsus, Theophrastus Philippus Aureolus Bombastus von Hohenheim
Bücher und Schrifften ... Jetzt auffs new auss den Originalien, und Theophrasti eigner Handschrifft, soviel derselben zubekommen gewesen, auffs trewlichts und fleissigst an tag geben: Durch Iohannem Huserum.
In zehn Bänden und zwei Anhängen.
Basel: Conrad Waldkirch, 1589–1590.
Quart – 10 Bände mit insgesamt 5372 Seiten. Das Porträt des Autors erscheint in allen Bänden. Ein vollständiger Textabgleich findet sich in Sudhoff 216–225a.

4. Santorio, Santorio
Methodi vitandorum errorum omnium qui in arte medica contingunt. Libri quindecim, quorum principia sunt ab auctoritate medicorum & philosophorum principum desumpta, eaque omnia experimentis, & rationibus analyticis comprobata...
Venetiis, apud Franciscus Barilettus, 1603.
Folio – ff (6), 230, (16).

5. Kepler, Johannes
Ad Vitellionem Paralipomena, quibus Astronomiae Pars Optica traditur; potissimum de Artificiosa Observatione et Aestimatione Diametrorum deliquiorumque Solis et Lunae ... De Modo Visionis et Humorum Oculi Usu.
Francofurti, apud Claudium Marnium & haeredes Joannis Aubrii, 1604.
Quart – pp (16), 449, (18). Eine Kupfertafel mit Erläuterungen, 2 Falttafeln; zahlreiche Illustrationen im Text.

6. Santorio, Santorio
Ars de statica medica aphorismorum sectionibus septem comprehensa.
Venetiis, apud Nicolaum Polum, 1614.
Duodez – ff (11), 1–84.

7. Santorio, Santorio
Commentaria in primam Fen primi libri Canonis Avicennae.
Venetiis, Jacobus Sarcina, 1625.
Folio – pp (8), Spalten 1–802, pp (10). Holzschnitte im Text.

8. Helmont, Jan Baptist van
Ortus Medicinae. Id est, initia physicae inaudita. Progressus medicinae novus, in morborum ultionum, ad vitam Longam ... Editio nova, ... multam partem adacutior reddiuta & exornatior.
Amsterodami, apud Ludovicum Elzevirium, 1652.
Quart – pp (34), 636, (2), [637]–652, 663–884 [fehlpaginiert 894], (48) Index. Frontispiz-Porträt von van Helmont und seinem Sohn.

9. Borel, Pierre
De vero telescopii inventore, cum brevi omnium conspiciliorum historia ... accessit etiam centuria Observationum microcospicarum. [sic].
Hagae-Comitum, Ex typographia Adriani Vlacq, 1655.
Quart – pp (12), 67, (1); pp 63, (1), 45, (5). Eine Faltkupfertafel, 2 ganzseitige Kupferporträts, zahlreiche Holzschnitte im Text.

10. Wren, Christopher
'An Account of the Rise and Attempts, of a Way to conveigh Liquors immediately into the Mass of Blood.'
In: Philosophical Transactions, Num. 7, Monday, Decemb. 4. 1665, pp 128–130.
Oxford, A. & L. Lichfield for Ric. Davis, 1665.

11. Hooke, Robert
'An Account of an Experiment made by M. Hook, of Preserving Animals alive by Blowing through their Lungs with Bellows.'
In: Philosophical Transactions. Numb. 28. Monday, October 21, 1667. Pp 539–540.
London, printed by T. N. for John Martyn and Nathaniel Brooks, 1667.

12. Borelli, Giovanni Alfonso
De motu animalium. Pars prima [-altera].
Rome, Angeli Bernabo, 1680–81.
Quart – pp (12), 376, (12); pp (4), 520. Mit 18 Faltkupfertafeln.

13. Kircher, Athanasius
Neue Hall- und Thon-Kunst, oder Mechanische Gehaim-Verbindung der Kunst und Natur, durch Stimme und Hall-Wissenschafft gestifftet, worinn ingemein der Stimm, Thons, Hall- und Schalles Natur, Eigenschafft, Krafft und Wunder-Würckung, auch deren geheime Ursachen, mit vielen neu- und ungemeinen Kunst-Wercken und Proben vorgestellt werden. Ingleichem wie die Sprach- und Gehör-Instrumenta, Machinen und Kunst-Wercke, vorbildender Natur, zur Nachahmung, so wohl die Stimm, Hall- und Schall an weitentlegene Ort zu führen, als auch in abgesonderten Gehaim-Zimmern, auf kunstverborgene Weise, vertreulich und ungefahr sich mit einander zu unterreden sollen verfertigt werden. Endlich wie solche schöne Erfindung zu Kriegs-Zeiten nutzlichen könne angebracht und gebrauchet werden. In unsere Teutsche Mutter-Sprach übersetzet von Agatho-Carione [Pseudonym für Tobias Nisslen].
Nördlingen, gedruckt bey Friderich Schultes, in Verlegung Arnold Heylen, 1684.
Folio – pp (16), 162, (16). Gestochenes Frontispiz, eine Kupfertafel, 19 Stiche und über 50 Holzschnitte, Illustrationen und Musik im Text.

14. Boyle, Robert
Memoirs for the Natural History of Humane Blood, especially the Spirit of that Liquor.
London, Samuel Smith, 1683–84.
Oktav – pp (16), 289, (7).

15. Hauksbee, Francis
Physico-mechanical Experiments on Various Subjects. Containing an Account of several Surprizing Phenomena touching Light and Electricity, producible on the Attrition of Bodies. With many other Remarkable Appearances, not before observ'd. Together with the Explanations of all the Machines (the Figures of which are Curiously Engrav'd on Copper) and other Apparatus us'd in making the Experiments.
London, printed for the Author by R. Brugis, 1709.
Quart – pp (14), 194. Mit 7 Faltkupfertafeln, nummeriert von I–VII, und einer kleineren Tafel gegenüber von Seite 160.

16. Leeuwenhoek, Antoni van
Opera Omnia, seu Arcana Naturae, ope exacitissimorum microscopiorum detecta, experimentis variis comprobata, Epistolis, ad varios illustres Viros ... comprehensa & Quatuor Tomis distincta.

Lugduni Batavorum [Leiden], J. A. Langerak, 1722.
Quart – in vier Bänden. Die erste lateinische Ausgabe mit allen 165 Briefen Leeuwenhoeks, nummeriert von 28 bis 146 und I–XLVI. Mit 110 Kupfertafeln und 117 Stichen im Text.

17. Hales, Stephen

Statical Essays [vol. I.] Vegetable Staticks; or, An Account of Some Statical Experiments on the Sap of Vegetables ... [vol. II.] Statical Essays: containing Haemastaticks; or, An Account of some Hydraulick and Hydrostatical Experiments made on the Blood and Blood-Vessels of Animals.
London, W. & J. Innys, and T. Woodward [vol. I], 1727; W. Innys and R. Manby, and T. Woodward [vol. II], 1733.
Oktav – pp (7), vii, (2), 376, mit 19 Kupfertafeln; Bd. II: pp xxii, (26), 361, (23).

18. Bernoulli, Daniel

Hydrodynamica, sive de viribus et motibus fluidorum commentarii.
Strassburg, Joh. Henr. Decker für Johann Reinhold Dulsecker, 1738.
Quart – pp (8), 304. Mit 12 Faltkupfertafeln.

19. Jallabert, Jean

Expériences sur l'électricité avec quelques conjectures sur la cause de ses effets.
Geneve, Barrillot & Fils, 1748.
Oktav – pp xii, (2) Errata, 1–144, *129–*144, 145–304. Mit 3 Faltkupfertafeln und einer aufklappbaren Buchdrucktafel.

20. Black, Joseph

'Experiments upon Magnesia Alba, Quicklime, and some other Alcaline Substances.'
In: Essays and Observations, Physical and Literary, read before a Society in Edinburgh. Volume II, pp 157–225.
Edinburgh, G. Hamilton and J. Balfour, 1756.

21. Scheele, Carl Wilhelm

Chemische Abhandlung von der Luft und dem Feuer.
Nebst einem Vorbericht von Torbern Bergman.
Uppsala, gedruckt von Johan Edman für Magnus Swederus und Siegfried Lebrecht Crusius in Leipzig, 1777.
Oktav – pp (2), iv (Vorrede), (16) Vorbericht, 155, (1). Eine Faltkupfertafel. Einige Exemplare besitzen ein eingefügtes Halbtitelblatt mit dem Namen des Druckers Johan Edman, der sonst im Buch unerwähnt bleibt.

22. Priestley, Joseph

Experiments and Observations on Different Kinds of Air. Volumes I–III.
London, J. Johnson, 1774–1777.
Oktav – Bd. I: pp (2), xxiii, (5), 324, (4). Doppelseitiges gestochenes Frontispiz und eine doppelseitige Tafel; Bd. II: pp xliv, 399, (17), (4) Anzeigen. Gestochenes Frontispiz und 3 Tafeln; Bd. III: pp xxxiv, (6), 411, (9), (4) Anzeigen. Gestochenes Faltfrontispiz.

23. Kite, Charles

An Essay on the Recovery of the Apparently Dead.
London, C. Dilly, 1788.
Oktav – pp xxvii, (1), 274, (2). Mit 3 Kupfertafeln und 4 Falttafeln.

24. Lavoisier, Antoine-Laurent

'Premier Mémoire sur la Respiration des Animaux, par MM: Seguin et Lavoisier.'
In: Mémoires de l'Académie Royale des Sciences, 1789, pp 566–584.
Paris (1793).

25. Kempelen, Wolfgang von

Mechanismus der menschlichen Sprache, nebst der Beschreibung seiner sprechenden Maschine.
Wien: J. B. Degen, 1791.
Oktav – pp (20), 456. Gestochenes Frontispiz-Porträt, 26 Kupfertafeln und eine Falttafel.

26. Volta, Alessandro

'On the Electricity excited by the mere Contact of Conducting Substances of Different Kinds.'
In: Philosophical Transactions 90 (1800), Part 2.
London, W. Bulmer for Peter Elmsley, 1800.
Pp 403–431. Eine Faltkupfertafel mit der Nummer XVII.

27. Herschel, Wilhelm

'XIII. Investigation of the Powers of the prismatic Colours to heat and illuminate Objects; with Remarks, that prove the different Refrangibility of radiant Heat. To which is added, an Inquiry into the Method of viewing the Sun advantageously, with Telescopes of large Apertures and high magnifying Powers; XIV. Experiments on the Refrangibility of the invisible Rays of the Sun; XV. Experiments on the solar, and on the terrestial Rays that occasion Heat; with a comparative View of the Laws into which Light and Heat, or rather the Rays which occasion them, are subject, in order to determine whether they are the same, or different.'
In: Philosophical Transactions, of the Royal Society of London. For the Year MDCCC.
London, W. Bulmer and Co. and sold by Peter Elmsly, 1800.
XIII: pp 255–283, eine Kupfertafel mit der Nummer X; XIV: pp 284–292, eine Tafel mit der Nummer XI; XV: pp 293–326, 5 Kupfertafeln mit den Nummern XII–XVI.

28. Davy, Humphry

Researches, Chemical and Philosophical; chiefly concerning Nitrous Oxide, or Dephlogisticated Nitrous Air, and its Respiration.
London, printed for J. Johnson, by Biggs and Cottle, Bristol, 1800.
Oktav – pp xvi, (2), 580, (2) Errata. Eine Kupfertafel.

29. Sertürner, Friedrich

'Darstellung der reinen Mohnsäure (Opiumsäure) nebst einer chemischen Untersuchung des Opiums mit vorzüglicher Hinsicht auf einen darin neu entdeckten Stoff und die dahin gehörigen Bemerkungen.'
In: Journal der Pharmacie für Aerzte, Apotheker und Chemisten von D. Johann Bartholomäus Trommsdorff. 14. Band. S. 47–93.
Leipzig, Siegfried Lebrecht Crusius, 1806.

30. Legendre, Adrien-Marie

Nouvelles Méthodes pour la Détermination des Orbites des Comètes; avec un Supplément contenant divers perfectionnements de ces Méthodes et leur application aux deux Comètes de 1805.
Paris, Courcier, 1806.
Quart – pp viii, 80. Eine Kupfertafel. Supplément aux Nouvelles Méthodes pour la détermination des Orbites des Comètes: pp 55, (1) leer.

31. Laennec, René Théophile Hyacinthe

De l'auscultation médiate, ou traité du diagnostic des maladies des poumons et du cœur, ... Tome Premier [-Second].
Paris, J. A. Brosson & J. S. Chaudé, 1819.
Vol. I: pp (5), viii–xlviii, 456, (8), mit 4 Faltkupfertafeln mit den Nummern I–IV. Vol. II: pp xvi, 472.

32. Fourier, Jean Baptiste

Théorie Analytique de la Chaleur.
Paris, Firmin Didot, Père et Fils, 1822.
Oktav – pp (4), xxii, 639, (1). Mit 2 Kupfertafeln.

33. Labarraque, Antoine-Germain

De l'emploi des chlorures d'oxide de sodium et de chaux.
Paris, l'Auteur & Madame Huzard, 1825.
Oktav – pp 48.

34. Civiale, Jean

De la Lithotritie, ou broiement de la pierre dans la vessie.
Paris, chez Béchet jeune, et Aillaud, 1827.
Oktav – pp lx, 254 ; Rapport par Chaussier & Percy: pp 38; (12), (2) Errata. Mit 5 sehr großen Falttafeln und einer aufklappbaren Buchdrucktafel.

35. Poiseuille, Jean Léonard Marie

Recherches sur la force du cœur aortique.
Paris, de l'imprimerie de Didot le jeune, 1828.
Quart – pp iv, [7]–44. Eine Kupfertafel.

36. Dumas, Jean Baptiste

'Recherches de chimie organique relative à l'action du chlore sur l'alcool. Loi des substitutions ou métalepsie.' Lu à l'Académie des Sciences, le 13 janvier 1835.
In: Mémoires de l'Académie des Sciences.
Paris, Firmin Didot frères et Cie, 1835.
Pp (2) Halbtitel, 7–44.

37. Magnus, Heinrich Gustav

'Ueber die im Blute enthaltenen Gase, Sauerstoff, Stickstoff und Kohlensäure.'

In: Annalen der Physik und Chemie. Herausgegeben von J. C. Poggendorff. Band 40. Pp 583–606.
Leipzig, Johann Ambrosius Barth, 1837.
Ein Holzschnitt im Text.

38. Daguerre, Louis Jacques Mandé
Historique et description des procédés du Daguerréotype et du Diorama.
Paris, Lerebours – Susse Frères, 1839.
Oktav – pp (4), 79, (1), (4) Anzeigen. Mit 6 Lithographien. Von den verschiedenen Ausgaben mit unterschiedlichem Impressum erschien die Erste im August 1839 mit dem Impressum von Alphonse Giroux et Cie.

39. Liebig, Justus von
Die organische Chemie in ihrer Anwendung auf Physiologie und Pathologie.
Braunschweig, Verlag von Friedrich Vieweg und Sohn, 1842.
Oktav – pp xvi, (2), 342, (2) Errata.

40. Doppler, Christian
'Ueber das farbige Licht der Doppelsterne und einiger anderer Gestirne des Himmels.'
Abgedruckt von der K. Böhmischen Gesellschaft der Wissenschaften. Abhandlungen. V. Folge. Band 2, pp 465–482, mit einer Tafel.
Prag, Borrosch & André, 1842.

41. Hutchinson, John
'On the Capacity of the Lungs, and on the Respiratory Functions, with a View of establishing a Precise and Easy Method of detecting Disease by the Spirometer.'
In: Medico-Chirurgical Transactions, published by the Royal Medical and Chirurgical Society of London. Volume 29.
London, Longman, Brown, Green, and Longmans, 1846.
Pp 137–252, mit 28 Diagrammen und Illustrationen im Text.

42. Du Bois Reymond, Emil
Untersuchungen über thierische Elektricität.
Band I, Band II (2 Abteilungen).
Berlin, G. Reimer, 1848–1860, (1884).
Oktav – Band I. (1848): pp lvi, 743, (1) Errata. Mit 6 Faltkupfertafeln. Band II:1. (1849): pp (6), 608. Mit 4 Faltkupfertafeln mit den Nummern I–IV. Band II:2. (1860, 1884): pp 579. Mit 2 Kupfertafeln mit den Nummern V–VI (pp 385–579; Tafel VI wurde erst 1884 veröffentlicht).

43. Helmholtz, Hermann von
'Messungen über den zeitlichen Verlauf der Zuckung animalischer Muskeln und die Fortpflanzungsgeschwindigkeit der Reizung in den Nerven.'
In: Archiv für Anatomie, Physiologie und wissenschaftliche Medicin. Herausgegeben von Dr. Johannes Müller. Jahrgang 1850.
Berlin, Veit et Comp., (1850).
Pp 276–364. Mit einer Faltlithographie (mit der Nummer Taf. VIII) mit 7 Abbildungen.

44. Weber, Ernst Heinrich
'Ueber die Anwendung der Wellenlehre auf die Lehre vom Kreislaufe des Blutes und insbesondere auf die Pulslehre.'
In: Archiv für Anatomie, Physiologie und wissenschaftliche Medicin. Berlin: Veit, 1851, S. 497. Herausgegeben von Johannes Müller. Jahrgang 1851.
Berlin, Veit et Comp. (1851).
Pp 497–546. Eine Faltkupfertafel mit der Nummer Taf. XX.

45. Helmholtz, Hermann von
Beschreibung eines Augenspiegels zur Untersuchung der Netzhaut im lebenden Auge.
Berlin, A. Förstner'sche Verlagsbuchhandlung, 1851.
Oktav – pp 43, (5) incl. letztes leeres Blatt. Eine Kupfertafel.

46. Fick, Adolf
Medizinische Physik. [Supplementband zu Müller-Pouillet's Lehrbuch der Physik. Für Mediziner].
Braunschweig, Friedrich Vieweg und Sohn, 1856.
Oktav – Lieferung 1–6 in drei Teilen wie folgt: pp xii, (2), 192, (2) Anzeigen; pp (2), 193–384; pp 385–537, (1) Errata, xiii–xiv.

47. Snow, John
On Chloroform and Other Anaesthetics: Their Action and Administration.
London, John Churchill, 1858.
Oktav – pp viii, xliv, 443, (1). Holzschnittabbildungen im Text.

48. Czermak, Johann
'Physiologische Untersuchungen mit Garcia's Kehlkopfspiegel.'
In: Sitzungsberichte d. K. Akademie der Wissenschaften, mathematisch-naturwissenschaftliche Klasse, Wien, 29 (1858), pp 557–584.
Wien, 1858.

49. Kirchhoff, Gustav Robert
'Untersuchungen über das Sonnenspectrum und die Spectren der chemischen Elemente.'
In: Abhandlungen der Königl. Akademie der Wissenschaften zu Berlin. Physikalische Klasse.
Berlin, Königl. Akademie der Wissenschaften, in Commission bei F. Dümmler's Buchhandlung, 1861, 1863.
Teil I, 1861: pp 63–95 mit 3 Tafeln (2 Faltlithographien (I–II) und eine Kupfertafel (III); Teil II, 1863: pp 4–16 mit 2 Faltlithographien mit den Nummern Ia und III.

50. Pasteur, Louis
'Mémoire sur les corpuscules organisés qui existent dans l'atmosphère, examen de la doctrine des générations spontanées.'
In: Annales de Chimie et de Physique. Troisième Série 4. Tome LXIV.
Paris, Victor Masson et fils, 1862.
Pp 5–110. Mit 2 Falttafeln mit den Nummern Pl. I-II.

51. Hoppe-Seyler, Felix
'Ueber das Verhalten des Blutfarbstoffes im Spectrum des Sonnenlichtes.'
In: Archiv für Pathologische Anatomie und Physiologie und für klinische Medicin. Herausgegeben von Rudolf Virchow. Band 23. Zweite Folge: Dritter Band. Pp 446–449.
Berlin, Georg Reimer, 1862.

52. Marey, Étienne-Jules
Physiologie médicale de la circulation du sang basée sur l'étude graphique des mouvements du cœur et du pouls artériel avec application aux maladies de l'appareil circulatoire.
Paris, Adrien Delahaye, 1863.
Oktav – pp viii, 569. Mit 235 Abbildungen im Text.

53. Mendel, Gregor
'Versuche über Pflanzen-Hybriden.'
In: Verhandlungen des naturforschenden Vereines in Brünn. IV. Band (1865), Abhandlungen: pp 3–47.
Brünn, Verlage des Vereines, Georg Gastl's Buchdruckerei, 1866.

54. Lister, Joseph
'On a New Method of Treating Compound Fracture, Abscess, etc. with Observations on the Conditions of Suppuration.'
In: The Lancet, 1867, volume I: March 16, pp 326–29; March 23, pp 357–59; March 30, pp 387–89; April 27, pp 507–09; volume II: July 27, pp 95–6.
London, The Lancet, 1867.

55. Maxwell, James Clerk
'On Governors.'
In: Proceedings of the Royal Society of London, 16 (1868), pp 270–283.
London, Taylor and Francis, 1868.

56. Fick, Adolf
'Ueber die Messung des Blutquantums in den Herzventrikeln.'
In: Verhandlungen der Physikal.-Medicin. Gesellschaft in Würzburg. Neue Folge. II. Band. [Darin:] Sitzungsberichte der physikalisch-medicinischen Gesellschaft zu Würzburg für das Gesellschaftsjahr 1870. Seite xvi in XIV. Sitzung am 9. Juli 1870.
Würzburg, Stahel'sche Buch- und Kunsthandlung, 1872.

57. Trendelenburg, Friedrich
'Beiträge zu den Operationen an den Luftwegen.' [vom 6. Dezember 1869].
In: Archiv für Klinische Chirurgie. Herausgegeben von B. von Langenbeck. Band 12. S. 112–133. Eine Lithographie mit der Nummer Taf. III.
Berlin, August Hirschwald, 1871.

58. Voit, Carl von
'Beschreibung eines Apparates zur Untersuchung der gasförmigen Ausscheidungen des Thierkörpers.'

In: Abhandlungen der Bayerischen Akademie der Wissenschaften zu München. Band XII, 1. Abt.
München, 1876.
pp (2) Titel, 219–271, (1) leer. Mit 3 Faltlithographien: Taf. I–III.

59. Bert, Paul
La pression barométrique. Recherches de physiologie expérimentale.
Paris, G. Masson, 1878.
Oktav – pp (2) leer, (6), viii, 1168. Mit 89 Abbildungen im Text.

60. Nitze, Max
'Eine neue Beobachtungs- und Untersuchungsmethode für Harnröhre, Harnblase und Rectum.'
In: Wiener Medicinische Wochenschrift, Jahrgang 1879, Spalten 649–652, 688–691, 713–716, 776–782 und 806–810.
Wien, L. W. Seidel & Sohn, 1879.

61. Koch, Robert
'Zur Untersuchung von pathogenen Organismen.'
In: Mittheilungen aus dem Kaiserlichen Gesundheitsamte. Erster Band.
Berlin, Verlag der Norddeutschen Buchdruckerei, 1881.
Quart – pp 1–48, mit 14 Tafeln mit den Nummern I–XIV, mit 6 photographischen Abbildungen auf jeder Tafel.

62. Arrhenius, Svante
Recherches sur la conductibilité galvanique des électrolytes. Premier – Second Partie.
Mémoire présenté à l'Académie Royale des Sciences de Suède le 6 Juin 1883. Bihang till Kongl. Svenska Vetenskaps-Akademiens Handlingar, Volume 8, No. 13, pp 1–63; No 14, pp 1–89.
Stockholm, P. A. Norstedt & Söner, 1884.

63. van't Hoff, Jacobus Henricus
Lois de l'équilibre chimique dans l'état dilué, gazeux ou dissous.
Mémoire présenté à l'Académie Royale des Sciences de Suède le 14 Octobre 1885. Kongl. Svenska Vetenskaps-Akademiens Handlingar, Volume 21, No. 17, pp 1–58.
Stockholm, P. A. Norstedt & Söner, 1886.

64. Abbe, Ernst
Ueber Verbesserungen des Mikroskops mit Hilfe neuer Arten optischen Glases.
(Sonderabdruck aus den Sitzungsberichten der medicin.-naturw. Gesellschaft zu Jena. Sitzung vom 9. Juli 1886.)
Jena, Frommansche Buchdruckerei (1886).
Oktav – pp (1–24 Faksimile in Moritz von Rohr, Ernst Abbes Apochromate. Jena, Carl Zeiss, 1936).

65. Waller, Augustus Désiré
'A Demonstration on Man of Electromotive Changes Accompanying the Heart's Beat.'
In: The Journal of Physiology [London]. Edited by Michael Foster, Vol. VIII. 1887. Pp 229–234. Cambridge, published by the proprietors (1887).

66. Curie, Pierre [verfasst mit Jacques Curie]
'Dilatation électrique du quartz.'
In: Journal de Physique, 2e Série, Tome VIII, 1889. Pp 149–168.
Paris, Bureau de Journal de Physique, 1889.

67. Röntgen, Wilhelm Conrad
'Ueber eine neue Art von Strahlen (Vorläufige Mittheilung)' und 'Ueber eine neue Art von Strahlen. II. Mittheilung.'
In: Sitzungsberichte der physik.-med. Gesellschaft zu Würzburg. Jahrgang 1895, Nr. 9, S. 132–141; Jahrgang 1896, No. 1, S. 11–16, mit einem ganzseitigen Halbtonbild der „Hand des Anatomen Geheimrath von Kölliker"; 1896, Nr. 2, S. [17]–19.
Würzburg, Verlag der Stahel'schen Buchhandlung, 1896–97.

68. Riva-Rocci, Scipione
'Un nuovo Sfigmomanometro.'
In: Gazetta medica di Torino, 47 (1896), pp 981–996, 1001–1017.
Turin, 1896.

69. Thomson, Joseph John
'Cathode Rays.'
In: The London, Edinburgh, and Dublin Philosophical Magazine and Journal of Science. Vol. XLIV. [Fifth Series.] October 1897.
London, Taylor and Francis (1897).
Pp 293–316, mit 6 Abbildungen im Text.

70. Curie, Marie Skłodowska
'Rayons émis par les composés de l'uranium et du thorium.'
In: Comptes rendus hebdomadaires des Séances de l'Académie des Sciences, volume 126. Séance 12 Avril, 1898, pp 1101–1103.
Paris, Gauthier-Villars, 1898.

71. Einthoven, Willem
'Galvanometrische registratie van het menschelijk electrocardiogram.'
In: Herinneringsbundel Professor S. S. Rosenstein.
Leiden, Edouard Ijdo, 1902.
Pp 101–106, mit einer Tafel (Pl. V.)

72. Fischer, Emil Hermann & J. von Mering
'Ueber eine neue Klasse von Schlafmitteln.'
In: Die Therapie der Gegenwart. Medicinisch-Chirurgische Rundschau für praktische Ärzte (44. Jahrgang.) Neueste Folge. V. Jahrgang. März, 1903, pp 97–101.
Berlin & Wien, Urban & Schwarzenberg, 1903.

73. Tswett, Michail Semjonowitsch
'O novoy kategorii adsorptsionnykh yavleny i o primenenii ikh k biokhimicheskomu analizu' ["On a New Category of Adsorption Phenomena and its Application to Biochemical Analysis."]
In: Trudy Varshavskago obshchestva estestvoispytatelei. Otd. Biol., Volume 14 (1903), pp 20–39.
Warschau, 1905.

74. Fischer, Emil Hermann
Untersuchungen über Aminosäuren, Polypeptide und Proteine (1899–1906).
Berlin, Julius Springer, 1906.
Oktav – pp x, (2), 770.

75. Ehrlich, Paul & Sahachiro Hata
Die experimentelle Chemotherapie der Spirillosen (Syphilis, Rückfallsfieber, Hühnerspirillose, Frambösie).
Berlin, Julius Springer, 1910.
Oktav – pp viii, 164, (4) Anzeigen. Mit 3 aufklappbaren Buchdrucktafeln und 5 Tafeln.

76. Laue, Max von, mit W. Friedrich und P. Knipping
'Interferenzerscheinungen bei Röntgenstrahlen.'
In: Annalen der Physik. Vierte Folge. Band 41. Nr. 10 (1913).
Leipzig, Johann Ambrosius Barth, 1913.
Pp 971–988, mit 4 Tafeln (mit 10 Abbildungen) und 2 Abbildungen im Text.

77. Abel, John Jacob, mit Leonard G. Rowntree und B. B. Turner
'On the removal of diffusible substances from the circulating blood of living animals by dialysis.'
In: The Journal of Pharmacology and Experimental Therapeutics. Volume V, No. 3, January, 1914.
Baltimore, Pharmacological Laboratory of the Johns Hopkins University, the Waverly Press, 1914.
Pp 275–316, mit 11 Abbildungen im Text.

78. Staudinger, Hermann
'Über Polymerisation.'
In: Berichte der Deutschen Chemischen Gesellschaft, Jahrgang 53 (1920), pp 1073–1085.
Weinheim, Deutsche Chemische Gesellschaft, 1920.

79. Aston, Francis William
Isotopes.
London, Edward Arnold, 1922.
Oktav – pp viii, 152. Mit 4 ganzseitigen Tafeln und 21 Abbildungen im Text.

80. Carothers, Wallace H.
'Studies on Polymerization and Ring Formation. I. An Introduction to the General Theory of Condensation Polymers.' & [with J. A. Arwin] II. Poly-Esters.
In: The Journal of the American Chemical Society, Vol. 51, August, 1929, No. 8. Pp 2548–2570.
Washington D. C., American Chemical Society, 1929.

81. Van Slyke, Donald Dexter & John P. Peters

Quantitative Clinical Chemistry. Volume I. Interpretations. – Volume II. Methods.
Baltimore, The Williams and Wilkins Company, 1931–1932.
Zwei Bände. Bd. I: pp xvi, 1264, (4) mit 124 Abbildungen; Bd. II: pp xx, 957, (5), mit 95 Abbildungen.

82. Zworykin, Vladimir Kosma

'Television' [präsentiert am 18. Oktober 1933].
In: Journal of The Franklin Institute devoted to Science and the Mechanic Arts, Vol. 217, January, 1834, No. 1.
Philadelphia, The Franklin Institute, 1934.
Pp 1–37, mit 31 Abbildungen im Text.

83. Ruska, Ernst & Bodo von Borries

'Vorläufige Mitteilung über Fortschritte im Bau und in der Leistung des Übermikroskopes.'
In: Wissenschaftliche Veröffentlichungen aus den Siemens-Werken. XVII. Band, 1. Heft. S. 99–106, mit 5 Bildern im Text.
Berlin, Julius Springer, 1938.

84. Martin, Archer J. P. & R. L. M. Synge

'A New Form of Chromatogram Employing Two Liquid Phases. 1. A Theory of Chromatography. 2. Application to the Micro-Determination of the Higher Monoamino-Acids in Proteins.'
In: Biochemical Journal, 35 (1941), 151.
London, Biochemical Society, 1941.
Pp 1358–1368, mit 3 Abbildungen im Text.

85. Eckert, John Presper & John William Mauchly

Description of the ENIAC and Comments on Electronic Digital Computing Machines. – AMP Report 171:2R Moore School of Electrical Engineering, University of Pennsylvania. Restricted.
Ohne Ort, herausgegeben vom Applied Mathematical Panel, National Defense Research Committee, November 30, 1945.
Quart – pp (82), mit 3 Falttafeln und Diagrammen im Text.

86. Kolff, Willem J.

De Kunstmatige Nier. Proefschrift ter Verkrijging van de Graad van Doctor ... 16 Januari 1946, ...
Kampen, J. H. Kok (1946).
Oktav – pp (4), 200. Mit über 54 Abbildungen incl. 7 Fotografien und Frontispiz sowie 4 Falttafeln und Diagrammen.

87. Engström, Carl-Gunnar

'Treatment of Bulbar Poliomyelitis by Special Postural Drainage.'
In: Poliomyelitis. Papers and Discussions Presented at the Second International Poliomyelitis Conference. Compiled and Edited for the International Poliomyelitis Congress.
Philadelphia, J. B. Lippincott Company, 1952.
Pp 429–430, mit 5 photographischen Abbildungen im Text.

88. Watson, James Dewey & Francis Harry Compton Crick

'A Structure for Deoxyribose Nucleic Acid.'
In: Nature 171, No. 4356, April 25, 1953, pp 737–38.
London, The Nature, 1953.

89. Fant, Gunnar

'Speech Communication Research.'
In: IVA [The Royal Swedish Academy of Engineering Sciences] Tidskrift för Teknisk Vetenskaplig Forskning, 24, 8.
Stockholm, Esselte, 1954.
Pp 331–337, mit 4 Abbildungen im Text.

90. Edler, Inge & Carl Helmut Hertz

'The Use of Ultrasonic Reflectoscope for the Continuous Recording of the Movements of Heart Walls.'
In: Kungl. Fysiografiska Sällskapets i Lund Förhandlingar, Band 24, Nr. 5, 1954.
Lund, Gleerupska Universitetsbokhandeln, 1954.
Pp 40–58, mit 11 Abbildungen im Text.

91. Elmqvist, Rune & Åke Senning

'An Implantable Pacemaker for the Heart.'
In: Medical Electronics. Proceedings of the Second International Conference on Medical Electronics Paris 24–27 June 1959. Edited by C. N. Smyth. Pp 253–254.
London, Iliffe & Sons Ltd., 1960.

92. Maiman, Theodore Harold

'Stimulated Optical Radiation in Ruby.'
In: Nature, Vol. 187, No. 4736, August 6, 1960.
London, Macmillan & Co., 1960.
Pp 493–494, mit 2 Abbildungen im Text.

93. Brånemark, Per-Ingvar, mit U. Breine, A. Adell, N. O. Hansson, J. Lindström und A. Ohlsson.

'Intra-osseous Anchorage of Dental Prostheses. I. Experimental Studies.'
In: Scandinavian Journal of Plastic Reconstructive Surgery, 3 (1969).
Stockholm, Almqvist & Wiksell Periodical Co., 1969.
Pp 81-100, mit 19 Abbildungen im Text und einer Seite mit Farbphotographien.

94. Damadian, Raymond V.

'Tumor Detection by Nuclear Magnetic Resonance.'
In: Science, Volume 171, No. 3976, 19 March, 1971, pp 1151–1153.
Washington D. C., American Association for the Advancement of Science, 1971.

95. Hounsfield, Godfrey N.

'Computerized transverse axial scanning (tomography): Part 1. Description of system.'
In: The British Journal of Radiology, Vol. 46, No. 552, December 1973.
London, The British Institute of Radiology, 1973.
Pp 1016–1022, mit 10 Abbildungen im Text.

96. Lauterbur, Paul C.

'Image Formation by Induced Local Interactions: Examples Employing Nuclear Magnetic Resonance.'
In: Nature, Vol. 242, No. 5394, 16 March, 1973.
London, Macmillan Journals Ltd., 1973.
Pp 190–191, mit 2 Abbildungen.

97. Wagner, Peter D., Herbert A. Saltzman und John B. West

'Measurement of continuous distributions of ventilation-perfusion ratios: theory.'
In: Journal of Applied Physiology, Vol. 36, No. 5, May 1974.
Washington D. C., American Physiological Society, 1974.
Pp 588–599, mit 10 Abbildungen im Text.

98. Cerf, Vinton G. & Robert E. Kahn

'A Protocol for Packet Network Intercommunication.'
In: IEEE Transactions on Communications, Vol. Com-22, No. 5, May 1974.
New York, The Institute of Electrical and Electronics Engineers, Inc., 1974.
Pp 637–648, mit 11 Abbildungen und Porträts der Autoren.

99. Phelps, Michael E., mit Edward J. Hoffman, Noizar A. Mullani und Michael M. Ter-Pogossian

'Application of Annihilation Coincidence Detection to Transaxial Reconstruction Tomography.'
In: Journal of Nuclear Medicine, March 1975, Vol. 16, No. 3.
St. Louis, Missouri, Washington University School of Medicine, 1975.
Pp 210–224, mit 19 Abbildungen im Text.

Bildnachweise

Every effort has been made to trace the copyright holders and to obtain permission to use their material. If informed about any unintentional omissions, future editions will be updated accordingly.

1. *1:1* the landmark publication #1. *1:2* Painting in El Prado, Madrid Iván F. Durer. Képmuvészeti Alap Kiadóvállalata Budapest 1955. *1:3* Detail a painting by Jacopo de Barbari in Museo e Gallerie di Canpodimonte. Naples. *1:5* the second edition of reference 1.4 from 1538. *1:6* the landmark publication #1. *1:7* and *1:8* reference 1.4. *1:9–1:11* the landmark publication #1.
2. *2:1* the landmark publication #2. *2:2* Engraving by Horbeck. *2:3* reference 2.3. *2:4* reference 2.2. *2:5–2:7* reference 2.4. *2:8* reference 2.6.
3. *3:1* reference 3.2. *3:2* Hagelin O. Rare and important medical books in the library of the Swedish Society of Medicine. Stockholm 1989. *3:3* Portrait by A. Hirschvogel 1538. *3:4* Gesner C. The practise of the new and old phisicke … Newly corrected and published in English by G Baker London 1599. *3:5* Ioannes Sambucus. Veterum aliquot ac recentium Medicorum Philosophorumque Icones C.Plantin Antwerp 1574. *3:6* reference 3.6. *3:7* reference 3.9. *3:8* reference 3.8. *3:9* and *3:10* reference 57.11.
4. *4:1–4:3* the landmark publication #4. *4.4* Engraving by Giacomo Piccini 1660. Castiglioni A. La vita e l'opera di Santorio Santorio Capodistriano. Bologna/ Trieste 1920. *4:5* woodcut from Galen Works in Latin, Prefaces and edited by Joannes Rivirius Lyon 1528. Courtesy of Stephen Greenberg National Library of Medicine. Bethesda, MD *4:7* Aristotle collected scientific writings, Augsburg 1518–1520. *4.8* and *4:10* reference 4.3. *4:9* reference 4.6 and The Sjögren Library of the Royal Swedish Academy of Engineering Sciences. Stockholm. *4:11* reference 4.7. *4:12* and *4:13* Galerie hervorragender Ärzte und Naturforscher. Beilage zur Münchener medizinischen Wochenschrift. *4:14–4:17* reference 4.10.
5. *5:1* Repro- och fotoenheten /Kungliga biblioteket Stockholm from the landmark publication #5 *5:2* reference 5.2. *5:3* Opera Omnia Ed. Ch Frisch Frankfurt 1858–1871. *5:4* reference 5.4. *5:5* and *5:6* from reference 5:3. *5:7–5:10* reference 5.8. *5:11–5:13* details images in references 5.5 and 5.9. *5:14* and *5:15* reference 5.9. *5:16* and *5:17* reference 5.12.
6. *6:1–6:3* the landmark publication #7. *6:4* medal engraving by C.Rizzi 1765. The Wellcome Trust Medical Photographic Library. London. *6:5* and *6:6* the landmark publication #7. *6:7* reference 6.6. *6:8* and *6:10* from reference 7.10. *6:9* the Bibliothèque de l'Académie national de Médecine Paris. Courtesy of Marie Davaine. *6:12* and *6:13* reference 6.9. *6:11* reference 6.7. *6:14* and *6:15* from reference 6:11. *6:16* reference 6.10. Courtesy of Engström Medical AB Bromma Sweden (now GE Healthcare).
7. *7:1* the landmark publication #7. *7:2* and *7:3* reference 7.3. *7:4–7:6* the Museo Di Storia Della Scienza. Florence. *7:7* Engraving by Giacomo Piccini 1660, Castiglioni A. La vita e l'opera di Santorio Santorio Capodistriano Bologna/Trieste 1920. *7:8* and *7:10* Museum Gustavianum, Uppsala University Museum Uppsala. *7:9* Celsius A. Observationer om twänne beständiga grader på en Thermometer. Kungl.Sv.Vet.Handl. Jul–Sept. 1742. *7:11* reference 7.4. *7:12* reference 7.6. *7:13* Hirschfeld J. Galerie berühmter Kliniker und hervorragender Aerzte unserer Zeit … Wien 1877. *7:14* and *7:15* reference 7.8. *7:16* and *7:17* reference 9.2. *7:18* reference 7.8. *7:19* and *7:20* reference 6.8. *7:21* courtesy of José Pessoa—Divisao de Documentacao Fotográfica do Instituto Portugues de Museus. Museum of Physics of the University of Coimbra. Portugal. *7:22* reference 7.10.
8. *8:1* and *8:3* reference 8.6. *8:2* and *8:4* reference 8.4. *8:5* detail from a portrait in the landmark publication #8. *8:6* and *8:7* reference 8.5. *8:8* the landmark publication #18. *8:10* reference 8.8. *8:9* the Medical Photographic Library of the Wellcome Trust. London. 8:11 taken from Silby E. A key to physic and the occult sciences. London 1810.
9. *9:1–9:3* the landmark publication #9. *9:4* Museé Goya. Castres and from Chabbert P. Pierre Borel (1620?–1671) Revue d'Histoire des Sciences. 1968; XXI(4): 303. *9:5* the Museo Di Storia Della Scienza. Florence. *9:6* and *9:7* reference 9.2. *9:8* the Museo Di Storia Della Scienza. Florence. *9:9* reference 9.6.
10. *10:1–10:4* reference 10.2. *10:5* detail from a portrait by Sir Godfrey Kneller. National Maritime Museum London. *10:6* and *10:7* Anel D. L'art de succer les playes sans servir de la bouche d'un homme. Trevoux 1720–1721. *10:8–10:9* the Medical Photographic Library of the Wellcome Trust. London. *10:10* the Science & Society Picture Library of the Science Museum London. *10:11* and *10:12* reference 10.10.
11. *11:1* the landmark publication #11. *11.2* No portrait exists of Robert Hooke. *11:3* Translation by Benjamin Farrington. Trans.Roy.Soc.S.Africa 1933;20(I). reference 1.6. *11:4* the landmark publication #11. *11:5* and *11:6* reference 11.5 and the English translation, Alembic Club Reprints No 17 1907.
12. *12:1* the landmark publication #12. *12:2* Lithograph by Pierre Vignéron, Vignéron et Doin. Gallerie Médicale 1825–1829 Paris. *12:3* and *12:4* the landmark publication #12. *12:5* Wilhelm Weber's Werke Band 6 Berlin 1894. Courtesy of Dr Roland Rappmann Bibliothek der RWTH Aachen. (Also in reference 12.8). *12:6* reference 12.11 and Musée de Beaune. Beaune (Cote-d'Or). Courtesy of Dominique Debrot.
13. *13:1* and *13:2* the landmark publication #13. *13:3* Detail from Giorgio de Sepius. Romani Collegii Musaeum Celeberrimum. Amsterdam 1678. *13:4–13:9* the landmark publication #13. *13:10* and *13:11* reference 13.1.
14. *14:1* and *14:2* the landmark publication #14. *14:3* Masson F. Robert Boyle. A biography. London 1914. *14:4* and *14:5* the landmark publication #14. *14:6* Hewson W. The Works. Ed.G.Gulliver London 1846. *14:7* Hewson W. Phil.Trans. Roy.Soc. 1770;60:368. *14:8* detail from a painting by J.G.Sandberg from Söderbaum H. Jac.Berzelius Band 2. Uppsala 1929. *14:9* reference 36.5 volume 6 page 67.
15. *15:1* and *15:2* the landmark publication #15. *15:4* reference 15.7. *15:5* reference 15.6. Kungl.Tekniska Högskolans Bibliotek Stockholm. *15:6* reference 15.9 memoire I. p 576. *15:7* reference 15.9 memoire II p610. *15:8* courtesy of Capt Pintor DCG BP 221 Armees France.
16. *16:1* Dobell C. Antony van Leeuwenhoek and his "Little Animals". Amsterdam 1932. *16:2–16:4* the landmark publication #16 (Volume IV). *16:5* and *16:6* reference 16.4. *16:7* reference 16.6. *16:8* Spallanzani L. Saggio di osservazioni microscopiche … Bari 1914. Reprint of reference 50.3.
17. *17:1* the landmark publication #17. *17:2* detail from a painting by Thomas Hudson. National Portrait Gallery, London. From Clark-Kennedy A. Stephen Hales D.D.,F.R.S. Cambridge 1929. *17:3* the landmark publication #17. *17:4* the French translation of the landmark publication #17 by Compte de Buffon Paris 1735. *17:5* landmark publication #17. *17:6* the Medical Times 1944;72:11.
18. *18:1* and *18:2* from the landmark publication #18 Chapter XII. *18:3* Wolf A. A history of science technology, and philosophy in the eighteenth century. London 1952. *18:4* and *18:5* the landmark publication #18. *18:6* and *18:7* from Universitätsbibliothek Basel, Handschriftenabteilung. Lla 753, fol.328r/v. Courtesy of Dominik Hunger. Translated from the German translation in reference 18.1. *18:8* and *18:9* reference 18.9.
19. *19:1–19:3* the landmark publication #19. *19:5* reference 19.9. *19:6* from reference 19.4. *19:7* engraving by A.Marchi from reference 19.5. *19:8* Robinson V. Pathfinders in medicine. New York 1929. *19:9* and *19:10* reference 19.8. *19:11* engraving by Luigi Schiavonetti from reference 19.5. *19:12* and *19:13* reference 19.11. *19:14* Album de la science. Savants illustres. Grandes découvertes. Paris 1896. *19:15* and *19:17* de Boulogne D. Physiologie des mouvements … Paris 1867. *19:16* reference 38.7.
20. *20:1* the British Library London. *20:2* and *20:3* the landmark publication #20. *20:4* Engraving by James Heath Wolf A. A history of science technology, and philosophy in the eighteenth century. London 1952. *20:5* and *20:6* the landmark publication #20.
21. *21:1* the landmark publication #21. Kungl.Tekniska Högskolan Biblioteket. Stockholm. *21:2* xylography by Evald Hansen. From Svenska Familj-Journalen

1881;20:197. *21:3* the portrait collection at Jernkontoret Stockholm. *21:4* Zekert O. Carl Wilhelm Scheele Gedenkschrift zum 150. Todestage Wien 1936. *21:5* the landmark publication # 21. *21:6* reference 21.6. *21:7* reference 21.6 pages 138–139 and 178–179.

22. *22:1* the Science & Society Picture Library of the Science Museum London. *22:2* reference 24.3. *22:3* engraving by W. Holl. *22:4* from reference 22:6. *22:5* and *22:6* the landmark publication # 22.

23. *23:1* and *23:2* the landmark publication # 23. *23:4* reference 23.3. *23:5* and *23:6* 1767–1917 Geschiedkundig Overzicht van de Maatschappij tot Redding van Drenkelingen te Amsterdam 1917. *23:7* and *23:9* the landmark publication # 23. *23:8* the Science & Society Picture Library of the Science Museum London. *23:10* reference 23.5.

24. *24:1* and *24:2* reference 24.2. *24:3* reference 24.3. *24:5* and *24:7* from reference 24.8. *24:6* from reference 24.8. Detail from a painting by Jacques-Louis David 1788, the Metropolitan Museum of Art. New York.

25. *25:1* and *25:2* from the landmark publication # 25. *25:3* and *25:4* from Deutsches Museum Munich. *25:5* Deutsches Museum Munich. *25:6* reference 25.3. *25:7* landmark publication # 25. *25:8* Deutsches Museum Munich. *25:9–25:11* the landmark publication # 25. *25:12* reference 25.6. *25:13* and *25:14* reference 25.9.

26. *26:1* The Philosophical Transactions of the Royal Society 1800 part 2. (the landmark publication # 26 is an English translation of this paper) *26:2* the Science & Society Picture Library of the Science Museum London. *26:3* Portraits berühmter Naturforscher. Wien. Leipzig n.d. Bibliotheca Walleriana No. 16169. *26:4* Album de la science. Savants illustres. Grandes découvertes. Paris 1896. *26:5* drawing by Joséphine Ducollet. 26:6 painting by D.Hvidt. *26:7* Faraday M.Experimental researches in chemistry and physics. London 1859. *26:8* Dibner B. Oersted and the discovery of electromagnetism. Norwalk 1961. Courtesy Danmarks Tekniske Højskole. *26:9* reference 26.3. *26:10* reference 26.4. *26:11* Killian H. Gustav Killian sein Leben sein Werk. Remscheid-Lennep 1958. *26:12* and *26:13* the Medical Photographic Library of the Wellcome Trust. London. *26:14* The Electrician (London) Obituary. 1900. *26:15* and *26:17* reference 26.9. *26:16*, *26:18* and *26:19* Courtesy of Cochlear Limited. Lane Cove Australia.

27. *27:1* and *27:2* the landmark publication # 27. *27:3* engraving by E.Scriven. *27:4–27:6* the landmark publication # 27. *27:7* and *27:8* from reference 27.9. *27:9* Cade C. High-speed thermography. Ann.N.Y.Acad.Sci. 1964;121:71. *27:10–27:16* Flir Systems AB. Danderyd Sweden. Courtesy of Jan-Åke Andersson.

28. *28:1* and *28:2* the landmark publication # 28. *28:3* painting by Henry Howard. National Portrait Gallery. London. *28:4–28:7* reference 28.3 and 28.6. *28:8* Gwathmey J. Anesthesia. New York 1914. *28:9* and *28:11* reference 28.8 and Rottenstein J. Traité d'anésthèsie chirurgical. Paris 1880. *28:10* reference 28.8.

29. *29:1* and *29:2* the landmark publication # 29 and reference 29.7. *29:3* reference 29.4. *29:4* reference 3.1. *29:5* Ioannes Sambucus. Veterum aliquot ac recentium Medicorum Philosophorumque Icones 1574. *29:6* and *29:7* http://www.muslimphilosophy.com/sina/default.htm with permission and the text translation from Gruner C. A treatise on The Canon of Medicine of Avicenna. London 1930. *29:8* Médecins et chirurgiens célèbres,... Paris 1842. *29:9* reference 29.9.

30. *30:1* the landmark publication # 30. *30:2* Wolf A. A history of science technology, and philosophy in the eighteenth century. London 1952. *30:3* the landmark publication # 30 and a translation by H.A.Ruger and H.M. Walker Teachers College Columbia University. New York. *30:4* reference 30.4. *30:5* Tucker R. Carl Friedrich Gauss. Nature 1877; 15:533. *30:6* and *30:7* reference 30.7. *30:8* Galerie hervorragender Ärzte und Naturforscher. Beilage zur Münchener medizinischen Wochenschrift. *30:9* and *30:10* reference 30.8.

31. *31:1* the landmark publication # 31. *31:2* the Science & Society Picture Library of the Science Museum London. *31:3* painting by T. Chartran from the National Library of Medicine Bethesda.MD. *31:4* the National Library of Medicine Bethesda. MD. *31:5* Forbes J. On percussion of the chest. Being a translation of Auenbrugger's original treatise. (London 1824) Baltimore 1936. *31:6* reference 31.2. *31:7* Sigerist H. Grosse Ärzte. München 1932. *31:8* Galerie hervorragender Ärzte und Naturforscher. Beilage zur Münchener medizinischen Wochenschrift. *31:9* National Library of Medicine Bethesda. MD. *31:11* Alex Peck Medical Antiques. Charleston. SC. *31:12* reference 31.6.

32. *32:1* and *32:2* the landmark publication # 32. *32:3* Fourier J. Recherches expérimentales sur la Faculté conductrice des corps mince... Ann.Chem.Phys. 1828;37:291. *32:4* lithography by Julien Boilly. Archives de l'Académie des sciences. *32:5* reference 32.10. *32:6–32:8* Hodgkin D et.al. The structure of vitamin B12. Proc.Roy.Soc. A 1957;242:228.

33. *33:1* and *33:2* the landmark publication # 33. *33:3* the Bibliothèque de l'Académie national de Médecine Paris. Courtesy of Marie Davaine. *33:4–33:6* reference 33.4. *33:7* and *33:8* Semmelweis' Gesammelte Werke Ed. Dr T von Györy. Jena 1905.

34. *34:1* and *34:2* landmark publication # 34. *34:3* Médecins et chirurgiens célèbre,... Paris 1842. *34:4* and *34:6* the landmark publication # 2. *34:5* the Dittrick Medical History Center, Case Western Reserve University. Cleveland. OH. *34:7* Deutsches Museum. Bonn. *34:8* courtesy of HMT High Medical Technologies AG. Lengwil Switzerland.

35. *35:1* and *35:2* the landmark publication # 35. *35:3* Brillouin M. Jean Léonard Poiseuille. J.Rheology 1930;1:345. *35:4* reference 35.5. *35:5* and *35:6* reference 35.7.

36. *36:1* and *36:2* the landmark publication # 36. *36:3* Album de la science. Savants illustres. Grandes découvertes. Paris 1896. *36:4* reference 36.7. *36:5* reference 36.6. *36:6* the Bibliothèque de l'Académie national de Médecine Paris. Courtesy of Marie Davaine. *36:7* Pawling J. Dr. Samuel Guthrie Discoverer of Chloroform. Watertown 1947. *36:8* Portraits berühmter Naturforscher. Wien. Leipzig n.d. Bibliotheca Walleriana No. 16169. *36:9* lithography by A.Lemoine after a photography by André Disdéri. *36:10* reference 36.8. *36:11* and *36:12* reference 36.9.

37. *37:1* and *37:2* the landmark publication # 37. *37:3* Söderbaum H. Jac.Berzelius Band 2. Uppsala 1929. *37:4* Gaule J. Die Kohlensäurespannung im Blut, im Serum und in der Lymphe. Arch.Physiol. 1878;5–6:469. *37:5* Portraits berühmter Naturforscher. Wien. Leipzig n.d. Bibliotheca Walleriana No. 16169. *37:6* reference 14.8. *37:7* reference 37.10. *37:8* reference 56.5. *37:9* Krogh A. On the Oxygen-Metabolism of the Blood. Skand.Arch.Physiol. 1910;23:193. *37:10* reference 37.7. *37:11* and *37:12* reference 14.8.

38. *38:1* and *38:3* the landmark publication # 38. *38:2* Album de la science. Savants illustres. Grandes découvertes. Paris 1896. *38:4* Portraits berühmter Naturforscher. Wien. Leipzig n.d. Bibliotheca Walleriana No 16169. *38:5* the landmark publication # 38. *38:6* reference 38.3. *38:7* the landmark publication # 38. *38:8* reference 38.4. *38:9* reference 38.6. *38:10* reference 38.7. *38:11* reference 38.8. *38:12* Galerie hervorragender Ärzte und Naturforscher. Beilage zur Münchener medizinischen Wochenschrift. *38:13–38:15* reference 38.9.

39. *39:1* the landmark publication # 39. *39:2* the Liebig-Museum Giessen. Courtesy of Dr Magnus Mueller. *39:3* Engraving by Johann Bankel after a painting by Wilhelm Trautschold 1875. Courtesy of Antiquariat Gerhard Gruber Heilbronn. Germany. *39:4* the Liebig-Museum. Giessen. Courtesy of Dr Magnus Mueller.

40. *40:1* Album de la science. Savants illustres. Grandes découvertes. Paris 1896. *40:2* Cohen E. Jacobus Henricus van't Hoff Sein Leben und Wirken. p.95 Leipzig 1912. *40:3* the landmark publication # 40. *40:4* the University of St.Andrews Scotland. *40:5* and *40:6* reference 40.5. *40:7* courtesy of Perimed AB Järfälla Sweden. *40:8* courtesy of Perimed KB Sweden. *40:9* and *40:10* courtesy of Lisca AB Linköping Sweden. *40:11* and *40:12* Medical Diagnostic Ultrasound: A retrospective on its 40th Anniversary Eds. B.B.Goldberg, B.A.Kimmelman. Eastman Kodak Co.1988. Courtesy of Dr Eric Blackwell. *40:13* and *40:14* reference 40.8. *40:15–40:17* reference 40.9.

41. *41:1* and *41:2* the landmark publication #41. *41:3* reference 41.1. *41:4–41:6* the landmark publication #41. *41:7* reference 41.5. *41:8* and *41:9* reference 41.6. *41:10–41:13* reference 41.6 and 41.7.

42. *42:1* and *42:2* the landmark publication #42. *42:3* Galerie hervorragender Ärzte und Naturforscher. Beilage zur Münchener medizinischen Wochenschrift. *42:4* reference 42.1. *42:5* Galerie hervorragender Ärzte und Naturforscher. Beilage zur Münchener medizinischen Wochenschrift. *42:6* http://chem.ch.huji.ac.il/~eugeniik/history/matteucci.html *42:7–42:9* the landmark publication #42.

43. *43:1* the Dibner Library of the History of Science and Technology. *43:2* the landmark publication #43. *43:3* see 45:2. *43:4* and *43:5* reference 43.6.

44. *44:1* Voit M. Bildnisse Göttinger Professoren aus zwei Jahrhunderten (1737–1937) Göttingen 1937. *44:2* the landmark publication #44. *44:3* Spamer O. Illustriertes Konversationslexikon für das Volk. Leipzig 1870–1882. *44:4* Pettigrew T. Medical portrait gallery.Vol.1–4 London, 1838–40. *44:5–44:7* reference 44.8.

45. *45:1* the landmark publication #45. *45:2* Galerie hervorragender Ärzte und Naturforscher. Beilage zur Münchener medizinischen Wochenschrift. *45:3–45:5* reference 5.7. 45:6 Galerie hervorragender Ärzte und Naturforscher. Beilage zur Münchener medizinischen Wochenschrift. *45:7* reference 45.7. *45:8–45:10* reference 5.13. *45:11* the Medical Photographic Library of the Wellcome Trust. London. *45:12* and *45:13* Carl Zeiss Archiv Jena. Courtesy of Dr Wolfgang Wimmer.

46. *46:1* the landmark publication #46. *46:2* reference 46.7. *46:3* reference 46.4. Vol. IV. *46:4* and *46:8* the Science & Society Picture Library of the Science Museum London. *46:5–46:7* reference 63.4. *46:9* and *46:10* reference 46.8.

47. *47:1* Snow J. On the inhalation of the vapour of ether. London Medical Gazette 1847. *47:2* and *47:3* the landmark publication #47. *47:4* the Bibliothèque de l'Académie national de Médecine Paris. Courtesy of Marie Davaine. *47:5* the landmark publication #47. *47:6* reference 47.8. *47:7* and *47:9* Bryn Thomas K. The Development of Anaesthetic Apparatus. London 1975. *47:8* and *47:10* reference 47.9. *47:11* Siemens-Elema AB Solna Sweden. *47:13* reference 47.9. *47:12* courtesy of Dr Jeffrey Cooper 47:14 reference 47.11. *47:15–47:17* Datex-Ohmeda Inc (now General Electric Healthcare) Bromma Sweden. Courtesy of Brian Högman.

48. *48:1* reference 48.8. *48:2* reference 48.6. *48:3* Moure E.Revue hebdomadaire de laryngologie, d'otologie et de rhinologie. Bordeaux 1908. *48:4* reference 48.4. *48:5* Turck L. Klinik der Krankheiten des Kehlkopfes und der Luftröhre.Wien 1866. *48:6* and *48:7* Moure E.Revue hebdomadaire de laryngologie, d'otologie et de rhinologie. Bordeaux 1908. *48:8* and *48:9* reference 48.8.

49. *49:1* and *49:2* the landmark publication #49. *49:3* Portraits berühmter Naturforscher. Wien Leipzig n.d. Bibliotecha Walleriana No 16169. *49:4* Pinder U. Epiphanie Medicorum Nurenberg 1506. Courtesy of Jonathan A Hill. Bookseller New York, NY. *49:5* courtesy of the Chemical Heritage Foundation Image Archives. Philadelphia, PA. *49:6* Portraits berühmter Naturforscher. Wien Leipzig n.d. Bibliotecha Walleriana No 16169. *49:7* reference 51.8. *49:8* reference 49.3. *49:10* reference 49.8. *49:11* reference 49.7. *49:12* Fysikum, Uppsala University. Uppsala. Photo courtesy Teddy Thörnlund. *49:13* courtesy of the Chemical Heritage Foundation Image Archives. Philadelphia, PA.

50. *50:1* and *50:2* the landmark publication #50. *50:3* Portraits berühmter Naturforscher. Wien Leipzig n.d. Bibliotecha Walleriana No. 16169. *50:4–50.6* reference 50.2 *50:7* and *50:8* reference 50.3.

51. *51:1* reference 51.8. *51:2* Zeitschrift für Physikalische Chemie 1895. *51:3* Galerie hervorragender Ärzte und Naturforscher. Beilage zur Münchener medizinischen Wochenschrift. *51:4* reference 51.10. *51:5* and *51:8* Haemoglobin BioNet. *51:6*, *51:7* and *51:10* courtesy of HemoCue AB. Ängelholm Sweden. *51:9* reference 76.9.

52. *52:1* the landmark publication #52. *52:2* Christie's South Kensington MSI-8246 1998. *52:3* reference 52.1. *52:4* Galerie hervorragender Ärzte und Naturforscher. Beilage zur Münchener medizinischen Wochenschrift. *52:5* and *52:6* reference 52.1. *52:7* the landmark publication #52. *52:8* and *52:9* the landmark publication #52. *52:10* reference 52.1. *52:11* and *52:12* Marey E. La circulation du sang. Paris 1881.

53. *53:1* reference 53.1. *53:2* the landmark publication #53. *53:3* reference 53.1 Vol. 1. *53:4* reference 53.6. *53:5–53:7* Iconographia Mendeliana Brno 1965. *53:8* reference 53.6.

54. *54:1* after a painting by Jean Rixens, from the Medical Photographic Library of the Wellcome Trust. London. *54:2* reference 54.6 *54:3* reference 54.6 Vol.2. *54:4* reference 54.6. *54:5–54:8* the Medical Photographic Library of the Wellcome Trust. London.

55. *55:1* the landmark publication #55. *55:2* reference 55.2. *55:3–55:5* St.Jude Medical AB. Järfälla Sweden. Courtesy of Lars Forsmark. *55:6* courtesy of Smiths Medical UK. *55:9* reference 55.9. 55:10 Vakkuri A.et.al. Time-frequency balanced spectral entropy as a measure of anaesthetic drug effect in the central nervous system during sevoflurane, propofol, and thiopental anaesthesia. Acta.Anaesth.Scand. 2004;48:145. Courtesy of Pia Talja GE Healthcare Finland.

56. *56:1* the landmark publication #56. *56:2* reference 46.4 Vol. I. *56:3* and *56:4* reference 56.5. *56:5–56:7* reference 56.7.

57. *57:1* the landmark publication #57. *57:2* the Science & Society Picture Library of the Science Museum London. *57:3* Galerie hervorragender Ärzte und Naturforscher. Beilage zur Münchener medizinischen Wochenschrift. *57:4* reference 57.3. *57:5* reference 57.2. *57:6* and *57:8* Kuhn F. Die Perorale Intubation. Berlin 1911. *57:7* the Collection of the Instrument Maker Carl Reiner Vienna. *57:9* reference 57.9. *57:10* reference 57.11. *57:11* reference 57.10. *57:12* reference 57.11.

58. *58:1* and *58:2* the landmark publication #58. *58:3* Galerie hervorragender Ärzte und Naturforscher. Beilage zur Münchener medizinischen Wochenschrift. *58:4* reference 58.3. *58:5* Galerie hervorragender Ärzte und Naturforscher. Beilage zur Münchener medizinischen Wochenschrift. *58:6* reference 58.2. *58:7* and *58:8* reference 58.4.

59. *59:1* and *59:2* the landmark publication #59. *59:3* Berillon P. L'Oeuvre Scientific de Paul Bert. Paris 1887. *59:4* the landmark publication #59. *59:5* Duncum B. The Development of Inhalation Anaesthesia London 1947. *59:6* reference 28.8 and Rottenstein J. Traité d'anésthèsie chirurgical. Paris 1880. *59:7–59:11* the landmark publication #59.

60. *60:1–60:8* reference 60.1. *60:9* and *60:11* the Hagströmer Medico-Historical Library Stockholm. *60:10* Wiener Medizinische Wochenschrift 42 Spalte 641–642 1892 and the Institut für Geschichte der Medizin der Universität Wien Vienna. Courtesy of Brigitte Maurer. *60:12* and *60:13* the Institut für Geschichte der Medizin der Universität Wien. Courtesy of Brigitte Maurer. *60:14* reference 60.10. *60:15* Sjövall A.Laparascopy. Kungl.Fysiografiska Sällskapets i Lund Förhandlingar 1962;32:130. *60:16–60:18* Killian H.G Killian Sein Leben Sein Werk. Remscheid-Lennep 1958.

61. *61:1* Carl Zeiss Archiv Jena. Courtesy of Dr. Wolfgang Wimmer. *61:2* the landmark publication #61. *61:3* Galerie hervorragender Ärzte und Naturforscher. Beilage zur Münchener medizinischen Wochenschrift. *61:4* reference 61.2. *61:5* Catalog 60 F.& M. Lautenschläger Berlin. *61:6* reference 61.9. *61:7* Dr. Robert Muencke Abtheilung für Bacteriologie, Microscopie, Hygiene Berlin 1882. *61:8* Portraits beruhmter Natur forscher. Wien. Leipzig n.d. Bibliotheca Walleriana No. 16169. *61:9* D.G.Schley R.K.Hoffman and C.R. Phillips. Simple Improvised chamber for Gas Sterilization with Ethylene Oxide. Appl.Microbiol. 1960;8:15.

62. *62:1* and *62:2* the landmark publication #62. *62:3* Cohen E. Jacobus Henricus van't Hoff Sein Leben und Wirken. Leipzig 1912. *62:4* Kohlrausch F. Einfache Methode und Instrumente zur Wiederstandsmessung inbesondere in Electrolyten. Ann.Phys. Chem.1880; 11:653. *62:5* the exhibition 200 years of Experimental Physics at the University of Innsbruck. 1997. *62:6* reference 62.8. *62:7* Cohen E.Jacobus Henricus van't Hoff Sein Leben und Wirken. Leipzig 1912.

63. *63:1* Cohen E.Jacobus Henricus van't Hoff Sein Leben und Wirken. Leipzig

1912. *63:2* reference 62.8. *63:3* the landmark publication #63. *63:4* Cohen E.Jacobus Henricus van't Hoff Sein Leben und Wirken. Leipzig 1912. *63:5* the landmark publication #63. *63:6* reference 62.8. *63:7* Cohen E.Jacobus Henricus van't Hoff Sein Leben und Wirken. Leipzig 1912. *63:8* reference 62.8. *63:9* detail from portrait in Svante Arrhenius till 100-årsminnet av hans födelse. K.Sv. Vetenskapsakademins Årsbok 1959.

64. *64:1* reference 64.5. *64:2* Carl Zeiss Archiv Jena. Courtesy of Dr. Wolfgang Wimmer. *64:3* Carl Zeiss Jena, Optische Werkstätte; 32. Ausgabe; 1902. *64:4* reference 64.5. *64:5* and *64:14* the Hagströmer Medico-Historical Library Stockholm. *64:6* Carl Zeiss Jena, Optische Werkstätte; 32. Ausgabe; 1902. *64:7* Carl Zeiss Jena, Optische Werkstätte; 27. Ausgabe; 1885. *64:8* Carl Zeiss Jena, Optische Werkstätte; 27. Ausgabe; 1885. *64:9* reference 64.2. *64:10* Carl Zeiss Archiv Jena. Courtesy of Dr. Wolfgang Wimmer. *6:11* reference 64.2. *64:12* von Rohr M.Ernst Abbes Apochromate Leipzig 1936. *64:13* Carl Zeiss Archiv Jena. Courtesy of Dr. Wolfgang Wimmer. *64:15* reference 64.2. *64:16* Carl Zeiss Optische Werkstätte Jena, Optische Messinstrumente 1893.

65. *65:1* and *65:2* the Medical Photographic Library of the Wellcome Trust. London. *65:3* and *65:4* the landmark publication #65. *65:5* the Medical Photographic Library of the Wellcome Trust. London. *65:6* reference 65.10. *65:7* and *65:8* Galerie hervorragender Ärzte und Naturforscher. Beilage zur Münchener medizinischen Wochenschrift. *65:9* the Medical Photographic Library of the Wellcome Trust. London. *65:10* reference 65.10.

66. *66:1–66:3* the landmark publication #66. *66:4* reference 66.1. *66:5* reference 66.3. *66:6* reference 66.2. *66:7* and *66:8* reference 66.6. *66:9* Krebs J.Ultraschalltherapie. Osnabruck 1950. *66:10* Kratochwil A. Geschichte der Ultraschalldiagnostik. Ultraschall 1981; 2:108. *66:11* and *66:12* reference 66.5. *66:13* and *66:14* courtesy of Engström Medical AB Bromma Sweden. (Now GE Healthcare). *66:15* and *66:16* Rohdahl M. On the frequency and Q factor response of the quartz crystal microbalance to liquid overlays. Thesis. Dept.Appl. Phys. Chalmers Univ Techn Göteborg 1995.

67. *67:1*, *67:2* and *67:3* Über eine neue Art von Strahlen Neudruck Würzburg 1941. *67:4* Röntgen's second publication ("Mittheilungen") on X-rays following the landmark publication #67, The Hagströmer Medico-Historical Library, Stockholm. *67:5* Galerie hervorragender Ärzte und Naturforscher. Beilage zur Münchener medizinischen Wochenschrift. *67:6* Miller J.Yankee Scientist William David Coolidge. Schenectady 1963. *67:7* Christie's catalogue MSI-9426 London 2002. *67:8* courtesy of Siemens Medical Solutions Archives, Erlangen Germany. *67:9–67:12* Grossmann G. Einführung in die Röntgentechnik. Siemens & Haske A.-G. Berlin 1912. *67:13* Fortschritte auf dem Gebiete der Röntgenstrahlen 1933;47:VI. *67:14* courtesy of Siemens Medical Solutions Archives, Erlangen Germany. *67:15* and *67:16* AB Elema-Järnhs, Solna. Sweden. Courtesy of Bengt Stånge.

68. *68:1* http://www.unipv.it/webped/Scienze%20Pediatriche/cenni-storici.htm. *68:2* reference 68:7. *68:3* the Science & Society Picture Library of the Science Museum London. *68:4* Ruskin A.Classics in arterial hypertension Springfield 1956. *68:5* reference 68.5. *68:6* Galerie hervorragender Ärzte und Naturforscher. Beilage zur Münchener medizinischen Wochenschrift. *68:7* reference 68.1. *68:8* the Science & Society Picture Library of the Science Museum London. *68:9* reproduces reference 68.6. *68:10* and *68:11* von Recklinghausen H. Ueber Blutdrucksmessung beim Menschen. Arch.exp.Path.Pharm. 1901;46:69. *68:12* Galerie hervorragender Ärzte und Naturforscher. Beilage zur Münchener medizinischen Wochenschrift. *68:13–68:15* reference 68.7.

69. *69:1–69:3* the landmark publication #69. *69:4* after an engraving by E. Walker. *69:5* and *69:6* the landmark publication #79. *69:8* reference 69.7. *69:9* courtesy of Dr Anna-Liisa Brownell. *69:10–69:12* the Svedberg Laboratory Uppsala. Courtesy of Teddy Thörnlund. *69:13–69:15* the Hyogo Ion Beam Medical Center, Harima Science Garden City, Hyogo.Courtesy of Dr Takashi Akagi.

70. *70:1*, *70:2* and *70:4* reference 66.1. *70:3* reference 70.4. *70:5* Galerie hervorragender Ärzte und Naturforscher. Beilage zur Münchener medizinischen Wochenschrift. *70:6* detail photolithography after N.S.Kay Manchester. A.Eckstein Berlin 1910. *70:7* and *70:8* reference 70.4. *70:9* reference 70.9. *70:10* Elekta Instrument AB, Stockholm Sweden. Courtesy of Nina Westerlind.

71. *71:1* the landmark publication #71. *71:2–71:6* de Waart A. Het levenswerk van Willem Einthoven 1860–1827. Haarlem 1957. *71:7* Directions in Cardiovascular Medicine. Svenska Hoechst AB Stockholm 1978. *71:8* the Science & Society Picture Library of the Science Museum London. *71:9* Dagens Nyheter 1930 from Grewin K, Thulesius O. Elektrokardiografins historia i Sverige. Läkartidningen 1972;69:613. *71:10–71:13* Elema-Schönander Solna. Sweden. Courtesy of Bengt Stånge. *71:14* Siemens-Elema AB Solna. Sweden. Courtesy of professor Håkan Elmqvist.

72. *72:1* Galerie hervorragender Ärzte und Naturforscher. Beilage zur Münchener medizinischen Wochenschrift. *72:2* the landmark publication #72. *72:3* reference 74.5. *72:4* and *72:5* the landmark publication #72. *72:6–72:7* Merck KGaA Darmstadt Germany. Courtesy of Katja Glock.

73. *73:1* and *73:3* reference 73.1. *73:2* and *73:4* reference 73.2. *73:5* reference 73.1. *73:6* the Edgar Fahs Smiths Collection, University of Pennsylvania Library. Philadelphia PA. *73:7* Fischer M. Eicher O. Das Chemische Wappen, Einbeck 1955. *73:8*, *73:9* and *73:10* reference 73.5 and the British Library London. *73:11* Universitätsbibliothek Basel. Courtesy of Dominik Hunger. *73:12* and *73:14* reference 73.7. *73:13* Westphal O.Richard Kuhn zum Gedächtnis. Angew Chem 1968;80:501. *73:15* and *73:16* reference 73.10.

74. *74:1* and *74:2* reference 74.3. *74:3* reference 74.5. *74:4* Archives for the History of the Max Planck Society, Berlin-Dahlem. *74:5–74:7* reference 74.5.

75. *75:1* and *75:2* reference 75.4. *75:3* the landmark publication #75. *75:4* Galerie hervorragender Ärzte und Naturforscher. Beilage zur Münchener medizinischen Wochenschrift. *75:5–75:8* the landmark publication #75.

76. *76:1* and *76:2* the landmark publication #76. *76:3* Archives for the History of the Max Planck Society, Berlin-Dahlem. *76:4* and *76:6* reference 76.6. *76:5* the Edgar Fahs Smiths Collection, University of Pennsylvania Library. Philadelphia PA. *76:7* and *76:8* reference 76.7. *76:9* the Cold Spring Harbor Laboratory Archives. Courtesy of Teresa Kruger. *76:10* the The Ava Helen and Linus Pauling Papers. Special Collections of Oregon State University Libraries. Corvallis. Courtesy of Chris Petersen.

77. *77:1* and *77:2* the landmark publication #77. *77:3* reference 77.1. *77:4* Universitätsbibliothek Basel. Courtesy of Dominik Hunger. *77:5* the landmark publication #77. *77:6–77:8* 375 Jahre Medizin in Giessen. Benedum J. and Giese C. Katalog zur Ausstellung anlässlich der 375-Jahrfeier. Giessen 1983.

78. *78:1* the landmark publication #78. *78:2* Das Wissenschaftliche Werk von Hermann Staudinger Ed. M Staudinger Band I Basel 1969. *78:3* and *78:4* Staudinger H. Über Isopren und Kautschuk. Das Wissenschaftliche Werk von Hermann Staudinger Ed. M Staudinger Band I p22. Basel 1969. *78:5–78:7* Staudinger H et.al. Der Polymere Formaldehyd, ein Modell der Zellulose. Das Wissenschaftliche Werk von Hermann Staudinger Ed. M Staudinger Band II/1 p3. Basel 1972. *78:8* Museum Gustavianum Uppsala University Uppsala. *78:9* reference 78.4. *78:10* reference 78.9. *78:11* Corning Inc. Archives. Corning. Courtesy of Kristine Gable. *78:12* reference 78.7.

79. *79:1* and *79:2* the landmark publication #79. *79:3* the Edgar Fahs Smiths Collection, University of Pennsylvania Library. Philadelphia PA. *79:4* and *79:5* the landmark publication #79. *79:6* the Edgar Fahs Smiths Collection, University of Pennsylvania Library. Philadelphia PA. *79:7* the landmark publication #79. *79:8* reference 79.9. *79:9* and *79:10* courtesy of Ann-Charlotte Ryhage.

80. *80:1* the landmark publication #80. *80:2* courtesy of the Chemical Heritage Foundation Collections, Philadelphia,

PA. Reproduced with the permission of Helen Carothers. *80:3* and *80:5* reference 78.7. Courtesy of Imperial Chemical Industries Plc. London England. *80:4* and *80:6* reference 80.5. *80:7* Courtesy of National Museum of American History, Smithsonian Institution Washington D.C. *80:8* the Williams Haynes Portrait Collection, Chemists' Club Archives, Courtesy of the Chemical Heritage Foundation Image Archives. Philadelphia, PA. *80:9* the Science & Society Picture Library of the Science Museum London. *80:10* and *80:11* Courtesy of the Chemical Heritage Foundation Image Archives. Philadelphia, PA. *80:12* the Science & Society Picture Library of the Science Museum London. *80:13* Du Pont Co. "nylon: The First 25 Years"(1963) *80:14* courtesy of Hagley Museum and Library. Wilmington DE. *80:15* Du Pont Magazine November 1939. Courtesy of Hagley Museum and Library. Wilmington. DE.

81. *81:1–81:3* the landmark publication #81. *81:4* the Edgar Fahs Smiths Collection, University of Pennsylvania Library. Philadelphia, PA. *81:5* and *81:6* reference 81.6. *81:7* reference 81.7. *81:8* photo by Gregory Tobia. Courtesy of the Chemical Heritage Foundation Image Archives. Philadelphia, PA. *81:9* Galerie hervorragender Ärzte und Naturforscher. Beilage zur Münchener medizinischen Wochenschrift. *81:10–81:12* reference 14.8. Courtesy of Maj-Britt Blikdal Radiometer A/S Copenhagen. Denmark. *81:13* URL: http://poohbah.cem.msu.edu/ Portraits/ PortraitsHH_Detail.asp *81:14* reference 81.9. *81:15* reference 81.10.

82. *82:1–82:3* the landmark publication #82. *82:4* Proc IRE Sept. 1939 p620. *82:5* From Semaphore to Satellite ITU 1865–965 Geneva 1965. *82:6* reference 82.1. *82:7* http://philotfarnsworth.com/ page2.html. *82:8* reference 85.6. *82:9* and *82:10* the landmark publication #82. *82:11–82:14* reference 82.9. *82:15–82:17* reference 82.10.

83. *83:1–83:3* the landmark publication #83. *83:4* a private collection. *83:6* reference 64.9. *83:5*, *83:7–83:10* reference 83.5. *83:11–83:13* reference 83.7. *83:14* and *83:16* reference 83.5. *83:15* Stewart A,Snelling M. A new scanning electron microscope. Proc 3rd Eur Reg Conf Electron Microscopy. Prague. 1964;A:55. *83:17* http://www2.eng.cam.ac.uk/~bcb/ cw01.htm.

84. *84:1* the landmark publication #84. *84:2* courtesy of Mr Godfrey Argent London and the Royal Society London. *84:3* and *84:4* reference 84.2. *84:5* the Science & Society Picture Library of the Science Museum London. *84:6* the Chemical Heritage Foundation Image Archives Philadelphia. F&M 700 Gas chromatograph—photo by Gregory Tobias.

85. *85:1* photograph from the Eckert papers in a private collection. *85:2* reference 85.6. *85:3* and *85:4* the University of Pennsylvania Library Philadelphia.PA. *85:5* and *85:7* reference 85.2. *85:6* and *85:8* reference 85.3. *85:9* and *85:11* reference 85.6. *85:10* The origins of digital computers. Ed. B Randell 2nd ed. Springer–Verlag Berlin 1975. *85:12* and *85:14* reference 85.6 (Iowa State University Library/ Special Collections Department). *85:13* reference 85.6. *85:15* and *85:16* reference 85.6. *85:17* reference 85.8. *85:18* reference 85.9. *85:19, 85:21, 85:22* http://www.intel4004.com/ *85:20* Cochlear Limited Lane Cove. Australia. Courtesy of Bern Ferraz. *85:23* St. Jude Medical AB Järfälla. Sweden. Courtesy of Lars Forsmark.

86. *86:1–86:3* the landmark publication #86. *86:4* Institute for biomedical engineering, some of its projects some of its people. University of Utah 1973. *86:5* and 86:7 Gambro — en företagshistorik. Lund 1998. Courtesy of Gittan Holmström Gambro, Lund. Sweden. *86:6, 86:8–86:10* Romaine-Davis A. John Gibbon and His Heart-Lung Machine University of Pennsylvania Press Philadelphia 1991. *86:11* the Science & Society Picture Library of the Science Museum London. *86:12* Report of the Workshop on Diffusion of ECMO Technology. Ed. L Wright US Department of Health and Human Services NIH Publication No 93-3399 1993. *86:13* courtesy of professor Robert H Bartlett. *86:14* Institute for biomedical engineering, some of its projects some of its people. University of Utah 1973. *86:15* and *86:18* courtesy of ABIOMED Inc. Danvers Mass. TX *86:16* courtesy of Texas Heart Institute. Houston (©2000 Texas Heart Institute). *86:17* reference 86.11.

87. *87:1* All about ENGSTRÖM Engström Medical AB. Bromma Sweden 1982. *87:2* the landmark publication #87. *87:3* and *87:4* Datex-Ohmeda Inc (now General Electric Healthcare) Bromma. Sweden. Courtesy of Brian Högman. *87:5* All about ENGSTRÖM Engström Medical AB Bromma. Sweden 1982. *87:6* reference 87.6. *87:7* reference 87.7. *87:8* reference 87:2. *87:9* reference 87.11. *87:10* and *87:12* The Servo Ventilator Concept Siemens-Elema AB Bromma Sweden. *87:11* courtesy of Sven-Gunnar Olsson. *87:13* Gambro-Engström AB Bromma Sweden.

88. *88:1* the landmark publication #88. *88:2* and *88:3* courtesy of the James D.Watson Collection, Cold Spring Harbor Laboratory Archives, Cold Spring Harbor. Photo credit:David Micklos. *88:4* courtesy of the James D.Watson Collection, Cold Spring Harbor Laboratory Archives, Cold Spring Harbor. *88:5* reference 88.1. *88:6* courtesy of Bjørn Pedersen Kjemisk institutt, University of Oslo. *88:7* courtesy of L.Barry Hetherington/Broad Institute and Michelle Nhuch Cambridge, MA. *88:8* courtesy of the Archives, California Institute of Technology. Passadena.CA. *88:9* reference 88.10.

89. *89:1*mambo.ucsc.edu/psl/smus/ smus.html *89:2* the landmark publication #89. *89:3* Fant G. Talforskning-teknik och vetenskap. Ericsson Rev 1985;3:100. *89:4–89:6* reference 89.4. *89:7* reference 89.5. *89:8* mambo.ucsc.edu/psl/smus/ smus.html *89:9* Haskins Laboratories New Haven, CT. Courtesy of Anders Löfqvist. *89:10–89:12* Dudley H. PEDRO the VODER A Machine That Talks. Bell Lab Rec 1939;17(VI):170 *89:13–89:15* reference 89.1. *89:16* Kurzweil Technologies, Inc. Wellesley Hills, MA Courtesy of Mr Ray Kurzweil.

90. *90:1–90:3* the landmark publication #90. *90:4* courtesy of professor Lars Edler. *90:5* courtesy of professor em. Birgit Hertz. *90:6* and *90:7* reference 90.4. *90:8* and *90:9* Medical Diagnostic Ultrasound: A retrospective on its 40th Anniversary Eds. B.B.Goldberg, B.A.Kimmelman. Eastman Kodak Co.1988. Courtesy of Dr Eric Blackwell. *90:10* reference 90.11.

91. *91:1* the landmark publication #91. *91:2* St. Jude Medical AB Järfälla, Sweden. Courtesy of Susanne Jarl. *91:3* courtesy of professor Håkan Elmqvist. *91:4* reference 91.5. Courtesy of Medtronic Inc. Minneapolis. *91:5* and *91:6* reference 91.4. *91:7–91:12* reference 91.5. Courtesy of Medtronic Inc. Minneapolis. MN. *91:13* St. Jude Medical AB Järfälla, Sweden. Courtesy of Susanne Jarl.

92. *92:1* the landmark publication #92. *92:2* Schawlow A. Optical Masers. In Lasers and Light Readings from Scientific American. W H Freedman and Co, San Francisco 1969. *92:3* and *92:4* Maiman T. The Laser Odyssey. Laser Press, Blaine 2000. *92:5* reference 92.3. *92:6* and *92:7* Schawlow A. Optical Masers. In Lasers and Light Readings from Scientific American. W H Freedman and Co, San Francisco 1969. *92:8* courtesy of professor William R Bennett Jr. *92:9* and *92:11* courtesy of Nidek Co, Ltd Aichi Japan. *92:10* and *92:12* Alcon Laboratories Inc, Fort Worth, TX. Courtesy of Jonas Lübcke. *92:13* af Klintberg C. On the use of light for the characterisation and treatment of malignant tumours. Dissertation, Department of Physics Lund Institute of Technology, Lund 1999. *92:14* Wang I. et al. Superficial blood flow following photodynamic therapy of malignant and non-melanoma skin tumours measured by laser Doppler perfusion imaging. Brit J Derm 1997;136:184.

93. *93:1* and *93:2* the landmark publication #93. *93:3* courtesy of professor Per-Ingvar Brånemark. *93:4–93:6* reference 93.1. *93:7* and *93:8* reference 93.6. *93:9* and *93:10* Bragge U, Braide M. Blood—a mobile tissue. In Osseointegration From Molecule to Man. The Institute for Applied Biotechnology, Göteborg 1999. *93:11–93:16* Brånemark P-I. Osseointegration—a method of anchoring prostheses. The Söderberg Prize in Medicine 1992.

94. *94:1* and *94:3* the landmark publication #94. *94:2* and *93:4* courtesy of Dr Raymond Damadian. *94:5* reference 94.1. *94:6* reference 94.3. *94:7* the cover of Science (AAAS) 24 December 1976. Volume 194 No 4272. *94:8* and *94:9* courtesy of Dr Raymond Damadian.

94:10 reference 94.8. *94:11* reference 94.1.

95. *95:1* the landmark publication #95. *95:2* from a private collection. *95:3* reference 95.2. *95:4* and *95:5* du Boulay G. Help. Brit J Radiol 1973;46:783. *95:6* and *95:7* the landmark publication #95. *95:8–95:11* reference 95.6 (the second, clinical application, part following the landmark publication #95).

96. *96:1* and *96:2* the landmark publication #96. *96:3* courtesy of professor Paul Lauterbur. *96:4* and *96:5* the landmark publication #96. *96:6* General Electric Healthcare courtesy Ulf Degrell. *96:7–96:9* reference 96.9. *96:10* and *96:11* Ebbers T. Cardiovascular Fluid Dynamics. Method for flow and Pressure Field Analysis from Magnetic Resonance Imaging. Dissertation No 690 Departments of Biomedical Engineering & Medicine and Care, Linköping 2001. *96:12–96:15* courtesy of assistant professor Mitchell Albert. *96:16* courtesy of assistant professor Mitchell Albert and Dr Mary Mazzanti The Hyperpolarized Noble Gas MRI Laboratory. Harvard Medical School, Boston Mass.

97. *97:1* the landmark publication #97. *97:2* Illustration by Jörgen Gedeon after a sketch of professor Göran Hedenstierna. *97:3* courtesy of professor Peter Wagner. *97:4* courtesy of professor John West. *97:5* and *97:6* the landmark publication #97. *97:7* reference 97.6. *97:8* Klingstedt C. Lung function during anaesthesia: Effects of the lateral position. J Opuscula Medica Society Suppl. LXXV Stockholm 1990.

98. *98:1–98:4* ©1974 IEEE Reprinted with permission, the landmark publication #98. *98:5* courtesy of Dr Vinton Cerf. *98:6* courtesy of Dr Robert Kahn. *98:7* reference 98.3. *98:8* and *98:9* reference 38.3. *98:10* From Semaphore to Satellite ITU 1865–1965. Geneva 1965. *98:11* reference 98.3. *98:11, 98:13* and *98:14* From Semaphore to Satellite ITU 1865–1965. Geneva 1965. *98:15* reference 85.6. *98:16* courtesy of professor Leonard Kleinrock. *98:17–98:19* courtesy of professor Jacques Marescaux, IRCAD/EITS Institute and France Télécom.

99. *99:1–99:4* the landmark publication #99. *99:5* courtesy of professor Michael Phelps. *99:6* and *99:7* courtesy of professor Anna-Liisa Brownell. *99:8* courtesy of professor Michael Phelps. *99:9–99:11* reference 99.8 courtesy of professor Michael Phelps. *99:12* reference 99.7 courtesy of CPS INNOVATIONS Knoxville. TN (Siemens Medical Systems).

Literatur

A, Å

A Century of Separation Science. Issaq HJ (Hrg.). New York: M. Dekker, 2002. (Nr. 84)

AARC Clinical Guideline 949: Metabolic Measurement Using Indirect Calorimetry during Mechanical Ventilation. *Resp Care* 1994; 39(12):1170. (Nr. 58)

Abel JJ. *Chemistry in relation to biology and medicine with especial reference to insulin and other hormones.* The Willard Gibbs Lecture 1927. Baltimore 1939. (Nr. 77)

Adams G (der Jüngere). *Essays on the Microscope* ... London 1787. (Nr. 9)

Adell R et al. Intra-osseous anchorage of dental prostheses. II. Review of Clinical Approaches. *Scand J Plast Reconstr Surg* 1970; 4:19. (Nr. 93)

Airy G. On the Diffraction of an Annual Aperture. *Phil Mag* 1841; XVIII:1. (Nr. 9)

Albert MS et al. Biological magnetic resonance imaging using laser-polarized 129Xe. *Nature* 1994; 370:199. (Nr. 96)

Aldini J. *Essai théorique et expérimental sur la galvanisme.* Vol. 1, 2. Paris 1804. (Nr. 19)

Alhazen – Witelo. *Opticae thesaurus.* Basel 1572. (Nr. 5)

Alonso JR. Review of ion beam therapy: present and future. *Proc EPAC* 2000, S. 235. (Nr. 69)

Ambrose J. Computerized transverse axial scanning (tomography): Part 2. Clinical application. *Br J Radiol* 1973; 46:1023. (Nr. 95)

Andrews E. The oxygen mixture, a new anaesthetic combination. *Chicago Med Exam* 1868; 9:656. (Nr. 28)

Arago DF. *Rapport de M Arago sur la Daguerréotype.* Lu à la séance de la Chambre des Députés le 3 juillet 1839. Paris 1839. (Nr. 38)

Aristoteles. *Opera* ... Venedig 1482. Gesammelte wissenschaftliche Schriften, veröffentlicht in Augsburg 1518. (Nr. 4)

Arrhenius S. *Immunochemistry.* New York 1907. (Nr. 62)

– *The Life of the Universe, as Conceived by Man from the Earliest Ages to the Present Times.* London: Harper, 1909. (Nr. 62)

– *Ueber den Einfluss des Atmosphärischen Kohlensäuregehalts auf die Temperatur der Erdoberfläche.* Bihang K Sv Vet Akad Handl 22, Avd. I Nr. 1. Stockholm 1896. (Nr. 62)

– Ueber die Dissociation der in Wasser gelösten Stoffe. *Zeit Phys Chem* 1887; 1:631. (Nr. 62)

Åsberg AG. Ultrasonic cinematography of the living heart. *Ultrasonics* 1967; 5:113. (Nr. 90)

Aschenbrandt T. *Die Bedeutung der Nase für die Athmung.* Würzburg 1886. (Nr. 6)

Askanazi J et al. Nutrition for the patient with respiratory failure: glucose vs fat. *Anesth* 1981; 54:373. (Nr. 58)

Astrup P, Severinghaus JW. *The history of blood gases, acids and bases.* Kopenhagen: Munsgaard, 1986. (Nr. 14)

Auenbrugger L. *Inventum novum ex percussione humani ut signo abstruso interni pectoris morbis detengendi.* Wien 1761. (Nr. 31)

– *Nouvelle méthode pour reconnaître les maladies internes de la poitrine par la percussion de cette cavité.* Ouvrage traduit du latin et commenté par J. N. Corvisart. Paris 1808. (Nr. 31)

Avery OT, MacLeod CM, McCarty M. Studies on the Chemical Nature of the Substance Inducing Transformation of Pneumococcal Types: Induction of Transformation by a Desoxyribonucleic Acid Fraction Isolated from Pneumococcus Type III. *J Exp Med* 1944; 79(1):137. (Nr. 88)

Avicenna. *Canon medicinæ.* Mailand 1473. (Nr. 29)

Avogadro A. Essai d'une manière de déterminer les masses relatives des molécules élémentaires des corps ... *Journal de physique* 1811; 73:58. (Nr. 18)

B

Bacon R. *Perspectiva* ... Frankfurt 1614. (Nr. 5)

Bang I. *Methoden zur Mikrobestimmung einiger Blutbestandteile.* Wiesbaden: J. F. Bergmann, 1916. (Nr. 81)

Barcroft J. *The respiratory function of the blood.* Cambridge 1913. (Nr. 37)

Bardeen J, Brattain WH. The Transistor, a Semi-Conductor Triode. *Phys Rev* 1948; 74(2):230. (Nr. 85)

Barron SL. *The development of the electrocardio graph.* Cambridge Monogr. 5. London 1952. (Nr. 71)

Bartelink DL. Röntgenschnitte. *Forschr Röntgenstr* 1933; 47:399. (Nr. 95)

Barthélemy M, Dufour L. L'anesthésie dans la chirurgie de la face. *La Presse Médicale* 27. Juli 1907, S. 475. (Nr. 57)

Bartisch G. *Ophthalmoduleia. Das ist Augendienst.* Dresden 1583. (Nr. 5)

Bartlett RH et al. Extracorporeal membrane oxygenation (ECMO) cardiopulmonary support in infancy. *Trans Am Soc Artif Intern Organs* 1976; 22:80. (Nr. 86)

Basch SS. Ueber die Messung des Blutdrucks am Menschen. *Z Klin Med* 1881; 2:79. (Nr. 68)

Bateson W. *Mendel's Principles of Heredity.* Cambridge 1909. (Nr. 53)

Bauber CD, Clark RG, Howlett P. Insensible water loss in operative patients. *Br J Surg* 1972; 59:300. (Nr. 6)

Becquerel H. Émission de radiations nouvelles par l'uranium métallique. *C R Acad Sci* 1896; 122:1086. (Nr. 70)

Beddoes T, Watt J. *Considerations on the Medicinal Use of Factitious Airs, and on the Manner of Obtaining Them in Large Quantities. In two Parts.* Bristol 1794. (Nr. 28)

Beiträge zur Geschichte der Brille. Carl Zeiss Oberkochen, Marwitz & Hauser Brillenmacher, Stuttgart 1958. (Nr. 5)

Bell AG. *Telegraphy.* US Patent 174 465 März 1876. (Nr. 31)

Bell C. Of the Organs of the Human Voice. *Phil Trans Roy Soc* Teil II. 1832, S. 299. (Nr. 25)

Benguigui I. Théories électriques du XVIIe siècle. *Isis* 1985; 76:442. (Nr. 19)

Bennett Jr. WR. Background of an inversion: The first gas laser. *IEEE J Selected Topics in Quant Electr* 2000; 6(6):869. (Nr. 92)

Bennett Jr. WR et al. Superradiance, Excitation Mechanism, and Quasi-CW Oscillations in the Visible Ar+laser. *Appl Phys Lett* 1964; 4(10):180. (Nr. 92)

Bente PF, Zenner EH, Dandeneau RD. *Silica chromatographic column.* US Patent 4 293 415 1981. (Nr. 84)

Bergman T. Tillägning Om Blåse-stenen. *Kungl Vet Handl* 1776; 37:333. (Nr. 72)

Bergström S. *The prostaglandins: from the laboratory to the clinic.* Nobelvorlesung, Stockholm 1982. (Nr. 79)

Bernard C. *Introduction à l'étude de la médecine expérimentale.* Paris 1865. (Nr. 4)

– *Leçons sur la physiologie et la pathologie du système nerveux.* Paris 1858. (Nr. 55)

– *Leçons sur les anesthésiques et sur l'asphyxie.* Paris 1875. (Nr. 47)

Bernoulli D. „Oratio physiologica de vita" 1737. Nachdruck des Originals und deutsche Übersetzung Spiess O, Vezár F. *Verhandlungen der Naturforschenden Gesellschaft in Basel.* 1940/1941, 52:189. (Nr. 18)

Berson SA, Yalow RS. Isotopic tracers in the study of diabetes. In: *Adv Biol Med Phys.* Tobias CA, Lawrence JH. (Hrg.) Vol. VI. New York: Academic Press, 1958, S. 349. (Nr. 70)

Bert P. Sur la possibilité d'obtenir, à l'aide du protoxyde d'azote, une insensibilité du long durée et sur l'innocuité de cet anesthésique. *C R Acad Sci* 1878; 87:728. (Nr. 59)

Berzelius JJ. *Föreläsningar i djurkemien Vol. I.* Stockholm 1806. S. 130–131. (Nr. 14)

– *Lärobok i kemien.* Vol. 1–6. Stockholm 1812–1830. (Nr. 36)

Beyer T et al. A combined PET/CT scanner for clinical oncology. *J Nucl Med* 2000; 41:1369. (Nr. 99)

Bichat X. *Recherches physiologiques sur la vie et la mort*. Paris 1800. (Nr. 23)
Bidloo G. *Anatomia humanis corporis & quinque tabulis, per artificiossis*. Amsterdam 1685. (Nr. 1)
Bigelow HJ. Insensibility during surgical operations produced by inhalation. *Bost Med Surg J* 1846, XXXV(16):309. (Nr. 3)
– Lithotrity by a single operation. *Am J Med Sci* 1878; 75:117. (Nr. 34)
Bischoff T, von Voit C. *Die Gesetze der Ernährung des Fleischfressers durch neue Untersuchungen festgestellt*. Leipzig 1860. (Nr. 39)
Bitzer DL, Slottow HG. *Principles and Applications of the Plasma Display Panel*. Proc. 1968 Microelectr Symp IEEE. St Louis 1968. (Nr. 82)
Black HS. Stabilized feedback amplifiers. *Bell Syst Tech J* 1934; 13:1. (Nr. 55)
Black J. *Dissertatio medica inauguralis De Humore Acido a Cibis orto et Magnesia Alba*. Edinburgh 1754. (Nr. 20)
Bloch F. Nuclear induction. *Phys Rev* 1946; 70:478. (Nr. 94)
Boklund U. *Carl Wilhelm Scheele Bruna Boken*. Stockholm 1961. (Nr. 21)
Boltzmann L. Über die Beziehung zwischen dem zweiten Hauptsatz ... *Sitzung d Kaiserl Akad Wiss* LXXVI, Oktober 1877 Wien; 1878. (Nr. 55)
Boole G. *An investigation of the laws of thought, on which are founded the mathematical theories of logic and probabilities*. London 1854. (Nr. 85)
Booth AD. *Fourier technique in X-ray organic structure analysis*. Cambridge: Cambridge University Press, 1948. (Nr. 32)
Borelli GA. *De motu animalium Ed novissima. Johannis Bernouilli meditationes mathematicae de motu musculorum*. Lugduni Bat 1710. (Nr. 12)
Born M, Wolf E. *Principles of Optics*. 8. und 11. Kap. 7. Aufl. Cambridge: Cambridge University Press, 1999. (Nr. 76)
Boyle R. *New experiments physico-mechanical, touching the spring of the air and its effects*. Oxford 1662. (Nr. 8)
– *The sceptical chymist or chymicophysical Doubts and Paradoxes*. London 1661. (Nr. 4)
Bragg WH. X-rays and Crystals. *Nature* 1913; 90:360 und S. 572. (Nr. 76)
Bragg WH, Bragg WL. *X-rays and crystal structure*. G Bell and Sons, 1915. (Nr. 76)
Bragg WL. *X-ray Crystallography. Readings from Scientific American. Lasers and Light*. San Francisco: W. H. Freeman and Co, 1969, S. 161. (Nr. 76)
Brånemark P-I. Vital microscopy of bone marrow in rabbit. *Scand J Lab Invest* 1959; 11 (Suppl. 38):1. (Nr. 93)
Brånemark P-I et al. Regeneration of bone marrow. A clinical and experimental study following removal of bone marrow by curettage. *Acta Anat* (Basel) 1964; 59:1. (Nr. 93)
Brånemark P-I, Zarb GA, Albrektsson T (Hrg.). *Tissue-Integrated Prostheses: Osseointegration in Clinical Dentistry*. Chicago: Quintessence Publ. Inc., 1985. (Nr. 93)
Braun F. Ueber ein Verfahren zur Demonstration und zum Studium des zeitlichen Verlaufes variabler Ströme. *Ann Phys Chem* 1897; 60:552. (Nr. 82)
Bravais A. Mémoire sur les systèmes formés par des points distribués régulièrement sur un plan ou dans l'espace. *J École Pol* 1850; 19:1. (Nr. 76)
Brenner R. *Untersuchungen und Beobachtungen auf dem Gebiete der Elektrotherapie*. Bd. I, II. Leipzig 1868. (Nr. 26)
Brownell GL, Sweet WH. Localization of brain tumors with positron emitters. *Nucleonics* 1953; 11:40. (Nr. 99)
Brüche E, Johansson H. Elektronenoptik und Elektronenmikroskop. *Die Naturwissen.* 1932; 20(21):353. (Nr. 64)
Brücke E. Ueber das Leuchten der menschlichen Augen. *Anat Phys wiss Med* 1847, S. 225. (Nr. 45)
Brunette DM et al (Hrg.). *Titanium in Medicine*. Springer Verlag, 2001. (Nr. 93)
Brunschwig H. *Chirurgia*. Straßburg 1497. (Nr. 2)
Bunsen R. *Gesammelte Abhandlungen*. Bd. 1–3. Leipzig 1904. (Nr. 49)
Burdon-Sanderson J, Page FJ. Experimental Results Relating to the Rhythmical and Excitatory Motions of the Ventricle of the Heart of the Frog, and of the Electrical Phenomena which Accompany Them. *Proc Roy Soc* 1878; 27:410. (Nr. 65)
Burnham CA, Brownell GL. A multi-crystal positron camera. *IEEE Trans Nucl Sci* 1972; NS-19(3):201. (Nr. 99)
Bursztein S. (Hrg.) *Energy Metabolism, Indirect Calorimetry and Nutrition*. Baltimore: Williams and Wilkins, 1989. (Nr. 58)
Buxton RB. *An Introduction to Functional Magnetic Resonance Imaging*. Cambridge University Press, 2002. (Nr. 96)
Buys-Ballot C. Akustische Versuche auf der Niederländischen Eisenbahn nebst gelegentlichen Bemerkungen zur Theorie des Herrn Professor Doppler. *Ann Phys Chem* 1845; 66:321. (Nr. 40)

C

Cade J. Lithium salts in the treatment of psychotic excitement. *Med J Austral* 1949; 36:349. (Nr. 75)
Callaghan JC, Bigelow WG. An electrical artificial pacemaker for standstill of the heart. *Ann Surg* 1951; 134:8. (Nr. 91)
Campbell-Swinton AA. Distant Electric Vision. *Nature* 1908; 78:151. (Nr. 82)
Carlens E et al. New method for atrial-triggered pacemaker treatment without thoracotomy. *J Thorac Cardiov Surg* 1965; 50:229. (Nr. 91)
Carlson R, Granström B. A text-to-speech system based on a phonetically oriented programming language. *Speech Transmission Laboratory report* QPSR 1, 1975, 1. (Nr. 89)
Carothers WH. Studies on Polymerization and Ring Formation. I. An Introduction to the General Theory of Condensation Polymers. *J Am Chem Soc* 1929; 51(8):2548. (Nr. 80)
Casserius J. *De vocis auditusque organis historia anatomica, tractatibus duobus explicata*. Ferrara 1600. (Nr. 25)
Cater JP. *Electronically Speaking: Computer Speech Generation*. H. M. Sams & Co., 1983. (Nr. 25)
Cavallo T. Some Discoveries Made by Mr Galvani of Bologna with Experiments and Observations on Them. *Phil Trans Roy Soc* 1793; 10:83. (Nr. 19)
Cavendish H. Experiments on air. *Phil Trans Roy Soc* 1784; 74:119. (Nr. 24)
Celsus C. *De medicina*. Florenz 1478. (Nr. 29)
Cesalpino A. *Peripateticarum Quationum Libri Quinque*. Venedig 1571. (Nr. 16)
Chagraff E et al. The composition of the desoxyribonucleic acid of salmon sperm. *J Biol Chem* 1951; 192:223. (Nr. 88)
Chappe I. *Historie de la télégraphie*. Paris: chez l'auteur, 1824. (Nr. 98)
Charch DH. *Moistureproof Material*. US Patent 1 737 187 1929 (eingereicht 1927). (Nr. 86)
Charcot J-M. *Iconographie Photographique de la Salpêtrière*, 3 vols. Paris 1877–1880. (Nr. 38)
– *Nouvelle Iconographie de la Salpêtrière*, 28 vols. Paris 1888–1918. (Nr. 38)
Chaussy C, Brendel W, Schmiedt E. Extracorporeally induced destruction of kidney stones by shock waves. *Lancet* 1980; 2:1265. (Nr. 34)
Chaussy C et al. The use of shock waves for the destruction of renal calculi without direct contact. *Urol Res* 1976; 4:175. (Nr. 34)
Chauveau JB, Marey É-J. Appareils et expériences cardiographiques. *Mém Acad imp de Méd* 1863; 26:268. (Nr. 52)
Chesler DA. Positron tomography and three-dimensional reconstruction technique. In: Freedman GS (Hrg.). *Tomographic Imaging in Nuclear Medicine*. New York: Society of Nuclear Medicine, 1973, S. 176. (Nr. 99)
Cheung AK, Leypoldt JK. The Hemodialysis Membranes: A Historical Perspective, Current Stage, and Future Prospect. *Seminars in Nephrology* 1997; 17(3):196. (Nr. 86)
Chilowsky C, Langevin P. *Procédés et appareils pour la production de signaux sous-marins dirigés et pour la localisation à distance d'obstacles sous-marins*. Brevet d'invention No 502 913 1920. Application 1916. (Nr. 66)
Chladni EF. *Die Akustik*. Leipzig 1802. (Nr. 13)
Clark GM. Cochlear implants in the third millenium. *Am J Otol* 1999; 20:4. (Nr. 85)
Clark GM, Tong YC, Patrick JF. *Cochlear Prostheses*. Melbourne: Churchill Livingstone, 1990. (Nr. 26)
Cleyer A. *Specimen Medicinae Sinicae, sive Opuscula Medica ad Mentem Sinensium, ...* Frankfurt am Main 1682. (Nr. 68)
Connes J. Recherches sur la spectroscopie par la transformation de Fourier. *Rev d'Optique Théor Exp* 1961; 40:41 und S. 116, S. 171, S. 231. (Nr. 32)
Conrad M, Guthzeit M. Ueber Barbitursäurederivate. *Ber Deutsch Chem Gesell* 1882; 15(2):2845. (Nr. 72)
Consden R, Gordon AH, Martin AJP. Qualitative Analysis of Proteins: A Partition Chro-

matographic Method Using Paper. *Biochem J* 1944; 38:224. (Nr. 84)

Cooke ED, Pilcher MF. Thermography in diagnosis of deep venous thrombosis. *Br Med J* 1973; 2:523. (Nr. 27)

Cooley JW, Tukey JW. An algorithm for machine calculation of complex Fourier series. *Mathematical Computation* 1965; 19:297. (Nr. 32)

Coolidge WD. *Improved x-ray tube.* US Patent 1 203 495 1916. (Nr. 67)

Cooper FS et al. Some Experiments on the Perception of Synthetic Speech Sounds. *J Acoust Soc Am* 1952; 24:597. (Nr. 89)

Cooper JB et al. A new anesthesia delivery system. *Anesthesiology* 1978; 49:310. (Nr. 47)

Cormack AM. *Early two-dimensional reconstruction and recent topics stemming from it.* Nobelvorlesung, Stockholm 1979. (Nr. 95)

– Reconstruction of densities from their projections, with applications in radiological physics. *Physics in Medicine and Biology* 1973; 18:195. (Nr. 95)

– Representation of a function by its line integrals, with some radiological applications. *J Appl Phys* 1963; 34:2722. (Nr. 95)

Correns C. Mendels Regel über das Verhalten der Nachkommenschaft der Rassenbastarde. *Ber dtsch bot Ges* 1900; 18:158. (Nr. 53)

Cotter RJ. Time of Flight Mass Spectrometry: Instrumentation and Applications in Biological Research. *Am Chem Soc* Washington DC 1997, S. 13. (Nr. 79)

Coulomb C-A. Construction et usage d'une balance électrique, ... *Mém de l'Acad Sci* 1785; S. 569. (Nr. 15)

Crafoord C, Norberg B, Senning Å. Clinical studies in extracorporeal circulation with a heart-lung machine. *Acta Chir Scand* 1957; 112:220. (Nr. 91)

Crookes W. Contributions to molecular physics in high vacua. *Phil Trans Roy Soc* 1879; 170:641. (Nr. 67)

Cumming W. On a luminous appearance of the human eye, and its application to the detection of disease of the retina and posterior part of the eye. *Med-Chir Trans Med Chir Soc* London 1846; 29:283. (Nr. 45)

Currie J. *Medical reports, on the effect of water, cold and warm, as a remedy in fever and febrile diseases.* Liverpool 1797. (Nr. 7)

Czermak J. *Der Kehlkopfspiegel und seine Verwerthung für Physiologie und Medizin.* Leipzig 1860. (Nr. 48)

– *Gesammelte Schriften.* Bd. I, II. Leipzig 1879. (Nr. 48)

– Populäre physiologische Vorträge III. *Gesammelte Schriften.* Bd. II. Leipzig 1879, S. 60. (Nr. 48)

D

Dakin HD. On the use of certain antiseptic substances in the treatment of infected wounds. *Br Med J* 1915; 2:318. (Nr. 33)

Dalton J. *A New System of Chemical Philosophy.* Manchester 1827. (Nr. 18)

– Experimental essays on the constitution of mixed gases; ... *Mem Lit Phil Soc Manchester* 1802; 5:535. (Nr. 8)

Daly JW, Manganiello V, Jacobson KA. *Purines in Cellular Signaling: Targets for New Drugs.* Springer Verlag, 1990. (Nr. 72)

Damadian RV. *Apparatus and method for detecting cancer in tissue.* US Patent 3 789 832 1974. (Nr. 94)

– Field-Focusing Nuclear Magnetic Resonance (FONAR): Visualization of a Tumor in a Live Animal. *Science* 1976; 194:1430. (Nr. 94)

Damadian RV, Goldsmith M, Minkoff L. NMR in cancer: XVI. Fonar image of the live human body. *Physiol Chem Phys* 1977; 9:97. (Nr. 94)

Daniel WG, Mügge A. Transesophageal Echocardiography. *The New England J Med,* Mai 1995, S. 1268. (Nr. 90)

Darrigol O. *Electrodynamics from Ampere to Einstein.* Oxford University Press, 2000. Kap. 7. (Nr. 69)

d'Arsonval A. Action physiologique des courants alternatifs. *Arch Physiol Norm. Path.* 1893, 5:401. (Nr. 2)

d'Arsonval JA, Deprez M. Galvanomètre apériodique. *C R Acad Sci* 1882; 94:1347. (Nr. 71)

Darwin C. *On the Origin of Species by Means of Natural Selection.* London 1859. (Nr. 53)

– *The expression of emotions in man and animals.* London 1872. (Nr. 38)

Darwin C, Wallace AR. On the Tendency of Species to form Varieties; and on the Perpetuation of Varieties and Species by Natural Means of Selection. *J Proc Linnean Soc* 1858; 3(9):45. (Nr. 53)

Davies JWL, Lamke L-O, Liljedahl S-O. A guide to the rate of non-renal water loss from patients with burns. *Br J Plast Surg* 1974; 27:325. (Nr. 6)

Daza de Valdes B. *Uso de los Antoios para todo genero de vistas ...* Sevilla: por Diego Perez 1623. (Nr. 5)

De Broglie L. *Recherches sur la théorie des quanta. Thèse.* Paris: Masson & Cie, 1924. (Nr. 83)

Delay J, Deniker P, Harl JM. Traitement des états d'excitation et d'agitation par une méthode médicamenteuse derivée de l'hibernothérapie (part 2). *Ann Med Psychol* 1952; 110:267. (Nr. 75)

De Forest L. *Cautery.* US Patent 874 178. 17. Dez. 1907. (Nr. 2)

de Morveau G. *Traité des moyens de désinfecter l'air, de prévenir la contagion, et d'en arrêter les progrès.* Paris 1805. (Nr. 33)

Dempster AJ. A new method of positive ray analysis. *Phys Rev* 1918; 11:316. (Nr. 79)

Denis J. A letter concerning a new way of curing sundry diseases by transfusion of blood. *Phil. Trans* 1667; 2:489. (Nr. 10)

Der Wiener Dioscorides. Codex Medicus 1,2 Akademische Druck- und Verlagsanstalt: Graz 1998–1999. (Nr. 3)

Derham W. *Philosophical Experiments and Observations of the late Eminent Dr Robert Hooke London.* 1726, S. 295. (Nr. 38)

Derosne C. Mémoires sur l'opium. *Ann Chim* 1803; 45:257. (Nr. 29)

Desault PJ. *Œuvres chirurgicales.* 3 vols. Paris 1798–1803. (Nr. 57)

Descartes R. *De homine figuris.* Leiden 1662. (Nr. 4)

– *Discours de la méthode ...* La Dioptrique. Leiden 1637. (Nr. 5)

Desormeaux AJ. *De l'endoscope et de ses applications au diagnostic et au traitement des affections de l'urèthre et de la vessie.* Paris 1865. (Nr. 60)

de Vries H. Das Spaltungsgesetz der Bastarde. *Ber dtsch bot Ges* 1900; 18:83. (Nr. 53)

– *Die Muthationstheorie.* Vol 1, 2. Leipzig 1901–1903. (Nr. 53)

de Weir JB. New methods to calculating metabolic rate with special reference to protein metabolism. *J Physiol* 1949; 109:1. (Nr. 58)

Dibner B. *Early electrical machines.* Norwalk 1957. (Nr. 15)

– *Galvani–Volta A Controversy that led to the Discovery of Useful Electricity.* Norwalk 1952. (Nr. 19)

Dictionary of Scientific Biography II. New York 1970–1990. S. 305. (Nr. 9)

Dictionary of Scientific Biography IV S. 258. New York 1970–1990. (Nr. 1)

Dinsdale A. *Television.* London: Sir I. Pitman & Sons, 1926. (Nr. 82)

Dioscorides P. *De materia medica.* Johannes of Medemblick Colle 1478. (Nr. 3)

Dirac P. The Quantum Theory of the Electron. *Proc Roy Soc A* 1928; 117:610. (Nr. 69)

Djourno A, Eyries Ch. Prothèse auditive par excitation électrique a distance du nerf sensoriel a l'aide d'un bobinage inclus a demeure. *La Presse Medicale* 1957; 35:1431. (Nr. 26)

Dobelle WmH. Artificial Vision for the Blind by Connecting a Television Camera to the Visual Cortex. *ASAIO J* 2000; 46:3. (Nr. 85)

Donald I, Brown TG. Demonstration of tissue interfaces within the body by ultrasonic echo sounding. *British J Radiol* 1961; 34:539. (Nr. 90)

Donné A, Foucault L. *Cours de Microscopie complémentaire des études médicales ...* Paris, 1844–1845. (Nr. 38)

– *Description du microscope photo-électrique.* Extrait du bulletin de la societé d'encouragement pour l'industrie nationale. Paris 1845. (Nr. 9)

Dorsch JA, Dorsch SE. *Understanding Anesthesia Equipment.* Baltimore: Williams & Wilkins, 1994. (Nr. 47)

Drinker P, Shaw LA. An apparatus for the prolonged administration of artificial respiration. I. A design for adults and children. *J Clin Invest* 1929; 7:229. (Nr. 87)

Dubbleman CP. Attempts to Design an Artificial Heart-Lung Apparatus for the Human Adult (thesis). *Acta Physiol Parm Neerlandica* 1953; 2:1. (Nr. 86)

Du Bois-Reymond E. *Reden.* 2 Bände. Leipzig 1912. (Nr. 42)

– Vorläufiger Abriss einer Untersuchung über den sogenannten Froschstrom. *Ann Phys* 1843; 58:1. (Nr. 42)

Duchenne de Boulogne G. *De l'électrisation localisée et de son application a la physiologie, a la pathologie et a la thérapeutique.* Paris 1855. (Nr. 19)
– *Mécanisme de la physionomie humaine, ...* Paris 1862. (Nr. 38)
Dudley H. The Vocoder. *Bell Lab. Records.* Dezember 1939, S. 122. (Nr. 25)
Dudley H, Riesz RR, Watkins SSA. A Synthetic Speaker. *J Franklin Inst* 1939; 227:739. (Nr. 89)
Dürer A. *Underweysung der messung ... zu nutz allen kunstliebhabenden.* Nürnberg 1525. (Nr. 1)
Dussik KT, Dussik F, Wyt L. Auf dem Wege zur Hyperphonographie des Gehirnes. *Wiener Med Wschr* 1947; 38/39:425. (Nr. 66)
Dutrochet RJ. Nouvelles Recherches sur l'Endosmose et l'Exosmose. *Ann Chim Phys* 1828; 37:191. (Nr. 63)

E

Edison TA. *Electric-Lamp.* US Patent 223 898 27. Januar 1880. (Nr. 60)
Edler I. Ultrasoundcardiography. *Acta Med Scand.* Suppl. 1961, 170. (Nr. 90)
Edler I, Lindström K. Ultrasonic doppler techniques in heart disease. II. Clinical application. In: *Proc First World Congress on Ultrasonic Diagnostics in Medicine.* Wien 1969. Bock J, Ossonig K (Hrg.). 1971, S. 455. (Nr. 90)
Efron N, Pearson RM. Centenary Celebration of Fick's Eine Contactbrille. *Arch Ophthalmol.* 1988; 106:1370, 1373. (Nr. 5)
Eichengrün A. 50 Jahre Aspirin. *Pharmazie* 1949; 4:582. (Nr. 75)
Einstein A. Zur Quantentheorie der Strahlung. *Physik Zeitschr* 1917; 18:121. (Nr. 92)
Einthoven W. Lippmann's Capillar-Electrometer zur Messung schnell wechselnder Potentialunterschiede. *Pflügers Arch ges Physiol* 1894; 56:528. (Nr. 71)
– *The string galvanometer and the measurement of the action current of the heart.* Nobelvorlesung, Stockholm 1925. (Nr. 71)
– Un nouveau galvanomètre. *Arch N Sc Ex Nat* 1901; 6:625. (Nr. 71)
Eisenmenger R. Therapeutic application of supra-abdominal suction and compressed air in relation to respiration and circulation. *Wien med Wochenschr* 1939; 89:1032. (Nr. 87)
Eisenmenger W. Eine elektromagnetische Impulsschallquelle zur Erzeugung von Druckstößen in Flüssigkeiten und Festkörpern. *Proc 3rd Int Congr Acoustics* 1961. Amsterdam: Elsevier; 1962, S. 326. (Nr. 34)
Electron Microscopy in Medicine and Biology. Gupta PD, Yamamoto H (Hrg.). Science Publ. Inc., 2000. (Nr. 83)
Ellis H. *A History of Bladder Stone.* London: Blackwell Scientific Publications, 1969. (Nr. 34)
Elsberg CA. Zur Narkose beim Menschen mittelst der kontinuierlichen intratrachealen Insufflation von Meltzer. *Berl klin W schr* 1910; 47(21):957. (Nr. 57)
Elsholtz JS. *Clysmatica nova; oder newe Clystier-Kunst.* Berlin 1665. (Nr. 10)
Engström C-G. *Dubbelverkande respirator.* Svensk Patent 141 554 1953 (eingereicht 1950). (Nr. 87)
– The clinical application of prolonged controlled ventilation: with special reference to a method developed by the author. *Acta Anaesth Scand.* Suppl. 13, 1963. (Nr. 87)
Engström C-G, Svanborg NA. The Importance of CO_2 Retention by Respiratory Insufficiency Caused by Poliomyelitis. (Gleiche Quelle wie hier zitierte wegweisende Publikation.) (Nr. 87)
Ettre LS. Evolution of Liquid Chromatography: A Historical Overview. In: Horváth C (Hrg.). *High-Performance Liquid Chromatography.* Vol. I. New York: Academic Press, 1980. (Nr. 84)
– *M. S. Tswett and the Invention of Chromatography.* LC-GC Europe 1, September 2003. (Nr. 73)
Ettre LS, Kalász H. The story of thin-layer chromatography. *LC*GC North America* 2001; 19:712. (Nr. 84)
Euklid. *Elementa geometriae.* Venedig 1482. (Nr. 1)
– *Optica & Catoptrica.* Paris 1557. (Nr. 5)
Everhart TE, Thornley RF. Wide-band detector for micro-microampere low-energy electron currents. *J Sci Instrum* 1960; 37:246. (Nr. 83)

F

Fant G. *Acoustic Analysis and Synthesis of Speech with Applications to Swedish.* Ericsson Technics 1959; 1:3. (Nr. 89)
Faraday M. Experimental Researches in Electricity. *Phil Trans Roy Soc* Part I, 1832, S. 125. (Nr. 26)
Farhi LE. Elimination of inert gas by the lung. *Resp Phys* 1967; 3:1. (Nr. 97)
Farnsworth PT. *Television system.* US Patent 1 773 980 1930 (eingereicht 1927). (Nr. 82)
Fenn JB. *Electrospray for molecular elephants.* Nobelvorlesung, Stockholm 2002. (Nr. 79)
Fick A. *Die Alkoholfrage.* (Vortrag Würzburg am 16. März 1892), Würzburg 1892. (Nr. 46)
– *Die Geschwindigkeitskurve in der Arterie des lebenden Menschen.* Untersuchungen aus dem physiologischen Laboratorium der Züricher Hochschule. Wien 1869. (Nr. 46)
– *Experimenteller Beitrag zur Lehre von der Erhaltung der Kraft bei der Muskelzusammenziehung.* Untersuchungen aus dem physiologischen Laboratorium der Züricher Hochschule. Wien 1869. (Nr. 46)
– *Gesammelte Schriften.* Band I–IV. Würzburg 1903–1905. (Nr. 46)
– Ueber Diffusion. *Ann Phys Chem* 1855; 94:59. (Nr. 46)
– Ueber Endosmose. *Wiener Med Wochenschrift* 1857; 45:809/810. (Nr. 46)
– Ueber Messung des Druckes im Auge. *Pflügers Arch ges Physiol* 1888; 42:86. (Nr. 46)
Fick A, Wislicenus J. Ueber die Entstehung der Muskelkraft. *Vierteljahrsschrift der Nat Ges Zürich* Vol. X. 1865. (Nr. 46)
Firestone FA. The Supersonic Reflectoscope, an Instrument for Inspecting the Interior of Solid Parts by Means of Sound Waves. *J Acoust Soc Am* 1946; 17(3):287. (Nr. 66)
Fischer E. Isomerie der Polypeptide. *Sitz d k Pr Akad Wiss* 1916; II:990. (Nr. 74)
– Über Phosphorsäureester des Methylglucosids und Theophyllinglucosids. *Sitz d k Pr Akad Wiss* 1914; II:905. (Nr. 74)
– *Untersuchungen über Kohlenhydrate und Fermente (1884–1908).* Berlin: Springer, 1909. (Nr. 74)
Fischer E, Abderhalden E. Über das Verhalten verschiedener Polypeptide gegen Pankreasferment. *Sitzb d K Pr Akad Wiss* 1905; I:290. (Nr. 74)
Fisher EW, Dalton RG. Cardiac Output in Horses. *Nature* 1959; 184:2020. (Nr. 56)
Fizeau MH. Sur les hypothèses relatives à l'éther lumineux. *Ann Chim Phys* 3 ser. 1859; 57:385. (Nr. 40)
Flanagan J. *Speech Analysis, Synthesis and Perception.* Berlin: Springer Verlag, 1972. (Nr. 25)
Flory PJ. Phase Equilibria in Solutions of Rod-Like Particles. *Proc Roy Soc A* 1956; 234:60. (Nr. 80)
– *Spatial Configuration of Macromolecular Chains.* Nobelvorlesung, Stockholm 1974. (Nr. 80)
Flourens P. Chloro-forme. *Arch Gen de Med* 4 ser. 1847; 13:549. (Nr. 36)
Fothergill J. *An Account of the Sore Throat.* London 1748. (Nr. 48)
– Observation on a Case ... of Recovering a Man Dead in Appearance, by distending the Lungs with Air. *Phil Trans Roy Soc* 1744–1745, S. 275. (Nr. 23)
Franklin RE, Gosling RG. Molecular Configuration in Sodium Thymonucleate. *Nature* 1953; 171:740. (Nr. 88)
Friedenwald H. The History of the Invention and of the Development of the Ophthalmoscope. *JAMA* 1902; 38(9):549. (Nr. 45)
Frizot M. *La Chronophotographie.* Beaune (Cote d'Or) 1984. (Nr. 12)
Furberg SV. On the Structure of Nucleic Acids. *Acta Chem Scand* 1952; 6:634. (Nr. 88)

G

Galambos R. The Avoidance of Obstacles by Flying Bats: Spallanzani's Ideas (1794) and Later Theories. *Isis* 1942; 34:132. (Nr. 66)
Galenus C. *Omnia quae extant opera.* Venedig 1550. (Nr. 4)
Galilei G. *Discorsi e demonstrazioni matematiche, intorno a due nuoue scienze, ...* Leiden 1638. (Nr. 4)
Galton F. Typical laws of heredity. *Nature* 1877; 15:492, 512, 532. (Nr. 30)
Galvani L. *De viribus electricitatis in motu musculari.* Bologna 1791. (Nr. 12)
Gandevia B. John Hutchinson in Australia and Fiji. *Med History* 1977; 21:365. (Nr. 41)
Ganz W et al. A new technique for measurement of cardiac output by thermodilution in man. *Am J Cardiol* 1971; 17:392. (Nr. 56)

Garcia M. Observations on the Human Voice. *Phil Mag* 1855; 10:218. (Nr. 48)
Gauß CF. Nachlass, Theoria Interpolationis Methodo Nova Tractata. In: *Carl Friedrich Gauß Werke* Bd. 3. Göttingen 1866, S. 265. (Nr. 32)
– *Theoria Motus Corporum Coelestium*. Hamburg 1809. (Nr. 30)
Gay-Lussac JL. Mémoire sur la combinaison des substances gazeuses, les unes avec les autres. *Mém phys chim Soc d'Arcueil* 1809; 2:207. (Nr. 18)
– Sur la dilatation des gaz et des vapeurs. *Ann de chimie* 1802; 43:137. (Nr. 7)
Geddes LA. *Handbook of Blood Pressure Measurement*. Clifton NJ: Humana Press, 1991. (Nr. 68)
Gedeon A. Anesthetic Agent Analysis Using Piezoelectric Microbalance. *Biom Instr Tech* Nov/Dec 1989. (Nr. 66)
Gedeon A et al. A new method for noninvasive bedside determination of pulmonary blood flow. *Med & Bio Eng & Comp* 1980; 18:411. (Nr. 56)
Gedeon A, Mebius C. The Hygroscopic Condenser Humidifier. *Anaesthesia* 1979; 34:1043. (Nr. 6)
Gedeon A, Olsson SG. A new type of anæsthetic vaporizer. *30-th Ann Conf Eng Med Biol* 1977; 19:203. (Nr. 47)
Gehrke CW, Wixom RL, Bayer E (Hrg.). *Chromatography – a Century of Discovery 1900–2000*. Amsterdam: Elsevier, 2001. (Nr. 73)
Gernsheim H. *The History of Photography*. London: Thames Hudson, 1969. (Nr. 38)
Gesammelte Abhandlungen von Ernst Abbe. 5 Bde. Jena 1904–1940. (Nr. 64)
Gesner C. *Annotationes in Pedacij Dioscoridis ... De Medica Materia*. De artificiosis extractionibus. Straßburg 1561. (Nr. 3)
Geusic JE, Marcos HM, van Uitert LG. Laser Oscillations in Nd:DOPED Yttrium Aluminium, Yttrium Gallium and Gadolinium Garnets. *Appl Phys Lett* 1964; 4:182. (Nr. 92)
Gibbon JH. An oxygenator with a large surface-volume ratio. *J Lab Clin Med* 1939; 24:1192. (Nr. 86)
Gilbert W. *De magnete, magneticisque corporibus, et de magno magnete tellure*. London 1600. (Nr. 15)
Goodwyn E. *The connection of Life with Respiration* ... London 1788. (Nr. 23)
Goppelsroeder F. *Studien über die Anwendung der Capillaranalyse*. I. Bei Harnuntersuchungen. II. Bei vitalen Tinktionsversuchen. Basel: E. Birkhäuser, 1904. (Nr. 73)
– *Über Capillar-Analyse und ihre verschiedenen Anwendungen sowie über das Emporsteigen der Farbstoffe in den Pflanzen*. Wien: Selbstverlag, 1889. (Nr. 73)
Gosling RG, King DH. Arterial assessment by Dopplershift ultrasound. *Proc Roy Soc Med* 1974; 67:447. (Nr. 40)
Gould G. *Light amplifying apparatus*. US Patentanmeldung 804504 1959. Akzeptiert als US Patent 4 053 845, Optically pumped laser amplifiers 1977. (Nr. 92)
Graham T. The Bakerian Lecture: On Osmotic Force. *Phil Trans Roy Soc* 1854; 144:177. (Nr. 63)
Greatbatch W, Chardack WM. A transistorized implantable pacemaker for the long-term correction of complete atrioventricular block. *M Electron NEREM* 1959; 48:643. (Nr. 91)
Green T. On death from chloroform; its prevention by galvanism. *Brit Med J* 1872; 1:552. (Nr. 23)
Gregor W. Beobachtungen und Versuche über den Menakanite, einen in Cornwall (Kirchspiel Menaccan bei Falmouth) gefundenen magnetischen Sand. *Chem Ann* (L. von Crell) 1791, Bd. 1. (Nr. 93)
Gréhant N. *Recherches physiques sur la respiration de l'homme*. Paris 1864. (Nr. 6)
Gréhant N, Quinquaud CE. Recherches expérimentales sur la mesure du volume de sang qui traverse les poumons en un temps donné. *C R Séance et Mém d Soc biol* 1886; 38:159. (Nr. 56)
Grimaux E. *Lavoisier 1743–1794*. Paris 1888. (Nr. 24)
Guericke O. *Experimenta Nova (ut vocantur) Magdeburgica De Vacuo Spatio* ... Amsterdam 1672. (Nr. 8)
Guerlac H. *Lavoisier in Dictionary of Scientific Biography VIII*. New York 1973, S. 66. (Nr. 24)
Gullstrand, A. Die reflexlose Ophthalmoskopie. *Arch Augenheilkunde* 1911; 68:101. (Nr. 45)
Günther RT. *Early science in Oxford* Vol. VI. The life and work of Robert Hooke (Part I). Oxford 1930. (Nr. 43)
Guthrie S. New mode of preparing a spirituous solution of Chloric Ether. *Am J Sci and Arts* 1832; 21:64 und S. 405. (Nr. 36)
– On pure Chloric Ether. *Am J Sci and Arts* 1832; 22:105. (Nr. 36)
Gwathmey JT. *Anesthesia*. Kap. X. New York: D. Appleton and Co, 1914. (Nr. 57)

H

Haas G. Über Blutauswaschung. *Klin Wochenschr* 1928; 7(29):1356. (Nr. 77)
– Versuche der Blutauswaschung am Lebenden mit Hilfe der Dialyse. *Klin Wochenschr* 1925; 4(1):13. (Nr. 77)
Hagen GH. Ueber die Bewegung des Wassers in engen cylindrischen Röhren. *Ann Phys Chem* 1839; 46:423. (Nr. 35)
Hahn EL. Spin echoes. *Phys Rev* 1950; 80:580. (Nr. 94)
Haldane JB. *The causes of evolution*. London 1932. (Nr. 53)
Haldane JC. *Respiration*. New Haven: Yale University Press, 1922. (Nr. 59)
Haldane JS. *Methods of Air Analysis*. 2nd ed. London 1918. (Nr. 37)
Hall RN et al. Coherent light emission from GaAs junctions. *Phys Rev Lett* 1962; 9:366. (Nr. 92)
Haller A. *Elementa physiologiae corporis humani*. Lausanne, Bern, Leiden 1757–1766. (Nr. 12)
Hamburger HJ. *Osmotischer Druck und Ionenlehre in den medicinischen Wissenschaften*. 3 Bde. Wiesbaden 1902–1904. (Nr. 62)
Hamilton WF et al. Comparison of the Fick and dye injection methods of measuring the cardiac output in man. *Am J Physiol* 1948; 153:309. (Nr. 56)
Harris JA, Benedict FG. *A Biometric Study of Basal Metabolism in Man*. Publ. 279. Washington DC: Carnegie Institute of Washington, 1919. (Nr. 58)
Hartmann A. Ueber eine neue Methode der Hörprüfung mit Hülfe elektrischer Ströme. *Arch Physiol Leipzig* 1878, S. 155. (Nr. 26)
Harvey W. *Exercitatio Anatomica de motu Cordis et Sanguinis in Animalibus*. Frankfurt am Main 1628. (Nr. 12)
– *Exercitationes de Generatione Animalium*. London 1651. (Nr. 16)
Haupt G. Use of extracorporeal shock waves in the treatment of pseudoarthrosis, tendopathy and other orthopedic diseases. *J Urol* 1997; 4:158. (Nr. 34)
Häusler E, Kiefer W. Anregung von Stoßwellen in Flüssigkeiten durch Hochgeschwindigkeitswassertropfen. *Verh D Physikal Gesell* 1971; 6:786. (Nr. 34)
Hazlewood CF, Nichols BL, Chamberlain NF. Evidence for the existence of a minimum of two phases of ordered water in skeletal muscle. *Nature* 1969; 222:747. (Nr. 94)
Heideman MT, Johnson DH, Burrus CS. Gauss and the History of Fast Fourier Transform. *Arch Hist Exact Sci* 1985; 34:265. (Nr. 32)
Heister L. *Chirurgie. In welcher Alles, was zur Wund-Artzney gehöret, nach der neuesten und besten Art*, ... Nürnberg 1718. (Nr. 57)
Henderson LJ. *Blood*. New Haven: Yale University Press, 1928. (Nr. 81)
– Das Gleichgewicht zwischen Basen und Säuren im tierischen Organismus. *Ergebn Physiol* 1909; 8:254. (Nr. 62)
Herholdt JD, Rafn CG. *Forsög til en historisk udsikt over redningsanstalter for drunknede, og underretning om de bedste midler ved hvilke de igen kunne bringes til live*. Kopenhagen 1796. (Nr. 23)
Herman L. Ueber die Wirkungen des Stickstoffoxydgases auf das Blut. *Arch Anat Physiol wiss Med* 1865, S. 469. (Nr. 51)
Herschel JF. On the chemical action of the rays of the solar spectrum on preparations of silver and other substances, ... *Phil Trans* 1840; 1:1. (Nr. 38)
Herschel W. Experiments on the Refrangibility of the invisible Rays of the Sun. Experiments on the solar, and on the terrestrial Rays that occasion Heat. *Phil Trans Roy Soc* Part I 1800, S. 284, S. 293. (Nr. 27)
Hertwig O. *Beiträge zur Kenntniss der Bildung, Befruchtung und Theilung des thierischen Eies*. Leipzig 1875. (Nr. 16)
Herzog RO, Jancke W, Polanyi M. Röntgenspektrographische Beobachtungen an Zellulose. *Z Phys* 1920; 3:343. (Nr. 78)
Hesse G, Weil H. *Michael Tswett's first paper on chromatography*. M. Woelm (Hrg.). Eschwege 1954 (englische Übersetzung und Nachdruck der russischen Publikation). (Nr. 73)

Hevesy G. Application of isotopes in biology. *J Chem Soc* 1939; 39(2):1213. (Nr. 70)
Hewson W. *An experimental inquiry into the properties of the blood.* London 1771. (Nr. 14)
Hickman H. *A letter on suspended animation, containing experiments showing that it may be safely employed during operations on animals,* ... Ironbridge 1824. (Nr. 59)
Hill L, Barnard H. A simple and accurate form of sphygmomanometer or arterial pressure gauge contrived for clinical use. *Brit med J* 1897; 2:904. (Nr. 68)
Himmelweit F (Hrg.). *The Collected Papers of Paul Ehrlich.* 3 Vols. London: Pergamon Press, 1956–1960. (Nr. 75)
Hittorf W. Ueber die Elektricitätsleitung der Gase. Erste Mittheilung. *Ann Phys Chem* 1869; 136:1. (Nr. 67)
Hoesch K. Emil Fischer. Sein Leben und sein Werk. *Ber Dtsch Chem Ges* 1921:54. (Nr. 74)
Hoff HE, Geddes LA. Ballistics and the Instrumentation of Physiology: The Velocity of the Projectile and of the Nerve Impulse. *J Hist Med* 1960; 15:133. (Nr. 43)
Holter NJ. Radioelectrocardiography: A New Technique for Cardiovascular Studies. *Ann N Y Acad Sci* 1957; 65:913. (Nr. 71)
Holzmann GJ, Pehrson B. *The Early History of Data Networks.* IEEE Computer Society Press, 1995. (Nr. 98)
Hook DH, Norman JM. *Origins of Cyberspace. A Library on the History of Computing, Networking, and Telecommunications.* Novato: historyofscience.com, 2001. (Nr. 85)
Höök F et al. Structural changes in hemoglobin during adsorption to solid surfaces: Effects of pH, ionic strength and ligand binding. *Proc Natl Acad Sci* 1998; 95:12271. (Nr. 66)
Hooke R. *Micrographia: or some Physiological Descriptions of Minute Bodies* ... London 1665. (Nr. 9)
Hoppe-Seyler F. *Handbuch der Physiologisch- und Pathologisch-Chemischen Analyse für Aerzte und Studirende.* Berlin 1865, S. 201. (Nr. 51)
– Ueber die chemischen und optischen Eigenschaften des Blutfarbstoffs. *Virchows Arch Pathol Anat* 1864; 29:233 und 29:597. (Nr. 51)
Horbaczewski J. Synthese der Harnsäure. *Ber Deutsch Chem Gesell* 1882; 15(2):2678. (Nr. 72)
Hubbell J. Biomaterials in tissue engineering. *Biotechnology* 1995; 13:565. (Nr. 93)
Hüfner CG. Neue Versuche zur Bestimmung der Sauerstoffkapazität des Blutfarbstoffs. *Arch Pat Anat Physiol* 1894, S. 130. (Nr. 51)
Hyatt JW, Hyatt IS. *Improvement in Treating and Molding Pyroxyline.* US Patent 105 338 1870. (Nr. 77)
Hyde JF, DeLong RC. Condensation Products of the Organo-silane Diols. *J Am Chem Soc* 1941; 63(5):1194. (Nr. 78)
Hyman AS. Resuscitation of the stopped heart by intracardial therapy. *Arch Int Med* 1930; 46:553. (Nr. 91)

I

Ingelstedt S. Studies on the conditioning of air in the respiratory tract. *Acta Oto-laryng.* 1956; Suppl. 131. (Nr. 6)
Ingen-Housz J. *Experiments upon Vegetables, discovering their great Power of Purifying the common Air in the Sun-shine* ... London 1779. (Nr. 22)

J

Jackson ChT. *A Manual of Etherization.* Boston 1861. (Nr. 3)
Jacobaeus HC. Ueber die Möglichkeit die Zystoskopie bei Untersuchungen seröser Höhlungen anzuwenden. *Münchn med Wschr* 1910; 57:2090. (Nr. 60)
Jarvik RK. The Total Artificial Heart. *Scientific American* 1981; 244(1):74. (Nr. 86)
Jaszczak RJ. Tomographic radiopharmaceutical imaging. *Proc IEEE* 1988; 76(9):1079. (Nr. 97)
Javan A, Bennett Jr. WR, Herriott DR. Population inversion and continuous optical maser oscillation in a gas discharge containing a He-Ne mixture. *Phys Rev Lett* 1961; 6:106. (Nr. 92)
Jobsis FF. Noninvasive, infrared monitoring of cerebral and myocardial oxygen sufficiency and circulatory parameters. *Science* 1977; 198:1264. (Nr. 27)
Johnsson WL et al. Detection of Fetal Life in Early Pregnancy with an Ultrasonic Doppler Flowmeter. *Obst Gyn* 1965; 26:305. (Nr. 40)
Judson HF. *The Eighth Day of Creation.* New York: Simon & Schuster, 1979. (Nr. 88)

K

Kanazawa KK, Gordon JG II. Frequency of a quartz microbalance in contact with liquid. *Anal Chem* 1985; 57:1770. (Nr. 66)
Kanel WB et al. The value of measuring vital capacity for prognostic purposes. *Trans Assoc Life Insur Med Dir Am* 1980; 64:66. (Nr. 41)
Kapany NS et al. Fiber Optics. Part I–IV. *J.O.S.A.* 1957; 47:413, S. 423, 594 und 1109. (Nr. 60)
Karass T. *Geschichte der Telegraphie.* Teil 1. Braunschweig: F. Vieweg & Sohn, 1909, S. 27. (Nr. 98)
Kaufmann M. The Internet: A reliable source? *Washington Post,* 16. Februar 1999, S. Z17. (Nr. 98)
Kelling G. Über die Besichtigung der Speiseröhre und des Magens mit biegsamen Instrumenten. *Verh Gesell Dtsch Naturf u Ärzte* 1901; 73:117. (Nr. 60)
Kepler J. *Dioptrice seu demonstratio eorum quae visui & visibilibus propter conspicilla.* Augsburg 1611. (Nr. 5)
Kety SS. Measurement of regional circulation by the local clearance of radioactive sodium. *Am Heart J* 1949; 38:321. (Nr. 70)
Keys TE. The Early Pneumatic Chemists and Physicians: Their Influence on the Development of Surgical Anesthesia. *Anesthesiology* 1969; 30:447. (Nr. 20)
– *The History of Surgical Anesthesia.* New York: Schuman's; 1945, S. 24. (Nr. 28)
Keyserlingk JR et al. Infrared imaging of the breast. *The Breast Journal* 1998; 4:245. (Nr. 27)
Kilby JS. *Turning potential into realities: The invention of the integrated circuit.* Nobelvorlesung, Stockholm 2000. (Nr. 85)
Killian G. Ueber directe Bronchoskopie. *Münchn med Wschr* 1898; 45:844. (Nr. 60)
Kipping FS. Organic derivatives of silicon. *Proc Roy Soc A* 1937; 159:139. (Nr. 78)
Kircher A. *Magnes, sive, de Arte magnetica opus tripartitum* ... Köln 1643. (Nr. 13)
– *Scrutinium physico-medicum contagiosae luis, quae pestis dicitur.* Rom 1658. (Nr. 13)
Kirchhoff G, Bunsen R. Analyse chimique fondée sur les observations du spectre. *Ann Chim Phys* 1862; 64:257. (Nr. 49)
– Chemische Analyse durch Spectralbeobachtungen. *Ann Phys Chem* 1860; 60:161. (Nr. 49)
Kisch F, Schwarz H. Das Herzschlagvolumen und die Methodik seiner Bestimmung. *Erg Inner Med u Kinderh* 1925; 27:169. (Nr. 56)
Klarreich E. Take a deep breath. *Nature* 2003; 424:873. (Nr. 96)
Kläsi J. Ueber die therapeutische Anwendung der „Dauernarkose" mittels Somnifens bei Schizophrenen. *Zeitsch Gesamt Neurol Psych* 1922; 74:557. (Nr. 75)
Klatt D. Review of Text-to-Speech Conversion for English. *J Acoust Soc Am* 1987; 82(3):737. (Nr. 25)
Knoll M, Ruska E. Beitrag zur geometrischen Elektronenoptik I und II. *Ann Phys* 1932; 12:607 und S. 641. (Nr. 83)
Knowles Middleton WE. *A History of the Thermometer.* Baltimore 1966. (Nr. 7)
Koch H et al. A method for humidifying inspired air in posttracheotomy care. *Ann Oto Rhin Laryng* 1958; 76:991. (Nr. 6)
Koch R. Die Aetiologie der Tuberculose. *Berl Klin Wschr* 1882; 19:221. (Nr. 61)
– Ueber Desinfection. *Mittheil a d Kais Gesundheitsamte* 1881; 1:234. (Nr. 54)
– Verfahren zur Untersuchung, zum Conserviren und Photographiren der Bacterien. *Beitr Biol Pflanz* 1876, S. 399. (Nr. 61)
– Zur Aetiologie des Milzbrandes. *Mittheil a d Kais Gesundheitsamte* 1881; 1:49. (Nr. 61)
Koch R, Gaffky G, Löffler F. Versuche über die Verwerthbarkeit heisser Wasserdämpfe zu Desinfectionszwecken. *Mittheil a d Kais Gesundheitsamte* 1881; 1:322. (Nr. 61)
Kohlrausch F. Das electrische Leitungsvermögen der wässerigen Lösungen von den Hydraten und Salzen der leichten Metalle ... *Ann Phys Chem* 1879; 6:167, S. 1 und 145. (Nr. 62)
Kolff WJ. *Artificial Organs.* New York: John Wiley & Sons, 1976. (Nr. 86)
– *New Ways of Treating Uraemia.* London: J & A Churchill Ltd, 1947. (Nr. 86)
– The Artificial Heart. *Encyclopedia of Human Biology.* Vol. I. Academic Press Inc, 1991, S. 386. (Nr. 86)
Kolff WJ, Berk HJ. The Artificial Kidney: A Dialyzer with a Great Area. *Acta med Scand* 1944; 117:121. (Nr. 86)

Korotkoff NC. To the question of methods of determining the blood pressure. *Reports Imp mil med Acad* 1905; 11:365. (Nr. 68)

Kratzenstein C. Sur la naissance de la formation des voyelles. *Journal de Physique* 1782; 21:358. (Nr. 25)

Kreill J(ames). *Tentamina medico-physica, ad quasdam quastiones, quae oeconomiam animalem spectant, accommodata*. London 1718. (Nr. 35)

Krogh A. On the Mechanism of the Gas-Exchange in the Lungs. *Skand Arch Physiol* 1910; 23:248. (Nr. 37)

– *The respiratory exchange of animals and man*. London: Longmans Green & Co, 1916. Kap. 2. (Nr. 58)

Krogh A, Krogh M. On the tension of gases in the arterial blood. *Skand Arch Physiol* 1910; 23:179. (Nr. 37)

Krömeke F. *Friedrich Wilh. Sertürner, der Entdecker des Morphiums*. Jena 1925, S. 5. (Nr. 29)

Kruta V. *J. E. Purkyne (1787–1869) Physiologist. A Short Account of His Contributions to the Progress of Physiology With a Bibliography of His Works*. Prag 1969. (Nr. 48)

Kuhn F. Die perorale Intubation. *Zbl Chir* 28/52. Leipzig 1901. (Nr. 57)

– Perorale Tubagen mit und ohne Druck. *Dtsch Z Chir* 1905; 76:148. (Nr. 57)

Kuhn R. Über die Behandlung depressiver Zustände mit einem Iminodibenzylderivat (G22355). *Schweiz Med Wochenschr* 1957; 87:1135. (Nr. 75)

Kuhn R, Lederer E. Zerlegung des Carotins in seine Komponenten. *Ber d Dt Chem Ges* 1931; 64B:1349. (Nr. 73)

Kumar A, Welti D, Ernst RR. NMR Fourier Zeugmatography. *J Magn Res* 1975; 18:69. (Nr. 96)

Kurzweil R. The Kurzweil Reading Machine: a technical overview. In: *Science, Technology and the Handicapped*. Redden MR, Schwandt W (Hrg.). AAAS Report 76-R-11 1976, 3. (Nr. 89)

Kwolek SL. *Wholly aromatic carbocyclic polycarbonamide fiber having orientation angle of less than about 45 degrees*. US Patent 3 819 587 1974. (Nr. 80)

L

Labarraque A-G. *Ordonance du préfet de police, en date du 19 octobre 1823, préscrivant l'emploi du chlorure de chaux* ... Paris 1825. (Nr. 33)

Landmarks of the plastics industry 1862–1962. ICI Plastics Division 1962. (Nr. 78)

Landriani M. *Richerche fisiche intorno alla salubrità dell'aria*. Mailand 1775. (Nr. 22)

Lane TH, Burns SA. Silica, silicon and silicones ... unraveling the mystery. In: *Immunology of Silicones. Current Topics in Microbiology and Immunology*. Potter M, Rose NR (Hrg.). Berlin: Springer-Verlag, 1996, S. 210. (Nr. 78)

Laplace P. *Œuvres complètes de Laplace (1878–1912)*. Vol. 12. Paris 1898, S. 349. (Nr. 30)

Larsson B et al. Lessons From the First Patient with an Implanted Pacemaker: 1958–2001. *PACE* 2003; 26(1):114. (Nr. 91)

Lassen HCA (Hrg.). *Management of Life-Threatening Poliomyelitis. Copenhagen 1952–1956*. London: E & S Livingstone Ltd., 1956. (Nr. 87)

Lauterbur PC et al. Zeugmatographic high-resolution nuclear magnetic resonance spectroscopy, images of chemical inhomogeneity within macroscopic objects. *J Am Chem Soc* 1975; 97:6866. (Nr. 96)

Lavoisier A-L. *Traité élémentaire de chimie, présenté dans un ordre nouveau et d'après les découvertes modernes*. Paris 1789. (Nr. 24)

Lavoisier A-L et al. *Mémoires de Chimie*. Paris 1803–1805. (Nr. 24)

– *Méthode de Nomenclature Chimique*. Paris 1787. (Nr. 24)

Lawrence W. The synthesis of speech from signals which have a low information rate. In: *Communication Theory*. Jackson W (Hrg.). Symposium on „Applications of Communication Theory". London, September 1952. London: Butterworth Scientific Publications, 1953, S. 460. (Nr. 89)

Lawson RN. Implication of surface temperatures in the diagnosis of breast cancer. *Can Med Assoc J* 1956; 75:309. (Nr. 27)

Leared A. On the self-adjusting double stethoscope. *Lancet* 1856; 2:138 und S. 202. (Nr. 68)

Le Canu LR. De l'Hematosine, au Matière Colorante du Sang. *Ann Chim Phys* 1830; 45:5. (Nr. 51)

Le Gallois J. *Expériences sur le principe de la vie, notamment sur celui des mouvements du coeur*, ... Paris 1812. (Nr. 23)

Lehmann HE, Ban TA. The History of Psychopharmacology of Schizophrenia. *Can J Psych* 1997; 42:152. (Nr. 75)

Leibniz GW. *Opera Omnia*. 6 Vols. 1768. Explication de l'arithmétique binaire. Vol. III. 1703, S. 390. (Nr. 85)

Leiter J. *Instrumente und Apparate zur direkten Beleuchtung menschlicher Körperhöhlen durch elektrisches Glühlicht*. Wien 1880. (Nr. 60)

Leksell L. Echoencephalography. I. Detection of Intracranial Complications Following Head Injury. *Acta Chir Scand* 1956; 110:301. (Nr. 90)

– The stereotaxic method and radiosurgery of the brain. *Acta Chir Scand* 1951; 102:316. (Nr. 69)

Lenard P. Über die Absorption der Kathodenstrahlen. *Ann Phys Chem* 1895; 56:255. (Nr. 69)

Lenfant C, Okubo T. Distribution function of pulmonary blood flow and ventilation-perfusion ratio in man. *J Appl Physiol* 1968; 24:668. (Nr. 97)

Lenz HF. Ueber das galvanische Leitungsvermögen alcoholischer Lösungen. *Mém l'Acad Imp Sci*. St. Petersbourg VIIIe Sér. 1882; 30(9). (Nr. 62)

Leonardo da Vinci. *Leonardo on the human body. Drawing 39*. New York: Dover Publications Inc., 1983. (Nr. 25)

Leroy d'Etoilles JJ. *Histoire de la lithotritie, précédée de réflexions sur la dissolution des calculs urinaires*. Paris 1839. (Nr. 34)

– Recherches sur l'asphyxie. *J Physiol* 1827; 7:45. (Nr. 87)

Levine SZ, Kelly M, Wilson JR. The insensible perspiration in infancy and in childhood II. Proposed basal standards for infants. *Am J Dis Child* 1930; 39:917. (Nr. 6)

Levitt GM. *The Turk, Chess Automaton*. Jefferson: McFarland & Co, 2000. (Nr. 25)

Lippmann G. Relation entre les phénomènes électriques et capillaires. *C R Acad Sci* 1873, S. 1407. (Nr. 65)

Lister J. An Address on the present Position of Antiseptic Surgery, delivered before the International Medical Congress Berlin 1890. *Brit Med J* 1890; II:377. (Nr. 54)

– On the Effects of the Antiseptic System of Treatment upon the Salubrity of a Surgical Hospital. *Lancet* 1870; I, S. 4 und S. 40. (Nr. 54)

Lister JH. *The Purines*. John Wiley & Sons, 1996. (Nr. 72)

Lister JJ. On some properties in achromatic object glasses ... *Phil Trans* 1830; 120:187. (Nr. 9)

Loewy A, von Schrötter H. Untersuchungen über die Blutcirculation beim Menschen. *Zeit f exp Pathol u Therapie* 1905; 1:197. (Nr. 56)

Long CW. An Account of the First Use of sulphuric Ether ... *Southern Med Surg J* 1849, 5(12):705. (Nr. 3)

Longet F-A. *Expériences relatives aux effects de l'inhalation de l'éther sulphurique sur le système nerveux*. Paris 1847. (Nr. 47)

Lord Rayleigh (Strutt J). *The theory of sound*. London 1878. (Nr. 13)

Loudon R, Murphy RLH. Lung sounds (state of the art). *Am Rev Respir Dis* 1984; 130:663. (Nr. 31)

Lower R. The method observed in transfusing the blood out of one animal into another. *Phil Trans* 1666; 1:353. (Nr. 10)

Lower R, King E. An account of the experiment of transfusion, practiced upon a man in London. *Phil Trans* 1667; 2:557. (Nr. 10)

Lube M, Safarov Yu, Yakimenkov LI. Ultrasonic Detection of the Motions of Cardiac Valves and Muscles. *Sov Phys Acoust* 1967; 13:59. (Nr. 40)

Ludwig C. Beiträge zur Kenntnis des Einflusses der Respirationsbewegungen auf den Blutlauf im Aortensysteme. *Arch Anat Phys wiss Med* 1847, S. 242. (Nr. 35)

– Zusammenstellung der Untersuchungen über Blutgase. *Z k k Ges Ärzte in Wien* 1865; 1:145. (Nr. 37)

Lummer O, Reiche F. (Hrg.) E. Abbe. *Die Lehre von der Bildentstehung im Mikroskop*. Braunschweig 1910. (Nr. 64)

Lyman HM. *Artificial Anaesthesia and Anaesthetics*. New York: William Wood & Co.; 1881, S. 309. (Nr. 28)

Lynch DC. Historical Evolution. In: Lynch DC, Rose MT (Hrg.). *Internet System Handbook*. Reading: Addison-Wesley Comp., 1993. (Nr. 98)

Lyonet P. *Traité anatomique de la chenille*, ... Den Haag 1762. (Nr. 16)

M

MacInnis HF. The Clinical Application of Radioelectrocardiography. *Can Med Assoc J* 1954; 70:574. (Nr. 71)

Mackenzie M. *Essays on Growths in the Larynx.* London 1871. (Nr. 48)

Magendie F. *Formulaire pour la préparation et l'emploi de plusieurs nouveaux médicaments, tels que la noix vomique, la morphine* ... Paris 1821. (Nr. 29)

– *Précis élémentaire de physiologie*, 2 vols. Paris 1816–1817. (Nr. 39)

Malpighi M. *De pulmonibus observationes anatomicae.* Bologna 1661. (Nr. 16)

– *Opera Omnia.* London 1686. (Nr. 16)

Mansfield P, Maudsley AA. Planar spin imaging by NMR. *J Phys C: Solid State Phys* 1976; 9:L409. (Nr. 96)

Mansfield P, Maudsley AA, Bains T. Fast scan proton density imaging by NMR. *J Phys E: Sci Instr* 1976; 9:271. (Nr. 96)

Marescaux J et al. Transatlantic robot-assisted telesurgery. *Nature* 2001; 413:379. (Nr. 98)

Marey É-J. Inscription photographique des indications de l'électromètre de Lippmann. *C R Acad Sci* 1876, S. 278. (Nr. 65)

– *La machine animale, locomotion terreste et aérienne.* Paris 1873. (Nr. 12)

– *La méthode graphique dans les sciences expérimentales et particulièrement en physiologie et en médecine.* Paris 1878. (Nr. 52)

– *Le Vol des Oiseaux.* (Physiologie du Mouvement) Paris 1890. (Nr. 52)

– *Recherches sur le pouls au moyen d'un nouvel appareil enregistreur: le sphygmographe.* Paris 1860. (Nr. 52)

Markwart F. Untersuchungen über Hirudin. *Naturwissenschaften* 1955; 42:537. (Nr. 77)

Marquardt M. *Paul Ehrlich.* London: William Heinemann Medical Books Ltd, 1949. (Nr. 75)

Martin AJP. *The development of partition chromatography.* Nobelvorlesung, Stockholm 1952. (Nr. 84)

Martine G. *Essays Medical and Philosophical.* London 1740. (Nr. 7)

Marton L. Electron microscopy of biological objects. *Phys Rev* 1934; 46(2):527. (Nr. 83)

Matteucci C. *Essai sur les phénomènes électriques des animaux.* Paris 1840. (Nr. 42)

– Sur un phénomène physiologique produit par les muscles en contraction. *Ann Chim Phys* 1842; 6:339. (Nr. 65)

Mattson J, Simon M. *The pioneers of NMR and magnetic resonance in medicine. The story of MRI.* New York: Dean Books Co., 1966. Kap. 6 und Kap. 3. (Nr. 94)

Mauchly JW. The use of high speed vacuum tube devices for calculating. In: *The Origins of Digital Computers: Selected Papers.* Randell B (Hrg.). Berlin: Springer, 1973, S. 329. (Nr. 85)

Maupertuis P. *Œuvres.* Vol. 1–4. Lyon 1756. Siehe insbesondere Vol. 2, S. 139, Système de la Nature. (Nr. 53)

Maxwell JC. *Treatise on Electricity and Magnetism.* Vol. 1, 2. Oxford 1873. (Nr. 55)

Mayow J. *Tractatus quinque medico-physici.* Oxford 1674. (Nr. 11)

McGhee NJ et al (Hrg.). *Excimer Lasers in Ophthalmology, Principles and Practice.* Butterworth-Heinemann Medical, 1997. (Nr. 92)

McRobbie DW et al. *MRI From Picture to Proton.* Cambridge University Press, 2003. (Nr. 96)

McWilliam JA. Electrical stimulation of the heart in man. *Brit Med J* 1889; 1:348. (Nr. 91)

Meijer P. Bekendmaaking. *Philosooph* N. 86, N. 88, N. 94 Aug–Okt. Amsterdam 1767. (Nr. 23)

Melbye H. Bronchial airflow limitation and chest findings in adults with respiratory infection. *Scand J Prim Health Care* 1995; 13:261. (Nr. 31)

Menabrea LF. *Sketch of the Analytical Engine Invented by Charles Babbage.* London 1843. (Nr. 85)

Menghini V. De ferrearum particularum sede in sanguine. Bonon. *Sci Art Inst Acad* Comment 1746; 2(2):244. (Nr. 51)

Mesmer FA. *Mémoire sur la Decouverte du Magnetisme Animal.* Genf & Paris 1779. (Nr. 8)

Meyer L. *Die Gase des Blutes.* Dissertation Medicinische Fakultät Würzburg. Göttingen 1857. (Nr. 37)

Middeldorpf AT. *Die Galvanokaustik.* Breslau 1854. (Nr. 2)

Milne JS. *Surgical Instruments in Greek and Roman times.* Oxford 1907. (Nr. 2)

Mitchill SL. *Remarks on the Gaseous Oxyd of Azote or of Nitrogene,* ... New York 1795. (Nr. 28)

Mitscherlich E. Analyse kohlenstoffhaltiger Verbindungen. *Ann Phys* 1834; 33:331. (Nr. 72)

Morris PJ. *Polymer Pioneers. A popular history of the science and technology of large molecules.* Philadelphia: Center for the History of Chemistry, 1986, S. 39. (Nr. 80)

Morton W. *Remarks on the Proper Mode of Administering Sulphuric Ether by Inhalation.* Boston 1847. (Nr. 3)

Müller J. *Ueber die Compensation der physischen Kräfte am menschlichen Stimmorgan,* ... Berlin 1839. (Nr. 25)

Murdoch CA. *Means for use in the administering of drugs, medicines and the like to animals.* US Patent 3 207 157 1965 (appl. 1962). (Nr. 10)

Murray DWG et al. Heparin and the thrombosis of veins following injury. *Surgery* 1937; 2:163. (Nr. 86)

N

Natelson S, Lugovoy JK, Pincus JB. Determination of micro quantities of citric acid in biological fluids. *J Biol Chem* 1947; 170:597. (Nr. 81)

Natta G. *From the Stereospecific Polymerization to the Asymmetric Autocatalytic Synthesis of Macromolecules.* Nobelvorlesung, Stockholm 1963. (Nr. 80)

Newton I. *Philosophia Naturalis Principia Mathematica.* London 1687. (Nr. 4)

Nilsson GE. On the measurement of evaporative water loss, methods and clinical applications. *Linköping Studies in Science and Technology Dissertations* Nr. 11. Linköping 1977. (Nr. 7)

Nitze M. *Kystophotographischer Atlas.* Wiesbaden 1894. (Nr. 60)

– *Lehrbuch der Kystoskopie. Ihre Technik und klinische Bedeutung.* Wiesbaden 1907. (Nr. 60)

Niven WD (Hrg.) *The Scientific Papers of James Clerk Maxwell.* Vol. 1, 2. Cambridge 1890. Vol. 1 S. 377 Illustrations of the Dynamic Theory of Gases. 1860. Vol. 2 S. 26 On the Dynamic Theory of Gases. 1866. (Nr. 55)

Nixon DW et al. Resting energy expenditure in lung and colon cancer. *Metabolism* 1988; 37:1059. (Nr. 58)

Nollet JA. *Essai sur l'Électricité des Corps.* Paris 1746. (Nr. 15)

Nordström L. On automatic ventilation. *Acta Anaesth Scand.* Suppl. 47, 1972. (Nr. 87)

Norlander OP. The use of respirators in anaesthesia and surgery. *Acta Anaesth Scand.* Suppl. 30, 1968. (Nr. 87)

Norris AC. *Essentials of Telemedicine and Telecare.* John Wiley & Sons, 2002. (Nr. 98)

Nutt R. The History of Positron Emission Tomography. *Molecular Imaging and Biology* 2002; 4(1):11. (Nr. 99)

Nyquist H. Regeneration theory. *Bell Syst Tech J* 1932; 11:126. (Nr. 55)

– Thermal agitation of electric charge in conductors. *Phys Rev* 1928; 32:110. (Nr. 55)

O

Oatley CW. *The Scanning Electron Microscope.* Cambridge: Cambridge University Press, 1972. (Nr. 83)

Öberg PÅ, Shepherd AP (Hg). *Laser-Doppler Blood Flowmetry (Developments in Cardiovascular Medicine DICM 107).* Kluwer Academic Publisher, 1990. (Nr. 40)

Odeblad E. Nuclear magnetic resonance in biology and medicine. *Zeitschr f med Isotopenforsch* 1956; 1:25. (Nr. 94)

Oersted HC. *Experimenta circa effectum conflictus electrici in acum magneticam.* Kopenhagen 1820. (Nr. 26)

– *Laeresaetninger af den nyere Chemie.* Kopenhagen 1820, S. 15. (Nr. 26)

Œuvres de Pierre Curie. Societé Française de Physique. Paris: Gauthier-Villars, 1908. (Nr. 66)

Ohm GS. *Die galvanische Kette, mathematisch bearbeitet.* Berlin 1827. (Nr. 32)

– Über die Definition des Tones ... *Ann Phys Chem* 1843; 59:513. (Nr. 32)

Oksala A, Lehtinen A. Diagnosis of Detachment of the Retina by Means of Ultrasound. *Acta Ophth* 1957; 35:461. (Nr. 90)

Okubo T, Lenfant C. Distribution function of lung volume and ventilation determined by lung N_2 washout. *J Appl Physiol* 1968; 24:658. (Nr. 97)

Olby R, Posner E. An early reference to genetic coding. *Nature* 1967; 215:556. (Nr. 51)

Oldendorf WH. Isolated flying spot detection of radiodensity discontinuities – displaying the internal structural pattern of a complex object. *IRE Trans Bio-medical Electr* 1961; 8:68. (Nr. 95)

Oré PC. *Études cliniques sur l'anesthésie chirurgicale par la méthode des injections de chloral dans les veines*. Paris 1875. (Nr. 10)

Osmer JC, Cole BK. The stethoscope and roentgenogram in acute pneumonia. *South Med J* 1966; 59:75. (Nr. 31)

Ostwald WF. Die Dissociation des Wassers. *Z phys Chem* 1893, 11:521. (Nr. 81)

P

Pacioli L. *De divina Proportione*. Venedig 1509. (Nr. 1)

Paracelsus. *Bücher und Schrifften* Bd. VII. Basel 1590, S. 172. (Nr. 3)

– *Von der frantzösischen Kranckheit drey Bücher*. Frankfurt a. M. 1553. (Nr. 75)

Paré A. *The Collected Works of Ambroise Paré*. Lib. 17 Kap. 34–44. Transl. T. Johnson. London 1634. (Nr. 34)

Partington JR. *A History of Chemistry*. Vol. III. Mansfield Centre 1999, S. 135. Nachdruck der Ausgabe 1961–1979. (Nr. 21)

– *A History of Chemistry*. Vol III. Mansfield Centre, 1999, S. 497, S. 557. (Nr. 33)

– *A History of Chemistry*. Vol. III, Kap. XI. Mansfield Centre: Martino fine books, 1999. (Nr. 36)

– *A History of Chemistry*. Vol. III, Kap. X. Mansfield Centre: Martino fine books, 1999. (Nr. 39)

– *A History of Chemistry*. Vol. IV. Mansfield Centre: Martino Fine Books, 1999, S. 775. (Nr. 72)

– *A History of Chemistry*. Vol. IV. Mansfield Centre: Martino fine books, 1999, S. 195. (Nr. 77)

Pascal B. Œuvres. 5 Vols. 1779. Machine Arithmétique. Vol. 4. 1645, S. 7. (Nr. 85)

– *Traitez de l'équilibre des liqueurs, et de la pesanteur de la masse de l'air*. Paris 1663. (Nr. 8)

Paskalev DN. Georg Haas (1886–1971). The forgotten hemodialysis pioneer. *Dialysis and Transplantation* 2001; 30(12):828. (Nr. 77)

Pasteur L. Mémoire sur la fermentation appelée lactique. *C R Acad Sci* 1857; 45:913. (Nr. 50)

– Recherches sur la putréfaction. *C R Acad Sci* 1863; 56:1189. (Nr. 50)

Pasteur L et al. Sur la rage. *C R Acad Sci* 1881; 92:1259. (Nr. 50)

Pasteur L, Joubert JF. Charbon et septicémie. *C R Acad Sci* 1877; 85:101. (Nr. 50)

Pasteur L, Joubert JF, Chamberland CE. La théorie des germes et ses applications à la médecine et la chirurgie. *C R Acad Sci* 1878; 86:1037. (Nr. 50)

Pauling L, Corey RB. Atomic Coordinates and Structure Factors for Two Helical Configurations of Polypeptide Chains. *Proc Nat Acad Sci* 1951; 37(5):235 und auch S. 251, S. 256, S. 272 und S. 282. (Nr. 88)

Pawley JB Hrsg. *Handbook of Biological Confocal Microscopy*. New York: Plenum Press; 1995. (Nr. 9)

Pawlow IP. *Physiology of Digestion*. Nobelvorlesung, Stockholm 1904. (Nr. 74)

Perutz MF. *X-ray Analysis of Haemoglobin*. Nobelvorlesung. Stockholm 1962. (Nr. 51)

Pettenkofer M. Ueber einen neuen Respirations-Apparat. *Abh d k b Akad d Wiss* 1861, S. 231. (Nr. 58)

Pettenkofer MJ, von Voit C. Untersuchungen über die Respiration. *Ann Chem Pharm* 1862/1863, Suppl. 2:52. (Nr. 39)

Petty TL. John Hutchinson's mysterious machine revisited. *Chest* 2002; 121:219S. (Nr. 41)

Pfeffer W. *Osmotische Untersuchungen*. Leipzig 1877. (Nr. 63)

Pflüger E. Zur Gasometrie des Blutes. *Zbl Med Wiss* 1866; 4(20):305. (Nr. 37)

Phelps ME. Positron emission tomography provides molecular imaging of biological processes. *PNAS* 2000; 97(16):9226. (Nr. 99)

Pinder U. *Epiphanie Medicorum*. Nürnberg 1506. (Nr. 49)

Piorry PA. *De la percussion médiate et des signes obtenue à l'aide de ce nouveau moyen d'exploration, dans les maladies des organes thoraciques et abdominaux*. Paris 1828. (Nr. 31)

Plücker J. Ueber die Einwirkung des Magneten auf die elektrischen Entladungen in verdünnten Gasen. *Ann Phys Chem* 1858; 103:88, S. 151, S. 113. (Nr. 67)

Poiseuille JL. Recherches expérimentales sur le mouvement des liquides dans les tubes de très-petits diamètres. *C R Acad Sci* 1840; 11:961, S. 1041, S. 1841 und *C R Acad Sci* 1841; 12:112. (Nr. 35)

– Recherches expérimentales sur le mouvement des liquides dans les tubes de très petits diamètres. *Mém Acad Roy Sci* 1846; 9:433. (Nr. 18)

Polanyi M. Das Röntgenfaserdiagramm. *Z Phys* 1921; 7:149. (Nr. 78)

Porath J, Flodin P. Gel filtration: A method for desalting and group separation. *Nature* 1959; 183:1657. (Nr. 84)

Potter RK, Kopp GA, Green HC. *Visible Speech*. New York: D. van Nostrand Co., 1947. (Nr. 89)

Pouillet CS. Note sur un moyen de mésurer des intervalles de temps extrémement courts, ... *C R Acad Sci* 1844; 19:1384. (Nr. 43)

Pravaz CG. Sur un nouveau moyen d'opérer la coagulation du sang dans les artères. *C R Acad Sci* 1853; 36:88. (Nr. 10)

Priestley J. *Experiments and Observations on Different Kinds of Air*. Vol. II. London 1774, S. 304. (Nr. 22)

– *Experiments and Observations on Different Kinds of Air*. Vol. III. London 1774, S. 380. (Nr. 22)

– Observations of different kinds of air. *Phil Trans Roy Soc* 1772; 62:147. (Nr. 22)

Purcell EM, Torrey HC, Pound RV. Resonance absorption by nuclear magnetic moments in a solid. *Phys Rev* 1946; 69:37. (Nr. 94)

R

Rabi II et al. A new method of measuring nuclear magnetic moment. *Phys Rev* 1938; 53:318. (Nr. 94)

Ramsey NF, Purcell EM. Interactions between nuclear spins in molecules. *Phys Rev* 1952; 85:143. (Nr. 96)

Raoult F-M. Loi de congélation des solutions acqueuses des matières organiques. *C R l'Acad Sci* 1882; 94:1517. (Nr. 63)

Redi F. *Esperienze intorno alla generazione degl'insetti*. Florenz 1668. (Nr. 50)

Regnault HV, Reiset J. Recherches Chimiques sur la Respiration des Animaux des Diverses Classes. *Ann chim phys* 1849; 26:299. (Nr. 58)

Reiser SJ. *Medicine and the reign of technology*. Cambridge University Press: Cambridge 1978. (Nr. 4)

Reivich M et al. The (^{18}F)fluorodeoxyglucose method for the measurement of local cerebral glucose utilization in man. *Circulation Research* 1979; 44:127. (Nr. 99)

Report of the committee, appointed to inquire into the uses and the physiological, therapeutical and toxical effects of chloroform. *Medico-Chirurgical Trans The Roy.* Med Chir Soc London 1864. (Nr. 47)

Riley RL, Cournand A. Analysis of factors affecting partial pressures of oxygen and carbon dioxide in gas and blood of lungs: theory (methods). *J Appl Physiol* 1951; 4:77 und S. 102. (Nr. 97)

Riva C, Ross B, Benedek GB. Laser Doppler measurements of blood flow in capillary tubes and retinal arteries. *Invest Ophthalmol* 1972; 11:936. (Nr. 40)

Robertson JI, Birkenhäger WH (Hrg.). *Cardiac Output Measurement*. London: Saunders, 1991. (Nr. 56)

Robinson J. *Lectures on the elements of chemistry*. Edinburgh 1803. (Nr. 20)

Rochow EG. *An introduction to the chemistry of the silicones*. New York: J. Wiley & Sons, Inc., 1946. (Nr. 78)

– *Silicon and Silicones*. New York: Springer-Verlag, 1987. (Nr. 78)

Roehr ZM. *Hypodermic syringe*. US Patent 2 728 341 1955. (appl. 1951) und *Disposable needle assembly*. US Patent 2 953 243 1960 (appl. 1957). (Nr. 10)

Rosenbaum G, Holmes KC, Witz J. Synchrotron radiation as a source for x-ray diffraction. *Nature* 1971; 230:434. (Nr. 76)

Rosenfeld L. *Four Centuries of Clinical Chemistry*. G & B Science Pub, 1999. (Nr. 81)

Rothschuh C. *History of Physiology*. New York: R. E. Krieger, 1978. (Nr. 44)

Runge F. Ueber einige Produkte der Steinkohlendestillation. *Ann Phys* 1834; 31:65 und S. 513 sowie *Ann Phys* 1834; 32:308. (Nr. 73)

– *Zur Farben-Chemie*. Berlin 1850. (Nr. 73)

Rushmer RF, Baker DW, Stegall HF. Transcutaneous Doppler flow detection as a non-invasive technique. *J Appl Physiol* 1966; 21:554. (Nr. 40)

Ruska E, Knoll M. Die magnetische Sammelspule für schnelle Elektronenstrahlen. *Z techn Phys* 1931; 12:389 und S. 448. (Nr. 83)

Rusovick RM, Warner DJ. The globalization of interventional informatics through Internet mediated distributed medical intelligence. *New Medicine* 1998; 2:155. (Nr. 98)

Rutherford D. *Dissertatio Inauguralis de Aere Fixo dicto, Aut Mephitico*. Edinburgh 1772. (Nr. 17)
Rutherford E. Collision of alpha-Particles with Light Atoms. IV. An Anomalous Effect in Nitrogen. *Phil Mag* 6 ser. 1919; 37:581. (Nr. 70)
– *Radio-Activity*. Cambridge University Press, 1904. (Nr. 70)
– The Scattering of α and β Particles by Matter and the Structure of the Atom. *Phil Mag* 6 ser. 1911; 21:669. (Nr. 70)
Ryhage R. Efficiency of molecule separators used in gas chromatograph-mass spectrometer applications. *Arkiv Kemi* 1967; 26:305. (Nr. 79)

S

Saggi di natura esperienze fatte nell'Accademia del Cimento. Florenz 1667. (Nr. 7)
Sakodynskii KI. *J Chromatogr* 1981; 220:1. (Nr. 73)
– *Michael Tswett, Life and Work*. Carlo Erba Strumentazione, Mailand 1983. (Nr. 73)
Sanger F. *The chemistry of insulin*. Nobelvorlesung, Stockholm 1958. (Nr. 84)
Santorio S. *Medica Statica: Being the Aphorisms of Sanctorius*. Übersetzt von J Quincy. London 1720. (Nr. 6)
Satomura S. Ultrasonic Doppler Method for the Inspection of Cardiac Functions. *J Acoust Soc Am* 1957; 29:1181. (Nr. 40)
Sauerbrey G. Verwendung von Schwingquarzen zur Wägung dünner Schichten und zur Mikrowägung. *Z Phys* 1959; 155:206. (Nr. 66)
Saussure HB. *Essais sur l'Hygrométrie*. Neuchatel 1783. (Nr. 7)
Savart F. Sur la sensibilité de l'organe de l'ouie. *Ann Chim Phys* 1830; 44:337. (Nr. 26)
Schawlow AI, Townes CH. Infrared and optical masers. *Phys Rev* 1958; 112:1940. (Nr. 92)
Schechter DC. *Exploring the origins of electrical cardiac stimulation*. Minneapolis: Medtronic Inc., 1983. (Nr. 91)
Scheele CW. *Sämtliche physische und chemische Werke* Bd. I, II. Berlin 1793. (Nr. 1)
– Undersökning om Blåse-stenen. *Kungl Vet Handl* 1776; 37:327 (Nr. 72)
Scheiner C. *Oculus hoc est: fundamentum opticum, ...* Oeniponti, D. Agricola 1619. (Nr. 5)
Schmidt-Nielsen K. Countercurrent Systems in Animals. *Scientific American* 1981; 244(5):118. (Nr. 6)
Scholander PF, Irving L. Micro blood gas analysis in fractions of a cubic millimeter of blood. *J Biol Chem* 1947; 169:561 und S. 551. (Nr. 81)
Schrödinger E. *What is life?* Cambridge 1944. (Nr. 4)
Schuitmaker JJ et al. Photodynamic therapy: a promising new modality for the treatment of cancer. *J Photochem Photobiol B Biology* 1996; 34(1):3. (Nr. 92)
Segall HN. Nicolai S. Korotkoff. *Experiments for determining the efficiency of arterial collaterals (translation of thesis 1910), with preface and biographical notes*. Montreal 1980. (Nr. 68)
Seldinger SI. Catheter replacement of the needle in percutaneous angiography. A new technique. *Acta radiol* 1953; 39:368. (Nr. 67)
Semmelweis IP. *Die Aetiologie, der Begriff und die Prophylaxis des Kindbettfiebers*. Pest 1861. (Nr. 33)
Sertürner FW. Säure im Opium, Nachtrag zur Charakteristik der Säure im Opium. Auszüge aus Briefen an den Herausgeber. *J der Pharm* 1805; 13:229. (Nr. 29)
– Über das Opium und dessen krystallisirbare Substanz. *J der Pharm* 1811; 20:99. (Nr. 29)
– Ueber eins der fürchterlichsten Gifte der Pflanzenwelt, ... *Ann der Phys* 1817; 27:192. (Nr. 29)
Sérullas GS. Mémoire sur l'iodure de potassium l'acid hydriodique et sur un composé nouveau de carbone, d'iode et d'hydrogène. *Ann Chim Phys* 2 sér. 1822; 20:163. (Nr. 33)
Severinghaus JW. History and recent developments in pulse oximetry. *Scand J Clin Lab Invest* 1993; Suppl. 214:105. (Nr. 27)
Severinghaus JW, Astrup P, Murray JF. Blood Gas Analysis and Critical Care Medicine. *Am J Respir Crit Care Med* 1998; 157:S114. (Nr. 37)
Sevick-Muraca E, Benaron D (Hrg.). *Biomedical Optical Spectroscopy & Diagnostics* (*Trends in Optics & Photonics* Vol. 3). Optical Society of America, 1996. (Nr. 49)
Shannon C, Weaver W. *The Mathematical Theory of Communication*. Urbana 1949. (Nr. 55)
Shtilman MI. *Polymeric Biomaterials*. Part I. Polymer Implants. Brill Academic Publishers, 2003. (Nr. 93)
Silberg WM, Lundberg GD, Musacchio RA. Assessing, controlling and assuring the quality of medical information on the Internet. *JAMA* 1997; 277:1244. (Nr. 98)
Simmons HA, Stone TW. *Purines: Basic and Clinical Aspects*. Kluwer Academic Publisher, 1991. (Nr. 72)
Simpson JY. Account of a New Anaesthetic Agent as substitute for sulphuric Ether in Surgery and Midwifery. *Comm Medico-Chirurgical Soc Edin*. Edinburgh; 1847, 10. November. (Nr. 36)
Sircus W, Flisk E, Craigs B. Milestones in the evolution of endoscopy: A short history. *J Roy Coll Physicians Edinb* 2003; 33:124. (Nr. 60)
Sjögren TA. *Fall af epiteliom behandladt med Röntgenstrålar*. Förh Sv Läkare-Sällsk Sammank Stockholm 1899, S. 208. (Nr. 67)
Skeehan Jr RA, King Jr JH, Kaye S. Ethyleneoxide sterilization in ophthalmology. *Am J Ophthalmol* 1956; 42:424. (Nr. 61)
Skeggs LT. Principles of automatic chemical analysis. *Stand Methods Clin Chem* 1965; 5:31. (Nr. 81)
Škoda J. *Abhandlung über Perkussion und Auskultation*. Wien 1839. (Nr. 31)
– Ueber die von Dr Semmelweis entdeckte wahre Ursache ... *Sitz d kaiserl Akad Wiss math nat* 1849; 8:168. (Nr. 33)
Sohn JH et al. Current status of the anticoagulant hirudin: its biotechnological production and clinical practice. *Appl Microb Biotech* 2001; 57:606. (Nr. 77)
Sokolov SY. Ultrasonic oscillations and their applications. *Tech Phys* 1935; 2:1. (Nr. 90)
Sommerfeld A. Über die Beugung der Röntgenstrahlen. *Ann d Phys* 1912; 38:473. (Nr. 76)
Soubeiran E. Recherches sur quelques Combinaisons du Chlore. *Ann Chim Phys* 1831; 48:113. (Nr. 36)
Spallanzani L. *De' Fenomeni della Circolazione ...* Modena 1773. (Nr. 16)
– Lettere sopra il sospetto di un nuovo senso nei pipistrelli. Turin 1794. (Nr. 66)
– *Mémoires sur la respiration ... traduits en Français, d'après son manuscrit inédit*, par J. Senebier. Genf 1803. (Nr. 11)
– *Saggio di osservazioni microscopiche concernenti il sistema della generazione. In Dissertazioni due ...* Modena 1765. (Nr. 50)
Speck C. Untersuchungen über Sauerstoffverbrauch und Kohlensäureausathmung des Menschen. *Schr Ges Beförd gesam Naturwiss zu Marburg*. Cassel 1871:10. (Nr. 41)
Spielberg AR. On call and online: Sociohistorical, legal, and ethical implications of e-mail for the patient-physician relationship. *JAMA* 1998; 280(15):1353. (Nr. 98)
Spink MS, Lewis IL. *Albucasis on surgery and instruments*. London: Wellcome Institute of the History of Medicine, 1973. (Nr. 34)
Spriggs EA. John Hutchinson, the inventor of the spirometer – his North Country background, life in London and scientific achievements. *Med History* 1977; 21:357. (Nr. 41)
Stahl G. *Theoria Medica Vera*. Halle 1708. (Nr. 4)
Stannius FH. Zwei Reihen physiologischer Versuche. *Arch Anat Physiol wiss Med* 1852, S. 85. (Nr. 23)
Staudinger H. Über die makromolekulare Chemie. *Angew Chemie* 1936; 49:801. (Nr. 78)
Staudinger H, Fritschi J. Über Isopren und Kautschuk. 5. Mitt.: Über die Hydrierung des Kautschuks und über seine Konstitution. *Helv chim Acta* 1922; 5:285. (Nr. 78)
Stein S. Das Sphygmophon, ein neuer electrotelephonischer Apparat zur Diagnose der Herz- und Pulsbewegungen. *Berl Klin Wochsch* 1878; 49:723. (Nr. 31)
Steiner F. Über die Electropunctur des Herzens als Wiederbelebungsmittel in der Chloroformsyncope. *Arch klin Chir.* 1871; 12:748. (Nr. 23)
Stephens WE. A Pulsed Mass Spectrometer with Time Dispersion. *Phys Rev* 1946; 69:691. (Nr. 79)
Stern MD. In vivo evaluation of microcirculation by coherent light scattering. *Nature* 1975; 254:56. (Nr. 40)
Stevens SS, Jones RC. The Mechanism of Hearing by Electrical Stimulation. *J Acoust Soc Am* 1939; 10:261. (Nr. 26)
Stevenson LW, Perloff JK. The limited reliability of physical signs for estimating hemodynamics in chronic heart failure. *JAMA* 1989; 261:884. (Nr. 31)

Stevenson RC, Guthrie G. *A History of Oto-Laryngology*. Edinburgh 1949. (Nr. 48)
Stewart AD, Snelling MA. A new scanning electron microscope. *Proc 3rd Eur Conf Electron Microscopy Prague* 1965, S. 55. (Nr. 83)
Stigler SM. *The History of Statistics: The Measurement of Uncertainty before 1900*. Cambridge: The Belknap Press, Harvard University Press, 1998. (Nr. 30)
Stoelting RK. *Pharmacology and Physiology in Anesthetic Practice*. Kap. 4. Lippincott Williams & Wilkins, 1999. (Nr. 72)
Stuart A. *Dissertatio de Structura et Motu Musculari*. London 1738. (Nr. 19)
Svanberg S. Time-Resolved Spectroscopic Techniques in Laser Medicine. In: *Ultrafast Spectroscopy*. G. Mourou et al. (Hrg.) Springer, 1994. (Nr. 49)
Svedberg T, Fåhraeus R. A New Method for the Determination of the Molecular Weight of the Proteins. *J Am Chem Soc* 1926; 48:430. (Nr. 78)
Svedberg T, Rinde H. The Ultra-Centrifuge, a new instrument for the determination of the size particle in amicroscopic colloids. *J Am Chem Soc* 1924; 46:2677. (Nr. 78)
Swedish Special Apparatus for heart clinics. Electrocardiograph-Elmqvist system. AB Elema-Järnhs 1952. (Nr. 71)
Sykes WS. *Essays on the first hundred years of anaesthesia*. Vol. I Chap. 7. Edinburgh: Churchill Livingstone, 1982. (Nr. 59)

T

Tanaka K. *The origin of macromolecule ionization by laser irradiation*. Nobelvorlesung, Stockholm 2002. (Nr. 79)
The Beginnings of Electron Microscopy. In: *Advances in Electronics and Electron Physics*. Hawkes PW (Hrg.). Academic Press, 1985, S. 167 und S. 43. (Nr. 83)
The birth of molecular biology. *New Scientist*. Sonderausgabe 1987; 114(Nr. 1561):38. (Nr. 76)
The Collected Papers of Joseph, Baron Lister. Vol 1, 2. Oxford 1909. Vol. 2 Teil III. The antiseptic system. (Nr. 54)
The International Human Genome Sequencing Consortium: Initial sequencing and analysis of the human genome. *Nature* 2001; 409:860. The Celera Genomics Sequencing Team: The sequence of the human genome. *Science* 16. Februar 2001, S. 1304. (Nr. 88)
Theophrastus. *De Plantis, De causis plantarum*. Venedig 1465. (Nr. 29)
Thiele FAJ, Senden KG. Relation between skin temperature and the insensible perspiration of the human skin. *J Invest Dermatol* 1966; 47:307. (Nr. 6)
Thompson T. *History of Chemistry* I. Kapitel 9. London 1830. (Nr. 20)
Thomson JJ. Rays of positive electricity. *Proc Roy Soc A* 1913; 89:1. (Nr. 69)
Tissot J. Nouvelle méthode de mesure et d'inscription du débit et des mouvements respiratoires. *J Physiol Path Gén* 1904; 6:688. (Nr. 41)
– Nouvelle méthode de mesure et d'inscription du débit et des mouvements respiratoires de l'homme et des animaux. *Trav l'Assoc Inst Marey* Vol II. 1910, S. 231. (Nr. 41)
Townes CH. *Production of coherent radiation by atoms and molecules*. Nobelvorlesung, Stockholm 1964. (Nr. 92)
Tschermak E. Ueber künstliche Kreuzung bei Pisum sativum. *Z landwirtsch Versuchsw in Oesterreich* 1900; 3:465. (Nr. 53)
Tswett MS. *Chromofilli v Rastitelnom i Zhivotnom Mire* (Chromophylls in the Plant and Animal Kingdom). Warschau: Karbasnikov Publishers, 1910. (Nr. 73)
– Physical chemical studies on chlorophyll adsorption. *Ber Dt Bot Ges* 1906; 24:316 und S. 384. Übersetzt in Strain HH, Sherma J. *J Chem Ed* 1967; 44:235. (Nr. 73)
Türck L. Der Kehlkopfrachenspiegel und die Methode seines Gebrauches. *Zeit d kaiserl königl Ges d Ärzte zu Wien* 1858; 1:401. (Nr. 48)
– *Praktische Anleitung zur Laryngoskopie*. Wien 1860. (Nr. 48)
Turner M. *An Account of the extraordinary medical fluid called Aether*. Liverpool 1761. (Nr. 3)
Tyndall J. *Essays on the floating-matter of the air in relation to putrefaction and infection*. London: Longmans, Green and Co, 1881, S. 210. (Nr. 61)
Tyrell HJ. The Origin and Present Status of Fick's Diffusion Law. *J Chem Ed* 1964; 41(7):397. (Nr. 46)

V

van Marum M. *Description d'une Très Grande Machine Électrique* ... Haarlem 1785–1787. (Nr. 15)
van Slyke DD, Sendroy Jr J. Manometric analysis of gas mixtures. I. The determination, by simple absorption, of carbon dioxide, oxygen and nitrogen in mixtures of these gases. *J Biol Chem* 1932; 95:509. (Nr. 81)
van't Hoff J. Une propriété générale de la matière diluée. *Kungl Sv Vet Akad Handl*. Stockholm, 1886; 21(17):42. (Nr. 63)
Vesalius A. *De humani corporis fabrica libri septem*. Basel 1543. (Nr. 1)
Vierordt K. *Die Anwendung des Spectralapparates zur Photometrie der Absorptionsspectren und zur quantitativen chemischen Analyse*. Tübingen 1873. (Nr. 49)
– *Die Lehre vom Arterienpuls in gesunden und kranken Zuständen, gegründet auf eine neue Methode der bildlichen Darstellung des menschlichen Pulses*. Braunschweig 1855. (Nr. 17)
– *Die quantitative Spectralanalyse in ihrer Anwendung auf Physiologie, Physik, Chemie und Technologie*. Tübingen 1876. (Nr. 49), S. 59 (Nr. 27)
Viertiö-Oja HE et al. Entropy of EEG signal is a robust index for depth of hypnosis. *Anesthesiology* 2000; 93:1369. (Nr. 55)
Vitruvius Pollio M. *De architectura*. Rom 1486. (Nr. 1)
Volkmann H. *Carl Zeiss und Ernst Abbe, ihr Leben und ihr Werk*. Deutsches Museum 34 Heft 2, 1966. (Nr. 64)
Volta A. *Lettera a Priestley sull'elettroforo perpetuo*. Scelta di Opusculi. 1775, 9:91. (Nr. 15)
von Ardenne M. Das Elektronen-Rastermikroskop. *Z Phys* 1938; 109:553. (Nr. 83)
von Baeyer A. *Gesammelte Werke*. Braunschweig 1905. (Nr. 72)
von Fraunhofer J. Bestimmung des Brechungs- und Farbenzerstreuungsvermögens verschiedener Glasarten ... *Denkschr der k Akad d Wiss zu München*. 1817; Bd. V. (Nr. 9)
von Gersdorff H. *Feldbuch der wundartzney*. Straßburg 1517. (Nr. 2)
von Helmholtz H. *Das Denken in der Medizin*. Berlin 1877. (Nr. 4)
– *Die Lehre von den Tonempfindungen als physiologische Grundlage für die Theorie der Musik*. Braunschweig 1863. (Nr. 13)
– *Die Thatsachen in der Wahrnehmung*. Berlin 1879. (Nr. 43)
– Handbuch der physiologischen Optik. *Allgemeine Encyklopädie der Physik* IX. Bd. Leipzig 1867. (Nr. 5)
– Messungen über Fortpflanzungsgeschwindigkeit der Reizung in den Nerven. *Arch Ant Physiol Berlin* 1852, S. 199. (Nr. 43)
– *Über die Erhaltung der Kraft, eine physikalische Abhandlung vorgetragen in der Sitzung der physikalischen Gesellschaft zu Berlin am 23sten Juli 1847*. Berlin 1847. (Nr. 43)
von Humboldt A. *Versuche über die gereizte Muskel- und Nervenfaser* ... Vol. 1, 2. Berlin 1797. (Nr. 19)
von Kern V. *Bemerkungen über die neue, von Civiale und Le Roy verübte Methode, die Steine in der Harnblase zu zermalmen und auszuziehen*. Wien 1826. (Nr. 34)
von Kölliker RA, Müller H. Nachweis der negativen Schwankung des Muskelstromes am natürlich sich contrahirenden Muskel. *Verh phys med Ges Würzburg* 1856; 6:528. (Nr. 65)
von Laue M. Eine quantitative Prüfung der Theorie für die Interferenzerscheinungen bei Röntgenstrahlen. *Ann d Phys* 1913; 41:989. (Nr. 76)
von Liebig J. *Die organische Chemie in ihrer Anwendung auf Agricultur und Physiologie*. Braunschweig 1840. (Nr. 39)
– Ueber die Erscheinungen der Gährung, Fäulniss und Verwesung und ihre Ursachen. *Ann d Pharm* 1839; 30(31):38. (Nr. 54)
– Ueber die Verbindungen, welche durch die Einwirkung des Chlors auf Alkohol, Aether, ölbildendes Gas und Essiggeist entstehen. *Ann der Pharm* 1832; 1:182. (Nr. 36)
von Liebig J, Wöhler F. Untersuchungen über die Natur der Harnsäure. *Ann Pharm* 1838; 26:241. (Nr. 72)
von Mikulicz-Radecki J. Ueber Gastroskopie und Oesophagoskopie. *Wiener med Presse* 1881; 22:1405, S. 1437, 1473, 1505, 1537, 1573 und 1629. (Nr. 60)
von Pohlmann R, Richter R, Parow E. Über die Ausbreitung und Absorption des Ultraschalls im menschlichen Gewebe und seine thera-

peutische Wirkung an Ischias und Plexusneuralgie. *Dtsch Med Wschr* 1939; 65:251. (Nr. 66)
von Recklinghausen H. Ueber Blutdruckmessung beim Menschen. *Arch exp Path Pharm* 1901; 46:78. (Nr. 68)

W

Wagner PD, Naumann PF, Laravuso RB. Simultaneous measurement of eight foreign gases in blood by gas chromatography. *J Appl Physiol* 1974; 36(5):600. (Nr. 97)
Waller AD. *Eight lectures on the signs of life from their electrical aspect*. New York: E. P. Dutton & Co, 1903. (Nr. 65)
– Introductory Address on the Electromotive Properties of the Human Heart. *Brit Med J* 1888; 2:751. (Nr. 65)
Washington CM, Leaver D. (Hrg.) *Principles and Practice of Radiation Therapy.* Mosby 2003. (Nr. 70)
Watson JD, Crick FH. Genetic implications of the structure of deoxyribonucleic acid. *Nature* 1953; 171:964. (Nr. 88)
Watson W. *Expériences et Observations pour servir a l'Explication de la Nature et des Proprietés de l'Électricité*. Paris 1748. (Nr. 15)
Weber E, Weber EH. Experimenta, quibus probatur nervos vagos ... *Ann Univ Med* (Mailand) 3 ser. 1845; 20:227. (Nr. 44)
Weber EH. Der Tastsinn und das Gemeingefühl. R. Wagner *Handwörterbuch Physiol* III Teil 2. 1850, S. 481. (Nr. 44)
– Programmata collecta. I. Pulsum arteriarum non in omnibus arteriis simul, ... *Annot anat physiol*. Leipzig 1827, S. 1. (Nr. 44)
Weber EH, Weber W. *Wellenlehre auf Experimente gegründet* ... Leipzig 1825. (Nr. 18)
Weber W, Weber E. *Mechanik der menschlichen Gehwerkzeuge. Eine anathomisch-physiologische Untersuchung*. Göttingen 1836. (Nr. 12)
Weiger J. *Über Äther und Chloroform*. Wien 1850. (Nr. 47)
Wells H. The discovery of etheral inhalation. *The Boston Med Surg J* 1847; 36(15):298. (Nr. 28)
Wells PN. A range-gated ultrasonic Doppler system. *Med & Biol Eng* 1969; 7:641. (Nr. 40)
Werkö L. The influence of positive pressure breathing on the circulation in man. *Acta med Scand* 1947; 193:1. (Nr. 97)
West JB, Dollery CT. Distribution of blood flow and ventilation-perfusion ratio in the lung, measured with radioactive CO_2. *J Appl Physiol* 1960; 15:405. (Nr. 97)
West JB et al. Measurement of the ventilation perfusion ratio inequality in the lung by the analysis of a single expirate. *Clin Sci Lond* 1957; 16:529. (Nr. 97)
Wiener N. *Cybernetics or Control and Communication in the Animal and the Machine*. MIT Press 1961. (Nr. 55)
Wild JJ. The Use of Ultrasonic Pulses for the Measurement of Biological Tissue and the Detection of Tissue Density Changes. *Surgery* 1950; 27:183. (Nr. 90)
Wild JJ, Reid JM. The Effects of Biological Tissues on 15-mc Pulsed Ultrasound. *J Acoust Soc Am* 1953; 25(2):270. (Nr. 90)
Wilkins MHF, Stokes AR, Wilson HR. Molecular Structure of Deoxypentose Nucleic Acids. *Nature* 1953; 171:738. (Nr. 88)
Williams E. *A Matter of Balance*. Akademiförlaget, 1992. (Nr. 93)
Williams E, Rydevik B, Brånemark P-I (Hrg.). *From Molecule to Man; Facts and Hypotheses – Options and Opportunities*. Göteborg: The Institute of Applied Biology, 2000. (Nr. 93)
Wilson G. *The Life of the Honourable Henry Cavendish*. Kapitel III. London 1851. (Nr. 21)
Wilson RR. Radiological use of fast protons. *Radiology* 1946; 47:487. (Nr. 69)
Winckler JH. *Die Stärke der Elektrischen Kraft des Wassers in gläsernen Gefässen, welche durch den Musschenbroekischen Versuch bekannt geworden*. Leipzig 1746. (Nr. 15)
Woillez E. Sur le spirophore, appareil de sauvetage pour les asphyxiés principalement pour les noyés et les enfants nouveau-nés. *C R Acad Sci* 1876; 82:1447. Siehe auch *Scientific American* 1876; XXXV(25). (Nr. 87)
Wong DT, Bymaster FP, Engleman EA. Prozac (Fluoxetine Lilly 110140), the first selective serotonine uptake inhibitor and an antidepressant drug: twenty years since its first publication. *Life Sciences* 1995; 57:411. (Nr. 75)
Wood A. New method of treating neuralgia by the direct application of opiates to the painful joints. *Edinb Med Surg J* 1855; 82:265. (Nr. 10)
Woolston J. Irradiation Sterilization of Medical Devices. *Medical Device Technology* 1990; 1(4):25. (Nr. 61)
Wrenn Jr. FR, Good ML, Handler P. The use of positron emitting radioisotopes for localization of brain tumors. *Science* 1951; 113:525. (Nr. 99)
Wunderlich C. *Das Verhalten der Eigenwärme in Krankheiten*. Leipzig 1868. (Nr. 7)

Y

Yalow RS, Berson SA. Assay of Plasma Insulin in Human Subjects by Immunological Methods. *Nature* 1959; 184:1648. (Nr. 81)
Yeh Y, Cummins HZ. Localized fluid flow measurements with an He-Ne laser spectrometer. *Appl Phys Letters* 1964; 4:176. (Nr. 40)
Young T. *A course of lectures on natural philosophy and the mechanical arts*. London 1807. (Nr. 5)
– On the function of the heart and arteries. *Phil Trans* 1809; I:12. (Nr. 44)
– On the theory of light and colours. *Phil Trans Part* 1; 1802. S. 12. (Nr. 5)
– Outlines of Experiments and Inquiries respecting Sound and Light. *Phil Trans Roy Soc* 1800; Jan. 16. (Nr. 13)

Z

Zernike F. Das Phasenkontrastverfahren bei der microscopischen Beobachtung. *Phys Z* 1935; 36:848. (Nr. 9)
Ziegler K. *Consequences and Development of an Invention*. Nobelvorlesung, Stockholm 1963. (Nr. 80)
Zoll PM. Resuscitation of the heart in ventricular standstill by external electric stimulation. *New Engl J Med* 1952; 247:768. (Nr. 91)
Zuntz N, Hagemann O. *Untersuchungen über den Stoffwechsel des Pferdes bei Ruhe und Arbeit*. Berlin 1898. (Nr. 56)
Zworykin VK. Description of an experimental television system and the kinescope. *Proc IRE* 1933; 21(12):1655. (Nr. 82)
– *Television system*. US Patent 2 141 059 1938 (eingereicht 1923). (Nr. 82)
– Television techniques in biology and medicine. In: *Adv Biol Med Phys*. Vol. V. Lawrence JH, Tobias CA (Hrg.). New York: Academic Press, 1957. (Nr. 82)
Zworykin VK, Flory LE, Pike WS. *Research on reading aids for the blind*. J Frankl Inst, Mai 1949, S. 483. (Nr. 82)
Zworykin VK, Hillier J, Snyder RL. A scanning electron microscope. *ASTM Bull* 1942; 117:15. (Nr. 83)
Zworykin VK, Morton GA. *Television. The electronics of image transmission*. New York: J. Wiley, 1940. (Nr. 82)

Personenregister